KB135557

수학자가 아닌
사람들을 위한
수학

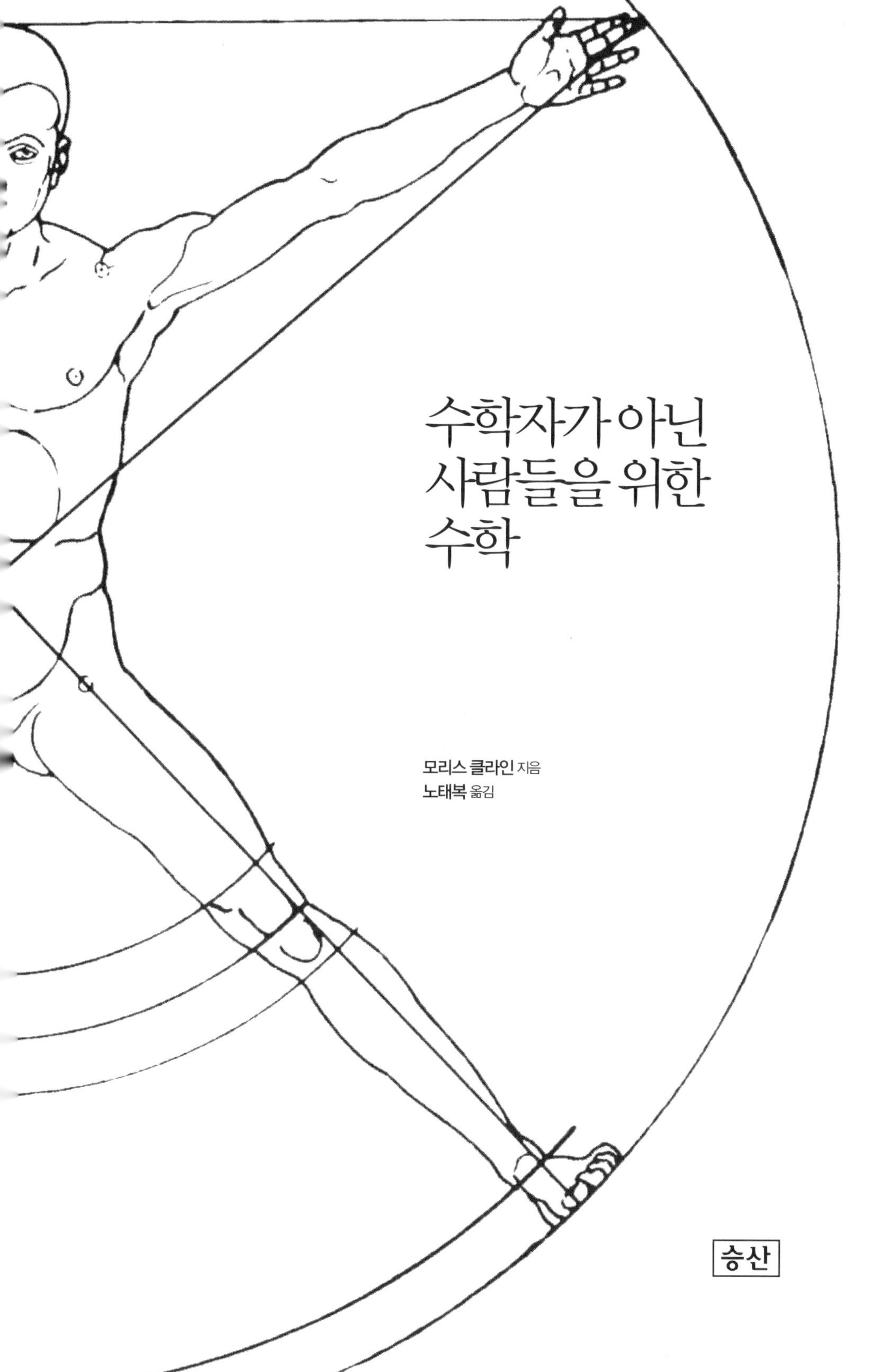

수학자가 아닌 사람들을 위한 수학

모리스 클라인 지음
노태복 옮김

승산

아마존 독자서평

나는 수학자가 아니다. 그저 업무상 매일 수학을 사용할 뿐이다. 재정 관리에 쓰는 평범한 수준의 수학 실력이 고작이다. 하지만 나는 수학에 관심이 있다. 그냥 재미삼아(?!!). 내가 보기에 이 책은 아주 잘 쓰였고 매우 흥미로우며 역사적 내용이 많이 들어 있다. 이 책의 독자는 많은 것을 배우게 될 터인데, 그러면서 또한 학창 시절에 접했지만 제대로 파악하지 못했던 내용을 확실하게 이해하게 될 것이다. 술술 읽히는 수학 책이다... 진심으로 하는 말이다!

*

이 책은 정말로 위대한 성취를 이루어냈다. 전공자들을 대상으로 삼지 않은 이 책은 재미있으면서도 동시에 진지하다. 가끔씩 나는 즐겨 찾는 커피숍에 이 책을 가져가서 아무 곳이나 펼쳐서 한 번에 몇 쪽씩 읽어본다. 저자는 역사상의 위대한 순간들을 수학적 사고의 전개 과정으로 엮어낼 뿐만 아니라 물리학, 미술, 음악 및 천문학과 같은 영역들까지 다룬다. 저자 덕분에 나는 오랜 세월 동안 거리를 두었던 수학에 다시금 흥미를 갖게 되었다.

*

이 책은 수학에 호기심을 느끼는 사람들의 필독서이다. 내용이 논리적 순서로 진행된다. 귀납적 추론 대 논리적 추론의 전제들로부터 시작하여 기본적인 대수, 기하학 및 미적분도 다룬다. 이 책은 수학의 구체적인 분야에 실력자가 되기 위한 책은 아니지만, 적어도 내게는 수학의 핵심 주제들에 접근하기 위한 논리적인 기준이 되어주었다. 수학을 스스로 배우는 이들에게 이 책을 진심으로 권한다.

*

모리스 클라인 교수는 저명한 역사가이자 수학 교육자로서 기나긴 세월 동안 빛을 발하는 책을 썼다. 이 책은 고등학교 수학이 왜 그 모양이었는지 개의치 않는 사람에게는 별 쓸모가 없다. 그 외의 모든 사람들에게는 좋은 책이다. 책 뒤에 실려 있는 연습문제의 해답은 매우 유용하다.

나는 직업 수학자인데, 내 동료들 중에는 수학자가

아닌 사람이 어떻게 수학을 더 많이 배울 수 있는지 물어보는 이들이 있다. 수학책은 아주 따분하며 대중의 취향에 맞춘 수학책은 대체로 내용이 부실하다. 이 책은 수학의 역사와 수학이 사회에 갖는 중요성을 전체적으로 잘 짚어내고 있다.

*

나는 고등학생들에게 수학 과외를 하곤 했다. 이 책을 사탕처럼 나눠줄 수 있다면 얼마나 좋겠는가! 지구상의 모든 사람들이 빠짐없이 이 책을 읽었으면 한다. 이 책에는 대다수의 수학 수업에서 빠져 있는 것이 들어 있다. 맥락이 바로 그것이다.

이 책이 대단한 까닭을 단 한 단어로 요약할 수 있다면, 바로 맥락이다. 하지만 그것이 전부가 아니다. 매우 읽기 쉬우며, 고등학교에서 마주쳤을 수학 내용을 훤히 이해하게 해주며, 읽기가 꽤 즐겁다.

서문

"… 내 생각에, 아르키메데스나 아폴로니우스처럼 기하학의 난해한 내용을 제대로 이해하고 있는 수준은 아니더라도, 자연을 탐구할 때 그런 내용의 도움을 받을 수 있을 정도면 충분할 듯하다. 또한 굳이 기하학의 가장 심오한 신비를 밝혀내어 그 유용성을 판단할 수 있는 수준에 이를 필요도 없다고 본다… 그래도 기하학의 이론적인 부분을 익혀두었더라면, 한참 젊었을 때 배웠던 소중한 **기호** *대수를 갈고 닦았더라면 하는 아쉬운 마음이 종종 든다. 그 시절 나는 측량과 축성법(築城法)을 배우는 데 대부분의 시간을 보냈으니…."*

로버트 보일

예나 지금이나 나는 교양 학부 학생들이 듣는 수학 수업은 과학적 의미와 인문적 의미를 함께 전달해야 한다고 확신한다. 본격적인 수학은 별 흥미를 끌지 못하는 데다 특히 비전공자 학생들에게는 훨씬 와닿지 않는다. 하지만 수학이라는 과목도 문화적인 맥락에서 소개하면 이들에게 매우 의미심장한 과목이 된다. 사실, 기본 수학의 여러 분야들은 주로 수학 외적인 필요와 관심에 이바지할 목적으로 생겨났다. 그런 필요를 충족시키려고 노력하는 과정에서, 인간이 자연과 세계는 물론이고 인간 자신을 이해하는 데 수학의 각 분야가 더할 나위 없이 중요함이 입증되었다.

나의 이전 책『수학: 문화적 접근법』이 호응을 얻은 데서 알 수 있듯이, 많은 교수들은 수학을 서양 문화의 필수적인 일부로서 가르쳐왔다. 매우 감개무량

한 일이 아닐 수 없다. 그 책은 앞으로도 계속 구할 수 있을 것이다. 본서는 이전 책의 개정판이자 축약본으로 특정한 부류의 학생들에게 적합하게끔 기획된 것이지만, 원래 판본의 취지는 고스란히 담겨 있다. 역사적 접근법을 고수한 까닭은 그렇게 하면 재미있기도 하거니와 다양한 주제를 자연스럽게 소개하기 쉬우며 책 전체 내용을 일관성 있게 서술할 수 있기 때문이다. 이 책에서는 수학의 각 주제 내지 분야를 인간의 여러 관심사에 대한 한 가지 탐구 유형으로서 제시한다. 또한 기술 발전의 문화적 의미도 소개한다. 내가 고수한 한 가지 원칙을 들자면, 내용의 엄밀성의 수준은 수학 각 분야가 얼마만큼 오래되었느냐보다는 학생들의 수학 이해력이 어느 정도이냐에 맞추었다는 것이다.

이전 책에서와 마찬가지로, 이 책에서도 몇몇 주제를 요즘 유행하는 방식과 꽤 다르게 다룬다. 실수 체계, 논리학 및 집합론이 그렇다. 나는 이 주제들을 전반적인 맥락하에서 그리고 내가 보기에 수학의 기본 교과 과정에 적합한 수준으로 소개한다. 일례로, 다양한 종류의 수 및 그 성질을 관련된 물리적 상황과 사용 사례를 통해 밝혀낸 후에야 실수에 대한 공리적 접근법을 정식화한다. 논리학은 아리스토텔레스 논리학의 기본 사항들에 국한해서만 다룬다. 그리고 집합론은 특별한 유형의 대수를 설명하는 수단으로서 다룬다.

이 개정판은 특정한 유형의 사람들에 적합하게끔 내용이 수정되었다. 어떤 학생들은 이전 책보다 기초 개념과 기법에 관한 복습 및 연습 문제가 더 많이 필요하다. 기초 수준을 가르칠 준비를 하고 있는 이들은 고등학교 과정에서 다른 것보다 기초 수학을 더 많이 배울 필요가 있다. 미국의 고등학교 3학년 과정이나 대학 1학년의 한 학기 과정을 가르치는 교사들에게는『수학: 문화적 접근법』에 담긴 방대한 내용이 조금 당혹스러울 것이다. 왜냐하면 필요한 정도보다 훨씬 더 많은 내용이 실려 있기 때문이다.

이런 유형의 사람들이 필요로 하는 사항들을 고려하여 다음과 같이 개정했다.

1. 문화적 영향만을 전적으로 다룬 네 개 장을 삭제했다. 따라서 원래 책보다

크기가 상당히 줄었다.

2. 수학을 과학에 응용한 몇 가지 사례들을 뺐는데, 주로 분량을 줄이기 위해서였다.
3. 전문적인 주제를 다룬 장들, 즉 논리와 수학을 다룬 3장, 수를 다룬 4장, 기초 대수를 다룬 5장 그리고 다양한 연산들 및 그 대수를 다룬 21장의 내용을 추가했다.
4. 몇몇 장들에서는 연습문제를 추가했다. 기법을 익히는 데 도움이 되는 복습 문제들을 각 장에다 추가했다.
5. 여러 군데에 걸쳐 이전보다 향상된 방식으로 내용을 소개했다.

수업 교재로 사용한다면, 아마도 이 책은 이전 책과 마찬가지로 일부 수업에서 다룰 수 있는 내용보다 더 많은 내용이 포함되어 있을 것이다. 하지만 여러 장들 및 그 속의 절들은 논리적 연속성을 이루는 데 필수적이지는 않다. 이런 장과 절에는 별표(*)를 해두었다. 가령, 회화에 관한 내용인 10장은 수학자들이 어떻게 사영기하학(11장)을 내놓게 되었는지를 시대적 흐름을 통해 보여준다. 하지만 논리적 관점에서 보자면 10장은 다음 장을 이해하기 위해 굳이 필요하지는 않다. 음악에 관한 19장은 18장에 나오는 삼각함수를 응용한 사례이지만, 책의 일관성을 위해 꼭 필요하지는 않다. 미적분을 다룬 두 장의 내용은 이후의 장에서는 사용되지 않는다. 학생들이 미적분의 개념을 이해하게 해주는 면에서는 바람직하겠지만, 일부 수업에서는 이 두 장을 건너뛰는 편이 나을 수도 있다. 통계(22장)와 확률(23장)을 다룬 장도 마찬가지다.

유클리드 기하학을 다룬 6장은 여러 절에 걸쳐 도해를 이용한 설명이 많이 나온다. 이 장의 수학 내용은 유클리드 기하학의 기본 개념 및 정리들을 훑어보고 아울러 원뿔곡선을 소개할 목적으로 마련되었다. 익숙한 일부 응용 사례들이 6.3절(차례 참고)에 제시되어 있는데, 아마도 이 내용은 꼭 보아야 한다. 하지만 6.4절과 6.6절에서 소개하는 응용 사례 그리고 문화적 영향에 관한 논의를 다룬 6.7절의 내용은 건너뛰어도 좋다.

아래에 나오는 추천 사항에 포함되어 있든 없든 간에 일부 내용은 학생들이 읽어 보면 좋을 것이다. 사실, 첫 번째와 두 번째 장은 학생들이 부담 없이 읽을 수 있도록 의도적으로 서술했다. 이 두 장의 목표는 본질적으로 중요한 개념 소개와 더불어 학생들이 수학책을 읽도록 유도하여, 수학책을 읽을 수 있다는 확신을 줌과 아울러 수학책 읽기를 습관으로 만들기 위함이다. 학생들은 초등학교부터 고등학교까지의 수학 수업을 통해 역사책은 읽을 만하지만 수학책은 본질적으로 공식 암기와 숙제를 위한 참고서라고 여기게 되었다. 그러한 선입견을 깨면 좋을 듯싶어 이 두 장을 포함시켰다.

수 개념 그리고 수 개념을 확장시킨 대수 개념을 강조하는 수업의 경우에는 여러 장들이 논리적으로 서로 별개라는 점을 잘 활용하면 좋을 것이며, 추론과 산수 및 대수에 관해서는 3장에서부터 5장까지 그리고 특수한 유형의 대수에 관해서는 21장을 보면 된다. 이런 주제가 발전하여 함수 분야로 이어지는 과정을 탐구하려면 13장과 15장을 보면 된다.

기하학을 강조하는 수업의 경우에는 각각 유클리드 기하학, 삼각법, 사영기하학, 좌표기하학 그리고 비유클리드 기하학을 다룬 6, 7, 11, 12 및 20장에 초점을 맞추면 된다. 5장에서 살펴보는 일부 대수는 7장과 12장의 내용과 관련이 있다. 5장의 내용을 이미 숙지하고 있지 않다면, 기하학을 다루기 전에 반드시 이 장을 먼저 읽어야 한다.

앞서 말한 두 가지 제안의 요점을 도표로 표시하면 아래와 같다.

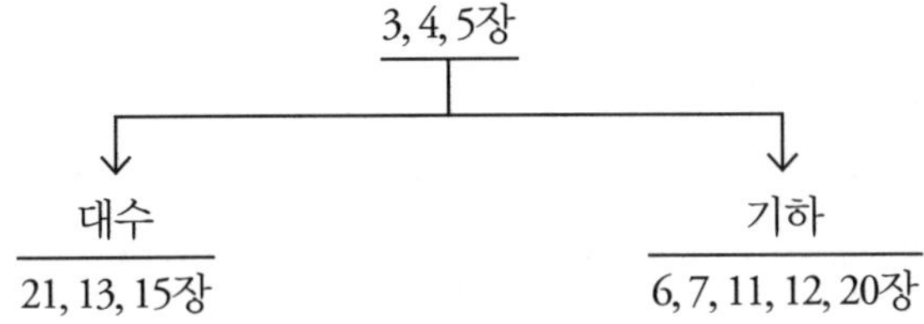

물론, 이들 장에 속한, 별표가 첨부된 절들은 선택사항이다.

한 학기짜리 교양 학부 수업일 경우라면 기본 내용은 아래와 같을 수 있다.

2장	역사적 동향
3장	논리와 수학
4장과 5장	수 체계 및 기초 대수
6장	6-5절까지, 유클리드 기하학
7장	7-3절까지, 삼각법
12장	좌표기하학
13장	함수 및 함수의 이용
14장	14-4절까지, 매개변수방정식
15장	15-10절까지, 과학에 함수를 이용하는 사례 더 살펴보기
20장	비유클리드 기하학
21장	특수한 대수

내용을 추가하면 수업이 더 풍요로워지겠지만, 강의의 연속성 차원에서 꼭 필요하지는 않을 것이다.

본격적인 수학의 영역 바깥에 있는 내용을 소개하고자 하는 교사들은 이 책을 이용해 강의를 한다면 그간 겪었던 어려움들이 많이 해소될 것이다. 그래도 주저하는 교사들이 있다면, 확신을 갖고서 이 책을 교재로 선택하길 바란다. 어떤 주제에 대해 뭐라도 한 마디 꺼내려면 꼭 그 분야의 권위자가 되어야 한다는 생각은 근거 없다. 우리는 자신의 전문 분야 외에는 전부 일반인일 뿐이다. 이런 점을 학생들에게 밝히는 데 부끄러워할 이유는 없다. 근접 분야들에 관해서 우리는 단지 어떤 개념들이 있는지 귀띔만 해줄 뿐이고, 그 이상의 내용을 알고 싶은 학생들은 다른 수업을 통해서 또는 스스로 공부해서 익히면 될 것이다.

이 책이 여러 유형의 학생들의 요구를 만족시켜주길 고대한다. 아울러 전문적인 내용을 강조한 부분도 조금 있긴 하지만, 이 책이 전반적으로 수학의 풍요로운 의미를 전달해주기를 바란다.

내용을 꼼꼼하게 살펴보고 특히 증명 부분을 성실하게 읽어준 아내 헬렌에게 고마움을 표한다. 또한 애디슨-웨슬리 출판사의 직원들에게도 감사드리고 싶다. 그들은 아주 유익한 제안을 해주었을 뿐 아니라 수학을 문화적인 관점에서 바라보는 나의 태도를 줄곧 지지해주었다.

1967년 뉴욕에서 모리스 클라인

차례

1
왜 수학인가?

수학에는 아무런 결점도 찾을 수 없다. 사람들이 순수 수학의 훌륭한 쓰임새를 충분히 이해하지 못한다는 것 말고는.

프랜시스 베이컨

수학을 공부한다는 것이 현실적으로 가치가 있는 일인지 의심이 드는 것은 어떻게 보면 당연하다. 이런 의심은 오래 전부터 이어져 왔다. 서기 400년에 아프리카의 고대 도시 히포 레기우스의 주교이자 기독교의 위대한 교부였던 아우구스티누스는 이런 말을 남겼다.

> 선량한 기독교인은 수학자를 비롯하여 헛된 예언을 하는 모든 이들을 조심해야 한다. 벌써부터 우려하지 않을 수 없는 바, 수학자들은 영혼을 어둡게 하고 인간을 지옥의 속박에 가두려는 계약을 악마와 이미 맺었을지 모른다.

어쩌면 성 아우구스티누스는 최근 수학적 성향의 과학자들과 종교 지도자들 사이에 일어난 갈등을 일찌감치 내다보고서 수학의 발전을 가로막으려고 했는지도 모른다. 어쨌든 수학을 대하는 그의 태도는 명약관화하다.

성 아우구스티누스가 살았던 무렵에 로마의 법관들은 수학자와 범죄자를 관련법에 따라 이렇게 판결했다. "기하학을 배우거나 수학만큼이나 흉측한 대중 활동에 참여하는 일을 금지한다."

심지어 십칠 세기의 수학 발전에 이바지한 유명 인사인 블레즈 파스칼조차도 인생이란 무엇인가를 사색하고부터는 순수 과학은 별 쓸모가 없다고 밝혔다. 1660년 8월 10일에 페르마에게 보낸 편지에서 파스칼은 이렇게 말하고 있다. "솔직히 말하자면 수학은 최고의 정신 활동입니다. 하지만 동시에 수학은 아주 쓸모없는 일이어서, 제가 보기엔 수학자인 사람과 흔한 숙련공 사이에는 별 차이가 없습니다. 한편으로 보자면 수학은 세상에서 가장 아름다운 직종이지만 단지 하나의 직종일 뿐입니다. 그리고 제가 종종 말했듯이, **수학 연구를** 시도해보는 것이야 좋지만, 너무 몰입할 것까진 없습니다. 그래서 나는 수학 연구에 매진하지는 않으려고 합니다. 분명 선생님께서도 저와 같은 생각이시겠지요." 이런 맥락에서 파스칼은 다음과 같은 경고를 남겼다. "초라하여라, 무능한 이성이여."

철학자 아르투르 쇼펜하우어도 수학을 얕잡아 보았기에 이 학문을 폄하하는 고약한 말들을 많이 남겼다. 유명한 말을 하나 꼽자면, 정신의 가장 열등한 활동이 산수라고 했다. 그 까닭은 산수는 기계로 할 수 있기 때문이라고. 다른 유명인들도 이런 관점에 동조했는데, 예를 들면 시인 요한 볼프강 괴테와 역사가 에드워드 기번을 들 수 있다. 이들도 수학에 대해 마찬가지로 여겼으며 그런 태도를 거침없이 드러냈다. 지금은 모두 작고하긴 했지만, 수학을 싫어하는 학생들을 이런 사람들과 같은 부류라고 간주할 수 있을 것이다.

이런 권위자들한테서 지지를 받는 터이니, 학생들은 왜 수학을 배워야 하는지 의아하지 않을 수 없다. 2300년 전에 철학을 위해 정신을 훈련시키는 데 좋다며 수학을 옹호했던 플라톤 때문일까? 중세 시대에 교회가 신학적 추론을 위한 예비 단계로 수학을 가르쳤기 때문일까? 아니면 물질문명과 과학적 사고가 팽배한 서구 사회에서 수학이 매우 요긴하기 때문일까? 메피스토펠레스가 파우스트에게 던진 아래 질문을 학생들이 교사에게 던져도 하등 이상할 게 없을 테다.

그대 자신은 물론이고 학생들을 지겹게 만드는 것이
옳은 일인가, 감히 묻건대, 사려 깊은 일인가?

아마도 이런 여러 질문에 대한 답을 내놓자면, 우선 위에 언급한 대로 수학을 싫어하거나 배척한 사람들은 아주 극소수임을 밝힌다. 현시대가 도래하기 이전에도 문화가 융성했던 시대라면, 학식 있는 사람들 대다수는 수학을 가치 있게 여겼다. 수학에 관한 근대적 개념의 바탕을 마련했던 고대 그리스인들은 한목소리로 수학의 중요성을 외쳤다. 중세와 르네상스 시기 내내 수학은 가장 중요한 학문의 한 분야 자리를 놓치지 않았다. 십칠 세기에는 전문가들의 수학 연구뿐만 아니라 일반 대중들의 관심도 함께 불타올랐다. 가령 새뮤얼 핍스는 급격하게 커지는 수학의 영향력에 큰 매력을 느낀 나머지, 자신의 수학적 무지를 견딜 수 없어 서른 살의 나이에 수학을 배우고자 발 벗고 나섰다. 어쩌다 보니 그는 구구단부터 배우기 시작했는데, 이어서 자기 아내에게도 구구단을 가르쳤다. 1681년에 핍스는 왕립학회의 회장으로 선출되었다. 핍스 다음으로 이 자리를 물려받은 이가 아이작 뉴턴이었다.

십팔 세기 문학을 탐독하는 사람이라면, 하퍼스(Harper's)와 애틀랜틱 먼슬리(Atlantic Monthly)와 같은 당대의 수준 높은 잡지들이 문학 관련 기고문과 더불어 수학 관련 기고문을 싣고 있는 모습에 깜짝 놀란다.(하퍼스와 애틀랜틱 먼슬리는 둘 다 미국의 권위 있는 문학/문화 비평 잡지이다-옮긴이) 십팔 세기의 학식 있는 신사숙녀들은 당시의 수학을 알고 있었으며, 당대의 과학 발전 내용을 꿰고 있어야 한다고 여겼다. 그래서 요즘 사람들이 정치에 관한 기사를 읽는 것만큼이나 그런 내용에 관한 기사를 찾아 읽었다. 이런 사람들은 알렉산더 포프의 시만큼이나 뉴턴의 수학과 물리학에도 조예가 깊었다.

오늘날에는 수학이 너무나도 중요해졌기에 사람들이 수학의 속성과 역할을 어느 정도 파악하고 있어야 한다는 것은 당연한 말이 되었다. 그러나 사실, 우리의 문화에서는 수학의 역할이 늘 분명하게 드러나지 않으며, 수학의 더욱 심오하고 복잡한 응용 사례들은 심지어 전문가들도 종종 제대로 이해하지 못한다. 하지만 이 학문의 본질적 속성과 성과들은 (일반인이라도) 충분히 이해할 수 있다.

아마 잠시 짬을 내어 수학이 무엇인지 생각해본다면 왜 수학을 배워야 하는지 더 잘 이해할 수 있을 것이다. 안타깝게도 이 질문의 답은 달랑 하나의 문장이나 하나의 장(章)에 담아낼 수 없다. 수학은 많은 측면들이 있기에, 어떤 이는 이 학문을 가리켜 히드라의 머리 같다고 한다. 수학을 일종의 언어로, 특별한 유형의 논리적 구조로, 수와 공간에 관한 지식의 집합체로, 결론을 유도하기 위한 일련의 방법들로, 물리적 세계에 관한 지식의 정수로, 또는 단지 재미있는 지적 활동으로도 볼 수 있다. 이런 측면들 각각을 짧은 지면에 정확하게 설명하기란 본질적으로 어렵다.

수학을 간단하고 쉽게 이해하게끔 정의하기란 불가능하기 때문에, 일부 수학자들은 수학은 수학자들이 하는 일이라고 적당히 얼버무리기도 한다. 하지만 수학자 역시 그저 사람이기에 그들이 하는 활동의 대부분은 흥미롭지 않으며 그중 어떤 일은 굳이 밝히기가 난처하기까지 하다. 하지만 위에서 제시한 수학에 대한 정의에 한 가지 장점이 있다면, 수학은 인간이 만들었다는 사실을 드러내준다는 것이다.

위의 정의를 조금 변형하여, 수학의 본질과 내용 그리고 가치를 이해하는 데 좀 더 유용한 정의를 내리자면 이렇다. 수학이란 수학이 행하는 것이다. 만약 우리가 수학이 무엇을 성취하려고 의도하는지 그리고 무엇을 성취하고 있는지라는 관점에서 수학을 살펴본다면, 분명 이 학문의 참 모습을 더욱 명확하게 간파하게 될 테다.

수학은 주로 추론으로 얻을 수 있는 것에 관심을 갖는다. 여기서 우리는 첫 번째 장애물과 맞닥뜨린다. 왜 추론을 해야 하는가? 추론은 인간에게 자연스러운 활동이 아니다. 두말 할 것도 없이, 우리는 먹는 방법을 배운다거나 어떤 음식이 생명을 유지시켜 주는지 알아내기 위해 추론을 할 필요가 없다. 이성(異性)과 짝을 맺는 일은 추론으로 터득하는 과학이라기보다는 일종의 본능이다. 추론을 많이 이용하지 않거나 수학을 전혀 모르고도 여러 직종에 종사할 수 있고 심지어 업계에서 높은 위치에 오를 수도 있다. 사회적 지위는 삼각법에 관한 지식을 뽐낸다고 그다지 높아지지 않는다. 사실 추론과 수학이 큰 역할을 하지 않은 문명들도 지속되었고 심지어 번영을 누리기까지 했다. 굳이 추론하자면, 추론이 불필요한 활동임을 증명하는 증거를 쉽게 댈 수 있다.

추론에 반대하는 사람들은 지식을 얻는 데는 다른 방법도 있음을 내세운다. 사실, 대다수 사람들은 자신들의 감각이 꽤 믿을 만하다고 확신한다. "보는 것이 믿는 것이다"라는 흔한 주장에는 감각에 대한 이러한 신뢰가 깔려 있다. 하지만 분명 짚고 넘어가야 할 점으로, 이런 감각은 제한적이며 때로는 오류의 가능성이 종종 있으며 비록 정확하더라도 반드시 해석을 거쳐야 한다. 예를 들어, 시각을 살펴보자. 태양은 얼마나 클까? 이 질문에 대해 우리의 눈은 태양이 고무공 정도의 크기라고 알려준다. 그렇다면 우리는 이대로 믿어야 한다. 한편, 우리 주위의 공기는 눈에 보이지 않는다. 또한 느낄 수도 만질 수도 냄새 맡거나 맛볼 수도 없다. 따라서 우리는 공기의 존재를 믿지 않아야 한다.

좀 더 난해한 상황을 살펴보기 위해, 한 교사가 만년필을 들고서 '이게 무엇입니까?'라고 묻는다고 상상해보자. 원시 사회에서 온 학생이라면 빛나는 막대기라고 대답할지 모른다. 그 학생의 눈에는 그렇게 보이기 때문이다. 만년필이라고 대답하는 학생들은 사실은 교육에 그리고 마음속에 축적된 경험에 의존하고 있다. 마찬가지로 우리가 멀리 떨어져 있는 높은 건물을 볼 때, 그 건물이 높다고 우리에게 알려주는 것은 경험이다. 따라서 오래 전에 누군가 말했듯이, "우리는 눈앞에 나타나는 것보다 눈 뒤에 있는 것을 보기 쉽다."

매일 우리가 보는 태양은 사실은 그 자리에 있지 않다. 우리가 일몰이라고 부

그림 1.1 지구의 대기로 인한 빛의 굴절

르는 시각보다 약 5분 전에 태양은 이미 기하학적인 지평선 아래에 놓여 있기에, 보이지 않아야 마땅하다. 하지만 태양에서 나온 광선은 지구의 대기를 지나는 동안 우리 쪽으로 휘어진다. 따라서 P에 있는 관찰자(그림 1.1)는 태양을 "볼" 뿐 아니라 빛이 O′P 방향에서 온다고 여긴다. 그러므로 태양이 그 방향에 있다고 믿게 되는 것이다.

게다가 감각은 어떤 종류의 지식을 얻는 데는 아무 소용이 없다. 가령, 태양까지의 거리, 지구의 크기, 총알의 속력(굳이 속력을 느끼길 원하지 않는다면), 태양의 온도, 식(eclipse)의 예측 기타 수십 가지 다른 사실이 그런 예다.

만약 감각이 부적절한 것이라면, 실험 내지는 이보다 좀 더 단순한 측정은 어떨까? 그런 방법으로 많은 정보를 얻을 수도 있고 실제로도 얻고 있다. 하지만 직사각형의 넓이처럼 아주 간단한 양을 알아내고 싶다고 가정하자. 측정으로 알아내려면 그 직사각형을 단위 넓이의 여러 정사각형으로 덮어서 그 개수를 헤아리면 된다. 하지만 양변의 길이를 잰 다음에 추론에 의해 얻어진 공식, 즉 직사각형의 넓이는 가로와 세로의 곱이라는 공식을 적용하는 편이 훨씬 더 간단하다. 만약 한 발사체가 얼마나 높이 올라가는지를 알아내는 좀 더 복잡한 문제라면, 발사체를 따라 올라가는 방법은 분명 고려할 것이 못 된다.

실험의 경우에는 현대 기술의 비교적 단순한 문제를 살펴보자. 어떤 사람이 강에다 다리를 놓으려 한다. 다리에 들어갈 기둥의 높이와 두께는 얼마여야 하는가? 다리는 어떤 모양이어야 하는가? 케이블로 다리를 지탱해야 한다면 케이블의 길이와 두께는 얼마여야 하는가? 물론 기둥과 케이블의 길이와 두께를 임의로 여러 번 선택해보고서 다리를 지을 수도 있다. 그 경우 실험자가 이 다리를 건너는 첫 번째 사람이어야 공정할 것이다.

이런 간략한 논의를 통해 분명히 드러났듯이, 감각과 측정 및 실험은 지식을 얻기 위한 세 가지 대안으로 보기에는 다양한 상황에 결코 적합하지가 않다. 추론이 필수적이다. 법률가, 의사, 과학자 및 공학자는 일상적으로 추론을 통해 지식을 얻는데, 추론을 이용하지 않을 경우 그런 지식을 얻을 수 없거나 아니면 매우 큰 비용과 노력이 들 것이다. 수학은 인간의 다른 어떤 노력보다도 지식을 생산하기 위해 추론에 의지한다.

수학적 추론이 효과적인 절차라는 사실은 누구든 기꺼이 인정할 것이다. 하지만 수학이 그런 추론을 통해 얻고자 하는 것은 무엇인가? 모든 수학적 활동의 으뜸 목표는 인간이 자연을 연구하는 일을 돕는 것인데, 그 과정에서 수학은 과학과 협력한다. 그렇다면 수학은 단지 유용한 도구일 뿐이고 진정한 탐구는 과학에서 이루어진다고 볼 수도 있다. 하지만 지금 단계에서 우리는 수학과 과학의 역할을 구분해서 각각이 이바지하는 바를 비교평가하려고 시도하지는 않겠다. 다만 각각은 서로 방법이 다르며 수학은 적어도 과학과 대등한 파트너임을 말할 뿐이다.

나중에 우리는 자연에 대한 관찰이 어떻게 명제라고 하는 진술로 체계화되는지 살펴볼 것이다. 수학자들은 자연이 꽁꽁 숨기고 있었던 비밀을 추론을 통해 밝혀낸다. 천체 운동의 패턴을 알아내고, 전파의 존재 및 그 이용 방법을 알아내고, 분자와 원자 및 핵의 구조를 이해하고 인공위성을 제작하는 일은 수학적 성취의 몇 가지 기본적인 예들이다. 물리적 데이터를 수학적으로 구성하기와 더불어 새로운 결론을 도출하는 수학적 방법들은 오늘날 모든 자연 탐구의 기본 바탕이다.

수학이 자연을 탐구하는 데 있어서 핵심적으로 중요하다는 사실은 수학이 지닌 여러 가치를 명쾌하게 드러내준다. 그 첫 번째는 실용적 가치다. 다리와 고층 빌딩의 건설, 수력, 화력, 전력 및 원자력의 이용, 조명, 통신, 항해 및 심지어 오락에 빛, 소리 및 전파를 효과적으로 활용하기 그리고 화학물질의 설계와 유용한 여러 가지 종류의 기름 생산 및 의약품에 화학 지식을 유용하게 활용하기 등은 이미 달성된 숱한 실용적 성과의 몇 가지 예일 뿐이다. 앞으로 이루어질 발전은 과거의 발전을 무색하게 만들 것이다.

하지만 물질적 발전은 자연 탐구의 가장 중요한 이유가 아닐뿐더러, 대체로 실용적인 결과들은 연구에서 의도한 그대로 얻어지지도 않는다. 사실, 실용적 가치를 지나치게 강조하면 인간 사고의 더욱 위대한 중요성을 간과하게 된다. 자연을 연구하는 더 심오한 이유는 자연의 이치를 이해하기 위함이다. 즉, 순수한 지적 호기심을 만족시키기 위해서다. 정말이지, 실용적인 이익과 무관하게 자연에 관해 질문을 던지는 태도야말로 인간의 독특한 특징이다. 모든 문명마다 일부 사람들은 적어도 다음과 같은 질문에 답하려고 애썼다. 우주는 어떻게 생겨났는가? 우주의 나이 그리고 특히 지구의 나이는 몇 살인가? 태양과 지구는 얼마나 큰가? 인간은 우연의 산물인가 아니면 어떤 원대한 설계의 일부인가? 태양계는 계속 지금처럼 작동할 것인가 아니면 지구가 언젠가 태양 속으로 추락할 것인가? 빛이란 무엇인가? 물론 모든 사람들이 그런 질문에 관심을 두지는 않는다. 음식, 살 집, 섹스 및 텔레비전만 있어도 행복한 사람들도 많다. 하지만 자연이 불가사의로 가득 차 있음을 아는 이들은 부와 권력을 얻으려고 하는 사업가들보다 그런 불가사의를 푸는 데 훨씬 더 마음을 쏟기 마련이다.

물질적인 측면에서 생활을 향상시켜주고 지적인 호기심을 충족시켜주는 것 이상으로, 자연을 탐구함으로써 우리는 또 다른 종류의 무형적인 가치들을 얻는다. 자연의 이치를 알고 나면 특히 두려움과 공포에서 벗어나며, 평온하고 깊은 만족감을 얻는다. 교육을 받지 못한 이들과 과학의 문외한들에게 자연의 여러 현상들은 분노한 신들이 일으키는 파괴의 작용이었다. 고대는 물론이고 심지어 중세 시대의 유럽인들이 믿었던 자연에 대한 견해 중 일부는 이후에 일어난 발전의 관점으로 볼 때 특별한 중요성을 갖는다. 태양은 모든 생명의 중심이었다. 겨울이 다가올수록 낮이 짧아지는 것을 보고서, 사람들은 빛의 신과 어둠의 신들 사이에 전투가 벌어진다고 믿었다. 그 무렵에는 북유럽 신화의 신인 오딘이 백마를 타고 하늘을 휘젓고 다니면, 악마들이 뒤따랐는데 이들은 사람을 해칠 기회만 호시탐탐 노렸다. 하지만 낮이 길어지기 시작하고 날마다 태양의 고도가 높아지면, 사람들은 빛의 신이 승리했다고 믿었다. 사람들은 모든 일을 멈추고 이 승리를 축하했다. 고마운 신들에게 희생제물을 올렸다. 과일, 견과류와 같은 비옥함의 상징물도 제단에 놓였는데, 이들의 성장도 물론 태양의 도움 덕분이었기 때문이다. 빛 그리고 빛이 주는 기쁨을 소망하는 마음을 상징하기 위해 큰 통나무를 열이틀 동안 불태웠고 수많은 양초를 켜서 한층 더 주위를 밝혔다.

오늘날에는 자연스러운 사건을 두고서 옛날 사람들은 미신을 품었는데, 현대의 관점으로 보자면 의아스럽기 그지없는 일이다. 일식은 작물을 성장시키는 빛과 열의 지속적인 공급을 위협하는 현상인데, 옛날 사람들은 용이 천체를 집어삼키고 있다고 믿었다. 오늘날에도 많은 인도 사람들은 하늘에 사는 악마가 가끔씩 태양을 공격해서 생기는 현상이 일식이라고 믿는다. 물론 기도와 희생제물 바치기 그리고 여러 의식이 진행된 후에 태양이나 달이 결국 승리하고 나면, 분명 그 모든 제의적 의례가 효과적인 해결책임이 드러난 셈이기에 일식이 일어날 때마다 의례를 치러야 했다. 게다가 일식이나 월식이 일어나는 동안에 특별한 마법의 물약을 마시면 건강과 행복과 지혜가 주어진다고 다들 여겼다.

과거의 원시인들에게 천둥, 번개 및 폭풍은 인간이 어떠한 식으로든 죄를 지을 때 신들이 내리는 벌이었다. 구약성경에 나오는 대홍수 및 소돔과 고모라가 불과 유황으로 멸망한 이야기 등도 유대인들의 신이 진노하여 벌인 일이었다.

따라서 무력한 인간들을 신이 어떻게 여기는지 늘 관심의 촉각을 세웠고 또한 두려움을 느꼈다. 인간이 기댈 것이라고는, 악운 대신 행운을 내려주길 바라며 신들의 비위를 맞추는 일뿐이었다.

두려움과 공포와 미신은 적어도 유럽 문명에서는 사라졌다. 자연이 보여주는 위력적인 현상들을 연구했던 지적 호기심이 충만한 사람들 덕분이었다. 이러한 "사색형 두뇌들의 돈벌이와 무관한 활동"으로 인해 우리들은 노예 상태에서 벗어났고, 상상도 못한 힘을 지니게 되었으며, 부정적인 교리 대신에 자연의 놀라운 질서와 통일성을 드러내주는 긍정적인 수학 법칙을 갖게 되었다. 인간은 지식을 소유한 자랑스러운 존재로 부상했으며, 이 지식 덕분에 자연을 차분하고 객관적으로 바라볼 수 있게 되었다. 정해진 시기에 벌어지는 일식은 더 이상 공포의 대상이 아니었다. 우리가 자연의 이치를 알고 있다는 흐뭇한 만족감을 가져다주는 현상이었다. 자연이 괴팍스럽거나 변덕스럽지 않음을 알게 되자 비로소 우리는 편하게 숨 쉴 수 있게 되었다.

정말이지, 인간은 자연을 연구하여 대단한 성과를 올렸다. 역사는 반복된다는 말이 있지만, 일반적으로 볼 때, 반복되는 상황은 이전에 일어났던 일과 동일하지 않다. 따라서 인류의 지난 역사가 미래를 좌지우지한다고 보기는 어렵다. 하지만 자연은 더 친절하다. 자연의 반복은 변함없이 이전 그대로 일어나므로 이전 사건의 정확한 복사본이다. 따라서 인간은 자연의 행동을 예상할 수 있고 무슨 일이 벌어질지 준비할 수 있다. 차츰 자연의 패턴을 인식하는 법을 익혀왔기에, 오늘날 우리는 자연의 일관성을 논의할 수 있게 되었고 또한 자연 현상의 규칙성에 감탄할 수 있게 되었다.

근래에는 수학을 통해 비생명적인 자연을 연구하는 데 성공하자, 인간의 본성까지 수학적으로 연구하려는 시도가 이루어졌다. 수학은 은행 업무, 보험, 연금 시스템 등의 매우 실용적인 제도에도 이바지했을 뿐 아니라 경제학, 정치학 및 사회학 등의 신생 과학에 기본 자료와 연구 태도 그리고 방법론을 제공했다. 수, 정량적 연구 그리고 엄밀한 추론이 모호하고 주관적이며 비능률적인 사변을 대체했으며 앞으로 다가올 더 위대한 가치들에 관한 증거를 이미 제공했다.

인간이 자기 자신 및 타인에 관해 사고하기 시작하면, 매우 근본적인 질문들이 떠오르기 마련이다. 인간은 왜 태어나는가? 인생의 목적은 무엇인가? 미래는 어떻게 펼쳐질 것인가? 물리적 우주에 관해 얻은 지식은 인간의 기원과 역할에 심오한 의미를 지닌다. 게다가 수학과 과학은 지식과 힘을 점점 더 많이 축적하자 생물학과 심리학 분야까지 차츰 아우르게 되었다. 이로써 인간의 물질적 생활과 정신적 생활 모두를 과학적으로 조명할 수 있게 되었다. 이리하여 급기야 수학과 과학은 철학과 종교에까지 심오한 영향을 미치게 되었다.

아마 철학 분야의 가장 심오한 질문은 이것일 테다. 진리란 무엇이며 인간은 어떻게 진리를 얻는가? 우리가 이 질문에 최종적인 대답을 갖고 있지는 않지만, 이 목적에 수학이 이바지한 공로는 막대하다. 지난 이천 년 동안 수학은 인간이 캐낸 진리들의 으뜸가는 출처였다. 따라서 진리를 얻는 문제를 탐구하는 모든 과정에는 수학이 필수적으로 개입되었다. 십구 세기에 일어난 몇 가지 충격적인 발전 때문에 수학의 본질이 이전과는 전혀 다르게 이해되고 있긴 하지만, 수학은 여전히 지식의 본질을 추구하는 모든 활동의 핵심으로 자리하고 있다. 수학의 이러한 가치가 지닌 무척이나 중요한 측면을 꼽자면, 인간의 마음이 작동하는 방식과 그 위력에 관한 통찰을 수학이 가져다준다는 것이다. 수학은 문제에 대처하는 마음의 능력이 얼마나 경이로운지를 보여주는 가장 뛰어난 사례이다. 그렇기에 수학을 연구할 가치가 있는 것이다.

수학의 가치들은 예술에 이바지하기도 한다. 대다수의 사람들은 예술이 수학과 무관하다고 믿는 편이다. 하지만 곧 살펴보겠지만, 수학은 회화와 건축의 주요 양식들을 창조했다. 게다가 수학이 음악에 이바지한 것 덕분에 인간은 음악을 이해할 수 있을 뿐 아니라 음악의 즐거움을 전 세계 구석구석에 전할 수 있게 되었다.

실생활, 과학, 철학 및 예술 분야에서 생기는 문제들이 인간으로 하여금 수학을 연구하게 만들었다. 하지만 그만큼이나 중요한 동기가 한 가지 더 있다. 바로 아름다움을 향한 추구이다. 수학은 일종의 예술이기에, 따라서 다른 모든 예술 장르가 제공하는 기쁨을 우리에게 전해준다. 이 말은 진정한 예술에 관한 전통적인 개념에 익숙한 사람들, 따라서 수학을 예술과 결부시키는 것이 예술의 품격을 손상시킨다고 보는 사람들에게 충격으로 다가올지 모른다. 하지만 보통 사람들은 예술이 진정으로 무엇인지 그리고 우리에게 무엇을 가져다주는지를 문제 삼지 않는다. 가령, 그림에서 많은 사람들이 실제로 보는 것은 익숙한 장면들과 아마도 밝은 색깔들이다. 하지만 이런 속성들이 그림을 예술로 만드는 것은 아니다. 진정한 가치들은 배워서 터득해야 하기에, 예술을 진정으로 감상하려면 많은 연구가 필요하다.

그렇기는 해도 우리는 수학의 미학적 가치를 굳이 고집하지는 않겠다. 세상에는 듣지 못하는 사람과 보지 못하는 사람이 있듯이 냉철한 논증이나 수학의 지나치게 세심해 보이는 개념 구별을 견디지 못하는 사람들도 있기 마련이다.

많은 사람들에게 수학은 지적인 도전과제를 던지는데, 잘 알려져 있듯이 그런 과제에 큰 흥미를 느끼는 사람들도 있다. 브리지(카드 게임의 일종), 십자말풀이 및 마방진 등의 놀이는 인기가 많다. 그러한 지적인 흥미 가운데 가장 유명한 사례는 다음과 같은 수수께끼들일 것이다. 늑대 한 마리, 염소 한 마리 그리고 양배추 한 통을 배에 싣고 강을 건너야 하는데, 배에는 한 번에 뱃사공 외에 셋 중 하나만 실을 수 있다. 늑대가 염소를 잡아먹지 않고 염소가 양배추를 먹지 않도록 하려면 뱃사공은 어떻게 해야 할까? 부부 두 쌍이 배 한 척으로 강을 건너야 하는데, 배에는 단 두 명만 탈 수 있다. 여자는 자기 남편과 동승하는 경우 이외에는 다른 남자와 같이 배에 오를 수 없다면, 어떻게 해야 할까? 이런 수수께끼들은 고대 그리스와 로마 시대로까지 거슬러 올라간다. 십육 세기에 살았던 수학자 타르탈리아에 의하면 이런 문제들은 당시에 저녁 식사 후 오락거리였다고 한다.

사람들은 지적인 문제를 풀면서 조금이라도 진전을 이루면, 그런 문제들에 대단한 흥미를 느낀다. 수학에서 얻을 수 있는 여러 가지 매력에 빠진 사람은 다른 사람들도 수학에 더 많은 시간을 할애하기를 바란다. 피상적인 활동이나 눈요깃거리 또는 깊이와 아름다움과 중요성이 결여된 놀이 대신에 수학에 재미를 붙이길 원하게 되는 것이다. 벅차긴 하지만 흥미진진한 수학 문제 풀이를 통해 우리는 정신적 몰입, 끊임없는 도전 속에 느끼는 마음의 평온, 활동 속의 휴식, 충돌 없는 전투, 그리고 갖가지 사건들이 만화경처럼 펼쳐지는 영원한 산맥들이 우리의 감각에 선사하는 아름다움을 경험한다. 세상사에서 초연히 벗어나 객관적인 수학적 추론을 즐기는 매력은 버트런드 러셀의 다음 말에 잘 표현되어 있다.

> 인간사의 열정에서 멀찍이 떨어져 그리고 심지어 자연의 가엾은 사실들에서도 한 발 물러나, 인간들은 세대를 거듭하며 질서정연한 한 우주를 창조해냈다. 거기에서는 순수한 사고가 자신의 본향에 있듯이 머물 수 있으며, 우리의 고상한 충동들 가운데 적어도 하나는 현실 세계라는 황량한 유배지에서 벗어날 수 있다.

수학을 통한 창의적 발상과 사색은 이러한 가치를 가져다준다.

수학 연구의 장점을 알려주는 이러한 주장들이 수없이 많은데도 독자들은 나름 수학의 가치에 정당한 의심을 품을지 모른다. 수와 도형에 관한 사고가 심오하고 강력한 결론들을 내놓으며, 이 결론들이 사고의 거의 모든 다른 분야에도 영향을 미친다고는 좀체 믿기 어려울지 모른다. 수와 기하도형에 관한 연구는 충분히 매력적이거나 전도유망한 일로 보이지 않을지 모른다. 심지어 수학의 개척자들조차도 이 학문의 여러 잠재적 가능성을 내다보지 못했다.

따라서 우선 우리의 활동이 지닌 가치를 의심해보자. 어쩌면 우리는 진부한 금언, 즉 호랑이굴에 들어가야 호랑이를 잡는다는 말로 독자들을 부추기고 있는지도 모른다. 또 어쩌면 거의 모든 신문과 잡지에서 매일 증언하는 수학의 위력에 독자가 관심을 갖도록 꼬드기는지도 모른다. 하지만 그런 호소들은 그다지 감동적이지 않다. 우리는 세상사에 경험이 많은 이들이 가치 있는 연구를 권유할 지혜도 아울러 지니고 있으리라는 아주 평범한 기반에서부터 시작하도록 하자.

따라서 앞서 인용한 성 아우구스티누스의 말에도 불구하고 독자들은 고생스럽더라도 수학 공부에 발을 들여놓고 싶은 유혹을 느낀다. 그런 독자들은 분명 수학이 감당할 수 있는 것이며 수학을 배우는 데 어떤 특별한 재능이나 마음의 자질이 필요하지는 않다고 확신할 수 있다. 수학 공부에도 음악이나 위대한 그림의 창작처럼 특별한 재능이 필요한지 여부는 논란의 여지가 있다. 하지만 다른 이들이 해놓은 연구를 이해하는 일에는 분명 "수학적 마음"이 따로 필요하지는 않다. 마치 예술을 감상하는 데 "예술적 마음"이 필요하지 않듯이. 더군다나 우리는 기존에 습득된 지식에 전혀 의존하지 않을 터이므로 이런 잠재적인 문젯거리는 생길 여지가 없다.

여기서 우리의 목적을 다시 되짚어보자. 우리는 수학이 무엇인지, 어떻게 작동하는지, 세상을 위해 어떤 것을 성취하는지 그리고 본질적으로 우리에게 무엇을 제공하는지 이해하고자 한다. 또한 우리는 수학이 다음과 같은 내용들을 갖고 있는지 알기 원한다. 자연과학자 및 사회과학자, 철학자, 논리학자 그리고 예술가에게 기여할 내용. 정치가와 신학자의 신조에 영향을 미치는 내용. 천체를 연구하는 사람들 또는 음악의 감미로움에 대해 사색하는 사람들의 호기심을 충족시키는 내용. 현대 역사의 과정을 필연적으로 (때로는 부지불식간에) 형성했던 내용. 요약하자면 우리는 수학이 현대 세계의 필수적인 한 부분이며 이 세계의 사상과 행동을 형성하는 가장 강력한 힘들 가운데 하나임을 알아보고자 한다. 아울러 수학이 우리 문화의 다른 모든 분야들과 긴밀하게 연결되어 있고 서로 의존하고 있으며 그런 분야들에 매우 소중한 한 구성체임을 알아보고 싶다. 아마도 우리는 수학이 모든 사상의 전파에 영향을 미침으로써 현 시대의 지적인 풍토를 마련했음을 알게 될 것이다.

연습문제

1. 늑대 한 마리, 염소 한 마리 그리고 양배추 한 통을 배에 싣고 강을 건너야 하는데, 배에는 한 번에 뱃사공 외에 이 셋 중 하나만 실을 수 있다. 늑대가 염소를 잡아먹지 않고 염소가 양배추를 먹지 않도록 하려면 뱃사공은 어떻게 해야 할까?
2. 어려운 문제를 하나 더 들자면 다음과 같다. 어떤 사람이 물통 두 개를 들고 욕조로 간다. 한 물통에는 물이 3리터 담겨 있고 다른 물통에는 5리터 담겨 있다. 그 사람은 어떻게 정확히 4리터의 물을 물통에 담아올 수 있을까?
3. 부부 두 쌍이 배 한 척으로 강을 건너야 하는데, 배에는 단 두 명만 탈 수 있다. 여자는 자기 남편과 동승하는 경우 이외에는 다른 남자와 같이 배에 오를 수 없다면, 어떻게 해야 강을 건널 수 있을까?

권장 도서

Russell, Bertrand: "The Study of Mathematics," an essay in the collection entitled *Mysticism and Logic*, Longmans, Green and Co., New York, 1925.

Whitehead, Alfred North: "The Mathematical Curriculum," an essay in the collection entitled *The Aims of Education*, The New American Library, New York, 1949.

Whitehead, Alfred North: *Science and the Modern World*, Chaps. 2 and 3, Cambridge University Press, Cambridge, 1926.

2
역사적 개관

교양은, 말하자면, 이전 시대의 모든 교양들이 합쳐져서 이루어진다.

르 보비에 드 퐁트넬

2.1 들어가며

우리의 첫 번째 목표는 수학 과목의 역사적 배경을 알아보는 것이다. 수학의 논리적 발전은 역사적 발전과 분명 다르긴 하다. 그렇긴 하지만 수학의 개념, 정리 및 증명을 살펴보기보다는 수학의 역사를 훑어보면 이 학문의 특징이 많이 드러난다. 이로써 우리는 오늘날의 수학이 무엇으로 구성되어 있는지, 어떻게 수학의 여러 분야들이 생겨났는지 그리고 다양한 문명의 어떤 측면들이 수학의 발전에 이바지했는지를 이해할 수 있다. 또한 역사를 살펴보면 수학의 속성과 범위 및 이용에 관한 배경 지식을 얻는 데 도움이 된다. 방대한 과목을 연구할 때면 언제나 세부 사항을 놓칠 우려가 있다. 특히 수학이 그렇다. 새로운 개념이나 증명을 이해하는 데 몇 시간 내지는 심지어 며칠이 걸릴 때도 종종 있기 때문이다.

2.2 초기 문명의 수학

아마도 천문학을 제외하면, 수학은 인간의 사고 활동 가운데 가장 오래되고 가장 지속적으로 탐구된 분야이다. 게다가 철학과 자연과학 및 사회과학과 달리, 새로 도입된 수학 내용 가운데서 버려진 것은 거의 없다. 수학은 누적적으로 발전한다. 즉, 새로운 내용이 기존의 내용 위에 논리적으로 보태지므로, 새로운 내용을 숙달하려면 반드시 이전의 결과를 이해해야만 한다. 그렇기에 우리는 수학의 시초로 거슬러 올라가지 않을 수 없다.

초기 문명을 살펴보면 한 가지 놀라운 사실이 금세 드러난다. 여러 문명이 훌륭한 예술, 문학, 철학, 종교 및 사회 제도를 갖추고 있었지만, 논의할 가치가 있는 수학을 지녔던 문명은 매우 드물었다. 대다수의 문명은 다섯이나 열까지 셀 수 있는 단계를 좀체 넘어서지 못했다.

이런 초기 문명들 가운데 일부에서는 수학이 조금이나마 진척을 이루었다. 선사시대, 즉 대략 기원전 4천년 이전에 적어도 몇몇 문명에서는 수를 추상적인 개념으로 여기기 시작했다. 즉, 그 문명들에 속한 이들은 세 마리 양과 세 개의 화살이 공통점이 있음을 알아차렸다. 셋이라고 하는 이 양을 어떤 특정한 물리적 대상과 구별되는 독립적인 개념이라고 보았던 것이다. 우리들 각자도 학창 시절에 수를 물리적 대상과 구별하는 그러한 과정을 거친다. "수"를 추상적인 개념으로 인식하는 일은 수학의 토대를 마련하는 위대한, 아마도 최초의 단계이다.

다음 번 단계는 산술 연산의 도입이었다. 총합을 얻기 위해 대상들을 일일이 세는 대신에 대상들의 두 모음을 나타내는 수들을 더한다는 것은 대단한 발상이다. 빼기, 곱하기 및 나누기도 마찬가지로 볼 수 있다. 이런 연산을 수행하기 위한 초기의 방법들은 현대의 방법에 비하자면 조잡하고 복잡했으나, 그러한 발상을 실제 사례에 적용하는 과정은 지금과 마찬가지였다.

오직 일부 고대 문명, 즉 이집트, 바빌로니아, 인도 및 중국 등이 이른바 수학의 기초 내용을 확보하고 있었다. 수학의 역사 그리고 서양 문명의 역사는 이런 문명들 중 두 지역에서 생긴 일로부터 시작되었다. 인도의 역할은 나중에야 등장하며, 중국의 역할은 광범위하지 않았고 게다가 후대의 수학 발전에 영향을 미치지 못했기 때문에 무시해도 좋다.

이집트 문명과 바빌로니아 문명에 관한 우리의 지식은 대략 기원전 4천년으로 거슬러 올라간다. 이집트인들은 대략 지금의 이집트 영토와 동일한 지역을 차지하고 있었고 기원전 약 300년까지 지속적이고 안정된 문명을 유지했다. "바빌로니아" 문명은 현대 이라크 지역을 차지했던 일련의 문명을 가리킨다. 이집트인들과 바빌로니아인들은 둘 다 자연수와 분수, 상당한 정도의 산수 지식, 대수, 그리고 기하도형의 넓이와 부피를 구하는 많은 단순한 규칙들을 알고 있었다. 이런 규칙들은, 사람들이 어떤 음식을 먹을지를 경험을 통해 배우는 것과 마찬가지로, 경험의 부수적인 축적일 뿐이었다. 규칙들 가운데 다수는 사실 부정확했지만 간단한 적용 사례에 쓰기에는 충분히 괜찮았다. 가령, 원의 넓이가 반지름의 제곱의 3.16배에 해당한다는 이집트인들의 규칙이 그런 예다. 이 규칙에서는 π의 값을 3.16으로 본 것이다. 이 값은 정확하지는 않지만 바빌로니아인들이 사용했던 여러 값들보다는 훨씬 나았다. 그런 값들 중 하나로 3을 들 수 있는데, 이는 성경에서도 나오는 값이다.

이런 초기 문명들은 스스로 고안해낸 수학으로 무엇을 했을까? 고대 이집트의 파피루스와 바빌로니아의 점토판에서 찾아낸 문제들을 놓고서 판단하자면, 두 문명 모두 산수와 대수를 대체로 상업과 국가 행정을 위해 사용했다. 가령, 대출금과 저당에 대한 간단하거나 복잡한 이자 계산, 사업의 수익금을 투자자들에게 할당하기, 상품을 사거나 팔기, 세금 정하기, 그리고 곡식 몇 가마니가 특정한 알코올 함량의 맥주 양에 해당하는지 계산하기 등이 그런 용례였다. 기하학 규칙들은 들판의 넓이, 토지의 예상 수확량, 건물의 부피 그리고 사원이나 피라미드를 세우는 데 드는 벽돌이나 돌의 양을 계산하는 데 쓰였다. 고대 그리스의 역사학자 헤로도토스는 나일 강이 매년 범람하여 농지의 경계가 사라졌기 때문에 경계를 다시 정하기 위해 기하학이 필요했다고 한다. 사실, 헤로도토스는 기하학을 나일 강의 선물이라고까지 표현했다. 역사의 이런 일면은 부분적인 진실이다. 경계를 다시 정하는 일이 분명 하나의 응용 사례이긴 했지만, 기하학은 이집트에서 기원전 1400년 훨씬 이전부터 존재했다. 헤로

도토스도 기하학의 기원에 관해 언급했던 내용이다. 이집트가 나일 강의 선물이라고 말했다면 더 정확했을 테다. 왜냐하면 지금이나 그때나 이집트에서 비옥한 지역이라고는 오로지 나일 강 유역뿐이기 때문이다. 강이 범람하면서 좋은 흙이 주위의 땅에 퇴적된 것이 그 이유였다.

단순하고 초보적이긴 했지만 기하학을 실제 사례에 적용한 것은 이집트와 바빌로니아에서 큰 역할을 했다. 이 두 지역 사람들은 위대한 건축가들이었다. 카르나크와 룩소르에 있는 신전과 같은 이집트 신전들 그리고 피라미드는 고층 빌딩들이 곳곳에 세워진 현시대의 기준으로 보더라도 경탄할만한 공학적 성취이다. 지구라트라고 불리는 바빌로니아 신전들 또한 피라미드와 비슷한 놀라운 구조물이다. 게다가 바빌로니아인들은 관개 기술에도 매우 뛰어났기에, 티그리스 강과 유프라테스 강에 운하를 만들어 뜨겁고 건조한 토지에 물을 댔다.

그런데 피라미드에 대해 말할 때는 조심해야 할 것이 있다. 피라미드가 워낙 인상적인 구조물이다 보니, 이집트 문명을 다루는 일부 저자들은 피라미드 건설에 사용된 수학 또한 대단한 수준이라고 무턱대고 단정했다. 어느 피라미드이건 간에, 수평 치수는 정확히 동일한 길이이며, 경사면들은 모두 지면과 동일한 각을 이루며 직각은 정확히 90도임을 그들은 지적한다. 하지만 수학을 사용하지 않더라도 세심함과 인내심만 있어도 그런 결과를 구할 수 있다. 가구 제작자가 수학자일 필요는 없다.

이집트와 바빌로니아의 수학은 천문학에도 적용되었다. 물론, 천문학은 고대 문명에서 역법 계산을 위해 그리고 어느 정도 항해 목적으로 연구되었다. 천체의 운동은 시간을 재는 근본적인 표준을 마련해주었으며, 어느 특정한 시간에 천체의 위치는 항해 중인 배의 위치를 정하고 사막에서 대상 행렬이 방향을 찾을 수 있도록 해주었다. 역법 계산은 일상생활과 상업에서 필요했을 뿐 아니라 종교 축일과 파종 시기도 결정했다. 이집트에서는 미리 재산과 가축을 옮길 수 있도록 나일 강의 범람을 예측할 필요성도 있었다.

이와 관련하여 한 가지를 꼭 언급하자면, 이집트인들은 태양의 위치를 관찰함으로써 한 해가 365일임을 확실히 알게 되었다. 어떤 추측에 따르면, 이집트의 성직자들은 365$\frac{1}{4}$이 더 정확한 수치임을 알았지만 이 지식을 비밀로 지켰다고 한다. 이집트 역법은 한참 나중에 로마인들에게 전해졌으며 이후 유럽으로 계승되었다. 이와 달리 바빌로니아인들은 음력을 개발했다. 초승달에서 다음 초승달까지 잰 한 달의 길이는 29일이기도 하고 30일이기도 했기에, 바빌로니아인들이 채택한 열두 달의 한 해는 계절 변화와 일치하지 않았다. 따라서 바빌로니아인들은 19년 주기마다 최대 일곱 달까지 여분의 달을 추가했다. 히브리인들도 이 방식을 채택했다.

천문학은 지금껏 설명했던 목적에 이바지했을 뿐만 아니라 고대로부터 지금까지 점성술에도 기여했다. 고대 바빌로니아와 이집트에서는 달, 행성들 그리고 별들이 나라의 대소사에 직접적으로 영향을 미치고 심지어 조종한다는 믿음이 널리 퍼져 있었다. 이런 신조는 차츰 확대되어 나중에는 개인의 건강과 행복 또한 천체의 의지에 달려 있다는 믿음까지 생겨났다. 따라서 당시에는 이런 천체들의 운동과 상대적 위치를 연구하면, 천체들이 개인에 미치는 영향을 알아낼 수 있고 심지어 개인의 장래까지 예측할 수 있다는 생각이 타당하게 여겨졌다.

이집트인과 바빌로니아인이 수학에서 거둔 업적을 동시대의 다른 문명 및 이전의 문명과 비교해보면, 이 두 문명이 거둔 업적의 위대함이 분명히 드러난다. 하지만 다른 기준으로 그들의 업적을 판단하자면, 그들의 수학은 그리 중요해 보이지 않는다. 비록 두 문명이 종교, 예술, 건축, 야금학, 화학 및 천문학에서 비교적 높은 수준에 이르긴 했지만 말이다. 두 문명의 직계 후예인 그리스 문명의 업적과 비교해보면, 이집트와 바빌로니아의 수학은 위대한 문학 작품은 고사하고 겨우 알파벳을 배우는 수준이다. 그들은 수학을 하나의 개별적인 학문으로 인식하지도 못했다. 수학은 단지 농업, 상업 및 토목 사업에 쓰이는 도구였을 뿐, 피라미드와 지구라트를 세우는 데 쓰이는 다른 도구들보다 더 중요할 것이 없었다. 4000년이 흘러도 이 학문에는 그다지 발전이 없었다. 더군다나 수학의 정수, 즉 방법과 결과의 타당성을 규명할 추론은 아직 누구도 시도하지 않았다. 경험에 비추어 절차와 규칙을 정했고 이런 뒷받침에 그들은 만족했다. 이집트와 바빌로니아의 수학은 경험적 수학이라는 말이 가장 잘 어울리며, 고대 그리스 이후 우리가 이 학문의 주요 특징이라고 여기는 것에 비추어보면 수학이라는 이름에 도무지 걸맞지 않는다. 구체적인 수학의 살과 뼈는 일부 존재했지만, 수학의 정신은 부족했다.

이론적 내지 체계적 지식에 대한 관심이 부족했음은 이들 두 문명의 활동 전반에서 자명하게 드러난다. 이집트인들과 바빌로니아인들은 수천 년 동안 별과 행성과 달의 경로를 분명히 알고 있었다. 그들의 달력과 더불어 현존하는 천체 도표들은 천문 관찰의 범위와 정확성을 증언해준다. 하지만 우리가 알고 있는 한 어떠한 이집트인과 바빌로니아인도 이런 모든 관찰 결과를 천체 운동의 한 가지 주요 계획이나 이론 안에 담아내려고 노력하지 않았다. 어느 누구도 과학적인 이론이나 연관된 지식 체계를 마련하지 못했던 것이다.

2.3 고전 그리스 시기

지금까지 살펴보았듯이, 수학은 선사시대에 시작되어 수천 년 동안 생존을 위해 고군분투했다. 마침내 수학은 이 학문과 죽이 잘 맞는 고대 그리스의 분위기에서 굳건한 생명의 발판을 마련했다. 그 땅은 기원전 1000년경에 어디서 왔는지 모르는 사람들한테서 침략을 받았다. 기원전 600년경에 이 사람들은 그리스 전체뿐 아니라 지중해 연안의 소아시아 지역에 있는 많은 도시까지 점령했다. 가령 크레타, 로도스 및 사모스 같은 섬들 그리고 이탈리아 남부와 시칠리아에 있는 여러 도시들을 차지했다. 이들 지역 모두에서 유명한 사람들이 배출되었지만, 기원전 600년경부터 기원전 300년경까지 지속된 고전 그리스 시기 동안 으뜸가는 문화 중심지는 아테네였다.

그리스 문화는 순전히 토착민의 것이 아니다. 그리스인들 스스로도 바빌로니아인에게서 그리고 특히 이집트인에게서 문화를 물려받았음을 인정했다. 많은 그리스인들이 이집트와 소아시아 지역을 여행했다. 일부는 배움을 위해 그곳에 갔다. 그렇기는 해도 그리스인들이 창조한 것은 마치 황금이 주석과 다르듯이 이집트인들과 바빌로니아인들에게서 물려받았던 것과는 많은 차이가 있다. 플라톤이 그리스의 업적을 설명하면서 "우리 그리스인들은 무엇을 받든지 간에 향상시키고 완벽하게 만든다"고 한 말은 지나치게 겸손한 표현이었다. 그리스인들은 이집트와 바빌로니아에서 수입한 원재료를 갖고서 완성품을 만들었을 뿐 아니라, 이전과 완전히 다른 새로운 분야의 문화를 만들어냈다. 철학, 순수과학 및 응용과학, 정치적 사고 및 제도, 역사 저술, (소설 장르를 제외한) 현시대의 거의 모든 문학 장르 그리고 개인의 자유와 같은 새로운 이상은 온전히 고대 그리스에서 나온 것이다.

고대 그리스인들의 위대한 업적은 이성의 힘에 주목하고 이것을 이용하고 강조했다는 점이다. 이성적 추론의 힘을 인식한 것이야말로 인간의 가장 위대한 발견에 속한다. 게다가 고대 그리스인들은 이성이 인간이 소유한 고유한 재능임을 알아차렸다. 아리스토텔레스는 이렇게 말했다. "어떤 속성에 고유한 것은 그 속성에 최상이며 가장 큰 기쁨을 준다. 인간에게 그러한 것은 이성에 따른 사람이다. 왜냐하면 그것이야말로 인간을 인간답게 만들기 때문이다."

수학에 추론을 적용한 덕분에 고대 그리스인들은 이 학문의 속성을 완전히 바꾸어버렸다. 사실, 오늘날 우리가 알고 있는 수학은 전적으로 고대 그리스의 선물이다. 이 사안에서는 그러한 은혜를 두려워하라고 했던 베르길리우스의 경고에 귀를 기울이지 않아도 된다. 하지만 고대 그리스인들은 어떤 계기로 이성을 수학에 도입했을까? 이집트인들과 바빌로니아인들은 경험이나 시행

착오를 통해 유용한 정보를 습득하는 데 만족했던 데 반해, 고대 그리스인들은 경험주의를 내다버리고 수학 전 분야를 체계적이고 합리적으로 공략했다. 무엇보다도 고대 그리스인들은 수와 기하도형이 하늘과 땅 어디에서나 나타남을 확실하게 알아차렸다. 그리하여 이 중요한 개념에 집중하기로 결심했다. 게다가 그들은 특정한 물리적 상황에 대한 문제 해결보다는 일반적이고 추상적인 개념을 다루겠다는 의도를 명시적으로 드러냈다. 그리하여 특정한 들판의 경계나 바퀴의 모양보다는 이상적인 원을 고찰하고자 했다. 또한 이런 개념들에 관한 어떤 사실들이 명백하고도 기본적임을 그들은 알게 되었다. 동일한 수들에 동일한 수들을 더하거나 빼면 동일한 수들이 나옴은 자명했다(가령, a, b, c가 수일 때, $a=b$라고 하면, $a+c=b+c$, $a-c=b-c$를 말한다-옮긴이). 두 직각은 반드시 서로 동일하며 중심과 반지름이 주어지면 하나의 원을 그릴 수 있음도 자명했다. 따라서 그들은 이러한 명백한 사실들 가운데 일부를 출발점으로 삼아서 공리라고 불렀다. 그 다음에는 이런 사실들을 전제로 하여 추론을 적용했는데, 당시 인류가 소유한 가장 믿을 만한 추론 방법을 적용했다. 만약 추론이 성공적이면 새로운 지식이 생겨났다. 그런데 추론은 일반적인 개념에 관한 것이었기에, 그들이 내린 결론은 그 개념이 해당되는 모든 대상에 적용될 터였다. 그러므로 만약 원의 넓이가 반지름 길이의 제곱의 π배임을 그들이 증명할 수 있다면, 이 사실은 원형의 들판이나 원형 신전의 바닥 넓이 그리고 둥근 나무 기둥의 단면에도 적용될 터였다. 일반적인 개념에 관한 그러한 추론은 단 한 번의 증명으로 수백 가지 물리적 상황에 관한 지식을 내놓았을 뿐 아니라, 경험으로서는 결코 내다보지 못할 지식을 내놓을 가능성이 언제나 존재했다. 고대 그리스인들은 믿을 수 있는 명백한 사실들을 바탕으로 일반적인 개념을 유추해냄으로써 이런 모든 이득을 얻어냈다. 정말로 깔끔한 계획이 아닐 수 없었다!

장담하건대 고대 그리스인들은 사고방식이 이집트인들이나 바빌로니아인들과는 완전히 달랐다. 수학을 이용하기 위한 계획에서 고대 그리스인들의 그러한 측면이 잘 드러난다. 이자와 세금 계산 및 상업 거래에 산수와 대수를 이용하고 또한 곡식 창고의 부피를 계산하기 위해 기하학을 이용하는 것은 가장 먼 별들만큼이나 그들의 관심사와 동떨어져 있었다. 실제로 그들은 머나먼 별들에 관심을 기울였다. 나중에 살펴보겠지만 고대 그리스인들은 수학이 많은 분야에 유용함을 알고 있었지만, 가장 으뜸 가치는 자연을 연구하는 데 수학이 도움을 준다는 것이었다. 그들은 자연의 모든 현상, 그 중에서도 특히 천체에 가장 매력을 느꼈다. 그러므로 고대 그리스인들은 빛, 소리 및 지상의 물체들의 운동도 연구하긴 했지만 천문학이 가장 중요한 과학적 관심사였다.

자연을 탐구할 때 고대 그리스인들이 추구했던 것은 과연 무엇이었을까? 그들은 물질적 이익이나 자연에 대한 통제력을 얻으려고 하지 않았다. 다만 호기심을 충족시키려고 했을 뿐이다. 추론을 즐기는 성향인데다 자연을 연구하는 데서 가장 벅찬 지적인 도전의식을 느끼는 사람들이었기에, 고대 그리스인들은 자연을 순전히 지적인 측면에서 연구했다. 말하자면 고대 그리스인들은 진정한 의미에서 과학의 선구자였다.

고대 그리스인들이 취했던 자연에 대한 관점은 수학에 대한 관점보다 아마도 훨씬 더 대담했다. 초기 문명들은 물론이고 이후의 문명들도 자연을 변덕스럽고 제멋대로이며 무서운 것으로 보았고 따라서 마법과 의례를 통해 두렵기 그지없는 불가사의한 힘을 달래야 한다고 여겼던 반면에, 고대 그리스인들은 대담하게도 자연을 정면으로 바라보았다. 그들은 자연이 합리적이며 특히 수학적으로 설계되었다고 확신했으며, 인간의 이성은 주로 수학의 도움을 받아서 그 설계 내용을 파악할 수 있다고 여겼다. 정서적으로 고대 그리스인들은 전통적인 신조, 초자연적인 원인, 미신, 독단, 권위 및 기타 인간의 사고를 방해하는 요소들을 거부했으며 자연 현상을 이성의 빛으로 조명했다. 신비 그리고 제멋대로인 듯 보이는 자연의 속성들을 걷어내고 아울러 두려움을 주는 힘에 대한 믿음을 없애는 데 고대 그리스인들은 선구자였다.

여러 가지 이유에서 고대 그리스인들은 기하학을 좋아했다. 그 이유들은 이후의 장에서 더 자세히 살펴보고자 한다. 기원전 300년경 탈레스, 피타고라스 및 그 추종자들, 플라톤의 사도들(대표적으로는 에우독소스) 그리고 수백 명의 다른 유명한 인물들이 거대한 논리적 구성물을 하나 세웠다. 유클리드는 이것들 대다수를 자신의 책 『원론』에 집대성했다. 물론 이것은 지금도 고등학교에서 배우는 기하학 내용이다. 그들은 수의 성질이나 방정식의 해법에도 어느 정도 기여하긴 했지만, 주된 연구 대상은 기하학이었다. 따라서 수의 표현과 계산 또는 기호 및 대수의 기법은 이집트인들과 바빌로니아인에 비해 발전된 것이 없었다. 이런 분야의 발전이 있기까지는 더 많은 세월이 지나야 했다. 하지만 고대 그리스에서 크게 발전한 기하학은 이후의 문명에도 엄청난 영향을 미쳤으며, 그러한 기하학이 없었더라면 수학의 기본 개념조차 파악하지 못했을 여러 문명에 수학 연구를 위한 영감을 제공했다.

고대 그리스인들이 수학에서 거둔 성취는 더욱 중요한 의미를 하나 지녔다. 즉, 새로운 진리를 도출하는 데 인간의 이성이 막강한 위력을 발휘한다는 훌륭한 증거를 처음 제시한 것이다. 고대 그리스인들에게 영향을 받은 모든 문화권에서는 그런 선례에 힘입어 철학, 경제학, 정치 이론, 예술 및 종교에도 추론을 적용했다. 심지어 오늘날까지 유클리드는 이성의 힘과 성취가 지닌 위대함을 보여주는 으뜸가는 사례이다. 유클리드 시절 이후로 숱한 세대들이 그의 기하학을 통해 추론이 무엇인지 추론으로 무엇을 얻을 수 있는지 배웠다. 고대 그리스인들과 마찬가지로 현대인들도 유클리드의 책을 통해 정확한 추론이란 어떻게 진행되어야 하는지, 어떻게 하면 추론을 용이하게 펼쳐갈 수 있는지 그리고 올바른 추론과 그릇된 추론을 구별할 수 있는지 배웠다. 수학의 이런 가치를 높게 보지 않는 사람들도 많지만, 어쨌거나 그런 사람들도 추론의 훌륭한 사례를 내놓으려면 필연적으로 수학에 기댈 수밖에 없다.

유클리드 기하학에 관한 지금까지의 짧은 논의에서 보았듯이, 기하학은 죽은 과거의 유물과는 한참 거리가 멀다. 오히려 본격적인 수학의 주춧돌이자 추론의 한 패러다임으로서 여전히 중요한 분야이다. 논리적 추론을 가능하게 만든 위대한 이성의 힘을 통해 고대 그리스인들은 서양 문명의 토대를 마련했다.

2.4 알렉산더 대제가 그리스를 지배하던 시기

그리스의 지적 풍토는 알렉산더 대제가 그리스와 이집트 그리고 근동 지역을 정복하게 되면서 상당히 달라졌다. 알렉산더는 새로 차지한 광대한 제국에 걸맞은 새로운 수도를 세우려고 마음먹고서 자신의 이름을 따서 명명한 도시를 이집트에다 건설했다. 그리하여 새로운 그리스의 중심지는 아테네 대신에 알렉산드리아가 되었다. 따라서 알렉산드리아를 중심지로 삼은 문명은 비록 주로 그리스적이긴 했지만 이집트와 바빌로니아의 영향을 강하게 받았다. 이러한 알렉산드리아 그리스 문명은 기원전 약 300년부터 기원후 600년까지 이어졌다.

그리스인들의 이론적 관심과 바빌로니아인들 및 이집트인들의 실용적 전망이 결합된 양상은 알렉산드리아 시기 그리스인들의 수학과 과학 연구에서 명백히 드러난다. 고전 그리스 시대의 순수하게 기하학적인 연구도 지속되었다. 가령 그리스의 가장 유명한 두 수학자인 아폴로니우스와 아르키메데스가 알렉산드리아 시기에도 수학 연구를 이어나갔다. 사실, 유클리드 또한 알렉산드리아에서 살았지만 그의 저술은 고전 그리스 시기의 성취들을 반영한다. 대체로 정량적인 결과가 필요한 실용적인 응용 면에서 보자면, 알렉산드리아인들은 정확한 기하학적 결과들에서 도출된 결과들을 이용하기도 했지만, 이집트와 바빌로니아의 초보적인 산수와 대수를 다시 가져와서 그런 어림짐작에 바탕을 둔 도구와 절차를 많이 활용했다. 대수가 얼마간 발전하긴 했지만, 니코마코스와 디오판토스와 같은 당시의 수학 대가들도 오늘날 우리가 고등학교에서 배우는 기본적인 방법조차 고안하지 못했다.

하지만 자연을 수학적으로 연구하길 좋아하는 고전 그리스 시대의 성향과 정량적인 것을 추구하는 시도가 결합되어 새로운 연구 동향을 촉진했다. 구체적으로 말하자면, 모든 시대를 통틀어 가장 유명한 천문학자들 가운데 두 명인 히파르코스와 프톨레마이오스가 천체의 크기와 거리를 계산했으며 당시로서는 타당하고 정확한 천문학 이론을 내놓았다. 지금까지도 프톨레마이오스 이론이라고 알려진 것이다. 히파르코스와 프톨레마이오스는 또한 이러한 목적을 위해 필요한 삼각법이라 불리는 중요한 도구를 개발했다.

알렉산드리아 문명이 번성하던 시기에 로마인들이 차츰 강성해졌다. 마침내 기원전 3세기 말경에 로마는 세계적인 강대국이 되었다. 이탈리아 지역을 정복한 다음 그리스 본토와 더불어 지중해 지역에 흩어져 있는 많은 도시까지 복속시켰다. 그 중에는 시칠리아의 시라쿠사라는 유명한 도시도 있었다. 거기서 아르키메데스는 삶의 대부분을 보내다가 75살의 나이에 로마 병사에게 죽임을 당했다. 저명한 역사가인 플루타르코스가 전해주는 이야기에 따르면, 병사가 항복하라고 외쳤지만 아르키메데스는 수학 문제를 골똘히 연구하느라 그 명령을 듣지 못해 그만 죽임을 당했다고 한다.

그리스 문화와 로마 문화의 차이는 확연하다. 로마인들도 서양 문명에 기여했지만, 수학과 과학 분야에서 그들의 영향은 긍정적이기보다 부정적이었다. 로마인들은 실용적인 사람들이었으며 자신들의 실용성을 뽐내기도 했다. 그들은 부국강병을 추구했으며 거창한 토목 사업을 벌이기 좋아했다. 도로와 고가교(高架橋) 등을 건설하여 자신들의 제국을 확장시키고 통제하고 관리했다. 하지만 이러한 활동을 더욱 촉진시켜줄 이론적 연구에는 아무런 시간도 노력도 들이지 않았다. 위대한 철학자이자 수학자인 알프레드 노스 화이트헤드는 이렇게 말했다. "수학 도형에 관해 사색하느라 목숨을 잃은 로마인은 없었다."

직접적이든 간접적이든 로마인들은 알렉산드리아의 그리스 문명을 몰락시켰는데, 직접적으로는 이집트를 정복함으로써 그리고 간접적으로는 기독교를 억압함으로써 그런 결과를 초래했다. 비록 로마인들에게 가혹한 박해를 받으면서도 이 새로운 종교 운동에 헌신한 사람들의 수는 로마 제국이 쇠퇴해가는 동안 점점 많아졌다. 서기 313년에 로마는 기독교를 합법화했으며, 테오도시우스 황제의 통치 기간(379~395)에는 기독교를 로마 제국의 국교로 채택했다. 하지만 그 시기 이후는 물론이고 이전에도 기독교도들은 자신들에 반대하는 문화와 문명에 반격을 가하기 시작했다. 약탈과 분서(焚書)라는 방법을 통해 그들은 자신들이 찾아낼 수 있는 고대의 지식을 모조리 파괴했다. 자연스레 그리스 문화는 핍박을 받게 되었으며, 이런 대학살을 통해 소실된 많은 저작들은 영원히 우리 곁에서 사라졌다.

그러다가 640년에 알렉산드리아는 아랍인들의 침략을 받아 최종적으로 멸망했다. 고대 그리스의 책들은 열람이 금지되었으며, 이 지역에서 다시 펼쳐지지 못했다.

2.5 인도인과 아랍인

역사의 현장에 파괴자의 역할을 맡으며 갑자기 등장한 아랍인들은 원래 유목민이었다. 그들은 예언자 마호메트의 지도력 아래 통합된 다음, 세계를 마호메트 주의로 개종시키는 데 착수했다. 가장 결정적인 논거로 칼을 들이대면서. 그들은 지중해 주변 지역을 모조리 정복했다. 근동 지역에서는 페르시아를 장악했고 인도까지 진출했다. 남부 유럽에서는 스페인, 프랑스 남부(샤를 마르텔이 가로막아 더 이상 올라가지는 못했다), 이탈리아 남부와 시칠리아를 점령했다. 오직 비잔틴 즉, 동로마 제국만이 정복을 면하여 그리스와 로마 학문의 고립된 중심지로 명맥을 유지했다. 역사적으로 볼 때 아주 짧은 시기에 아랍인들은 정착하여 문명을 일으켰으며 서기 약 800년부터 1200년까지 높은 수준의 문화를 유지했다. 그들의 으뜸가는 중심지는 지금은 이라크에 있는 바그다드 그리고 스페인에 있는 코르도바였다. 고대 그리스인들이 여러 분야에서 경이로운 저술들을 많이 남긴 것을 알아차린 아랍인들은 자신들이 정복한 땅에서 찾을 수 있는 것이면 모조리 입수하여 연구하기 시작했다. 그리하여 아리스토텔레스, 유클리드, 아폴로니우스, 아르키메데스 및 프톨레마이오스의 저서들을 아랍어로 번역했다. 사실, 그리스어로 "수학 집대성"이라는 뜻의 제목을 단 프톨레마이오스의 주요 저서를 아랍인들은『알마게스트』(가장 위대한 것)라고 불렀는데, 이 책은 지금도 그 이름으로 불린다. 덧붙여 말하자면, 오늘날 흔히 쓰이는 아랍식 수학 용어로는 대수(algebra)와 알고리듬(algorithm)이 있다. 대수는 9세기의 아랍 수학자였던 알 콰리즈미가 지은 책의 제목에서 따온 이름이다. 알고리듬은 오늘날 계산 절차라는 뜻으로 쓰이는데, 이 명칭은 이 위대한 수학자의 이름이 변형된 것이다.

아랍인들은 수학, 광학, 천문학 및 의학에 관심이 크긴 했지만, 독창적인 내용을 거의 보태지 못했다. 특이하게도 그들은 적어도 얼마간의 그리스의 저작들을 보유하고 있었기에 수학이 어떤 학문인지 알고 있었음에도, 대체로 산수와 대수 분야에서 그들이 이바지한 내용은 이집트인들과 바빌로니아인들의 경험적이고 구체적인 접근법을 따랐다. 한편으로는 고대 그리스인들의 정밀하고 추상적인 수학을 이해하고 비판적으로 검토했으면서도, 다른 한편으로는 방정식의 해법을 내놓으면서 이를 뒷받침할 추론은 제시하지 않았다. 고대 그리스의 저술을 수중에 넣고 있는 기간 내내 아랍인들은 자신들의 연구에서 정확한 추론의 유혹에 저항했다.

아랍인들 덕분에 고대 그리스의 저술이 되살아났을 뿐 아니라 동쪽의 인도에서 건너온 단순하지만 유용한 개념들이 지금 우리에게까지 전해질 수 있었다. 인도인들 또한 내용과 기풍 면에서 이집트인들과 바빌로니아인들이 발전시킨 수학에 비견할만한 기초적인 수학을 지니고 있었다. 하지만 서기 200년경부터 인도의 수학 연구는 이전보다 더욱 활발해졌다. 아마도 알렉산드리아 그리스 문명과 접촉했기 때문이었을 것이다. 인도인들은 몇 가지 고유한 업적을 남겼다. 가령, 1에서 9까지의 수와 더불어 0을 포함하는 특별한 숫자 체계 그리고 10을 바탕으로 하는 자릿수 체계의 사용이 그것이다. 이 둘은 오늘날에도 그대로 쓰이고 있는 방법이다. 그들은 음수도 도입했다. 이 개념을 아랍인들이 받아들여 자신들의 수학 연구에 편입시켰다.

내부 분열 때문에 아랍 제국은 서로 독립적인 두 부분으로 나뉘어졌다. 유럽인들에 의한 십자군 전쟁 그리고 투르크인들의 침략은 아랍 세력을 더욱 약화시켰고, 이로 인해 아랍 제국과 문화는 분열되었다.

2.6 초기 및 중세의 유럽

지금껏 유럽은 수학사에서 아무런 역할을 하지 못했다. 이유는 간단하다. 유럽 중부를 차지했던 게르만 부족들과 서부 유럽의 갈리아인들은 야만인이었다. 원시 문명들 가운데서도 이들은 특히 더 원시적이었다. 학문도 예술도 과학도 심지어 문자 체계도 없었다.

이 야만인들은 차츰 문명화되었다. 로마인들이 여전히 오늘날 우리가 프랑스, 영국, 독일 남부 및 발칸 지역이라고 부르는 지역을 건재하게 장악하고 있는 동안, 이 야만인들은 로마인들과 접촉하면서 어느 정도 영향을 받았다. 로마 제국이 멸망했을 때, 이미 강력한 조직이었던 교회는 그 야만인들을 문명화시키고 개종시키는 일에 착수했다. 교회가 그리스 학문을 탐탁지 않게 여겼던 데다가 문맹인 유럽인들은 우선 읽기와 쓰기부터 배워야 했기 때문에, 당연히 수학과 과학은 서기 1100년경 이전에는 실질적으로 유럽에 알려져 있지 않았다.

2.7 르네상스

수학사에 관한 한, 아랍인들은 결정적인 역할을 했다. 아랍인과의 교역 그리고 십자군에 의한 아랍 침략을 통해, 그전까지는 고대 그리스 저서의 아주 일부만 보유하고 있던 유럽인들은 아랍인들이 지니고 있던 방대한 고대 그리스 문헌을 접했다. 이런 저서들 안에 담긴 사상들은 유럽인들을 한껏 흥분시켰고 학자들은 이를 습득하여 라틴어로 번역하기 시작했다. 또 다른 역사의 우연 덕분에 고대 그리스 문헌의 일부가 유럽에 전해졌다. 앞서 말했듯이, 동로마 제국, 즉 비잔틴 제국은 게르만과 아랍의 세력 확장에도 살아남았다. 하지만 십오 세기에 투르크인들이 동로마 제국을 포위하자, 소중한 사본을 지닌 고대 그리스 학자들이 도망쳐 유럽으로 건너왔던 것이다.

유럽 세계가 참신하면서도 유서 깊은 고대 그리스 사상의 부활로 인해 어떤 자극을 받았는지 그리고 이러한 사상이 유럽인들의 믿음과 생활방식에 어떤 도전과제를 던졌는지는 이후의 장에서 살펴보고자 한다(9장 참고). 고대 그리스인들로부터 유럽인들은 산수, 초보적인 대수, 방대한 유클리드 기하학 그리고 히파르코스와 프톨레마이오스의 삼각법을 습득했다. 물론 고대 그리스의 과학과 철학도 유럽에 전해졌다.

유럽에서 수학과 관련한 중요한 첫 발전은 화가들의 작품에서 일어났다. 사람은 자기 자신과 더불어 현실 세계를 연구해야 한다는 고대 그리스의 신조를 받아들여 화가들은 종교적인 주제를 상징적인 양식으로 해석하는 대신에 자신들이 실제로 지각하는 현실을 그리기 시작했다. 유클리드 기하학을 이용해 새로운 원근법 체계를 고안해내 사실적으로 그림을 그릴 수 있었다. 구체적으로 말해서 화가들은 새로운 회화 양식을 창조함으로써 자신들의 눈으로 보는 것과 동일한 장면을 화폭에다 담아낼 수 있었다. 화가들의 작품으로부터 수학자들은 아이디어와 도전과제를 얻어 새로운 수학 분야인 사영기하학을 탄생시켰다.

한편 니콜라우스 코페르니쿠스는 히파르코스와 프톨레마이오스의 데이터와 천문학 이론의 뒷받침을 받은 고대 그리스의 천문학 사상에 자극을 받았으며 세계가 수학적으로 설계되었다는 고대 그리스의 관점에 심취해 있었다. 그는 히파르코스와 프톨레마이오스가 설명한 것보다 더 나은 일을 하나님이 행하셨다고 믿고서 이를 증명하려고 노력했다. 코페르니쿠스의 이런 생각은 결국 새로운 천문학 체계를 낳았다. 태양이 정지해 있고 행성들이 태양 주위를 회전한다는 이론이었다. 이 태양중심설은 케플러에 의해 상당히 발전되었다. 이 이론은 종교, 철학, 과학 그리고 인간이 스스로에게 부여하는 의미에 심대한 영향을 미쳤다. 태양중심설은 또한 새로운 수학 발전의 직접적인 자극제가 되었던 과학적 및 수학적 문제들을 제기했다.

고대 그리스 문헌의 부활이 수학 연구를 얼마만큼 진작시켰는지는 정확히 판단할 수 없다. 왜냐하면 이런 문헌의 번역 및 내용 습득과 동시에 수많은 다른 혁명적인 발진이 일어나 유럽의 시회적, 경제적, 종교적 및 지적 생활을 변화시켰기 때문이다. 화약이 소개된 이후 장총과 대포도 사용되었다. 이런 발명품들로 인해 전쟁 방식이 혁신적으로 달라졌으며, 자유로운 평민들로 이루어진 새로운 사회계층이 이 분야에서 중요한 역할을 맡게 되었다. 나침반이 유럽에 전해져 장거리 항해가 가능해지자, 상인들은 새로운 원료 산지와 더 나은 항로를 찾을 목적에서 이런 항해를 후원했다. 그 결과 중 하나가 아메리카 대륙의 발견 그리고 이에 따른 새로운 사상의 유럽 유입이다. 인쇄술 그리고 헝겊 조각으로 만든 종이의 발명 덕분에 책을 대량으로 저렴하게 구입할 수 있게 되어, 이전의 어느 문명에서보다 지식이 훨씬 빠르게 전파되었다. 또한 종교개혁으로 인해, 1500년 동안 도전 받지 않았던 교리가 토론과 의심의 대상이 되었다. 상인 계층 그리고 자신의 이익을 위해 노동하는 자유로운 평민의 출현으로 인해 물질, 생산 방법 그리고 새로운 상품에 대한 관심이 촉발되었다. 이러한 수요와 영향이 전반적으로 작용하여 유럽인들은 새로운 문화를 만들어냈다.

2.8 1550년부터 1800년까지 일어난 발전

포탄의 운동, 항해 및 산업 등 여러 방면에서 제기된 많은 문제들이 정량적인 지식을 요구하게 되자, 산수와 대수에 관심이 집중되었다. 그래서 이들 수학 분야가 대단히 발전했다. 바로 이 시기에 대수가 수학의 한 분야로 확립되었는데, 우리가 고등학교에서 배우는 대수의 내용 대부분도 이때 만들어졌다. 카르다노, 타르탈리아, 비에타, 데카르트, 페르마 등 십육 세기와 십칠 세기의 위대한 수학자들 거의 대다수와 더불어 우리가 나중에 더 자세히 알게 될 여러 사람들이 이 분야에 이바지했다. 특히 비에타는 수들의 집합을 표현하기 위해 문자를 사용하는 방식을 도입했다. 이로써 대수는 일반적인 상황에 적용될 수 있는 막강한 수학적 도구가 되었다. 또한 바로 이 시기에 로그가 발명되어 천문학자들의 계산을 용이하게 해주었다. 산수와 대수의 역사는 수학사의 놀랍고도 흥미로운 특징들 중 하나를 잘 보여준다. 즉, 설명을 듣고 나면 매우 단순해 보이는 개념도 수천 년이 걸려서야 만들어지는 것이다.

그 다음으로 일어난 중요한 성과인 좌표기하학은 방법론에 관심이 많았던 두 수학자 덕분이었다. 그중 한 명이 르네 데카르트였다. 데카르트는 아마도 수학자보다는 철학자로서 훨씬 더 유명하지만, 그는 수학 분야에도 중요한 공헌을 했다. 젊은 시절에 데카르트는 그 나이 때 겪기 마련인 지적인 혼란에 휩싸였다. 그는 자신이 배운 어떠한 지식에서도 확실성을 찾을 수 없었기에, 진리에 도달할 수 있는 방법을 찾는 데 오랜 세월 몰두했다. 그는 수학에서 이 방법에 대한 단서를 찾아냈고 그것을 바탕으로 뛰어난 근대적 철학 체계를 처음으로 세웠다. 당대의 과학 문제들은 곡선, 즉 항해중인 배의 경로, 행성의 경로, 지면 가까이서 움직이는 물체의 경로, 빛의 경로 및 발사체의 운동 경로에 관한 것이었기 때문에 데카르트는 곡선에 관한 정리들을 증명할 더 나은 방법을 찾으려고 애썼다. 그러던 중 마침내 대수를 이용해 답을 찾았다. 피에르 드 페르마의 방법론은 순수 수학에 국한되긴 했지만, 그 또한 곡선을 다룰 더욱 효과적인 방법의 필요성을 절감하고서 이 문제를 해결하는 데 대수를 적용하자는 발상을 하게 되었다. 이렇게 해서 발전된 좌표기하학은 어떻게 시대가 사람들의 사고 방향에 영향을 주는지를 잘 알려주는 사례 가운데 하나다.

앞서 말했듯이, 새로운 사회가 유럽에서 움트고 있었다. 이 사회의 특징을 들자면, 상업의 확대, 제조업, 광업, 대규모 농업 그리고 새로운 사회 계층—노동자나 독립적인 장인으로 일하는 자유인—이었다. 이런 활동과 이해관계로 인해 원재료, 생산 방법, 제품의 품질 그리고 인력을 대체하거나 그 효율을 높이기 위한 장치의 사용 등과 관련한 문제들이 생겨났다. 장인들처럼 이 문제에 직면한 사람들은 고대 그리스의 수학과 과학을 이미 알고 있었기에 이것이 유용할 수 있음을 알아차렸다. 그래서 이런 지식을 도입하여 문제를 해결할 방법을 모색했다. 이런 계기로 수학과 과학을 연구할 새로운 동기가 생겨났다. 고대 그리스인들은 단지 호기심을 충족시키고 마음을 즐겁게 해줄 자연의 패턴을 찾는 데 만족했던 데 반해서, 데카르트와 프랜시스 베이컨이 사실상 천명했던 새로운 목표는 자연을 인간에게 봉사하도록 만드는 것이었다. 따라서 수학자들과 과학자들은 자연을 이해하고 또한 정복할 대규모 프로그램에 진지하게 눈을 돌렸다.

하지만 베이컨은 인간이 자연에 따르기를 배울 때에만 자연을 통제할 수 있다고 경고했다. 자연에 관한 사실들을 알아내야만 자연에 관해 추론할 바탕이 생긴다고 그는 보았다. 따라서 수학자와 과학자는 화가, 기술자, 장인 및 공학자의 경험으로부터 사실들을 수집하고자 했다. 수학과 경험의 동맹은 차츰 수학과 실험의 동맹으로 변환되었고, 그리하여 자연의 진리를 탐구하는 새로운 방법이 차츰 발전해나갔다. 이를 처음으로 확실하게 인식하고 정식화해낸 사람은 갈릴레오 갈릴레이(1564~1642) 그리고 뉴턴이었다. 그 계획을 아주 간단히 설명하자면 이렇다. 경험과 실험은 기본적인 수학적 원리들에 재료를 제공하는데, 이렇게 얻어진 원리들을 수학에 적용하여 새로운 진리를 도출하자는 것이다. 마치 새로운 진리가 기하학의 공리에서 도출되듯이 말이다.

십칠 세기 과학계의 가장 시급한 도전과제는 운동에 관한 연구였다. 실용적인 면에서 보자면, 발사체의 운동, 항해를 돕기 위한 달과 행성의 운동 그리고 당시 새로 발명된 망원경과 현미경의 설계를 향상시키기 위한 빛의 운동에 관한 연구가 으뜸가는 관심사였다. 이론적인 측면에서 보자면, 천문학에 새로 도입된 태양중심설은 낡은 아리스토텔레스식 운동 법칙을 쓸모없게 만들었기에 완전히 새로운 원리가 필요해졌다. 지구가 우주의 중심으로서 고정되어 있다는 가정하에 공이 지구를 향해 왜 떨어지는지를 설명하는 것은, 지구가 자전하면서 태양 주위를 공전한다는 사실에 비추어 설명하는 것과 완전히 달랐다. 운동에 관한 새로운 과학은 갈릴레오와 뉴턴이 만들어냈는데, 그 과정에서 두 가지 새로운 유형의 발전이 수학에 보태어졌다. 첫 번째는 함수라는 개념이었다. 변수들 사이의 관계를 나타내는 함수는 대체로 하나의 공식이라고 보면 이해하기 쉽다. 두 번째는 함수의 개념에 바탕을 두고 있지만 유클리드 시기 이후 수학의 방법과 내용면에서 가장 위대한 발전이라고 할 수 있는 미적분이다. 이로써 수학의 내용과 수학의 힘은 너무나도 커졌기에 십칠 세기 말에 라이프니츠는 이런 말을 남겼다.

> 세상의 시작에서부터 뉴턴이 사는 시대까지 수학을 살펴보면, 그가 이룬 업적이 그 이전의 발전보다 훨씬 많았다.

미적분의 도움을 받아 뉴턴은 지상과 천상의 운동에 관한 모든 데이터를 하나의 수리역학 체계로 통합시킬 수 있었다. 이 체계는 땅에 떨어지는 공의 운동에서부터 행성과 별의 운동을 아울렀다. 이 위대한 체계 덕분에 보편 법칙들이 탄생하여, 천상과 지상을 통합했을 뿐 아니라 인간이 일찍이 내다본 것보다 훨씬 놀라운 우주의 설계도를 고스란히 보여주었다. 수학을 정통 물리학 원리들에 적용하자는 갈릴레오와 뉴턴의 계획은 중요한 한 분야에서 성공했을 뿐만 아니라, 과학계의 급속한 발전과 맞물리면서 다른 모든 물리현상을 다룰 수 있다는 전망을 심어주었다.

역사책에서 익히 배웠듯이, 십칠 세기 말과 십팔 세기는 이성의 시대라는 말로 요약할 수 있는 새로운 지적 태도가 두드러졌던 시기다. 하지만 우리가 잘 듣지 못한 내용은, 이 시기가 수학과 과학의 굳건한 결합을 통해 인류의 지식을 한껏 팽창시켰다는 사실이다. 수학에 의해 구현된 이성이 물리적 세계를 정복할 뿐 아니라 인간의 모든 문제를 해결할 수 있기에 모든 지적 및 예술적 활동에 이성을 활용해야 한다는 확신에서, 이 시기의 위대한 인물들은 철학, 종교, 윤리, 문학 및 미학을 광범위하게 재구성하기 시작했다. 심리학, 경제학 및 정치학과 같은 새로운 과학이 이러한 이성적 탐구의 시기에 처음 등장했다. 우리가 지닌 주요한 지적 원칙들과 전망이 그 시기에 태어났으며, 우리는 지금도 이성의 시대의 그늘 속에서 살고 있다.

우리 문화의 이러한 주요 분야들이 변환을 겪고 있는 동안, 십팔 세기의 과학자들은 계속해서 자연에 대한 승리를 구가했다. 미적분은 훌쩍 성장하여 미분방정식이라고 불리는 새로운 수학 분야가 등장했다. 이 새로운 도구 덕분에 과학자들은 천문학, 운동을 일으키는 힘의 작용, 소리 특히 음향, 빛, 열(특히 증기엔진의 개발에 사용된 열), 재료의 강도, 액체와 기체의 흐름에 관한 더욱 복잡한 문제들을 공략할 수 있었다. 무한수열, 변분법 및 미분기하학처럼 단지 이름만 언급할 다른 분야들도 수학의 범위와 능력을 확장시키는 데 보태졌다. 베르누이, 오일러, 라그랑주, 라플라스, 달랑베르 및 르장드르와 같은 위대한 인물들도 이 시대에 활동했다.

2.9 1800년부터 현재까지 일어난 발전

십구 세기 들어 수학의 발전 속도는 한층 더 빨라졌다. 대수와 기하학의 발전은 물론이고, 미적분에서 비롯된 분야들을 아우르는 해석학이 새로운 분야로 자리 잡았다. 이 세기의 위대한 수학자들은 한둘이 아닌지라 일일이 열거하기도 어렵다. 이들 가운데서도 가장 위대한 편에 속하는 카를 프리드리히 가우스와 베른하르트 리만을 이 책에서 소개할 것이다. 또한 앙리 푸앵카레와 다비트 힐베르트도 아울러 언급할 텐데, 이들의 연구는 이십 세기의 수학으로 확장되었다.

분명 수학의 이러한 확장의 일차적 원인은 과학의 확장이었다. 십칠 세기와 십팔 세기에 이루어진 발전 덕분에 과학이 물리적 세계의 신비를 밝혀내는 데 그리고 인간이 자연을 지배하는 데 효과적인 수단임이 여실히 입증되었다. 이로 인해 십구 세기에는 과학 연구가 더 한층 활발하게 진행되었다. 이 세기에는 또한 과학이 그 어느 때보다도 공학과 기술과 밀접하게 연결되었다. 십칠 세기 이래로 과학자들과 긴밀하게 협력해왔던 수학자들은 이 시기에 수천 가지의 중요한 물리적 문제들과 직면했으며 이런 도전과제에 적극적으로 대응했다.

아마도 이 세기의 가장 중요한 과학 발전은 전기와 자기에 관한 연구였다. 그리고 과학의 이러한 발전은 수학 연구를 촉진시키기 마련이다. 갓 시작된 무렵에도 이 과학 분야는 전기 모터, 발전기 및 전신기를 내놓았다. 기본적인 물리적 원리들이 곧이어 수학적으로 표현되어, 수학적인 기법을 이들 원리에 적용할 수 있게 되었다. 이로써 갈릴레오와 뉴턴의 운동의 원리들을 다루었을 때처럼 새로운 정보가 도출되었다. 그런 수학적 탐구의 과정에서 제임스 클러크 맥스웰이 전자기파의 존재를 발견했다. 우리가 전파라고 알고 있는 것이 전자기파의 가장 대표적인 예다. 그리하여 새로운 현상들이 드러났는데, 이 모든 현상들은 하나의 수학 체계 속에 포함되었다. 이어서 텔레비전과 라디오로 대표되는 실제적인 응용 사례들이 생겨났다.

십구 세기에는 이와는 다른 종류의 놀랍고도 혁신적인 발전도 일어났는데,

이것은 기초 수학을 재검토해서 얻어진 결과였다. 지성사에서 매우 중요한 의미를 갖는 가장 심오한 성취는 가우스가 창조해낸 비유클리드 기하학이었다. 가우스가 발견한 내용은 흥미진진하면서도 혼란스러운 의미를 지녔다. 흥미진진한 까닭은, 이 새로운 분야에는 유클리드의 기하학과는 다른 공리에 바탕을 둔 완전히 새로운 기하학이 담겨 있기 때문이었고, 혼란스러운 까닭은 인류의 가장 굳건한 확신, 즉 수학이 진리의 집합체라는 믿음을 깨버렸기 때문이다. 수학의 진리가 훼손되자 아울러 철학, 과학 및 심지어 종교적 믿음의 영역들도 혼란에 휩싸였다. 너무나 큰 충격에 심지어 수학자들도 상대성이론에 의해 비유클리드 기하학의 중요성이 전면적으로 드러나기 전까지는 이 기하학을 진지하게 받아들이기를 거부했다.

우리가 믿기에 앞으로 차츰 더 분명하게 밝혀질 여러 가지 이유에서, 비유클리드 기하학이 초래한 이러한 혼란은 수학을 파멸시키지 않고 대신에 수학을 물리적 세계의 구속에서 해방시켰다. 비유클리드 기하학의 역사에서 배운 교훈에 의하면, 수학자들이 처음에는 자연의 관찰가능한 행동과 별 관련이 없는 공리들에서 출발했을지라도 그 공리와 정리들이 결국에는 실제로 응용 가능한 것일지도 모른다. 따라서 수학자들은 상상력을 마음껏 발휘할 수 있게 되어 복소수, 텐서, 행렬 및 n차원 공간과 같은 추상적인 개념들을 줄줄이 내놓았다. 이러한 발전에 앞서 수학의 더욱 위대한 한 가지 발전이 있었으며 수학을 과학에 적용하는 사례도 놀라울 정도로 많아졌다.

수학을 이용하여 자연을 성공적으로 연구할 수 있게 되었기에 비롯된 합리주의적 태도는 십구 세기 이전에도 사회과학자들의 관심을 사로잡았다. 그들은 정통 과학자들을 흉내 내기 시작했다. 즉, 자신들의 분야에서 기본적인 진리들을 찾기 시작했고 수학적인 패턴에 따라 각 학문을 재구성하려고 시도했다. 하지만 인간과 사회의 법칙들을 도출하고 생물학, 경제학 및 정치학 등의 학문을 확립하려는 이러한 시도는 성공하지 못했다. 비록 어느 정도 간접적인 이로운 효과를 거두긴 했지만 말이다.

사회적 문제들과 생물학적 문제들을 연역적인 방법, 즉 공리를 바탕으로 한 추론의 방법으로 다루는 데 실패하게 되자, 사회과학자들은 방향을 돌려 통계와 확률에 관한 수학 이론들을 더욱 발전시켰다. 이 이론들은 도박의 문제에서부터 열과 천문학의 이론에 이르기까지 다양한 목적에서 이미 수학자들이 개척해놓은 것이었다. 이런 기법들은 매우 성공적이었으며 대체로 추측에 근거한 학문 분야에 얼마간의 과학적 방법론을 제공했다.

우리가 이해할 범위 안에서 수학을 이렇게 간략히 요약해보면, 수학이 고대 그리스 시기에 완결된 책이 아님을 분명히 알 수 있다. 수학은 오히려 살아 있는 식물처럼 문명의 흥망성쇠에 따라 번성과 쇠퇴를 거듭해왔다. 1600년경 이래로 수학은 계속적으로 발전하면서, 꾸준히 더욱 방대하고 풍부하고 심오해졌다. 수학의 속성은, 조금 번지르르하긴 하지만 십구 세기의 영국 수학자인 제임스 조지프 실베스터의 다음 말에 잘 표현되어 있다.

> 수학은 책 표지 안에 들어 있거나 놋쇠 집게들 사이에 고정되어, 인내심만 있으면 그 안의 내용물을 파헤칠 수 있는 책이 아니다. 더군다나 그 속의 보물을 캐내어 소유물로 만드는 데 오랜 시간이 걸리지만 소수의 광맥만을 채우고 있는 광산이 아니다. 거듭해서 작물을 수확하면 비옥함이 사라져 버리는 토양도 아니다. 지도로 나타낼 수 있고 경계를 정할 수 있는 대륙이나 대양도 아니다. 갈망을 채우기에는 세상 어느 공간도 좁을 정도로 수학은 광대하다. 수학의 가능성은 영원히 넓어지며 천문학자의 시야를 확장시키는 세계만큼이나 무한하다. 의식 작용 그리고 각각의 단자(單子) 속에서, 물질의 각 원자 속에서, 각각의 잎과 싹과 세포 속에서 잠자는 듯 보이지만, 새로운 형태의 식물과 동물로 태어나려고 영원히 준비 중인 생명체처럼, 정해진 경계나 영원한 타당성을 지닌 정의로 국한시킬 수 없다.

수학의 발전 과정을 소개하면서 우리는 이 학문이 번성했던 주요 시기와 문명, 사람들이 수학을 탐구하게 만들었던 다양한 동기 그리고 지금껏 생겨난 수학의 여러 분야들을 설명했다. 물론 우리는 이러한 분야들 각각이 무엇인지 그리고 인류에게 어떤 가치가 있었는지를 더 자세히 그리고 더 풍부하게 살펴보고자 한다. 정리하는 차원에서 역사상의 한 사실을 다시 언급하자. 공리에서 비롯된 추론들의 집합체로서의 수학은 하나의 출처, 즉 고대 그리스에서 생겨났다. 이전에 수학을 탐구했거나 지금도 탐구하고 있는 다른 모든 문명은 수학의 이러한 개념을 고대 그리스로부터 얻었다. 그 다음에 아랍 문명과 서유럽 문명이 고대 그리스의 이러한 토대를 넘겨받아 확장시켰다. 오늘날 미국, 러시아, 중국, 인도 및 일본과 같은 나라들도 수학 연구에 활발하다. 중국, 인도 및 일본 이 세 나라는 자국의 고유한 수학도 지니긴 했지만, 바빌로니아와 이집트에서처럼 제한적이고 경험적인 내용이었다. 위의 다섯 나라를 포함해 다른 여러 나라에서 오늘날 진행되는 수학 연구는 서유럽의 사고에서 영감을 받았다. 그리고 실제로 유럽에서 공부한 다음 각자 자신의 나라로 돌아가서 교육 기관에 몸담은 사람들의 활동이다.

2.10 수학의 인간적 측면

수학에 관해 마지막으로 짚어볼 측면은 우리가 앞서 말했던 내용 속에 깃들어 있다. 우리는 앞서, 수학이 생겨나도록 만든 문제들, 사고의 어느 특정 방향을 강조했던 문화, 수학의 여러 분야를 언급하면서 마치 이런 여러 힘과 활동이 중력처럼 인간과 무관한 것인 듯 다루었다. 하지만 개념과 사상은 사람이 내놓는 것이다. 수학은 인간의 창조물이다. 비록 대다수의 고대 그리스인들은 수학이 마치 행성이나 산맥처럼 인간과 독립적으로 존재하며 인간이 하는 것이라고는 이미 마련된 진리들을 더 많이 발견해내는 일일뿐이라고 믿었지만, 오늘날의 지배적인 믿음은 수학이 전적으로 인간의 정신활동의 소산이라는 것이다. 확립된 개념, 공리 및 정리는 전부 인간이 자신의 주위 환경을 이해하고 인간의 예술적 본능을 유감없이 발휘하고 흥미진진한 지적 활동에 참여하는 도중에 창조되었다.

사람들의 생애와 활동은 그 자체로서 흥미롭기 그지없다. 수학자들이 공식을 만들어내지 공식이 수학자를 만들어내지는 않는다. 그들은 각계각층에서 나왔다. 만약 그런 것이 존재한다면, 수학자를 만드는 특별한 재능은 카사노바한테도 금욕주의자한테도 존재한다. 물론 사업가와 철학자, 무신론자와 독실한 종교인 그리고 내성적인 사람과 외향적인 사람한테도 존재한다. 블레즈 파스칼과 가우스 같은 일부 사람들은 조숙했다. 에바리스트 갈루아는 스무 살에 죽었으며 닐스 헨리크 아벨은 스물일곱 살에 죽었다. 카를 바이어슈트라스와 앙리 푸앵카레와 같은 사람들은 평범하게 성장했지만 평생 동안 생산적인 연구 결과를 내놓았다. 수학자들은 대체로 겸손했다. 극도로 이기적이고 도저히 용납할 수 없을 정도로 허영심에 가득 찬 이들도 있었다. 카르다노 같은 악당도 있었고 청렴함의 표본 같은 이들도 있었다. 어떤 이들은 다른 위대한 수학자를 인정하는 데 너그러웠고, 또 어떤 이들은 증오와 시기심을 품기도 했고 심지어 남의 아이디어를 훔쳐서 자신의 명성을 더 높이려고도 했다. 발견의 우선권을 놓고 벌어진 다툼은 비일비재했다.

다른 사람의 사생활을 엿보려는 우리의 본능을 충족시키는 것과는 별도로, 이러한 인간의 다양한 측면들을 통해 우리는 매우 합리적인 분야인 수학의 발전이 왜 그토록 비합리적으로 진행되었는지를 알 수 있다. 물론 이미 살펴본 주요한 역사적인 힘들이 개인의 활동과 전망을 제한하거나 영향을 미치긴 했지만, 수학사에는 인간의 본성에서 기인한 온갖 예측 불허의 행동들이 만연하다. 선구적인 수학자들도 젊은이가 제시한 훌륭한 아이디어를 알아보지 못한 경우가 많았고 후세대들에 의해 가치를 인정받은 권위자들도 생전엔 홀대 속에 생을 마감했다. 뛰어나든 아니든 선배 수학자들이 풀지 못한 문제를 후배들이 거뜬히 풀어내기도 했다. 한편 대가가 제시한 증명조차도 나중에 거짓으로 밝혀지기도 했다. 몇 세대에 걸쳐 그리고 심지어 오랜 세월에 걸쳐 새로운 아이디어가 외면되기도 했다. 진정으로 필요한 것은 기술적인 성취가 아니라 관점의 변화였던 것이다. 나중에 보면 단순 명쾌한 발상을 알아보지 못하는 사례들을 통해 우리는 인간 마음의 작동 원리를 흥미진진하게 통찰해볼 수 있다.

수학에서 인간적인 요소가 지니는 의미를 알아차리면 다양한 문명들이 만들어낸 수학의 차이점 그리고 천재들의 통찰 덕분에 새로운 방향으로 일어난 급격한 발전을 대체로 이해할 수 있다. 수학만큼 수많은 연구자들의 노력이 축적되어 결실을 이룬 분야도 드물지만, 동시에 위대한 인물들의 역할이 수학만큼 확연히 드러나는 분야도 없다.

연습문제

1. 수학 발전에 이바지한 문명을 몇 가지 들어라.
2. 이집트인들과 바빌로니아인들이 자신들의 수학적인 방법과 공식을 믿은 근거는 무엇인가?
3. 고대 그리스와 그 이전 문명들이 수학의 개념들을 어떻게 이해하고 있었는지 비교하라.
4. 수학적 결론을 확립하기 위한 고대 그리스인들의 계획은 무엇이었는가?
5. 아랍인들이 수학의 발전에 기여한 중요한 내용은 무엇이었는가?
6. 어떤 의미에서 수학은 이집트인들과 바빌로니아인들보다는 고대 그리스인들의 소산인가?
7. "수학은 고대 그리스인들이 만들어냈으며 이후로는 보태진 내용이 거의 없다"는 말을 비판하라.

더 살펴볼 주제들

아래 주제에 관해 글을 쓰려면 더 읽을거리에 소개된 책을 참고하기 바란다.

1. 이집트인들과 바빌로니아인들이 수학에 이바지한 내용
2. 고대 그리스인들이 수학에 이바지한 내용

권장 도서

Ball, W. W. Rouse: *A Short Account of the History of Mathematics*, Dover Publications, Inc., New York, 1960.

Bell, Eric T.: *Men of Mathematics*, Simon and Schuster, New York, 1937.

Childe, V. Gordon: Man Makes Himself, The New American Library, New York, 1951.

Eves, Howard: *An Introduction to the History of Mathematics*, Rev. ed., Holt, Rinehart and Winston, Inc., New York, 1964.

Neugebauer, Otto: *The Exact Sciences in Antiquity*, Princeton University Press, Princeton, 1952.

Scott, J. F.: *A History of Mathematics*, Taylor and Francis, Ltd., London, 1958.

Smith, David Eugene: *History of Mathematics*, Vol. I, Dover Publications, Inc., New York, 1958.

Struik, Dirk J.: *A Concise History of Mathematics*, Dover Publications, Inc., New York, 1948.

3
논리와 수학

기하학은 영혼을 진리로 데려가고 철학의 정신을 창조한다.

플라톤

3.1 들어가며

수학은 고유한 방식으로 지식을 쌓아나간다. 따라서 우선 그런 방식이 무엇인지 알고 나면 수학을 상당히 깊이 이해할 수 있다. 이번 장에서는 수학이 다루는 개념들, 수학자들이 결론을 얻는 데 쓰이는 연역적 증명이라는 방식 그리고 수학의 바탕이 되는 원리 내지 공리를 살펴본다. 수학의 내용과 논리 구조에 관한 연구는 수학자가 어떻게 결론을 얻는지 그리고 어떻게 그 결론을 증명하는지는 다루지 않는다. 따라서 우리는 수학의 이러한 창조 과정을 미리 간략하게 논의하고자 한다. 이후의 장에서 그러한 결론과 증명을 살펴볼 때 이 주제는 다시 등장할 것이다.

오늘날 우리가 알고 있는 수학은 고대 그리스인들이 만들어냈다. 이 사람들은 이집트인들과 바빌로니아인들이 수천 년 동안 탐구해온 바를 새롭게 변형시켰다. 고대 그리스인들의 사고와 문화의 특징이 어떠했기에 그런 수학적 결과가 탄생할 수 있었는지 살펴보자.

3.2 수학의 개념들

고대 그리스인들이 내디딘 중요한 첫걸음은 수학이 추상적 개념을 다루어야 한다고 강조한 것이다. 이것이 무슨 의미인지 살펴보자. 수를 처음 배울 때 우리는 사과 두 개, 사람 세 명 등과 같은 특정한 대상의 모음에 관해 생각하는 방식으로 수를 대한다. 이어서 차츰차츰 무의식적으로 우리는 수 2, 3 그리고 다른 자연수를 물리적 대상과 관련시키지 않고서 생각하기 시작한다. 그러다가 곧 수를 갖고서 더하기와 빼기 및 기타 연산들을 수행하는 향상된 단계로 접어드는데, 이런 연산들을 이해하려고 또는 결과가 경험과 일치하는지 확인하려고 실제 대상과 관련시키지 않는다. 그리하여 4 곱하기 5는 20임을 금세 확신하게 된다. 이 수들이 사과나 말 또는 심지어 순전히 상상의 물체 등의 개수를 나타내는지 여부는 문제 삼지 않는다. 이 무렵 우리는 실제로 개념 내지 사상을 다루는 셈이다. 왜냐하면 자연수가 자연에 존재하지는 않기 때문이다. 어떤 자연수도 여러 가지 다양한 모음 내지 대상들의 집합에 공통적으로 존재하는 한 성질을 추상화시킨 개념일 뿐이다.

자연수가 개념이듯이 $\frac{2}{3}$, $\frac{5}{7}$ 등의 분수도 마찬가지다. 이 경우, 전체에 대한 한 대상의 일부분의 물리적 관계 표시는 그 대상이 파이든, 밀가루든 또는 큰 금액에 대한 작은 금액이든 역시 추상적인 개념 표현이다. 수학자들은 한 대상의 부분들을 합치거나 한 부분을 다른 부분에서 빼거나 한 부분의 일부를 택하는 등 분수를 갖고서 연산하는 법을 알아냈다. 이때 추상적인 분수 연산의 결과가 해당 물리적 상황과 일치되도록 했다. 따라서 가령 $\frac{2}{3}$와 $\frac{4}{5}$를 더하여 $\frac{22}{15}$가 나오는 수학적 과정은 파이 한 개의 $\frac{2}{3}$조각을 파이 한 개의 $\frac{4}{5}$조각과 더하면 파이 조각이 실제로 몇 개 얻어지는지를 나타낸다.

자연수, 분수 그리고 자연수와 분수로 하는 다양한 연산 모두 추상화된 개념이다. 설명을 들어보면 쉽게 이해되는 사실이지만 우리는 종종 이 사실을 잊고서 괜한 혼란에 빠지곤 한다. 한 가지 사례를 살펴보자. 어떤 사람이 신발 가게에 가서 신발 세 켤레를 한 켤레 당 10달러에 산다. 가게 주인은 세 켤레 곱하기 10달러는 30달러라고 추론하여 신발 세 켤레 값으로 30달러를 달라고 한다. 만약 이 추론이 옳다면, 세 켤레 곱하기 10달러는 신발 삼십 켤레이므로 한 푼도 내지 않고 삼십 켤레를 들고 가게를 나가겠다는 고객의 주장도 마찬가지로 옳다. 고객은 결국 감옥에 가긴 하겠지만, 감옥에서 지내면서 자신의 추론이 가게 주인의 추론과 마찬가지로 타당하다는 데서 위안을 얻을 수는 있을 것이다.

물론 이런 혼란이 생긴 원인은 신발 켤레 수를 달러로 곱할 수 있는 데서 생긴다. 단지 3이라는 수를 10이라는 수와 곱해서 30이라는 수를 얻을 뿐이다. 이 결과에 대해 위의 상황에서 실용적으로 그리고 분명 마땅히 이루어져야 할 해석은 삼십 켤레를 들고 나가는 것이 아니라 30달러를 치러야 한다는 것이다. 따라서 3 곱하기 10이라는 순전히 수학적인 연산은 이 수들과 관련이 있는 물리적 대상과 구별되어야 한다.

바로 이 점은 조금 다른 상황에서도 그대로 적용된다. 수학적으로 $\frac{2}{1}$은 $\frac{4}{2}$와 등가이다. 하지만 이에 대응하는 물리적 사실은 그렇지 않을 수 있다. 누구든 온전한 파이 두 개 대신에 절반의 파이 네 조각을 문제 삼지 않을 것이다. 하지만 어떠한 여성도 두 벌의 옷 대신에 절반의 옷 네 벌이라든지 온전한 신발 한 켤레 대신에 절반의 신발 4개를 원하지는 않을 것이다.

이집트인들과 바빌로니아인들은 물리적 대상과는 무관한 순수한 수를 다루는 단계에 도달했다. 하지만 현재 문명의 어린아이들처럼 그들은 추상적인 실체를 다루고 있음을 거의 인식하지 못했다. 이와 달리 고대 그리스인들은 수를 개념으로 인식했을 뿐 아니라 그렇게 여겨야만 한다는 점을 강조했다. 기원전 428년부터 348년까지 살았던 고전 그리스 시기의 대표적인 사상가인 플라톤은 자신이 쓴 유명한 책인『국가』에서 이렇게 말한다.

> 국가의 중요한 인물이 되려는 자들은 산수를 배워야 한다. 아마추어로서가 아니라 오직 마음으로 수의 본질을 간파할 수 있을 때까지 공부를 계속해야 한다… 산수에는 정신을 고양시키는 아주 훌륭한 효과가 있기에, 영혼으로 하여금 추상적인 수에 관해 사색하게 만들며, 가시적이거나 유형적인 대상을 논의에 끌어들이지 못하게 한다.

고대 그리스인들은 순수한 수와 이런 수의 물리적 적용 사이의 구별을 강조했을 뿐 아니라 전자를 후자보다 더 좋아했다. 순수한 수의 성질에 관한 연구를 그들은 아리스메티카(arithmetica)라고 불렀는데, 이것을 소중한 정신 활동이라고 여겼다. 반면에 수를 실제적인 문제에 적용하는 것을 로지스티카(logistica)라고 불렀는데, 이것은 단지 숙련된 기술로 폄하되었다.

고전 그리스 시기 이전의 기하학적인 사고는 수에 관한 사고보다 훨씬 뒤떨어졌다. 이집트인과 바빌로니아인이 보기에 "직선"이라는 단어는 펼쳐진 밧줄이나 모래에 그어진 선을 의미할 뿐이었고, 사각형은 특정한 모양의 땅 한 조각일 뿐이었다. 반면에 고대 그리스인들은 점, 직선, 삼각형 및 기타 기하학적 대상들을 개념으로 다루기 시작했다. 그들은 물론 이런 정신적인 개념이 물리적 대상에 의해 제시되었음을 잘 알고 있었지만, 그런 개념이 물리적 사례와는 다름을 강조했다. 시간의 개념이 하늘을 지나는 태양의 경과와는 다르듯이 말이다. 곧게 뻗은 줄은 직선의 개념을 나타내는 물리적 대상이지만, 수학적인 선은 두께도 색깔도 분자 구조도 장력도 없다.

고대 그리스인들은 기하학이 추상 개념을 다룬다고 분명하게 밝혔다. 수학자들을 대변하여 플라톤은 이렇게 말한다.

> 그들이 가시적인 형태를 다루고 그런 형태에 관해 사색하더라도 사실은 그것을 생각하지 않고 그것과 닮은 개념을 생각하고 있음을, 그들이 그린 도형이 아니라 절대적인 사각형과 절대적인 지름에 관해 생각함을… 마음의 눈으로만 볼 수 있는 사물의 본질을 바라보려고 노력하고 있음을 그대는 모르는가?

기초적인 추상 개념들을 바탕으로 수학은 현실과는 한참 동떨어진 다른 개념들을 창조한다. 우리가 앞으로 만나게 될 음수, 미지수를 포함한 방정식, 공식 및 기타 개념들은 추상 개념을 바탕으로 만들어진 추상 개념들이다. 다행히도 모든 추상 개념은 직관적으로 유의미한 대상이나 현상으로부터 궁극적으로 도출되며 따라서 그러한 것을 통해 이해할 수 있다. 마음은 수학 개념의 창조에 어느 정도 기여하지만, 외부 세계와 독립적으로 작동하지는 않는다. 정말이지 물리적으로 실재하거나 직관적인 기원을 갖지 않는 개념을 다루는 수학자는 얼토당토않은 소리를 하는 셈이다. 수학과 대상 그리고 물리적 세계의 사건들 사이에는 분명 긴밀한 관련성이 존재한다. 그렇기에 우리는 수학을 이해함으로써 물리적으로 유의미하고 가치 있는 결론을 기대할 수 있는 것이다.

추상 개념을 사용하는 학문은 수학만이 아니다. 물리학의 연구 대상인 힘, 질량 및 에너지의 개념 또한 실제 현상에서 도출한 추상 개념이다. 부(富)라는 개념도 토지, 건물 및 보석 등의 물질적 소유물에서 도출한 추상 개념으로서 경제학의 연구 대상이다. 자유, 정의 및 민주주의는 정치학의 단골 개념이다. 정말이지 추상적 개념의 사용이라는 면에서 보자면, 수학과 과학 및 사회 과학의 구별은 결코 뚜렷하지 않다. 사실, 수학 및 수학적 사고방식이 과학에 영향을 미친 탓에 추상적 개념의 사용이 훨씬 더 많아졌다. 급기야, 앞으로 살펴보겠지만, 현실에 직접적으로 해당되는 대상이 없어 수학적인 공식으로만 존재하는 추상 개념들도 생겨났다.

다른 학문 분야도 추상 개념을 사용한다는 사실에서 중요한 질문 하나가 제기된다. 수학은 어떤 추상 개념들, 즉 수와 기하학적 형태 그리고 이런 기본적 개념을 바탕으로 만들어진 다른 여러 개념들에 국한된다. 질량, 힘 및 에너지와 같은 추상 개념들은 물리학에 속하며, 기타 추상 개념들은 다른 학문 분야에 속한다. 왜 수학은 힘, 부 및 정의를 다루지 않는가? 이러한 개념들도 분명 연구할 가치가 있다. 수학자는 물리학자, 경제학자 및 다른 분야의 학자들과 협의하여 개념들을 구분했을까? 수학을 수와 기하학적 형태에 국한시킨 것은 한편으로는 역사적인 우연이었고 또 한편으로는 고대 그리스인들의 의도적인 결정이었다. 수와 기하학적 형태들은 이미 이집트인들과 바빌로니아인들이 도입하여, 일상생활에서 사용되고 있었다. 고대 그리스인들이 이 두 문명에서 수학의 기초를 배웠기 때문에, 그러한 전통에 따라 수와 기하학적 형태에 관한 연구를 수학이라고 간주하는 관습이 지속된 것이다. 하지만 고대 그리스인들은 사고방식이 독창적이고 대담했기에 사람들은 단지 전통에 머무르지 않았으며, 수와 기하학적 형태를 별도의 구분된 개념으로 보지 않았다. 두 가지 모두 정밀한 사고 과정에서 기쁨을 줄 수 있는 요소였다. 하지만 이보다 더욱 설득력 있는 이유는 수의 성질 및 기하학적 성질 그리고 둘 사이의 관련성이 수학의 기본이며 물리적 세계의 현상 및 우주 전체의 설계의 바탕이라고 고대 그리스인들은 믿었기 때문이다. 따라서 세계를 이해하려면 이러한 수학적 근본을 탐구해야만 했다. 우주에 관한 이러한 관점이 지닌 위대함과 심오함은 앞으로 이 책에서 더더욱 분명히 드러날 것이다.

수학의 개념에 대한 고대 그리스 이전의 인식과 고대 그리스의 인식을 비교하여 구체적인 대상에서 추상적인 개념으로 현저한 전환이 일어났음을 알게 되면, 자연스레 또 한 가지 질문이 떠오른다. 고대 그리스인들은 물리적 대상을 배제하고 오로지 개념에만 매달렸다. 왜 그랬을까? 구체적인 대상보다 추상적인 개념을 생각하는 편이 분명 더 어렵다. 또한 아마도 물리적 대상 자체보다 대상의 몇 가지 측면들에 집중하여 자연을 연구하려고 시도하면 효과가 떨어질 테다.

개념의 추상화에 관한 한, 고대 그리스인들은 생각을 하는 사람이라면 누구나 조만간 깨닫게 될 내용을 알아차렸다. 추상적 개념을 다루는 일의 한 가지 이점은 일반성을 얻는다는 것이다. 어린아이는 5 + 5 = 10을 배울 때 수백 가지 상황에 모조리 적용될 수 있는 사실을 터득한다. 마찬가지로 추상적인 삼각형에 대해 증명된 정리는 땅, 타악기 그리고 임의의 시간에 생긴 세 개의 천체로 이루어진 삼각형에도 적용된다. 흔히 추상화의 과정은 상이한 여러 가지 것에 동일한 이름을 붙이는 일이라고 말하는데, 상이한 대상들이 추상화를 통해 공통적인 속성을 지닌다는 것을 알아차린 덕분에 우리는 하나의 추상적 개념을 여러 가지 대상에 적용할 수 있는 것이다. 수학이 지닌 위대한 힘의 비밀 중 하나는 추상적 개념을 다룬다는 데 있다.

추상화의 또 한 가지 이점도 고대 그리스인들은 분명히 알고 있었다. 연구할 속성들을 어떤 물리적 상황으로부터 추상화시키면 부담스럽고 부적절한 세부사항에 신경을 쓰지 않아도 되어 관심을 갖는 특징에만 집중할 수 있다. 땅의 넓이를 구하려고 할 때, 모양과 크기만이 이 문제에 적합한 요소이므로 이런 요소만 생각하고 땅의 비옥도에 대해서는 생각하지 않는 것이 바람직하다.

수학적 추상화를 강조한 것은 고대 그리스인들의 우주관의 핵심 부분이었다. 그들은 진리에 관심이 있었기에, 피타고라스주의자와 플라톤주의자 등의 선구적인 철학 학파들은 진리가 추상화에 의해서만 확립될 수 있다고 주장했다. 그들의 주장을 따라가 보자. 물리적 세계는 다양한 대상들을 우리의 감각에 제공한다. 하지만 이들 감각이 접수한 인상은 부정확하며 일시적이고 지속적으로 변한다. 정말이지, 감각은 신기루에 홀린 듯 속기 쉽다. 하지만 진리는, 그 자체의 의미상, 영원하며 불변이며 확정적인 실체 내지 관계로 이루어져 있다. 다행히도 감각할 수 있는 대상들이 주는 인상에 의해 성찰하도록 자극을 받는 인간의 지성은 감각으로는 잘 포착되지 않는 실재에 관한 더 고차원적인 개념을 생성시키며, 따라서 인간은 개념에 관해 사색할 수 있게 된다. 이것이 바로 영원한 실재이며 사고의 참된 목적이다. 반면에 단지 "사물들은 경험의 장막 위에 던져진 개념들의 그림자"일 뿐이다.

그러므로 플라톤의 말대로 말(馬), 집 또는 아름다운 여인에게는 실재인 것이 존재하지 않는다. 실재는 말, 집 또는 여성의 보편적 유형 내지 개념 속에 존재한다. 이런 개념들, 특히 플라톤이 강조한 미, 정의, 지성, 선, 완전성 그리고 국가 등의 개념은 사물의 표면적 외양이나 인생의 변동사항, 편견 및 인간의 왜곡된 욕망과 무관하다. 이런 개념들은 일정불변이며, 이런 개념에 대한 지식

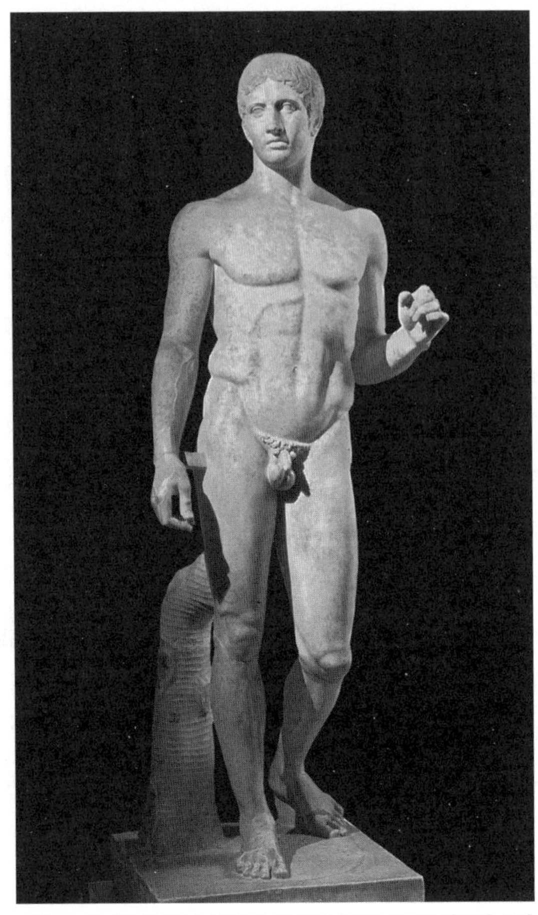

그림 3.1 폴리클레이토스의「창을 든 사람」(도리포로스). 나폴리 국립 박물관.

은 확고하며 파괴될 수 없다. 참되고 영원한 지식은 이런 개념에 관한 것이지 감각적인 대상에 관한 것이 아니다. 감각으로 드러나는 세계와 이성에 의해 파악되는 세계라는 이러한 구별이 플라톤에게는 지극히 중요했다.

플라톤의 사상을 일상적인 언어로 옮기자면, 근본적인 지식은 영희가 무엇을 먹었는지 철수가 무엇을 들었는지 또는 길동이가 무엇을 느꼈는지에 관심을 두지 않는다. 지식은 개인 및 특정한 대상을 초월해야 하며 넓은 범위의 대상 및 인간 전체에 관한 내용을 담아야 한다. 그러므로 참된 지식은 필연적으로 추상적 개념을 다루어야 한다. 플라톤은 기하도형이 추상적인 기하학적 개념을 암시하듯이 물리적 내지 감각적 대상들도 암시하는 개념이 있음을 인정했다. 그런 의미에서 물리적 대상을 연구할 가치가 있긴 하지만, 사소하고 혼란스러운 세부사항에 마음을 빼겨서는 안 된다고 플라톤은 여겼다.

수학의 추상화는 고대 그리스인들에게 특별히 중요한 의미를 지녔다. 당시 철학자들이 지적했듯이, 물질 세계의 지식을 정신 세계로 끌어올리기 위해 인간은 마음이 개념을 파악할 수 있도록 훈련시켜야만 한다. 이처럼 가장 고차원적인 실재는 이를 사색할 준비가 되어 있지 않는 사람에게는 파악되지 않는다. 플라톤의 유명한 비유를 들어 설명하자면, 그런 사람은 캄캄한 동굴 속에서 평생 살다가 햇빛 속으로 갑자기 나온 사람과 같다. 수학 연구는 어둠에서 빛으로 옮아갈 수 있도록 돕는다. 사실, 수학은 인간의 마음이 고차원적인 사고를 하도록 준비시키는 데 안성맞춤이다. 왜냐하면 한편으로 수학은 가시적인 사물의 세계에 속하면서도 또 한편으로는 추상적인 개념을 다루기 때문이다. 따라서 수학 연구를 통해 인간은 구체적인 형태로부터 추상적인 형태로 나아가는 법을 배운다. 게다가 수학 연구는 감각적이며 일시적인 대상에 대한 생각을 버리고 영원한 개념으로 이끎으로써 인간의 마음을 정화시킨다. 이러한 추상적 활동은 수학의 개념과 동일한 정신적 수준에 위치한다. 그렇기에 소크라테스는 이렇게 말했다. "수학을 이해해야 윤리를 온전하게 이해한다."

플라톤의 입장을 요약하자면, 기하학에 대한 약간의 지식과 계산 능력은 실용적인 목적에는 충분하지만, 더욱 고차원적이고 수준 높은 수학 지식은 인간의 마음을 평범한 사고를 넘어서도록 하여 철학의 최종적인 목표, 즉 선(善)의 개념을 이해할 수 있게 해준다. 따라서 수학은 철학을 위한 최상의 준비물이다. 이런 까닭에 플라톤은 철학자 겸 왕이 될 장래의 통치자가 20세부터 30세

그림 3.2
카이사르의 흉상. 바티칸 미술

까지 십 년 동안 정밀한 과학, 산수, 평면기하학, 입체기하학, 천문학 그리고 화성학(음악)을 배우기를 권장했다. 플라톤이 세운 아카데미의 정문에 새겨져 있다고 종종 언급되는 문구, 즉 '수학을 모르는 자는 들어올 수 없다'는 이 철학자가 수학에 부여하는 중요성을 여실히 드러내준다. 비록 오늘날 플라톤의 비평가들이 이 말을 아카데미에 들어온 후에는 수학을 배울 수 없을 것임을 그가 시인한 것이라고 해석하긴 하지만. 아무튼 수학 교육의 이러한 가치를 두고서 한 역사가는 다음과 같이 언급했다. "과학의 일종으로 여겨지는 수학은 고대 그리스 철학자들의 이상주의적 갈망에 기원을 두고 있지, 흔히들 이야기하듯 이집트인들의 경제생활이라는 현실적 목적과는 무관하다."

고대 그리스인들이 추상적 개념을 선호했음은 폴리클레이토스, 프락시텔레스 및 피디아스 등 위대한 조각가들의 작품에서도 확연히 드러난다. 그림 3.1에 나오는 얼굴을 슬쩍 보기만 해도, 고전 그리스 시기의 그리스 조각이 구체적인 남자와 여자가 아니라 이상적인 유형을 다루었음을 알 수 있다. 이상화가 확장되면서, 인체의 각 부분 간의 비율을 표준화하는 쪽으로 나아갔다. 실제로

그림 3.3 파르테논 신전, 아테네.

폴리클레이토스는 인체의 아름다움을 규정하는 이상적인 수치 비율이 존재한다고 믿었다. 완전한 예술은 이 이상적인 비율을 따라야만 한다. 그는 이 주제에 관한 책『카논』을 썼으며 이 주제를 설명하기 위해「창을 든 사람」이라는 조각상을 만들었다. 이러한 추상적인 유형들은 로마인들이 만든 개인 및 정치군사 지도자의 수많은 흉상 및 전신상에서 보이는 유형들과 뚜렷한 대조를 이룬다.

고대 그리스 건축은 또한 이상적인 형태를 강조한다. 단순하고 엄격한 건물들은 언제나 사각형 모양이었다. 가로, 세로 및 높이의 비율조차 고정되어 있었다. 아테네의 파르테논 신전(그림 3.3)은 거의 모든 그리스 신전의 양식과 비율을 잘 보여주는 예다.

연습문제

1. 트럭 다섯 대가 지나가는데, 한 대마다 네 명의 사람이 타고 있다. 모든 트럭

에 총 몇 명이 타고 있는가라는 질문에 답하기 위해, 어떤 이는 네 명 곱하기 다섯 트럭은 스무 명이라고 추론한다. 한편, 만약 네 명이 각자 다섯 대의 트럭을 소유하고 있다면, 트럭은 총 스무 대다. 따라서 네 명 곱하기 다섯 트럭은 스무 트럭이라는 결과가 나온다. 어느 경우엔 답이 스무 명이고 또 다른 경우에는 스무 트럭인지를 어떻게 알 수 있는가?

2. 25센트와 25센트의 곱은 0.25 곱하기 0.25로 계산하면 0.0625 또는 $6\frac{1}{4}$센트라는 결과가 나온다. 돈을 이런 식으로 곱해도 되는가?
3. 추상적인 정치 또는 윤리 개념을 몇 가지 들어보라.
4. 서른 권의 책을 다섯 사람에게 나누어준다. 서른 권을 다섯 사람으로 나누면 여섯 권이기에, 각 사람당 여섯 권의 책을 받는다. 이 추론을 비판하라.
5. 어떤 가게에서는 손님에게 상품 구입액 1달러마다 1달러어치의 물건을 외상으로 준다. 6달러를 지출한 사람은 6달러 곱하기 1달러, 즉 6달러어치의 물건을 외상을 받아야 한다고 추론한다. 하지만 6달러는 600센트이고 1달러는 100센트이다. 따라서 600센트 곱하기 100센트는 60,000센트, 즉 600달러다. 달러보다는 거의 쓸모도 없는 센트로 계산하면 훨씬 이익인 것처럼 보인다. 이 추론이 틀린 이유는 무엇인가?
6. 수학은 추상적 개념을 다룬다는 말은 무슨 뜻인가?
7. 고대 그리스인들은 왜 수학을 추상적으로 만들었는가?

3.3 이상화하기

형태라는 것을 실제 물리적 대상을 근사적으로 나타낸 정신적 개념이라고 본다면, 기하학적 개념들도 추상적이다. 직사각형 땅의 변들은 정확히 직선이지도 않고 각각의 각도가 정확히 90도이지도 않을지 모른다. 따라서 그런 추상적 개념을 도입할 때 수학은 이상화를 행한다. 하지만 물리적 세계를 연구할 때 수학은 또한 이와 마찬가지로 중요한 또 다른 의미에서 이상화를 행한다. 걸핏

하면 수학자들은 구(球)가 아닌 대상을 연구하면서도 구로 간주한다. 가령, 지구는 구가 아니라 회전타원체, 즉 꼭대기와 맨 아래가 평평해져 있는 구다. 그러나 수학적으로 다루어지는 많은 물리적 문제들에서 지구는 완벽한 구로 표현된다. 천문학에서는 지구나 태양처럼 큰 물체는 종종 하나의 점에 집중되어 있는 것으로 간주된다.

이런 이상화 과정을 수행할 때 수학자는 물리적 상황의 일부 특징들을 의도적으로 왜곡시키거나 근사시킨다. 왜 그럴까? 문제를 단순화시켜도 큰 오류가 생기지 않는다는 확신이 있기 때문이다. 가령 10킬로미터를 날아가는 포탄의 운동을 연구할 때, 가정상의 지구의 구 형태와 실제의 회전타원체 형태 사이의 차이는 중요하지 않다. 사실, 1킬로미터 정도의 제한된 영역에서 일어나는 운동을 연구할 때는 지구를 완전한 평면으로 다루어도 충분하다. 한편 지구에 관해 매우 정확한 지도를 그리려고 한다면 지구가 회전타원체 형태임을 고려해야할 것이다. 또 한 가지 예를 들자면, 달까지의 거리를 재려면 달을 우주 공간 속의 한 점이라고 가정하면 충분하다. 하지만 달의 크기를 재려면 달을 점으로 여겨서는 분명 아무 소용이 없다.

여기서 이런 질문이 떠오른다. 수학자는 어느 경우에 이상화된 개념이 옳은지를 어떻게 아는가? 간단한 답은 존재하지 않는다. 만약 비슷한 일련의 문제들을 푸는 경우라면, 정확한 형태를 이용해 한 문제를 푼 후에 단순화된 수치를 이용하여 또 하나의 문제를 풀어서 두 결과를 비교해볼 수 있을 것이다. 만약 두 결과의 차이가 미미하다면 나머지 문제들에 더 단순한 형태를 적용해도 좋을 것이다. 때로는 단순한 형태를 사용하여 생긴 오차를 계산해보면 이 오차가 매우 사소할지 모른다. 어쩌면 이상화를 행하여 결과를 사용하는 편이 최선의 방법일 수도 있다. 이럴 때는 경험을 지침으로 삼아서 결과가 충분히 좋은지 여부를 결정하면 된다.

의도적으로 단순화를 도입하여 이상화하는 것은 약간의 거짓말을 하는 셈이지만, 이 거짓말은 선의의 거짓말이다. 이상화를 이용해 물리적 세계를 연구하는 것은 수학이 성취한 바에 한계를 부여하는 일인데, 곧 살펴보겠지만, 이상화를 도입하여 얻어진 지식 또한 매우 가치 있는 지식이다.

연습문제

1. 추상화와 이상화를 구별하라.
2. 지구 상의 두 지점 A와 B에서 태양을 바라본 시선은 서로 평행이라고 가정해도 옳은가?
3. 깃대의 높이를 측정하고자 한다. 깃대를 하나의 선분으로 간주해도 좋은가?

3.4 추론의 방법들

확실성에 다소 차이가 있지만, 지식을 얻는 방법에는 여러 가지가 있다. 역사적 지식을 얻을 때 종종 그러듯이 권위에 기댈 수도 있고 종교적인 사람들이 주로 그러하듯이, 계시를 받아들일 수도 있다. 그리고 경험에 의존할 수도 있다. 우리가 먹는 음식은 경험을 바탕으로 선택된 것이다. 빵이 건강에 좋은 음식인지 판단하기 위해 미리 정밀한 화학적 분석을 하는 사람은 없다.

권위와 계시는 지식의 원천에서 제외시켜도 좋을 듯하다. 왜냐하면 그러한 원천은 수학을 발전시키거나 물리적 세계의 지식을 습득하는 데 유용할 리가 없기 때문이다. 정말이지, 중세 시기 서유럽 문화권에서는 자연에 관한 바람직한 지식이 전부 성경에 계시되어 있다고 주장했다. 하지만 이런 견해는 과학적 사고가 중시되는 시기에는 아무런 역할을 하지 못했다. 한편 경험은 지식의 유용한 원천이다. 하지만 이 방법을 도입하기에는 곤란한 점이 있다. 특정한 치수의 강철보가 기초공사에 쓰여도 될 만큼 강한지 알아보기 위해 오십 층짜리 건물을 지을 수는 없다. 더군다나 설령 타당한 치수를 우연히 골랐다 하더라도 그 선택은 재료 낭비가 될지 모른다. 물론, 경험은 지구의 크기나 달까지의 거리를 재는 데는 아무 소용이 없다.

경험과 밀접한 관련이 있는 것이 실험의 방법이다. 의도적이고 체계적인 일련의 상황을 구성하여 실제로 경험하는 것이다. 정말로 실험은 본질적으로 경험이지만, 대체로 세심한 계획에 따라 이루어지므로 부적절한 요소들이 배제된다. 그리고 경험은 여러 번 반복하여도 신뢰할만한 정보를 내놓는다. 하지만 실험은 경험과 마찬가지로 제약을 겪을 수밖에 없다.

권위, 계시, 경험 그리고 심지어 실험만이 지식을 얻는 방법일까? 그렇지 않다. 주요한 방법으로 추론을 들 수 있는데, 추론의 영역 내에는 여러 가지 형태가 있다. 한 예로 유사성에 의한 추론, 즉 유추가 있다. 대학 입학을 원하는 소년은 대학에 진학한 친구가 학교생활을 잘 하고 있다는 점에 주목할지 모른다. 그래서 신체적 및 정신적 자질 면에서 친구와 매우 비슷하므로 자신도 대학 공부를 잘 할 것이라고 주장한다. 방금 설명한 추론 방법은 비슷한 상황이나 경우를 찾아서 비슷한 상황에 적용되는 것이 해당 상황에도 적용된다고 주장하는 방법이다. 물론, 비슷한 상황을 찾아야만 하며 두 상황 간의 차이가 중요하지 않아야 한다.

또 하나의 흔한 추론 방법은 귀납이다. 사람들은 이 추론 방법을 매일 사용한다. 어떤 사람이 몇 군데의 백화점에서 연거푸 운수 사나운 경험을 하게 되면, 모든 백화점이 다 나쁘다고 결론을 내린다. 또는 가령 실험을 해보니 철, 구리, 놋쇠, 기름 및 기타 물질들에 열을 가하여 팽창하면, 모든 물질이 열을 가하면 팽창한다고 결론 내린다. 귀납적 추론은 사실 실험에서 사용되는 흔한 방법이다. 한 실험을 여러 번 실시하여 매번 동일한 결과가 나오면, 실험자는 그 결과가 언제나 발생한다고 결론 내린다. 귀납의 핵심은 동일한 현상의 반복되는 발생을 관찰하고서 그 현상이 언제나 발생하리라고 결론 내리는 것이다. 귀납으로 얻은 결론은 증거에 의해서 든든하게 뒷받침된다. 특히 관찰 횟수가 매우 많을 때 그렇다. 일례로 태양이 아침에 뜨는 현상은 자주 관찰되므로 설령 구름에 가려 있을 때에도 태양이 아침에 뜬다고 확신할 수 있다.

세 번째로 연역이라는 추론 방법이 있다. 몇 가지 사례를 살펴보자. '정직한 사람들은 주운 돈을 주인에게 돌려준다', '존은 정직한 사람이다'라는 기본적인 두 사실을 우리가 인정한다면, 존이 주운 돈을 돌려줄 것이라고 우리는 확실하게 결론 내릴지 모른다. 마찬가지로 어느 수학자도 바보가 아니라는 사실 그리고 존이 수학자라는 사실에서 출발하면, 우리는 존이 바보가 아니라고 확실하게 결론 내릴 수 있다. 연역적인 추론에는 전제라고 하는 확실한 진술에서 출발하여 그 전제들의 필연적인 또는 불가피한 결과를 결론으로 내놓는다.

추론의 세 가지 방법인 유추, 귀납 및 연역 그리고 우리가 설명할 수 있는 다른 방법들은 흔히 사용된다. 하지만 연역과 다른 모든 추론 방법들 사이에는 본질적인 차이가 있다. 유추나 귀납으로 얻은 결론은 참일 가능성이 있는 반면에, 연역으로 얻은 결론은 반드시 옳다. 가령, 사자가 소와 비슷하고 소가 풀을 먹기 때문에 사자도 풀을 먹는다고 누군가 주장할지 모른다. 유추에 의한 이 주장은 틀린 결론을 내놓는다. 귀납도 마찬가지다. 실험을 통해, 스물네 가지 물질이 열을 가할 때 팽창함이 밝혀지더라도 모든 물질이 그렇다고 볼 수는 없다. 가령, 물은 섭씨 0도에서 4도까지 가열하더라도 팽창하지 않고 반대로 수축한다.

의심할 바 없는 결론을 내놓는다는 놀라운 이점이 있기에, 언제나 연역적 추론을 다른 방법들보다 우선적으로 사용해야 하는 것은 당연한 듯 보인다. 하지만 상황은 그리 단순하지 않다. 한 가지 이유를 들자면, 유추와 귀납이 이용하기에 더 쉬울 때가 많다. 유추의 경우, 비슷한 상황을 쉽사리 들 수 있다. 귀납의 경우, 경험은 아무런 노력을 들이지 않고서도 사실들을 알려준다. 태양이 매일 아침 떠오른다는 사실은 누구나 거의 자동적으로 알아차린다. 게다가 연역적 추론에는 온갖 노력을 기울여도 얻기가 불가능할지 모를 전제들이 필요하다.

하지만 다행히 우리는 다양한 상황에서 연역적 추론을 이용할 수 있다. 가령, 달까지의 거리를 알아내는 데 그 추론 방법을 사용할 수 있다. 이 경우, 유추와 귀납은 무기력한 반면에 나중에 살펴보겠지만 연역은 결과를 재빨리 내놓는다. 그리고 값비싼 실험에 바탕을 둔 귀납을 연역이 대체할 수 있는 상황에서는 연역은 당연히 선호된다.

우리는 주로 연역적 추론을 다룰 것이기 때문에, 이 방법에 좀 더 익숙해지도록 하자. 이미 우리는 연역적 추론의 여러 가지 사례를 제시하면서 그 결론은 전제들의 불가피한 결과임을 역설했다. 하지만 다음 사례를 살펴보자. 우리는 다음 두 전제를 인정한다.

모든 좋은 자동차는 비싸다.
모든 기차는 비싸다.

여기서 이런 결론을 내리게 될지 모른다.

모든 기차는 좋은 자동차다.

우리가 다루고자 하는 것은 연역적 추론이다. 즉, 결론이 전제들의 필요불가결한 결과로서 도출된다고 우리는 가정한다. 안타깝게도 위의 추론은 옳지 않다. 옳지 않은지 어떻게 알 수 있을까? 어떤 연역적 논증이 옳은지 여부를 보여주는 좋은 방법으로 원 검사(circle test)가 있다.

첫 번째 전제는 자동차와 비싼 물건을 다룬다. 이 세상의 모든 비싼 물건을 원의 점들로 나타내면 그림 3.4의 가장 큰 원으로 표현된다. 모든 좋은 자동차는 비싸다는 진술은 모든 좋은 자동차가 비싼 물건의 집합의 일부라는 뜻이다. 따라서 비싼 물건의 원 내에 또 하나의 원을 그리면, 이 작은 원의 점들은 모든

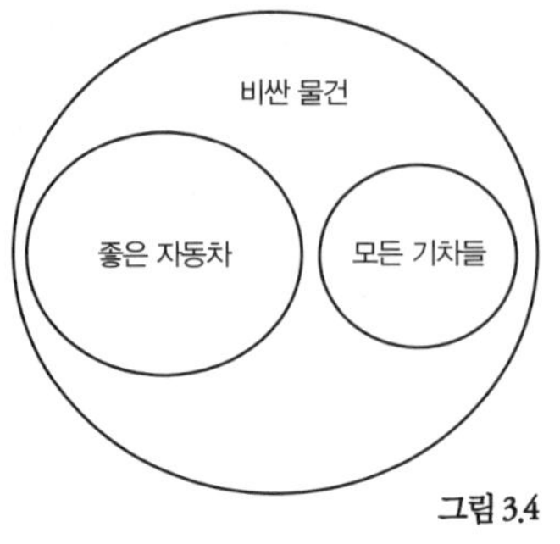

그림 3.4

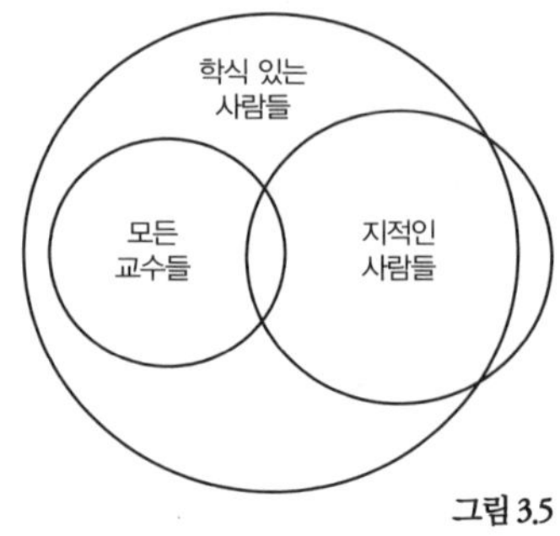

그림 3.5

좋은 자동차를 나타낸다. 두 번째 전제에 의하면 모든 기차는 비싸다. 따라서 모든 기차를 원의 점들로 나타내면, 이 원 또한 비싼 물건의 원 내부에 그려져야 한다. 하지만 이 두 전제를 바탕으로 해서는 모든 기차를 표현하는 원을 어디에 두어야 하는지 우리는 알 수 없다. 어디에 둘지 우리는 모른다. 우리가 아는 한 그림 3.4에 보이는 위치에 놓아볼 수 있지만, 그렇다면 모든 기차는 좋은 자동차라고 결론을 내릴 수 없다. 왜냐하면 만약 그 결론이 불가피하다면, 기차를 나타내는 원은 좋은 자동차를 나타내는 원 내부에 위치해야만 하기 때문이다.

많은 사람들이 위의 전제들로부터 모든 기차가 좋은 자동차라는 틀린 결론을 내리는 이유는 "모든 좋은 자동차는 비싸다"라는 전제를 "모든 비싼 자동차는 좋다"라는 진술과 혼동하기 때문이다. 후자의 진술이 첫 번째 전제였다면 위의 연역적 추론은 타당할, 즉 옳을 것이다.

또 한 가지 사례를 살펴보자. 두 가지 전제는 아래와 같다.

모든 교수들은 박식한 사람들이다

어떤 교수들은 지적인 사람들이다.

여기서 필연적으로 다음 결론을 내려도 좋을까?

어떤 지적인 사람들은 박식하다

이 결론은 옳은지 아닌지 긴가민가하다. 원 검사를 해보자. 박식한 사람들의 집합을 나타내는 원을 그린다(그림 3.5). 첫 번째 전제에 의하면 모든 교수들은 박식한 사람들이므로, 교수들의 집합을 나타내는 원은 박식한 사람들을 나타내는 원 안에 틀림없이 위치한다. 두 번째 전제에는 지적인 사람들이 나오는데, 이들을 나타내는 원을 어디에 그릴지 이제 결정해야 한다. 이 집합에는 어떤 교수들을 반드시 포함해야 한다. 따라서 그 원은 교수들의 원과 반드시 교차해야 한다. 교수들의 원은 박식한 사람들의 원 내부에 있기에, 어떤 지적인 사람들은 박식한 사람들의 집합 안에 반드시 위치한다.

연역적 추론의 이런 사례들을 살펴보면 이 추론 방법의 또 다른 특징을 분명하게 알 수 있다. 한 특정한 주장이 옳은지를 결정하려면 전제에서 주어진 사실에 반드시 의존해야 한다는 것이다. 전제에 명시적으로 나와 있지 않은 정보를 사용해서는 안 된다. 가령, 배움을 얻으려면 지적이어야 한다고 여겨서 우리는 박식한 사람들이 지적이라고 믿을지 모른다. 하지만 이런 믿음 또는 사실(만약 사실이라면)은 위의 주장에 끼어들어서는 안 된다. 박식하거나 지적인 사람들에 대해서 우연히 알게 되었거나 믿는 내용은 전제에서 명시적으로 드러나지 않는 한 사용되어서는 안 된다. 사실, 주장의 타당성에 관한 한, 아래 추론을 살펴보는 편이 좋을 것이다.

두 전제는 아래와 같다.

모든 x들은 y다.

어떤 x들은 z다.

그렇다면 결론은 다음과 같다.

어떤 z들은 y다.

여기서는 교수 대신에 x가, 박식한 사람 대신에 y가, 그리고 지적인 사람 대신에 z가 들어갔다. x, y, z를 사용하면 주장이 더욱 추상적이어서 마음에 받아들이기가 더 어렵다. 하지만 전제에 드러난 정보만을 봐야 하지, 교수, 박식한 사람 및 지적인 사람에 대한 외부의 정보를 가져오지 말아야 함을 더욱 강조해주는 이점이 있다. 주장을 이처럼 더욱 추상적인 형태로 적으면, 주장의 타당성을 결정하는 것은 x, y, z의 의미보다는 전제의 형태임이 더욱 명확해진다.

상당수의 연역적 추론이 방금 설명했던 패턴에 해당한다. 하지만 그 외에도 살펴보아야 할 다른 패턴들도 존재한다. 특히 고등학교에서 배우는 기하학에서는 이른바 "만약 ~라면"이라는 형태의 정리들이 매우 흔하다. 가령 이런 식이다. 만약 한 삼각형이 이등변삼각형이라면 두 밑각은 같다. 다음과 같이 말할 수도 있다. 모든 이등변삼각형은 두 밑각이 같다. 또는 이등변삼각형의 두 밑각은 같다. 이 세 가지는 모두 같은 뜻이다.

"만약 ~라면" 형태의 전제와 연관된 것으로서 종종 오해를 받는 관련 진술이 있다. "만약 (임의의) 한 사람이 교수라면, 그는 박식하다"라는 진술은 아무 어려울 것이 없다. 앞 단락에서 살펴보았듯이, 이 진술은 "모든 교수는 박식하다"와 등가이다. 하지만 "만약 한 사람이 교수이기만 하면, 그는 박식하다"라는 진술은 전혀 다른 뜻이다. 이 말은 박식하려면 반드시 교수여야만 한다 또는 어떤 사람이 박식하다면 그 사람은 틀림없이 교수라는 뜻이다. 그러므로 '이기만 하면'이라는 말을 보태면 "만약 ~라면" 구절의 의미가 달라진다.

앞으로 우리는 수많은 연역적 추론의 사례들과 마주칠 것이다. 연역적 추론이라는 주제는 논리학, 즉 추론의 타당한 형태를 더욱 철저히 다루는 분야에서 흔히 연구된다. 하지만 논리학의 공식적인 훈련에 의존할 필요는 없다. 대다수의 경우 상식만으로도 추론이 타당한지 아닌지 여부를 확인할 수 있을 것이기 때문이다. 추론이 의심스러울 때는 원 검사를 해보면 된다. 게다가 수학 자체가 추론을 배우고 논리를 연습하기에 최고의 분야이다. 사실, 논리 법칙들은 수학적 논증에 대한 경험을 바탕으로 고대 그리스에서부터 만들어졌다.

연습문제

1. 동전 한 개를 열 번 던졌더니 전부 앞면이 나왔다. 귀납적 추론에 의하면 어떤 결론이 나올 것인가?
2. 연역적 추론의 특징을 설명하라.
3. 연역적 추론이 귀납적 추론 및 유추에 비해 뛰어난 특징은 무엇인가?
4. 조지 워싱턴이 미국의 가장 뛰어난 대통령이었음을 연역적으로 증명할 수 있는가?
5. 증명을 원하는 진술에 연역적 추론을 언제나 적용할 수 있는가?
6. 일부일처제가 최상의 결혼제도임을 연역적으로 증명할 수 있는가?
7. 연역적 논증으로 보이는 아래 주장들은 타당한가?
   a) 모든 좋은 자동차는 비싸다. 벤츠는 비싼 자동차다. 그러므로 벤츠는 좋은 자동차다.
   b) 모든 뉴욕 사람들은 좋은 시민들이다. 모든 좋은 시민들은 기부를 한다. 그러므로 모든 뉴욕 사람들은 기부를 한다.
   c) 모든 대학생들은 똑똑하다. 모든 어린 소년들은 똑똑하다. 그러므로 모든 어린 소년들은 대학생이다.
   d) (c)와 전제는 동일하지만, 결론은 다음과 같다. 모든 대학생은 어린 소년이다.
   e) 매주 월요일에 비가 온다. 오늘 비가 온다. 따라서 오늘은 틀림없이 월요

일이다.

f) 예의 바른 사람들은 욕을 하지 않는다. 미국인들은 예의 바르다. 그러므로 미국인들은 욕을 하지 않는다.

g) 예의 바른 사람들은 욕을 하지 않는다. 미국인들은 욕을 한다. 그러므로 어떤 미국인들은 예의 바르지 않다.

h) 예의 바른 사람들은 욕을 하지 않는다. 어떤 미국인들은 예의 바르지 않다. 그러므로 어떤 미국인들은 욕을 한다.

i) 학부생들은 학사 학위가 없다. 신입생은 학사 학위가 없다. 그러므로 모든 신입생은 학부생이다.

8. 만약 어떤 사람이 당신에게 타당한 연역적 추론을 했는데 결론이 참이 아니었다면, 그 추론의 잘못된 점은 무엇인가?
9. 연역적 추론이 타당하다는 것과 결론이 참이라는 것을 구별해서 설명하라.

3.5 수학적 증명

추론에 관한 지금까지의 논의를 통해 우리는 여러 가지 추론 방법이 있으며 추론 방법이 여러 가지며 전부 나름의 유용함이 있음을 살펴보았다. 이 방법들을 수학적 증명에도 적용할 수 있다. 어떤 사람이 한 삼각형의 세 각의 합을 알아내길 원한다고 하자. 그는 우선 종이에 수많은 삼각형을 그리거나 나무 내지 금속으로 삼각형을 만들어서 각을 재 볼 수 있다. 매번 그는 손과 눈을 써서 각을 재보면 합이 180°에 가깝다는 것을 알게 될 것이다. 귀납적 추론을 통해 그는 모든 삼각형의 세 각의 합이 180°라고 결론 내릴 수 있다. 사실, 바빌로니아인들과 이집트인들도 사실상 귀납적 추론을 이용하여 수학적 결과를 내놓았다. 한 삼각형의 넓이가 밑변의 길이 곱하기 높이의 절반임을 측정을 통해 알아낸 다음에 이 공식을 반복적으로 사용하여 신뢰할 만한 결과를 얻었고, 그리하여 마침내 이 공식이 옳다고 결론 내렸음이 분명하다.

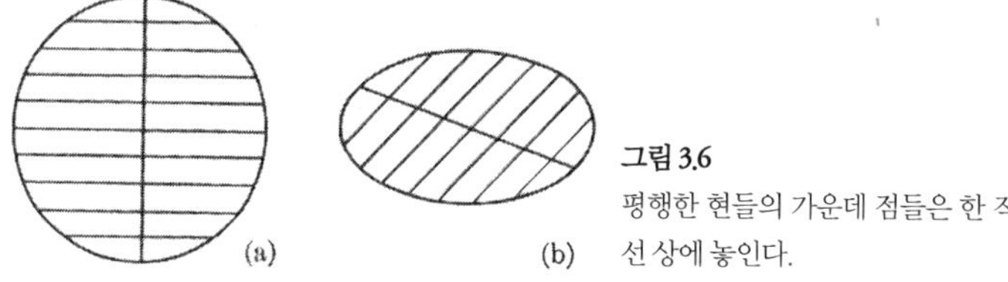

그림 3.6
평행한 현들의 가운데 점들은 한 직선 상에 놓인다.

유추에 의한 추론도 수학에서 사용될 수 있음을 알아보기 위해, 한 원의 평행한 현들의 중점이 한 직선 상에 놓인다는 사실에 우선 주목해보자(그림 3.6(a)). 사실 이 직선은 원의 지름이다. 타원(그림 3.6(b))을 살펴보아도, 원의 경우와 마찬가지다. 따라서 한 타원의 평행한 현들의 중점 또한 한 직선 상에 놓인다고 결론 내릴 수 있다.

연역도 물론 수학에 적용될 수 있다. 유클리드 기하학에서 배우는 증명들은 연역적이다. 또 다른 예로서 다음 대수적 주장을 살펴보자. 어떤 사람이 방정식 $x - 3 = 7$을 풀기 원한다고 상상하자. 그는 동일한 값들에 동일한 값들을 더하면 동일한 결과가 나옴을 알고 있다. 만약 위의 방정식의 양변에 3을 더하면 동일한 값들에 동일한 값들을 더하는 셈이다. 따라서 양변에 3을 더하는 것은 타당하다. 그렇게 하면 그 결과는 $x = 10$이 되며, 방정식은 풀린다.

그러므로 세 가지 추론 방법 모두 수학적 증명에 적용 가능하다. 그런데 귀납과 유추를 증명에 사용하는 것은 논란의 여지가 있다. 삼각형의 세 각의 합에 관한 귀납적 증명은 몇 분 이내에 이루어질 수 있다. 위에서 나온 유추에 의한 주장도 어렵지 않게 내놓을 수 있다. 하지만 동일한 결론에 대한 연역적 증명은 몇 달이 걸릴 수도 있고 평균적인 사람이라면 결코 해낼 수 없을지 모른다. 사실, 우리는 곧 세 추론 방법을 수학에 적용한 사례들을 살펴볼 텐데, 귀납적 증거는 압도적으로 많지만 연역적 증명은 최상의 수학자들조차도 아직 해내지 못한 것들이다.

귀납과 유추는 유용하기도 하고 이점도 있긴 하지만, 수학자들은 결론을 내기 위해 이 방법들에 기대지는 않는다. 모든 수학적 증명은 연역적이어야만 한다. 각각의 증명은 연역적 주장들로 이루어진 고리이며, 그 각각은 저마다의 전제와 결론을 지니고 있다.

이처럼 귀납적 증명으로만 제한하는 까닭을 살피기 전에, 수학의 증명을 자연과학의 증명 및 사회과학의 증명과 대조해 보도록 하자. 과학자는 관찰, 실험 및 경험을 바탕으로 어떤 추론 방식을 사용하든지 간에 자유롭게 결론을 이끌어낸다. 가령 수면파를 관찰하여 음파에 관해 추론할 때는 유추의 방법으로 추론할 수 있으며, 동물에 대한 치료법을 검사함으로써 인체에 영향을 미치는 질병의 치료법에 관해 추론할 수 있다. 사실 유추에 의한 추론은 과학에서 위력적인 방법이다. 과학자는 귀납적으로도 추론할 수 있다. 만약 수소와 산소가 결합하여 물이 되는 현상을 여러 번 관찰하면, 이 결합을 통해 언제나 물이 생성된다고 결론을 내릴 것이다. 연구의 어떤 단계에서 과학자는 연역적으로 추론할 수도 있는데, 실제로 본격적인 수학의 개념과 방법을 도입할 수도 있다.

수학의 증명과 과학의 증명을 더 자세히 비교하기 위해, 아울러 수학자가 얼마나 고집스러운지 알아보기 위해 꽤 유명한 한 가지 사례를 살펴보자. 수학자들은 자연수나 정수에 관심을 갖는데, 특히 소수를 구별하는 일에 흥미를 느낀다. 소수는 1과 자신 외에는 다른 인수를 갖지 않는 수(양의 약수가 두 개인 자연수)다. 그러므로 가령, 11은 소수이지만 12는 소수가 아니다. 왜냐하면 12는 2로 나누어지기 때문이다. 이제 실제로 조사해보면 몇 가지 짝수들을 두 소수의 합으로 표시할 수 있음을 알 수 있다. 가령, 2 = 1 + 1, 4 = 2 + 2, 6 = 3 + 3, 8 = 3 + 5, 10 = 3 + 7, …. 만약 더욱 큰 짝수들을 조사하면, 모든 짝수가 두 소수의 합으로 표현될 수 있음을 예외 없이 알게 된다. 따라서 귀납적 추론에 의해 모든 짝수가 두 소수의 합이라고 결론을 내릴 수도 있을 것이다.

하지만 수학자는 이 결론을 수학의 정리로 인정하지 않는다. 왜냐하면 타당한 전제들로부터 연역적으로 증명해낸 결론이 아니기 때문이다. 모든 짝수가 두 소수의 합이라는 이 추측은 골드바흐의 가설이라고 알려져 있다. 십팔 세기의 수학자 크리스티안 골드바흐가 처음 제기했지만 아직 풀리지 않은 수학 문제이기 때문이다. 수학자는 설령 수천 년이 걸릴지라도 연역적 증명을 추구하는데, 어떤 경우는 실제로 그처럼 풀리기까지 오랜 세월이 걸린 문제들도 있다. 하지만 과학자는 귀납적으로 잘 뒷받침되는 이러한 결론을 주저 없이 받아들일 것이다.

물론 과학자는 자신의 결론이 틀리더라도 놀라지 않아야 한다. 왜냐하면 앞서 보았듯이, 귀납과 유추는 확실한 결론에 이르지 않기 때문이다. 하지만 과학자의 절차가 더 현명해 보이는데, 그 까닭은 자신의 지식을 늘리는 데 도움이 될 온갖 추론 방법을 다 활용할 수 있기 때문이다. 이와 달리 수학자는 속이 좁거나 근시안적인 것처럼 보인다. 확실성을 추구한다는 명성은 얻지만, 자신의 결과를 연역적으로만 밝힐 수 있는 것에 국한한다는 대가를 치른다. 하지만 수학자가 연역적 증명을 고수하는 것이 얼마나 현명한 선택인지를 우리는 앞으로 알게 될 것이다.

수학적 증명을 연역적 추론에 국한하자는 결정은 고전 시기의 고대 그리스인들이 내렸다. 그리하여 수학에서 다른 증명 방법은 전부 거부했을 뿐 아니라 이집트인들과 바빌로니아인들이 수천 년 동안 얻어낸 모든 지식을 버렸다. 왜냐하면 그런 지식은 경험적으로만 타당하다고 보았기 때문이다. 고대 그리스인들은 왜 그랬을까?

고전 그리스 시기의 지식인들은 대체로 철학에 몰두해 있었다. 그들은 지적인 것에 관심을 기울였기 때문에 수학을 사고의 한 체계로서 발전시켰다. 이오니아 학파, 피타고라스 학파, 소피스트, 플라톤주의자 그리고 아리스토텔레스주의자는 수학을 하나의 학문 분야로 확립시켰다. 이런 단계를 제일 먼저 시작한 것은 고대 그리스의 철학자 겸 수학자들의 학파인 이오니아 학파다. 하지만 한 명으로 국한시킨다면 기원전 600년경에 살았던 탈레스가 그 주인공이다. 소아시아의 그리스 도시인 밀레토스 출신이었지만 탈레스는 많은 세월을 이집트에서 상인으로 지냈다. 거기서 이집트인들이 발전시킨 수학과 과학을 배웠지만, 만족스럽지가 않았다. 왜냐하면 확실하게 타당한 공리들로부터 연역적 추론에 의해 밝혀낼 수 없는 결과들은 도저히 받아들일 수 없었기 때문이다. 지혜로운 사람답게 탈레스는 명백해 보이는 것이 난해한 것보다 훨씬 더 의심스럽다는 사실을 깨달았다. 이 점은 앞으로 수학 이야기를 따라가다 보면 우리도 알게 될 내용이다.

탈레스는 아마도 많은 기하학 정리들을 증명했다. 천문학자로서 대단한 명성을 얻었으며, 기원전 585년에 발생한 일식도 그가 예언했다고 알려져 있다. 철학자와 천문학자와 수학자를 겸한 인물이다보니 비현실적인 몽상가 취급을 받기 쉬웠겠지만, 아리스토텔레스가 전하는 말에 의하면 그렇지 않다. 올리브가 풍년으로 예상되던 해에 탈레스는 모든 착유기(搾油機)를 밀레토스와 아키오스에 가져다 놓았다. 올리브가 익어서 기름을 짤 때가 되자 탈레스는 유리한 위치에서 비싼 값에 착유기를 빌려주었다. 탈레스는 뛰어난 사업가로 살았을지도 모르지만, 그리스 철학과 수학의 시조로 훨씬 더 유명하다. 그가 살던 시대 이후로 연역적 증명이 수학의 표준이 되었다.

철학자들은 연역적 추론을 선호할 것이다. 과학자들이 특정한 현상들을 골라서 관찰과 실험을 수행하고 귀납과 유추에 의해 결론을 내는 것에 반해, 철학자들은 물리적 세계와 인간에 관한 폭 넓은 지식에 관심이 있다. 인간은 기본적으로 선하다, 세계는 설계되었다, 또는 인생은 목적이 있다 등과 같은 보편적 진리를 증명하려면, 타당한 원리들로부터 연역적으로 추론하는 것이 귀납과 유추보다는 훨씬 더 용이하다. 플라톤은 자신의 저서 『국가』에서 이렇게 말했다. "만약 사람들이 이성을 주고받을 수 없다면, 우리가 말했듯이 인간이 마땅히 가져야 할 지식을 얻을 수 없다."

철학자들이 연역적 추론을 선호하는 또 하나의 이유가 있다. 철학자들은 진리, 즉 영원한 참을 추구한다. 앞서 살폈듯이, 추론의 모든 방법 가운데서 오직 연역적 추론만이 확실하고 정확한 결론을 보장한다. 따라서 이것은 철학자들이 거의 필연적으로 채택하게 되는 방법이다. 귀납과 유추는 절대적으로 확실한 결론을 내놓지 못할 뿐 아니라 많은 고대 그리스 철학자들은 이러한 방법들이 다루는 데이터를 사실로 인정하지 않으려 했다. 왜냐하면 그런 데이터는 감각을 통해 얻어지기 때문이다. 플라톤은 감각적 지각을 신뢰할 수 없다고 역설했다. 경험적 지식은, 플라톤의 표현에 따르면, 단지 의견을 내놓을 뿐이다.

고대 그리스인들이 연역을 좋아했던 것에는 사회적 이유가 있었다. 은행가와 사업가들이 매우 존경받는 현대 사회와 달리, 고대 그리스 사회에서는 철학자, 수학자 및 장인이 중요한 계층이었다. 상류층은 생계 활동을 어쩔 수 없이 하는 불행한 짓으로 여겼다. 노동은 지적 활동, 시민의 의무 및 토론을 위한 시간과 에너지를 빼앗았다. 따라서 고대 그리스인들은 노동과 사업에 대한 경멸을 거침없이 표현했다. 앞으로 살펴보게 될 피타고라스 학파는 수의 속성 및 수를 자연에 대한 연구에 적용하는 일에 환희를 느꼈지만, 수를 상업에 사용하는 것에는 조롱을 퍼부었다. 플라톤도 교역이 아니라 지식이 산수를 연구하는 목적이라고 주장했다. 플라톤은 말하기를, 자유인이면서 사업에 몸담는 사람은 처벌을 받아 마땅하며 주로 물질적인 욕망에 관심이 있는 문명은 "행복한 돼지들의 도시"에 지나지 않았다. 고대 그리스의 장군이자 역사가인 크세노폰은 이렇게 말했다. "이른바 기술은 사회를 정체시키므로 우리 도시에서는 경멸을 받아 마땅하다." 아리스토텔레스는 시민들이 기술에 종사하지 않아도 되는 이상적인 사회를 원했다. 고대 그리스의 독립적인 부족 가운데 하나였던 보이오티아인들 중에는 상업으로 자신을 더럽힌 자들은 법에 의해 십 년 동안 공직에서 배제되었다.

음식, 거처, 의복 및 기타 일상생활에 필요한 일들은 누가 했을까? 노예 그리고 시민의 자격이 없는 자유인이 집안일과 장사를 했으며, 비숙련 노동 및 숙련 노동을 했고, 사업을 운영했으며 의술과 같은 전문직도 수행했다. 그들은 심지어 금속 정련과 사치품 제작도 했다.

고대 그리스의 상류층들이 상업과 교역을 대한 태도를 보면, 그들이 연역을 선호했던 것도 어렵지 않게 이해가 된다. 평범한 세상에 "살지" 않는 사람들은 경험으로부터 배울 것이 없다. 그리고 관찰을 하지도 않고 손을 써서 실험을 하지도 않는 사람들은 유추나 귀납에 의한 추론을 할 바탕이 되는 사실들도 갖고 있지 않다. 사실, 고대 그리스 사회의 노예제는 이론과 실천의 분리를 조장했으며, 실험과 실용을 배제하고 사변적이고 연역적인 과학과 수학의 발전을 촉진했다.

게다가 고대 그리스인들이 연역을 선호하게 만든 다양한 문화적 힘들에는 진정한 천재성의 지표인 선견지명과 지혜가 깃들어 있었다. 고대 그리스인들은 처음으로 이성의 힘을 깨달았다. 마음은 감각에 덧붙여진 기능일 뿐 아니라 감각보다 훨씬 능력이 뛰어났다. 마음은 모든 자연수를 조사할 수 있지만, 감각은 한 번에 고작 몇 개만 지각할 수 있었다. 마음은 지상과 천상을 아우를 수 있지만, 시각은 시선이 미치는 좁은 범위에 국한된다. 정말이지 마음은 동시대인들의 감각으로는 알아차릴 수 없는 미래의 사건을 예측할 수 있다. 이러한 정신적 능력은 마땅히 활용되어야 했다. 고대 그리스인들이 간파했듯이, 만약 어떤 진리들을 얻을 수 있다면 전적으로 추론에 의해 다른 진리들도 밝혀낼 수 있으며, 이 새로운 진리들은 원래의 진리들과 더불어 또 다른 진리들을 밝혀내는 데 쓰일 수 있다. 이런 식으로 새로운 진리를 발견할 가능성은 엄청난 비율로 커지게 된다. 이것이야말로 그전까지는 간과되었거나 무시되었던 지식의 획득 방법이었다.

바로 이 방법을 고대 그리스인들은 수학에 적용했다. 수와 기하도형에 관한 어떤 진리들에서 출발하여 그들은 다른 진리들을 연역해낼 수 있었다. 연역의 사슬을 통해 의미심장한 새로운 사실을 밝혀냈고 중요성을 환기시키기 위해 그 사실들을 정리라고 이름 붙였다. 각각의 정리가 진리의 창고에 보태어져 새로운 연역적 주장의 전제로 사용되었다. 이런 식으로 기본적 개념들에 관한 엄청나게 방대한 지식들을 세워나갈 수 있었다.

고대 그리스인들은 진리를 얻기 위한 방법으로 경험과 관찰의 도움 없이 마음의 힘을 너무 강조한 잘못이 있기는 하지만, 단언하건대 연역적 증명을 유일한 방법으로 고수함으로써 그들은 목수, 측량사, 농부 및 항해사 등의 실용적인 수준을 훌쩍 뛰어넘었다. 동시에 그들은 수학이라는 분야를 체계적인 사고의 학문으로 격상시켰다. 게다가 그들이 이성을 선호한 덕분에 이 능력에 최상의 권위가 부여되었으며, 오늘날에도 이성은 진정한 위력을 마음껏 발휘하고 있다. 고대 그리스의 계획에 바탕을 둔 후속 문명들이 내놓은 마음의 창조물들을 살펴보면, 고대 그리스의 전망이 진정으로 심오했음을 절감하게 될 것이다.

연습문제

1. 수학의 증명 기준에 관해 고대 그리스 시기와 그 이전 시기를 비교해서 설명하라. 2장의 관련 부분을 다시 읽어보라.
2. 결론을 확립하는 방법에 관하여 과학과 수학을 구별해서 설명하라.
3. 고대 그리스인들이 수학을 경험적 과학에서 연역적인 체계로 변환시켰다는 주장을 설명하라.
4. 아래에 나오는 연역적 주장은 타당한가?

   a) 모든 짝수는 4로 나눌 수 있다. 10은 짝수다. 따라서 10은 4로 나눌 수 있다.

   b) 동일한 값들을 동일한 값들로 나누면 동일한 값들이 나온다. $3x=6$의 양변을 3으로 나누는 것은 동일한 값들을 동일한 값들로 나누는 것이다. 따라서 $x=2$다.

5. 임의의 홀수의 제곱은 홀수라는 사실로부터 임의의 짝수의 제곱은 짝수임이 도출되는가?
6. 다음 주장을 비판하라.
   $2^2 = 4$, $4^2 = 16$, $6^2 = 36$이므로 모든 짝수의 제곱은 짝수이며, 임의의 큰 짝수의 제곱 또한 짝수임은 명백하다.
7. 임의의 홀수의 제곱은 홀수이고 임의의 짝수의 제곱은 짝수라는 전제를 받아들이면, 어떤 수의 제곱이 짝수라면 그 수는 반드시 짝수라는 결과가 연역적으로 도출되는가?
8. 왜 고대 그리스인들은 수학에서 연역적 증명을 고수했는가?
9. 한 삼각형의 두 변의 길이가 같으면 마주 보는 두 각이 같음은 당연하다는 가정하에 세 변의 길이가 같은 삼각형이 있다고 하자. 이 삼각형의 세 각이 모두 같음을 연역적으로 증명하라. 동일한 것에 동일한 것들은 서로 동일하다는 전제를 사용해도 좋다.
10. 고대 그리스인들은 어떻게 이미 알려진 진리로부터 새로운 진리를 얻었는가?

3.6 공리와 정의

앞선 논의를 통해 우리는 연역적 추론을 적용하려면 전제가 꼭 필요함을 알게 되었다. 따라서 이런 질문이 제기된다. 수학자는 어떤 전제를 사용하는가? 수학자는 수와 기하도형에 관해 추론하기 때문에, 당연히 그런 개념들에 관한 사실을 지니고 있어야 한다. 이런 개념들은 그보다 앞서는 전제들이 없기 때문에 연역적으로 얻을 수가 없다. 그리고 어떤 전제에 앞서는 전제를 계속해서 찾는다면, 어디에서도 출발할 수 없을 것이다. 고대 그리스인들은 손쉽게 전제들을 찾아냈다. 가령, 두 점이 오직 하나의 직선을 결정한다거나 동일한 값들에 동일한 값들을 더하면 동일한 값들이 나온다는 주장은 논쟁의 여지가 없는 듯했다.

고대 그리스인들이 보기에 수학을 세워나갈 바탕이 되는 전제들은 자명한 진리였기에 이런 전제들을 공리라고 불렀다. 소크라테스와 플라톤은 후대의 다른 여러 철학자들과 마찬가지로 이런 진리들은 우리가 태어날 때부터 마음 속에 존재하며 우리는 단지 그런 진리를 다시 불러낼 뿐이라고 믿었다. 그리고 고대 그리스인들은 공리가 진리이며 연역적 추론은 의심할 바 없는 결론을 내놓기에 그런 정리들이 진리라고 믿었다. 이런 견해는 지금은 더 이상 지지를 받지 못하는데, 이 책의 뒷 부분에서 왜 수학자들이 그런 견해를 거부했는지 살펴볼 것이다. 이제 우리는 공리가 경험과 관찰에 의해 제시되었음을 알고 있다. 두 말할 것도 없이, 이런 공리들이 최대한 확실한 것이 되게 하려면 우리는 경험상 가장 명백하고 가장 신뢰할 만한 사실들을 선택해야 한다. 하지만 세계에 관한 진리들을 선택했다고 보장할 수 없음을 우리는 인정해야만 한다. 일부 수학자들은 이 점을 강조하기 위해 공리 대신에 가정이라는 용어를 사용한다.

또한 수학자는 맨 처음에 자신의 공리들을 진술하며 추론을 할 때 이미 진술되지 않은 가정이나 사실을 사용하지 않도록 각별히 주의한다. 하버드 대학의 전직 총장인 찰스 W. 엘리엇의 흥미로운 이야기는 부당한 전제를 채택할 가능성이 있음을 잘 보여준다. 그는 번잡한 식당에 들어가서 모자를 도어맨에게 건넸다. 식당에서 나올 때 도어맨은 걸이에 놓인 수백 개의 모자 가운데서 엘리엇의 모자를 즉시 집어서 건넸다. 도어맨이 그처럼 기억을 잘 하는 것에 깜짝 놀라 엘리엇은 물었다. "그게 제 모자인지 어떻게 알았습니까?" 그러자 도어맨은 "전 몰랐는데요."라고 대답했다. "그러면 왜 그걸 제게 건넸습니까?"라고 엘리엇이 다시 묻자 도어맨은 이렇게 대답했다. "선생님이 아까 제게 건네셨기 때문입니다."

도어맨으로서는 그가 엘리엇 총장한테 되돌려준 모자가 총장의 소유라고 가정하더라도 분명 아무런 손해도 입지 않을 것이다. 하지만 물리적 세계에 관한 결론을 얻는 데 관심이 있는 수학자는 부지불식간에 부당한 가정을 하면 시간낭비를 하게 될지 모른다.

수학의 논리적 구조에는 또 한 가지 요소가 있는데, 여기서는 짧게 몇 마디만 이야기하고 자세한 이야기는 추후의 장(20장)에서 다시 논하겠다. 다른 학문과 마찬가지로 수학은 정의를 사용한다. 설명하는 데 긴 문장이 필요한 개념을 사용하려고 할 때마다 우리는 그런 긴 문장을 대체할 하나의 단어 내지 구절을 도입한다. 가령, 동일한 직선 상에 놓여 있지 않은 세 개의 점 및 이 점들을 연결하는 선분으로 이루어진 도형에 관해 말하고 싶다고 하자. 그러면 이 긴 설명을 나타내는 삼각형이라는 단어를 도입하는 것이 편리하다. 마찬가지로 원이라는 단어는 특정한 한 점에서 고정된 거리에 있는 모든 점들의 집합을 나타낸다. 특정한 한 점을 중심이라고 하며 고정된 거리는 반지름이라고 한다. 정의를 사용하면 설명이 간단명료해진다.

연습문제

1. 고대 그리스인들은 수학의 공리에 관하여 어떤 믿음을 지니고 있었는가?
2. 고대 그리스인들이 수학의 속성을 어떻게 변화시켰는지 요약해서 설명하라.
3. 수학은 철학의 소산이라고 말하는 것은 정당한가?

3.7 수학의 창조성

수학적 증명은 엄밀하게 연역적인데다, 수학에서는 단지 합리적이거나 매력적인 주장은 결론을 내리는 데 사용될 수 없기 때문에, 수학은 연역적인 학문 또는 필연적인 결론—공리들로부터 필연적으로 또는 불가피하게 뒤따르는 결론을—을 이끌어내는 학문이라고 여겨졌다. 수학을 이렇게 설명하는 것은 불완전하다. 수학자들은 또한 증명할 내용을 그리고 어떻게 증명을 수행할지를 찾아내야 한다. 수학의 한 부분을 이루는 이런 과정들은 결코 연역적이지 않다.

어떻게 수학자는 증명할 내용을 그리고 결론에 이르는 연역적 주장을 찾아낼까? 수학적 발상의 가장 비옥한 원천은 자연 그 자체다. 수학은 물리적 세계를 연구하는 일에 헌신하는데, 자연을 단순히 관찰만 하든 또는 더 깊게 조사하든 아이디어가 줄줄이 생긴다. 여기서 몇 가지 단순한 사례를 살펴보자. 수학자가 기하학적 형태를 연구하는 데 몸을 바치겠다고 결심하고 나면, 자연스레 다음과 같은 질문들이 떠오르기 마련이다. 흔한 도형들의 넓이, 둘레 그리고 각들의 합은 얼마인가? 게다가, 정리를 증명하는 방법은 물리적 대상과의 직접적 경험으로부터 생길 수 있다. 수학자는 다양한 삼각형의 세 내각의 합을 재어 보고서 이런 측정값들이 전부 180°에 가깝다는 것을 알게 될지 모른다. 따라서 어떠한 삼각형이든 세 내각의 합이 180°라는 주장이 하나의 정리로서 제기될 수 있다. 둘레의 길이가 동일한 다각형과 원 가운데 어느 쪽이 넓이가 더 큰지를 결정하기 위해 마분지로 도형을 잘라내어 무게를 재볼지 모른다. 무게의 차이를 보고서 어느 쪽이 더 넓은지 증명할 수 있을 것이다.

일부 정리들이 직접적인 물리적 문제들을 통해 나오고 나면, 다른 정리들 역시 조건을 일반화하거나 달리함으로써 쉽게 떠올릴 수 있다. 그러므로 한 삼각형의 세 내각의 합을 알아내는 문제를 알고 나면, 뒤이어 이런 질문이 제기될지 모른다. 사변형, 오각형 등등의 내각들의 합은 얼마일까? 즉, 수학자가 한 물리적 문제로부터 제기된 조사를 시작하고 나면, 원래 문제를 넘어서는 새로운 문제들을 쉽게 찾아낼 수 있다.

산수와 대수의 영역에서는, 기하학의 측정과 비슷한 숫자를 이용한 직접적 계산을 통해 정리들이 제시된다. 가령 자연수를 갖고서 이런저런 놀이를 해본 사람이라면 다음 사실들을 분명 목격했을 것이다.

$$1 = 1,$$

$$1 + 3 = 4 = 2^2,$$

$$1 + 3 + 5 = 9 = 3^2,$$

$$1 + 3 + 5 + 7 = 16 = 4^2,$$

오른쪽의 각 수는 왼쪽에 나타난 홀수들의 개수의 제곱이다. 따라서 네 번째 줄에서는 왼쪽에 네 개의 수가 있으므로, 오른쪽은 4^2이다. 이 계산에서 엿볼 수 있는 일반적인 결과는, 만약 n개의 홀수들이 왼쪽에 있다면 그 합은 n^2이 된다는 것이다. 물론, 참일 수도 있는 이 정리는 위의 계산으로 증명되지는 않았다. 게다가 그러한 계산으로는 결코 증명될 수가 없다. 어떠한 사람도 모든 n에 대해 결론을 내는 데 필요한 무한한 횟수의 계산을 할 수는 없기 때문이다. 하지만 위의 계산은 수학자로 하여금 분명 연구할 거리를 준다.

관찰, 측정 및 계산을 통해 어떻게 정리가 제시되는지를 간단히 살펴보았는데, 이 사례들은 아주 놀랍거나 매우 심오한 경우가 아니다. 추후에 우리는 어떻게 물리적 문제들이 더욱 중요한 수학 정리들을 내놓는지를 살펴볼 것이다. 하지만 경험, 측정, 계산 및 일반화는 정리의 가장 비옥한 원천을 담아내지 못한다. 특히 증명 방법을 찾을 때에는 일상적인 기법 이상의 것이 꼭 필요하다. 어떠한 경우든 가장 중요한 원천은 인간 정신의 창조적인 활동이다.

증명 문제를 살펴보자. 어떤 이가 다양한 삼각형들의 세 내각의 합이 180°임을 측정을 통해 알아냈다고 하자. 이제 그는 이 결과를 연역적으로 증명해야 한다. 뻔한 방법은 존재하지 않는다. 어떤 새로운 아이디어가 필요한데, 기하학의 기본적 내용을 기억하는 독자는 한 꼭짓점(그림 3.7의 A)을 지나는 직선을 맞은 쪽 변에 평행하게 그어 이 문제를 증명할 수 있음을 떠올릴 것이다. 그러면 평행선에 관해 이미 확립된 정리의 결과로서 각 1과 각 2는 같고, 마찬가지로 각 3과 각 4는 같다. 하지만 각 1, 각 3 그리고 삼각형 자체의 각 A를 더하면

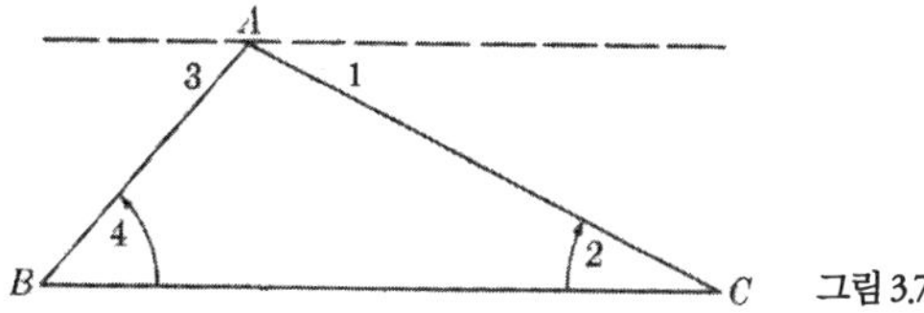

그림 3.7

180°가 되므로, 이 삼각형의 세 각의 합도 마찬가지로 180°다. 이 증명 방법은 일상적이지 않다. A를 지나는 직선을 그리자는 발상이 사람의 마음에서 일어나야만 하는 것이다. 어떤 증명 방법들은 매우 교묘하고 인위적이어서 비판을 당하기도 한다. 철학자 아르투르 쇼펜하우어는 피타고라스 정리에 대한 유클리드의 증명을 가리켜 "쥐덫 증명" 그리고 "죽마(竹馬)를 타고 걷는 증명, 추하고 비열하며 음흉한 증명"이라고 쏘아붙였다.

이 예를 든 까닭은 무엇을 증명할지를 정한 다음에도 증명할 방법을 찾으려면 독창적인 수학적 발상이 반드시 필요하다는 사실을 강조하기 위해서다. 증명 방법을 찾을 때에는 증명할 내용을 찾을 때와 마찬가지로 수학자는 대담한 상상력과 통찰력 그리고 독창성을 반드시 발휘해야 한다. 평범한 사람들이라면 엄두도 내지 못할 공격 노선을 찾아야만 한다. 특히 대수, 미적분 및 고급 해석학의 영역에서는, 일급 수학자는 음악, 문학 또는 예술의 창조 행위와 대체로 유사한 영감에 의존한다. 작곡가는 적절하게 발전시키면 훌륭한 음악으로 탄생할 하나의 주제를 떠올린다. 음악에 대한 경험과 지식의 도움을 받아 작곡가는 이런 확신에 도달한다. 마찬가지로 수학자는 수학의 공리들로부터 도출될 어떤 결론을 떠올린다. 이어서 경험과 지식을 통해 자신의 생각을 적절하게 발전시킨다. 올바른 증명 그리고 만족할만한 내용을 갖춘 정리에 도달하려면 이런저런 수정이 필요할지 모른다. 하지만 수학자와 작곡가는 둘 다 영감의 인도를 받아, 주춧돌을 놓기도 전에 완성된 건물을 미리 내다볼 수 있다.

영국 시인 키츠가 멋진 시를 어떻게 쓸 수 있는지 또는 렘브란트가 아름다운 그림을 어떻게 그릴 수 있는지 모르는 것만큼이나 어떤 정신적 과정을 거쳐 올바른 수학적 통찰이 일어나는지 우리는 모른다. 저명한 물리학자인 P. W. 브리지먼은 과학적 방법이란 "아무런 제약 없이 인간의 마음으로 가장 희한한 짓"을 하는 것이라고 말한 적이 있다. 마음이 어떻게 작동하는지를 알려줄 어떠한 논리나 확실한 지침은 없다. 많은 위대한 수학자들이 공략했다가 실패한 문제를 엉뚱한 사람이 나타나 풀어버릴 수도 있다는 사실에서 우리는 마음이 얼마나 특이한 것인지 알 수 있다.

수학의 창조 행위에 관한 앞선 논의를 통해 우리는 잘 알려진 여러 가지 오해를 바로잡을 필요가 있다. 수학적 증명을 할 때, 수학자의 마음은 냉철하고 질서정연한 주장을 보는 것이 아니라 어떤 아이디어나 계획을 떠올리며, 이것들을 적절하게 발전시켜 연역적 증명을 해낸다. 말하자면 공식적 증명이란 직관에 의해 이미 정복된 내용을 단지 승인하는 과정일 뿐이다. 둘째로, 연역적 증명은 떠오른 발상이나 방법을 붙잡기에 좋은 형태가 아니다. 사실, 논리적 형태는 직관적으로 떠올리기에는 단순명쾌하지 않기 때문에 연역적 주장은 발상을 감출 때가 많다. 적어도 주장의 세부사항은 주된 논점을 흐리게 만든다. 증명을 연역적으로 구성하면, 증명하는 사람 및 그 증명을 읽는 사람은 정확한 추론의 표준을 통해 증명 내용을 검사할 수 있어서 좋다. 셋째로, 과학자와 수학자는 늘 마음을 열어두고 탐구 활동을 편견 없이 행한다는 오해가 널리 퍼져 있다. 그들은 결론을 속단하지 않는 사람이라고 여겨진다. 실제로 수학자는 우선 무엇을 증명할지 정해야만 하는데, 이 결론은 증명에 우선할 뿐 아니라 반드시 그래야 한다. 그렇지 않으면 수학자는 자신이 어디로 향할지 모를 것이다. 그렇다고 해서 수학자가 때때로 틀린 추측을 해도 좋다는 말은 아니다. 만약 그렇다면 그의 증명은 실패하거나 증명 과정에서 자신이 추구하는 바를 증명할 수 없음을 깨닫게 될 것이다. 그리하여 자신의 추측을 수정할 것이다. 하지만 어떠한 경우든 수학자는 자신이 무엇을 증명하려고 하는지는 알고 있다.

연습문제

1. 평행사변형 $ABCD$(그림 3.8)를 살펴보자. 정의상, 마주보는 변들은 서로 평행하다. 이제 대각선 BD를 그어보자. 관찰해보면 삼각형 ABD와 삼각형 BDC를 관련짓는 정리가 떠오르는가?

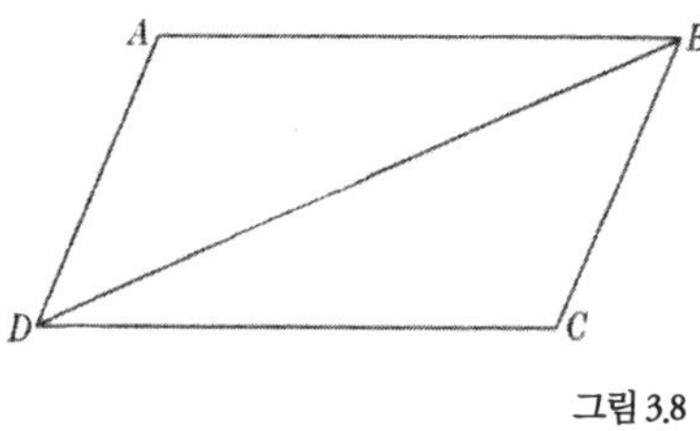

그림 3.8

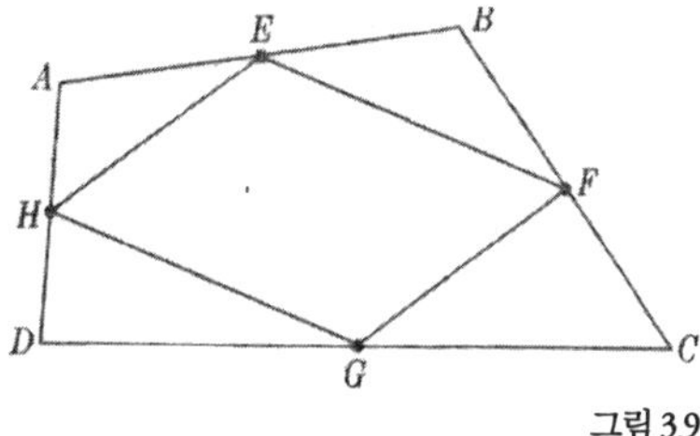

그림 3.9

2. 임의의 사변형 $ABCD$(그림 3.9)와 사변형의 각 변의 중점 E, F, G, H를 이어서 만든 도형을 살펴보자. 관찰이나 직관을 통해 사변형 $EFGH$에 관한 중요한 사실이 떠오르는가?

3. 식 $n^2 - n + 41$은 다양한 n값에 대해 소수를 내놓을 것으로 예상된다. 따라서 $n = 1$일 때,

$$1^2 - 1 + 41 = 41.$$

이 값은 소수이다. 그리고 $n = 2$일 때,

$$2^2 - 1 + 41 = 43,$$

이 값도 소수이다. $n = 3$ 및 $n = 4$일 때 이 식을 검사해보라. 이 값들을 공식에넣었을 때 나오는 결과들도 소수인가? 그렇다면 이 공식이 언제나 소수를 내놓는다고 증명한 것인가?

4. 두 사변형이 합동일 조건, 즉 크기와 모양이 똑같을 조건을 들어라.
5. 아래 계산은 자연수의 세제곱의 합에 관한 것이다.

$$1^3 = 1,$$
$$1^3 + 2^3 = 1 + 8 = 9 = 3^2 = (1 + 2)^2,$$
$$1^3 + 2^3 + 3^3 = 1 + 8 + 27 = 36 = 6^2 = (1 + 2 + 3)^2$$
$$1^3 + 2^3 + 3^3 + 4^3 = 1 + 8 + 27 + 64 = 100 = 10^2$$
$$= (1 + 2 + 3 + 4)^2.$$

이런 몇 가지 계산을 통해 어떤 일반적인 결론을 내다볼 수 있는가?

복습문제

1. 이집트인들과 바빌로니아인들이 자신들의 수학적 결론을 옳다고 믿은 근거는 무엇인가?
2. 고대 그리스 시기와 그 이전 시기에서 수학의 개념을 이해하는 방식을 각각 비교해서 설명하라.
3. 수학적 결론을 확립하기 위한 고대 그리스인들의 계획은 무엇이었는가?
4. 어떤 의미에서 수학은 이집트인들과 바빌로니아인들이 아니라 고대 그리스인들이 창조해냈다고 할 수 있는가?
5. 모든 교수들은 지적인 사람들이고 모든 교수들은 박식한 사람들이라는 전제를 인정한다고 하자. 다음 결론들 가운데 어떤 것이 연역적으로 타당한가?

   a) 어떤 지적인 사람들은 박식하다.

   b) 어떤 박식한 사람들은 지적이다.

   c) 모든 지적인 사람들은 박식하다.

d) 모든 박식한 사람들은 지적이다.

6. '모든 대학생들은 현명하다'와 '어떠한 교수도 대학생이 아니다'라는 두 전제를 인정한다고 하자. 다음 결론들 가운데 어떤 것이 연역적으로 타당한가?

a) 어떠한 교수도 현명하지 않다.

b) 어떤 교수들은 현명하다.

c) 모든 교수들은 현명하다.

7. 다음 주장은 타당한가?

모든 평행사변형은 사변형이다. 그리고 도형 *ABCD*는 사변형이다. 따라서 도형 *ABCD*는 평행사변형이다.

8. 다음 두 전제로부터 어떤 결론을 연역해낼 수 있는가?

우수한 학생은 누구든 공부를 열심히 한다.

존은 공부를 열심히 하지 않는다.

9. 스미스는 이렇게 말한다.

비가 오면 나는 영화를 보러간다.

만약 스미스가 영화를 보러 갔다면, 연역적으로 어떤 결론을 내릴 수 있는가?

10. 스미스는 이렇게 말한다.

비가 와야만 나는 영화를 보러간다.

만약 스미스가 영화를 보러 갔다면, 연역적으로 어떤 결론을 내릴 수 있는가?

더 살펴볼 주제

이 주제들을 탐구하려면 아래 권장 도서의 책들을 참고하기 바란다.

1. 피타고라스의 인생과 업적
2. 유클리드의 인생과 업적

권장 도서

Bell, Eric T.: *The Development of Mathematics*, 2nd ed., Chaps. 2 and 3, McGraw-Hill Book Co., N.Y., 1945.

Bell, Eric T.: *Men of Mathematics*, Simon and Schuster, New York, 1937.

Clagett, Marshall: *Greek Science in Antiquity*, Chap. 2, Abelard-Schuman, Inc., New York, 1955.

Cohen, Morris R. and E. Nagel: *An Introduction to Logic and Scientific Method*, Chaps. 1 through 5, Harcourt Brace and Co., New York, 1934.

Coolidge, J. L.: *The Mathematics of Great Amateurs*, Chap. 1, Dover Publications, Inc., New York, 1963.

Hamilton, Edith: *The Greek Way to Western Civilization*, Chaps. 1 through 3, The New American Library, New York, 1948.

Jeans, Sir James: *The Growth of Physical Science*, 2nd ed., Chap. 2, Cambridge University Press, Cambridge, 1951.

Neugebauer, Otto: *The Exact Sciences in Antiquity*, Princeton University Press, Princeton, 1952.

Smith, David Eugene: *History of Mathematics*, Vol. I., Dover Publications, Inc.,

New York, 1958.

Struik, Dirk J.: *A Concise History of Mathematics*, Dover Publications, Inc., New York, 1948.

Taylor, Henry Osborn: *Ancient Ideals*, 2nd ed., Vol. I, Chaps. 7 through 13, The Macmillan Co., New York, 1913.

Wedberg, Anders: *Plato's Philosophy of Mathematics*, Almqvist and Wiksell, Stockholm, 1955 (for students of philosophy).

4
수: 근본적인 개념

이러한 수학적인 것들에는 경이로운 중립성이 존재하며, 또한 초자연적이고 불멸하며 지적이고 단순하며 불가분적인 것들과 자연적이며 필멸하며 감각적이고 복잡하며 가분적인 것들이 함께 존재한다.

존 디(1527~1608)

4.1 들어가며

우리는 태양, 달 그리고 별의 존재를 당연시하며 사색을 통해 천체의 장대함과 신비로움 그리고 지식의 진가를 제대로 음미하지 못하듯이, 수 체계에 대해서도 이와 마찬가지이다. 하지만 다음과 같은 차이가 있다. 우리들 다수는 후자의 가치를 전혀 몰라보고 아주 하찮게 대한다. 왜냐하면 그 가치를 알아보기에는 너무 이른 나이에 (장래의 관심거리를 아직은 자각하지 못하는 인생의 준비단계에서) 수와 연산을 억지로 배우기 때문에 수가 단조롭고 재미없는 것이라고 믿게 된다. 하지만 수 체계는 수학의 바탕으로서 주목의 대상일 뿐 아니라 효과적으로 적용될 수 있는 묵직하고 아름다운 개념들을 가득 담고 있다.

과거의 문명들 중에서 고대 그리스인들은 수 개념의 경이로움과 힘을 가장 잘 이해했다. 그들은 지적인 통찰이 대단히 뛰어난 사람들이기도 했지만, 아마도 수를 추상적으로 여기는 습관이 있었기 때문에 수의 진정한 본질을 더욱 확실하게 간파했던 것 같다. 대상들의 아주 다양한 집합들로부터 "다섯"이라는 속성을 추상화시킬 수 있다는 사실은 고대 그리스인들한테는 경이로운 발견으로 다가왔다. 만약 우스꽝스러운 비유를 들어 숭고한 사실을 강조해도 좋다면 다음과 같이 말할 수 있을 것이다. 고대 그리스인들이 수에 환호한 것은 남녀노소를 불문하고 미국인들이 야구 점수나 타율의 형태로 수를 만날 때 경험하는 열광적인 반응에 대응하는 이성적인 반응이었다고.

4.2 자연수와 분수

우리가 알고 있는 한, 수를 흡족하게 여기는 마음을 처음으로 표현했고 수를 바탕으로 하여 지금까지도 대단히 활발하게 논의되는 중요한 철학을 제시한 최초의 그리스인들은 피타고라스 학파였다. 이 조직은 기원전 육 세기 중반에 피타고라스가 창시했다. 피타고라스에 대해선 알려져 있는 바가 거의 없다. 하지만 아마도 그는 에게 해에 있는 사모스 섬의 한 그리스 정착지에서 기원전 569년경에 태어났던 듯하다. 다른 많은 그리스인들처럼 그는 이집트와 근동 지역에 가서 이런 고대 문명에서 배울 수 있는 지식을 배웠으며, 이후에 남부 이탈리아 지역의 그리스 도시 크로톤에 정착했다. 피타고라스와 추종자들은 위대한 그리스 문명의 초기 개척자들이었기에, 고대 그리스 문명의 특징인 합리적 태도가 그 당시에 이집트 및 이웃 동쪽 지역에 퍼져 있던 신비주의적이고 종교적인 신조와 혼합되어 있던 것은 놀라운 일이 아니다.

조직의 회원이 될 수 있는 자격은 소수에게 국한되었으며 회원들은 비밀 엄수 서약을 했다. 이들의 종교적 신조 가운데는 영혼이 육신에 의해 오염되었다는 믿음도 있었다. 영혼을 정화하기 위해 금욕주의를 실천해야 했다. 이러한 종교적 실천은 영혼을 정화하는 데 효과적이라고 여겨졌다. 죽으면 영혼은 다른 사람이나 동물의 몸으로 환생한다고 보았다. 대다수의 신비주의자들과 마찬가지로 그들은 특정한 금기사항을 지켰다. 흰 닭을 만지거나 대로를 걷거나 쇠를 이용해 불을 들쑤시거나 냄비에 재 자국을 남기지 않아야 했다.

비밀스럽고 도도한데다 크로톤의 정치 문제에 개입하려고도 시도한 탓에 시민들은 마침내 발끈하여 피타고라스 학파를 쫓아냈다. 피타고라스에게 무슨 일이 있었는지는 확실치 않다. 전해지는 이야기로 그는 남부 이탈리아 지역의 또 다른 그리스 도시 메타폰툼으로 도망쳤다가 거기서 살해당했다고 한다. 하지만 피타고라스 학파는 그리스의 지성계에 계속 영향력을 행사했다. 학파의 주요한 구성원 중 하나로 철학자 플라톤을 꼽을 수 있다.

피타고라스 학파가 수에 깊은 인상을 받았던 까닭은 그들이 신비주의자였기 때문이다. 그래서 오늘날에는 유치하게 보이는 의미와 중요성을 수에 부여했다. 가령 수 "하나"를 이성의 정수 내지 본질로 여겼다. 왜냐하면 이성은 오직 하나의 일관된 원리 체계를 내놓을 수 있기 때문이다. 수 "둘"은 의견과 동일시되었다. 왜냐하면 의견이라는 말은 의미상 한 의견에 반대되는 의견, 즉 적어도 두 의견이 존재함을 내포하고 있기 때문이다. "넷"은 동일한 값의 곱으로 이루어진 첫 수이기 때문에 정의(justice)와 동일시되었다. 물론 하나도 1 곱하기 1이라고 여길 수 있지만, 피타고라스 학파로서는 하나는 양을 나타내지 않는다고 여겼기에 엄밀한 의미에서 수가 아니었다. 피타고라스 학파는 수를 모래 더미 또는 조약돌로 나타냈는데, 각 수에 대해 모래 더미나 조약돌을 특별하게 배열하여 수를 나타냈다. 가령 수 "넷"은 정사각형(square)을 암시하는 네 개의 모래 더미로 나타냈기에, 정사각형과 정의 또한 서로 관련되었다. 포어스퀘어(foursquare)와 스퀘어 슈터(square shooter)라는 영어 단어는 지금도 정당하게 행동하는 사람을 의미한다. "다섯"은 결혼을 의미했다. 왜냐하면 다섯은 처음 나오는 남성적인 수 "셋"과 처음 나오는 여성적인 수 "둘"의 결합이기 때문이다. (홀수는 남성적이고 짝수는 여성적이었다.) 수 "일곱"은 건강을, "여덟"은 우정이나 사랑을 나타냈다.

피타고라스 학파가 수에 관해 발전시켰던 사상을 일일이 탐구하지는 않겠다. 그들의 활동이 지닌 중요성은 자연수의 성질을 처음으로 연구했다는 것이다. 추후의 장에서 살펴보겠지만, 그들은 심오한 신비주의자들의 전망도 아울러 지녔으며 수를 이용하여 자연 현상을 표현하거나 심지어 구현할 수 있다고 여겼다.

자연수와 자연수의 비율(오늘날 우리가 선호하는 용어로는 분수)에 관하여 피타고라스 학파가 사색을 통해 얻은 결과들은 일상생활의 도구로 쓰이는 산수와 달리 과학의 도구로서 쓰이는 산수의 길고 복잡한 발전 과정의 시작이었다. 피타고라스 학파가 수의 중요성을 부각시켰던 이후로 2500년 동안 사람들은 수의 중요성을 더 잘 이해하게 되었을 뿐 아니라 양을 표기하고 사칙연산을 행하는 훌륭한 방법들을 발명했다. 이런 표기법과 연산법들은 대체로 익숙하지만, 몇 가지 사실은 언급할 가치가 있다.

현재의 수 체계의 가장 중요한 구성원 중 하나는 양이 없음을 나타내는 수학적 표시, 즉 영이다. 우리는 이 수에 매우 익숙해져서 이에 관한 두 가지 사실을 대체로 잊고 지낸다. 첫 번째는 우리의 수 체계에서 이 구성원은 꽤 늦게 등장했다는 사실이다. 영을 사용하자는 발상은 인도인들이 고안했는데, 인도인들의 다른 수학적 발상들처럼 0의 사용 또한 아랍을 거쳐 유럽으로 전해졌다. 초기의 문명들, 심지어 고대 그리스인들도 어떤 대상의 부재를 나타내는 수가 있으면 유용할 것이라는 생각은 하지 못했다. 이 수가 늦게 등장했다는 사실과 관련하여 두 번째로 중요한 점이 뒤따른다. 즉, 영은 없음(無)과 반드시 구별해야 한다는 것이다. 옛날 사람들이 영을 도입하지 못한 이유는 분명 이 구별을 제대로 할 수 없었기 때문이다. 영을 없음과 구별해야만 한다는 것은 여러 가지 사례를 통해 쉽게 이해할 수 있다. 어떤 학생이 듣지 않은 수업 과목의 점수는, 굳이 말하자면, 점수 없음이다. 하지만 그 학생은 자신이 들은 수업 과목에서 영 점을 받았을 수 있다. 만약 어떤 사람이 은행에 계좌가 없으면 잔액은 없음이다. 하지만 계좌가 있으면 잔액이 영일 수 있다.

영은 수이기 때문에 이것으로 연산을 할 수 있다. 가령, 영을 다른 수에 더할 수 있다. 그러므로 5 + 0 = 5이다. 이와 반대로 5 + 없음은 아무 의미가 없다. 수로서 영에 가해진 단 한 가지 제약은 어떤 수를 영으로 나눌 수 없다는 것이다.

말하자면, 영으로 나누면 아무 것도 얻어지지 않는다. 영으로 나누면 수학에서 온갖 틀린 단계들이 뒤따르기에, 그렇게 하면 왜 안 되는지 확실히 이해해야 한다. 가령, $\frac{6}{2}$과 같은 나누기 문제의 답은 나눗수(분모)에 곱하면 나뉨수(분자)가 나오게 만드는 수다. 이 예에서 3 × 2 = 6이므로 답은 3이다. 따라서 $\frac{5}{0}$의 답은 0을 곱했을 때 5가 되는 수다. 하지만 0에다 어떠한 수를 곱하더라도 0이 될 뿐 5가 되지 않는다. 그러므로 $\frac{5}{0}$이라는 문제의 답은 존재하지 않는다. $\frac{0}{0}$의 경우, 답은 분자인 0을 곱했을 때 분모인 0이 나오는 수다. 그런데 0에다 어떠한 수를 곱하더라도 0이 나오므로 임의의 수가 답이 될 수 있다. 하지만 수학은 그런 애매모호한 상황을 용인할 수 없다. 만약 $\frac{0}{0}$의 답으로 어떠한 수라도 모두 답이 될 수 있다면, 그 중 어느 것을 택해야 할지 모르기 때문에 아무런 도움이 되지 않는다. 마치 누군가에게 길을 물으니 아무 방향이나 가면 된다는 답을 들었을 때와 마찬가지 상황이다.

0을 이용할 수 있게 되면서 수학자들은 마침내 오늘날의 방식대로 수를 표시하는 체계를 발전시킬 수 있었다. 우선 우리는 한 자리 수들을 센 다음에 큰 양들을 두 자릿수로, 세 자릿수로, 네 자릿수 등으로 센다. 따라서 이백오십이를 252로 표현한다. 가장 왼쪽의 2는 물론 2 곱하기 100을, 가운데 5는 5 곱하기 10을 그리고 가장 오른쪽 2는 한 자릿수 2를 의미한다. 영의 개념 덕분에 양을 실용적으로 표기하는 체계가 가능해진다. 왜냐하면 22와 202를 구분할 수 있기 때문이다. 십이 근본적으로 중요한 역할을 하기 때문에 우리의 수 체계를 가리켜 *십진법*이라고 하며, 십을 *기수* 또는 *밑*(base)이라고 한다. 십을 사용하게 된 까닭은 아마도 사람의 손가락이 열 개라는 사실 때문일 텐데, 두 손으로 열 손가락을 사용했을 때 마지막에 도달한 수를 하나의 큰 단위로 여겼을 것이다.

어떤 수의 위치가 그 수가 나타내는 양을 결정하므로 이 수 체계를 가리켜 *자리 표기법*이라고 한다. 십진법 자리 표기법은 인도에서 생겼다. 하지만 바빌로니아인들도 이천 년 전에 이미 동일한 방식을 썼는데, 다만 기수가 60이었으며, 영을 사용하지 않았기에 좀 더 제한적인 형태였다.

산수연산, 즉 덧셈, 뺄셈, 곱셈 및 나눗셈은 익숙한 연산이지만, 이런 연산들이 매우 정교하며 놀라우리만치 효과적임을 우리는 잘 인식하지 못한다. 이 연산들은 고대 그리스 시기로 거슬러 올라가며, 수의 표기 방법이 발전하고 영의 개념이 도입되면서 차츰 발전했다. 유럽인들은 이 기법들을 아랍인들에게서 배웠다. 그 전에 유럽인들은 로마의 수 표기 체계를 사용했기에 연산법도 그 체계에 바탕을 두었다. 이 연산법이 비교적 복잡한데다 당시에는 소수의 사람들만 교육을 받을 수 있었기 때문에, 계산법을 익힌 사람들은 능숙한 수학자로 취급 받았다. 사실 그 방법은 보통 사람들은 엄두도 못 낼 정도였는지라, 보통 사람이 보기에 그런 계산 능력을 지닌 사람들은 틀림없이 마법이라도 지닌 것으로 보였다. 따라서 계산을 잘 하는 사람은 "흑마술"을 행하는 사람이라고 불리기도 했다.

현재의 수 체계가 얼마나 효과적인지 이해하려면 예전의 체계들을 배우고 이 방법들의 편리성도 알아보아야 할 것이다. 그래야 공정하게 비교를 해볼 수 있을 것이다. 하지만 그러기에는 시간과 노력이 너무 많이 든다. 그래서 한 가지만 강조하자면, 우리의 연산법이 자리 표기법에 크게 의존하고 있다는 것이다. 간단한 덧셈 문제에서도 이런 점을 확연히 드러난다. 387과 359를 더하는 문제는 아래와 같이 적을 수 있다.

$$\begin{array}{r} 387 \\ 359 \\ \hline 746 \end{array}$$

하지만 이 계산을 할 때 우리는 다음과 같이 생각한다. 일의 자리 수인 7과 9를 더하고, "십"의 자리 수인 8과 5를 더하고, 이어서 "백"의 자리수인 3과 3을 각각 더한다. 7과 9를 더하면 16이 나온다. 16은 $1 \times 10 + 6$으로 보아서, 십의 자리 수 8과 5를 더해서 얻은 결과인 13×10에 1×10을 더한다. 이를 가리켜 $1 \times$

10을 "넘겨준다"고 한다. 그리하여 13×10 대신에 14×10이 얻어진다. 하지만 14×10은 $(10+4)\times10$, 즉 $1\times10^2+4\times10$이다. 그러므로 십의 자리의 열에 4를 적은 다음, 1×10^2은 백의 자리 수인 3과 3을 더한 결과인 6×10^2에 더해 7×10^2이 얻어진다. 이 모든 단계들은 일의 자리와 십의 자리 그리고 백의 자리 위치에 적절한 수들을 적어 넣고 넘겨주기라는 과정을 이용하여 기계적으로 수행된다. 빼기, 곱하기 및 나누기 과정을 분석해보면, 초등학교에서 기계적으로 배우는 단계들이 기수 십의 자리 표기법의 핵심적인 과정임이 여실히 드러난다.

분수의 경우도 살펴보자. 전체의 일부를 나타내기 위해 $\frac{2}{3}$나 $\frac{7}{5}$처럼 분수를 적는 자연스러운 방법은 이해하기 어렵지 않다. 하지만 분수를 갖고서 하는 연산은 정말이지 꽤 임의적이고 아리송하게 보인다. $\frac{2}{3}$와 $\frac{7}{5}$을 더하려면 다음 과정을 거친다

$$\frac{2}{3}+\frac{7}{5}=\frac{10}{15}+\frac{21}{15}=\frac{31}{15}\cdot$$

여기서 한 일은 분모를 동일하게 하여 각각의 분모를 등가 형태로 표현한 다음에 분자를 합치는 것이다. 이런 방식으로 분수들을 더하기 위한 어떤 법칙이 있는 것은 아니다. 물론 아래와 같이 분모는 분모대로 분자는 분자대로 더하는 방법에 우리가 동의한다면 훨씬 더 단순해질 것이다.

$$\frac{2}{3}+\frac{7}{5}=\frac{9}{8}.$$

사실, 두 분수를 더할 때는 먼저 분모들을 곱한 다음에, 쓸데없이 복잡하게 보일만큼 특이한 방식으로 분자들을 곱한다.

수학적으로 이처럼 특이하게 보이는 과정을 거치는 이유는 단순하다. 분수 연산을 우리의 실제 경험에 일치하도록 구성했기 때문이다. 어떤 이가 파이 한 개의 $\frac{2}{3}$를 갖고 있고 또 $\frac{7}{5}$을 갖고 있다면, 파이 한 개의 $\frac{9}{8}$가 아니라 $\frac{31}{15}$을 갖고

있는 셈이다. 달리 말해서, 수학적 개념과 연산이 경험과 일치하려면 연산의 속성은 특정한 방식으로 정해지게 된다. 분수 곱하기의 경우, 분자를 곱하고 분모를 곱하는 것은 물리적 결과를 나타내는 분수를 내놓도록 해야 옳다. 그러므로 $\frac{7}{5}$의 $\frac{2}{3}$, 즉 $\frac{2}{3} \times \frac{7}{5}$을 구하는 문제를 살펴보자. 우리는 $\frac{2}{3}$를 $2 \times \frac{1}{3}$로 생각한다.

이제

$$\frac{1}{3} \cdot \frac{7}{5} = \frac{1}{3} \cdot \frac{21}{15} = \frac{7}{15}$$

그러면

$$2 \cdot \frac{1}{3} \cdot \frac{7}{5} = 2 \cdot \frac{7}{15} = \frac{14}{15}$$

원래의 분자들을 곱하고 원래의 분모들을 곱해도 똑같은 결과가 얻어진다.

한 분수를 다른 분수로 나누는 연산은 조금 더 어렵다. 어떻게 하면 올바른 과정에 이르는지 알기 위해서 우선 단순한 예부터 살펴보자. 파이 한 개의 삼분의 일이 얼마나 많이 모여야 파이 두 개가 되는가라는 질문에 답해야 한다고 가정하자. 수학적으로 이 질문은 아래 식으로 구성된다.

$$\frac{2}{\frac{1}{3}}?$$

여기서 한 가지 짚고 넘어가야 할 점은, 위의 막대가 아래의 막대보다 더 크며, 이 긴 막대는 분자 2를 분모 $\frac{1}{3}$과 분리시키고 있다. 이제, 우리는 물리적인 근거에서 6개의 삼분의 일이 2개를 이룸을 알고 있다. 이 답을 수학적으로 얻으려면 분모 $\frac{1}{3}$의 역수를 취하여 이 역수를 분자 2에 곱하면 된다. 즉,

$$\frac{2}{\frac{1}{3}} = \frac{2}{1} \cdot \frac{3}{1} = \frac{6}{1} = 6.$$

이제 조금 더 어려운 문제를 살펴보자. 파이 한 개의 삼분의 이가 얼마나 많이 모여야 파이 2개가 되는가? 이번에도 이 질문은 수학적으로 다음 식으로 표현된다.

$$\frac{2}{\frac{2}{3}}.$$

물리적인 근거에서 우리는 파이 한 개의 삼분의 이가 3개 모여야 파이 2개가 됨을 알고 있다. 이 답을 수학적으로 얻으려면 분모의 역수를 취하여 이 값을 분자와 곱하면 된다. 그러므로

$$\frac{2}{\frac{2}{3}} = \frac{1}{2} \cdot \frac{3}{2} = \frac{6}{2} = 3.$$

이제 훨씬 더 어려운 문제를 살펴보자. 파이 2개는 $\frac{10}{5}$파이와 같다는 데 우리는 틀림없이 동의할 것이다. 그러므로 만약 파이 한 개의 삼분의 이가 $\frac{10}{5}$파이 안에 얼마나 많이 들어있는가라는 질문에 답해야 한다면, 앞선 사례를 통해 답이 3임을 알 것이다. 이 답을 어떻게 직접 구할 수 있을까? 이 질문은 다음 식으로 표현된다.

$$\frac{\frac{10}{5}}{\frac{2}{3}}?$$

분모의 역수를 취해 분자를 곱하자. 그러면

$$\frac{\frac{10}{5}}{\frac{2}{3}} = \frac{10}{5} \cdot \frac{3}{2} = \frac{30}{10} = 3.$$

이번에도 분모의 역수를 취해 분자와 곱하는 과정은 우리가 물리적 근거를

통해 알고 있는 올바른 결과를 내놓음을 알 수 있다.

그렇다면 중요한 점은 "한 분수를 다른 분수로 나누려면, 분모의 역수를 취하여 그것을 분자와 곱하라."는 규칙에 따라 연산을 하면 경험과 일치하는 결과가 나온다는 것이다. 물론 이것은 다른 연산에도 적용되는 원리이다. 논리적으로 보자면, 방금 덧셈, 곱셈 및 나눗셈에 대해 설명했던 대로 연산을 정의하고 순전히 수학적인 정의를 내릴 때 물리적 사실과의 일치 여부에 관해서는 아무런 말을 하지 않을 수도 있다. 하지만 그런 정의는 물리적으로 올바른 결과를 내놓지 않는다면 당연히 아무 쓸모가 없을 것이다.

분수도 자리 표기법에 따라 적을 수 있다. 그러므로

$$\frac{1}{4} = \frac{25}{100} = \frac{20}{100} + \frac{5}{100} = \frac{2}{10} + \frac{5}{100} \cdot$$

이제 10의 거듭제곱, 즉 10, 100 그리고 더 높은 차수의 거듭제곱을 숨기고 싶으면, $\frac{1}{4} = 0.25$로 적을 수 있다. 소수점 아래 첫 번째 수는 실제로는 $\frac{2}{10}$, 두 번째 수는 $\frac{5}{100}$이다. 바빌로니아인들도 분수에 대한 자리 표기법을 도입했는데, 하지만 기수가 10이 아니라 60을 사용했다. 분수에 대한 소수점 표시는 십육 세기 유럽의 대수학자들이 도입했다. 물론 분수 연산은 소수점 형태로도 할 수 있다.

분수를 소수로 표현하는 방법의 실망스러운 점은, 일부 단순한 분수를 유한한 자리수의 소수로 표현할 수 없다는 것이다. 그러므로 $\frac{1}{3}$을 소수로 표현하려면 0.3도 0.33도 0.333도 만족스러운 답이 아니다. 이런 경우 및 비슷한 다른 경우에는 점점 더 자리수가 많아질수록 분수의 값에 더 가까워진다고 말할 수 있는 게 고작이다. 유한한 자릿수의 수로는 정확한 답이 없는 것이다. 이 사실은 다음의 표기에서 드러난다.

$$\frac{1}{3} = 0.333\cdots,$$

여기서 점들은 $\frac{1}{3}$의 값에 더욱 더 가까워지게 하려면 3을 무한정 더해야만 한다는 뜻이다.

실제 사용의 관점에서 보자면, 어떤 분수들을 유한한 자릿수의 소수로 표현할 수 없다는 사실은 중요하지 않다. 왜냐하면 실제 계산에서는 필요한 만큼의 정확한 답을 나타내기에 충분한 자릿수의 소수로 표현할 수 있기 때문이다.

연습문제

1. 자리 표기법의 원리는 무엇인가?
2. 자리 표기법에서 영이 거의 필수적인 이유는 무엇인가?
3. 영이 수라는 진술은 어떤 의미인가?
4. 분수를 표현하는 두 가지 방법은 무엇인가?
5. 분수 연산을 정의하는 원리는 무엇인가?

4.3 무리수

앞서 말했듯이, 피타고라스 학파는 수의 개념을 최초로 간파했으며 수를 이용하여 물리적 세계 및 사회적 세계의 기본 현상들을 기술하고자 했다. 피타고라스 학파에게 수란 그 자체로서 흥미로운 대상이었다. 일례로 그들은 제곱수, 즉 4, 9, 16, 25, 36 등의 수를 좋아했는데, 제곱수의 어떤 쌍들의 합 또한 제곱수임을 알아차렸다. 가령, $9 + 16 = 25$, $25 + 144 = 169$ 그리고 $36 + 64 = 100$. 이러한 관계는 다음 식으로 나타낼 수 있다.

$$3^2 + 4^2 = 5^2,\ 5^2 + 12^2 = 13^2,\ 6^2 + 8^2 = 10^2.$$

이런 관계를 만족하는 세 수를 가리켜 오늘날 피타고라스 수(Pythagorean triples)라고 한다. 따라서 3, 4, 5는 $3^2 + 4^2 = 5^2$이므로 피타고라스 수다.

피타고라스 학파는 이 수들을 매우 좋아했다. 왜냐하면 무엇보다도 이 수들은 기하학적으로 흥미롭게 해석될 수 있었기 때문이다. 만약 작은 두 수가 직각삼각형의 밑변과 높이의 길이라면, 세 번째 수는 빗변의 길이다(그림 4.1). 피타고라스 학파가 이런 기하학적 사실을 어떻게 알아냈는지는 불확실하지만, 아무튼 그들은 이 사실을 알아냈다고 전해진다. 그들은 또한 임의의 직각삼각형에서 작은 두 변의 길이의 제곱을 더하면 빗변의 길이의 제곱이 된다고 주장했다. 이 일반적인 주장을 가리켜 피타고라스 정리라고 한다. 그리고 고등학교 기하학 시간에 배우듯이 그 증명은 약 200년 후 유클리드가 내놓았다. 피타고라스는 이 정리를 너무나 좋아했기에 발견을 기념하며 암소 한 마리를 희생 제물로 바쳤다고 한다.

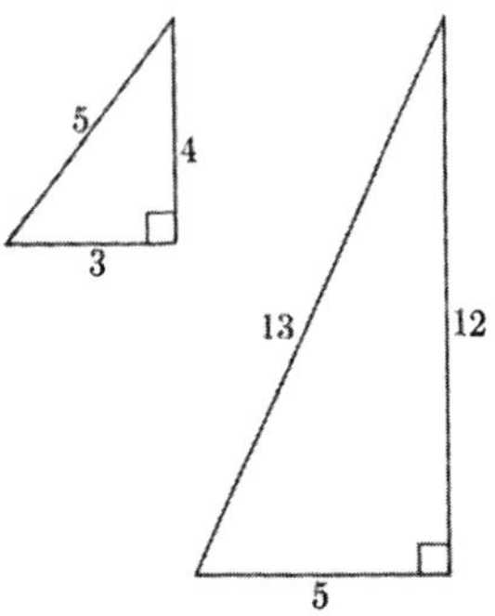

그림 4.1

하지만 이 정리는 피타고라스 철학의 핵심 원리를 망가뜨린 주범임이 드러났으며, 이후로 많은 수학자들에게 불안과 고통을 안겨주었다. 이 이야기를 파헤치기 전에, 먼저 다음 연습문제에 나타나 있는 수의 몇 가지 단순한 성질부터 살펴보도록 하자.

연습문제

1. 임의의 짝수의 제곱이 짝수임을 증명하라. (힌트: 정의상 모든 짝수에는 인수 2가 들어 있다.)
2. 임의의 홀수의 제곱이 홀수임을 증명하라. (힌트: 모든 홀수는 1, 3, 5, 7 또는 9로 끝난다.)
3. a가 자연수를 나타낸다고 하자. a^2이 짝수이면 a가 짝수임을 증명하라. (힌트: 연습문제 2의 결과를 이용하라.)
4. 임의의 두 제곱수의 합은 제곱수라는 주장이 참인지 거짓인지 밝혀라.

수학에는 슬픈 이야기도 있다. 안타깝게도 그런 일이 수학자 집단에서도 일어났다. 피타고라스 학파는 모든 자연현상이나 사회적 및 윤리적 개념들이 본질적으로 자연수 또는 자연수들 사이의 관계로 표현된다고 단언하는 철학을 내놓았고, 이 철학을 자랑스럽게 여겼다. 하지만 어느 날 무리 중 한 명이 피타고라스 정리의 가장 단순해 보이는 한 예를 자세히 살펴본 후 이런 질문을 던졌다. 직각삼각형(그림 4.2)의 각 변이 길이가 1이라고 하자. 그러면 빗변의 길이는 얼마일까? 피타고라스 정리에 의하면 빗변(의 길이)의 제곱은 각 변의 길이의 제곱의 합과 같다. 따라서 알려지지 않은 빗변의 길이를 c라고 하면, 피타고라스 정리에 의해

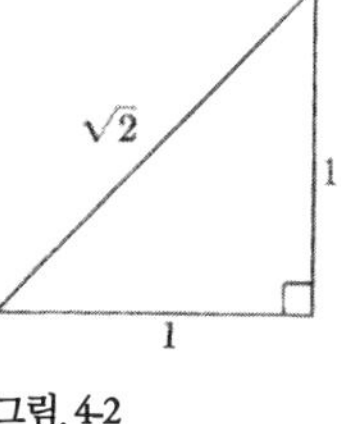

그림. 4-2

$$c^2 = 1^2 + 1^2$$

즉

$$c^2 = 2.$$

여기서 2는 제곱수가 아니다. 그렇기에 c는 자연수가 아니다. 그렇다면 이 피타고라스 학파가 보기에 c는 분수임이 틀림없었다. 즉, 제곱하면 2가 되는 분수가 존재함이 분명했다. 단순한 분수인 $\frac{7}{5}$만 하더라도 올바른 값에 가까웠다. 왜냐하면 $(\frac{7}{5})^2 = \frac{49}{25}$이고 이 값은 거의 2에 가까웠기 때문이다. 하지만 간단한 시도로는 제곱이 2가 되는 분수가 쉽사리 나오지 않았다. 따라서 이 피타고라스 학파는 슬슬 조바심이 나서, 제곱이 2가 되는 분수가 존재하는지 여부를 깊이 연구해보기로 결심했다. 우리가 아는 한, 그의 추론은 유클리드의 유명한 기하학 책인『원론』에서 내놓았던 것과 동일하다. 그의 추론을 자세히 살펴보자.

우리가 구하고자 하는 수 c는 제곱해서 2가 되는 값이다. 그 값을 $\sqrt{2}$라고 표시하자. 이 기호가 의미하는 것은 이 수를 제곱하면 2가 된다는 것뿐이다. 그리

고 $\sqrt{2}$가 분수 $\frac{a}{b}$라고 가정하자. 여기서 a와 b는 자연수다. 게다가 상황을 단순화시키기 위해 a와 b의 공약수는 약분했다고 가정하자. 가령 만약 $\frac{a}{b}$가 $\frac{8}{6}$이라면 공약수 2는 없애고 $\frac{4}{3}$와 같이 적는다. 따라서 지금까지 가정한 바는

$$\sqrt{2} = \frac{a}{b} \tag{1}$$

여기서 a와 b는 공약수를 갖지 않는다.

식 (1)이 옳다면, 동일한 값에 동일한 값을 곱하면 동일한 값이 나온다는 공리를 이용해 양변을 제곱하자(좌변에는 $\sqrt{2}$를 그리고 우변에는 $\frac{a}{b}$를 제곱하므로). 그러면 아래 결과가 얻어진다.

$$2 = \frac{a^2}{b^2}$$

다시 동일한 값에 동일한 값을 곱하면 동일한 값이 나온다는 공리를 이용하는데, 이번에는 윗 식의 양변에 b^2을 곱하자. 그러면

$$2b^2 = a^2 \tag{2}$$

이 식의 좌변은 2를 인수로 가지므로 짝수이다. 따라서 우변 또한 짝수임이 틀림없다. 하지만 만약 a^2이 짝수라면 위의 연습문제 3에 따라 a도 짝수여야 한다. 만약 a가 짝수라면 인수 2를 갖는다. 즉, $a = 2d$이다. 여기서 d는 어떤 자연수이다. 만약 $a = 2d$를 식 (2)에 대입하면

$$2b^2 = (2d)^2 = 2d \cdot 2d = 4d^2. \tag{3}$$

그렇다면

$$2b^2 = 4d^2$$

이 식의 양변을 2로 나누면

$$b^2 = 2d^2 \tag{4}$$

이제 우리는 b^2이 짝수임을 알게 되었다. 따라서 연습문제 3의 결과를 다시 적용하면 b 또한 짝수임이 드러난다.

위의 논증에서 밝혀진 바는 만약 $\sqrt{2}$가 $\frac{a}{b}$라면 a와 b 둘 다 짝수여야만 한다는 것이다. 하지만 맨 처음에 우리는 a와 b의 공약수를 약분시켰는데도, 지금 여전히 a와 b는 공약수를 갖고 있다. 이 결과는 a와 b가 공약수를 갖지 않는다는 가정과 모순된다.

왜 모순이 생겼을까? 우리의 추론이 옳다면 유일한 가능성은 $\sqrt{2}$가 분수라는 가정이 틀렸다는 것이다. 달리 말해, $\sqrt{2}$는 두 자연수의 비율일 수가 없다.

이 증명은 매우 깔끔하기에, 피타고라스가 이를 기념하여 암소 한 마리를 희생 제물로 바쳤다는 전설이 그럴듯하다고 여겨진다. 하지만 이 전설은 적어도 두 가지 이유에서 신빙성이 없다. 첫째로, 만약 피타고라스가 암소를 희생 제물로 바쳤다는 전설이 사실이라면, 그는 수학 연구를 위해 시간을 낼 수 없었을 것이다. 두 번째 이유로는, 위의 증명은 피타고라스 학파에게는 승리가 아니라 재앙이었다. 기호 $\sqrt{2}$는 한 직선, 즉 그림 4.2의 삼각형의 빗변의 길이를 나타내므로 수다. 하지만 이 수는 자연수도 분수도 아니다. 하지만 피타고라스 학파는 삼라만상이 자연수로 환원된다는 일반론적인 철학을 발전시켰다. 그렇다면 분명 이 철학이 무언가 잘못된 것이다. 정말이지 $\sqrt{2}$와 같은 수의 존재는 피타고라스 철학에는 심각한 위협이었다. 그래서 신빙성이 더 높은 또 다른 전설에 의하면, 이 증명을 내놓은 사람은 배를 타고 가던 중에 다른 피타고라스 학파의 조직원들이 그를 바다에 던지고는 절대 이 발견을 비밀로 하자고 맹세했다고 한다.

하지만 비밀은 새어나가고 말았다. 그리하여 이후의 그리스인들은 $\sqrt{2}$가 자연수도 아니고 분수도 아님을 알게 되었으며, 게다가 자연수도 아니고 분수도 아닌 다른 수들이 무한히 많이 존재한다는 사실도 알아냈다. 가령, $\sqrt{3}$, $\sqrt{5}$, $\sqrt{7}$ 그리고 더욱 일반적으로 말해 제곱수가 아닌 임의의 수의 제곱근이나 세제곱수가 아닌 임의의 수의 세제곱근 등도 자연수도 아니고 분수도 아닌 수이다. 원의 지름에 대한 둘레의 비인 수 π 또한 자연수도 아니고 분수도 아니다. 이런 새로운 수들을 전부 가리켜 무리수라고 한다. "무리"라는 말은 이 수들을 자연수의 비로 표현할 수 없다는 뜻이다. 피타고라스 시대에는 이것은 충격적이고 불가사의한 수였다.

만약 이런 무리수들이 실제로 매우 흔하고 삼각형의 변의 길이나 원의 지름과 둘레의 비를 표현한다면, 왜 이전에는 등장하지 않았을까? 바빌로니아인들과 이집트인들은 이 수들과 마주치지 않았을까? 마주치긴 했다. 하지만 그들은 실제적인 목적에 부합하는 수에만 관심이 있었기에 간편하게 근삿값을 이용했다. 따라서 $\sqrt{2}$라는 길이와 마주쳤을 때 그들은 1.4나 1.41 같은 값을 사용하는 데 만족했다. 이전 장에서 언급했듯이 π 대신에 그냥 3을 사용했다. 그들은 근삿값을 사용했을 뿐만 아니라 가장 복잡한 분수 내지 소수가 무리수를 정확하게 표현할 수 없다는 사실조차 알아차리지 못했다. 이집트인들과 바빌로니아인들은 무리수 및 무리수에 관한 수학 일반을 건성으로 여겼다. 태평한 마음가짐이야 칭찬할 만하지만 결코 수학자라고는 할 수 없었다.

우리가 아는 한, 고대 그리스인들은 유별나게 똑똑한 사람들이었는지라 근삿값에는 만족할 수 없었다. 하지만 그들도 약점이 있었다. 자연수도 분수도 아닌 양이 존재한다는 사실을 알아차리긴 했지만, 수의 개념은 자연수나 분수 이외의 것을 포함할 수는 없다고 확신했기에 무리수를 수로서 인정하지 않았다. 대신에 그런 양은 단지 기하학적인 길이나 넓이를 나타내는 어떤 것으로만 여겼다. 따라서 고대 그리스인들은 무리수의 산수를 전혀 발전시키지 못했다. 가령 천문학 연구에서 그들은 자연수와 분수만 사용했다. 고대 그리스인들이 겪었던 어려움은 근대에 이르기까지 모든 수학자들을 곤혹스럽게 만들었다. 매우 위대한 수학자들조차도 무리수를 수로서 인정하지 않았으며 고대 그리스인들의 뒤를 이어 그런 양을 길이나 넓이로 여겼다. 이런 사람들은 전부 피타고라스가 무리수를 발견한 사람이 아니라 무리수 그 자체를 바다 속에 던져 버렸어야 했다고 안타까워했다.

하지만 바야흐로 수학자들이 이 마뜩잖은 수와 대면해야 할 계기가 찾아왔다. 십칠 세기에 과학이 엄청난 속도로 발전하기 시작하자 정량적인 결과가 필요해졌다. $\sqrt{2}$가 길이를, $\sqrt{2}\cdot\sqrt{3}$이 넓이를 나타낸다는 점을 알면 나쁠 리야 없지만, 이런 지식은 어떤 이가 수치적 결과를 원할 때 만족스러운 답을 주지 않는다. 그래서 마침내 수학자들은 과학 연구에 등장하는 모든 양을 수치적으로 다루려면 무리수를 수로서 취급해야만 한다는 사실을 인정해야 했다. 수학자들이 오랜 세월 동안 무리수에 수의 지위를 부여하기를 거부했다는 사실은 수학사의 놀라운 특징 가운데 하나를 잘 보여준다. 수학에서도 새로운 사상은 마치 정치학, 종교 및 경제학에서와 마찬가지로 종종 허용되지 않는 법이다.

그러다가 바야흐로 자연수와 분수 이외의 다른 수가 존재함을 있는 그대로 인정해야 할 상황이 닥친 것이다. 물론 자연수와 분수가 제일 먼저 만들어지고 사용된 것은 이해할만 하다. 왜냐하면 이런 수들은 인간이 마주치는 가장 단순한 물리적 상황에서 등장하기 때문이다. 반면에 무리수는 흔히 마주치지 않는다. 피타고라스 정리와 같은 정리를 적용할 때에만 이 수는 우리의 주목을 받게 된다. 심지어 그런 후에조차도 위에서 살펴본 대로 증명 과정을 거쳐야만 이런 수가 자연수나 분수가 아니라는 사실이 드러난다. 하지만 무리수가 늦게 등장했다고 해서 허용하기 어렵거나 진정한 수라고 보기 어렵다는 뜻은 아니다. 우리가 물리적 세계에 존재하는 인간과 동물에 관한 다양한 지식을 차츰 더해감에 따라, 필연적으로 다양한 수에 관한 지식을 넓혀가며, 이전에 받아들여 익숙해진 다른 수들과 마찬가지로 이 낯선 수들도 기꺼이 받아들이게 된다.

하지만 무리수를 사용하려고 하면 이 수를 다룰 방법을 반드시 알아야 한다. 즉, 무리수의 덧셈, 뺄셈, 곱셈 및 나눗셈 방법을 알아야만 한다. 이미 자연수와 분수에 대해서 언급했듯이, 연산이 경험에 일치하도록 만들려고 한다면 우선 경험에 따라 연산을 구성해야만 한다. 무리수에 대해서도 마찬가지다. 덧셈, 곱셈 및 기타 연산에 대한 정의는 우리가 원하는 대로 내릴 수 있다. 하지만 이런 연산이 물리적 상황을 표현하게 하고 싶다면 그런 연산을 적절하게 정의해야만 한다. 그러나 여기서 실제로 어려운 점은 없다. 무리수는 자연수와 분수와 마찬가지로 수이므로, 자연수와 분수를 지침으로 삼아서 무리수의 적절한 연산을 정의할 수 있다.

몇 가지 예를 살펴보면 일반적인 원리를 쉽게 알 수 있을 것이다. 다음 질문을 던져보자.

$$\sqrt{2} + \sqrt{3} = \sqrt{5}\,?$$

이 질문에 답하기 위해, 이와 비슷한 아래 질문도 살펴보자.

$$\sqrt{4} + \sqrt{9} = \sqrt{13}\,?$$

두 번째 질문의 경우 $2 + 3$이 $\sqrt{3}$이 아님은 명백하다. 왜냐하면 은 4보다 분명 작기 때문이다. 따라서 근들을 더해서는 안 된다. 즉, 첫 번째 질문에서 2와 3을 그냥 더해서는 안 된다. 그렇다면 $\sqrt{2} + \sqrt{3}$의 값은 얼마인가?라고 물을 수 있다. $\sqrt{2}$와 $\sqrt{3}$은 둘 다 수이므로 이를 합한 것도 수다. 하지만 $\sqrt{2} + \sqrt{3}$보다 더 간단한 형태로 적을 수는 없다. 더해지는 각각을 결합할 수 없다고 특별히 곤란할 것은 없다. 가령 2와 $\frac{1}{2}$을 더할 때 그 답은 여전히 $2 + \frac{1}{2}$이다. 이때 보통 더하기 기호를 빼고 $2\frac{1}{2}$로 적지만, 각 항이 실제로 결합되는 것은 아니다.

이제 다음 식이 성립하는지 살펴보자.

$$\sqrt{2}\cdot\sqrt{3}=\sqrt{6}.$$

이번에도 우리는 이와 유사한 자연수 연산을 통해 어떻게 되는지 알아보자.

$$\sqrt{4}\cdot\sqrt{9}=\sqrt{36}\,?$$

분명 위의 식은 옳다. 따라서 제곱근을 곱하려고 한다면 근호 속의 수를 곱하면 된다. 즉,

$$\sqrt{2}\cdot\sqrt{3}=\sqrt{6}.$$

뺄셈과 나눗셈의 연산에 대한 정의 또한 쉽게 결정된다. 가령, $\sqrt{3}-\sqrt{2}$는 일정한 수를 나타내지만, $\sqrt{3}-\sqrt{2}$보다 더 간단하게 적을 수가 없다.

나눗셈의 경우, 가령 $\sqrt{3}/\sqrt{2}$는 곱셈의 경우와 마찬가지로 다음 식을 관찰해 보면 알 수 있다.

$$\frac{\sqrt{9}}{\sqrt{4}}=\sqrt{\frac{9}{4}},$$

이 식의 경우 $\frac{3}{2}=\frac{3}{2}$이 된다. 그러므로 무리수의 나눗셈은 아래와 같이 하면 된다.

$$\frac{\sqrt{3}}{\sqrt{2}}=\sqrt{\frac{3}{2}}.$$

이런 예들을 통해 다음과 같은 일반적인 원리가 드러난다. 즉, 무리수 연산은 자연수를 근으로 표현했을 때의 자연수 연산과 일치하도록 정의된다는 것이

다. 이 정의를 일반적인 형태로 서술할 수도 있지만 굳이 그럴 필요는 없다.

실제로 적용할 때, 우리는 무리수를 종종 분수나 소수로 근사한다. 왜냐하면 실제의 물리적 대상들은 어쨌든 정확하게 만들어질 수는 없기 때문이다. 그러므로 만약 엄밀하게 $\sqrt{2}$인 길이를 나타내야 한다면 우리는 $\sqrt{2}$를 근사한다. $(1.4)^2 = 1.96$이고 1.96은 거의 2이므로 1.4로 $\sqrt{2}$를 근사할 수 있다. 만약 더 정확한 근삿값을 원한다면 제곱해서 2에 근사하는 소수점 이하 둘째 자리 수를 찾으면 된다. 따라서

$$(1.41)^2 = 1.988, \text{그리고 } (1.42)^2 = 2.016,$$

이므로 1.41은 $\sqrt{2}$에 대한 소수점 이하 둘째 자리의 훌륭한 근삿값이다. 물론 근사의 정확성을 계속 더 높일 수는 있다. 하지만 아무리 소수점 아래 자리가 아무리 늘어나더라도 정확히 $\sqrt{2}$의 값이 얻어지지는 않는다. 왜냐하면 유한한 자리수의 소수 내지 그런 소수에 자연수를 더한 값은 분수를 표시하는 또 하나의 방법일 뿐인 반면에, 앞서 증명에서 드러났듯이 $\sqrt{2}$는 결코 두 자연수의 비로 표현될 수 없기 때문이다.

어떤 값을 얻기 원할 때 우리가 무리수를 종종 근사한다는 사실은 답할 가치가 있는 질문 하나를 제기한다. 무리수 연산법을 기억할 필요도 없이 무리수가 등장할 때마다 근사를 해도 될 텐데, 왜 그러지 않는가? 가령, $\sqrt{2} \cdot \sqrt{3}$을 계산하려면 $\sqrt{2}$를 1.41로 $\sqrt{3}$을 1.73으로 근사한 다음 1.41과 1.73을 곱하면 된다. 그러면 2.44가 나오는데, $(2.44)^2 = 5.95$이므로, 2.44는 $\sqrt{6}$의 훌륭한 근삿값이다. 만약 더 정확한 답을 원한다면 $\sqrt{2}$와 $\sqrt{3}$의 근삿값을 더 정확하게 근사한 다음 곱하면 된다. 본격적인 수학에서 이처럼 근사하지 않는 한 가지 이유는 수학은 정확한 학문이기 때문이다. 수학은 인간의 능력이 허용하는 한 가장 엄밀한 추론을 지향한다. 이런 엄밀함을 얻기 위해 우리는 시간과 노력을 아끼지 않는다. 나중에 살펴보겠지만 수학이 큰 업적을 이룬 까닭은 바로 정확함을 고집하기 때문이다.

무리수를 그렇게 다루는 데는 실제적인 이점도 있다. 어떤 문제를 풀기 위해 $(\sqrt{3})^4$, 즉 $\sqrt{3}\cdot\sqrt{3}\cdot\sqrt{3}\cdot\sqrt{3}$을 계산해야 한다고 하자. 근사를 고수하는 사람이라면 이제 $\sqrt{3}$을 일정한 자릿수의 소수, 가령 1.732로 근사한 다음 $(1.732)^4$을 계산할 것이다. 그런 현실적인 사람이라면 한 시간이나 걸려 계산한 다음, 결과를 확인해야 하겠지만, 수학자는 단번에 다음 결과를 알아차릴 것이다.

$$\sqrt{3}\cdot\sqrt{3}\cdot\sqrt{3}\cdot\sqrt{3} = (\sqrt{3}\cdot\sqrt{3})(\sqrt{3}\cdot\sqrt{3}) = 3.3 = 9,$$

그런 다음 수학자는 늘어지게 한숨 잘 수도 있을 것이다. 게다가 수학자의 답은 정확한 반면에 현실적인 사람의 답은 처음 시작했던 소수점 이하 셋째 자리도 부정확하다. 근삿값들끼리의 곱은 각각의 근삿값보다 덜 정확하기 때문이다. 소수점 이하 셋째 자리까지 정확한 답을 얻으려면, 현실적인 사람은 $\sqrt{3}$의 근삿값으로 소수점 이하 여섯째 자리의 값을 이용해 서로 곱해야할 것이다.

무리수는 수학자가 현실 세계를 다루기 위해 숙고 끝에 도입하게 된 수많은 복잡한 아이디어들 가운데 첫 번째 것이다. 수학자는 이런 개념을 창조하고 실제 상황과 일치하게끔 그것을 다루는 방법을 고안한다. 이어서 추상화 과정을 통해 이런 아이디어가 적용될 현상에 관해 고찰한다.

연습문제

1. 다음 문제들의 답을 가능한 한 간결하게 표현하라.

a) $\sqrt{3}+\sqrt{5}$　b) $\sqrt[3]{2}+\sqrt[3]{7}$　c) $\sqrt[3]{2}+\sqrt{7}$　d) $\sqrt{7}+\sqrt{7}$

e) $\sqrt{3}\cdot\sqrt{7}$　f) $\sqrt[3]{2}\cdot\sqrt[3]{5}$　g) $\sqrt[3]{2}\cdot\sqrt[3]{4}$　h) $\sqrt{12}\cdot\sqrt{3}$

i) $\dfrac{\sqrt{5}}{\sqrt{2}}$　j) $\dfrac{\sqrt{8}}{\sqrt{2}}$　k) $\dfrac{\sqrt[3]{10}}{\sqrt[3]{2}}$

2. 다음 식을 단순화시켜라.

a) $\sqrt{50}$ b) $\sqrt{200}$ c) $\sqrt{75}$

[힌트: $\sqrt{50}=\sqrt{25\cdot 2}=\sqrt{25}\cdot\sqrt{2}$.]

3. 다음 주장을 비판하라: 무리수는 유한한 자리수를 지닌 소수로 표현할 수 없다. 수 $\frac{1}{3}$은 유한한 자릿수를 지닌 소수로 표현할 수 없다. 따라서 $\frac{1}{3}$은 무리수다.

4.4 음수

수학의 힘을 한껏 확대시킨 수 체계의 또 한 가지 요소는 인도에서 나왔다. 수는 돈의 액수, 특히 어떤 사람이 소유한 돈의 액수를 나타내기 위해 흔히 쓰인다. 아마도 인도인들은 빚을 질 때가 많아서인지, 빌린 돈의 액수를 나타내는 수의 필요성을 느꼈다. 그리하여 오늘날 음수라고 알려진 개념을 발명했다. 반면에 그 이전부터 알려진 수는 양수라고 한다. 그리하여 -3, $-\frac{5}{2}$ 및 $-\sqrt{2}$와 같은 수가 등장했다. 양수와 음수를 명확히 구분하거나 음수가 아니라 양수임을 강조할 필요가 있을 때는 3이나 $\frac{5}{2}$ 대신에 $+3$이나 $+\frac{5}{2}$를 쓰기도 한다.

3에 대응하는 음수를 꼭 -3과 같은 기호로 적을 필요는 없다. 음수를 일상적으로 다루는 현대의 은행이나 대규모 사업체는 종종 음수를 붉은 색으로 양수를 검은 색으로 표시하기도 한다. 하지만 곧 알게 되겠지만, 수 앞에 마이너스 기호를 두어서 음수를 나타내는 방식이 더 편리하다.

음수와 양수의 사용은 재산과 빚을 나타내는 데 국한되지 않는다. $0°$ 아래의 온도는 음의 온도로 나타내고 반면에 $0°$ 위의 온도는 양의 온도로 나타낸다. 마찬가지로 해수면보다 높거나 낮은 높이를 각각 양수와 음수로 나타낼 수 있다. 특정한 사건 이후와 이전의 시간을 양수와 음수로 나타내면 편리할 때가 있다. 가령, 그리스도의 탄생을 기준점으로 삼아, 기원전 50년은 -50년이라고 표시할 수 있다.

음수의 개념을 더 잘 활용하기 위해, 양수에 대한 연산과 마찬가지로 음수에 대한 연산이 가능해야만 한다. 음수들끼리의 연산 및 음수와 양수의 연산은 연산의 물리적 의미를 염두에 두면 이해하기 쉽다. 가령, 어떤 사람이 재산이 3달러이고 빚이 8달러라고 하자. 이 사람의 순 재산은 얼마인가? 결과적으로 빚이 5달러다. 이 결과는 3달러에서 8달러를 빼서, 즉 3 − 8로 계산할 수도 있고 빚 8달러를 재산 3달러에 더해서, 즉 + 3 + (−8)로 계산해서 얻을 수도 있다. 이 답은 (기호는 무시하고) 큰 수치 값에서 작은 수치 값을 뺀 다음 큰 수치 값에 달려 있던 기호를 붙이면 된다. 즉, 8에서 3을 뺀 값에 마이너스를 붙이면 된다. 큰 수치 값, 즉 8에 마이너스 기호가 달려 있었기 때문이다.

음수는 빚을 나타내고 빼기는 대체로 "없애다" 또는 "제거하다"라는 물리적 의미를 갖기에, 음수의 빼기는 빚을 갚는다는 의미다. 따라서 만약 어떤 사람이 재산이 3달러인데, 빚 8달러를 갚으면 재산이 11달러가 된다. 수학적으로 말하자면, + 3 − (−8) = + 11. 즉, 음수를 빼는 것은 음수를 양수로 바꾸어 더하는 것과 같다.

이번에는 어떤 사람이 매일 5달러씩 빚을 진다고 하자. 그렇다면 어느 특정일로부터 3일 후에 그의 빚은 15달러일 것이다. 만약 빚 5달러를 −5로 표시한다면, 매일 5달러씩 3일 동안 빚을 지는 것은 수학적으로 이렇게 표시할 수 있다. 3 × (−5) = −15. 즉, 양수와 음수의 곱셈은 음수가 되고, 그 수치 값은 주어진 두 수치 값의 곱과 같다.

매일 5달러씩 빚을 지는 경우, 어느 특정일로부터 사흘 이전의 재산은 그 특정일의 재산보다 15달러가 많다. 만약 그 특정일로부터 사흘 전의 시간을 -3으로 나타내고 매일 당 손실을 −5라고 나타내면, 특정일 이전의 상대적 재정 상태는 다음과 같이 나타낼 수 있다. −3 · (−5) = +15. 즉, 사흘 전의 재산을 고려할 때는 매일의 빚을 −3으로 곱하면 되고 반면에 사흘 후의 재산 상태를 계산할 때는 +3을 곱하면 된다. 따라서 전자의 경우에는 결과가 +15가 되고 후자의 경우에는 −15가 되는 것이다.

음수와 관련하여 쉽게 이해할 수 있는 한 가지 정의가 더 있다. 양수와 영의 관계를 보자면, 3은 2보다 크고 2는 $\frac{1}{2}$보다 크고 임의의 양수는 영보다 크다. 이것은 자명하다. 음수는 양수와 영보다 적다. 게다가 −5는 −3보다 적다. 즉, −3은 −5보다 크다. 만약 이런 여러 수들이 인간의 부(富)를 나타낸다고 본다면, 이 수들의 순서는 상대적 부에 관해 우리가 일반적으로 알고 있는 바와 일치한다. 재정 상태가 −3인 사람은 재정 상태가 −5인 사람보다 더 부유하다. 빚이 3달러인 사람이 빚이 5달러인 사람보다 형편이 더 낫기 때문이다. 덧붙여 말하자면, 기호 >은 5 > 3에서처럼 "더 크다"를 표시하고 기호 <은 −5 < −3에서처럼 "더 작다"를 표시한다.

다양한 양수와 음수 및 영의 상대적 위치는 이 수들을 그림 4.3에 나오는 수직선 상의 점들로 나타내면 쉽게 이해할 수 있다. 아래 수치들은 온도계를 수평으로 눕혔을 때 나오는 값들과 다르지 않다.

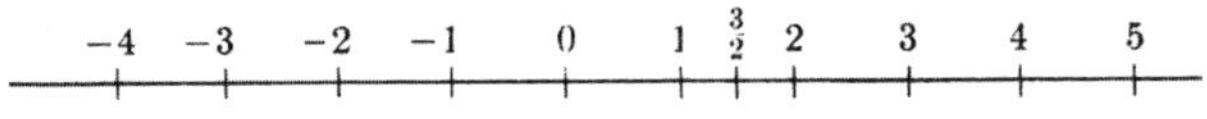

−4 −3 −2 −1 0 1 $\frac{3}{2}$ 2 3 4 5

그림 4.3

양수와 음수의 연산에 관한 정의들이 어떻게 내려지게 되었는지를 보여주는 위의 상황들은 물론 양수와 음수가 활용되는 유일한 사례가 아니다. 정말이지 이런 사례가 전부라면 음수의 유용성은 그리 크다고 할 수 없을 것이다. 하지만 이런 간단한 재정 상태의 변화는 수학자들이 음수가 포함된 연산의 정의를 어떻게 내리게 되었는지를 보여줄 뿐 아니라 음수도 양수만큼이나 불가사의할 것이 없음을 드러내준다. 정의들은 물리적으로 어떤 일이 일어나는지를 추상적인 형태로 나타내는데, 다른 보는 수와 마찬가지로 우리는 추상화된 사고를 통해 물리적 사건에 관한 지식에 도달할 수 있다.

음수의 개념은 무리수의 개념과 마찬가지로 수백 년 동안 수학자들의 저항을 받았다는 것을 알면 독자들에게 얼마간 위안이 될지 모른다. 수학사를 훑어보면, 진리를 발견하기보다 진리를 인정하기가 더 어렵다는 중요한 교훈을 얻을 수 있다. “수”가 자연수와 분수만을 의미한다고 이해하는 사람들로서는 음수를 진정한 수라고 받아들이기가 어렵다. 또한 그런 사람들은 수학적 개념이 인위적인 추상화 개념이어서 유용한 목적에 기여할 수만 있으면 임의로 도입할 수 있는 것임을 오랜 세월 동안 깨닫지 못했다.

연습문제

1. 어떤 사람이 3달러를 갖고 있다가 빚을 5달러 졌다. 그의 순 재산은 얼마인가?
2. 어떤 사람이 빚이 5달러의 있는데 다시 8달러의 빚을 졌다. 음수를 사용하여 그의 재정 상태를 계산하라.
3. 어떤 사람이 5달러의 빚이 있는데 8달러를 벌었다. 양수와 음수를 사용하여 그의 순 재산을 계산하라.
4. 어떤 사람이 13달러의 빚이 있는데, 8달러의 빚이 탕감되었다. 음수를 사용하여 그의 순 재산을 계산하라.
5. 어떤 사람이 매주 100달러씩 사업에서 돈을 잃는다. 그의 이러한 재산 변화를 −100을 이용하여 표시하고 미래의 시간은 양수로 과거의 시간은 음수로 표시하자. 그 사람은 5주 후에 얼마나 많은 돈을 잃는가? 5주 전에는 얼마나 재산이 더 많았는가?

4.5 수에 관한 공리들

앞장에서 말했듯이, 수학은 명시적으로 기술한 공리로부터 연역적 추론을 함으로써 발전한다. 그런데 지금껏 이 장에서는 공리에 대해 한 마디도 하지 않았다. 그 이유는 단순하다. 수에 관한 공리들은 너무나 자명하기에 우리는 스스로 알아차리지 못한 채 그 공리들을 무의식적으로 사용한다.

한 가지 비유를 들어 설명하면 이런 상황을 잘 이해할 수 있을 것이다. 어린아이는 공을 공중으로 던질 때마다 공이 다시 떨어진다고 예상한다. 공중으로 던진 모든 공은 다시 떨어진다고 실제로 가정하는 것이다. 물론 이 가정은 경험에 굳건히 바탕을 두고 있다. 그럼에도 불구하고, 던진 공이 다시 떨어진다는 어린아이의 예상은 방금 기술한 가정에서 연역한 것이며, 또 하나의 전제는 그 아이가 공을 공중에 던진다는 것이다. 어린아이가 가정을 했다는 사실을 우리가 알아차리면, 행동 뒤에 숨어 있는 의식적이거나 무의식적인 추론이 명확히 드러난다.

수의 수학에서 일어나는 연역적 과정을 이해하려면, 기하학에서 그랬듯이 공리의 존재와 이용을 반드시 알아차려야 한다. 예를 들어 설명해보자. 우리는 전혀 망설이지 않고 275 + 384 = 384 + 275라고 말한다. 분명 우리는 384개의 대상을 275개의 대상과 더하여 총합을 세고, 그 다음에 275개의 대상을 384개의 대상과 더하여 총합을 센 다음 두 총합이 일치하는지 확인하지 않았다. 오히려 경험상 우리는 대상들의 두 모음을 합칠 때마다 첫 번째 모음을 먼저 놓은 다음에 두 번째 모음을 놓든 아니면 두 번째 모음을 먼저 놓은 다음에 첫 번째 모음을 놓든 총합은 동일하다는 사실을 알고 있다. 물론 덧셈의 순서가 중요하지 않다는 결과에 대한 우리의 증거는 작은 경우의 수에 국한되지만, 실제적으로 우리는 모든 수에 대하여 이 사실을 사용한다. 따라서 우리는 실제로 하나의 가정을 하는 셈이다. 즉 정수든 분수든 무리수든 음수든 임의의 두 수 a와 b에 대해서 덧셈의 순서는 결과에 영향을 주지 않는다고 가정하는 것이다. 그러므로 우리의 가정에는 $\sqrt{3}+\sqrt{5}=\sqrt{5}+\sqrt{3}$이 옳다는 것도 포함되어 있다. 이런 가정이 깔려 있다는 것은 또 다른 이유에서도 중요하다. 수는 사과나 암소가 아니다. 수는 물리적 상황으로부터 추상화된 개념이다. 수학은 이런 추상 개념을 이용하여 물리적 상황에 관한 정보를 연역해낸다. 하지만 만약 공리를 잘못 선택하면 연역이 제대로 이루어지지 않는다. 따라서 어떠한 가정을 도입하는지 그리고 그런 가정이 경험에 굳건히 근거하고 있는지 확인하는 것이 중요하다.

그러므로 우리가 사용해왔고 앞으로도 계속 사용할 공리들을 살펴보자. 첫 번째 공리는 앞 문단에서 논의했던 것이다.

공리 1. 임의의 두 수 a와 b에 대하여

$$a + b = b + a.$$

이 공리를 덧셈의 교환 공리라고 한다. 왜냐하면 이 공리는 더하는 두 수의 순서를 교환하거나 바꾸어도 좋다고 말하기 때문이다. 뺄셈은 교환 공리가 적용되지 않는다. 즉, 3 − 5는 5 − 3과 동일하지 않다.

만약 3 + 4 + 5를 계산하려면 우선 4를 3에 더한 다음 5를 이 결과에 더하거나, 아니면 5를 4에 더한 다음에 이 결과를 3에 더하면 된다. 물론 두 경우 모두 결과는 동일하다. 이것이 바로 아래 두 번째 공리의 내용이다.

공리 2. 임의의 수 a, b, c에 대하여

$$(a + b) + c = a + (b + c).$$

이 공리를 가리켜 덧셈의 결합 공리라고 한다. 왜냐하면 덧셈을 할 때 세 수를 두 가지 방법으로 결합할 수 있다는 공리이기 때문이다. 지금까지 논의한 두 공리와 유사한 곱셈 연산에 대한 공리도 있다.

공리 3. 임의의 수 a와 b에 대하여

$$a \cdot b = b \cdot a.$$

이 공리를 가리켜 곱셈의 교환 공리라고 한다. 그건 그렇고, 곱셈을 표시하기 위해 사용한 기호 '·'는 오해의 우려가 없다면 생략해도 좋다. 따라서 $ab = ba$처럼 적을 수 있다. 이 공리는 분명 수의 한 성질인데도 우리는 때때로 이 공리를 적용할 수 있다는 것을 놓친다. 많은 학생들은 $a \cdot 5$ 대신에 $5 \cdot a$라고 적기를 주저한다. 하지만 교환 공리에 의하면 두 표현은 동일하다. 이런 맥락에서 보았을 때 나눗셈 연산은 교환 공리를 따르지 않는다. 즉, $4 \div 2$는 $2 \div 4$와 동일하지 않다.

공리 4. 임의의 세 수 a, b 및 c에 대하여

$$(ab)c = a(bc).$$

이 공리를 가리켜 곱셈의 결합 공리라고 한다. 그러므로 $(3 \cdot 4)5 = 3(4 \cdot 5)$이다.

한편, 수를 다룰 때 수 0을 사용하면 편리하다. 그런 수가 존재하며 그 수가 물리적 의미에 부합하는 성질을 갖고 있음을 공식적으로 인식하기 위해, 또 하나의 공리를 다음과 같이 기술한다.

공리 5. 다음 성질을 만족하는 고유의 수 0이 존재한다.

a) 모든 수 a에 대하여 $0 + a = a$.

b) 모든 수 a에 대하여 $0 \cdot a = 0$.

c) $ab = 0$이면, $a = 0$이거나 $b = 0$이거나 $a = b = 0$.

또한 수 1도 특별한 성질을 갖는다. 이번에도 우리는 1의 물리적 의미로부터 그것이 어떤 성질을 갖는지를 알고 있다. 하지만 1을 갖고서 하는 연산을 물리적 의미가 아니라 공리를 통해 정의하자면, 이런 속성이 무언지 알려주는 진술

이 있어야만 한다. 1의 경우, 여섯 번째 공리를 정하기만 하면 충분하다.

> 공리 6. 다음 성질을 만족하는 수 1이 유일하게 존재한다.
>
> 모든 수 a에 대하여 $1 \cdot a = a$.

임의의 두 수를 더하고 곱하는 연산과 더불어 우리는 빼기와 나누기 연산도 실제로 사용한다. 임의의 두 수 a와 b가 주어져 있을 때, a에서 b를 뺀 결과인 c가 존재한다. 실용적인 관점에서 볼 때, 빼기는 더하기의 역산임을 알면 유용하다. 무슨 뜻이냐면, $5 - 3$의 답을 구할 때, 3에다 무슨 수를 더하면 5가 되는지 알아보면 답을 구할 수 있다는 말인데, 실제로 우리는 그렇게 한다. 만약 덧셈을 알면 뺄셈 문제도 답을 구할 수 있다. 특수한 뺄셈 과정을 통해 답을 얻더라도 큰 수들을 다룰 때에는, 뺀 수에 그 결과를 더하여 원래 수가 나오는지 확인한다. 따라서 $5 - 3 = x$와 같은 뺄셈 문제는 실제로 3에다 어떤 수 x를 더해야 5가 나오는지, 즉 $x + 3 = 5$인 수 x를 찾는 문제다.

수 체계를 논리적으로 세워나갈 때, 우리는 임의의 수를 임의의 다른 수로부터 뺄 수 있기를 원하며 뺄셈의 의미는 덧셈의 역산임을 아래와 같이 정의하고자 한다.

> 공리 7. 만약 a와 b가 임의의 두 수이면, 다음 식을 만족하는 수 x가 유일하게 존재한다.
>
> $$a = b + x.$$
>
> 물론 이때 x는 우리가 보통 $a - b$라고 표시하는 값이다.

나눗셈과 곱셈의 관계 또한 역산이다. $\frac{8}{2}$의 값을 구할 때 우리는 경험상 답이 4임을 곧바로 안다. 만약 그렇지 않다면, 나눗셈을 곱셈 문제로 환원시켜서, 어떤 수 x에 2를 곱해야 8이 되는지 물으면 된다. 그리고 곱셈을 어떻게 하는지 알면 답을 구할 수 있는 것이다. 여기서도 뺄셈의 경우와 마찬가지로 비록 답을 구하기 위해 긴 나눗셈과 같은 특별한 나눗셈을 사용하더라도, 분모를 분수에 곱해서 그 곱의 결과가 분자가 나오는지 보면 답이 옳은지 확인할 수 있다. 이렇게 하는 이유는 $\frac{a}{b}$의 기본적인 의미가 $bx = a$인 x를 찾는 것이기 때문이다.

수 체계를 논리적으로 세워나갈 때, 우리는 임의의 수를 (0이 아닌) 임의의 다른 수로 나눌 수 있으며 나눗셈의 의미는 정확히 곱셈의 역산임을 아래와 같이 정의하고자 한다.

공리 8. a와 b가 임의의 두 수이고, $b \neq 0$이라면, 다음 식을 만족하는 수 x가 유일하게 존재한다.

$$bx = a.$$

물론 x는 보통 $\frac{a}{b}$라고 표시되는 수이다.

다음 공리는 그다지 자명하지 않다. 이 공리는 예를 들어 $3 \cdot 6 + 3 \cdot 5 = 3(6 + 5)$라고 말한다. 이 예에서 우리는 계산을 직접 해서 좌변과 우변이 동일함을 확인할 수 있지만, 굳이 그러지 않아도 된다. 암소가 175마리가 모인 한 무리가 있고 379마리가 모인 다른 한 무리가 있는데, 각 무리가 일곱 배로 늘어났다고 하자. 그렇다면 암소는 총 $7 \cdot 157 + 7 \cdot 379$마리이다. 하지만 원래의 두 무리는 총 $157 + 379$마리의 암소이다. 따라서 이 전체가 일곱 배로 늘어났다면 총 마리 수는 $7(157 + 379)$가 된다. 이전과 동일한 개수의 암소임은 물리적으로 확실하다. 즉, $7 \cdot 157 + 7 \cdot 379 = 7(157 + 379)$이다. 일반적으로 표현하자면 다음 공리이다.

공리 9. 임의의 세 수 a, b, c에 대하여

$$ab + ac = a(b + c).$$

이 공리를 분배 공리라고 하는데, 매우 유용하다. 가령, $571 \cdot 36 + 571 \cdot 64$를 계산할 때 이 공리를 적용하면 이 식은 $571(36 + 64)$, 즉 $571 \cdot 100 = 57{,}100$이 된다. 그리고 합 $571 \cdot 36 + 571 \cdot 64$를 $571(36 + 64)$로 만드는 것을 인수분해라고 한다.

한편 아래 식을

$$ab + ac = a(b + c)$$

다음과 같이 적을 수도 있다.

$$ba + ca = (b + c)a$$

왜냐하면 첫 번째 식의 각 항에 곱셈의 교환 공리를 적용하여 인수들의 순서를 바꿀 수 있기 때문이다. 분배 공리의 이 두 번째 형태도 종종 사용된다. 가령, a가 어떤 수일 때 $5a + 7a$를 계산하고 싶다고 하자. 이 합을 $(5 + 7)a$로 대체하면 $12a$가 얻어진다.

분배 공리는 다음 상황에서도 적용할 수 있다. 다음 식을 계산해야 한다고 하자.

$$\frac{296 + 148}{296}.$$

두 번 나오는 수 296을 약분하고 싶은 유혹을 느낄지 모른다. 하지만 그렇게 하면 틀린다. 위의 분수는 다음 의미다.

$$\tfrac{1}{296}(296 + 148)$$

그리고 분배 공리에 의하면 위의 식을 다음과 같이 적을 수 있다.

$$\frac{1}{296}\cdot 296+\frac{1}{296}\cdot 148, \quad \text{또는} \quad 1+\frac{1}{2}.$$

위의 공리들에 덧붙여 수에 관한 아래의 성질도 자명하다.

공리 10. 동일한 양과 동일한 양들은 서로 동일하다.

공리 11. 동일한 양들에 동일한 양들을 더하거나 빼거나 곱하거나 나누면 그 결과들은 동일하다. 하지만 영으로 나누는 것은 허용되지 않는다.

지금까지 나온 공리들의 집합은 완결된 것이 아니다. 즉, 이 집합이 정수, 분수 및 유리수의 모든 성질에 대한 논리적 기반을 구성하지 않는다. 하지만 이 집합은 일반적인 대수에서 수를 갖고서 하는 대다수의 연산을 위한 논리적 기반을 제공한다. 게다가 이 집합은 수를 대상으로 한 수학적 활동의 공리적 기반이 어떤 것인지를 짐작하게 해준다.

이제 공리들을 갖추었으니 이것들로 무엇을 해야 할까? 수에 관한 정리를 증명할 수 있다. 몇 가지 예를 살펴보자. 음수는 빚이나 어느 특정 사건 이전의 시간과 같은 실제 현상을 나타내기 위해 도입되었다. 이런 수를 이용하기 원하는 실제 상황을 살펴볼 때, 이런 수가 유용하려면 가령 아래 식이 성립된다고 우리는 동의해야 한다.

$$-2\cdot 3=-6, \text{ 그리고 } -2\cdot(-3)=6.$$

이리하여 우리는 물리적 상황과 일치하는 결과를 내놓을 수 있도록 양수와 음수를 연산하는 데 동의했다. 이제 우리는 수의 성질을 연역적으로 증명하기 위해, 공리들을 바탕으로 하여 어떤 정리들이 옳은지 증명하고자 한다. 먼저 양수 곱하기 음수가 음수임을 증명해보자.

a와 b가 양수라고 하자. 그러면 $-b$는 음수다. 예를 들어, b가 5라면 $-b$는 -5

이기 때문이다. 이제 $a(-b) = -ab$임을 증명하자. 공리 7에서 a를 0이라고 하면 $b + x = 0$을 만족하는 수 x가 존재한다. 이 수 x는 $0 - b$ 즉 $-b$로 표시된다. 그런데

$$b + (-b) = 0$$

이므로, 이 식의 양변에 a를 곱하면, 동일한 양들에 동일한 양들을 곱하면 그 결과들은 동일하므로 다음 식이 얻어진다.

$$a[b + (-b)] = a \cdot 0$$

이제 공리 3에 의해 $a \cdot 0 = 0 \cdot a$이고 공리 5에 의해 $0 \cdot a = 0$이다. 공리 9, 즉 분배 공리를 위 식의 좌변에 적용하면,

$$a \cdot b + a(-b) = 0. \tag{1}$$

이제 우리는 $a(-b)$가 ab에 더해지면 0이 되는 수임을 알게 되었다. 하지만 공리 7에 의하면, ab와 0이 주어져 있을 때(이 둘이 공리 7의 두 수일 때), 다음 식을 만족하는 x가 유일하게 존재한다.

$$ab + x = 0. \tag{2}$$

이 수 x는 $0 - ab$ 또는 $-ab$로 표시할 수 있다. 하지만 식 (1)에 의하면 $a(-b)$가 ab와 더하면 0이 되는 수다. ab와 더하여 0이 되는 수는 오직 하나만 존재하고, 그 수는 $-ab$라고 우리는 알고 있기에, 따라서 $a(-b) = -ab$여야만 한다.

이제 증명이 완결되었지만 확신이 들지 않을지 모른다. 이유는 간단하다. 우리는 물리적 주장과 경험을 바탕으로 수를 다루는 데 너무나 익숙해져 있어서 공리적 바탕에서 수를 추론하는 데 익숙하지 않기 때문이다.

또 다른 증명을 살펴보자. 4.2절에서 우리는 물리적 상황을 들어서 $\frac{a}{b}$를 $\frac{c}{d}$로

나누려면, $\frac{c}{d}$의 역수를 취해 $\frac{d}{c}$를 얻고 이것을 $\frac{a}{b}$에 곱하면 된다는 것을 알았다. 즉,

$$\frac{\frac{a}{b}}{\frac{c}{d}} = \frac{a}{b} \cdot \frac{d}{c} = \frac{ad}{bc}.$$

공리를 바탕으로 우리는 분모의 역수를 취하여 곱하는 규칙이 옳은지 증명할 수 있다.

$\frac{a}{b}$를 $\frac{c}{d}$로 나누는 것은 다음 식을 만족하는 수 x를 찾는 것이다.

$$\frac{a}{b} = x \cdot \frac{c}{d}. \qquad (3)$$

이제 공리 8에 의하면, 이런 식을 만족하는 수 x가 유일하게 존재한다. 또한 다음 식이 성립한다.

$$\frac{a}{b} = \frac{ad}{bc} \cdot \frac{c}{d}$$

왜냐하면 우변의 분모와 분자에서 공약수를 약분하고 나면 $\frac{a}{b}$가 얻어지기 때문이다. 따라서 식 (3)을 만족하는 x가 될 수 있는 한 수는 $\frac{ad}{bc}$이다. 하지만 x의 값은 유일하므로 $x = \frac{ad}{bc}$이다. 그러므로 $\frac{a}{b}$를 $\frac{c}{d}$로 나눈 결과는 $\frac{ad}{bc}$이다. 여기서 답 $\frac{ad}{bc}$는 $\frac{a}{b}$를 $\frac{c}{d}$의 역수와 곱했을 때 얻어지는 결과다. 그러므로 한 분수를 다른 분수와 나누려면, 분모의 역수를 취해서 분자와 곱하면 된다.

이 증명은 앞에서 나온 증명과 마찬가지로 확신이 들지 않을지 모르지만, 그 이유는 동일하다. 우리는 공리를 기반으로 한 수의 추론에 익숙하지 않기 때문이다. 오히려 우리는 수와 연산의 물리적 의미에 의존해 왔다. 역사적으로 볼

때, 수학자들도 마찬가지였다. 수가 이용되는 쓰임새에 주목해 수를 다루는 법을 배웠고 공리적 기반은 훨씬 나중에 마련했는데, 이는 수의 성질을 연역적으로 증명하고 싶은 욕구를 충족시키기 위해서일 뿐이었다.

우리도 역시 어렸을 때부터 수의 성질과 연산에 익숙해져 있었기 때문에 이런 성질을 당연시한다. 그래서 우리의 연산 과정을 정당화하기 위해 굳이 공리를 끌어들이지는 않는다. 그러므로 만약 $a \cdot 3$ 대신에 $3a$라고 적더라도 이 과정을 정당화하기 위해 곱셈의 교환 공리를 끌어들이지 않는다. 사실, 그렇게 하는 것은 꽤 현학적이다. 공리는 우리의 경험이 통하지 않거나 의심스러울 때 무엇이 옳은지를 결정하려고 할 때 도움이 된다. 하지만 수 체계 위에 세워진 수학이 전체적으로 하나의 연역적인 체계임을 간과해서는 안 된다. 이 점을 강조해야 하는 까닭은, 우리는 아주 어렸을 때 암기에 의해 산수를 배우기 시작하여 이후에도 우리가 늘 수의 공리들을 이용하고 있음을 의식하지 못하고 수를 기계적으로 다루는 경향이 있기 때문이다.

연습문제

1. 다음 식이 옳다고 믿는가?

$$256(437 + 729) = 256 \cdot 437 + 256 \cdot 729$$

그렇다면 이유는?

2. 다음과 같은 주장은 옳은가?

$$a(b - c) = ab - ac$$

[힌트: $b - c = b + (-c)$]

3. 아래 예제에서 요구되는 연산을 수행하라.

a) $3a + 9a$ b) $a \cdot 3 + a \cdot 9$ c) $a(5 + \sqrt{2})$ d) $7a - 9a$

e) $3(2a+4b)$　　f) $(4a+5b)7$　　g) $a(a+b)$　　h) $a(a-b)$

i) $2(8a)$　　j) $a(ab)$

4. 다음 곱셈을 실시하라.

$$(a+3)(a+2).$$

[힌트: $(a+3)$을 하나의 양이라고 여겨 배분 공리를 적용하라.]

5. $(n+1)(n+1)$을 계산하라.

6. $3x=6$이면, $x=2$인가? 왜 그런가?

7. $3x+2=7$이면, $3x=5$인가? 왜 그런가?

8. 등식 $x^2+xy=x(x+y)$는 옳은가?

9. 다음과 같은 주장은 옳은가?

$$a+(bc)=(a+b)(a+c)?$$

* 4.6 수 체계의 응용

수학적 추론의 힘, 방법론 및 미묘함은 여러 유형의 수에 수학적 추론을 응용하는 것에서 드러날 수 있다. 곧 알게 되겠지만, 정말 이런 응용을 통해 중요한 과학적 발견이 뒤따랐다.

우선 꽤 단순한 문제부터 시작하자. 어떤 사람이 자동차를 운전하는데, 일 마일의 거리를 시속 60마일의 속력으로 그리고 또 일 마일의 거리를 시속 120마일의 속력으로 달린다고 하자. 평균속력은 얼마인가? 우리는 평균을 구하는 흔한 절차를 적용하여 이 질문에 답하려는 경향이 있다. 가령, 어떤 사람이 한 켤레의 양말을 5달러에 사고 다른 한 켤레를 10달러에 사면, 평균 가격은 5달러 + 10달러를 2로 나눈 값, 즉 7.50달러다. 따라서 위의 문제에서 평균속력은 60 + 120을 2로 나눈 값, 즉 시속 90마일인 것처럼 보인다. 하지만 이 답은 옳지 않다. 수 90은 산수적인 의미에서 평균이지만, 우리가 찾는 평균이 아니다. 평균속력은 상이한 두 가지 속력으로 2마일을 달렸을 때 걸린 총 시간 동안 그 거리를 달린 속력이다. 이제 처음 1마일에는 1분의 시간이 걸렸고 나중 1마일 동안에는 $\frac{1}{2}$분이 걸렸다. 따라서 2마일을 달리는 데 총 1과 $\frac{1}{2}$분이 걸렸다. 이제 우리는 이렇게 질문할 수 있다. 2마일을 주파하는 데 1과 $\frac{1}{2}$분의 시간이 걸릴 때 평균속력은 얼마인가? 평균속력을 총 시간과 곱하면 전체 거리가 나오므로, 평균속력은 전체 거리를 총 시간으로 나눈 값이다. 즉,

$$\text{평균속력} = \frac{2}{\frac{3}{2}} = \frac{4}{3}.$$

평균속력은 분속 $\frac{4}{3}$마일, 즉 시속 80마일이다.

분명 거창한 것은 아니지만 이 예제의 요점을 말하자면, 산수를 아무 생각 없이 맹목적으로 적용하면 올바른 결과가 나오지 않는다는 것이다. 평균속력의 개념은 물리적 목적에서 나온 것이므로, 우리가 평균속력의 정확한 의미를 알지 못하면 산수를 적용해도 아무 소용이 없다.

연습문제

1. 정지 상태의 물에서 시속 6마일의 속력으로 노를 저을 수 있는 사람이 있다. 상류 쪽으로 12마일 올라간 후에 다시 시속 2마일의 속력으로 흐르는 강 하류로 되돌아올 계획이다. 그리하여 상류로 오를 때의 속력은 시속 4마일이고 하류로 내려갈 때의 속력은 시속 8마일이다. 그는 자신의 평균속력이 시속 6마일이고 따라서 총 24마일을 이동하는 데 4시간이 걸린다고 추론한다. 이 추론은 옳은가?
2. 어떤 상인이 사과를 2개에 5센트 그리고 오렌지를 3개에 5센트에 판다고 하자. 산수를 간단히 하기 위해 그는 어떠한 과일이든 5개에 10센트, 즉 한 개당 평균 2센트에 팔기로 한다. 가령, 사과 2개와 오렌지 3개를 팔 때, 원래대

로 각각의 과일 가격으로 팔 때 받는 값과 마찬가지로, 5개의 과일을 하나 당 2센트씩으로 쳐서 10센트를 받는다. 이 상인의 평균 가격은 옳은가? [힌트: 상인이 사과 12개와 오렌지 12개를 파는 상황을 고려해보라.]

3. 위의 상인이 어떤 고객에게 연습문제 2에서 정한 가격으로 사과를 a개 오렌지를 b개 팔고자 한다. 평균 가격은 얼마여야 하는가?
4. 연습문제 2의 데이터를 기반으로 팔리는 사과의 개수와 오렌지의 개수가 얼마이든지 간에 옳은 평균 가격이 존재하는가?
5. 어떤 도랑을 이틀만에 팔 수 있는 사람과 삼 일만에 팔 수 있는 사람이 있다. 하루당 도랑 파는 평균 비율은 얼마인가?

이번에는 간단한 산수를 유전학에 응용하는 경우를 살펴보자. 보통 쓰이는 52장의 카드에서 빨간 에이스 2장과 빨간 킹 2장이 우리 앞에 놓여 있다고 하자. 에이스 한 장과 킹 한 장을 내놓아서 서로 다른 쌍을 몇 가지 구성할 수 있는가? 각각의 에이스가 2가지 킹 중 하나와 짝을 지을 수 있기에, 에이스 한 장 당 2개의 상이한 짝이 존재한다. 에이스가 2장이므로, $2 \cdot 2$, 즉 4개의 서로 다른 쌍이 존재한다.

이제 빨간 에이스가 2장, 빨간 킹이 2장 그리고 빨간 퀸이 2장 있다고 하자. 에이스 한 장, 킹 한 장 그리고 퀸 한 장으로 구성할 수 있는 서로 다른 쌍의 수는 몇 개인가? 위에서 살펴보았듯이 에이스와 킹으로 구성할 수 있는 쌍은 4가지였다. 이 4개의 쌍에 2개의 서로 다른 퀸을 함께 놓을 수 있다. 따라서 3장의 카드로는 $4 \cdot 2$, 즉 8가지의 서로 다른 쌍이 존재한다. 이를 다음과 같이 적을 수 있다. $4 \cdot 2 = 2 \cdot 2 \cdot 2 = 2^3$.

이제 빨간 에이스 2장, 빨간 킹 2장, 빨간 퀸 2장 그리고 빨간 잭 2장이 있다면, 에이스 한 장, 킹 한 장, 퀸 한 장 그리고 잭 한 장으로 구성할 수 있는 서로 다른 쌍의 개수 또한 쉽게 계산할 수 있다. 에이스, 킹 및 퀸으로 구성되는 8가

지의 쌍을 서로 다른 잭 2장과 짝을 맺을 수 있다. 따라서 총 쌍은 8 · 2, 즉 16이다. 이제

$$8 \cdot 2 = 4 \cdot 2 \cdot 2 = 2 \cdot 2 \cdot 2 \cdot 2 = 2^4.$$

분명, 만약 서로 다른 카드 10쌍이 있고, 각 쌍에서 한 장씩 꺼내 10장의 카드로 선택해서 구성할 수 있는 모든 쌍의 가짓수는 다음과 같을 것이다.

$$2 \cdot 2 \cdot 2 \cdot 2 \cdot 2 \cdot 2 \cdot 2 \cdot 2 \cdot 2 \cdot 2 = 2^{10} = 1024.$$

카드를 이용한 이 간단한 추론은 유전학에서 중요하게 응용된다. 인간 남성의 생식세포(일반 세포도 마찬가지)에는 24쌍의 염색체가 들어 있다. 정자 세포 한 개가 생식세포에서 생길 때 그 속에는 24개의 염색체가 들어 있는데, 그 각각은 24개의 쌍 가운데 하나에서 나온 것이다. 따라서 정자 세포는 2^{24}가지의 조합으로 만들어질 수 있다. 인간 여성의 생식세포에도 24쌍의 염색체가 들어 있다. 여성의 생식세포에서 생성된 난자 하나에는 24개의 염색체가 들어 있고, 그 각각은 생식세포의 24개 쌍 가운데 하나에서 나온 것이다. 따라서 하나의 난자는 2^{24}가지의 조합으로 만들어질 수 있다. 수정할 때 하나의 정자는 하나의 난자와 결합한다. 정자의 가짓수가 2^{24}이고 난자의 가짓수가 2^{24}이므로, 수정된 난자에 대한 가능한 염색체 조합의 가짓수는 다음과 같다.

$$2^{24} \cdot 2^{24} = 16{,}777{,}216 \cdot 16{,}777{,}216 = 281{,}474{,}976{,}710{,}656.$$

이 수는 남자와 여자가 낳은 한 아이의 유전자 구성의 총 가짓수이다. 사실, 가짓수는 이보다 좀 더 크다. 각각의 염색체에는 유전자들이 들어 있는데 이 유전자들이 유전적 특성을 결정하기 때문이다. 생물학자들이 알아낸 바로는, 하나의 생식세포 속에 든 쌍을 맺고 있는 두 염색체가 어떤 유전자들을 교환할 수 있고 이 교환으로 인해 정자세포와 난자에 새로운 변종이 생긴다고 한다.

연습문제

1. 보통 쓰이는 52장의 카드에는 서로 다른 종류의 에이스가 4장 킹이 4장 있다. 이 카드들로부터 에이스 한 장과 킹 한 장을 꺼내 구성할 수 있는 서로 다른 쌍의 가짓수는 몇 개인가?
2. 한 제조업자가 색상은 3가지, 히터가 있는 옵션과 없는 옵션 그리고 라디오가 있는 옵션과 없는 옵션으로 자동차를 출시했다. 구매자는 총 몇 가지의 서로 다른 선택을 할 수 있는가?
3. 어떤 여자는 모자가 3개, 옷이 2벌 그리고 구두가 2켤레 있다. 구성할 수 있는 옷차림은 몇 가지인가?
4. 주사위에는 여섯 개의 수가 있다. 주사위 한 쌍을 던지면 나올 수 있는 수의 쌍은 몇 가지인가? 두 주사위는 가령 한 주사위(A)에 2가 나오고 다른 주사위(B)에 5가 나오는 것이 이와 반대 경우(A에 5가 나오고 B에 2가 나오는 경우)와 구분될 수 있도록 눈금이 매겨져 있다.

앞서 논의했듯이, 현재의 수 표기 방법은 십을 기수로 하는 자리 표기법을 이용한 것이다(4.2절 참고). 하지만 어떤 문명들은 다른 수를 기수로 사용했다. 가령, 바빌로니아인들은 이유는 잘 모르겠지만 육십을 기수로 선택했다. 이 체계는 고대 그리스의 천문학자들이 받아들였고 십칠 세기까지 유럽에서 많은 수학 및 천문학 계산에서 사용되었다. 지금도 시간과 각도를 60분과 60초로 나누는 관습에 이 방법이 남아 있다. 십을 기수로 채택할 때 유럽은 인도의 관습을 따랐다. 역사를 비틀어서, 새로운 기수로 바꾸면 어떤 이점이 있는지 알아보도록 하자.

가령 기수를 육으로 선택하자. 영부터 다섯까지는 십진법처럼 기호 0, 1, 2, 3, 4, 5로 표시하면 된다. 처음 나오는 중요한 차이는 여섯 개의 대상을 나타낼 때 생긴다. 육이 기수이기 때문에 더 이상 특별한 기호 6을 사용하지 못하고 새로운 자리에 기수의 1배임을 나타내기 위해 1을 놓는다. 십진법에서 10의 1이 기수의 열 배, 즉 십을 가리키는 것과 마찬가지다. 따라서 육진법에서 육을 적으려면 10이라고 적어야 한다. 여기서 기호 10은 1 곱하기 육 더하기 0이라는 뜻이다. 따라서 기호 10은 기수가 무엇이냐에 따라 두 가지 상이한 양을 나타낼 수 있다. 그리고 육진법의 칠은 11로 적는다. 왜냐하면 육진법에서 이 기호는 1 곱하기 육 + 1이기 때문이다. 이는 십진법에서 11이 1 곱하기 십 + 1인 것과 마찬가지다. 이번에도 기호 11은 기수가 무엇이냐에 따라 상이한 양을 나타낸다. 또 한 가지 예로서, 육진법에서 스물둘을 나타내려면 34라고 적는다. 왜냐하면 이 기호는 3 곱하기 육 + 4를 뜻하기 때문이다.

십진법에서는 구십구보다 큰 수를 적기 위해서는 세 번째 자리, 즉 백의 자리를 이용하여 십의 십을 나타낸다. 마찬가지로 육진법에서는 삼십오보다 큰 수에 이르면 세 번째 자리를 이용해 육의 육을 나타낸다. 그러므로 삼십팔은 육진법에서 102로 적는다. 여기서 1은 1 곱하기 육 곱하기 육을, 0은 0 곱하기 육을 그리고 2는 그냥 2를 의미한다. 매우 큰 수를 표현하려면 네 번째 자리, 다섯 번째 자리 등등을 이용해야 한다.

육진법으로 보통의 산수 연산을 수행할 수 있다. 하지만 새로운 덧셈표 및 곱셈표를 배워야 한다. 예를 들면, 십진법에서 5 + 3 = 8이지만, 육진법에서 팔은 12로 적어야만 한다. 따라서 육진법의 덧셈표에서는 5 + 3 = 12로 나올 것이다. 마찬가지로 새로운 곱셈표에서는 3 · 5 = 23이라고 적혀 있을 것이다. 왜냐하면 십진수 15는 육진법으로는 2 · 6 + 3, 즉 23이기 때문이다. 십진법 사용을 배울 때 우리는 0부터 9까지의 각 수를 0부터 9까지의 각 수와 더한 결과와 더불어 0부터 9까지의 각 수를 0부터 9까지의 각 수와 곱한 결과를 기억해야만 했다. 육진법의 경우에는 단지 0부터 5까지의 수들을 서로 더하는 (그리고 곱하는) 법을 배워야 할 것이다. 따라서 덧셈표와 곱셈표는 짧아질 테니, 어렸을 때 더 빨리 산수를 배울 수 있을 것이다. 산수의 장애물을 아주 쉽게 건너뛰어 수학을 좋아하게 될지도 모른다. 육진법의 유일한 단점은 큰 수를 표현하려면 더 많은 자리수를 사용해야 한다는 것이다. 가령, 오십사라는 양은 십진법으로는 54로 적지만, 육진법에서는 130으로 적어야만 한다. 왜냐하면 오십사는 $1 \cdot 62 + 3 \cdot 6 + 0$이기 때문이다.

십이를 기수로 채택하자고 주장하는 사람들도 있다. 그들은 십이진법이 특별한 이점이 있다고 주장한다. 한 가지 예를 들면, 십이진법에서는 더 많은 분수들을 유한한 자리수의 소수로 적을 수 있다. 가령 $\frac{1}{3}$은 십진법에서는 0.333… 처럼 무한소수로 적을 수밖에 없지만, 십이진법에서는 0.4로 적을 수 있다. 왜냐하면 십이진법에서 0.4는 $\frac{4}{12}$를 의미하기 때문이다. 게다가 길이를 나타내는 영국식 체계에서는 1피트는 12인치이기 때문에, 가령 3피트 6인치는 십이진법에서는 36인치라고 표현할 수 있다. 반면에 십진법에서 이 수를 표현하려면 $3 \cdot 12 + 6$을 계산하여 42인치라고 적어야만 한다. 제한된 범위에서나마 우리는 시간을 기록하는 방법에서 십이진법을 사용한다. 미국에서 하루는 열두 시간의 두 모음이며, 십이진법에서 하루의 시간은 0에서 20까지 흐른다. 오늘날 6시에서 7시간이 지나면 몇 시인지 알려면 얼마간의 계산이 필요하지만, 십이진법의 덧셈표 하에서는 $7 + 6 = 11$임을 곧장 알 수 있다. 하지만 십진법이 매우 널리 쓰이고 있기 때문에 일상생활이나 경제활동에서 다른 기수의 진법으로 바꾸기는 거의 불가능할 것이다.

기수라는 주제에는 오랜 세월 연구된 개념이 하나 깃들어 있다. 대체로 흥미롭고 재미있는 사고의 결과인데, 특히 과학과 심지어 상업에서 매우 중요해진 개념이다. 수세기 동안 수학자들은 산수 계산을 빠르게 수행하여 힘들고 단조로운 작업을 상당히 줄여주는 기계를 설계하는 데 매달렸다. 그들은 기존에 사용하고 있던 낡은 방식의 계산기 대신 현대의 전자공학자들이 개발한 전자장치에서 획기적인 기회를 포착했다. 핵심은 전압을 가하여 전류를 흐르게 하거나 흐르지 않게 만들 수 있는 진공관이었다. 따라서 두 가지 작동이 가능했다.

이진법에서는 단 두 기호, 즉 0과 1만 있으면 된다. 이진법의 전형적인 수 1011을 예로 들어 살펴보자.

$$1 \cdot 2^3 + 0 \cdot 2^2 + 1 \cdot 2 + 1.$$

이 수는 네 개의 진공관을 이용하여 기계에 의해 기록될 수 있다. 한 진공관은 단위 자리를 맡고, 두 번째 진공관은 2의 곱을, 세 번째는 2^2을 네 번째는 2^3을 맡는다. 1011을 기록하려면, 첫 번째와 두 번째 그리고 네 번째 진공관을 켜고, 이 수의 세 번째 자리를 기록하는 세 번째 진공관을 끄면 된다. 진공관을 "작동시키며" 흐르는 전류는 기계에 의해 특수한 회로 속에 기록된다. 이어서 다른 수가 기계 속에 입력된다. 그 수를 첫 번째 수에 더한다고 해보자. 이진법에서 두 개의 1을 동일한 자리에 놓게 되면 그 결과, 합은 0이고 1이 다음 자리로 넘겨진다. 이 연산은 회로에 의해 쉽게 수행된다. 전자식 컴퓨터를 이렇게 설명한다고 해서 공학자와 수학자가 심어놓은 독창적인 아이디어들을 충분히 소개하기에는 역부족이지만, 그래도 진공관의 작동 원리가 이진법 연산에 안성맞춤임을 알 수는 있을 것이다.

이처럼 컴퓨터는 이진법으로 계산을 수행하기 때문에, 계산할 수들을 미리 십진법에서 이진법으로 변환시킨 다음에 다른 명령어들과 함께 기계에 입력한다. 그러면 기계는 이진법으로 작동하고 그 결과는 물론 다시 십진법으로 변환된다.

컴퓨터는 마이크로초 단위로 작동하므로 다량의 수치 데이터를 처리해야 하는 사업체에서 매우 유용하게 쓰인다. 은행, 보험회사 및 기업에서 수치 계산은 엄청난 인력이 동원되어야하는 작업이었지만, 지금은 컴퓨터로 수행되고 있다. 컴퓨터는 사상 최초로 다량의 데이터를 기록하고, 데이터가 저장되는 수백만 개의 카드에서 정보를 선택하고, 공장 운영을 계획하고, 기계 장치의 작동을 지시한다. 그리고 곧 외국어로 된 발간물을 자동으로 번역하는 작업이

가능해 질 수도 있다.

전자식 컴퓨터는 과학과 수학에도 대단히 요긴하게 쓰인다. 수학 공식에서 구체적인 정보를 추출하는 데 필요한 산수 계산은 매우 길 때가 많아서 몇 년이 걸리기도 한다. 컴퓨터는 그런 작업을 몇 시간 만에 해치운다. 게다가 수학자는 엄청난 계산이 필요한 문제도 이제는 마다하지 않는다. 왜냐하면 이제 컴퓨터의 도움 덕분에 그런 연구도 헛되지 않음을 알고 있기 때문이다.

컴퓨터는 인간 두뇌의 작동을 이해하는 데도 도움을 줄지 모른다. 생물학자들의 말에 의하면, 신경 사슬 및 우리 뇌 속의 신경 세포는 진공관의 작동 방식과 마찬가지로 전기 자극에 반응한다. 진공관에 특정한 최솟값 이상의 전류가 입력되면 "작동"하고 그 이하의 전류에서는 작동하지 않듯이, 신경 사슬 속의 신경 세포들도 문턱값을 넘는 전기 자극을 몸속의 장기에 보내고, 전기 자극이 문턱값을 넘지 않으면 작동하지 않는다. 컴퓨터는 메모리도 갖고 있다. 즉, 계산의 일부 결과가 특수한 장치에 자동으로 저장되는데, 이 장치를 메모리라고 한다. 그런 결과가 필요할 때면 메모리에서 꺼낼 수 있다. 그러므로 덧셈 과정의 결과는 메모리에 저장되었다가 곱셈 과정의 결과가 얻어진 후 적절한 명령이 내려지면 기계는 두 결과를 더한다. 따라서 기계의 메모리는 인간의 기억처럼 작동한다. 적어도 두 가지 관점에서 전자식 컴퓨터는 인간의 신경과 기억의 작동 방식을 흉내 낸다. 기계는 속도, 정확성, 및 지구력에서 인간 두뇌보다 우수하지만, 유명한 여러 저자들이 주장하고 있듯이, 기계가 궁극적으로 인간의 두뇌를 대체하리라고 짐작해서는 안 된다. 기계는 생각하지 않는다. 두뇌가 있기에 어떤 계산이 필요한지를 아는 인간이 지시한 대로 컴퓨터는 계산을 할 뿐이다. 그렇기는 하지만 분명 기계는 인간의 두뇌와 신경의 작동을 연구하는 훌륭한 모형이다.

연습문제

1. 육진법에 대한 덧셈표를 만들어라.
2. 육진법에 대한 곱셈표를 만들어라.
3. 이진법에 대한 덧셈표와 곱셈표를 만들어라.
4. 아래 수들은 십진수다.

   $$9, 10, 12, 36, 48, 100.$$

   각각의 수를 육진법으로 표현하라.
5. 아래 수들은 육진수다.

   $$5, 10, 12, 20, 100$$

   각각의 수를 십진수로 표현하라.
6. 분수 $\frac{1}{2}$을 육진법의 소수로 표현하라.
7. 0.2는 육진수다. 이 양을 십진수로 표현하라.
8. 수 101은 몇 진수인지 모르지만 그 값은 십이다. 몇 진수인가?
9. 0에서부터 63파운드까지 무게가 나가는 물체들의 무게를 파운드 단위로 (소수점 제외하고) 재는데 필요한 추의 최소 개수를 구하라. 사용될 저울에는 저울판이 두 개 있는데 이 중 한 저울판 위에 추를 올려놓는다.
   [힌트: 0부터 63까지의 모든 수를 이진법으로 표현하는 문제를 생각해보라.]

수를 이용해 가장 심오한 발견을 이룬 사례는 물질의 구조에 관한 연구에서 찾을 수 있다. 십구 세기 초중반 동안 자연의 다양한 물질들에 관한 어떤 기본적인 실험적인 사실들이 드러나면서, 존 돌턴, 아메데오 아보가드로 그리고 스타니슬라오 카니차로 등이 우여곡절 많은 연구 끝에, 모든 물질이 원자로 이루어져 있다는 이론을 발표했다. 가령 수소, 산소, 염소, 구리, 알루미늄, 금, 은 및 기타 모든 물질은 원자로 이루어져 있다. 실험 기법이 발달하면서 상이한 원소들의 원자량(상대적인 원자 질량)을 측정할 수 있게 되었다. 원자량의 기본 단위는 산소 원자량의 $\frac{1}{16}$로 정해졌다. 따라서 산소의 원자량은 16이다(1962년부터 기준이 바뀌어, 질량수 12인 탄소 원자량을 원자량의 기준으로 삼게 되었다. 이 책은 옛날 기준에 따라 원자량을 설명하고 있다. 옮긴이). 수소의 원자량은 1.0080, 구리의 원자량은 63.54 그리고 금의 원자량은 197.0 등으로 밝혀졌다. 또한 이 무렵에 이런 다양한 원소들의 여러 화학적 성질, 가령 녹는점, 끓는점 및 다른 원소와 결합하여 화합물을 생성하는 능력 등도 알려졌다.

화학자들의 마음을 사로잡은 질문은 이런 원소들의 원자량과 관련된 어떤 법칙이나 원리가 존재하는지 여부였다. 그러던 중 1869년에 드미트리 이바노비치 멘델레예프(1834~1907)가 위대한 발견을 했다. 그가 발견한 바에 따르면, 원자량이 커지는 순서대로 원소들을 배열하자 한 특정 원소에서부터 시작해 여덟 번째 원소는 화학적 성질이 첫 번째 원소와 같았다. 가령, 불소와 염소 기체의 경우 불소에서부터 시작할 때 염소는 여덟 번째 나오는 원소인데, 둘 다 금속과 쉽게 결합한다. 하지만, 당시에 알려진 63가지의 원소를 여덟 번째마다 비슷한 화학적 성질이 나오도록 계속 배열하자, 빈 공간이 생겼다. 멘델레예프는 화학적 성질의 주기성에 크게 감격했기에 주저함 없이 그 빈 공간을 채울 원소들이 반드시 존재한다고 확신했다. 빠진 원소들 각각은 배열의 앞이나 뒤로 여덟 번째 나오는 원소와 비슷한 성질을 갖고 있을 터였기에, 그는 미지의 원소들의 성질 가운데 일부를 예측할 수도 있었다. 멘델레예프는 누락된 원소들 가운데 세 가지의 성질을 기술했는데, 그의 직계 제자가 이 원소들을 발견했다. 오늘날 스칸듐, 갈륨 및 게르마늄이라고 불리는 원소들이다. 나중에는 다른 원소들도 발견되었다. 수학적 관점에서 보았을 때 멘델레예프의 연구가 지닌 흥미로운 점은 여덟 번째 위치마다 비슷한 화학적 성질이 나타나는 물리적 이유를 그가 설명하지 않았다는 것이다. 그가 알아낸 것이라고는, 팔이라는 수가 배열의 핵심 열쇠라는 것뿐이었고, 이 수학적 지침을 충실히 따랐다. 멘델레예프 시대보다 한참 이후에 다른 원소들, 가령 헬륨이 발견되었는데, 이 원소는 그러한 배열에 들어맞지 않았다. 하지만 주기율표는 여전히 오늘날에도 화학과 학생들이라면 전부 배우는 기본적인 내용이다.

그 후 원자론의 발전에도 단순한 산수가 주도적인 역할을 했다. 다양한 원소들의 원자량 및 이 원소들의 화학적 성질에 관한 지속적인 연구를 통해, 이전에는 순수한 원소로 알려졌던 것이 그렇지 않음이 드러났다. 가령, 수소에는 두 가지 종류가 있다. 이 둘은 화학적 성질이 비슷하지만, 원자량이 다르다. 사실, 하나는 다른 것보다 질량이 두 배다. 둘 다 이전에는 수소라고 불렸고 어쨌든 화학직 성질이 비슷하기 때문에 이 두 종류의 수소는 수소 동위원소라고 불린다. 마찬가지로 산소도 한 가지만 있는 것이 아니라, 원자량이 16, 17, 18인 세 가지 종류가 있다. 오늘날 매우 중요한 원소인 우라늄도 원자량이 238인 것과 235인 것의 두 가지 동위원소가 존재한다.

동위원소의 발견에서 비롯된 놀라운 사실은, 모든 동위원소를 구별하여 상이한 원소들의 상대 질량을 알아본 결과 임의의 한 원소의 질량은 한 자연수의 1% 이내라는 점이다(가령 한 자연수가 5라고 하면, 원자량이 4.999, 4.998 등에 해당된다는 뜻이다. 즉, 어떤 자연수(정수) 값에 매우 가깝다는 뜻이다. 옮긴이). 그런 사실은 우연일 리가 없다. 아마도 모든 원소는 한 단일 원소, 즉 모든 원소 가운데 질량이 가장 적은 원소인 수소의 제일 가벼운 동위원소의 정수배이기 때문인 듯하다. 달리 말해, 이전에는 전적으로 다른 물질들로 보이던 다양한 원소들도 동일 원소의 더 많은 또는 더 적은 모음일 뿐이며 그 물질 특유의 방식으로 배열되었을 뿐인 것이다. (엄밀히 말하자면, 근본적인 구성요소는 수소의 제일 가벼운 동위원소가 아니라 중성자라고 불리는 것이다. 수소의 제일 가벼운 동위원소에는 비교적 무의미한 질량을 갖는 전자가 하나 포함되어 있을 뿐이다.)

만약 모든 상이한 원소들이 가벼운 수소 원자의 집합체일 뿐이라면, 일부 원자를 제거하여 한 물질을 다른 물질로 변환하는 일이 가능해야 한다. 가령 금 다음으로 더 무거운 원소인 수은을 금으로 변환시킬 수 있어야 한다. 이런 변화는 실제로 가능한데, 중세의 연금술사들이 신비주의적이고 피상적인 근거에서 희망했던 일을 우리는 과학적 지식을 바탕으로 할 수 있다. 안타깝게도 수은을 금으로 변환시키는 비용이 너무 큰 탓에 굳이 그렇게 할 가치는 없다. 하지만 우리 시대에 더욱 중요해진 원소의 변환을 실제로 이용하고 있는데, 이에 대해서는 곧 설명하겠다.

어떤 이론을 갖고 있는 과학자는 자신의 이론과 일치하지 않은 사항이라면 그것이 아무리 사소해 보이더라도 결코 무시할 수가 없다. 만약 모든 원소가 가벼운 수소 원자들의 조합일 뿐이라면, 원소들의 질량은 이 가벼운 수소 원자의 정확한 정수배가 되어야지 한 자연수의 1% 이내일 리가 없다. (원자 속의 전자는 차이에 영향을 주지 않는다.) 이 차이를 반드시 설명해야 한다. 산소의 가장 가벼운 동위원소는 임의적으로 원자량이 16으로 정해졌다. 꽤 임의적인 이 기준에 따를 때, 가벼운 수소 원자는 원자량이 정확히 1이 아니라 1.008이다. 하지만 4개의 수소 원자로 이루어진 헬륨은 원자량이 4.0028로 밝혀졌다. 하지만 헬륨이 4개의 수소 원자로 이루어져 있다면, 원자량은 1.008의 4배인 4.032가 되어야 마땅하다. 4.032 − 4.0028의 차이, 즉 약 0.03의 차이가 나는 까닭을 설명해야만 한다. 그런데 우연히도 전혀 다른 분야인 상대성이론을 연구하던 아인슈타인이 질량이 에너지로 변환될 수 있음을 밝혀냈다. 에너지는 다양한 형태를 가질 수 있다. 석탄이나 나무를 땔 때 생기는 열일 수도 있고, 태양에서 지구로 오는 복사선일 수도 있다. 여기서는 에너지의 정확한 형태는 중요하지 않다. 중요한 것은 수소 원자 4개가 융합하여 헬륨을 생성할 때 사라진 질량 0.03이 그 과정에서 에너지로 변환된다는 생각이 과학자에게 떠올랐다는 것이다.

따라서 원소들의 융합에서 에너지가 방출되어야 하는 것이다. 그리고 여러 실험을 통해 사실임이 입증되었다. 방출되는 에너지를 가리켜 결합 에너지라고 하는데, 수소 폭탄이 폭발할 때 방출되는 것도 바로 이 에너지다.

이처럼 화학과 원자 이론에서 산수가 어떤 역할을 하는지 살펴보면서, 우리는 물리학자들과 화학자들의 위대한 사고와 탁월한 실험에 대해서는 거의 논의하지 않았다. 우리의 관심사는 단순한 수의 사용이 과학자들에게 강력한 도구를 마련해주었음을 보여주는 것이었다. 물론 수의 수학은 아직도 계속 발전하고 있기에, 조금 더 향상된 도구로도 얼마나 많은 연구 성과가 나올 수 있는지 살펴볼 것이다. 하지만 이미 우리는 피타고라스 학파가 수를 실재의 본질이라고 말했을 때 무엇을 염두에 두었는지 어느 정도 이해할 수 있다.

복습문제

1. 다음을 계산하라.

a) $\frac{3}{5}+\frac{4}{7}$ b) $\frac{3}{5}-\frac{4}{7}$ c) $\frac{4}{7}-\frac{3}{5}$ d) $\frac{2}{9}+\frac{5}{12}$

e) $\frac{2}{9}-\frac{5}{12}$ f) $\frac{2}{9}-\frac{-5}{12}$ g) $-\frac{2}{9}-\frac{-5}{12}$ h) $\frac{a}{b}+\frac{c}{d}$

i) $\frac{a}{b}-\frac{c}{d}$ j) $\frac{a}{b}-\frac{-c}{d}$ k) $\frac{1}{x}+\frac{1}{2}$

2. 다음을 계산하라.

a) $\frac{3}{5}\cdot\frac{4}{9}$ b) $\frac{3}{5}\cdot\frac{-4}{9}$ c) $\frac{-3}{5}\cdot\frac{-4}{9}$ d) $(\frac{-3}{5})\cdot(\frac{-4}{9})$

e) $\frac{a}{b}\cdot\frac{c}{d}$ f) $\frac{a}{b}\cdot\frac{c}{a}$ g) $\frac{a}{b}\cdot\frac{b}{a}$ h) $\frac{a}{b}\cdot\frac{-c}{d}$

i) $\frac{2}{5}\div\frac{1}{5}$ j) $\frac{2}{3}\div\frac{7}{3}$ k) $\frac{3}{5}\div\frac{6}{10}$ l) $\frac{21}{6}\div\frac{7}{4}$

m)$\frac{a}{b} \div \frac{c}{d}$ n)$\frac{21}{8} \div 5\frac{1}{2}$ o)$-8 \div -2$

3. 다음을 계산하라.

a) $(2 \cdot 5)(2 \cdot 7)$ b) $2a \cdot 2b$ c) $2a \cdot 3b$

d) $2x \cdot 3y$ e) $2x \cdot 3y \cdot 4z$

4. 계산하라.

a)$(\frac{3}{4} \cdot \frac{5}{7}) \div \frac{3}{2}$ b)$\frac{3+6a}{3}$ c)$\frac{3a+6b}{3}$

d)$\frac{4x+8y}{2}$ e)$\frac{ab+ac}{a}$

5. 다음을 계산하라.

a)$\sqrt{49}$ b)$\sqrt{121}$ c)$\sqrt{\frac{9}{4}}$ d)$\sqrt{\frac{81}{16}}$

e)$\sqrt{3}\sqrt{3}$ f)$\sqrt{2}\sqrt{8}$ g)$\sqrt{2}\sqrt{4}$ h)$\sqrt{2}\sqrt{\frac{3}{5}}$

6. 다음을 단순화시켜라.

a)$\sqrt{32}$ b)$\sqrt{48}$ c)$\sqrt{72}$ d)$\sqrt{8}$

e)$\sqrt{\frac{9}{4}}$ f)$\sqrt{\frac{18}{4}}$ g)$\sqrt{\frac{27}{4}}$ h)$\sqrt{\frac{27}{8}}$

7. 다음을 분수로 표현하라.

a)0.294 b)0.3472 c)0.08 d)0.003

8. 소수점 이하 첫째 자리까지 정확한 수로 근사하라.

a)$\sqrt{3}$　　b)$\sqrt{5}$　　c)$\sqrt{7}$

9. 다음 식들은 모든 값 a와 b에 대하여 참인가? [힌트: 일반적인 명제를 부정하려면, 그 명제가 성립하지 않는 한 가지 예만 들어도 충분하다.]

a)$2(a+b)=2a+2b$　　b)$2ab=2a\cdot 2b$

c)$\dfrac{a+b}{2}=\dfrac{a}{2}+\dfrac{b}{2}$　　d)$\dfrac{a+b}{2}=\dfrac{a}{2}\cdot\dfrac{b}{2}$

e)$\sqrt{a^2+b^2}=\sqrt{a^2}+\sqrt{b^2}$　　f)$\sqrt{a^2+b^2}=a+b$

g)$\sqrt{ab}=\sqrt{a}\sqrt{b}$　　h)$\sqrt{a^2+b^2}=a+b$

i)$\sqrt{a+b}=\sqrt{a}+\sqrt{b}$

10. 다음 수들을 기수 2의 자리 표기법으로 표시하라. 이진법에서 사용할 수 있는 수는 0과 1뿐이다.

a)1　b)3　c)5　d)7　e)8　f)16　g)19

11. 다음 수들은 이진수다. 해당 양을 십진수로 표시하라.

a)1　b)101　c)110　d)1101　e)1001

더 살펴볼 주제

1. 이집트인의 자연수와 분수 표기법
2. 바빌로니아인의 자연수와 분수 표기법

3. 로마인의 자연수와 분수 표기법
4. 원자론의 근본적인 산수 법칙. (권장 도서에서 홀턴과 롤러 그리고 보너와 필립스를 참고하라.)
5. 피타고라스의 수 이론.

권장 도서

Ball, W. W. Rouse: *A Short Account of the History of Mathematics*, Chaps. 1 and 2, Dover Publications, Inc., New York, 1960.

Bonner, F. T. and M. Phillips: *Principles of Physical Science*, Chap. 7, Addison-Wesley Publishing Co., Inc., Reading, Mass., 1957.

Colerus, Egmont: *From Simple Numbers to the Calculus*, Chaps. 1 through 8, Wm. Heineman Ltd., London, 1954.

Dantzig, Tobias: *Number, the Language of Science*, 4th ed., Chaps. 1 through 6, The Macmillan Co., New York, 1954 (also in a paperback edition).

Davis, Philip J.: *The Lore of Large Numbers*, Random House, New York, 1961.

Eves, Howard: *An Introduction to the History of Mathematics*, Rev. ed., pp. 29-64, Holt, Rinehart and Winston, Inc., New York, 1964.

Gamow, George: *One Two Three … Infinity*, Chap. 9, The New American Library, New York, 1953.

Holton, G. and D. H. D. Roller: *Foundations of Modern Physical Science*, Chaps. 22 and 23, Addison-Wesley Publishing Co., Inc., Reading, Mass., 1958.

Jones, Burton W.: *Elementary Concepts of Mathematics*, Chaps. 2 and 3, The Macmillan Co., New York, 1947.

Smith, David Eugene: *History of Mathematics*, Vol. I, pp. 1-75, Vol. II, Chaps. 1 through 4, Dover Publications, Inc., New York, 1953.

5
대수, 고등 산수

대수는 세계의 정량적인 측면을 분명히 드러내주기 위해 고안된 지적인 도구다.

알프레드 노스 화이트헤드

5.1 들어가며

수학은 어떤 특수한 개념들, 즉 수의 개념과 기하의 개념을 추론하는 분야이다. (단순한 산수 과정을 넘어서) 수에 관해 추론하려면 두 가지 도구, 즉 어휘와 기술, 달리 말해 어휘와 문법이 필요하다. 아울러, 수학이라는 언어 전체는 그 특성상 기호를 광범위하게 사용한다. 사실, 기호의 사용 그리고 기호에 의한 추론이야말로 뚜렷한 경계선이 없긴 하지만 산수와 더 높은 단계인 대수를 가르는 일반적인 기준이다.

대수의 어휘와 기법을 배우는 일은 전도유망한 음악가가 음악을 배우는 과정에 비유할 수 있다. 일단 악보를 배운 다음에 악기를 연주하는 기법을 익혀나가야 한다. 수학에 관한 우리의 목표는 전문적인 능력을 익히기 보다는 전반적인 이해를 도모하자는 것이므로, 어휘와 기법을 배우는 문제는 그다지 어렵지 않을 것이다.

5.2 대수의 언어

대수의 언어가 지닌 속성과 이 언어의 사용법을 쉽게 설명해 보겠다. 비록 지금으로서는 그 설명이 사소해 보이겠지만 말이다. 대다수 독자들이 해보았을 실내게임을 예로 들어보겠다. 이 게임의 진행자는 다른 참가자들에게 다음과 같이 말한다. 수를 하나 떠올리고서 10을 더하라. 그 값에 3을 곱한 다음 30을 뺀 결과를 말해라. 참가자가 결과를 말하면 진행자는 원래 떠올렸던 수를 알려준다. 참가자가 깜짝 놀라게 진행자는 원래의 수를 즉시 알려준다. 이 방법의 비밀은 터무니없을 정도로 간단하다. 참가자가 수 a를 선택했다고 하자. 10을 더하면 $a+10$이 된다. 여기에 3을 곱하면 $3(a+10)$이다. 분배 공리에 의해 이 양은 $3a+30$이다. 30을 빼면 $3a$가 된다. 진행자는 참가자가 알려준 수를 3으로 나누기만 하면 원래의 값을 알아맞힐 수 있다. 만약 진행자가 더 놀라운 상황을 연출하고자 한다면, 원래 수의 간단한 정수배가 나오는 훨씬 더 복잡한 계산을 하라고 참가자에게 부탁할 수 있다. 그렇더라도 원래 수는 위의 방법과 마찬가지로 쉽게 알아맞힐 수 있다. 참가자에게 시키는 연산을 대수의 언어로 표현하고 그 연산이 어떻게 될지 알고 있다면, 진행자는 최종 결과가 원래 떠올린 수와 어떻게 연결될지 쉽게 알 수 있다.

대수의 언어는 하나의 수 또는 수들의 집합을 표현하기 위해 문자를 이용하는 것 이상이다. 식 $3(a+10)$에는 산수의 일상적인 더하기 기호와 더불어 전체 양 $a+10$에 3을 곱한다는 표시인 기호가 들어 있다. b^2 표시는 $b \cdot b$를 짧게 줄인 표현이며 b 제곱(영어로는 스퀘어(square). 정사각형이라는 뜻이기도 하다–옮긴이)이라고 읽는다. 제곱(스퀘어)이라는 단어가 쓰이는 까닭은 b^2이 한 변의 길이가 b인 정사각형의 넓이기 때문이다. 마찬가지로 b^3 표시는 $b \cdot b \cdot b$를 뜻하며 b 세제곱(영어로는 큐브(cube). 정육면체라는 뜻이기도 하다–옮긴이)이라고 읽는다. 세제곱(큐브)라는 단어는 b^3이 한 변의 길이가 b인 정육면체의 부피라는 사실을 드러내준다. 식 $(a+b)^2$은 전체 양 $a+b$를 자기 자신과 곱한 값이라는 뜻이다. $3ab^2$이라는 식은 어떤 양 a를 3배한 값에 b^2이라는 양을 곱했다는 뜻이다. 게다가, 이 표시는 둘 사이에 아무 기호가 없이 연이어 나오는 숫자와 문자는 서로 곱해진다는 규칙에 따르고 있다. 또 한 가지 중요한 규칙은 만약 한 식에서 한 문자가 반복되어 나오면 식 전체에서 그 문자는 동일한 수를 나타낸다는 것이다. 가령, $a^2 + ab$에서 a의 값은 두 항 모두에서 동일하다. 이렇듯이 대수는 많은 기호와 관례를 이용하여 양 및 양을 대상으로 한 연산을 나타낸다.

왜 수학자는 번거롭게 그런 특수한 기호와 규칙을 사용할까? 왜 장래 이 과목을 배울 학생들 앞에 그런 장애물을 놓을까? 사실 수학자들은 장애물을 놓으려는 것이 아니다. 오히려 대수는 물론이고 일반적으로 수학 전체에서 기호 사용은 필수불가결하다. 가장 큰 이유는 이해 가능성이다. 기호를 사용하면 수학자는 긴 식을 간결하게 적을 수 있어서 어떤 내용인지를 재빠르게 알아차리고 기억할 수 있다. 간단한 식인 $3ab^2 + abc$라도 말로 표현하자면 다음과 같은 긴 구절이 필요하다. "한 수의 3배를 자기 자신과 곱해지는 두 번째 수와 곱한 다음에 첫 번째 수와 두 번째 수 그리고 어떤 세 번째 수를 곱한 값과 더한 것." 우리 눈과 마음은 안타깝게도 한계가 있다. 보통의 언어를 사용한다면 나올 수밖에 없는 길고 복잡한 문장은 기억할 수가 없는데다, 사실은, 너무 복잡해서 이해할 수가 없다.

이해 가능성과 더불어, 기호 사용에는 간결성이라는 이점이 따른다. 수학에 관한 전형적인 교재를 보통의 언어로 표현하자면 그런 교재의 일반적인 분량은 열 배에서 열다섯 배는 더 많아질 것이다.

또 한 가지 이점은 명확성이다. 대체로 영어 또는 수학의 경우에 관한한 어떤 다른 언어도 명확하게 표현할 수 없다. "나는 신문을 읽는다"라는 진술은 어떤 사람이 신문을 규칙적으로 읽는다는 뜻도 되지만, 가끔씩 읽는다 또는 종종 읽는다는 뜻도 된다. 또 어쩌면 그 날짜의 신문을 읽었다는 뜻도 된다. 따라서 이 문장이 무슨 뜻인지 맥락을 통해 판단해야만 한다. 그런 모호성은 정확한 추론에서는 허용될 수 없다. 구체적인 개념에 대해 기호를 사용함으로써 수학은 모호성을 피한다. 또 이 사안을 긍정적으로 바라보자면, 각각의 기호에는 정확한 의미가 담겨 있기에 그런 기호들로 이루어진 식은 의미가 명확하다.

기호 사용은 대수가 지닌 놀라운 능력의 원천들 가운데 하나다. 어떤 사람이 $2x+3=0$, $3x+7=0$, $4x-9=0$라는 형태의 방정식을 논의한다고 하자. 이 방정식들에 등장하는 특정한 수들은 이 논의에서 중요하지 않다. 사실, 그는 어떤 수와 x의 곱이 다른 어떤 수와 곱해진 모든 방정식을 포함하길 원한다. 이런 형태를 취할 수 있는 모든 방정식을 표현하는 방법은 다음과 같다.

$$ax+b=0. \tag{1}$$

여기서 a는 임의의 수를 나타내고 b도 마찬가지다. 이 수들은 알려진 값이긴 하지만, 구체적인 값은 정해져 있지 않다. 문자 x는 미지수다. 일반적인 형태 (1)에 관해 추론함으로써 수학자는 a와 b가 구체적인 값을 가질 때 생기는 개별적인 온갖 경우들을 다룬다. 따라서 기호를 사용함으로써 대수는 잠깐의 추론으로 문제들의 전체 유형을 다룰 수 있다.

물론 안타깝게도 수학을 어느 정도 숙달하려면 새로운 언어의 요소들을 반드시 배워야 한다. 당연한 이야기지만, 프랑스인들은 자기들의 언어를 고수하고 독일인들도 자기 언어를 고수한다. 영어 사용자들이 보기에는 영어야말로 최상의 언어고 프랑스인과 독일인은 자기들 언어를 고수함으로써 지방분권주의를 조장하지만 말이다. 이와 달리 수학의 언어는 보편적이라는 이점이 있다.

그리 큰 문제는 아니지만 대수의 기호 사용에 대한 정당한 비판도 존재한다. 수학자는 추론의 정확성에 매우 관심이 크지만, 기호의 예술적 가치나 적절함에는 별로 개의치 않는다. 기호만 보아서 그 의미를 엿볼 수 있는 경우는 매우 드물다. 기호 +, −, =, 는 적기는 쉽지만 역사적으로 우연히 생겼을 뿐이다. 그렇다고 어떤 수학자도 굳이 이런 기호들을 더 예쁜 기호로 바꾸지 않았다. 가령 더하기 기호를 + 대신에 ◇으로 바꿀 수도 있었을 텐데 말이다. 십칠 세기 수학자 고트프리트 빌헬름 라이프니츠는 기호가 의미를 암시하게 만들도록 오랜 세월 노력을 기울였다. 하지만 이는 극히 예외적인 경우다. 일관성이 없게 기호가 사용되는 사례도 있지만, 일단 그 차이를 인식하고 나면 혼란은 사라진다. 가령, *ab*처럼 두 문자 사이에 다른 기호가 없이 함께 적혀 있으면, 곱하기를 뜻하는 것으로 이해된다. 하지만 가령 $3\frac{1}{2}$과 같은 두 수는 그 사이에 아무 기호가 없을 때 $3+\frac{1}{2}$이라는 뜻이다.

기호 사용은 꽤 늦게 대수에 등장했다. 이집트인, 바빌로니아인, 그리스인, 인도인 및 아랍인은 우리가 고등학교에서 배우는 대수의 상당수 내용을 알았고 실제 문제에 적용했다. 하지만 그들은 문제를 일상적인 언어로 표현했다. 사실 그들의 대수 스타일은 수사적 대수라고 불린다. 왜냐하면 몇 가지 기호를 제외하고는 일상적인 수사 표현을 썼기 때문이다. 그러다가 중요한 변화가 나타났는데, 십육 세기와 십칠 세기에 기호가 수학에 전면적으로 등장한 까닭은 수학의 효율성을 향상시키려는 압력이 과학으로부터 가해졌기 때문이다. 기호를 사용하자는 발상이 더 이상 새롭지는 않지만, 당시 수학자들은 분명 기호 사용을 확장하고 기호를 기꺼이 받아들이는 일에 한껏 고무되어 있었다.

연습문제

1. 수학자는 왜 기호를 사용하는가?
2. 모든 사람이 평등하게 태어났다는 진술을 비판하라.
3. 다음 기호 표현에서 문자는 수를 나타낸다. 이 식의 뜻을 말로 적어라.

   a) $a+b$ b) $a(a+b)$ c) $a(a^2+ab)$ d) $3x^2y$

   e) $(x+y)(x-y)$ f) $\dfrac{x+3}{7}$ g) $\frac{1}{7}(x+3)$

4. 다음 식은 옳은가?

$$\frac{x+3}{7}=\tfrac{1}{7}(x+3)$$

[힌트: 이 기호 표현의 뜻을 말로 나타내어 보라.]

5. 기호로 적어라.

(a) 어떤 수의 세 배 더하기 넷

(b) 어떤 수의 제곱의 세 배 더하기 넷

5.3 지수

지수는 대수 기호 또는 대수 언어의 편리성을 보여주는 가장 단순한 사례 가운데 하나이다. 이미 우리는 5^2과 같은 표현을 자주 사용해왔다. 이 표현에서 수 2는 지수이고 5는 밑이다. 지수는 밑의 오른편 위에 놓이는데, 이는 지수가 밑에 가해진다는 뜻이다. 이 예에서는 밑 5에 지수가 가해져 밑을 두 번 곱한다는 의미다. 즉, $5^2 = 5 \cdot 5$이다. 물론, 지수의 사용이 그러한 경우에만 국한된다면 큰 소용은 없을 것이다. 하지만 우리가 다음 표현을 가리키고 싶다고 가정하자.

$$5 \cdot 5 \cdot 5 \cdot 5 \cdot 5 \cdot 5$$

여기서 5는 여섯 번 인수로 등장한다. 우리는 이 양을 지수, 즉 5^6으로 나타낼 수 있다. 지수가 양의 정수일 경우, 그것이 가해지는 수(밑)와 그 자신과의 곱은 지수 개의 인수를 갖는다. 5^6과 같은 경우 지수의 사용은 인수를 적고 세는 일을 많이 줄여준다.

지수를 사용하며 얻을 수 있는 이점은 이게 다가 아니다. 다음과 같이 적고 싶다고 하자.

$$5 \cdot 5 \cdot 5 \cdot 5 \cdot 5 \cdot 5 \quad \text{곱하기} \quad 5 \cdot 5 \cdot 5 \cdot 5.$$

지수를 이용하면 아래와 같이 적을 수 있다.

$$5^6 \cdot 5^4.$$

게다가 원래의 곱은 5가 자신과 총 10개의 인수를 가지며 곱해져야 함을 알려준다. 이 곱을 5^{10}으로 적을 수 있다. 하지만 $5^6 \cdot 5^4$에 있는 지수를 더하더라도 5^{10}이 나온다. 즉, 다음과 같이 적어도 옳다.

$$5^6 \cdot 5^4 = 5^{6+4} = 5^{10}.$$

더 일반적으로 말하자면, m과 n이 양의 정수일 때,

$$a^m \cdot a^n = a^{m+n}.$$

이 식은 실제로 지수에 관한 한 정리이다. 증명은 사소한 일이다. 이 정리의 내용은, 만약 한 양이 a를 m개의 인수로 가지며, 다른 한 양이 a를 n개의 인수로 가지면, 이 두 양의 곱은 a를 $m+n$개의 인수로 갖는다는 뜻이다.

이제 다음 식을 적고 싶다고 하자.

$$\frac{5\cdot5\cdot5\cdot5\cdot5\cdot5}{5\cdot5\cdot5\cdot5}$$

지수를 이용하면 이렇게 적을 수 있다.

$$\frac{5^6}{5^4}$$

게다가, 원래 나눗셈의 값을 계산하려면, 분모와 분자의 5를 약분할 수 있다. 그래서 다음과 같이 남는다.

$$\frac{5\cdot5}{1} \text{ 또는 } 5^2.$$

$5^6/5^4$에서 6 빼기 4를 해서 5^2이 나올 때에도 똑같은 결과를 얻을 수 있다. 이번에도 곱셈의 경우와 마찬가지로 지수는 분모와 분자에 등장하는 5의 개수를 기록한다. 그리고 6에서 4를 빼는 것은 인수로 남는 5의 순 개수를 알려준다.

더 일반적인 언어로 말하자면, 만약 m과 n이 양의 정수이고 m이 n보다 크면 다음과 같이 말할 수 있다.

$$\frac{a^m}{a^n} = a^{m-n}.$$

이 결과 또한 지수에 관한 한 정리이다. 그 증명 역시 사소하다. 이 정리의 내용이라고는 만약 분모와 분자에 공통인 a들을 약분할 수 있으면 $m-n$개의 인수가 남는다는 뜻일 뿐이기 때문이다.

이번에는 다음과 같은 예를 살펴보자.

$$\frac{5 \cdot 5 \cdot 5 \cdot 5}{5 \cdot 5 \cdot 5 \cdot 5 \cdot 5 \cdot 5}.$$

지수를 이용하면 다음과 같이 표현된다.

$$\frac{5^4}{5^6}.$$

이번에는 분모와 분자에 공통인 5들을 약분하면, 남는 것은 분모에 두 번 등장하는 5이다. 즉, 다음 식이 남는다.

$$\frac{1}{5 \cdot 5} = \frac{1}{5^2}.$$

분모에 있는 지수 6에서 분자에 있는 지수 4를 빼도 이 결과를 곧장 얻을 수 있다. 일반적으로 다음 정리가 있다. m과 n이 양의 정수이고 n이 m보다 크면,

$$\frac{a^m}{a^n} = \frac{1}{a^{n-m}}.$$

그리고 아래 경우와 마주칠 가능성이 있다.

$$\frac{5 \cdot 5 \cdot 5 \cdot 5}{5 \cdot 5 \cdot 5 \cdot 5}$$

지수를 이용하면 아래와 같이 적을 수 있다.

$$\frac{5^4}{5^4}.$$

이 식도 지수를 이용해 단순하게 만들 수 있으면 더 나을 것이다. 하지만 이번에는 이전의 경우들과 달리 두 지수가 동일하다. 분모의 지수 4에서 분자의 지수 4를 빼면, 다음과 같을 것이다.

$$\frac{5^4}{5^4} = 5^{4-4} = 5^0.$$

여기서 5^0은 의미가 없다. 하지만 이미 알고 있듯이 $5^4/5^4$는 1이다. 따라서 지수 영(0)에 의미를 부여하기로 하고 어떤 수에 지수 영을 가하면 1이 된다는 데 동의한다면, 기호 5^0을 사용할 수 있다. 더욱이, 이런 의미가 있다면 다음과 같이 타당하게 적을 수 있다.

$$\frac{5^4}{5^4} = 5^{4-4} = 5^0 = 1.$$

일반적으로, m이 양의 정수라면 다음과 같다.

$$\frac{a^m}{a^m} = a^{m-m} = a^0 = 1.^*$$

연습문제

1. 지수에 관한 정리들을 사용하여 다음 식을 단순화시켜라.

a) $5^4 \cdot 5^6$　b) $6^3 \cdot 6^7$　c) $10^5 \cdot 10^4$　e) $\frac{5^7}{5^4}$　d) $x^2 \cdot x^3$　f) $\frac{10^7}{10^4}$

g) $\frac{x^4}{x^2}$　h) $\frac{10^4}{10^7}$　i) $10 \cdot 10^4$　j) $\frac{5^4}{5^7}$　k) $\frac{7^4}{7^4}$　l) $\frac{5^7 \cdot 5^2}{5^8}$

2. 지수에 관한 위의 정리들을 음수인 밑에 적용할 수 있는가?
가령, 다음은 옳은가?

$$(-3)^5(-3)^4 = (-3)^9$$

---

* 여기서 a는 0이 아니라는 조건을 덧붙여야 한다. 만약 $a=0$이면 원래 식이 무의미하기 때문이다.

3. 다음 식 가운데서 옳은 식은 무엇인가?

a)$3^2+3^4=3^6$ b)$3^2\cdot 3^4=3^6$ c)$3^2+3^4=6^6$

d)$\frac{6^5}{6^7}=\frac{1}{6^2}$ e)$3^4+3^4=3^8$

지금까지 나온 내용보다 훨씬 더 효과적으로 지수를 사용할 수도 있다. 대수 작업 과정에서 아래 식이 나왔다고 하자.

$$5^3\cdot 5^3\cdot 5^3\cdot 5^3$$

이 식을 더 간결하게 적을 수 있을까? 지수의 정의에 따라 분명 다음과 같이 적을 수 있다.

$$5^3\cdot 5^3\cdot 5^3\cdot 5^3=(5^3)^4.$$

여기서 더 나갈 수 있다. 이 식의 좌변은 인수 5를 12번 포함하고 있다. 우변의 두 지수를 곱해도 동일한 결과가 나옴을 알 수 있다. 즉,

$$(5^3)^4=5^{12}.$$

이 예는 지수에 관한 또 다른 정리의 핵심을 잘 보여준다. 즉, 만약 m과 n이 양의 정수이면,

$$(a^m)^n=a^{mn}.$$

지수에 관한 정리로서 흔히 쓰이는 것이 또 하나 있다. 다음 식을 지수를 이용해 간결하게 나타내야 한다고 하자.

$$2\cdot 2\cdot 2\cdot 2\cdot 3\cdot 3\cdot 3\cdot 3$$

이 양은 분명 다음과 같이 적을 수 있다.

$$2^4 \cdot 3^4.$$

하지만 수를 곱하는 순서는 상관이 없음을 우리는 알고 있다. 따라서 아래 식은 옳다.

$$2 \cdot 2 \cdot 2 \cdot 2 \cdot 3 \cdot 3 \cdot 3 \cdot 3 = 2 \cdot 3 \cdot 2 \cdot 3 \cdot 2 \cdot 3 \cdot 2 \cdot 3,$$

이제 지수를 이용하면 다음과 같이 적을 수 있다.

$$2^4 \cdot 3^4 = (2 \cdot 3)^4.$$

일반적으로 말해, 이 사실을 통해 다음을 알 수 있다. m이 양의 정수이면

$$a^m \cdot b^m = (a \cdot b)^m.$$

연습문제

1. 지수에 관한 정리들을 이용하여 다음 식을 단순화시켜라.

a)$3^4 \cdot 3^4 \cdot 3^4$ b)$(3^4)^3$ c)$(5^4)^2$ d)$10^2 \cdot 10^2 \cdot 10^2$

e)$(10^4)^3$ f)$5^4 \cdot 2^4$ g)$3^7 \cdot 3^3$ h)$10^4 \cdot 3^4$

2. 다음 식의 값을 계산하라.

a)$2^5 \cdot 2^5$ b)$\dfrac{2^4 \cdot 3^4}{6^3}$ c)$\dfrac{4^5 \cdot 2^5}{8^6}$ d)$\dfrac{(ab)^3}{a^2}$ e)$\dfrac{a^3b^3}{(ab)^2}$

3. 다음 식 가운데서 어느 것이 옳은가?

a)$(3 \cdot 10)^4 = 3^4 \cdot 10^4$ b)$(3 \cdot 10^2)^3 = 3^3 \cdot 10^6$ c)$(3+10)^4 = 3^4 + 10^4$

d)$(3^2 \cdot 5^3)^4 = 3^8 \cdot 5^{12}$ e)$(3^4)^3 = 3^7$ f)$(3^2)^3 = 3^9$

위의 모든 정리들은 지수가 양의 정수이거나 영인 경우를 다룬다. 우리는 다른 유형의 수를 지수로 삼는 경우를 다루진 않겠지만, 지수 표기는 지금까지 소개한 내용보다 분명 더 유용할 수 있다. $\sqrt{3}$을 살펴보자. 우리는 다음을 알고 있다.

$$\sqrt{3} \cdot \sqrt{3} = 3.$$

지수 표기를 이용하여 무리수 작업을 단순화시킬 수 있는지 살펴보자. (물론, 이것은 다른 더 나은 방법이 없을 때 택하는 유형의 문제다.) 이제 위 식의 우변은 3^1로 적을 수 있다. 에 대한 어떤 지수 표기를 도입하든지 간에, 그것을 3^a이라고 한다면 다음 식을 만족해야할 것이다.

$$3^a \cdot 3^a = 3^1.$$

게다가 우리는 지수에 관한 이전의 정리들이 이 경우에도 여전히 참이 되도록 유지하고 싶다. 따라서 여기서도 우리는 다음과 같이 말할 수 있기를 바란다.

$$3^a \cdot 3^a = 3^{a+a} = 3^{2a},$$

그런데 $3^{2a} = 3^1$이기 때문에, $2a = 1$ 즉 $a = 1/2$가 되어야 할 것이다. 이런 탐구적인 사고를 거쳐 다음과 같이 $\sqrt{3}$을 $3^{1/2}$로 표시하면, 적어도 지수에 관한 첫 번째 정리를 사용하여 다음과 같이 말할 수 있을 것이다.

$$3^{1/2} \cdot 3^{1/2} = 3^{1/2+1/2} = 3^1 = 3.$$

사실, 이 예는 무리수의 지수 표기의 전형적인 예이다. 이외에도 다음과 같이 표기할 수 있다.

$$\sqrt{3} = 3^{1/2}, \quad \sqrt[3]{3} = 3^{1/3}, \quad \sqrt[5]{4} = 4^{1/5},$$

5.4 대수 변환

기호 사용은 목적을 위한 수단이다. 대수의 기능은 기호를 전시하는 것이 아니라, 한 형태의 식을 다른 형태의 식으로 바꾸거나 변환시켜 해당 문제에 더욱 유용한 형태가 될 수 있도록 만드는 것이다.

$$(x+4)(x+3). \tag{2}$$

예를 들어보자. 수학 작업을 하는 도중에 다음 식을 만났다고 하자.
이 식에서 문자 x는 우리가 그 값을 아는 수를 나타내거나 모르는 수를 나타낼 수도 있고, 또 어쩌면 어떤 수들의 집합 가운데 하나를 나타낼 수도 있다. 중요한 것은 x가 수를 나타낸다는 점이다. x가 수라면, $x+4$도 수이다. 그렇다면 여기에 분배 공리를 적용해도 된다. 알다시피 분배 공리에 의하면 임의의 수 a, b 및 c에 대해 다음이 성립한다.

$$a(b+c)=ab+ac. \tag{3}$$

(2)와 (3)을 비교하면, (2)의 $x+4$를 (3)의 a라고 여기면, (2)가 (3)의 형태를 취하고 있음을 알 수 있다. 그렇다면 (2)에 분배 공리를 적용하여 다음과 같이 적을 수 있다.

$$(x+4)(x+3)=(x+4)x+(x+4)3. \tag{4}$$

또한 분배 공리에는 또 다른 형태가 존재한다. 즉,

$$(b+c)a=ba+ca.$$

이 공리를 (4)의 우변의 각 항에 적용하면, 다음을 알 수 있다.

$$(x+4)x=x^2+4x, \text{ 그리고 } (x+4)3=3x+12.$$

(4)의 우변을 이 두 결과로 대체하면, 다음이 얻어진다.

$$(x+4)(x+3)=x^2+4x+3x+12=x^2+(4+3)x+12. \tag{5}$$

또는

$$(x+4)(x+3)=x^2+7x+12. \tag{6}$$

이 예가 무슨 내용인지 논의하기 전에 우선 살펴볼 점은, 우리는 대체로 $(x+4)$와 $(x+3)$의 곱셈을 이처럼 길고 꽤 번잡한 방식으로 수행하지는 않는다는 것이다. 대신 아래와 같이 적는다.

$$\begin{array}{r} x+4 \\ x+3 \\ \hline 3x+12 \\ x^2+4x \\ \hline x^2+7x+12. \end{array}$$

부분 곱인 $3x+12$는 $x+4$를 3으로 곱한 값이며, 부분 곱인 x^2+4x는 $x+4$를 x로 곱한 값이다. 이어서 두 부분 곱을 합한 결과이다. 이런 식을 적용하면 곱셈을 더 빠르게 할 수는 있지만 분배 공식을 여러 번 사용했다는 점이 명확하게 드러나지는 않는다.

위에 나온 예의 주요 논점은 식 $(x+4)(x+3)$이 $x^2+7x+12$로 변환되었다는 것이다. 그렇다고 뒤의 식이 앞의 식보다 더 매력적이라는 말은 아니다. 다만 특정한 수학 문제에 적용할 때 더 유용할 수는 있다. 한편, 어떤 상황에서는 $x^2+7x+12$라는 식과 마주쳤을 때 이것이 $(x+4)(x+3)$과 등가임을 알아차린다면, 어떤 중요한 결론을 내놓을 수 있을지 모른다. 뒤의 식으로 변환한 것을 가리켜 $x^2+7x+12$를 $(x+4)(x+3)$로 인수분해했다고 말한다. 두 형태 가운데 어느 쪽이 더 유용한지는 해당 문제가 어떤 것이냐에 달려 있다. 지금으로서는, 그러한 변환의 기법을 다루는 분야가 대수이며 훌륭한 수학자라면 그런 변환을 대수를 이용해 재빠르게 수행할 수 있음을 알면 그만이다. 우리는 복잡한 전문적인 과정에는 관심이 없기 때문에 그런 능력을 개발하는데 많은 시간을 쏟을 필요는 없다.

앞 문단에서 언급했던 인수분해 문제는 꽤 자주 등장한다. 가령, x^2+6x+8이라는 식에서 출발해 이 식을 $(x+a)(x+b)$라는 인수들의 곱으로 변환하려고 한다고 가정하자. 원래 식은 이차식인데, 왜냐하면 x^2이 가장 높은 차수이고 x의 더 높은 차수가 없기 때문이다. 문제는 a와 b의 올바른 값을 찾아서, $(x+a)(x+b)$가 원래 식과 같아지게 만드는 것이다. 곱셈에 관한 이전의 작업을 통해[식 (5) 참고], 우리는 다음 식이 성립함을 알고 있다.

$$x^2+(a+b)x+ab=(x+a)(x+b).$$

이차식을 인수분해하려면, 합이 x의 계수이고 곱이 상수인 두 수 a와 b를 찾아야 한다. 그러므로 x^2+6x+8을 인수분해하려면, 합이 6이고 곱이 8인 두 수를 찾아야 한다. 8의 인수가 될 후보를 슬쩍 찾아보면 $a=4$와 $b=2$가 이런 요건을 만족함을 알 수 있다. 즉,

$$x^2+6x+8=(x+4)(x+2).$$

이다.

연습문제

1. 등가인 식으로 변환하라.

a) $3x\cdot 5x$　　b) $(x+4)(x+5)$　　c) $(3x+4)(x+5)$

d) $(x-3)(x+3)$　　e) $(x+\frac{5}{2})(x+\frac{5}{2})$　　f) $(x+\frac{5}{2})(x-\frac{5}{2})$

2. 다음 식을 인수분해하라. 올바른 인수를 찾기 위해 여러 가지 수를 시험해 보라.

a) $x^2+9x+20$　　b) x^2+5x+6　　c) x^2-5x+6

d) x^2-9　　e) x^2-16　　f) $x^2+7x-18$

3. 다음을 증명하라.

$$x(x^2+7x)=x^3+7x^2.$$

4. 모든 값 x와 y에 대해 다음 식을 검사 내지 검증(증명이 아니라)할 방법을 생각해볼 수 있는가?

$$x^2+5xy+6y^2=(x+3y)(x+2y)$$

5. 다음 등식을 말로 표현하라.

$$(x-3)(x+3)=x^2-9.$$

6. 한 여고생은 $(a^2-b^2)/(a-b)$를 단순화시켜야 한다. 이 여학생은 다음과 같이 추론했다. a^2을 a로 나누면 a가 된다. 마이너스를 마이너스로 나누면 플러스가 된다. 그리고 b^2을 b로 나누면 b가 된다. 따라서 답은 $a+b$이다. 답이 옳은가? 이 주장이 옳은가?

7. $2=1$이라는 유명한 "증명"이 하나 있다. 증명은 다음과 같다.

a와 b가 다음과 같은 두 수라고 하자.

$$a=b.$$

이 식의 양변에 a를 곱하면 다음 식이 된다.

$$a^2=ab.$$

양변에서 b^2을 빼면 다음 식이 된다.

$$a^2-b^2=ab-b^2.$$

인수분해를 하여 이 식의 좌변과 우변을 다음과 같이 바꿀 수 있다.

$$(a-b)(a+b)=b(a-b).$$

이 식의 양변을 $a-b$로 나누면

$$a+b=b.$$

$a=b$이므로, 다음과 같이 쓸 수 있다.

$$2b=b.$$

이제 이 마지막 식의 양변을 b로 나누면, 결과는

$$2=1.$$

이 증명의 오류를 찾아라.

5.5 미지수가 포함된 방정식

이와 같은 대수적 변환에 관한 연구는 그다지 흥미로운 연구는 아니다. 마치 언어의 문법과 흡사하다. 우리는 뒤에서 대수적 변환의 더 방대한 연구를 다룰 텐데, 대수적 변환의 더 요긴한 사용법은 그때 논의될 것이다. 하지만 대수의 과정들을 직접 사용하는 일은 미지의 양을 찾는 문제에서 생기는데, 이 문제는 그 자체로서 흥미로울 뿐만 아니라 다양한 연구 과정에서 등장한다.

꽤 실용적이면서도 결코 시시하지 않은 예로 다음과 같은 문제가 있다. 어떤 차의 라디에이터에는 10갤런의 액체가 들어 있는데, 그중 알코올 함유량은 20%이다. 차량 소유자는 이 액체의 일정량을 들어내고 그만큼 순수한 액체를 집어넣어 알코올 함유량이 50%인 혼합액을 만들기를 원한다. 액체를 몇 갤런 들어내야 할까?

여기서 수학을 사용하기를 거부하는 아주 단순한 사람은 이 상황을 세심하게 살펴보지 못한다. 어쩌면 그는 혼합액의 5갤런을 들어내고 그만큼 5갤런의 알코올을 채워 넣을 수 있다. 그러면 혼합액은 분명 적어도 50퍼센트의 알코올을 함유하고 있다. 왜냐하면 나머지 5갤런에도 얼마간의 알코올이 포함되어 있기 때문이다. 하지만 최종 혼합액이 정확히 50퍼센트의 알코올을 함유해야 하기 때문에, 그는 알코올, 즉 돈을 낭비한 셈이다. 만약 그가 4갤런을 들어내면 6갤런이 남을 것이고 이 6갤런의 20퍼센트는 알코올이므로 알코올 함량은 1과 $\frac{1}{5}$ 갤런이다. 여기에 4갤런의 알코올을 더하면 알코올 함량은 총 5와 $\frac{1}{5}$ 갤런으로서, 전체 10갤런 가운데서 50퍼센트를 넘는다. 한편 그가 단 3갤런만 들어내면, 나머지 7갤런 중 20퍼센트는 $\frac{7}{5}$갤런의 알코올이다. 여기에 3갤런의 알코올을 더하면, 전체 10갤런 중 알코올은 총 4와 $\frac{2}{5}$갤런으로서 50퍼센트보다 적다. 따라서 정답은 3과 4 사이의 어디쯤인데, 과연 어디일까? 추측만 계속하기보다는 약간의 대수를 사용해보자.

들어내는 혼합액의 갤런 양, 즉 그만큼의 순수한 알코올로 대체되는 갤런 양을 x라고 하자. 그러면 원래 혼합액의 남은 갤런 양은 $10 - x$이다. 이 가운데 20퍼센트, 즉 $\frac{1}{5}$은 알코올이다. 따라서 $10 - x$ 가운데 그만큼의 양, 즉 $\frac{1}{5}(10 - x)$가 알코올이다. x갤런을 순수한 알코올로 대체하고 나면, 탱크 속의 알코올 양은 $\frac{1}{5}(10 - x) + x$이다. 우리는 알코올의 양이 10갤런의 50퍼센트, 즉 5갤런이 되도록 x를 정하고 싶다. 따라서 다음 식을 만족하는 x의 값을 찾으면 된다.

$$\tfrac{1}{5}(10-x)+x=5. \tag{7}$$

여기에 분배 공리를 적용해 식을 변형하면 다음과 같이 적을 수 있다.

$$\tfrac{1}{5}\cdot 10-\tfrac{1}{5}x+x=5. \tag{8}$$

$-\frac{1}{5}x+x$항은 $\frac{4}{5}x$이다. 따라서 (8)은 다음과 등가이다.

$$2+\tfrac{4}{5}x=5. \tag{9}$$

이제 이 식의 양변에서 2를 빼면, 그 결과는 여전히 등식이 성립할 것이다. 왜냐하면 동일한 값들에서 동일한 값들을 빼면 그 결과들은 동일하기 때문이다.

따라서

$$\tfrac{4}{5}x = 3.$$

이제 이 식의 양변에 $\frac{5}{4}$를 곱한다. 동일한 값들을 동일한 값들로 곱하면 그 결과들도 동일하므로 다음 식이 얻어진다.

$$x = 3 \cdot \tfrac{5}{4}. \tag{10}$$

따라서 차 소유자는 원래 액체의 3과 $\frac{3}{4}$갤런을 들어내야만 한다. 대수를 적용하기 전에도 정답이 3과 4 사이에 있음을 알았지만, 이제 우리는 정확한 답을 알게 되었다.

하지만 이 예에서 알 수 있는 더 중요한 점은, 미지수 x가 만족될 조건을 표현하는 방정식 (7)에서 시작하여, 수에 관한 공리들에 따라 일련의 거의 기계적인 단계를 수행함으로써 새로운 방정식 (10)에 이르렀고, 이로써 우리가 알고자 하는 답을 얻었다는 것이다. 달리 말해서, 우리는 일련의 변환을 실행함으로써 한 방정식에서 다른 방정식으로 옮겨갔으며 그 덕을 톡톡히 본 것이다. 정답이 대단한 것이 아니긴 하지만, 기호의 조작이 어떻게 새로운 정보를 가져다주는지를 우리는 알게 되었다.

사소하다고 볼 수도 있지만, 위의 예가 드러내주는 점이 또 하나 더 있다. 일단 방정식 (7)을 구성하고 나면 우리는 물리적 상황은 까맣게 잊고서 오로지 방정식에만 집중한다. 해당 문제, 즉 미지수 x를 결정하는 문제와 무관한 것에는 아무 관심을 두지 않아도 된다. 십구 세기 후반의 유명한 과학자인 에른스트 마흐는 수학의 특징이 "마음을 온전히 비우게 해주는 것"이라고 말했다. 이제 우리는 그가 한 말의 뜻을 이해할 수 있다. 차의 구성, 라디에이터의 모양, 차 소유자가 라디에이터의 액체가 얼지 않도록 신경을 쓸지 모른다는 사실 그리고 x를 결정하는 데 무관한 다른 온갖 사실들은 무시해도 된다. 우리는 방정식 (7)

에 표현된 정량적인 사실들 외에는 일체 마음을 비우고 이런 정량적인 관계만을 다루면 그만이다.

방정식 (7)은 꽤 단순하다. 이것을 가리켜 선형 방정식 또는 일차 방정식이라고 한다. 미지수 x가 일차로만 나타나기 때문이다. 대수의 변환 가치를 보여주는 두 번째 예를 살펴보자. 이 예에는 앞의 것과는 다른 흥미로운 특징이 있다. 한 배가 A에 있고 다른 배가 A에서 정확히 10마일 북쪽에 있는 B에 있다고 하자(그림 5.1). B에 있는 배는 시속 2마일의 속력으로 동쪽으로 나아가고 있다. A에 있는 배는 시속 5마일의 속력으로 항해할 수 있는데 다른 배를 따라 잡으려고 한다. 항로를 적절하게 잡으려면 A에 있는 배의 선장은 두 배가 어디서 만날지를 알아야 한다.

두 배가 만나는 지점을 C라고 하자. 만약 선장이 거리 $\overline{BC}$를 알아낼 수 있으면, 그는 밑변과 높이가 $\overline{AB}$와 $\overline{BC}$인 직각삼각형의 빗변을 따라 항해할 것이다. 그러므로 거리 BC를 x라고 표시하자. 이제 모든 관련 양들을 표시하고 나면, 이 문제의 첫 번째 놀라운 점이 드러난다. 즉, x를 찾기 위한 방정식이 전혀 없다는 사실 말이다. 물론 그런 방정식이 없어도 희망적인 생각을 할 수는 있다. 하지만 우리는 그런 방정식을 세울 충분한 정보를 갖고 있다.

우리가 간과한 것은 주어진 정보가 암시하는 한 가지 물리적 사실이다. 즉, B에 있는 배가 C까지 항해하는데 걸리는 시간은 A에 있는 배가 C까지 항해하는데 걸리는 시간과 동일하다. B에 있는 배는 시속 2마일로 항해하므로 C에 도착하는데 $x/2$시간이 걸린다. A가 C에 도착하는데 걸리는 시간을 계산하려면 거리 AC를 알아야 한다. $\overline{AC}$가 알려져 있지는 않지만, 피타고라스의 기하학 정리를 이용해 적어도 그 값을 식으로 표현할 수는 있다. 이 정리에 의하면, 이 경우 다음이 성립한다.

$$AC^2 = 100 + x^2$$

그렇다면

$$\overline{AC} = \sqrt{100+x^2}.$$

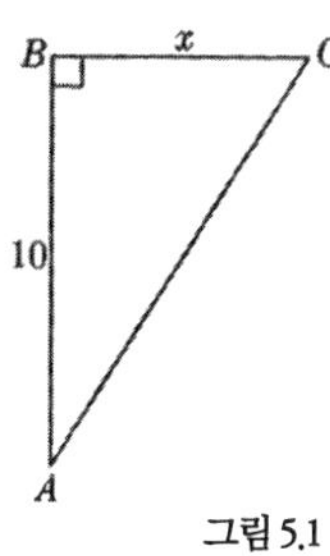

그림 5.1

A에 있는 배가 시속 5마일로 거리 AC를 항해하는 데 걸리는 시간은 다음과 같다.

$$\frac{\sqrt{100+x^2}}{5}.$$

그 다음에, B에 있는 배가 거리 BC를 항해하는 데 걸리는 시간이 A에 있는 배가 거리 AC를 항해하는데 걸리는 시간과 같으므로 아래 방정식이 성립한다.

$$\frac{x}{2} = \frac{\sqrt{100+x^2}}{5}. \tag{11}$$

드디어 우리가 다룰 방정식이 생겼다. 이 방정식을 변형시켜 x의 값을 찾을 수 있을지 살펴보자. 제곱근은 성가시기 때문에 양변을 제곱하자. 즉 우변과 좌변을 각각 자기 자신과 곱하자. 좌변이 우변과 같기 때문에, 사실은 동일한 값들을 동일한 값들로 곱하기 때문에 이 단계는 옳다. 양변을 제곱하면 다음이 얻어진다.

$$\frac{x^2}{4} = \frac{100+x^2}{25}. \tag{12}$$

분수 또한 성가시므로 양변에 100을 곱하자. 100을 선택한 까닭은 25와 4 모두 100으로 나누어떨어지기 때문이다. 그러므로

$$100 \cdot \frac{x^2}{4} = 100 \cdot \frac{100+x^2}{25}.$$

분수에 관한 연산을 적용해 다음과 같이 적을 수 있다.

$$25x^2 = 4(100 + x^2).$$

분배 공리를 적용하면

$$25x^2 = 400 + 4x^2. \tag{13}$$

이제 양변에서 $4x^2$을 빼자. 그러면 동일한 값들에서 동일한 값들을 빼면 그 결과들도 동일하므로

$$21x^2 = 400. \tag{14}$$

양변을 21로 나누면, 이 역시 동일한 값들을 동일한 값들로 나누므로

$$x^2 = \frac{400}{21} \tag{15}$$

이제 어떤 수를 제곱하면 400/21이 나오는지 찾으면 된다. 분명 $\sqrt{400/21}$은 답일 가능성이 있다. 하지만 음수를 제곱하거나 자기 자신과 곱하여도 양수가 된다. 따라서 다음 두 가지 답이 나올 수 있다.

$$x = \sqrt{400/21} \quad \text{과} \quad x = -\sqrt{400/21}. \tag{16}$$

당분간 이 두 가지를 답으로 인정하고 순전히 산술적인 질문을 처리하도록 하자. $\sqrt{400/21}$은 얼마인가? 글쎄, 400을 21로 나누면, 소수점 이하 둘째 자리까지 계산할 때 19.05가 나온다. 이제 $\sqrt{19.05}$의 값을 알아내야 한다. 수의 제곱근을 구하는 산술적인 과정이 있긴 하지만, 우리의 목적은 답을 짐작하는 것으로 충분하다. 분명 4는 너무 적고 5는 너무 크다. 대략의 수를 넣어 보면 $(4.3)^2 = 18.49$이고 $(4.4)^2 = 19.36$이다. 따라서 정확한 값은 4.3과 4.4 사이에 있다. 더 정확한 값을 찾으려면 4.31과 4.32 등을 시도해보고 그 결과가 소수점 이하 둘째

자리에서 최대한 19.05와 가까운 수를 찾으면 된다. 우리 목적상 4.4는 충분히 부합하므로 다음과 같이 말할 수 있다.

$$x = 4.4 \text{ 와 } x = -4.4. \tag{17}$$

이제 우리는 원하던 것 이상을 얻었다. 하나의 답을 찾았는데 두 가지 답을 얻은 것이다. 물론 우리는 양의 값을 사용하길 원한다. 왜냐하면 우리가 찾는 길이를 나타내는 값은 양수이기 때문이다. 바로 이 값이 우리 문제에 합당한 물리적 의미를 지닌 답이다. 하지만 다음 질문, 즉 x의 음의 값이 어떻게 등장하게 되었는가라는 질문은 열린 상태로 남아 있다. 그 답은 수학의 본질 그리고 수학과 물리적 세계와의 관계에 관한 꽤 중요한 내용을 안고 있다. 수학자는 세계에 관한 어떤 이상화된 사실들을 표현하는 개념과 공리에서 시작하여 이런 개념과 공리를 적용해 물리적 문제를 푼다. 이 사례에 사용된 방법은 두 가지 해를 내놓았다. 따라서 이 방법은 물리적 세계에 존재하지 않는 새로운 요소를 담고 있다. 비록 원래 의도는 물리적 세계에 최대한 부합하는 결과를 찾는 것이었지만 말이다. 그러므로 올바른 단계를 밟아, 방정식 (11)의 양변을 제곱했더니 어떤 새로운 해가 등장했다. 왜냐하면 만약 원래 방정식이 아래와 같았더라도

$$\frac{x}{2} = -\frac{\sqrt{100 + x^2}}{5}, \tag{18}$$

우리는 동일한 방정식 (12)를 얻었을 것이며, 그 이후에 적용한 모든 것은 (11)뿐 아니라 (18)에도 적용되었을 것이기 때문이다. 따라서 이 경우 우리는 수학이 물리적 상황에서 벗어남을 구체적으로 알 수 있다.

여기서 짚고 넘어가야 할 점은, 비록 수학적 개념과 연산은 물리적 세계의 측면들을 나타내기 위해 만들어지긴 하지만, 수학을 물리적 세계와 동일시해서

는 안 된다는 것이다. 하지만 우리가 수학을 주의 깊게 적용하여 그 결과를 제대로 해석한다면 수학은 물리적 세계에 대한 많은 것을 알려준다. 십구 세기 후반까지 최상의 사상가들도 간파하지 못했던 수학의 이런 속성은 이후로도 앞으로 논의를 진행할수록 더욱 중요성이 커질 것이다.

방금 살펴본 문제의 해법에서 소중한 교훈을 하나 더 배울 수 있다. 단계 (13)에 이르렀을 때 우리는 x^2항들을 한데 묶은 다음에 x를 찾으러 나아갔다. 이후의 과정에는 상당한 산수 작업이 뒤따랐다. 이 문제를 다루는 공학자라면 근삿값에 만족하고서 $4x^2$항은 $25x^2$항에 비해 작기 때문에 무시했을 것이다. 그래서 다음 방정식 (14) 대신에 공학자의 새 방정식은 다음과 같을 것이다.

$$25x^2 = 400,$$

그리고 이 방정식의 양변을 25로 나누면

$$x^2 = 16.$$

이제 아래 결과가 나온다.

$$x = 4 \quad \text{와} \quad x = -4.$$

이렇듯이 4는 근삿값이다. 공학자가 종종 이러한 근삿값에 만족하는 까닭은, 나무와 강철로 된 실제 물체를 만들 때에는 구체적인 값을 정확하게 만족시킬 수 없기 때문이다. 정확하게 측정을 할 수 없을 뿐만 아니라 도구와 기계에도 오차가 생긴다. (13)의 $4x^2$을 무시함으로써 공학자는 소수점 이하 한 자리까지 정확한 답을 얻으려고 할 때보다 근삿값을 훨씬 더 쉽게 찾는 이점이 있다.

이 문제에서는 근삿값 이용을 통해 얻은 이득이 사소하지만, 더 어려운 문제일 경우에는 근삿값 이용이 대단히 중요할지 모른다. 정확한 답을 찾는 수학자들은 한 문제에 몇 달 또는 몇 년을 보내기도 하지만, 공학자는 종종 근사적인 답에 만족하기에 훨씬 더 쉽게 답을 얻는다. 여기서 요점은 공학자가 더 똑똑하다는 말이 아니다. 일의 특성상 공학자는 답을 재빨리 찾아내야만 하는 반면에, 수학자의 일은 시간이 얼마나 오래 걸리든 간에 정확한 답을 찾는 것이다. 두 가지 모두 각 직업의 목표와 취지에 부합한다. 게다가 근사를 할 때 공학자는 자신이 답을 찾을 수 있는지를 스스로 물어본다. '내가 얻은 근삿값이 얼마만큼 훌륭할까?' 어쨌거나 물리적 구성과 측정이 정확하지는 않지만, 기둥은 건물에 딱 들어맞아야 한다. 따라서 공학자는 근삿값이 자신의 목적에 맞을 만큼 훌륭한지를 실제로 확인해야 한다. 만약 그가 허용할 수 있는 오차가 일 인치의 0.1에 불과하다면, 자신이 계산한 근삿값이 허용 오차보다 크지 않은지 반드시 확인해야 한다.

매우 어려운 문제일 경우 공학자는 근사를 하게 되며, 대체로 수학자의 도움을 받아서 근사계산에 뒤따르는 오차를 결정한다. 만약 그러지 못하면, 설계를 너무 넓은 범위로 하게 될 때가 종종 있을 것이다. 즉, 설령 근삿값을 계산했더니 건물을 지지하는 기둥의 두께가 일 인치이기만 해도 되는 경우에도, 그는 기둥 두께를 이 인치로 정해서 허용하는 오차보다 더 큰 값을 택하려고 할지 모른다. 게다가 그런 주의를 기울인다고 과연 기둥이 지탱을 할지 확신할 수 있을까? 그렇지 않다. 그런 계산과 추가적인 주의 조치가 충분하지 않은 탓에, 큰 다리들이 왕왕 무너졌다. 최근의 사례로 워싱턴 주의 타코마 다리 붕괴를 꼽을 수 있다. 이 다리는 바람의 힘을 견디지 못하고 무너지고 말았다. (이 다리는 1940년에 무너졌다-옮긴이)

연습문제

1. 쇠막대 속에서 소리의 속력은 16,850 ft/sec이고, 공기 속에서 소리의 속력은 1100 ft/sec이다. 만약 쇠막대의 한쪽 끝에서 진동하는 소리가 공기 중에서 퍼져나갈 때보다 쇠막대를 통해 퍼져나갈 때 일 초 더 일찍 들린다면, 쇠막

대의 길이는 얼마인가?

2. 다리 AB는 겨울에는 길이가 1마일(5280ft)이고 여름에는 2피트 늘어난다. 문제를 단순화하기 위해, 여름 때의 모양은 그림 5.2에 나오는 삼각형 ACB라고 하자. 다리의 중심은 여름에 얼마나 아래로 내려가는가? 즉, CD의 길이는 얼마인가? 답을 계산하기 전에 근사하라. 계산을 위해 피타고라스 정리를 이용하고 제곱근을 최대한 정확하게 근사하라.

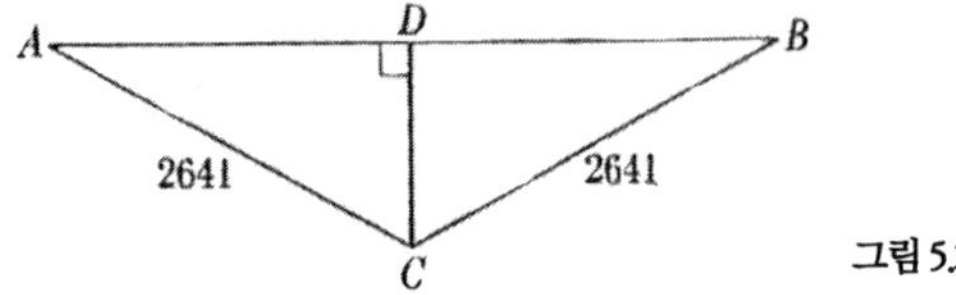

그림 5.2

3. 바람 없는 공중에서 시속 200마일의 속력으로 날 수 있는 비행기가 있다. 순풍을 받으면 800마일을 비행하는데, 이와 동일한 시간 동안 역풍을 받으면 640마일을 비행한다. 바람의 속력은 얼마인가? [힌트: x가 바람의 속력이라면 순풍을 받으며 비행하는 속력은 $200+x$이고, 역풍을 받으며 비행하는 속력은 $200-x$이다.]

4. 도시 A의 인구는 10,000명이고 매년 600명씩 늘어난다. 도시 B의 인구는 20,000이고 매년 400명씩 늘어난다. 두 도시의 인구가 같아지는 때는 몇 년 후인가?

5. 한 깃대 위에 달린 밧줄은 깃대보다 2피트가 길다. 팽팽하게 잡아당기면 밧줄은 지면 상에서 깃대 제일 아래로부터 18피트 떨어진 지점에 닿는다. 깃대의 길이는 얼마인가?

6. 한 출판업자가 책을 출간하려고 하는데, 인쇄 준비 및 삽화를 싣기 위한 금속판 제작 비용이 5000달러이다. 그리고 책 1000부의 한 세트를 찍는데 비용이 1000달러 든다. 그는 책 한 권당 5달러에 팔 수 있다. 적어도 비용을 만회하려면 몇 권을 팔아야 하는가?

7. 우리는 다음과 같이 말할 수 있다.

$$\tfrac{1}{4}\text{달러} = 25\text{센트}.$$

양변에 제곱근을 취하면 아래 결과가 나온다.

$$\tfrac{1}{2}\text{달러} = 5\text{센트}.$$

무엇이 틀렸는가?

8. 절반이 채워진 잔은 분명 절반이 빈 잔과 동일한 양의 액체를 담고 있다. 그러므로

$$\tfrac{1}{2}\text{채움} = \tfrac{1}{2}\text{비움}.$$

양변에 2를 곱하면 아래 결과가 나온다.

$$1\text{채움} = 1\text{비움}.$$

즉, 가득 채운 잔은 완전히 빈 잔과 동일한 양의 액체를 담고 있다. 무엇이 틀렸는가?

5.6 일반적인 이차방정식

앞 절에서 나온 이차방정식의 해에 관한 논의에서는 두 가지 유형의 방정식을 다루었다. 즉, 방정식 (7)로 표현된 일차방정식과 방정식 (14)로 표현된 이차방정식을 다루었다. 일차방정식, 즉 적절한 대수 연산으로 아래 형태로 표현되는 방정식은 어려움 없이 풀 수 있다.

$$ax + b = 0. \tag{19}$$

여기서 a와 b는 정해진 수이며 x는 미지수이다. 방정식 (19)에서는 쉽게 해 x

를 구할 수 있다.

이차방정식의 경우는 그렇게 단순하지 않다. 다행하게도 방정식 (14)는 방정식 (15)로 이어졌으며, 양변에 제곱근을 취함으로써 두 개의 해를 구할 수 있었다. 하지만 다음과 같은 방정식을 풀어야 하는 상황에 마주치게 될지도 모른다.

$$x^2 - 6x + 8 = 0. \tag{20}$$

이 방정식은 (14)보다 복잡하다. 왜냐하면 (20)에는 x의 일차항이 포함되어 있기 때문이다.

방정식 (20)을 푸는 일도 그다지 어렵지 않다. 대수식의 변환에 관한 이전의 논의를 통해 이미 알고 있듯이, (20)의 좌변은 인수분해가 가능하다. 즉, 방정식은 아래와 같이 적을 수 있다.

$$(x-2)(x-4) = 0. \tag{21}$$

$x = 2$일 때 좌변은 영이다. 왜냐하면

$$(2-2)(2-4) = 0.$$

$x = 4$일 때에도 좌변은 영이다. 왜냐하면

$$(4-2)(4-4) = 0.$$

그러므로 해 또는 근은 아래와 같다.

$$x = 2\text{와 } x = 4.$$

이제 다음 이차방정식을 풀어보자.

$$x^2 + 10x + 8 = 0. \tag{22}$$

이번에는 좌변의 단순한 인수를 찾기가 불가능하다. (22)와 같은 방정식은 실제 문제에서 등장한다. 따라서 수학자는 이런 질문을 던진다. 저런 이차방정식을 풀 방법이 있을까? 당연히 그는 자신이 풀 수 있는 방정식들을 연구하여, 그런 방법을 찾을 단서를 얻을 수 있을지 알아본다.

방정식 (20)을 조사해보면 한 가지 흥미로운 사실이 드러난다. 근은 2와 4이다. 이 두 수의 합은 6이고, x의 일차항의 계수는 -6이다. 2와 4의 곱은 8이고, 8은 상수항, 즉 x가 없는 항의 값이다. 이런 사실들이 우연일지도 모르지만, 수학자는 다른 단순한 방정식에도 그런 사실들이 적용되는지 조사해볼 것이다. 아래의 매우 단순한 방정식을 살펴보자.

$$x^2 - 4 = 0. \tag{23}$$

여기서 근은 $+2$와 -2이다. 둘의 합은 0인데, 보다시피 x의 항이 빠져 있다. 즉 $0 \cdot x$이다. 근의 곱은 -4인데, (23)에 있는 상수항의 값과 정확히 일치한다. 짐작하건대 우리는 근에 대한 어떤 사실을 알게 되었다. 하지만 이 사실을 어떻게 사용할 수 있을까?

(23) 형태의 방정식은 쉽게 풀 수 있다. 왜냐하면 제곱근만 취하면 되기 때문이다. 아마도 우리가 찾아야 할 방법은 (20) 유형의 방정식을 전부 (23) 유형으로 바꾸는 것일지 모른다. 하지만 그렇게 하려면 어떻게 해야 할까? (23)의 근의 합은 영이다. (20)의 근의 합은 6인데, 이 값은 x의 계수에 마이너스 부호를 붙인 것이다. 만약 (20)의 근 각각에다 x의 계수의 절반, 즉 -3을 더하면, 근의 합은 영이 될 것이다. 여기서 힌트를 얻어 새로운 방정식을 구성할 수 있다. 이 방정식의 두 근은 이전 방정식의 두 근에다 x의 계수의 절반을 더한 값이다. x의 계수는 -6이므로, 다음과 같이 놓는다.

$$y = x + (-3) = x - 3$$

또는

$$x=y+3. \tag{24}$$

(20)의 x에 이 값을 대입하면, 다음 식이 얻어진다.

$$(y+3)^2-6(y+3)+8=0.$$

이제 첫 항의 제곱을 계산하고, 둘째 항의 곱셈을 풀면 다음이 얻어진다.

$$y^2+6y+9-6y-18+8=0$$

또는

$$y^2-1=0.$$

정리하면

$$y^2=1.$$

그러므로

$$y=1 \quad \text{그리고} \quad y=-1.$$

하지만 (24)에서 다음을 알 수 있다.

$$x=1+3 \quad \text{그리고} \quad x=-1+3.$$

그러므로

$$x=4 \quad \text{그리고} \quad xx=2.$$

이리하여 우리는 이전에는 인수분해를 통해서 찾았던 방정식 (20)의 근을 인수분해를 하지 않고서 찾았다.

이제 방정식 (22)를 다시 살펴보자.

$$x^2 + 10x + 8 = 0. \tag{22}$$

겉으로 보이는 인수분해 방법으로는 근을 구할 수 없으므로, 방금 위에서 시도했던 방법이 여기서도 통하는지 알아보자. 즉, 두 근이 (22)의 근에다 x의 계수의 절반을 더한 값인 새로운 방정식을 구성하자. (22)의 근은 x로 표현된다. 이제 우리는 근이 y인 새로운 방정식을 다음과 같이 구성한다.

$$y = x + \tfrac{10}{2} = x + 5. \tag{25}$$

(25)에서 다음을 얻는다.

$$x = y - 5. \tag{26}$$

(22)의 x에 위의 값을 대입하면 다음을 얻는다.

$$(y-5)^2 + 10(y-5) + 8 = 0.$$

이 식을 풀면 다음을 얻는다.

$$y^2 - 10y + 25 + 10y - 50 + 8 = 0.$$

항들을 결합하면 다음 결과가 나온다.

$$y^2 - 17 = 0, \text{ 즉 } y^2 = 17.$$

그렇다면

$$y = \sqrt{17} \quad \text{그리고} \quad y = -\sqrt{17}.$$

이제 (26)을 이용하면 x는 다음과 같다.

$$y=\sqrt{17}-5 \quad \text{그리고} \quad y=-\sqrt{17}-5 \tag{27}$$

이번에도 우리는 인수분해를 하지 않고 (22)의 두 근을 구했다.

연습문제

1. 좌변을 인수분해하여 다음 방정식의 근을 구하라.

   a) $x^2-8x+12=0.$ b) $x^2+7x-18=0.$

2. 연습문제 1에 나오는 방정식 각각의 근을 새로운 방정식을 구성하여 구하라. 이 새로운 방정식의 근은 이전 방정식의 근보다 x의 계수의 절반만큼 "큰" 값이다.
3. 근이 이전 방정식의 근보다 x의 계수의 절반만큼 "큰" 값인 새로운 방정식을 구성하는 방법으로 다음 방정식을 풀어라.

   a) $x^2+12x+9=0$ b) $x^2-12x+9=0$

새로운 방정식을 구성하여 이차방정식을 푸는 방법이 통한다는 것을 확인하긴 했지만, 이 방법이 언제나 통한다는 것은 증명하지 않았다. 일반적인 증명을 위해 대수의 기본 장치 중 하나를 사용하고자 한다. 즉, 특정한 방정식을 다루는 대신에 일반적인 이차방정식을 고려할 것이다.

$$x^2+px+q=0. \tag{28}$$

여기서 p와 q는 문자인데, 그 각각은 임의의 주어진 실수를 나타낼 수 있다. 문자 p와 q의 사용은 방정식의 구체적인 미지의 근을 나타내기 위한 x의 사용과 구별해야 한다. 이제 방정식 (20)과 (22)를 풀기 위해 쓰인 방법을 따르자. 즉,

(28)의 두 근을 각각 x의 계수의 절반만큼 더한 값을 두 근으로 하는 새로운 방정식을 구성하자. 이에 따라 다음 식이 얻어진다.

$$y = x + \frac{p}{2}.$$

그러므로

$$x = y - \frac{p}{2}. \tag{29}$$

(28)의 x에 위의 값을 대입하면 다음을 얻는다.

$$\left(y - \frac{p}{2}\right)^2 + p\left(y - \frac{p}{2}\right) + q = 0.$$

첫 번째 항을 제곱하고 두 번째 항의 곱셈을 풀면 다음을 얻는다.

$$y^2 - py + \frac{p^2}{4} + py - \frac{p^2}{2} + q = 0.$$

py를 포함하는 항은 상쇄된다. 게다가 $p^2/4 - p^2/2 = -p^2/4$이다. 따라서

$$y^2 - \frac{p^2}{4} + q = 0.$$

$p^2/4$를 양변에 더하고 양변에서 q를 빼면 다음을 얻는다.

$$y^2 = \frac{p^2}{4} - q.$$

그러므로

$$y = \sqrt{\frac{p^2}{4} - q} \quad \text{그리고} \quad y = -\sqrt{\frac{p^2}{4} - q}.$$

이처럼 일반적인 경우에는 제곱근의 수치 값을 결정할 수 없다. 대신에 결과를 이 식으로 남겨놓으면 된다. 이제 방정식 (29)로부터 다음을 알 수 있다.

$$x = \sqrt{\frac{p^2}{4} - q} - \frac{p}{2} \text{ 그리고 } y = -\sqrt{\frac{p^2}{4} - q} - \frac{p}{2}. \tag{30}$$

이 결과는 놀라운 것이다.* (28) 형태의 임의의 방정식의 근이 식 (30)으로 정해짐을 알려주기 때문이다.

우리는 정말로 기대 이상의 성과를 거두었다. 우리는 (22)와 같은 방정식을 푸는 방법을 찾았다. 단지 그런 방법을 찾은 것만이 아니라 (30)의 결과는 임의의 그러한 방정식에 적용되므로 우리는 매번 전체 과정을 거치지 않아도 된다. 단지 (30)에 있는 p와 q의 적절한 값을 대입해주면 된다. 가령 방정식 (22)와 (28)을 비교하면, (22)의 p는 10이고 q는 8이다. 따라서 (30)에서 p에 10을 q에 8을 대입해보자. 다음 결과가 나온다.

$$x = \sqrt{\tfrac{100}{4} - 8} - \tfrac{10}{2} \text{ 그리고 } x = -\sqrt{\tfrac{100}{4} - 8} - \tfrac{10}{2},$$

또는

$$x = \sqrt{17} - 5 \text{ 그리고 } x = -\sqrt{17} - 5 \tag{31}$$

이것은 (27)에서 얻었던 바로 그 결과이다.

---

*일반적인 이차방정식 $ax^2 + bx + c = 0$의 해를 구하는 방법은 여러 수학 저서에서 자주 다루어진다. 이 방정식을 a로 나누면 $x^2 + (b/a)x + (c/a) = 0$이 된다. 이 방정식은 이제 (28)과 같은 형태이다. 여기서 $p = b/a$이고 $q = c/a$이다. (30)의 p와 q에 이 값을 대입하면, 다음 근을 얻는다.

$$x = -\frac{b}{2a} + \frac{\sqrt{b^2 - 4ac}}{2a} \text{ 그리고 } x = -\frac{b}{2a} - \frac{\sqrt{b^2 - 4ac}}{2a}.$$

구체적인 수를 계수로 사용하는 방정식 대신에 일반적인 형태인 $x^2+px+q=0$을 사용함으로써, 우리는 임의의 이차방정식을 푸는 방법을 알아냈다. 이러한 일반적인 결과는 구체적인 계수를 가진 방정식으로부터는 도출할 수 없다. 왜냐하면 그런 방정식은 무한히 많기에 그 전부를 조사할 수 없기 때문이다. 그러므로 수들로 이루어진 임의의 한 집합을 나타내기 위해 문자를 사용함으로써 수학은 엄청난 위력과 일반성을 획득한다. 이 덕분에 특정한 방정식으로는 기나긴 시간과 노력으로도 거둘 수 없는 성과를 거둘 수 있다. 물론, 하나의 이차방정식도 풀려고 하지 않는 사람에게는 모든 이차방정식을 푸는 일이 아무런 이득이 될 것이 없다. 하지만 심지어 그런 사람들도 간접적으로 이득을 얻는다. 앞서 나온 이론은 수학자가 동일한 유형의 문제를 반복적으로 풀어야 할 때 그런 유형 전부를 다룰 일반적인 방법을 어떻게 찾게 되는지를 잘 보여준다.

p와 q 같은 문자의 사용은 수학을 효과적인 학문으로 만드는 엄청나게 중요한 방법인데, 일단 이해하고 나면 사소한 아이디어 같아 보인다. 하지만 이런 문자를 사용하는 관행은 그리 오래 되지 않았다. 바빌로니아인들 및 이집트인들의 시대로부터 약 1550년까지는 모든 방정식 풀이에 숫자 계수가 들어 있었다. 비록 많은 대수학자들이 자신들이 어느 한 숫자 계수의 집합에 사용되는 방법이 다른 집합에도 적용됨을 알고는 있었지만, 일반적인 증명은 얻지 못했다. 대수 방정식에 일반적인 계수를 도입하자는 발상은 앞으로 우리가 살펴보겠지만 수학의 다른 영역들에서도 쓰이게 된 발상인데, 위대한 독일 수학자인 프랑수아 비에타(1540~1603) 덕분이었다. 비에타에 관한 놀라운 사실 한 가지는 그가 프랑스 왕들을 위해 일하는 법률가였다는 점이다. 수학은 단지 취미였는데도 그는 광범위하게 수학을 "연구"했다. 비에타는 문자 계수를 도입함으로써 자신이 이룬 성과를 잘 알아차렸다. 스스로 말하기를, 자신은 새로운 종류의 대수를 도입했다고 하면서 이를 가리켜 유형 계산(logistica speciosa)이라

고 명명했다. 반면에 이전의 학자들이 행한 수치적인 작업을 가리켜 수치 계산(logistica numerosa)이라고 명명했다.

대수의 과정들이 어떻게 미지수를 포함한 방정식의 풀이를 가능하게 했는지를 보여줄 다른 사례들도 고찰할 수 있지만, 그런 주제에는 더 이상 시간을 쏟지 않을 것이다. 중요한 것은 대수를 이용함으로써 어떤 주어진 사실로부터 정보를 추출해낼 수 있다는 인식이다. 또한 방정식의 풀이 과정들이 원하는 정보를 어떻게 쉽고도 기계적으로 내놓는지를 이해하는 것도 중요하다. 사실, 대수에 관한 지금까지의 간략한 소개를 통해 분명히 드러나는 수학의 흥미로운 점 하나는 수학이 추론의 학문이기는 하지만 거의 기계적으로 적용될 수 있는, 즉 추론에 의하지 않는 과정들을 만들어낸다는 것이다. 말하자면, 사고가 기계적인 과정으로 변환되며 이런 과정 덕분에 우리는 복잡한 문제를 즉시 풀 수 있다. 우리는 생각하지 않도록 해주는 과정들을 생각해내는 셈이다.

여기서 독자에게 다시 한 번 주의를 줄 필요가 있겠다. 변환의 기법들은 유용하고 흥미로운 수학 작업을 수행하는데 필요하긴 하지만 수학의 핵심은 아니다. 만약 수학에서 배우는 내용 전부가 그런 기법들을 수행하는 능력이라면, 아무리 빠르고 정확하게 수행하더라도 수학의 진정한 목적과 속성 그리고 성취를 이해하지 못할 것이다. 대체로 기법은 필요악으로서, 장대하고 아름다운 곡을 연주할 수 있도록 준비하는 과정인 마치 피아노의 음계 연습과 비슷하다. 그래도 전문적인 수학자가 되고자 하는 사람이라면 최대한 이런 기법들을 많이 배워야만 한다.

연습문제

1. (30)을 이용하여 다음 방정식을 풀어라.

a)$x^2-8x+10=0$ b)$x^2+8x+10=0$ c)$x^2-6x-9=0$

d)$2x^2+8x+6=0$ e)$x^2-8x+16=0$

* 5.7 고차방정식의 역사

수학에서 일반적 성질에 대한 탐구는 십육 세기부터 시작되었다. 일반적 성질의 한 가지 유형은 비에타가 문자 계수를 이용하여 모든 유형의 방정식을 다루는 법을 보여주었을 때부터 드러났다. 일반적 성질에 관한 탐구가 취한 또 한 가지 방향은 이차보다 더 높은 차수의 방정식에 관한 연구였다.

고차방정식의 수학을 탐구한 주목할 만한 수학자들 중 선구자를 뽑자면 의문의 여지없이 불한당 기질을 가진 수학자 제롬 카르다노이다. 그는 1501년 이탈리아 파비아에서 태어났다. 아버지는 법률가이자 의사이면서 또한 대단치 않은 수학자였지만, 그다지 평판이 좋은 부모는 아니었다. 카르다노는 제대로 교육을 받지 못했으며 인생의 전반부 내내 병을 안고 살았다. 이런 걸림돌에도 불구하고 그는 의학을 공부하여 매우 유명한 의사가 되었기에, 부탁을 받고서 유럽의 여러 나라에서 저명한 사람들을 치료했다. 여러 차례 의과대학 교수를 맡았으며, 또한 이탈리아의 여러 대학에서 수학을 강의했다.

성격은 공격적이고 다혈질적이었으며 무례했으며 심지어 마치 자신이 어릴 때 느꼈던 박탈감을 온 세상 사람이 느끼기를 간절히 바라기라도 하듯이 악의에 찬 행동을 보였다. 늘 병에 시달리다보니 인생을 온전히 즐기지 못하는 편이었기에 오랜 세월 하루가 멀다 하고 도박에 빠져 살았다. 당시의 경험은 틀림없이 지금은 유명해진 책『확률의 게임에 관하여』를 쓰는 데 도움이 되었다. 도박의 확률을 다룬 그 책에서 그는 심지어 속임수를 쓰는 법도 귀띔하는데, 이 또한 경험에서 얻은 것이었다.

여러 측면에서 당대의 산물이라고 할 수 있는 전설, 어긋난 철학적 및 점성술적인 신조, 민간 요법, 죽은 영혼과 대화하는 법 및 미신 등을 카르다노는 많이 수집하여 출간했다. 분명 그는 영혼과 점성술을 믿었던 듯하다. 그는 별점을 많이 쳤는데, 그중 다수는 틀렸다. 생의 막바지에 이르러서는 그리스도에 관해 별점을 쳤다는 죄로 투옥되었지만 곧 사면을 받았다. 그 후 교황에게서 연금도 받으면서 1576년에 죽을 때까지 평온한 말년을 보냈다. 자서전인『나의 인생에 관한 책』에서 그는 온갖 고난에도 불구하고 인생에 대해 감사하는 마음이라고 밝히고 있다. 왜냐하면 자신은 손자, 부, 명성, 학식, 친구, 신에 대한 믿음을 얻었을 뿐 아니라 여전히 이빨도 열다섯 개나 남아 있다면서.

그런데 카르다노가 행한 불한당 짓 중 일부는 우리의 현재 논의 주제와 관련이 있다. 십육 세기의 수학자들은 고차방정식, 가령 다음과 같은 삼차방정식을 풀려고 시도했다.

$$x^3 - 6x = 8.$$

그런 수학자들 가운데 또 한 명의 유명한 사람으로 브레시아의 니콜로가 있었다. 타르탈리아라(1499~1557)는 이름으로 더 유명한 이 사람을 우리는 다른 논의에서 잠시 만나게 될 것이다. 타르탈리아는 삼차방정식을 푸는 한 가지 방법을 이미 발견했는데, 카르다노는 이 방법을 그가 집필 중이던 대수에 관한 책에 싣기 원했다.『아르스 마그나』라는 제목으로 출간된 이 책은 근대에 처음 나온 대수학을 다룬 주요 저서이다. 카르다노가 그 방법을 알려달라고 하자, 타르탈리아는 한사코 거절하다가 마침내 알려주면서 카르다노에게 그것을 비밀에 부쳐달라고 부탁했다. 하지만 카르다노는 그 방법이 자신의 책에 실리면 책의 가치가 훨씬 더 높아지리라 여겨 타르탈리아의 부탁을 어기고 그 방법을 책에 실었다. 하지만 타르탈리아가 알아낸 방법이라는 사실은 책에서 밝혔다. 1545년에 등장한 이 책 덕분에 수학계는 삼차방정식을 푸는 방법을 알게 되었다. 이 책에서 카르다노는 자신의 제자인 로도비코 페라리(1522~1565)가 발견한 사차방정식의 해를 구하는 한 방법도 소개했다. 당시로서는 아직 일반적인 계수는 사용되지 않았지만, 모든 삼차방정식과 사차방정식을 풀 수 있음은 명백해졌다. 달리 말해, 덧셈, 뺄셈, 곱셈, 나눗셈 및 근(꼭 제곱근일 필요는 없다)에 관한 통상적인 대수 연산에 의해 해를 계수들로 표현할 수 있었다. (30)에서 이차방정식의 해를 계수 p와 q로 나타내는 것과 거의 비슷한 방식으로 말이다.

이를 계기로 일반적인 해를 구하자는 수학자의 관심이 치솟았다. 일차, 이차, 삼차 및 사차의 일반적인 방정식을 풀 수 있으니, 오차, 육차 및 그보다 더 고차 방정식의 해는 어떻게 되는 것일까? 삼백 년 동안 많은 수학자들이 이 기본적인 문제에 매달렸지만 거의 아무런 발전이 없었다. 그러다가 젊은 노르웨이 수학자인 닐스 헨리크 아벨(1802~1829)이 약관 22살의 나이에 오차방정식은 대수 과정에 의해 풀 수 없음을 밝혀냈다. 또 한 명의 청년인 에바리스트 갈루아(1811-1832)는 에콜 폴리테크니크의 입학시험에 두 번이나 떨어지고 에콜 노르말에서 고작 일 년 동안 공부했던 인물이지만, 오차 이상의 모든 일반적인 고차방정식은 대수 연산으로는 풀 수 없음을 증명했다. 결투에서 죽임을 당하기 전날 밤에 쓴 편지에서 갈루아는 자신의 아이디어를 설명하면서 방정식의 해를 구하는 새로운 일반적인 이론을 어떻게 펼쳐나갈 수 있었는지 밝혔다. 갈루아의 아이디어 덕분에 대수학은 완전히 새로운 방향으로 길을 틀었다. 도구로서의 역할에서 벗어나, 즉 수식을 더 유용한 형태로 변환시키는 일련의 방법에 불과한 단순한 도구에 그치지 않고서, 대수학은 그 자체로서 흥미로운 아름다운 지식의 본체가 되었다. 안타깝게도 우리는 갈루아의 아이디어 즉, 갈루아 이론을 여기서 살펴볼 수는 없다. 왜냐하면 그러려면 우선 배워야 할 기본적인 것들이 많기 때문이다. 방정식의 일반해 탐구에 관해 지금껏 간략히 설명한 까닭은 수학의 여러 중요한 특징을 보여주기 위해서다. 그중 한 가지는 수백 년 동안이나 추구하는 수학자들의 집요함, 또는 어떻게 보자면 고집이다. 또 한 가지는 일반성에 관한 탐구가 새롭고 중요한 발전으로 이어진다는 경험이다. 설령 애초에는 일반성에 관한 탐구가 그 자체의 목적을 위해서 추구되지만 말이다. 오늘날 고차방정식의 해법은 가장 실용적인 문제인데, 이 분야에서 빛나는 통찰을 얻게 된 것은 다름 아닌 갈루아 덕분이었다. 또한 방정식 이론에 관한 이러한 역사를 통해 우리는 수학자들이 연구할 문제들을 어떻게 찾아내는지 알 수 있다. 즉, 미지수를 포함한 단순한 방정식과 같이 실용적인 이유에서 비롯된 사소한 다른 문제들로부터 중요한 문제들을 어떻게 도출해내는지 알 수 있다.

복습문제

1. 다음 곱셈을 실시해라.

a)$3(2x+6)$　　b)$(x+3)(x+2)$　　c)$(x+7)(x-2)$

d)$(x+3)(x-3)$　　e)$(x+\frac{7}{2})(x+\frac{3}{2})$　　f)$(2x+1)(x+2)$

g)$(x+y)(x-y)$

2. 다음 식을 인수분해하라. 인수분해를 올바르게 했는지 검증을 해보아도 좋다.

a)x^2-9　　b)x^2-16　　c)x^2-a^2

d)a^2-b^2　　e)x^2+6x+9　　f)x^2+7x+6

g)x^2+5x+4　　h)x^2-6x+9　　i)x^2-7x+6

j)x^2-5x+4　　k)$x^2-7x+12$　　l)$x^2+6x-16$

m)$x^2+6x-27$

3. $2x+7=5$이면, $2x$는 무엇과 등가이며 x는 무엇과 등가인가?

4. 다음 방정식을 풀어라. 각 단계마다 무엇을 하는지 설명하라.

a) $2x+9=12$ b) $2x+12=9$ c) $\frac{x}{10}+3=4$ d) $\frac{x}{10}+\frac{3}{5}=\frac{4}{5}$

e) $\frac{x}{10}+\frac{3}{5}=\frac{6}{7}$ f) $3x+\frac{3}{10}=\frac{4}{5}$ g) $\frac{5x}{2}+\frac{3}{5}=6$ h) $ax+2=b$

i) $ax-b=c$

5. 한 산성 용액에는 물이 75% 포함되어 있다. 용액 50그램에 산(酸)을 몇 그램 추가해야 물의 함유량이 60%가 되는가?

6. 한 학생이 두 시험에서 각각 60점과 70점을 받았다. 평균 75점이 되려면 세 번째 시험에서 몇 점을 받아야 하는가?

7. 인수분해로 다음 방정식을 풀어라.

a) $x^2-6x+5=0$ b) $x^2-6x-7=0$ c) $x^2-7x+6=0$

d) $x^2+6x-27=0$ e) $x^2-7x+12=0$ f) $x^2-5x-14=0$

8. 두 근이 원래 방정식의 두 근보다 x의 계수의 절반만큼 "큰" 새로운 방정식을 구성하는 방법으로 다음 방정식을 풀어라.

a) $x^2+10x+9=0$ b) $x^2-10x+9=0$ c) $x^2+10x+6=0$

d) $x^2-10x+6=0$ e) $x^2-12x+15=0$ f) $x^2+12x+15=0$

9. 본문의 (30)에 나오는 공식을 적용하여 다음 방정식을 풀어라.

a) $x^2+12x+6=0$ b) $x^2-12x+6=0$ c) $x^2+12x-6=0$

d) $x^2 - 12x - 6 = 0$　　e) $2x^2 + 12x + 6 = 0$　　f) $3x^2 + 27x + 15 = 0$

g) $t^2 + 10t = 8$

10. 본문의 5.5절에서 우리는 한 배가 다른 배를 따라잡을 수 있게 항로를 적절히 정하는 문제를 풀었다. 이 문제를 푸는 방정식, 즉 방정식 (11)을 세우기 위해, 제일 먼저 우리는 그 배가 동쪽으로 이동하는 거리를 x라고 놓았다. 동일한 문제에서 두 배가 만날 때까지 걸리는 시간을 t라고 놓고 풀어라. 그렇다면 $x=2t$이다. 이렇게 바뀐 풀이의 대수는 다루기가 더 쉽다. 하지만 미지수를 이동 시간으로 꼭 놓아야 하는지는 그다지 명확하지 않다.

더 살펴볼 주제

1. 대수에서 기호 사용의 등장
2. 방정식의 해법의 역사

권장 도서

Ball, W. W. Rouse : *A Short Account of the History of Mathematics*, pp. 201-243, Dover Publications Inc., New York, 1960.

Colerus, Egmont : *From Simple Numbers to the Calculus*, Chaps. 9 through 13, Wm. Heinemann Ltd., London, 1954.

Ore, Oystein : *Cardano, The Gambling Scholar, Chaps*. 1 through 5, Princeton University Press, Princeton, 1953.

Sawyer, W. W. : *A Mathematician's Delight*, Chap. 7, Penguin Books Ltd., Harmondsworth, England, 1943.

Smith, David E. : *History of Mathematics*, Vol. II, pp. 378-470, Dover Publications

Inc., New York, 1958.

Whitehead, Alfred N.: *An Introduction to Mathematics*, Chaps. V and VI, Holt, Rinehart and Winston, Inc., New York, 1939 (also in paperback).

6
유클리드 기하학의 특징과 이용

원의 넓이를 두 배로 만들고

정육면체의 부피를 두 배로 만드는 일은

사람에게 엄청난 고통을 안겨주나니.

매튜 프라이어

6.1 기하학의 태동

수에 관한 연구 그리고 이를 확장시킨 분야인 대수가 재산, 거래, 세금 징수 등의 실용적인 문제들에서 출발했듯이, 기하학 연구도 땅의 넓이를 측정(일반적으로 측지학이라고 한다)하고 곡식 저장고의 부피를 알아내고 다양한 구조물에 필요한 치수와 재료의 양을 계산하려는 소망에서 발달했다.

기하학의 기본적인 특징은 물질적인 대상들로부터 비롯되었다. 기하학의 흔한 도형뿐만 아니라 수직, 평행, 합동 및 닮음 등의 가장 단순한 관계들도 일상적인 경험에서 나왔다. 나무는 땅과 수직으로 자라며, 집의 벽들은 무너지지 않게끔 의도적으로 수직으로 세워진다. 강둑은 양쪽이 서로 평행하다. 똑같은 계획에 따라 일렬로 집을 여러 채 짓는 건축가는 동일한 크기와 모양의 집을 짓기를 원한다. 즉, 집들이 서로 합동이기를 바란다. 특정한 상품을 대량으로 생산하는 노동자나 기계는 그 상품들을 서로 합동이 되도록 만든다. 실제 물체들의 모형은 표현된 대상과 종종 비슷한데, 특히 모형이 그 대상의 제작 견본으로 사용될 때 그렇다.

기하학이라는 학문, 나아가 수학이라는 학문은 고전 시기의 고대 그리스에서 창시되었다. 우리는 앞서 그 주요단계들을 논의했다. 물리적 대상과는 다른 점, 선, 삼각형 등의 추상적인 개념이나 관념이 존재한다는 인식이 있었고, 사람이 알아낼 수 있는 이러한 추상 개념들에 관한 가장 확실한 지식을 담고 있는 공리를 채택하고, 이런 개념들과 관련된 다른 온갖 사실들을 연역적으로 증명해내는 단계를 통해 수학을 발전시켰다. 고대 그리스인들은 이집트인들과 바빌로니아인들의 파편적이고 경험적이며 제한적인 기하학적 사실들을 방대하고 체계적이며 철저하게 연역적인 구조로 변환시켰다.

고대 그리스인들은 수의 성질도 연구했지만 기하학을 더 좋아했다. 그럴만한 이유들이 있었다. 무엇보다도 고대 그리스인들은 정확한 사고를 좋아했으며, 그런 사고가 기하학에 잘 들어맞는다는 것을 알아차렸다. 기하학적 구성을 시각화하여 정리들을 꽤 쉽게 얻어냈다. 연역적으로 밝혀낸 결론과 직관적 이해 사이에 깔끔한 일치가 이루어지자 기하학의 매력은 더욱 커졌다. 하지만 기하학에 관해 생각하는 바를 나타내기 위해 그림을 그리는 것은 단점도 있다. 추상적인 개념을 그 그림과 혼동하여 무의식적으로 그림의 성질을 받아들이기 쉽다. 물론, 삼각형이라는 개념은 분필이나 연필로 그린 삼각형과 구분해야만 하지만, 그림의 어떠한 성질도 공리 또는 이전에 증명된 정리 안에 담겨 있지 않는 한 쓰이지 못할 것이다. 고대 그리스인들은 신중하게 그러한 구별을 했다.

둘째, 수학을 창시했던 고대 그리스 철학자들은 우주의 설계와 구조에 관심이 많아 자연을 이해하기 위해 하늘을 연구했다. 자연에서 볼 수 있는 가장 멋진 모습이었기 때문이다. 천체들의 형태와 경로 그리고 태양계의 전체적인 구조가 관심사였다. 한편 달, 태양 및 행성들의 정확한 위치를 기술하거나 어느 특정한 시간에 그런 천체들의 정확한 위치를 예측하는 능력은 별로 소중하게 여기지 않았다. 달력 계산과 항해에 중요한 정보를 얻는 일인데도 말이다.

셋째, 상업 활동 및 일상의 노동은 대체로 노예가 맡았으며 대체로 천한 일로 여겼기에, 그런 목적에 이바지하는 수에 관한 연구는 부차적인 것이라고 보았다. 고전 시기의 고대 그리스인들에게는 우주의 실재는 물질이 소유한 형태들로 이루어져 있었다. 그런데 수와 같은 문제는 형체가 없기에 무의미했다. 하지만 삼각형의 모양을 띠고 있는 대상은 그것이 삼각형이라는 그 사실로 인해 중요했다.

마지막으로, 고대 그리스인들이 기하학을 강조한 순전히 수학적인 이유가 있었다. 고대 그리스인들은 자연수도 분수도 아닌 $\sqrt{2}$, $\sqrt{3}$, $\sqrt[3]{2}$ 등과 같은 양들을 역사상 처음으로 인식했지만, 이것이 수의 새로운 형태이기에 이런 수로 추론을 할 수 있음을 알아차리지 못했다. 모든 유형의 양을 다루기 위해 그들은 양을 선분으로 다루는 아이디어를 떠올렸다. 직각삼각형(그림 4.2)의 빗변과 다른 두 변은 선분으로서는 동일한 성질을 갖고 있다. 비록 두 변은 길이가 1이고 빗변은 길이가 무리수인 $\sqrt{2}$이지만 말이다. 모든 양을 기하학적으로 다루려는 계획에 따라, 고대 그리스인들은 이집트와 바빌로니아에서 개발된 대수적 과정들을 기하학적 과정으로 변환시켰다. 우리는 고대 그리스인들이 방정식을 기하학적으로 어떻게 풀었는지 설명할 수 있긴 하지만, 그 방법들은 이제 더 이상 인기가 없다. 과학과 공학에서는 어떤 선분으로 방정식을 푸는 방법은 필요한 만큼의 소수점 이하 자릿수까지 계산할 수 있는 수치적인 답만큼 유용하지 않다. 하지만 고대 그리스인들은 정확한 추론을 가장 중시했고 실제 응용을 평가절하했던 사람들답게 자신들의 기하학적 해법이 어렵다는 점을 알고 있었지만 그 해법에 만족했다. 기하학은 십칠 세기까지 모든 정확한 수학적 추론의 바탕으로 남아 있었다. 십칠 세기가 되어서야 과학의 필요성 때문에 수와 대수 쪽으로 관심의 축이 이동했으며 그런 분야도 기하학만큼이나 논리적으로 구성될 수 있음을 마침내 인식하게 되었다. 그 사이 기간 동안 산수와 대수는 실용적인 분야로 여겨졌다.

물론, 정확한 수학을 기하학으로 변환시킨 고대 그리스의 방법은 현재 우리의 관점에서 보자면 뒷걸음치는 단계이다. 대수적 과정을 수행하는 기하학적인 방법들은 과학, 공학, 상업 및 산업 분야에 쓰이기에 불충할 뿐만 아니라 비교적 어설프고 장황하다. 게다가 고대 그리스 기하학은 매우 완결적이고 훌륭했기에 고대 그리스의 발자취를 따르는 후대의 수학자들은 줄곧 정확한 수학은 기하학적이어야만 한다고 여겼다. 그 결과, 애꿎게도 대수의 발전이 지연되었다.

6.2 유클리드 기하학의 내용

고대 그리스 시기의 기하학에 관한 주요 저서는 평면기하학과 입체기하학을 다룬 유클리드의『원론』이다. 기원전 약 300년에 쓰인 이 책에는 기원전 600년부터 300년까지 우수한 수학자들 수십 명이 내놓은 최상의 결과들이 담겨 있다. 탈레스, 피타고라스, 히피아스, 히포크라테스, 에우독소스, 플라톤 아카데미의 회원들을 포함하여 기타 많은 이들의 연구 결과는 유클리드가 구성한 책의 자료를 제공해주었다. 그의 책이 처음은 아니었지만, 안타깝게도 그 이전에 쓰인 책은 지금 남아 있지 않다.『원론』에 나오는 특정한 공리들, 정리들의 배열 그리고 다수의 증명은 전부 유클리드가 마련한 것이다. 오늘날 고등학교에서 채택한 기하학 교재들은 본질적으로 유클리드의 책을 재현한 것이다. 비록 대체로 오늘날의 버전들은『원론』에 실린 467개의 정리 및 다수의 결론 가운데 일부만을 담고 있긴 하지만 말이다. 유클리드의 버전은 매우 훌륭하게 쓰였기에 대다수 독자들은 그렇게나 많은 심오한 정리들이 몇몇 소수의 자명한 공리들로부터 연역되었다는 사실에 감탄한다.

유클리드 기하학의 기본적인 공리들을 이미 잘 알고 있겠지만. 우리는 잠시 시간을 내서 이 주제의 일부 특징들 그리고 이 성취의 본질을 검토하고자 한다. 우선 유클리드의『원론』의 구조부터 살펴보는 편이 좋을 듯하다. 유클리드는 점, 선, 원, 삼각형, 사변형 등의 기본적인 개념들에 관한 정의부터 시작한다.

현대 수학자들로서는 이런 정의에 관해 비평적인 언급을 할 수 있겠지만, 우리는 현재로서는 그런 논의는 하지 않을 것이다. (20장 참고.)

그 다음에 유클리드는 열 가지 공리를 제시하는데, 이후의 추론은 전부 이 공리들에 바탕을 두고 있다. 우리는 다만 이 공리들이 기하도형의 의심할 바 없는 속성을 표현한 것임을 이해하면 된다.

공리 1. 두 점은 유일한 한 직선을 결정한다.

공리 2. 한 직선은 양쪽 방향으로 무한정 확장된다.

공리 3. 한 원은 임의의 주어진 중심과 임의의 주어진 반지름으로 그릴 수 있다.

공리 4. 모든 직각은 동일하다.

공리 5. 한 직선 l(그림 6.1)과 그 직선에 있지 않는 한 점 P가 있을 때, P와 l이 민드는 평면에는 P를 지나고 그 주어진 직선 l과 만나지 않는 유일한 한 직선 m이 존재한다.

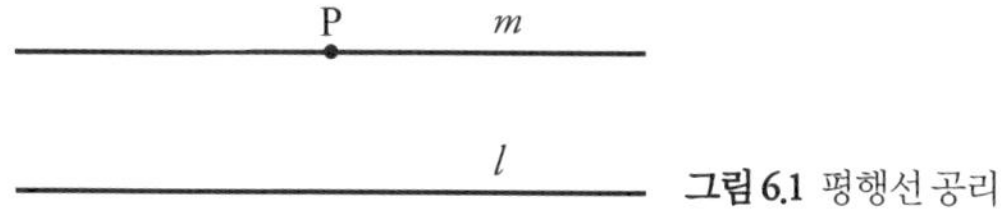

그림 6.1 평행선 공리

별도의 한 정의에서 유클리드는 평행선이란 동일한 평면에 있으면서 서로 만나지 않는 임의의 두 직선, 즉 교점을 갖지 않는 두 직선이라고 정의한다. 따라서 공리 5는 평행선의 존재를 말하고 있다.

나머지 다섯 가지 공리는 아래와 같다.

공리 6. 동일한 것과 동일한 것들은 서로 동일하다.

공리 7. 동일한 것들에 동일한 것들을 더하면 그 합들은 동일하다.

공리 8. 동일한 것들에서 동일한 것들을 빼면 그 나머지들은 동일하다.

공리 9. 일치하도록 만들 수 있는 도형들은 동일하다(합동이다).

공리 10. 전체는 임의의 부분보다 크다.

위 문장들은 유클리드가 기술한 내용 그대로 표현된 공리들은 아니다. 사실, 공리 5는 유클리드의 것과는 다르지만, 여기서는 아마도 독자에게 가장 익숙한 형태로 기술했다. 유클리드의 버전과 후대 수학자들이 도입한 버전의 차이는 우리의 현재 목적에 비추어 보면 그다지 중요하지 않기에, 굳이 여기서 그런 차이를 언급하지는 않겠다. (20장 참고.)

공리를 적은 다음에 유클리드는 정리들을 증명해나갔다. 이런 정리들 가운데 다수는 정말로 증명하기 간단하며 기하도형들의 명백한 속성이다. 하지만 유클리드가 정리를 증명한 목적은 안전을 위해서였다. 나중의 여러 장에서 알게 되겠지만, 명백해 보이지만 틀린 결론들이 수두룩하다. 물론, 주요한 증명들은 결코 명백해 보이지 않으며 어떤 경우에는 꽤 충격적인 결론을 확립하는 것들이다.

유클리드 기하학의 일부 정리들에 대한 기억도 다시 떠올릴 겸 수학의 연역적 과정을 다시 한 번 짚어볼 겸 한 두 가지 증명을 살펴보도록 하자. 유클리드 기하학의 기본 정리 중 하나는 다음과 같이 주장한다.

정리 1. 한 삼각형의 외각은 그 삼각형의 인접하지 않은 두 내각보다 크다.

이 정리를 증명하기 전에 무슨 내용인지부터 확실히 파악하자. 그림 6.2의

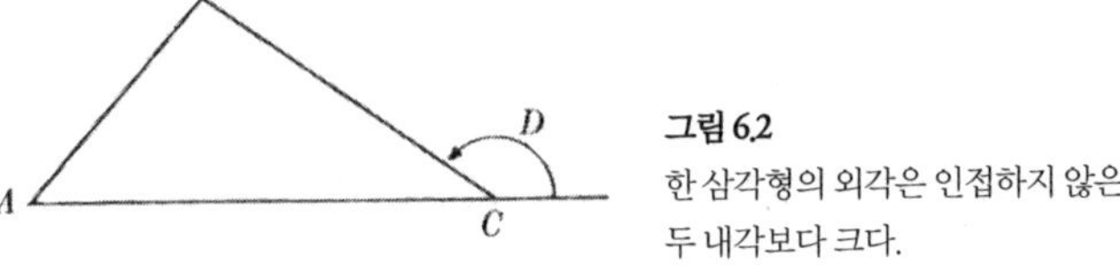

그림 6.2
한 삼각형의 외각은 인접하지 않은 두 내각보다 크다.

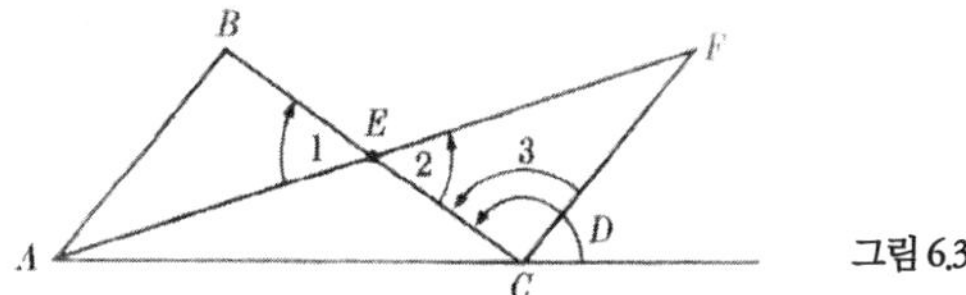

그림 6.3

각 D는 삼각형 ABC의 외각이라고 한다. 왜냐하면 삼각형의 외부에 있으면서, 한 변 BC와 다른 한 변 AC의 연장선에 의해 생기는 각이기 때문이다. 각 D와 비교했을 때, 각 A와 각 B는 삼각형 ABC의 인접하지 않은 내각이며 각 C는 인접한 내각이다. 따라서 우리는 각 D가 각 A보다 크고 각 B보다 큼을 증명하면 된다. 우선 각 D가 각 B보다 큼을 증명하자.

우리 앞에 놓인 문제는 만만치가 않다. 왜냐하면 각 D가 각 B보다 큰 것은 시각적으로 명백해 보이지만 마땅히 증명할 방법은 없는 듯하기 때문이다. 여기서 아이디어가 필요한데, 이것을 유클리드가 내놓았다. 그는 변 BC를 이등분한 다음에(그림 6.3) $\overline{BC}$의 중점 E를 A와 잇고 $\overline{AE} = \overline{EF}$가 되는 점 F까지 $\overline{AE}$를 연장한다. 그 다음에 삼각형 AEB가 삼각형 CEF와 합동임을, 즉 한 삼각형의 변의 길이들과 각도들이 다른 삼각형의 변의 길이들과 각도들과 동일함을 증명한다. 이미 유클리드는 맞꼭지각이 서로 동일함을 증명했는데, 그림 6.3에서 알 수 있듯이 각 1과 각 2는 맞꼭지각이다. 게다가 E가 $\overline{BC}$의 중점이라는 사실은 $\overline{BE} = \overline{EC}$임을 의미한다. 더욱이, $\overline{EF}$는 $\overline{AE}$와 같도록 그어졌다. 따라서 해당 두 삼각형에서 한 삼각형의 두 변의 길이와 끼인각은 다른 삼각형의 두 변의 길이와 끼인각과 동일하다. 그런데 유클리드는 한 삼각형의 두 변의 길이와 끼인각이 다른 삼각형의 두 변의 길이와 끼인각과 동일하기만 하면 두 삼각형은 합동임을 이전에 증명해놓았다. 이 사실들은 우리가 다루는 삼각형에도 참이므로, 두 삼각형은 합동임이 틀림없다.

삼각형 AEB와 CEF는 합동이므로 첫 번째 삼각형의 각 B는 두 번째 삼각형의 각 3과 동일하다. 각 3은 두 번째 삼각형에서 B에 대응하는 각으로 선택된 각이다. 왜냐하면 각 B는 변 AE와 마주보는 각인데, 각 3 또한 이 변에 대응하는 동일한 변 EF와 마주보는 각이기 때문이다. 이제 증명은 사실상 끝났다. 각 D는 각 3보다 크다. 왜냐하면 전체, 즉 이 경우에는 각 D가 부분, 즉 각 3보다 크기 때문이다. 따라서 각 D는 각 B보다 크다. 왜냐하면 각 B는 각 3과 크기가 같기 때문이다.

이제 우리는 주요한 정리 하나를 증명했다. 그리고 일련의 단순한 연역적 주장들이 하나의 반박할 수 없는 결과로 이어짐을 이해했다.

그러면 이제는 마찬가지로 중요한 또 다른 정리를 살펴보자. 이 정리는 유클리드의 기하학이 지닌 다른 특징 한두 가지를 보여줄 것이다.

정리 2. 두 직선이 한 횡단선에 의해 잘릴 때 두 엇각이 같다면, 두 직선은 평행이다.

이번에도 증명에 나서기 전에 이 정리가 무슨 의미인지부터 알아보자. 그림 6.4에서 $\overline{AB}$와 $\overline{CD}$는 횡단선 $\overline{EF}$에 의해 잘리는 두 직선이다. 각 1과 각 2를 엇각이라고 하는데, 위의 정리는 이 두 각이 동일하다고 말한다. 위의 정리에 의하면 이 조건하에서 $\overline{AB}$는 반드시 $\overline{CD}$와 평행이라고 한다. 이전 정리의 경우와 마찬가지로 이 주장은 옳은 듯 보이지만, 증명 방법은 아직은 결코 명백해 보이지 않는다.

여기서 유클리드는 대체로 간접 증명법이라고 불리는 것을 이용한다. 즉, 그는 $\overline{AB}$가 $\overline{CD}$와 평행하지 않다고 일단 가정한다. 평행하지 않은 두 직선은 정의상 반드시 어딘가에서 만나야 한다. 그러므로 $\overline{AB}$와 $\overline{CD}$가 가령 점 G에서 만난

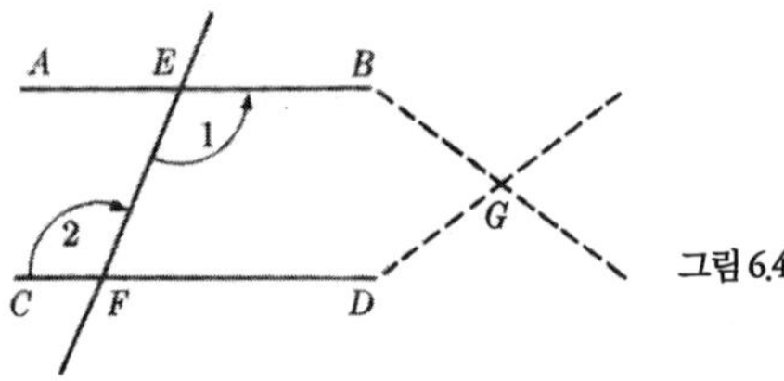

그림 6.4

다고 하자. 그러면 이제 $\overline{EG}$, $\overline{GF}$ 및 $\overline{FE}$는 한 삼각형을 이룬다. 각 2는 이 삼각형의 외각이고 각 1은 인접하지 않은 내각이다. 임의의 삼각형에서 한 외각은 인접하지 않은 두 내각 중 어느 것보다도 크다는 정리를 우리는 알고 있으므로, 그 정리에 따라 각 2는 각 1보다 분명히 크다. 하지만 위의 그림에서는 각 2가 각 1과 동일하다는 사실이 이미 주어져 있다. 따라서 우리는 모순에 이르렀다. 만약 추론 과정에 아무런 잘못이 없었다면, 오직 한 가지 해명만이 가능하다. 즉 그릇된 전제를 채택했던 것이다. 의심할 수 있는 유일한 사실은 $\overline{AB}$가 $\overline{CD}$와 평행하지 않다는 가정이다. 그런데 이 두 직선에는 오직 두 가지 가능성만 갖고 있다. 즉, $\overline{AB}$와 $\overline{CD}$가 평행하거나 아니면 평행하지 않거나 둘 중 하나이다. 후자의 가정이 모순을 일으켰으므로 $\overline{AB}$는 틀림없이 $\overline{CD}$와 평행하다. 이리하여 정리는 증명되었다.

여기서 우리는 간접 증명법도 연역적인 논증임을 꼭 짚고 넘어가야겠다. 논증의 핵심은 만약 $\overline{AB}$가 $\overline{CD}$와 평행하지 않으면 각 2가 각 1보다 클 수밖에 없다는 것이다. 하지만 각 2는 각 1보다 크지 않다. 따라서 $\overline{AB}$가 $\overline{CD}$와 평행하지 않다는 것은 참이 아니다. 하지만 $\overline{AB}$는 $\overline{CD}$와 평행하거나 평행하지 않거나 둘 중 하나다. 만약 평행이 아닌 것이 아니라면 평행이 틀림없다.

이후로는 유클리드 기하학의 몇몇 다른 정리들을 사용하겠지만 증명을 내놓지는 않을 것이다. 이제 기하학의 증명의 속성에 꽤 친숙해졌기에, 우리는 이용하고 싶은 정리를 다만 소개할 뿐이다.

어쩌면 『원론』의 내용에 관해 반드시 눈여겨보아야 할 점이 또 하나 있다. 여러 가지 정리들을 피상적으로만 조사해보면 고대 그리스 기하학자들은 자신들이 할 수 있는 것만 증명했고 단지 혼합물을 만들었을 뿐이라는 인상을 받을지 모른다. 하지만 유클리드 기하학에는 넓은 주제들이 있으며, 이런 주제들을 체계적으로 탐구했다. 처음 나오는 주요한 주제는 기하도형들이 서로 합동인 조건을 연구하는 것이다. 가령, 한 측량사가 삼각형 모양의 두 땅이 있는데 그

둘이 똑 같은, 즉 합동임을 보이고 싶다고 하자. 첫 번째 땅의 변의 길이와 각의 길이를 전부 재어서 그 각각에 대해 두 번째 땅의 변의 길이와 각의 길이 각각과 동일한지 알아보아야만 할까? 천만의 말씀! 측량사를 도와줄 여러 가지 유클리드 정리들이 있다. 가령, 첫 번째 삼각형의 두 각과 끼인변이 각각 두 번째 삼각형의 두 각과 끼인변과 동일함을 보이면 된다. 그러면 유클리드 정리에 따라 삼각형 모양의 두 땅은 서로 동일함이 분명하다.

유클리드 기하학의 두 번째 주요 주제는 도형의 닮음, 즉 도형의 모양이 동일한 것이다. 이미 말했듯이, 집, 배 그리고 기타 큰 구조물을 지을 때에는 설계를 돕기 위한 모형을 종종 만든다. 여기서 모형과 실제 구조물의 닮음을 보장하는 조건이 무엇인지가 궁금해진다. 어떤 모형 또는 그 모형의 일부가 삼각형 모양이라고 가정하자. 유클리드의 정리들 가운데 하나에 따르면, 만약 두 삼각형이 서로 대응하는 변들이 길이의 비가 동일하면, 두 삼각형은 닮은 삼각형이다. 가령, 제작된 모형의 각 변의 길이가 이에 대응하는 실제 구조물의 각 변의 길

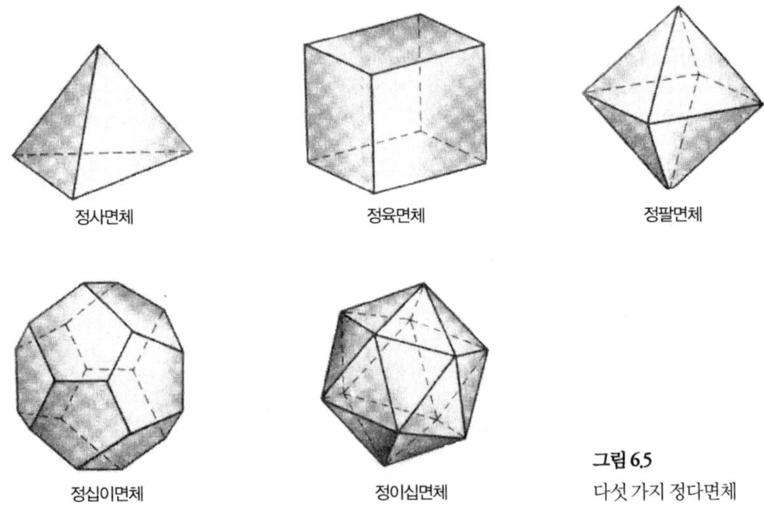

그림 6.5
다섯 가지 정다면체

이의 1/100이라면, 모형은 구조물과 닮은 도형이다. 이런 닮음 성질은 유용한데, 왜냐하면 정의상 두 삼각형은 만약 한 삼각형의 각들이 다른 삼각형의 대응하는 각들과 동일하면 서로 닮았기 때문이다. 따라서 공학자는 모형의 각들을 측량하여 실제 구조물의 각들이 얼마인지 정확하게 알 수 있다.

두 도형이 합동도 아니고 닮음도 아니라고 가정하자. 그래도 다른 어떤 중요한 성질을 공유할 수 있을까? 확실한 답 하나로 넓이를 들 수 있다. 유클리드도 두 도형이 넓이가 같을 조건들을 살펴보았는데, 이를 유클리드의 표현으로 하자면 등적(等積)이라고 한다.

유클리드 기하학에는 다른 여러 정리들도 있다. 원, 사변형 및 정다각형의 성질 등이 그런 예다. 또한 그는 피라미드, 프리즘, 구, 원기둥 및 원뿔과 같은 흔한 입체 도형도 연구했다. 마지막으로 유클리드는 고대 그리스인들이라면 누구나 좋아했던 도형의 한 유형, 즉 정다면체 연구에 상당한 지면을 할애했다.

연습문제

1. 공리와 정리를 구별하는 본질적인 차이는 무엇인가?
2. 왜 고대 그리스인들은 위에 나온 1부터 10까지의 진술을 공리로 기꺼이 받아들였는가?
3. 간접 증명법을 이용하여 한 삼각형의 두 각이 같으면 대변의 길이들이 서로 같음을 증명하라. [힌트: 각 A(그림 6.6)가 각 C와 같지만 $\overline{BC}$는 $\overline{BA}$보다

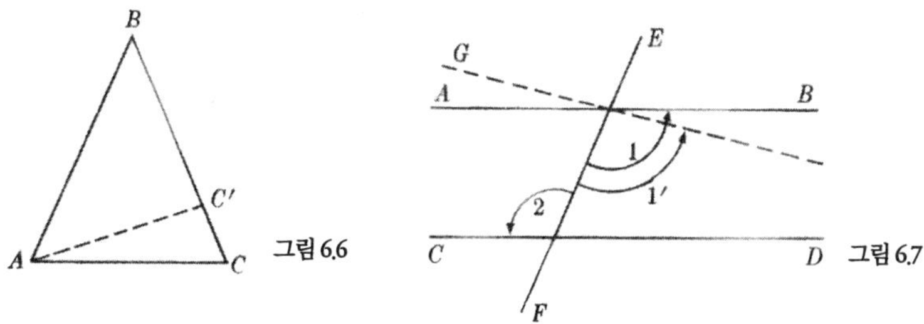

그림 6.6

그림 6.7

크다고 가정하자. $BC' = BA$라고 놓고 AC'를 그리자. 이등변삼각형의 밑각들은 서로 같다는 정리 그리고 위에 나온 정리 1을 이용하자.]

4. 간접 증명법을 이용하여 두 직선이 평행이면 엇각이 서로 같음을 증명하라. [힌트: 그림 6.7의 각 1이 각 2보다 크다고 가정하라. 그런 다음에 각 1′와 각 2가 동일하도록 GH를 그어라. 이제 정리 2와 공리 5를 이용하라.]
5. 3.7절에서 우리는 한 삼각형의 세 각의 합이 180°라는 간략한 증명을 소개했다. 완전한 증명을 시도하라.
6. 어떤 조건에서 두 평행사변형은 합동인가?
7. 두 직각삼각형의 닮음이 보장하는 조건은 무엇인가?
8. 한 직각삼각형이 한 밑변은 1마일이고 빗변은 1마일 더하기 1피트 길이다. 다른 밑변은 길이가 얼마인가? 수학을 적용하기 전에 상상력을 이용하여 답을 짐작해보라. 이 문제를 풀려면 빗변의 제곱이 두 밑변의 제곱의 합과 같다는 피타고라스 정리를 이용하라.
9. 한 농부가 삼각형 모양의 두 땅을 얻었다. 치수는 각각 25, 30, 40피트 그리고 75, 90, 120피트이다. 두 번째 땅의 치수가 첫 번째 땅의 치수의 세 배이므로 두 삼각형은 닮은 삼각형이다. 큰 땅의 가격은 작은 땅의 가격의 5배이다. 직관, 측정 또는 수학적 증명을 이용하여 평방피트당 가격의 관점에서 보았을 때 어느 땅을 사는 것이 나은지 결정하라.
10. 지구 주위로 도로를 짓는데, 도로 표면의 각 점이 지구 표면보다 1피트 높

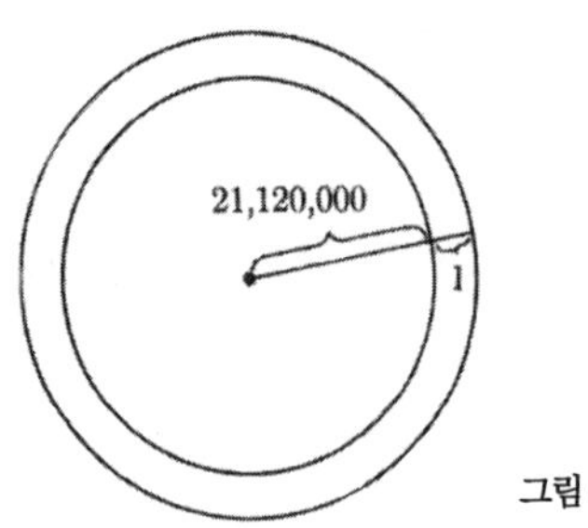

그림 6.8

게 짓는다고 하자(그림 6.8). 지구의 반지름이 4000마일, 즉 21,120,000피트로 주어져 있을 때, 도로의 길이가 지구의 둘레를 얼마만큼 초과할지를 계산하라. 그런 다음에 원의 둘레가 반지름의 2π배라는 사실을 이용하여 도로의 길이가 얼마인지 계산하라.

11. 다음 주장을 비판하라.

유클리드는 두 평행선이 만나지 않는다고 가정한다.

6.3 유클리드 기하학을 일상에 활용하기

유클리드 기하학은 우리 주위 세계에 있는 형체들의 속성을 알고자 하는 소망에서 생겨났다. 이제 그 지식을 이 세계에 적용하면 어떤 이로운 혜택을 얻을 수 있는지를 알아보자.

한 농부는 100피트 길이의 울타리가 있는데 이것으로 사각형 모양의 땅을 두르길 원한다. 둘레의 길이가 100피트이므로, 농부는 가로 세로가 10피트와 40피트, 15피트와 35피트, 20피트와 30피트 등 둘레의 길이가 100피트가 되는 다른 모든 치수의 사각형 땅을 울타리로 둘러쌀 수 있다. 농부는 그 땅을 경작할 계획이기에 울타리로 둘러싸인 땅의 넓이가 최대한 크길 원한다. 몇 가지 수치를 넣어보니, 치수가 10 곱하기 40이면 넓이가 400평방피트, 15 곱하기 35이면 525평방피트, 20 곱하기 30이면 600평방피트이다. 분명 각 경우에 둘레는 100피트인데도 넓이는 상당히 달라질 수 있다. 여기서 이런 질문이 떠오른다. 어떤 치수일 때 넓이가 최대가 되는가?

이 질문의 답을 찾기 위해 맨 먼저 할 일은 이러저런 치수들에 관해 합리적인 추측을 하는 것이다. 그런 다음에 그 추측이 옳음을 증명하면 된다. 현재 사례에서는 관련 숫자들을 다루기가 쉬우므로 (언제나 둘레가 100피트가 되는) 치수들과 이에 따른 넓이로 이루어진 작은 도표를 만들어보자.

치수, 피트 단위	넓이, 평방
1×49	49
5×45	225
10×40	400
15×35	525
20×30	600

도표를 살펴보면, 치수의 두 값이 서로 같은 값에 가까워질수록 넓이가 커진다. 따라서 가로 세로가 같아지면 즉, 정사각형이면 넓이가 최대가 될 것이라고 쉽게 추측할지 모른다.

그렇다면 치수가 25×25이면 넓이가 625평방피트가 됨을 금세 알 수 있다. 이 넓이는 도표에 나온 어떤 넓이보다 더 크다. 따라서 지금까지 우리의 추측은 확인되었다. 하지만 어떤 다른 치수, 가령 $24\frac{1}{2}$과 $25\frac{1}{2}$이 더 나은 결과를 내지 않으리라고 아직은 확신할 수가 없다. 게다가 설령 정사각형이 둘레 100피트인 모든 사각형 중에서 가장 넓이가 크다고 확신할 수 있다고 하더라도, 정사각형이 다른 둘레의 길이에 대해서도 계속 정답이 될 수 있는가라는 질문이 떠오른다. 따라서 둘레의 길이가 동일한 모든 사각형 가운데서 정사각형이 넓이가 최대라는 일반 명제를 증명할 수 있는지 여부를 살펴보자.

그림 6.9에는 사각형 *ABCD*가 나온다. 이 사각형은 정사각형이 아니므로 긴 변 위에 둘레의 길이가 같은 정사각형 하나를 세우자. 따라서 정사각형 *EFGD*는 *ABCE*와 둘레의 길이가 같다. 이제 동일한 선분들을 동일한 문자로 표시하자. 그러면 사각형의 둘레의 길이는 $2x + 2u + 2y$이며, 정사각형의 둘레의 길이는 $2x + 2v + 2y$이다. 두 도형은 둘레의 길이가 같으므로 다음 식이 얻어진다.

$$2x + 2v + 2y = 2x + 2u + 2y.$$

이 방정식의 양변에서 $2x$와 $2y$를 빼고 양변을 2로 나누면

$$v = u. \qquad (1)$$

게다가 정사각형은 변의 길이가 모두 같으므로

$$y = x + v. \qquad (2)$$

이제 방정식 (2)의 좌변을 방정식 (1)의 좌변과 곱하고, 우변도 마찬가지로 그렇게 하면, 두 결과는 틀림없이 동일하다. 따라서

$$yv = u(x + v).$$

여기서 분배 공리에 의하여

$$yv = ux + uv.$$

$yv = ux$ 더하기 한 추가적인 넓이이므로, yv는 틀림없이 ux보다 크다. 이제 yv는 그림에서 넓이 B이고 ux는 넓이 A다. 그런데 B가 A보다 크므로, $B + C$는 $A + C$보다 크다. 하지만 $B + C$는 정사각형의 넓이이고 $A + C$는 직사각형의 넓이다. 따라서 정사각형은 직사각형보다 넓이가 크다.

이제 우리는 정사각형은 **둘레의 길이가 얼마이든지 간에** 동일한 둘레의 직사각형보다 넓이가 큼을 증명했다. 시행착오를 통해 알아내려면 수백 년이 걸렸을지 모를 사실을 간단한 생각만으로 몇 분 만에 증명해낸 것이다.

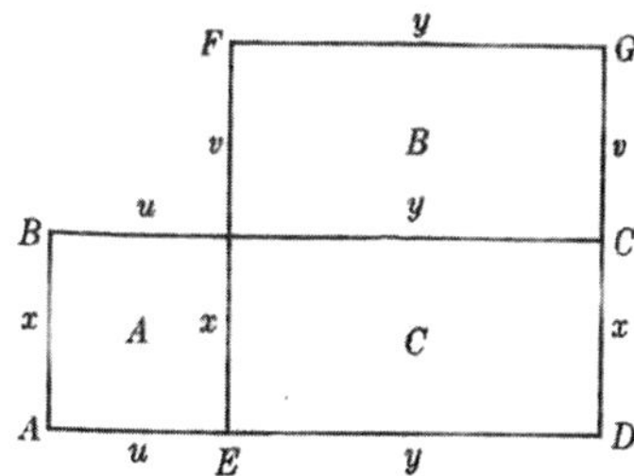

그림 6.9
동일한 둘레의 사각형 가운데서 정사각형이 가장 넓이가 크다.

이 결과는 의외로 매우 유용하다. 집을 한 채 짓는다고 하자. 중요하게 살펴야 할 점은 거실이나 바닥을 최대한 넓게 짓는 일이다. 이제 바닥의 둘레는 필

요한 벽의 치수를 결정하므로, 결과적으로 벽의 비용을 결정한다. 정해진 벽의 비용 안에서 최대한 넓은 거실을 만들려면 바닥의 모양은 정사각형이 되어야 한다.

둘레의 길이가 정해져 있는 사각형 땅 가운데서 넓이가 최대인 땅을 구하려는 농부는 이 질문에 대한 답을 찾고 난 다음 바로 농사짓는 일로 넘어갈 것이다. 하지만 수학자는 그런 깔끔한 결과를 얻고 나서 거기에서 멈추지 않을 것이다. 수학자는 이렇게 물을지 모른다. 단지 사각형만이 아니라 임의의 사변형을 마음껏 활용한다고 할 때, 둘레의 길이가 동일한 모든 사변형 중에 어떤 것이 넓이가 최대일까? 답은 이번에도 정사각형이긴 한데, 우리는 증명은 하지 않을 것이다. 이어서 수학자는 이런 질문을 던질지도 모른다. 둘레의 길이가 동일한 모든 오각형 중에서 어떤 오각형이 넓이가 최대일까? 그 답은 정오각형, 즉 변의 길이가 모두 같고 각이 모두 같은 오각형인데, 이는 증명이 가능하다. 그런데 정사각형은 변의 길이가 모두 같고 각이 모두 같다. 따라서 아마도 둘레의 길이 및 변의 개수가 동일한 모든 다각형을 비교하면 변의 길이와 각의 크기가 동일한 다각형, 즉 정다각형이 넓이가 최대여야 할 것 같다. 이 일반적인 결과 또한 증명이 가능하다.

하지만 이제 한 가지 명백한 질문이 등장한다. 정사각형은 둘레의 길이가 동일한 모든 사변형 가운데서 넓이가 최대이다. 정오각형은 둘레의 길이가 동일한 모든 오각형 가운데서 넓이가 최대이다. 정오각형을 둘레의 길이가 동일한 정사각형과 비교해보자. 어느 쪽이 넓이가 더 큰가? 답은, 어쩌면 놀랍게도, 정오각형이다. 그러면 이제 둘레의 길이가 동일한 두 정다각형 가운데서 변의 길이가 더 많은 쪽이 넓이가 더 크다는 추측이 타당한 듯하다. 과연 그렇다. 이 결과는 어디로 이어질까? 둘레의 길이가 동일하면서 변의 개수는 더 많은 정다각형을 계속 만들 수 있다. 변의 개수가 커질수록 넓이도 커진다. 하지만 변의 개수가 커질수록 정다각형은 모양이 점점 원에 접근한다. 따라서 둘레의 길이가 일정한 임의의 정다각형보다 분명 원이 넓이가 더 크다. 그리고 정다각형은 임의의 다각형보다 넓이가 크기 때문에, 원은 둘레의 길이가 동일한 임의의 다각형보다 넓이가 크다. 이 결과는 유명한 정리다.

이제 곡면들 가운데 하나인 구는 곡선들 가운데 하나인 원과 비슷한 성질을 갖는다. 따라서 구면은 넓이가 동일한 다른 어떤 곡면보다 부피가 더 크다는 추론이 타당할 것이다. 이 추측도 증명이 가능하다. 자연은 이런 수학적 정리를 따른다. 가령, 고무풍선을 불 때 풍선은 구형을 띤다. 이유를 말하자면, 고무는 풍선 안으로 들어온 공기의 부피를 담아야 하므로 늘어나야만 한다. 동시에 고무는 최대한 수축한다. 구의 형태는 다른 어떤 형태보다도 특정한 부피의 기체를 담는 데 표면적이 더 적게 든다. 따라서 구의 형태일 때 고무풍선은 최대한 적게 늘어난다.

둘레의 길이가 정해져 있을 때 최대한 넓은 면적을 감싸는 문제에는 한 가지 변형판이 있는데, 그 풀이를 보면 수학적 추론이 얼마나 독창적일 수 있는지 알 수 있다. 어떤 사람이 고정된 길이의 울타리로 강기슭을 최대한 넓게 둘러싸길 원하는데, 강 연안에는 울타리를 칠 필요가 없다고 하자. 이제 질문은 다음과 같다. 울타리가 어떤 곡선이어야 둘러싸는 넓이가 최대가 되는가? 사실인지 아닌지 아리송한 한 전설에 따르면 이 문제는 수천 년 전에 아프리카 지중해 연안의 도시 카르타고를 세운 디도라는 인물이 풀었다고 한다. 고대 페니키아의 항구도시 튀레스 왕의 딸이었던 디도는 집에서 도망쳐 나온 후 지중해의 어느 지역에 당도했다. 디도는 지중해의 그 땅이 마음에 들자, 그곳 원주민들에게 일정한 금액의 돈을 지불하고 "황소 한 마리의 가죽으로 둘러쌀 수 있는" 최대한 넓은 땅을 자기가 소유한다는 데 합의했다. 이어서 디도는 황소 가죽을 얇고 긴 끈 모양으로 잘라 이 끈들을 이어 붙인 다음, 이 긴 끈을 이용해 "그 땅을 둘러쌌다." 디도는 뭍을 따라 펼쳐진 땅을 선택했다. 왜냐하면 똑똑했기에 연안을 따라서는 가죽이 필요하지 않음을 알아차렸기 때문이다. 하지만 가죽으로 둘러싸인 곡선, 즉 그림 6.10의 *ABC*가 어떤 형태일까라는 질문은 여전히 남아 있었다. 디도는 가장 마음에 드는 형태가 반원이라고 결정하고서 그 모양으로 강기슭을 둘러싸서 거기에 도시를 세웠다.

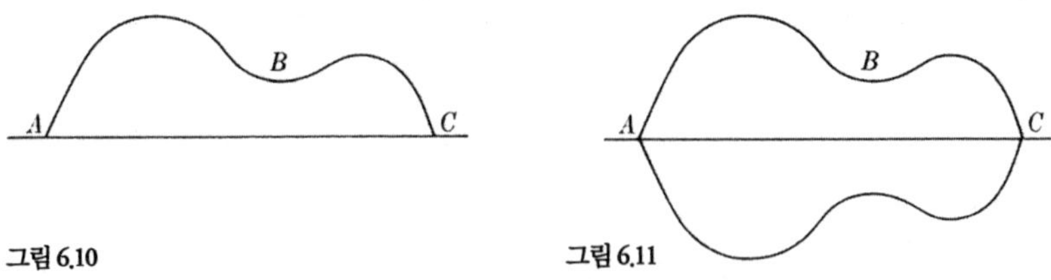

그림 6.10

그림 6.11

이 이야기의 한 후속편은 디도 문제의 수학과는 아무 관련이 없지만, 수학사와는 관련이 없지 않다. 카르타고를 건설한 직후에 트로이의 유민인 아이네이아스는 자기 나라를 지금의 이탈리아 땅에 세울 뜻을 품고 동포들과 함께 떠돌다가 마침내 그곳에 도착했다. 디도는 아이네이아스를 연모하여 그가 카르타고에 남도록 온갖 방법으로 설득했다. 하지만 극진한 환대에도 불구하고 아이네이아스는 원래 계획을 포기할 수 없었기에 곧 배를 타고 다시 떠나고 말았다. 버림받고 조롱받았다고 여긴 디도는 매우 낙심한 탓에, 아이네이아스가 항구를 빠져나가는 바로 그 순간에 불타는 장작더미 위로 몸을 던졌다. 따라서 마음이 돌덩이 같은 배은망덕한 한 남자 때문에 수학자가 되고도 남았을 사람을 잃은 셈이다. 이것이 바로 로마인들이 수학에 가한 첫 공격이었다.

디도의 운명은 빛나는 시작으로 가는 비극적인 종말이었다. 왜냐하면 위에서 기술한 기하학적 문제에 관한 그녀의 해법은 옳았기 때문이다. 반원이 정답이다. 디도가 어떻게 정답을 알아냈는지 우리는 모르지만, 이 답은 매우 깔끔하게 얻을 수 있다. 증명 방법은 문제를 복잡하게 만들면 된다. 직선 *AC*(그림 6.11)로 이상적으로 표현한 것처럼 연안의 한쪽에 있는 땅에 울타리를 치는 대신에, *AC*의 양쪽에 있는 땅을 디도가 한쪽 땅에 사용했던 가죽 길이의 두 배로 둘러싸는 문제를 푼다고 해보자. 즉, 이제 우리는 특정한 길이의 둘레로 완전하게 둘러쌀 수 있는 최대 넓이를 결정하는 문제를 푸는 것이다. 이 질문의 답은 원이다. 그러므로 호 ABC에 대해 반원을 선택하면, 이 반원에 뭍의 한쪽에 있는 최대 넓이의 땅이 담긴다. 반원보다 더 나은 모양이 존재한다면, $\overline{AC}$를 기준으로 그 모양의 거울 영상과 원래 영상을 합치면 원보다 더 나으면서 원과 동일한 둘레의 길이를 가질 것이다. 하지만 이는 불가능하다.

지난 몇 페이지에 걸쳐 우리는 둘레의 길이가 정해져 있을 때 사각형의 최대 넓이를 구하는 데서 비롯된 문제들을 다루었다. 둘레의 길이가 정해져 있는 도형의 최대 넓이라는 이 주제를 바탕으로 어떻게 수학자가 하나씩 질문을 던지면서 그 답을 찾는지를 수학자의 사고 과정을 따라가면서 살펴보았다. 게다가 이런 답의 상당수는 물리적 문제에 적용될 수 있음이 드러났다.

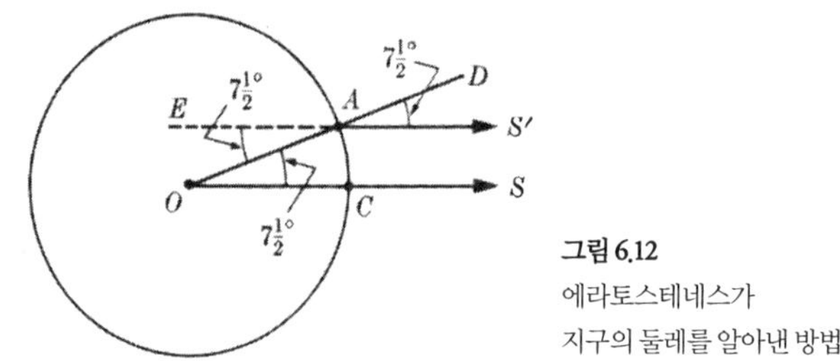

그림 6.12
에라토스테네스가
지구의 둘레를 알아낸 방법

지구의 크기에 관한 꽤 정확한 계산도 유클리드 기하학을 적용해서 간단하게 이루어졌다. 지리학자, 수학자, 시인, 역사가 및 천문학자로서 알렉산드리아 대제의 통치 시절 그리스의 가장 학식 있는 인물 중 한 명이었던 에라토스테네스(275~194 B.C)는 다음 방법을 이용했다. 하짓날 정오에 태양은 시에네의 한 우물에 수직으로 비친다(그림 6.12). 에라토스테네스가 잘 이해했듯이, 이는 태양이 바로 머리 위에 있다는 뜻이다. 동시에, 시에네에서 북쪽으로 500마일 떨어진 도시 알렉산드리아에서는 태양의 각도가 AS'였고, 머리 위 방향은 OAD였다. 태양은 너무나 멀리 있으므로 AS'와 CS는 평행이라고 볼 수 있다. 에라토스테네스는 각 DAS'를 측정하여 그 값이 $7\frac{1}{2}°$임을 알아냈다. 한편 이 각은 맞꼭지각인 OAE와 동일하며, 각 OAE와 각 AOC는 두 평행선의 엇각이다. 따라서 각 AOC도 $7\frac{1}{2}°$, 즉 O의 전체 각의 $7\frac{1}{2}/360$, 즉 1/48이다. 따라서 호 AC는 전체 원둘레 길이의 1/48이다. AC가 500마일이므로, 전체 원둘레는 $48 \cdot 500$, 즉 24,000마일이다.

기원전 1세기에 살았던 그리스의 지리학자인 스트라본에 의하면, 에라토스테네스는 이 결과를 얻음으로써 그리스에서 출발해 스페인을 거쳐 대서양을 가로질러 인도까지 갈 수 있음을 알아차렸다고 한다. 이것은, 두 말할 것도 없이, 콜럼버스가 시도했던 일이다. 다행인지 불행인지 포세이도니오스(기원전 1세기)와 프톨레마이오스(서기 2세기)로 대표되는 에라토스테네스 이후의 지리학자들은 이와 다른 결과를 내놓았다. (이들 초기 과학자들이 사용하는 거리 단위의 불확실성 때문이었다.) 그리하여 콜럼버스는 지구의 둘레의 길이가 17,000마일이라고 잘못 해석했다. 그가 올바른 값을 알았더라면 인도로 가는 항해에 나서지 않았을지도 모른다. 거리가 너무 멀어서 엄두가 나지 않았을 테니까.

연습문제

1. DF(그림 6.13)가 철로의 운행 경로이며, A와 B가 두 마을이라고 가정하자. $\overline{DF}$ 상의 어딘가에 역을 짓는데 역이 A와 B로부터 거리가 같게 하려고 한다. 역을 어디에 지어야 할까? 직선 AB를 긋고 그 중점에서 수직선 CE를 세워라. 그러면 $\overline{DF}$상의 점 E는 A와 B로부터 등거리이다. 이 주장을 증명하라.

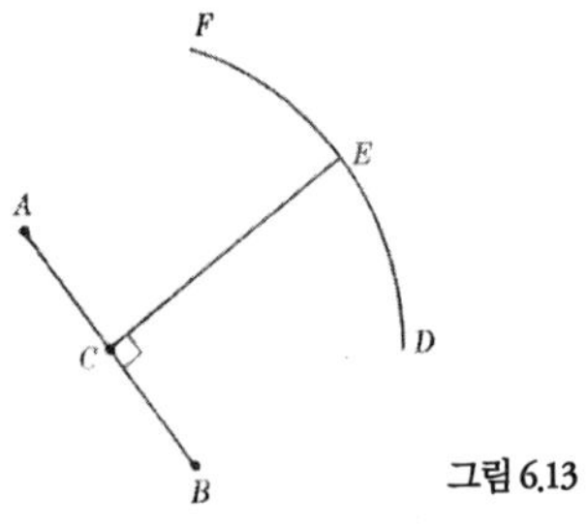

그림 6.13

2. 핀홀 사진기(렌즈 대신에 어둠상자에 작은 구멍을 뚫은 사진기-옮긴이)는

노출 시간을 길게 할 수 있으면 유용한 장치다. 사실, 첫 번째 원자폭탄의 폭발 이후의 모습을 담은 최상

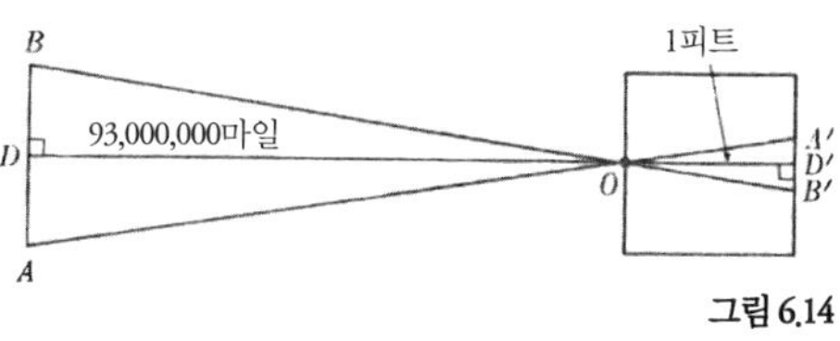

그림 6.14

의 사진 중 하나는 핀홀 사진기로 찍은 것이다. 이 사진기의 원리는 삼각형의 닮음 성질이다. 피사체 $\overline{AB}$(그림 6.14)는 상자 안의 필름 상에 $\overline{A'B'}$로 나타난다. 만약 $\overline{AB}$에 수직인 $\overline{OD}$를 그으면, $\overline{OD}$를 D'까지 이은 연장선은 $\overline{A'B'}$와 수직일 것이다. 그렇다면 삼각형 OAD와 삼각형 $OA'D'$는 닮은 삼각형이다. 이제 반지름이 $\overline{AD}$가 찍혔다고 하자. 우리는 $\overline{OD}$가 93,000,000마일임을 알고 있다. 상자의 폭인 $\overline{OD'}$가 1피트라고 가정하자. 길이 $A'B'$는 쉽게 측정하니 0.009피트임을 알아냈다. 태양의 반지름은 얼마인가?

3. 한 농부가 400야드 길이의 울타리가 있는데, 최대 넓이의 사각형 땅을 이 울타리로 둘러싸려고 한다. 그는 어떤 치수를 선택해야 하는가?
4. 한 농부가 p야드 길이의 울타리가 있는데, 최대 넓이의 사각형 땅을 이 울타리로 둘러싸려고 한다. 그는 어떤 치수를 선택해야 하는가?
5. 한 농부가 호숫가에 있는 사각형 모양의 땅을 둘러싸려고 한다. 호숫가 $\overline{AD}$를 따라서는 울타리를 칠 필요가 없다(그림 6.15). 울타리의 길이는 100피트인데, 최대한 그 사각형 땅의 넓이를 크게 하고자 한다. 그는 어떤 치수를 선택해야 하는가?

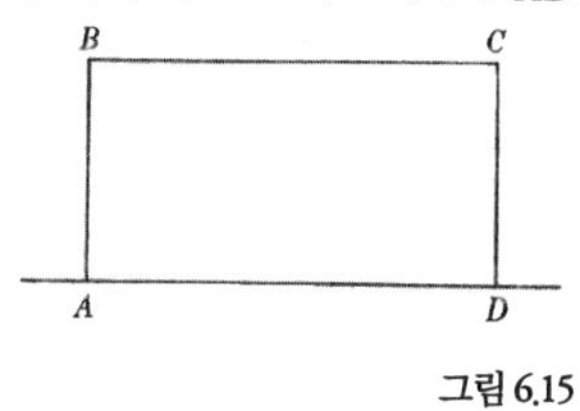

그림 6.15

6. 합이 12인 임의의 두 수 가운데서 곱은 6 곱하기 6이 가장 크다. 즉, $6 \cdot 6$은 $5 \cdot 7$, $4 \cdot 8$, $3\frac{1}{2} \cdot 8\frac{1}{2}$ 등의 곱보다 크다. 왜 그런지 설명할 수 있는가? [힌트: 기하학적으로 생각하라.]
7. h는 어느 산의 이미 알려져 있는 높이이고, R은 지구의 반지름이다(그림 6.16). 산꼭대기에서 지평선까지의 거리는 얼마인가? 즉, x의 길이는 얼마인

가? [힌트: 산꼭대기로부터 지평선까지의 시선이 원의 접선이라는 사실, 그리고 접점에서 그은 원의 반지름이 접선에 수직이라는 사실을 이용하라.]

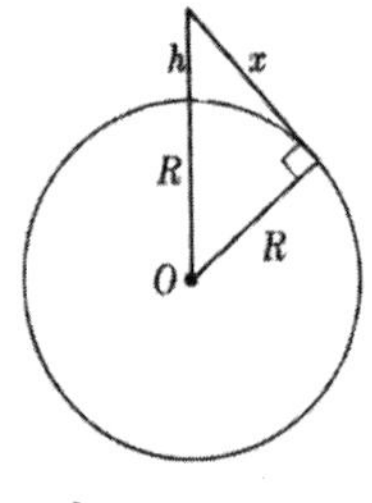

그림 6.16

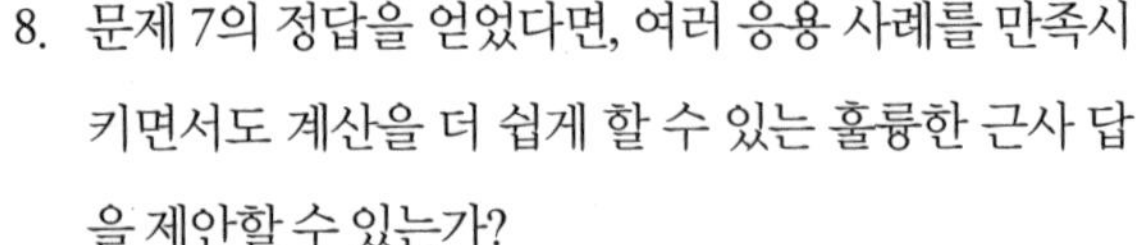

8. 문제 7의 정답을 얻었다면, 여러 응용 사례를 만족시키면서도 계산을 더 쉽게 할 수 있는 훌륭한 근사 답을 제안할 수 있는가?
9. 한 어린아이가 해발 $\frac{1}{2}$마일 높이의 벼랑에 서 있다. 그곳으로부터 수평선은 얼마나 멀리 떨어져 있는가?
10. 둘레의 길이가 동일한 모든 사각형 가운데서 정사각형이 최대 넓이임을 알았다면, 넓이가 동일한 모든 사각형 가운데서 정사각형이 둘레의 길이가 최소임을 증명하라. [힌트: 간접 증명법을 이용하라. 이어서 정사각형이 동일한 넓이의 직사각형보다 둘레의 길이가 큰 경우 그리고 둘레의 길이가 같은 경우를 가정하여 살펴보라.]

* 6.4 유클리드 기하학과 빛에 대한 연구

빛은 분명히 온 세상에 가득 퍼져 있는 현상이다. 사람과 자연은 매일 햇빛을 받기에, 시각이 작동하는 과정도 당연히 빛에 의존한다. 그렇다 보니, 자연을 연구한 최초의 위대한 탐구자인 고대 그리스인들이 이 현상을 연구하지 않을 리 없었다. 플라톤과 아리스토텔레스는 빛의 본질에 관해 많은 말을 했으며, 고대 그리스 수학자들 또한 이 주제를 공략했다. 이 주제는 이후로도 오늘날에 이르기까지 수학자와 물리학자의 으뜸가는 관심사였다. 빛은 인간이 늘 경험하는 현상인데도, 이 현상의 본질은 여전히 대체로 불가사의로 남아 있다. 수학 그리고 특히 유클리드 기하학 덕분에 인간은 이 주제를 처음으로 공략할 수 있었다. 유클리드가 쓴 두 권의 책은 이러한 수학적 공략의 시작이었다.

보통의 공기 속에서 빛은 직선으로 이동하는 것으로 관찰된다. 가장 단순하

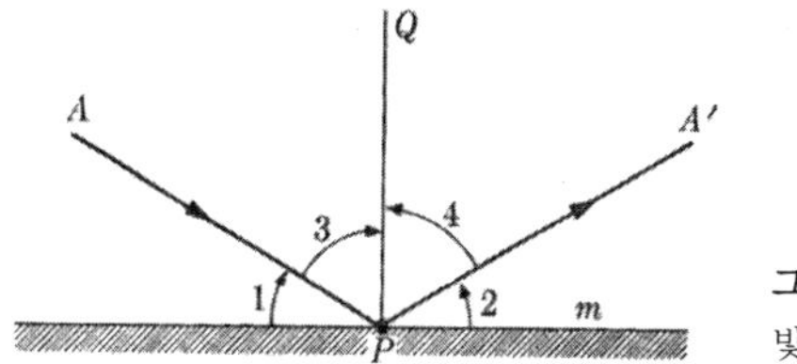

그림 6.17
빛의 반사 법칙

고 가장 짧은 경로를 빛이 이처럼 선호한다는 것은 그 자체로서도 의미심장하다. 하지만 유클리드는 거기서 더 나아가 거울에 반사되는 빛의 행동을 연구했고, 지금은 유명해진 빛의 수학적 법칙 하나를 발견했다.

*A*에서 나온 빛(그림 6.17)이 경로 *AP*를 따라 거울 *m* 상의 점 *P*에 다다른다고 하자. 누구나 알듯이, 빛은 반사되면서 새로운 경로 *PA*′를 따라 이동한다. 유클리드가 알아차린 이러한 반사의 중요한 사실은, 반사된 광선, 즉 반사된 빛이 이동하는 경로인 직선 *PA*′가 언제나 각 1과 각 2가 동일하게 되는 방향을 취한다는 것이다. 각 1은 입사각이라고 하고 각 2는 반사각이라고 한다.* 당연히, 빛이 그런 단순한 수학 법칙을 따른다는 것은 고맙기 그지없는 일이다. 그 결과 우리는 다른 여러 사실들을 꽤 쉽게 증명할 수 있기 때문이다.

*A*에 광원이 있고(그림 6.18) 광선들은 *A*로부터 모든 방향으로 퍼진다고 가정하자. 이 광선들 중 다수는 거울과 부딪힐 것이다. 하지만 한 고정점 *A*′로는 이 광선들 중 오직 하나만이 통과하는데, 즉 각 1과 각 2가 동일해지는 광선 *PA*′만이 통과한다. *A*에서 나온 광선 가운데 오직 하나만이 A′를 통과함을 증명하기 위해, 또 하나의 광선 *AQ*가 *A*′로 반사되었다고 가정하자. 이제 각 2는 삼각형 *A*′*QP*의 외각이다.

따라서

$$\angle 2 > \angle 4.$$

---

* 거울에 수직선 *PQ*를 도입하여 각 3을 입사각 그리고 각 4를 반사각이라고 부르는 것이 더 흔하다. 하지만 각 1과 각 2가 동일하다면, 각 3은 각 4와 동일하다.

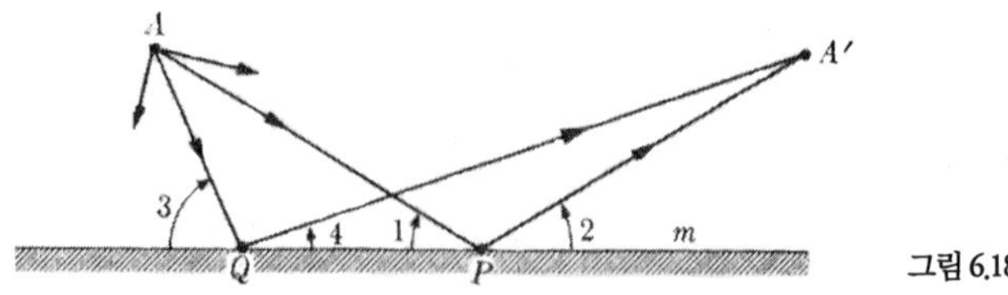

그림 6.18

각 3은 삼각형 AQP의 외각이다. 따라서

$$\angle 3 > \angle 1.$$

각 1과 각 2는 동일하므로, 위의 두 부등식으로부터 다음을 알 수 있다.

$$\angle 3 > \angle 4.$$

그렇다면 QA'는 입사광선 AQ의 반사광선일 수가 없다. 왜냐하면 반사광선은 반드시 거울과 이루는 각이 각 3과 동일해야 하기 때문이다.

더 흥미로운 사실 한 가지를 고대 그리스의 수학자이자 공학자 헤론(서기 1세기)이 처음으로 관찰하고 증명했는데, 다음 내용이다. A에서 나온 유일한 광선(그림 6.19)은 거울에 반사된 후 A′에 도달하는데, 이 과정에서 A에서 거울을 거쳐 A'에 이르는 가장 짧은 경로를 따라 이동한다. 달리 말해, $AP + PA'$는 $AQ + QA'$보다 적은데, 여기서 Q는 입사각과 반사각이 동일한 점인 P가 아닌 거울 상의 임의의 점이다.

이 정리를 어떻게 증명할 수 있을까? 자연은 우리에게 문제만 던져주지 않고 종종 해결책도 제시해준다. 우리가 세심하게 관찰할 수만 있다면 말이다. 만약 A'에 있는 사람이 거울에 비친 A에 있는 대상을 본다면, 그는 분명 $A'P$ 경로로 볼 것이기에 사실상 B에 있는 영상을 보는 셈이다. 따라서 우리는 B를 고려해 보아야 한다. 자세히 관찰해보면, 한 물체의 거울 영상은 A와 거울을 잇는 수직선 상에 위치하며, 대상이 거울 앞에 있는 거리만큼 거울 뒤쪽에 있다. 즉, $\overline{AB}$

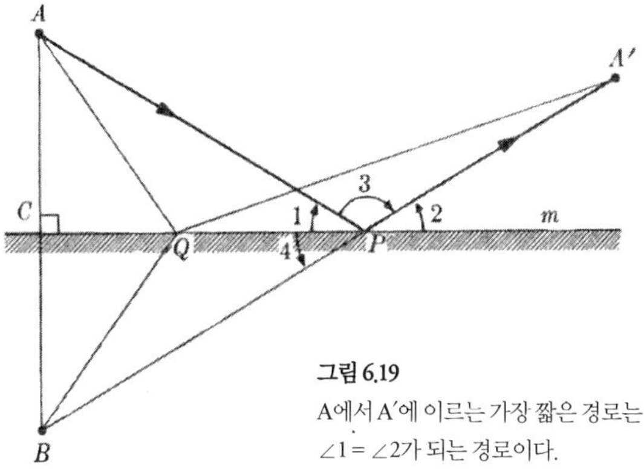

그림 6.19
A에서 A′에 이르는 가장 짧은 경로는 ∠1 = ∠2가 되는 경로이다.

는 거울에 수직이며 $\overline{AC}$는 $\overline{CB}$와 동일하다.

이 관찰 사실을 잘 활용해보자. A에서 거울까지 수직선을 그으면 $\overline{AC}$가 생긴다. $\overline{AC}$의 길이만큼 $\overline{AC}$를 점 B까지 연장한다. 이제 삼각형 ACQ와 삼각형 BCQ가 합동임을 쉽게 알 수 있다. 왜냐하면 $\overline{QC}$는 두 삼각형에 공통이며, C에 있는 각들은 둘 다 직각이며, $\overline{AC} = \overline{CB}$이기 때문이다. 따라서 $\overline{AQ} = \overline{BQ}$인데, 왜냐하면 둘은 합동인 두 삼각형의 대응하는 변이기 때문이다. 마찬가지로 삼각형 ACP와 삼각형 BCP도 합동이어서 $\overline{AP} = \overline{BP}$이다. 이제 다음을 증명하면 된다.

$$\left(\overline{AP} + \overline{PA'}\right) < \left(\overline{AQ} + \overline{QA'}\right).$$

그런데 $\overline{AP} = \overline{BP}$이고 $\overline{AQ} = \overline{BQ}$이므로, 다음을 증명하는 것으로 충분하다.

$$\left(\overline{BP} + \overline{PA'}\right) < \left(\overline{BQ} + \overline{QA'}\right). \tag{3}$$

이제 우리는 어려운 문제 하나를 또 다른 문제로 바꾼 셈인데, 하지만 아마 이 두 번째가 극복하기 더 쉬울 듯하다. 물리적으로 보자면, 사람은 곧장 $\overline{A'P}$를 따라 B를 본다. 만약 BPA'가 직선임을 증명할 수 있다면, 그렇다면 당연히 부등식 (3)은 증명될 것이다. 왜냐하면 $\overline{BQ}$와 $\overline{QA'}$는 삼각형 $A'BQ$의 두 변이기에, 이 두 변의 합은 다른 한 변보다 반드시 더 크기 때문이다. 그렇다면 우리의 목표는 $A'PB$가 직선임을 증명하는 일이다.

그런데 m은 직선이기 때문에 다음이 성립한다.

$$\angle 1 + \angle 3 + \angle 2 = 180° \tag{4}$$

하지만 각 1은 각 4와 동일하다. 삼각형 PCA가 삼각형 PCB와 합동이기 때문이다. 또한 반사의 법칙에 따라 각 2는 각 1과 동일하다. 그러므로 만약 (4)에서 각 1을 각 4로 대체하고 각 2를 각 1로 대체하면 다음 결과가 얻어진다.

$$\angle 4 + \angle 3 + \angle 1 = 180° \tag{5}$$

따라서 $A'PB$는 직선이며 부등식 (3)은 증명되었다. 그러므로 A에서 출발해 m에 반사되어 A'로 가는 광선은 실제로 가장 짧은 경로를 따라 이동한다.

빛의 이 성질은 놀랍다. 이 성질로 볼 때, 자연은 가장 효율적인 수단으로 자신의 목적을 달성하는 데 관심이 있는 듯하다. 이 주제는 앞으로도 계속 나타날 것이므로, 폭넓은 현상에 적용될 수 있을 것이다.

광선에 대한 정리 하나를 증명했는데, 또한 그 이상의 것도 증명했다. 수학적으로 보자면, 직선 AP와 직선 PA'는 m과 동일한 각을 이루는 임의의 직선이며, 이 둘이 광선이라는 사실은 아무런 의미가 없다. 그렇다면 우리가 증명한 것은 다음과 같은 기하학의 정리이다.

> 한 점 A에서 출발해 한 직선 m 상의 한 점을 거쳐 다시 A와 같은 쪽의 점 A'에 이르는 모든 구부러진 직선 경로들 가운데서, 가장 짧은 경로는 AP와 AP'가 m과 동일한 각을 이루는 m 상의 점 P에 의해 결정되는 경로이다.

이 정리는 아주 다양한 분야에 적용된다(연습문제 참고) 빛에 관한 연구가 어떻게 순전히 수학적인 정리를 만들어내는지를 알아보는 것도 가치 있는 일이다. 덧붙여 말하자면, 이 정리의 역도 참인데 연습문제에 제시되어 있다.

연습문제

1, 평면거울의 앞에 있는 점 A의 거울 영상은 어디에 있는가?

2, m(그림 6.20)은 어느 강기슭인데, 물품을 두 내륙 마을인 A와 A'로 나를 수 있도록 기슭을 따라 어느 지점에 부두를 짓고자 한다. 부두에서 A까지의 운송거리와 부두에서 A'까지의 운송거리의 총합이 최소가 되도록 하려면 부두를 어디에 지어야 하는가?

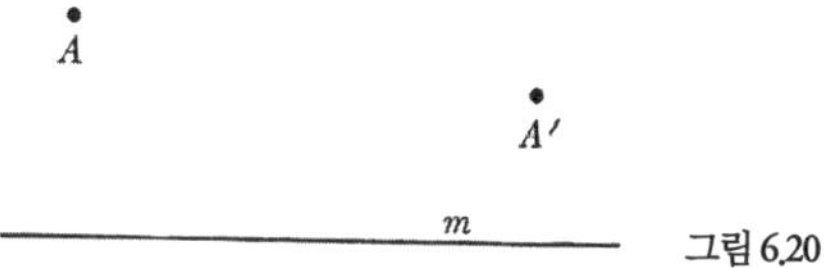

그림 6.20

3. 어떤 사람이 당구를 치는데, A에 있는 공(그림 6.21)이 당구대의 측면 m과 부딪힌 다음에 A'에 있는 공을 맞추고 싶어 한다. 이제 당구공들은 광선처럼 행동한다. 즉, 반사각이 입사각과 동일하다. 이 사람은 m의 어느 지점을 겨냥해야 하는가?

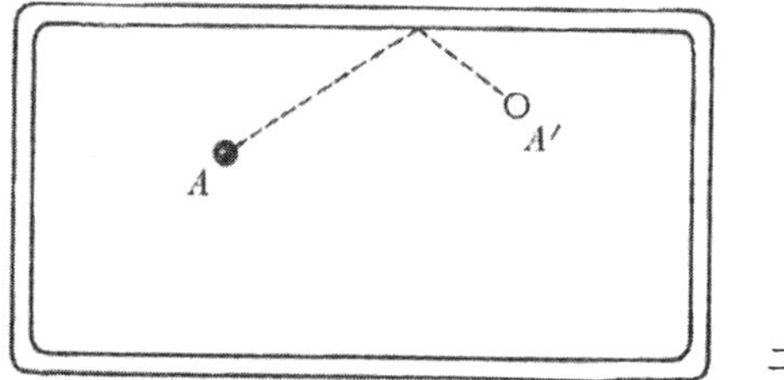

그림 6.21

4. 당구대의 점 A(그림 6.21)에서 출발한 당구공이 연이어 있는 두 측면을 때린 다음 당구대 위로 굴러간다. 원래의 이동 방향과 비교할 때 최종적으로 어

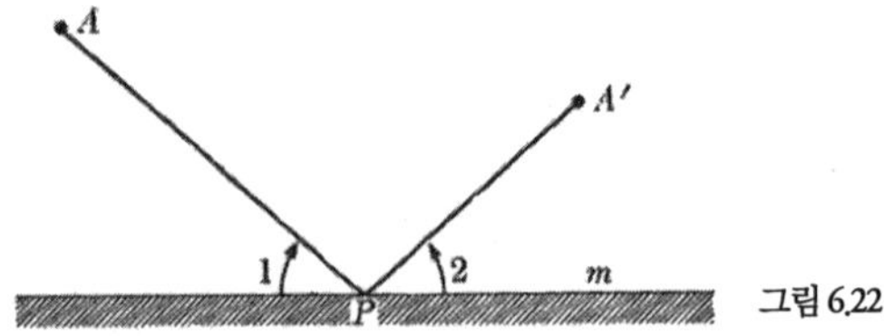

그림 6.22

느 방향으로 굴러가는가?

5. 본문에서 우리는 각 1이 각 2와 동일하다면(그림 6.22), $\overline{AP}+\overline{PA'}$가 점 A에서 거울 m상의 임의의 점을 거쳐 점 A'에 이르는 가장 짧은 경로임을 증명했다. 그 역을 증명하라. 즉, 만약 $\overline{AP}+\overline{PA'}$가 가장 짧은 경로라면, $\angle 1$은 $\angle 2$와 반드시 동일함을 증명하라. [힌트: 간접 증명법을 사용하라. 만약 $\angle 1$이 $\angle 2$와 동일하지 않다면, $\overline{AP'}$와 $\overline{A'P'}$가 m과 이루는 두 각이 동일해지는 m 상의 또 다른 점 P'를 찾을 수 있다.]

6.5 원뿔곡선

유클리드의『원론』은 선분과 원으로 만들 수 있는 평면도형을 다루었고, 아울러 프리즘과 정다면체 등 평면의 조각들로 만들 수 있는 입체도형도 다루었으며, 또한 구도 다루었다. 하지만 고대 그리스인들은 원뿔곡선이라고 명명한 또 다른 유형의 곡선도 연구했다. 이런 이름이 붙은 까닭은 원뿔을 평면으로 잘랐을 때 생기는 단면의 곡선이기 때문이었다. 그 결과 생긴 곡선들인 포물선, 타원 및 쌍곡선을 유클리드는 별도의 책에서 다루었는데 안타깝게도 이 책은 전부 소실되었다. 하지만 유클리드의 시대가 지난 지 조금 후에 또 한 명의 유명한 그리스 기하학자인 아폴로니우스가『원뿔곡선』이라는 책을 썼다. 이 책은 지금까지 전해지는데,『원론』이 선과 원으로 이루어진 도형을 철저하게 다룬 만큼이나 원뿔곡선을 철저하게 다룬 것으로 유명하다.

원뿔곡선은, 앞서 말했듯이, 원뿔 곡면을 평면으로 자를 때 생긴다. 하지만

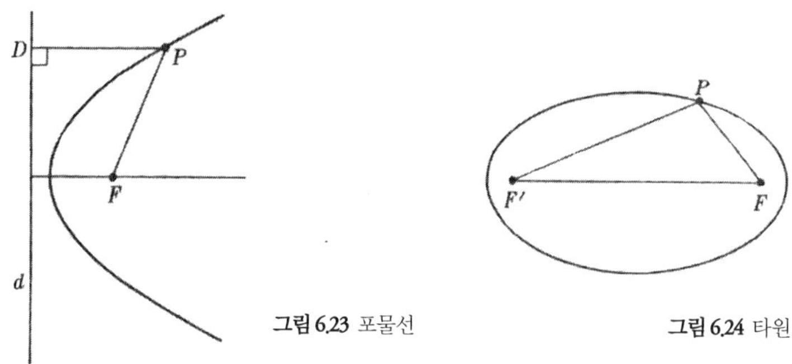

그림 6.23 포물선

그림 6.24 타원

곡선들 자체는 자신들이 놓여 있는 곡면과 별도로 다루어질 수 있다. 가령, 원도 원뿔곡선의 하나이다. 하지만 알다시피 원은 주어진 한 점으로부터 정해진 거리만큼 떨어진 모든 점들의 집합이라고 정의할 수 있다. 그리고 이 정의는 원뿔과는 아무 관련이 없다. 정말이지, 이런 곡선들의 성질과 응용에 관한 한, 원뿔 곡면을 무시하고 곡선들 자체에 집중하는 편이 훨씬 더 편리하다.

그러므로 원뿔곡선들의 직접적인 정의를 각각 살펴보자. 포물선을 정의하기 위해, 우리는 고정된 한 점 F와 고정된 한 직선 d에서부터 시작한다(그림 6.23). 이어서 점 F와 직선 d로부터 거리가 동일한 모든 점들의 집합을 살펴본다. 그러므로 그림 6.23의 점 P에서 $\overline{PF} = \overline{PD}$이다. 점 F와 직선 d로부터 등거리에 있는 모든 점들의 모음이 포물선이라는 곡선을 채운다. 점 F를 포물선의 초점이라고 하고, 직선 d를 준선(準線)이라고 한다.

점 F와 준선 d를 어떻게 선택하느냐에 따라 각각 다른 포물선이 결정된다. 따라서 포물선은 무한히 많다. 하지만 포물선의 일반적인 형태는 거의 동일하다. 각각은 F를 지나고 d에 수직인 직선에 대칭이다. 이 직선을 가리켜 포물선의 축이라고 한다. 각각의 포물선은 초점과 준선 사이를 지나며 준선으로부터 자꾸 자꾸 확장되면서 열린다.

타원의 직접적인 정의 또한 단순하다. 우리는 두 고정점 F와 F'에서 시작하

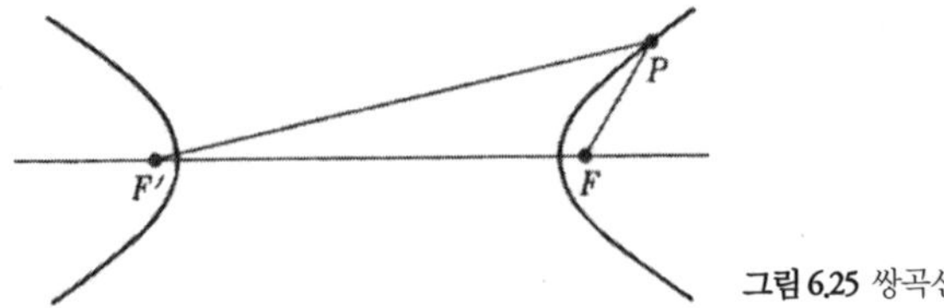

그림 6.25 쌍곡선

여(그림 6.24) F에서 F'에 이르는 거리보다 더 큰 일정한 양을 고려한다. 가령, F에서 F'에 이르는 거리가 6이라면, 10을 일정한 양이라고 선택한다. 그런 다음에, F로부터의 거리와 F'로부터의 거리를 합치면 10이 되는 모든 점을 결정한다. 이런 점들의 집합을 타원이라고 한다. 따라서 만약 점 P가 있어서 $\overline{PF}$ + $\overline{PF'}$가 10이 된다면, 이 점 P는 F, F' 그리고 일정한 양 10에 의해 결정되는 타원 상에 있다. 점 F와 F'를 가리켜 타원의 두 초점이라고 한다.

거리 FF' 또는 일정한 양 10을 바꾸면 또 다른 타원이 생긴다. 어떤 타원은 길고 좁으며, 또 어떤 타원은 거의 원형이다. 하지만 모든 타원은 직선 FF'에 대칭이며 또한 $\overline{FF'}$의 수직이등분선에 대칭이다.

쌍곡선의 직접적인 정의 또한 두 고정점 F와 F' 즉, 두 초점과 일정한 양이 개입되는데, 이 일정한 양은 F에서 F'에 이르는 거리보다 반드시 작다. 가령 $\overline{FF'}$가 6이라면, 일정한 양은 4일 수 있다. 이제 우리는 거리의 차 $\overline{PF'} - \overline{PF}$가 4가 되는 임의의 점 P를 고려한다. 그런 모든 점들이 그림 6.25의 오른쪽 부분에 놓여 있다. 반면에 $\overline{PF} - \overline{PF'} = 4$인 모든 점들은 그림의 왼쪽 부분에 놓여 있다. 이 두 부분을 합쳐서 쌍곡선이라고 하는데, 각 부분은 쌍곡선의 가지라고 한다.

타원과 마찬가지로 거리 FF'와 일정한 양을 어떻게 선택하느냐에 따라 서로 다른 쌍곡선이 결정된다. 쌍곡선 역시 직선 FF'에 대칭이며 FF'의 수직이등분선에 대칭이다. 한 가지는 오른쪽으로 열리며 다른 가지는 왼쪽으로 열린다.

한 초점과 준선 또는 두 초점과 일정한 양으로 정의한 곡선들이 원뿔면을 잘라서 생기는 곡선들과 동일하다는 것은 굳이 증명하지 않겠다. 앞으로 우리는 직접적인 정의를 사용할 것이다.

연습문제

1. 원도 원뿔곡선의 하나이므로, 세 가지 유형—포물선, 타원 및 쌍곡선—에 속해야 한다. 곡선의 모양으로 볼 때 원은 타원에 속하는 것으로 보인다. 어떻게 원이 타원의 한 특수한 종류인지 알 수 있는가?
2. 한 타원이 있는데, $F'F$는 6이고 일정한 양은 10이라고 하자. 만약 타원의 점 P가 직선 $F'F$상에서 F의 오른쪽에 놓여 있다면, $\overline{PF}$의 길이는 얼마인가?
3. 타원에서 일정한 양은 왜 거리 $F'F$보다 큰 값으로 선택해야 하는가?
4. 초점에서 준선까지의 거리가 10인 포물선이 있을 때, 축 상의 포물선의 점은 초점과 얼마나 멀리 떨어져 있는가?

* 6.6 원뿔곡선과 빛

직선과 원 다음으로 원뿔곡선은 수학이 물리적 세계의 연구에 기여한 가장 귀중한 곡선이다. 여기서 우리는 빛을 제어하는 데 포물선을 어떻게 사용할 수 있는지 살펴보고자 한다.

쌍곡선 상의 임의의 점을 P라고 하자(그림 6.26). P에서 포물선의 접선이란 P를 지나는 직선으로서, 포물선 상에서 점 P와만 만나고 그 외에는 곡선의 바깥에 전적으로 위치해 있는 직선을 뜻한다. 빛의 제어라는 관점에서 볼 때, 포물선은 가장 적합한 성질 하나를 지니고 있다. 뭐냐면, 만약 P가 포물선 상의 임의의 점이고 F가 초점이라면, P를 지나고 축에 평행한 직선 PV(여기서 V는 이 평행선 상의 임의의 점)와 직선 FP는 P에서의 접선과 동일한 각을 이룬다. 즉, 각 1과 각 2는 동일하다.

방금 설명한 기하학적 성질을 증명하기 전에, 이 성질이 왜 중요한지 알아보자. 만약 광선이 점 F에 있는 광원에서 나와서 점 P에 있는 포물선 모양의 거울

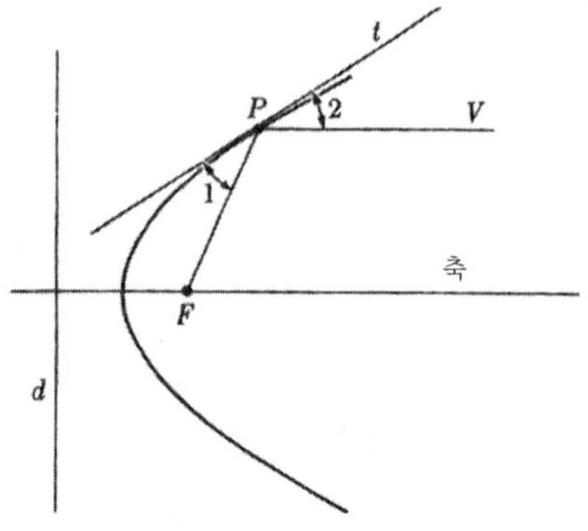

그림 6.26 포물선의 반사 성질

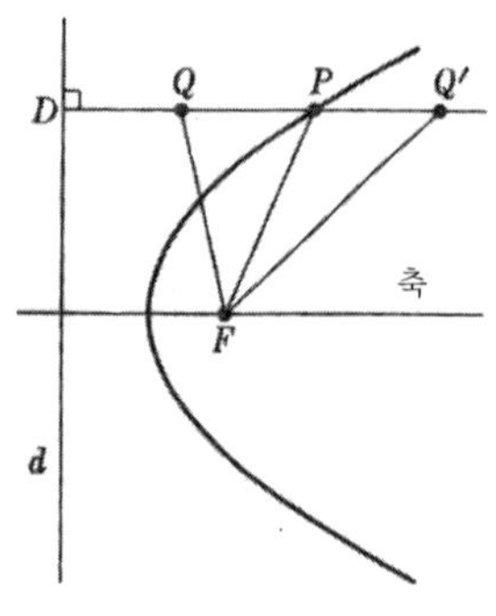

그림 6.27

과 부딪힌다면, 광선은 입사각은 반사각과 같다는 법칙에 따라 반사될 것이다. 거울의 곡면은 마치 접선의 방향을 가진 듯 행동한다. 그렇다면 각 1이 입사각이다. 각 1이 각 2와 같기 때문에 반사된 빛의 방향은 직선 PV일 것이다. 따라서 반사된 빛은 포물선의 축에 평행하게 진행할 것이다. 여기서 P는 포물선 상의 임의의 점이다. 따라서 F에서 나와 포물선 모양의 거울 곡면에 부딪히는 임의의 광선은 반사 후 포물선의 축에 평행하게 진행할 것이므로, 반사된 빛은 전부 모여 한 방향으로 강력한 광선이 될 것이다. 이렇게 집적된 빛이 얻어진다.

이제 $\overline{PF}$와 $\overline{PV}$가 P에서의 접선과 동일한 각을 이룸을 증명하자. 우선 우리는 포물선 외부의 모든 점이 준선보다 초점에서 더 멀다는 것, 그리고 포물선 내부의 모든 점이 준선보다 초점에 더 가깝다는 것을 증명하겠다. 포물선 외부에 점 Q가 있다고 하자(그림 6.27). 우리는 $\overline{QF} > \overline{QD}$임을 보이고자 한다. 여기서 $\overline{QD}$는 Q로부터 준선까지의 거리이다. 직선 QD를 포물선 상의 점 P까지 연장하자. 이제

$$\overline{QF} > \overline{PF} - \overline{PQ}$$

왜냐하면 삼각형의 임의의 변의 길이는 다른 두 변의 길이의 차이보다 더 크기

때문이다. P가 포물선 상에 있기 때문에, 포물선의 정의 자체에서 $\overline{PF} = \overline{PD}$이다. 그렇다면

$$\overline{QF} > \overline{PF} - \overline{PQ} = \overline{QD}$$

이제 그림 6.26의 $\overline{PF}$와 $\overline{PV}$가 P에서의 접선 t와 동일한 각을 이룸을 증명하자. 우리는 증명을 더 쉽게 하기 위해 정반대의 접근법을 이용할 것이다. 점 P를 지나고 $\overline{PF}$ 및 $\overline{PV}$와 동일한 각을 이루는 직선 t를 그리자(그림 6.28). 그리고 이 직선이 P에서 포물선의 접선임을 증명하겠다. 증명을 하는 방법은 이 직선 상의 임의의 점 Q가 포물선 외부에 놓여 있음을 보이는 것이다. 그렇다면 이 직선은 포물선과 단 하나의 점 P에서 교점을 가지므로, 접선의 정의에 의해, 접선임이 분명하다.

삼각형 PDQ와 삼각형 PFQ를 살펴보자. 알다시피 P는 포물선 상의 점이므로 $\overline{PD} = \overline{PF}$이다. 게다가 직선 t의 선택에 의해 $\angle 1 = \angle 2$이며, 서로 맞꼭지각이므로 $\angle 2 = \angle 3$이므로, $\angle 1 = \angle 3$이다. 마지막으로, $\overline{PQ}$는 두 삼각형에 공통인 변이다. 그렇다면 두 삼각형은 서로 합동이기에, $\overline{QD} = \overline{QF}$이다. 왜냐하면 두 변은 합동인 삼각형의 대응변이기 때문이다. 이제 $\overline{QE}$는 Q로부터 준선까지의 거리인데, $\overline{QE} < \overline{QD}$이다. 왜냐하면 직각삼각형의 빗변의 길이는 다른 두 변의 길

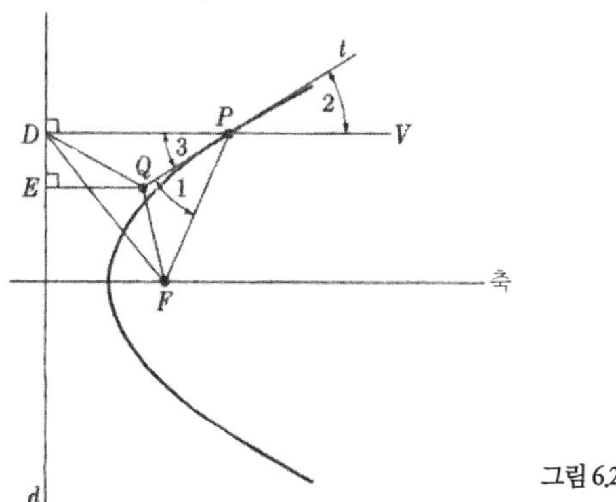

그림 6.28

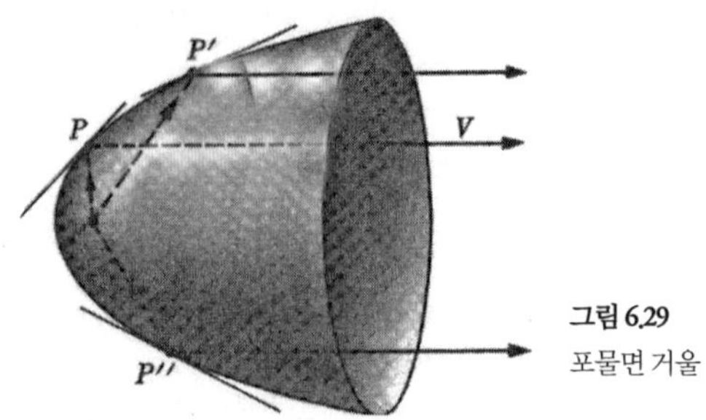

그림 6.29
포물면 거울

이보다 크기 때문이다. 그러므로 $\overline{QF} > \overline{QE}$이다. 앞에서 나온 증명에 따라, Q는 포물선의 외부에 놓여 있음이 분명하다. Q는 t상의 임의의 점(물론 P를 제외하고)이므로, 직선 t는 P에서의 접선이 분명하다. 그러므로 $\overline{PF}$ 및 $\overline{PV}$와 동일한 각을 이루고 점 P를 지나는 직선은 점 P에서의 접선이다.

이제 우리는 F에서 나와서 포물선 모양의 거울 곡면과 부딪히는 광선은 PV를 따라, 즉 축에 평행하게 반사됨을 알게 되었다. 포물선 모양의 거울이 빛을 한 방향으로 모으는 능력은 매우 유용하다. 가장 흔한 응용 사례가 바로 자동차 전조등이다. 각각의 전조등에는 작은 전구가 있다. 이 전구를 포물면이라고 하는 곡면이 감싸고 있다(그림 6.29). 포물면은 포물선을 축에 대해 회전시켜 얻어진 곡면이다. (물론 그 곡면은 반사가 잘 되도록 은으로 도금되어 있다.) 전구에서 출발해 수백만 가지 방향으로 나가는 빛은, 전구가 포물면 거울의 초점에 놓여 있기에 거울과 부딪힌 다음 포물면의 축을 따라 반사되며 그 방향으로 빛들이 집중되어 매우 눈부시게 빛난다. 이런 배열의 효과는 전구만 켰을 때에 비해 전구를 포물면 거울로 감쌌을 때 그 방향으로 빛의 세기가 약 6000배나 커진다는 사실에서 확연히 드러난다. 포물면 거울의 반사 성질은 또한 서치라이트와 손전등에도 활용된다.

포물면 거울의 반사 성질은 역으로 이용될 수도 있다. 만약 평행한 광선으로 이루어진 빛의 다발이 축에 평행하게 진행하면서 그런 거울에 입사되면, 각각의 광선은 반사의 법칙에 따라 곡면 상의 어떤 점에 의해 반사될 것이다. 하지만 $\overline{FP}$(그림 6.29)와 $\overline{VP}$는 접선과 동일한 각을 이루므로, 반사된 광선은 $\overline{PF}$를 따라 이동하며 반사된 모든 광선은 초점 F에 도달할 것이다. 따라서 점 F에서 빛들이 엄청나게 집중될 것이다.

이러한 빛의 집중은 망원경에 효과적으로 이용된다. 별에서 나오는 빛은 너무 희미하기 때문에, 선명한 별의 영상을 얻으려면 최대한 빛을 모아야 한다. 따라서 망원경의 축은 별을 향하는 방향으로 정해져 있으며, 아울러 별이라는 광원은 너무 멀기 때문에 망원경으로 들어오는 광선들은 실질적으로 축에 평행하게 입사한다. 이 빛들은 망원경을 따라 이동하여 후미에 있는 포물면 거울에 도달해 반사되어 거울의 초점에 모인다.

전파도 빛과 매우 비슷하게 행동한다. 따라서 금속으로 만들어진 포물면 반사 장치를 이용하여, 작은 파원에서 방출된 전파를 집중시켜 강력한 전파로 만든다. 이와 반대로, 포물면 안테나는 희미한 전파 신호를 포착하여 초점에서 비교적 강력한 신호를 생성할 수 있다. 전파는 오늘날 수백 가지 목적에 사용되므로 포물면 라디오 안테나는 매우 흔한 도구가 되었다.

지금까지의 간략한 설명을 통해 우리는 원뿔곡선이 굉장히 소중함을 이해하게 되었다. 가장 중요한 응용 사례 중 일부는 아직 설명하지 않았는데 이후의 몇몇 장에서 소개할 참이다.

고대 그리스인들은 어떻게 이 곡선들을 연구하게 되었을까? 우리가 알고 있는 한, 원뿔곡선은 유클리드 기하학의 유명한 작도 문제들을 풀려고 시도하던 중에 발견되었다. 임의의 각을 삼등분하기, 주어진 한 원과 넓이가 동일한 정사각형 작도하기 그리고 주어진 한 정육면체의 2배 부피를 갖는 정육면체를 작도하기가 그것이다. 이 작도들은 눈금 없는 자와 컴퍼스만을 사용해야 한다는 제약하에서 실행되어야 했다. 원뿔곡선을 얻자 고대 그리스인들은 이에 대한 연구를 계속했다. 기하학적 형태에 관심이 있었기 때문이기도 했고 이런 곡선들을 빛의 제어에 이용할 수 있음을 알아냈기 때문이기도 했다. 아폴로니우스는 『불타는 거울에 관하여』라는 제목의 책을 썼는데, 이 책의 주제는 빛과 열을 집중시키기 위한 수단으로 포물선을 이용하는 것이었다. 그리고 아르키메데스도 거대한 포물면 거울을 제작했다는 이야기가 있다. 이 거울에서 반사된 햇빛이 시라쿠사를 포위하고 있는 로마의 함대에 집중되어 함대를 불태웠다는 이야기다.

원뿔곡선의 역사를 통해, 우리는 어떻게 수학자들이 수학이 생겨난 계기가 된 당면한 문제와는 한참 동떨어진 주제를 연구하는데도 과학에 중요한 기여를 하게 되었는지를 잘 이해할 수 있다.

연습문제

1. Q가 타원의 외부에 있는 임의의 점이라고 하자(그림 6.30). $\overline{F_2Q}+\overline{F_1Q}$가 a보다 큼을 증명하라. a는 타원 상의 임의의 점에서 두 초점까지 거리의 합이다. [힌트: $\overline{F_2Q}$가 타원을 절단하는 점 P를 도입하라.]

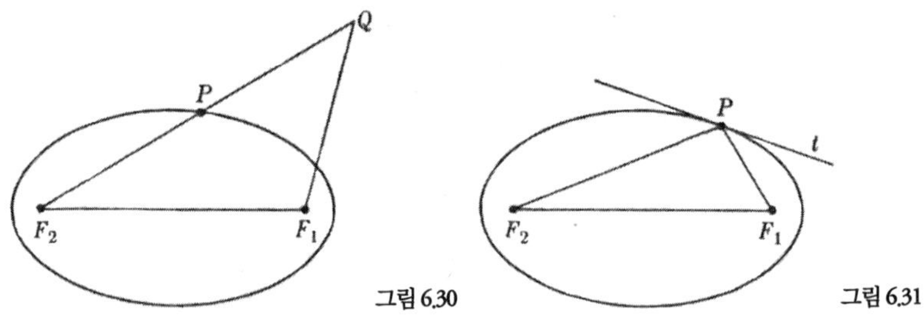

그림 6.30 그림 6.31

2. t가 타원 상의 임의의 점 P에서 그은 접선이라고 하자(그림 6.31). F_2와 F_1은 두 초점이다. $\overline{F_2P}$와 $\overline{F_1P}$가 t와 동일한 각을 이룸을 증명하라. [힌트: 연습문제 1그리고 6.4절의 연습문제 5의 결과를 이용하라.]
3. 연습문제 2의 결과를 볼 때, 타원의 초점 F_2에 놓인 광원에서 나온 빛은 어떻

게 될 것으로 예상되는가?

4. 타원의 두 초점 F_2와 F_1 사이의 거리가 0에 접근할 때 타원은 형태가 원에 가까워진다. F_2과 F_1이 일치될 때, F_2P와 F_1P의 길이는 어떻게 되는가? 연습문제 2의 결과에 따른 특수한 경우로서 원에 관한 어떤 정리가 도출되는가?

* 6.7 유클리드 기하학이 문화에 끼친 영향

만약 수학의 발전이 유클리드 기하학의 출현을 마지막으로 끝났다면, 이 분야가 서구 문명의 형성에 기여한 바는 엄청났을 것이다. 왜냐하면 유클리드 기하학은 예전이나 지금이나 우리의 추론 능력의 위력과 효과를 증명해주는 압도적인 증거이기 때문이다. 고대 그리스인들은 추론하기 그리고 추론을 철학, 정치 이론 및 문학 비평에 적용하기를 좋아했다. 하지만 철학은 학파들마다 상대적인 장단점이 있어서 각 학파의 추종자들 사이에 엄청난 논쟁을 불러일으킬 갖가지 철학 이론으로 나누어진다. 플라톤의 『국가』는 훌륭한 정치 체계를 탐구하는 과정에서 찾아낸 완벽한 해답일지 모르지만, 우리는 한 이론을 절대적으로 추종해서는 안 된다. 그리고 문학 비평도 보편적으로 인정되는 기준이나 보편적으로 인정되는 문학의 탄생으로 결코 이어지지 않는다. 하지만 유클리드 기하학을 통해 고대 그리스인들은 고작 열 개의 사실에 바탕을 둔 추론이 수천 개의 새로운 결론을 내놓을 수 있음을 보여주었다. 대다수는 일찍이 예견된 적이 없었고 그 각각은 원래의 공리들만큼이나 물리적 세계의 진리를 의심할 바 없이 드러내주는 결론들을 말이다. 새롭고 의심의 여지가 없으며 확신할 수 있으며 유용한 지식이 얻어졌다. 이 지식은 경험의 필요성을 없애주었으며, 다른 어떠한 방법으로도 얻을 수 없는 것이었다.

그러므로 고대 그리스인들은 다른 문명들에서는 이용된 적이 없는 분야의 위력을 증명한 셈이었다. 마치 이전에는 아무도 몰랐던 여섯 번째 감각의 존재를 갑작스레 세상에 입증한 것이나 마찬가지였다. 그 이후로는 어김없이 어떠한 분야든 간에 사고의 타당한 체계를 세우는 방법은 진리들에서 출발하여, 이러한 기본적인 진리들에 연역적 추론만을 주의 깊게 적용하여 의심할 바 없는 결론과 새로운 지식을 얻는 것이 되었다.

고대 그리스인들은 유클리드 기하학의 이러한 폭넓은 중요성을 알아차렸는데, 특히 아리스토텔레스는 유클리드의 절차가 모든 학문의 목표이자 목적이 되어야만 한다고 강조했다. 각각의 학문은 자기 분야에 적합한 근본적인 원리들에서 출발하여 새로운 진리들을 연역적으로 증명해나가야 한다고 본 것이다. 이런 이상은 신학자, 철학자, 정치 이론가 그리고 자연과학자들이 받아들였다. 이런 관점이 후대의 사고에 얼마나 넓고 깊은 영향을 미쳤는지는 나중에 살펴보고자 한다.

인류에게 올바른 추론의 원리들을 가르침으로써 유클리드 기하학은 광범위한 연역적 체계가 수립될 수 없거나 아직 수립되지 않았던 분야들에조차도 영향을 미쳤다. 달리 말하자면, 유클리드 기하학은 논리로 이루어진 학문의 아버지다. 3장에서 지적했듯이, 진술들을 결합하는 특정한 방식들은, 원래의 가정들이 의심할 바 없는 것들이기만 하면, 의심할 바 없는 결론으로 이어진다. 이런 방법들을 가리켜 연역적 추론의 원리 또는 방법이라고 한다. 이런 원리들은 어디에서 얻어졌을까? 답을 말하자면, 고대 그리스인들은 유클리드 기하학을 연구하면서 이런 원리들을 인식했으며 이 원리들이 모든 개념과 관계에 적용됨을 이해했다. 만약 모든 은행가들이 부유하며 일부 은행가들은 똑똑하다라는 전제로부터 시작해 일부 똑똑한 사람들은 부유하다는 결론을 어떤 이가 주장하면, 그는 유클리드 기하학에서 발견된 타당한 추론의 한 원리를 사용하고 있는 것이다. 우리가 이 장의 앞에서 적용했던 간접 증명법을 고대 그리스인들이 알아차린 계기도 이와 마찬가지였다. 고전 시기 그리스의 막바지 무렵에, 아리스토텔레스는 추론의 타당한 원리들을 구성하여 논리의 학문을 세웠다. 특히, 그는 어떤 기본적인 논리 법칙들에 관심을 기울였는데, 가령 모순의 원리가 그런 예다. 이 원리에 따르면, 어떠한 명제도 참이면서 동시에 거짓일 수는 없다. 또한 배중률(排中律)도 있는데, 이에 따르면 어떠한 명제이든 참이거나 거짓 둘 중에 하나여야만 한다.

유클리드 기하학이 추론의 원리들을 매우 명확하고 반복적으로 적용하기 때문에 이 학문은 추론의 한 접근법으로서 종종 가르쳐지기도 한다. 고대 그리스인들도 철학 연구를 위한 준비 과정으로 수학의 가치를 강조했다. 이것이 추론을 배우는 최상의 방법인지 여부는 논쟁의 여지가 있을지 모르지만, 역사적으로 볼 때 이것이 서양인들이 배움을 얻은 방법이라는 사실은 의심의 여지가 없다. 그리고 논리에 관한 현재의 저서들도 수학적 사례들을 활발하게 사용한다. 왜냐하면 이런 사례들은 개념과 관계의 부적절한 의미나 모호성이 없기에 논리의 원리들을 명확하게 설명해주기 때문이다.

유클리드 기하학에 관한 가장 경이로운 사실은 자연에 관한 대규모의 수학 연구를 고취시켰다는 점이다. 애초에 기하학 연구는 자연에 관한 탐구였다. 하지만 고대 그리스인들이 더욱 심오한 정리들을 더 많이 증명해나가고 이런 정리들이 관찰 결과와 측정치와 완벽히 일치해나가자, 그들은 수학을 통해 이 세계의 설계의 비밀을 배울 수 있다고 확신하게 되었다. 수학이 이런 연구의 도구임이 분명해졌으며, 수학에서 얻어진 결과들은 수학을 더 많이 적용하면 그런 설계가 더 많이 드러나리라는 예상을 부추겼다. 고대 그리스인들이 이런 모험에 얼마나 과감히 뛰어들었는지는 다음 두 장에서 분명하게 알 수 있을 것이다. 고대 그리스인들을 통해 서구 세계는 수학이 자연을 탐구할 매우 강력한 도구임을 알게 되었다.

복습문제

1. 유클리드 기하학의 기본 정리들 가운데 하나는 이등변삼각형의 두 밑각은 같다는 것이다. 유클리드가 내놓은 증명은 이렇다. $\overline{AB} = \overline{BC}$인 삼각형

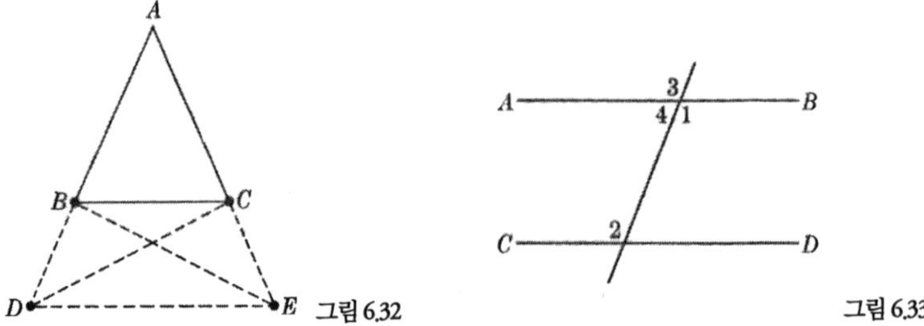

그림 6.32

그림 6.33

ABC(그림 6.32)가 주어져 있을 때, $\overline{AB}$를 D까지 $\overline{AC}$를 E까지 연장시켜 $\overline{BD} = \overline{CE}$가 되도록 한다. 이제 $\overline{DE}$, $\overline{BE}$ 및 $\overline{DC}$를 그린다. 우선 $\overline{BE} = \overline{DC}$이고 $\angle CBD = \angle BCE$임을 증명하고 나서 증명을 완료하라.

2. 본문에서 우리는 그림 6.33의 두 엇각 각 1과 각 2가 서로 같으면 직선 AB와 CD가 평행임을 증명했다. 다음을 증명하라.

   a) 각 2와 각 3이 같으면 두 직선은 평행이다.

   b) 각 2와 각 4가 보각(補角)이면, 즉 두 각의 합이 180°라면, 두 직선은 평행이다.

3. 그림 6.34의 m이 도로이고, 두 도시 A와 A'에 전화 서비스를 도입하기 위해 이 도로 상의 어딘가에 전화국을 세워야 한다고 가정하자. 전화국에서 A까지의 거리와 A'까지의 거리의 합이 최소가 되도록 하려면 전화국을 도로 상의 어디에 세워야 하는가?

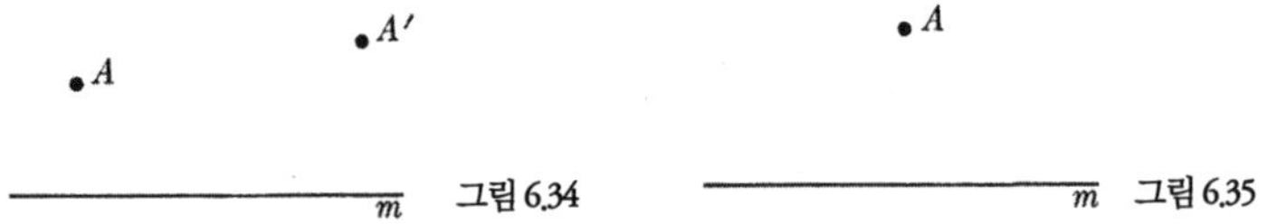

그림 6.34

그림 6.35

4. 배가 A에 있는 요새의 대포와 해안 m을 따라 늘어선 강력한 대포 사이를 통과해야 한다. 어떤 경로를 택해야 최대한 대포의 위협에서 벗어날 수 있는가?

5. C와 D는 반지름이 각각 c와 d인 고정된 두 원이며, $c > d$이다. 게다가 D와 C는 점 P에서 내접한다. 이제 T가 D에 외접하며 C에 내접하는 세 번째 원이라고 하자. 가능한 모든 T의 중심의 위치들이 C와 D의 중심을 두 초점으로 하는 타원임을 보여라.

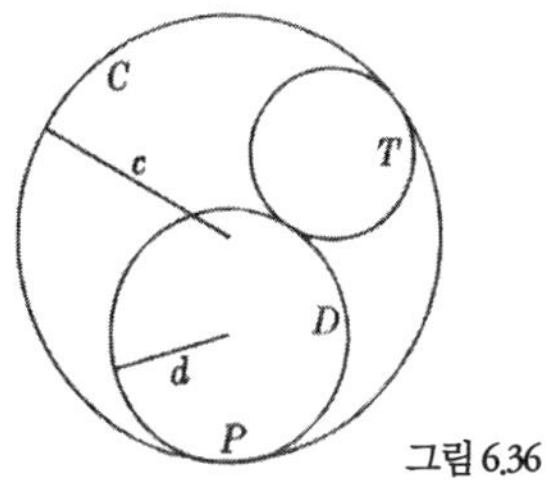

그림 6.36

더 살펴볼 주제

1. 구면 거울의 설계에 유클리드 기하학을 이용하기. 아래 권장 도서 목록에서 클라인의 책과 테일러의 책 내지는 여느 대학 물리학 교재를 참고하라.
2. 광학 렌즈의 설계에 유클리드 기하학을 이용하기. 아래 권장 도서 목록에서 테일러의 책 내지는 여느 대학 물리학 교재를 참고하라.
3. 유클리드의 『원론』의 내용. 권장 도서 목록에서 히스의 책을 참고하라.
4. 고대 그리스 문화의 발현 형태 가운데 하나로서의 유클리드 기하학. 권장 도서 목록에서 클라인의 두 번째 책을 참고하라.

권장 도서

Ball, W. W. R.: *A Short Account of the History of Mathematics*, pp. 13-63, Dover Publications, Inc., New York, 1960.

Boys, C. Vernon: *Soap Bubbles, Dover Publications*, Inc., New York, 1959.

Courant, R. and H. Robbins: What is Mathematics?, pp. 329-338, pp. 346-361, Oxford University Press, New York, 1941.

Eves, Howard: *An Introduction to the History of Mathematics*, Rev. ed., pp. 52-130, Holt, Rinehart and Winston, Inc., New York, 1964.

Heath, Sir Thomas L.: *A Manual of Greek Mathematics*, Chaps. 8, 9 and 10, Dover Publications, Inc., New York, 1963.

Kline, Morris: *Mathematics: A Cultural Approach, Sections* 6-8, Addison-Wesley Publishing Co., Reading, Mass., 1962.

Kline, Morris: *Mathematics and the Physical World*, Chaps. 6 and 17, T. Y. Crowell Co., New York, 1959. Also in paperback, Doubleday and Co., N.Y., 1963.

Sawyer, W. W.: *Mathematician's Delight*, Chaps. 2 and 3, Penguin Books, Harmondsworth, England, 1943.

Scott, J. F.: *A History of Mathematics*, Chap 2, Taylor and Francis, Ltd., London, 1958.

Smith, David Eugene: *History of Mathematics*, Vol. I., Chap. 3, Vol. II, Chap. 5, Dover Publications, Inc., New York, 1958.

Taylor, Lloyd Wm.: *Physics, The Pioneer Science*, Chaps. 29-32, Dover Publications, Inc., New York, 1959.

7 지상과 천상의 지도를 그리다

참으로 행복한 자들이여! 그들이야말로 이러한 진리에 이르고, 보석 찬란한 하늘로 올라갔노라! 그들이 머나먼 별들을 훤히 보이도록 했나니 정교하게 이어진 사상들로 창공을 채웠나니. 그리하여 천상에 이르렀노라—이전과는 다르게 그들은 태산 같은 자부심을 안고 시도하였네.

오비디우스

7.1 알렉산드리아 세계

수학이 나아가는 길은 인간의 변덕에 크게 좌우된다. 고대 그리스인들이 자신들의 생활방식을 중단 없이 지속했더라면 얼마나 더 큰 성과를 냈을지는 아무도 모를 일이다. 기원전 352년에 아테네 북부 지방이자 고대 그리스 문명의 외곽 지역이었던 마케도니아의 필리포스 2세가 세계를 정복해나가기 시작했다. 그는 기원전 338년에 아테네를 무찔렀다. 기원전 336년에는 필리포스 2세의 아들인 알렉산더 대제가 마케도니아 군대를 넘겨받아 그리스 정복을 마무리했고, 이집트도 정복했으며 아시아를 관통하여 동쪽으로 인도까지 진출했고, 남으로는 나일 강의 급류들처럼 아프리카에 이르렀다. 새로운 수도로 그는 제국의 중심에 위치하던 이집트의 한 장소를 선택했다. 그리고 겸손함과는 거리가 먼 거물답게 수도 이름을 알렉산드리아라고 명명했다. 알렉산더 대제는 도시 건설과 주민 정착 계획을 차근차근 세웠고, 그런 후에 알렉산드리아는 지어지기 시작했다. 알렉산드리아는 헬레니즘 세계의 중심지가 되었으며, 이후 700년이 지나서도 모든 도시들 가운데 가장 고귀한 곳으로 명성을 날렸다.

알렉산더 대제는 가장 범세계주의적인 인물이었기에 인종과 신앙의 모든 경계를 무너뜨리려고 하였다. 따라서 그리스인, 이집트인, 유대인, 로마인, 에티오피아인, 아랍인, 인도인, 페르시아인 및 아프리카인 등을 불러와 그 도시에 함께 살도록 권장했다. 또한 당시에 페르시아 문화가 융성하고 있었으므로, 알렉산더 대제는 그리스와 페르시아의 생활방식을 융합하려고 특별히 노력을 기울였다. 그 자신도 기원전 325년에 다리우스의 딸인 스타티라와 결혼했으며, 휘하의 장군 100명 그리고 장병 10,000명을 페르시아인과 결혼시켰다. 그의 사후에는 대규모의 아시아인 무리를 유럽으로 이주시키고 반대로 대규모의 유럽인 무리를 아시아로 이주시키라는 명령이 적힌 문서가 발견되었다.

알렉산더 대제가 세계를 재구성하는 일에 관여하던 중에 죽음을 맞이하자, 그의 제국은 세 부분으로 분열되었다. 그중 이집트는 수학 발전의 관점에서 볼 때 가장 중요한 곳임이 드러났다. 알렉산더 대제는 수도의 위치를 기가 막히게 잘 골랐다. 아시아, 아프리카 및 유럽의 교착점에 위치했던 알렉산드리아는 교역의 중심지가 되었으며 자연히 도시에 부가 유입되었다. 알렉산더 대제가 죽은 후에도 이집트를 지배했으며 프톨레마이오스 왕조를 이어갔던 그의 후계자들은 현명한 사람들이었다. 그들은 고전 시기 그리스 문화의 위대함을 알아차렸으며 알렉산드리아를 위대한 문화 중심지로 만들기로 결심했다. 이들의 지휘하에 재정의 일부를 이용하여 그 도시를 장엄한 건물, 목욕탕, 공원, 극장, 사원, 도서관 및 국립 문헌보관소 등으로 아름답게 꾸몄다. 또한 문학, 예술 및 학문의 뮤즈에게 바치는 유명한 건물을 지어서 이를 박물관(뮤지엄, Museum)이라고 명명했으며, 그 옆에 문헌을 보관하기 위한 거대한 도서관을 지었다. 최고 전성기일 때 이 도서관은 750,000권의 저서를 소장하고 있었다고 한다. 당시에 "책"은 직접 필사하여 만들었다는 사실에 비춰 볼 때 엄청난 권수가 아닐 수 없다. 프톨레마이오스 왕조의 역대 왕들은 전 세계에서 학자들을 초빙하여 그곳에서 연구하게 했으며 온갖 지원을 아끼지 않았다. 앞서 나왔던 사람들 가운데 유클리드와 에라토스테네스도 이 도시에서 살면서 연구했다. 아폴로니우스도 그곳에서 교육을 받았으며, 우리는 다른 권위자들도 조금 후에 만나게 될 것이다. 전 세계에서 온 학자들은 자기들 나라의 지형, 사람, 동물 및 식물에 관한 지식을 알렉산드리아에 전해주었는데, 이런 지식의 전수가 알렉산드리아가 범세계적인 도시가 되는 데 일조했다.

학자들은 수학, 과학, 철학, 문헌학, 천문학, 역사학, 지리학, 의학, 법학, 자연사, 시 및 문학 비평 분야를 연구하기 시작했다. 다행히 이집트의 파피루스는 양피지보다 값이 쌌기에, 책을 만들기 용이했다. 그래서 이전보다 더 많은 책을 저술하거나 필사할 수 있었다. 알렉산드리아는 사실 고대 세계의 출판 교역의 중심지이기도 했다. 학자들은 창작 및 저술 활동만 착수했던 것이 아니라 전 세계에 원정대를 보내서 지식을 모았다. 알렉산드리아에서 그들은 거대한 동물원과 식물원을 지어놓고선 원정대들이 보낸 온갖 종의 동식물을 보관했다.

알렉산더는 자신이 세운 새 제국에서 여러 문화를 융합시키자는 꿈을 품었는데, 마침내 알렉산드리아에서 그의 꿈은 실현되었다. 그곳에서 펼쳐진 문화는 정말로 고전 시기 그리스의 문화와는 달랐다. 이런 차이는 알렉산드리아인들이 내놓은 유형의 수학이 왜 남다른지를 설명해준다. 무엇보다도 아테네에서 존재했던 자유인과 노예의 극명한 구별이 사라졌다. 학자들은 세계의 모든 지역에서 왔고 경제적 지위도 천차만별이었다. 그렇다보니 교역, 산업, 공학 및 항해 등의 과학적이고 상업적이며 기술적인 면에 두루 관심이 많았다. 아테네인들도 주로 해상세력이었기에 교역으로 생계를 유지하긴 했지만, 알렉산드리아의 교역과 항해는 훨씬 더 광범위했다. 따라서 천문학과 지리학에 관심이 특히 컸다. 즉, 시간을 알려주고 육지 및 바다에서 길을 찾고 도로를 세우고 제국의 경계를 정하는 분야에 관심이 컸던 것이다. 교역에 종사하는 자유인들은 자연히 교역 물품, 생산 방법 및 새로운 모험에 더욱 관심을 기울였다. 마침내 비록 알렉산드리아에 모인 학자들의 핵심 축은 그리스인들이었지만, 고대 이집트에서의 전례에서 보듯이 수학이 공학, 교역 및 국가 행정의 수단이었던 실용적인 이집트인들의 영향을 받게 되었다.

새로운 전망과 관심사들이 빚어낸 결과는 확연히 드러났다. 무엇보다도 기계 장치가 급격히 많아졌는데, 물론 인간의 노동을 돕는 장치였다. 심지어 젊은이들한테 기계 장치를 가르치는 학교도 생겨났다. 도르래, 쐐기, 도르래를 이용한 장치, 기어 장치 그리고 현대의 자동차에서 보이는 것과 같은 주행 거리 측정 장치 등이 발명되었다. 알렉산드리아 세계의 가장 위대한 지성인이었던 아르키메데스는 천체의 운동을 재현한 천체 사영관을 지었고 강에서 뭍으로 물을 끌어올리는 펌프를 설계했다. 그는 또한 시라쿠사의 왕 히에론 2세를 위해 도르래를 이용하여 육중한 배를 진수시켰다. 천문 관측을 향상시키기 위한 도구들도 발명되었다.

알렉산드리아에서 생겨난 듯 보이는 또 하나의 과학 분야는 기체에 대한 연구이다. 알렉산드리아인들 중에서도 특히 헤론(서기 약 일 세기)은 유명한 수학자이자 공학자로서, 물을 끓일 때 생기는 증기가 팽창한다는 사실 그리고 압축된 공기가 힘을 가할 수 있다는 사실을 알아냈다. 헤론은 이런 힘을 이용해 많은 발명품을 제작하기도 했다. 동전을 넣으면 신전의 대문이 자동으로 열렸다. 신전 내부에서는 기계에 동전을 또 하나 넣으면 성수를 자동으로 뿌려주어 동전 기부자를 축복해주었다. 제단 아래 켜져 있는 불꽃들이 증기를 뿜어 올렸고, 신비감과 경외감에 젖은 신도들은 숭배자들에게 축복하기 위해 손을 치켜든 신들과 눈물을 흘리는 신들 그리고 신에게 바치는 술을 쏟아내는 조각상들을 목격했다. 보이지 않는 증기의 작용에 의해 비둘기들이 솟아올랐다가 내려왔다. 장난감 비비탄총과 비슷한 총들이 압축 공기에 의해 발사되었다. 알렉산드리아 거리를 따라 펼쳐진 연례 종교 퍼레이드에서도 증기력을 이용해 자동으로 움직이는 물체들이 등장했다.

알렉산드리아인들은 또한 수력을 연구하여 실제로 응용했다. 수력을 이용해 그들이 발명한 것들로는 고성능의 물시계(법관들에게 허용된 시간에 제약을 가하기 위해 법정에서 사용되었다), 조각상들이 수압에 의해 움직이는 분수대, 우물과 수조에서 물을 끌어오는 펌프, 수압으로 작동하는 음악 장치 그리고 현대의 잔디밭 스프링클러에 적용된 것과 동일한 원리에 따라 작동하는 물뿌리기 장치가 있었다.

소리와 빛에 대한 연구도 활발하게 이루어졌다. 우리는 이미 유클리드와 헤론이 거울에 의한 빛의 반사를 연구한 내용을 언급했다. 광학에 관한 책들을 쓴 사람은 유클리드와 아폴로니우스뿐 아니라 헤론도 있었으며 천문학자 프톨레마이오스(조금 후에 이 사람에 대해 논의한다) 및 그 밖의 사람들도 있었다. 정말이지 알렉산드리아인들은 우리가 이 장에서 마주칠 빛의 두 번째 기본 현상인 굴절에 처음으로 관심을 가졌다.

화학적 및 의학적 기량도, 비록 화학이라는 과학 수준까지는 아니었지만, 알렉산드리아에서 두드러지게 발전했다. 이집트인들은 미라로 방부처리를 하는 기술에서 드러나듯이 이미 이 분야에 얼마간의 지식을 확보해 두었다. 하지만 최초의 문헌이 저술된 금속 제련에 관한 연구 및 독약 제조와 용법을 포함한 화학물질에 관한 연구는 그야말로 새롭게 발전된 분야였다. 고전 시기 그리스에서는 금지되었던 인체 해부도 허용되어, 알렉산드리아 세계는 해부학의 시작을 열었고 고대 세계의 가장 유명한 의사인 갈레노스를 배출하였다.

이런 상황에서 수학은 어떤 위치를 차지하고 있었을까? 고대 그리스인들은 완전히 틀이 잡히고 성숙했으며 아울러 현실적인 문제에 별로 관련이 없는 철학적인 성향의 수학을 알렉산드리아에 가져왔다. 위대한 알렉산드리아 수학자들도 이론 및 추상화에 관한 그리스적 천재성을 계속 보여주긴 했지만, 그들은 그런 성향에다 주변 세계의 현실적인 문제들에 관한 관심을 결부시켰다. 고전 시기 그리스인들이 중시했던 합동과 같은 정성적인 성질에다 알렉산드리아인들은 여러 면에서 유용한 정량적인 결과라는 새로운 주제를 보탰다.

옛것과 새것의 결합이 지닌 의미를 설명하기 위해, 우리는 유클리드가 시대상으로는 알렉산드리아 시기에 속하지만 그의 수학 연구가 본질적으로 고전 시기 그리스에서 이루어진 연구를 요약한 것임을 밝혀야 하겠다. 가령 유클리드에 따르면, 원의 넓이와 반지름의 제곱의 비는 모든 원에 대하여 동일하다고 한다. 기호로 표현하자면, A가 반지름이 r인 임의의 원의 넓이라면,

$$\frac{A}{r^2} = k$$

여기서 k는 모든 원에 동일한 수이다. 하지만 이제 우리가 한 특정한 원의 넓이를 구하고 싶다고 가정하자. 유클리드의 이 정리가 도움이 되는가? 직접적인 도움이 되지는 않는다. 위의 식에서 우리는 임의의 원에 대해 다음을 알 수 있다.

$$A = kr^2,$$

여기서 k는 상수이다. 하지만 k는 얼마인가? 보통 π라고 표시되는 이 양은 무리수다. 쉽게 계산할 수가 없는 데다, 무리수인 까닭에 소수로 표현해도 근사적으로 나타낼 수밖에 없다. 아르키메데스가 거둔 위대한 성취 중 하나는 역시 정량적인 지식에 대한 관심을 잘 보여주는 것으로서, π의 값이 $3\frac{1}{7}$과 $3\frac{10}{71}$ 사이임을 알아낸 것이다. 이 업적이 특히 대단한 이유는 고전 시기 그리스인들이나 알렉산드리아 시기 그리스인들 모두 수를 적고 다루는 효율적인 체계를 갖고 있지 않았기 때문이다.

사실, 아르키메데스(기원전 287~212)는 알렉산드리아 시기 그리스 수학의 특징을 가장 잘 보여주는 인물이다. 그는 기하도형들의 넓이와 부피에 관한 많은 공식을 유도했는데, 그가 내놓은 결과들은 유클리드와 아폴로니우스의 결과들과 달리 실제 계산이 가능하도록 해주었다. 또한 아르키메데스는 증명 및

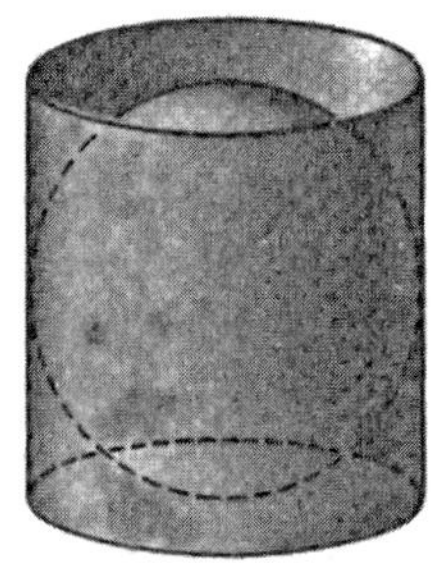

그림 7.1
원기둥에 내접하는 구의 부피는 원기둥 부피의 3분의 2이다.

아름다운 수학적 결과들에 관한 고전 시기 그리스인들의 관심을 여전히 추구했다. 이 분야에서 그는 원기둥에 내접한 구의 부피와 원기둥의 부피의 비가 2:3임을 증명한 것을 가장 자랑스러워했다(그림 7.1). 또한 그는 구의 표면적과 원기둥의 표면적도 이와 동일한 비를 나타냄을 증명했다. 아르키메데스는 이 결과를 발견하고 너무나 기쁜 나머지 그 내용을 자신의 묘비에 새겨달라고 부탁했다. 로마가 시라쿠사를 정복하는 과정에서 한 로마 병사에게 아르키메데스가 죽임을 당한 후, 로마인들은 정교한 무덤을 세우면서 묘비에 이 정리를 새겼다. 이백 년 후에 키케로가 시라쿠사를 방문했을 때 이 무덤을 알아볼 수 있었던 것도 바로 이 묘비명 덕분이었다.

물리학 연구에서도 아르키메데스는 이론적 관심과 실용적 관심의 조화를 선보였다. 그는 지렛대라는 주제를 택했는데, 이 장치는 이집트와 바빌로니아에서 수천 년 동안 사용되어 오던 것이었다. 진정한 그리스인답게 그는 과학 저서인『지렛대에 관하여』를 내놓았다. 이 책은 유클리드 기하학의 노선을 따랐다. 즉, 공리들로부터 출발해 지렛대에 관한 정리들을 증명했다. 그는 부체(浮體)라는 주제 및 다양한 곡면과 입체의 무게중심이라는 주제에 대해서도 마찬가지 방식으로 연구했다. 이런 성취들에는 앞서 언급했던 그의 발명품도 반드시 보태어져야 한다.

알렉산드리아 문명의 다른 거장들의 연구 또한 이론적 관심과 실용적 관심의 조화를 잘 드러내준다. 에라토스테네스(기원전 273~기원전 192)는 알렉산드리아 도서관의 관장으로서 수학, 시, 문헌학, 철학 및 역사에 뛰어났다. 또한 최초의 걸출한 수학적 지리학자이자 측지학자였다. 이전 장에서 소개했던 지구의 둘레 계산은 그의 위대한 업적 중 하나다. 그는 구할 수 있는 모든 지리학적 지식을 취합했고 측량 방법을 도입했으며 지도를 제작했고 이 모든 정보들을 종합하여『지리학』을 저술했다.

에라토스테네스는 또한 천문학자였다. 새로운 도구들을 제작했으며 여러 천문 관측을 실시했고, 다른 여러 응용 사례 가운데서도 특히 달력을 향상시키기 위해 천문 지식을 사용했다. 그의 연구 덕분에, 한 달이 30일이고 열두 달을 일 년으로 삼은 낡은 그리스 달력은 365일을 일 년으로 삼는 이집트 달력으로 대체되었다. 거기에다 에라토스테네스는 사 년마다 하루를 추가했다. 율리우스 케사르가 알렉산드리아인 소시게네스로 하여금 달력을 수정하라고 시킴으로써 이 달력은 로마에서도 사용되었다. 율리우스는 그 달력에 자신의 이름을 붙였다. 이렇게 해서 만들어진 율리우스력은 사백 년 마다 세 번 나오는 윤년을 생략하는 간단한 수정을 거쳐 서구 세계에서 오랫동안 쓰였다.

지리학과 천문학 연구는 스트라본(대략 기원전 63~기원전 15), 포세이도니오스(기원전 1세기) 및 기타 여러 유명한 인물들에 의해 계속되었는데, 특히 알렉산드리아 세계의 가장 위대한 두 인물인 히파르코스와 프톨레마이오스의 업적에 의해 정점을 맞이했다. 히파르코스(기원전 2세기)는 일생이 잘 알려져 있지 않는 인물로서, 로도스 섬에 살았지만 알렉산드리아에서 발전한 학문을 잘 숙지하고 있었다. 에라토스테네스의『지리학』을 비판한 후에 그는 위도와 경도를 체계적으로 도입하여 지구 상의 장소를 정하는 방법을 정교하게 발전시켰다. 또한 천문 관찰 도구를 개량했으며, 달의 운동에서 불규칙적인 성질을 측정했으며, 약 1000개의 별들에 관한 목록을 만들었고, 태양년의 길이를 365일, 5시간 55분으로 추산했다. 그러니까 실제보다 약 $6\frac{1}{2}$분을 많게 추산했다. 그가 이룬 훌륭한 천문학적 발견 중 하나는 춘분과 추분이 일어나는 시기가 조금씩 변하는 세차 운동을 알아낸 것이다. 히파르코스는 고대의 가장 유명하고 가장 유용한 천문학 이론을 내놓은 사람인데, 이에 대해서는 나중에 더 자세히 알아보도록 하자.

히파르코스의 연구는 대체로 클라우디오스 프톨레마이오스의 저술 덕분에 우리에게 알려져 있다. 수학자, 천문학자, 지리학자 및 지도제작자인 프톨레마이오스는 서기 약 100년부터 178년까지 살았던 이집트인이었던 것으로 여겨진다. 하지만 그는 이집트를 지배했던 그리스인들과는 아무 관련이 없다. 그가 큰 영향력을 끼친 업적들 가운데 하나는『지리학』이다. 이 주제에 관한 고대의 가장 종합적인 저술이다. 이 책은 8000개 장소의 위도와 경도를 담고 있는데, 이는 당시에 알려진 지구 상의 거의 모든 장소였다. 또한 이 책은 거주 가능한 세계의 크기와 정도를 추산하고 있고, 지도제작의 방법을 소개하고 있으며, 고대 세계의 지리학 지식을 요약함으로써 이후 천 년 동안 표준적인 지도책이 되었다. 이보다 더 유명한 것은 프톨레마이오스의 위대한 천문학 저서인『천문학 집대성』이다. 아랍어로는『알 마지스테』('가장 위대한'이라는 뜻의 아랍어와 그리스어의 결합)라고 불렸는데, 나중에는 영어식으로『알마게스트』로 불렸다. 이 책에는 히파르코스의 천문학 이론과 더불어 프톨레마이오스가 완성한 천문학 이론이 담겨 있다. 프톨레마이오스 체계라고 알려진 이 이론은 이후 코페르니쿠스와 케플러의 연구로 대체된 서기 약 1600년까지 천문학을 지배했다.

7.2 삼각법의 기본 개념

지리학과 천문학과 같은 이론적 과학은 그 자신의 수학적 도구인 삼각법을 요구한다. 히파르코스와 프톨레마이오스는 수학의 이 분야를 창시했는데, 이들이 처음 소개한 내용이 프톨레마이오스의『알마게스트』에 나온다. 수학의 이 단순한 분야 덕분에 천체의 크기와 거리를 마치 사각형의 넓이를 계산하듯 쉽

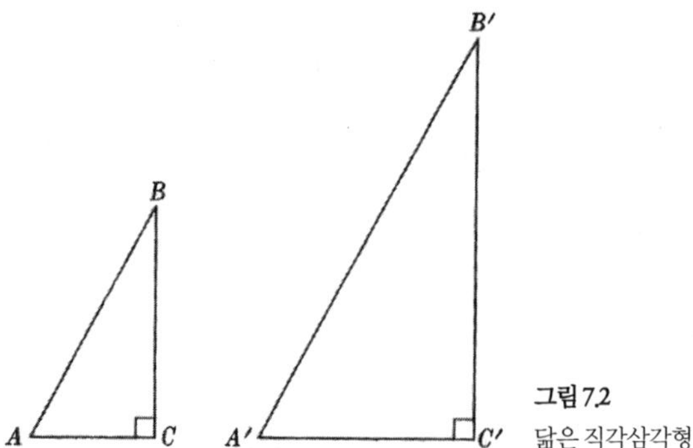

그림 7.2
닮은 직각삼각형

게 계산할 수 있게 되었다. 히파르코스와 프톨레마이오스의 삼각법을 소개하면서 우리는 그들의 표기법과 증명 방법을 사용하지는 않을 것이다. 하지만 현대적 접근법이라고 해도 근본적으로 다르지는 않다.

그림 7.2에 나오는 두 직각삼각형을 살펴보자. 여기서 각 A와 각 A'가 같다고 가정하자. 모든 직각은 동일하기에 각 C와 각 C'는 같다. 유클리드 기하학의 핵심 정리들 가운데 하나에 따르면, 임의의 삼각형의 세 각의 합은 180°이다. 각 삼각형의 세 각을 모두 합하면 동일한 값이 되며 한 삼각형의 두 각은 다른 삼각형의 두 각과 같으므로 세 번째 각들도 반드시 서로 같다. 즉 각 B는 각 B'와 같다.

이제 유클리드 기하학의 또 하나의 정리에 의하면, 만약 두 삼각형이 닮은꼴이면 한 삼각형의 임의의 두 변의 길이의 비는 이에 대응하는 다른 삼각형의 변의 길이의 비와 같다. 그러므로, 가령

$$\frac{BC}{AB} = \frac{B'C'}{A'B'}.$$

여기서 삼각형 $A'B'C'$는 각 A와 동일한 예각 A'를 갖는 임의의 다른 직각삼각형이라는 사실에 주목하자. 따라서 임의의 그러한 삼각형에 대해

$\overline{B'C'} = \overline{A'B'}$는 분명 $\overline{BC}\,/\,\overline{AB}$와 같다. 그러므로 한 주어진 각 A를 갖는 임의의 한 직각삼각형에 대해 이 비—이 비는 물론 수이다—를 계산할 수 있으면, A와 동일한 예각을 갖는 모든 직각삼각형에 대해 그 값을 알게 된다.

이 아이디어를 더 파헤치기 전에, 우리가 방금 말했던 비 $\overline{BC}\,/\,\overline{AB}$가 삼각형 ABC의 두 변의 임의의 다른 비에도 적용됨을 알아보자. 우리가 만들 수 있는 여러 가지 비 가운데서 세 가지가 특히 유용하기에 특별한 이름이 붙었다. 이 비는 다음과 같다.

$$\sin A = \frac{\text{각 } A \text{ 의 대변}}{\text{빗변}} = \frac{\overline{BC}}{\overline{AB}}$$

$$\cos A = \frac{\text{각 } A \text{ 의 이웃변}}{\text{빗변}} = \frac{\overline{AC}}{\overline{AB}}$$

$$\tan A = \frac{\text{각 } A \text{ 의 대변}}{\text{각 } A \text{ 의 이웃변}} = \frac{\overline{BC}}{\overline{AC}}$$

각 A는 모든 비의 이름마다 적혀 있다. 이 관행이 필요한 까닭은 대변 및 이웃변은 삼각형의 어느 각에 관한 것인지에 따라 달라지기 때문이기도 하고, 아울러 그런 비의 값이 각의 크기에 의존하기 때문이기도 하다. 여기서 sin은 사인, cos은 코사인, tan는 탄젠트라고 읽는다.

이 비들을 도입하기 위해 우리가 맨 먼저 할 일은 다양한 크기의 각에 대해 이 비들을 계산할 수 있는지 알아보는 것이어야 한다. 우선 이런 비들이 각에 따라 어떻게 달라지는지를 일반적으로 이해해보자. sin A를 예로 들어 살펴보자. 이미 지적했듯이, 한 주어진 각 A에 대한 이들 비의 값은 A를 포함하고 있는 임의의 직각삼각형에서 동일하다. A가 변할 때 sin A의 변화를 연구하려면 빗변의 길이가 1인 직각삼각형을 택하는 편이 좋다. sin A의 정의에 의해, 이 값은 빗변에 대한 A의 대변의 길이의 비다. sin A는 $\overline{BC}\,/\,\overline{AB}$이고 $\overline{AB} = 1$이므로, sin A

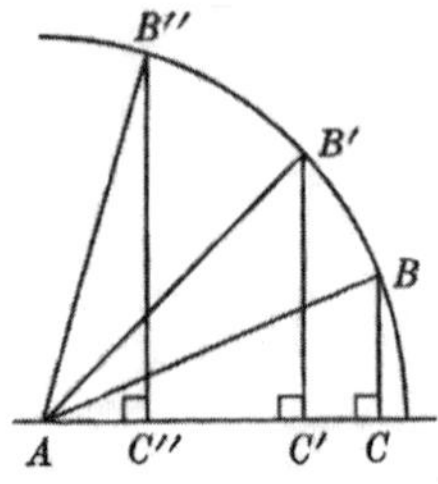

그림 7.3
각 A의 변화에 따른 sin A의 변화

$= \overline{BC}$이다. A가 작을 때(그림 7.3), $\overline{BC}$ 즉 sin A는 작다. 그러면 0°에 가까운 값에 대해서 그 각의 사인은 틀림없이 0에 가깝다고 예상된다. 한편 그림 7.3에서 알 수 있듯이, 빗변이 단위 길이로 고정되어 있을 때 각 A가 커지면 대변(높이)의 길이는 반드시 커진다. 따라서 사인 비는 반드시 커진다. 삼각형 $AC''B''$에서처럼 각 A가 90°에 매우 근접하면, 변 $B''C''$는 거의 $\overline{AB''}$에 가까워진다. 따라서 sin A는 분명 1에 가까워진다. 각 A가 90°가 되면, 더 이상 직각삼각형의 예각일 수는 없게 된다. 하지만 A가 90°에 접근하면 sin A가 1에 접근하므로, 이 특별한 경우에 sin A를 1로 하기로 합의가 되었다. 이런 논의의 일반적인 요점은 각 A가 0°에서 90°까지 변할 때 sin A가 0에서 1까지 변한다는 것이다.

그 다음으로 하나의 특정한 각을 택해서 세 가지 비들을 계산할 수 있는지 알아보자. 그 각을 30°라고 하자. 이등변삼각형 ABD(그림 7.4)을 살펴보자. 이 삼각형에서 모든 각은 60°이다. 이제 각의 이등분선인 AC를 그으면, 각 BAC는 30°이다. 게다가 삼각형 ACB는 직각삼각형이다. 왜냐하면 삼각형 ACB와 삼각형 ACD는 합동이므로, C에서의 두 각은 반드시 동일하기 때문이다. 이 두 각의 합이 180°이므로 각각의 각은 틀림없이 90°이다. 그렇다면 삼각형 ACB는 예각 30°를 지니고 있는 직각삼각형이다.

이제 $\overline{AB}$를 얼마의 길이로 정할지는 중요하지 않다. 왜냐하면 주어진 예각을 포함하는 임의의 직각삼각형에 대해 비들을 계산할 수 있기 때문이다. 그러므로 편리한 수, 가령 2를 $\overline{AB}$의 길이로 정하자. 삼각형 ABD는 이등변삼각형이고 변 $BD=2$이다. 그런데 삼각형 ACB와 삼각형 ACD는 합동이므로 $\overline{CB}=\overline{CD}$이다. 따라서 $\overline{CB}=1$이다. 이제 $\overline{AC}$의 길이를 알 수 있다. 피타고라스 정리에 따르면,

$$\left(\overline{AC}\right)^2+\left(\overline{CB}\right)^2=\left(\overline{AB}\right)^2,$$

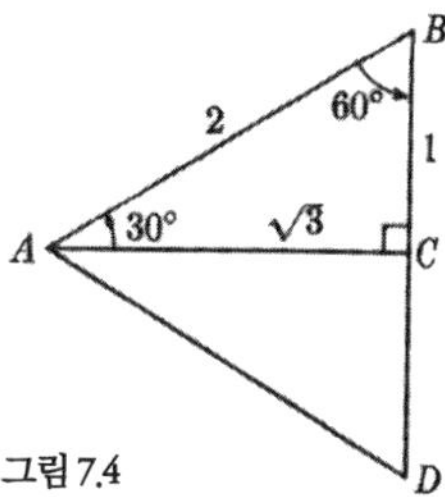

그림 7.4

그러므로

$$\left(\overline{AC}\right)^2=\left(\overline{AB}\right)^2-\left(\overline{CB}\right)^2.$$

$\overline{AB}=2$이고 $\overline{CB}=1$이므로

$$(AC)^2=4-1.$$

즉

$$AC=\sqrt{3}.$$

이제 사인, 코사인 및 탄젠트의 정의를 이용하여 곧바로 다음을 알 수 있다.

$$\sin 30^\circ=\frac{\text{높이}}{\text{빗변}}=\frac{1}{2},$$

$$\cos 30^\circ=\frac{\text{밑변}}{\text{빗변}}=\frac{\sqrt{3}}{2},$$

$$\tan 30^\circ=\frac{\text{높이}}{\text{밑변}}=\frac{1}{\sqrt{3}}.$$

이제껏 오래 기다린 덕분에 우리는 위의 추론을 통해 예상보다 더 많은 정보를 얻게 되었다. 무슨 말이냐면 이렇다. 60°인 각 B 또한 직각삼각형의 예각이고 우리는 모든 변의 길이를 알고 있다. 따라서 $\sin B$는 각 B의 대변(높이)을 빗변으로 나눈 값이므로 다음이 얻어진다.

$$\sin 60° = \frac{\sqrt{3}}{2}.$$

마찬가지로, 코사인과 탄젠트의 정의를 이용하면 다음이 얻어진다.

$$\cos 60° = \frac{1}{2}, \quad \tan 60° = \sqrt{3}.$$

30°에 관한 비들을 찾기 위해 단순한 예를 골랐음을 우리는 인정한다. 대다수의 각들에 대해서는 비를 쉽게 찾을 수 없는데, 값을 찾으려면 상당한 정도의 기하학이 적용되어야 한다. 0°부터 90°까지 각의 비를 결정하는 과정은 그다지 흥미롭지 않다. 다행히 이런 값들은 히파르코스와 프톨레마이오스가 알아냈는데, 그 내용은 프톨레마이오스의 『알마게스트』에 도표 형태로 정리되어 있다. (이 도표들은 후대의 여러 수학자들이 확인했고 또한 확장되었다.) 따라서 우리는 "삼각비 도표"에 나오는 그들의 결과를 그저 이용하기로 하자(부록 참고).

도표에는 0°부터 90°까지 각각의 각에 대한 사인, 코사인 및 탄젠트 값이 나온다. 0°부터 45°까지의 각들은 왼쪽 열에 배치했으며 페이지 상단에 표제를 붙였다. 가령, 30°가 나오는 줄의 탄젠트 아래에는 0.5774라고 적혀 있다. 이 수는 $1/\sqrt{3}$의 근삿값이다. 45°부터 90°까지 각의 사인, 코사인 및 탄젠트 값에 대해서는 오른쪽 열에 배치했으며 표제는 페이지의 맨 아래에 두었다. 가령, sin 60°를 찾으려면 오른쪽 열에서 60°를 찾고 사인이라는 용어 위에 보면 0.8660이 나온다. 이 수는 $\sqrt{3}/2$의 근삿값이다.

이 도표는 도뿐 아니라 분과 초까지 담긴 각들에 대한 비는 알려주지 않는다. 그런 도표들도 존재하긴 하지만, 기본 개념은 동일하므로 우리는 굳이 그것까지 사용하지는 않을 테다. 도표에 나오지 않는 각에 대한 삼각비의 값이 필요할 경우, 해당 본문에서 제시된다.

이 도표를 거꾸로 이용할 수 있다는 점도 주목하자. 가령, tan A = 1.7321이라면 탄젠트 열을 위아래로 다니면서 1.7321을 찾는다. 그 다음에 왼쪽(이 수를 찾는 위치에 따라서는 오른쪽이 될 수도 있다)을 바라보면, 이 주어진 탄젠트 값에 해당하는 각을 찾을 수 있다. 이 경우에는 오른쪽에서 각, 가령 60°를 선택해야 한다. 만약 도표가 정확한 값을 갖고 있지 않으면, 우리의 목적상 그 값에 가장 가까운 값을 찾으면 족하다.

연습문제

1. 그림 7.5에 나오는 이등변직각삼각형을 이용하여 sin 45°, cos 45° 그리고 tan 45°를 계산하라.
2. 삼각비 도표를 이용하려 다음을 구하라.

   a)sin 20° b)sin 70° c)cos 35°

   d)cos 55° d)cos 55° f)tan 80°

3. 본문의 그림 7.3을 이용하여 각 A가 0°부터 90°까지 변할 때 코사인 값의 범위를 결정하라.
4. 본문의 그림 7.3을 이용하여 각 A가 0°부터 90°까지 변할 때 탄젠트 값의 범위를 결정하라.

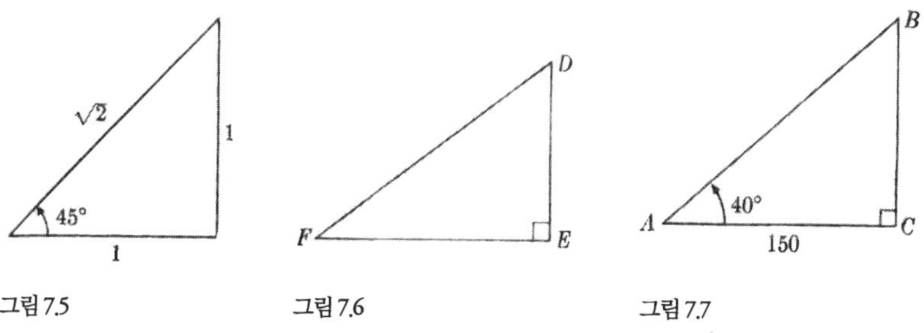

그림 7.5 그림 7.6 그림 7.7

5. A와 B가 직각삼각형의 두 예각일 때, $\sin A = \cos B$이고 $\cos A = \sin B$임을 보여라.
6. $\cos(90° - A) = \sin A$이고 $\sin(90° - A) = \cos A$임을 증명하라.
7. 임의의 예각에 대하여 $\sin^2 A + \cos^2 A = 1$임을 보여라. 여기서 $\sin^2 A$라는 표기는 $(\sin A)(\sin A)$ 즉 $\sin A$의 제곱을 의미한다. 이 결과를 이용하여 삼각비를 계산할 수 있는가? 그렇다면 어떻게 그럴 수 있는가?
8. 그림 7.6의 변 DE, EF 및 FD의 관점에서 각 D의 사인, 코사인 및 탄젠트를 정의하라.

7.3 삼각비의 몇 가지 일상적인 용례

광대하게 펼쳐진 지구 표면이나 천체들에 관해 조사하기 전에 우선 조금 단순하고 편안한 상황에서 삼각비로 무엇을 할 수 있는지 알아보자. 그림 7.7에 나오는 절벽 $\overline{BC}$의 높이를 구해야 한다고 가정하자. 물론, 절벽을 올라가 점 B에서 밧줄을 내려 C까지 닿게 한 다음에 밧줄을 끌어올려 B부터 C까지 펼쳐진 길이를 잴 수도 있다. 하지만 높은 곳을 좋아하지 않는 사람들에게 특히 권장할만한 더 쉬운 방법이 있다.

절벽을 올라가는 대신에 C에서부터 임의의 편리한 지점 A까지 지상으로 걸어가도 된다. 그리고 C에서 A까지의 거리를 잰다. 그 거리가 150피트라고 가정하자. A에서 한 사람은 평지 $\overline{AC}$와 A부터 B까지 올려다본 시선 사이의 각을 잰다. 측량사라면 이 목적을 위해 전경의(轉鏡儀)라는 측량 기구를 사용하겠지만, 주머니에 넣고 다닐 수 있는 더 간단한 도구인 각도기가 있다. 재어보니 각 A가 40°라고 하자. 우리는 변 BC의 길이에 관심이 있는데 변 AC의 길이는 이미 알고 있다. 이 두 변이 각 A의 대변이자 이웃변이라는 사실은 탄젠트 비를 사용할 수 있음을 넌지시 알려준다. 따라서 이렇게 적을 수 있다.

$$\tan 40° = \frac{\overline{BC}}{150}$$

이 식은 수에 관한 것이므로, 동일한 값들에 동일한 값을 곱한 결과는 동일하다는 공리를 적용할 수 있다. 따라서 양에 150을 곱해도 된다. 그러면 다음이 얻어진다.

$$150(\tan 40°) = \overline{BC}$$

이제 tan 40°는 히파르코스와 프톨레마이오스가 정성스럽게 마련해놓은 도표에서 찾을 수 있는데, 찾아보면 0.8391이다. 따라서

$$\overline{BC} = 150(0.8391) = 126.$$

따라서 답은 126피트이다. 여기서 계산 결과를 깔끔하게 하기 위해 소수점 이하는 무시했다. 어차피 150피트란 수치도 소수점 이하를 버리거나 반올림해서 얻은 값이기 때문이다.

연습문제

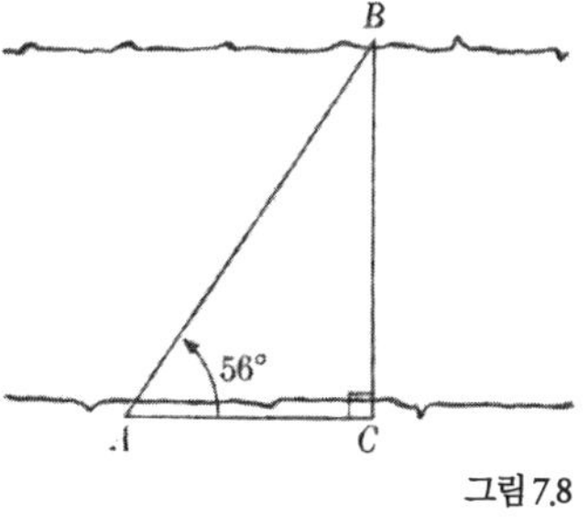

그림 7.8

1. 협곡(그림 7.8)의 폭 $\overline{BC}$를 재기 위해 C에 있는 측량사는 어느 편리한 지점 A까지 모서리를 따라 걷는다(모서리와 나란히 걷는 편이 나을 것이다). 그리고 선 $\overline{AC}$와 각 A를 잰다. $\overline{AC}$가 300피트이고 각 A가 56°라고 하자. $\overline{BC}$는 얼마인가?
2. 뉴욕의 엠파이어스테이트빌딩에서 어떤 거리만큼 떨어진 지상의 한 점에서한 관찰자는 빌딩의 꼭대기까지의 시선과 지상과의 각이 5°임을 알았다

(그림 7.9). 빌딩은 높이가 1248피트이다. 관찰자는 빌딩으로부터 얼마나 멀리 떨어져 있는가?

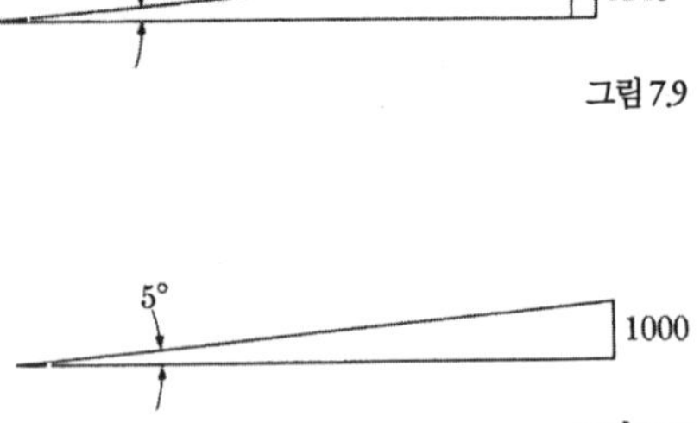

그림 7.9

3. 철도를 놓을 계획인데, 이 철도는 5°의 경사로 1000피트 높이까지 올라가야만 한다(그림 7.10). 철도의 길이는 얼마여야 하는가?

그림 7.10

4. 등대의 불빛은 해발 400피트이다(그림 7.11). 그리고 등대 주위의 바다는 등대 바닥에서부터 300피트까지 뻗어 있는 암초에 막혀 있다. 해발 20피트 높이의 배 갑판에 있는 한 선원이 수평 위치와 등대 불꽃까지의 시선 사이의 각을 재었더니 50°였다. 배는 암초가 없는 안전지대에 있는가?

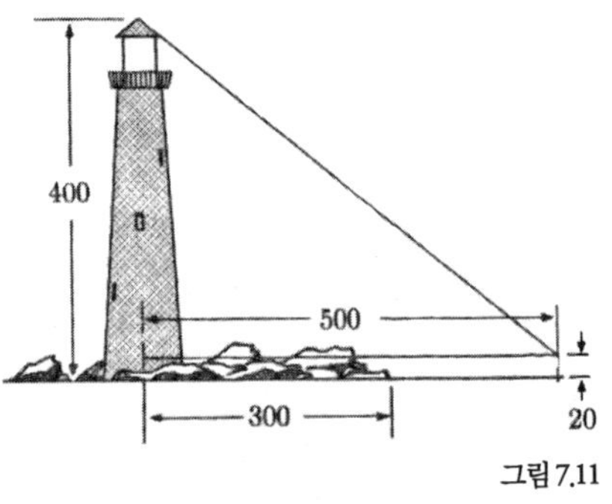

그림 7.11

5. 알렉산드리아 시대 그리스 수학자이자 공학자인 헤론은 산의 양쪽 끝에서 동시에 공사를 시작해 파낸 곳을 서로 만나게 하여 터널을 뚫을 수 있음을 보여주었다. 그는 한쪽 편에 편리한 점 A를 정했고 다른 쪽 편에 편리한 점 B를 정했으며, 마지막으로 각 ACB가 90°가 되는 점 C를 정했다(그림 7.12). 그 다음에 $\overline{AC}$ 와 $\overline{BC}$를 쟀더니 길이가 각각 100피트와 75피트였다. 이어서 헤론은 각 A와 각 B를 계산하는 것이 가능하다고

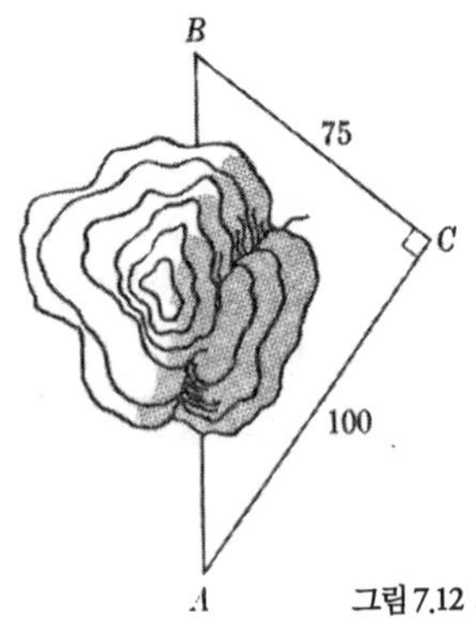

그림 7.12

말했다. 그는 A에 있는 일꾼들에게 그렇게 계산된 각 A가 AC와 이루는 선을 따라서 터널을 파라고 지시했고 B에 있는 일꾼들에게도 비슷한 지시를 내렸다. 그는 각 A와 각 B를 어떻게 계산했을까?

6. 삼각비를 이용하여 지구의 반지름을 계산할 수 있는데, 물론 이 경우에는 평면 기하학을 이용하여 둘레를 계산할 수도 있다. 그 방법은 에라토스테네스의 절차의 한 대안이다. 지표면에서 3마일 위에 있는 점 A(A는 산꼭대기나 비행기의 위치일 수 있다)로부터 한 관찰자는 지평선을 내려다본다. 그림 7.13에 있는 그의 시선 $\overline{AC}$는 지표면에 접선이다. 유클리드 기하학의 한 정리에 따르면,

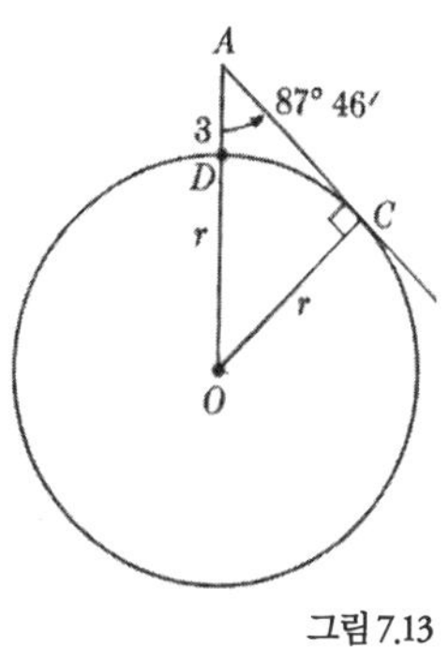

그림 7.13

지구의 반지름 OC는 C에서의 접선과 수직이다. 따라서 삼각형 ACO는 직각삼각형이다. 각 A의 크기가 87° 46′라고 하자. $\overline{OC}$의 길이를 r로 나타내 보자. 그러면 이렇게 말할 수 있다.

$$\sin 87°46' = \frac{r}{r+3}\cdot$$

sin 87° 46′이 0.99924임을 이용하여 r을 계산하라.

* 7.4 지구의 지도를 만들기

앞서 말했듯이, 지리는 알렉산드리아인들의 주요 관심사 중 하나였다. 이 분야에서 히파르코스와 프톨레마이오스는 자신들이 만든 삼각법의 도움을 받아 위대한 진전을 이루었다. 그들이 중요한 장소의 위치를 어떻게 결정했는지 그리고 그런 장소들 사이의 거리를 어떻게 계산했는지 알아보자.

히파르코스는 이전 시대에 이미 나왔던 아이디어, 즉 위도와 경도 정하기 방법을 체계적으로 사용했다. 지구는 물론 구다. 지구의 중심을 중심 O로 삼는 여

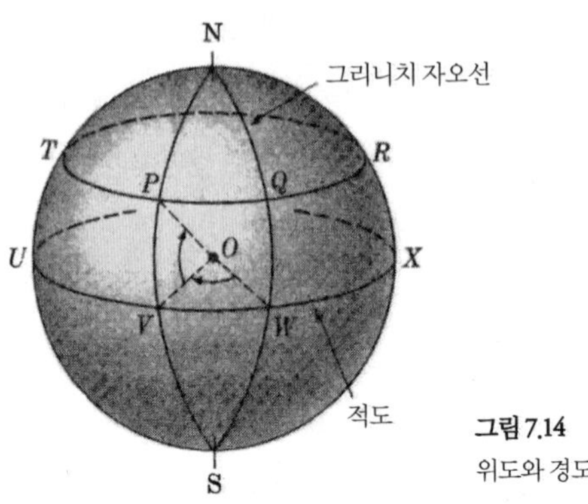

그림 7.14
위도와 경도

러 원들을 살펴보자. 이 원들 각각은 그림 7.14의 남극과 북극, 즉 *N*과 *S*를 지난다. 그러므로 *NWS*는 그런 원의 절반이다. 나머지 절반은 그림의 뒤쪽으로 돌기 때문에 보이지 않는다. 마찬가지로 *NVS*도 그런 원의 절반이다. 명백히 알 수 있듯이, 우리는 그런 원이 *N*, *S* 및 지표면의 다른 임의의 점을 지난다고 여길 수 있다. *N*부터 *S*까지의 각각의 반원을 가리켜 경도 또는 경도 자오선이라고 한다.

이런 여러 선들을 구별하기 위해 우리는 또 하나의 원 *XWVU*를 도입하는데, 이 원은 경도선과 수직이며 두 극의 가운데에 위치한다. 이 원을 적도라고 한다. 이제 예를 들어 경도선들 가운데 하나인 *NWS*를 출발선으로 삼는다. (오늘날 이 선은 영국의 그리니치를 지난다.) 그 다음으로 우리는 다른 임의의 선, 가령 그림의 *NVS*를 고려한다. 지구의 중심 *O*에서 선 *VO*와 *OW*에 의해 생긴 각 *VOW*는 *NVS*상의 임의의 점의 경도라고 한다. 그러므로 경도는 각이다. *NWS*의 왼쪽에 있는 경도의 자오선들을 오른쪽에 있는 것들과 구별하기 위해, 전자에 의해 결정된 각도들을 나타낼 때는 "서경"이라는 용어를 사용하고 후자들에 의해 결정된 각도들을 나타낼 때는 "동경"이라는 용어를 사용한다.

그러므로 지표면의 임의의 점은 확정적인 경도를 갖는다. 하지만 반원 *NVS*상의 모든 점들은 경도가 똑같다. 어떻게 이런 점들 가운데 한 점을 다른 점과 구별해야 할까? 답은 이렇다. 지구 주위를 도는 수평의 원들을 도입하면 된다. 적도는 그런 원들 가운데 하나이며, 그림에 나오는 원 *TPQR*도 그런 원이다. 분명 우리는 적도와 평행한 평면들에 위치하는 그런 원들을 많이 도입할 수 있다. 이런 원들을 가리켜 위도의 원이라고 한다. 이번에도 우리는 이런 원들 간을 구별해야 하는 문제에 직면한다. 이를 해결하는 방법은 지구의 중심에서 생기는 각, 가령 그림 7.14의 *POV*를 도입하는 것이다. 여기서 *P*는 위도의 원 상의 임의의 점이며 *O*는 지구의 중심이며 *V*는 적도 상 그리고 *P*를 지나는 경도 자오선 상의 점이다. 각 *POV*를 가리켜 *P*의 위도라고 한다. 만약 *P*가 적도의 북쪽에 있으면 이 점은 북위를 갖는다고 한다. 반면에 *P*가 적도의 남쪽에 있으면 이 점은 남위를 갖는다고 한다. 그러므로 동일한 경도 자오선 상의 점들은 위도가 서로 다른 것으로 구별된다.

점 *P*는 지표면의 전형적인 한 점인데, 그 위치는 이제 위도와 경도에 의해 표현된다. 가령, 그것은 북위 30°이고 서경 50°일지 모른다. 이 경우, 각 *POV*가 30°이며 각 *VOW*가 50°이다. *P*의 북쪽이나 남쪽에 있는 임의의 점, 즉 동일한 자오선 상에 있는 임의의 점은 *P*와 경도가 같지만 위도가 다르다. *P*의 동쪽이나 서쪽에 있는, 즉 동일한 위도의 원에 있는 임의의 점은 *P*와 위도가 같지만 경도가 다르다.

우리는 이제껏 지표면의 임의의 점의 위도와 경도가 무슨 의미인지 설명했다. 하지만 임의의 주어진 점 *P*에 대한 위도와 경도는 어떻게 결정해야 할까? (어쨌든, 우리는 지구의 중심을 관통해서 각 *POV*와 *VOW*를 측정할 수는 없다.) 쓸 수 있는 방법은 무수히 많다. 우리는 한 단순한 방법을 써서 지구의 위도와 경도를 결정할 수 있는지를 알아볼 것이다. 점 *P*의 위도를 구한다고 하자(그림 7.15). 대략 3월 21일인 춘분날에 태양은 적도의 평면에 있으며 그날 정오에는 경도 자오선의 평면에 있다. *P*에 있는 사람이 보기에 머리 위 방향은 *PA*이며, 태양의 방향은 *PZ′*이다. 태양은 너무나 멀리 있기에 *PZ′*와 *VZ*는 평행선이

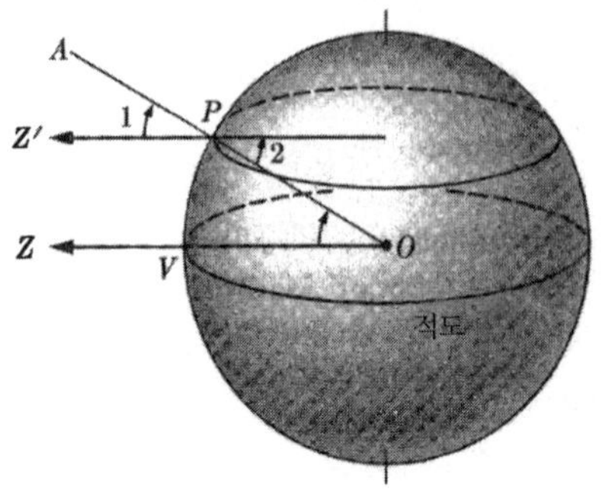

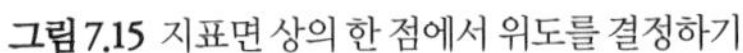
그림 7.15 지표면 상의 한 점에서 위도를 결정하기

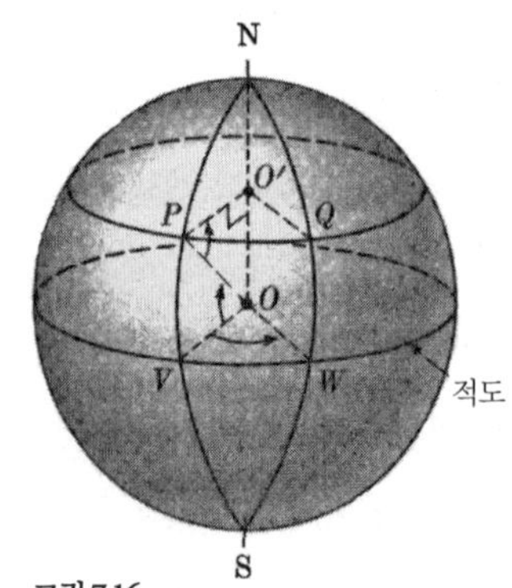

그림 7.16

라고 볼 수 있다. 그렇다면 각 2는 위도의 각 *POV*와 동일하다. 두 각은 평행선의 엇각이기 때문이다. 그리고 각 1은 각 2와 같다. 서로 맞꼭지각이기 때문이다. 따라서 각 1은 *P*의 위도와 같다. 그런데 각 1은 측정할 수 있다. 태양의 방향과 *P*에서의 머리 위 방향 사이의 각이기 때문이다. 이리하여 *P*의 위도를 결정할 수 있다.

지구 상의 장소의 경도를 찾기 위한 방법과 더불어 위도를 측정하는 다른 방법들도 있다. 흥미롭게도 위도를 측정하는 방법이 훨씬 더 쉽다. 바다에서 배에 타서 경도를 정확하게 결정하는 문제는 십팔 세기 중반까지 풀리지 않았다. 이에 대해서는 나중에 더 자세하게 알아보도록 하자.

위의 논의를 통해 우리는 지구 상의 장소에서 위도와 경도를 정할 수 있음을 알았다. 그렇다면 두 장소가 얼마나 멀리 떨어져 있는지도 알 수 있을까? 물론 그럴 수 있는데, 그 과정을 설명하겠다. 점 *P*(그림 7.16)가 뉴욕시라고 하자. 뉴욕시는 북위 41° 서경 74°이다. 따라서 각 *POV*는 41°이고 각 *VOW*는 74°이다. 우선 다음 질문에 대한 답을 찾아보자. 뉴욕시는 적도에서 얼마나 북쪽으로 멀리 떨어져 있는가? 이 질문의 답은 쉽다. 우리가 찾는 거리는 호 *PV*이다. 그런데 각 *POV*는 41°이며 호 *PV*는 반지름이 지구의 반지름인 원의 호이다. 따라서 호

PV는 전체 각이 360° 지구 둘레 가운데 41° 각도만큼의 호의 길이이다. 즉, 지구의 둘레의 길이를 25,000마일로 택한다면,

$$PV = \frac{41}{360} \cdot 25,000 = 2847.$$

따라서 뉴욕시는 적도로부터 2847마일 북쪽에 있다.

이제 뉴욕시가 위도는 동일하고 경도는 0°인 점 Q에서 서쪽으로 얼마나 떨어져 있는지 계산하자. 이 점 Q는 실제로 스페인의 작은 도시 모렐라의 위치이다. 모렐라는 마드리드에서 동쪽으로 약 200마을 떨어진 도시이다. 뉴욕시의 경도가 74°이므로 각 VOW는 74°이다. 그런데 우리가 찾고자 하는 거리는 호 VW가 아니라 호 PQ이다. 이제 호 PQ는 P를 지나는 위도의 원 상에 있다. 이 원은 NS를 지나는 직선 상의 O'에 중심을 두고 있다. 이 원의 반지름인 $O'P$는 지구의 반지름이 아니다. 만약 $O'P$를 계산할 수 있다면, 이 위도의 원의 둘레를 계산할 수가 있다. 그리고 각 $PO'Q$ 또한 74°이므로 호 PQ도 계산할 수 있다.

그렇다면 이 문제는 $\overline{O'P}$를 찾는 문제로 바뀐다. 물론 찾을 수 있다. 반지름 $O'P$는 삼각형 $OO'P$의 한 변이다. 게다가 $\overline{OO'}$는 $\overline{O'P}$와 수직이다. 따라서 우리는 직각삼각형을 얻었다. $\overline{O'P}$와 $\overline{OV}$는 평행선이므로 각 $O'PO$는 P의 위도와 같다. 왜냐하면 각 $O'PO$와 각 POV는 평행선의 엇각이기 때문이다. 따라서 삼각형 $O'PO$에서

$$\cos 41° = \frac{\overline{O'P}}{\overline{OP}}$$

즉

$$\overline{O'P} = \overline{OP} \cos 41°.$$

여기서 $\overline{OP}$는 지구의 반지름, 즉 4천 마일이다. 삼각비 도표에서 cos 41°는 0.7547이다. 따라서

이제 호 PQ를 계산할 수 있다. 이 호는 반지름이 3019마일인 원의 둘레의 길이의 74/360이다. 따라서

$$O'P = 4000 \cdot 0.5747 = 3019.$$

π의 근삿값 3.14를 이용하면, 다음 결과가 나온다.

$$PQ + \tfrac{74}{360} \cdot 2\pi \cdot 3019.$$

그러므로 뉴욕시는 스페인 모렐라에서 서쪽으로 3897마일 떨어져 있다.

$$PQ = 3897.$$

우리는 동일한 경도 자오선 상의 두 점 사이의 거리 그리고 동일한 위도의 원 상의 두 점 사이의 거리를 계산했다. 동일한 경도나 동일한 위도가 아닌 지표면 상의 두 점 사이의 거리를 계산하는 방법도 조사할 수 있다. 하지만 삼각비를 어떻게 이용할 수 있는지 이해하는 차원에서 보자면 이제껏 살펴본 방법으로 충분하다. 여기서 한 가지 짚고 넘어가야 할 것이 있다. P와 Q(그림 7.17)가 지표면의 두 점이라고 가정하고서 질문을 살펴보자. 두 점 사이의 거리는 얼마인가? 여기서 거리란 점 P와 점 Q 사이의 직선 거리를 의미하지 않는다. 그런 직선은 지표면 상에 존재하지 않기 때문이다. 지표면을 따라 점 P에서 점 Q까지의 거리는 곡선의 호임이 틀림없다. 그렇다면 어느 것을 선택해야 할까? 지구의 중심을 중심 O로 삼으면서 점 P와 Q를 지나는 원을 선택한다면, 이른바 대원(大圓, great circle)(이 대원은 프톨레마이오스 체계의 행성 운행 궤도에서 나오는 대원(deferent)과는 다른 개념이다-옮긴이)이 얻어진다. 이 대원을 따라 점 P에서 점 Q까지 나 있는 두 호 가운데 작은 것이 구면을 따라 점 P에서 점 Q까지의 최단 거리이다. 우리가 증명은 하지 않겠지만, 구면기하학의 이 정리가 중요한 까닭은 배나 비행기가 시간과 경비를 아끼려면 어떤 경로를 택해야 하

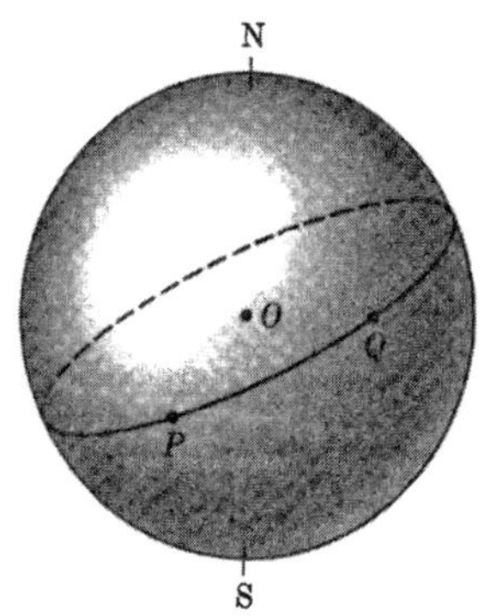

그림 7.17
지표면의 대원

는지를 알려주기 때문이다.

이 정리를 동일한 위도의 원에 놓인 두 점 사이의 최단 거리 이동과 연관시켜 살펴보자. 뉴욕과 스페인 모렐라가 그런 예다. 이 경우라 하더라도 한 주어진 점의 (이동 방향에 따라) 정 동쪽이나 정 서쪽의 점에 도착하려고 할 때, 위도의 원은 가장 짧은 경로가 아니다. 왜냐하면 그 원은 대원이 아니기 때문이다. 사실, 앞서 보았듯이 위도의 원은 중심이 O'이고(그림 7.16) 지구의 중심은 O이다.

지구 상의 장소들의 위도와 경도 및 장소들 사이의 거리를 결정하기는 항해뿐 아니라 지도제작에서도 중요하다. 히파르코스와 프톨레마이오스도 둘 다 고대 세계의 지도를 만들었다. 이들이 사용한 수학적 방법을 설명하지는 않겠지만, 우리는 지도제작의 문제에 관심을 기울이고 싶다. 지도는 지구 상의 장소들의 상대적 위치를 평평한 종이 위에 재현해야 한다. 그런데 지구는 구이기에, 고대 그리스인들 가운데 가장 걸출한 이 둘로서도 어쩔 수 없는 것은 구를 잘라서 평평하게 펼치려면 주름이 지거나 접히거나 늘어나거나 재료가 찢어지지 않을 수 없다는 사실이었다. 이 말이 무슨 뜻인지는 귤의 껍질을 벗겨 평평하게 펼쳐 놓으려고 해보면 쉽게 이해할 수 있다.

왜곡 없이 구를 평평하게 만들기란 불가능하므로, 구에 존재하는 장소들 사이의 관계를 평평한 종이에 재현하려면 필연적으로 넓이가 왜곡되거나 아니면 장소들 간의 상대적인 방향이나 거리가 왜곡될 수밖에 없다. 그래서 히파르코스와 프톨레마이오스는 여러 가지 지도제작법을 고안했는데, 이들 각각은 어느 한 가지 이상의 목적에 유용한 것이 특징이다. 가령 어떤 방법은 넓이를 보존하고, 또 다른 방법은 방향을 보존하고, 또 어떤 방법은 대원을 직선에 사영시켜서 구면 상의 두 점 사이의 최단 거리가 지도 상의 최단 거리로 표현될 수 있도록 한다. 하지만 어떠한 지도도 모든 측면에서 실제 상황을 올바르게 재현할 수는 없다.

연습문제

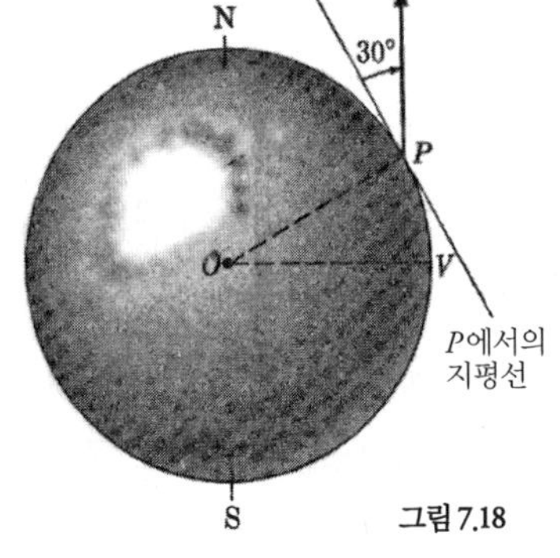

그림 7.18

1. 지표면의 점 P(그림 7.18)의 위도를 결정하기 위해, 점 P에 있는 관찰자는 점 P에서의 지평선과 북극성 방향 사이의 각을 측정한다. 이 각이 30°로 나온다. 점 P의 위도는 얼마인가?
2. 남극에서 북극으로 자오선을 따라 이동할 때, 위도는 어떻게 변하는가?
3. 0° 자오선 상의 어떤 점에서 서쪽으로 이동한다고 하자. 경도는 어떻게 변하는가?
4. 위도 30°의 원과 위도 40°의 원 가운데서 어느 것이 반지름이 더 큰가?
5. 어떤 이가 자오선을 따라 이동하면서 위도를 2°만큼 바꾼다면(그림 7.19), 이 사람의 이동 거리는 얼마인가?
6. 어떤 이가 위도 41°의 원을 따라 정 서쪽으로 이동하여 경도가 5° 바뀌었다(그림 7.20). 이 사람은 얼마나 많이 이동했는가?
7. 하루(24시간)에 지구는 360° 회전한다. 따라서 사람은 결과적으로 원을 한

바퀴 완전히 도는 셈이다. 위도 41°에 있는 사람은 얼마나 많이 이동했는가?

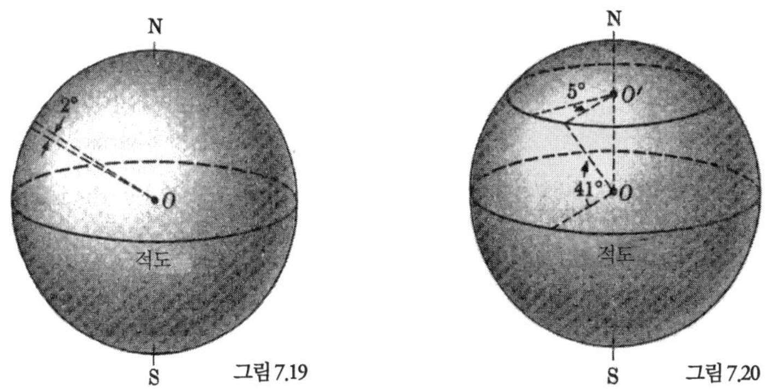

그림 7.19

그림 7.20

* 7.5 하늘의 지도를 만들기

지표면의 장소들에 대한 위도와 경도 그리고 장소들 사이의 거리를 결정하고 난 다음에 히파르코스와 프톨레마이오스는 훨씬 더 야심찬 문제에 도전했다. 바로 천체들의 크기와 거리를 계산했던 것이다. 고전 시기 그리스인들은 정말로 이런 크기와 거리를 궁리하긴 했지만, 심미적인 원리에 훨씬 더 치중했지 예리한 관찰, 각도의 측정 및 수치적 계산을 소홀히 했기에, 그들이 내놓은 결론은 터무니없을 때가 왕왕 있었다.

알렉산드리아 시기 그리스인들은 정량적인 천문학을 확고하게 발전시켰다. 앞서 우리가 언급했듯이 그들은 측정에 훨씬 더 끌리는 기질이었다. 게다가 히파르코스를 포함해 그들 중 다수는 천문 관측 도구와 해시계 및 물시계를 개량시켰는데, 이런 장치 덕분에 관측이 이루어지는 시간을 더욱 정확하게 알 수 있었다. 또한 히파르코스와 프톨레마이오스는 알렉산드리아에서 풍부한 천문 데이터를 마음껏 이용할 수 있었다. 이집트인, 바빌로니아인 및 알렉산드리아인들이 오랜 세월 모아 놓은 천문 관측 자료였다. 이 사람들이 어떻게 천체를 "삼각측량"했는지 알아보자. 우리는 그들이 마련한 절차를 그대로 따라가기보

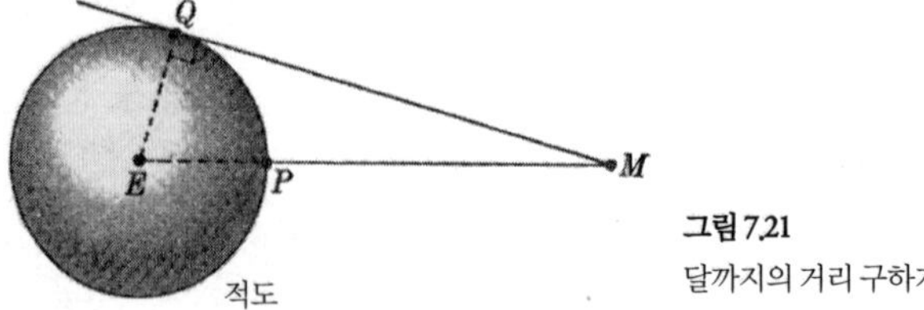

그림 7.21
달까지의 거리 구하기

다는 핵심적인 원리만을 보여주고자 한다.

우선 달까지의 거리를 어떻게 구할 수 있는지부터 살펴보자. 점 P와 점 Q(그림 7.21)는 지구의 적도 상의 두 점으로서 다음 조건들을 만족한다. 달은 P의 바로 위에 놓여 있다. 즉, 점 M으로 표현되는 달은 지구의 중심 E와 점 P를 지나는 직선 상에 존재한다. 달은 매달 어느 횟수만큼 이 위치에 있다. 점 Q는 달이 그 점에서 바로 보이는 곳으로 정해진다. 무슨 뜻이냐면, 달은 점 P에 가까운 지점들에서는 확실히 보이지만 적도를 따라 점 Q보다 더 먼 지점에서는 보이지 않는다. 이렇게 말할 수도 있다. 즉, 직선 MQ는 점 Q에서 적도의 접선이다. 직선 EQ를 그어보자. 각 EQM은 직각삼각형이다. 원의 반지름을 접선의 접점까지 그으면, 반지름은 접선과 직각이 되기 때문이다.

이제 직각삼각형이 얻어졌다. 게다가 $\overline{EQ}$ 는 지구의 반지름이므로 이미 알려진 값이다. E에서의 각은 점 P와 점 Q의 경도의 차이인데, 지구 상의 장소의 경도는 알려져 있으므로, 각 E도 알려져 있다. 오늘날 이 각은 89° 4′로 알려져 있는데, 이는 히파르코스와 프톨레마이오스가 자신들의 관측 도구로 얻을 수 있었던 값보다 훨씬 더 정확하다. $\overline{EM}$의 계산은 이제 식은 죽 먹기다. 왜냐하면

$$\cos E = \frac{\overline{EQ}}{\overline{EM}}$$

$\cos E$의 값, 즉 $\cos 89° 4'$를 이 책에 나와 있는 것보다 더 자세한 삼각비 도표에서 찾아보면 0.0163이다. 게다가 $\overline{EQ}$는 4000마일이다. 그러므로

$$0.0163 = \frac{4000}{\overline{EM}}.$$

이 식의 양변에 $\overline{EM}$을 곱한 다음에 0.0163으로 나누면

$$\overline{EM} = \frac{4000}{0.0163} = 245,000.$$

이리하여 $\overline{EM}$ = 245,000마일이라는 결과가 나왔다. 여기에다 지구의 반지름 *EP*를 빼면 지표면에서 달까지의 거리 *PM*은 241,000마일이다. 히파르코스는 약 280,000마일이라는 수치를 내놓았다. *E*의 각도 측정이 그다지 정확하지 않았기 때문이다.*

이와 똑같은 방법을 이용하여 태양까지의 거리도 구할 수 있다. 이때는 점 *M*(그림 7.21)이 태양을 나타낸다. 하지만 거리 *PM*과 *QM*은 태양의 경우에는 훨씬 크기 때문에 각 E는 더 크며 90°에 매우 가깝다. 게다가 이 각은 매우 정확하게 측정해야만 한다. 왜냐하면 각의 작은 오차가 $\overline{PM}$의 값에 큰 오차를 내기 때문이다. 그런 까닭에 몇 백만 마일로 제시된 히파르코스와 프톨레마이오스의 결과는 그들 스스로도 알아차렸듯이 매우 부정확했다(연습문제 1 참고).

이제 달의 반지름을 구해보자. 이전 계산에서는 달을 점으로 간주했지만, 이처럼 이상화시키는 과정은 달의 반지름을 구할 때는 분명 해당되지 않는다. 대신 달을 중심이 *M*이고 반지름이 *MR*인 작은 구로 간주하자(그림 7.22). 지표면 상의 점 *E*에서, 관찰자는 *E*에서 달의 중심 방향의 직선 *EM*과 달 표면의 접선인 직선 *ER* 사이의 각을 잰다. 이 각은 15′인 것으로 밝혀졌다. 달을 한 점으로 이상화시켰을 때 지구에서 달까지의 거리는 이미 알고 있다. 비록 이 거리가 그림 7.22의 $\overline{EM}$과 정확히 일치하지는 않지만, 이 거리를 이용하도록 하자. 곧 알게 되겠지만 이때의 오차는 사소하다. 따라서 $\overline{EM}$을 241,000마일로 볼 수

---

* 지구에서 달까지의 거리는 해마다 다르다. 위의 값은 평균값이다.

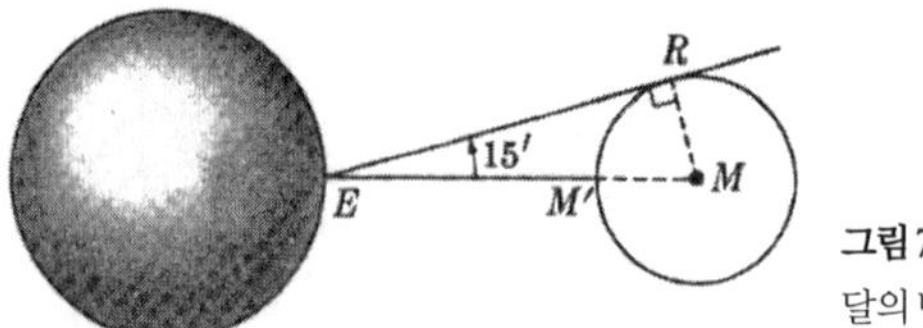

그림 7.22
달의 반지름 구하기

있다. 이제 다시금 접선의 접점까지 그은 원의 반지름은 그 접선에 수직이라는 유클리드의 정리를 이용한다. 위의 그림에서 이 정리를 이용하면 $\overline{MR}$은 $\overline{ER}$과 수직이다. 그러므로 직각삼각형 EMR에서 다음 식이 성립한다.

$$\sin E = \frac{\overline{MR}}{\overline{EM}}$$

여기서 각 $E = 15'$이므로, 분 단위까지 나오는 사인 값을 알려주는 도표에서 찾으면 $\sin 15'$는 0.0044이다. 그리고 $\overline{EM}$은 241,000이다. 따라서

$$0{,}0044 = \frac{\overline{MR}}{241{,}000}$$

그러므로

$$\overline{MR} = 241{,}000 \cdot 0.0044 = 1060.$$

따라서 달의 반지름은 1060마일이다. 달의 중심까지의 거리를 241,000마일로 삼았을 때 생긴 오차는 그다지 클 리가 없다. 달의 반지름은 고작 1060마일에 지나지 않기 때문이다. 241,000 마일의 거리는 실제로는 거리 EM'이다. 왜냐하면 달까지의 거리를 구할 때 우리는 달의 표면만을 볼 수 있기 때문이다. (달의 반지름을 구하는 더 정확한 계산은 연습문제 3을 참고하기 바란다.) 흥미롭게도 히파르코스가 구한 달의 반지름은 1,333마일이었다. 각 E의 측정이 현대에 비해 정확하지 않았기 때문이다.

달의 반지름을 구하는 데 쓰인 방법은 태양의 반지름을 구하는 데도 적용될 수 있다. 이 경우 그림 7.22의 점 M은 태양의 중심이 되고 거리 EM은 태양까지

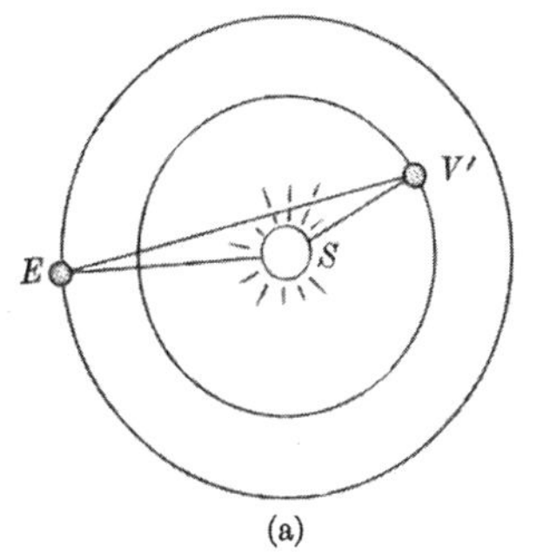

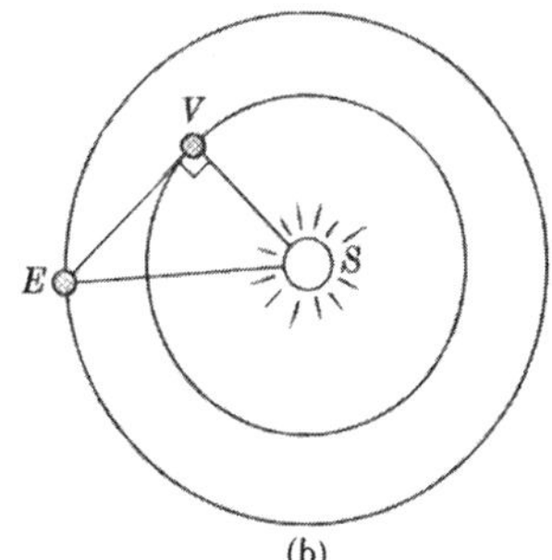

그림 7.23 태양에서 금성까지의 거리 구하기

의 거리가 된다. (연습문제 2 참고). 각 E는 달인 경우와 거의 동일하다. 이는 달이 지구와 태양 사이에 위치할 때 달이 태양을 거의 다 가린다는 사실에서 예상할 수 있는 결과이다.

달 및 태양까지의 거리 그리고 달과 태양의 반지름도 지구에서 실시한 측정을 통해 알아낼 수 있다. 하지만 이번에는 금성에서 태양까지의 거리를 계산하길 원한다고 하자. 이전의 방법을 사용하려면 금성에서 측정을 해야만 한다. 물론 우리는 금성으로 여행가는 것이 가능한 시대가 곧 올 것이고, 그때가 되면 금성에서 직접 측정을 실시할 수 있을 것이라고 기대할 수 있지만, 그러기 전까지는 우리의 호기심을 충족시키려면 얼마간 덜 직접적인 방법을 도입해야 할 것이다.

세 천체 모두, 즉 지구와 태양과 금성을 점으로 간주하고 지구 및 금성의 공전 경로가 원이라고 가정하자. 어느 때 보더라도 세 천체는 그림 7.23(a)의 삼각형 ESV'의 꼭짓점이다. 지구에서 우리는 각 E의 크기를 관측할 수 있다. 물론 이 각은 지구와 금성이 태양 주위를 돌면서 변하는 값이다.

그림 7.23(b)를 살펴보면 간단하게 알 수 있는 사실은, 각 E가 최대일 때 지구에서 금성에 이르는 직선은 금성이 태양 주위를 도는 경로의 접선이라는 것이다. 각 E가 최대일 때 지구에서 금성까지의 직선은 ES로부터 가장 멀리 떨어져

있으면서 금성이 운행하는 원과 만난다. 그런 직선은 틀림없이 그 원에 접선이다. 한 원의 접선은 접점까지 그어진 반지름에 수직이다. 따라서 반지름 SV(그림 7.23(b))는 $\overline{EV}$에 수직이다. 그렇다면 우리가 해야 할 일은 일 년 중 여러 시기에 각 E를 측정하여 그 값이 가장 클 때를 알아내는 것이다. 이때 $\overline{EV}$는 $\overline{SV}$와 수직이다.

관측 결과에 따르면, 각 E의 최댓값은 47°이다. 그림 7.23(b)에서 E를 47°로 정하면 각 V가 수직이므로 다음 식이 얻어진다.

$$\sin 47° = \frac{\overline{SV}}{\overline{ES}}.$$

삼각비 도표를 보면 sin 47°는 0.7314이다. 거리 ES는 93,000,000마일이다. 따라서

$$0.7314 = \frac{\overline{SV}}{93,000,000}$$

그러므로

$$\overline{SV} = 93,000,000 \cdot 0.7314 = 68,000,000.$$

따라서 금성에서 태양까지의 거리는 68,000,000마일이다.

이런 몇 가지 사례를 통해 우리는 히파르코스와 프톨레마이오스가 어떻게 태양계의 규모에 관한 타당한 값들을 최초로 내놓았는지를 비로소 알 수 있다. 이렇게 해서 나온 수치들은 고대 그리스인들이 보기엔 엄청나게 큰 수였다. 왜냐하면 당시 사람들은 태양계와 우주가 훨씬 더 작다고 믿었기 때문이다.

히파르코스와 프톨레마이오스가 거둔 위대한 업적 덕분에 새로운 천문학 이론이 등장했다. 천체들의 경로를 설명해주고 천체들의 위치를 예측할 수 있게 해준 이론이었다. 다음 장에서 우리는 그 이론을 살펴본다.

연습문제

1. 본문에서 나온 방법을 이용하여 태양까지의 거리를 구하자. 그림 7.24에서 $\overline{QE}$는 지구의 반지름, 즉 4000마일이다. E의 각은 P와 Q의 경도 차이인데 이 경우 89° 59′ 51″이다. $\cos E = 0.000043$일 때 $\overline{ES}$를 구하라.

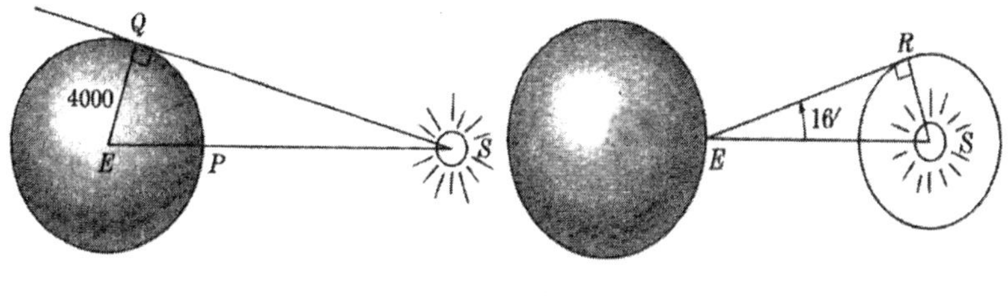

그림 7.24

그림 7.25

2. 본문에 나오는 방법을 적용하여 태양의 반지름을 구하자(그림 7.25). 태양까지의 거리 ES는 93,000,000마일이다. 각 E를 측정했더니 약 16′로 나왔다. $\sin 16' = 0.0046$임을 이용해 반지름 SR을 구하라.
3. 본문(그림 7.22)에서 우리는 거리 $M'M$을 고려하지 않고서 달의 반지름을 구했다. 조금만 더 노력을 기울이면 이 반지름을 고려하여 달의 반지름을 계산할 수 있다. $\overline{RM}$과 같은 값인 $\overline{M'M}$을 r이라고 표시하자. 그렇다면 $\overline{EM'}$는 241,000마일이고 각 E는 15′이므로 다음 식이 나온다.

$$\sin 15' = \frac{r}{241,000 + r}.$$

본문에 나오는 sin 15′의 값을 이용하여 r을 구하라.
4. 본문에 나오는 방법을 이용하여 수성에서 태양까지의 거리를 구하라. 이 경우에 해당하는 각 E는 23°이다.

* 7.6 빛 연구의 진전

이전 장에서 살펴보았듯이, 유클리드는 이미 빛의 성질에 대한 기본적인 법칙

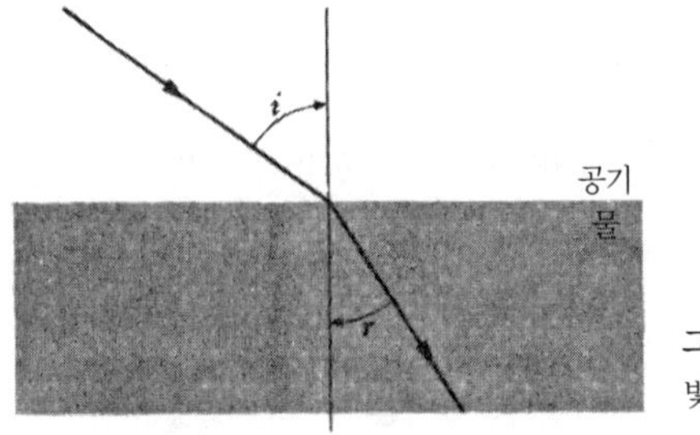

그림 7.26
빛의 굴절

하나를 발견했다. 바로 반사의 법칙이다. 알렉산드리아인들은 빛의 두 번째 기본적인 현상, 즉 빛이 한 매질에서 다른 매질로 진행할 때 방향이 변하는 현상을 연구하기 시작했다.

우리가 종종 목격하듯이, 빛이 공기에서 물로 들어갈 때는 이상한 일이 생긴다. 즉, 곧은 막대기를 물속에 담그면 수면에서 휘어지는 듯 보인다. 아울러 손전등 불빛을 물속으로 비추면 물에 들어갈 때 불빛의 방향이 갑자기 바뀐다. 이처럼 빛이 휘는 현상을 가리켜 굴절이라고 한다. 알렉산드리아인들은 이러한 방향 변화의 정도를 알아내려고 시도했다. 특히, i가 입사광선의 방향이 두 매질을 나누는 면의 수직선과 이루는 각이고(그림 7.26) r이 굴절된 광선이 그 수직선과 이루는 각이라면, 알렉산드리아인들이 알아낸 것은 각 i와 각 r 사이의 관계였다. 그런데 알렉산드리아인들 특히 이 문제를 열심히 파고들었던 프톨레마이오스는 당혹스러웠다. 알고 보니 각 i가 커지면 각 r도 커졌는데, 그렇다고 이런 증가가 단순한 방식으로 일어나지는 않았던 것이다. 더군다나 특정한 각 i에 대응하는 각 r은 임의의 상이한 두 매질에 대해 동일하지 않았다. 가령, 첫 번째 매질이 공기라면, 동일한 i에 대해, 두 번째 매질이 유리일 경우의 r값은 물일 경우의 r값과 달랐다.

프톨레마이오스는 정확한 법칙을 내놓지는 못했지만, 수학적 방법을 하나 내놓았다. 이 방법 덕분에 마침내 네덜란드인 빌레브로르트 스넬과 프랑스인 르네 데카르트가 정확한 굴절의 법칙을 내놓을 수 있었다. 십칠 세기에 나온

이 발견에 따르면, 빛은 유한한 속도로 진행하며 이 속도는 매질에 따라 다르다. 그림 7.26에 나오는 것처럼 두 매질이 서로 맞닿아 있고 v_1이 위쪽 매질에서 빛의 속도이고 v_2가 아래쪽 매질에서 빛의 속도라고 하자. 스넬과 데카르트는 지금 우리의 논의에서 다루기엔 너무 전문적인 논증을 통해 다음 법칙을 알아냈다.

$$\frac{\sin i}{\sin r} = \frac{v_1}{v_2}. \qquad (1)$$

그러므로 빛의 이 현상에 핵심적인 요소는 사인비이다. 여기서 그리고 앞으로도 번번이 우리는 수학적 개념을 더 많이 활용할 수 있을수록 자연 현상을 더 많이 파악할 수 있음을 알게 된다.

구체적인 사례 하나를 살펴보면 굴절 법칙에 곧 친숙해질 것이다. 두 매질을 공기와 물이라고 가정하자. 이 경우 v_1과 v_2의 비는 4:3이다. 그리고 i의 값이 30°라고 할 때, r을 구할 수 있다. $\sin 30° = \frac{1}{2}$이므로 관계식 (1)에서 다음이 얻어진다.

$$\frac{\frac{1}{2}}{\sin r} = \frac{4}{3}.$$

그러므로

$$\frac{1}{2} = \frac{4}{3}\sin r.$$

이 식의 양변에 ¾을 곱하면

$$\sin r = \frac{3}{8} = 0.3750.$$

이제 우리는 사인값이 0.3750인 각을 구해야만 한다. 도표에서 보면 $r = 22°$일 때가 가장 가까운 값이다. 따라서 빛이 물에 들어갈 때 진행 방향과 수직 방향 사이의 각은 30°에서 22°로 변한다.

이제 우리는 빛이 어떻게 굴절하는지 알고 있다. 이 지식을 활용할 수 있을까? 태양이 지평선에 가까이 있다고 가정하자. 물론 태양에서 나오는 빛은 모든 방향으로 퍼지지만, 일부 광선은 수평으로 진행한다. 빛이 수면 위로 진행한다고 가정하자(그림 7.27). 그렇다면 일부 광선은 아주 큰 입사각 i로 물에 들어갈 것이다. 사실 90°에 가깝기 때문에 우리는 각 i를 90°로 간주할 것이다. 여기서 논의할 문제는 이 경우 각 r이 얼마인가 하는 것이다. 답을 구하려면 앞 문단에서 기술한 절차를 따르면 된다. 이번에 각 i는 90°이므로 sin 90°는 1이다. 공식 (1)에 이 값을 대입하면,

$$\frac{1}{\sin r} = \frac{4}{3},$$

즉

$$\sin r = \frac{3}{4}.$$

삼각비 도표를 보면 이를 만족하는 r은 49°이다. 여기서는 방향의 변화가 상당히 크다. 더 이상의 결론을 내리기 전에 90°는 가능한 최대 입사각임에 주목하자. 각 i가 90°보다 작다면 각 r은 49°보다 작을 것이다. 따라서 물에 들어가는 빛의 방향은 수직선과 0°에서 49° 사이의 각을 이룰 것이다.

이제 물속의 점 P(그림 7.27)에 위치한 사람이 자신에게 다가오는 광선 OP를 본다고 하자. 빛은 OP 방향으로 진행하므로 그는 태양이 PO 방향으로 물 위에 위치한다고 결론내릴 것이다. 게다가 광원이 어떠한 것이든 간에 빛이 90° 미만의 입사각으로 물에 들어오면 굴절각은 49° 미만일 것이다. 그런 경우 물속에 있는 사람은 이 빛을 보고서 빛이 입사각이 49° 미만인 광원에서 온다고 결론내릴 것이다. 이 논의의 요점은, 점 P에 있는 사람은 공기 중의 모든 물체들이 수직선에서 49° 각도 이내에 위치한다고 여긴다는 것이다. 왜냐하면 그 물체들에서 나오는 빛이 이 범위 내의 방향에서 오는 듯 보이기 때문이다. 점

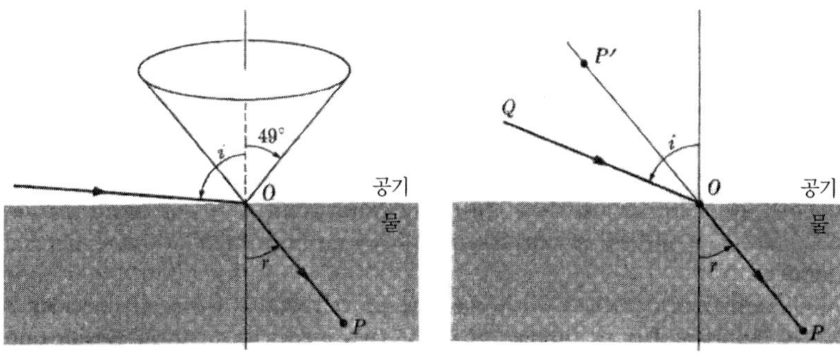

그림 7.27 물고기의 눈으로 본 세계 **그림 7.28**

O에서 수직선의 49° 이내에서 모든 방향으로 뻗어가는 공기 중의 영역은 원뿔의 내부이다. 따라서 물속의 사람에게는 모든 물체가 이 원뿔 내에 놓여 있는 듯 보인다. 물론 우리는 물속의 사람이 빛의 굴절 효과를 모르거나 적어도 빛이 굴절을 겪으며 얼마나 많이 휘어지는지 모른다고 가정하고 있다. 분명 물고기는 수학을 모르기에 물 위의 모든 물체가 수직선 주위의 49° 원뿔 이내에 반드시 위치한다는 추론을 가리켜 '물고기의 눈으로 본 세계'라고 한다.

생길지 모를 오차를 조금 더 확실히 알아보기 위해, 빛이 P에 있는 잠수함에 타고 있는 사람에게 다가오고(그림 7.28) 빛의 방향이 OP라고 하자. 그렇다면 빛을 내는 물체는 직선 PO를 따라 놓인 듯 보일 것이다. 그 물체를 맞추려고 PO 방향으로 총알을 쏘면 총알은 공중으로 날아가 POP'를 따를 것이다. 하지만 그가 쏘고 있다고 믿는 물체는 사실은 OQ 방향을 따라 놓여 있다.

이제 공기와 물의 역할을 뒤바꾸어서 빛이 물에서 시작한다고 가정하자. 실제로 광선이 그림 7.29의 QO 방향으로 발사된다고 가정하자. 입사각은 이제 그림에서 i로 표시되는 각이다. 굴절각은 각 r이다. 빛의 두 속도의 비, 즉 v_1/v_2는 이제 ¾이므로, 굴절 법칙 (1)에 따라

$$\frac{\sin i}{\sin r} = \frac{3}{4}$$

즉

$$\sin r = \tfrac{4}{3}\sin i.$$

여기서 알 수 있듯이, $\sin r$은 $\sin i$보다 더 크므로 r은 분명 i보다 더 크다. 이렇게 될 수밖에 없다. 왜냐하면 물에서 공중으로 나오는 빛은 수직선에서 멀어지며 휘어질 것이기 때문이다.

이제 각 i가 49°보다 큰 값, 가령 60°라고 가정하고 이에 대응하는 굴절각 r을 구해보자. 그렇다면 $\sin 60° = 0.8660$이므로 (2)에 의하면

$$\sin r = \tfrac{4}{3}(0.8680) = 1.155.$$

여기서 $\sin r$은 1보다 크다. 안타깝게도 사인 값이 1보다 큰 각은 존재하지 않으므로 그러한 굴절각은 존재하지 않는다. 그러므로 수학은 빛이 물속을 떠날 수 없다고 예측한다. 물리적으로 이것이 가능할까? 글쎄, 얌전하게 행동하는 광선이라면 굴절의 수학 법칙을 어기고 싶어 하지는 않을 것이다. 사실이다. 빛은 물속에 머문다. 그렇다면 빛은 어떻게 될까? 답을 말하자면, 빛은 공기와 물의 경계에서 반사된다. 빛은 물로 되돌아올 수밖에 없기에, 우리가 반사의 법칙에서 배웠던 과정이 그대로 일어난다. 즉, 입사각과 같은 각(이 경우에는 60°)으로 반사된다(그림 7.30).

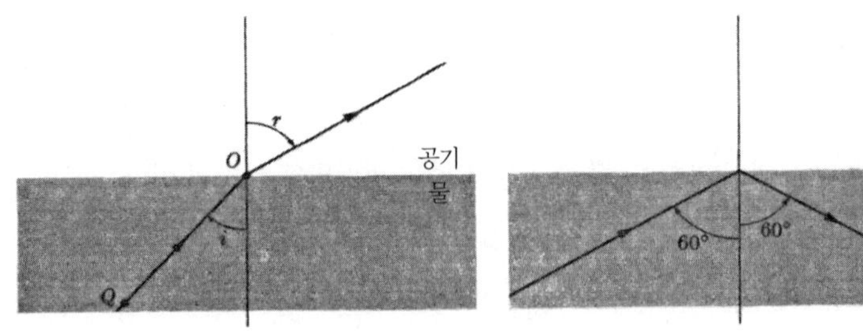

그림 7.29 물에서 나와 공기 속에서 굴절하기

그림 7.30 전반사

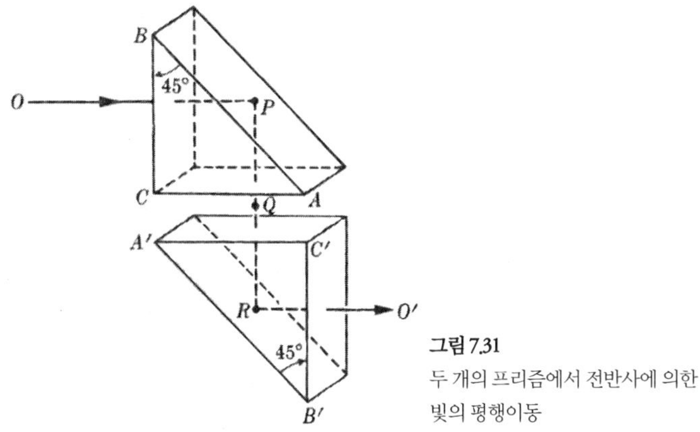

그림 7.31
두 개의 프리즘에서 전반사에 의한 빛의 평행이동

만약 빛이 한 매질에서 시작해 속도가 더 커지는 다른 매질로 들어가려고 하는 경우, 어떤 특정 각도(가령 물과 공기일 경우 49°)보다 큰 모든 각에 대해서 빛은 굴절하지 않고 반사된다. 이 특정한 각, 즉 굴절이 가능한 최대 각을 가리켜 임계각이라고 한다. 그리고 임계각보다 큰 모든 입사각에 대해서 빛이 반사되는 현상을 가리켜 전반사라고 한다.

이 현상은 정말로 놀랍다. 위의 예에서 수면과 같은 곡면은 어떤 입사각에 대해서 거울 역할을 함을 이 현상은 알려준다. 거울은 매우 유용한 장치다. 일반적으로 거울은 유리판의 뒷면에 은도금을 해서 만든다. 빛이 반사면(가령, 거울)을 만나는 경우와 마찬가지인 이 전반사 현상은 과연 어떤 쓰임새가 있을까? 실제로 전반사 현상은 우리에게 낯익은 여러 현상에 이용된다.

다음 상황(그림 7.31)을 살펴보자. *ACB*와 *A′C′B′*는 프리즘 모양의 두 유리 조각이고 면 *AC*와 면 *A′C′*는 서로 평행하다. 두 프리즘 모두 직각이등변삼각형 모양이다. *OP*가 면 *BC*에 수직으로 맨 먼저 부딪히는 광선이라고 하자. 여기서 입사각은 0°이다. 따라서 굴절각도 0°이므로 빛은 방향이 변하지 않고 진행한다. 이어서 광선은 면 *BA*와 45° 각도로 부딪힌다. 이제 두 프리즘이 납유리로 만들어진 것이라면, 임계각은 37°이다. 그러므로 광선은 임계각보다 큰 입사각으

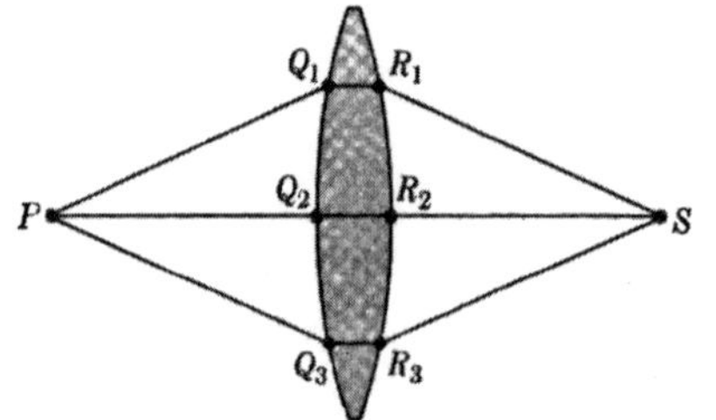

그림 7.32
렌즈에 의한 굴절

로 면 *BA*와 부딪히게 된다. 전반사 현상에 따라 빛은 면 *AB*에 45° 각도로 반사되어 방향 *PQ* 방향으로 진행한다. 이어서 빛은 면 *AC*와 면 *A′C′*와 0°의 입사각으로 부딪히므로 방향이 변하지 않고서 곧장 진행한다. 이어서 면 *A′B′*와 45° 각도로 부딪힌다. 이 입사각 또한 임계각보다 크므로 빛은 이번에도 면 *B′A′*와 45° 각도로 전반사되어 *RO′* 방향으로 진행한다. 그리하여 최종 광선 *RO′*는 원래 광선 *OP*와 진행 방향은 똑같지만 거리는 *PR*만큼 떨어지게 된다.

이런 질문을 해볼 수 있겠다. 과연 이런 프리즘 조합이 어떤 실용적인 가치가 있을까? 한 가지 응용 사례가 잠망경이다. 두 프리즘은 긴 수직관의 양 끝단에 놓여 있다. 이제 *OP*는 수면 위에서 들어오는 빛이고 *RO′*는 수면 아래에서 들어오는 빛이다. 은도금된 거울 두 개를 *BA*와 *A′B′*에 두어도 똑같은 결과를 얻을 수 있다. 하지만 은도금된 거울은 세월이 흐르면서 변색되어 효과가 줄어든다. 게다가 잘 만들어진 유리 프리즘은 *BA*와 같은 면에 닿은 거의 모든 빛을 반사시키는 반면에, 은도금된 거울은 입사광선의 약 70%만 반사시킨다. 나머지 광선은 거울 표면에 흡수되거나 사방으로 흩어진다. 따라서 프리즘은 은도금된 거울보다 수명이 훨씬 길뿐 아니라 훨씬 더 효율적이다.

그림 7.31과 같은 두 프리즘의 조합이 응용되는 또 한 가지 예는 쌍안경이다. 빛을 받아들이는 두 개의 관은 시계(視界)가 크도록 의도적으로 적당히 떨어진 위치에 놓여 있다. 하지만 쌍안경에서 눈이 닿는 부분은 사람의 두 눈 사이의 거리보다 더 멀리 떨어져 있을 수 없다. 쌍안경의 절반에 해당하는 각 부분에

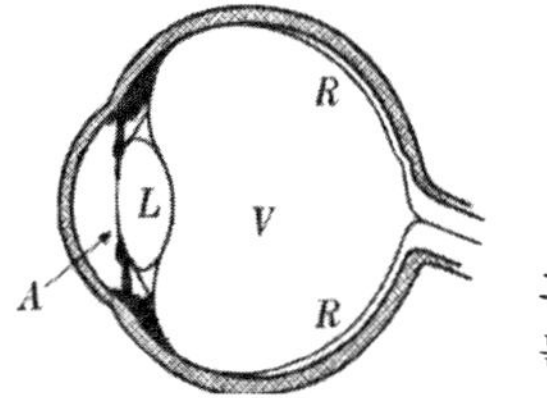

그림 7.33
눈의 개요도

서 입사광선은 *OP*가 *RO′*에 대해 떨어져 있는 만큼 떨어져 있다. 결국, 각각의 두 관의 앞에서 들어오는 두 입사광선은 꽤 멀리 떨어져 있을 수 있는 반면에, 뒤로 나오는 두 광선은 사람의 눈보다 더 멀리 떨어져 있지 않다.

전반사는 빛의 굴절 효과의 한 현상일 뿐이다. 빛의 굴절 효과를 이용하는 가장 흔한 사례는 렌즈이다. 빛이 *P*(그림 7.32)에 있는 물체에서 사방으로 퍼져 나온다면, 광선들 가운데 일부는 Q_1, Q_2 및 Q_3와 같은 점들과 부딪힐 것이다. 거기서 유리로 들어가기 때문에 진행 방향이 바뀐다. 가령 광선 PQ_1, PQ_2, PQ_3는 Q_1R_1, Q_2R_2 및 Q_3R_3로 각각 방향이 바뀐다. 유리의 오른쪽 면에서 광선들은 다시 공기로 들어가는데, 빛이 진행하는 매질이 달라지므로 빛은 다시 휘어진다. 렌즈 표면을 적절한 모양으로 만들면, 즉 왼쪽 표면을 $Q_1Q_2Q_3$로 오른쪽 표면을 $R_1R_2R_3$로 만들면, *P*에서 나온 빛은 *S*에 집중된다. 망원경, 현미경, 쌍안경 및 사진기와 같은 모든 광학 기기들은 이런 종류의 렌즈를 장착하고 있다.

눈 자체도 복잡한 굴절 장치이다. 눈으로 들어오는 빛(그림 7.33)은 수양액(그림에서 *A*로 표시된 영역)이라는 액체 속을 통과한다. 이어서 빛은 섬유성 젤리로 이루어진 수정체 *L*을 지나 최종적으로 유리액이라는 또 다른 액체 *V*로 들어간다. 이 세 매질 모두 빛이 닿으면 굴절 효과를 나타내지만 굴절이 가장 크게 일어나는 것은 빛이 수양액과 닿을 때이다. 빛을 지각하려면 눈에 들어오는 빛이 뒤편에 있는 망막 *R*에 닿아야만 한다. 눈에는 섬모체근(ciliary muscle)이 있는데, 이 근육이 수정체의 모양을 변화시켜 눈에 들어오는 빛의 방향이 망막을 향하도록 만든다. 이런저런 이유로 빛이 망막을 향하게끔 할 수 없는 눈에는 안경이라는 렌즈를 덧대어 주어야 한다. 분명 의학은 눈의 작용에 관해 습득한 수학 및 물리학 지식 덕분에 큰 이득을 본다.

사진기에서는 렌즈의 모양이 고정되어 있다. 필름은 눈의 망막과 같은 작용을 한다. 렌즈의 모양이 고정되어 있기 때문에 필름에서 렌즈까지의 거리를 변화시켜서 굴절된 빛이 필름의 적절한 지점에 닿을 수 있게 만든다.

지금까지 우리는 굴절의 법칙 그리고 두 매질 사이의 뚜렷한 경계에서 발생하는 몇 가지 놀라운 효과를 논의해왔다. 하지만 빛이 통과하는 매질의 성질이 점진적으로 변할 때에도 빛의 굴절 효과는 마찬가지로 놀랍고도 중요하다. 빛이 공기 속을 통과하는데, 이 공기가 균일한 매질이 아니라고 가정하자. 일반적으로 공기는 지면 근처에서 밀도가 크고, 높은 곳일수록 밀도가 작다. 따라서 빛이 *O*에 있는 태양으로부터 *P*에 있는 사람에게로 올 때(그림 1.1), 광선은 지구의 대기권을 지나면서 경로가 휘어진다. 연속적으로 굴절하기 때문이다. 점 *P*에 있는 관찰자로서는 다가오는 빛의 방향이 *O′P*이므로 광원이 *PO′* 방향을 따라 놓여 있다고 여긴다. 이런 까닭에 우리는 태양의 실제 위치를 깜빡 헷갈릴 때가 종종 있다(1장 참고).

이렇듯 빛의 굴절 효과는 특이한 현상이다. 왜 빛은 이런 성질을 보일까? 우리는 빛이 무엇인지 이해하지 못하기에 빛 자체를 분석해 왜 굴절하는지 알아낼 수는 없다. 하지만 우리에게는 자연의 이치를 드러내주는 또 다른 유형의 설명이 있다. 단서는 굴절의 법칙에 있다. 알다시피 굴절은 매질을 지나는 빛의 속도에 의존한다. 십칠 세기 수학자 피에르 드 페르마는 다른 절에서 다시 만나게 될 인물인데, 이 사실을 심사숙고하고 굴절의 법칙을 분석한 후에 중요한 원리 하나를 알아냈다. 빛이 공기 중의 점 *P*로부터(그림 7.34) 물속의 점 *Q*로 진행하며 굴절의 법칙에 따라 *O*에서 휘어진다고 하자. 빛은 휘어진 경로 *POQ* 대신에 *P*에서 *Q*까지의 직선 경로를 따른다면, 가장 짧은 거리를 이동할 것이다. 하지만 물속에서 거리 *O′Q*는 거리 *OQ*보다 더 길다. 물속의 속도는 공기보

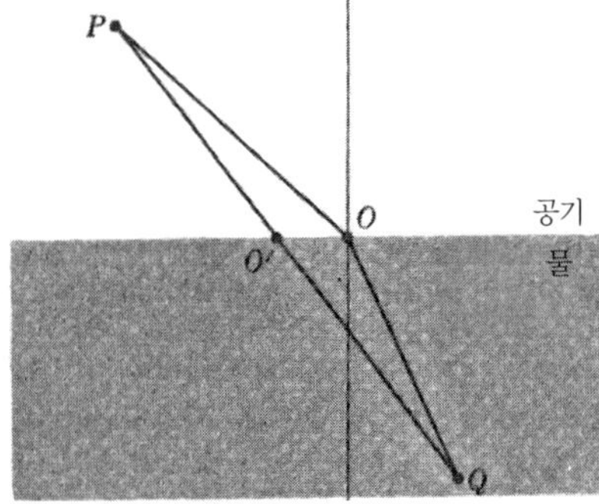

그림 7.34
빛은 최소 시간을 요구하는 경로를 취한다.

다 더 작기 때문에, 빛은 공기 중에서 *PO* 대신에 *PO*를 이동하면서 아낀 시간보다 물속에서 *OQ* 대신에 *O′Q*를 이동하는 데 더 많은 시간이 걸릴지 모른다. 수학적 논증을 통해 페르마는 빛이 최소의 시간을 요구하는 경로를 취함을 밝혀냈다.

그런데 이것은 빛의 다른 현상들에도 참일까? 빛이 균일한 매질 속의 한 점에서 다른 점으로 이동할 때는 직선 경로를 취한다. 이 경우 빛은 최소 시간의 경로가 아니라 최단 거리 경로라는 기준을 선택하는 듯이 보인다. 하지만 균일한 매질 속에서 빛의 속도는 일정하기에 최단 거리 경로가 곧 최소 시간 경로이다. 그 다음으로 우리는 빛이 점 *P*에서 나와서 거울에 닿았다가 다시 점 *Q*로 갈 때 어떤 일이 생기는지 살펴보자. 6장에서 증명했듯이 빛은 최단 거리 경로를 취한다. 하지만 이때도 빛은 한 매질 속에서 이동하는데, 매질이 균일하므로 속도가 일정하다. 따라서 최단 거리 경로는 이번에도 최소 시간 경로이다. 페르마의 분석으로 보건대 자연은 현명한 듯하다. 자연은 수학을 알고 있기에 경제적인 관심사에 수학을 이용한다.

굴절의 수학적 법칙 그리고 이 법칙의 심오한 의미에 관한 페르마의 해석을 다루는 일은 이 책의 범위를 살짝 넘어선다. 알렉산드리아 시기 그리스인들은 굴절 현상을 알아차렸고, 앞서 언급했듯이 삼각비의 개념에 핵심을 제공했다.

하지만 굴절 법칙 자체를 알아내거나 최소 시간의 관점에서 그 의미를 파악하지는 못했다. 하지만 삼각비를 알아내고 지구와 천체를 지도로 만듦으로써 알렉산드리아인들은 물리적 세계를 인간이 수학적으로 이해하는 데 큰 진전을 이루었다. 자연의 이치를 기술하고 분석하는 수학의 능력은 유클리드와 아폴로니우스가 이룬 단계를 훌쩍 뛰어넘었다. 하지만 우리는 아직 알렉산드리아인들의 가장 위대한 성취를 언급하지 않았다.

연습문제

1. 빛이 공기 속을 지날 때의 속도와 물속을 지날 때의 속도의 비가 4:3이며 빛이 공기에서 물로 들어갈 때의 입사각이 45°라고 할 때, 굴절각은 몇 도인가?
2. 유리 속을 진행하는 광선이 유리의 경계에 닿으면서 경계를 넘어 공기 속으로 들어가려고 한다. 유리 속의 빛의 속도는 공기 속의 빛의 속도의 삼분의 이이다. 광선이 어떤 입사각을 가져야 공기 속을 통과할 수 있는가?
3. 유리판(그림 7.35)을 통과하는 광선이 원래 방향과 평행하지만 얼마쯤 떨어진 위치에서 출현함을 증명하라.

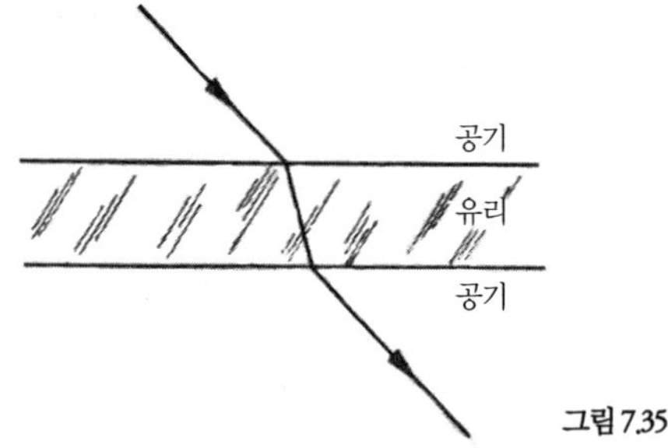

그림 7.35

4. 어떤 이가 공기에서 유리판으로 들어가는 광선의 입사각 i와 굴절각 r을 측정했더니 i는 50°, r은 45°였다. 공기 속에서 빛의 속도는 초속 186,000마일이다. 유리에서 빛의 속도는 얼마인가?
5. 이 장의 수학적 주제는 무엇인가?

6. 알렉산드리아 시기 그리스인들의 삼각법이 유클리드 기하학의 연장이라는 말은 옳은가?
7. 고전 시기 그리스의 수학 활동과 알렉산드리아 시기 그리스의 수학 활동을 비교하라.

복습문제

1. 삼각비 도표를 이용해 다음 각을 찾아라.
   a) 사인 값이 0.3256인 각
   b) 탄젠트 값이 0.5317인 각
   c) 코사인 값이 0.3256인 각
   d) 탄젠트 값이 1.8807인 각
2. 우리가 30°와 60°에서 찾았을 때처럼 45°의 사인, 코사인 및 탄젠트를 찾을 수 있다. 두 밑변의 길이가 1인 직각삼각형을 택하자. 피타고라스 정리를 이용하여 빗변의 길이를 계산하라. 그리고 나서 sin 45°, cos 45° 및 tan 45°의 값을 적어라.
3. 직각삼각형의 예각 A의 사인, 코사인 및 탄젠트를 구하라.
   a) 대변(높이)이 5이고 빗변이 13일 때
   b) 대변이 12이고 이웃변(밑변)이 5일 때
   c) 대변이 $\sqrt{3}$이고 이웃변이 2일 때
   d) 대변이 $\sqrt{3}$이고 빗변이 $\sqrt{6}$일 때
   e) 대변이 1이고 빗변이 $\sqrt{10}$일 때
4. $\sin A = \frac{3}{5}$일 때, $\cos A$와 $\tan A$를 구하라.
5. $\cos A = \frac{1}{2}$일 때, $\sin A$와 $\tan A$를 구하라.
6. $\tan A = \frac{3}{5}$일 때, $\sin A$와 $\cos A$를 구하라.
7. 강의 폭 AB를 구하기 위해, 선분 AB에 수직인 선분 AC를 강둑을 따라 측정

했더니 100피트였다. 선분 CA와 선분 CB 사이의 각을 측정했더니 각 ACB는 40°였다. 강의 폭은 얼마인가?

8. 수직 막대가 평지에 드리운 그림자가 15피트이다. 그림자 끝에서 지면과 막대 꼭대기를 바라본 시선이 이루는 각이 20°이다. 막대의 높이를 구하라.
9. 60피트 길이의 철사가 40피트 높이의 막대 꼭대기에서 시작해 지면에 닿아 있다. 철사가 막대와 이루는 각은 얼마인가?
10. 60피트 높이의 등대 꼭대기에서 보았을 때, 바다에 있는 배까지의 시선과 수직선 사이의 각은 35°이다. 등대 밑에서 배까지의 거리는 얼마인가?
11. 지면에 총이 한 자루 있다. 총 바로 위로 2000피트 높이의 비행기 안에 있는 관찰자가 보기에, 적의 목표물까지의 시선과 수직선 사이의 각이 50°이다. 목표물과 총 사이의 거리는 얼마인가?
12. 북위 23°의 원의 반지름과 둘레를 구하라.
13. 북위 23° 원을 따라 이동하니 어떤 사람의 경도가 5°만큼 변한다. 그가 이동한 거리는 얼마인가?
14. 북위 67° 원의 반지름을 구하라.
15. 공기 속을 진행하던 광선이 45°의 입사각으로 물과 부딪힌다고 하자. 굴절각은 얼마인가?
16. 광선이 물속의 점 P에서 시작해 30°의 입사각으로 수면과 부딪히고서 공기 속으로 들어간다. 광선의 굴절각은 얼마인가?

더 살펴볼 주제

1. 렌즈의 수학. 아래 추천도서 가운데 테일러(Taylor)의 책이나 시어스(Sears)의 책 그리고 제먼스키(Zemansky)의 책 또는 물리학 입문서를 참고하라.
2. 지도 제작의 수학. 브라운(Brown), 레이즈(Raisz), 디츠(Deetz) 또는 챔벌린(Chamberlin)의 책을 참고하라.

3. 알렉산드리아 시기 동안의 수학사. 스미스(Smith), 볼(Ball), 이브스(Eves) 또는 스코트(Scott)의 책을 참고하라.
4. 삼각법의 탄생. 아보에(Aaboe)의 책을 참고하라.
5. 아르키메데스의 인생과 업적. 역사책을 참고하라.

권장 도서

Aaboe, Asger: *Episodes from the Early History of Mathematics*, Chap. 4, Random House, New York, 1964.

Ball, W. W. Rouse: *A Short Account of the History of Mathematics*, 4th ed., Chaps. 4 and 5, Dover Publications, Inc., New York, 1960.

Brown, Lloyd A.: *The Story of Maps*, Little, Brown and Co., Boston, 1944.

Chamberlin, Wellman: *The Round Earth on Flat Paper*, National Geographic Society, Washington, D.C., 1947.

Deetz, Charles H. and Oscar S. Adams: *Elements of Map Projection*, pp. 1-52. U.S. Department of Commerce, Special Publication No. 68, 1938.

Greenhood, David: *Mapping*, The University of Chicago Press, Chicago, 1964.

Heath, Sir Thomas L.: *A Manual of Greek Mathematics*, Chap. 14, Dover Publications Inc., New York. 1963.

Parsons, Edward A.: *The Alexandrian Library*, The Elsevier Press, Amsterdam, 1952.

Raisz, E.: *General Cartography*, McGraw-Hill Book Co., New York, 1948.

Sawyer, W. W.: *Mathematician's Delight*, Chap. 13, Penguin Books, Harmondsworth, England, 1943.

Scott, J. F.: *A History of Mathematics*, Chap. 3, Taylor and Francis, Ltd., London, 1958.

Sears, Francis W. and Mark Zemansky: *University Physics*, 3rd ed., Chaps. 39-43, Addison-Wesley Publishing Co., Inc., Reading, Mass., 1964.

Smith, David E.: *History of Mathematics*, Vol. I, Chap. 4, Dover Publications, Inc., New York, 1958.

Taylor, Lloyd W.: *Physics, The Pioneer Science*, pp. 442-470, Dover Publications, Inc., New York, 1959.

8
자연의 수학적 질서

위대한 이들이여! 그들은 뭇 사람들의 평범한 수준을 훌쩍 뛰어넘어, 천상의 현상들이 따르는 법칙을 발견했으며 일식과 월식이 초래한 두려움으로부터 가엾은 인간들의 마음을 해방하였네.

대(大) 플리니우스

8.1 자연에 대한 고대 그리스의 개념

알다시피 고대 그리스인들은 수학의 기본 틀을 만들었으며 유클리드 기하학과 삼각법을 창조했으며, 그러한 이론적 결과들을 공간 속의 물체, 빛의 현상, 지구의 지도 제작 그리고 천체들의 크기와 거리 결정에 응용했다. 하지만 본격 수학 안에서 이루어진 이런 광범위하고 엄청난 성과들과 응용만으로 고대 그리스 천재들의 위대함을 완전히 드러낼 수는 없다. 오히려 그리스인들의 우주 자체에 대한 원대한 개념에 비하면 그런 결과들은 정말이지 보잘것없다.

만족을 모르는 호기심과 용기를 지닌 이들답게 고대 그리스인들은 여러 질문들을 묻고 답을 내놓았다. 많은 이들이 떠올렸지만 제대로 공략한 이들은 거의 없는 질문, 최상의 지적 수준을 지닌 몇몇 사람들만이 해결한 질문들이었다. 우주 전체를 작동시키는 근본적인 계획이 있는가? 행성, 인간, 동물, 식물, 빛 그리고 소리는 단지 물리적 우연인가 아니면 한 원대한 계획의 일부인가? 새로운 관점을 내놓기에 충분한 몽상가들이었던 까닭에 고대 그리스인들은 우주에 대한 개념을 마련해냈으며, 이 개념은 이후 모든 서양 사고를 지배했다. 그들은 자연이 합리적이고 진정으로 수학적으로 설계되어 있다고 확신했다. 감각 기관들에 명백히 포착되는 모든 현상들은, 가령 하늘에 있는 행성들의 운동에서부터 나무에 달린 잎들의 흔들림에 이르기까지 정확한 일관된 지적인 패턴과 맞아떨어질 수 있다. 고대 그리스인들은 인류 역사상 최초로 대범하게도 수많은 현상에 내재한 그런 법칙과 질서를 구상했으며 자연이 따르는 패턴을 독창적으로 발견해냈다. 그들은 과감한 도전을 통해 인간이 바라보는 최상의 장관들, 가령 빛나는 태양의 운동을, 온갖 색조를 품은 달의 변화하는 형태를, 행성들의 날카로운 빛살, 밤하늘을 뒤덮은 별들에서 나온 빛들의 장대한 파노라마 그리고 놀랍기 그지없는 일식과 월식 등의 근본적인 원리를 알아냈다.

8.2 고대 그리스 이전의 자연관 및 이후의 자연관

고대 그리스인들이 이런 방향에서 내디딘 걸음의 독창성과 대담성을 이해하려면 그들의 태도를 이전의 태도와 비교해보아야만 한다. 고대 그리스 이전의 문명들 그리고 그리스의 경계 너머에 있었던 후대의 문명들이 보기에 자연은 임의적이고 변덕스럽고 불가사의하고 심지어 무시무시했다. 고대 이집트인들과 바빌로니아인들은 태양과 달의 주기 운동을 알아차리기는 했다. 하지만 행성들의 운동은 전혀 이해가 되지 않았다. 이 천체들은 한 해 동안 번번이 속력이 달라졌으며 때로는 멈추어 있기도 했고 종종 진행 방향을 바꾸기도 했다. 나타났다가 사라지기도 했다. 이런 운동에서 간혹 나타나는 규칙성은 압도적인 불규칙성에 가려 무색해졌다.

만약 이들이 우주가 과거에 그랬던 대로 미래에도 계속 작동하리라고 예상했다면, 그것은 태양, 달 및 행성들이 신사적이고 우호적으로 행동하는 신이라고 믿었기 때문이었다. 자연의 복잡한 행동에서 그들은 계획이나 질서 내지 법칙을 간파하지 못했다. 설계가 있었으리라고는 꿈도 꾸지 못했으며 포괄적인 이론을 결코 구상하지 못했다.

고대 그리스인들조차도 기원전 1000년까지는 우주에 관한 공상적인 이야기들을 받아들였다. 호메로스와 헤시오도스의 문학 작품에 나오는 이야기였다. 그 이야기 속에는 많은 신들이 나오는데, 각각의 신은 우주의 창조와 유지에 저마다의 역할을 했다. 정말이지 목성, 토성, 금성, 수성 및 화성이라는 이름은 단지 그리스 신들의 로마식 이름이었으며, 로마의 비너스에 해당하는 아프로디테 그리고 로마의 머큐리(수성)에 해당하는 헤르메스라는 이름들은 바빌로니아 이름 대신에 쓰인 것들이었다. 신들은 인간의 운명을 결정했을 뿐 아니라 인간사에 직접 개입하기도 했다.

그런데 갑자기, 또는 적어도 우리의 역사 지식으로 보건대 갑자기, 우주의 구조 및 천체의 운동에 관한 합리적인 설명이 그리스 도시 밀레토스에서 출현했다. 밀레토스는 소아시아 지역인 이오니아에 위치한 곳이었다. 어떤 이론에 의하면, 밀레토스 사람들은 본토에서 멀리 떨어져 살았기에 사회가 구성원에게 강요하는 믿음의 독재에서 자유로웠고 게다가 근동 사람들이 지녔던 이상한 신조들과도 거리를 두었던 까닭에 스스로 생각할 수밖에 없었다. 분명 기원전 600년경부터 합리적인 견해들이 주류를 이루어나갔다. 이 고대 그리스인들 및 그들의 후예들은 지식에 대한 열정적인 소망, 이성에 대한 사랑 그리고 자연이 합리적일 뿐 아니라 자연의 방식을 연구하면 물리적 세계에 내재된 질서가 밝혀지리라는 확신을 드러낸 최초의 사람들이었다. 이 새로운 논지는 이오니아 사람인 아낙사고라스의 다음 말에 잘 드러나 있다. "이성이 세계를 지배한다." 초기의 합리적 이론들은 현대의 관점에서 보면 조잡하지만, 새로운 전망이 명백히 드러나 있다.

모호하고 대체로 사변적인 설명 대신에 정밀하고 검증 가능한 과학 이론의 구성으로 이어지는 결정적인 단계는 수학의 개입이었다. 이 단계는 피타고라스 학파가 내디뎠다. 이미 살펴보았듯이, 이 사람들은 비록 신비주의적이고 종교적인 교의와 혼합되긴 했지만 수에 대한 개념을 제일 먼저 지니고 있었다.

자연에 대한 그들의 이론은 우선 수가 만물의 본질이라는 원리에서부터 시작했다. 무한한 우주는 물질의 특정 형태에 재료를 제공한다. 하지만 피타고라스 학파가 보기에 모든 형태는 그 형태를 구성하기 위해 개별적인 점들이 배열된 패턴이었다. 작은 조약돌이 모여 이루어진 형태처럼 말이다. 따라서 형상은 수로 환원된다. 수가 만물의 본질이므로 자연현상에 대한 설명은 오직 수를 통해서만 얻을 수 있다.

피타고라스 학파의 자연철학은 진실과는 거리가 멀다. 수와 현상과의 관련성을 찾으려는 집착이 미학적 원리와 결합하여 실증적 증거를 넘어서는 주장들을 내놓고 말았다. 피타고라스 학파는 물리학의 단 한 분야도 제대로 발전시키지 못했다. 그들의 이론을 미신이라고 불러도 틀린 말은 아니다. 하지만 우연히 운이 좋았든 아니면 직관적인 천재성 덕분이든 피타고라스 학파는 후대에 매우 중요한 것으로 밝혀진 두 가지 이론을 알아냈다. 첫째는 자연이 수학적 원리에 따라 이루어졌다는 것이며, 둘째는 수와 자연현상 사이의 관련성이 자연의 질서를 드러낸다는 것이다. 이 두 가지는 자연이 보이는 다양성의 근본 바탕이다. 피타고라스 학파는 실제로 수 그리고 수와 현상과의 관련성이 자연의 본질이라고 말했다. 이 주장은 현대의 관점에서 보면 더 깊은 의미를 띄게 된다.

아마도 수학이 그 사이에 상당히 발전했는지라, 자연이 수학적으로 설계되었다는 원리는 플라톤의 시대에는 더욱 놀랍게 여겨졌을 것이고 더욱 중요하게 이용되었다. 플라톤은 정말로 피타고라스 학파 가운데 한 명이기도 했으며, 아울러 그 자신도 지성사에서 가장 중요한 시기인 기원전 4세기에 그리스 사상에 영향을 주었다. 그는 아테네에 있는 한 아카데미의 창시자였는데, 이 교육기관은 당대의 선구적인 사상가들을 불러 모았으며 실제로 구백 년 동안 이어졌다.

플라톤의 사상은 극단적이었다. 그가 보기에 실재는 물리적 세계에서 찾을 수 없고 관념의 체계 속에서 그리고 신이 창조하고 궁리했던 우주의 이상적인 계획 속에서 찾을 수 있는 것이었다. 시각적이고 감각적인 세계는 이런 관념의 모호하고 흐릿하며 불완전한 발현이다. 게다가 관념은 완전하고 영원한 반면에 물리적 세계는 불완전하며 쇠퇴한다. 어떻게 보자면, 피타고라스 학파와 달리 플라톤은 수학을 통해 물리적 세계를 이해하기를 바랐던 것이 아니라 물리적 세계의 관찰을 통해 매우 불완전하게 제시된 수학적 계획 자체를 이해하려고 했다.

예를 들어, 플라톤은 진정한 학문으로서 천문학이 어떠해야 하는지 설명한다. 천체의 시각적인 형상들은 참된 대상보다 훨씬 열등하다. 참된 대상이란 이성과 정신적 개념으로 이해되는 것들이다. 하늘이 우리 눈에 보여주는 다양한 구성들은 오직 더 높은 진리를 연구하는 데 도움이 되는 보조수단으로 이용되어야 한다. 우리는 천문학을, 기하학도 마찬가지지만, 시각적인 것들이 암시하는 일련의 문제로 다루어야만 한다. 무슨 뜻이냐면, 참된 천문학은 불완전한 현상인 시각적 하늘이 아니라 수학적 하늘에 있는 참된 별들의 운동 법칙을 다룬다. 참된 천문학은 현실의 하늘을 벗어나야만 한다. 덧붙여 말하자면, 분명 플라톤은 일반적인 고전 시기 그리스인들과 마찬가지로 항해, 역법 계산 및 시간 측정의 실용적 문제에는 무관심했다.

적어도 지구에서 보기에 행성들은 규칙적인 경로를 전혀 따르지 않은 듯하지만("행성 planet"이라는 단어는 사실 "나그네"라는 뜻이며, 행성은 하늘의 방랑자로 여겨졌다), 플라톤은 모든 천체의 운동을 뒷받침하고 지배하는 수학적 패턴이 있다고 확신했다. 왜냐하면 "신은 영원토록 기하학을 행한다"고 믿었기 때문이다. 그런 계획을 찾으려는 플라톤의 시도는 엉성했다. 왜냐하면 실제 운동을 면밀히 연구하는 데 몰두하지 않는 편이었기 때문이다. 하지만 자신의 동료와 제자들에게 수학적 방안을 고안해내라는 과제를 제시했다. 규칙적 운동을 바탕으로 하면서도 불규칙적인 운동도 설명해줄 방안이었는데, 그는 이를 가리켜 "외관을 구해내는" 방안이라고 불렀다.

8.3 고대 그리스의 천문학 이론

플라톤의 제자 중에 에우독소스(기원전 408~355)가 있었다. 그는 가장 유명한 그리스 수학자들 가운데 한 명으로서, 이 문제를 공략하여 역사상 최초의 주요 천문학 이론을 내놓았다. 이 이론은 자연이 수학적으로 설계되어 있음을 증명하는 데 위대하고도 독창적인 기여를 했다. 우리는 이 이론을 상세하게 소개하지는 않겠다. 히파르코스와 프톨레마이오스가 천체들의 크기와 거리를 계산하기 전에 세워진 이론인지라, 에우독소스는 정확한 체계를 구성할 데이터가 없었다. 따라서 이론의 결점들이 이내 드러났다.

행성의 운동 원리를 찾는 문제는 이후로도 고대 그리스인들의 마음에 늘 따라다녔는데, 그 까닭은 아마도 많은 현대인들과는 달리 그들은 연극과 영화 그리고 라디오의 "하늘에 떠 있는 듯한" 스타들에게 정신을 뺏기지 않았기 때문이리라. 해답으로 제시되긴 했지만 거부된 것 하나를 언급할 필요가 있겠다. 아리스타르코스는 기원전 약 270년경에 살았으며 여러 천체들의 크기와 거리를 측정한 인물인데, 그의 방법은 후대의 히파르코스와 프톨레마이오스가 발전시킨 방법보다 조악했다. 아리스타르코스는 행성들이 태양 주위로 원을 그리며 돈다는 이론을 제시했다. 우리가 알기로 아리스타르코스는 그런 이론이 당대에 알려진 데이터와 들어맞음을 보이려고 시도하지는 않았다. 하지만 그의 이론은 당시 사람들 및 후손들에게 받아들여지지 않았다. 왜냐하면 우주에 관한 고대 그리스인들의 개념 및 그리스 물리학과 완전히 달랐기 때문이다. 우선, 고대 그리스인들은 태양에서 지구까지의 거리가 일정하지 않음을 알고 있었기에 단순한 원형 궤도가 통하지 않음을 이미 알고 있었다. 태양의 겉보기 직경이 계절마다 달라지는 것만 보아도 알 수 있는 사실이었다. 아리스타르코스의 이론을 반박하는 또 한 가지 근거는 지구가 무거운 물질로 이루어져 있다는 지식에서 비롯되었다. 그런 무거운 물체가 운동을 할 수는 없었다. 한편 행성들은 어떤 가벼운 물질로 이루어져 있기에 행성들의 운동은 가능하리라고 여겨졌다. 지구의 물리적 구성과 행성들의 물리적 구성의 이러한 차이는 십칠 세기까지만 해도 거의 보편적으로 인정되었다. 게다가 만약 지구가 운동을 한다면 왜 지구 상의 물체들은 뒤로 밀려나지 않는가? 고대 그리스 물리학은 이 주장에 아무런 답을 내놓지 못했다.

우주가 수학적으로 설계되어 있음을 드러내고자 했던 고대 그리스인들의 모든 노력 가운데 최고의 성취는 히파르코스와 프톨레마이오스의 천문학 이론이다. 이전 장에서도 언급했듯이 이 두 사람은 태양, 달 그리고 여러 행성들의 크기와 거리를 알아낼 수 있는 수학적 방법을 고안해냈다. 프톨레마이오스에 따르면 그 방법은 천문학을 "산수와 기하학의 논쟁의 여지가 없는 방식들" 위에 올려놓는 데 필요한 수단을 마련해주었다. 둘은 또한 고대 이집트와 바빌로니아인들의 관측 자료들뿐 아니라 히파르코스 자신이 로도스 섬에서 그리고 알렉산드리아의 천문대에서 관측한 수많은 자료들을 마음껏 활용할 수 있었다. 그리하여 이 모든 지식을 취합하여 하나의 종합적인 이론을 구성하자는 과제에 도전했다.

이제부터 우리가 프톨레마이오스 이론이라고 부를 히파르코스와 프톨레마이오스의 천문학은 지구가 우주의 중심이며 정지해 있다고 간주한다. 한 행성 P(그림 8.1)의 운동을 설명하기 위해, 이 둘은 P가 중심이 Q인 원을 따라 등속으로 움직인다고 가정했다. P가 Q 주위를 도는 동시에 Q도 어떤 원을 따라 지구 E 주위를 등속으로 움직인다고 가정했다. P가 도는 원을 가리켜 주전원(epicycle)이라고 하며, Q가 도는 원을 가리켜 대원(deferent)이라고 한다. 물론 히파르코스와 프톨레마이오스는 두 원의 반지름 그리고 P와 Q가 각자의 원을 따라 움직이는 속력을 정할 때 P의 운동이 해당 행성에 대한 관측 위치들과 일치하도록 했다. 각각의 행성마다 두 원의 반지름과 속력은 다르게 정해졌다.

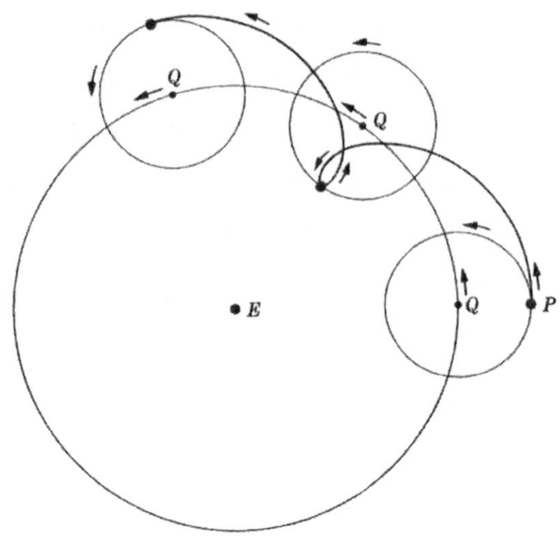

그림 8.1
한 행성이 자신의 주전원 상에서 움직이고, 이 주전원은 대원 주위를 움직인다.

사실 위의 방안은 두 사람에게 선택의 여지를 충분하게 주지 않았다. 이 천문학 체계에는 어떠한 천체의 운동이든지 그러한 원들의 구성을 통해 설명하도록 도와주는 다른 소소한 장치들도 들어 있긴 했지만, 핵심적인 원리는 바로 주전원과 대원을 도입했다는 것이다. 꼭 짚고 넘어가야겠는데, 한 행성의 운동을 지구에서 보면 실제로 매우 복잡하다 생각되지만 위의 이론에서 보자면 원운동의 조합을 통해 쉽게 이해할 수 있다. 이 이론은 행성의 운동을 알렉산드리아 시대에 수집된 관측 결과와 일치하게 잘 설명해주었다. 히파르코스 시대부터 월식은 한두 시간 이내의 정확도로 예측이 가능했다. 태양의 운동은 그처럼 정확히 예측하지 못했지만, 우리는 여기서 이전 장에서 언급한 요점을 다시 떠올려보아야 한다. 즉, 여러 상이한 시기에 걸친 태양의 거리 계산이 정확하지 않았는데, 왜냐하면 이 계산에 필요한 각이 너무 작아 정확히 측정할 수 없었기 때문이다.

방금 우리가 설명한 체계는 (7장에서) 이미 언급했던 책인 프톨레마이오스의 『알마게스트』에 나온다. 이 이론은 정량적이고 꽤 정확해서 코페르니쿠스와 케플러의 이론으로 대체되기까지 천체의 올바른 운동 원리로 인정되었다. 하지만 의미심장한 점은 프톨레마이오스가 적어도 자신의 이론을 진리라고 주장하지 않았다는 점이다. 그는 천체들의 운동을 설명할 수학적 방안을 세웠는데, 이 이론이 통하기는 했지만 그는 신이 우주를 그렇게 설계했다고 공언하지는 않았다. 안타깝게도 어떤 주의의 진리성에 대한 사람들의 확신은 시간의 길이와 함께 커지는 터라, 프톨레마이오스의 이론이 약 1500년 동안 인정되었기에 사람들은 그것을 절대적이고 불변의 진리로 간주하게 되었다. 고대 그리스 시기를 통틀어 다른 어떤 업적도 우주의 개념에 대한 심오한 영향력 면에서 『알마게스트』를 능가하지 못하며, 유클리드의 『원론』을 제외하고는 다른 어떠한 것도 그런 의심할 바 없는 권위를 확보하지 못했다.

히파르코스와 프톨레마이오스의 이론은 하늘의 겉보기 운동을 합리적으로 설명하라는 플라톤의 문제 제기에 최종적인 답변이자 최초의 진정으로 위대한 과학적 종합이다. 고전 시기 그리스인들이 자연이 합리적으로 설계되었음을 철학적 및 직관적으로 확신했던 반면에, 프톨레마이오스의 이론은 압도적이고 구체적인 증거를 내놓았다.

8.4 자연이 수학적으로 설계되었다는 증거

여기서 잠시 뒤를 돌아보며, 고대 그리스인들이 자연이 수학적으로 설계되었다는 중요한 원리를 입증하려고 모아두었던 증거를 몽땅 살펴보자. 히파르코스와 프톨레마이오스의 천문학 이론은 분명 가장 인상적인 증거였다. 가장 원대한 자연의 경관을 다루었을 뿐 아니라 겉으로는 전혀 설계의 낌새가 엿보이지 않았던 수많은 현상에 설계가 깃들어 있음을 밝혀냈기 때문이다. 이런 업적에다 우리는 유클리드 기하학을 보태야 한다. 우리는 이러한 지식의 집합체가 지닌 더 큰 중요성을 이미 언급했다. 즉, 그러한 지식들은 지상의 형상들의 모양과 크기가 원리들로 이루어진 합리적인 체계를 따름을 증명해주었다. 자명한 공리들과 추론을 바탕으로 우리는 삼각형의 세 각의 합이 180°임을 거뜬히 증명해낼 수 있다. 그런데 여러 가지 목적에서 온갖 삼각형을 구성할 때 어떤 경우든지 간에 세 각의 합은 180°이다. 우리는 이 정리를 포함해 유클리드 기하학의 다른 정리들이 자연의 본질적인 원리를 드러내준다는 함의에서 벗어날 수 없다. 게다가 이런 원리들은 전부 지식의 합리적인 집합체의 일부이므로 자연이 합리적인 계획에 따라 설계되었음은 명백해 보인다.

빛과 소리(음악)의 영역에서는 고대 그리스인들이 이룬 발전은 대단히 인상적이라고 할 수 없지만, 반사의 법칙을 알아냈으며 볼록 거울의 성질을 알아내 이용함으로써 빛을 집중시킬 수 있었다. 고대 그리스인들은 연구를 더 하면 더 많은 법칙들이 드러날 것이라고 확신했으며, 거의 모든 그리스 수학자들은 빛을 연구했다. 그들 중에서 많은 이들, 가령 유클리드, 아르키메데스, 아폴로니우스, 헤론 및 프톨레마이오스는 이 주제에 관한 수학 책을 쓰기도 했다. 음악에 관한 수학적 이론은 피타고라스 학파에 의해 발전하기 시작했는데, 빛의 경우와 마찬가지로 후대의 많은 그리스인들이 그것을 연구 주제로 삼았다.

고대 그리스인들은 또한 수학을 자연 현상의 여러 다른 유형에도 적용하여 수학 법칙이 통한다는 점을 알아냈다. 아르키메데스는 지렛대의 수학적 법칙을 다룬 고전이 된 책을 썼다. 또한 물속에 다양한 형태의 물건을 두었을 때 무게와 안전성에 관한 연구도 수행했다. 이는 배의 형태를 잘못 선택하면 물속에 두었을 때 쉽게 뒤집힌다는 경험이 주된 연구 동기였다. 다양한 형태들의 무게 중심을 다룬 연구도 있었는데, 물체들이 균형을 잡거나 똑바른 자세를 유지하려면 중요한 지식이었다.

운동 현상들도 고대 그리스인들이 연구한 주제였다. 이 주제의 경우에도 그들은 자명한 원리처럼 보이는 것을 도입한 다음 자신들의 제한적인 경험에 들어맞는 추론을 행했다. 물질에 관한 아리스토텔레스의 이론의 경우, 모든 물체들은 가벼움, 무거움, 축축함 및 건조함으로 이루어졌다. 가벼움이 지배하는 물질들(가령, 불)은 언제나 위로 솟아오르려고 했다. 무거움이 지배하는 물질들(가령, 금속)은 떨어지려고 했다. 모든 물체는 저마다 본래의 자리가 있어서, 다른 방해가 없다면 그 자리를 찾아갔다. 가령 가벼운 물체들의 본래의 자리는 달에 가까운 영역인데 반해, 무거운 물체들은 우주의 중심, 즉 물론 지구의 중심으로 모이려는 경향이 있었다. 어떤 물체를 운동하게 만들려면 힘이 필요한데, 이 힘의 정도는 무게와 그 물체에 주어진 속도의 곱이었다. 또한 힘이 일정하게 가해져야지만 물체를 계속 운동하게 만들 수 있는데 그렇지 않으면 운동은 멈추게 된다. 힘은 물질적인 행위자에 의해 전달된다. 가령 한 물체는 다른 물체와 부딪혀야지만 자신의 운동을 다른 물체에 전해준다.(13.5절 참고) 고대 그리스인들은 지리학과 측지학과 같은 다른 과학 분야도 발전시켰다. 이에 대해서는 이전 장에서 어느 정도 논의하였다.

수학은 위에서 논의한 모든 분야에, 아무리 낮게 평가해도, 상당한 정도로 관여했다. 사실 수학은 고전 그리스 시기에 산수, 기하학, 천문학 및 음악을 의미했으며, 알렉산드리아 시기 말경에는 이에 더해 역학(운동, 지렛대, 아르키메데스의 유체정역학), 광학, 측지학 및 병참술(실용적인 산수)까지 의미하게 되었다.

이런 과학 연구로부터 우주가 수학적으로 설계되어 있다는 중요한 사실이 드러났다. 즉, 우주가 수학적으로 설계되어 있다는 사실 말이다. 수학은 자연에 내재해 있다. 수학은 자연의 구조에 관한 진리이다. 또는 플라톤의 표현에 따르면 수학은 물리적 세계의 실재이다. 게다가 인간의 이성은 신적인 계획을 꿰뚫어볼 수 있고 자연의 수학적 구조를 밝혀낼 수 있다. 고대 그리스 시기 이후로 행해진 거의 모든 수학 및 과학 연구는 우주에 법칙과 질서가 존재하며 수학이 이런 질서를 드러내는 열쇠라는 확신에서 비롯되었다.

고대 그리스가 이룬 기적은 지금 우리의 현대 문명과 비교해도 타의 추종을 불허한다. 비교적 소수의 사람들이 수학과 과학뿐 아니라 문학, 미술, 음악, 논리학 그리고 철학의 여러 분야에서 몇 백 년 동안 위대한 결실을 내놓았기 때문이다.

8.5 고대 그리스 세계의 멸망

고대 그리스인들에 관해서는, 계획은 하늘이 하지만 성패는 인간에게 달려있다고 말하는 편이 정확하겠다(서양에는 Man proposes, but God disposes라는 격언이 있다. "계획은 사람이 하지만, 성패는 하늘에 달려있다."라는 뜻인데, 저자는 이를 바꾸어 말하고 있다-옮긴이). 2장에서 언급했듯이 로마인들이 그리스 본토를 정복했으며 로마인들은 알렉산드리아의 이론적인 연구에 악영향을 끼쳤다. 또한 이기독교가 성장하면서 로마의 기독교 박해에 대한 기독교의 대응은 모든 이교의 학문을 저주하고 금지하는 것이었다. 물론 이 새로운 종교는 일부 고대 그리스의 철학 이론, 특히 아리스토텔레스의 이론을 흡수하기는 했지만 말이다. 기독교적인 것이든 이교도적인 것이든 알렉산드리아에서 유지되었던 문명은 이슬람교도들에 의해 완전히 멸망되었다. 아랍인들은 모하메드에게서 영감을 받아 새로운 종교를 받아들였다. 모하메드는 서기 632년에 죽었지만, 그의 후예들은 칼로 세계를 개종시키는 일에 착수했다. 646년에 알렉산드리아를 정복하고서 박물관(뮤지엄)을 불태워버렸다. 소장된 책들이 모하메드의 가르침과 다른 내용을 조금이라고 담고 있다면 그 책들은 틀린 것이며 만약 모하메드의 가르침과 일치한다면 불필요한 것이라는 근거를 댔다. 이 파괴 행위 때문에 알렉산드리아는 암흑에 휩싸이고 말았다.

박물관이 파괴되고 학자들이 흩어지긴 했지만 고대 그리스 학문은 결국 유럽 문명과 문화의 필수적인 일부가 되었다. 고대 그리스의 창조물들이 역사의 변덕을 통해 서유럽에서 어떻게 새 보금자리를 찾았는지는 2장에서 간략히 언급했는데, 우리는 이후의 장에서도 더 자세히 살펴보고자 한다.

연습문제

1. 고대 그리스 이전의 천체관과 프톨레마이오스의 천체관 사이의 핵심적 차이는 무엇인가?
2. 실재의 본질에 관한 피타고라스 학파의 교의는 무엇인가?
3. 프톨레마이오스 이론이 지구중심설이라는 주장의 의미는 무엇인가?
4. 프톨레마이오스 이론의 기본 개념을 설명하라.
5. 한 행성이 주전원의 중심이 대원을 따라 도는 속력의 두 배 속력으로 주전원을 따라 돈다고 하자. 게다가 대원의 반지름은 주전원의 반지름의 세 배라고 하자. 이 행성이 지구 주위를 도는 경로를 그려보라.
6. 자연의 합리성이란 무슨 의미인가?
7. 어떻게 프톨레마이오스 이론은 자연이 수학적으로 설계되어 있다는 믿음을 뒷받침하는가?
8. 어떻게 유클리드 기하학은 자연이 수학적으로 설계되어 있음을 규명해냈는가?

더 살펴볼 주제

1. 피타고라스 학파의 수학적 교의. 7장에 나오는 수학사에 관한 참고도서를 이용하라.
2. 고대 그리스의 과학이 거둔 업적
3. 에우독소스의 천문학 이론
4. 아리스타르코스의 천문학 이론
5. 프톨레마이오스의 천문학 이론
6. 고대 그리스 이전의 우주관. 아래의 참고 문헌에서 드레이어를 참고하라.

권장 도서

Clagett, Marshall: *Greek Science in Antiquity*, Abelard-Schuman, Inc., New York, 1955.

Dampier-Whetham, Wm. CD.: *A History of Science*, Chap. 1, Cambridge University Press, Cambridge, 1929.

Dreyer, J. L. E.: *A History of Astronomy*, 2nd ed., Chaps. 1 through 9, Dover Publications, Inc., New York, 1953.

Farrington, Benjamin: *Greek Science*, 2 vols., Penguin Books, Harmondsworth, England, 1944 and 1949.

Jeans, Sir James: *The Growth of Physical Science*, 2nd ed., Chaps. 1 through 3, Cambridge University Press, Cambridge, 1951.

Jeans, Sir James: *Science and Music*, pp. 160-190, Cambridge University Press, Cambridge, 1947.

Kuhn, Thomas S.: *The Copernican Revolution*, Chaps. 1 through 3, Harvard University Press, Cambridge, 1957.

Sambursky, S.: *The Physical World of the Greeks*, Routledge and Kegan Paul, London, 1956.

Sarton, George: *A History of Science*, Vols. I and II, Harvard University Press, Cambridge, 1952 and 1959.

Singer, Charles: *A Short History of Science*, Chaps. 1 through 4, Oxford University Press, London, 1953.

*9
유럽이 깨어나다

비밀에 덮인 일로 그대의 생각을 어지럽게 하지 말라.

그런 일은 하나님께 맡기고 그분을 섬기고 두려워하라.

………… 겸손하고 현명하여라.

다만 그대의 관심사와 그대의 존재를 생각하라.

존 밀턴

9.1 중세 유럽 문명

고대 그리스 문명이 멸망하는 이야기를 읽은 후에는 새로운 문명, 즉 서유럽 문명으로 관심을 돌리면 아마도 위안이 된다. 알다시피 유럽은 고대 그리스 문화를 이어받아 그 바탕 위에 과학적 성향의 창대한 문명을 세웠다. 어떻게 된 일일까? 이 질문에 답하고 아울러 유럽에서 일어난 발전의 특징을 이해하려면 우선 몇 가지 역사적 사실을 살펴보아야 한다.

역사를 멀리 거슬러 올라가면 서유럽 및 중부 유럽을 차지하고 있던 게르만족은 야만인이었다. (그리고 게르만족이 대다수 미국인들의 선조이다) 이들의 초기 역사는 거의 알려져 있지 않은데, 그들은 글자가 없었기에 아무런 기록을 남기지 않았기 때문이다. 로마 역사가, 특히 타키투스(서기 1세기)에 의하면, 게르만족의 문명은 매우 원시적이었다. 타키투스가 묘사한 바에 따르면, 게르만족은 정직하고 친절하며 술을 즐기고 평화를 싫어하며 아내의 정절을 자랑스러워하는 사람들이었다. 주거지는 숲속에 나무와 볏짚으로 지은 오두막들인데, 주위에 대충 쌓은 성을 둘러놓았다. 짐승 가죽과 거친 천으로 옷을 삼았으며 가축, 사냥 그리고 곡물 재배로 식량을 얻었다. 산업 활동은 알려져 있지 않다. 단지 철을 충분히 제련하여 투박한 무기를 만들었다. 교역은 물물교환이 주였고 보조적으로 다른 부족들 및 더 문명화된 지역을 약탈하여 충당하기도 했다. 예술도 과학도 학문도 없었다. 주요 활동은 먹고 자고 흥청망청 놀고 다른 부족들과 싸우는 것이었다. 그런 활동들은 이른바 문명화된 사람들의 특징이기도 하므로, 게르만족도 어느 정도 문명화되었다고 말해도 좋다.

로마인들이 게르만족과의 전투에서 많이 이기긴 했지만, 로마 제국은 우리가 여기서 살필 수는 없는 다양한 이유로 점점 쇠퇴해졌다. 그래서 결국에는 야만인들이 로마 제국을 정복했다. 야만인들이 로마 그리고 로마 제국에 남아 있던 지역의 왕이 되었다. 콘스탄티노플 주위의 작은 영역, 즉 이른바 동로마 제국 또는 비잔틴 제국만이 고립된 채 간신히 로마의 명맥을 유지했다. 말이 나온 김에 덧붙이자면, 동로마제국은 이슬람 세력을 이겨냈다. 칠 세기에 이집트, 근동 지역 그리고 지중해 접경 지역들이 이슬람 세력의 수중에 떨어졌는데도 말이다.

로마 제국이 서기 오 세기에 붕괴하던 무렵 가톨릭교회는 훌륭한 지도력을 갖춘 강한 조직이 되어 있었다. 가톨릭교회는 차츰 이교도들을 개종시켰으며 유럽에 학교를 세웠고 읽기와 쓰기 그리고 윤리를 가르쳤다. 게다가 로마의 법적 정치적 제도를 계승하여 시행했다. 기독교의 영향은 정세를 한층 안정화시켰고 심지어 야만인들이 오랫동안 평화를 유지하도록 이끌었다는 점에서 분명 유익했다. 야만인들은 자신들이 순화되고 있다는 점에 불만을 품지 않았다. 왜냐하면 문명의 혜택을 그들도 알게 되었기 때문이다. 무슨 말이냐면, 조금만 생각해 보아도 다음 사실을 깨달았기 때문이다. 즉 평화로운 휴식기 덕분에 대량 파괴의 방법을 개발할 수 있으므로 전시만큼이나 이런 시기도 대량 살육에 이바지한다는 사실을.

강력한 지도자가 지배하는 도시와 작은 나라가 유럽 곳곳에서 세워졌다. 도시 간의 교역이 활발해져 학문을 뒷받침하는 데 필요한 부가 마련되었다. 하지만 연구는 거의 전적으로 교부들이 퍼뜨리고 설명하고 주입시킨 신의 말을 이해하는 데 국한되었다. 로마인, 기독교도 및 이슬람교도의 파괴 책동에도 살아남은 고대 그리스의 저작들은 방치된 공공건물이나 개인 서재 또는 이슬람 세력에 고립된 동로마제국 내에서 거의 아무런 주목도 받지 못했다.

교회가 제시하는 인생의 길에서 필요한 자연에 관한 사소한 지식은 성경에서 구할 수 있노라고 기독교 지도자들은 말했다. 성 아우구스티누스(354~430)는 그리스 사상 및 기독교 사상에 정통한 사람으로서 성경의 권위는 인간 지성의 능력보다 더 위대하다고 선언했다. 안타깝게도 자연 및 물리적 세계의 구조에 관한 성경 내용은 바빌로니아에 기원을 두고 있기에 고대 그리스인들이 알아낸 지식보다 분명 열등하다.

물론 자연에 관한 일부 현상들이 관찰되었고 이에 대한 질문이 제기되기도 했다. 그런 문제를 연구한 중세 지식인들은 일부 사람들에게는 만족스러운 설명을 내놓았다. 그들이 믿기에 자연 현상은 주로 어떤 목적을 위한 수단이었다. 즉 이른바 목적론적 관점을 지녔던 것이다. 가령 비는 곡식을 잘 자라게 하려고 내리는 것이었다. 곡물과 가축은 인간에게 식량을 제공하기 위해 존재했다. 병은 신이 내린 벌이었다. 전염병과 지진은 신의 분노의 표현이었다. 일반적으로 모든 설명은 그 현상이 인간에게 갖는 가치 내지는 인간에게 미치는 영향에 초점이 맞추어졌다. 인간은 단지 지리적으로뿐만 아니라 자연이 이바지하는 궁극적 목적의 측면에서도 우주의 중심이었다.

자연이 인간에게 봉사하기 위해 존재했듯이, 인간은 자신의 영혼을 천국에서 신과 함께 하는 삶을 위해 준비하는 견습 과정으로서만 이 세상에 존재했다. 이 세상의 삶은 중요하지 않은 서막일 뿐이므로 즐기는 것이 아니라 견뎌내는 것이었다. 내세에 대비하기 위해 인간은 원죄를 범한 장본인이자 끈덕지게 굴복하지 않는 육신으로부터 영혼을 지켜내야 했다. 풍요로운 자연, 음식,

의복 및 섹스를 즐기면 영혼이 오염되기에 엄격하게 절제해야 했다. 중세인은 자신이 죄인임은 확신했지만 구원 받았는지는 의심스러웠기에, 거듭남을 얻기 위해 모든 노력을 기울여야 했다. 신의 은총을 얻음으로써 인간은 이 타락한 세상을 벗어나 신성한 최고천(最高天)*에 이를 수 있었다.

9.2 중세의 수학

새로운 문명이 유럽에서 생겨나긴 했지만, 수학 교육의 영속성이나 수학의 창의적 연구 측면에서 보자면 이 새로운 문명은 아무런 결실이 없었다. 윤리적 가르침을 전파하고 고딕 건축 및 종교를 주제로 한 위대한 회화 작품을 쏟아내긴 했지만, 이 문명에서는 어떤 과학적 기술적 내지 수학적 개념도 확고한 발판을 마련하지 못했다. 현시대에 기여한 어느 문명에서도 수학 교육이 그처럼 낮은 수준을 보였던 적은 없었다.

겉으로만 보자면 수학이 중요한 역할을 한 것 같았다. 중세 학교에서 정규 교과목은 일곱 과목, 즉 4과와 3과로 이루어져 있었다. 4과는 수에 관한 학문인 산수, 수의 응용 분야인 음악, 길이와 넓이 및 부피와 같은 크기를 연구하는 기하학 그리고 운동의 크기를 연구하는 천문학으로 구성되었다. 하지만 이런 연구의 범위는 무척이나 협소했다. 서기 1100년경부터 시작된 유럽의 초창기 대학들조차도 산수와 기하 과목의 수준은 매우 낮았다. 산수는 복잡한 미신과 뒤섞인 단순한 계산으로 이루어졌다. 기하학은 유클리드의 첫 부분에 국한되었는데 오늘날 우리가 고등학교에서 배우는 수준보다 훨씬 낮았다. 이런 교육 기관들 중 일부에서 도달한 가장 높은 수준이라고 해보았자 이등변삼각형의 두 밑각은 같다 정도의 아주 초보적인 정리였다.

학교에서 유지된 미약한 수학은 중세 시기에 여러 가지 목적에 이바지했다.

---

* "가장 높은 하늘" 또는 천국을 일컫는 중세 우주론의 용어

어떤 천문학은 역법을 위해 연구되었다. 여기에서는 최소한의 산수와 기하학만으로도 고대 이집트와 바빌로니아에서와 마찬가지로 필요한 정확도를 얻는 데 충분했다. 이 연구를 수행한 이들은 대체로 수도승들이었다. 왜냐하면 성직자들이 가장 학식이 깊은 계층이었기 때문이었다. 천문학 그리고 이 학문의 필요에 의한 기초적인 수학은 중세의 생활에 큰 역할을 했다. 당시에는 과학으로 여겨진 점성술에 필요한 사실 정보를 마련해주었기 때문이다.

중세에 수학이 쓰인 또 하나의 중요한 사례가 있다. 수학 연구가 철학을 위한 마음을 훈련시킨다는 플라톤의 믿음이 교회에 의해 계승되었는데, 하지만 이번에는 철학 대신 신학으로 대체되었다. 분명 여기서의 관심은 수학 그 자체가 아니라 교회가 종교적 신조의 바탕을 마련하고 강화하기 위해 도입한 미묘한 추론을 이해하기 위해서였다.

9.3 유럽에서 생긴 혁명적인 변화

중세 유럽 문명이 적절한 시기에 수학 활동을 시작했는지 여부는 결코 알 수 없을 것이다. 하지만 대체로 비유럽 세력에 의해 촉발된 극적인 변화가 기독교 세계를 급격하게 변모시켰다. 중세 유럽의 사고와 일상을 변환시킨 가장 초기의 영향은 아랍인들에게서 왔다. 교회가 차츰 유럽 야만인들을 문명화시켜 기독교적 생활방식을 확립해나가고 있을 때, 아마도 개종을 시키는 데 더욱 무자비했으며 분명 더욱 역동적이고 공격적인 성향의 아랍인들은 남부 유럽, 북아메리카 및 근동 지역에서 자신들만의 문명과 문화를 당당히 일구어냈다. 자신들의 종교를 전파하는 데 광적으로 몰두하긴 했지만, 일단 이슬람 제국이 안정화된 이후에는 이방인의 사상과 학문에 크나큰 관용을 베풀었으며 고대 그리스와 인도의 수학과 과학을 기꺼이 받아들여 스페인과 근동 지역에 문화 중심지들을 세웠다. 고대 그리스의 저작들을 아랍어로 번역하고 주석을 보탰으며, 수학, 천문학, 의학, 광학, 기상학 및 과학 일반에 나름의 기여를 하였다.

서기 1100년경 무렵에는 유럽인들은 아랍인들과 자유롭게 교역했다. 팔레스타인 지역을 아랍인들로부터 빼기 위해 일으킨 십자군 전쟁 덕분에 기독교와 무슬림은 더욱 자주 접촉할 수 있었다. 이런 경로를 통해 유럽인들은 고대 그리스의 저작 및 이에 아랍인들이 추가한 내용을 알게 되었다. 이런 자료에 큰 감명을 받았던지라 유럽인들에게도 그 지식을 습득해야 한다는 자각이 생겨났다. 부유한 상인들, 왕자들 및 교황들이 아랍의 문화 중심지에 대리인을 보내 원고를 구입했다. 많은 유럽인들이 스페인에 가서 아랍어를 배웠는데 그런 저작들을 읽고 라틴어로 번역하기 위해서였다. 유대인 및 아랍인 학자들의 도움을 받아 번역을 하는 사람들도 있었다. 플라톤, 아리스토텔레스, 유클리드, 프톨레마이오스 등의 고대 그리스인의 저서들이 열렬히 탐독되었다.

십오 세기에 이탈리아는 고대 그리스의 유산과 새로 만났다. 당시에 고대의 원고들을 가장 많이 소장하고 있던 동로마제국의 수도 콘스탄티노플 출신의 대사들이 십오 세기 전반기에 이탈리아에 여러 차례 방문했다. 주로 투르크의 위협을 막아달라는 도움을 얻기 위해서였다. 그런 계기로 이탈리아인들은 고대 그리스 저작들에 관해 알게 되었으며, 삼 세기 전의 유럽인들이 그랬듯이 그런 저작들을 소장하는 데 몰두했다. 게다가 동유럽 및 알렉산드리아에서 가난하게 살며 낙담한 일부 그리스 학자들이 이탈리아로 이주했다. 마침내 1453년 투르크가 콘스탄티노플을 점령하자 그들은 원고를 지닌 채 이탈리아로 밀물처럼 피신해왔다.

새로운 교역로를 발견하기 위해 추진된 십오 세기와 십육 세기의 지리상의 탐험에 자금을 지원하는 식으로 상인들은 유럽의 생활에 영향을 미쳤다. 미국의 발견 그리고 아프리카를 돌아 중국으로 가는 항로의 발견 덕분에 유럽은 낯선 나라들의 온갖 믿음, 풍습, 종교 및 윤리에 익숙해졌다. 가톨릭교도들은 무슬림, 중국인 그리고 아메리카 원주민과 만났다. 교역의 영향이 점점 커지자 그때까지 유럽에서 인정되어온 신조와 생활방식과 첨예하게 대립하는 지식이

유입되었다. 그리하여 이제껏 인정된 신조와 가치에 대한 의문이 제기되었다.

상인 계급 그리고 장인 및 자유로운 노동자들로 이루어진 더 큰 규모의 계급들은 유럽에 새로운 관심사를 들여왔다. 고용주와 피고용인 모두 자원 확보에 열을 올렸고, 이득이 될 만한 상품, 기계 및 자연현상을 찾아 나섰다. 이탈리아 도시국가의 지배자들도 이런 관심사에 가세했다. 그들은 권력과 화려함을 탐냈으며, 필요한 부를 얻기 위해 교역과 산업 및 발명품을 선호했다. 도시들은 기술, 장치 및 상품의 질을 놓고서 서로 이기려고 경쟁했다. 비록 이기심이 동기였지만 문명을 물질 세계 쪽으로 향하게 하고 실증적 지식을 축적하는 데 이바지했다.

개신교 혁명, 이른바 종교개혁 또한 유럽의 옛 문화를 전복시켰다. 여기서 우리는 가톨릭교회와의 단절이 정당했는지에 관심이 없다. 어쨌든 루터는 유럽 전역에 퍼진 불만의 불길에 부채질을 했다. 성찬식의 속성, 로마에 의한 가톨릭교회 지배의 타당성 그리고 성경 구절의 의미에 관한 논쟁은 많은 사람들에게 의문을 불러일으켰는데, 그리하여 이들은 대담하게도 지식의 다른 원천, 특히 물리적 세계로 관심을 돌렸다.

중세 후기의 여러 발견과 발명은 우리가 언뜻 예상하는 것보다 파급력이 훨씬 더 컸다. 십이 세기에 유럽인들은 중국인들과 접촉하여 나침반에 관해 알게 되었다. 나침반의 도입이 중요했던 까닭은 장거리 항해에 큰 도움이 되었기 때문이다. 대서양에 도전한 탐험가들은 나침반이 없었더라면 그런 시도를 하지 못했을지도 모른다.

십삼 세기에 도입된 화약은 전쟁 방식 및 축성술에 압도적인 영향을 미쳤다. 화약은 또한 새로운 물리학적 문제를 제기했는데, 그것이 바로 발사체의 운동이었다. 간접적인 결과를 하나 들자면, 평범한 사람도 총을 갖고 있으면 전쟁에서 훌륭한 역할을 수행할 수 있었기에 더 큰 능력을 지니게 되었다. 이전에는 비싼 갑옷을 마련할 수 있는 사람들, 즉 부유한 귀족만이 군사적 능력을 발휘할 수 있었다.

인쇄술의 발명(약 1450년)은 고대 그리스 지식을 온 유럽에 전파하는 데 굉장히 중요한 역할을 했다. 또 하나의 발명품, 즉 처음에는 목화로 만들었다가 나중에는 넝마 조각으로 만든 종이가 값비싼 양피지를 대체함으로써, 책을 대량으로 저렴하게 만들 수 있게 되었다. 고대 그리스 저작의 많은 판본과 번역본이 이 발명품의 출현에 뒤이어 그 세기에 인쇄되었다. 그 덕분에 많은 이들이 지식을 찾고 있던 시기에 교육을 많이 받은 자들과 그렇지 못한 자들 사이의 간격이 메워졌다.

광학 분야의 발전도 장래의 과학 활동에 심대한 영향을 미쳤다. 그 첫 번째는 십삼 세기에 이루어졌는데, 렌즈를 이용해 물체를 확대시켜 물질과 자연현상을 조사하는 데 활용한 것이다. 이후에 렌즈 제작자들은 안경을 만들기 시작했다. 십칠 세기 초반에 이들 중 두 사람이 다음 사실을 발견했다. 즉, 렌즈 한 쌍을 일정한 거리만큼 서로 띄워 놓으면 멀리 있는 물체가 가깝게 보인다는 것을 알아냈다. 그리하여 망원경이 제작되어 천문학에 곧바로 활용되었고, 나중에 살펴보겠지만 수많은 결과를 낳았다. 거의 같은 무렵에 렌즈들 여러 개를 조합하면 단일 렌즈보다 가까운 물체를 확대하는데 훨씬 낫다는 사실이 알려져 현미경이 발명되었다. 생물학적 세계를 조사해나가자, 그때까지 아무도 눈치 채지 못했던 소규모의 현상들이 잇따라 드러났다.

9.4 르네상스의 새로운 주의들

지금까지 설명한 일련의 사건들로 인해, 하나의 독단적인 엄격한 사고 체계에 오랫동안 익숙해 있던 중세 유럽의 고립된 세계가 충격과 자극을 받았을 것은 쉽사리 예상할 수 있다. 유럽 세계는 반항했다. 영국 시인 존 던의 말대로 "모든 것이 산산조각 났고 모든 일관성이 사라졌다." 유럽은 스콜라철학이 지배하는 획일적인 사고방식, 엄격한 권위 그리고 물질적 생활에 대한 억압에 저항했다.

모든 지식의 원천이자 모든 주장에 대한 권위 있는 근거였던 성경에 대한 반발도 생겨났다. 행동강령을 확립하기 위한 강요된 순종에 대해서도 반항했다.

낡은 사고방식에 대한 반항을 이끈 선구적인 인물로 레오나르도 다 빈치(1452~1519)를 들 수 있다. 그는 대다수 학자들이 자신들이 읽은 내용만을 권위 있게 여긴다는 것을 깨닫고서, 배움을 책에서만 얻고 지식을 매우 독단적으로 주장하는 사람들을 불신했다. 그는 그런 사람들을 허풍이나 떨고 뽐내며 잘난 척 돌아다니고 다른 이들의 노력을 마치 자기 것인양 장식하며 앵무새처럼 반복하는 자들이라고 묘사했다. 이들은 다른 사람의 배움을 단지 암송하고 떠들어댈 뿐이었다. 레오나르도는 스스로 배우기로 결심하고 식물, 동물, 인체, 빛, 수학적 장치들의 원리, 암석, 새의 비행 그리고 다른 수백 가지 주제들을 철저하게 연구했다. 회화의 위대한 거장 가운데 한 명으로 가장 잘 기억되지만 또한 심리학자, 언어학자, 식물학자, 동물학자, 해부학자, 지질학자, 음악가, 조각가, 건축가 그리고 기술자이기도 했다.

많은 학자들이 고대 그리스 저자들에 관한 광범위한 연구, 번역 그리고 자료의 취합에 착수했다. 그들은 성경 문서들에 기울였을 때처럼 고대 그리스 저작에 이전에 매우 상세하고 비판적인 관심을 쏟았다. 루카 파촐리(1445~1514)의 저술은 이런 경향을 잘 보여준다. 수도승이었던 그는 1499년에 『산술, 기하, 비율과 비례 법칙에 관한 총론』이라는 책을 출간했다. 1500년까지 유럽이 얻을 수 있었던 수학 지식을 총망라하여 거의 백과사전에 가까운 이 책은 굉장히 유용했다.

전환기의 인물로서, 5장에서 우리가 만났던 제롬 카르다노는 더욱 흥미롭다. 카르다노는 책을 여러 권 썼는데, 이야기와 기적 그리고 "사실"의 기원을 탐구한 그 책들은 권위 있는 출처들을 참고했다는 점 외에는 비판적인 태도가 전무했다. 그런 까닭에 그는 중세의 숱한 미신, 전설, 초자연적인 사건 이야기, 사이비과학 및 심지어 마법적인 의술까지도 마음껏 받아들였다. 그는 꿈, 유령, 불길한 징조, 손금 보기 및 점성술의 중요성을 믿었는데, 그런 것들도 카르다노에게는 과학이었다. 그는 또한 도덕적 경구에 대한 책 그리고 우주에 가득한 다양한 존재들에 관한 책을 썼다. 이런 존재들로는 정령(sylph), 도롱뇽, 땅속 요정(gnome) 및 물속 요정(undine) 등이 있다. 이런 영적인 존재들과의 교류는 그의 삶에서 최고의 목표였다.

그런데 위에서 열거한 분야들에 관한 카르다노의 저술은 짜깁기였다. 많은 내용이 아버지의 친구였던 레오나르도 다 빈치한테서 훔쳐온 것이었다. 하지만 수학 및 과학 저술 분야에서는 새로운 영향력을 선보였다. 지금도 유명한 그의 책 『아르스 마그나 Ars Magna』(1545년)에는 아랍인들이 알고 있던 대수적 방법들이 상세히 담겨 있으며 아울러 그 자신 및 동료들이 알아낸 결과들도 포함되어 있다. 그는 유럽의 수학자로서 단연 최초의 중요한 인물이었다. 그의 연구에 담긴 새로운 내용은 5장에서 설명했다.

파치올리와 카르다노는 흔히 인문주의라고 알려진 운동에서 수학 발전에 이바지한 인물이었다. (모든 분야에 걸쳐 두루 활동한) 인문주의자들은 과거를 너무 우상화하고 미래보다는 과거에 시선이 가 있었다는 이유로 비판을 받아왔다. 그들은 고대 그리스 저작들에 너무 탐닉했으며 심지어 의심스러운 문구의 의미를 파악하려고 광범위한 문헌학 연구를 감행하기도 했다. 그렇기는 하지만 이성의 부활을 위한 분위기를 조성하고 고대 그리스 사상과 세속 교육을 유럽에 전파하고 개인, 경험 및 자연계를 강조했다는 점은 그들의 업적으로 주목받아 마땅하다.

고전의 수집과 연구에 몰두한 시기에 이어 지식인들이 중세 문화를 대체하거나 적어도 변화시키기 위한 긍정적인 주의와 방법을 모색하는 시기가 찾아왔다. 우리는 지금 사상의 요동, 중세식 공상과 합리적 사색의 혼합, 세심한 관찰과 낡은 원리들의 뒤섞임을 자세히 살펴볼 수는 없다. 어쨌든 그 모든 요소들이 특히 십육 세기에 두드러졌다. 많은 유럽 사상가들은 마침내 의미가 불분명하고 실제 경험과도 어긋나는 독단적인 원리를 바탕으로 한 맹목적인 합리화로부터 벗어났고, 신적인 권위보다는 인간적인 의문을 선택했다.

유럽의 이런 지적인 갱생의 지도자들은 고대 그리스의 저술과 작품에서 인간과 우주에 대한 새로운 접근법의 원리를 이끌어냈다. 그들은 인간이 물질적 삶과 기쁨을 음식, 스포츠 및 신체의 발달을 통해 즐길 수 있음을 깨달았다. 아름다움은 올가미나 죄가 아니라 기쁨의 원천이었다. 그 전에 인간은 스스로를 죄인으로 여기도록 강요받아온 무가치한 존재로서 평생토록 금욕, 회개 및 절제를 추구하고 인생의 유일한 의미 있는 사건인 죽음에 대비해야 했다. 하지만 이제 인간은 스스로의 존재 안에서 신성을 찾을 수 있고 이 지상에서의 충만한 삶을 자신의 타고난 권리로 요구할 수 있게 되었다. 르네상스 세계는 신을 인간의 목표라기보다는 인간을 신의 목표로 보기 시작했다.

인간의 정신은 해방되었고 인간이 나아갈 이상적인 방향을 새로 마련하자는 분위기가 팽배해졌다. 아마도 가장 중요한 결정은 자연 그 자체를 지식의 원천으로 삼자는 것이었다. "자연으로 돌아가라"가 새로운 구호가 되었다. 유럽인들은 성서에서 모은 신적인 선언 대신의 자연의 법칙으로, 신 대신 신의 우주로 눈을 돌렸다. 인간 자신도 자연에 관한 연구에 포함되었다.

레오나르도는 자연에 대한 이러한 관점 변화에서 우선적으로 주목해야 할 대표적인 인물이다. 그는 자신이 문자에서 배우는 사람이 아니라 경험에서 배우기로 작정했다는 데 자부심을 느꼈다. 공책에 적힌 그의 관찰과 발명은 물리적 세계에 대한 광범위하고 세밀한 연구의 증거이다. 그는 이렇게 말한다. "자연이라는 훌륭한 토대 위에 서 있지 않으면 수고만 많을 뿐 영예도 이득도 적을 것이다." 생각에서 비롯되어 생각으로 끝나는 학문은 진리를 가져다주지 못한다. 왜냐하면 경험이 없으면 온전히 정신적인 성찰을 이룰 수 없는데다 경험이 없다면 아무 것도 확실하지 않기 때문이다.

한편 생물학자라는 새로운 무리가 생겨났는데, 그중에서 안드레아스 베살리우스(1514~64)가 선구자였다. 그의 저서인『인체의 구조에 관하여』(1543년)는 현대 해부학의 시작이라고 볼 수 있다. 이 저서는 갈레노스에 바탕을 두고 있긴 하지만, 그는 갈레노스의 오류를 다수 고쳤고 새로운 관찰 결과를 보탰다. 베살리우스는 참된 성경은 인체라고 주장했으며 시체를 해부하여 인체의 구조를 알아냈다. 십칠 세기의 유명한 의사였던 윌리엄 하비(1578-1657)는 자신의 책『동물의 심장과 혈액의 운동에 관한 해부학적 연구』의 서문에서 베살리우스가 표방한 탐구 정신을 자신만의 방식으로 이렇게 표현하고 있다. “감히 말하건대 나는 책에서가 아니라 해부를 통해서 인체의 구조를 배우고 가르친다. 학자의 위치에서가 아니라 자연의 구조에서 배운다.” 하비 또한 갈레노스를 따르긴 했지만 베살리우스와 마찬가지로 자신의 관찰과 사색에서 얻은 새로운 내용을 보탰다. 식물학자 안드레아 체살피노(1520~1603)는 관찰에서 시작하여 종에 대한 면밀한 분류를 통해 귀납적 진리를 얻는 과정을 열렬히 옹호했다.

다음 장에서 살펴보겠지만, 화가들 역시 자연에 대한 연구로 관심을 돌려 회화에 새로운 목표를 도입했다. 그래서 필연적으로 화가들도 해부, 원근법, 빛 그리고 역학을 연구하였다. 관찰을 우선적으로 중요하게 여기는 관점 덕분에 요하네스 케플러는 천문학에 혁명적인 이론을 고안해냈다. 정말이지 경험은 모든 기본적 과학 법칙들의 원천이 되었는데, 그런 점에서 경험이 관념의 역할을 빼앗았다고 할 수 있다.

르네상스 시기 유럽인들이 도입한 두 번째 지도 원리는 이성을 기준으로 무엇을 받아들일지를 판단하자는 것이었다. 계시, 신앙 및 권위는 인간과 우주에 관한 주장들을 뒷받침하는 부차적인 근거일 뿐이었고 이성이야말로 인간이 해결하고자 하는 모든 문제에 자유롭게 적용되어야 할 것이었다. 이전에 교회는 이성을 이용해 신학을 구축하기도 했지만 일부 문제들은 이성을 초월한다고 주장했다. 이제 이성적 추론으로 얻은 결과들은 의심할 바 없는 것으로 인정되었다. 르네상스 시기에는 이성이 신앙을 대신하여 으뜸가는 권위가 되었으며, 이성을 당대의 문제에 적용하자는 분위기가 조성되었다.

자연을 연구하려는 새로운 충동 그리고 권위에 기대는 대신에 이성을 사용하자는 결정은 그 자체로서 수학적 활동으로 이어지는 힘이었다. 또한 이미 유럽인들은 고대 그리스의 연구 결과를 알고 있었다. 고대 그리스인들로부터 유럽인들은 자연이 수학적으로 설계되어 있고 그 설계가 조화로우며 미학적으로 즐겁다는 것 그리고 자연에 관한 내적인 진리임을 알게 되었다. 자연은 합리적이고 단순하며 질서정연할뿐 아니라 결코 변하지 않는 법칙에 따라 작동하고 있다.

고대 그리스 저작들이 유럽에 알려지기 시작하던 무렵부터 선구적인 사상가들은 자연에 대한 수학적 연구의 중요성에 깊은 인상을 받았다. 십삼 세기에 로저 베이컨은 자연의 법칙들은 단지 기하학의 법칙일 뿐이라고 믿었다. 수학적 진리는 있는 그대로의 자연과 동일시 되었다. 게다가 수학은 양을 인식하는 활동이므로 다른 여러 과학에도 기본이 된다. 레오나르도 또한 (비록 고대 그리스 저작에 관한 지식이 꽤 제한적이었으며 수학적 증명의 의미에 대한 이해가 거의 전무했지만) 새로운 시대정신을 포착했다. 수학을 간파해야지만 인간은 자연의 본질을 꿰뚫을 수 있다고 그는 말한다. “인간의 어떠한 탐구도 수학적 증명을 거치지 않고서는 참된 학문이라고 할 수 없다.” 또한 이렇게도 말한다. “수학의 으뜸가는 확실성을 불신하는 사람은 혼란을 먹고 사는 셈이며, 영원한 기만으로 이어지는 궤변적인 과학의 모순을 결코 불식할 수 없다.” 레오나르도는 수학자가 아니었으며, 역학의 원리나 정지 및 운동 중인 물체의 운동에 대한 그의 이해는 직관적이었으며 갈릴레오와 뉴턴의 연구의 어슴푸레한 전조였을 뿐이었다. 하지만 그는 예언자적인 선견지명이 있었다. 그는 공책에 이렇게 적었다. “역학은 수리과학의 천국이다. 왜냐하면 그 속에서 우리는 수학의 과실을 얻기 때문이다.” 레오나르도는 과학에서 이론의 역할을 강조하면서 이렇게 말한다. "이론은 장군이다. 실험은 병사들이다." 하지만 그는 이론의 정확한 역할을 이해하지도 못했고 나중에 과학의 진정한 방법론이 된 것도 내다보지 못했다. 사실 그는 방법론이 부족했다. 코페르니쿠스와 케플러는 나중에 더 자세히 살펴볼 인물들인데, 이 둘 또한 세계는 수학적으로 조화롭게 설계되었다고 확신했으며 이런 믿음 덕분에 과학 연구를 지속할 수 있었다.

갈릴레오는 수학이야말로 신이 위대한 책—우주—에 적어 놓은 언어라고 말한다. 아울러 이 언어를 모르면 그 책의 단 한 글자도 읽을 수 없다고 말했다. 좌표기하학의 아버지인 르네 데카르트는 자연이 단지 거대한 기하학적 체계라고 확신했다. 데카르트는 말하기를, 그 자신은 "기하학이나 추상적인 수학에 들어 있는 원리 이외에 물리학에 있는 원리는 어느 것도 인정하거나 바라지 않는다. 왜냐하면 그래야지만 모든 자연현상이 설명되며 그런 현상에 관한 증명도 얻어지기 때문이다." 분명 1600년경이 되자 수학이 자연현상의 열쇠라는 확신은 굳건히 자리 잡았으며, 이 확신 덕분에 이후에 일어난 위대한 과학 연구가 촉진되었다.

르네상스의 지식인들이 수학에 매력을 느낀 이유는 또 하나 있다. 앞서 살펴본 대로 르네상스는 중세 문명과 문화가 도전 받고 새로운 영향, 정보 및 혁명적 운동들이 유럽을 휩쓸던 시기였다. 따라서 그들은 지식의 확립을 위한 새롭고 견실한 바탕을 찾았는데, 수학이 그런 토대를 마련해주었다. 수학은 허물어지는 철학 체계들, 논란에 휩싸인 신학적 교의들 그리고 변화하는 윤리적 가치들 속에서 하나의 인정할만한 진리들의 집합체로 남았다. 수학적 지식은 확실한 지식이었으며 수렁에서 살아남을 수 있는 안전한 발판을 제공했다. 진리에 대한 탐구는 수학으로 귀결되었다.

9.5 자연을 연구하게 된 종교적 동기

이성을 사용하여 자연을 연구하며 아울러 자연의 수학적 설계를 탐구하려는 결정 덕분에 수학 활동이 되살아났고 위대한 수학자들이 출현하게 되었다. 이런 사상적 움직임은 흥미로운 전환을 가져왔다. 왜냐하면 그 사상은 2세기 동안에 걸쳐 수학 활동을 강하게 뒷받침한 동기를 드러내주고 이후의 문화사에 나름의 역할을 했기 때문이다.

르네상스의 수학자들과 과학자들은 우주가 신의 작품임을 강조한 종교적인 세계에서 성장했다. 우리가 곧 만나게 될 과학자들인 코페르니쿠스, 튀코 브라헤, 케플러, 파스칼, 갈릴레오, 데카르트, 뉴턴 및 라이프니츠는 그러한 주의를 받아들였다. 이 사람들은 사실 정통 기독교인들이었다. 코페르니쿠스는 교회의 일원이었다. 케플러는 사제서품을 받지는 않았지만 신부가 되기 위해 공부했다. 뉴턴은 신앙심이 매우 깊었는데, 말년에는 창조적인 과학 연구를 수행하기에는 너무 지친 나머지 종교 연구로 돌아섰다.

하지만 십육 세기에 지식인 세계의 새로운 목표는 수학을 통한 자연 연구였고, 그 결과 자연이 수학적으로 설계되었음을 정말로 밝혀냈다. 그러나 가톨릭 교리는 끝내 그리스적인 이 마지막 원리를 받아들이지 않았다. 그렇다면 신의 우주를 이해하려는 시도는 자연의 수학적 법칙을 알아내려는 탐구와 어떻게 조화를 이룰 수 있었는가? 그 답은 새로운 교의, 즉 신이 우주를 수학적으로 설계했다는 교의를 보태는 것이었다. 그리하여 신과 피조물을 이해하려는 노력의 위대한 중요성을 인정하는 가톨릭 교의는 신이 자연을 수학적으로 설계한 증거를 찾으려는 노력을 지지했다. 정말이지 십육 세기, 십칠 세기 그리고 심지어 십팔 세기까지 수학자들의 연구는 종교적 신앙에 의해 비롯된 종교적 탐구였으며, 그들의 연구가 이런 원대한 목적에 이바지한다는 것이 수학 활동의 근거였다. 자연의 수학적 법칙에 대한 탐구는 종교적 헌신의 행위였다. 신의 섭리와 속성에 관한 연구로서, 신이 만든 세계의 영광과 위대함을 드러낼 활동이었다. 르네상스 과학자는 성경 대신에 자연을 연구하는 신학자였다. 코페르니쿠스, 케플러 그리고 데카르트는 신이 수학적 설계를 통해 우주에 부여한 조화에 대해 거듭 말하고 있다. 수학적 지식은 그 자체로서 우주에 관한 진리이면서 성경의 모든 구절만큼이나 신성하기 그지없다. 갈릴레오는 이렇게 말한다. "하나님은 성경의 신성한 구절보다는 자연의 현상을 통해 스스로를 감탄스러운 방식으로 드러내신다." 인간은 우주의 비밀을 신이 이해하는 수준만큼 확실하게 알아내길 바랄 수는 없다. 하지만 겸손함과 겸허함으로 적어도 신의 마음에 접근하려고 노력할 수는 있다.

한 술 더 떠서, 이런 사람들이 자연 현상의 바탕이 되는 수학적 법칙의 존재를 확신했으며 집요하게 그런 법칙을 찾았다고 볼 수도 있다. 왜냐하면 그들은 신이 그런 법칙들로서 우주를 창조했음을 선험적으로 확신했기 때문이다. 따라서 자연 법칙이 하나씩 발견될 때마다, 그 발견은 연구자의 천재성보다는 신의 위대함에 대한 실증적 증거로 여겨져 갈채를 받았다. 특히 케플러는 과학적인 발견을 할 때마다 매번 신에게 찬가를 지어 올렸다. 수학자들과 과학자들의 믿음과 태도는 르네상스 유럽을 휩쓸었던 광범위한 문화적 현상의 사례이다. 고대 그리스 저작들이 독실한 기독교 세계에 심오한 영향을 미쳤는데, 어느 한쪽 세계에서 태어나 다른 쪽 세계에 이끌린 지적인 선구자들은 두 가지 주의를 하나로 융합시켰다.

연습문제

1. 고대 그리스 문화와 중세 기독교 문화에서 물리적 세계 및 수학 활동에 관한 태도의 차이에 대해 지금 우리가 알고 있는 바에 비추어, 물리적 세계에 대한 관심과 수학 연구 사이의 관련성에 관해 어떤 결론을 내릴 수 있는가?
2. 어떤 사건과 영향이 수학에 관한 관심을 다시 불러일으켰는가?
3. 르네상스 과학자들과 수학자들은 세계가 수학적으로 설계되어 있다는 고대 그리스적 가르침과 우주가 신의 피조물이라는 기독교적 교의를 어떻게 조화시켰는가?

더 살펴볼 주제

1. 십육 세기의 대수의 부흥
2. 인도와 아랍 수학
3. 로저 베이컨의 인생과 업적
4. 제롬 카르다노의 인생과 업적
5. 레오나르도 다 빈치의 인생과 업적

권장 도서

Ball, W. W. Rouse : *A Short Account of the History of Mathematics*, 4th ed., Chaps. 6 to 12, Dover Publications, Inc., New York, 1960.

Cajori, Florian : *A History of Mathematics*, 2nd ed., pp. 83-129, The Macmillan Co., New York, 1938.

Cardan, Jerome : *The Book of My Life*, E. P. Dutton and Co., New York, 1930.

Crombie, A. C : *Augustine to Galileo*, Chaps. 1 to 5, Falcon Press, London, 1952. Also published in paperback under the title *Medieval and Early Modern Science*, 2 vols., Doubleday and Co. Anchor Books, New York, 1959.

Crombie, A. C : *Robert Grosseteste and the Origins of Experimental Science*, Oxford University Press, London, 1953.

Dampier-Whetham, William C D. : *A History of Science*, pp. 65-138, Cambridge University Press, London, 1929.

Da Vinci, Leonardo : *Philosophical Diary*, Philosophical Library, Inc., New York, 1959.

Easton, Stewart C : *Roger Bacon and His Search for a Universal Science*, Columbia University Press, New York, 1952.

Hofmann, Joseph E. : *The History of Mathematics*, Chaps. 3 and 4, The Philosophical

Library, New York, 1957.

MacCurdy, Edward: *The Notebooks of Leonardo da Vinci*, George Braziller, New York, 1954.

Ore, Oystein: *Cardano, The Gambling Scholar*, Princeton University Press, Princeton, 1953.

Randall, John Herman, Jr.: *The Making of the Modern Mind*, rev. ed., Chaps.1 through 9, Houghton Mifflin Co., Boston, 1940.

Russell, Bertrand: *A History of Western Philosophy*, pp. 324-545, Simon and Schuster, New York, 1945.

Smith, David Eugene: *History of Mathematics*, Vol. 1, Chaps. 5 through 8, Dover Publications, Inc., New York, 1958.

Vallentin, Antonina: *Leonardo da Vinci*, The Viking Press, New York, 1938.

*10
르네상스 시기의 수학과 회화

위대하도다 기하학이여! 예술과 결합하니, 더욱 거부할 수가 없네.

에우리피데스

10.1 들어가며

유럽 르네상스의 새로운 사상 조류, 의심스러운 진리를 대체할 새로운 진리의 탐구, 믿을만한 사실을 얻기 위해 자연을 연구하려는 새로운 태도 그리고 자연 현상의 본질을 수학적 법칙에서 찾아야 한다는 부활한 고대 그리스적 확신은 과학보다는 예술 분야에서 처음 결실을 맺었다. 철학자들과 과학자들이 아직은 구체화되지 않은 새로운 과학적 방법에 포함시킬 기본적인 사실들을 찾으려고 애썼고 수학자들은 고대 그리스 저작들을 학습하면서 새로운 주제에 대한 영감이 떠오르길 준비하는 동안에, 예술가들 특히 화가들은 훨씬 더 민첩하게 반응하여 회화 기법을 혁신했다.

화가들이 회화의 새로운 양식을 마련하기 위해 수학에 관심을 보였다는 사실이 조금 놀랍지만, 이 현상에는 나름의 이유가 있다. 십사 세기, 십오 세기 및 십육 세기의 화가들은 당대의 건축가이자 공학자였다. 그들은 또한 조각가이자, 발명가, 대장장이 그리고 석공이기도 했다. 교회, 병원, 궁전, 회랑, 다리, 댐, 요새, 운하, 도시 성벽 및 무기를 설계하고 제작하기도 했다. 가령 레오나르도 다 빈치는 밀라노의 통치자인 루도비코 스포르차 휘하에서 일하면서 건축가, 조각가 및 화가뿐 아니라 공학자, 군사 설비의 제작자 그리고 전쟁 기계의 설계자 등 여러 역할을 맡았다. 심지어 대포알의 운동도 예술가가 예측해주기를 당시 사람들은 원했는데, 하지만 당시의 수학 수준으로는 결코 단순한 문제가 아니었다. 이런 다양한 활동에 비추어 볼 때 화가는 필연적으로 얼마만큼은 과학자일 수밖에 없었다.

게다가 르네상스 화가는 고딕 성당의 제작자들과는 달리, 진리는 자연에서 배우는 것이며 자연 현상의 본질은 수학을 통해 가장 잘 표현된다는 당시의 사상 조류에 영향을 받았다. 이런 면에서도 선배 화가들과 비교할 때 당시의 화가들은 새로 발견된 흥미로운 고대 그리스 저작에서 얼마간의 수학 지식을 얻는 혜택을 누렸다. 르네상스 화가들은 이런 지식을 한껏 흡수하였고 수학을 회화에 적용해나가면서, 유럽에서 진정으로 최초인 수학을 내놓았다. 십오 세기에 그들은 가장 학식 있고 가장 독창적인 수학자였다.

10.2 원근법의 과학적 체계를 향해 나아가다

르네상스 화가들이 어떻게 수학을 도입하여 회화 기법을 혁신시켰는지 살펴보기 전에 이 분야에서 이미 어떤 일이 벌어지고 있었는지 알아보자. 중세 시기 초기부터 회화는 광범위한 역할을 했다. 왕과 군주 그리고 교회 지도자들은 건물을 더 멋지게 만들기 위해 예술 작품을 의뢰했다. 중세 화가들이 1300년경 이전까지 사용했던 체계는 관념적이었다. 그들의 목표는 기독교 드라마의 핵심 주제들을 묘사하고 장식하는 것이었다. 진짜 장면을 보여주기보다는 종교적 감정을 불러일으키는 것이 의도였기에, 사람과 사물은 상징적 의미를 드러내는 관례에 따라 그려졌다. 가령 사람들은 부자연스럽고 양식화된 자세로 표현되었다. 전반적인 인상은 평평한 느낌이었고 전체적으로 그림은 이차원 효과를 지녔다. 배경은 대체로 순금 빛깔이었는데, 이는 행위나 사람들이 세상 바깥의 어떤 영역에서 존재한다는 느낌을 주기 위해서였다.

이런 표현 양식의 사례들은 굉장히 많다. 중세 후기의 대표적 사례는 시모네 마르티니(1285~1344)의 「장엄」(그림 10.1)이다. 분명 이것은 실제 장면이 아니

그림 10.1.
시모네 마르티니 「장엄」, 시에나, 코무날레 광장

다. 배경은 푸른색이다. 여러 사람들이 모여 있는데도 화면은 평면적으로 보인다. 권좌는 특히 입체감이 부족하다. 인물들이 서 있는 바닥이 존재한다는 느낌이 거의 없으며 인물들은 생기가 없고 서로 무관해 보인다. 게다가 크기가 중요하지 않다. 이 회화는 중세 회화에서 사용된 또 하나의 관념적 장치를 잘 드러내주는데, 테라스식 원근법이라고 알려져 있는 것이다. 한 무리의 사람들을 입체감 있게 보여주려고 뒤쪽에 있는 사람들을 앞쪽에 있는 사람들보다 조금 위에 올려두고 있다.

십삼 세기 말경에 이르자 화가들은 르네상스의 영향을 받기 시작했다. 주로 교회 관리자들이 줄곧 그림을 의뢰했기 때문에 종교적 주제에 몰두하는 경향은 여전했고 다루는 대상도 이전과 동일했지만, 조금 현실적으로 배치되기 시작했다. 화가들은 자연을 관찰하기 시작하면서 실제의 세계, 물리적 존재들, 땅, 바다 및 하늘을 보았다. 이들의 그림은 공간, 깊이, 질량, 부피 및 다른 시각적 효과들을 주로 선, 면 및 기타 기하학적 형태들을 사용하여 드러냄으로써 자연스러운 장면에 대한 관심을 보여주었다. 자연스러움을 얻기 위해 그들은 또한 감정을 담으려고 시도했으며 옷의 주름도 실제 모습대로 몸의 각 부분에 접혀 있는 모습으로 그리고자 했다. 사람들은 정형화된 모습 대신에 실제 개인처럼 보이기 시작했다. 신비주의는 차츰 물러가고 사실주의가 대두했으며 예술은 더욱 더 세속화되었다.

치마부에(1300년경), 카발리니(1250년경~1330년), 두치오(1255~1318) 및 지오토(1266~1337)는 사실주의를 회화에 도입하고 자연의 아름다움을 담아내려는 새로운 운동의 선구자들이었다. 특히 지오토는 근대 회화의 아버지라고 종종 불린다. 이들의 작품 그리고 직계 후계자들의 작품에서는 원근법에 대한 탐색을 쉽게 엿볼 수 있다.

두치오의 「최후의 만찬」(그림 10.2)에는 실제 장면이 드러나 있으며 입체감에 대한 야심찬 시도를 볼 수 있다. 뒤쪽의 벽과 천장의 선들이 이런 효과를 창조한다. 게다가 실제 장면에서는 서로 평행이지만 그림에서는 중심을 향해 체계적으로 놓여 있는 직선들의 쌍은 그림의 중심을 통과하는 한 수직선에서 만나도록 그려져 있다. 이 방법을 가리켜 수직 원근법이라고 하며 다른 화가들에 의해 더욱 발전되었다.

전체적으로 아주 잘 그린 그림이라고 할 수는 없다. 식탁은 앞쪽으로 기울어져 보인다. 식탁 위의 사물들은 너무 전경에 위치하며 미끄러지거나 넘어지기 직전인 것처럼 보인다. 식탁과 방은 동일한 관점에서 본 것이 아니다. 다양한 부분들이 비례가 부족하다. 입체감을 적절하게 표현하지 못했기 때문에, 이 그림을 보는 사람은 그림의 가운데에 시선이 집중되기보다는 양쪽 측면으로 시

그림 10.2 두치오「최후의 만찬」 시에나, 두오모 오페라 미술관

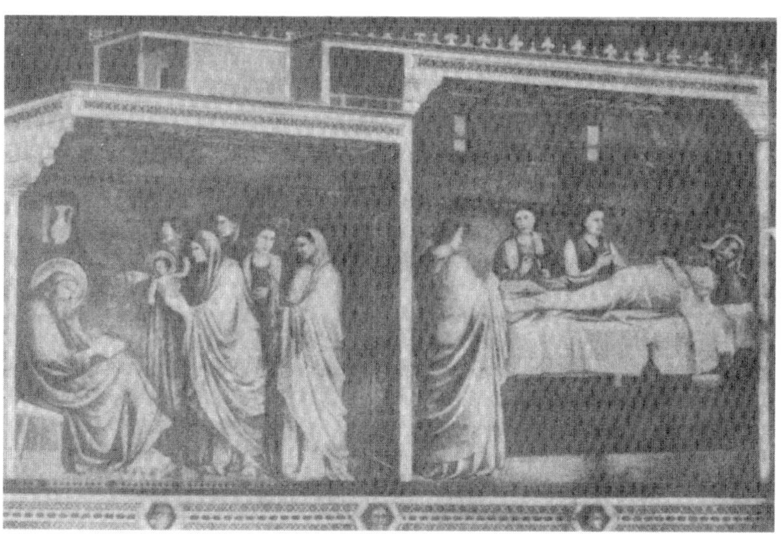

그림 10.3 지오토「탄생 그리고 세례자 성 요한의 명명」 피렌체, 산타 크로체 교회

선이 가게 된다. 이 시기 회화의 한 가지 흥미로운 특징은 부분적으로 테두리를 친 방이라는 설정이다. 화가들은 자연을 다루기 시작했지만 당분간은 내부적 요소와 외부적 요소가 함께 있는 장면만을 다루었다. 그래도 이미 공간을 탐구하고 있었으며 넓은 세계 속으로 모험을 감행하기 직전이었다.

지오토는 시각적 지각과 공간적 관계를 재현한다는 분명한 목적을 갖고서 그림을 그렸다. 그의 그림은 사진에 의한 복제의 효과를 내는 경향이 있다. 그가 그린 인물들은 질량, 부피 및 활기를 지니고 있으며, 흥미로운 방식으로 무리지어 있으며, 서로 연관되어 있다. 그의 「탄생 그리고 세례자 성 요한의 명명」(그림 10.3)에서 그런 특징이 전형적으로 드러난다. 여기서도 부분적으로 테두리를 친 내부가 직선과 면의 사용만큼이나 명백히 드러난다. 측면의 벽들은 입체감을 나타내기 위해 작게 그리거나 축소시켰다. 바닥은 말끔한 평면이다. 비록 지오토의 그림은 시각적으로 정확하지 않고 새로운 원리도 도입하지 않았지만 이전의 화가들의 작품보다 훨씬 낫다. 그는 소박한 장면들을 선택했고 인물에 인간적인 느낌을 부여했으며 또한 인물들을 공간 속에 골고루 나누어 배치했다. 또한 감정의 미묘한 색조를 포착하여 신체의 특징과 자세를 통해 표현하고 있다. 신비주의도 황홀한 경건함도 없다. "진짜" 천사와 그리스도 그리고 사도들이 우리 앞에 서 있다. 지오토는 자신이 이룬 발전을 스스로 인식하고 있었으며 기꺼이 자신의 능력을 발휘했다.

사실주의의 확립으로 가는 여정에서 암브로지오 로렌제티(십사 세기)를 빼놓을 수 없다. 그가 그린 야외 전경들은 이 시기의 최고 작품들이다. 하지만 이후에 일어날 중요한 발전의 관점에서 볼 때 그의 「예수 신전 봉헌」(그림 10.4)은 더욱 주목할 가치가 있다. 이 그림에는 배경이나 수직 평면과 반대 개념인 명확한 전경 또는 수평 평면이 있다. 바닥의 직선들은 확실히 뒤로 물러나며 한 점에서 만난다. 후퇴하는 평행선들의 다른 쌍들은 한 수직선의 각각의 점들에서 만난다. 바닥 블록들의 크기가 차츰 감소하는 것(축소)도 거리감을 나타내기 위해 중요하다. 하지만 바닥과 그림의 나머지 부분들이 통일되어 있지는 않다.

십사 세기 르네상스 회화의 이런 몇 가지 사례들은 사실주의, 실제 장면 그리고 삼차원을 얻기 위한 점진적인 노력을 보여준다. 혁신가들은 효과적인 기법을 모색하고 있긴 했지만 성공하지는 못했다. 시각화 기술과 회화적 능력이 아직 충분하지 않았다.

10.3 사실주의가 수학으로 이어지다

십사 세기 후반부에는 발전이 별로 없었다. 왜냐하면 흑사병이 유럽 전역을 뒤흔들어 수많은 사람들을 죽음으로 몰아넣었기 때문이다. 십오 세기는 이전 장에서 언급했듯이 고대 그리스 저작들이 새로 이탈리아로 흘러들고 새로운 번역 작업이 줄줄이 이어졌다. 이는 화가들에게 큰 보탬이 되었다. 고대 그리스의 이상이 더 자세히 알려졌으며 이탈리아에서 열정적으로 논의되었다. 세속화가 촉진되었고 화가들은 인간 그리고 자연에 대한 연구에 더 한층 관심을 보였으며 과학에도 열정을 품었다.

실제 대상에 대한 정확한 묘사와 올바른 초상화 기법을 내놓을 회화 체계를 확립하기 위해 화가들은 누드, 다양한 자세의 신체, 해부, 표현, 빛 그리고 색깔을 연구했다. 마리아와 아기 예수는 인간적 감정으로 고통 받는 실제 인간으로 그려졌고 교회의 역사는 실제 인간에 의해 재현되었다. 종교적인 주제들은 대체로 실제 세계를 묘사하기 위한 관례적이거나 습관적인 표현 수단이 되었다. 나중에는 종교적 주제를 인간적으로 묘사하는 대신에 화가들은 인간과 자연을 아름답게 표현하는 쪽으로 바뀌었다. 금욕적이고 신비주의적이며 헌신적인 태도는 영원히 자취를 감추었다. 나중에는 이교도적인 주제들도 회화에 채택되었다. 자연에서 느끼는 장엄함과 반가움, 물리적 존재가 느끼는 환희, 땅과 바다와 하늘의 아름다움이 새로운 가치가 되었다. 회화는 완전히 세속화되었다.

사실주의를 위한 노력에서 화가들은 한 걸음 더 나아가 자신들이 할 일은 자연을 모방하는 것이며 보이는 바를 최대한 사실적으로 묘사하는 것이라고 결심했다. 자연이 화폭에 그려지는 내용에 대한 권위가 되어야 하며 회화는 자연을 정확히 재현하는 과학이 되어야 한다고 보았다. 레오나르도 다 빈치의 말에 의하면, 회화의 목적은 자연을 재현하는 것이며 회화의 가치는 재현의 정확성에 달려 있다. 심지어 순전히 상상 속의 장면도 마치 실제로 존재하는 듯이 그려져야 한다. 회화는 실재의 진실한 재현이어야 했다.

그런데 재현은 어떻게 이루어져야 했을까? 이번에도 르네상스 화가들은 고대 그리스의 이상을 따랐다. 십오 세기에 이르자 화가들은 수학이 실제 세계의 본질이라는 고대 그리스 사상과 매우 친숙해졌고 이 사상을 전면적으로 받아들였다. 따라서 화폭에 담을 주제를 실제로 완벽히 표현하려면 그것을 수학적 내용으로 환원시켜야 한다고 르네상스 화가들은 믿었다. 형태의 본질, 공간 속 대상들의 구성 그리고 공간의 구조를 포착하기 위해 화가들은 그 밑바탕이 되는 수학적 법칙을 찾아야만 한다고 결심했다.

하지만 사실적인 회화에는 그려지는 대상의 수학적 속성 이상의 것이 포함된다. 눈이 그림을 보는데, 이때 눈에는 장면 자체와 동일한 인상이 창조됨이 분명하다. 또한 장면을 눈으로 전해주는 시각과 빛이 관여하므로 이런 것들 또한 반드시 분석해야 한다. 그런데 빛의 연구 또한 수학으로 귀결되었다. 이전의 장들에서 이미 보았듯이 고대 그리스 시기부터 빛은 수학적 법칙의 적용을 받는 대상임이 밝혀져 있었다. 그러나 빛에 관한 고작 몇 가지 수학적 법칙들이 이 현상에 관하여 고대 그리스인들 및 르네상스인들이 지닌 정확한 지식일 뿐이었다. 왜냐하면 빛 자체의 본질은 여전히 불가사의였기 때문이다. 그리하여 장면과 그림이 눈에 남기는 인상을 연구하기 위해 화가들은 다시금 수학에 이끌렸다.

그림 10.4 암브로지오 로렌체티 「예수 신전 봉헌」, 우피치 미술관, 피렌체.

그리하여 화가들은 빛과 그림자, 색깔, 물감의 화학적 성질, 운동과 정지의 법칙, 눈, 인체의 해부학적 구조 그리고 거리가 시각에 미치는 영향 등에 관해 집중적이고 광범위한 물리적 연구를 수행했다. 화가들의 마음을 사로잡은 지배적인 생각은 수학이 회화의 사실성을 확보하기 위해 반드시 이용되어야 한다는 것 그리고 기하학이 이 문제 해결의 열쇠라는 새로운 발상이었다. 따라서 그들은 원근법이라는 완전히 새로운 수학적 체계를 창조했고 이를 완벽하게 발전시켰다. 원근법 덕분에 "현실을 화폭에 그대로 담을" 수 있게 되었다.

10.4 수학적 원근법의 기본 개념

르네상스 화가들이 창조했으며 초첨 체계라고도 알려져 있는 수학적 원근법은 1425년경에 건축가이자 조각가인 브루넬레스키(1377~1446)가 창시했다. 그의 발상을 기록하고 더욱 발전시킨 사람은 건축가이자 화가인 레온 바티스타 알베르티(1404~1472)였다. 그의 명성은 예술작품 때문이 아니라 전문적인 지식 덕분이었다. 그는 건축, 회화, 원근법 및 조각을 연구했으며 화가들에게 이론적인 문제를 설명하는 책을 여러 권 써서 엄청난 영향을 미쳤다. 자신의 책『회화론(Della Pittura)』(1435)에서 알베르티는 배움이 화가에게 필수적이라고 말한다. 예술은 이성과 방법론을 이용해 배운 다음에 연습을 통해 숙달되는 것이라고 말이다. 한 술 더 떠, 화가에게 우선적으로 중요한 것은 기하학을 아는 일이며 자연의 수학적 구조를 담아내 표현하는 그림은 자연보다 더 뛰어날 수 있다고 말한다.

수학적 방법을 더욱 발전시켜 완성시킨 사람들은 파올로 우첼로(1397~1475), 피에로 델라 프란체스카(1416~1492) 그리고 레오나르도 다 빈치(1452~1519)이다. 이런 사람들이 창조한 체계(레오나르도가 회화의 사다리이자 견인차라고 불렀던 체계)는 르네상스 이후로 실재를 정확히 묘사하기를 바라는 모든 화가들이 이용했으며, 오늘날에도 미술 학교에서 가르친다.

빛, 시각 그리고 화폭에 대상을 재현하는 방식에 대한 연구를 통해 이들 화가들은 다음과 같은 사실을 발견했다. 어떤 사람이 한 고정된 위치에서 실제 장면을 본다고 하자. 물론 그는 두 눈으로 보지만 각각의 눈은 조금 다른 위치에서 동일한 장면을 본다. 보통의 시각의 경우, 우리는 두 가지 감각을 이용해서 사물을 지각하고 입체감을 가늠하는데, 이 지각은 그다지 정밀하지 않다. 레오나르도가 그의 『회화론』에서 지적하고 있듯이, 경험을 통해 우리는 결합된 감각을 해석하는 방법을 터득한다. 르네상스 화가들은 한쪽 눈이 보는 바에 집중하고 이때 생기는 결함을 명암, 즉 적절한 음영으로 그리고 색상의 강도가 거리에 따라 차츰 감소되도록 표현하는 이른바 대기 원근법(aerial perspective)*으로 보상하기로 했다.

한쪽 눈으로부터 장면 속 대상들의 여러 점들로 광선들이 뻗어간다고 상상하자. 이런 직선의 집합을 가리켜 사영(projection)이라고 한다. 그 다음에 알베르티, 레오나르도 그리고 독일 화가 알브레히트 뒤러(1471~1528)가 그랬듯이 한 유리 화면(screen)이 눈과 장면 사이에 끼어 있다고 상상하자. 가령 창밖으로 바깥의 풍경을 볼 때 창이 그러한 유리 화면 역할을 한다. 사영의 선들은 유리 화면을 관통할 것이며, 각 선이 유리 화면을 통과할 때마다 판에 하나의 점이 찍힌다고 상상할 수 있다. 이런 점들이 판에 모여 생긴 형상을 가리켜 구획(section)이라고 한다. 르네상스 화가들이 발견한 가장 중요한 사실은 이 구획이 장면 그 자체와 동일한 인상을 눈에 새긴다는 것이다. 왜냐하면 눈이 보는 것은 대상의 각 점으로부터 눈에 이르는 직선을 따라 진행하는 빛뿐인데, 만약 그 빛이 유리 화면의 점들에서 떠나 동일한 직선을 따라 진행하면 동일한 효과를 창출할 수밖에 없기 때문이다. 따라서 이차원인 이 구획이야말로 눈에 새겨지는 올바른 인상을 창조하기 위해 화가가 화폭에 담아야 하는 것이다. 뒤러는 "원근법(perspective)"이라는 단어를 사용했는데, 이 말의 어원인 라틴어 단어는 "통과해서 본다"는 뜻이다.

화가들이 이 구획을 화폭에 어떻게 담았는지 조사하기 전에 사영과 구획의 개념부터 살펴보자. 다행히도 이탈리아에서 원근법을 배워 독일로 돌아와 가

* 원근법의 법칙에 따라 그린 그림과 삼차원 사진의 차이는 두 눈에 색안경을 끼고서 입체 그림을 볼 때 분명히 드러난다.

그림 10.5
알브레히트 뒤러「앉아 있는 남자를 그리는 사람」

그림 10.6
알브레히트 뒤러「누워 있는 여자를 그리는 사람」

그림 10.7
알브레히트 뒤러「류트를 그리는 사람」

르쳤던 뒤러가 만든 몇몇 목판화가 개념을 살피는 데 큰 도움이 된다. 목판화는 뒤러의 저서『측정을 위한 지침』(1525)에 실려 있다. 그중 첫 번째가「앉아 있는 남자를 그리는 사람」(그림 10.5)이다. 이 그림에는 유리 화면을 통해 대상을 바라보는 화가가 나온다. 화가는 고정된 위치에 눈을 응시한 채 유리 화면에 점을 찍는데, 화가의 눈에서부터 남자 몸의 한 점에 이르는 광선은 유리 화면의 바로 그 점을 통과한다.

두 번째 목판화「누워 있는 여자를 그리는 사람」(그림 10.6)은 화가가 이번에도 고정된 위치에 눈을 응시하고서 종이 위에 점들을 찍고 있는 모습을 보여준다. 이 점들은 화가의 눈에서부터 여자에 이르는 광선들이 유리 화면을 통과할 때 화면에 맺히는 상이다. 종이 위에 찍히는 점들이 올바른 위치에 쉽게 찍히도록 화가는 유리 화면과 종이를 작은 사각형들로 나누었다.

세 번째 목판화「류트를 그리는 사람」(그림 10.7)은 줄이 달린 벽의 점으로부터 눈이 류트를 바라본다면 눈에 보이게 될 구획을 유리 화면에 그리고 있다.

이런 목판화들은 유리 화면 상의 구획으로서 화가들이 무엇을 하려고 했는지 알려준다. 물론 구획은 관찰자의 위치와 더불어 유리 화면의 위치에도 의존한다. 그렇다고 해도 동일한 화면에 상이한 여러 가지 그림이 그려질 수 있다는 것 이상의 의미는 아니다. 가령, 두 개의 그림은 크기를 제외하고는 동일할 수 있는데, 크기는 유리 화면과 눈 사이의 거리에 의해 결정된다. 한 그림은 앞모습을 보여주고 다른 그림은 동일한 장면을 조금 더 측면에서 본 모습이라는 점에서 두 그림이 다를 수도 있다. 차이는 관찰자의 위치의 변화에서 기인한다.

10.5 원근법 그림에 관한 몇 가지 수학 정리

이제, 화가의 눈과 실제 장면 사이에 놓인 유리 화면에 담긴 것과 동일한 구획을 캔버스가 담고 있다는 원리를 인정하자. 화가는 캔버스를 통과하여 실제 장면을 볼 수는 없는지라 가상의 장면을 그리고 있을지 모르기 때문에, 그림이 결과적으로 유리 화면이 만든 구획을 담아내도록 캔버스에 사물을 위치시킬 수학 정리를 화가는 반드시 알고 있어야 한다.

점 E에 있는 눈(그림 10.8)이 수평선 GH를 바라보는데, $\overline{GH}$가 수직인 유리 화면에 평행하다고 가정하자. 점 E에서부터 $\overline{GH}$의 점들에 이르는 직선들은 한 평면, 즉 점 E와 직선 GH에 의해 결정되는 평면에 놓여 있다. 왜냐하면 한 점과 한 직선은 한 평면을 결정하기 때문이다. 이 평면은 직선 $G'H'$로 유리 화면을 자른다. 왜냐하면 두 평면이 만나게 되면, 한 직선에서 만나기 때문이다. 분명 직선 $G'H'$도 수평인 듯 보이지만, 이 사실을 증명해야 확신할 수 있다. 그래서 $\overline{GH}$를 지나는 한 수직 평면을 상상할 수 있다. $\overline{GH}$는 유리 화면에 평행이고 이 유리 화면은 수직이므로, 두 평면은 틀림없이 평행이다. 점 E와 $\overline{GH}$에 의해 결정되는 평면은 평행한 이 두 평면을 절단하는데, 어느 한 평면이 평행한

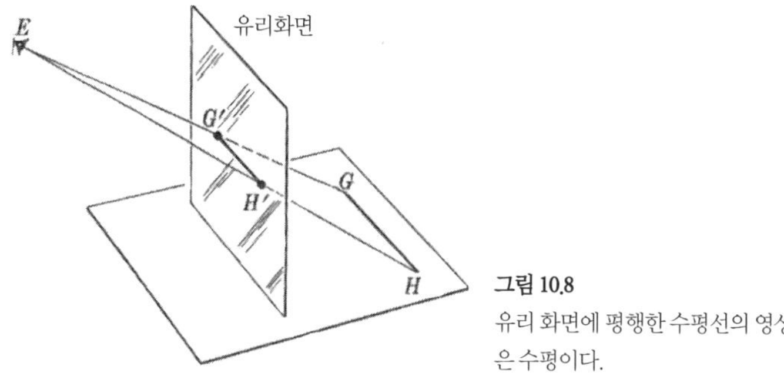

그림 10.8
유리 화면에 평행한 수평선의 영상은 수평이다.

두 평면과 교차할 때는 두 평행선에서 만나게 된다. 따라서 $\overline{G'H'}$는 $\overline{GH}$ 와 평행이며, $\overline{GH}$ 가 수평이므로 $\overline{G'H'}$도 수평이다. 그런데 $\overline{GH}$는 유리 화면에 평행한 임의의 수평선이다. 따라서 유리 화면 또는 그림 평면에 평행한 임의의 수평선의 화면에 맺힌 영상은 반드시 수평이다. 따라서 이 유리 화면이 담고 있는 것과 똑같은 모습을 담는 그림이라면 직선 $G'H'$는 틀림없이 수평으로 그려진다.

이와 동일한 논거를 통해, 수직 화면에 평행한 임의의 수직선의 영상은 반드시 화면에 수직선으로 나타남을 알 수 있다. 따라서 모든 수직선들은 틀림없이 수직으로 그려진다.

이제 좀 더 복잡한 상황을 고려해보자. $\overline{AB}$와 $\overline{CD}$(그림 10.9)는 실제 장면에 있는 서로 평행한 두 수평선이다. 게다가 이 직선들이 화면에 수직이라고 가정하자. 눈은 E에 있다. 만약 직선들이 E에서 AB의 각 점으로 간다고 상상하면, 이 직선들, 즉 사영은 점 E에 대하여 한 평면에 놓일 것이고, 직선 AB는 앞서 언급한 입체 기하학의 정리에 의해 이 평면을 결정할 것이다. 마찬가지로 점 E와 직선 CD는 또 다른 한 평면을 결정한다. 방금 설명한 이 두 평면을 화면이 절단한다. 구획은 화면 상에 놓이며, 우리가 풀어야 할 문제는 이 구획이 어디에 놓이느냐 하는 것이다.

물론 두 평면의 교차 영역은 한 직선이며, 따라서 $\overline{AB}$에 해당하는 구획 및

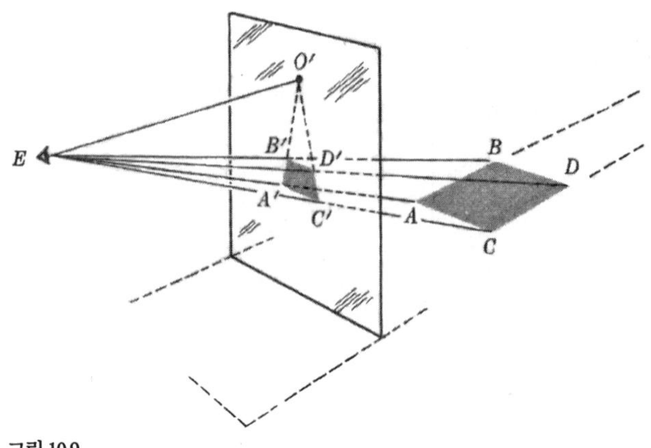

그림 10.9
화면에 수직인 수평의 두 평행선의 영상들은 화면 상의 한 점과 만난다.

$\overline{CD}$에 해당하는 구획은 각각 직선 $A'B'$와 직선 $C'D'$일 것이다. 게다가 점 E에 있는 눈이 평행선 $\overline{AB}$와 $\overline{CD}$를 따라 더 멀리 바라볼수록 시선의 직선들은 더욱 더 수평이 될 것이다. 눈이 $\overline{AB}$와 $\overline{CD}$를 따라 무한히 먼 곳까지 바라보면, 점 E에서 나온 직선들은 $\overline{AB}$와 $\overline{CD}$에 평행인 하나의 수평선으로 합쳐질 것이다. 점 E에서 나온 이 직선은 어떤 점, 가령 O'에서 화면을 통과할 것이며, 이 점은 $\overline{AB}$와 $\overline{CD}$가 무한히 먼 곳에서 만나게 될 가상의 점 O에 대응한다. 물론 $\overline{AB}$와 $\overline{CD}$는 평행하며 서로 만나지 않지만, 이 둘이 무한히 멀리에서는 한 점에서 만난다고 여기는 것이 편리하다. 정말이지 눈이 느끼는 인상으로 보자면 두 평행선은 서로 만난다고 할 수 있다. 그러면 직선 EO'는 화면에 수직일 것이다. 왜냐하면 직선 EO'는 $\overline{AB}$ 및 $\overline{CD}$와 평행한데 이 두 직선이 화면에 수직이기 때문이다. 점 O'는 $\overline{AB}$ 및 $\overline{CD}$가 무한히 멀리서 서로 만나는 가상의 점에 대응한다. 하지만 이 점이 실제로 존재하지는 않기 때문에 O'는 주소실점(principal vanishing point)이라고 불린다. 이 점은 $\overline{AB}$ 또는 $\overline{CD}$ 상의 실제 점과 대응하지 않는다는 의미에서 사라진다고 볼 수 있는데, 반면에 $\overline{A'B'}$ 또는 $\overline{C'D'}$ 상의 다른

점들은 각각 $\overline{AB}$ 또는 $\overline{CD}$ 상의 실제 점들에 대응한다.

이제 직선 AB와 CD는 가상의 교점 O'가 있는 곳까지 무한히 연장된다. 즉, ABO와 CDO는 실제 장면의 직선들이다. 따라서 이 직선들의 구획인 $A'B'O'$와 $C'D'O'$는 O'에서 반드시 만난다. 이제껏 우리가 밝혀낸 바에 따르면, $\overline{A'B'}$와 $\overline{C'D'}$는 서로 O'에서 만나도록 화면 상에 틀림없이 위치한다는 것 그리고 O'가 눈에서부터 화면에까지 이어지는 수직 연장선의 마지막 점이라는 것이다. 이제 $\overline{AB}$와 $\overline{CD}$가 화면에 수직인 임의의 수평선들임에 주목하자. 따라서 화면에 수직인 모든 수평선들은 틀림없이 소실점 O'를 지나도록 그려지며, 이 소실점은 눈에서 화면까지의 수직 연장선의 마지막 점이다.

앞서 제시된 상황으로부터 또 한 가지 중요한 결론을 이끌어낼 수 있다. 거리 AC와 BD는 평행선 사이의 거리이므로 서로 동일하다. 하지만 각각 이에 대응하는 영상인 $\overline{A'B'}$와 $\overline{C'D'}$는 거리가 동일하지 않다. 왜냐하면 $\overline{A'B'}$와 $\overline{C'D'}$는 O'에 수렴하기 때문이다. 게다가 $\overline{B'D'}$는 $\overline{A'C'}$보다 더 짧을 것이다. 왜냐하면 $\overline{A'C'}$가 O'에 더 가깝기 때문이다. 하지만 $\overline{B'D'}$는 $\overline{AC}$보다 화면에서 더 멀리 있는 실제 거리 $\overline{BD}$에 대응한다. 따라서 화면에서 더 멀리 있는 거리는 화면에서 더 가까운 동일 거리보다 더 짧게 그려야만 한다. 이 사실을 달리 설명하자면, 그림에서 적절한 원근법을 따르려면 관찰자로부터 멀리 떨어져 있는 거리일수록 더 짧게 그려야 한다.

원근법 그림에 관해 도출해야 할 정리가 하나 더 있다. 이제 $\overline{JK}$(그림 10.10)가 화면과 45°의 각을 이루는 수평선이라고 하자. 그리고 E에 있는 눈이 직선 JK를 따라 무한히 멀리 바라본다고 가정하자. 그렇다면 눈에서부터 $\overline{JK}$ 상의 무한히 먼 점에까지 이르는 직선은 $\overline{JK}$와 평행일 것이다. $\overline{JK}$는 수평선이기 때문에 그림 10.10의 새로운 직선 EL 또한 수평선일 것이다. 이 직선은 가령 D_1이라는 어떤 점에서 화면을 관통하며, 역시 화면서 45°의 각을 이룰 것이다. 삼각형 D_1EO'는 직각삼각형이다. 왜냐하면 직선 EO'가 화면에 수직이기 때문이

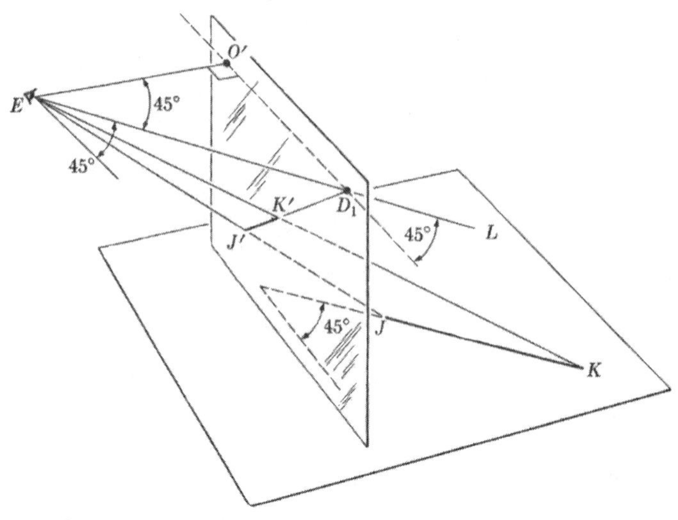

그림 10.10
화면과 45°의 각을 이루는 수평선의 영상은 대각소실점을 지난다.

다. 두 예각이 모두 45°이므로 $\overline{O'D_1} = \overline{EO'}$이다. 따라서 점 D_1은 E가 O'와 떨어진 거리만큼 O'와 떨어져 있다. E로부터 $\overline{JK}$의 여러 점들에 이르는 사영은 화면을 어떤 직선, 가령 $\overline{J'K'}$에서 절단한다. 눈이 $\overline{JK}$를 따라 무한히 먼 곳으로 계속 이동하면, 사영은 $\overline{J'K'}$의 한 연장선 상에 놓인 점들에서 화면을 절단한다. 그리고 이미 밝혀냈듯이, 눈이 $\overline{JK}$ 상에서 무한히 먼 곳을 내다보면 사영은 화면을 D_1에서 절단한다. 따라서 $\overline{J'K'}$는 반드시 D_1을 지난다. 우리는 이제 또 하나의 중요한 결론을 얻었다. 화면과 45°의 각을 이루는 임의의 수평선의 영상은 화면 상에 놓인 점 D_1을 반드시 지난다. D_1은 E와 동일한 높이에 있지만 E가 주소실점으로부터 떨어져 있는 거리만큼 주소실점의 오른쪽으로 떨어져 있다. 점 D_1을 가리켜 대각소실점(diagonal vanishing point)이라고 한다.

만약 $\overline{JK}$ 대신에 우리가 화면과 135°의 각을 이루는 직선을 고려했다면, 그 직선들의 영상은 E가 O'와 떨어진 거리만큼 O'의 왼쪽으로 떨어져 있는 점 D_2를 지날 것이다. 점 D_2 또한 대각소실점이다.

그렇다면 점 O', D_1 및 D_2는 실제 장면에서 무한히 멀리 있는 점들에 대응한다. 사실, 수평선 $D_2O'D_1$은 실제 장면에서 무한히 멀리 있는 점들에 대응하는데, 이 직선을 가리켜 소실선(vanishing line)이라고 한다. 이는 실제 장면에서 지평선이라고 부르는 선이다. 즉, 눈이 수평 방향으로 멀리 내다볼 때 무한히 먼 쪽에 있는 점들의 모음이다.

이상의 정리들만 보면 어떤 내용인지 그리고 실제 장면에 어떻게 사실적으로 적용해야 할지 선뜻 알기 어렵다. 곡선의 취급이 특히 어렵다. 가령, 실제 원들과 구는 일반적으로 그 중심들이 눈에서 화면에 이르는 시선과 수직선에 우연히 놓여 있지 않는 한 원으로 그릴 수 없다. 다른 모든 경우에는 관찰자와의 상대적 위치에 따라 타원으로 그리거나 아니면 포물선 또는 쌍곡선의 호로 그려야만 한다. 이 사실은 눈에서 원이나 구의 가장자리의 각 점에 이르는 직선들, 달리 말해 사영이 원뿔을 이룬다는 사실 그리고 화면 상의 이 원뿔의 구획이 6장에서 논의한 원뿔곡선의 하나임을 고려하면 명확해진다. 더 복잡한 정리들은 살펴보지 않겠다. 그러려면 해당 주제에 대한 한 학기 분량의 강의가 필요할 테고, 자세한 정리들은 사실적으로 그림 그리기를 배우려는 구체적인 목적을 가진 사람들만의 관심사일 테이기 때문이다. 지금까지 살펴본 기본적 원리들만으로도 우리는 사실적인 그림 그리기의 문제가 철저히 수학적인 체계를 적용해서 다룰 수 있음을 거뜬히 알 수 있다.

그림을 원근법에 따라 그리려면 화가는 장면에 대해 고정된 한 위치에 있어야만 한다. 그렇게 구성되는 그림을 제대로 보려면, 관찰자는 화가가 그림을 계획할 때 취했던 바로 그 위치에 서야 한다. 그렇지 않으면 관찰자는 그림을 왜곡된 모습으로 볼 것이다. 엄밀히 말해서 미술관의 그림들은 관찰자가 바로 그러한 위치를 편하게 정할 수 있도록 배치해야 한다.

10.6 수학적 원근법을 채택한 르네상스 회화

르네상스 화가들은 실제 장면을 사실적으로 재현하게 해주는 수학적 체계를 고안한다는 목표를 달성하자 부리나케 그 체계를 실제로 활용했다. 원근법에 따라 구성된 사실적인 그림들은 1430년경부터 등장하기 시작했다.

회화 구성의 새로운 방법과 더불어 수학적 원근법의 핵심 원리에 기여한 화가로 피에로 델라 프란체스카를 꼽을 수 있다. 그는 당대의 최정상급 수학자이기도 했다. 기하학에 대한 열정을 품은 아주 지적인 이 화가는 자신의 모든 작품을 세세한 내용까지 수학적으로 계획했다. 그리고자 하는 각 장면은 수학적인 문제였다. 각 인물의 배치는 다른 인물들 및 그림 전체와의 관계에서 올바른 위치에 있도록 철저히 계산되었다. 그는 기하학적 형태들을 매우 좋아해서 모자, 인체 부분 및 그림 속의 다른 세부사항에도 그런 형태들을 사용했다. 사실상 피에로는 회화와 원근법을 동일시했다. 회화와 원근법에 관한 논문인 「회화에서 원근법에 관하여」를 썼는데, 여기서 그는 유클리드의 연역적 방법을 사용하여 원근법을 과학으로 소개하며 원근법의 문제들을 다루는 법을 설명하는 회화 구성의 사례들을 제시한다. 우리의 목적에는 부차적이긴 하지만, 피에로가 실제 인물들을 담은 최초의 르네상스 초상화를 그렸다는 점은 언급할 가치가 있다. 그는 우르비노 백작과 백작부인, 페데리고 데 몬테펠트로와 아내 바티스타 스포르차를 모델로 초상화를 그렸다.

피에로의 뛰어난 원근법을 잘 보여주는 그림들은 숱하게 많다. 「채찍질」이 가장 압권이다. 그의 다른 모든 작품들에서와 마찬가지로 기하학적인 구도가 그림의 밑바탕을 이룬다. 주소실점은 그리스도 근처로 잡혀 있다. 그림에서 주소실점을 가장 중요한 영역 안에 두는 이러한 장치는 의도적이다. 왜냐하면눈이 그런 소실점에 초점을 맞추는 경향이 있기 때문이다. 모든 대상들은 주의 깊게 축소되어 있다. 특히 바닥과 기둥의 대리석 블록에서 그 점이 특히 눈에 띈다. 이런 크기를 계산해내는 데 엄청난 노력이 들었음은 위에서 언급한 책에

그림 10.11
피에로 델라 프란체스카 「채찍질」, 두칼 궁전, 우르비노

그림 10.12
피에로 델라 프란체스카 「도시의 건축학적 경관」, 카이저 프리드리히 미술관, 베를린

그림 10.13
레오나르도 다 빈치,「동방박사의 경배에 관한 연구」, 우피치 미술관, 피렌체

실린 한 그림에서 알 수 있는데, 거기서 피에로는 비슷한 구성법을 설명하고 있다.

피에로는 원근법 체계를 통해 다양한 부분들의 통합을 달성하고 있다. 모든 부분들은 수학적으로 함께 연결되어 이런 종합을 이루어낸다. 정말이지 이 효과 때문에 르네상스 화가들은 그 체계에 가치를 부여했고 흥분을 감추지 못했다. 이때 나온 그림을 통일성이 부족한 십사 세기의 그림(10.2절)과 꼭 비교해 보아야 한다. 피에로가 그린 그림은 전체적인 배치가 매우 주의 깊게 계획되었던 터라 움직임은 구도의 통일을 위해서 희생되었다.

원근법의 위력을 드러내려고 피에로는 도시의 여러 장면을 그렸다. 그가 그린「도시의 건축학적 경관」(그림 10.12)에는 입체감이 놀랍도록 사실적으로 표현되어 있다. 이런 작품들은 그가 원근법에 얼마나 애착을 느꼈는지 아울러 그의 기법이 얼마나 뛰어났는지가 고스란히 드러난다.

레오나르도 다 빈치의 작품은 수학적 원근법을 구현한 회화의 뛰어난 사례

그림 10.14
레오나르도 다 빈치, 「동방박사의 경배」, 우피치 미술관, 피렌체

이다. 레오나르도는 그림 그리기를 준비하면서 해부학, 원근법, 기하학, 물리학 및 화학을 깊고 넓게 연구했다. 그는 그림과 원근법에 관한 과학적 논문인 「회화론」에서 자신의 견해를 펼치고 있다. 논문은 "수학자가 아니면 내 저서를 읽지 말라." 라는 문장으로 시작한다. 그의 말에 의하면 그림은 과학이기에 다른 모든 과학과 마찬가지로 자연에 대한 연구에 바탕을 두어야 하며 또한 반드시 수학에 기초해야 한다. 그는 이론은 무시해도 좋으며 단지 연습만으로 그림을 그릴 수 있다고 여기는 사람들을 비웃으며 이렇게 말한다. "연습은 반드시 타당한 이론을 바탕으로 삼아야 한다." 그가 건축, 음악 및 시보다 우위에 두었

그림 10.15
레오나르도 다 빈치,「성수태 고지」, 우피치 미술관, 피렌체

그림 10.16
라파엘로,「아테네 학당」, 바티칸

던 회화는 곡면의 기하학을 다루기 때문에 과학이다.

그림에 대한 준비 작업을 위해 레오나르도가 실시한 세세한 수학적 연구는 그가 그린「동방박사의 경배」를 위해 준비한 여러 장의 스케치 중 하나(그림 10.13)에 잘 드러난다. 미완성인 이 작품은 그림 10.14에서 볼 수 있다. 그가 그린「최후의 만찬」은 수학적 원근법의 위대함을 보여주는 또 하나의 작품이다. 하지만 너무 잘 알려진 것이어서 대신에「성수태 고지」(그림 10.15)를 소개하고자 한다. 행동이 전경에서 벌어지고 주요 인물들이 꽤 떨어져 있기는 하지만, 인물들 및 뒤에 있는 먼 장면이 모두 원근법적 구조에 의해 통합되어 있다.

라파엘로(1483~1520)는 훌륭한 원근법을 보여주는 위대한 그림을 많이 남겼다. 그가 그린「아테네 학당」(그림 10.16)은 장대한 건축물을 배경으로 그 안에 수많은 사람들이 담겨 있는 굉장히 큰 장면을 표현하고 있다. 어려운 시도임에도 불구하고 입체감에 대한 묘사, 조화로운 구성, 통일성 및 비율의 정확성이 매우 뛰어나게 표현되어 있다. 이 그림은 특히 원근법이 어떻게 구성을 통일시키고 측면에 있는 인물들을 중앙의 주요 인물과 결합시키는지 잘 보여준다.

이런 회화의 역사는 흥미롭다. 교황 율리우스 2세(1443~1513)는 고대의 학문에 깊은 감명을 받았고 기독교를 유대 종교 사상과 고대 그리스 철학의 정점이라고 여겼다. 그는 자신의 생각이 회화 속에 구현되기를 원했기에 미켈란젤로와 라파엘로에게 이 주제를 표현해달라고 부탁했다. 미켈란젤로는 시스티나 예배당의 천장에 그린 프레스코 벽화에 그 주제를 다루었는데, 그 작품에서는 많은 사람들이 유대 예언가들 및 이교도 무녀들을 지나 그리스도에게로 다가가는 모습이 그려져 있다. 라파엘로는 동일한 주제를 약간 다른 방식으로 표현했다. 교황의 주 집무실 카메라 델라 세나투라의 벽을 덮은 네 개의 프레스코 벽화에서 그는 인간이 이성, 예술적 능력, 질서 및 올바른 통치 감각 그리고 종교적 영성 이 네 가지 능력을 통해 신을 갈망해야 한다고 가르친다.「아테네

그림 10.17
라파엘로, 「보르고 화재의 방」, 바티칸

학당」은 이성을 찬양하는 작품이다보니 자연스레 지적인 분야의 뛰어난 사람들을 등장시킨다. 플라톤과 아리스토텔레스가 중심인물이다. 플라톤은 영원한 이데아를 향해 위쪽을 가리키고 있고 아리스토텔레스는 경험의 분야인 땅을 가리키고 있다. 플라톤의 왼편에 소크라테스가 있다. 왼쪽 전경에 피타고라스가 책을 쓰고 있다. 오른쪽 전경에는 대머리 유클리드가 보이며, 아르키메데스가 몸을 굽히고 정리를 증명하고 있으며, 프톨레마이오스가 구를 쥐고 있다. 한참 오른쪽으로 가면 라파엘로 자신이 있다.

라파엘로는 뛰어난 원근법 작품을 수많이 그렸기에 한두 개의 대표작만을 골라내기가 어렵다. 그의 「보르고 화재의 방」(그림 10.17)에는 뛰어난 입체감, 다양한 위치에 있는 인물들에 대한 완벽한 배치, 적절한 축소 그리고 많은 행동이 벌어지는 모습을 하나의 장면에 통합하기를 여실히 보여주고 있다.

10.7 수학적 원근법의 다른 가치들

우리는 수많은 예시들을 통해 르네상스 대가들이 원근법의 수학적 체계를 활용했음을 입증할 수도 있다.* 서유럽의 미술이 정점에 이른 이 시기에 화가라면 모두 원근법을 잘 활용했다. 많은 화가들, 특히 우첼로와 피에로는 원근법에 집착하였는데, 단지 관련 수학 문제를 풀기 위해서 특이한 위치에서 본 장면들을 그리기도 했다. 르네상스 미술과 중세 미술의 근본적인 차이는 삼차원의 도입이었다. 르네상스 회화의 특징은 사실주의, 즉 공간과 거리와 형체의 사실적 재현에 중요성을 두었고 이를 원근법이라는 수학적 체계를 통해 달성했다는 것이다. 원근법을 통해 보기의 과정이 합리적으로 해명되었고, 외부 세계가 통제되었으며, 화가의 이성적 관심사들이 충족되었다.

문화사에서 르네상스 화가들의 성취는 폭넓은 의미를 갖는다. 그들의 외면적인 목표는 자연을 살펴보고서 자신들이 보는 바를 캔버스에 표현하는 것이지만, 더욱 심오하고 진정한 목표는 자연의 비밀 그 자체를 밝혀내는 것이었다. 르네상스 화가는 과학자였으며 회화는 매우 전문적이고 심지어 수학적인 내용이 들어 있기 때문만이 아니라 과학의 궁극적인 목표, 즉 자연을 이해하려는 마음에서 추구되었다는 점에서 일종의 과학이었다. 예술과 과학은 가령 기베르티, 알베르티 및 레오나르도의 사상과 작품에서 결코 분리된 적이 없었다. 레오나르도의 「파라고네, 예술의 비교」(회화에 관한 논문)에는 회화가 자연의 진리를 추구해야 한다고 역설하는 "회화와 과학"이라는 장이 있다. 그 시기의 화가는 스스로를 과학의 신봉자라고 여겼다. 자신들만의 방식으로 자연을 탐

* 이 주제를 다룬 본 저자의 책으로 『서양 문화에서의 수학』이 있다. 이 책에는 다른 사례들이 나온다.

구하고 표현한 이 사람들은 천문학, 빛, 운동 및 다른 자연 현상들을 연구했던 과학자들과 동일한 정신과 목적에서 작품 활동을 했다. 사실 그들은 현대의 위대한 자연과학의 정신과 목적 면에서 선구자였으며, 많은 이들이 보기에 현대 수리물리학의 심오하고 정교한 분석 이상의 의미를 지녔던 방식을 통해 진리를 드러냈다. 수학이 회화의 바탕이며 수학으로 인해 회화가 자연의 구조를 밝혀냈다는 것은 딱 들어맞는 말이다. 왜냐하면 고대 그리스인들은 이미 수학이 설계의 본질임을 보여주었으며 후대의 과학자들은 이 사실을 더욱 놀라운 방식으로 확인했을 뿐이기 때문이다.

르네상스 화가들의 작품들은 미술관에 걸려 있다. 당연히 이 작품들은 과학 전시관에 걸려 있어도 좋다. 르네상스 미술 애호가는 의식적이든 무의식적이든 과학과 수학의 애호가이기도 하다.

연습문제

1. 르네상스의 "자연으로 돌아가기" 운동을 원근법의 수학적 체계의 발전과 관련시켜 설명하라.
2. 관념적 원근법과 광학적 원근법을 구별하라.
3. 어떤 화가들이 원근법의 수학적 체계를 창조하는 데 가장 큰 기여를 했는가?
4. 원근법 이론에서 사영과 구획의 원리는 무엇인가?
5. 방 안에 있는 관찰자가 뒤쪽 벽을 똑바로 바라보고 있다. 이 관찰자의 눈이 바라보는 뒤쪽 벽과 더불어 옆쪽 벽, 천장 및 바닥의 보이는 부분을 그려라.
6. 바로 앞 연습문제의 그림에다 두 모서리가 뒤쪽 벽에 평행한 네모난 탁자를 추가하라.
7. 한 모서리는 여러분에게 가장 가깝고 이웃 모서리들은 캔버스와 각각 45°와 135°의 각을 이루도록 배치된 정육면체를 그려라. 정리들을 최대한 마음껏

활용하라.

8. 원근법 그림의 기하학에 관한 세 가지 정리를 말하라.

더 살펴볼 주제

1. 수학이 르네상스 회화에 미친 영향
2. 인체 비례에 관한 화가들의 이론들. 파노프스키의 『시각 예술의 의미(Meaning in the Visual Arts)』를 참고하라.
3. 시각과 회화. 헬름홀츠의 저서를 참고하라.

권장 도서

Blunt, Anthony : *Artistic Theory in Italy*, Oxford University Press, London, 1940.

Bunim, Miriam : *Space in Medieval Painting and the Forerunners of Perspective*, Columbia University Press, New York, 1940.

Clark, Kenneth : *Piero della Francesca*, Oxford University Press, New York, 1951.

Cole, Rex V. : *Perspective, Seeley*, Service and Co., Ltd., London, 1927.

Coolidge, Julian L. : *Mathematics of Great Amateurs*, Dover Publications, Inc., New York, 1963.

da Vinci, Leonardo : *Treatise on Painting*, Princeton University Press, Princeton, 1956.

Fry, Roger : *Vision and Design*, pp. 112-168, Penguin Books Ltd., Baltimore, 1937.

Helmholtz, Herman von : *Popular Lectures on Scientific Subjects*, pp. 250-286, Dover Publications, Inc., New York, 1962.

Ivins, Wm. M., Jr. : *Art and Geometry*, Dover Publications, Inc., New York, 1964.

Johnson, Martin : *Art and Scientific Thought*, Part Four, Faber and Faber, Ltd., London, 1944.

Kline, Morris: *Mathematics in Western Culture*, Chap. 10, Oxford University Press, New York, 1953.

Lawson, Philip J.: *Practical Perspective Drawing*, McGraw-Hill Book Co., Inc., New York, 1943.

Panofsky, Erwin: "Diirer as a Mathematician," pp. 603-621 of James R. Newman: *The World of Mathematics*, Simon and Schuster, New York, 1956.

Panofsky, Erwin: *Meaning in the Visual Arts*, Chap. 6, Doubleday Anchor Books, New York, 1955.

Pope-Hennessy, John: *The Complete Work of Paolo Uccello*, Phaidon Press, London, 1950.

Porter, A. T.: *The Principles of Perspective*, University of London Press Ltd., London, 1927.

Vasari, Giorgio: *Lives of the Most Famous Painters*, Sculptors and Architects, E. P. Dutton, New York, 1927, and many other editions.

11
사영기하학

신들은 처음부터 모든 것을 인간에게 드러내지 않았다. 하지만 시간이 지나면서 인간들은 탐구를 통해 더 많은 것을 발견한다.

크세노파네스

11.1 사영과 구획이 드러낸 문제

수학적 개념들의 기원은 우리가 흔히 믿는 것보다 훨씬 더 참신하고 놀랍다. 실제적이고 과학적인 문제들은 새로운 탐구 분야를 가장 빈번히 제시해준다. 하지만 다른 출처들도 분명 있는데, 이것들은 수학의 주요 분야들을 탄생시킨다. 그중 일부는 과학의 이론적 및 실용적 탐구에 소중한 수단이 된다. 수학적 원근법에 관한 작품 활동을 하는 동안 화가들이 제기한 질문들 덕분에 당시의 화가들 및 후대의 수학자들은 사영기하학이라는 주제를 발전시킬 수 있었다. 이 주제는 십칠 세기의 가장 독창적인 수학 분야로서, 이제는 수학의 중요한 분야로 자리 잡았다.

어떤 문제들로 인해 그러한 발전이 가능했는지 살펴보자. 원근법 체계의 기본적인 수학 개념은 사영과 구획이다. 되짚어 보면, 사영이란 눈에서 대상 또는 장면의 점들에 이르는 광선들의 집합이며, 구획은 이런 광선들이 눈과 대상 사이에 놓인 유리 화면과 만나 형성된 패턴이다.

정사각형의 사영의 구획을 살펴보자. 정사각형은 수평이며 그것이 놓인 평면보다 위쪽에서 바라본다고 가정하자(그림 11.1). 게다가 수직 유리 화면이 정사각형의 앞쪽 및 뒤쪽 모서리와 평행하게 놓여 있다고 가정하자. 원근법에 대

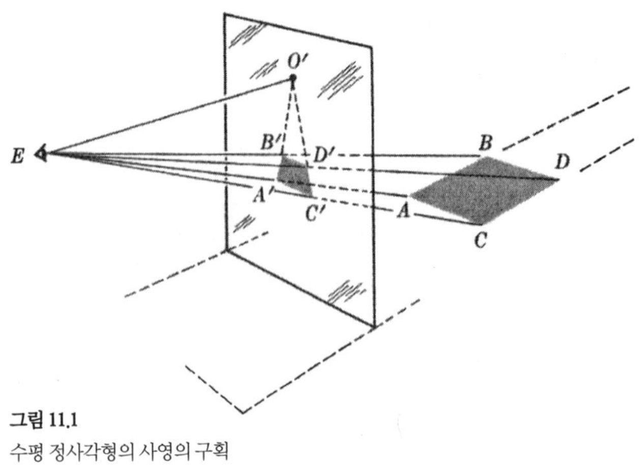

그림 11.1
수평 정사각형의 사영의 구획

한 앞에서의 내용을 통해 알고 있듯이, 유리 화면에 수직인 정사각형의 두 변의 화면 상의 구획은 주소실점에서 만나는 두 선분으로 이루어진다. 즉, $\overline{A'B'}$와 $\overline{C'D'}$의 연장선들은 O'에서 만난다. 정사각형의 변 AC와 BD는 화면과 평행이므로, 평행인 두 구획 $\overline{A'C'}$와 $\overline{B'D'}$가 생긴다.

구획 $A'B'D'C'$는 변 $A'B'$와 $C'D'$가 평행이 아니므로 정사각형이 아니다. 그렇다고 직사각형도 아니다. 그렇다면 구획의 각들은 원래 도형의 대응각들과 동일하지 않다. 구획의 크기는 분명 유리 화면이 어디에 놓여 있느냐에 따라 달라진다. 따라서 구획의 변들의 길이도 넓이도 원래 도형의 대응하는 양들과 동일하지 않다. 유클리드 기하학의 언어로 말하자면, 이렇게 말할 수 있겠다. 구획은 원래 도형과 합동도 닮음도 등가도 아니다. 하지만 구획은 원래 도형과 마찬가지의 인상을 분명 우리 눈에 남긴다. 따라서 원래 도형과 공통인 어떤 특징들을 분명 지니고 있다. 그렇다면 이런 질문이 떠오른다. 구획과 원래 도형이 공통으로 지니고 있는 기하학적 성질은 무엇인가?

이 질문이 제기되면 자연스레 다음 질문이 떠오른다. 만약 두 관찰자가 서로 다른 위치에서 동일한 장면을 바라본다면, 두 개의 상이한 사영들이 생긴다(그

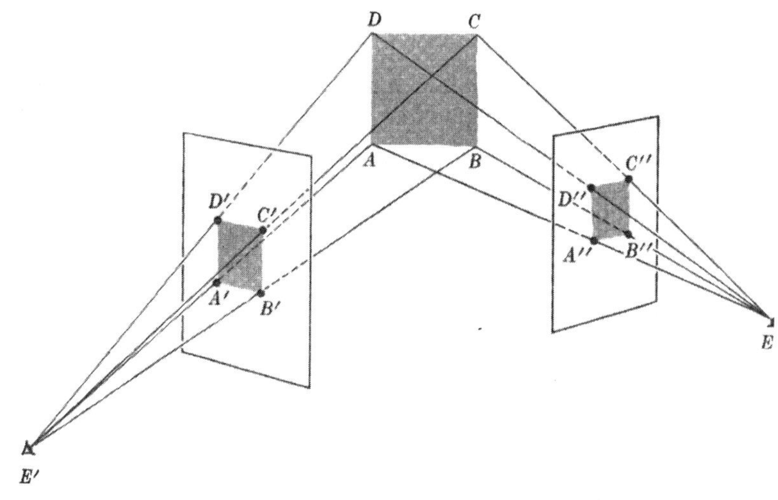

그림 11.2
한 정사각형의 서로 다른 두 사영의 서로 다른 구획

림 11.2). 만약 이들 사영 각각의 구획이 생긴다면, 구획은 동일한 장면에 의해 결정되고 동일한 장면을 드러내준다는 사실에 비추어, 구획들은 공통의 기하학적 성질을 반드시 지니고 있을 테다. 이 성질은 무엇이란 말인가?

이런 질문을 가장 먼저 제기한 자들은 화가들이었지만, 어느 누구든 자신이 무언가를 본다는 것의 의미를 캐묻는 사람이라면 이런 의문이 들었을 수 있다. 한 관찰자가 직사각형의 그림을 다양한 위치에서 바라본다고 하자. 관찰자가 실제로 인식하는 도형은 위치에 따라 달라진다. 그렇다면 이 사람은 우리가 위에서 제기했던 것과 똑같은 질문을 던질지 모른다. 이런 다양한 모양들은 어떤 공통점이 있는가? 마찬가지로 어떤 사람이 거리를 걷다가 가로등 아래를 지날 때 그림자는 크기와 모양이 달라진다. 여기서 사영은 눈 대신에 가로등에서 나오는 광선들로 이루어지는데, 이 광선들은 사람 몸의 윤곽을 지나 땅바닥에까지 이른다. 땅바닥의 평면에 의해 만들어지는 구획이 그림자인데, 하지만 이 경우 가로등과 구획은 실제 사물의 서로 반대편에 있다. 이 사례에서 제기되는 수학적 질문은 이렇다. 다양한 그림자들이 지닌 공통점은 무엇인가?

사영과 구획을 잘 보여주는 또 하나의 현대적이며 친숙한 예가 바로 사진이다. 이 경우 눈은 사진기의 렌즈가 대신하며 광선은 장면에서 나와 렌즈를 거쳐 필름에 다다른다. 구획은 필름에 의해 만들어진다. 사진기를 촬영되는 장면에서 멀리 하거나 가까이 하여 또는 사진기를 기울이면 상이한 사진들을 찍을 수 있다. 하지만 동일한 장면을 찍은 모든 사진들은 분명 어떤 공통의 기하학적 성질들을 지닌다.

한 도형 그리고 그 도형의 사영의 구획 또는 동일한 사영의 두 구획 내지는 동일 도형의 두 상이한 사영의 두 구획의 공통적인 성질을 연구한 결과, 새로운 개념과 정리들이 나왔다. 이러한 개념과 정리들이 오늘날 사영기하학이라고 불리는 완전히 새로운 기하학 분야를 이루었다. 이 장에서 우리는 이 주제의 본질을 이해하기 위한 시도를 할 것이다.

11.2 데자르그의 연구

한 도형의 사영의 구획을 연구하고 그것과 원래 도형과의 관련성을 살펴보면, 몇 가지 사실이 쉽게 드러난다. 수학적으로 볼 때 눈은 점이라고 할 수 있는데, 이 점과 실제 도형의 임의의 직선은 한 평면을 결정한다. 이 평면이 바로 직선이 만드는 사영이다. 사영을 절단하는 유리 화면 또한 평면인데, 평행하지 않은 두 평면은 한 직선에서 만나므로 구획은 한 직선이다. 따라서 실제 장면의 직선에 대응하여 구획에 한 직선이 생긴다. 그러므로 우리는 직선상의 성질은 한 실제 직선 그리고 그 직선의 사영의 임의의 구획에 공통이라고 말할 수 있다. 마찬가지로 실제 도형의 교차하는 두 직선은 구획의 교차하는 두 직선을 만듦을 쉽게 시각화할 수 있다. 이는 실제 대상 및 구획에 공통적인 또 하나의 소소한 수학적 성질이다. 그리하여 삼각형은 삼각형 구획을 만들게 되는데, 구획의 삼각형의 형태가 반드시 원래 삼각형의 형태와 똑같을 필요는 없다. 마찬가지로 사변형은 사변형에 대응한다.

하지만 한 도형 및 그 구획 또는 동일 사영의 두 구획에 공통적인 이런 몇 가지 성질들을 알아냈다고 해서 특별히 우쭐댈 것도 없고, 더군다나 도형과 구획이 지닌 공통점이 무엇인가라는 일반적인 질문에 의미심장한 해답을 얻은 것도 아니다. 이 문제를 탐구하여 의미심장한 해답을 내놓은 최초의 인물은 지라르 데자르그였다(1593~1662). 데자르그는 전문적인 수학자가 아니었고, 독학한 건축가이자 공학자였다. 이 주제를 탐구한 계기도 동료들을 돕기 위해서였다. 그는 건축가, 공학자, 화가 및 석공들에게 유용한 원근법에 관한 많은 정리들을 간결한 도형으로 집약할 수 있다고 믿었다. 심지어 장인과 화가들에게 일반적인 수학 용어보다 더 이해하기 쉽다고 여긴 특수한 용어까지 고안했다. 자신의 연구 동기에 대해 데자르그는 아래와 같이 적었다.

> 스스럼없이 밝히자면, 나는 물리학이나 기하학에 대한 연구나 조사는 그 학문들이 … 인생의 유익과 편리를 위해 건강의 유지를 위해 어떤 기술(예술)의 실현을 위해 … 직접적 원인에 대한 일종의 지식에 이르는 수단의 역할을 할 수 있을 때 외에는 관심을 가진 적이 없었으며, … 살펴보았더니 기술의 상당 부분들, 무엇보다도 건축의 석공, 해시계 특히 원근법이 기하학에 바탕을 두고 있다.

데자르그는 우선 수많은 정리들을 취합하여 해시계 제작에 관한 책 그리고 자신의 기하학 이론들을 석공에 응용하는 일을 다룬 책을 출간했다. 그는 1626년경에 파리에서 강의를 했으며, 십 년 후에는 원근법에 관한 소책자를 썼다. 데자르그의 주된 업적인 사영기하학에 관한 책은 1639년에 나왔다.

사영기하학의 기본 정리는 이제는 수학의 전 분야에서 근본적으로 중요한 정리로서 데자르그가 만들어냈고 증명했으며 그의 이름을 따서 명명되었다. 이 정리는 수학자들이 원근법에 관해 제기한 질문들에 어떻게 대응했는지를

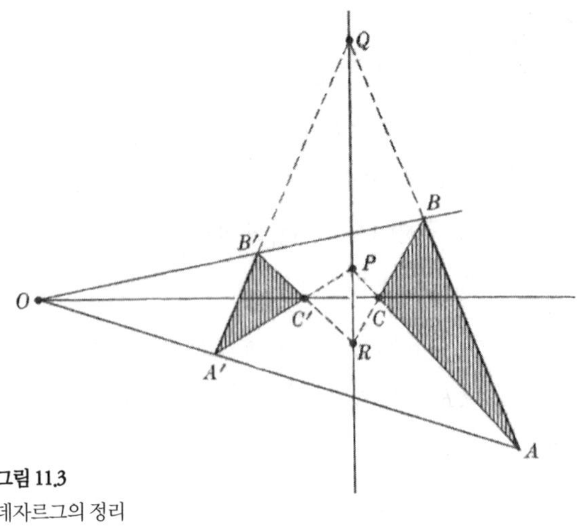

그림 11.3
데자르그의 정리

잘 보여준다.

점 O(그림 11.3)에 있는 눈이 삼각형 ABC를 본다고 하자. O에서 출발해 삼각형의 세 변 상의 여러 점에 이르는 직선들은, 알다시피, 한 사영을 이룬다. 이 사영의 한 구획은 삼각형 $A'B'C'$를 포함할 것이다. 여기서 A'는 A에 B'는 B에 C'는 C에 대응한다. 달리 보자면, 두 삼각형을 세 번째 삼각형의 사영의 구획들로 볼 수도 있다. 두 삼각형 ABC와 $A'B'C'$는 점 O를 기준점으로 삼아 원근법을 따른다고 한다. 데자르그의 정리는 삼각형 ABC와 $A'B'C'$를 관련짓는 중요한 기하학적 사실을 알려준다. 만약 두 대응변 AC와 $A'C'$를 연장하면 한 점 P에서 만날 테고, 변 AB와 $A'B'$를 연장하면 한 점 Q에서 만날 테며, 변 BC와 $B'C'$를 연장하면 한 점 R에서 만날 것이다. 그렇다면, 데자르그의 정리는 P, Q, R이 한 직선 상에 놓인다고 주장한다. 더 복잡한 언어로 표현하자면 정리는 다음과 같이 말한다.

만약 상이한 평면들에 있는 두 삼각형이 한 점을 기준점으로 삼아 원근법을 따르면,

대응변의 세 쌍은 한 직선 상에 놓인 세 점에서 만난다.

이 정리의 증명은 간단하다. 직선 AC와 $A'C'$는 한 평면 상에 놓여 있다. 왜냐하면 OAA'와 OCC'는 두 교차선이어서 한 평면을 이루기 때문이다. 그러면 직선 AC와 $A'C'$는 한 점에서 만난다. 왜냐하면 한 평면 내의 임의의 두 직선은 한 점에서 만나기 때문이다.* 이 점을 P라고 표시하자. 마찬가지 논거로, 직선 AB와 $A'B'$는 한 점 Q에서 만나고 직선 BC와 $B'C'$는 한 점 R에서 만난다.

이제 우리는 점 P, Q, R이 한 직선 상에 놓임을 밝혀내길 원한다. 그런데 점 P, Q, R은 삼각형 ABC의 평면 내에 놓여 있다. 왜냐하면 점 P는 직선 AC 상에 놓여 있고, 점 Q는 직선 AB 상에 그리고 점 R은 직선 BC 상에 놓여 있기 때문이다. 마찬가지로 P, Q, R은 삼각형 $A'B'C'$의 평면 내에 놓여 있다. 그렇다면 두 평면에 공통으로 속하는 점들은 반드시 한 직선, 즉 두 평면의 교선 상에 놓여 있다. 따라서 점 P, Q, R은 한 직선 상에 놓여 있다.

독자는 두 삼각형의 대응변들의 각 쌍이 한 점에서 반드시 만난다는 데자르그의 정리의 주장에 어리둥절할지 모른다. 그래서 이런 의문이 들 수도 있다. 만약 이 변들이 평행이면 정리는 틀린 것이 아닌가? 데자르그는 이 가능성을 고려했다. 이전 장에서 살폈듯이, 그려지는 특정한 장면에서 평행인 직선들의 집합은 한 점에서 만나도록 캔버스에 그려져야 한다. 이 경우, 장면 그 자체의 임의의 점들에 대응하지 않는 구획 내의 한 점이 존재한다. 실제 장면의 점들과 구획의 점들 사이의 이러한 대응 실패를 해소할 수 있는 방법은 평행선들의 임의의 집합이 공통의 한 점을 갖는다고 여기는 것이다. 이 점은 어디에 있는가? 답을 말하자면, 그것을 시각화할 수는 없다. 비록 학생들은 종종 그것을 무한히 멀리 있다고 여기라는 조언을 받지만 말이다. 본질적으로 이런 조언은 답

* 당분간 우리는 두 평형선이라는 특수한 경우는 무시한다.

을 하지 않음으로써 질문에 답하는 셈이다. 하지만 평행선들에 공통인 점, 즉 직선들 위에 유한하게 위치한 보통의 점들과는 다른 한 점을 시각화할 수 있든 없든지 간에, 그런 직선들이 한 점을 공통으로 갖고 있다고 말하면 편리하다. 게다가 두 개 이상의 평행선은 평행하지 않은 직선들이 그렇듯이 단 하나의 점을 공통으로 갖는다는 데에 합의가 이루어져 있다. 따라서 사영기하학에서는 임의의 두 직선이 오직 한 점에서 만난다고 말할 수 있다. 이런 합의는 사영기하학이 시각 현상에서 생기는 문제들을 다루는데다 철로가 수렴하는 듯 보이는 낯익은 사례에서처럼 우리가 평행선을 결코 볼 수 없다는 주장에 의해 더욱 지지를 받는다.

사영기하학에서 도입된 이런 새로운 점들에 관해 또 하나의 합의가 반드시 필요하다. 우리가 지금껏 합의한 바는 평행선들의 임의의 집합은 하나의 점을 공통으로 가진다는 것이다. 한 평면에는 각자 나름의 방향을 갖는 평행선들의 집합으로 이루어진 많은 집합들이 있으므로 사영기하학의 평면에는 그런 새로운 점들이 많이 있다. 이 모든 새로운 점들은 한 새로운 직선, 즉 무한히 멀리 있는 직선 상에 놓여 있다는 데 합의가 이루어져 있다.

이제 데자르그의 정리로 되돌아가자. 만약 데자르그의 정리에서 제시된 삼각형들의 대응변들의 세 쌍이 각각 평행선들로 이루어져 있다면, 우리의 합의로부터 각 쌍의 두 직선들이 한 점에서 교차하고 이렇게 생긴 세 교점이 한 직선, 즉 무한히 멀리 있는 직선 상에 놓여 있다는 결론이 나온다. 무한히 멀리 있는 점들 및 한 직선에 관한 이러한 협약 내지 합의는 평행선들이 정리에 개입할 경우 특별한 진술을 해야 할 필요성을 없애준다. 이런 합의가 이루어져야만 하는 이유는 평행선의 성질은 유클리드 기하학과 달리 사영기하학에 아무런 역할을 하지 않기 때문이다. 평행선에 관한 주장을 받아들이기가 꺼림칙한 독자라면 평행선이 개입될 경우 정리가 틀릴 수 있음을 마음 속에서 유보해놓고서 사영기하학의 정리들을 받아들일지 모른다.

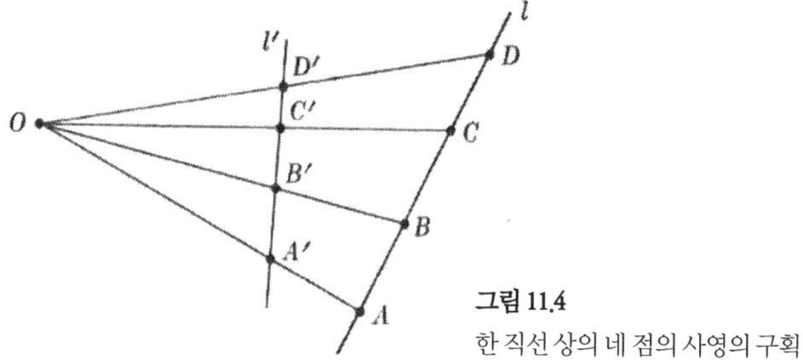

그림 11.4
한 직선 상의 네 점의 사영의 구획

데자르그는 한 도형 그리고 해당 도형의 사영의 구획에 공통적인 또 하나의 근본적인 성질을 발견했다. 직선 l로 이루어진 도형을 고려해보자. 이 직선 상에 임의의 네 점이 선택되는데 이를 A, B, C, D라고 표시하자(그림 11.4). 임의로 정한 점 O로부터 이 도형의 사영을 구성할 수 있는데, 이 사영을 보통의 유리 화면으로 절단하면 구획이 생긴다. 원래 도형과 점 O는 한 평면을 결정한다. 그렇다면 구획은 A가 A'에, B가 B'에, C가 C'에, D가 D'에 대응되는 직선 l'로 이루어진다. 도형의 길이는 구획의 길이와 다르므로, 좀 더 전문적인 표현을 쓰자면, 길이는 사영과 구획 하에서 불변량이 아니므로 우리는 $\overline{A'B'}$가 $\overline{AB}$와 동일하다거나 l 상의 임의의 선분이 이에 대응하는 l' 상의 선분과 동일할 것으로 기대해서는 안 된다. 그 다음에 비 $\overline{CA}/\overline{CB}$를 고려하여, 이 비는 어쩌면 이에 대응하는 비 $\overline{C'A'}/\overline{C'B'}$와 동일하다는데 기대를 걸지 모른다. 하지만 이 추측도 옳지 않다. 그러나 다음과 같은 놀라운 사실을 증명할 수 있다. 즉,

$$\frac{\overline{CA}/\overline{CB}}{\overline{DA}/\overline{DB}} = \frac{\overline{C'A'}/\overline{D'B'}}{\overline{D'A'}/\overline{D'B'}}.$$

이러한 비들의 비, 즉 이른바 교차비는 사영기하학에서 불변량이다. 이는 매우 놀라운 사실이다. 이는 점 A, B, C, D가 l 상의 어디에 놓여 있는지 또는 어떤 점을 A, B, C, D라고 표시하는지와 무관하다. 그 점들이 결정하는 길이들의 교차비와 이에 대응하는 구획에서의 길이들의 교차비는 동일하다.

여담이지만, 한 직선 상의 네 점의 교차비가 구획에서도 원래 도형과 동일하다는 사실 덕분에 원근법 체계에 따라 그려진 그림의 정확성을 확인할 수 있다. 만약 그림 속의 네 점 A', B', C', D'가 원래 장면의 한 직선 상에 놓인 네 점 A, B, C, D에 대응한다면, 첫 번째 점들의 교차비는 반드시 두 번째 점들의 교차비와 동일하다. 하지만 이 사실은 그림 자체를 그리는 데는 그리 유용하지 않다.

연습문제

1. 아래에 대해 어떤 사실(들)을 주장할 수 있는가?
   a) 이등변삼각형의 사영의 구획
   b) 정사각형의 사영의 구획
2. 한 도형 그리고 그 도형의 사영의 구획이 어떤 기하학적 속성을 공통으로 지닐 것으로 기대하는 이유는 무엇인가?
3. 그림 11.5는 동일 평면, 종이 면에 놓여 있는 두 삼각형을 보여준다. 게다가 이 두 삼각형은 점 O를 기준점으로 삼아 원근법을 따른다.
   a) 이 도형과 우리가 본문에서 살펴보았던 도형의 차이는 무엇인가?
   b) 그림 11.5의 두 삼각형의 대응변들의 쌍이 한 직선 상에 놓이는 세 점에서 만난다는 것을 실제로 직선들을 그려서 확인하라.
   c) (b)의 결과가 암시해주는 데자르그 정리의 일반적 성질은 무엇인가?

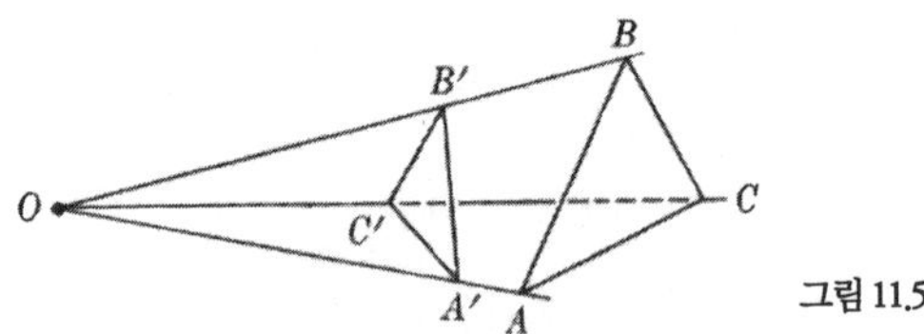

그림 11.5

4. 그림 11.6과 같이 점들과 길이들이 주어져 있다. A, B, C, D가 결정하는 길이들의 교차비는 얼마인가?

그림 11.6

5. 기하학적 속성이 사영과 구획 하에서 불변이라는 말의 의미는 무엇인가?

6. 사영기하학에서 길이는 때때로 방향성을 지니는 것으로 간주된다. 그림 11.7에 나와 있는 위치들에 대해, *CA*는 음으로 *CB*는 양으로 정해질 것이다. 왜냐하면 서로 방향이 정반대이기 때문이다. 그렇다면 이 경우 아래 교차비

$$\frac{CA/CB}{DA/DB}$$

는 음이다. 교차비가 −1일 때, 네 점 *A*, *B*, *C*, *D*는 조화로운 집합을 이룬다고 한다. 이제 *D*를 오른쪽으로 무한히 멀리 이동시키고 *C*를 교차비가 −1로 유지되도록 이동시킨다고 하자. *A*, *B*와 관련하여 점 *C*의 특별한 속성은 무엇일까?

A C B D

그림 11.7

11.3 파스칼의 연구

사영기하학 분야에서 데자르그의 개념들을 계승하고 발전시킨 사람은 블레즈 파스칼이었다. 상충하는 여러 기질로 인해 심각한 정서적 갈등을 겪은 파스칼은 수학, 물리학, 문학 및 신학 등 여러 분야에서 훌륭하고 독창적인 연구를 했던 것으로 유명하다. 그의 아버지는 판사이자 세금 관리였는데, 아들의 총명함을 알고서 교육에 정성을 쏟았다. 아버지의 결정에 따라 파스칼은 16살이 될 때까지는 수학을 공부하지 못했다. 하지만 어찌어찌하여 아들은 스스로 공부를 시작하더니 빠르게 실력이 늘었다.

파리에서 지내던 어린 시절에 파스칼은 아버지를 따라 로베르발, 메르센, 미도르주 등 유명한 지식인들이 매주 여는 모임에 나갔다. 거기서 파스칼은 데자

르그를 만났고 그 결과 사영과 구획 하에서 불변인 기하도형의 속성을 연구하는데 흥미를 갖게 되었다. 16살의 나이에 그는 파스칼의 정리라는 유명한 정리를 증명했는데, 이 정리는 곧 우리가 살펴볼 것이다. 다음에 그는『원뿔곡선론』을 썼는데, 여기에는 독창적인 결과들이 많이 담겨 있다. 수학은 파스칼이 가장 열정적으로 탐구하는 학문이 되었다. 아버지를 도우려는 마음에서 그는 산수 연산을 수행하는 기계를 구상했으며, 훌륭한 계산기를 최초로 제작했다. 또한 우리가 나중에 만나겠지만 확률론을 창시한 또 한 명의 위대한 프랑스 수학자인 피에르 드 페르마와 함께, 뉴턴과 라이프니츠에 앞서 미적분의 탄생을 견인한 훌륭한 선구자들 가운데 한 명이었다.(23장 참고)

분명 파스칼로서는 경험 데이터가 지식의 출발점이었고 아울러 이성의 능력을 존중했으며 이를 훌륭하게 행사했다. 그가 쓴『기하학의 정신』은 사고의 방법과 규칙을 다룬 책으로서, 이성의 역할이 지닌 중요성을 역설했다는 점에서 데카르트의『방법서설』에 버금가는 또 하나의 금자탑이라고 할 수 있다. 하지만 나이가 들면서 그는 이성으로 얻은 제한적인 결과에 더욱 불만을 품게 되었다. 죽기 십 년 전 무렵에는 자연에 관한 지식을 공허하게 여기기 시작했고 급기야 혐오하게 되었다. "학문을 과대평가하지 마라"고 그는 경고했다. 그는 수학의 진리들이 인간 세계의 모든 것을 품을 만큼 폭넓지 않다고 확신하게 되었다. 그는 자주 말하기를, 모든 학문은 고통에 빠진 사람에게 위안을 줄 수 없지만 기독교의 진리는 고통에 빠진 사람은 물론이고 학문을 아예 모르는 사람에게도 언제나 위안을 준다. 그가 남긴 다음 경구는 유명하다. "마음은 이성이 모르는 자신만의 이유를 갖고 있다." 그리고 "신앙과 무관한 것은 무엇이든 이성의 관심사가 될 수 없다." 점점 더 그는 종교에 기울었다. 그는 가톨릭교도로 자라났지만 근엄한 예수회의 엄격하고 독단적인 신학을 받아들이려 하지 않았다. 그는 얀센주의자(네덜란드 신학자 코르넬리우스 얀센이 주창한 가톨릭 내의 종교개혁 정신을 따른 사람들-옮긴이)가 되었으며, 예수회를 강하게 반대하는 내용으로 가득 찬 『시골친구에게 보내는 편지』라는 유명한 문학 저술을 썼다. 『팡세』라는 또 하나의 고전 문학작품을 통해 그는 종교에 관한 자신의 생각을 더 많이 표현했다. 학문과 신앙 사이의 갈등은 종교의 승리로 끝났다. 역설적이게도 파스칼은 신앙의 옹호자였지만 그의 사후에 이어진 이성의 시대를 여는 데 크나큰 기여를 했다.

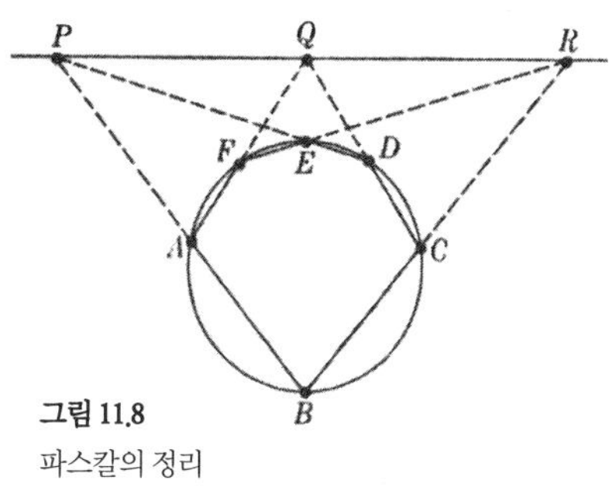

그림 11.8
파스칼의 정리

사영기하학의 대표적인 정리 가운데 파스칼이 고안하고 증명한 것이 있다. 이 정리는 데자르그의 정리와 마찬가지로 도형 그리고 그 도형의 임의의 사영의 임의의 구획에 공통적인 한 기하학적 속성을 알려준다. 즉, 이 정리는 사영과 구획하에서 불변인 한 기하도형의 속성을 알려준다. 파스칼은 이렇게 말하고 있다. 한 원에 내접하는 임의의 여섯 변 다각형(육각형)을 그리고 꼭짓점을 *A*, *B*, *C*, *D*, *E*, *F*라고 표시하자(그림 11.8). 대변의 한 쌍, 가령 *AB*와 *DE*를 연장시켜 점 *P*에서 만나게 하자. 대변의 다른 쌍, 가령 *AF*와 *CD*를 연장시켜 점 *Q*에서 만나게 하자. 마지막으로 세 번째 쌍을 연장시켜 점 *R*에서 만나게 하자. 그렇다면, 파스칼은 주장하기를, *P*, *Q*, *R*은 언제나 한 직선 상에 놓인다. 간결한 표현을 언제나 좋아했던 이 수학자는 이 정리를 다음과 같이 표현했다.

> 한 육각형이 한 원에 내접하면, 대변의 세 쌍은 한 직선 상에 놓이는 세 점에서 교차한다.

이 정리를 지금 증명하지는 않겠다. 우리가 살펴보기에는 시간이 너무 많이 걸릴 것이기 때문이다. 하지만 이 정리는 사영기하학에서 탐구한 정리의 유형을 잘 보여준다.

위에서 보았듯이, 파스칼의 정리는 한 사영의 모든 구획에 공통적인 속성들과는 그다지 관계가 없어 보인다. 하지만 파스칼의 정리에 나오는 도형의 한 사영 및 이 사영의 한 구획을 시각화해보자(그림 11.9). 원의 사영은 원뿔이며, 이 원뿔의 한 구획은 꼭 원이어야 하는 것은 아니다. 고대 그리스인들의 연구를 통해 우리도 알고 있듯이 그것은 타원, 포물선 또는 쌍곡선, 즉 원뿔곡선이다. 원에 내접한 육각형의 각 변에는 이 원뿔곡선에 내접하는 육각형의 한 변이 대응하며, 원래 도형의 직선들의 각 교점에는 구획의 직선들의 각 교점이 대응한다. 마지막으로, 점 P, Q, R이 원래 도형의 한 직선 상에 놓여 있으므로, 이에 대응하는 점들도 구획의 한 직선 상에 놓여 있을 것이다. 따라서 파스칼의 정리는 한 원의 임의의 사영의 임의의 구획에서도 성립하는 원의 한 속성을 말하고 있다.

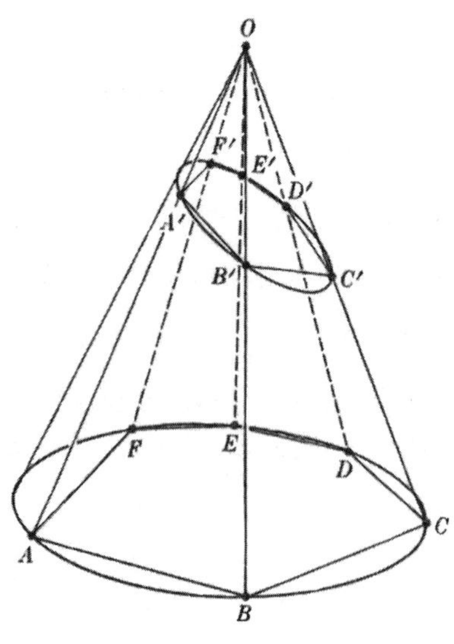

그림 11.9
원에 내접한 육각형의 사영의 구획

연습문제

1. 원을 하나 그리고, 원 상의 임의의 여섯 개의 점을 선택하여 그 점들을 육각형의 꼭짓점으로 삼아라. 대변의 세 쌍의 교점들을 찾아서 그 세 점이 한 직선 상에 놓여 있는지 알아보라.
2. 임의의 두 직선을 그려라. 한 직선 상에 세 점을 선택하여 A, B, C라고 표시하자. 두 번째 직선에 세 점을 선택하여 A', B', C'라고 표시하자. $\overline{AB'}$와 $\overline{A'B}$

의 교점을 찾아라. $\overline{AC'}$와 $\overline{A'C}$에 대해서도 그렇게 하고 $\overline{BC'}$와 $\overline{B'C}$에 대해서도 그렇게 하라. 이 세 교점에 관해 어떤 흥미로운 사실을 알아낼 수 있는가?

11.4 쌍대성의 원리

데자르그와 파스칼의 혁신적인 이론이 동료 수학자들에게 곧바로 인정받았고 아울러 이 방법들과 개념들의 잠재력이 간파되어 더욱 발전되었다고 말할 수 있다면야 얼마나 기쁘겠냐마는, 안타깝게도 그들의 이론은 쉽게 받아들여지지 않았다. 아마도 데자르그의 새로운 용어는 당시 사람들을 당혹스럽게 만들었다. 마치 오늘날 많은 사람들이 수학의 언어에 당혹감과 반감을 느끼듯이 말이다. 어쨌든 데카르트, 파스칼 그리고 페르마를 제외하고는 데자르그의 동료들은 이 급진적 개념에 대해 판에 박힌 반응을 보였다. 즉, 그 개념을 거부했고 데자르그를 이상한 사람으로 취급했으며 사영기하학을 잊었다. 데자르그는 낙심하여 건축과 공학으로 다시 마음을 돌리고 말았다. 1639년에 처음 출간되었던 데자르그 책의 모든 판본은 소실되었다. 원뿔곡선 및 사영기하학에 관한 다른 연구 내용이 담긴 파스칼의 저작은 1640년에 출간되었는데, 이 또한 거의 1800년까지는 알려지지 않았다. 다행히도 데자르그의 제자인 필리페 드 라 이르가 십구 세기의 기하학자인 미셸 샬이 운영하는 서점에서 우연히 데자르그의 책을 발견하여 복제판을 만들었다. 그리하여 마침내 데자르그의 주요 연구의 전체 내용이 온 세상에 알려졌다. 라 이르가 사용하여 이후 150년 동안 그의 업적으로 잘못 인정되었던 일부 연구 결과들을 제외하고는, 데자르그와 파스칼이 발견한 내용들은 십구 세기 기하학자들이 차근차근 재발견하여 정립해야 했다.

십칠 세기와 십팔 세기에 사영기하학이 무시당한 또 하나의 이유는 해석기하학과 미적분학 때문이었다. 데자르그의 동료인 데카르트와 페르마가 발견한 해석기하학(12장 참고)과 십칠 세기 후반에 주로 뉴턴과 라이프니츠가 개발해낸 미적분학은 급격하게 확대되고 있던 자연과학의 여러 분야에서 매우 유용함이 입증되었기에 수학자들은 이 두 분야에 집중했다.

사영기하학 연구는 여러 번의 우연 그리고 이 분야가 처음 흥미를 끌게 된 것과 마찬가지로 놀라운 사건들 덕분에 부활했다. 축성술의 문제를 계기로 가스파르 몽주(1746~1818)라는 인물이 기하학에 관심을 갖게 되었는데, 그는 화법기하학(Descriptive Geometry)의 창시자이다. 이 분야는 사영기하학과는 다르지만 사영과 구획을 이용한다. 몽주는 매우 훌륭한 선생이었기에, 그 주위에는 총명한 제자들이 많이 모여들었다. 특히 샤를 브리앙숑(1785~1864), L. N. M. 카르노(1753~1823) 그리고 장 빅토르 퐁슬레(1788~1867)가 대표적이다. 이 사람들은 몽주의 기하학에 큰 감명을 받았는지라, 기하학적 방법이 데카르트가 도입한 대수적 내지 해석적 방법보다 나으면 나았지 못하지 않음을 밝혀내려고 했다. 특히 카르노는 "기하학을 해석의 상형문자로부터 구해내기를" 바랐다. 순수한 기하학의 폐기를 초래했던 데카르트의 업적에 복수라도 하려는 듯이 십구 세기 초반의 기하학자들은 데카르트를 능가하는 것을 자신들의 목표로 삼았다.

사영기하학을 극적으로 부활시킨 사람은 퐁슬레였다. 나폴레옹 군대의 장교로 복무하던 중, 러시아에서 벌어진 군사 작전에서 포로로 잡힌 그는 1813~1814년 동안 러시아의 감옥에 수감되었다. 거기서 퐁슬레는 일체 책의 도움 없이 몽주와 카르노한테서 배웠던 내용을 재구성하였고 나아가 사영기하학의 새로운 결과들을 창안해냈다. 사상 최초로 그는 이 학문이 진정으로 새로운 수학 분야임을 간파했으며 한 주어진 도형의 임의의 사영의 모든 구획에 공통인 기하도형들의 성질을 의식적으로 찾았다. 한 무리의 프랑스 수학자 그리고 이어서 한 무리의 독일 수학자들이 퐁슬레의 연구를 이어나갔으며 사영기하학 분야를 집중적으로 발전시켰다.

이 시기의 여러 성과들 가운데 압권은 수학의 전 분야를 통틀어 가장 아름다

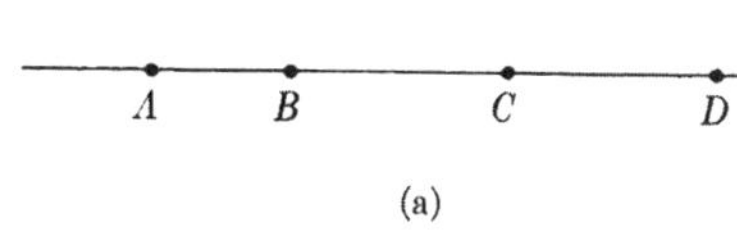

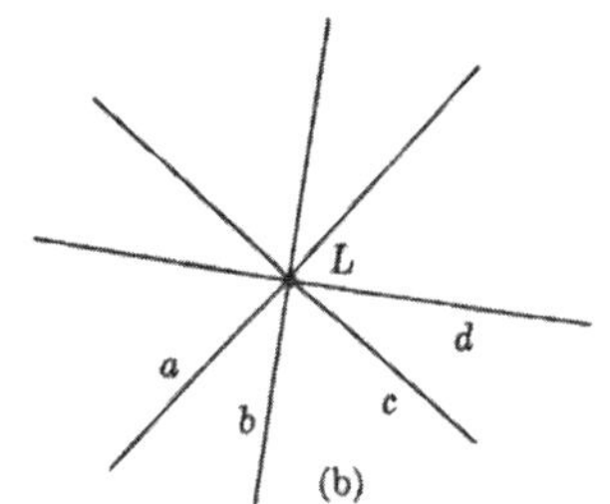

그림 11.10
(a) 한 직선 상의 점들의 집합
(b) 한 점 상의 직선들의 집합

운 원리 가운데 하나, 즉 쌍대성의 원리(principle of duality)이다. 유클리드 기하학과 마찬가지로 사영기하학에서도 임의의 두 점은 한 직선을 결정한다. 이것을 지금 우리에게 익숙한 표현으로 말하자면, 임의의 두 점은 한 직선 위에 놓여 있다. 하지만 사영기하학에서는 임의의 두 직선은 한 점을 결정한다, 즉 한 점 위에 놓여 있다는 것 또한 참이다. (유클리드 기하학적 관점의 평행선들도 한 점에서 만나는 것으로 간주해야 한다는 협의를 거부한 독자는 다음 몇 문단을 건너뛸 것이고 그런 고집에 대한 대가를 치를 수밖에 없을 것이다.) 알고 보면, 두 번째 굵은 글씨체의 진술은 첫 번째 진술에서 점과 직선이라는 단어를 바꾸어놓았을 뿐이다. 사영기하학에서는 원래 진술을 쌍대화했다(dualize)고 말하거나 하나가 다른 하나의 쌍대 진술이라고 말한다. 한 직선 상의 점들의 집합을 논의하면서 "점"과 "직선"을 바꾸면, 한 점 상의 직선들의 집합이란 표현이 얻어진다. 그림 11.10은 두 쌍대 진술을 보여준다.

한 삼각형은 전부 동일 직선 상에 있지 않는 세 점 그리고 이 세 점을 잇는 직선들로 이루어진다. 우리는 대체로 한 점이 두 직선을 잇는다고 말하지는 않으며, 오히려 그런 점을 두 직선의 교점이라고 말한다. 하지만 어떻게 말하든 의미는 명확하다. 바꾸어 말한, 즉 쌍대적으로 표현한 진술이 설명한 도형은 역시 삼각형이다. 삼각형의 쌍대 도형은 삼각형이므로 삼각형은 자기쌍대(self-dual) 도형이라고 한다.

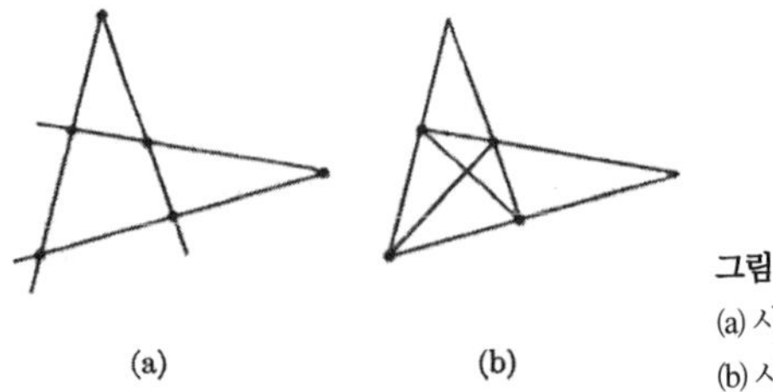

그림 11.11
(a) 사변형
(b) 사각형

사영기하학에서 사변형은 네 직선 그리고 이 직선들이 쌍으로 만나는 여섯 개의 점으로 이루어지는 도형으로 정의된다. "사변형"을 이런 식으로 정의하는 것은 유클리드 기하학에서 흔히 쓰이는 정의와는 약간 다르다. 사변형 하나가 그림 11.11(a)에 나와 있다. 마찬가지로 우리는 네 점 그리고 그 점들을 쌍으로 잇는 여섯 개의 직선으로 이루어진 도형을 말할 수 있다(그림 11.11(b)). 이 새로운 도형을 가리켜 사각형이라고 한다. 따라서 사변형과 사각형은 쌍대 도형이다.

그렇다면 임의의 도형을 기술하는 진술을 택하여 그 진술을 쌍대화하면 새로운 도형을 얻을 수 있을 듯하다. 더욱 야심찬 것을 시도해보자. 데자르그의 정리를 쌍대화시킬 것이다. 두 삼각형 그리고 이 두 삼각형이 원근법을 따르는 기준점이 되는 점 *O*가 전부 한 평면에 놓여 있는 경우를 고찰하여, 점과 직선을 뒤바꾸면 어떤 결과가 나오는지 살펴볼 것이다. 여기서 우리는 삼각형의 쌍대 도형은 역시 삼각형이라는 이미 알려진 사실을 이용할 것이다.

데자르그의 정리	데자르그 정리의 쌍대 표현
두 삼각형의 대응하는 꼭짓점들을 잇는 직선들이 한 점 *O*상에 놓여 있으면, 대응하는 변들은 한 직선상에 놓인 세 점에서 만난다.	두 삼각형의 대응하는 변들이 만나는 점들이 한 직선 *O*상에 놓여 있으면, 대응하는 꼭짓점들은 한 점 상에 놓여 있는 세 직선에 의해 만난다.

새로운 진술을 살펴보면, 이는 곧 데자르그의 정리의 역임을 알 수 있다. 즉, 데자르그 정리의 가정과 결론이 뒤바뀐 것이다. 따라서 점과 직선을 뒤바꿈으로써, 우리는 있을 법한 새로운 정리를 발견했다. 원래 정리의 증명에서 점과 직선을 바꾸어 새 정리를 증명할 수 있다고 보기에는 무리일 것이다. 무리이긴 하지만, 우리의 상상을 초월하는 자연의 너그러움 덕분인지 정말로 그런 방식으로 새 정리를 증명할 수 있다.

지금껏 설명한 쌍대성의 원리 덕분에 우리는 점과 직선이 등장하는 특정한 진술이나 정리로부터 새로운 진술이나 정리를 얻는 법을 알 수 있다. 하지만 사영기하학은 곡선도 다룬다. 곡선을 기술하는 진술은 어떻게 쌍대화해야 할까? 단서는, 곡선은 결국 어떤 조건을 만족하는 점들의 집합일 뿐이라는 사실에 숨어 있다. 가령, 원은 특정한 한 점에서 일정한 거리에 있는 모든 점들의 집합이다. 쌍대성의 원리가 제시하는 바에 의하면, 한 특정한 곡선에 쌍대인 도형은 그 곡선을 정의하는 조건에 쌍대인 조건을 만족하는 직선들의 집합일지 모른다. (하지만 원의 정의는 쌍대화할 수 있는 형태가 아니다.) 이런 직선들의 집합 역시 한 곡선일지 모르는데, 왜냐하면 직선들의 집합은 점들의 집합과 마찬가지로 한 곡선을 나타낼 수 있기 때문이다(그림 11.12). 이를 가리켜 선 곡선(line curve)이라고 한다.

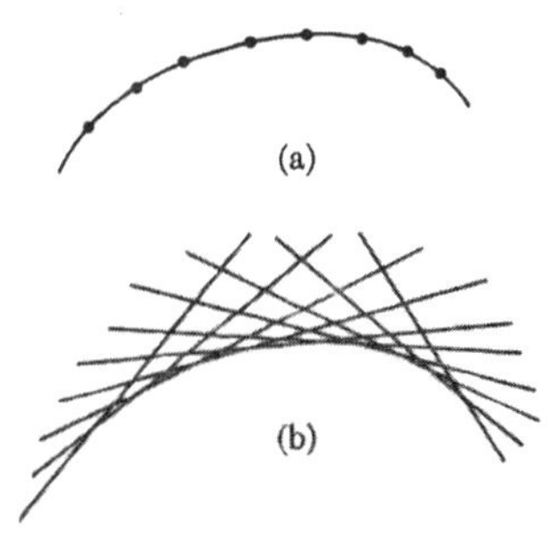

그림 11.12
(a) 점 곡선 (b) 선 곡선

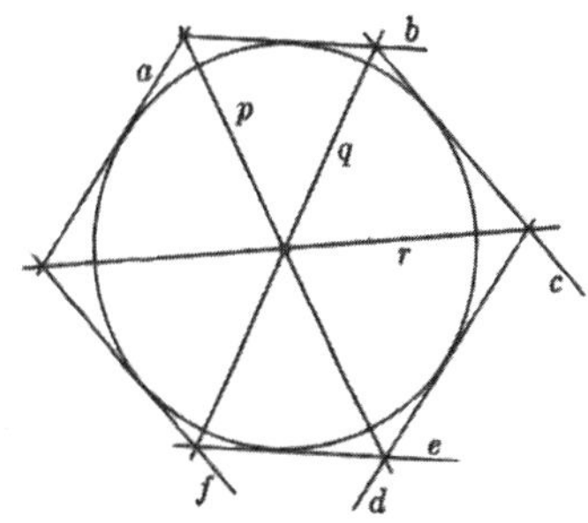

그림 11.13
브리앙숑의 정리, 파스칼 정리의 쌍대 표현

원뿔곡선들의 경우 한 점 원뿔곡선(point conic), 즉 점들의 집합으로 간주되는 한 원뿔곡선에 쌍대인 도형은 알고 보니 해당 점 원뿔곡선의 접선들의 집합이다. 가령 원뿔곡선이 원이라면, 쌍대 도형은 그 원의 접선들의 집합이다. 접선들의 이러한 집합은, 점들의 집합과 마찬가지로, 원을 나타낼 수 있는데, 우리는 접선들의 이 집합을 가리켜 선 원(line circle)이라고 한다.

단순한 도형들에 관한 진술을 쌍대화했더니, 숨겨진 진리를 드러내주는 결과들이 얻어졌다. 이제 쌍대성의 원리를 곡선에 관한 정리에 적용하는 것도 생산적일 수 있는지 살펴보자. 시험 삼아 파스칼의 정리를 쌍대화하자. 그림 11.13은 쌍대 진술의 내용을 보여준다.

파스칼의 정리	파스칼 정리의 쌍대 표현
점 원 상에 여섯 개의 점 A, B, C, D, E, F를 택하면, A와 B를 잇는 직선과 D와 E를 잇는 직선은 점 P에서 만나고, B와 C를 잇는 직선과 E와 F를 잇는 직선은 점 Q에서 만나며, C와 D를 잇는 직선과 F와 A를 잇는 직선은 점 R에서 만난다. 세 점 P, Q, R은 한 직선 l상에 있다.	선 원 상에서 여섯 개의 직선 a, b, c, d, e, f를 택하면, a와 b를 잇는 점과 d와 e를 잇는 점은 직선 p에서 만나고, b와 c를 잇는 점과 e와 f를 잇는 점은 직선 q에서 만나며, c와 d를 잇는 점과 f와 a를 잇는 점은 직선 r에서 만난다. 세 직선 p, q, r은 한 점 L상에 있다.

기하학적으로 쌍대 진술은 다음과 같은 의미다. 선 원은 점 원의 접선들의 집합이므로 선 원 상의 여섯 직선들은 점 원의 임의의 여섯 접선들이며, 이 여섯 접선들은 점 원 주위에 외접한 한 육각형을 이룬다. 따라서 쌍대 진술이 알려주는 바에 의하면, 만약 우리가 한 육각형을 한 점 원 주위에 외접시키면, 육각형의 서로 마주보는 꼭짓점들을 잇는 직선들, 가령 쌍대 진술 속에 나오는 직선 p, q, r이 한 점에서 만난다. 이 쌍대 진술은 정말로 사영기하학의 한 정리이다. 이 정리는 쌍대성의 원리를 파스칼의 정리에 적용하여 발견한 사람의 이름을 따서 브리앙숑의 정리라고 불린다.

사영기하학에 나오는 쌍대성의 원리는 한 평면에 놓여 있는 도형에 관한 한 정리에서 점과 직선을 뒤바꾸어 유의미한 진술을 얻을 수 있음을 알려준다. 게다가 아직 아무런 증명도 내놓지 않았지만, 새로운 진술 즉 쌍대 진술은 그 자체로서 하나의 정리이다. 즉, 이 진술은 증명 가능하다. 그런데 쌍대성의 원리에 따라 사영기하학의 한 정리를 뒤바꾼 모든 표현은 반드시 하나의 정리가 됨이 이미 증명되었다. 쌍대성의 원리는 사영기하학의 놀라운 성질이다. 이 원리는 점과 직선이 그 기하학의 구조 내에서 행하는 역할의 대칭성을 드러내주는데, 이 대칭성 또한 직선과 점이 동등하게 근본적인 개념임을 드러내준다.

쌍대성의 원리는 또한 수학을 창조하는 과정에 대한 통찰을 제공해주기도 한다. 이 원리의 발견은 데자르그의 정리나 파스칼의 정리의 발견만큼이나 상상력과 창의성을 요구하는 데 반해, 이 원리를 이용해 새로운 정리를 발견하는 일은 거의 기계적인 과정이다.

연습문제

1. 네 점으로 이루어진 도형에서 세 점은 동일 직선 상에 있지 않다고 할 때, 이 도형의 쌍대 도형은 무엇인가?
2. 쌍대성의 원리를 진술하라.
3. 모두 한 직선 상에 있는 네 점으로 이루어진 도형의 쌍대 도형은 무엇인가?
4. 한 직선 상에 있는 세 점, 그 직선 상에 있지 않는 네 번째 점 그리고 이 점들 가운데 임의의 두 점을 잇는 직선들로 이루어진 도형이 있을 때, 쌍대 도형은 무엇인가?
5. 어떤 의미에서 쌍대성의 원리는 새로운 정리를 발견하는 수단이라고 볼 수 있는가?

11.5 사영기하학과 유클리드 기하학의 관계

사영기하학에는 일일이 다 살펴보기 어려울 정도로 흥미로운 개념들이 많이 있다. 그러니 이 분야의 전반적인 특징이 무엇인지 살펴보자. 기본 개념은 사영과 구획이며, 주된 목적은 어떤 기하도형에 대하여 그 도형의 임의의 사영의 임의의 구획에도 적용되는 공통적인 성질을 찾는 일이다. 사영과 구획하에 불변인 성질들을 면밀히 조사해보면, 그런 성질들은 다음과 같은 개념들을 다룬다. 점의 공직선성(共直線性), 즉 점들이 동일한 직선 상에 있는 성질. 직선의 일치성, 즉 직선들의 집합이 한 점에서 만나는 성질. 교차비. 쌍대성의 원리가 보여주는 점과 직선의 근본적인 역할. 한편 유클리드 기하학은 물론 십구 세기 사영기하학자들이 잘 알고 있던 분야로서, 가령 여러 길이, 각 및 넓이의 등가성을 다룬다. 이 두 성질 유형을 비교해보면 사영기하학은 유클리드 기하학에서 다루었던 성질들보다 단순하다. 사영기하학은 유클리드 기하학에서 합동, 닮음 및 등가(동일한 넓이)가 논의되었던 기하도형의 형성 그 자체를 다룬다고 볼 수 있다.

이제 와서 알게 된 것이지만, 유클리드 기하학보다 더욱 근본적인 기하학이 틀림없이 있다고 볼 수 있다. 나무, 집, 길 그리고 기타 대상들로 이루어진 공간 속에서 처음으로 위치를 지각하는 사람이라면 거리와 크기만을 생각할 것이다. 이리저리 다니면서 그는 우선 어느 길로 갈지부터 먼저 정한 다음에 그 길을 따라 가면 거리가 얼마나 될지에 관심을 둔다. 즉, 위치 및 상대적 위치는 실용적으로든 논리적으로든 중요성 면에서 거리에 우선한다.

따라서 논리적으로 볼 때 사영기하학이 더 근본적이고 포괄적인 분야이며 유클리드 기하학은 어떤 의미로는 특수한 분야라고 짐작할 수 있겠다. 이 짐작은 옳다. 두 기하학 분야 사이의 관계에 대한 단서는 사영과 구획을 다시금 조사해보면 얻을 수 있다. 한 기하도형, 가령 직사각형을 고려하자(그림 11.14). 이 도형의 사영은 임의로 정한 한 점 O로부터 생길 수 있다. 그리고 이 사영의

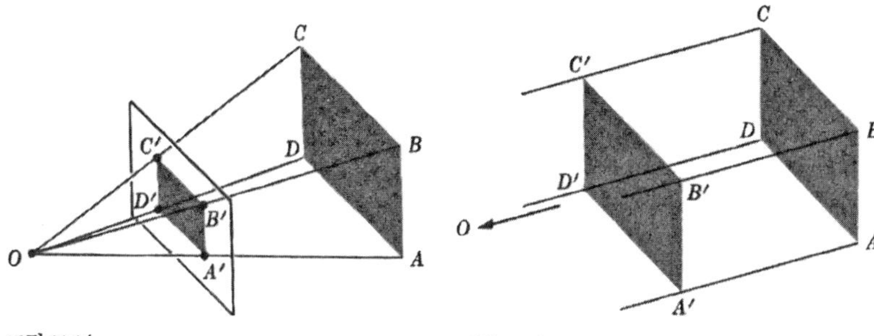

그림 11.14
사영과 구획에 의해 관련 되는 닮은 도형들

그림 11.15
사영과 구획에 의해 관련 되는 합동인 도형들

한 구획이 직사각형의 평면에 평행한 한 평면에 의해 만들어진다고 하자. 유클리드 기하학의 몇 가지 정리들을 적용하면 이 구획이 원래 직사각형과 닮은 직사각형임을 증명할 수 있다. 따라서 닮음 관계는 원래 도형의 평면과 구획의 평면이 평행인 사영 관계의 한 특수한 유형이다.

이제 만약 점 *O*가 무한히 왼쪽으로 멀리 이동한다면, 사영의 직선들은 점점 더 서로 평행해진다. 사영의 중심이 "무한히 멀리 있는 점"(!)일 때, 이 직선들은 평행하다. 그렇다면 직사각형에 평행인 평면에 의해 생기는 구획은 원래 직사각형과 합동인 직사각형이다(그림 11.15). 사영의 이 마지막 유형을 가리켜 평행 사영이라고 하며, 이 사영은 합동인 구획을 생성한다. 달리 말해, 사영기하학의 관점에서 보면, 유클리드 기하학에서 매우 집중적으로 연구되는 합동과 닮음의 관계는 특수한 사영에 대한 사영과 구획을 통해 연구할 수 있는 것이다. 그러므로 유클리드 기하학은 사영기하학의 한 논리적 분과일 뿐 아니라, 특수한 사영하에서 불변인 기하도형의 성질에 관한 학문이라는 새로운 관점에서 유클리드 기하학을 바라볼 수 있다.

사영기하학은 화가에게 도움이 될 정리들을 확대 및 체계화한다는 매우 실용적인 목적 하에 데자르그가 시작한 분야이긴 했지만, 예술이나 과학에 적용한다는 관점에서 보자면 그다지 중요하지는 않는 분야이다. 이 학문은 이론적인 측면에서 기쁨을 추구했던 수학자들에 의해 발전과 결실을 이루었다. 르네상스 화가들과 기하학자들은 고대 그리스 세계가 파악하지 못했던 새로운 주제들을 열어젖혔다. 예를 들면, 직선의 교점들의 성질에 관한 연구, 교차비, 쌍대성, 사영과 구획 그리고 무엇보다도 사영과 구획하에서 불변인 성질 등이 그러한 주제들이다. 사영기하학은 이제 수학의 방대한 한 분야가 되었는데, 왜냐하면 새로운 통찰, 새로운 증명 방법, 아름다운 결과들 그리고 미학적으로 만족스러운 개념을 제시하기 때문이다. 예술에서 태동한 이 분야는 수학을 일종의 예술로 만드는 데 크나큰 기여를 하고 있다.

연습문제

1. 화가들이 사영과 구획을 이용하면서 제시된 주요한 수학적 문제는 무엇인가?
2. 기하도형의 성질이라는 측면에서 볼 때 사영기하학과 유클리드 기하학은 어떻게 구별되는가?
3. 르네상스 시대에 사실주의 회화의 출현이 어떻게 새로운 수학 발전을 자극했는지에 관한 짧은 에세이를 써라.

권장 도서

Bell, E. T.: *Men of Mathematics*, Chaps. 5 and 13, Simon and Schuster, New York, 1937.

Ivins, Wm. M., Jr.: *Art and Geometry*, Dover Publications, Inc., New York, 1964.

Kline, Morris: "Projective Geometry," an article in James R. Newman: The World of Mathematics, pp. 622-641, Simon and Schuster, New York, 1956.

Mortimer, Ernest: *Blaise Pascal: The Life and Work of a Realist*, Harper and Bros., New York, 1959.

Sawyer, W. W.: *Prelude to Mathematics*, Chap. 10, Pelican Books Ltd., England, 1955.

Young, Jacob W. A.: *Monographs on Topics of Modern Mathematics*, Chap. 2, Dover Publications, Inc., New York, 1955.

Young, John W.: *Projective Geometry*, The Open Court Publishing Co., Chicago, 1930.

12
좌표기하학

진리를 찾기 위해서는 살아가면서 한번쯤은 최대한 모든 것을 의심해 보아야 한다.

데카르트

12.1 데카르트와 페르마

중세 유럽이 지녔던 지식과 전망의 견고함에 대한 의심은 이미 르네상스 시기에 생겨나기 시작했다. 부활한 고대 그리스의 지식, 위대한 탐험, 새로운 발명, 자연현상과 관련하여 장인 계급들이 제기했으며 목적론적 및 신학적 설명으로는 답할 수 없는 문제들, 모든 지식의 원천으로서 경험을 옹호하는 태도 등은 예전의 토대를 허무는 데 이바지했다. 이 와중에 지식을 재구성해야 할 필요성을 르네 데카르트(1596~1650)보다 더 절실하게 느낀 사람은 없었다.

프랑스의 라에(La Haye, 오늘날 네덜란드의 헤이그-옮긴이)에서 경제적으로 안정된 부모 밑에서 태어난 데카르트는 라 플레시 예수회 대학에서 공식적이고 전통적인 훌륭한 교육을 받았다. 하지만 학창 생활 중에도 그는 교사들을 포함해 이미 당대의 많은 사람들이 자신만만하게 공언하는 진리에 비판적이었으며 자신이 배우는 지식에 의문을 갖기 시작했다. 그의 말에 의하면, 전통적인 교육 가운데서 웅변은 비할 바 없는 힘과 아름다움이 있으며 시는 매우 아름다운 품위와 기쁨이 있다. 하지만 그가 판단하기에 이러한 성취는 연구의 결실이라기보다는 자연의 선물이었다. 그는 자신이 갈망하는 천국으로 가는 길을 알려준다고 여겼기에 신학을 존중했다. 하지만 "가장 학식이 높은 사람에 비해 가장 무지한 사람들에게 천국의 길이 덜 열려 있지 않음을 확실히 이해하게 되었고, 천국에 이르는 이미 드러난 진리들은 우리의 이해를 초월하기에" 그는 그런 진리들을 자신의 하찮은 이성에 종속시키려고 하지 않았다. 한편 철학은 "모든 문제에 관하여 진리를 논의하기 위한 수단을 제공하고 더욱 단순한 것을 찬양한다"고 보았지만, 오랜 세월 가장 저명한 인물들이 발전시켰는데도 철학은 논쟁의 여지가 없는 진리를 내놓지 못했다. 법학, 의학 및 다른 전문 분야들은 부유함을 보장해주고 그 분야의 종사자들에게 명예를 안겨주지만, 이들 학문은 철학에서 원리를 빌려오기에 견고한 구조가 될 수 없다. 게다가 다행히도 데카르트는 재산을 늘리기 위해 그런 학문을 하지 않아도 될 만큼 형편이 좋았다. 논리학도 낮게 평가했는데, 왜냐하면 삼단논법을 포함한 다른 규칙들 대다수가 이미 알려진 내용에 관해 의사소통할 때에나 모르는 것에 관해 아무런 판단 없이 말할 때에만 소용이 있기 때문이다. 그것 자체가 지식을 내놓지는 않는다. 도덕에 관한 협약은 도덕적으로 행동하기 위한 유용한 수칙과 권고를 담고 있지만 그런 것들이 진리에 바탕을 두고 있다는 증거는 제시하지 않는다.

비판적인 성향을 지닌 인물인데다 당시 사회는 천 년 동안 유럽을 지배한 세계관이 맹렬하게 도전을 받던 시기였기에, 데카르트는 교사들 및 다른 지도자들이 강압적이고 독단적으로 선언한 가르침에 만족할 수 없었다. 자신이 유럽의 최고 명문 학교에 다니며 결코 열등한 학생이 아니라고 자부했던 터라, 데카르트는 더욱 더 자신의 의심이 정당하다고 여겼다. 학창 시절이 끝나갈 무렵 그는 자신이 받은 교육은 인간의 무지를 드러내준다는 점에서만 의미가 있다고 결론 내렸다.

스무 살의 나이에, 법학을 전공했던 푸아티에 대학을 졸업한 후 데카르트는 책에 없는 무언가를 배우기로 결심했다. 처음에는 파리에서 활기찬 삶을 즐기다가 나중에는 그 도시의 조용한 한 모퉁이에서 사색의 시기를 보냈다. 넓은 세상을 알려고 군대에도 입대하여 전투에도 참여하면서 여기저기를 다녔다. 그런 시기를 보낸 후 마침내 데카르트는 정착하기로 결정했다.

데카르트는 네덜란드의 안정된 분위기라면 평온하고 은둔적인 삶을 더 잘 이어갈 수 있으리라고 생각하여 1628년에는 암스테르담에 정착했다. 거기서 이십 년 넘게 진리의 본질, 신의 존재 그리고 우주의 물리적 구조에 관해 비판적이고 심오한 사색에 몰두했다. 거기서 데카르트는 최상의 저서들을 내놓았다. 지속적인 저술 활동을 통해 그 자신은 물론 독자들도 그의 연구가 지닌 위대함에 더욱 더 감명을 받았다. 명료한 사고들이 담긴 데카르트의 고전들은 명확성과 정밀함 그리고 프랑스어의 효율성이 고스란히 담겨 있다. 이러한 저술 덕분에 데카르트는 유명해졌고 그의 철학은 인기를 끌었다.

데카르트의 은둔 생활은 스웨덴의 크리스티나 여왕의 가정교사로 초빙을 받으면서 끝났다. 안락한 집을 떠나기가 싫었지만, 왕궁 생활의 매력을 거부할 수 없어서 스톡홀름으로 거처를 옮겼다. 여왕은 차가운 도서관에서 새벽 5시에 공부를 시작하는 것으로 하루를 시작하기를 좋아했으니, 가정교사는 그 시간에 여왕을 맞이해야 했다. 이런 생활방식은 허약한 데카르트에게는 너무나 무리였다. 그의 육신은 쇠약해졌으며 정신은 의욕을 잃었다. 마침내 감기에 걸려 1650년에 세상을 떠났다.

네덜란드에서 머무는 동안 행한 심오한 사고와 저술 활동을 통해 새로운 지식의 토대가 출현했다. 누구나 인정하듯이 데카르트는 근대 수학과 철학의 아버지이며, 그는 갈릴레오와 뉴턴의 연구에 의해 결국 대체되기까지 십칠 세기를 지배했던 새로운 우주론을 창시했다. 자신이 학교에서 배운 지식은 믿을 수 없거나 무가치하다고 확신했기에, 데카르트는 모든 견해, 편견, 독단, 권위자들의 선언 그리고 (그가 보기에) 선입견을 내팽개쳤다. 그는 믿을 수 있는 확실한 지식을 얻는 새로운 방법을 탐구하기 시작했다. 그의 말에 의하면 해답은 군사 작전 중에 꾸었던 꿈에서 찾아왔다.

“기하학자들이 가장 어려운 증명의 결론에 이르기 위해 익히 사용하는 단순하고 쉬운 추론의 긴 연쇄”가 그를 다음 결론에 이르게 했다고 한다. “인간이 능숙하게 다루는 지식의 모든 대상들은 동일한 방식으로 자연스럽게 연결되어 있다.” 이어서 그는 견고한 철학 체계는 기하학자들의 방법을 통해서만 연역해낼 수 있다고 결정했다. 왜냐하면 오직 그들만이 명확하고 반박의 여지가 없게 추론하여 보편적으로 인정되는 진리에 이를 수 있기 때문이다. 수학은 “인류가 전해준 다른 어떠한 것보다도 더욱 강력한 지식의 도구”라고 결론을 내린 후 데카르트는 수학 연구를 통해 어떤 일반적인 원리들을 뽑아내고자 했다. 이 원리들은 모든 분야에서 정확한 지식을 얻는 방법을 마련해줄 터인데, 그는 이 방법을 “보편 수학”이라고 불렀다.

공리들을 바탕으로 세워진 수학의 패턴을 따라, 그는 자기 마음에 모든 의심을 배제할 수 있을 만큼 확실하고 분명하지 않는 것은 무엇이든 진리로 인정하지 않겠다고 결심했다. 달리 말해 그는 의심할 바 없는 자명한 진리에서부터 시작했다. 그 다음 원리는 큰 문제를 작은 문제들로 나누는 것이었다. 그는 단순한 것에서부터 복잡한 것으로 나아갔다. 이어서 자신의 추론 단계들을 적은 다음 어떠한 것도 부주의하게 가정하거나 필요한 주장이 생략되지 않도록 면밀하게 그 단계들을 조사했다. 이 네 원리가 그의 방법의 핵심이다.

하지만 공리가 수학에서 하는 역할을 자신의 철학에서 행할 단순하고 확실하고 분명한 것을 우선 찾아야 했다. 그리고 여기서 데카르트는 한 발 뒤로 물러섰다. 데카르트의 시대는 경험을 지식의 신뢰할 만한 원천으로 바라보고 있었지만, 그는 자기 마음 속을 살폈다. 굉장히 비판적인 사색을 거친 후에 그는 다음 진리들이 확실하다고 결정했다. (a) 생각한다, 그러므로 나는 존재한다. (b) 각각의 현상에는 반드시 원인이 있다. (c) 결과는 원인보다 더 클 수 없다. (d) 마음은 그 안에 완전성, 공간, 시간 및 운동의 개념을 갖고 있다.

이어서 그는 이 공리들을 바탕으로 추론을 시작했다. 방법에 대한 탐구 그리고 이 방법을 실제 철학 문제에 적용하기에 관한 내용은 그의 유명한 책인『방법서설』(1637)에 고스란히 담겨 있다. 이후의 저술에서도 그는 이 책에서 설명한 절차를 따라서 위대한 근대 철학 체계를 세웠다. 지금 여기서 적합한 내용은 수학 및 수학적 방법의 진리들이 십칠 세기의 지적인 폭풍 속에서 길을 잃었던 한 위대한 사상가에게 등대 역할을 했다는 점이다. 이를 통해 그는 유럽의 모든 선배 학자들이 내놓은 체계보다도 더욱 합리적이고 덜 신비주의적이며 신학에 덜 종속된 철학을 발전시킬 수 있었다.

이 새로운 방법이 철학 이외의 분야에서 어떤 성취를 이룰 수 있는지 알아보려고 데카르트는 그 방법을 기하학에 적용하였고 그 결과를『방법서설』의 부록인『기하학』에 담아 발표했다. 하지만 데카르트가 기하학의 방법을 어떻게 혁신했는지 살펴보기 전에 우리는 십칠 세기의 또 한 명의 위대한 사상가인 피에르 드 페르마를 주목해야 한다. 페르마 또한 기하학적 방법들을 발전시키는 데 관심이 있었는데, 데카르트와 동일한 폭넓은 개념에 독자적으로 도달했다.

데카르트의 모험적이고 낭만적이며 목적지향적인 삶과 달리, 페르마의 일생은 아주 평이했다. 그는 1601년에 한 프랑스 피혁 상인의 집에서 태어났다. 툴루즈에서 법학을 공부한 다음에는 법률가로서 생계를 유지했으며 툴루즈 의회에서 왕의 자문관을 맡았다. 요즈음으로 치면 지방 검사에 해당되는 직책이었다. 페르마의 가정생활 역시 매우 평범했다. 결혼하여 슬하에 다섯 자녀를 두었다. 그는 밤 시간을 연구에 바쳤다. 데카르트가 수학의 아름다움과 조화 그리고 예술에 대한 지식에 관심이 별로 없었고 대신 진리와 유용한 지식을 추구했던 반면에, 페르마는 사변적 지식과 지적인 기쁨을 추구하는 고대 그리스적 이상에 충실했다. 그는 그리스 문학을 탐독하여 시를 지었으며 당대의 과학 문제 해결에 동참했으며 무엇보다도 수학의 모든 분야를 즐겼다. 연구에 몰두할 시간이 별로 없었는데도 그는 대수, 미적분, 확률에 관한 수학적 이론, 좌표기하학 그리고 정수론에 근본적인 기여를 했다. 그가 거둔 수학적 업적 덕분에 그는 역사상 가장 위대한 수학자들 가운데 한 명으로 일컬어지는 영예를 받았다.

12.2 기하학에 새로운 방법이 필요해지다

데카르트와 페르마는 기하학에 새로운 방법을 한 가지 개발했는데, 특히 곡선을 표현하고 해석하는 대수적 방법이 그것이다. 십칠 세기 수학자들은 왜 그토록 곡선을 다루는 방법에 관심이 많았을까? 일반적인 이유를 들자면, 과학의 부상과 상업 및 산업 활동의 급격한 팽창으로 곡선이 관여하는 문제들이 등장했기 때문이다. 어떤 문제들이었는지 지금부터 알아보자.

15장에서 살펴보게 될 코페르니쿠스와 케플러의 태양중심설이 십칠 세기 동안 차츰 인정을 받게 되면서, 과학자들과 수학자들은 적어도 그 이론을 천체 운동의 이해라는 순전히 과학적인 문제 그리고 천문학 지식이 핵심적으로 필요한 항해술과 같은 실용적인 관심사에 집중적으로 적용하기 시작했다. 그런데 태양중심설을 다루려면 타원 그리고 어느 정도까지 포물선과 쌍곡선을 사용해야 했다. 이런 곡선들에 관한 새로운 사실들이 많이 필요해졌다.

십칠 세기에는 항해중인 배의 경도를 시계를 이용해 가장 쉽고 정확하게 결정할 수 있다는 발상이 적극적으로 탐구되었다. 경도 결정의 이러한 방법에 관한 세밀하고 자세한 내용은 지금의 논의에서는 중요하지 않지만, 당시에는 배에 편리하게 싣고 다닐 수 있는 그런 시계가 없었다는 점은 언급해야겠다. 시계에 달린 스프링과 추를 개조하는 연구가 여러 과학자들에 의해 추진되었는데, 특히 갈릴레오 갈릴레이, 로버트 훅 및 크리스티안 하위헌스가 대표적이다. 추의 분동 그리고 스프링에 달려 있는 물체들의 운동(18장 참고)은 곡선을 이용하여 연구되었다.

항해중인 배의 운동 자체도 곡선과 관련된 문제들을 제기했다. 구면 상에서 배의 이상적인 경로는 대원이지만, 실제 경로는 언제나 그럴 수는 없다. 왜냐하면 배는 분명 육지 주위를 우회해 다니기 때문이다. 게다가 지도상에서는 이상적인 경로이든 실제 경로이든 매우 복잡한 곡선들에 의해 표현된다. 이 곡선들은 평면 지도를 그릴 때 이용되는 사영의 방법을 바탕으로 형태가 정해지기 때문이다.

또한 빛에 대한 관심이 커지면서, 곡선과 관련한 숱한 문제들이 제기되었다. 지구의 대기를 통해 먼 거리를 이동할 때 빛은 차츰 휘거나 굴절하므로 곡선 경로를 따르게 된다(1장 그리고 7장의 6절 참고). 천체의 위치 측정은 빛의 경로가 휘어지므로 오차가 있을 수 있기 때문에, 관찰 결과를 수정하려면 이런 곡선 경로에 관한 어떤 사실을 반드시 알아야 한다. 곡선에 관한 지식은 망원경과 현미경에 쓰이는 렌즈 설계에도 필요했다. 이 두 도구는 십칠 세기 초반에 발명되어 상당한 관심을 받았다. 그즈음 안경 렌즈는 이미 300년 동안 쓰이고 있었지만 렌즈 설계 기술의 향상은 늘 문제꺼리였다. 데카르트와 페르마는 광학에도 관심이 컸는데, 특히 데카르트는 렌즈의 설계에 관한 연구를 상당히 많이 수행했다. 그가 알아낸 내용 중 상당 부분이 『광학』이란 글에 들어 있다. 이는 『방법서설』의 세 가지 부록 중 하나로서 『기하학』과 함께 실려 있다. 페르마도 광학에 중요한 기여를 했다. 7장에서 논의했던 최소 시간의 원리는 이 분야의 기본적인 가정으로 지금도 자리 잡고 있다.

곡선 연구가 필요한 또 다른 문제 유형들은 대포의 사용이 빈번해지면서 등장했다. 대포에서 발사된 포탄은 발사체라고 불리는데, 이 발사체의 운동에 관하여 수많은 질문이 제기되었다. 발사체는 어떤 경로 내지 곡선을 따르는가? 그 경로들은 대포가 기울어진 각도와 어떤 관계가 있는가? 발사체가 이동한 범위 내지 수평 거리는 얼마인가? 아울러 경로는 탄환이 지닌 초기 속도에 얼마만큼 영향을 받는가?

발사체의 운동은 운동에 관한 폭넓은 문제 유형 가운데 하나일 뿐이었다. 나중에 한 장에서 더 자세히 살펴보겠지만, 지표면 상에서 그리고 근처에서 물체의 운동은 십칠 세기 초반에 큰 관심사였다. 왜냐하면 태양중심설로 인해 이 분야에 관한 기본적인 문제들이 대두되었기 때문이다. 그런 운동들은 전부 직선이나 곡선 경로를 따라 일어나므로 이런 근본적인 문제들은 곡선의 연구로 이어질 수밖에 없었다.

물론 이 연구가 수학에 처음 등장했던 것은 아니다. 고대 그리스인들은 직선, 원 및 원뿔곡선들을 광범위하게 연구했으며 이런 곡선들에 관한 수백 가지 정리들을 도출했다. 이런 업적들은 십칠 세기 유럽에도 알려져 있었다. 그렇다면 왜 페르마와 데카르트는 곡선을 다룰 새로운 방법이 수학에 필요하다고 여겼을까? 그 이유는 데카르트가 내놓았다. 그는 고대 그리스 기하학은 도형에 너무 얽매여 있기에 "그러한 것들을 이해하려고 애쓰면 상상력이 매우 고갈되고 만다."고 불평했다. 데카르트는 또한 유클리드 기하학의 방법들은 매우 다양하고 전문화되어 있어서 일반적인 적용가능성을 허용하지 않는다고 한탄하기도 했다. 각각의 정리는 새로운 증명 유형을 요구하기에, 그런 증명을 찾아내려면 엄청난 상상력과 노력 그리고 창의성이 동원되어야 했다. 고대 그리스인들은 자유롭게 쓸 수 있는 시간이 충분했고 직접적인 응용에 아무 관심이 없었기에, 일반적인 절차가 없어도 그다지 개의치 않았다. 하지만 그런 상황은 십칠 세기에는 더 이상 통하지 않았다. 더군다나 십칠 세기에 중요한 응용문제들에는 새로운 곡선이 필요했는데, 고대 그리스의 기하학 방법은 이런 경우에 효과가 없는 것 같았다.

고대 그리스 기하학에는 또 하나의 한계가 있었는데, 십칠 세기가 되자 이를 도저히 묵과할 수 없게 되었다. 대포에서 발사된 발사체가 어떤 유형의 곡선을 따를지는 어떤 기하학적 논증으로 알아낼 수 있고 이 곡선에 관한 기하학적 사실들을 증명할 수도 있다. 하지만 고대 그리스 기하학은 발사체가 얼마나 높이 올라갈지 또는 출발점에서부터 얼마나 먼 곳에 떨어지는지와 같은 질문에 결코 답할 수가 없었다. 십칠 세기는 정량적 내지는 수치적 정보를 원했다. 왜냐하면 그러한 데이터는 실용적인 문제에서 매우 중요했기 때문이다.

데카르트와 페르마가 보기에, 분명 곡선을 다룰 완전히 새로운 방법이 필요했다. 데카르트는 고대 그리스의 방법 그리고 응용에 무관심한 태도를 더 이상 참지 못하고 이렇게 내뱉었다.

> 나는 추상적일뿐인 기하학, 즉 마음을 훈련시키는 데에만 이바지하는 질문들에 대한 고찰을 그만두기로 결심했다. 이는 자연 현상의 설명이라는 목적을 갖는 새로운 종류의 기하학을 연구하기 위함이다.

데카르트와 페르마는 서로 독립적으로 연구하면서도 곡선을 표현하고 연구하는 데 대수가 사용될 수 있음을 확연히 알아차렸다. 이런 인식은 하늘에서 뚝 떨어진 것이 아니었다. 십육 세기 후반과 십칠 세기 초반에 대수는 큰 발전을 이루었는데, 그 대부분은 데카르트와 페르마 덕분이었다. 카르다노, 타르탈리아, 비에타, 데카르트 그리고 페르마는 방정식의 해에 관한 이론을 확장시켰으며(5장 참고), 기호 표기를 도입했으며 수많은 대수 정리와 방법을 확립했다. 데카르트에게 특히 인상 깊었던 점은 대수를 이용해 효과적으로 추론을 할 수 있다는 사실이었다. 대수는 생각을 기계화하여 거의 자동적으로 결과들을 내놓는데, 이런 결과들을 다른 방법으로는 얻기 어려웠다. 대수의 이러한 가치는 이미 본서에서도 언급하였지만, 역사적으로 볼 때 그 사실을 명확히 깨닫고 이런 특징에 주의를 불러일으킨 사람은 단연 데카르트였다. 기하학이 우주에 관한 진리를 담고 있는 반면에 대수는 방법론을 제공했다. 덧붙여 말하자면, 위대한 사상가들이 사고를 기계화시키는 개념에 매료되어야 했다는 사실은 조금 역설적이기는 하다. 물론 그들의 목표는 더 어려운 문제들에 도달하는 것이었는데, 실제로 그 목표를 이루어냈다.

연습문제

1. 데카르트가 자신의 철학을 확립하는 데 수학은 어떻게 도움을 주었는가?
2. 데카르트가 강조한 수학적 방법의 네 단계는 무엇인가?
3. 데카르트와 페르마는 곡선의 성질들을 유도하는 새로운 방법을 왜 찾았는가?
4. 십칠 세기의 어떤 과학 문제들 때문에 곡선에 관한 지식이 더 많이 필요하게 되었는가?

12.3 방정식과 곡선의 개념

데카르트가 이룬 업적이 무엇인지 수월하게 이해하려면 그들의 사상을 조금 현대적인 버전으로 살펴보면 좋다. 방법론에 관한 일반적인 연구에서 데카르트는 단순한 것에서부터 복잡한 것으로 나아가면서 문제들을 해결하기로 결심했다. 그렇다면 기하학에서 가장 단순한 도형은 직선이기에, 데카르트는 직선들을 다룸으로써 곡선을 해석하는 방법을 모색했다. 그가 관찰하기로, 우선 한 수평선 OX를 도입한다면(그림 12.1), 곡선 C의 모양은 Q_1P_1, Q_2P_2, Q_3P_3, …와 같은 수직 선분의 길이가 어떻게 변하는지 관찰하면 알 수 있다.

그 다음 단계는 이 정보를 수학 용어로 표현하는 것이다. 가령 Q_1의 위치는 이 점이 한 고정된 점 O로부터 떨어져 있는 거리를 나타내어 특정할 수 있다. 길이 Q_1P_1은 하나의 수로 분명 특정할 수 있다. 그러므로 P_1의 위치는 두 개의

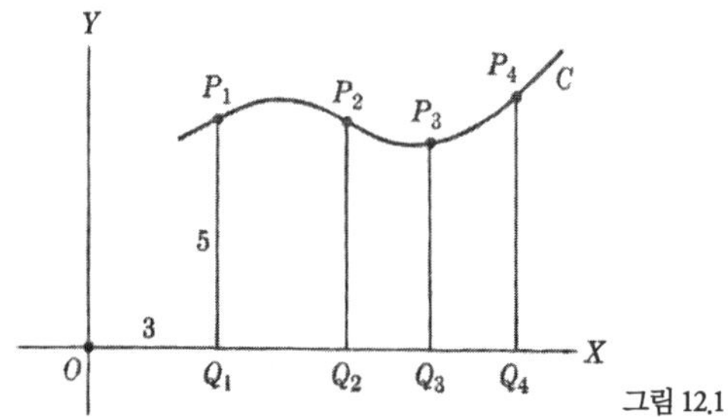

그림 12.1

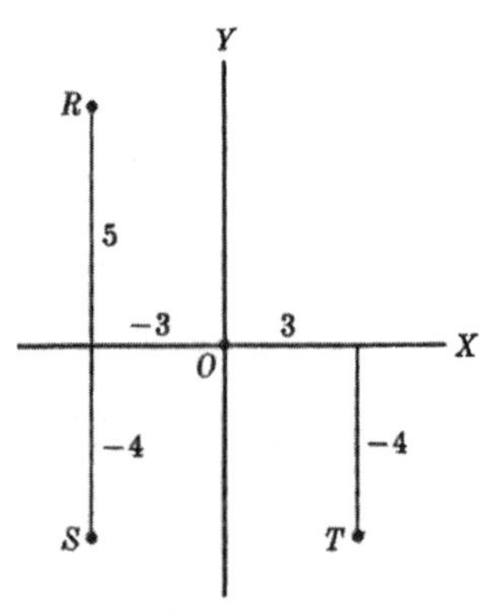

그림 12.2
직교좌표계에 점을 표시하기

수, 즉 길이 OQ_1과 Q_1P_1에 의해 결정될 것이다. 그림 12.1에서 3으로 나오는 길이 OQ_1을 가리켜 P_1의 가로 좌표(abscissa)라하며, 그림 12.1에서 5로 나오는 길이 P_1Q_1을 가리켜 세로 좌표(ordinate)라고 한다. 직선 OX는 X축이라고 하고, OX에 수직이며 Q_1P_1의 방향을 보여주는 직선 OY는 Y축이라고 한다.

더욱 일반적인 용어로 말하자면, 데카르트와 페르마가 내디딘 첫 걸음은 한 곡선 상의 임의의 점 P의 위치를 두 개의 수, 즉 가로 좌표와 세로 좌표로 표현하는 것이었다. 첫 번째 좌표는 점 O에서부터 X축을 따라 P 바로 아래에 있는 점 Q까지의 거리 내지 길이를 나타내고, 두 번째 좌표는 X축에 수직인 직선, 즉 Y축에 평행인 직선을 따라 Q에서 P까지의 거리 내지 길이를 나타낸다. 이 수들의 쌍을 가리켜 P의 좌표라고 하며 (3, 5)와 같이 적는다.

X축을 따라 O의 오른쪽으로 나아가서 도달한 점을 O의 왼쪽으로 나아가서 도달한 점과 구별하기 위해, 왼쪽 방향의 거리는 음수로 표시한다. 가령, 그림 12.2의 점 R에 도달하려면 X축을 따라 왼쪽으로 3 단위를 나아가고 Y축 방향으로 위쪽으로 5 단위를 나아가야 한다. 그러므로 R의 좌표들은 −3이며 (−3, 5)로 표시한다. 위쪽과 아래쪽의 구별도 양수와 음수를 사용해서 할 수 있다.

따라서 그림 12.2에서 S의 좌표들은 −3과 −4이며, T의 좌표들은 3과 −4이다.

지금까지 살펴본 대로, 데카르트와 페르마는 평면 내의 임의의 점의 위치를 수들로 표현하는 간단한 방법을 고안했는데, 이 수들은 임의로 선택되었지만 고정된 두 축으로부터의 거리이다. 각각의 점에 수들의 한 쌍이 대응하며, 수들의 각 쌍에 대해 고유한 점 하나가 대응된다. 축과 좌표를 이용하여 점을 나타내는 이 체계를 가리켜 직교좌표계라고 한다

그림 12.1의 C와 같은 곡선을 표현하려면 곡선 상의 많은 점들의 좌표, 즉 P_1, P_2, P_3, … 등의 좌표를 나열하면 된다. 하지만 그런 표현은 용이하지가 않다. 왜냐하면 각각의 곡선은 무한히 많은 점들로 이루어져 있기 때문이다. 데카르트와 페르마에게는 더 나은 방법이 있었다. 우선 둘은 곡선 상의 점들 가운데 임의의 한 점의 좌표를 나타내는 문자 x와 y를 도입했다. x와 y가 구체적인 수치값, 가령 2와 3을 각각 가질 때 이 문자들은 당연히 한 특정한 점을 나타낸다. 그렇지 않을 때에는 임의의 한 점을 나타낸다. 여기서 x와 y의 사용은 미국에 사는 임의의 남자나 여자를 나타내기 위해 "남자" 또는 "여자"라는 단어를 사용하는 것과 비슷하다. 반면에 존과 매리는 한 특정한 커플을 나타낸다.

이제, 그림 12.3의 곡선 C를 보고서 이 곡선의 점들의 가로 좌표와 세로 좌표를 관찰해보면, 가로 좌표가 커질 때(왼쪽에서 오른쪽으로 볼 때) 이에 대응하는 세로 좌표는 처음에는 커지다가 나중에는 작아진다. 세로 좌표의 행동은 가로 좌표에 따라 변한다. 이 가로 좌표와 세로 좌표 사이의 관계는 임의의 가로

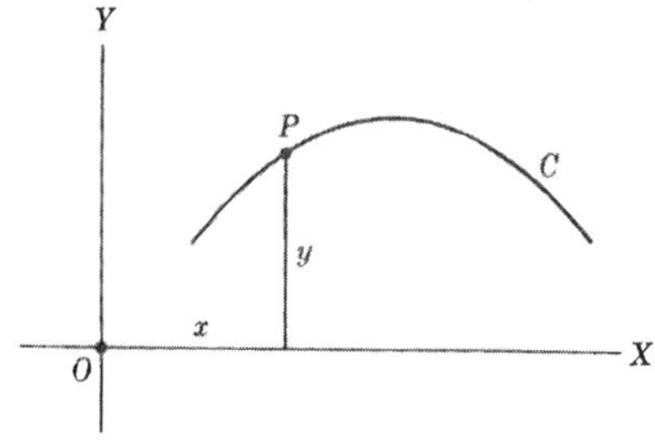

그림 12.3

좌표에 대응하는 세로 좌표의 값이 얼마나 큰지를 특정하면 나타낼 수 있지 않을까? 이 관계는 곡선 상의 모든 점에서 성립해야 하며 바로 그 곡선에 적용되고 다른 곡선에는 적용되지 않아야 한다. 질문의 답은 '그렇다'이다. 그리고 이런 일반적 표현이 바로 임의의 점의 좌표인 x와 y가 들어 있는 대수방정식이다. 이 말은 약간 모호하게 들릴 텐데, 그래서 구체적인 예를 들어 무슨 뜻인지 살펴보자.

우선 곡선이 수평선에 45° 기울어진 직선이라고 가정하자.* 직선을 대수적으로 표현하기 위해 우리는 해당 직선의 임의의 점 O를 지나는 한 수평선을 도입하고서(그림 12.4) 이 수평선을 좌표계의 X축으로 삼는다. 그러면 Y축은 O를 지나는 수직선이다. 직선 상의 임의의 점 P를 고려하자. 이 일반적인 점 P의 좌표는 그림에서 보이는 x와 y이다. 이제 유클리드 기하학에 따르면, 삼각형 OQP는 이등변직각삼각형이다. 따라서 $\overline{OQ} = \overline{OP}$, 즉 $x = y$이다. 그러므로 직선 OP는 다음 대수방정식으로 표현된다.

$$y = x \tag{1}$$

왜냐하면 직선 상의 **임의의** 점 P에 대하여 좌표들은 $y = x$를 만족하기 때문이다.

이 방정식은 수직축의 왼쪽에 놓인 P'와 같은 점들도 나타낸다. 가령 P'의 가로 좌표는 -4일 수 있다. 이때 각 $Q'OP'$는 역시 45°이며, P'의 세로 좌표도 -4이다. 가로 좌표와 세로 좌표가 동일하기에 $x = y$는 P'에서도 성립한다. 그렇다면 직선 $P'P$에 관해 매우 중요한 사실은 그것이 $y = x$라는 방정식으로 대수적으로 표현될 수 있다는 것이다. 달리 말해, 직선 상의 임의의 점의 좌표들이 방정식 $y = x$를 만족한다. 한편, 해당 직선 상에 있지 않는 점들, 가령 R은 가로 좌표

* 좌표기하학 및 고등수학에서 일반적으로 "곡선"이라는 단어에는 직선이 포함된다.

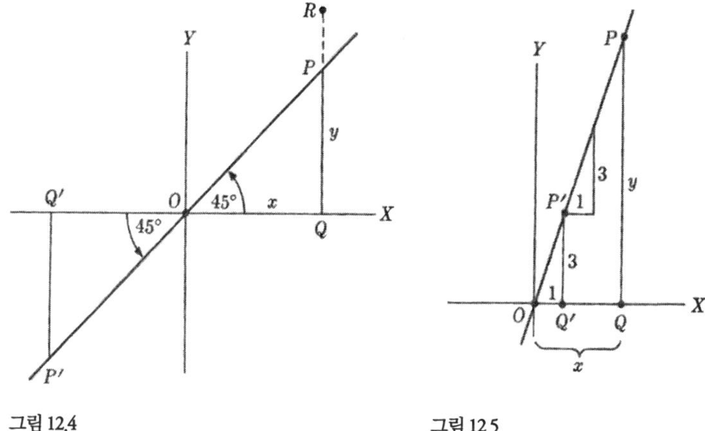

그림 12.4
직교좌표계 상의 한 직선

그림 12.5
직교좌표계 상의 기울기가 3인 직선

와 동일하지 않는 세로 좌표를 가질 것이다. 왜냐하면 *R*이 *P*와 동일한 가로 좌표를 갖더라도 *R*의 세로 좌표는 *P*의 세로 좌표보다 크기에 따라서 *R*에 대해서는 *y*가 *x*와 동일하지 않기 때문이다.

두 번째 예를 살펴보자. 그림 12.4에 나오는 직선은 수평 거리의 한 단위마다 한 단위씩 위로 올라간다고 말할 수 있다. 관습적인 표현으로 하자면, 직선의 기울기가 1이라고 말할 수 있다. 이제 더 가파르게 상승하는 직선을 살펴보자. 가령 1단위의 수평 거리마다 3단위씩 상승하는 직선을 살펴보자(그림 12.5). 이번에도 *P*는 해당 직선 상의 임의의 점이다. 그렇다면 이 일반적인 점 *P*의 좌표는 (x, y)이다. 닮은 삼각형 $OQ'P'$와 OQP로부터 다음을 알 수 있다.

$$\frac{y}{x} = \frac{3}{1}.$$

따라서

$$y = 3x \tag{2}$$

가 이 직선의 방정식이다.

$y=x$ 및 $y=3x$와 같은 방정식이 어떤 속성을 지니는지 유심히 살펴보아야 한다. 기초 대수학에서 우리는 가령 $x^2-5x+6=0$이나 $2x+3=7$과 같은 방정식을 다룬다. 하지만 이들 방정식에서 x는 어떤 특정한 미지의 양을 나타내며 우리의 목표는 x의 값(들)을 찾는 것이다. 한편, $y=3x$와 같은 방정식으로 곡선을 표현할 때에는 미지의 양을 알아내려는 것이 아니다. 사실 x와 y는 미지수가 아니라 직선 상의 임의의 점의 좌표를 나타낸다. 가령 $x=3$과 $y=9$는 방정식을 만족하는 값들 가운데 하나의 쌍이며, $x=4$와 $y=12$는 또 다른 그러한 쌍을 이룬다. 이런 쌍들은 무수히 많다. 곡선의 방정식을 찾는 과정의 최종 산물은 x와 y가 들어 있는 하나의 방정식으로서, 해당 곡선의 모든 점에 특유한 x와 y의 관계를 말해준다. 물론 곡선 상의 특정한 점의 좌표를 찾고자 한다면, 그 점의 가로 좌표를 안다고 할 때 그 값을 방정식의 x에 대입하여 세로 좌표를 구할 수 있다. 그러므로 해당 직선이 $y=3x$라는 방정식을 가지는데 가로 좌표가 $2\frac{1}{2}$인 점의 세로 좌표를 알고 싶으면, x에 $2\frac{1}{2}$을 직접 대입하여 세로 좌표 $7\frac{1}{2}$을 찾는다.

또 다른 예를 살펴보자. 그러면 이 새로운 방정식을 더 깊게 이해할 수 있을 것이다. 그림 12.6에 두 직선이 나와 있다. 직선 OP는 방금 논의했던 것이며 방정식은 $y=3x$이다. 직선 OP'는 직선 OP에 평행하며 직선 OP보다 2 단위 높게 위치해 있다. 즉, 직선 PP'는 2이다. 직선 $O'P'$의 방정식은 무엇인가?

이 질문에 답하려면, 이번에도 우리는 이 직선의 임의의 점에서 성립하는 x와 y의 관계를 찾아야 한다. 이제 P와 P'는 x값 내지 가로 좌표, 즉 직선 OQ가 동일하다. 하지만 P'의 세로 좌표는 직선 PP'만큼 P의 세로 좌표보다 크다. 거리 PP'는 2로 주어져 있다. 두 직선은 평행이므로 직선 OP 상의 한 점과 직선 $O'P'$ 상의 한 점 사이의 수직 거리는 항상 2이다. 따라서 직선 OP 상의 각 점의 세로 좌표는 언제나 가로 좌표의 3배인 반면, 직선 $O'P'$ 상의 각 점의 세로 좌표는 가로 좌표의 3배에 2를 더한 값이다. 즉, 직선 $O'P'$의 방정식은 다음과 같다.

$$y = 3x + 2. \tag{3}$$

여기서 꼭 짚어보아야 할 바는 직선 $O'P'$는 직선 OP와 위치를 제외하고는 동일하지만 방정식은 다르다는 것이다. 그 차이는 직선 OP는 좌표계의 원점 O를 지나지만 직선 $O'P'$는 그렇지 않다는 데서 기인한다. 따라서 동일한 직선이라도 위치가 좌표축에 대하여 달라지면 상이한 방정식으로 표현할 수 있다.

왜 굳이 동일한 곡선을 상이한 방정식으로 표현해야 할까? 만약 기울기가 3인 직선을 $y = 3x$라는 방정식이 되도록 언제나 좌표계에 위치시킬 수 있다면, 왜 굳이 더 복잡한 $y = 3x + 2$와 같은 형태를 고려해야 할까? 왜냐하면, 만약 두 직선을 동시에 다루고자 할 때 이 직선들을 어떤 물리적 현상에 대응하는 상대적 위치에 두고자 한다면, 이 직선들에게 축 상에서 동일한 위치를 부여할 수는 없기 때문이다.

직선의 방정식을 논의하고 있지만 나중에 우리의 관심사가 될 더 복잡한 한

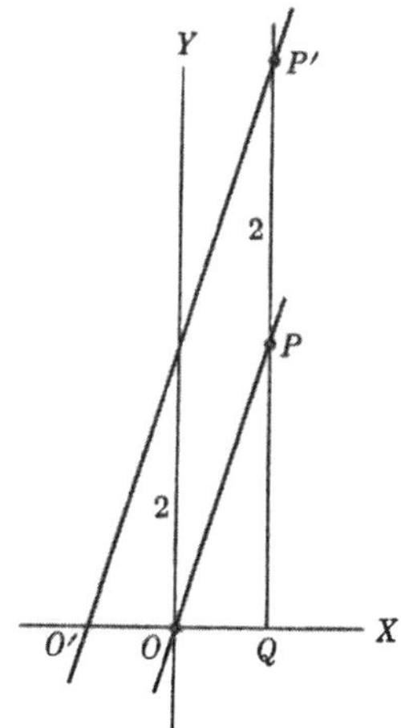

그림 12.6
직교좌표계 상에서 기울기가 3인 평행한 두 직선

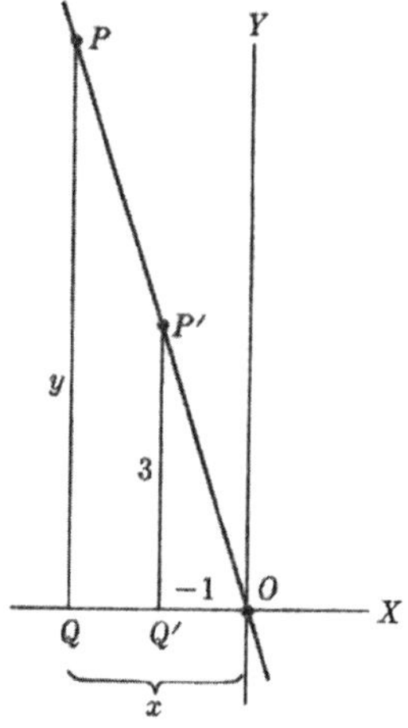

그림 12.7
기울기가 음수인 직선

가지 예를 살펴보자. 그림 12.7의 직선 OP를 그림 12.5의 직선 OP와 비교해보자. 그림 12.7의 직선은 왼쪽에서 오른쪽으로 볼 때 "내려간다"고 말할 수 있고, 반면에 그림 12.5의 직선은 올라간다고 말할 수 있다. 다른 표현을 쓰자면, 그림 12.7의 세로 좌표는 가로 좌표가 증가할 때 감소한다고 말할 수 있다. 그림 12.7의 직선 OP의 방정식은 무엇인가? 직선 상의 어떤 점 P'의 좌표가 $(-1, 3)$이라고 하자. 점 P는 직선 OP의 임의의 점이므로, 점 P의 좌표를 x와 y로 표시하자. 이번에도 닮은 삼각형 OQP와 $OQ'P'$가 생긴다. 길이에 관한 부호에 상관 없이 다음과 같이 말할 수 있다.

$$\frac{y}{x} = \frac{3}{1}.$$

하지만, 직선 OP에서 임의의 점의 세로 좌표는 언제나 그 점의 가로 좌표와 부호가 반대이다. 즉, y가 양수면 x는 음수이며 y가 음수면 x는 양수이다. 따라서 이 경우 $y = 3x$가 아니라

$$y = -3x \tag{4}$$

가 직선 OP의 방정식이다. 그러므로 직선 OP가 오른쪽으로 내려간다는 사실은 x의 계수의 음의 부호에 반영되어 있다. 기울기와 관련하여 오른쪽 방향으로 내려가는 직선과 올라가는 직선을 구별하자는 뜻에서, 내려가는 직선은 음의 기울기를 갖는다고 한다. 그러므로 직선 OP의 기울기는 -3이다.

데카르트와 페르마의 발상을 이번에는 원의 방정식을 통해 살펴보자. 원점이 원의 중심에 있도록 축들을 선택하자(그림 12.8). 원은 한 점, 즉 중심에서부터 동일한 거리에 있는 모든 점들의 집합으로 정의된다. 그리고 이 거리가 5단위라고 가정하자. (5는 물론 반지름의 길이이다.) 원 상의 각 점은 좌표들의 한 쌍으로 표현되므로, 이 원의 대수방정식을 찾는 문제는 다음 질문의 답을 찾으면 해결된다. 원 상의 점들의 좌표는 다른 점들의 좌표와 구별되는 어떤 성

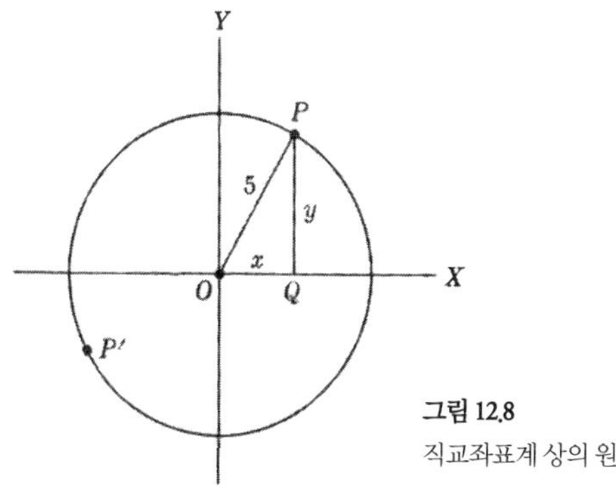

그림 12.8
직교좌표계 상의 원

질 내지 관계를 갖는가? 원 상의 전형적인 점 P를 고려하여 이 점의 두 좌표를 x와 y로 표현하면, 거리 x, y 및 5는 직각삼각형을 이룬다. 유클리드 기하학의 피타고라스 정리에 따라 직선 OP의 제곱은 직선 OQ의 제곱 더하기 직선 QP의 제곱임이 분명하다. 따라서

$$x^2 + y^2 = 5^2. \tag{5}$$

이 관계는 점 P'와 같은 원 상의 점에게도 성립한다. 왜냐하면 점 P'의 좌표들은 음수이긴 하지만 이 값들의 제곱은 양수이므로 방정식 (5)를 만족하기 때문이다. 따라서 방정식 (5)가 원의 대수 표현이다. 말로 표현하자면 다음과 같다. 곡선 상의 임의의 점의 가로 좌표의 제곱 더하기 세로 좌표의 제곱은 반지름의 제곱과 동일하다.

임의의 점이 방정식 (5)로 표현되는 원에 속하는지 여부를 대수적으로 알아보려면 그 점의 좌표들이 방정식을 만족하는지 검사해보면 된다. 가령 가로 좌표가 3이고 세로 좌표가 4인 점은 이 원에 속한다. 왜냐하면 방정식 (5)의 x에 3을 대입하고 y에 4를 대입하면, 그 결과로 나오는 좌변은 우변과 동일하기 때문이다. 즉, $3^2 + 4^2 = 5^2$. 또 하나의 예를 들자면, 가로 좌표가 2이고 세로 좌표가 $\sqrt{21}$인 점을 살펴보자. 이번에도 방정식 (5)에 x에 2를 y에 $\sqrt{21}$을 대입하면,

다음 결과가 나온다.

$$2^2 + (\sqrt{21})^2 = 25,$$

그러므로 좌표가 $(2, \sqrt{21})$인 점은 원 상에 있다.

연습문제

1. 점의 좌표가 무슨 뜻인가?
2. 곡선의 방정식이 무엇인지 말로 설명하라.
3. 다음을 만족하는 직선의 방정식을 찾아라.
   a) 1단위의 수평 거리마다 2단위씩 상승하며 좌표계의 원점을 지난다.
   b) X축과 30°의 각을 이루며 원점을 지난다. [힌트: $\tan 30° = 1/\sqrt{3}$]
   c) 수평 거리의 각 단위마다 4단위씩 떨어지며 원점을 지난다.
   d) 원점을 지나며 기울기가 4이다.
   e) 원점을 지나며 기울기가 −4이다.
4. 다음 방정식으로 표현되는 곡선 상의 한 점의 좌표를 찾아라.

   a) $x + 2y = 71.$ b) $x^2 + y^2 = 36.$

5. 좌표가 $(-3, 5)$인 점은 $x^2 + 2y^2 = 59$인 방정식으로 표현되는 곡선 상에 있는가?
6. 좌표가 $(3, -2)$인 점이 $x^2 + y^2 = 4x + 1$의 방정식으로 표현되는 곡선 상에 있는지를 알아내라.
7. 다음 방정식으로 표현되는 곡선을 설명하라.

   a) $y = 3x + 7.$ b) $x^2 + y^2 = 49.$ c) $x^2 + y^2 = 20.$

   d) $x + 2y = 6.$ e) $y^2 = 20 - x^2.$

8. 위도와 경도는 지표면 상의 점에 대한 좌표계 역할을 하는가?
9. 곡선의 방정식이 둘 이상일 수 있는가? 그렇다면, 어떻게 그럴 수 있는가?
10. 방정식이 $y = mx + 2$인 직선의 기울기에 관하여 어떤 말을 할 수 있는가?
11. 직선 $y = 3x + 7$과 Y축과의 교점의 좌표는 무엇인가?
12. 직선 $y = 3x + \mathrm{b}$와 Y축과의 교점의 좌표는 무엇인가?
13. 방정식이 $y = mx + b$인 직선의 기울기는 얼마이며, 이 직선이 Y축과 만나는 점의 좌표는 무엇인가?
14. 중심이 원점에 있고 반지름이 1인 원의 방정식은 다음과 같다.

$$x^2 + y^2 = 1. \tag{a}$$

중심이 원점에 있고 반지름이 2인 원의 방정식은 다음과 같다.

$$x^2 + y^2 = 4. \tag{b}$$

방정식 (b)에서 방정식 (a)를 빼면, 0 = 3이라는 결과가 나온다. 무엇이 잘못인가?

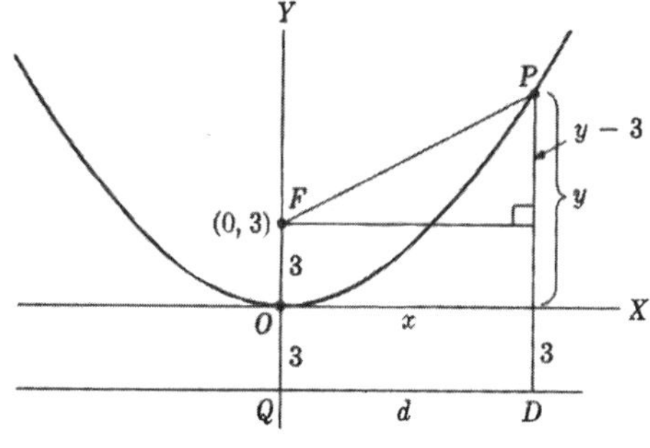

그림 12.9
직교좌표계 상의 포물선

12.4 포물선

직선과 원 다음으로 가장 널리 쓰이는 곡선은 포물선이다. 이 곡선이 대수적으로 어떻게 표현되는지 알아보자. 6장에서 나온 포물선의 정의를 떠올리면서, 준선이라고 불리는 한 고정된 직선 d 그리고 초점이라고 불리는 한 고정된 점 F에서부터 시작하자(그림 12.9). 이제 우리는 d와 F에서 등거리에 있는 모든 점들을 고려한다. 이 점들의 집합을 포물선이라고 한다. 그러므로 점 P가 d와 F에 의해 결정된 포물선 상의 전형적인 점이라면, 점 P에서 F까지의 거리는 점 P에서 d까지의 거리와 동일하다. 즉, 다음이 성립한다.

$$\overline{PF} = \overline{PD}. \tag{6}$$

이 곡선의 방정식을 얻기 위해 우선 좌표축의 집합부터 도입하자. 앞서 논의했듯이, 동일한 곡선이라도 해당 곡선에 관한 축을 어떻게 선택하느냐에 따라 상이한 방정식이 나올 수 있다. 경험상 수학자들은 축들을 다음과 같이 선택하면 단순한 방정식이 얻어짐을 알게 되었다(그림 12.9). Y축이 F를 지나며 d에 수직인 직선이 되도록 한다. X축은 물론 Y축에 수직이며 F와 d의 가운데에 그린다.

점 F와 직선 d는 고정되어 있으므로 F에서부터 d까지의 거리, 즉 $\overline{FQ}$ 또한 고정되어 있다. 이 거리가 6단위라고 하자. 그러면 $\overline{OF}$의 거리는 3단위이며, X축이 F와 d의 가운데에 있으므로 거리 OQ 또한 3단위이다. 그렇다면 F의 좌표는 (0, 3)이다. 이제 우리는 관계식 (6)을 대수적 용어로 표현할 차례다. P가 포물선 상의 임의의 점이라고 하자. 그렇다면 그 좌표는 (x, y)이다. $\overline{PF}$는 변의 길이가 x 및 $y-3$인 직각삼각형의 빗변이다. 따라서 피타고라스의 정리에 의하여

$$\overline{PF} = \sqrt{x^2 + (y-3)^2}.$$

P에서 d까지의 수직 거리는 $y+3$이다. 그러므로 대수적 용어로 하자면 (6)은

다음과 같이 표현된다.

$$\sqrt{x^2+(y-3)^2} = y+3. \tag{7}$$

따라서 (7)이 이 포물선의 방정식이다.

이어서 우리는 이 방정식의 형태를 단순하게 만들기 위해 대수적 조작을 행할 것이다. 우선 방정식의 양변을 제곱한다. 동일한 값들을 동일한 값으로 곱하는 연산이다. 좌변을 제곱하여 근호를 벗긴다. 이어서 우변을 제곱하면 $y^2 + 6y + 9$가 된다. 따라서 다음 결과가 나온다.

$$x^2+(y-3)^2 = y^2+6y+9.$$

이제 좌변의 제곱항을 전개하면 다음이 얻어진다.

$$x^2+y^2-6y+9 = y^2+6y+9.$$

y^2과 9를 양변에서 빼면

$$x^2-6y = 6y.$$

양변에 $6y$를 더하면 $x^2 = 12y$가 얻어지는데, 다음과 같이 적는 것을 우리는 선호한다.

$$12y = x^2.$$

양변을 12로 나누면 다음이 얻어진다.

$$y = \tfrac{1}{12}x^2. \tag{8}$$

이 방정식은 (7)보다 훨씬 간단하지만 동일한 사실을 표현한다.

덧붙여 말하자면, 분모에 나오는 수 12는 F에서 d까지 거리의 2배이다. 이 거리를 a라고 하므로, 이 방정식은 다음과 같이 적을 수 있다.

$$y = \frac{1}{2a}x^2. \tag{9}$$

그림 12.9에서 우리는 포물선을 닮은 곡선을 그렸지만, 그때는 우리가 선택한 축에 대한 위치를 알지 못했다. 이 위치에 관해 대략적으로 알기 위해 방정식 (8)에 x의 임의의 양수 값, 가령 5를 대입하자. 그렇다면 $y = \frac{25}{12}$이다. 이로써 (5, $\frac{25}{12}$)가 곡선 상의 점임을 알 수 있다(그림 12.10). 하지만 x에 -5를 대입하도 y의 값은 동일하다. 그러므로 (-5, $\frac{25}{12}$)도 곡선 상의 점이다. 이 두 점은 Y축에 대해 대칭적으로 위치해 있다. 게다가 어떠한 가로 좌표와 세로 좌표든지 간에, 음수의 가로 좌표는 동일한 세로 좌표를 내놓는다. 왜냐하면 가로 좌표를 제곱하기 때문이다. 따라서 Y축의 오른쪽에 있는 곡선 상의 임의의 점에 대해 Y축의 왼쪽에 대칭적으로 위치한 점이 대응된다. 그러므로 Y축의 오른쪽 곡선의 형태를 결정하고 나면 왼쪽의 곡선이 어떤 모습일지는 자동으로 알 수 있다.

단지 곡선의 모양에만 관심이 있으면, x가 영에서부터 임의의 값으로 증가할 때 x^2이 증가하고 따라서 $x^2/12$도 증가함을 알면 충분하다. 이로써 곡선 상의 점들이 원점으로부터 위쪽으로 뻗어나감을 알 수 있다. 물론 이런 설명에 해당하는 곡선들은 많다. 더 정확한 곡선의 그림을 얻으려면 좌표 집합 몇 쌍을 계산해야 한다. 가령, $x = 3$, $y = \frac{9}{12}$, 즉 (3, $\frac{3}{4}$)는 곡선 상의 점의 좌표이다. 또한 우리는 곡선이 전부 X축 위에 놓인다는 사실에 주목해야 한다. 물론 원점은 제외하는데, 왜냐하면 x의 모든 값에 대해 y는 영 또는 양수이기 때문이다.

포물선 및 포물선의 방정식을 다룰 때는 초점이 준선 아래에 놓인 것을 고려하면 편리할 때가 종종 있다. 그림 12.11처럼 축을 선택한다면, 포물선의 방정식은 어떻게 될까? 물론 방정식 (6)부터 (8)에 나오는 것과 비슷한 단계들을 거쳐서 답을 얻을 수도 있다. 하지만 그럴 필요가 없다. 왜냐하면 그림 12.9와 그

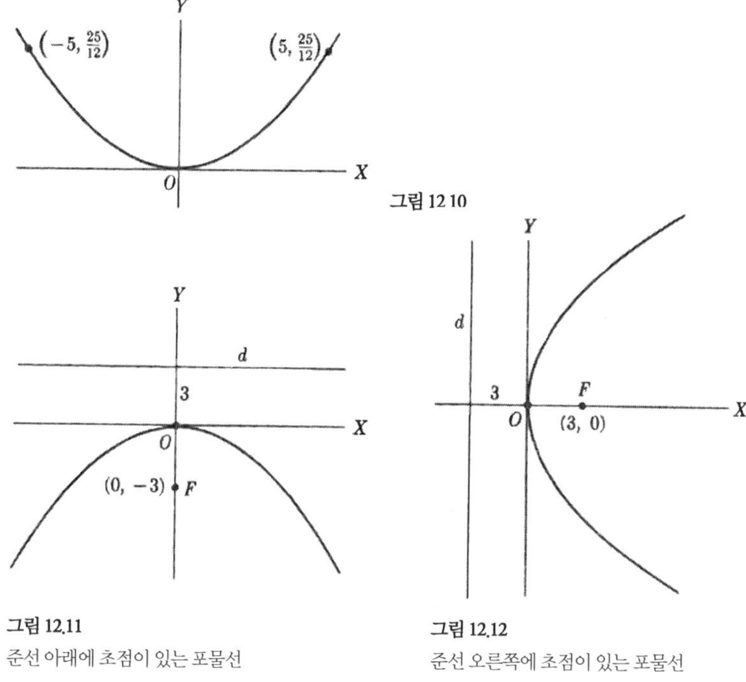

그림 12.10

그림 12.11
준선 아래에 초점이 있는 포물선

그림 12.12
준선 오른쪽에 초점이 있는 포물선

림 12.11은 y 값의 부호만 다르기 때문이다. 전자의 y값은 양수인 반면에 후자의 y 값은 음수이다. 따라서 그림 12.11의 포물선의 방정식은 다음과 같다.

$$y = -\tfrac{1}{12}x^2. \tag{10}$$

그림 12.11을 살펴보자. 하지만 Y축 상에서 아래쪽 방향의 거리를 양수라고 가정하자. 이렇게 하면 포물선의 방정식이 어떻게 달라질까? 이렇게 제시된 상황은 그림 12.9에 나온 것과 실제로 다르지 않다. 이 도형 전체가 X축을 따라 180° 회전했다고 상상하면, 즉 절반의 회전을 시키면 방금 제시한 상황에 대한 방정식이 얻어진다. X축과 Y축에 대한 곡선의 위치는 그림 12.9와 그림 12.11이 완전히 동일하므로, 포물선의 방정식은 다음과 같다.

$$x = \frac{1}{12}x^2. \tag{11}$$

이제 한 가지 변형을 더 살펴보자. 준선과 초점이 그림 12.12처럼 놓여 있다고 하자. *X*축과 *Y*축을 이와 같이, 즉 *Y*축이 초점과 준선의 가운데에 위치하도록 선택하자. *Y*축을 따라 위쪽 방향이 양의 값이다. 초점과 준선 그리고 축을 이렇게 선택해서 얻어지는 포물선의 방정식은 어떻게 될까? 이 질문에 답하려면 그림 12.9와 12.12를 비교해보면 된다. 그림 12.9의 *X*축은 그림 12.12에서는 *Y*축의 역할을 하며, 그림 12.9의 *Y*축은 그림 12.12에서는 *X*축의 역할을 한다. 달리 말해서 가로 좌표와 세로 좌표의 역할이 뒤바뀌어 있다. 따라서 그림 12.12의 포물선의 방정식은 다음과 같다.

$$x = \frac{1}{12}y^2. \tag{12}$$

이러한 몇 가지 방정식은 포물선의 방정식이 취할 수 있는 여러 가지 형태의 일부를 보여준다. 이들 중 어느 것을 사용할지는 실제 문제에 적용할 때 편리한 쪽을 택하면 되는데, 이에 대해서는 추후의 장에서 살펴보겠다.

연습문제

1. 다양한 x값을 선택하고 이에 대응하는 y값을 계산하고 이에 따라 결정된 좌표들의 점을 그려서 다음 포물선의 형태를 결정하라.

   a) $y = 3x^2$ b) $y = \frac{1}{10}x^2$ c) $y = -3x^2$ d) $x = 2y^2$

   e) $x = \frac{1}{2}y^2$ f) $2x = y^2$

2. 연습문제 1(a)의 곡선과 1(b)의 곡선을 비교하라.
3. 그림 12.13에 나오는 포물선은 초점에서 준선까지의 거리가 6이다. 포물선의 방정식은 무엇인가?

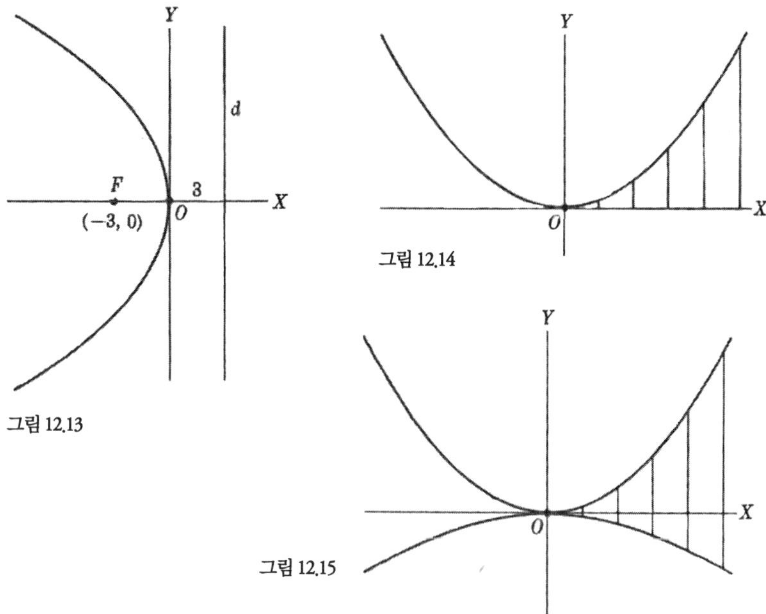

그림 12.13

그림 12.14

그림 12.15

4. 포물선의 방정식이 $y = \frac{1}{8}x^2$일 때, 초점의 좌표는 무엇인가? 그리고 준선의 위치를 설명하라.

5. 다음 문제들은 좌표계에 대하여 한 포물선의 초점과 준선의 위치를 특정하고 있다. 포물선의 방정식을 찾아라.

   a) 초점 (0, 4). 준선은 X축과 평행하면서 4단위 아래에 있다.

   b) 초점 (0, 6). 준선은 X축과 평행하면서 6단위 아래에 있다.

   c) 초점 (0, −5). 준선은 X축과 평행하면서 5단위 위에 있다.

   d) 초점 (4, 0). 준선은 Y축과 평행하면서 왼쪽으로 4단위에 있다.

6. 다리의 설계자가 $x = -5$에서 $x = 5$까지의 범위에 대해 $y = x^2$인 포물선 케이블을 사용하기로 결정했다(그림 12.14). 다리의 노반(路盤)이 X축이다. $x = 1, 2, 3, 4, 5$에서 노반을 케이블로부터 매다는 데 필요한 직선 쇠줄의 길이를 계산하라.

7. 다리의 설계자가 $x=-5$에서 $x=5$까지의 범위에 대해 $y=x^2$인 포물선 케이블을 사용하기로 결정했다(그림 12.15). 다리의 노반(路盤)은 $y=-\frac{1}{10}x^2$의 형태이다. $x=1, 2, 3, 4, 5$에서 노반을 케이블로부터 매다는데 필요한 직선 쇠줄의 길이를 계산하라.

12.5 방정식으로부터 곡선을 알아내기

페르마와 데카르트가 고안한 개념의 훌륭한 장점은 곡선을 대수적으로 표현할 수 있게 해주며, 그리고 나중에 살펴보겠지만, 방정식을 통해 곡선에 관해 많은 정보를 알게 해준다는 것이다. 하지만 이에 못지않은 또 한 가지 장점은 x와 y로 표현되는 방정식이 한 곡선을 결정한다는 것이다. 따라서 마음대로 임의의 방정식을 적고서 그 방정식이 어떤 곡선에 해당하는지 알아냄으로써 우리는 새로운 곡선들을 많이 발견할 수 있다. 지금 우리는 깜짝 놀랄만한 발견을 시도하지 않겠지만, 방정식의 곡선을 결정하는 과정이 어떻게 수행되는지 알아보자.

아래 방정식을 살펴보자.

$$y=x^2-6x \tag{13}$$

그리고 이 방정식이 어떤 곡선을 나타내는지 알아보자. 직접적인 방법은 곡선 상의 점들의 좌표를 계산하여 이 점들을 그리는 것이다. 가령, $x=2$, $y=-8$, 즉 $(2, -8)$은 곡선 상의 한 점의 좌표이다. 이런 좌표 집합을 많이 계산하여 이에 해당하는 점들을 그리면 곡선의 형태를 알아낼 수 있다. 하지만 약간의 대수를 적용하면 더 많은 내용을 알게 될 때가 종종 있다.

만약 방정식 (13)이 $y=x^2$이었다면, 방정식 (9)와 비교하여 이것이 초점에서 준선까지의 거리가 $\frac{1}{2}$인 포물선임을 금세 알 수 있다. 방정식 (13)을 약간의 대수적 조작을 통해 어떤 곡선인지 알 수 있는지 여부를 살펴보자. 방정식 (13)의 양변에 9를 더하면 다음이 얻어진다.

$$y+9=x^2-6x+9.$$

이제 대수의 지식을 활용하면 우변은 $(x-3)^2$임을 알 수 있다. 따라서

$$y+9=(x-3)^2. \tag{14}$$

여기서 아래의 관계를 만족하는 새로운 문자 x'와 y'를 도입하자.

$$x'=x-3 \text{ 그리고 } y'=y+9. \tag{15}$$

이 둘을 방정식 (14)에 대입하면 다음이 얻어진다.

$$y'=x'^2. \tag{16}$$

이 방정식에 대응하는 곡선은 그림 12.16에 나오는 포물선인데, 이것은 X'축과 Y'축에 대해 그려져 있다. 물론 우리는 방정식 (16)이 아니라 방정식 (13)에 대응하는 곡선을 찾기를 원한다. 하지만 방정식 (15)가 필요한 관련성을 알려준다. 방정식 $x'=x-3$ 또는 $x=3+x'$를 통해 우리는 (13)에 속하는 점들의 가로 좌표 x가 (16)에 속하는 점들의 가로 좌표 x'보다 3이 큼을 알 수 있다. 그렇다면 그림 12.16의 각 점의 가로 좌표를 어떻게 3만큼 증가시킬 수 있을까? 답은 간단하다. 새로운 Y축을 Y'축에서 3단위 왼쪽에 그린다. 그렇다면 P와 같은 전형적인 점의 x 값은 x' 값보다 3이 크다. 이제 (15)의 두 번째 식, 즉 $y'=y+9$ 또는 $y=y'-9$를 이용하자. 이 식에 의하면 점들의 y 값은 y' 값보다 9단위가

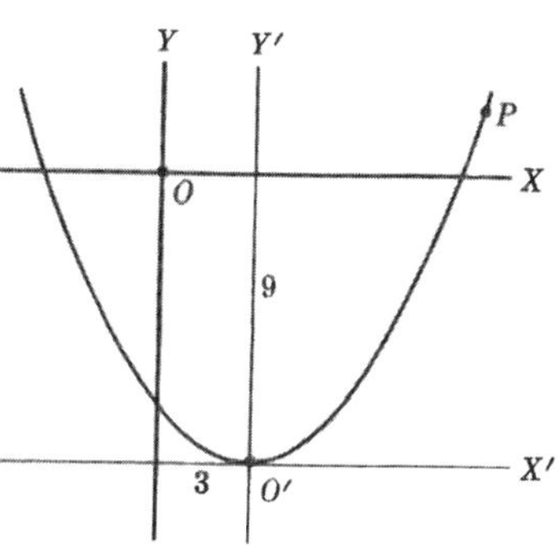

그림 12.16

작아야 한다. 그렇다면 그림 12.16의 곡선의 세로 좌표들을 어떻게 9만큼 감소시킬 수 있을까? 우리는 이미 핵심적인 기법을 소개했다. 앞에서 했던 방식과 비슷하게, 이제 새로운 X축을 X'축에서 9단위 위에 그린다. 이제 P의 y 값은 y' 값보다 9단위 작다. 따라서 X축과 Y축에 대해, 포물선 $y' = x'^2$의 포물선은 방정식 (13)에서 요구하는 올바른 x 값과 y 값을 갖는다. X축과 Y축을 도입하더라도 곡선의 모양이 바뀌지 않고 단지 축을 바꾸었을 뿐이므로, 방정식 (13)의 곡선은 그림 12.16의 X축과 Y축에 대하여 그려진 포물선이다.

우리는 방정식 (13)을 해석할 때 조금 행운이 따랐다. 왜냐하면 방정식 (15)의 새로운 좌표를 도입함으로써 방정식 (13)을 우리가 이미 곡선의 형태를 알고 있는 방정식 (16)으로 바꿀 수 있었기 때문이다. 이처럼 익숙한 형태로 변환시키기가 가능하지 않다면 원래 방정식은 어떤 새로운 곡선을 표현할지도 모르므로, 방정식을 해석하려면 이 새로운 곡선의 성질을 알아야 했을지 모른다. 이런 연구 결과가 하나씩 쌓여서 방정식과 이에 대응하는 곡선에 관한 지식이 축적되었다. 전문적인 수학자들이 연구를 통해 마련해놓은 이런 지식의 유형은 작가가 더욱 더 많은 어휘를 세상에 내놓는 것과 마찬가지다. 그러므로 방정식과 곡선의 개념을 통해 페르마와 데카르트는 수학자들이 수많은 새로운 곡선을 찾도록 길을 열어주었던 셈이다.

연습문제

1. 본문의 방정식 (13)에 대하여 많은 점들을 계산하여 그 점들을 찍어라. 이 점들을 이어서 곡선을 그려라. 이렇게 그린 그림이 그림 12.16의 곡선처럼 보이는가?
2. 방정식 $y = x^2 - 10x$가 어떤 곡선을 나타내는지 알아내라.
3. 방정식 $y = -x^2 + 6x$가 어떤 곡선을 나타내는지 알아내라. [힌트: 이 곡선은 $-y = x^2 - 6x$와 동일하므로 본문의 방정식 (13)에서 얻은 결과를 이용하라.]

4. 많은 점들의 좌표를 찾아서 찍는 방법으로 방정식이 $y=-x^2+6x$인 곡선을 그려라.
5. $y=x^2-6x$에 대응하는 곡선을 알면, $y=x^2-6x+9$에 대응하는 곡선을 알아낼 수 있는가?
6. x와 y로 표현되는 임의의 방정식이 한 곡선과 연관될 수 있다는 말은 무슨 뜻인가?
7. 아래와 같은 방정식으로 표현되는 곡선을 그려라.

   a) $y=x^3$　　　　b) $y=x^3+9$　　　　c) $y=\dfrac{1}{x}$

   (c)의 그림은 원뿔곡선 중 하나를 나타내는가?

12.6 타원

매우 널리 쓰이는 또 한 가지 곡선은 타원이다. 6장에서 나온 정의부터 다시 떠올려보자. 고정된 두 점 F와 F'(초점) 및 거리 FF'보다 큰 일정한 양에서부터 시작하자. 이제 F와 F'에서의 거리의 합이 그 일정한 양이 되는 모든 점들을 고려하자. 이런 점의 집합이 타원이다. 더 구체적으로 말하자면, 거리 FF'가 6이고

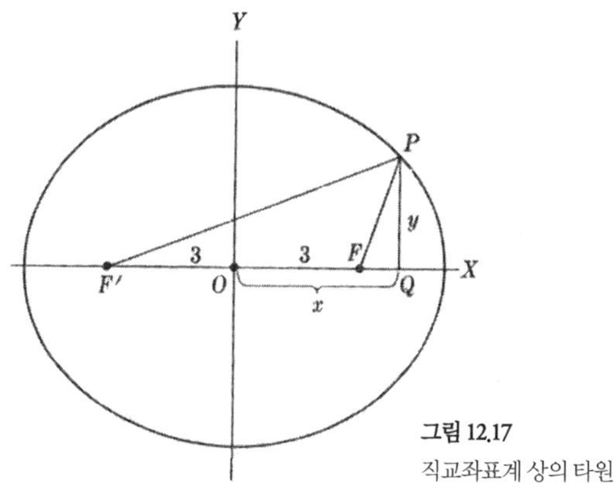

그림 12.17
직교좌표계 상의 타원

일정한 양이 10이라고 하자. 만약 P가 $\overline{PF}+\overline{PF'}$가 10이 되는 점이라면, P는 타원 상의 점이다.

좌표기하학의 관점에서 보면, 타원에 관해 제일 먼저 궁금한 것은 타원의 방정식이다. 이 방정식을 찾을 수 있는지 알아보자. 포물선의 경우와 마찬가지로, 경험상 수학자들이 알아낸 바로는, 만약 직선 FF'(그림 12.17)를 X축 상에 놓고 Y축은 F와 F'의 한가운데에 두면 방정식은 가장 단순해진다. 거리 FF'가 6단위인 타원을 고려하자. 그렇다면 F의 좌표는 (3, 0)이며 F'의 좌표는 (−3, 0)이다. 이제 P가 곡선 상의 임의의 점이라고 하고 그 좌표를 (x, y)로 표시하자. 타원을 결정하는 일정한 양이 10이라면, 타원 상의 임의의 점 P가 만족하는 조건은 다음과 같다.

$$\overline{PF}+\overline{PF'}=10. \qquad (17)$$

이 조건을 우리는 대수적으로 표현하기를 원한다. 절차는 간단하다. 거리 PF는 두 밑변의 길이가 $x-3$ 및 y인 직각삼각형 PQF의 빗변이다. 따라서 거리 PF'는 두 밑변의 길이가 $x+3$ 및 y인 직각삼각형 PQF'의 빗변이다. 그러므로 관계식 (17)은 다음과 같이 표현된다.

$$\sqrt{(x-3)^2+y^2}+\sqrt{(x+3)^2+y^2}=10. \qquad (18)$$

이제 우리는 포물선에 대해 방정식 (7)에 도달했을 때와 마찬가지 단계에 있다. (18)이 타원의 방정식이라고 주장할 수는 있다. 왜냐하면 이 방정식은 타원 상의 임의의 점의 좌표 (x, y)가 만족하는 조건이기 때문이다. 하지만 포물선일 때와 마찬가지로 (18)에 약간의 대수 연산을 행하면 방정식이 단순해진다. 그다지 흥미롭지도 않기에 대수 연산 과정을 명시적으로 행하지는 않겠다. 그리고 대수의 편리성을 알아보는 것도 지금 논의에서는 별로 중요하지 않다. 결과만 나타내면 아래와 같다.

$$16x^2 + 25y^2 = 400 \tag{19}$$

타원이 어떤 모양인지 우리는 알고 있다. 하지만 타원이 그림 12.17에서 선택된 축에 대해 어떻게 놓여 있는지는 모른다. 방정식 (19)를 해석해보면 답이 나올 것이다.우선 (a, b)가 방정식 (19)를 만족시키는 한 점의 좌표라고 하자. 그렇다면 다음이 성립한다.

$$16a^2 + 25b^2 = 400 \tag{20}$$

그렇다면 좌표 $(-a, b)$, $(a, -b)$ 및 $(-a, -b)$ 또한 방정식을 만족할 것이다. 왜냐하면 이 세 쌍의 좌표늘 중 어느 것을 빙정식 (19)에 대입해도 방정식 (20)이 나오기 때문이다. 그림 12.18은 여러 점 (a, b), $(-a, \mathrm{b})$, $(a, -b)$ 및 $(-a, -b)$가 축에 대하여 어디에 놓여 있는지를 보여준다. 가령 (a, b)와 $(-a, b)$는 Y축에 대칭으로 위치해 있다. 지금까지 알게 된 바는, 만약 타원이 일사분면에 위치한 점 (a, b)를 갖고 있으면, Y축에 대칭인 점 $(-a, b)$ 또한 갖고 있으며, X축에 대칭인 점 $(a, -b)$도 갖고 있고, 아울러 $(-a, b)$에 대해 X축에 대칭인 점 $(-a, -b)$도 갖고 있다. 따라서 만약 일사분면에서 타원 상에 놓인 점을 알아낼 수 있으면, 대칭에 의해 다른 세 사분면에서 타원이 어떤 모습일지 알아낼 수 있다.

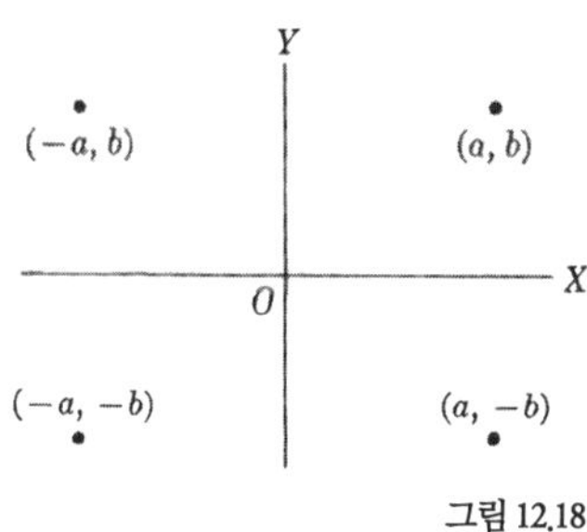

그림 12.18

일사분면에서 타원의 모양은 쉽게 알 수 있다. 일사분면에서 여러 점들의 좌표를 계산하여 좌표축에 대해 그 점들을 주의 깊게 표시하면 된다. 이어서 대칭에 의해 다른 세 사분면에서 곡선의 모양을 얻는다. 최종 그래프는 그림 12.17에 나와 있는 형태이다.

다른 곡선들의 방정식 그리고 다른 방정식들에 대응하는 곡선을 조사해볼 수도 있다. 하지만 이제껏 살펴본 것만으로도 핵심 개념은 분명히 파악되었다. 각각의 곡선에는 그 곡선을 표현하는 방정식이 대응된다. 방정식은 우리가 축을 어떻게 선택하느냐에 따라 달라지지만, 일단 축을 선택하고 나면 방정식은 고유하게 정해진다. 바꾸어 말하면, x와 y가 들어 있는 한 방정식이 주어져 있으면, 이 방정식이 표현하는 곡선, 즉 방정식을 만족하는 좌표들의 점의 집합을 찾을 수 있다.

연습문제

1. 본문의 방정식 (19)에 대하여 가로 좌표가 0, 1, 2, 3, 4, 5인 점들의 좌표를 계산하라. 그 점들을 좌표계에 나타내라.
2. 방정식이 $9x^2 + 16y^2 = 144$인 타원을 그려라.
3. 방정식 (19)로 표현되는 타원 내에 포함된 X축의 길이를 계산하라. 이 길이는 타원을 결정하는 양들과 관련이 있는가? 이 길이를 가리켜 타원의 장축이라고 한다.
4. 타원을 정의하는 일정한 양, 가령 본문에서 논의된 사례에서 10은 그대로 두고 초점 F와 F' 사이의 거리가 0이라고 가정하자. 그렇다면 방정식 (18)은 어떻게 달라져야 하는가? 이 방정식을 단순화시키면 그것이 어떤 곡선을 나타내는지 알 수 있겠는가?
5. 행성 운동에 관한 케플러 제1법칙에 따르면, 각 행성의 경로는 태양을 한 초점으로 하는 타원이다. 본문의 방정식 (19)가 어떤 행성의 경로의 방정식이며 태양이 F에 있다고 가정하자. 그 행성이 양의 X축을 지날 때 태양과의 거리는 얼마인가? 그리고 행성이 음의 X축을 지날 때 태양과의 거리는 얼마인가?

* 12.7 곡면의 방정식

수학자는 어떤 발상을 떠올리고 나면 그것이 가치가 있는 한 어떻게든 발전시키려고 한다. 데카르트에게는 곡선에 대한 방정식을 확장시키면 곡면에 대한 방정식을 찾을 수 있으리라는 아이디어가 떠올랐다. 그는 곧 이 가능성을 탐구하기 시작했다.

곡선은 한 평면에 놓일 수 있지만, 구면이나 타원체면과 같은 곡면(지구 표면과 미식축구공의 표면이 각각 이런 곡면에 해당한다)은 한 평면에 놓이지 않는다. 이런 곡면들은 삼차원 공간에 존재한다. 곡면에 대한 방정식을 찾으려면, 우선 공간 상의 점들에 대한 좌표를 도입해야 한다. 이렇게 하기는 쉽다. 평면의 점들에 대해 쓰이는 두 직선 대신에 서로 수직인 세 직선(그림 12.19)를 도입하면 된다. 이 세 직선을 가리켜 좌표축이라고 한다. X축과 Y축은 XY평면이라고 불리는 평면을 결정한다. 마찬가지로 X축과 Z축은 XZ 평면을, Y축과 Z축은 YZ 평면을 결정한다.

공간 속의 점 P의 위치는 세 개의 수로 표현된다. 가령, 그림 12.19의 점 P는 (3, 4, 5)로 표현된다. 수 5는 P가 XY평면 위로 올라간 수직 거리를 나타내며, 3

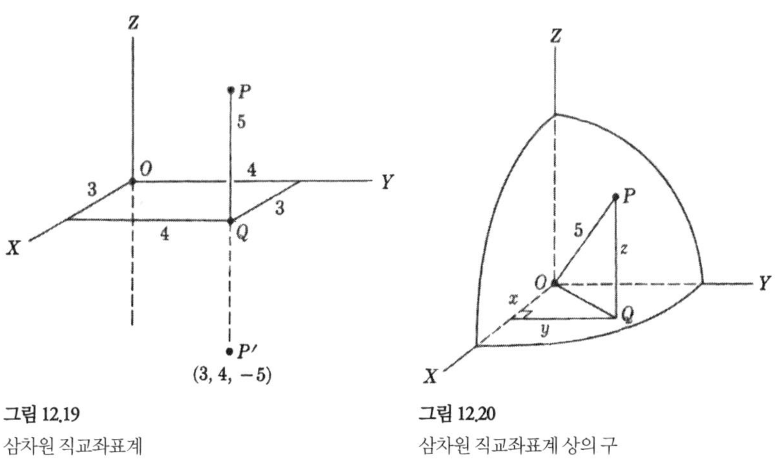

그림 12.19
삼차원 직교좌표계

그림 12.20
삼차원 직교좌표계 상의 구

과 4는 P로부터 이 평면에 수직으로 내린 발인 Q의 x 좌표와 y 좌표를 나타낸다. 달리 말하자면, 만약 X축을 따라 3 단위의 거리를 이동하고 나서 Y축을 따라 4 단위의 거리를 이동한 다음에 마지막으로 XY 평면에 수직으로 위쪽으로 5 단위의 거리를 이동하면 점 P에 도달한다. 공간의 모든 점을 표현하려면 이차원 좌표계와 마찬가지로 음수도 사용해야만 한다. 가령 XY 평면 아래에 있는 점들은 세 번째 좌표가 음수이다.

이제 곡면의 방정식을 찾는 문제를 본격적으로 살펴보자. 구를 예로 들자. 곡선과 마찬가지로 곡면은 어떤 점들이 자신에게 속하는지를 결정하는 고유한 특징이 있다. 정의상 구는 중심이라고 하는 한 고정된 점으로부터 특정한 거리, 즉 반지름만큼 떨어진 모든 점들의 집합이다. 더 구체적으로 말해서, 우리가 다룰 구의 모든 점들이 중심으로부터 5 단위 떨어져 있고 구의 중심은 삼차원 좌표계의 원점에 놓여 있다고 가정하자(그림 12.20). 곡면 상의 일반적인 점은 세 문자, x, y, z로 나타낸다. 그러므로 일반적인 점 P의 좌표는 (x, y, z)이다. 이제 구면 상의 임의의 점 (x, y, z)의 거리가 원점으로부터 5 단위라는 사실을 대수적으로 표현해보자. 길이 x, y, z는 그림 12.20에 나와 있다. 이제 x와 y는 (XY 평면에 놓여 있는) 직각삼각형의 두 밑변이고, 이 삼각형의 빗변은 $\overline{OQ}$이다. 그렇다면 피타고라스 정리에 의해

$$x^2 + y^2 = \overline{OQ^2}. \tag{21}$$

게다가 $\overline{OQ}$와 z는 직각삼각형 OQP의 두 밑변이며, 이 삼각형의 빗변인 $\overline{OP}$는 5 단위이다. 따라서

$$\overline{OQ^2} + z^2 = 25. \tag{22}$$

하지만 $\overline{OQ}^2$은 방정식 (21)에 의해 정해져 있다. 이 값을 (22)에 대입하면, 아래와 같다.

$$x^2 + y^2 + z^2 = 25. \tag{23}$$

위의 식이 구의 방정식이다. 구 상의 점의 한 좌표가 x, y, z의 값에 해당했을 때에만 좌변과 우변이 동일해지기 때문이다.

몇 가지 다른 곡면, 가령 평면, 포물면 및 타원체면의 방정식도 쉽게 얻을 수 있다. 하지만 굳이 그렇게 하지는 않을 테다. 왜냐하면 삼차원 좌표계를 이용하지 않을 것이며 관련 절차는 익숙한 개념의 확장에 지나지 않기 때문이다.

연습문제

1. 좌표가 아래와 같은 점들을 삼차원 좌표계에 표시하라.

   a) (1, 2, 3) b) (1, 2, −3) c) (−1, 2, 3) d) (1, −2, 3)

2. x, y, z로 표현되는 방정식은 어떤 기하도형을 나타내는가?
3. 방정식이 $x^2 + y^2 + z^2 = 49$인 곡면에 대해 기술하라.
4. 이미 알고 있듯이 $x + y = 5$와 같은 방정식은 직선을 나타낸다. 그렇다면 $x + y + z = 5$인 방정식은 무엇을 나타내는가?

* 12.8 사차원 기하학

우리의 경험은 평면 및 (삼차원) 공간 속에 놓인 도형에 국한되어 있다. 하지만 우리의 지성은 그렇지 않다. 사차원 세계 및 그 속의 도형에 관한 개념은 좌표기하학이 한창 생기고 있을 무렵에 파스칼과 같은 수학자들을 감질나게 만들었다. 이후 200년 동안 이 주제는 가끔씩 언급되긴 했지만, (20장에서 논의하게 될) 어떤 놀라운 발전으로 인해 베른하르트 리만을 비롯한 여러 수학자들이 연구에 착수하기 전까지는 진지하게 인식되지 않았다. 사차원 기하학은 알고 보니 단지 하나의 추측을 훌쩍 뛰어넘는 세계였다. 왜냐하면 현대 과학의 가장 심오한 발전 중 일부, 대표적으로 상대성이론이 이 개념을 이용하기 때문이다.

좌표기하학이 사차원 세계를 나타내기 위해 어떻게 이용될 수 있는지 알아보자.

앞서 보았듯이, 이차원 좌표계에서 반지름 5인 원의 방정식은 아래와 같다.

$$x^2 + y^2 = 25, \tag{24}$$

그리고 방금 전에 보았듯이 삼차원 좌표계에서 반지름 5인 구의 방정식은 아래와 같다.

$$x^2 + y^2 + z^2 = 25. \tag{25}$$

따라서 대강 짐작해보아도 아래 방정식을 적어볼 수는 있다.

$$x^2 + y^2 + z^2 + w^2 = 25 \tag{26}$$

이제부터 이 방정식이 어떤 의미인지 살펴보자. 아마도 x, y, z, w를 사차원 공간의 한 점의 좌표로 해석하는 편이 타당할 것인데, 방정식 (24) 및 (25)와 연관시켜 생각해보면, (26)은 사차원 공간의 초구(hypersphere)의 방정식으로 해석할 수 있을 듯하다. 수학에서는 이 방정식을 바로 그렇게 해석한다. 하지만 수학은 서로 수직인 네 개의 축을 세울 수 있는 사차원 공간이 어딘가에 실제로 존재한다고 가정하지 않는다. 더군다나 수학자들은 비록 지적이고 멀리 내다본다고 자부하긴 하지만 자신들이 사차원 공간의 도형을 시각화할 수 있다고 주장하지도 않는다. 사실 그럴 수 있는 사람은 아무도 없다.

사차원 기하학은 전적으로 마음의 창조물이다. 그림이 없는 기하학인 셈이다. 좌표 (x, y, z, w)를 한 점을 나타내는 것으로 보고서, 초구라는 용어가 방정식 (26)에 대응하는 실제 기하도형인 것처럼 말할 수도 있지만, 이 기하도형은 단지 편의상의 개념이며 이차원 및 삼차원 기하학을 확장시킨 결과일 뿐이다.

사차원 기하학이 정말로 정신적 창조물이라는 점에 합의가 이루어졌다고 치자. 그렇다면 도대체 무슨 가치가 있을까? 이 "기하학"을 연구하는 데는 훌륭한 이유가 있고 아울러 훌륭한 쓰임새도 있다. 이 사실을 더 잘 이해하기 위해 잠깐 뒤로 돌아가 보자. 방정식 $x^2 + y^2 = 25$를 고려하자. 알다시피 원의 방정식이다. 하지만 고대 그리스인들이 아끼던 곡선, 끝을 모르는 이 "끊어지지 않는 호"는 어디에 있단 말인가? 기하학적 원에 대해 우리가 알고 있거나 밝혀낼 수 있는 모든 기하학적 사실은 각 사실마다 대수적 등가물이 존재하기에 원의 방정식으로부터 대수적으로 유도해낼 수 있다. 따라서 원을 포함하여 평면, 즉 이차원 기하학의 여러 곡선들의 방정식은 기하학을 완벽하게 대체하기 때문에 우리는 원하기만 하면 기하학을 완전히 배제할 수 있다. 사차원 "기하학"에서는 오직 방정식만이 존재하지만, 우리는 마치 그 방정식이 사차원 세계의 도형을 나타내는 것처럼 말한다. 이런 도형들의 성질은 방정식으로 완벽하게 특정된다. 다만 실제로 그런 도형을 만들어낼 수가 없을 뿐이다.

지금까지 우리는 사차원 기하학이 어떤 의미인지 알아보았다. 이제 이 기하학이 어떻게 쓰이는지 알아볼 차례다. 한 가지 응용 사례는 시간이 개입되는 물리적 사건을 연구할 때이다. 가령 행성의 운동을 살펴보자. 행성의 위치는 세 좌표 x, y, z로 표현된다. 하지만 행성이 그 위치를 차지하는 순간 또한 중요하다. 가령 일식은 행성과 태양이 동일한 순간에 특정한 위치에 있을 때 생긴다. 따라서 천체의 위치를 완벽하게 기술하려면 네 개의 좌표가 필요하다. 네 번째가 바로 시간이다. 그러므로 천체의 경로는 보통 x, y, z, t라는 네 개의 문자를 포함하는 방정식으로 표현된다.

하지만 네 문자를 포함하는 방정식에 관해 기하학적으로 생각하는 것이 가치가 있을까? 물론이다. 잠시 보통의 구를 고려해보자. 이 구 상의 어떤 곡선들, 가령 위도의 원은 한 평면에 놓여 있기에, 삼차원 구 상에 놓인 일부 곡선들을 시각화하는 데는 이차원 기하학만 있으면 된다. 마찬가지로 한 행성이 사차원 시공간 내에서 움직이는 경로는 삼차원 공간에 존재할 수 있는 곡선일지 모른다. 이 곡선은 마치 위도의 원이 구의 일부이듯이 사차원 공간에 놓여 있는 "기하학적 구조"의 일부일지 모르며, 시각화할 수도 있다. 이런 시각화는 이해에 도움을 준다. 바로 이런 시각화는 다른 행성들의 경로에도 이루어질 수 있으며 따라서 행성들의 운동을 더 잘 이해할 수 있다. 하지만 이런 여러 경로들 간의 적절한 상호관련성은 사차원 공간에서만 표현될 수 있다. 마치 위도의 원들 사이의 관계가 삼차원 공간 안에서만 표현될 수 있듯이 말이다. 그러므로 기하도형이 사차원 공간에 놓여 있다고 여기는 편이 유용하다.

사차원 기하학에 대한 이 짧은 소개는 과학적 사고가 수학의 도움을 받아 진행되어온 방향성을 얼마간 알려줄지 모른다. 코페르니쿠스는 감각적 인상에 어긋나지만 수학적 설명에는 더 잘 들어맞는 행성 운동 이론을 받아들이라고 세상 사람들에게 요청했다. 감각적이거나 시각적 내용이 없지만 사차원 기하학은 마음의 작용을 통해 완벽하게 활용될 수 있다.

12.9 요약

순전히 수학적 관점에서 볼 때 좌표기하학은 새로운 유형의 사고를 제공한다. 즉 방정식으로 기하도형을 표현하게 해준다. 또한 데카르트와 페르마가 예상했듯이, 방정식으로부터 도형의 성질을 유도해내는 새로운 수학적 방법을 마련해준다. 가령, 한 곡선이 어떤 직선에 대칭이라는 사실은 우리가 포물선과 타원의 경우에서 이미 살펴보았듯이 방정식을 통해 쉽게 알 수 있다.

하지만 데카르트와 페르마가 알아낸, 대수와 기하학을 결합시키는 방법은 곡선을 다루는 새로운 수학적 방법을 훌쩍 뛰어넘는 의미를 갖는다. 어떤 이유에서든 연구되는 모든 물리적 대상들의 형태는 적어도 이상화하자면 곡선 및 곡면이다. 가령 비행기의 동체나 날개, 배의 선체 그리고 발사체의 모양은 곡면이다. 모든 움직이는 물체의 경로, 아이가 던진 공, 원자에서 이탈한 전자, 바다의 배, 하늘의 비행기, 우주의 행성 그리고 빛의 경로는 곡선이다. 이런 곡면과 곡선들은 방정식으로 표현될 수 있으며, 형태나 운동은 이런 방정식에 대수를 적용하여 연구할 수 있다. 달리 말해서, 데카르트와 페르마는 과학자들의 관심사인 다양한 물체들 및 그 운동 경로를 대수적으로 표현하고 연구할 수 있게 만들었다. 게다가 대수는 정량적인 지식을 제공한다. 곡선과 곡면을 다루는 이 방법은 과학에서 매우 기본적이기에 데카르트와 페르마는 수리물리학의 아버지라고 불릴만 하다. 데카르트의 위대함 그리고 어쩌면 그가 남긴 가장 큰 업적은 자신의 방법에 대해 지닌 선견지명이라고 해도 좋을 것이다. 그는 "물리학을 수학으로 환원시켰노라" 자부했다. 르네상스 유럽이 추구하기로 작정했던 자연에 대한 연구는, 곧 살펴보겠지만, 활발히 추진되었다. 좌표기하학 이야기는 기하학적 방법이 과학과 공학에 얼마나 큰 영향을 미칠 수 있는지를 잘 보여준다.

연습문제

1. 어떤 의미에서 사차원 기하학이 존재한다고 말할 수 있는가?
2. $x+y+z+w=5$인 방정식으로 표현되는 도형을 기술하려면 어떤 기하학적 언어가 적절한가?
3. 데카르트와 페르마는 곡선을 다룰 새로운 방법을 도입했는가? 그렇다면, 어떤 방법인가?
4. 좌표기하학이 유클리드 기하학을 대체하는가?

복습문제

1. Y축 상의 임의의 점의 x좌표는 무엇인가?
2. X축 상의 임의의 점의 y좌표는 무엇인가?
3. 두 점이 Y축에 평행인 한 직선 상에 있다면, 이 두 점의 x좌표에 대해 어떻게 말할 수 있는가?

4. 다음 조건을 만족하며 기울기가 4인 직선의 방정식을 적어라.

a) 원점을 지난다.

b) 점 (0, 2)에서 Y축과 만난다.

5. 다음 조건을 만족하며 기울기가 −4인 직선의 방정식을 적어라.

a) 원점을 지난다.

b) 점 (0, 2)에서 Y축과 만난다.

c) 점 (0, −2)에서 Y축과 만난다.

6. 좌표가 $(2, \sqrt{21})$인 점이 아래 원 상에 있음을 보여라.

$$x^2 + y^2 = 25$$

7. 아래 방정식으로 표현되는 곡선을 그려라.

a) $y = \frac{1}{8}x^2$ b) $y = 8x^2$ c) $y = -\frac{1}{8}x^2$

8. 아래 방정식으로 표현되는 곡선을 그려라.

a) $y = x^2 + 6x$ b) $y = -x^2 - 6x$

c) $y = x^2 + 6x + 9$, (a)의 곡선과 비교하라.

9. 방정식 $16x^2 + 25y^2 = 400$을 y에 대해 풀고 값들을 나열하여 일사분면에 그래프를 그려라.

10. $x^2 - y^2 = 4$인 방정식의 전체 그래프를 그려라. 어떤 곡선인지 알 수 있는가?

11. 이차방정식 $x^2 - 6x = 0$을

$$y = x^2 - 6x,$$

의 특수한 경우로 간주할 수 있다. 이때 첫 번째 방정식을 만족하는 x 값들은 두 번째 방정식에서 $y = 0$에 해당하는 값들이라는 특수한 성질을 갖는다.

그렇다면 그래프를 이용해 이차방정식을 푸는 방법을 제안할 수 있는가?

더 살펴볼 주제

1. 르네 데카르트의 일생과 업적
2. 피에르 드 페르마의 일생과 업적
3. 사차원 기하학

권장 도서

Abbott, E. A.: *Flatland, A Romance of Many Dimensions*, Dover Publications, Inc., New York, 1952.

Descartes, Rene: *Discourse on Method*, Penguin Books Ltd., Harmondsworth, England, 1960 (also many other editions).

Descartes, Rene: *La Géométrie*(the original French and an English translation), Dover Publications, Inc., New York, 1954.

Haldane, Elizabeth S.: *Descartes, His Life and Times*, J. Murray, London, 1905.

Manning, H. A.: *The Fourth Dimension Simply Explained*, Dover Publications, Inc., New York, 1960.

Sawyer, W. W.: *Mathematicians' Delight*, Chap. 9, Penguin Books Ltd., Harmondsworth, England, 1943.

Scott, J. F.: *The Scientific Work of Rene Descartes*, Taylor and Francis, Ltd., London, 1952.

Whitehead, Alfred N.: *An Introduction to Mathematics*, Chaps. 9 and 10, Holt, Rinehart and Winston, Inc., New York, 1939 (also in paperback).

13
자연의 가장 단순한 공식

자신이 말하는 내용을 측정하여 수로 표현할 수 있다면, 당신은 그것을 잘 안다고 할 수 있다.

윌리엄 톰슨 켈빈 경

13.1 자연을 지배하기

앞서 우리는 자연 연구에 대한 관심의 부활을 언급했다. 아울러 제작자, 장인 및 공학자들이 물질을 효과적으로 이용하고 노동의 수고를 덜기 위한 결정적인 노력도 살펴보았다. 경제적 및 사회적 필요를 위해 물질 및 자연 현상의 지식을 이용하자는 이러한 실용적인 관심이 과학 활동을 자극하는 계기가 되었다. 따라서 이러한 과학 활동이 고대 그리스인들이 열렬히 추구했던 오랜 목표, 즉 자연에 대한 이해와 더불어 진행되었다. 인간의 편의를 위해 자연을 지배하자는 생각이 과학 연구의 새로운 동기로 선언되었으며, 프랜시스 베이컨(1562~1626)과 르네 데카르트와 같은 유명하고 존경 받는 사상가들의 지지를 받았다. 베이컨은 고대 그리스인들을 비판한다. 그의 말에 의하면, 자연에 대한 연구는 학자를 기쁘게 하기 위해서가 아니라 인간에게 봉사하기 위해서 이루어져야 한다. 고통을 줄이고 생활방식을 향상시키고 행복을 증진시켜야 한다는 것이다. 자연을 이용하자. 지식은 일에서 결실을 맺어야 하며 과학은 산업에 적용되어야 한다. 베이컨의 말에 따라, 지식을 향해 올라가 일을 향해 내려가자. 인간은 지식을 재구성하여 삶의 형편을 낫게 하는데 적용해야 한다. "과학의 참되고 합법적인 목적은 인생에 새로운 힘과 창의성을 부여하는 것이다.” 베이컨은 과학이 인간에게 “무한한 물품”을 제공하고 편의와 안락을 줄 수 있음을 내다보았다.

데카르트도 과학을 실용적 목적에 적용하자고 명시적으로 밝혔다. 그는 “살아가는 데 매우 유용한 지식을 얻는 것이 가능하며, 학교에서 가르치는 사변적인 학문 대신에 우리는 실용적인 학문을 찾을 수 있다. 그런 학문을 통해 불, 물, 하늘, 별, 천체 및 우리 주위를 둘러싼 모든 물체들의 힘과 활동을 마치 장인들이 여러 가지 공예품에 대해 알듯이 알 수 있을지 모른다. 마찬가지로 우리는 그런 물체들을 마땅한 용도에 적용함으로써 우리를 자연의 지배자 및 소유자로 만들 수 있다.”라고 말했다.

근대 화학의 창시자인 로버트 보일도 똑같이 생각했다. “인류의 선(善)은 박물학자의 교역에 대한 통찰 덕분에 훨씬 더 증가할지 모른다.” 수학자 겸 철학자인 라이프니츠는 나중에 더 자세히 살펴볼 인물인데, 1669년에 역학을 이용한 발명품 제작과 인류에게 유용해질 화학 및 생리학의 발견을 전담할 학회 설립을 제안했다. 그 또한 지식을 실제로 사용하기를 원했다. 그는 대학을 수도원 같은 분위기라고 지적했으며 사소한 문제에 빠져 있다고 일갈했다. 대학은 배움을 소유하고 있을 뿐 판단 능력이 없었다. 대신에 그는 참된 지식, 즉 수학, 물리학, 지리학, 화학, 해부학, 식물학, 동물학 및 역사학 등의 연구를 촉구했다. 라이프니츠가 보기에 장인 및 실용적인 사람들의 기술이 전문 학자들의 고상한 학문보다 더 소중했다.

그렇다고 해서, 과학과 수학이 사회가 당면한 문제 해결에만 전적으로 관심을 두게 되었다고 결론 내려서는 안 된다. 분명 십칠 세기 과학자들은 특정한 실용적 문제들을 많이 연구했다. 가령 그들은 시계를 발명했으며 위도 결정 방법을 향상시켰고 렌즈 성능을 향상시켰다. 그리고 일반적이고 이론적인 연구에 관심을 쏟은 대상도 실용적인 문제들이 중요하거나 그런 연구가 실용적인 문제를 해결해주리라고 전망되는 순수 과학의 분야들—천문학, 역학 및 광학—이었다. 하지만 자연을 이해하려는 소망은 결코 사라지지 않았다. 진정으로 위대한 과학자들과 수학자들에게는 여전히 으뜸가는 동기로 남아 있었다.

13.2 과학적 방법에 대한 탐구

지금껏 우리는 십칠 세기 유럽에서 과학 활동의 필요성과 관심이 얼마나 컸는지를 살펴보았다. 하지만 그런 필요성과 관심이 그 자체만으로 결과를 내놓지는 않는다. 돈이 필요하고 돈에 관심이 있다고 해서 돈이 생기는 것이 아니듯이. 다음 질문은 여전히 유효하다. 어떻게 유럽 과학자들은 과학적 문제들을 해결해 나갔는가? 자연을 이해하기 위함이든 정복하기 위함이든 그들은 어떻게 자연을 파악해나갔는가? 유럽인들이 부활한 고대 그리스 문헌에서 적절한 과학적 방법을 찾았으리라고 짐작하고픈 유혹에 우리는 빠질지 모른다. 하지만 전혀 그렇지 않았다.

고대 그리스 과학의 몇 가지 원리들과 중세 후기 과학의 몇 가지 원리를 함께 살펴보면 십칠 세기에 이루어진 변화를 이해할 수 있을 것이다. 우선 대다수 고대 그리스인들과 중세 사상가들은 기본적인 진리들이 인간의 마음 속에 존재한다고 믿었다. 이런 진리들은 이미 태어날 때부터 심어진 것이며 필요할 때 소환된다. 또는 너무나 자명한 진리여서 제시되기만 하면 인간의 마음은 즉시 그것을 알아차린다. 가령 유클리드 기하학의 공리들은 고대 그리스인들에게 자명한 진리로 인정되었다. 중세인들은 신의 계시를 진리의 또 다른 원천으로 추가했지만, 인간의 마음에 작용하는 진리의 원천도 여전히 인정했다. 그렇다면 과학의 임무는 이런 원리들의 의미를 추론에 의해 알아내는 것이었다.

지식의 이러한 원천에 아리스토텔레스와 그 추종자들은 관찰 및 관찰을 바탕으로 한 귀납을 보탰다. 아리스토텔레스와 유명한 의사인 갈레노스 그리고 히파르코스와 프톨레마이오스와 같은 천문학자들이 분명 관찰을 하긴 했지만, 귀납적 결론은 중요한 역할을 하지는 않았다. 게다가 관찰 결과들은 어떤 새로운 결론을 제시하기보다는 기존 개념에 억지로 끼워 맞추어지기가 쉬웠다. 가령, 원형 운동만이 완전하기 때문에 천체들이 어쨌거나 원형 경로를 이루어야 한다는 원리는 고대 그리스와 중세의 모든 천문학을 지배했다.

고대 그리스인들이 도입한 또 한 가지 방법적 원리는 분류였다. 아리스토텔레스가 역설하였고 중세의 아리스토텔레스 추종자들이 물려받은 접근법이었다. 가령 다양한 동물, 꽃, 과일 및 인간을 관찰하여 이들을 속과 종에 따라 구분하는 것이다. 물론 이 방법은 지금도 생물학에서 쓰이고 있으며 그 외에도 어느 정도 일반적으로 적용이 가능하다. 적어도 이 방법은 다양한 생명체를 몇 가지 주요 유형으로 줄여주며 전체 유형들을 한꺼번에 체계적으로 연구할 수 있게 해준다. 아리스토텔레스 자신도 의사였다는 사실이 이런 방법을 내놓는 계기가 되었다고 할 수 있다.

아리스토텔레스주의자들은 "자연에 대한 정성적 연구"라는 핵심 어구로 요약할 수 있는 또 하나의 과학적 주의를 추구했다. 그들은 모든 현상을 기본적인 물질의 획득 내지 상실이라는 측면에서 설명할 수 있다고 믿었다. 가령 그들과 플라톤주의자들은 열, 차가움, 축축함 및 건조함이 네 가지 물질이며 이 물질들이 서로 다른 비율로 결합되어 다른 물질을 만든다고 믿었다. 열과 건조함이 결합되어 불을 만들며, 열과 축축함이 결합되어 공기를 만들고, 차가움과 축축함이 결합되어 물을 만들며 차가움과 건조함이 결합되어 땅을 만들었다. 다양한 물질들의 딱딱함이나 부드러움, 거침과 세밀함은 따라서 그 물질들 속에 든 네 가지 기본 원소의 상대적 양에 의해 결정되었다. 고체, 유체 및 기체는 또한 특수한 물질의 함유에 의해 구분되었다. 가령 수은과 같은 유체는 유동성이라는 어떤 성질을 지녔는데, 금은 이런 성질을 갖지 않았다. 수은을 금으로 바꾼다는 것은 유동성을 제거하고 견고성이라는 새로운 성질로 대체하는 일이었다. 오늘날 우리는 견고성, 유동성 및 기체성이 동일 물질의 서로 다른 상태라고 알고 있다. 하지만 특수한 물질을 동원한 설명은 근대에까지 줄곧 이어졌다. 가령 로버트 보일과 같은 초기 화학자들은 황과 같은 물질이 쉽게 불이 붙는 까닭은 플로지스톤이라는 특수한 물질이 황 안에 존재하기 때문이라고 보았다. 십구 세기가 도래하기 전까지 열은 물질들이 열을 얻거나 잃을 때 함께 얻거나 잃는 칼로릭(caloric)이라는 물질이라고 여겨졌다. 십팔 세기의 전기는 금속을 통해 흐르는 유체로 간주되었다.

아리스토텔레스주의를 따르는 중세 과학 또한 과학의 목표가 설명이라고 역설했다. 설명한다는 것은 현상의 원인을 제시한다는 뜻이다. 하지만 원인에는 네 가지 상이한 유형이 존재했는데, 각자 나름의 중요성을 지녔다. 건축가가 교회를 짓는다고 하자. 교회의 질료인(質料因)은 교회를 짓는 데 쓰이는 벽돌, 돌 및 회반죽 등이다. 형상인(形相因)은 건축가가 염두에 두고 있는 설계이다. 그리고 작용인(作用因)이 있는데, 이것은 실제 건축 과정이다. 네 번째 유형인 목적인(目的因)은 전체 프로젝트가 이바지하는 목적이다. 이 사례에서 목적은 신을 숭배하거나 찬양하기 위한 집을 마련하는 것일지 모른다. 이 네 가지 유형 가운데서 마지막 원인이 가장 중요하다고 보았다. 왜냐하면 사람들이 늘 찾는 의미를 제공했기 때문이다. 그러므로 우리는 어떤 이가 왜 죽었냐는 질문에 살인자가 복수했다는 답을 들으면 만족한다. 실제로 일어난 신체적 및 생리적 과정의 관점에서 전혀 다른 설명이 제시될 수 있다. 하지만 그런 설명은 보통 별로 관심거리가 아니다.

중세의 사고에서는 목적인이 으뜸이었다. 비는 작물에 물을 대주고 음료수를 마련해주기 위해 내린다. 식물은 인간에게 음식을 제공하기 위해 자란다. 공이 지구로 떨어지는 이유는 모든 사물은 자신의 본래 자리를 찾는데, 무거운 물체의 본래 자리는 우주의 중심, 즉 지구의 중심이기 때문이다.

십육 세기가 되자 많은 학자들은 과학이 그런 방식으로는 더 이상 발전할 수 없음을 깨달았다. 새로운 원리와 완전히 새로운 방법이 필요함을 절감했지만, 그런 것들이 무언지에 대해서는 명확한 개념이 없었다. 갈릴레오의 연구가 있기 전에 아리스토텔레스의 비판자들의 글에서 한 가지 발상이 확연하게 드러났다. 즉 체계적 실험의 필요성을 역설했던 것이다. 프랜시스 베이컨은 실험적 방법을 옹호하는 선언을 내놓았다. 그는 기존의 철학 체계들, 결실 없는 사변들 그리고 한가한 지식의 뽐냄을 비판했다. 그의 말에 의하면 과학 활동은 철학에 속하는 목적인에 대한 탐구에 얽매여서는 안 되었다. 그가 쓴 『학문의 진보』(1605)와 『신 기관(Novum Organum)』(1620)에서는 과거의 자연 연구에 드러난 노력 부족과 결과의 결핍을 지적하고 있다. 그가 보기에 인류는 사고와 노력을 과학에 별로 쏟아 붓지 않았다. 그는 다음을 역설했다. 이제 자연을 파악해보자. 두서없고 무계획적인 실험을 하지 말고 철저하게 계획된 실험을 하자. 이어서 그는 발전을 위한 유일한 희망은 과학의 방법을 바꾸는 데 있다는 예리하고 매우 중요한 주장을 한다. 모든 지식은 관찰에서 시작한다. 하지만 지식은 성급한 일반화보다는 점진적이고 연속적인 귀납에 의해 발전해야 한다. 그는 자연에 대한 예상과 자연에 대한 해석을 대비시킨다. 전자는 겉핥기이고 후자는 질서정연하다. 우리는 자연에 대한 올바른 법칙에서 시작해야만 목적을 달성한다. 그는 물질, 성질, 작용, 존재, 무거움, 가벼움, 밀도, 희소함, 축축함, 건조함, 생성, 부패, 끌림과 반발 등에 관한 당시의 유행 개념을 비판한다. 그의 말에 의하면, 형상에 대한 아리스토텔레스주의의 입장은 허구적이며 잘못 정의되어 있다. 인간은 자연을 이해하여 지배해야 한다.

베이컨이 강조한 실험 및 실험 결과에서 귀납하기는 유럽에서 일어나기 시작하던 경향을 잘 반영한다. 생물학자 베살리우스, 체살피노 및 하비의 연구는 9장에서 이미 언급했다. 체계적인 실험으로 유명한 사람은 엘리자베스 여왕의 주치의인 윌리엄 길버트(1540~1603)이다. 그의 책 『자석에 관하여』(1600)는 당시로서는 거의 아무것도 알려져 있지 않은 현상인 자기(磁氣)에 관한 명확하고 결실이 풍부한 연구 결과를 자세히 담고 있다. 길버트는 실험에서부터 시작해야 함을 명시적으로 말하고 있다. 케플러는 앞서 언급했듯이 관찰 사실을 중요하게 여겼고 갈릴레오 역시 운동에 관한 몇 가지 핵심적인 실험을 실시했다. 이 분야에서 갈릴레오가 얻은 결과는 나중에 더 자세히 살펴보겠다. 게다가 그와 그의 제자들, 특히 에반젤리스타 토리첼리(1608~1647)는 공기에 무게가 있다고 확신하고서 관련 실험을 실시했다. 토리첼리는 또한 노즐을 통해 물의 흐름도 연구했다. 블레즈 파스칼과 로버트 보일(1627~1691)은 유체의 압력을 연구했다. 보일과 프랑스 사제인 에듬 마리오트(1620~1684)는 공기와 같은 기체들을 연구했다. 오토 폰 게리케(1602~1686)는 공기 펌프를 발명하고 이를 이용하여 공기의 압력을 증명했다. 르네 데카르트는 화학, 생물학 및 광학 분야에서 실험을 실시했다. 로버트 훅은 유명한 실험가였는데, 스프링에 관한 그의 연구를 우리는 나중에 논의할 것이다. 크리스티안 하위헌스(1629~1695)는 추에 관한 실험을 통해 유명한 결과를 알아냈다. 빛에 관한 뉴턴의 연구는 십칠 세기에 실험으로 얻은 가장 위대한 업적 가운데 하나다.

직업상 실용적인 문제에 관심이 있는 화가, 공학자 및 장인은 자연에 관한 추가적인 지식을 가만히 기다리고만 있지 않았다. 그들은 역학적 힘, 렌즈의 설계, 물감의 화학 성분, 대포알의 운동을 포함한 여러 현상을 연구하여 새로운 사실을 발견했다. 독학으로 수학을 배운 십육 세기 수학자 타르탈리아가 이런 유형에 속한다. 그는 발사체의 운동을 연구하여 아리스토텔레스의 물리학과 상충하는 결과들을 얻었다. 네덜란드 공학자 시몬 스테빈(1548~1620)은 물이 운하 벽에 가하는 압력을 알아냈고, 물체의 안정 평형과 불안정 평형의 성질을 정밀하게 관찰했다. 또한 비탈에 놓인 물체의 운동도 연구했다. 안경 제작자들은 광학의 법칙을 단 하나도 발견하지 않고서도 망원경과 현미경을 발명했다. 이들 중 다수는 궁극적인 의미를 추구하진 않고 흔하고 유용한 지식을 추구했다.

기술자와 공학자가 실시한 실험과 실용적 연구 덕분에 새로운 사실들이 드러났고 새로운 탐구 노선이 펼쳐졌지만, 십칠 세기에 과학자의 수가 갑자기 불어난 이유가 실험의 융성 때문은 아니었다. 십칠 세기에 행해진 실험의 가치와 중요성은 굉장히 과대평가되었다. 지금 번영하고 있는 현대 과학은 거의 전적으로 갈릴레오 갈릴레이가 만들어낸 새로운 과학적 방법에 그 기원을 두고 있다. 갈릴레오의 방법은 우리에게 이중으로 중요한데, 왜냐하면 곧 살펴보겠지만 수학에 중요한 역할을 부여했기 때문이다.

13.3 갈릴레오의 과학적 방법

갈릴레오는 1564년에 이탈리아의 피사에서 태어났다. 피사의 대학에 입학해 의학을 공부했고 또한 수학을 개인교습으로 배웠는데, 이 학문에 매우 끌려서 수학을 직업으로 삼기로 결심했다. 23살의 나이에 볼로냐 대학에 교수직을 신청했지만 거절당했다. 그 지위에 어울릴만하다고 보이지 않았기 때문이다. 대신 그는 피사 대학에서 수학 교수직을 제안 받고 수락했다. 갈릴레오는 아리스토텔레스 과학을 공격한 인물들 중 한 명이었는데, 설령 동료들이 멀리하더라도 주저 없이 자신의 비판적 견해를 펼쳤다. 또한 중요한 수학 논문을 쓰기 시작하여, 덜 유능한 동료들의 부러움을 샀다. 갈릴레오는 그런 상황에 불편함을 느껴 1592년에 피사 대학을 떠나 파두아 대학에서 수학 교수직을 맡았다. 파두아 대학에서 18년 동안 머문 후에는 대공 코시모 데 메디치 2세의 초청으로 피렌체로 갔다. 코시모 2세는 갈릴레오를 자기 궁궐의 "으뜸 수학자"로 임명하여 집과 많은 급여를 주었으며, 아울러 예수회로부터 갈릴레오를 보호해주었다. 교황의 권력과 밀착해 있던 예수회는 갈릴레오가 코페르니쿠스 이론을 지지한다는 이유로 그를 위협하던 참이었다. 피렌체에서 갈릴레오는 여유를 갖고서 연구와 저술에 몰두하였다. 거기서 23년의 시간을 보냈다. 감사의 뜻으로 갈릴레오는 코시모 데 메디치 2세 밑에서 지낸 첫 해에 발견한 목성의 위성들을 '메디치의 별들'이라고 명명했다.

1633년에 로마의 종교재판에서 유죄판결을 받은 후 갈릴레오는 연구 결과를 발표하는 것을 금지 당했다. 하지만 그는 자신의 오랜 사상 그리고 운동의 현상 및 물질의 강도에 관한 연구 내용을 집필하기 시작했다. 이렇게 해서 쓰인 원고『두 가지 새로운 과학에 관한 논의와 수학적 증명』(『두 가지 새로운 과학에 관한 대화』라고도 함)은 비밀리에 네덜란드로 보내져 거기서 1638년에 출간되었다. 갈릴레오는 자신의 행동을 옹호하면서 이렇게 말했다. 자신은 결코 "신앙심과 교회에 대한 존경 그리고 내 자신의 양심을 저버리지" 않았노라고. 그는 1642년에 세상을 떠났다.

갈릴레오는 과학의 방법론에 대한 연구를 시작하면서, 감각이 인식하는 현상의 세계에서 근본적인 것이 무엇인가 하고 물었다. 데카르트도 고찰한 바로 그 질문이었다. 몇몇 철학자들이 예전에 주장했던 바와 마찬가지로, 이 둘은 다음 내용에 합의했다. 즉, 색, 맛, 냄새, 소리 그리고 물체의 열이나 딱딱함이나 부드러움에 대한 다양한 감각은 개별적인 물질이 아니라 물리적으로 존재하는 성질들이 인간에게서 나타나는 효과이다. 그렇다면 인간 바깥에 즉 인간과 독립적으로 존재하는 것은 무엇인가? 사물의 연장(extension, 범위), 사물의 형태와 크기, 사물의 운동은 실제로 존재하며 인간의 지각 바깥에 있다. 갈릴레오는 이렇게 말하고 있다.

> 귀와 혀와 코가 없어지더라도, 내가 생각하기로, 형태, 양[크기] 및 운동은 계속 남겠지만, 냄새, 맛 그리고 소리는 끝날 것이다. 이런 것들은 생명체에게서 이탈되고 단지 말로 남을 뿐이다.

이런 관련성을 데카르트는 다음의 유명한 문구로 잘 나타내고 있다. "연장과 운동을 주면 나는 우주를 창조하리라." 이 두 사람이 옹호한 개념은 일차적 속성과 이차적 속성의 원리로 알려져 있다. 일차적 속성은 물리적 세계 내에 존재하며, 그것이 인간의 감각 기관에 미치는 효과가 이차적 속성을 낳는다는 것이다.

그러므로 데카르트와 갈릴레오는 천 가지의 현상과 성질들을 한꺼번에 날려버리고 오직 물질과 운동에 집중했다. 하지만 이는 갈릴레오가 펼쳐나가는 새로운 방법의 첫 번째 단계였을 뿐이다. 그 다음 생각은, 데카르트나 심지어 아리스토텔레스도 표방했던 관점인데, 과학은 어떠한 분야든 수학 모형으로 표현되어야 한다는 것이었다. 이는 두 가지 중대한 단계를 의미한다. 수학은 공리, 즉 명확하고 자명한 진리에서 출발한다. 이런 진리에서부터 연역적 추론을 통해 새로운 진리를 확립한다. 따라서 과학은 어떠한 분야든 공리 내지 으뜸 원리에서부터 시작하여 연역적으로 진행되어야 한다.

갈릴레오는 이런 으뜸 원리를 얻는 방법 면에서 고대 그리스인, 중세인 그리고 심지어 데카르트와도 급진적으로 다르다. 앞서 언급했듯이, 갈릴레오 이전의 사람들은 마음이 기본적 원리들을 제공해준다고 믿었다. 말하자면 그들은 세계가 어떻게 작동하는지 먼저 알아낸 다음에 자신들이 본 것을 기존의 원리에 끼워 맞추었다. 반면에 갈릴레오는 물리학은 수학과 달리 기본적 원리들은 경험과 실험에서 나와야 한다고 보았다. 기본적 원리들은 만약 마음이 선호하는 것보다 자연이 알려주는 것과 일치한다면 올바를 것이다. 그는 자연의 이치에 관한 기존 관념에 순응하는 원리들을 그대로 받아들이는 과학자와 철학자를 대놓고 비판했다. 자연은 인간의 뇌를 먼저 만든 다음에 인간의 지성에 받아들여지도록 세계를 적절히 배열한 것이 아니라고 갈릴레오는 말했다. 아리스토텔레스를 재탕하고 그의 저술의 의미만을 논의하는 중세인들을 비판하면서, 갈릴레오는 지식은 책이 아니라 관찰에서 나온다고 일갈했다. 아리스토텔레스를 논하는 일은 쓸데없었다. 그런 사람들을 갈릴레오는 종이 과학자라고 불렀다. 과학을 마치 『아이네이아스』나 『오디세이아』 읽기 내지는 문헌 조사처럼 여기는 자들이라고 보았던 것이다. "자연의 규칙을 알아내면, 권위는 아무 쓸모가 없다…" 물론 몇몇 르네상스 사상가들과 갈릴레오의 동시대인인 프랜시스 베이컨 또한 실험이 필요하다는 결론에 이르렀다. 새로운 방법을 지지한 사람들이 여럿 있었다는 점에서 보면 갈릴레오의 방법이 독보적이지는 않았다. 하지만 데카르트와 같은 혁신적인 사람조차도 실험을 강조한 갈릴레오의 지혜를 인정하지 않았다. 데카르트의 말에 의하면 감각이 제공하는 사실들은 속임수로 이어질 수 있다. 이성이 이런 속임수를 꿰뚫는다. 자연의 특정한 현상은 선천적인 일반 원리들로부터 연역될 수 있고 그런 원리들을 통해 이해할 수 있다. 여러 과학 저술에서 데카르트는 실험을 했고 이론이 사실에 들어맞아야 한다고 주장했지만, 그의 철학에서는 여전히 마음의 진리에 얽매여 있었다.

개인이 관찰하는 현상은 너무나 많고 다양하며 서로 다르므로 자연에서 도대체 원리를 찾아내기 어렵다고 절망하기 쉽다. 그래서 갈릴레오는 현상의 핵심을 꿰뚫어 보고서 거기에서 시작해야만 한다고 결심했다. 『두 가지 새로운 과학에 관한 대화』에서 그는 무게, 형태 및 속도의 무한한 다양성을 다루기란 불가능하다고 말한다. 하지만 상이한 물체들이 물속보다 공기 중에 있을 때 더 균일한 속력으로 떨어짐을 관찰했다. 따라서 매질이 연할수록 물체들의 낙하 속력의 차이는 더 작아진다. "이것을 관찰하고서 나는 저항이 전혀 없는 매질에서는 모든 물체가 동일한 속력으로 떨어지리라는 결론에 이르렀다." 갈릴레오는 본질적이고 중요한 하나의 결과를 얻기 위해 부수적이거나 사소한 효과들을 배제했던 것이다. 이런 식으로 그는 모든 저항을 제거하면 어떤 일이 생길지, 즉 물체가 진공에서 떨어지면 어떻게 될지를 상상했다. 그 결과 진공에서는 모든 물체들이 동일한 법칙에 따라 떨어진다는 원리를 알아냈다. 그러니 갈릴레오는 단지 실험을 행하고 실험에서 추론한 것만이 아니었다. 그는 비교적 덜 중요하고 비본질적인 것들을 제거하려고 노력했던 것이다. 여기서 그의 천재성이 드러난다. 왜냐하면 카드 게임을 하는 사람이라면 누구나 알듯이, 무엇을 버릴지 아는 것이야말로 지혜이기 때문이다. 달리 말해서 그는 현상을 이상화했다. 수학자들이 실제 도형을 연구할 때 했던 것과 똑같이 했던 것이다.

수학자는 분자 구조, 색 그리고 선의 두께를 배제하고 어떤 기본적인 성질을 파악하여 거기에 집중한다. 마찬가지로 갈릴레오는 기본적인 물리적 원리를 꿰뚫어본 것이다.

물론 실제 물체들은 저항이 있는 매질에서 떨어진다. 그런 운동을 갈릴레오는 어떻게 설명할 수 있을까? 그의 답은 이랬다.

> … 따라서 이 문제를 과학적으로 다루려면 그런 곤란함(공기 저항, 마찰 등)에서 벗어나서, 저항이 없는 사례에서 정리를 발견하고 증명하여, 우리의 경험이 알려주는 대로 그런 제약이 있는 사례에 이용하고 적용할 필요가 있다.

그리하여 갈릴레오는 많은 방법적 원리들을 구성해냈는데, 그중 다수는 대수와 기하에서 쓰이는 패턴에 의해 제시되었다. 갈릴레오가 다음으로 제시한 원리는 수학 자체를 적용하자는 것이었다. 갈릴레오는 특수한 한 유형의 과학 공리들과 정리들을 찾아내자고 제안했다. 아리스토텔레스주의자 및 중세 과학자들이 근본 성질들의 개념에 묶여 그런 것들의 획득과 상실을 연구했던 것과 달리, 갈릴레오는 정량적 공리들을 찾자고 제안했다. 무엇보다도 변화라는 주제가 가장 중요한데, 그것의 진정한 의미를 이어지는 장들에서 살펴볼 것이다. 하지만 지금으로서는 기초적인 한 가지 사례가 그것의 의미를 드러내는 데 도움이 될지 모른다. 아리스토텔레스주의자들은 말하기를, 공이 떨어지는 이유는 무게가 있기 때문이며 공이 땅으로 떨어지는 까닭은 모든 물체들과 마찬가지로 자신의 본래 자리를 찾기 위함인데, 무거운 물체의 본래 자리는 지구의 중심이기 때문이다. 그리고 불과 같이 가벼운 물체의 본래 자리는 하늘이기 때문에 불은 위로 올라간다. 이런 원리들은 정성적이다. 반대로 공이 떨어지는 속력(초속 몇 피트)은 낙하 시간(초)의 32배라는 진술을 살펴보자. 이 진술은 기호를 이용해 더 간단하게 표현할 수 있다. 물체의 속력을 v로 표시하고 물체의 낙하 시간(초)을 t로 표시하면, 위의 주장은 $v=32t$에 해당한다. 이 단순한 진술에는 중요한 개념이 많이 들어 있다. 하지만 지금으로서 적절한 내용은 이것이 정량적이라는 사실이다. 공이 특정한 시간에 갖는 속력을 알려주기 때문이다. 2초 후에 공의 속력은 초속 64피트이며, 3초 후에는 초속 96피트 등이다. $v=32t$라는 표현에서 문자 v와 t는 여러 가지 값을 나타낸다. t에 우리가 원하는 아무 값이나 넣어 이에 대응하는 v 값을 계산할 수 있다. 전문적으로 말해서 v와 t를 변수라고 하며 $v=32t$라는 관계를 공식이라고 한다.

갈릴레오는 그런 공식을 자신의 공리로 채택하고자 했으며, 수학적 도구로서 그런 공식으로부터 정리로 삼을 새로운 공식을 연역해내길 기대했다. 공식은 정량적인 지식을 제공하므로, 갈릴레오가 정량적 지식을 찾았다는 것이 무슨 뜻인지 이제야 우리도 이해할 수 있게 된다. 게다가 수학은 과학적 추론에서 핵심적인 수단이 될 것이었다.

공식으로 표현되는 정량적 지식을 추구하겠다는 결심은 또 하나의 결심을 낳았다. 이 또한 급진적이었는데, 하지만 처음에는 그 결심의 온전한 의미가 좀체 드러나지 않았다. 이 장의 초반부에서 언급했듯이, 아리스토텔레스주의자들은 학문의 과제 중 하나는 현상이 왜 생기는지 설명하는 것이었으며 설명은 그 현상의 원인을 캐내는 것을 뜻했다. 물체가 무거움 때문에 떨어진다는 진술은 효과인을 제공했으며, 물체가 자신의 본래 자리를 찾는다는 진술은 목적인을 제공했다. 하지만 정량적 진술 $v=32t$는 그것이 어떤 가치가 있든지 간에 공이 왜 떨어지는지를 설명해주지 않는다. 다만 속력이 시간에 따라 얼마만큼 변하는지를 알려줄 뿐이다. 달리 말해 공식은 설명하지 않고 기술한다. 갈릴레오가 찾던 자연의 지식은 기술적(記述的)이다. 가령 『두 가지 새로운 과학에 관한 대화』에서 그는 원인이 무엇인지와 무관하게 운동의 성질들을 조사하고 증명하겠노라고 말한다. 긍정적인 과학적 탐구는 궁극적인 인과성에 관한 질문과 분리되어야 한다는 것이다.

갈릴레오의 이런 사고에 대한 첫 반응은 부정적이었다. 공식으로 현상을 기술한다는 것은 첫 번째 단계 이상으로 여겨지긴 어려워 보였다. 아리스토텔레스주의자들이야말로 과학의 참된 기능을 파악한 것처럼 보였을 테다. 현상이 왜 생기는지 설명했기 때문이다. 심지어 데카르트조차 현상을 기술하는 공식을 찾으려는 갈릴레오의 결정에 반대했다. 그는 이렇게 말했다. "진공에서 낙하하는 물체에 관한 갈릴레오의 말은 모조리 아무런 근거 없이 나온 것이다. 그는 우선 무게의 본질을 알아내야만 한다." 게다가 갈릴레오는 궁극적 원인에 대해 고찰해야 한다고 데카르트는 덧붙였다. 하지만 앞으로 몇 장에 걸쳐 확실히 알게 되겠지만, 현상을 기술하기라는 목표를 추구하자는 갈릴레오의 결정은 과학적 방법론에 관한 한 가장 심오하고 가장 풍부한 결실을 맺게 된다. 다만 우리가 여기서 요약할 내용은, 갈릴레오가 전망했던 과학지식은 몇 가지 근본적인 공식에서 연역된 일련의 수학적 공식들로 이루어진다는 것이다.

갈릴레오가 찾자고 제안했던 법칙들은 정량적이어야 하므로, 분명 치수, 크기 또는 어떤 물리적 양을 서로 관련시키는 것이어야 했다. 마치 $v = 32t$가 속력과 시간을 관련짓는 것처럼 말이다. 여기서도 갈릴레오는 근본적으로 중요한 기여를 했다. 아리스토텔레스주의자들이 땅의 성질, 유동성, 견고함, 정수(精髓), 본래 자리, 자연스러운 운동과 거스르는 운동, 잠재성, 실제성 및 목적과 같은 성질을 논의했다면, 갈릴레오는 완전히 새로운 개념 집합을 도입했을 뿐 아니라 측정된 수치들을 공식으로 관련지을 수 있는 측정 가능한 개념들을 선택했다. 거리, 시간, 속력, 가속도, 힘, 질량 및 무게와 같은 그의 개념들 중 일부는 물론 우리들에게 익숙하기에 그런 선택이 우리한테는 놀랍지 않다. 하지만 갈릴레오 당시 사람들에게 그러한 선택, 특히 그런 요소들을 근본적인 개념으로 채택한 것은 놀랍기 그지없었다. 하지만 알고 보니 바로 이러한 요소들은 자연을 이해하고 지배하는 데 가장 중요했다.

지금껏 우리는 갈릴레오가 추구한 과제의 핵심적인 특징을 살펴보았다. 그의 발상 가운데 일부는 다른 이들의 지지를 받았다. 어떤 개념은 완전히 독창적인 것이었다. 하지만 방법론을 고안해낸 과정에서 갈릴레오의 가장 위대한 점은 당시의 과학적 노력에서 무엇이 잘못이고 부족한지를 확실히 짚어냈다는 것이다. 그리하여 낡은 방법을 허물고 새로운 단계를 마련했다. 게다가 갈릴레오는 자신의 방법을 운동의 문제들에 적용했는데, 이를 통해 답을 얻는 과정을 명확하게 제시했을 뿐 아니라 빛나는 결과들을 얻는 데 성공했다. 달리 말하자면, 그는 자신의 방법이 통함을 보여주었다. 갈릴레오는 자신이 이룬 성과를 훤히 간파했다. 그랬기에 『두 가지 새로운 과학에 관한 대화』의 말미에 이렇게 썼다. "그리하여 이제 우리는 최초로 문이 활짝 열렸다고 말할 수 있다. 수많은 경이로운 결과들로 가득 찬 새로운 방법으로 향하는 이 문은 장래에 다른 사람들의 관심을 사로잡을 것이다." 하지만 다른 이들도 갈릴레오의 위대함을 알고 있었다. 십칠 세기 철학자 토머스 홉스는 갈릴레오를 이렇게 평했다. "그는 물리학의 전체 영역으로 향하는 문을 우리에게 최초로 열어주었다."

우리는 근대 세계에 수학이 행한 역할에 관심이 있으므로 한 가지 점을 짚고 넘어가야 할 듯하다. 근대 과학을 창조한 학자들, 가령 데카르트와 갈릴레오 및 뉴턴은 자연에 대한 연구를 수학자의 입장에서 접근했다. 그들은 넓고 심오하지만 또한 단순하고 명확한 수학적 원리들을 찾자고 제안했다. 직관을 통해서든 비판적인 관찰과 실험을 통해서든 이런 원리들을 찾은 다음에 이를 바탕으로 새로운 법칙을 연역해내길 기대했다. 이는 본격 수학이 기하학과 대수학을 구축할 때 썼던 방법과 똑 같았다. 수학적 연역이 과학 활동의 핵심을 차지해야 했다. 갈릴레오의 말에 따르면, 그가 실험으로 얻든 아니든 과학적 원리를 매우 가치 있게 여기는 까닭은 그 원리 자체가 제공하는 지식 때문이라기보다는 그 원리로부터 많은 정리들을 연역할 수 있기 때문이다.

이런 위대한 사상가들의 비전은 풍성한 결실을 안겨다 주었다. 그 후 이 세기 동안 과학자들은 자연에 관한 정밀하고 광범위한 수학적 법칙들을 간단하고 거의 사소한 관찰과 실험을 통해 구성해냈다. 십칠 세기와 십팔 세기에 가장 위대한 발전이 역학과 천문학에서 일어났는데, 이 두 분야에서 실험적 결과들은 그다지 놀랍지 않고 분명 결정적이지도 않았다. 앞으로 살펴보겠지만 중대한 업적은 수학적 이론의 방대한 분야들이 생겨난 것이었다.

얼핏 보면 성급한 듯 보이던 이런 과학자들의 기대는 충분히 이해할만 하다. 이들은 자연이 수학적으로 설계되어 있으므로 수학이 수와 기하도형의 연구에서 발전을 거두었듯이 과학 문제에서도 발전을 거두지 못할 이유가 없다고 확신했다. 존 허먼 랜들은『근대 정신의 형성』이란 책에서 이렇게 말하고 있다. "과학은 자연을 수학적으로 해석할 수 있다는 믿음에서 태어났는데, 이런 믿음은 실증적으로 증명되기 오래 전부터 존재했다."

연습문제

1. 데카르트와 갈릴레오는 물리적 대상들의 어떤 성질들이 근본적이고 본질적이라고 보았는가?
2. 자연에 대한 정성적 연구와 정량적 연구는 어떻게 다른가?
3. 과학 활동에 관한 갈릴레오의 계획에서 핵심적인 원리들을 기술하고 이 원리들을 이전의 원리들과 비교하라.
4. 자연에 대한 고대 그리스의 연구 목적과 베이컨 및 데카르트가 옹호한 연구 목적과 비교하라.
5. 수학은 갈릴레오의 과학적 방법과 어떻게 맞닿는가?

13.4 함수와 공식

우리는 갈릴레오가 촉발시킨 십칠 세기의 과학 발전을 살펴보면서 특히 갈릴레오의 방법에 수학이 행한 역할에 주목하고자 한다. 갈릴레오가 어떤 일에 착수했는지 떠올려보자. 그는 자연 현상에 대한 근본적이고 정량적인 원리들 내지 법칙들을 찾아서 이런 정량적인 진술에 수학적 추론을 적용하여 새로운 물리 법칙들을 연역하자고 제안했다. 그러면 이 물리 법칙들은 다양한 과학적 및 실용적 문제들에 해답을 제공해줄 것이다. 갈릴레오가 중요시한 방식으로 물리적 원리들을 표현하기 위해 그는 새로운 수학적 개념, 즉 함수라는 굉장히 중요한 개념을 도입했다. 그 후 이백 년 동안 수학자들은 함수의 생성 및 그 성질을 연구하는데 몰두했다. 하지만 함수를 순전히 수학적으로 보자면 그 자체로는 대단할 것이 별로 없다. 함수는 단지 그림의 스케치일 뿐이다. 그리고 현재 사례에서 그림은 바로 갈릴레오가 조사하기로 한 물리적 세계이다. 따라서 함수를 공부하면서 우리는 함수를 발생시킨 상황들 그리고 함수가 생김으로써 따라오게 된 유익함을 살펴볼 것이다. 사실, 물리학적 사고를 그에 수반되는 수학과 떼어놓는 것은 억지스럽다. 왜냐하면 둘은 함께 발전했기 때문이다. 십칠 세기와 십팔 세기의 선구적인 수학자들은 또한 선구적인 과학자들이었다. 그리고 이 두 세기에 거둔 성취는 수학과 과학이 함께 손잡고 이룬 결실이었다.

갈릴레오의 연구를 살펴보기 전에, 우리는 함수 개념과 친숙해지는 시간을 가질 것이다. 공이 지면 위의 일정 지점에서 떨어지는 상황을 고려하면서, 시간이 지나며 증가하는 공의 낙하 거리를 기술해보자. (왜 그렇게 하는지 그리고 이 결과를 통해 무엇을 할 수 있는지는 나중에 살펴볼 것이다.) 거리는 공이 떨어지기 시작하는 지점에서 아래쪽으로 측정되며, 낙하 시간은 공이 떨어지기 시작하는 순간부터 측정된다. 그렇다면 우리가 당분간 사실로 받아들일 수 있는 올바른 진술은 다음과 같다. 피트 단위로 측정된 공의 낙하 거리는 공이 낙하한 초 단위의 시간의 제곱의 16배이다. 굵은 글씨체의 문장이 함수의 한 예다. 함수는 두 가지 측면에서 중요하다. 첫째, 무엇보다도 함수는 변하는 양, 즉 변수를 다룬다. 공이 낙하하는 시간은 영에서부터 시작해 점점 더 값이 커진다. 공이 낙하하는 거리 또한 영에서부터 시작해 점점 더 값이 커진다. 둘째,

이 진술은 변수인 시간과 거리 사이의 관계를 정확히 특정한다. 이처럼 함수의 특징은 변수들 사이의 관계를 정확히 진술한다는 것이다.

알다시피 언어적 진술은 다루기가 곤란하다. 대수에 관한 경험상 기호를 도입하면 더욱 효과적일 수 있다. 따라서 공이 낙하한 시간(초)를 나타내기 위해 기호 t를 도입하고 공이 t초 동안 떨어진 거리를 나타내기 위해 기호 d를 도입하자. 이 기호를 사용하면 위의 진술은 아래와 같이 표현된다.

$$d = 16t^2.$$

함수적 관계의 대수적 표현을 가리켜 공식이라고 한다. 공식을 제대로 이해하고 이용하려면 공식에 관한 여러 가지 사실을 아는 것이 중요하다. 가령, 현재 사례의 경우, 문자 d와 t는 거리와 시간의 어느 한 특정 값만을 나타내는 것이 아니라 전체 범위의 값들을 나타낸다는 것을 꼭 유념해야 한다. 가령 공이 5초 동안 낙하한다면 변수 t는 0에서 5까지의 임의의 수를 나타낼 수 있다. 변수 d는 공이 5초 동안 낙하할 때의 임의의 거리를 나타낼 수 있다. 사실, 공식의 핵심은 주어진 한 t에 대해 d가 무엇인지를 정확히 알려주는 것이다. 가령 t가 2일 때 d는 $16 \cdot 2^2$, 즉 64이다. 즉, 공식에서 t의 특정한 값을 대입함으로써 우리는 t초 동안 떨어진 물체의 낙하 거리 d를 계산할 수 있다. d의 값은 t의 값에 의존하는데, 그런 까닭에 t는 독립변수라고 하고 d는 종속변수라고 한다. 이 공식은 d를 t의 함수로서 표현한다고 말할 수 있다. 수백만 가지의 t값에 대해 d를 계산할 수 있기에, 이 공식은 수백만 가지 정보를 간결하게 표현한 것이 아닐 수 없다.

던져진 공이 딱 5초 동안 떨어진다고 가정하자. 그 후에는 땅에 닿아서 멈추어 있다. 하지만 공식 $d = 16t^2$은 5초가 지난 후에도 "멈추지" 않는다. t에 6을 대입하면 d는 $16 \cdot 6^2$, 즉 576이다. 마찬가지로 t에 7이나 $9\frac{1}{2}$을 대입하거나 심지어 −2를 대입하여, 각각의 경우마다 이에 대응하는 d값을 계산할 수 있다. 그러므로 수학 공식은 t의 모든 양의 값과 음의 값에 대해 의미를 갖는다. 하지만 공이 딱 5초 동안만 낙하한다면, 이 공식은 t가 0에서부터 5까지의 값일 때에만 물리적 상황을 표현한다. 달리 말해서, 수학적 공식은 물리적 상황보다 더 광범위하다.

우리는 문자 d와 t를 사용하여 변수인 거리와 시간을 표현했다. y와 x를 사용할 수도 있는데, 이 경우 동일한 공식이 다음과 같이 나타난다.

$$y = 16x^2.$$

문자 d와 t가 더 나은 까닭은 물리적 의미를 엿보여주기 때문이다. 하지만 y와 x를 사용한다고 해도 수학적으로는 아무런 차이가 없다.

공식 및 공식이 지닌 물리적 중요성을 논할 때 종종 좌표기하학의 개념들을 활용하면 유용하다. $d = 16t^2$을 곡선의 방정식으로 여길 수도 있다. 특정한 문자의 선택은 아무런 수학적 의미도 갖지 않으므로 d축과 t축을 도입할 수 있다(그림 13.1). $d = 16t^2$에 대응하는 곡선은 t좌표와 d좌표가 방정식을 만족하는 가로 좌표와 세로 좌표의 점들로 이루어진다. 가령, $t = 1$이면 $d = 16$이므로, 가로 좌표가 1이고 세로 좌표가 16인 점은 이 곡선 상에 있다. (편의상 우리는 d축에 더 작은 단위를 사용한다.)

이 곡선은 물리적 운동을 나타내는 그림일 필요도 없고 여기서도 그렇지 않

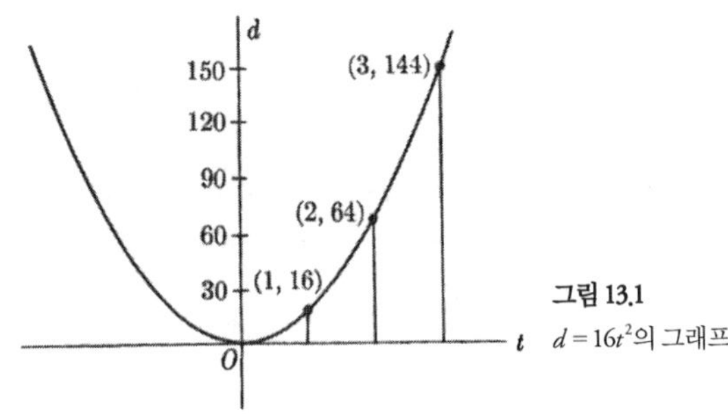

그림 13.1
$d = 16t^2$의 그래프

다. 그렇기는 하지만, t가 0에서 시작해 증가할 때 t에 비해 d가 매우 급격히 증가함을 이 곡선은 보여준다. 게다가 이 곡선은 공식이 t의 모든 양수 및 음수 값에 대해 의미를 가짐을 드러내주는데, 반면에 $t = 0$에서부터 $t = 5$까지 뻗어 있는 곡선 부분만이 물리적 상황을 나타낸다.

연습문제

1. 함수란 무엇인가?
2. 함수와 공식을 구별하라.
3. 여러분 자신의 수학 공식을 "지어내라". 물리적 의미가 있느냐 여부는 상관없다.
4. 공식 $v = 32t$에서 t가 0, 3, 7, 4½ 그리고 −6일 때 v의 값을 계산하라.
5. 공식 $A = \pi r^2$에서 어떤 양이 독립변수이고 어떤 양이 종속변수라고 여러분은 생각하는가?
6. 공식 $d = 16t^2$에서 t가 $2\frac{1}{2}$, −4 그리고 7일 때 d의 값을 계산하라.
7. 공식 $v = 32t$에서 v가 64, 80, 128일 때 t의 값을 계산하라.
8. 공식 $d = 16t^2$에서 d가 144일 때 t의 값을 계산하라. 두 개의 해답이 모두 물리적으로 의미가 있는가?
9. 주어진 임의의 온도에 대하여, 화씨 온도와 섭씨 온도 사이의 관계식은 다음과 같다.

$$F = \tfrac{9}{5}C + 32.$$

$C = 0$일 때 F는 얼마인가? $C = 100$일 때 F는 얼마인가? F와 C의 이 값들은 특별한 물리적 의미가 있는가?

13.5 낙하하는 물체의 운동을 기술하는 공식

갈릴레오는 과학을 위한 일반적인 방법론을 마련했을 뿐만 아니라 그것을 실제로 적용했다. 그리고 여기에서도 그는 굉장한 지혜를 선보였다. 그는 이전의 과학자들과 철학자들처럼 우주 전체를 공략하거나 인간과 우주를 하나의 이론으로 아우르려고 시도하지 않았다. 대신에 몇 가지 현상 유형에 집중하기로 결정했는데, 우선적으로 지구 표면 근처의 운동에 집중했다. 갈릴레오는 대가에게 걸맞은 자제력을 갖추고 있었다.

이 장의 앞 부분에서 언급했듯이, 갈릴레오는 수학자의 관점에서 생각했으며, 풀려고 하는 문제를 이상화하는 것에서부터 연구를 시작했다. 그도 공의 운동을 고찰했는데, 가령 땅에서 구르는 공을 상정하고서 이렇게 물었다. 공기 저항, 공과 땅 사이의 마찰 그리고 기타의 다른 방해하는 힘이 없다면 어떻게 될까? 일단 움직이고 나면 이후로 공은 어떻게 될까? 그는 공이 직선을 따라 일정한 속력으로 무한히 계속 움직인다는 결론을 내렸다. 일반적인 용어로 말하자면, 만약 정지해 있는 물체에 힘이 작용하지 않는다면, 그 물체는 계속 정지해 있다. 그리고 운동 중인 물체에 힘이 작용하지 않으면 그 물체는 직선을 따라 일정한 속력으로 계속 운동한다. 운동에 관한 이 근본적인 원리 또는 물리학의 공리는 지금 뉴턴의 제1운동 법칙으로 알려져 있다. 이 원리에는 중요한 두 가지 주장이 담겨 있다. 첫 번째 주장, 즉 운동하는 물체가 직선을 따라 계속 운동한다는 것은 혁신적인 내용이 아니다. 직선 운동은 물체의 자연스러운 운동인데, 그런 경로를 벗어나도록 힘이 가해지지 않는 한 계속 그런 방향의 운동이 일어난다는 말이기 때문이다. 하지만 두 번째 주장, 즉 물체가 일정한 속력으로 무한정 계속 운동한다는 것은 아리스토텔레스의 주장과는 완전히 상반된 것이다. 왜냐하면 갈릴레오는 일단 물체가 운동을 시작하고 나면 힘이 가해지지 않아도 물체는 계속 움직인다고 말하기 때문이다.

하지만 힘이 물체에 가해지면 어떻게 될까? 갈릴레오는 답하기를, 만약 물체가 정지해 있다면, 힘이 물체를 운동시키고 영에서부터 일정한 양까지 속력을 변화시킨다. 만약 물체가 이미 운동하고 있다면, 힘은 속력, 운동 방향 또는 이 둘 다를 변화시킨다. 가령 거친 표면을 따라 운동 중인 물체는 마찰을 겪는다. 마찰은 힘이어서 물체의 속력을 줄이는 효과를 발생시킨다. 따라서 갈릴레오의 두 번째 원리는 힘이 물체의 속력이나 방향을 변화시킨다는 말이다. 달리 말해, 힘이 가속의 원인이라는 것이다.

이제 직선을 따라 움직이지만 가속하고 있는 물체를 살펴보자. 가속은 단위 시간 당 속력의 증가나 감소이다. 가령 한 물체가 초당 30피트의 속력으로 움직이고 있다가 1초 만에 속력이 초당 40피트로 증가한다면, 가속은 그 1초에 대해 초당 10피트이다. 또는 과학적인 축약 표기로 10 ft/sec^{2}이다. 만약 속력 증가가 2초에 걸쳐 초당 10피트였다면, 가속은 5 ft/sec^{2}이었을 것이다.

고대 그리스인들이 관찰했듯이, 낙하하는 물체는 속력이 증가한다. 물체의 운동이 가속되는 것이다. 낙하하는 물체는 가속을 가지므로, 즉 일정한 속력으로 운동하지 않으므로 어떤 힘이 속력의 변화를 일으킨다는 뜻이다. 갈릴레오의 시대에는 중력의 개념이 다소간 인정되었다. 지구는 임의의 물체에 힘을 가하며 이 힘은 다른 어떤 힘에 의해 방해 받지 않으면 물체에 가속을 일으킨다. 갈릴레오가 발견한 놀라운 사실은 만약 공기 저항을 무시한다면 물체가 일정한 가속도로 지구로 떨어지며, 게다가 이 일정한 가속도는 모든 물체에 동일하다는 것, 즉 32ft/sec^{2}이라는 것이다. 가속도를 a라는 문자로 나타내면, 운동에 관해 근본적으로 중요한 이 세 번째 법칙, 즉 물리학의 공리는 지구로 낙하하는 모든 물체에 대해 이렇게 말한다.*

$$a = 32. \tag{1}$$

이제 우리는 운동에 관한 근본적인 원리를 몇 가지 알게 되었다. 그 다음에는

* 이 공리는 지구 표면 근처의 물체에만 적용된다. 15장에서 더 자세한 내용을 살펴볼 것이다.

갈릴레오의 계획대로 수학적 추론이 새로운 정보를 내놓을 수 있는지 여부를 살펴보자. 낙하하는 물체, 즉 초기 속력이 영인 물체의 운동을 고려하자. 갈릴레오의 세 번째 원리에 의하면, 이 물체는 32 ft/sec의 비율로 매초 속력이 늘어난다. 따라서 1초 후에는 속력이 32 ft/sec이다. 2초 후에는 32 ft/sec의 2배, 즉 64 ft/sec이다. t초 후의 속력은 32 ft/sec의 t배이다. t초 후의 속력을 v라고 표시하면, 다음 식이 얻어진다.

$$v = 32t. \tag{2}$$

이 공식은 낙하하는 물체가 t초 후에 얻는 정확한 속력을 알려준다. 물론 이 공식을 이용해 주어진 임의의 t값에 대해 v를 계산할 수 있다. 가령 6초 후에 물체의 속력은 192ft/sec이다.

공식 (2)는 흥미롭기는 하지만 놀라운 정도는 아니다. 수학을 더 적용하여 더욱 중요한 결론을 얻을 수 있는지 살펴보자. 우리는 낙하하는 물체가 t초 후에 떨어진 거리를 알아내고 싶다. 구체적으로, $t = 6$인 순간을 살펴보자. 6초 후의 속력은 192ft/sec이다. 6초 동안 이동한 거리를 얻기 위해, 어떤 이는 192를 6과 곱하자는 유혹을 느낄지 모른다. 즉 속력을 시간과 곱하면 되지 않을까 여길지 모른다. 하지만 물체는 6초 내내 192ft/sec의 속력으로 이동하지 않았다. 사실 영의 속력에서 출발하여 차츰 속력이 증가하여 192ft/sec에 이르렀다. 그러니 이동 거리를 계산하려면 도대체 어떤 속력을 이용해야 할까? 아마도 평균속력일 것이다.

합리적인 추측을 하자면, 평균속력은 초기 속력과 최종 속력의 산술평균, 즉 $(0 + 192)/2$, 즉 96ft/sec일 것이다. 이 추측이 옳은지 살펴보자.

$t = 0, 1, 2, 3, 4, 5$ 및 6인 순간의 속력을 계산한다고 해보자. t의 이 값들을 (2)에 대입하면 다음 속력들을 얻는다.

$$0, 32, 64, 96, 128, 160, 192$$

이 일곱 가지 속력의 평균을 취하면 다음과 같다.

$$\frac{0+32+64+96+128+160+192}{7},$$

이 값은 96ft/sec이다. 물론 이 계산이 평균속력이 96임을 증명해주지는 않는다. 왜냐하면 물체는 첫 번째 1초 동안에도 두 번째 1초 동안에도 그리고 이후로도 계속 속력이 변하면서 떨어지기 때문이다. 그러므로 물체가 1/2초씩 낙하했을 때의 속력, 즉 $t=0, \frac{1}{2}, 1, 1\frac{1}{2}, 2, \cdots, 6$에서의 속력을 평균하면 될지 모른다. 이 속력들은 아래와 같다.

$$0, 16, 32, 48, 64, 80, 96, 112, 128, 144, 160, 176, 192. \qquad (3)$$

이 속력들을 평균하면 다시금 96ft/sec가 나온다. 이 계산 역시 이전의 계산과 마찬가지로 96이 옳다는 증거는 될 수 없다. 왜냐하면 매 1/2초마다 물체는 속력이 변하면서 떨어지기 때문이다. 하지만 우리는 계속 96이라는 평균속력을 얻고 있다. 그렇다면 매번 96이 나오는 이유를 찾아낼 수 있는지 알아보자.

알고 보면 96은 $t=3$일 때 물체가 얻는 속력이다. 왜냐하면 (2)의 t에 3을 대입하면 $v=96$이기 때문이다. 이제 평균속력은 0에서 6까지의 시간 간격 중 가운데일 때의 값인 듯하다. 아마도 그 까닭은 $t=3$ 이전일 때 매 순간의 속력과 $t=3$ 이후에 이에 대응하는 매 순간의 속력을 평균하면 96이기 때문이다. 정말이지, (3)의 속력들을 살펴보면 0과 192, 16과 176, 32와 160 등등은 각각 평균이 96이다. 달리 말해, $t=3$ 이전의 매 순간(가령, $t=1\frac{1}{2}$)과 $t=3$ 이후의 매 순간(가령, $t=4\frac{1}{2}$)에 대해 평균속력이 96이면, 모든 순간에 대한 평균속력이 96일 것이다. 한 번 더 검사해보면 $t=1\frac{1}{2}$일 때 속력은 48이고 $t=4\frac{1}{2}$일 때 속력은 144이다. 48과 144의 평균은 96이다.

이 주장을 일반화시킬 수 있다. h가 임의의 시간 간격이라고 하자. 그렇다면 $3-h$는 3초 이전의 어떤 순간인데, 공식 (2)에 의해 $t=3-h$인 순간에서 낙하하는 물체의 속력은 $32(3-h)=96-32h$이다. 3초 이후의 어떤 순간인 $t=3+h$인 순간에서 낙하하는 물체의 속력은 $32(3+h)=96+32h$이다. 여기서 알 수 있듯이, $t=3-h$일 때의 속력은 96보다 $32h$가 적고, $t=3+h$일 때의 속력은 96보다 $32h$가 크다. 따라서 이 두 순간에 대한 평균속력은 96이다. 왜냐하면 다음이 성립하기 때문이다.

$$\frac{96-32h+96+32h}{2}=96.$$

물체가 $t=0$에서 $t=3$까지 낙하하는 시간 간격은 $t=3$에서 $t=6$까지의 시간 간격과 동일하며, 게다가 $t=3$에서 양쪽으로 동일하게 벌어져 있는 순간들의 쌍은 96이라는 평균속력을 내놓기에, 6초의 전체 시간 간격에 걸친 평균속력은 96ft/sec이다. 이 평균속력은 총 이동 시간의 절반이 지나서 얻어진다는 사실이 중요하다.

만약 6초 대신에 t초라는 일반적인 값을 사용했다면, 평균속력은 $t/2$초 지나서 얻어진다는 결론이 나왔을 것이다. $v=32t$이므로 0에서부터 t까지의 간격에서 평균속력은 다음과 같이 주어진다.

$$\text{평균속력}=16t.$$

평균속력을 도출하기 위해 사용된 논증은 공식 (2)를 활용하는데, 이는 (1)이 성립할 때에만 옳다. 다른 종류의 운동에서는 평균속력이 $t/2$초에서 얻어진다는 결론을 이용해서는 안 된다. 하지만 가속도가 32가 아니더라도 일정한 값일 때에는 이런 논증이 유효하다.

이제 우리는 t초 동안 낙하하는 물체의 평균속력을 알고 있으므로 낙하 거리를 계산할 수 있다. 평균속력은 물체가 그 속력으로 낙하했다면 t초가 지났을 때 (실제로 낙하한 거리와) 동일한 거리를 주파할 수 있는 일정한 속력이다. 평균속력은 일정한 속력이므로 낙하 거리를 얻으려면 평균속력에 이동 시간을 곱하는 수밖에 없다. 그러면 $16t \cdot t = 16t^2$이므로, t초 후의 낙하 거리를 d로 표시하면, 다음과 같은 새로운 결과가 나온다.

$$d = 16t^2 \tag{4}$$

공식 (4)에 따르면, 가령 3초 후 물체는 16·32, 즉 144피트 낙하했다. 간단한 수학으로 우리는 낙하 물체의 중요한 법칙 하나를 유도해냈다. 이 법칙은 임의의 자유낙하 물체가 t초 후에 이동한 거리를 알려준다.

공식 (2)와 (4)에 간단한 대수를 적용하여 몇 가지 중요한 결과를 도출할 수 있다. (4)의 양변을 16으로 나누어 얻어진 식의 양변에 제곱근을 취하면 다음이 얻어진다.

$$t = \pm\sqrt{\frac{d}{16}}\,.$$

이 결과는 물체가 d피트 낙하하는 데 걸리는 시간을 알려준다. 물론, 두 개의 근(하나는 양의 값이고 하나는 음의 값) 중에서 양의 값만이 물리적 의미를 갖는다. 왜냐하면 우리는 시간이 양의 값이고 낙하 순간에서부터 측정한 물리적 상황을 다루기 때문이다. 따라서 음의 근은 무시하고 다음 결과만 고려할 것이다.

$$t = \sqrt{\frac{d}{16}}\,. \tag{5}$$

만약 물체가 1000피트 낙하하는 데 걸리는 시간을 계산하고 싶다면, 공식 (5)에 그 값을 대입하여 t를 계산하면 된다.

공식 (5)에서 우리는 가장 중요한 결론 하나를 이끌어낼 수 있다. 이 공식은 미국 대통령 이름을 알려주지는 않지만, 그런 건 대수롭지 않다. 그러나 놀랍게도 이 공식은 낙하하는 물체의 무게 또는 다른 어떠한 성질도 문제 삼지 않는다. 즉, 모든 물체는 공기 저항을 무시한다면 특정한 거리만큼 낙하하는 데 동일한 시간이 걸린다. 깃털 하나든 납 한 덩어리든 진공 속에서 특정한 거리를 낙하하는 데 동일한 시간이 걸린다. 바로 이것이 갈릴레오가 피사의 사탑에서 온갖 물체들을 떨어뜨려서 알게 된 사실이었다. 많은 사람들은 이 결론을 받아들이길 여전히 주저한다. 왜냐하면 공기 중에서 낙하하는 물체들을 보면, 가령 깃털이 겪는 공기 저항은 납 덩이가 겪는 공기 저항과 꽤 다르기 때문이다. 분명 실제 관찰에서 알게 된 이런 차이 때문에 아리스토텔레스주의자들은 무거운 물체가 더 빨리 떨어진다는 결론에 이르게 되었으리라.

공식 (5)는 말하자면 공식 (4)를 정리하여 유도되었을 뿐이다. 하지만 갈릴레오의 계획은 기존의 공식들을 결합하여 새로운 지식을 얻는 과정이 포함되어 있었다. 이 과정을 설명하기 위해, (5)에 의해 주어진 t의 값을 택하여 그것을 공식 $v = 32t$에 대입해보자. 그러면 다음 결과가 나온다.

$$v = 32\sqrt{\frac{d}{16}}.$$

여기서 분수의 제곱근은 분자의 제곱근을 분모의 제곱근으로 나눈 값이다. 따라서

$$v = 32\frac{\sqrt{d}}{4} = 8\sqrt{d}. \qquad (6)$$

새로 얻어진 이 공식으로 우리는 낙하하는 물체가 d피트 떨어지면서 얻은 속력을 계산할 수 있다. 이 정보는 공식 (4)와 (5)에 내재되어 있다가 (6)을 내놓게 되는데, 이제 우리는 이전에는 몰랐던 사실을 명확히 알게 되었다. 분명 공식 (6)은 속력이 d의 제곱근에 비례하여 증가함을 알려준다. 반면에 갈릴레오 이전 사람들은 속력이 거리와 정비례하여 증가한다고 믿었다.

연습문제

1. 실제 매질에서 물체를 일정한 속력으로 운동하도록 하려면 힘이 일정하게 가해져야 한다는 아리스토텔레스의 주장은 틀렸는가?
2. 중력이 존재하지 않는다고 가정하자. 어떤 사람이 건물 지붕에서 허공으로 발을 내딛는다. 그는 어떤 운동을 하게 되는가? 중력이 존재한다면 어떤 일이 일어나는가?
3. 자동차 한 대가 59분 동안 시속 10마일의 속력으로 달리다가 1분 동안 시속 50마일의 속력으로 달린다. 평균속력은 얼마인가?
4. 한 물체가 낙하한 지 4초 후의 속력은 얼마인가? 4초 동안의 평균속력은 얼마인가? 어떤 순간에 그 물체는 이 평균속력을 갖게 되는가?
5. 속력과 가속력을 구별하라.
6. 공식 $v=32t$는 v와 t로 표현되는 방정식이라고 볼 수 있다. 따라서 우리는 t값을 가로 좌표로 v값을 세로 좌표로 삼아서 그래프를 그릴 수 있다. 공식 $v=32t$의 곡선을 그려라.
7. 공식 $d=16t^2$을 이용하여, 한 물체가 5초, $6\frac{1}{2}$초, 10초 후의 낙하 거리를 계산하라. 매초마다 낙하 거리는 동일한가?
8. 연습문제 6의 지시 내용을 공식 $d=16t^2$에 적용하라. 그렇게 하여 얻어진 곡선의 이름은 무엇인가?
9. 곡선 $d=16t^2$의 그래프를 그려라. 하지만 수직 축의 아래쪽 방향, 즉 d축을 양의 값으로 삼아라.
10. 유리 닦는 사람이 고층 빌딩의 50층에 있다(거리로부터 500피트 위). 그는 자기가 해 놓은 일이 잘 되었는지 보려고 뒷걸음친다. 이후 이 사람의 행동을 수학적으로 기술하라.
11. 공식 $v=8$를 이용하여 한 물체가 엠파이어스테이트 빌딩 꼭대기에서 떨어져 바닥에 닿을 때의 속력을 계산하라.

12. 속력과 거리 사이의 관계가 $v=8$ 대신에 $v=8d$라면, 낙하 물체의 행동은 어떻게 달라질 것인가?

13. 달의 표면 근처의 한 점에서 떨어지는 물체의 운동을 고려한다고 하자. 달에서도 모든 물체는 일정한 가속도로 지표면으로 떨어지는데, 이 가속도의 값은 5.3ft/sec^{2}이다. 달의 표면으로 떨어지는 물체의 속력과 낙하 거리를 나타내게 하려면 공식 (2)와 (4)를 어떻게 바꾸어야 하는가? 덧붙여 말하자면, 달에는 대기가 없기에 공기 저항은 확실히 무시할 수 있다.

14. 한 물체가 일정한 가속도 a로 떨어진다고 하자. t시간 후에 이 물체의 낙하 속력과 거리를 나타내는 공식은 무엇인가?

15. 공식 (6)은 $d=v^2/64$임을 우선 보여라. 이제 낙하 물체가 88ft/sec의 속력을 얻는다고 가정하자. 이 속력을 얻기 까지 낙하한 거리는 얼마인가?

16. 한 물체가 88ft/sec의 속력으로 직선을 따라 이동하다가 속력이 줄기 시작한다. 즉, 32ft/sec^{2}의 일정한 비율로 감속한다. 속력이 영이 되려면 얼마의 거리를 이동해야 하는가? [힌트: 영이 될 때까지 이동한 거리는 그것이 영의 속력에서 출발하여 32ft/sec^{2}의 가속도로 가속하여 88ft/sec의 속력에 이를 때까지 이동한 거리와 동일하다.]

17. 연습문제 16의 사고방식을 일반화시키면 다음과 같이 말할 수 있다. 한 물체가 v ft/sec의 속력으로 직선을 따라 이동하다가 32ft/sec^{2}의 비율로 속력을 잃으면, 물체가 영의 속력에 도달할 때까지 이동한 거리 $d=v^2/64$이다. 한편, 감속이 11ft/sec^{2}의 비율로 일어난다고 가정하라. 그렇다면 물체가 영의 속력에 도달할 때까지 이동한 거리를 알려주는 공식은 무엇인가?

18. 연습문제 17의 결과를 이용하여 다음 질문에 답하라. 자동차 한 대가 시속 60마일(88ft/sec)의 속력으로 달리고 있다가 브레이크를 밟는다. 브레이크의 작용으로 자동차는 11ft/sec^{2}의 비율로 감속한다. 멈추기까지 자동차는 얼마나 멀리 이동하는가? 이 답은 최상의 도로 조건 하에서라도 시속 60마

일로 달리던 차를 멈추기까지의 최소 이동 거리를 알려준다. 하지만 운전자가 브레이크를 밟을 결심을 하기까지 약 1초가 걸린다. 그 시간에 자동차는 얼마의 거리를 이동하는가?

19. 어떤 사람이 돌을 우물에 던진 후 물이 튀는 소리를 듣는다. 돌을 떨어뜨린 순간부터 그 소리를 듣기까지 $6\frac{1}{2}$초가 지났다. 수면까지의 깊이는 얼마인가? 소리는 1152ft/sec의 속력으로 이동한다고 가정하라.

13.6 아래로 던져진 물체의 운동을 기술하는 공식

지금까지 우리는 단순한 공식이 자유낙하 물체의 운동을 어떻게 기술하는지 살펴보았다. 조금 더 복잡한 공식을 도입하여 갈릴레오는 더 어려운 운동을 공략할 수 있었다. 공을 잡고 있다가 놓는 대신에 아래로 던진다고 해보자. 이제 공은 영의 속력으로 출발하지 않고 손에서 가하는 얼마간의 속력으로 출발한다. 우리가 살펴볼 문제는 이렇다. 이후 공은 어떤 운동을 할 것인가? 더 구체적으로 말하자면, 손이 공에게 96ft/sec의 속력을 준다고 가정하자. 잠시 중력의 작용을 무시하면 공이 96ft/sec의 속력으로 직선을 따라 아래로 계속 이동한다고 말할 수 있다. 이런 주장의 근거는 물론 운동의 제1법칙이다. 하지만 알다시피, 중력이 공에 작용하여 t초 후에 $32t$ ft/sec의 속력을 주게 된다. 두 속력이 동시에 작용하여 공을 아래로 내려가게 만들기 때문에, 공의 전체 속력 v는 다음 공식으로 표현된다.

$$v = 96 + 32t. \tag{7}$$

이 공식을 $v = 32t$와 비교해보자. 공식 (7)의 96은 손이 공에게 준 속력을 나타낸다. 두 공식 모두 t의 일차식이라고 할 수 있다. 독립변수 t가 일차로 나타나 있기 때문이다. 즉, 이 공식에는 $32t^2$이나 $32t^3$ 또는 t의 임의의 차수의 거듭제곱이 아니라 $32t$가 들어 있다. 일차인 공식은 종종 선형 함수라고 불린다. 공식을 나타내는 곡선이 직선이기 때문이다.

t초 후에 공이 낙하한 거리 d에 대한 공식도 얻을 수 있다. 중력이 없다면 공은 t초 후에 $96t$의 거리를 떨어질 것이다. 왜냐하면 손으로 던질 때의 속력인 96ft/sec라는 일정한 속력을 가질 것이기 때문이다. 하지만 동일한 t초 동안 중력이 아래로 끌어당기는 힘을 가하므로 공식 (4)에 따라 공은 $16t^2$ 피트의 거리만큼 낙하한다. 결국 손으로 던진 힘과 중력의 힘이라는 두 힘이 공을 아래로 움직이게 만들므로, t초 후에 공이 낙하한 총 거리 d는 다음과 같다.

$$d = 96t + 16t^2. \tag{8}$$

공식 (8)을 공식 (4)와 비교하면 공식 (8)은 $96t$라는 새로운 항이 들어 있는데, 이것은 공의 낙하 거리에 손의 작용이 이바지한 부분을 나타낸다. 덧붙여 말하자면, 공식 (4)와 (8)은 t의 이차식이다. 독립변수 t가 이차의 거듭제곱으로 표현되기 때문이다. 이러한 함수를 가리켜 이차 함수라고 한다.

연습문제

1. 공을 가만히 놓는 대신에 아래로 128ft/sec의 속력으로 던지면, t초 후에 속력은 더 큰가? t초 후에 낙하 거리는 더 큰가?
2. 128ft/sec의 속력으로 아래로 던져진 공이 t초 후에 얻은 속력과 낙하 거리를 나타내는 공식을 적어라.
3. 공을 아래로 96ft/sec의 속력으로 던진다고 하자. 3초 후에 공의 속력과 낙하 거리는 얼마이며, $4\frac{1}{2}$초 후에는 얼마인가?
4. 공식 (8)에 대하여 이 방정식을 만족하는 좌표들의 점들로 그래프를 그려라. 그렇게 해서 생긴 곡선의 이름은 무엇인가?
5. 12장에서 나온 좌표 변환의 방법을 적용하여 공식 (8)을 그래프로 그려라.

13.7 위로 쏘아올린 물체의 운동에 관한 공식

물리학적으로도 수학적으로도 더욱 흥미로운 한 현상은 공중으로 똑바로 던져진 공의 운동이다. 가령 공을 96ft/sec의 속력으로 위로 던졌다고 하자. 이번에도 다음 질문을 살펴보자. t초 후에 공의 속력과 이동 거리는 얼마인가? 만약 중력을 무시한다면 손의 작용으로 인해 공은 위쪽으로 96ft/sec의 속력으로 출발할 것이고, 운동의 제 1법칙에 따라 그 속력으로 무한정 위쪽으로 계속 이동한다. 하지만 알다시피 중력은 공을 t초 후에 아래로 $32t$ ft/sec의 속력으로 끌어내린다. 손은 공에게 위로 96의 속력을 주고 중력은 공을 아래로 $32t$의 속력을 주므로, t초 후에 공이 가지는 속력 v는 다음과 같다.

$$v = 96 - 32t. \qquad (9)$$

공식 (9)의 마이너스 부호는 중력의 작용에서 생긴 속력이 손에 의해 생긴 속력을 감소시킨다는 사실을 반영하고 있다. 공식 (9)는 공식 (7)과 비교하여 고찰해야 한다.

이제 두 번째 질문을 던져 보자. 공은 얼마나 멀리 이동하는가? 공은 최고 높이까지 위로 이동했다가 다시 떨어지므로, 더 적절한 질문을 던져야겠다. 공은 임의의 시간 t에서 지면으로부터 얼마의 높이에 있는가? 중력이 없다면 공은 96 ft/sec의 일정한 속력으로 계속 위로 운동할 것이다. 따라서 t초에 공은 위쪽으로 $96t$피트에 있을 것이다. 하지만 알다시피 지표면 위에서 움직이는 공은 t초에서 아래로 끌어당기는 중력을 경험하는데, 이로 인한 낙하 거리는 $16t^2$ 피트에 해당한다. 따라서 공이 도달해 있는 거리 d는 다음과 같다.

$$d = 96t - 16t^2. \qquad (10)$$

공식 (9)에서처럼 마이너스 부호는 중력의 작용이 손의 작용을 방해한다는 사실을 반영한다.

이제 우리는 공의 운동에 관한 몇 가지 질문에 답할 수 있다. 경험상으로 알듯이, 공은 어떤 높이에 이르렀다가 다시 땅으로 떨어진다. 공이 얼마나 높이 올라갈까? 공은 위쪽으로 오르는 속력이 점점 줄다가 영이 될 때까지 계속 오를 것이다. 이 사실을 공식 (9)에 사용할 수 있다. 이런 질문을 던져보자. $v=0$이 될 때의 t는 얼마인가? t의 이 특정한 미지의 값을 t_1이라고 표시하자. 그러면 공식 (9)는 다음과 같아진다.

$$0 = 96 - 32t_1.$$

t_1을 찾으려면 이 간단한 방정식을 풀면 된다. 분명 $t_1 = 3$이다.

우리는 공이 최대 높이에 도달할 때까지 걸린 시간을 알아냈지 높이 그 자체를 알아내지는 않았다. 하지만 공식 (10)은 임의의 시간 t에서 공의 높이를 알려준다. (10)에 $t_1 = 3$을 대입하여, 이 순간에 공이 지면으로부터의 높이 d_1을 계산하자. (10)에서 t에 3이라는 값을 대입하면 다음 결과가 나온다.

$$d_1 = 96 \cdot 3 - 16 \cdot 3^2 = 144.$$

그러므로 지면으로부터 공이 올라간 최대 높이는 144피트이다.

알다시피 공은 이 최고 높이에 도달한 후 땅으로 떨어진다. 공이 지면에서부터 최고 높이에 이를 때까지 걸린 시간은 최고 높이에서 지면에 닿을 때까지 걸린 시간과 동일할까? 직관을 확신할 수 있는 사람들은 수학적 추론으로 알아내기 전에 분명 이 질문에 답할 수 있을 것이다.

답을 얻으려면 조금 간접적인 방법을 사용해야만 한다. 운동에 관한 정보는 공식 (9)와 (10)에 들어 있다. 이 두 공식 중에서 (10)이 유용한 정보를 준다. 왜냐하면 공이 이동한 시간과 도달한 거리를 관련짓기 때문이다. 공식 (10)에 관하여 이용할 수 있는 한 가지 정보가 있는데, 뭐냐면 공이 지면에 닿을 때 공의 높이는 영이라는 사실이다. 그러므로 공이 지면에 닿을 때의 시간을 찾아서 이 시간이 어떤 의미를 지니는지 알아보자.

공이 지면에 닿을 때의 t의 값을 t_2라고 표시하자. 그러면 공식 (10)에 의해

$$0 = 96t_2 - 16t_2^2. \tag{11}$$

이제 문제는 t_2의 값을 알아내는 것인데, 이것은 (11)에 따라 이차방정식을 만족한다. 이 방정식을 풀기는 쉽다. 분배 공리를 적용하여 정리하면

$$0 = 16t_2(6 - t_2). \tag{12}$$

이제 (12)의 우변과 좌변이 같아지는 t_2의 값을 찾으면 된다. 분명 $t_2 = 0$일 때 우변의 한 인수가 0이므로 곱은 영이다. 마찬가지로 $t_2 = 6$일 때 곱은 영이다. 따라서 시면에서부터의 높이 d가 영일 때 t의 두 값은 0과 6이다.

왜 값이 두 개일까? 수학적으로 보자면, 두 결과는 우리가 이차방정식을 푼다는 사실에서 기인한다. 물리적으로 보자면, 두 값은 쉽게 이해할 수 있다. 값 $t_2 = 0$은 공이 출발하기 직전의 순간에서 t의 값이며, $t_2 = 6$은 공이 위로 올라갔다가 다시 내려와 땅에 닿는 순간에서 t의 값이다. 당면 문제에서는 두 번째 값이 의미가 있다. 왜냐하면 공이 위로 올라갔다가 내려오기까지 6초가 걸린다는 정보를 알려주기 때문이다. 앞서 보았듯이 공이 최고점까지 올라가는 데 3초가 걸리므로 공이 다시 지면으로 돌아오는 데도 3초가 걸림은 명백하다. 따라서 공이 올라갈 때나 내려갈 때나 똑같은 시간이 든다.

이제 우리는 수학을 이용해 또 하나의 질문에 답을 내놓을 수 있다. 공이 지면에 닿을 때 속력은 얼마인가? 이 속력은 위로 던져 올릴 때의 속력인 96ft/sec와 같을까 클까 적을까? 답은 즉시 알아낼 수 있다. 공식 (9)는 비행 중인 임의의 순간에서 공의 속력이 얼마인지를 알려준다. 공은 $t_2 = 6$인 순간에 지면에 닿는다. (9)의 t에 6을 대입하면 공이 지면에 닿는 순간의 속력 v_2는 다음과 같다.

$$v_2 = 96 - 32 \cdot 6 = -96.$$

그러므로 수학 공식은 지면에 공이 닿을 때의 속력은 96ft/sec임을 알려준다. 이는 공을 위로 던져 올릴 때의 속력과 동일하다. 한 가지를 덧붙이자면, 마이너스 부호는 지면에 닿을 때의 공의 속력은 위로 던질 때의 속력과 방향이 반대임을 알려준다.

연습문제

1. 128ft/sec의 속력으로 위로 던져진 공이 있다. 지면에서의 높이와 이동 시간의 관계를 기술하는 공식은 무엇인가?
2. 공을 160ft/sec의 속력으로 위로 던지면, 지면에서의 높이와 이동 시간의 관계를 나타내는 공식은 $d = 160t - 16t^2$이며, 공의 속력은 다음 공식으로 주어진다.

$$v = 160 - 32t.$$

   a) 4초 후 공의 높이는 얼마인가?
   b) 4초 후 공의 속력은 얼마인가?
   c) 공은 얼마나 높이 올라가는가?
3. 위로 던져진 공의 높이가 $d = 144t - 16t^2$라는 공식으로 결정된다면, $t = 9$일 때 d는 얼마인가? 이 결과를 물리적으로 해석하라.
4. 지면으로부터 공의 높이를 공식 $d = 192t - 16t^2$으로 표현할 수 있다면, 4초 후 공의 높이는 512ft이며, 8초 후 높이 또한 512ft이다. 이를 증명하고 4초가 지났는데도 높이가 똑같다는 이유를 설명하라.
5. 1000ft/sec의 속력으로 발사되는 총을 수직 위로 쏘았다면, 총알은 얼마나 높이 올라가는가?
6. 공을 100피트 높이의 건물 꼭대기에서 자유낙하시킨다고 하자. d는 지면에서부터 공까지의 높이를 나타내고 t는 공이 낙하하는 순간부터 측정한

이동 시간을 나타낸다. d와 t로 운동의 공식을 적어라.

7. 사람이 달에서 지낼 준비를 하려면 다음 질문을 고려해보아야 할지 모른다. 공을 달 표면에서 위쪽으로 96ft/sec의 속력으로 던진다고 하자. 공은 얼마나 높이 오르고 최대 높이에 이르기까지 걸리는 시간은 얼마인가? 지구에서는 가속도가 32ft/sec^{2}이지만 달에서는 5.3ft/sec^{2}임을 유의하라.
8. 공중으로 곧바로 쏘아올린 총알이 60초 후에 땅으로 되돌아온다고 하자. 초기 속력은 얼마인가? [힌트: 공식 (10)을 이용하라. 하지만 공식 (10)에서는 초기 속력이 96이지만, 지금 문제에서는 알려져 있지 않다.]
9. 로켓을 곧바로 공중으로 발사했더니 50마일 높이에서 속력이 시속 300마일이다. 연료가 고갈되었기에 로켓은 더 이상의 가속을 받지 못한다. 로켓의 이후 운동을 기술하는 공식을 적어라. [힌트: 50마일 지점을 높이의 원점으로 삼고 로켓이 그 높이에 이른 순간을 시간의 원점으로 삼을 수 있다.]
10. 건물 옥상에서 96ft/sec의 속력으로 공을 위로 던진다. 옥상으로부터 공이 위치한 곳까지의 높이를 시간의 함수로 나타내는 공식을 적어라.
11. 연습문제 10의 데이터 및 옥상이 지면에서 112피트라는 사실을 이용하여 공이 다시 지면에 닿기까지의 시간을 구하라.

복습문제

아래 문제들은 전부 단위가 피트와 초이다.

1. 지구 표면 근처에서 자유낙하한 물체는 t초 후에 $v=32t$의 속력을 얻는다. t가 아래와 같을 때 v를 계산하라.

   a)7　　b)$2\frac{1}{2}$　　c)$3\frac{1}{2}$　　d)$4\frac{3}{4}$　　e)9

2. 낙하하는 물체가 t초 후에 $v=32t$의 속력을 갖는다. 아래 속력을 얻기까지 걸리는 시간은 얼마인가?

   a) 128　　b) 160　　c) 400　　d) 16

3. 한 물체가 $v = 32t$라는 공식에 따라 속력을 얻는다면, 아래 시간 동안의 평균속력은 얼마인가?

   a) 낙하 후부터 5초 동안

   b) 낙하 후부터 8초 동안

4. 한 물체가 공식 $v = 32t$에 따라 속력을 얻는데, 우리는 낙하 후부터 8초 동안의 평균속력을 계산하길 원한다. $t = 7$일 때의 속력과 $t = 8$일 때의 속력을 평균하는 데 본문의 논증을 (적절히 수정하여) 이용할 수 있는가?

5. 한 물체가 32 ft/sec^2 대신에 g ft/sec^{2}의 일정한 가속도로 자유낙하하고 있다. 낙하 속력과 시간을 관련짓는 공식은 무엇인가?

6. 한 물체가 $g$ft/sec^{2}의 일정한 가속도로 자유낙하하고 있다. 그렇다면 t초 후에 물체의 속력 $v = gt$ ft/sec이다. 본문에 나온 내용, 즉 가속도가 32ft/sec이며 평균속력이 $16t$라는 주장을 가속도가 g인 경우에도 유추해서 적용해도 된다고 볼 수 있다. 정말 그렇다고 가정하자. 그렇다면

   a) 낙하 시간 t초 동안의 평균속력은 얼마인가?

   b) t초 후에 낙하한 거리는 얼마인가?

7. 한 물체를 지구 표면 근처에서 자유낙하시키면, t초 후에 $d = 16t^2$의 거리만큼 떨어진다. t가 아래와 같을 때 d를 계산하라.

   a)4 b)7 c)$3\frac{1}{2}$ d)$3\frac{3}{4}$ e)$5\frac{1}{4}$

8. 한 물체가 공식 $d = 16t^2$에 따라 낙하하면, d가 아래와 같을 때 t는 얼마인가?

   a)64 b)96 c)144 d)200 e)169

9. 한 물체를 지구 표면 근처의 한 점에서 아래로 초기 속력 64ft/sec로 던지면, t초 후에 물체의 속력은 공식 $v = 64 + 32t$이다. t가 아래와 같을 때 속력을 계산하라.

   a)3 b)$3\frac{1}{2}$ c)5 d)$5\frac{1}{4}$ e)7.

10. 한 물체가 $v = 64 + 32t$라는 공식에 따라 속력을 얻는다면, 아래 속력을 얻는

데 걸리는 시간은 얼마인가?

a) 96 b) 100 c) 300 d) 150

11. 낙하 물체의 일정한 가속도가 g ft/sec2이고 그 물체가 아래로 100ft/sec의 속력으로 던져졌다고 하자. 다음을 표현하는 공식을 추측하라.

a) t초 후에 얻은 속력

b) t초 후에 낙하한 거리

12. 한 물체가 $d = 128t + 16t^2$에 따라 t초 후에 d만큼 낙하한다고 하자. 다음 거리(ft)만큼 떨어지는데 걸리는 시간은 얼마인가?

a) 320피트 b) 768피트 c) 304피트 d) 156피트

13. 낙하 물체의 일정한 가속도가 g ft/sec^{2}이며 그 물체를 초기 속력 128ft/sec로 위로 던진다고 하자. 다음을 나타내는 공식을 추측하라.

a) t초 후에 얻은 속력

b) t초 후에 지면으로부터의 높이

14. 한 물체의 지면으로부터의 높이가 공식 $d = 96t - 16t^2$에 의해 정해진다면, 그 물체는 t가 다음과 같을 때 얼마나 높이 있는가?

a)3 b)$2\frac{1}{2}$ c)5 d)$5\frac{1}{2}$?

15. 한 물체의 지면으로부터의 높이가 공식 $d = 96t - 16t^2$에 의해 정해진다. $t =$ 7일 때 물체의 높이를 계산하라. 이 결과의 물리적 의미는 무엇인가?

16. 200피트 높이의 한 건물 옥상에서 어떤 물체를 위로 던지는 데 옥상으로부터 물체의 높이는 $d = 96t - 16t^2$에 의해 정해진다. 그렇다면 $t = 7$일 때 물체의 높이는 얼마인가? 이 결과의 물리적 의미는 무엇인가?

17. 임의의 행성, 태양 또는 달의 표면 근처에서 자유낙하하는 임의의 물체의 가속도가 일정하다고 믿을 이유가 있다면, 이 장의 수학을 이런 물체들의 표면 근처에서 일어나는 운동에 유추 적용할 수 있는가?

더 살펴볼 주제

1. 갈릴레오의 과학적 업적
2. 하위헌스의 과학적 업적
3. 십칠 세기 과학에서 실험적 연구의 중요성 대 기본 원리들로부터 수학적 연역의 중요성을 비교하라.
4. 프랜시스 베이컨이 옹호한 과학적 개념

권장 도서

Bell, A. E.: *Christian Huygens and the Development of Science in the Seventeenth Century*, Edward Arnold and Co., London, 1947.

Bonner, Francis T. and Melba Phillips: *Principles of Physical Science*, pp. 37-65, Addison-Wesley Publishing Co., Inc., Reading, Mass., 1957.

Burtt, E. A.: *The Metaphysical Foundations of Modern Physical Science*, 2nd ed., Chaps. 1 through 6, Routledge and Kegan Paul Ltd., London, 1932.

Butterfield, Herbert: *The Origins of Modern Science*, Chaps. 4 through 7, The Macmillan Co., New York, 1951.

Cohen, I. Bernard: *The Birth of a New Physics*, Chap. 5, Doubleday and Co., Anchor Books, New York, 1960.

Crombie, A. C: *Augustine to Galileo*, Chap. 6, Falcon Press Ltd., London, 1952. Also in paperback under the title: *Medieval and Early Modern Science*, 2 vols., Doubleday and Co., Anchor Books, New York, 1959.

Dampier-Whetham, Wm. C. D.: *A History of Science and Its Relations with Philosophy and Religion*, Chap. 3, Cambridge University Press, London, 1929.

Farrington, Benjamin: Francis Bacon: *Philosopher of Industrial Science*, Henry Schuman, Inc., New York, 1949.

Galilei, Galileo: *Dialogues Concerning Two New Sciences*, pp. 147-233, Dover Publications, Inc., New York, 1952.

Holton, Gerald and Duane H. D. Roller: *Foundations of Modern Physical Science*, Chaps. 1, 2, and 13 through 15. Addison-Wesley Publishing Co., Inc., Reading, Mass., 1958.

Kline, Morris: *Mathematics and the Physical World*, Chaps. 12 and 13, T. Y. Crowell Co., New York, 1959. Also in paperback, Doubleday and Co., New York,1963.

Moody, Ernest A.: "Galileo and Avempace: Dynamics of the Leaning Tower Experiment," an essay in Philip P. Wiener and Aaron Noland: *Roots of Scientific Thought*, Basic Books, Inc., New York, 1957.

Randall, John Herman, Jr.: *Making of the Modern Mind*, rev. ed., Chaps. 9 and 10, Houghton Mifflin Co., Boston, 1940.

Sawyer, W. W.: *Mathematician's Delight*, Chaps. 8 and 9, Penguin Books Ltd., Harmondsworth, England, 1943.

Smith, Preserved: *A History of Modern Culture*, Vol. I, Chap. 6, Henry Holt & Co., New York, 1930.

Strong, Edward W.: *Procedures and Metaphysics*, University of California Press, Berkeley, 1936.

Taylor, Henry Osborn: *Thought and Expression in the Sixteenth Century*, 2nd ed., Vol. II, Chaps. 30 through 35, The Macmillan Co., New York, 1930.

Taylor, Lloyd Wm.: *Physics, The Pioneer Science*, Chaps. 3 through 7, Dover Publications, Inc., New York, 1959.

Whitehead, Alfred N.: *Introduction to Mathematics*, Chaps. 2 through 4, Holt, Rinehart and Winston, Inc., New York, 1939.

Whitehead, Alfred N.: *Science and the Modern World*, Chap. 3, Cambridge University Press, London, 1926.

Wolf, Abraham: *A History of Science, Technology and Philosophy in the 16th and 17th Centuries*, 2nd ed., Chap. 3, George Allen and Unwin Ltd., London, 1950. Also in paperback.

14
매개변수 방정식과 곡선 운동

이제 나는 두 가지 운동, 즉 하나는 등속 운동이며 다른 하나는 자연스럽게 가속되는 운동으로 이루어진 물체에 속하는 성질들을 설명하고자 한다. 알 만한 가치가 충분한 이 성질들을 엄밀한 방법으로 증명하고자 한다.

갈릴레오

14.1 들어가며

이전 장에서 보았듯이, 간단한 함수를 이용하여 물리적 원리를 표현할 수 있으며 함수를 기호로 표현한 공식에 대수를 적용하여 새로운 물리적 지식을 얻을 수 있다. 그렇다면 우리는 과학 문제를 일반적으로 다루는 수학적 과정, 특히 함수의 폭넓은 의미와 유용성을 어느 정도 인식하게 되었다. 하지만 아직은 함수의 수학적 영역을 완전히 파악하지도 못했으며 함수의 진정한 위력을 깨닫게 해줄 응용문제들을 충분히 살펴보지도 못했다.

이번 장에서는 함수의 사용을 조금 더 확장시킬 것이다. 13장에서는 낙하 물체가 얻는 가속도와 속력과 이동 거리를 각각의 물리적 양에 대해 하나의 공식을 사용하여 표현했다. 그리하여 직선 경로를 따른 운동을 연구할 수 있었다. 이제는 곡선 경로를 따르는 운동을 살펴볼 것인데, 가령 날아가는 비행기에서 낙하한 물체의 운동이나 대포에서 발사된 발사체의 운동이 그런 예다. 곡선 운동 현상의 기본 원리를 간파해낸 사람도 역시 갈릴레오다. 갈릴레오는 직선 상의 운동을 다루었던 바로 그 책인 『두 가지 새로운 과학에 관한 대화』에서 이 운동의 개념과 이를 수학적으로 어떻게 다룰지를 세상에 소개했다. 곡선 운동을 조사하는 갈릴레오의 목적은 대포알 또는 발사체 일반의 행동을 연구하는 것이었다. 십사 세기에 발명된 대포는 갈릴레오 시대에는 성능이 매우 향상되어서 아주 먼 거리까지 발사체를 날릴 수 있었다. 하지만 발사체 운동의 이론은 갈릴레오의 연구가 나오기 전에는 잘 알려져 있지 않았다. 왜냐하면 수학자들과 물리학자들은 아리스토텔레스의 운동 법칙을 적용하려고 시도했는데, 이 법칙들이 옳지 않았기 때문이다.

갈릴레오가 다루었던 문제들, 가령 대포알의 운동은 안타깝게도 이후의 세기에서도 중요성을 잃지 않았다. 사실 그런 문제들은 우리 시대에서 더욱 흔해지고 더욱 복잡해졌다. 왜냐하면 날아가는 비행기에서 투하된 폭탄의 운동, 수천 킬로미터를 날아갈 수 있는 무시무시한 발사체의 경로 그리고 현대 "문명"의 유사한 문제들과 같은 현상은 갈릴레오가 제시한 방법의 영향력 안에 속하기 때문이다. 하지만 갈릴레오의 연구 업적이 지닌 가치는 죽음과 파괴의 영역에만 국한되지 않는다. 그의 연구 결과를 들어 수학의 위력을 입증하는 것과는 별도로, 우리는 한 장을 할애하여 발사체 운동에 관한 갈릴레오의 개념들이 어떻게 확장되는지 살펴본다. 그 개념들은 뉴턴의 손에 들어가서 결국에는 우리 문명이 이룩한 과학의 가장 위대한 발전으로 이어졌다.

14.2 매개변수 방정식의 개념

바위 꼭대기 O에서 돌을 수평으로 던진다고 하자(그림 14.1). 경험상 알고 있듯이 돌은 휘어지며 아래로 떨어지면서 곡선 경로 OAB를 따른다. Y축 양의 방향을 아래쪽으로 잡는 좌표축의 집합을 도입하면, 좌표기하학에서 배운 대로 이 곡선은 하나의 방정식으로 표현할 수 있다. 명확한 설명을 위해 이 방정식이 $y=x^2$이라고 하자. 그리고 12장의 방정식 (9)로부터 이 경로가 아래쪽으로 열린 포물선의 일부임을 알 수 있다. 물론 $y=x^2$은 x가 변할 때 y가 어떻게 변하는지를 알려주는 공식이다. 즉 x와 y 사이의 직접적인 관계를 알려주는 공식이다.

돌이 휘어지면서 아래로 떨어질 때, 공이 점 O에서부터 이동하는 수평 거리와 수직 거리는 시간에 따라 계속 변한다. 가령 점 A일 때, 이동한 수평 거리는 3이다. 그리고 $y = x^2$이므로 수직 거리는 9이다. 점 B에 있을 때, 수평 거리는 4일지 모르며, 이 경우 수직 거리는 16이다.

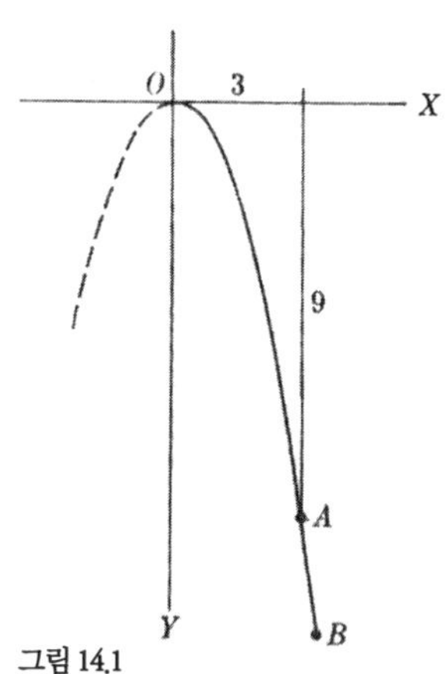

그림 14.1
바위 꼭대기 O에서 수평으로 던진 돌의 운동 경로

x와 y 사이의 직접적인 관계식은 유용할 때가 많지만, 물체가 운동할 때의 시간이 빠져 있다. 물체가 이동한 수평 거리와 시간 사이의 관계 및 수직 거리와 시간 사이의 관계를 알려주는 방정식을 우리는 이용하고 싶을지 모른다. 당분간 돌이 3ft/sec의 속력으로 수평으로 이동한다고 가정하자. 그렇다면 수평 거리와 시간 사이의 관계는 $x = 3t$이다. $y = x^2$이므로, 이를 t로 나타내면 $y = (3t)^2$ 즉 $y = 9t^2$이다.

여기서 두 방정식

$$x = 3t, \quad y = 9t^2, \tag{1}$$

을 곡선 OAB의 매개변수 방정식이라고 한다. 단일 방정식 $y = x^2$과 마찬가지로 곡선 OAB를 기술하는 방정식이다. 다만 우리가 매개변수 방정식을 어떻게 이용할지 이해하고 있다면 말이다. t의 각 값에 대해 방정식 (1)은 x의 값과 y의 값을 알려준다. t의 동일한 값에 대응하는 x와 y의 이 값들은 곡선 OAB 상의 한 점의 좌표들이다. 가령 $t = 1$일 경우, $x = 3$이고 $y = 9$이다. 그렇다면 (3, 9)는 앞서 논의했던 곡선 상의 한 점, 가령 점 A의 좌표이다. $t = \frac{4}{3}$일 경우, $x = 4$이고 $y = 16$이며, (4, 16)은 점 B의 좌표이다.

또한 두 공식 $x = 3t$와 $y = 9t^2$은 단일 공식 $y = x^2$과 등가라고 말할 수 있다. 곡선의 방정식이라고 부르든 공식이라고 부르든 상관이 없다. 공식이라는 용어는 변화의 개념을 강조한다. 왜냐하면 공식은 변수들 사이의 관계이기 때문이다. 어느 한 변수가 변할 때 다른 변수에게 어떤 일이 생기는지 알아보게 해주는 것이 공식이다. 한편 곡선은 전체로서 주어지며 변화의 개념은 적절하지 않을지 모른다. 이러한 측면을 다룰 때에는 곡선의 방정식으로 여기는 편이 낫다.

(1)의 두 공식이 단일 방정식 $y=x^2$과 완전히 등가라면, 왜 굳이 하나 대신에 두 공식을 다루는가? 두 가지 이유가 있다. (1) 물리적 원리들로부터 논의를 진행할 때, 특정한 현상을 매개변수 방정식으로 표현하기가 더 쉬울 때가 많다. (2) 매개변수 방정식을 다루면 현상을 연구하기가 더 쉽다. 다음 몇 절을 살펴보면 매개변수 표현이 유용함을 알 수 있을 것이다.

수학적인 세부사항이 하나 더 있다. 한 운동을 기술하는 매개변수 공식을 찾아서 x와 y의 직접적인 관계를 알아내고 싶다고 하자. 그렇게 할 수 있을까? 물론이다. 가령, $x=3t$이고 $y=4t^2$이 매개변수 방정식이라면, 첫 번째 공식을 t에 대해 풀면 $t=x/3$이다. 이 t 값을 $y=4t^2$에 대입하면 다음을 얻는다.

$$y=4\left(\frac{x}{3}\right)^2, \quad \text{또는} \quad y=4\left(\frac{x^2}{9}\right), \quad \text{또는} \quad y=\frac{4x^2}{9}.$$

이것이 x와 y의 직접적인 관계식이다.

연습문제

1. 한 현상을 표현하는 매개변수 공식이 $x=2t$이고 $y=3t$라면, x와 y의 직접적인 관계식은 무엇인가? 매개변수 공식이나 직접적인 관계식은 어떤 곡선을 나타내는가?
2. 매개변수 공식이 $x=4t$이고 $y=5t^2$이라면, x와 y의 직접적인 관계식은 무엇

인가? 직접적인 관계식은 어떤 곡선을 나타내는가?

3. 매개변수 공식이 $x = 2t$이고 $y = 10t + 4t^2$이라고 하자. x와 y의 직접적인 관계식은 무엇이며 어떤 곡선을 나타내는가?
4. $x = 3t$이고 $y = (\frac{4}{3})t$가 한 곡선의 매개변수 방정식이라고 하자. 매개변수 방정식만을 이용하여 곡선을 그려라.

14.3 비행기에서 떨어뜨린 발사체의 운동

이제 매개변수 공식이 물리 현상의 연구에 어떻게 쓰이는지 그리고 현상에 관해 새로운 정보를 연역해내는 데 어떻게 유용하게 활용되는지 알아보자. 수평 방향으로 (비현실적인 수치이지만 계산상의 편의상 선택된) 시속 60마일의 속력으로 나는 비행기에서 폭탄이 하나 방출된다고 가정하자. 중력이 없다면 폭탄은 비행기가 나아가는 방향으로 시속 60마일의 속력으로 계속 운동할 것이다. 놀라운 사실이지만, 이는 운동의 제1법칙의 당연한 결과이다. 앞서 보았듯이 이 법칙에 의하면, 한 물체가 운동하고 있고 그 운동을 바꾸기 위해 다른 힘이 가해지지 않으면, 그 물체는 원래 갖고 있던 속력으로 무한정 계속 운동한다. 폭탄은 비행기와 함께 운동하고 있었기에 이미 시속 60마일의 수평 속도를 이미 지니고 있다. 폭탄에 작용하는 다른 힘이 존재하지 않기에 폭탄은 그 속력으로 계속 앞으로 나아갈 것이라고 우리는 가정했다. 방금 한 말을 조금 더 이해하기 쉽게 해줄 낯익은 비슷한 상황들이 많이 있다. 가령, 한 사람이 시속 60마일의 속력으로 달리는 자동차에 타고 있는데 운전자가 갑자기 브레이크를 건다고 가정하자. 그러면 자동차의 운동은 억제되지만 승객의 운동은 그렇지 않기에 계속 앞으로 60마일의 속력으로 나아간다. 적어도 앞 유리창에 부딪히기 전까지는.

다시 비행기에서 떨어뜨린 폭탄의 운동을 살펴보자. 우리는 중력이 작용하지 않고 있다고 가정했다. 하지만 실제로는 작용하고 있으므로, 폭탄이 앞으로 나아가는 것과 동시에 중력이 폭탄을 아래로 끌어당겨 결과적으로 곡선 경로를 만든다. 여기서 갈릴레오는 발사체 운동에 적용할 발견을 한 가지 해냈다. 즉, 수평 운동과 수직 운동을 마치 두 가지가 별도로 일어나고 있는 듯이 연구할 수 있으며, 임의의 순간에 폭탄의 위치는 그것의 수평 이동거리와 수직 이동거리를 찾아내어 알아낼 수 있다는 발견이었다. 이 개념은 갈릴레오 시대에는 새롭고 급진적이었다. 아리스토텔레스는 한 운동이 다른 운동에 간섭을 일으키므로 임의의 특정한 시간에 오직 한 운동만이 가능하다고 주장했다. 가령 아리스토텔레스라면 이렇게 말했을 테다. 폭탄을 비행기에서 이탈시키는 과격한 운동은 그 작용력이 소진되기 전까지는 계속 지속되다가, 이후에는 아래로 향하는 자연스러운 운동이 일어나 폭탄을 아래로 곧장 떨어뜨린다고.

아무튼 갈릴레오의 운동 해석 방법을 적용해보자. 폭탄은 시속 60마일, 즉 초속 88피트의 일정한 속력으로 수평으로 운동한다. 폭탄을 비행기에서 떨어뜨린 순간부터 시간을 재고 아울러 폭탄을 떨어뜨린 점에서의 수평 거리를 재면, t초 후에 폭탄이 이동한 수평 거리 x는 다음 공식으로 주어진다.

$$x = 88t. \qquad (2)$$

이 공식은 수평 운동을 기술한다.

갈릴레오에 따르면, 아래쪽의 수직 운동은 마치 수평 운동과 독립적인 듯이 일어난다. 하지만 수직 운동은 오직 중력으로 인한 것인데, 알다시피 중력의 작용으로 영의 속력으로 낙하한 물체는 t 초 후에 $16t^2$의 거리만큼 이동한다. 따라서 y가 폭탄을 떨어뜨린 지점에서 아래쪽 방향의 거리를 나타낸다면, 다음 식이 얻어진다.

$$y = 16t^2 \qquad (3)$$

공식 (2)와 (3)은 함께 전체 운동을 기술한다. 여기서 보면, 수평 이동 거리와 수직 이동 거리 x, y는 제 삼의 변수 t에 의해 주어진다. 사실 두 공식은 해당 운동에 대한 매개변수 방정식이다. 폭탄이 그리는 경로를 그래프로 그리려면 두 방법 가운데 어느 하나를 택하면 된다. 가령 $t=0$, 1, 2, 3 등 여러 t의 값을 선택하여 그 각각에 대한 x와 y의 값을 계산할 수 있다. 가령 $t=1$일 때 $x=88$이고 $y=16$이므로 (88, 16)은 곡선 상의 한 점의 좌표이다. 그런 좌표의 집합을 많이 계산하면 곡선의 형태가 어떤지 가늠할 수 있다.(그림 14.2).

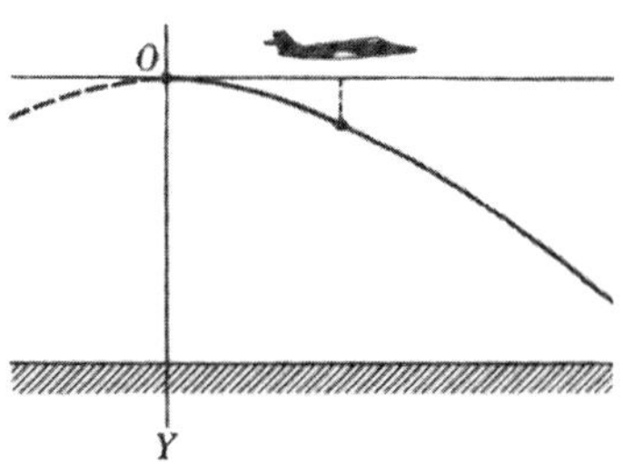

그림 14.2
수평으로 날고 있는 비행기에서 방출된 폭탄의 경로

또는 두 번째 방법, 즉 x와 y의 직접적인 관계식을 사용해도 된다. t에 대해 방정식 (2)를 풀면 $t=x/88$이다. 이 방정식을 (3)의 t에 대입하면 다음 식이 나온다.

$$y=16\left(\frac{x}{88}\right)^2 \quad \text{또는} \quad y=\frac{x^2}{484}. \tag{4}$$

12장의 공식 (9)를 통해 알고 있듯이 이 곡선은 포물선이다. 곡선과 방정식에 대한 지식을 동원해서 우리는 이 곡선이 포물선임을 알아냈다. 만약 우리가 방정식 (4)의 곡선에 익숙하지 않았다면, 방정식을 해석하거나 아니면 (4)를 만족하는 좌표들의 집합을 그려서 곡선을 결정해야 했을 것이다. 달리 말해서 우리는 좌표기하학의 문제와 마주치게 되었을 것이다.

그런데 포물선의 일부분만이 물리적으로 관심거리라는데 주목해야 한다. 포물선 전체는 Y축의 오른쪽과 왼쪽 양 방향으로 뻗어간다. 하지만 오직 오른쪽 부분, 즉 양의 x값에 대응하는 절반만이 폭탄의 운동을 나타낸다. 그리고 수학적으로 보자면 아래쪽으로 무한정 뻗어가는 이 오른쪽 절반에서 하나의 호, 즉 O로부터 지면에까지 이어진 호만이 물리적으로 관심거리이다.

이제껏 배웠듯이, 수평으로 이동하는 비행기에서 떨어뜨린 폭탄의 경로는 포물선 가운데 한 호이다. 이제 수학을 이용해 폭탄 또는 일반적으로 바깥쪽 및 아래쪽으로 운동하는 물체의 운동에 관해 더 많은 정보를 유도할 수 있는지 알아보자. 두 비행기가 각각 시속 60마일과 120마일의 속력으로 수평으로 날고 있다고 하자. 각 비행기는 동일한 순간에 동일한 지점에서 폭탄을 떨어뜨린다. 이 두 폭탄 중에 어느 것이 지면에 빨리 닿을까? 독자는 수학을 이용하기에 앞서 자신의 직관을 이용하여 질문에 답하려고 시도해도 좋을 것이다.

두 폭탄 모두 지면에 닿으려면 동일한 수직 거리만큼 떨어져야 한다. 수직 운동은 수평 운동과 독립적이며 공식 (3)에 의해 정해진다. 따라서 이 공식이 두 폭탄에 적용된다. 땅에 닿을 때 y의 값은 두 폭탄에 모두 동일할 것이다. 따라서 t의 값도 두 폭탄에 대해 동일할 것이다. 즉, 두 폭탄은 동시에 지면에 닿는다.

두 비행기의 속력의 차이는 운동에 어떤 영향을 미칠까? 시속 60마일로 나는 비행기는 폭탄에 시속 60마일, 즉 초속 88피트의 수평 속력을 주며, 시속 120마일로 나는 비행기는 폭탄에 시속 120마일, 즉 초속 176피트의 수평 속력을 준다. 따라서 두 폭탄은 서로 다른 수평 속력으로 운동하며, 동일한 시간 t 후에 두 번째 폭탄이 첫 번째 폭탄보다 더 멀리 이동한다. 그러므로 두 번째 폭탄의 경로 *OCD*는 첫 번째 폭탄이 이동한 경로 *OAB*보다 더 넓은 포물선이 된다(그

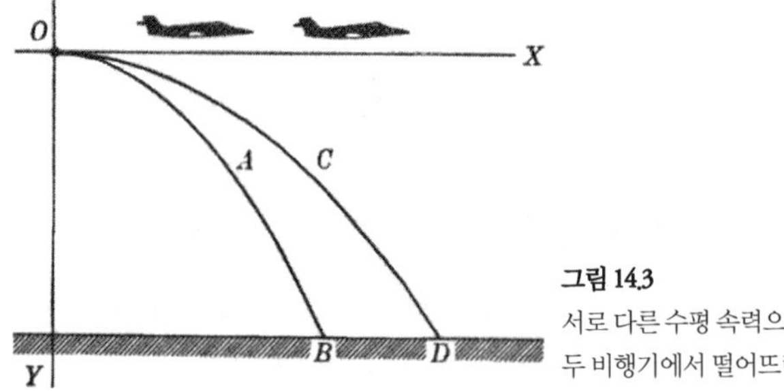

그림 14.3
서로 다른 수평 속력으로 날고 있는
두 비행기에서 떨어뜨린 두 폭탄의 경로

림 14.3).

연습문제

1. 중력이 없다고 가정하고, 수평 방향으로 시속 100마일의 속력으로 날아가는 비행기에서 한 물체를 떨어뜨린다고 하자. 이 물체의 운동을 기술하라.
2. 수평 방향으로 시속 100마일의 속력으로 나는 비행기에서 한 물체를 떨어뜨리고 수평 방향으로 시속 200마일로 나는 비행기에서 또 한 물체를 떨어뜨린다. 두 비행기는 동일한 고도에 있다. 두 물체가 지면에 닿을 때까지 걸리는 시간을 비교하라. 어떤 원리가 적용되는가?
3. 500피트 높이의 벼랑에서 돌이 수평 방향으로 100ft/sec의 속력으로 던져진다. 돌이 지면에 닿을 때까지 걸리는 시간은 얼마인가? 돌이 지면에 닿을 때까지 이동한 수평 거리는 얼마인가?
4. 2000ft/sec의 속력으로 수평으로 날고 있는 비행기에 장착된 총에서 비행기의 운동 방향으로 1000ft/sec의 초기 속력으로 총알이 발사된다. 지면에 대한 총알의 수평 속력은 얼마인가?
5. 수평으로 발사된 총알이 300피트 떨어진 벽의 한 점에 명중한다. 그 점은 총알이 발사된 높이보다 1피트 아래에 있다. 총알의 수평 속력은 얼마인가?
6. 비행기가 1마일 고도에서 300ft/sec의 속력으로 수평 방향으로 날고 있다. 지상의 특정한 한 점을 맞추려면 조종사는 어디에서 (목표물로부터 얼마나 떨어진 수평 거리에서) 폭탄을 투하해야 하는가?
7. 200ft/sec의 속력으로 수평으로 나는 비행기가 폭탄을 투하하고 나서 계속 똑 같은 속력으로 수평으로 날아간다. 폭탄이 지면에 닿을 때 비행기는 폭탄에 대하여 어디에 있는가?

14.4 대포가 발사한 발사체의 운동

비행기에서 떨어뜨린 폭탄의 운동을 다루기 위해 도입한 수학을 조금 확장하면 지면에서 얼마의 각도로 기울어진 대포에서 쏜 발사체의 운동을 다룰 수 있다. 바로 이 문제를 갈릴레오는 십칠 세기에 연구했다. 이러한 운동에서 비롯되는 다양한 문제들을 수학이 얼마나 깔끔하게 답하는지 살펴보자.

지면과 30°의 각도로 기울어진 대포가 1000ft/sec의 속도*로 포탄을 발사한다고 하자 (그림 14.4). 포탄의 운동은 어떻게 되는가? 비슷한 각도에서 던져진 공에서 경험한 내용이나 직관을 통해 우리는 포탄이 곡선을 따라 위로 올라가다가 다시 내려옴을 알고 있다. 이런 정성적인 지식은 물론 운동에 관한 중요한 질문에 답할 만큼 충분하지 않다.

포탄의 초기 속도는 지면과 30°의 각도를 이루는 방향이다. 포탄의 운동을 다루려면 수평 운동과 수직 운동을 별도로 고려하는 편이 수학적으로 간단하다. 즉 매개변수 공식을 얻는 것이 좋다. 이 목적을 위해 포탄의 수평 속도와 수직 속도를 알아야만 한다.

포탄이 발사된 OR 방향으로 1초 동안 이동한다고 가정하자. 그 시간 동안 포탄은 수평으로 얼마나 멀리 이동하며 수직으로는 얼마나 멀리 이동하는가? R에서 X축 상에 수직선을 내리고 R에서 Y축 상에 수직선을 내리자. 이어서 길

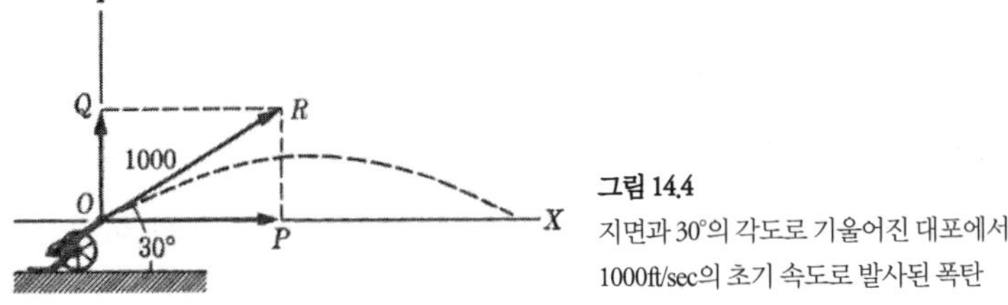

그림 14.4
지면과 30°의 각도로 기울어진 대포에서 1000ft/sec의 초기 속도로 발사된 폭탄

* 속력과 속도라는 용어는 종종 구별 없이 사용된다. 하지만 속도라는 용어는 속력의 크기와 더불어 방향도 함께 고려하는 개념이다.

이 OP와 OQ를 각각 알아내자. 길이 OP는 포탄이 1초 동안 이동한 수평 거리이며 길이 OQ는 포탄이 1초 동안 이동한 수직 거리이다. OP와 OQ는 1초 동안 이동한 거리이므로 각각 수평 속도와 수직 속도를 나타낸다.

그렇다면 수평 속도와 수직 속도가 OP와 OQ이다. 그 크기는 얼마인가? 그림 14.4에서 보면

$$\cos 30° = \frac{\overline{OP}}{1000}$$

또는

$$\overline{OP} = 1000 \cos 30° = 1000(0.8660) = 866 \text{ ft/sec.}$$

마찬가지로

$$\sin 30° = \frac{\overline{PR}}{1000}$$

또는

$$\overline{PR} = 1000 \sin 30° = 1000(0.5000) = 500\text{ft/sec.}$$

$\overline{PR} = \overline{OQ}$이므로 포탄의 수평 속도와 수직 속도는 각각 866ft/sec와 500ft/sec이다.

이제 우리는 수평 운동과 수직 운동을 독립적으로 다룰 수 있다는 물리적 사실을 활용한다. 수평 운동부터 시작하자. 포탄은 866ft/sec의 초기 수평 속도를 가지며 수평 운동을 가속시키거나 감속시키는 어떤 힘도 작용하지 않는다. 따라서 포탄은 866ft/sec의 일정한 속력으로 계속 수평으로 이동할 것이며, t초 후에 포탄이 이동한 수평 거리 x는 다음과 같다.

$$x = 866t. \tag{5}$$

다음으로 포탄의 수직 운동을 살펴보자. 중력으로 인해 포탄은 아래쪽으로 32ft/sec^{2}의 일정한 가속도를 받는다. 위쪽 방향을 양의 값으로 삼았기에 아래쪽 방향의 가속은 다음과 같이 적어야 한다.

$$a = -32. \tag{6}$$

t초 후에 얻은 아래쪽 방향의 속도는 $-32t$이다. 하지만 포탄은 위쪽 방향의 초기 속도 500ft/sec를 갖는데, 이것은 운동의 제1법칙에 의해 중력에 영향을 받지 않고 무한히 지속된다. 순(net) 속도 v는 다음과 같다(13.7절과 비교하라).

$$v = -32t + 500. \tag{7}$$

임의의 시간 t 후에 위쪽으로 이동한 거리를 알기 위해 이전 장에서와 동일한 추론을 사용한다. 500ft/sec의 속도만이 작용하고 있다면 t초 후에 위쪽으로 이동한 거리는 $500t$일 것이다. 하지만 그 시간에 중력이 포탄을 $16t^2$의 거리만큼 아래로 끌어내린다. 따라서 지면에서의 순 높이 y는 다음과 같다.

공식 (5)와 (8) 출발점 O로부터의 수평 거리와 수직 거리를 알려준다. 이번에도 운동은 매개변수 방정식으로 표현되어 있다.

$$y = -16t^2 + 500t. \tag{8}$$

한편 실제 상황과 관련하여 여러 가지 질문들이 제기된다. 첫째, 포탄은 어떤 경로를 따르는가? x와 y의 직접적인 관계식을 알아내면 곡선을 일일이 점을 찍어 그리는 수고를 덜 수 있다. 그 결과 나온 방정식이 어떤 곡선인지 안다면 말이다. 이렇게 하면 된다. t에 대해 (5)를 풀면 $t = x/866$이 나온다. t의 값을 (8)에 대입하면 다음 식이 얻어진다.

$$y = -16\left(\frac{x}{866}\right)^2 + 500\left(\frac{x}{866}\right)$$

또는

$$y = -\frac{x^2}{46,872} + \frac{250}{433}x. \tag{9}$$

12.5절에서 우리는 (9) 형태의 방정식을 논의했다. 비록 그때는 수치적으로 더 단순한 예를 들었지만 말이다. 다음 형태의 방정식이 아래로 열려 있으며 원점을 지나는 포물선을 나타낸다는 일반적인 진술을 우리는 증명할 수 있다.

$$y = -ax^2 + bx, \tag{10}$$

여기서 a와 b는 임의의 양의 수이다. (특수한 경우로서 12.5절의 연습문제 3을 참고하라.) 따라서 좌표기하학을 조금만 이용하면 방정식 (9)가 포물선을 나타낸다는 것을 증명 없이도 알 수 있다. 그러므로 갈릴레오가 쉽게 밝혀냈듯이 포물선은 이번에도 발사체의 일부로 다시 등장한다.

포탄의 사정거리는 얼마인가? 즉, 발사체는 출발점에서 얼마나 멀리 떨어진 곳에서 다시 땅에 닿는가? 이 답은 중요한데, 왜냐하면 지상의 특정 목표물에 포탄이 닿을 수 있는지를 알려주기 때문이다. 안타깝게도 공식 (5)나 공식 (8)은 이 답을 직접 알려주지 않는다. 하지만 포탄이 땅에 닿을 때 (8)의 y값은 0이어야 한다. 그렇다면 $y=0$일 때의 t의 값, 가령 t_1을 결정하자. (8)에서

$$0 = -16t_1^2 + 500t_1. \tag{11}$$

방정식 (11)은 t_1의 이차식으로서 풀기가 꽤 쉽다. 분배 공리를 적용하여 다음과 같이 적을 수 있다.

$$0 = t_1(-16t_1 + 500). \tag{12}$$

(12)의 우변은 두 인수 중 하나가 영일 때 영이다. 즉, $t_1 = 0$일 때 그리고

$$-16t_1 + 500 = 0$$

일 때이다. 위의 식에서 다음이 얻어진다.

$$t_1 = \tfrac{125}{4}. \qquad (13)$$

첫 번째 값 $t_1 = 0$은 포탄이 비행을 시작할 때의 순간에 해당한다. 두 번째 값 125/4는 포탄이 땅에 되돌아올 때의 시간이다.

사정거리를 정하려면 한 단계가 더 필요하다. 공식 (5)는 포탄이 임의의 시간 t 후에 수평으로 얼마나 멀리 이동했는지를 알려준다. 포탄은 땅에 닿을 때 125/4초를 이동했기에, 이 t의 값을 (5)에 대입하면 사정거리가 나온다. 사정거리를 x_1이라고 표시하면(그림 14.5 참고)

$$x_1 = 866\tfrac{125}{4} = 27{,}063 \text{ 피트}. \qquad (14)$$

포탄이 비행 중에 얼마나 높이 올라가는지 그리고 그 높이에 이르기까지 시간이 얼마나 걸릴지 알고 싶을지 모른다. 이 질문들은 쉽게 답이 나온다. 비행의 최고점에서 수직 속도는 영이며, 다른 지점에서는 영이 아니다. 공식 (7)은 임의의 시간 t에서 수직 속도를 알려준다. $v = 0$일 때 t의 값, 가령 t_2를 찾아보자. 그렇다면

$$0 = -32t_2 + 500$$

또는

$$t_2 = \tfrac{500}{32} = \tfrac{125}{8}. \qquad (15)$$

따라서 포탄이 최고점에 도달하는 데는 125/8초가 걸린다. 이제 공식 (8)은 포탄이 임의의 시간 t에 얼마나 높이 있는지 알려준다. 그러므로 $t = 125/8$일 때의 높이 y_2를 찾자. (8)에서 t에 125/8을 대입하면

$$y_2 = -16(\tfrac{125}{8})^2 + 500(\tfrac{125}{8})$$

즉

$$y_2 = 3906 \text{ 피트.} \tag{16}$$

따라서 포탄은 지면에서 3906피트의 최고 높이까지 올라간다.

또 한 가지 흥미로운 질문은 포탄이 대포에서 최고 높이까지 이동하는 데 걸리는 시간이 최고 높이에서 땅까지 돌아오는 데 걸리는 시간과 동일한지 여부이다. 또는 그림 14.5에 나온 상황에 맞추어 이 질문을 다음과 같이 바꿀 수도 있겠다. 포탄이 O에서 A까지 가는 데 걸리는 시간은 A에서 B까지 가는 데 걸리는 시간과 같은가? 이전 장에서 비슷한 문제를 살펴보면서 공중으로 곧장 던져진 물체의 운동에 관한 논의를 통해 두 시간 간격이 동일함을 알아냈다. 직관에 기대어 볼 때 이번 경우에도 답이 같을까?

O에서 A까지 이동하는 데 걸리는 시간이 A에서 B까지 이동하는 데 걸리는 시간과 같음을 우리는 즉시 밝혀낼 수 있다. 방정식 (13)은 포탄이 B에 이르기까지의, 즉 경로 OAB를 이동하는 데 걸리는 시간을 알려준다. 방정식 (15)는 경로 OA를 이동하는 데 걸리는 시간을 알려준다. 그러면 t_1이 t_2의 두 배임을 즉시 알 수 있다. 그러므로 AB 경로를 이동하는 데 걸리는 시간은 OA 경로를 따라 이동하는 데 걸리는 시간과 똑같다.

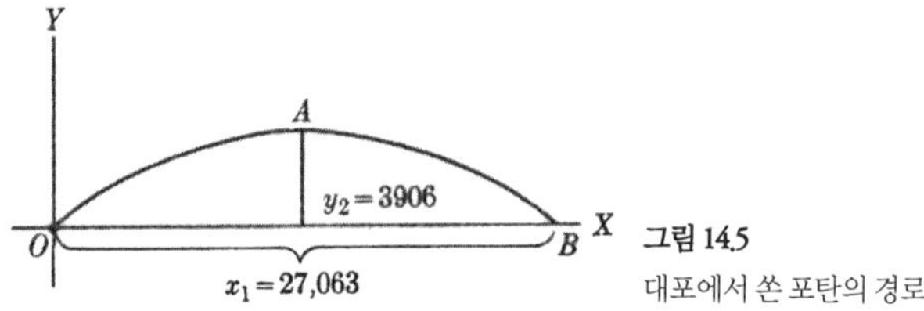

그림 14.5
대포에서 쏜 포탄의 경로

연습문제

1. 포탄이 지면과 40°의 각을 이루며 300ft/sec의 속력으로 발사된다. 포탄의 수평 속력과 수직 속력은 얼마인가? 운동을 기술하는 매개변수 방정식은 무엇인가?
2. 발사체의 운동에 대한 매개변수 방정식이 $x = 20t$ 그리고 $y = -16t^2 + 30t$이다. x와 y의 직접적인 관계식은 무엇인가? x와 y 사이의 직접적인 관계식에 의해 표현되는 곡선은 어떤 형태인가?
3. 한 발사체의 운동을 나타내는 매개변수 공식이 $x = 3t$ 그리고 $y = -16t^2 + 5t$이다. 이 공식을 이용하여 운동 경로의 점 몇 개를 찍어라.
4. 연습문제 2에서 기술된 운동을 보이는 발사체의 사정거리를 알아내라.
5. 연습문제 2에서 기술된 운동을 보이는 발사체의 최고 높이를 알아내라.
6. 14.4절에서 다룬 운동을 보이는 포탄이 땅에 닿을 때의 속도는 얼마인가? 이 최종 속력을 초기 속력과 비교하면 어떤가?

* 14.5 임의의 각도로 발사된 발사체의 운동

이전 절에서 우리는 지면과 30°의 각으로 기울어진 대포에서 쏜 탄환의 운동을 어떻게 연구할 수 있는지 알아보았다. 이 방향으로 포탄의 초기 속도는 1000ft/sec였다. 그 예에서 나온 발사각과 초기 속도는 대표적인 값으로서, 그 예는 발사체 운동의 현상에 관해 많은 것을 알려준다. 하지만 다음과 같은 질문에 답을 찾아야 한다고 가정해보자. 초기 속도가 사정거리 및 발사체가 도달하는 최고 높이에 미치는 영향은 무엇인가? 발사각이 사정거리 및 발사체가 도달하는 최고 높이에 미치는 영향은 무엇인가? 특정한 목표물에 명중시키려면 발사체를 어떤 각도로 쏘아야 하는가? 이전 절에서 살펴본 절차들을 반복하면서 여러 가지 초기 속도와 발사각을 대입해보면 이런 질문들에 대한 답을 얻을 수 있을지 모른다. 하지만 그렇게 하려면 노력이 상당히 드는데다 몇 가지 특수한 경우로부터 일반적인 결론을 추론해야 하는 어려움이 뒤따른다. 수학자라면 그런 식으로 하지 않는다. 대신에 초기 속도가 임의의 값 V라고 하고 발사각이 임의의 각 A라고 표시한 다음에, 이 임의의 값 V와 A를 통해 운동을 연구할 것이다. 그리하여 그런 운동 전체에 대한 결론을 얻어낼지 모른다. 왜냐하면 그 결과들은 임의의 초기 속도와 임의의 발사각에 대해 성립하기 때문이다.

발사체 운동에 관한 이 일반적인 연구를 살펴보자. 포탄이 지면에서 각 A로 기울어진 대포에서 발사되며, 포탄의 초기 속도가 Vft/sec라고 하자. 이 포탄은 어떤 운동을 할 것인가?

우리는 이전 절의 절차를 따를 것이다. 가장 먼저 기억해야 할 중요한 점은 발사체의 수평 운동과 수직 운동이 마치 독립적으로 일어난다는 듯이 이 두 운동을 다룰 수 있다는 것이다. 따라서 포탄의 초기 수평 속도와 수직 속도를 알아내도록 하자. 14.4에서 사용한 것과 동일한 논증에 의해, 속도 OR의 수평 방향의 성분과 수직 방향의 성분은 R에서 각각 X축과 Y축에 수직선을 내려서 얻을 수 있다. 그러므로 OP는 수평 속도이고 OQ는 수직 속도이다. 이제

$$\cos A = \frac{\overline{OP}}{\overline{OR}}$$

따라서

$$\overline{OP} = \overline{OR} \cos A$$

즉

$$\overline{OP} = V \cos A. \qquad (17)$$

그런데

$$\sin A = \frac{\overline{PR}}{\overline{OR}},$$

그리고 $OQ = PR$이므로

$$\overline{OQ} = \overline{OR} \sin A$$

즉

$$\overline{OQ} = V \sin A. \tag{18}$$

공식 (17)과 (18)은 각각 초기 수평 속도와 초기 수직 속도를 알려준다. 이제 우리는 포탄이 운동하고 있을 때 어떤 일이 일어나는지 알아보아야 한다. 수평 운동은 등속이다. 즉, 외부에서 힘이 가해지지 않기에 속력이 늘거나 줄지 않는다. 따라서 포탄은 (17)에 나오는 속도로 수평 방향으로 무한히 계속 운동한다. X 방향의 속도를 나타내기 위해 v_x라고 표시하자. 그렇다면 임의의 시간 t에서

$$v_x = V \cos A. \tag{19}$$

수평 방향의 속도는 일정하므로 이동 거리는 이 속도를 시간으로 곱한 값이다. 따라서

$$x = (V \cos A)t.$$

이 식은 다음과 같이 적는 편이 더 낫다.

$$x = Vt \cos A, \tag{20}$$

그래야 코사인 값으로 A를 택한다는 사실에 혼동이 없기 때문이다. 반면에 $V \cos At$라고 적는다면 코사인 값으로 At를 택한다고 여길지 모른다. 공식 (20)은 공식 (5)를 일반화한 공식이다. (5)에서 866은 $1000 \cos 30°$였다.

포탄의 수직 속도를 알아내기 위해서는 중력이 수직 방향의 가속도를 생성하여 수직 속도에 영향을 준다는 사실을 고려해야만 한다. 이 수직 방향의 가

속도는 32ft/sec^{2}이며 아래쪽으로 향한다. 위쪽 방향을 양의 값으로 정했기에, 식으로 표현하면 아래와 같다.

$$a = -32.$$

가속도가 일정하므로 t 초 후에 포탄이 얻은 아래쪽 방향의 속도는 $-32t$이다. 하지만 포탄은 위쪽으로 향하는 초기 속도 $V \sin A$를 갖고 있다. 따라서 순 수직 속도 vy는 다음과 같다.

$$v_y = -32t + V \sin A. \tag{21}$$

그 다음으로 우리는 포탄이 t 초 후에 도달한 수직 높이를 알아내는 논증을 사용한다. 속도 $V \sin A$만이 작용하고 있다면 t 초 후에 포탄은 높이 $(V \sin A)t$, 즉 $Vt \sin A$에 도달할 것이다. 하지만 이 시간 t에서 중력이 포탄을 아래쪽으로 $16t2$의 거리만큼 잡아당긴다. 그러므로 포탄의 순 높이 y는 다음과 같다.

$$y = -16t^2 + Vt \sin A. \tag{22}$$

(19)에서 (22)까지의 공식들은 발사체 운동의 일반적 방정식이다. 이제 우리는 이전 절에서 구체적인 수치로 다루었던 문제를 임의의 값 V와 A에 관하여 다룰 수 있게 되었다. 가령 (20)을 t에 대해 풀어 이 결과를 (22)에 대입하면 x와 y에 관한 직접적인 관계식을 알 수 있다. 그리하여 V의 고정된 임의의 값 및 A의 고정된 임의의 값에 대하여 운동 경로는 포물선임을 알 수 있다. 마찬가지로 포탄이 도달한 최고 높이, 그 높이에 도달하는 데 걸리는 시간 그리고 포탄이 지면에 되돌아오는 데 걸리는 시간에 대한 일반식들을 구할 수 있다. 달리 말해서, 우리는 이전 절에서 유도한 V와 A의 특수한 값들에 대한 결과들을 임의의 V와 A의 값에 대해 다시 얻어낼 수 있다.

그러면 지금부터는 이전에는 다룰 수 없었던 질문들에 답해보도록 하자. 초기 속도 V와 발사각 A가 대포의 사정거리에 미치는 영향을 조사해보자. 그러려면 우선 사정거리에 대한 일반식을 구해야만 한다. 방법은 이전 절에서 사용한 것과 똑 같다.

우선 포탄이 지면에 닿을 때 위치의 y 값이 영이라는 물리적 사실에서 시작한다. 따라서 $y=0$일 때 t의 값을 t_1이라고 하자. (22)에서 $y=0$으로 놓으면

$$0 = -16t_1^2 + Vt_1 \sin A.$$

분배 공리를 적용하면 다음과 같이 적을 수 있다.

$$0 = t_1(-16t_1 + V \sin A).$$

이제 우변이 영일 때에는 $t_1 = 0$일 때 그리고 아래의 경우이다.

$$-16t_1 + V \sin A = 0. \tag{23}$$

$t_1 = 0$는 포탄이 운동을 시작하는 순간에 물리적으로 대응한다. 따라서 (23)에서 얻은 값이 포탄이 땅에 닿을 때의 t의 값이다. (23)을 t에 대해 풀면

$$t_1 = \frac{V \sin A}{16}\cdot \tag{24}$$

포탄의 사정거리, 즉 방금 알아낸 t_1의 시간 동안 출발점에서부터 이동한 수평거리를 알아내려면 공식 (20)을 사용한다. 그러므로 t가 t_1일 때 x의 값을 x_1이라고 하면

$$x_1 = V \cos A \frac{V \sin A}{16},$$

이를 정리하면 사정거리는 다음과 같다.

$$x_1 = \frac{V^2}{16} \sin A \cos A. \tag{25}$$

공식 (25)는 한 가지 질문에 즉시 답을 준다. 즉, 각 A가 고정되어 있다면 사정거리는 V^2에 의존한다. 그래서 V가 증가하면 x_1도 증가하는데, 사실 x_1은 그냥 V가 아니라 V^2에 비례하므로 급격하게 증가한다. 또한 우리가 특정한 발사각으로 특정한 사거리에 도달하고 싶다면, 즉 x_1과 A가 정해져 있다면, (25)를 이용하여 필요한 초기 속도 V를 계산할 수 있다.

더 현실적인 문제는 사정거리가 발사각에 어떻게 의존하는지를 연구하는 것이다. 왜냐하면 포탄의 초기 속도를 바꾸기보다는 대포의 발사각을 바꾸기가 더 쉽기 때문이다. 그래서 초기 속도 V가 고정되어 있다고 가정하고 다음 질문을 던져보자. 각 A를 변화시킴으로써 도달할 수 있는 최대 사정거리는 얼마인가? V가 고정되어 있으므로 우리의 질문은 (25)에 의하면 다음과 같아진다. A의 값이 얼마일 때 곱 $\sin A \cos A$가 최대가 되는가? 간단한 수학을 이용하면 답이 나온다.

삼각비에 관한 이전의 내용에서 알고 있듯이, $\sin A$와 $\cos A$는 직각삼각형의 변들의 특정한 비다. $\sin A$와 $\cos A$를 결정하기 위해 쓰이는 직각삼각형의 크기는 중요하지 않다. 왜냐하면 특정한 각 A를 포함하는 모든 가능한 직각삼각형들은 서로 닮은꼴이기에 이런 삼각형들 중 임의의 삼각형에서 두 특정한 변의 비는 언제나 똑같기 때문이다.* 따라서 빗변 AB가 특정한 원의 지름인 한 직각삼각형을 선택하자(그림 14.7). 이 직각삼각형의 직각의 꼭짓점은 원 상에 놓여 있음이 분명하다. 왜냐하면 평면기하학의 한 정리에 의하면 빗변이 AB이고 꼭짓점이 C인 모든 직각삼각형의 꼭짓점들은 AB를 지름으로 삼는 원 상에 반드시 놓

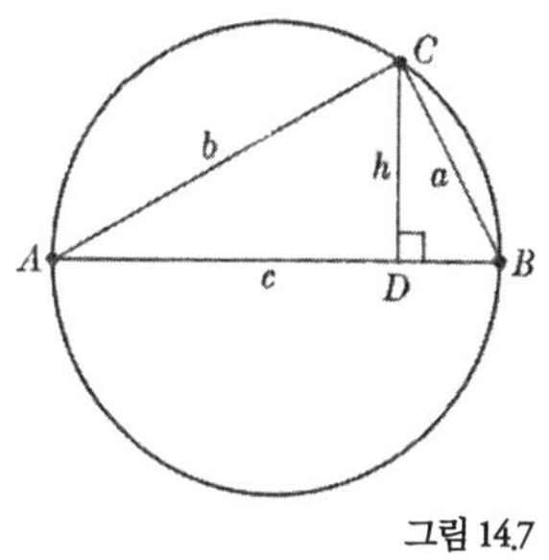

그림 14.7

* 독자는 이 내용이 처음 나온 7장을 다시 살펴 보아도 좋다.

이기 때문이다. 이 직각삼각형 ABC의 변들을 a, b, c로 표시하자. 수직선 CD를 그리고 이를 h로 표시하자. 그러면 직각삼각형 ADC를 이용해 다음이 얻어진다.

$$\sin A = \frac{h}{b}.$$

직각삼각형 ABC에서 다음이 얻어진다.

$$\cos A = \frac{b}{c}.$$

그렇다면 다음을 알 수 있다.

$$\sin A \ \cos A = \frac{h}{b} \cdot \frac{b}{c} = \frac{h}{c}. \qquad (26)$$

각 A를 바꾸어가면서 그 값을 빗변이 AB인 직각삼학형의 한 각으로 계속 간주할 수 있다. 왜냐하면 앞서 말했듯이 직각삼각형의 크기는 중요하지 않기 때문이다. 물론 각 A의 다양한 값들은 C의 위치를 다양하게 변하게 만들겠지만, 앞서 나온 이유로 C는 여전히 지름 AB인 원 상의 점일 것이다. 따라서 우리는 고정된 AB와 원 상에서 위치가 바뀌는 C를 가진 모든 삼각형 ABC를 고려함으로써 모든 가능한 예각 A를 고려할 수 있다. 이제 (26)을 다시 살펴보자. 양 c는 고정되어 있으므로 $\sin A \cos A$는 h가 최대일 때 최대이다. 그리고 h는 원의 반지름일 때 가장 크다. 그런데 h가 반지름일 때 C는 원의 중심으로부터 곧바로 위쪽에 놓인다. 그렇다면 $AC = BC$이다. 이 경우 각 $A = 45°$이다. 왜냐하면 직각삼각형 ABC가 이등변삼각형이 되기 때문이다. 따라서 $\sin A \cos A$는 $A = 45°$일 때 최대이다.

이제 공식 (25)로 되돌아가자. 이미 알다시피 V는 고정되어 있으며, 최대 사정거리, 즉 x_1이 가질 수 있는 최댓값은 $A = 45°$일 때 얻어진다. $A = 45°$일 때

$\sin A = \cos A = \sqrt{2}/2$이므로, 최대 사정거리는 다음 공식으로 주어진다.

$$최대값\ x_1 = \frac{v^2}{16}\cdot\frac{\sqrt{2}}{2}\cdot\frac{\sqrt{2}}{2} = \frac{V^2}{32}.$$

이 유명한 결과는 갈릴레오가 처음 증명했다.

연습문제

1. 공식 (20)과 (22)는 발사체의 운동에 관한 매개변수 방정식이다. x와 y의 직접적인 관계식을 구하라.
2. 한 발사체가 최대 높이에 도달하는 데 걸리는 시간을 V와 A로 나타내는 공식을 유도하라.
3. 발사체가 도달한 최대 높이를 V와 A로 나타내는 공식은 무엇인가?
4. 발사체가 최대 높이에서 지면으로 되돌아오는 데 걸리는 시간이 그 발사체가 대포에서 최대 높이에 이를 때까지 걸리는 시간과 같음을 일반적으로 증명하라.
5. 초기 속도 2000ft/sec 그리고 지면과의 $40°$ 각으로 발사된 발사체의 사정거리는 얼마인가?
6. 초기 속도 800ft/sec로 발사된 발사체의 최대 사정거리는 얼마인가?
7. 초기 속도 2000ft/sec로 발사된 발사체가 최대 사정거리에 있는 목표물에 도달하는 데 걸리는 시간은 얼마인가?
8. 초기 속도는 동일하게 한 채 발사각을 다르게 하여 발사한 총알이 다다른 가장 높은 점은 총을 곧장 위로 쏘았을 때 얻어짐을 보여라.

14.6 요약

이 장에서 우리는 단순한 두 공식, 즉 매개변수 공식을 동시에 적용하면 발사체의 경로를 나타내는 곡선 전체를 나타낼 수 있음을 살펴보았다. 매개변수 공식의 가치는 발사체 운동에 관한 여러 가지 질문들에 쉽게 답을 줄 수 있다는 데 있다. 수학이 이 분야에서 얼마나 큰 업적을 내고 있는지 이해하려면, 발사체의 사정거리가 발사각에 의존하고 있음을 실험적으로 알아보면 좋을 것이다. 그러려면 적어도 수십 개의 발사체를 여러 가지 각도로 발사해야 하는데, 이때 발사체가 발사되는 속도나 발사체의 모양 그리고 대기의 상태와 같은 다른 요인들은 일정하게 유지해야하고 매번 사정거리와 발사각을 정확히 측정해야 한다. 사전에 이런 모든 주의를 기울여 정보를 얻더라도 실험은 어떤 제한된 결과를 내놓을지 모른다. 가령 발사각이 1°에서 40°까지 1° 간격으로 증가할 때 사정거리도 지속적으로 증가함을 알게 될지는 모르지만, 45°를 넘고부터는 사정거리라 감소한다는 매우 중요한 사실을 놓칠 수도 있다. 또한 사정거리가 속도에 의존한다는 점은 여전히 조금도 알려지지 않을 것이며 추가적인 실험을 해야 할 것이다. 하지만 지금껏 살펴보았듯이, 종이와 연필만 있으면 할 수 있는 간단한 수학만으로도 사정거리가 발사각과 초기 속도에 의존한다는 내용을 확실히 알 수 있다.

그러므로 이번 장에서 보았듯이, 지구 표면 근처에서 물체의 가속도가 32ft/sec라는 사실, 운동의 제1법칙 그리고 수평 운동과 수직 운동의 독립성 등과 같은 단순한 물리학 공리들과 수학이 결합하면 물리적 세계에 관한 방대한 지식을 알 수 있다. 지금까지 언급된 지식은 이상화된 조건 하에서의 발사체 운동을 다룬다. 즉, 공기 저항이 무시되고 지구는 발사체가 지나는 짧은 거리 상에서 평평하다고 가정하며, 발사체는 지구 표면 근처에서 이동한다고 가정한다. 어떤 사람은 이 모든 이야기가 별로 중요하지 않다고 여길지 모른다. 단 한 가지 현상만을 다루며 폭탄이나 총에 국한된 이야기처럼 들리기 때문이다. 하지만 이 현상에 대한 연구는 과학적으로 엄청나게 중요함이 밝혀졌다. 무엇보다도 위에서 말한 물리적 공리들로부터 연역된 내용들은 실험적으로 확인이 가능하다. 만약 연역된 내용들이 경험과 일치한다면 그 공리들이 옳다고 믿을 이유가 충분하다. 이와 관련하여 꼭 기억해야 할 점은, 물리적 공리들은 제한된 경험에서 나온 일반화이므로 그런 공리들이 새로운 물리적 사실을 내놓는 데 이바지를 많이 할수록 우리가 공리에 대해 느끼는 확신도 커진다는 것이다. 둘째, 지구 표면 근처의 운동, 특히 발사체 운동에 관한 연구는 1600년 이후로 과학에서 가장 중요한 성과인 뉴턴 역학으로 이어졌다. 수리역학이라는 폭넓은 과학으로 나아가는 길은 다음 장에서 따라갈 것이다.

복습문제

1. 매개변수 방정식이 아래와 같은 곡선을 그려라.

   a) $x = 3t,\ y = 7t$　　b) $x = 3t,\ y = 5t^2$

   c) $x = 3t^2,\ y = 5t$　　d) $x = 3t + 7,\ y = 5t + 9$

   e) $x = 5\cos\theta,\ y = 5\sin\theta$　　f) $x = 2t,\ y = 5t^2 + 3t$

2. 연습문제 1 (a), (b), (c) 및 (d)에서 x와 y 사이의 직접적인 방정식을 구하라.
3. 수평으로 시속 240마일의 속력으로 날고 있는 비행기에서 폭탄을 떨어뜨린다고 하자.
   a) 폭탄의 운동을 나타내는 매개변수 방정식을 적어라.
   b) 비행기가 지면에서 1마일 높이에 있다면, 폭탄이 땅에 떨어질 때까지 걸리는 시간은 얼마인가?
   c) 비행기가 시속 240마일이 아니라 300마일로 난다고 하자. 폭탄이 땅에 떨어질 때까지 걸리는 시간은 얼마인가?
   d) 비행기가 지면에서 2마일 높이에서 시속 240마일의 속력으로 날고 있다고 하자. 폭탄이 땅에 떨어질 때까지 걸리는 시간은 얼마인가?
   e) 폭탄을 떨어뜨리는 점 바로 아래에 있는 땅 위의 점으로부터 얼마나 먼

곳에서 폭탄은 땅에 떨어지는가?

4. 지면에서 45°의 각으로 기울어진 대포에서 초기 속도 2000ft/sec로 포탄을 발사한다고 하자.

   a) 포탄의 수직 속도와 수평 속도는 얼마인가?

   b) 포탄의 운동을 나타내는 매개변수 방정식은 무엇인가?

   c) 포탄의 사정거리를 구하라.

   d) 비행 중 포탄이 도달하는 지면으로부터의 최고 높이는 얼마인가?

권장 도서

Galilei, Galileo : Dialogues Concerning Two New Sciences, pp. 234 through 282, Dover Publications, Inc., New York, 1952.

Holton, Gerald and Duane H. D. Roller : Foundations of Modern Physical Science, Chap. 3, Addison-Wesley Publishing Co., Inc., Reading, Mass., 1958.

Kline, Morris : Mathematics and the Physical World, Chap. 14, T. Y. Crowell Co., New York, 1959. Also in paperback, Doubleday and Co., New York, 1963.

15
공식을 중력에 적용하기

...운동의 단순한 법칙들로

온 우주 구석구석에 미치는

섭리의 은밀한 손길을 추적할 수 있네.

제임스 톰슨이 뉴턴에게 바치는 추모시에서

15.1 천문학의 혁명

갈릴레오가 운동에 관한 새로운 과학을 마련하고 있을 때, 요하네스 케플러는 서양 문명의 역사상 매우 큰 영향을 미치게 되는 놀라운 발전을 이루어나가고 있었다. 이 발전을 시작한 사람은 니콜라우스 코페르니쿠스였고 그것의 핵심은 행성 운동에 관한 급진적으로 새롭고 수학적인 이론이었다.

십육 세기까지 타당하고 유용한 천문학 이론은 히파르코스와 프톨레마이오스의 지동설 체계였다. 8장에서 이미 살펴본 내용이다. 이것을 직업 천문학자들이 받아들여 역법 계산과 항해에 이용했다. 하지만 그 이론은 수학적인 의미에서만 효과가 있는 꽤 복잡한 체계였다. 대원과 주전원은 그 자체로서는 물리적 의미가 없는데다 그 이론은 행성들이 대원에 붙은 주전원을 따라 운동해야 할 어떤 물리적이거나 직관적인 이유를 제시해주지 않았다.

위대한 천체 드라마의 그 다음 등장인물은 니콜라우스 코페르니쿠스였다. 코페르니쿠스는 프톨레마이오스 이후 약 1400년이 지난 시기에 살았다. 1473년 폴란드 태생으로서 크라코프 대학에서 수학과 과학을 공부한 후에, 부활한 고대 그리스 학문의 중심지인 이탈리아로 가기로 했다. 그 후 십년 동안 의학과 법학을 공부하여 두 분야에서 박사학위를 취득했다. 또한 그는 고대 그리스어와 수학에도 정통했다. 1500년에 코페르니쿠스는 동 프러시아의 프라우엔베르크 대성당의 참사회원 직에 임명되었다. 1512년에 이탈리아에서 학업을 마치고 나서야 그 직책을 맡았다. 그 직책은 대성당이 소유한 부동산의 관리가 주임무였는데, 덕분에 코페르니쿠스는 천체를 관찰하고 관련 이론을 생각할 시간이 많았다. 그리하여 오랜 세월 동안 사색하고 관찰한 끝에 코페르니쿠스는 행성 운동에 관한 새로운 이론을 개발했다. 그 내용을 자신의 대표적인 저서『천구의 공전에 관하여』에 실었다. 이 책은 1543년에 출간되었는데, 바로 그 해에 코페르니쿠스는 세상을 떠났다.

이미 언급했듯이 코페르니쿠스가 천문학을 탐구하기 시작했을 무렵 프톨레마이오스 이론은 그 사이의 기간 동안 조금 더 복잡해져 있었다. 주로 아라비아인들이 모은 천문 관측 데이터가 늘어나자 거기에 이론을 맞추려고 원래 프톨레마이오스가 도입한 주전원보다 더 많은 주전원을 추가했기 때문이다. 코페르니쿠스 시대에 이르자 그 이론은 태양, 달 그리고 당시 알려진 다섯 개의 행성의 운동을 기술하기 위해 도합 77개의 원이 필요했다.

코페르니쿠스는 고대 그리스 저작을 연구하여 우주가 수학적으로 조화롭게 설계되어 있다고 확신하기에 이르렀다. 조화로움에는 프톨레마이오스의 복잡한 이론보다 훨씬 더 즐거운 이론이 제격이었다. 코페르니쿠스는 아리스타르코스를 위시한 일부 고대 그리스 저자들의 글을 읽고서, 태양이 정지해 있고 지구가 태양 주위를 공전하는 동시에 자신의 축 상에서 자전할지 모른다는 가능성을 제시했다. 그는 이 가능성을 탐구해보기로 결심했다. 어떤 의미에서 그는 고대 그리스 사상에 너무 깊은 인상을 받았다. 왜냐하면 그로서도 천체의 운동은 원형이어야만 한다거나 적어도 원형 운동의 조합이어야 한다고 믿었기 때문이다. 원형 운동이야말로 자연스러운 운동이라는 인식에서 벗어날 수 없었던 것이다. 게다가 각 행성은 주전원 상에서 일정한 속력으로 운동해야 하며, 각 주전원의 중심은 그 주전원을 나르는 원 상에서 일정한 속력으로 움직여야 한다고 믿었다. 그런 원리는 공리인 셈이었다. 코페르니쿠스는 심지어 십육 세기 사상의 신비주의적 특징을 볼 수 있는 주장도 덧보탰다. 속력의 변화는 힘의 변화에 의해서만 일어날 수 있는데, 하지만 모든 운동의 원인인 신은 일정하다고 그는 말했다.

그러한 추론의 요지를 말하자면, 코페르니쿠스는 주전원과 대원을 이용하여 천체의 운동을 기술하긴 했지만, 태양이 각 대원의 중심에 있으며 지구 자체는 태양 주위를 공전하면서 자전한다고 보았다는데서 중요한 차이가 있다. 이로써 상당히 단순한 체계를 내놓았다. 대원과 주전원을 포함해 원의 총 개수를 천동설 하에서 필요한 77개 대신에 34개로 줄일 수 있었던 것이다.

하지만 놀랍도록 단순한 체계를 내놓은 사람은 요하네스 케플러였다. 케플러는 과학사에서 가장 흥미로운 인물 중 한 명이다. 개인적인 불운 그리고 사회적 정치적 사건으로 초래된 어려움에 시달린 인물이지만, 1600년에 다행히도 유명한 천문학자인 튀코 브라헤의 조수가 되는 행운을 얻었다. 브라헤는 당시 광범위한 새로운 천문 관측에 관여하고 있었는데, 이는 고대 그리스 시대 이후로 처음 실시하는 가장 대규모 관측 사업이었다. 이 관측 결과와 케플러 자신이 실시한 기타 관측 결과는 케플러가 나중에 행한 연구에서 매우 소중한 자료가 되었다. 1601년에 브라헤가 죽자 케플러는 그의 뒤를 이어 보헤미아 왕인 오스트리아의 루돌프 2세 휘하의 황실 수학자가 되었다.

케플러의 과학적 추론은 매우 훌륭하다. 코페르니쿠스처럼 그도 신비주의자였고 세계는 어떤 단순하고 아름다운 수학적 계획에 따라 신이 설계했다고 믿었다. 이 믿음이 그의 사고를 모조리 지배했다. 하지만 케플러는 오늘날 기준으로 과학자에 어울리는 자질도 갖고 있었다. 그는 냉철하게 합리적일 수 있었다. 풍부한 상상력을 발휘하여 새로운 이론적 체계를 고안해냈다. 하지만 그는 이론이란 관찰 결과와 들어맞아야함을 알고 있었는데, 말년에는 더더욱 실

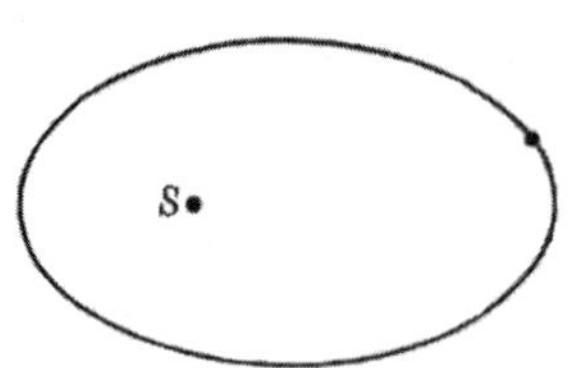

그림 15.1 각 행성은 태양 주위를 타원 궤도로 운동한다.

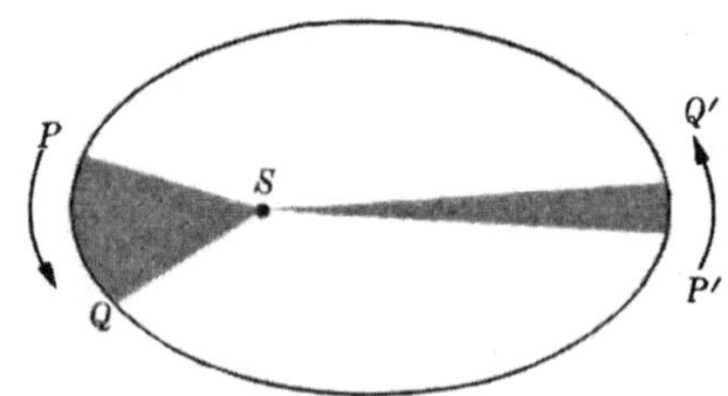

그림 15.2 케플러의 동일 면적 법칙

증적 데이터가 과학의 근본적인 원리들을 제시해줄 수 있음을 확신하게 되었다. 코페르니쿠스도 자신의 이론이 관찰 데이터와 들어맞기를 바랐다. 그런데 이론적인 예측과 관찰 데이터 사이의 차이가 실험 오차로 설명할 수 있는 정도보다 더 큰데도 코페르니쿠스는 태양중심설을 고수했다. 한편 케플러는 자신이 가장 아끼는 이론이라도 관찰 데이터와 맞지 않을 때는 가차 없이 버렸다. 당시의 다른 과학자들로서는 도저히 엄두를 낼 수 없을 정도로 그러한 불일치를 용인하지 않으려는 놀라운 고집이야말로 그를 급진적 사상가로 만든 원동력이었다. 그는 또한 위대한 사람의 특징인 겸손함, 인내심 그리고 활동력을 갖고서 놀라운 연구를 수행했다.

『화성의 운동에 관하여』라는 책을 1609년에 출간했는데, 이 책에서 케플러는 행성 운동에 관한 자신의 유명한 세 가지 법칙 중 첫 번째와 두 번째를 발표했다. 첫 번째는 특히 놀랍다. 왜냐하면 원 또는 구를 이용해야지만 천체의 운동을 기술할 수 있다는 2000년 동안 이어진 전통을 깼기 때문이다. 프톨레마이오스와 코페르니쿠스가 행성의 운동을 기술하기 위해 사용한 대원 및 여러 주전원에 기대는 대신에 케플러는 하나의 타원이 행성 운동을 기술할 수 있음을 알아냈다. 그의 첫 번째 법칙에 따르면, 각 행성은 타원 상에서 운동하며 태양은 이 타원 궤도들 각각의 한 (공통) 초점이다(그림 15.1). 각 타원의 다른 초점은 물리적으로는 존재하지 않는 수학적인 의미의 점일 뿐이다.

케플러의 첫 번째 법칙은 고전 시기의 고대 그리스인들이 도입하여 연구했던 한 기하도형을 이용한다. 타원 및 타원의 성질이 알려져 있지 않았더라면 케플러는 이중의 곤경에 직면했을 것이다. 수많은 데이터로부터 적절한 경로를 추정해내는 것 그리고 타원이라는 개념을 고안해내는 것. 만약 그랬다면 아마도 그는 막다른 길에 봉착하고 말았을 테다. 그 옛날 유클리드, 아폴로니우스 및 아르키메데스는 이 곡선의 성질을 연구함으로써 훗날 케플러를 도운 것만큼이나 우리 문명의 나아갈 길을 결정했던 셈이다.

케플러의 첫 번째 법칙은 행성의 경로를 쉽게 이해할 수 있게 해준다는 점에서 매우 소중하다. 하지만 천문학은 그 자체로서 흥미롭고 유용하려면 훨씬 더 깊이 들어가야 한다. 행성의 위치를 예측하는 방법을 우리에게 알려주어야 한다. 만약 관측을 통해 행성이 특정 위치, 가령 그림 15.2의 *P*에 있다고 하면, 언제 다른 위치, 가령 동지나 춘분에 있는지도 알 수 있을 것이다. 행성이 자신의 경로를 따라 운동하는 속도만 알면 된다.

여기서도 케플러는 급진적인 단계를 내디뎠다. 앞서 언급했듯이 코페르니쿠스와 고대 그리스인들은 언제나 일정한 속도만 사용했다. 주전원을 따라 운동하는 행성은 동일한 시간 동안 동일한 호의 길이만큼 이동했으며, 각 주전원의 중심은 다른 주전원 또는 대원 상에서 일정한 속도로 운동했다. 하지만 케플러가 관측해보니 타원 궤도 상에서 운동하는 행성은 일정한 속력으로 운동하지 않았다. 케플러는 속도에 관한 올바른 법칙을 찾기 위해 오랫동안 열심히 연구하여 마침내 찾아냈다. 그가 발견하기로, 만약 행성이 *P*에서 *Q*까지(그림 15.2) 한 달 동안 이동한다면, 다른 한 달 동안은 *P′*에서 *Q′*까지 이동할 것이다. 단, 면적 *PSQ*가 면적 *P′S′Q′*와 동일하다면 말이다. *P*는 *P′*보다 태양에서 가까우므로 면적 *PSQ*와 면적 *P′S′Q′*가 동일하더라도 호 *PQ*는 호 *P′Q′*보다 분명 크다. 따라서 행성은 일정한 속도로 운동하는 것이 아니다. 사실 행성은 태양에 가까울 때 더 빠르게 운동한다.

케플러는 이 두 번째 법칙을 발견하자 매우 기뻐했다. 일정한 속도의 법칙을 적용하는 것만큼 단순하지는 않지만, 그래도 신이 우주를 설계하는 데 수학적 원리를 사용했다는 자신의 근본적인 믿음을 확인시켜주었기 때문이다. 신은 조금 더 미묘한 쪽을 선택했을 뿐이다. 어쨌거나 수학적인 법칙이 분명 행성의 운동 속도를 결정한다는 사실은 변함이 없었다.

그런데 한 가지 중요한 문제가 남아 있었다. 태양으로부터 행성의 거리를 기술하는 법칙은 무엇인가? 이 문제는 행성과 태양의 거리가 일정하지 않고 최소 거리에서부터 최대 거리까지 변한다는 사실 때문에 복잡했다(그림 15.2 참고). 따라서 케플러는 이 사실을 설명해줄 새로운 원리를 탐구했다. 케플러는 자연은 수학적일 뿐 아니라 조화롭게 우주를 설계했다고 믿었으며 "조화"라는 말을 문자 그대로 여겼다. 가령 그는 실제 소리에서 나오는 음이 아니라 조화로운 음을 내는 구의 음악이 존재한다고 믿었다. 행성의 운동에 관한 사실들이 어떤 우주적인 음악으로 번역되어 존재한다는 발상이었다. 그는 이런 노선을 따랐으며 수학적 논증과 음악적 논증을 놀랍도록 잘 조합하여 다음과 같은 법칙에 이르렀다. 즉, T가 임의의 행성의 공전주기이고 D가 태양과의 평균 거리라면,

$$T^2 = kD^3.$$

여기서 k는 모든 행성에 동일한 상수이다. 이 법칙을 가리켜 행성 운동에 관한 케플러의 제 3법칙이라고 하는데, 그는 이 법칙을 자신의 책인 『세계의 조화』(1619)에서 당당히 선언했다.

15.2 태양중심설에 대한 반론

코페르니쿠스와 케플러의 연구는 근대 문화를 형성하는 데 가장 놀랍고도 극적인 영향을 미친 발전이었다. 무엇보다도 놀라운 점은 기존의 사고와 완전히

단절되었다는 것이다. 코페르니쿠스와 케플러는 프톨레마이오스의 지구중심설 이론을 거의 절대적인 진리로 받아들이는 환경에서 교육을 받았다. 게다가 둘은 과학적인 면에서 조심성이 많았다. 프톨레마이오스의 이론과 첨예하게 대립하는 특이한 관찰 결과가 나와도 선뜻 수용하지도 않았다. 사실 코페르니쿠스는 위대한 관찰자가 아니었고 자신의 연구가 관찰 결과와 잘 들어맞지 않는 것에 그다지 개의치 않는 듯했다. 케플러는 신뢰할만한 훨씬 더 많은 데이터에 접근했으며 이론이 데이터에 들어맞게 하는 데 더 뛰어난 능력을 보였지만, 그런 관찰 결과에는 완전히 새로운 이론이 도입되어야 한다고 짐작케 할 요소는 없었다.

시대의 암울한 분위기는 차치하고라도, 코페르니쿠스와 케플러는 프톨레마이오스가 아리스타르코스에 맞서 내놓은 움직이는 지구 이론에 대한 숱한 과학적 반대 논거에 대해 형식적인 반박을 가할 수 있었을 뿐이다. 무거운 지구가 어떻게 움직일 수 있단 말인가? 다른 행성들이 프톨레마이오스 이론에 따라 운동한다는 것은 이들 천체가 특수한 가벼운 물질로 이루어져 있기에 쉽게 움직인다는 이론으로 설명이 되었다. 코페르니쿠스가 내놓을 수 있었던 최상의 대답은 구가 움직이는 것은 자연스럽다는 정도였다. 지구의 회전을 반대하는 또 하나의 과학적 주장에 의하면, 회전하는 판 위의 물체가 날아가 버리듯이 지구가 회전을 하면 우주로 날아가 버릴 것이다. 코페르니쿠스는 이 주장에 아무 답을 내놓지 않았다. 회전하는 지구 자체가 부서져버릴 것이라는 추가적인 반대가 제기되자 코페르니쿠스는 지구의 운동이 자연스러운 것이므로 운동이 지구를 파괴시킬 수는 없으리라고 간신히 대답했다. 이어서 그는 천체들이 지구중심설에 따른 매우 빠른 일일 운동을 하는데도 왜 떨어져 나가지 않느냐고 반박했다. 하지만 또 하나의 반대가 제기되었다. 즉, 지구가 서쪽에서 동쪽으로 회전한다면 공중으로 던져진 물체는 공중에 떠 있을 때 지구가 잠시 움직이기 때문에 원래 출발 위치의 서쪽으로 밀려서 떨어져야 하지 않느냐는 것이다.

게다가 만약 지구가 태양 주위를 공전한다면 물체의 속도는 그 무게에 비례하기 때문에, 또는 적어도 고대 그리스와 르네상스 물리학은 그렇게 주장하므로, 지구 상의 가벼운 물체들은 뒤로 밀려나야 마땅하다. 심지어 공기조차도 뒤로 밀려나야 한다. 이 마지막 주장에 대해 코페르니쿠스는 공기도 땅의 성질을 갖고 있기에 지구와 함께 움직인다고 겨우 대답했다.

움직이는 지구에 대한 이런 과학적 반대들은 진지한 것이었으며, 진리를 보기를 거부하는 회의론자들의 고집으로 치부할 수가 없었다. 문제의 요지를 말하자면, 자전과 공전을 하는 지구는, 아리스토텔레스가 내놓았고 코페르니쿠스와 케플러 시대에도 흔히 인정되는 물리학 이론과 들어맞지 않았다.

태양중심설에 대한 과학적 반대 주장의 또 다른 유형은 본격 천문학에서 나왔다. 가장 진지한 반대 주장은 태양중심설이 별들을 고정된 것으로 간주한다는 사실로부터 나왔다. 여섯 달만에 지구는 우주 내에서 자신의 위치를 1억 8천 6백만 마일만큼 바꾼다. 따라서 특정한 별의 방향을 어느 한 시기에 관찰하고 여섯 달 후에 다시 관찰하면 방향에 차이가 나야 마땅하다. 하지만 이 차이는 코페르니쿠스와 케플러 시대에는 관찰되지 않았다. 코페르니쿠스는 대답하기를, 별들이 너무 멀리 있어서 방향의 차이가 너무 적으니 관찰되지 않는다고 했다. 하지만 그의 설명에 비판자들은 만족하지 않았다. 오히려 그들은 별들이 그렇게나 멀다면 선명하게 관찰되지 않아야 마땅하다고 반박했다. 이 사안에서 코페르니쿠스의 대답이 옳았다. 지구에서 가장 가까운 별의 경우 여섯 달 동안 방향의 변화는 0.76″의 각인데, 이것은 1838년에 수학자 베셀이 처음으로 탐지해냈다. 물론 베셀은 그 무렵에 성능이 매우 좋은 망원경을 사용하여 이 각을 알아냈다.

움직이는 지구에 반대하는 또 하나의 강력한 주장이 있다. 이런 내용이다. 우리는 초속 18마일의 속력으로 태양 주위를 공전하고 있으며 적도에 있는 사람은 초속 약 0.3마일의 속력으로 자전하고 있는데도 전혀 이런 운동을 느끼지 못한다. 반대로 우리의 감각에 의하면 태양은 하늘에서 움직이고 있다고 알려준다. 물론 현대의 우리들은 고속으로 이동한 경험이 있기 때문에 저런 주장에 반박이 가능하다. 시속 400마일의 속력으로 날아가는 비행기에 타고 있는 사람은 전혀 운동을 느끼지 못한다. 하지만 코페르니쿠스 당시의 사람들에게는 새로운 천문학이 요구하는 매우 빠른 속력으로 움직이고 있음을 우리가 느끼지 못한다는 반박이 훨씬 설득력이 있었다.

15.3 태양중심설에 찬성하는 주장들

태양중심설 그리고 이 이론이 당대의 지배적인 종교 사상에 제기하는 도전에 반대하는 나름 타당한 수많은 관점들에서 보자면, 코페르니쿠스와 케플러는 오랫동안 내팽개쳐진 이런 주장을 왜 집어 들어 용감하게 탐구하는 것일까? 대다수가 사소하게 여기는 일로 이 두 사람은 기존의 물리학, 철학, 종교 및 상식과 맞서고 있었다.

두 사람은 우주가 수학적으로 설계되어 있기에 운동의 참된 패턴이 우주에 내재되어 있다고 확신했다. 게다가 이 설계는 신에 의해 마련되었으며 신은 분명 단순하고 조화로운 패턴을 사용했을 것이다. 하지만 프톨레마이오스 이론은 십육 세기에는 너무 거추장스러워져 있었기에 더 이상 단순하지도 아름답지도 않았다. 따라서 코페르니쿠스와 케플러는 더 조화롭고 단순한 이론을 찾아내면 자신들의 연구가 사물의 신적인 질서를 진정으로 드러내줄 것이라고 믿었다.

코페르니쿠스의 『천구의 공전에 관하여』와 케플러의 저술에는 이러한 동기가 새로운 이론을 찾는 핵심 동력이며 자신들이 더 단순한 이론을 찾았다고 확신했음을 분명하게 보여주는 구절들이 많이 있다. 코페르니쿠스는 자신의 이론에 관해 이렇게 말한다.

그러므로 우리는 이 질서정연한 배열 하에서 우주의 경이로운 대칭을 보며 궤도들의 운동과 크기에서 조화로움의 분명한 관련성을 본다. 이는 다른 방식으로는 결코 얻을 수 없는 종류의 것이다.

케플러는 자신이 일찍이 소개한 운동의 타원 이론을 담은 후기의 저술에서 이렇게 언급한다. "나는 영혼 깊은 곳에서 그것이 참임을 증언하며 놀라운 환희 속에서 그것의 아름다움을 사색한다." 코페르니쿠스와 케플러의 연구는 우주의 조화로움을 찾는 일이었다. 그 조화로움은 두 사람의 종교적인 확신에서 반드시 존재한다고 믿는 것이었으며 수학적으로 단순하게 기술할 수 있어야 하는 것이었다. 왜냐하면 신이 우주를 그렇게 창조했기 때문이었다. 두 사람의 종교적 확신이 동시대 사람들과 구분되는 점은 성경의 문자적 해석에 얽매이지 않았다는 것이다. 둘은 천체에서 신의 말씀을 탐구했다.

코페르니쿠스와 케플러가 태양중심설에 찬성하며 내놓은 주장의 핵심은 그 이론이 수학적으로 단순하다는 것이다. 철학적 및 종교적 확신에서 두 사람은 세계가 수학적으로 단순하게 설계돼 있다고 보았다. 따라서 태양중심설이 지구중심설보다 수학적으로 더 단순하다는 사실이 두 사람의 입장을 결정했다. 새로운 관점의 수학적 단순성은 사실 그들이 내놓을 수 있는 유일한 주장이었다. 수학이 우주의 설계의 핵심이며 전지전능한 수학자라면 단순성을 더 선호하리라는 불굴의 확신을 지닌 사람들만이 그런 급진적인 이론을 감히 내놓을 것이며, 당시에 뒤따르기 마련인 반대에 맞서 그런 이론을 방어할 용기를 냈을 것이다.

새 이론은 천문학자, 지리학자 및 항해자들에게 관심을 끌었다. 왜냐하면 이런 사람들이 해야 하는 이론적이고 산술적인 작업을 단순하게 만들어주었기 때문이다. 따라서 이런 사람들 중 다수는 비록 그것이 참이라고 확신하지 않으면서도 단지 수학적 편리성 때문에 새로운 견해를 받아들였다. 새로운 이론의 이러한 특징은 코페르니쿠스와 케플러한테는 그다지 중요하지 않았지만, 어쨌든 더 많은 사람들이 태양중심설로 끌어들이는 효과가 있었다. 그리고 사람들은 익숙한 것을 진리로 받아들이는 경향이 있으므로 분명 이 실용적 측면은 결국에는 이 이론의 추종자들을 모으는 데 도움이 되었다.

새 이론에 대한 지지는 뜻밖의 기술 발전에서 찾아왔다. 십칠 세기 초반에 망원경이 발명되었는데, 갈릴레오는 이 소식을 듣자마자 스스로 망원경을 제작했다. 그것으로 하늘을 관찰하여 당대 사람들을 놀라게 만들었다. 목성의 네 위성을 발견했는데(지금은 열두 개를 관찰할 수 있다), 이 발견 덕분에 움직이는 행성도 위성을 가질 수 있음이 드러났다. 따라서 지구도 운동을 하면서 위성, 즉 달을 가진다고 볼 수 있었다. 갈릴레오는 달의 울퉁불퉁한 표면과 산맥, 태양의 흑점 그리고 토성의 적도 주위의 불룩한 형체(오늘날 토성의 고리라고 불리는 것)를 보았다. 이런 것들 또한 행성들이 지구와 같으며 어떤 특별한 에테르성 물질로 이루어진 완벽한 물체가 아니라는 증거였다. 고대 그리스인들과 중세 사상가들은 그렇게 믿었지만 말이다. 당시까지는 넓은 빛의 띠라고만 보았던 은하수를 망원경으로 보자 수많은 낱낱의 별들로 이루어져 있었고 그 각각이 빛을 내고 있었다. 그러므로 하늘에는 다른 태양도 존재하며 아마도 다른 행성계도 존재할 터였다. 게다가 하늘에는 분명 일곱 개보다 많은 천체들이 존재했다. 당시로서는 일곱이라는 숫자가 신성불가침이라고 여겼지만 말이다. 코페르니쿠스의 예상으로는, 인간의 시력이 나아질 수 있다면 금성과 수성의 위상 변화도 관찰할 수 있을 것이었다. 즉, 우리가 육안으로 달의 위상 변화를 분간할 수 있듯이, 지구에 면한 각 행성의 반구가 태양의 빛을 받는 부분이 커졌다 작아졌다 하는 현상을 볼 수 있을 것이었다. 갈릴레오는 금성의 위성 변화를 정말로 발견했다.

갈릴레오의 관찰은 전부 성능이 제한적인 망원경으로 이루어졌던 까닭에 그가 목성의 위성은 물론이고 목성을 찾았다는 것조차 놀라운 일이다. 그가 이룬 발견의 상당수는 태양중심설의 직접적인 뒷받침 때문에 가능했다. 또 어떤 발견은 주로 기존의 믿음에 도전을 가하고 적어도 사람들로 하여금 새로운 이론을 더 객관적으로 살펴보게끔 바탕을 마련해주었다. 갈릴레오 자신도 1605년까지는 프톨레마이오스 이론을 가르쳤지만 케플러의 저서를 읽고서 코페르니쿠스주의로 돌아섰다. 1611년에 그는 공개적으로 코페르니쿠스주의를 지지한다고 선언했다. 스스로 관찰해본 결과 코페르니쿠스의 체계가 옳다는 확신이 생겼고, 그리하여 자신의 대표적인 저서인 『두 가지 주요 세계관에 관한 대화』에서 강하게 옹호하기에 이르렀다. 십칠 세기 중반에 이르자 과학계는 태양중심설이 대세로 자리 잡았다.

코페르니쿠스와 케플러의 연구에 관해 한 가지 주의해야 할 말이 있다. 이 두 사람은 앞서 소개한 이유에 따라 태양중심설이 옳다고 믿었다. 이는 오늘날 우리가 지닌 견해가 아니다. 범주상으로 보자면, 태양중심설은 프톨레마이오스 이론보다 더 낫다고 할 수 없다. 오늘날 우리가 믿기에 과학 이론은 인간의 일이다. 마음은 관찰 결과를 구성하는 패턴을 제공한다. 우리는 태양중심설이 더 단순하고 관찰 결과와 더 잘 일치하기 때문에 그 이론을 더 좋아하긴 하지만, 그것이 최종적이라고 여기지는 않는다. 진리가 아닐지 모르지만 또 하나의 이론이 구성되어 더 나은 결과를 내놓을지 모른다. 사실, 그런 것이 하나 있었다. 바로 상대성이론이다. 우리는 너무 많이 기대해서는 안 된다. 수학에 그리고 과학에 관한 수학적 이론에 적용되는 진리의 개념은 언제나 유동적일 것이다.

연습문제

1. 지구중심적 천문학 체계란 무엇인가? 태양중심적 천문학 체계란?
2. 코페르니쿠스는 고대 그리스 천문학과 완전히 단절했는가?
3. 태양은 케플러 체계의 중심에 있는가?
4. 케플러는 코페르니쿠스 체계에 어떤 혁신을 불러일으켰는가?
5. 코페르니쿠스 체계를 케플러가 향상시킨 내용을 재구성해내기 위해 다음

과 같이 가정하자. 한 행성 P가 자신의 주전원을 따라 한 바퀴 돌 때 주전원의 중심은 태양 주위를 한 바퀴 돈다. 행성은 태양에 대해 어떤 경로를 따르는 듯 보이는가? 주전원과 대원의 조합으로 이루어진 경로 대신에 이 단일 경로를 받아들이는 편이 더 단순한가?

6. 운동하는 지구에 대해 어떤 과학적인 반대가 있었는가?
7. 코페르니쿠스와 케플러는 새로운 태양중심설을 왜 지지했는가?
8. 여러분은 왜 태양중심설을 받아들이는가?
9. 행성 운동에 관한 케플러의 첫 번째 법칙을 말하라.
10. 행성 운동에 관한 케플러의 두 번째 법칙을 말하라.
11. 지구에서 태양까지의 평균 거리인 93,000,000마일을 거리의 단위로 삼고 지구의 공전 주기인 1년을 시간의 단위로 삼으면, 케플러의 세 번째 법칙은 $T^2 = D^3$이라고 말한다. 해왕성에서 태양까지의 평균 거리가 2,797,000,000마일이라고 하면, 이 행성이 태양 주위를 완전히 한 번 공전하는 데 걸리는 시간은 얼마인가?

15.4 지상의 운동과 천상의 운동을 관련시키는 문제

갈릴레오가 지상의 운동을 설명하는 법칙을 발견했고 케플러가 행성의 운동에 관한 기본 법칙을 발견했다는 사실에 비추어, 십칠 세기 과학자들이 운동에 관한 이론이 완벽해졌다고 여겼으리라 짐작하는 독자도 있을 것이다. 하지만 우주의 궁극적인 설계를 탐구하는 과학자들에게 방금 설명한 그 두 업적은 즉시 더욱 심오한 문젯거리를 던졌다. 이 두 법칙들의 유형, 즉 갈릴레오의 지상 운동과 케플러의 천상 운동은 기본적으로 여러 측면에서 차이가 있었다. 첫째로, 갈릴레오는 명확한 물리적 원리들(가령, 운동의 제1법칙과 지구 표면 근처를 운동하는 물체의 일정한 아래 방향 가속도의 법칙)에서 시작하여 직선과 곡선 운동을 기술하는 공식을 연역해냈다. 케플러의 세 가지 법칙은 관찰 오류의 범위 내에서 관찰 결과와 들어맞긴 했지만 물리적 원리에 바탕을 두지 않았다. 다만 데이터 모음에 대한 정확한 수학적 기술이었다. 게다가 세 가지 법칙은 서로 논리적으로 무관했다. 둘째, 지상 운동의 경우 포물선이 곡선 운동의 기본 경로인데 반해, 행성 운동의 경우는 타원이 기본 운동이었다.

이런 비교는 여러 가지 문제를 제기했다. 케플러의 법칙들 사이에 어떤 논리적 관련성을 밝혀낼 수 있는가? 아니면 그 법칙들은 정말로 서로 무관한가? 수학적 법칙들은 설령 정확하고 간결하더라도 운동에 관한 어떤 통찰이나 합리적 근거를 제공하지 않는다면 빈약한 설명이 될 뿐이다. 그리고 지구에는 왜 포물선 경로가 지배하고 하늘에서는 타원 경로가 지배하는가?

하지만 십칠 세기 후반의 선구적인 과학자들을 괴롭힌 가장 중요한 질문은 이것이었다. 지상의 운동 법칙과 행성의 운동 법칙 사이의 관련성을 밝혀낼 수 있는가? 아마도 지구 표면에서 운동하는 물체의 경로를 연역해내는데 사용한 갈릴레오의 물리적 원리들이 행성의 운동을 기술하는 법칙으로 이어질 수 있을지 몰랐다. 이 경우 두 유형의 법칙들은 하나로 통합된다. 케플러의 세 가지 법칙도 한 가지 공통의 근거로부터 연역되어 서로 관계를 맺게 될 것이다. 그리고 행성 운동에 관한 물리적 이유들도 드러날 것이다.

운동의 모든 현상이 일군의 물리적 원리들로부터 나와야 한다는 생각은 보통 사람들로서는 너무 거창하고 지나친 것으로 보일지 모르지만, 십칠 세기의 신앙심 깊은 수학자들에게는 매우 자연스럽게 여겨졌다. 신은 우주를 설계했는데, 자연의 모든 현상은 하나의 마스터플랜을 따를 것으로 예상되었다. 우주를 설계하는 자는 가능한 한 많은 서로 연관된 현상들을 관장하기 위해 십중팔구 기본적 원리들의 한 집합을 이용했을 것이다. 십칠 세기 과학자들은 자연을 설계한 신의 마음을 탐구했으므로 지상과 천상의 다양한 운동을 통합하는 원리들을 찾는 일은 매우 당연해 보였을 것이다. 뉴턴의 말대로 이 목표는 다음과 같았다.

현상으로부터 운동의 두어 가지 일반적인 원리들을 도출하고, 모든 물질적인 것들의 성질과 작용이 어떻게 이 명백한 원리들로부터 나오는지를 밝혀내는 것…

통일적 원리가 존재함을 엿보게 해주는, 설득력이 덜 하긴 하지만 그래도 수학자에게는 의미심장한 근거가 하나 있다. 바로 포물선과 타원은 둘 다 원뿔곡선이라는 사실이다. 이 두 곡선이 공통의 수학적 기원을 갖는다는 것은 포물선 운동과 타원 운동이 어떤 근본적인 운동 원리의 특수한 경우들이라고 믿기에 충분했다.

십칠 세기에는 갈릴레오와 케플러가 도달한 단계 이상으로 운동에 관한 연구를 추구해야 할 덜 진지하지만 어쩌면 더욱 절실한 동기들이 있었다. 당시의 또 한 가지 미해결 문제는 천체 운동과 지상 운동을 더욱 제한적이지만 실용적인 연관성 안에서 어떻게 관련짓느냐 하는 것이었다. 이것은 항해 중인 배의 경도를 결정하는 앞서 다룬 문제였다. 항해자들이 별, 태양 및 달을 이용하여 배의 위치를 결정하긴 했지만, 일년 중 다양한 시기에 이런 천체들의 위치는 지상의 점들의 경도와 아직은 정확하게 관련을 맺지 못했다. 십칠 세기에 달은 경도 결정에 가장 적합한 도구인 것처럼 보였다. 왜냐하면 지구와 가깝기 때문에 지구의 점들로부터 달의 위치를 정확하게 관찰할 수 있었기 때문이다. 따라서 지구를 도는 달의 운동에 관해 더 정확한 정보가 필요했다. 이것은 당시로서는 중요한 과학 문제였다.

15.5 간략히 소개하는 뉴턴의 일생

수학과 과학의 위대한 진보는 무엇이든 간에 수백 년 동안 많은 사람들이 조금씩 이바지한 결실의 총합이라고 할 수 있다. 그러다가 발상이나 결과 면에서 선배 학자들의 소중한 개념들과 확연히 차이가 날 정도로 똑똑하면서 아울러 중요한 개념들을 하나의 마스터플랜에 담아 넣을 정도로 독창적이고 대범한 한 사람이 나타나 압도적이고 결정적인 한 걸음을 내딛는다. 운동의 모든 현상을 통합하는 문제에서 이 결정적인 단계를 내디딘 사람이 바로 아이작 뉴턴이다.

1642년에 태어난 뉴턴은 갓난아기 때부터 미숙하고 허약했다. 어머니는 일찍이 홀몸이 되어 가족의 농장을 운영하느라 바빴기에 아이를 돌볼 겨를이 없었다. 영국의 한 작은 읍내의 시골 학교에서 뉴턴이 받았던 초보적인 교육은 보잘 것이 없었으며 청소년 시기에 뉴턴은 전혀 재능을 보이지 않았다. 그래도 가족의 지원 덕분에 1661년에 케임브리지 대학에 가서 트리니티 칼리지에 입학했다. 여기서 마침내 뉴턴은 코페르니쿠스, 케플러 및 갈릴레오의 저작들을 연구할 기회를 얻었다. 그리고 여기서 적어도 한 명의 훌륭한 스승을 만났는데, 당시 저명한 수학자인 아이작 배로우였다. 뉴턴의 대학 성적은 뛰어나지 않았는데, 사실 그는 기하학에 어려움을 느껴서 전공을 과학에서 법학으로 거의 바꿀 뻔했다. 하지만 배로우는 뉴턴이 재능이 있음을 알아차렸다.

뉴턴이 학부 과정을 마친 그 시점에 런던 주위에 흑사병이 창궐하여 대학이 문을 닫게 되었다. 따라서 그는 1665년과 1666년을 울스토르프에 있는 고향 집에서 조용히 보냈다. 이 기간 동안 뉴턴은 역학, 수학 및 광학에서 위대한 연구를 시작했다. 그는 우리가 곧 살펴볼 중력의 법칙이 역학의 광범위한 문제를 해결하는 열쇠임을 알아차렸다. 그리고 미적분의 문제들을 다룰 일반적인 방법을 알아냈다(16장과 17장 참고). 그리고 실험을 통해 햇빛이 보라색에서 빨간색까지 여러 가지 색으로 이루어져 있다는 기념비적 발견을 해냈다. 뉴턴은 말년에 이렇게 말했다. "이 모든 것이 전염병이 돌던 1665년과 1666년 두 해에 걸쳐 일어났다. 당시 나는 창의성의 절정에 있었으며, 수학과 철학[과학]에 다른 어느 때보다 더 마음을 쏟았다."

뉴턴은 1667년에 케임브리지 대학으로 돌아갔고 트리니티 칼리지의 선임 연구원이 되었다. 1669년에 아이작 배로우가 신학 연구에 몰두하기 위해 수학 교수직을 사임하자 뉴턴이 후임을 맡았다. 뉴턴은 분명 훌륭한 교사는 아니었다. 강의를 들으러 오는 학생도 거의 없었으며 뉴턴이 제시하는 내용의 독창성을 알아봐주는 학생은 더더욱 없었다.

1684년에 친구이자 핼리 혜성으로 유명한 천문학자인 에드먼드 핼리가 뉴턴에게 중력에 관한 연구를 발표하라고 설득했다. 그리고 심지어 책의 편집 및 자금 지원 면에서도 도움을 주었다. 그리하여 과학의 고전인 『자연철학의 수학적 원리』 내지는 줄여서 『프린키피아』라고 하는 책이 출간되었다. 이 책은 많은 갈채를 받았으며 세 가지 라틴어 판본 외에도 여러 언어로 번역되었다. 대중들의 눈높이에 맞춘 『숙녀를 위한 뉴턴주의(Newtonianism for Laides)』란 책이 나오기도 했다. 『프린키피아』는 유클리드의 연역적 방식에 따라 서술되어 있다. 즉, 정의, 공리 및 수백 가지의 정리와 결과들을 담고 있다. 간결한 표현으로 되어 있어 읽기가 만만치가 않다. 이런 측면에 대해 변명하면서 뉴턴은 친구에게 자신은 『프린키피아』를 일부러 어렵게 만들었노라고 터놓았다. "수학을 겉핥기로 아는 이들한테서 구설수에 오르지 않기 위해서"라며. 이전에 빛에 관한 논문을 발표했을 때 당했던 비판을 더 이상 겪지 않으려고 했던 것이다.

화학을 포함하여 약 삼십 년 간의 창조적인 활동을 마친 후 뉴턴은 좌절을 느꼈고 신경쇠약을 앓았다. 케임브리지 대학을 떠나 1696년에는 영국 화폐주조국 국장을 맡았으며 이후로는 과학 연구는 가끔씩 마주치는 사안에 국한했다. 대신 그는 신학 연구에 몰두했는데, 그것이 물리적 세계만을 다루는 과학과 수학보다 더 근본적이라고 여겼기 때문이다. 사실 뉴턴은 이백 년 먼저 태어났더라면 십중팔구 신학자가 되었을 것이다. 그의 신학 저술 중 하나로 『수정된 고대왕국 연대기』가 있는데, 이 책에서 그는 성경 속 사건들의 날짜를 알아내려고 했다. 이런 사건과 관련이 있다고 알려진 천문학적 사실들을 이용했다.

생의 말년은 물론이고 사후에도 뉴턴의 영예는 식을 줄을 몰랐다. 그는 1703

년부터 죽을 때까지 런던왕립학회의 회장을 맡았으며 1705년에는 기사 작위를 받았고 사후에는 웨스트민스터 수도원에 묻혔다.

15.6 뉴턴의 핵심 사상

철학적 관점 및 과학 방법론에서 뉴턴은 갈릴레오를 따랐다. 뉴턴도 우주는 신이 수학적으로 설계했으며 수학과 과학은 그러한 영광스러운 설계를 밝혀내야 한다고 믿었다. 갈릴레오와 마찬가지로 근본적인 물리적 원리들은 세계, 공간, 시간, 질량, 무게 및 힘의 참된 성질에 관한 정량적 진술이어야 한다고 확신했다. 이런 원리들로부터 그리고 수학의 공리와 정리를 통해 자연의 법칙들을 연역할 수 있어야 한다. 뉴턴은 자신의 철학을 『프린키피아』의 서문에 이렇게 표현했다.

> … 철학[과학]의 모든 과제는 이것으로 이루어진 듯하다. 즉, 운동의 현상으로부터 자연의 힘을 조사하고 이런 힘으로부터 다른 현상을 증명하고…

자연의 힘을 조사한다는 말은 힘의 작용을 지배하는 기본적인 법칙을 알아내고 결과들을 도출해낸다는 뜻이다.

그렇다면 그런 프로그램을 수행하는 첫 번째 문제는 근본적인 원리들을 발견하는 이이다. 갈릴레오와 마찬가지로 뉴턴도 타당해 보이는 가설을 탐구하거나 성경 구절을 받아들이기보다는 물리적 세계의 직접적인 연구에 의해 이런 원리들을 얻어야 한다는 입장이었다. 이런 견해를 뉴턴은 명시적으로 밝히고 있다. 그가 쓴 또 다른 유명한 책인 1704년에 출간된 『광학』에서 그는 이렇게 말한다.

> 그러므로 해석은 관찰하기와 실험하기 그리고 귀납에 의해 일반적인 결론을 이끌어

내기 그리고 결론에 대한 어떠한 반대도 허용하지 않기로 이루어지는데, 하지만 그러한 것들은 실험이나 다른 확실한 진리들로부터 취해진다.

뉴턴이 강조하려고 했던 것 그리고 뉴턴 시대에 강조할 필요가 있었던 것은 일반화가 어떤 실험 내지는 관찰을 근거로 이루어져야 하며, 단 한 가지라도 물리적 증거에 반하는 가설은 허용되어서는 안 된다는 것이었다. 게다가 기본적인 원리들로부터 이루어진 연역은 물리적 증거와 반드시 일치해야 하는데, 왜냐하면 연역적으로 확립된 결론들과 실험을 통한 검증 사이의 지속적인 일치만이 원래 행했던 일반화가 옳다는 확신을 보장할 수 있기 때문이다.

과학적 방법의 그러한 원리들을 명심하고서 뉴턴은 물리적 원리들을 찾는 문제를 공략했고, 결국 지상의 운동과 천상의 운동을 통합하는 단일 이론을 내놓게 되었다. 물론 그는 갈릴레오가 밝혀낸 원리들을 잘 알고 있었다. 하지만 이런 원리들은 충분하지 않은 듯했다. 운동의 제 1법칙에서 보자면, 행성들은 태양을 향해 끌어당기는 힘에 의해 작동하고 있음이 분명해 보였다. 왜냐하면 만약 그런 힘이 작용하고 있지 않다면 각 행성은 직선 상으로 운동할 것이기 때문이다. 각 행성을 태양 쪽으로 줄곧 끌어당기는 힘이 존재한다는 발상을 떠올린 사람들은 많았다. 뉴턴이 연구에 착수하기 전에도 이미 케플러, 실험으로 유명한 물리학자 로버트 훅, 물리학자 겸 저명한 건축가인 크리스토퍼 렌, 핼리 등이 그런 생각을 했다. 또한 이 힘은 가까운 행성에 가해질 때보다 멀리 있는 행성에 가해지면 힘이 더 약하며, 사실 이 힘은 태양과 행성 사이의 거리가 증가할 때 그 거리의 제곱에 반비례하여 감소한다고 추측되기도 했다. 하지만 뉴턴의 연구가 나오기 전까지 중력에 관한 이런 생각들은 전부 다 추측에 지나지 않았다.

뉴턴은 이런 발상들을 받아들였다. 하지만 중력의 작용을 지상의 운동과 연결시키려고 시도할 때, 요즘으로서는 일상적인 경험이지만 당시로서는 매우

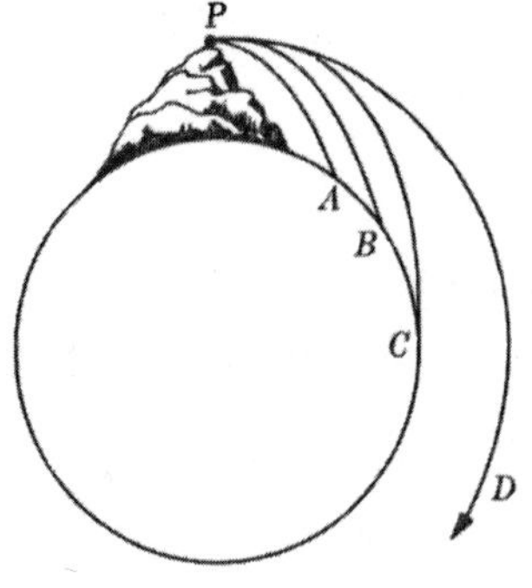

그림 15.3
수평 속도를 다양하게 증가시키면서 산 꼭대기에서 수평으로 발사한 발사체의 경로

상상력이 풍부하고 확실히 독창적인 일련의 사고가 뉴턴에게 떠올랐다. 그는 발사체를 높은 산의 꼭대기에서 수평으로 발사하면 어떻게 되는지를 고찰하였다. 뉴턴이 알던 대로 그리고 우리도 갈릴레오의 연구를 통해 알고 있듯이, 발사체는 지면으로 떨어지는 포물선 경로를 따른다(14장의 그림 14.3 참고). 발사체의 수평 속력이 증가하면 경로는 더 평평해지긴 하지만 여전히 포물선이다. 하지만 갈릴레오는 지구가 평평하며 발사체는 대포가 포탄에 전해주는 것처럼 적당한 초기 수평 속력을 갖는다고 가정했다. 이제 뉴턴은 지구가 둥글다는 점을 고려하고 아울러 발사체의 수평 속력이 차츰 증가하면 어떻게 될지 스스로에게 물었다. 만약 지구가 둥글다는 점을 고려한다면, 수평 속력이 적은 발사체들은 그림 15.3의 *PA*나 *PB* 경로를 따를 것이다. 속력이 어느 정도 증가하면 발사체는 어쩌면 *PC*와 같은 경로를 따를지 모른다. 이제 속력이 더욱 증가된다고 가정하자. 발사체는 우주 공간 속으로 날아가 버릴까? 꼭 그렇지는 않다. 발사체가 우주 공간을 향해 나아가더라도 지구 쪽으로 잡아당겨진다. 하지만 둥근 지구의 인력은 중심으로 향하기에 발사체는 중심으로 향하는 이 연속적인 인력 때문에 우주 공간으로 날아가 버리지 않는다. 사실 발사체는, 지구가 발사체를 당기는 인력의 크기가 발사체를 우주 공간으로 날아가게 하지도 않고 지구 표면에 추락하지도 않을 정도라면, 지구를 무한히 원형으로 돌지

모른다.

그래서 뉴턴은『프린키피아』에서 이렇게 결론을 내렸다.

> 중력에 의해 발사체가 궤도를 따라 회전하고 지구를 도는 것과 똑같은 방식으로 달 또한 중력을 부여 받았다면 중력에 의해 또는 달을 지구로 향하게 하는 다른 어떤 힘에 의해 지속적으로 지구를 향해 끌어당겨져, 선천적인 힘[관성]에 의해 일어나는 직선 운동에서 벗어나 지금과 같은 궤도를 따라 회전하게 되었을 것이며, 그런 힘이 없다면 달은 자신의 궤도를 유지할 수 없을 것이다. 만약 이 힘이 너무 작다면 달을 직선 경로에서 벗어나도록 회전시키기에 충분하지 않았을 것이며, 만약 너무 컸다면 달을 너무 크게 회전시켜 제 궤도에서 벗어나 지구로 끌어당겼을 것이다. 따라서 그 힘은 딱 알맞은 양이어야 하는데, 한 물체를 특정한 궤도 내에서 특정한 속도로 정확하게 유지시키게 해줄 힘을 찾는 일은 수학자에게 속하는데 . . .

달이 지구를 도는 운동이 지구에서 일어나는 운동과 어떻게 관련되는지를 밝힌 이 주장은 곧장 태양 주위를 도는 행성들의 운동에로 확대 적용되었다. 행성들은 어떤 식으로든 운동을 시작하고 나면 태양에 의해 끌어당겨지는데, 이 인력의 크기는 행성을 우주 공간 속으로 날아가게 하지도 않고 태양과 충돌하지도 않게 하기에 딱 알맞은 정도이다.

그러므로 뉴턴은 발사체를 지구로 끌어당기는 것과 동일한 힘이 달을 지구 주위를 돌게 만들고 행성들이 태양 주위를 돌게 만든다고 제안할만한 이유를 간파했던 것이다. 이제 그는 중력이 얼마나 강한지를 정확하게 알아내야 했다. 즉 중력이 물체들에 그리고 물체들 사이의 거리에 어떻게 의존하는지를 알아내야 했다.

15.7 질량과 무게

뉴턴의 중력 법칙을 이해하기 전에, 우선 물질의 두 속성인 질량과 무게를 구별해야 한다. 뉴턴의 첫 번째 운동 법칙에 의하면, 만약 힘이 가해지지 않으면 물체는 이전에 갖고 있던 속력으로 계속 운동한다. 달리 말하자면, 물체는 관성을 갖는다는 법칙이다. 힘이 가해져 다르게 운동하도록 강제되지 않는 한 기존의 운동을 계속 유지한다는 말이다. 이러한 관성 내지 물체가 속력의 변화에 저항하는 정도를 가리켜 관성 질량 또는 그냥 질량이라고 한다.

모든 물체는 질량이 같을까? 전혀 그렇지 않다. 질량은 속력 변화에 대한 저항으로 나타나므로, 경험상 우리는 물체가 다르면 질량이 다름을 알 수 있다. 가령 납으로 만든 작은 공 하나와 큰 공 하나가 땅에 멈추어 있는데, 이 두 공을 움직이게 만들고 싶다고 하자. 경험상 우리는 동일한 속력으로 큰 공을 굴리는 데 드는 힘이 작은 공을 굴리는 데 드는 힘보다 더 커야 함을 알고 있다. 더 많은 힘이 필요하므로 큰 공은 분명 질량이 더 크다. 또는 두 공이 동일한 속력으로 우리에게 굴러오고 있다면 이 공들을 멈추는 데 드는 힘을 상상할 수 있다. 이번에도 큰 공을 멈추는 데 더 많은 힘이 들 것이다. 그러므로 물체들의 질량은 서로 다르다.

우리는 질량을 측정하는 물리적 방법을 제시하지는 않겠다. 길이의 단위를 도입하듯이 질량의 단위를 도입함으로써 다른 모든 질량을 이 단위와 비교하여 개별 물체의 질량이 얼마인지 정확히 알 수 있다고 말하는 것으로 충분할 테다. 질량은 파운드나 그램으로 측정하는 데 일 파운드는 약 454그램이다.

지구로 떨어지는 물체는 가속도를 지닌다. 따라서 이런 속력 변화를 일으키려면 어떤 힘이 반드시 작용하고 있는 것이다. 이 힘이 바로, 갈릴레오 등이 알아차렸듯이, 지구의 인력 내지 중력이다. 손에 물체를 쥐고 있을 때 우리는 이 인력을 느낀다. 물체에 가해지는 이 특별한 힘을 가리켜 물체의 무게라고 한다. 따라서 무게와 질량은 결코 동일하지 않다. 질량은 속력의 변화에 저항하는 정도, 즉 관성이며 무게는 지구가 가하는 힘이다.

하지만 물체의 질량과 무게 사이에는 놀랄만한 관계가 있다. 실험을 통해 알아낸 이 관계에 의하면, 지구 표면 근처에서 무게는 언제나 질량의 32배이다. 기호로 표현하자면

$$w = 32m. \tag{1}$$

32라는 양은 지구로 떨어지는 모든 물체가 지닌 가속도이다. 그러므로 방정식 (1)은 지구가 질량 m인 물체에 가하는 힘 w는 그 물체를 떨어지게 만드는 가속도와 질량의 곱임을 말해주고 있다. 질량 m은 파운드로 측정되며, 무게 w는 파운드중량(poundal)으로 측정된다. 편의상 32파운드를 가리켜 무게 파운드라고 한다. 물론 일 파운드의 질량과 일 파운드의 무게는 동일한 물리량이 아니다. 때로는 질량과 무게에 동일한 단위를 사용하면 혼란스러울 때가 있다. 하지만 잠시 후 살펴보겠지만, 이런 혼란은 그다지 심각하지는 않다. (만약 질량을 그램으로 측정한다면, 32 대신에 980이 된다. 단위는 cm/sec²이다. 그렇다면 방정식 (1)은 다음으로 표현된다.

$$w = 980m.$$

이때 무게 w는 다인(dyne)으로 측정된다.)

무게와 질량은 아주 밀접하게 관련되어 있기 때문에 우리는 일상생활에서 굳이 두 속성을 구분하지 않아도 된다. 큰 질량은 무게도 크며, 실제로 물체의 질량에 관심이 있는 경우라도 우리는 종종 무게의 관점에서 생각하는 편이다. 가령, 자동차를 밀어서 움직이려고 한다면 상당한 힘을 가해야 할 것이다. 보통 사람들은 이 힘을 자동차의 큰 무게와 관련짓는다. 하지만 무게는 여기서 아무런 역할을 하지 않는다. 왜냐하면 중력은 아래로 작용하므로 지면 방향의 운동에는 아무 영향이 없기 때문이다. 자동차를 세게 밀어야 하는 까닭은 질량

이 속력의 변화에 저항하기 때문이다. 따라서 큰 힘이 드는 까닭은 무게라기보다는 자동차의 질량 때문이다.

연습문제

1. 왜 사람들은 질량과 무게를 대체로 구별하지 못하는가?
2. 달에서 질량과 무게 사이의 관계가 지구에서와 동일한 수학적 형태를 지닌다고 가정하자. 즉, 무게는 질량 곱하기 상수라고 가정하자. 달이 달 표면으로 낙하 물체에 주는 가속도는 5.3ft/sec^{2}이다. 어떤 사람이 지구에서 무게가 160 lb(파운드)였다면 달에서는 무게가 얼마인가?
3. 태양이 태양 표면으로 떨어지는 물체에 주는 가속도가 지구에 의한 가속도의 27배라면, 지구에서 무게가 160 lb인 사람은 태양에서는 무게가 얼마인가?

15.8 중력 법칙

뉴턴은 당시 사람들의 추측을 바탕으로, 거리 r만큼 떨어져 있는 임의의 질량 m과 M인 두 물체 사이에 작용하는 인력 F는 다음 공식으로 주어진다고 제시했다.

$$F = G\frac{mM}{r^2}. \tag{2}$$

이 공식에서 G는 상수이다. 즉 m, M, r이 어떠한 값이든 항상 일정하다. 이 상수의 수치 값은, 나중에 우리도 살펴볼 텐데, 질량, 힘 및 거리에 사용된 단위에 따라 달라진다.

수학적인 관점에서 보면 공식 (2)는 새로운 유형의 함수 관계를 표현한 양 F는 세 개의 독립변수 m, M, r에 의존하는 종속변수이며, 양 G는 상수이다. m, M, r에 값을 주면 F의 값이 결정된다. 물론 그런 함수는 가령 독립변수와 종속변수가 각각 하나뿐인 $d = 96t - 16t^2$보다 복잡하다. m과 M이 고정된 값이고 r만이 바뀔 수 있는 상황을 다룰 때라면 F는 독립변수가 단 하나뿐인 함수가 된다. 가령 G가 1이고 m이 2이고 M이 3이라면 F와 r의 관계식은 $F = 6/r^2$이 될 것이다. 이 공식은 질량이 고정된 두 물체 사이의 중력은 두 물체 사이의 거리에 어떻게 의존하는지를 표현하고 있다.

뉴턴은 공식 (2)가 이런 힘에 대한 올바른 정량적인 표현임을 보여야 했다. 공식 (2)를 적용하고 아울러 힘 일반을 다루기 위해 뉴턴은 두 번째의 정량적인 물리적 원리를 도입했는데, 이는 나중에 중력 법칙만큼이나 중요한 것임이 밝혀졌다. 이전 절에서 언급했듯이 지구 표면 근처에서 지구의 중력은 물체에게 32ft/sec^2의 가속도를 주며, 중력은 물체의 질량의 32배이다. 뉴턴은 이 관계를 일반화하여, 임의의 힘이 물체에 작용할 때마다 힘은 물체에 가속도를 준다고 단언했다. 게다가 힘, 물체의 질량 그리고 물체에 주어진 가속도의 관계식은 다음과 같다.

$$F = ma. \tag{3}$$

이 공식에서 F는 질량 m인 물체에 가해진 힘의 양이며, a는 그 물체에 준 가속의 양이다. F가 무게 w인 특수한 경우에 a의 값은 32ft/sec^2이다. 공식 (3)은 뉴턴의 두 번째 운동 법칙으로 알려져 있다. 이 법칙은 중력이든 아니든 임의의 힘에 적용된다. 공식 (1)과 마찬가지로 만약 m이 파운드 단위이고 a가 피트와 초 단위이면, F는 파운드중량 단위이다. 가령 32파운드중량은 1파운드의 질량에 32ft/sec^2의 가속도를 준다. 파운드 단위는 32파운드중량을 힘의 일 파운드로 삼아서 힘의 단위로도 사용된다.

뉴턴이 자신의 중력 법칙을 어떻게 검사했는지 알아보자. (2)를 아래와 같이 조금 다른 형태로 바꿀 수 있다.

$$F = m\frac{GM}{r^2}. \tag{4}$$

(3)과 (4)를 비교하면, (4)의 양 GM/r^2이 (3)의 a 역할을 한다. 즉, 중력 법칙은 중력 F가 질량 m에게 GM/r^2의 가속도를 준다고 말하는 법칙으로 볼 수 있다. 기호로 표현하자면

$$a = \frac{GM}{r^2}. \tag{5}$$

이제 M이 지구의 질량이고 m이 지구 표면 근처에 있는 작은 물체의 질량이라고 하자. 그렇다면 (5)의 r이 무엇을 나타내는가라는 질문이 제기된다. 그것은 두 질량 사이의 거리를 나타내는 것일 테다. 그렇다면 질량 m으로부터 지구의 표면까지의 거리라고 여겨야 하는가 아니면 지구 내부의 어느 점까지의 거리라고 여겨야 하는가? 만약 지구와 태양처럼 두 질량이 수백만 마일 떨어져 있으면, 각각의 질량을 이상화하여 그것이 한 점에 집중되어 있다고 간주해도 좋을 것이다. 왜냐하면 각 물체의 크기는 둘 사이의 거리와 비교할 때 매우 작기 때문이다. 하지만 지구 표면 근처의 물체일 경우 r의 값은 지구의 어느 지점을 기준으로 삼느냐에 따라 크게 달라진다. 뉴턴은 중력에 관한 한 지구의 질량은 지구의 중심에 집중되어 있다고 간주해도 좋다고 추측했다(나중에 이를 증명했다). 따라서 지구의 중력 가속도가 지구 표면 근처의 질량 m에 작용하고 있다고 할 때, (5)의 r의 값은 4000마일 또는 21,120,000피트라고 할 수 있다. r의 이 값은 본질적으로 지구 표면 근처의 모든 물체에 동일하다. 게다가 지구의 질량 M은 일정하고 G도 마찬가지다. 따라서 지구 표면 근처에 있는 모든 물체에 대하여 (5)의 우변 전체는 일정하다. 결과적으로 중력이 지구 표면 근처의 모든 물체에 주는 가속도는 일정하다. 이것은 갈릴레오가 알아냈던 바와 정확히 일치하는데, 사실 갈릴레오는 그 일정한 값이 32ft/sec^2(질량을 그램으로 측정한다면 980cm/sec^2)임을 알아냈다. 그러므로 뉴턴의 중력 법칙은 첫 번째 검사를 통

과했다. 이미 밝혀진 사실이 이 법칙의 한 특수한 사례임을 제시했기 때문이다.

연습문제

1. 고정된 질량을 가진 두 물체 사이의 중력이 거리 r에 따라 달라지는데, 공식 $F=6/r^2$을 따른다고 하자. F가 r에 따라 어떻게 변하는지를 그래프로 보여라.
2. 지구 표면 근처의 물체들의 가속도가 32ft/sec²임을 알고 있을 때, 공식 (5)를 이용하여 지구가 지구 표면 위 1000마일 위치에 있는 물체에 가하는 가속도를 계산하라.
3. 한 물체가 지구 표면 위 1000마일 지점에서 지구로 떨어진다고 하자. 이 거리를 낙하하는 데 걸리는 시간을 계산하기 위해 공식 $d=16t^2$을 사용해도 좋은가?
4. 150lb의 무게가 나가는 물체의 질량은 얼마인가? (무게의 일 파운드는 32파운드중량이다.)
5. 3000lb의 무게가 나가는 자동차가 12ft/sec²의 가속도가 생기도록 하려면 얼마의 힘이 필요한가?

15.9 질량과 무게에 관한 추가 논의

중력 법칙을 지지하면서 이제 우리는 뉴턴과 마찬가지로 그 법칙을 물리학의 한 공리로 채택하고 이 공리 및 물리학과 수학의 다른 공리들로부터 어떤 결론을 이끌어낼 수 있는지 알아보자. 그 법칙 자체는 임의의 두 질량 m과 M 사이의 중력 F가 다음 공식으로 주어진다고 밝힌다.

$$F=G\frac{Mm}{r^2}, \tag{6}$$

여기서 r은 두 질량 사이의 거리이다. 공식 (6)을 통해 우리는 무게와 질량 사이의 관계를 곧장 이해할 수 있고 아울러 무게의 개념을 확장시킬 수 있다. M이 지구의 질량이고 m이 다른 물체의 질량이라고 하자. F는 지구가 이 물체를 끌어당기는 힘이므로 F는 이 물체의 무게라고 볼 수 있다. 왜냐하면 이런 인력이 바로 무게의 의미이기 때문이다. 하지만 공식에서 알 수 있듯이 힘, 즉 무게는 두 질량 사이의 거리에 따라 달라진다. 따라서 물체의 무게는 고정된 값이 아니라 물체와 지구와의 거리, 더 구체적으로는 물체로부터 지구의 중심까지의 거리에 따라 달라진다(15.8절 참고). 질량 m인 물체가 지구의 표면에 있다면, 그것의 무게는 다음과 같이 주어진다.

$$F_1 = G\frac{Mm}{(4000 \cdot 5280)^2}, \tag{7}$$

하지만 지구 표면에서 1000마일 상공에 있는 동일한 물체의 무게는 아래와 같다.

$$F_2 = G\frac{Mm}{(5000 \cdot 5280)^2}. \tag{8}$$

값 F_2는 F_1보다 적다. 두 번째 식의 분모가 더 크기 때문이다. 그렇다면 질량 m인 물체가 지구 표면으로부터 더 멀리 있을수록 무게는 더 적어진다. 한편 그 물체의 질량, 즉 속력 변화에 저항하는 정도는 모든 위치에서 동일하다. 그러므로 새삼 확실하게 알 수 있듯이, 물체의 무게와 질량은 전혀 다른 속성이다.

무게의 개념은, 특히 현재의 과학 시대에서는 더더욱, 훨씬 더 확장될 수 있다. 지금까지 우리는 한 물체의 무게가 지구가 그 물체를 끌어당기는 힘이라고 여겼다. 하지만 이제부터는 그 물체를 달에 갖다놓았다고 상상하자. 그리고 상황을 단순화하기 위해서, 우주에는 달과 그 물체만이 존재한다고 가정하자. 우리가 달에 있는 물체의 무게에 관해 이야기할 수 있을까? 중력 법칙은 달과 물체에도 작용하기에 달이 그 물체를 끌어당길 것이다. 이 인력이 달에서 그 물체의 무게이다. 이 무게를 계산하려면 (6)의 M을 달의 질량으로, m을 그 물체의 질량으로, 그리고 r을 달의 반지름으로 삼기만 하면 된다. 달의 질량은 지구와 태양의 질량을 계산하기 위해 나중에(15.10절에서) 이용하게 될 것과 비슷한 방법으로 결정할 수 있다. 우리가 당면 목적에 이용할 이 계산 결과에 의하면, 달에 있는 물체의 무게는 지구상에서의 물체의 무게의 $\frac{1}{6}$이다.

무게의 개념은 여전히 더 확장될 수 있다. 한 물체가 지구와 달 사이의 어디쯤 우주 공간 속에 있다고 하자. 중력 법칙에 따르면 지구가 그 물체를 끌어당기고 달도 그 물체를 끌어당긴다. 이런 인력들은 서로 방향이 반대이므로, 상쇄되고 남은 인력이 물체의 무게라고 할 수 있다. 이제 물체가 지구로부터 달로 이동하고 있다고 생각하면, 지구의 인력은 감소하고 달의 인력은 증가한다. 처음에는 지구의 인력이 더 강하지만 달로 향하는 경로의 어느 지점에서 두 힘은 방향은 반대이고 크기는 동일해질 것이다. 그래서 결과적으로 물체의 무게가 영이 될 것이다. 이 점은 지구에서 달을 잇는 직선 경로 상에서 달로부터 약 24,000마일의 거리에 위치해 있다. 무게에 관한 이상의 모든 고찰들은 더 이상 학문적으로 허황된 말이 아니라 달 착륙을 위해 발사한 로켓의 경로를 결정하는 데 중요한 요소들이다.

연습문제

1. 무게가 150 lb인 사람이 지구 표면에 있다고 하자. 물론 지구 중심에서 이 사람까지의 거리는 4000마일이다. 이 사람이 지구 표면에서 4000마일 상공에 있다면 무게가 얼마인가?
2. 중력 법칙을 통해 우리는 물체의 질량과 무게의 차이를 어떻게 더 확연하게 알 수 있는가?
3. 지구 상에 두 물체가 있는데, 한 물체는 다른 물체에 비해 질량이 두 배라고 하자. 지구가 첫 번째 물체를 끌어당기는 힘이 두 번째 물체를 끌어당기는 힘의 두 배임을 보여라.

4. 무게가 150 lb인 사람이 있는데, 만약 지구의 질량이 현재 질량의 십분의 일이 되면 이 사람의 무게는 얼마가 되는가?

5. 지구의 질량이 현재의 두 배가 된다고 가정하자. 낙하하는 물체의 가속은 어떻게 변할 것인가? 1000피트 높이에서 떨어진 물체는 지금보다 지면에 더 빨리 도달할까?

6. 본문에서 나온 내용대로, 지구 표면 근처의 모든 물체는 동일한 가속도로 떨어진다. 한 물체가 지구 표면으로부터 수천 마일 떨어져 있다고 가정하자. 이 물체가 지구로 떨어질 때의 가속도를 지구 표면 근처에 있는 물체의 가속도와 어떻게 비교하는가?

7. 달의 질량이 지구의 질량과 동일하다고 가정하자. 달의 반지름은 지구의 반지름의 약 1/4이다. 지구에서 무게가 150 lb인 사람은 달에서 무게가 얼마나 되는가?

8. 지구의 인력은 지구의 내부에 있는 물체에 대해서는 지구 바깥에 있는 물체에 비해 꽤 다르게 작용한다. 그 경우 중력은 방정식 $F = GmMr/R^3$으로 주어진다. 여기서 m은 물체의 질량, M은 지구의 질량, R은 지구의 반지름 그리고 r은 지구의 중심으로부터 그 물체까지의 거리이다. r이 변할 때 이 인력이 어떻게 변하는지를 공식 (6)에 의해 주어지는 힘과 비교하라.

9. 중력 법칙이 공식 (6) 대신에 $F = GmM/r$이라고 가정하자. 이 공식에 의하여 지구의 중심으로부터의 거리에 따른 무게의 변화를 공식 (6)에 의한 무게의 변화와 비교하라.

10. 지구의 중심으로부터 5000마일 거리에 있는 모든 물체들을 고려하라. 질량에 대한 무게의 비는 이 모든 물체에 전부 동일한가?

15.10 중력 법칙으로부터 연역해낸 몇 가지 내용

갈릴레오와 뉴턴이 고안해낸 과학적 방법의 정수는 기본적이고 정량적인 물리적 원리들을 찾아내어 이 원리들에 수학적 추론을 적용하는 것이다. 중력 법칙 그리고 운동에 관한 첫 번째와 두 번째 법칙이 그러한 물리적 원리들이다. 이제 우리는 뉴턴이 이런 원리들로부터 몇 가지 놀라운 연역을 해낼 수 있었음을 살펴볼 것이다.

중력 법칙에는 상수 G가 들어 있다. 중력 법칙에 바탕을 둔 많은 계산에서는 G의 값을 알아야 한다. 원리적으로 이 양은 쉽게 측정된다. 질량을 알고 있는 두 물체를 측정된 거리만큼 위치시키고 두 물체가 서로를 끌어당기는 힘을 측정하면 된다. 그러면

$$F = G\frac{mM}{r^2}, \tag{9}$$

에서 (9)의 각 양은 G 외에는 주어져 있다. 따라서 G에 대한 간단한 대수방정식이 얻어진다. 그런데 G를 측정하기 위한 실제 실험은 다소 복잡하다. 왜냐하면 보통의 질량에 대하여 힘 F가 작기 때문이다. 하지만 여러 실험을 통해 G의 값이 $1.07/10^9$임이 밝혀졌다. 10^9이라는 표시는 10이 9번 나오는 곱셈, 즉 십억의 과학적 축약 형태이다. 이 G는 질량을 파운드 단위로 거리를 피트 단위로 그리고 힘을 파운드중량 단위로 측정했을 때의 값이다. (센티미터-그램-초(cgs) 단위 체계에서 G는 $6.67/10^8$이다.)

G의 값을 알았으니 지구의 질량을 계산하기란 쉬운 문제다. 공식 (5)를 떠올려보자. 이 공식은 중력 법칙과 두 번째 운동 법칙의 직접적인 결과로서, 지구가 임의의 물체에 주는 가속도가 다음과 같음을 말하고 있다.

$$a = G\frac{M}{r^2}, \tag{10}$$

여기서 r은 두 질량 사이의 거리이다. 이미 알고 있듯이, r이 4000마일 또는

21,120,000피트일 때 $a=32$이다. 이 값들 및 G의 값을 (10)에 대입하면

$$32=\frac{1.07}{10^9}\cdot\frac{M}{(21,120,000)^2}, \tag{11}$$

이제 우리는 미지의 M에 대한 간단한 방정식을 얻었다. 복잡한 산수를 단순하게 만들기 위해 21,120,000을 21,000,000으로 근사한 다음에 $21\cdot 10^6$으로 표현하자. 그러면 지수에 관한 정리에 의해(5.3절 참고)

$$(21\cdot 10^6)^2=(21)^2\cdot(10^6)^2=441\cdot 10^{12}.$$

이 값을 (11)에 대입하면

$$32=\frac{1.07}{10^9}\cdot\frac{M}{441\cdot 10^{12}} \tag{12}$$

인수 10^9와 10^{12}는 결합될 수 있다. 왜냐하면 첫 번째 인수는 $10\cdot 10\cdot 10\cdots$에서 10이 9번 나온다는 뜻이고 두 번째 인수는 10이 12번 나온다는 뜻이기 때문이다. 그렇다면 이 두 인수의 곱은 10이 21번 나온다. 따라서

$$32=\frac{1.07M}{441\cdot 10^{21}}\cdot \tag{13}$$

이 방정식의 양변에 $441\cdot 10^{21}$을 곱하고 양변을 1.07로 나누면

$$M=\frac{32\cdot 441\cdot 10^{21}}{1.07}$$

즉

$$M=13.1\cdot 10^{24}\text{ 파운드.} \tag{14}$$

1톤은 2000파운드이므로 우변을 2000으로 나누고 다음과 같이 적을 수 있다.

$$M=6.5\cdot 10^{21}\text{ 톤.} \tag{15}$$

따라서 공식 (10)에 간단한 대수만 적용하면 지구의 질량을 거뜬히 계산할 수 있다. 이제 분명히 알 수 있듯이 이 양은 지구의 무게가 아니다. 전문적으로 말해, 지구는 무게가 없다. 왜냐하면 무게는 정의상 지구가 다른 질량에 가하는 힘이기 때문이다. 하지만 $6.5 \cdot 10^{21}$톤의 질량은 이 톤의 양만큼 무게가 나갈 것이기에 지구의 질량이 얼마쯤인지 우리는 가늠할 수 있다.

방금 전에 알아낸 지식으로부터 우리는 지구의 내부에 관한 어떤 정보를 연역할 수 있다. 지구는 근사적으로 구의 형태이며, 구의 부피 V는 $4\pi r^3/3$이므로(r은 지구의 반지름), 지구의 부피를 계산할 수 있다. 그러므로

$$V = \tfrac{4}{3}\pi(4000 \cdot 5280)^3 = \tfrac{4}{3}\pi(4 \cdot 528)^3 \cdot 10^{12} = \tfrac{4}{3}\pi(2112)^3 \cdot 10^{12}.$$

2112를 $21 \cdot 102$로 근사하고 π 값으로 3.14를 대입하면

$$V = \tfrac{4}{3}(3.14)(21 \cdot 10^2)^3 \cdot 10^{12} = \tfrac{4}{3}(3.14)(21)^3 \cdot 10^6 \cdot 10^{12}.$$

$(\frac{4}{3})(3.14)(21)^3$은 약 39,000이므로

$$V = 39{,}000 \cdot 10^6 \cdot 10^{12} = 39 \cdot 10^{21} = 3.9 \cdot 10^{22} \text{ 입방피트.}$$

이어서 지구의 질량(파운드)을 부피로 나누면 입방피트당 질량이 나온다. 그러므로

$$\frac{M}{V} = \frac{13.1 \cdot 10^{24}}{3.9 \cdot 10^{22}} = \frac{1310 \cdot 10^{22}}{3.9 \cdot 10^{22}} = \frac{1310}{3.9} = 336. \tag{16}$$

물의 입방피트당 질량은 62.5 파운드이다. 지구의 입방피트당 질량은 물의 입방피트당 질량의 약 5.5배이다. 덧붙여 말하자면, 5.5라는 이 수치가 지구의 밀도이다.

지구 표면을 조사해보니 지구는 주로 물과 모래로 이루어져 있음이 드러났다. 지표면에 보이는 암석의 양은 5.5라는 비를 설명해주지 못하므로, 지구 내

부에는 무거운 물질이 반드시 들어있다는 결론이 나온다.

한편 태양의 질량을 계산하려면 조금 더 노력을 해야 한다. 이번에도 역시 중력 법칙과 두 번째 운동 법칙으로부터 시작하자. 이제 두 질량은 태양의 질량 S와 지구의 질량 E이다. 그렇다면 중력 법칙에 따르면 태양이 지구를 끌어당기는 힘은 다음과 같다.

$$F = G\frac{SE}{r^2}, \tag{17}$$

여기서 r은 지구에서 태양까지의 거리이다. 뉴턴의 두 번째 운동 법칙에 따르면 태양이 지구에 가하는 힘은 지구에게 다음과 같은 가속도 a를 준다.

$$F = Ea. \tag{18}$$

(17)과 (18)의 힘은 동일하므로 두 식의 우변을 같다고 놓을 수 있다. 그렇다면

$$Ea = G\frac{SE}{r^2}\cdot \tag{19}$$

다음에 (19)의 양변을 E로 나누면

$$a = \frac{GS}{r^2}\cdot \tag{20}$$

이 마지막 방정식에서 우리는 G와 r을 알고 있다. 지구의 가속도 a를 안다면 S를 계산할 수 있다. a 계산과 관련하여 우리가 무엇을 할 수 있는지 알아보자.

태양이 지구에게 주는 가속도는 지구가 만약 그 가속도가 없다면 따라가게 될 직선 경로에서 벗어나게 해주는 동시에 태양 쪽으로 "떨어지게" 하여 타원 경로를 따라 운동하게 만들어준다. (지구가 달에게 주는 가속도도 달의 궤도에 관해 동일한 효과를 미친다.)

단순한 설명을 위해 지구의 경로가 원형이라고 가정하자. 그리고 지구가 태양 주위를 도는 경로에서 점 P에 있다고 상상하자(그림 15.4). 중력이 없다면 지

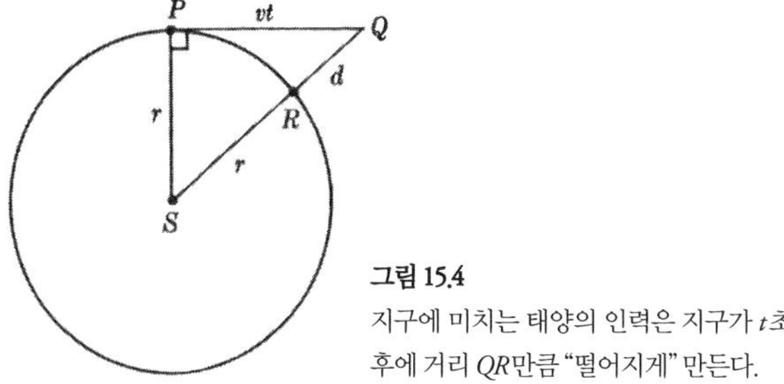

그림 15.4
지구에 미치는 태양의 인력은 지구가 t초 후에 거리 QR만큼 "떨어지게" 만든다.

구는 운동의 첫 번째 법칙에 따라 P의 접선을 따라 직선으로 우주 공간으로 날아갈 것이다. 시간 t 후에 지구가 점 Q에 도달했다고 하자. 이동 거리는 태양 주위를 도는 경로에서 지구의 속도에 시간 t를 곱한 값이 될 것이다. 따라서 $PQ = vt$이다. 하지만 그 시간 t 동안 태양은 지구를 거리 QR 즉 d만큼 끌어당긴다. SPQ가 직각삼각형이므로

$$(r+d)^2 = r^2 + (vt)^2.$$

$r+d$를 제곱하여 그 결과를 대입하면

$$r^2 + 2dr + d^2 = r^2 + v^2t^2.$$

이 방정식의 양변에서 r^2을 빼면

$$2dr + d^2 = v^2t^2.$$

좌변에 분배 공리를 적용하여 정리하면

$$2d\left(r + \frac{d}{2}\right) = v^2t^2. \tag{21}$$

여기서 d는 지구가 시간 t초 동안 떨어진 거리이다. 지구가 일정한 가속도로 떨어진다고 가정하자. (t를 매우 적게 잡으면 가속도를 일정한 값으로 택할 수

있다.) 한 물체가 거리 d를 일정한 가속도 a로 떨어진다면, 13장의 내용(13.5절 연습문제 14)으로부터 다음을 알 수 있다.

$$d = \frac{1}{2}at^2$$

즉

$$2d = at^2. \tag{22}$$

$2d$의 이 값을 (21)에 대입하면

$$at^2\left(r + \frac{d}{2}\right) = v^2t^2.$$

이제 이 방정식의 양변을 t^2으로 나누면

$$a\left(r + \frac{d}{2}\right) = v^2. \tag{23}$$

지금까지 t는 임의로 선택된 값이었으며, d는 t 시간 동안 지구가 태양 쪽으로 떨어진 거리였다. 그렇다면 지금까지 얻은 결과는 임의의 t 값에 대해 유효하다. t를 더욱 더 작게 하면, d도 감소할 것이다. $t = 0$일 때 (22)에서 $d = 0$이다. 이 경우 (23)은 아래와 같이 된다.

$$ar = v^2$$

즉

$$a = \frac{v^2}{r}\cdot \tag{24}$$

이 결과는 지구의 경로의 각 점 P에 있는 지구에게 태양이 주는 가속도는 지구의 속도의 제곱을 지구와 태양 사이의 거리로 나눈 값이라고 말한다. 이 가속을 가리켜 구심 가속도(즉, 중심으로 향하는 가속도)라고 한다. 왜냐하면 이 가속도로 인해 지구는 경로의 중심 쪽으로 운동하기 때문이다.

이제 우리는 (20)에 필요한 양 a를 얻었다. (24)를 (20)에 대입하면

$$\frac{v^2}{r} = \frac{GS}{r^2}.$$

양변에 r을 곱하여 양변을 G로 나누면

$$S = \frac{v^2 r}{G}. \tag{25}$$

이 방정식의 우변의 각 항은 알려진 값이다. 거리 r은 93,000,000마일 즉, $4.9 \cdot 10^{11}$피트이다. 지구의 속도 v는 지구의 경로의 둘레를 일 년에 해당하는 초의 시간으로 나눈 값이다.

$$v = \frac{2\pi 4.9 \cdot 10^{11}}{365 \cdot 24 \cdot 60 \cdot 60} = \frac{30.8 \cdot 10^{11}}{3.15 \cdot 10^{7}} = 9.8 \cdot 10^{4}\,\text{ft/sec} = 2.94 \cdot 10^{6}\,\text{cm/sec}$$

따라서

$$v^2 = (9.8 \cdot 10^4)^2 = (9.8)^2 \cdot 10^8 = 96 \cdot 10^8. \tag{26}$$

15.10절에서 이미 알았듯이 $G = 1.07/10^9$이다. 그러므로 r, v^2, G의 값을 (25)에 대입하면

$$S = \frac{96 \cdot 10^8 \cdot 4.9 \cdot 10^{11}}{1.07/10^9} = \frac{96 \cdot 10^8 \cdot 4.9 \cdot 10^{11} \cdot 10^9}{1.07}$$

즉

$$S = 440 \cdot 10^{28} = 4.40 \cdot 10^{30}. \tag{27}$$

따라서 태양의 질량은 $4.40 \cdot 10^{30}$파운드이다. 지구의 질량이 $1.31 \cdot 10^{25}$파운드임을 이미 알고 있으니, 태양의 질량은 지구 질량의 $3.36 \cdot 10^5$, 즉 336,000배이다.

지구의 입방피트 당 질량을 계산했을 때와 똑 같은 방법으로 태양의 입방피

트 당 질량을 알아낼 수 있다. 태양의 질량이 이제 알려져 있고 7장에서 계산했듯이 태양의 반지름은 432,000마일, 즉 $2.28 \cdot 10^9$피트이다. 굳이 계산을 일일이 하지 않고 결과만 말하겠다. 태양의 입방피트 당 질량은 90파운드이다. 물의 입방피트 당 질량이 62.5파운드이므로, 태양의 입방피트 당 질량은 물의 약 $1\frac{1}{2}$이다. 즉, 태양의 밀도는 약 $1\frac{1}{2}$이다.

이 절에서 나온 사례들은 우주에 관한 근본적인 지식을 연역해내기 위해 수학적 추론이 물리 법칙(우리가 다룬 사례로는 운동의 두 번째 법칙과 중력 법칙)에 어떻게 적용될 수 있는지를 더 한층 잘 보여준다. 물론 우리는 G의 값 및 지구 표면 근처의 물체의 가속도와 같이 실험적으로 얻은 사실들도 이용하긴 했다. 하지만 수학이 주요 도구였으며, 수학 덕분에 우리는 지구의 질량과 태양의 질량과 같은 놀라운 정보를 알아낼 수 있었다.

연습문제

1. 한 물체가 일정한 속력으로 원 운동을 하고 있다고 하자. 이 운동은 가속도를 받는가?
2. (24)에 나오는 지구의 가속도에 관한 공식은 중력 법칙에 의존하는가?
3. 반지름이 5 ft인 줄에 매달린 물체를 50ft/sec의 속력으로 돌린다면, 물체에 작용하는 구심 가속도는 얼마인가? 이 구심 가속도는 물체에 얼마의 힘을 가하는가?
4. 공식 (24)에서 v가 달의 속도이고 r이 달과 지구와의 거리라고 할 때 달의 가속도를 계산하라. (달이 지구를 도는 공전주기는 27일이며 달과 지구의 거리는 240,000마일이다.)
5. 본문에 나오는 태양의 질량과 반지름 수치를 이용하여 태양의 부피에 대한 질량의 비를 계산하라.

* 15.11 지구의 자전

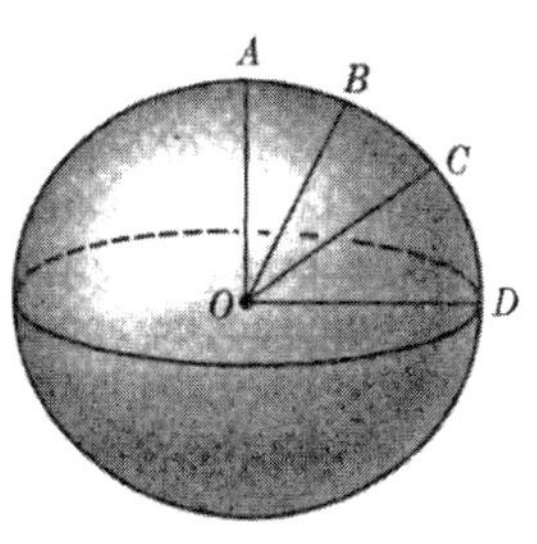

그림 15.5 타원 모양의 지구

지구가 지구 표면 근처의 물체에 주는 가속도로 우리는 32ft/sec²(9.8m/sec²)을 사용했다. 이 수치는 대다수의 목적상 완벽하게 만족스러운 값이지만, 지구의 표면 근처의 운동에서도 엄밀하게 정확하지는 않다. 실제로 낙하하는 물체의 가속도는 극에서의 32.257ft/sec²에서부터 적도에서의 32.089ft/sec²까지 감소한다.* 이런 현상은 십칠 세기의 과학자들에게는 처음에는 놀라운 것이 아니었다. 뉴턴은 이미 지구가 완전한 구가 아니라 약간 평평해진 구의 형태임을 이미 증명했다(그림 15.5). 즉, 가령 거리 *OA*, *OB*, *OC* 및 *OD*는 동일하지 않고 연속적으로 커진다. 중력에 따른 가속도에 관한 일반 공식[(5) 참고]이 GM/r^2(여기서 *G*와 *M*은 고정된 값이며 *r*은 지구의 중심으로부터의 거리)이므로, 이 가속도는 가령 *B*보다 *C*에서 더 작다. 왜냐하면 *r*이 *B*에서보다 *C*에서 더 크기 때문이다. 따라서 중력에 따른 가속도는 위치가 *A*에서부터 *D*로 변할 때 감소한다고 볼 수 있다. *G*와 *M*의 값은 알려져 있다. 게다가 뉴턴과 하위헌스는 $\overline{OA}$, $\overline{OB}$ 등의 길이를 계산했기에 *A*, *B*, *C*, *D*와 같은 점에서 가속이 얼마인지를 알아낼 수 있었다. 수식 GM/r^2에 따른 계산은 실제 측정된 감소의 미미한 일부만을 설명해준다. 그리고 정밀한 측정을 했더니 중력 법칙으로 예상한 가속도와 낙하 물체의 실제 가속도 사이에 차이가 드러났다. 이 차이를 해명해야 했다.

이 문제는 하위헌스가 풀었다. 지구 표면 상의 물체들은 만약 지구가 물체들을 지구 중심으로 끌어당기지 않으면 우주 공간으로 날아가 버릴 것이다. 줄

---

* 이 수치들은 원리적으로 지구 표면 근처의 물체들이 지구로 떨어지는 가속도를 측정하여 얻을 수 있다. 하지만 더 정확한 방법으로는 추의 주기에 관한 공식을 이용한다.

의 끝에 매달아 물체를 빙빙 돌리다가 회전 운동의 가운데에 있는 손이 더 이상 물체를 안쪽으로 끌어당기지 않으면 물체가 허공으로 날아가듯이 말이다. 그러므로 지구의 중력은 두 가지 효과가 있다. 비록 지구가 자전하지 않더라도 지구는 모든 물체들을 중심으로 끌어당긴다. 지구의 질량이 물체를 끌어당기기 때문이다. 하지만 지구는 자전을 하므로, 물체를 안쪽으로 끌어당겨 모든 물체가 우주 공간으로 날아가 버리지 않고 지구 표면 근처에 머물도록 한다. 이 효과가 구심력이다. 어떤 의미에서 보자면, 지구 중력의 두 가지 효과, 즉 물체를 지구 표면으로 떨어지게 하는 힘 내지 무게와 구심력은 성질이 동일하다. 구심력 또한 물체를 지구의 중심으로 끌어당기긴 하지만, 물체를 원형 경로에 머물게 하는 만큼만 끌어당긴다. 한편 무게는 물체가 구심력에 의해 머무는 원형 경로로부터 지구 쪽으로 향하도록 끌어당긴다.

이제껏 기술한 내용을 정량적으로 표현해보자. 뉴턴의 두 번째 운동 법칙에 의해 구심력은 물체에 가속도(구심 가속도)를 생기게 한다. 이제 공식 (24)는 태양이 지구에 가하는 구심 가속도를 알려준다. 하지만 이 공식은 정말이지 매우 일반적이다. 즉, (24)를 내놓게 된 주장 속의 태양과 지구를 지구와 지구 표면 근처의 물체로 대체하더라도 그 주장은 여전히 유효하다. v가 물체의 속도이고 r이 물체가 회전하는 원형 경로의 중심에서 그 물체까지의 거리이기만 하다면 말이다. 그리고 뉴턴의 두 번째 운동 법칙에 의하면, 구심력이 질량 곱하기 구심 가속도, 즉 mv^2/r이다.

지구가 물체를 곧장 끌어당기는 힘, 즉 무게는 물체의 질량 곱하기 그 물체의 낙하 가속도이다. 물체의 낙하를 관찰할 때 우리가 측정하는 것이 바로 이 가속도인데, 그 값은 극에서부터 적도까지 물체의 위치가 변할 때 함께 변한다. 이제 우리는 그 값을 g로 표시할 것이다. 그렇다면 무게는 mg이다.

하위헌스에 따르면 지구가 물체에 가하는 중력은 구심력과 무게를 함께 제공한다. 구심력은 물체가 회전하는 위도의 원의 중심 쪽으로 향한다. 하지만 무게는 지구의 중심으로 향한다. 따라서 지구의 중력이 임의의 위도에서 어떻게 분배되어 구심력과 무게를 제공하는지를 표현하는 단순한 하나의 공식을 적을 수는 없다. 하지만 위도의 극단적인 경우들, 즉 적도와 극에서는 힘의 분배가 단순하다. 적도에서 구심력은 분명 지구의 중심으로 향한다. 지구의 반지름을 R로 표시하면, 적도에서 다음이 성립한다.

$$\frac{GMm}{R^2} = \frac{mv^2}{R} + mg. \tag{28}$$

북극에서는 지구가 자전할 때 물체가 원형 경로로 이동하지 않는다. 그래서 물체를 지구와 함께 회전하도록 유지하는데 필요한 구심력이 존재하지 않는다. 따라서 그 위치에서는 다음이 성립한다.

$$\frac{GMm}{R^2} = mg. \tag{29}$$

여기서 확실히 (28)보다 (29)에서 g가 크다.

중간 위도에서의 분배는 어떻게 될까? 이 경우 공식 (28)이 적용되지 않는다. 왜냐하면 물체가 회전하는 원은 지구의 반지름 R이 아니라 더 짧은 반지름을 갖기 때문이다. 또한 물체의 속도 v는 물체가 위치한 위도에 의존한다. 게다가 이미 살펴보았듯이, 물체를 계속 회전하게 만드는 구심력의 방향은 위도 원의 중심으로 향한다. 이 모든 요소들이 작용하여, 위도가 증가할수록 물체가 회전하는 데 필요한 원심력은 감소되며, 급기야 극에서는 이 힘이 영이 된다. 따라서 더 많은 중력이 물체의 무게, 즉 mg에 가해지는데, m이 일정하므로 g는 적도에서부터 극으로 갈수록 증가한다. g의 증가는 거의 전부 지구의 자전 때문인데, 이 증가가 고르게 일어나는 까닭은 지구의 모양 때문이다. 이제 우리는 주장을 제대로 풀어나갈 수 있게 되었다. 관찰해 보니 g는 적도에서 극으로 갈수록 증가한다. 이 증가는 지구가 자전한다고 가정하면 설명할 수 있다. 따라서 우리는 지구가 자전한다고 믿을 이유가 생겼다.

g, 즉 낙하 물체의 가속도의 수치 값은 물론 지난 수세기 동안 중요했다. 하지만 오늘날에도 중요한 이유가 또 있다. 지구를 매시간 회전하는 인공위성을 고려해보자. 인공위성의 원형 경로는 지구의 중심을 자신의 중심으로 삼는다. 인공위성은 지구 표면 위 수백 마일 지점에서 운동하지만, 우리는 그 사실을 무시하고 인공위성이 지구 표면 가까이서 이동한다고 가정할 것이다. 중요한 점은 인공위성이 시속 25,000마일을 주파한다는 것이다. 따라서 인공위성을 제 궤도에 유지시키는 데 드는 구심력은 24시간 동안 25,000마일을 이동하는 물체를 우주공간 속으로 날아가지 못하게 붙들어두는 데 드는 힘보다 상당히 크다. 이 사실은 (28)의 가운데 항에서 알 수 있다. 이에 의하면 구심력은 속도의 제곱에 비례해 증가한다. 그러므로 지구의 중력의 상당량은 분명 구심력에 쓰인다. 사실, 인공위성은 지구로 떨어지지 않으므로, 위성을 지구로 떨어지게 만드는 가속도인 g는 영이다. 달리 말해, 지구의 전체 중력은 인공위성을 지구 주위의 원형 경로에 유지해두는 데 쓰이며, 인공위성은 우주공간으로 날아가지도 지구로 떨어지지도 않는다.

하지만 임의의 물체의 무게는 질량 곱하기 가속도이다. 여기서 가속도는 중력이 그 물체를 지구로 떨어지도록 만드는 g값이다. 하지만 인공위성의 경우 $g = 0$이므로 인공위성은 무게가 없다. 인공위성 속에 들어 있는 물체들도 무게가 없기에 지구 방향으로의 인력을 전혀 느끼지 못한다.

인공위성이 미래의 과학 연구에 활용될 중요성에 비추어 볼 때, 인공위성을 지구 중심으로부터 원하는 어떤 거리의 궤도에 머물게 하는데 반드시 필요한 속도를 아는 것이 바람직하다. 이 속도는 (28)에서 쉽게 계산할 수 있다. 인공위성은 지구에 떨어지지 않으므로 g의 값은 영이다. 그렇다면

$$\frac{GMm}{r^2} = \frac{mv^2}{r}.$$

양변을 m으로 나누고 양변에 r을 곱하면

$$v^2 = \frac{GM}{r}. \tag{30}$$

우리는 G와 더불어 지구의 질량 M을 알고 있다. 인공위성으로부터 지구의 중심까지의 거리 r을 선택하고 나면 우리는 (30)의 우변에 있는 모든 항의 값을 안다. GM값의 계산은 확정적인데, 다음과 같다.

$$GM = \frac{1.07}{10^9}(13.1)10^{24} = 14 \cdot 10^{15}.$$

r의 값은 피트 단위여야 한다. 이제 우리는 v를 계산할 수 있다.

연습문제

1. 한 물체의 무게는 mg이다. 한 사람이 북극에서 적도로 이동할 때 그의 무게는 어떻게 변하는가?
2. 한 인공위성이 지구 표면에 가까이 머물러 있다고 하자. 인공위성이 원형 경로를 유지하고 지구로 떨어지지 않게 하려면 얼마나 빠르게 이동해야 하는가? [힌트: 공식 (30)을 이용하라.]
3. 달은 지구의 위성이다. 달은 자기 궤도에 머물며 지구로 떨어지지 않으므로, 지구의 전체 중력은 달에 원심력으로 작용한다고 결론 내릴 수 있다. 달의 경로가 원형이며 달이 지구에서 240,000마일 떨어져 있다는 가정을 이용하여 달의 속도를 계산하라. [힌트: (30)을 이용하라.]
4. 연습문제 3의 결과를 이용하여 달이 지구 주위를 완전히 한 번 공전하는 데 드는 시간을 계산하라.
5. 인공위성을 지구 표면에서 500마일 상공의 궤도에 유지시키는 데 드는 속력을 계산하라.

* 15.12 중력과 케플러 법칙

지금까지 이 장에서 우리는 뉴턴으로 하여금 중력 법칙이 옳다는 확신을 갖게 해준 증거를 살펴보았다. 그리고 그 법칙을 적용하여 지상 및 천상의 물체들의 운동에 관한 질문에 어떻게 답할 수 있는지 알아보았다. 다시 기억을 상기해보면, 십칠 세기 과학자들이 직면한 중요한 문제는 지상과 천상의 운동을 동일한 물리적 원리로 설명할 수 있느냐 여부였다. 중력 법칙을 지구 표면 근처의 낙하 물체에 적용하면 일정한 가속도를 지닌 낙하 운동으로 귀결되므로(15.8절 참고), 뉴턴의 원리들은 분명 지상의 운동을 아울렀다. 천상의 운동에 관해서는 케플러의 유명한 세 법칙이 있는데, 이것은 관찰을 통해 얻은 것으로서 중력 법칙과는 무관해 보였다. 뉴턴이 거둔 진정으로 위대한 성과는 케플러의 세 법칙 모두 중력 법칙 및 운동의 두 법칙에 따른 수학적 결과임을 증명해낸 것이다.

케플러의 세 법칙이 우리가 위에서 언급했던 기본적인 법칙들로부터 어떻게 유도될 수 있는지를 보이기 위해 뉴턴이 어떻게 했는지 알아보자. 하지만 우리는 뉴턴의 연구를 단순화시켜 행성이 태양 주위를 도는 운동의 경로를 원이라고 가정한다. 케플러가 증명했듯이 실제 경로는 타원이지만 말이다.

m은 임의의 행성의 질량이고 M은 태양의 질량이며 r은 행성과 태양 사이의 거리이다. 그렇다면 중력 법칙에 의해 태양이 행성에 가하는 힘 F는 다음과 같다.

$$F = \frac{GmM}{r^2}. \tag{31}$$

또한 이미 알고 있듯이, 태양의 힘은 행성이 직선 운동에서 벗어나서 일정한 가속도를 지닌 채 태양 쪽으로 "떨어지게" 만든다. 이 가속도 a는 다름 아니라 공식 (24)로 주어지는 구심 가속도, 즉 v^2/r이다. 공식 (24)는 원래 태양과 지구를 다룬 것이지만 임의의 행성에 적용할 수 있다. v가 행성의 속도이고 r이 행성과 태양 사이의 거리이기만 하다면 말이다. 또한 운동의 두 번째 법칙에 따라, 태양이 행성을 끌어당기는 구심력 F는 다음과 같다.

$$F = m\frac{v^2}{r}\cdot \tag{32}$$

행성의 속도는 공전 경로의 원둘레를 공전 주기 T로 나눈 값이다. 즉, $v = 2\pi r/T$이다. 따라서 (32)로부터

$$F = \frac{m}{r}\cdot\frac{4\pi^2 r^2}{T^2} = \frac{4\pi^2 rm}{T^2}\cdot \tag{33}$$

이제 공식 (31)과 (33)은 태양이 임의의 한 행성을 끌어당기는 힘을 두 가지 방식으로 표현하고 있다.* 따라서 이 두 식은 동일하므로 다음과 같이 둘 수 있다.

$$\frac{GmM}{r^2} = \frac{4\pi^2 rm}{T^2}\cdot$$

이 식의 양변을 m으로 나누면 m은 없어진다. 이어서 양변에 T^2을 곱하면

$$\frac{GMT^2}{r^2} = 4\pi^2 r.$$

이 마지막 식의 양변에 r^2/GM을 곱하면,

$$T^2 = \frac{4\pi^2}{GM}r^3\cdot \tag{34}$$

$4\pi^2/GM$이라는 양은 어떠한 행성이든 동일하다. G는 일정한 값이고 M은 태양의 질량이며 $4\pi^2$은 일정한 값이기 때문이다. 따라서 공식 (34)는 T^2이 어떤 상수, 가령 K와 r^3의 곱임을 말하고 있다. 기호로 표현하자면,

$$T^2 = Kr^3. \tag{35}$$

---

* 15.11절에서 보자면, 중력은 구심력과 동일하다고 할 수 있다. 왜냐하면 태양은 행성을 원형 궤도에서 벗어나 태양 쪽으로 떨어지게 만들지 않기 때문이다.

그러므로 행성의 공전 주기의 제곱은 그 행성과 태양 사이의 거리의 세제곱에다 상수(즉, 모든 행성에 동일한 값)를 곱한 값이다. 그렇다면 공식 (35)는 행성 운동에 관한 케플러의 세 번째 법칙이다. 우리는 그것을 순전히 수학적 과정을 통해 뉴턴의 중력 법칙과 두 가지 운동 법칙으로부터 유도해냈다.

앞서 언급했듯이 뉴턴은 케플러의 법칙 세 가지 모두를 증명해냈다. 오랜 세월 동안 시행착오 끝에 알아낸 그 법칙들은, 알고 보니, 운동 법칙들 및 중력 법칙의 수학적 결과였다. 따라서 행성 운동의 법칙들은 뉴턴의 연구 이전에는 지상의 운동과 아무 관계가 없어 보였지만, 지상 운동의 법칙들과 동일한 기본적 원리들을 따르고 있음이 밝혀졌다. 이런 의미에서 뉴턴은 행성 운동의 법칙들을 "설명해냈다." 이런 사실들은 기본적인 물리적 법칙들의 한 결과였다. 마치 지구로 자유낙하하는 물체가 직선 운동을 따르고 발사체의 운동이 포물선 경로를 따르듯이 말이다. 발사체의 포물선 운동이 행성의 타원 운동과 긴밀하게 연관되어 있다는 뉴턴의 독창적인 추측은 훌륭하게 규명되었다. 게다가 케플러의 세 법칙은 관찰 결과와도 일치하므로, 중력 법칙에서 케플러의 법칙들을 유도해냈다는 것은 중력 법칙이 옳다는 훌륭한 증거가 되었다.

우리가 제시한 운동 및 중력 법칙에서 유도한 몇 가지 내용은 뉴턴과 당시 사람들이 거둔 성과의 몇 가지 예일 뿐이다. 뉴턴은 중력 법칙을 적용하여 당시로서는 이해되지 않았던 현상을 설명해냈다. 가령 바다의 조수 현상이 그것이다. 그가 밝혀내기로, 조수 현상은 달 그리고 미약하지만 태양이 대량의 물에 가하는 중력 때문에 생겼다. 태음조(太陰潮), 즉 달에 의한 조수 현상이 가장 활발할 때 모은 데이터를 이용하여 뉴턴은 달의 질량을 계산했다. 뉴턴과 하위헌스는 적도 주위를 따라 지구가 불룩해지는 정도를 계산했다. 그리고 뉴턴을 포함해 몇몇 사람들은 혜성의 경로가 중력 법칙을 따르고 있음을 밝혀냈다. 따라서 혜성도 우리 태양계의 합법적인 일원임이 드러났으며, 신이 우리를 파멸시키기 위해 보낸 우연한 사건이라는 견해는 종식되었다. 뉴턴은 달과 태양이 지구 적도 주위를 끌어당김으로써 지구의 축이 하늘의 동일한 별을 늘 가리키지 않고 26,000년의 기간 동안 원뿔을 그리며 회전함을 밝혀냈다. 지구의 축의 이러한 운동은 지구의 춘분과 추분의 시기를 매년 조금 변화시키는데, 세차라고 하는 이 현상은 이미 1800년 전에 히파르코스가 관찰했던 것이다. 그런데 결국 뉴턴이 분점(춘분, 추분)의 세차를 설명해냈다.

마지막으로 뉴턴은 달의 운동과 관련된 많은 문제들을 해결했다. 달이 운동하는 평면은 지구가 운동하는 평면과 얼마만큼 기울어져 있다. 그는 이 현상이 태양, 지구 및 달이 중력 법칙하에서 상호작용하기 때문에 일어나는 것임을 밝혀낼 수 있었다. 지구 주위를 돌 때, 달은 지구가 태양 주위를 도는 평면을 절단한다. 달이 그 평면과 교차하는 점들을 가리켜 교점(交點)이라고 한다. 교점은 위치가 변하는데, 이 변화(교점의 후퇴) 또한 태양과 지구가 달에 미치는 중력 효과의 결과임이 드러났다. 달이 거의 타원 경로로 지구 주위를 돌 때, 지구에서 가장 먼 점은 원일점은 한 번 돌 때마다 약 2° 이동한다. 뉴턴이 밝혀낸 바로, 이 효과는 태양의 인력 때문에 생긴다. 뉴턴과 그의 뒤를 이은 학자들은 행성, 혜성, 달 및 바다의 운동에 관해 중요한 결과들을 많이 알아냈는데, 그들의 성과는 "세계의 체계를 설명해낸" 쾌거로 여겨졌다.

오늘날 우리는 뉴턴이 우주를 관장하는 타당한 물리적 원리들을 알아냈다는 일상적인 증거들을 갖고 있다. 그러한 원리들을 적용한 덕분에 우리는 지구 주위를 도는 인공위성을 만들 수 있으니 말이다. 사실, 발사체를 산꼭대기에서 큰 속력으로 수평으로 발사하면 지구 주위를 원형으로 돌 것이라는 제안은 오늘날 본질적으로 인공위성 발사에 사용되고 있다. 엄밀히 말하자면, 과학자들은 산꼭대기에서 그렇게 하지는 않는다. 왜냐하면 이용 가능한 산꼭대기는 인공위성이 다른 산들에 걸리지 않을 만큼 높지 않은데다가 공기 저항이 여전히 상당하기 때문이다. 대신에 로켓은 공기 저항을 무시할 수 있는 고도로 인공위성을 싣고 올라간다. 그 높이에서 수평 방향으로 인공위성을 향하도록 한 다음에 또 하나의 로켓을 점화시켜 인공위성에 수평 속도를 준다. 그러면 인공위성은 타원 경로를 따라 돌게 된다.

뉴턴은 궁리를 거듭하여 행성들이 어떤 각도로 태양에서 발사되었음이 분명하며, 현재 거리에 도달하고부터는 태양 주위를 타원 경로로 운동하기 시작할 충분한 "수평" 속도를 얻었음이 분명하다고 추측했다. 이 추측은 태양계의 기원에 관한 이론으로서 지금도 인정되고 있다.

연습문제

1. 뉴턴의 중력 법칙을 보편적인 법칙이라고 부르는 이유는 무엇인가?
2. 어떤 의미에서 뉴턴은 자신의 운동 법칙에 케플러의 법칙들을 포함시켰다고 할 수 있는가?
3. 태양중심설은 운동에 관한 뉴턴의 연구로부터 어떠한 지지를 받았는가?
4. 뉴턴의 원리들은 태양중심설로부터 어떠한 지지를 이끌어냈는가?

* 15.13 중력 이론의 의미

중력에 관한 연구는 인류에게 새로운 세계의 모습을 선사했다. 몇 가지 보편적인 수학 법칙으로 완전하게 지배되는 우주의 질서를 밝혀냈던 것이다. 그리고 그러한 수학 법칙들 역시 수학적으로 표현 가능한 물리적 원리들의 집합에서부터 유도되었다. 장엄한 질서의 체계가 돌의 낙하, 대양의 조수, 달과 행성과 혜성의 운동 그리고 아주 먼 별들을 전부 아울렀다. 진리에 이르는 새로운 접근법 그리고 중세 문화의 이미 낙후된 사상들을 대체할 타당한 진리의 체계를 찾던 인류에게 그러한 우주관이 도래했다. 그러므로 거의 모든 지적인 분야에 걸쳐 혁명적인 사상 체계가 생겨날 수밖에 없었다. 그리고 실제로 그랬다. 하지만 당분간 우리는 중력 이론이 본격 수학에 어떤 의미와 중요성을 갖느냐는 주제만 다루고자 한다.

뉴턴의 연구는 갈릴레오가 펼쳐 놓은 계획을 따랐고 그것을 상당히 확장시켰다. 이미 언급했듯이 갈릴레오는 기본이 되는 정량적인 물리적 원리들을 찾아서 그 원리들로부터 물리적 현상을 기술해내자고 제안했다. 갈릴레오는 운동의 첫 번째 법칙, 지구 표면 근처에서 운동하는 물체의 일정한 가속도 그리고 발사체의 수평 운동과 수직 운동의 독립성과 같은 공리들을 발견하고 이용했다. 그의 결과는 지상 운동에 국한되어 있었다. 뉴턴은 운동의 두 번째 법칙을 공리에 추가시켰으며 낙하 물체의 일정한 가속도의 원리를 더욱 일반적인 중력 법칙으로 대체했다. 이어서 그는 그러한 공리들에서 비롯된 원리들의 집합이 지상이든 천상이든 물체의 모든 운동을 기술할 수 있음을 알아냈다. 그러므로 갈릴레오와 뉴턴의 과학적 방법은 단지 공리들 및 거기에서 연역된 법칙들의 표현 수단으로서만이 아니라 연역 과정 자체에서 수학을 전면적으로 도입한다. 정말이지 수학은 과학적 표현을 위한 수단이 아니라 진정한 과학 연구를 위한 강력한 도구를 제공하며, 수학은 물리적 세계에 관한 지식의 습득 및 그 지식을 일관된 체계로 구성하는 데 막중한 역할을 했다. 뉴턴 시대 이후로 지금까지 수학의 이러한 역할은 의심할 바 없이 인정되고 활용되었다. 따라서 뉴턴주의 역학의 성공이 다른 과학 분야의 노력을 촉진하면서 수학은 새로운 도전에 직면했으며 여러 개념과 방법의 창조에 관한 새로운 제안을 받았는데, 이는 다시 과학에 더욱 위대한 힘을 실어주었다. 수학과 과학의 이러한 상호작용은 십칠 세기에 처음 시작된 이래로 굉장히 증가했으며 이십 세기의 지성 활동의 뚜렷한 특징으로 자리 잡았다.

중력 이론 및 수학의 새롭고도 예상치 못한 역할을 확립한 가장 놀라운 발전은 뉴턴이 태양계에 관한 많은 결론들을 유도해낸 이후에 일어났다. 갈릴레오와 뉴턴은 물질, 공간, 시간, 힘 그리고 다른 물리량들을 관련짓는 정량적 법칙들을 찾아내기 시작했지만, 현명하게도 인과성을 살피지는 않기로 작정했다. 즉, 의도적으로 두 사람은 물체가 지구로 왜 떨어지는지 행성이 왜 태양 주위를 도는지와 같은 질문들을 피했다. 달리 말해 두 사람은 상황 설명에 집중했다. 그렇기는 하지만 둘은 갈릴레오 시대 이전에는 애매한 개념이었던 중력을 활용했다. 가령 코페르니쿠스와 케플러로서도 중력은 모호한 개념이었다. 중력이 핵심적인 중요성을 갖게 되자 다음과 같은 질문이 당연히 제기되었다. 지구가 물체들을 끌어당기게 하고 태양이 행성들을 끌어당기게 하는 메커니즘은 무엇인가? 이 보편적 힘에 대한 관심이 커지자 그런 질문들이 전면에 나오지 않을 수 없었다. 중력으로 인한 성질들은 정말로 놀라운 것이었다. 그것은 몇 센티미터의 거리에서도 수백만 킬로미터의 거리에서도 작용했다. 그것은 순식간에 빈 공간을 통과하여 작용했다. 그 힘의 작용은 중단되거나 방해 받을 수 없었다. 달이 지구와 태양 사이에 있을 때에도 태양은 계속 지구를 끌어당겼다.

중력의 작용에 관해 어떤 물리적 설명을 내놓으려고 하긴 했지만, 뉴턴은 성공하지 못했으며 이렇게 결론 내렸다. "자연 현상으로부터 중력의 속성들의 원인을 연역해낼 수도 어떤 가설을 만들어낼 수도 없었다." 중력의 작용이 왜 일어나는지 몰랐지만 뉴턴은 운동 및 중력의 법칙을 인정해야 한다는 입장을 굽히지 않았다. 그는 이렇게 말하고 있다.

> 하지만 현상으로부터 운동에 관한 두어 가지 일반적 원리들을 유도해내는 것 그리고 나중에 모든 물리적인 존재의 성질과 작용이 그러한 명백한 원리들로부터 나오는지 알아내는 것은 비록 그러한 원리들의 이유가 아직 발견되지 않았더라도 매우 위대한 일일 것이다. 그러므로 나는 위에서 언급한 매우 일반적인 운동 원리들을 내놓는 데 주저하지 않는다. 그 원리들의 이유는 앞으로 찾아내면 될 것이다.

『프린키피아』의 내용에 관해서도 뉴턴은 이렇게 말하고 있다.

> 하지만 우리의 목적은 현상으로부터 이 힘의 양과 성질들을 추적하는 것일 뿐이며, 어떤 단순한 경우에서 우리가 발견한 바를 원리로 적용하는 것인데, 이로써 우리는 수학적인 방법으로 더욱 복잡한 경우에서 그 원리의 효과를 추산할 수 있다. 모든 구체적인 사항을 직접적인 관찰에 적용하기란 한정 없고 불가능할 것이다. 우리는 수학적인 방법으로 [뉴턴이 수학을 강조했음에 주목하라] 이 힘의 본질이나 성질에 관한 모든 질문들을 피하고자 하는데, 그것을 어떤 가설로 알아낼 수 있을지 우리로서는 이해할 수가 없는데, …

뉴턴은 자신이 중력의 원인을 설명할 수 없다는 것에 정말 곤란을 느꼈다. 하지만 그가 이 힘의 도입을 정당화하기 위해 할 수 있는 일은『프린키피아』의 말미에 이렇게 요약되어 있다.

> 그리고 우리로서는 중력이 정말로 존재하며 우리가 설명했던 법칙들에 따라 작용하며 그리고 천체들 및 지구의 바다에서 일어나는 모든 운동을 설명하는 데 굉장한 역할을 하는 것으로 족하다.

대중적인 믿음과 반대로 어느 누구도 중력을 발견하지 못했다. 왜냐하면 이 힘의 물리적 실체는 결코 증명된 적이 없기 때문이다. 하지만 정량적 법칙으로부터 연역된 수학적인 결과들은 매우 효과적임이 증명되었기에, 그 현상은 물리학의 핵심적인 부분으로 인정되었다. 그렇다면 과학이 행한 일은, 결과적으로 보면, 수학적 기술 및 수학적 예측을 위해 물리적 이해가능성을 희생한 것이다. 물리학의 이런 기본적인 개념은 완전한 불가사의이며, 우리가 알고 있는 것이라고는 오직, 그런 힘이 실재한다고 여기고서 힘의 작용을 기술하는 수학적 법칙뿐이다. 그러므로 근본적이고 보편적인 현상에 대해 우리가 알고 있는 최상의 지식은 수학적 법칙과 그 결과이다. 그리고 물리적 세계에 대한 최상의 지식이 바로 수학적 지식임은 뉴턴 시대 이래로 세월이 흐르면서 더더욱 타당해지고 있다.

복습문제

1. 소수로 적어라.

a) $\frac{1}{10^3}$ b) $\frac{1}{10^6}$ c) $\frac{1}{10^8}$ d) $\frac{2}{10^5}$ e) $\frac{10^2}{10^6}$

2. 아래 각 수를 1에서 10 사이의 수에다 10의 거듭제곱으로 곱하거나 나눈 값으로 표현하라.

a) 58,000 b) 58,790 c) $63.4 \cdot 10^3$ d) 46.75 e) 0.05 f) 0.0074

3. 아래 각 수를 1에서 10 사이의 수에다 10의 거듭제곱으로 곱하거나 나눈 값으로 표현하라.

a) $\frac{5 \cdot 10^3 \cdot 11 \cdot 10^4}{3 \cdot 10^2}$ b) $\frac{6 \cdot 10^2}{3 \cdot 10^4 \cdot 5 \cdot 10}$ c) $\frac{9 \cdot 10^4 \cdot 12 \cdot 10^5}{3 \cdot 10^7 \cdot 5 \cdot 10^2}$

d) $\frac{4 \cdot 10^3 \cdot 3 \cdot 10^7}{5 \cdot 10^4 \cdot 11 \cdot 10^6}$ e) $\frac{10^7}{3 \cdot 10^5 \cdot 12 \cdot 10^3}$ f) $\frac{10^{12} \cdot 3 \cdot 10^8}{5 \cdot 10^{19}}$

4. FM 방송국이 방송하는 주파수는 초당 9천 백만 사이클이다. 이 진동수를 1에서 10 사이의 수에다 10의 거듭제곱으로 곱한 값으로 표현하라.
5. 지구의 질량은 $13.1 \cdot 10^{24}$ lb이다. 질량 1그램은 0.002205 lb이다. 지구의 질량을 그램으로 표현하라.
6. 태양의 질량은 $4.40 \cdot 10^{30}$ lb이다. 연습문제 5의 데이터를 이용해 태양의 질량을 그램으로 표현하라.

아래 연습문제에서는 M이 지구의 질량일 때 $GM = 32 \cdot (4000)^2 (5280)^2$이라는

사실을 이용해도 좋다.

7. 중력이 다음 물체에 주는 가속도를 계산하라.

   a) 지구 표면에서 2000마일 상공에 있는 물체

   b) 지구 표면에서 10,000마일 상공에 있는 물체

8. 어떤 사람이 지구 표면에서 200 lb의 무게가 나간다고 하자. 그 사람이 아래 위치에 있을 때의 무게를 계산하라.

   a) 지구 표면에서 2000마일 상공에 있을 때

   b) 지구 표면에서 10,000마일 상공에 있을 때

9. 지구에서 200 lb의 무게가 나가는 사람이 달에 있을 때 무게는 얼마인가? 단, 그곳에서 무게는 오직 달의 인력에 의해서만 생긴다. 달이 달 표면 근처의 물체에 주는 가속도는 5.3ft/sec^{2}이다.

더 살펴볼 주제

1. 코페르니쿠스의 천문학 연구. 권장 도서 목록에서 아미티지(Armitage), 드레이어(Dreyer), 코이어(Koyre), 쿤(Kuhn), 울프(Wolf) 등의 책이 좋은 자료가 될 것이다.
2. 케플러의 천문학 연구. 권장 도서 목록에서 카스파(Caspar), 드레이어, 코이어, 쿤, 울프의 책이 좋은 자료가 될 것이다.
3. 어떻게 태양중심설의 역사가 서구 유럽 문화에 수학이 끼친 영향의 예가 되는지를 보여라. 권장 도서 목록에서 클라인(Kline)의 책이 좋은 자료가 될 것이다.

권장 도서

Armitage, Angus : *Sun, Stand Thou Still, Henry Schuman*, New York, 1947. Also in paperback under the title The World of Copernicus.

Armitage, Angus: *Copernicus*, W. W. Norton and Co., New York, 1938.

Baumgardt, Carola: *Johannes Kepler, Life and Letters*, Victor Gollancz Ltd., London, 1952.

Bell, E. T.: *Men of Mathematics*, Chaps. 6, 9, 10, and 11, Simon and Schuster, New York, 1937.

Bonner, Francis T. and Melba Phillips: *Principles of Physical Science*, Chaps. 1 and 4, Addison-Wesley Publishing Co., Inc., Reading, Mass., 1957.

Burtt, E. A.: *The Metaphysical Foundations of Modern Physical Science*, rev. ed., Chap. 2 and pp. 202-262, Routledge and Kegan Paul Ltd., London, 1932.

Butterfield, Herbert: *The Origins of Modern Science*, Chaps. 2 and 8, The Macmillan Co., New York, 1951.

Caspar, Max: *Johannes Kepler*, Abelard-Schuman, New York, 1960.

Cohen, I. Bernard: *The Birth of a New Physics*, Chap. 7, Doubleday and Co., Anchor Books, New York, 1960.

Dampier-Whetham, Wm. C. D.: *A History of Science and Its Relations with Philosophy and Religion*, pp. 160-195, Cambridge University Press, London, 1929.

De Santillana, Giorgio: *The Crime of Galileo*, University of Chicago Press, Chicago, 1955.

Drake, Stillman: *Discoveries and Opinions of Galileo*, Doubleday & Co., Anchor Books, New York, 1957.

Dreyer, J. L. E.: *A History of Astronomy From Tholes to Kepler*, 2nd ed., Dover Publications, Inc., New York, 1953.

Dreyer, J. L. E.: Tycho Brahe, *A Picture of Scientific Life and Work in the Sixteenth Century*, Dover Publications, Inc., New York, 1963.

Gade, John A.: *The Life and Times of Tycho Brahe*, Princeton University Press, Princeton, 1947.

Galilei, Galileo: *Dialogue on the Great World Systems*, The University of Chicago Press, Chicago, 1953. Other editions of this work, originally published in 1632, also exist.

Hall, A. R.: *The Scientific Revolution*, Chap. 9, Longmans, Green and Co., Inc., New York, 1954.

Holton, Gerald and Duane H. D. Roller: *Foundations of Modern Physical Science*, Chaps. 4, 5, 8 through 12, Addison-Wesley Publishing Co., Inc., Reading, Mass., 1958.

Jeans, Sir James: *The Growth of Physical Science*, 2nd ed., Chap. 6, Cambridge University Press, London, 1951.

Jones, Sir Harold Spencer: "John Couch Adams and the Discovery of Neptune," in James R. Newman: *The World of Mathematics*, Vol. II, pp. 820-839, Simon and Schuster, Inc., New York, 1956.

Kline, Morris: *Mathematics: A Cultural Approach*, Chapter 12, Addison-Wesley Publishing Co., Inc., Reading, Mass., 1962.

Kline, Morris: *Mathematics in Western Culture*, Chap. 9, Oxford University Press, N.Y., 1953. Also in paperback.

Koyre, Alexandre: *From the Closed World to the Infinite Universe*, Chaps. 1 through 4, The Johns Hopkins Press, Baltimore, 1957.

Kuhn, Thomas S.: *The Copernican Revolution*, Harvard University Press, Cambridge, 1957.

Mason, S. F.: *A History of the Sciences*, Chaps. 17 and 25, Routledge and Kegan Paul Ltd., London, 1953.

More, Louis T.: *Isaac Newton*, Dover Publications, Inc., New York, 1962.

Newman, James R.: *The World of Mathematics*, Vol. I, pp. 254-285, Simon and Schuster, Inc., New York, 1956.

Smith, Preserved: *A History of Modern Culture*, Vol. I, Chap. 2 and Vol. II, Chap. 2, Holt, Rinehart and Winston, Inc., New York, 1934.

Sullivan, John Wm. N.: *Isaac Newton*, The Macmillan Co., New York, 1938.

Taylor, Lloyd Wm.: *Physics, The Pioneer Science*, Chaps. 9, 10, and 13, Dover Publications, Inc., New York, 1959.

Wightman, Wm. P. D.: *The Growth of Scientific Ideas*, Chaps. 8, 10, and 11, Yale University Press, New Haven, 1951.

Wolf, Abraham: *A History of Science, Technology and Philosophy in the Sixteenth and Seventeenth Centuries*, 2nd ed., Chaps. 2, 3, 6, and 7, George Allen and Unwin Ltd., London, 1950. Also in paperback.

*16
미분

특이한 성질을 제외하고는 어떤 것도 쉽게 이론적으로 구성해낼 수 없다.

플라톤

16.1 들어가며

지금까지 탐구한 수학 개념들, 즉 산수, 대수, 유클리드 기하학, 삼각법, 좌표기하학 및 다양한 유형의 함수 등은 수학의 상당한 부분을 구성한다. 물론 이런 개념들 각각의 발전은 우리가 언급한 내용이나 학교 교과에서 대체로 다루는 정도보다 훨씬 더 광범위하다. 하지만 근대 과학 운동을 촉발시킨 십칠 세기는 수학의 새로운 분야들을 위한 문제점과 방향을 제시했다. 이들 새로운 분야에 비하면 지금까지 우리가 살펴본 수학은 그 정도나 깊이 및 위력에 있어서 왜소하게 느껴질 정도다. 그 세기에 창조된 가장 중요한 수학 분야 그리고 나중에 수학 및 과학의 근대적 발전에 가장 풍부한 결실을 가져다준 것으로 드러난 분야는 미적분이다. 유클리드 기하학과 마찬가지로 미적분은 인류 지성의 금자탑이다.

16.2 미적분을 탄생시킨 문제들

오늘날 미적분을 구성하고 있는 개념 및 절차들을 차츰 개발 중이던 십칠 세기의 수학자들은 여러 가지 문제에 봉착했다. 앞서 보았듯이 십칠 세기는 주로 운동에 관한 연구, 즉 지구 근처에 있는 물체들의 운동 및 천체들의 운동에 관심을 기울였다. 이 연구에서는 운동하는 물체들의 속력과 가속도를 알아내는 문제가 물론 매우 중요하다. 우리가 흔히 말하듯이 속력은 시간에 따라 거리가 변하는 비율이지만, 만약 한 물체가 변화하는 속력으로 운동한다면 그 속력을 결정하기 위해 우리는 임의의 순간에서 기간에 따른 거리의 변화율, 즉 순간속력을 계산해야 한다. 이는 가속도에도 그대로 적용된다. 곧 살펴보겠지만, 그런 순간적인 비율을 알아내는 데는 새로운 유형의 어려움이 뒤따른다. 분명 우리는 낙하 물체의 속력과 가속도를 알아내고 그런 개념을 다루었지만, 단순한 운동들을 취급했으며 핵심적인 어려움은 피해갔다. 하지만 가령 한 행성이 타원 경로를 따라 운동할 때의 속력과 가속도를 구하는 문제는 더 이상 단순하지 않다.

정반대의 문제도 마찬가지로 중요하다. 우리가 운동하는 물체의 가속도를 각각의 순간에 대해 알고 있다고 하자. 임의의 순간에서 그 물체의 속력 및 이동 거리를 어떻게 알 수 있을까? 가속도가 일정할 때는 가속도에 이동 시간을 곱하면 속력을 얻을 수 있지만, 이 과정은 가속도가 변할 때에는 올바른 결과를 알려주지 않는다.

운동의 또 한 가지 문제는 한 물체가 임의의 운동 시간에 갖는 방향을 알아내는 것이다. 방향에 따라 발사체는 목표물과 정면으로 부딪힐 수도 있고 비스듬히 때릴 수도 있다. 게다가 발사체가 발사되는 방향은 그 물체의 수평 속도 성분과 수직 속도 성분을 결정한다(14장 참고). 따라서 물체가 운동하는 방향을 아는 것이 바람직하다. 일반적으로 이 방향은 순간 순간 달라지는데, 여기에 사안의 어려움이 놓여 있다.

세 번째 중요한 문제는 함수의 최댓값과 최솟값을 찾는 일이었다. 총알을 곧장 위로 발사할 때 우리는 총알이 얼마나 높이 올라가는지 알기 원한다. 지구 표면 근처의 단순한 운동의 경우 우리는 최대 높이를 찾을 수 있었다. 하지만 사용된 방법은 가령 한 행성과 태양 사이 또는 다른 행성 사이의 최대 거리 내지 최소 거리를 계산하기에는 충분하지 않을 것이다. 더군다나 그런 방법은 아주 높이 쏘아올린 로켓의 운동처럼 중력으로 인한 가속도의 변화를 고려해야 하는 운동을 논의하기에도 충분하지 않다.

십칠 세기 과학자들이 직면한 네 번째 중요한 문제는 길이, 넓이 및 부피를 알아내는 방법이었다. 가령 지구의 부피를 고려해보자. 지구의 진짜 형태는 편구면(偏球面), 즉 꼭대기와 바닥이 약간 평평해진 구이다.* 그런 도형의 부피는 어떻게 알아낼 수 있을까? 또는 타원 경로 상의 행성의 운동을 고려해보자. 특정한 시간 동안 행성이 이동한 경로의 길이는 어떻게 알아낼 수 있을까? 이런 정보가 중요한 까닭은 어떤 미래의 순간에 행성의 위치를 예측하는 데 필요하기 때문이다. 게다가 이런 질문도 가능하다. 행성이 한 번 공전하면서 이동한 총 거리는 얼마인가? 주어진 한 타원의 길이는 얼마인가?

이런 문제들 및 기타 다른 문제들은 전부 우리가 이번 장 및 이후의 장에서 마주칠 내용인데, 십칠 세기의 수학자들 및 이런 문제들을 연구한 수백 명의 유능한 사람들을 쩔쩔 매게 만들었다. 뉴턴과 라이프니츠는 미적분을 발명하는 데 이바지했는데, 덕분에 위에 나온 모든 문제들은 한 가지 기본적인 개념으로 풀 수 있음이 분명해졌다. 한 변수가 다른 변수에 대해 갖는 순간 변화율이란 개념이 바로 그것이다. 따라서 우리는 이 개념부터 시작할 것이다.

16.3 순간 변화율의 개념

서로 밀접하게 관련되어 있는 세 가지 개념이 있다. 변화, 평균 변화율 그리고 순간 변화율이다. 이 세 개념은 주의 깊게 구별해야 한다. 변화 자체의 개념은 우리에게 익숙하다. 공을 허공으로 던질 때 지면으로부터 공의 높이는 변한다. 함수를 포함하는 물리적 문제들을 연구하다 보면 필연적으로 변화라는 사실 자체가 아니라 한 변수의 다른 변수에 대한 변화율을 고려하게 된다. 공중

---

* 최근에 이루어진 인공위성 관측 결과에 의하면 이런 설명은 그다지 정확하지 않다.

에 던진 공의 경우, 우리는 초기 속력이 얼마여야지 공이 가령 100피트 높이에 도달할 수 있는지 궁금해진다. 또는 공이 지면에 되돌아올 때 속력이 얼마인지 궁금할지 모른다. 즉, 시간에 대한 높이의 변화율이라는 정보가 필요하다. 지구가 태양을 일 년에 걸쳐 공전한다는 진술은 단지 변화에 관한 사실이라기보다는 변화율에 관한 사실이다. 현시대에 우리가 고속 이동과 통신에 대해 갖는 관심은 변화율에 관한 관심이다. 인체 내의 혈액 순환은 단위 시간 당 얼마만큼의 피가 특정한 동맥이나 동맥 집합을 통과하는 것을 의미하는데, 여기서도 중요한 것은 변화율이다. 생리학적 활동의 비율, 즉 대사 비율은 초당 산소 소비의 비율로 측정되는데, 이 또한 변화율이다. 요약하자면 한 변수의 다른 변수에 대한 변화율은 많은 상황에서 물리적으로 유용한 양이다.

보통 사람은 물론이고 심지어 많은 전문가에게도 흥밋거리인 변화율은 평균 변화율이다. 가령 운전자가 10시간에 500마일을 달리면 평균속력, 즉 이동거리를 이동 시간으로 나눈 값은 시속 50마일이다. 이 평균속력이 대체로 중요한 요소이기에, 대다수의 경우 운전자는 잠시 음식을 구하려고 차를 멈추어 그 기간 동안 속력이 영이 되는 상황을 굳이 신경 쓰지 않아도 된다. 대다수 사람들은 재산이 늘어나길 원하는데, 만약 재산 증가율, 즉 매월 또는 매년 재산의 증가가 적정하면 만족한다. 한 나라의 인구 증가는 대체로 년 단위로 측정되는데, 왜냐하면 대다수의 경우 중요한 것은 바로 이 평균 변화율이기 때문이다.

하지만 평균 변화율은 실제적이고 과학적인 많은 현상에서 중요한 양이 아니다. 만약 자동차를 타고 가던 사람이 나무와 부딪힌다면, 출발점에서부터 나무까지 이동한 시간 동안의 평균 변화율로서의 속력이 중요한 것이 아니다. 그가 사고에서 살아남느냐 여부를 결정하는 것은 충돌 순간의 속력이다. 여기서는 순간속력 또는 시간에 대한 거리의 순간 변화율이 문제시된다.

이 사건과 관련하여 두 가지 수학적 사실 및 물리적 사실을 면밀히 고찰할 필요가 있다. 우선, 시간의 문제가 있다. 사람이 이동할 때 시간이 경과한다. 수학적으로 이 시간은 한 변수, 가령 t로 표현되는데, t의 값은 여행이 지속되면서 지속적으로 증가한다. 만약 그 사람이 출발하는 순간부터 시간을 측정한다면 그리고 그가 가령 20분 동안 이동하고 있었다면, t는 0에서 20까지 변한다. 또한 우리는 20분을 시간의 간격 또는 시간의 양이라고도 말한다.

물론 우리는 시간에 관한 이러한 수학적 표현을 줄곧 언급해왔고 사용해왔다. 하지만 여기서 알아야 할 중요한 점은 자동차와 나무의 충돌은 시간의 어떤 간격 동안 지속되지 않고 이른바 순간에 일어난다는 사실이다. 다른 많은 사건도 순간에 일어나는 순간적인 현상이다. 번개는 순간적이거나, 적어도 너무 빠르게 일어나므로 우리는 그것이 순간에 일어나는 일로 인식한다. 시계가 째깍거리는 것도 순간에 일어난다. 총알이 목표물을 때리는 것도 순식간에 일어난다.

순간의 수학적 표시는 단순하다. 우리가 $t = 20$ 또는 어떤 다른 값일 때라고 말한다면, 이는 수학적으로 우리가 시간의 한 순간을 다루고 있는 것이다. 그러니까, 순간은 단지 t의 한 값일 뿐이다. 반면에 간격은 t값의 어떤 범위이다. 가령 $t = 0$에서부터 $t = 20$까지의 시간이 간격이다. 앞서 우리는 시간의 간격이라는 개념을 사용했듯이 순간의 개념도 마찬가지로 사용했다. 가령 우리는 공이 3초가 지난 시점, 즉 $t = 3$일 때 도달한 높이에 관해 말했다.

나무와 자동차가 충돌하는 현상에 관해 확실히 이해해야 할 두 번째 사실은 자동차는 충돌의 순간에 속력을 갖고 있다는 것이다. 이 물리적 사실은 명백한데, 하지만 그 개념을 탐구해보면 어려움이 뒤따름을 알 수 있다. 평균속력을 정의하고 계산하는 데는 어려움이 없다. 단지 어떤 시간의 간격 동안 이동한 거리를 시간의 양으로 나누기만 하면 된다. 하지만 이 개념을 순간속력에 그대로 옮겨온다고 해보자. 한 순간에 자동차가 이동한 거리는 영이며, 한 순간 동안에 경과한 시간 또한 영이다. 따라서 거리를 시간으로 나누면 0/0이 되며, 이 표현은 무의미하다(4장). 그러므로 순간속력은 물리적인 실재이긴 하지만 그것이 무슨 의미인지를 정확히 진술하기가 어려운 듯하다. 그런데 만약 그러지 못한다면 우리는 순간속력을 수학적으로 다룰 수 없을 것이다.

16.4 순간속력의 개념

속력 및 가속도와 같은 순간 변화율을 정의하고 계산하는 문제는 십칠 세기의 거의 모든 수학자들의 마음을 사로잡았다. 데카르트, 페르마, 뉴턴의 스승인 아이작 배로우, 뉴턴의 친구인 존 월리스, 하위헌스 및 기타 여러 학자들이 이 문제 및 기타 관련 문제들에 매달렸다. 이전의 학자들은 단지 부분적으로만 이해했을 뿐인데, 뉴턴과 고트프리트 빌헬름 라이프니츠는 마침내 미적분의 일반적 개념을 파악하고 체계화시키고 실제 문제에 적용했다. 라이프니츠에 대해서는 나중에 더 자세히 알아볼 것이다. 십칠 세기의 주요 수학자들이 모조리 순간 변화율의 문제를 연구했다는 사실은 그 자체로서 흥미롭다. 이는 당대의 최고의 지성인들이 그 문제에 얼마나 깊이 몰두해 있었는지를 잘 보여준다. 천재가 문명의 발전에 이바지하긴 하지만, 사상의 재료는 그 시대가 결정하는 것이다.

순간속력과 가속도의 개념 및 이를 찾는 방법을 설명하려면 우선 낙하 물체의 순간속력을 알아내는 방법부터 시작하자. 가장 단순한 경우를 살펴보자. 즉 지구 표면 근처에서 자유낙하하는 물체의 경우를 고려하자. 이 방법은 거리와 시간을 관련짓는 공식을 우리가 알고 있다고 가정한다. 13장에서 설명한 내용을 통해 우리가 알고 있듯이, 이 공식은 $d = 16t^2$이다. 여기서 d는 낙하 거리이고 t는 경과한 시간이다. 4초가 지난 시점에서의 속력, 즉 $t = 4$인 순간의 속력을 알아보자. 앞서 언급했듯이(16.3절) 우리는 어떤 시간 간격 동안 평균속력을 계산하던 것과 동일한 방식으로 이 속력을 구할 수는 없다. 왜냐하면 $t = 4$일 때 이동한 영의 거리를 영의 경과 시간으로 나누는 것은 무의미하기 때문이다. 이 어려움을 현실적으로 해결하는 방법은 마지막 1초 동안의 평균속력을 계산하는 일일지 모른다. 이 해법은 우리가 원하는 결과 그 자체를 주지는 않겠지만, 어쨌든 어떤 결과가 나오는지 살펴보자. 마지막 1초의 시작에서, 즉 $t=3$인 순간에 낙하하는 물체가 이동한 거리는 공식 $d=16t^2$에서 t 대신에 3을 대입하면 된다. 이 거리는 $16\cdot3^2$ 즉 144이다. 마지막 1초의 끝에서, 즉 $t=4$일 때 물체의 낙하 거리는 $16\cdot4^2$ 즉 256이다. 따라서 마지막 1초 동안 이동한 거리를 경과 시간으로 나눈 비는 다음과 같다.

$$\frac{256-144}{1}, \text{ 또는 } \frac{112}{1}.$$

그러므로 마지막 1초 동안의 평균속력은 112ft/sec이다.

이미 말했듯이, 마지막 1초 동안의 평균속력은 $t=4$에서의 속력 그 자체가 아니다. 왜냐하면 마지막 1초 동안에도 물체의 속력은 계속 변하기 때문이다. 따라서 양 112는 순간속력의 근삿값에 지나지 않는다. 하지만 시간 간격을 3.9초에서 4초 사이로 택해서 평균속력을 계산하면 근삿값을 향상시킬 수 있다. 왜냐하면 이 간격 동안의 평균속력은 $t=4$일 때의 물체가 실제로 지닌 속력에 더욱 가까운 근삿값으로 볼 수 있기 때문이다. 그러므로 이전 문단의 절차를 반복하면서, 이번에는 t에 대해 3.9와 4의 값을 이용하도록 한다. 가령 $t=3.9$일 때

$$d=16(3.9)^2=16(15.21)=243.36$$

그리고 $t=4$일 때

$$d=16\cdot4^2=256.$$

그러므로 $t=3.9$에서 $t=4$ 사이의 간격 동안 평균속력은 다음과 같다.

$$\frac{256-243.36}{0.1}=\frac{12.64}{0.1}=126.4\text{ ft/sec.}$$

여기서 알 수 있듯이, 마지막 십 분의 1초 동안의 평균속력은 마지막 1초 동안

의 평균속력인 112와는 꽤 다르다.

물론 $t=3.9$에서 $t=4$ 사이의 간격 동안 평균속력이 $t=4$에서의 속력인 것은 아니다. 왜냐하면 심지어 그 십 분의 일 초 동안에도 낙하 물체의 속력이 변하며 평균이 $t=4$에서 최종적으로 얻은 값이 아니기 때문이다. $t=3.99$에서 $t=4$까지 백 분의 일 초 동안의 평균속력을 계산하면 더 나은 근삿값을 얻을 수 있다. 왜냐하면 $t=4$ 근처의 이 짧은 간격 동안의 속력은 $t=4$에서의 속력과 거의 동일하기 때문이다. 그러므로 이전 절차를 한 번 더 적용하자. $t=3.99$일 때

$$d = 16(3.99)^2 = 16(15.9201) = 254.7216$$

그리고 $t=4$일 때

$$d = 16 \cdot 4^2 = 256.$$

그러므로 $t=3.99$에서 $t=4$ 사이의 간격 동안 평균속력은 다음과 같다.

$$\frac{256 - 254.7216}{0.01} = \frac{1.2784}{0.01} = 127.84 \text{ ft/sec.}$$

위의 주장과 절차는 계속 반복할 수 있다. $t=3.99$에서 $t=4$ 사이의 간격 동안 평균속력이 $t=4$에서의 속력인 것은 아니다. 왜냐하면 심지어 그 백 분의 일 초 동안에도 낙하 물체의 속력이 변하기 때문이다. 그러므로 우리는 $t=3.999$에서 $t=4$까지 간격 동안의 평균속력을 계산하면 훨씬 더 가까운 근삿값을 얻을 것으로 기대할 수 있다. 말이 나온 김에 하자면, 그 결과는 127.989 ft/sec이다. 물론 평균속력을 계산하는 간격이 아무리 작더라도 그 결과는 $t=4$인 순간의 속력은 아니다. 그렇다면 이 과정이 얼마나 계속되어야 하는가? 이 질문에 대한 답이 십칠 세기 수학자들이 내놓은 새로운 개념의 핵심이다. 새로운 사상의 요점을 말하자면, 평균속력을 점점 더 작은 시간 간격 동안 계산하여 그 평균속력의 값들이 한 특정한 수에 점점 더 가까워지는지 여부를 알아보자는 것이다.

만약 그렇다면 이 수가 $t=4$에서의 순간속력으로 정해진다. 이런 발상을 계속 따라가 보자.

우리가 다루는 사례에서, 1, 0.1, 0.01 그리고 0.001의 시간 간격 동안 평균속력은 각각 112, 126.4, 127.84, 127. 989이다. 이 수들은 특정한 수 128에 접근 내지 점점 더 가까워지는 듯하다. 따라서 우리는 128을 $t=4$에서 낙하 물체의 속력으로 정한다. 이 수를 평균속력들의 집합의 극한이라고 한다. 여기서 주목해야 할 점으로, 순간속력은 거리를 시간으로 나눈 몫으로 정의되지 않는다. 대신에 순간속력은 영으로 접근하는 시간 간격 동안 계산된 평균속력들이 접근하는 극한이다.

이에 대해 두 가지 반대가 제기될지 모른다. 첫째, 평균속력들이 접근하는 수를 $t=4$에서의 속력이라고 정할 권리가 우리에게 있는가? 이에 답하자면, 수학자들은 물리적으로 타당한 정의를 채택했다는 것이다. 그들은 주장하기로, 평균속력이 계산되는 $t=4$ 근처의 시간 간격이 작으면 작을수록 낙하 물체의 행동은 $t=4$에서의 행동과 가까워진다. 따라서 $t=4$ 근처에서 더욱 더 적은 시간 간격 동안의 평균속력들이 접근하는 특정한 수가 $t=4$의 속력이어야 한다. 수학은 물리 현상을 표현하고자 하므로, 물리적 사실과 일치하는 듯한 정의를 도입하는 것은 매우 자연스럽다. 그렇게 하면, 수학적 추론과 계산으로 얻은 결과들이 물리적 세계와 들어맞는다고 예상할 수 있다.

우리가 내린 순간속력의 정의에 대해 제기할 수 있는 두 번째 반대는 더 현실적인 것이다. 어쨌거나, 평균속력을 많은 간격에 걸쳐 계산하여 이런 평균속력들이 어떤 수에 접근하는지 알아내려고 시도할 수는 있다. 하지만 선택된 특정한 수가 옳은 값임을 어떻게 보장한단 말인가? 가령 위의 계산에서처럼 112, 126.4 그리고 127.84라는 평균속력만을 얻었다면 이 속력들이 127.85에 접근한다고 결정할 수도 있는 법이다. 그렇다면 이 결과는 0.15 ft/sec만큼 차이가 난다. 이 반대에 대해 답변하자면, 우리는 순간속력을 얻는 전체 과정을 일반화시켜서 더욱 빠르고 더욱 정확하게 실행되도록 할 수 있다. 이제부터 그 새로운 방법이 어떻게 작동하는지 자세히 논의해 보자.

16.5 증분의 방법

낙하 물체가 4초를 지난 시점에서의 속력, 즉 $t=4$일 때의 순간속력을 다시 한 번 계산해보자. 낙하 거리와 경과 시간을 관련짓는 공식은 물론 다음과 같다.

$$d = 16t^2 \tag{1}$$

이번에도 이전과 마찬가지로 우리는 4초가 지났을 때의 낙하 거리는 즉시 계산할 수 있다. 이 거리를 d_4라고 표시하면, 그 값은 $16 \cdot 4^2$이다. 즉,

$$d_4 = 256. \tag{2}$$

우리가 지금부터 다룰 새로운 과정의 일반성은 일 초의 0.1과 같이 한 구체적인 시간 간격에 걸쳐서가 아니라 임의의 시간 간격에 걸쳐 평균속력을 계산하는데 있다. 즉, $t=4$에서 시작하여 $t=4$ 전후로 뻗는 임의의 시간 간격을 표현하는 양 h를 도입한다. 양 h는 t의 증분(增分)이라고 하는데, 왜냐하면 $t=4$ 전후의 어떤 추가적인 시간 간격이기 때문이다. 만약 h가 양수이면 t = 4 이후의 시간 간격을 나타내고, 음수이면 $t=4$ 이전의 시간 간격을 표시한다.

우선 4에서 $4+h$ 초 사이의 간격에서 평균속력을 계산하자. 그렇게 하려면 이 시간 간격 동안 이동한 거리를 알아내야 한다. 그러므로 (1)에서 t에 $4+h$를 대입하면 $4+h$ 초에서 물체의 낙하 거리를 알 수 있다. 이 거리를 d_4+k라고 표시하자. 여기서 d_4는 4초 지난 시점에서 물체가 낙하한 거리이며, k는 h초의 간격 동안 낙하한 추가 거리, 즉 거리의 증분이다. 그러므로

$$d_4 + k = 16(4+h)^2.$$

$4+h$를 제곱하면 위의 식은 다음과 같다.

$$d_4 + k = 16(16 + 8h + h^2).$$

대수의 분배 공리를 적용하면

$$d_4 + k = 256 + 128h + 16h^2. \tag{3}$$

h초의 간격 동안 이동한 거리인 k를 알아내려면 식 (3)에서 식 (2)를 빼면 된다. 그 결과는 다음과 같다.

$$k = 128h + 16h^2. \tag{4}$$

h초 동안의 평균속력은 그 시간 간격 동안 이동한 거리를 그 시간으로 나눈 값, 즉 k/h이다. 그러므로 식 (4)를 h로 나누자. 그러면

$$\frac{k}{h} = \frac{128h + 16h^2}{h}. \tag{5}$$

h는 영이 아니므로 (5)의 우변에 있는 분모와 분자를 h로 나누어도 된다. 그러면

$$\frac{k}{h} = 128 + 16h. \tag{6}$$

따라서 (6)은 시간 간격 h 동안의 평균속력의 올바른 식이다.

$t=4$일 때의 순간속력을 알려면, 평균속력을 계산하는 구간인 시간 간격 h가 점점 더 작아질 때 순간속력들이 접근하는 수를 알아내면 된다. 이제 (6)을 통해 우리가 찾고자 하는 바를 쉽게 찾을 수 있다. h가 감소하면 $16h$도 틀림없이 감소하며, h가 영에 매우 가까워질 때 $16h$도 영에 매우 가까워진다. 그렇다면 (6)에서 볼 때, 평균속력들이 접근하는 특정한 수는 128이다. 이 수가 바로 $t=4$일 때의 속력이다.

방금 살펴본 과정을 가리켜 증분의 방법이라고 하는데, 이것이 바로 미적분의 기본이다. 이것은 언뜻 보기와 달리 매우 미묘하다. 누군가를 처음 만났을 때 세세한 면들을 알아차리고 이해하기를 기대할 수 없듯이, 한 번의 만남으로 어떤 사람을 알기 어렵다. 하지만 처음에 올바른 관점을 택하여 살펴보면, 한두 가지 내용을 관찰할 수 있다. 첫째 우리는 평균속력들을 계산하는 시간 간격이 더욱 작아져 영에 가까워질 때 평균속력들이 접근하는 특정한 수 내지 극한을 찾는다는 사실을 강조하고 싶다. 임의의 시간 간격에서 평균속력에 관한 올바른 식은 (5)에 나와 있다. h가 영이 아니므로 (5)의 분모와 분자를 h로 나누어도 된다. 그 결과 얻어진 평균속력에 관한 식, 즉 (6)은 매우 단순한데, (6)에 의해 우리는 평균속력의 극한이 얼마인지를 쉽게 알아낼 수 있다. 즉 h가 영으로 접근할 때 $16h$도 그렇기에, 평균속력들이 접근하는 특정한 수는 분명 128이다.

꽤 기본적인 함수 $d = 16t^2$으로 표현되는 위의 경우에서 우리는 (6)에서 h를 영으로 놓으면 그 결과가 128로 나온다. h가 영일 때 (6)의 우변으로 주어지는 값과 h가 영에 가까워질 때 k/h가 접근하는 수 사이의 이러한 일치는 꽤 단순한 여러 함수에서 등장한다. 하지만 우리가 찾는 바는 h가 영일 때 k/h에 대한 식의 값이라기보다는 h가 영에 접근할 때 k/h의 극한임을 잊어서는 안 된다. 만약 (6)에서처럼 두 값이 동일한 경우라면 행운이지만, 이런 행운을 너무 과신해서는 안 된다.* 운명을 시험해보고 싶은 독자는 (6)과 같이 단순화된 식에서 h 대신에 영을 대입해보아도 좋을 것이다.

이 절에서 나오는 요점은 증분의 방법이라는 일반적 과정으로 순간속력을 찾는 가능성이다. 지루한 산술 계산은 필요하지 않으며, 더군다나 평균속력이

---

* 우리는 더 나아가 k/h가 접근하는 극한이 h가 영일 때 k/h에 대한 식의 값과 일치하는 때가 언제인지를 배울 수 있다. 하지만 그러려면 본지에서 많이 벗어나 현재로서는 부차적으로 중요한 이론을 다루는 수고를 해야 할 것이다.

접근하는 극한이 무엇인지에 대해 의심스러운 점도 없다.

극한 과정이 어떤 성과를 내는지 이해하려면 비유 하나를 들어보면 좋을지 모른다. 명사수가 과녁의 특정한 점에 맞추려고 한다고 가정하자. 아무리 명사수라해도 특정한 점을 정확하게 맞추기는 어려울 것이다. 대신에 그 점 주위를 아주 가까이 맞출 수는 있을 것이다. 명중된 지점들의 위치를 관찰하는 구경꾼은 과녁 상에 명중된 지점들이 모여 있는 곳을 살핌으로써 명사수가 겨냥하는 정확한 지점을 쉽게 알아낼 것이다. 명사수가 겨냥하는 정확한 위치를 추론하는 이런 과정은 평균속력들에 관한 지식을 통해 순간속력을 알아내는 과정과 비슷하다. 그래서 우리가 (5) 또는 단순화된 형태인 (6)을 살펴봄으로써 평균속력들이 접근하고 있는 수를 알아내면, 이 극한을 순간속력으로 정하는 것이다.

연습문제

1. 한 물체가 어떤 시간 간격 동안 움직일 때 생기는 거리의 변화량과 그 시간 간격에 대한 거리의 변화율을 구별하라.
2. 평균속력과 순간속력을 구별하라.
3. 순간속력을 정의하는 데는 어떤 수학 개념이 쓰이는가?
4. 한 물체가 t초 동안 떨어진 거리 t(피트 단위)가 공식 $d=16t^2$으로 주어진다. 5초 동안 물체가 낙하한 평균속력 그리고 마지막 1초 동안의 평균속력을 계산하라.
5. 한 물체가 t 초 동안 떨어진 거리 t(피트 단위)가 공식 $d=16t^2$으로 주어진다. 5초 동안 물체가 낙하할 때 마지막 순간, 즉 $t=5$일 때의 순간속력을 계산하라.
6. 공을 곧 바로 위로 던져 올렸을 때 지면 상의 높이와 공의 이동 시간을 관련짓는 공식은 $d=128t-16t^2$이다. $t=3$일 때의 속력을 계산하라.

16.6 증분의 방법을 일반적인 함수에 적용하기

우리는 $d = 16t^2$에 따라 낙하하는 물체가 4초가 지난 시점에서 갖는 순간속력을 계산했다. 명백히 이때 쓰인 절차는 4초라는 시간 및 공식 $d = 16t^2$에 적용할 수 있는 것이라면, 어떤 극한값을 내놓을 것이다. 그 절차를 일반화할 수 있는지 그리하여 임의의 시간에 그리고 아마도 다른 공식에도 적용할 수 있는지 알아보자. 다음 공식부터 살펴보자.

$$y = ax^2 \tag{7}$$

여기서 a는 어떤 상수이며 y와 x는 (7)에 의해 관계가 맺어진 변수이다. (어쨌거나, 공식 $d = 16t^2$에서 d가 거리를 나타내고 t가 시간을 나타낸다는 사실은 $t = 4$에서 t에 대한 d의 변화율을 계산하는 순전히 수학적인 과정에는 아무런 역할을 하지 않는다.) 문자 y와 x 그리고 상수 a를 사용함으로써 우리는 엄밀한 수학적 관계를 다룬다는 사실을 강조한다. 우리는 주어진 한 값 x에서 x에 대한 y의 변화율을 계산할 것이다. 덧붙여 말하자면, 그런 비율은 순간 변화율이라고 하는데, x가 꼭 시간을 나타내지 않아도 된다. 그래도 "순간"이라는 단어가 여전히 쓰이는 까닭은 미적분의 초기 문제들 및 현재의 많은 적용 사례들이 시간을 독립변수로 포함하고 있기 때문이다.

x에 대한 y의 순간 변화율을 계산하려고 하는 x의 값을 x_1이라고 하자. 가령 x_1은 이전 절에서 사용된 t의 4 값일 수 있다. 원하는 변화율을 계산하려면 앞서 사용했던 절차를 반복하면 된다. 우선 x가 x_1 값을 가질 때 y의 값을 계산한다. 이 y의 값을 y_1이라고 부를 텐데, 이 값은 (7)에서 x 대신에 x_1 값을 대입하면 얻어진다. 그렇다면

$$y_1 = ax_1^2. \tag{8}$$

이제 우리는 x의 값에서 증가분 즉 증분을 고려할 것인데, 그러면 새로운 x의

값은 x_1+h이다. 새로운 y의 값을 계산하려면 그 값을 y_1+k로 표시하고, (7)의 x 값을 대입해야 한다. 그렇다면

$$y_1 + k = a(x_1 + h)^2.$$

그런데

$$(x_1 + h)^2 = x_1^2 + 2x_1 h + h^2,$$

이므로 아래와 같은 결과가 나온다.

$$y_1 + k = ax_1^2 + 2ax_1 h + ah^2. \tag{9}$$

다음 단계는 x에서 h의 변화로 인해 생기는 y에서 k의 변화를 알아내는 것이다. (9)에서 (8)을 빼면

$$k = 2ax_1 h + ah^2. \tag{10}$$

간격 h에서 y의 평균 변화율을 얻으려면 k/h를 찾아야 한다. 따라서 (10)의 양변을 h로 나누면

$$\frac{k}{h} = \frac{2ax_1 h + ah^2}{h}. \tag{11}$$

방정식 (11)은 간격 h에서 x에 대한 y의 평균 변화율을 알려주는데, 방정식 (5)를 일반화시킨 것이다.

x_1값에서 x에 대한 y의 순간 변화율을 얻으려면 (11)에서 h가 영에 접근할 때 우변의 극한을 찾아야 한다. 이번에도 다행스럽게 (11)의 분모와 분자를 h로 나누어도 된다. 그렇다면

$$\frac{k}{h} = 2ax_1 + ah. \tag{12}$$

h가 점점 더 적어질수록, 양 ah는 단지 h에 상수를 곱한 값이므로 이 또한 점점 더 적어지며, 양 k/h는 $2ax_1$에 접근한다. 이 마지막 양이 바로 평균 변화율 k/h가 접근하는 극한이며, x의 x_1값에서 x에 대한 y의 변화율이다. 결과를 확인해보자면, $a = 16$이고 $x_1 = 4$일 때 양 $2ax_1$은 128이다. 이것은 앞서 다룬 특별한 사례에서 얻은 바로 그 극한이다.

y와 x는 물리적인 의미가 없는 변수이므로 극한 $2ax_1$이 순간속력이라고 말할 수는 없다. 대신에 우리는 그것을 x의 x_1 값에서 x에 대한 y의 순간 변화율이라고 말해야 한다. 이런 긴 구절을 피하자는 뜻에서 그 양은 x_1에서 x에 대한 y의 도함수라고 한다. 우리는 도함수를 $\dot{y}$으로 표시할 텐데, 이는 뉴턴이 사용했던 표시이다. (라이프니츠는 dy/dx라는 표시를 고안했다. 하지만 이 표시는 무슨 일이 일어나는지를 암시해주긴 하지만 오해의 소지가 있다. 왜냐하면 x에 대한 y의 변화율은 몫 자체가 아니라 k/h의 몫이 접근하는 극한이기 때문이다.) 그러므로 우리는 x의 x_1 값에서 도함수를 다음과 같이 적을 수 있다.

$$\dot{y} = 2ax_1. \tag{13}$$

사실 우리는 더욱 일반적인 결과에 이르렀다. 양 x_1은 x의 임의의 값이다. 따라서 첨자를 생략하고 아래와 같이 적음으로써 그러한 사실을 강조해도 좋다.

$$\dot{y} = 2ax. \tag{14}$$

방정식 (14)는 $y = ax^2$일 때 임의의 x 값에서 x에 대한 y의 순간 변화율이 $2ax$라고, 즉 x에 대한 y의 도함수가 $2ax$라고 말한다. (14)는 x의 임의의 값에서 성립하므로 함수이다. 즉, x에 대한 y의 도함수 자체가 x의 함수이다. (7)에서 (14)를 유도하는 과정을 가리켜 미분이라고 한다.

결과 (14)는 y와 x의 물리적 의미와 상관없이 성립한다. 따라서 공식 $y = ax^2$이 적용되는 임의의 상황에서 우리는 x에 대한 y의 순간 변화율이 $2ax$라고 즉

시 결론 내려도 좋다. 이 결과가 일반적이라는 것은 엄청나게 소중하다. 왜냐하면 일반적인 수학적 결과는 언제나 수많은 상이한 물리적 상황에 적용될 수 있기 때문이다. 도함수 (14)에 대하여 이러한 성질을 알아보기 위해, 우선 예전부터 보아왔던 $d = 16t^2$을 다시 살펴보자. 이 경우 d는 y의 역할을 하고 t는 x의 역할을 하며 16은 상수 a의 값이다. 따라서

$$\dot{d} = 2 \cdot 16t = 32t. \tag{15}$$

시간에 대한 거리의 순간 변화율이 순간속력인데, 속력은 자주 등장하는 물리 현상이므로 특별한 기호 v로 표시한다. 즉, $\dot{d} = v$이다. 따라서 (15)는 다음을 말하고 있다.

$$v = 32t. \tag{16}$$

낙하 물체의 거리와 시간을 관련짓는 공식을 바탕으로 우리는 순간속력에 대한 공식을 유도해냈다. 그러므로 순간 변화율을 결정하는 과정, 즉 미분을 적용함으로써 한 공식으로부터 또 다른 중요한 공식을 유도할 수 있는 것이다.

이제 (14)를 한 원의 넓이에 관한 공식, 즉 $A = \pi r^2$에 적용해보자. 여기서 A는 y의 역할을 하고 r은 x의 역할을 하고 상수 π는 a의 역할을 한다. 그렇다면 공식 (14)는 다음을 말해준다.

$$\dot{A} = 2\pi r. \tag{17}$$

결과 (17)의 기하학적 의미는 매우 단순하다(그림 16.1). 즉, 반지름의 임의의 주어진 값에서 반지름에 대한 원의 넓이의 순간 변화율이 원둘레라는 말이다. 조금 덜 엄밀하게 말하자면, r이 증가할 때 넓이가 증가하는 비율이 바로 원둘레라는 것이다. 이 결과는 매우 타당하다. 반지름 r이 양 h만큼 증가할 때 원의 넓이 A는 양 k만큼 증가한다. 대략 이야기하자면, k를 원둘레들의 합으로 그리고

h를 그린 원둘레의 개수로 생각할 수 있다. 그러면 비율 k/h는 영역 k 내의 평균 원둘레이다. h가 영에 접근하면, 이 평균 원둘레는 반지름 r의 원둘레에 접근한다. 이 원둘레가 바로 주어진 r의 값에서 넓이가 증가하는 순간 변화율이다.

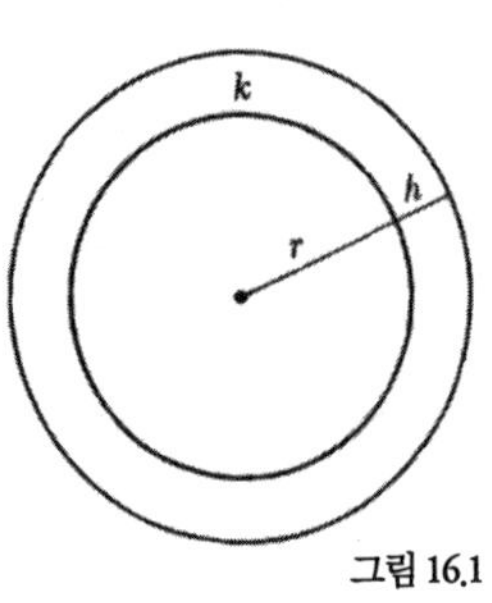

그림 16.1

물론 순간 변화율을 찾는 과정은 $y = ax^2$과 같은 단순한 함수만이 아니라 모든 함수에 적용될 수 있다. 가령, y가 대기의 압력을 나타내고 x가 지구 표면으로부터의 높이를 나타낸다면, $\dot{y}$는 한 특정한 높이에서 높이에 대한 압력의 변화율을 나타낸다. 만약 y가 한 상품의 가격 수준을 나타내고 x가 시간을 나타낸다면, $\dot{y}$는 한 특정한 순간에서 시간에 대한 가격의 변화율을 나타낸다. 여러 다른 사례들이 향후 우리의 논의에서 표현될 것이다.

미적분을 효과적으로 이용하려면 여러 유형의 공식에 대하여 순간 변화율을 결정하는 방법을 배워야만 한다. 왜냐하면 실제 적용 사례에서 등장하는 함수들이 매우 다양하기 때문이다. 우리의 목적은 주로 미적분이 어떤 역할을 하는지를 파악하는 것이므로 가장 단순한 유형들만 살펴보고자 한다. 가령, 다음 함수가 있다.

$$y = bx, \tag{18}$$

여기서 b는 임의의 상수이다. 증분의 방법을 사용하면 x에 대한 y의 순간 변화율은 다음과 같다.

$$\dot{y} = b. \tag{19}$$

이 결과는 가령 다음의 속력으로 낙하하는 물체에 적용된다.

$$v = 32t. \tag{20}$$

공식 (20)은 (18)의 특수한 경우일 뿐인데, 여기서 y는 v가 되고 x는 t로 대체되며 b는 32이다. 따라서 (19)는 다음을 알려준다.

$$\dot{v} = 32. \tag{21}$$

$\dot{v}$는 시간에 대한 속도의 순간 변화율이므로 순간 가속도이다. 따라서 (21)에 의하면, $v = 32t$의 속도로 낙하하는 물체는 매 순간에 32의 가속도를 얻는다. 즉, $a = 32$이다.

x에 대한 y의 순간 변화율을 결정하는 과정을 아래의 함수에 적용해보자.

$$y = ax^3, \tag{22}$$

여기서 a는 임의의 상수이다. 그렇다면 다음 결과가 나올 것이다.

$$\dot{y} = 3ax^2. \tag{23}$$

때로는 단일 항이 아니라 두 항의 합으로 이루어진 공식을 다루기도 한다. 가령 변수 y와 x의 함수 관계가 아래 공식으로 나타난다고 가정하자.

$$y = ax^2 + bx, \tag{24}$$

여기서 a와 b는 상수이다. 물론 증분의 방법은 이때에도 x에 대한 y의 순간 변화율을 찾는데 쓰일 수 있다. 실제로 이 일은 (7)과 같은 공식과 (18)과 같은 공식을 동시에 다루는 것과 마찬가지다. 그 결과는 예상할 수 있다. $y = ax^2$에 적용되는 변화율 (14)와 $y = bx$에 적용되는 변화율 (19)를 통해 다음 결과가 예상된다.

$$\dot{y} = 2ax + b. \tag{25}$$

이것은 올바른 결과이다.

연습문제

1. 순간 변화율을 찾는 전체 과정, 즉 증분의 방법을 이용하여 다음을 증명하라.

   a) $y = bx$이면, $\dot{y} = b$.

   b) $y = ax^3$이면, $\dot{y} = 3ax^2$.

   c) $y = c$이고 a가 상수이면, $\dot{y} = 0$.

2. 증분의 방법을 이용하여 $y = x^2 + 5$의 순간 변화율을 구하고 그 결과를 $y = x^3$의 순간 변화율과 비교하라. 이 사례가 일반적인 결론을 드러내주는가?

3. 아래 함수들의 도함수, 즉 독립변수에 대한 종속변수의 순간 변화율을 구하

   a) $y = 2x^2$　b) $d = 2t^2$　c) $y = (\frac{1}{2})x^2$　d) $y = 4x^3$

   e) $y = -2x^2$　f) $d = -16t^2$　g) $h = -16t^2 + 128t$　h) $h = 128t - 16t^2$

   라. [공식 (14), (19), (23) 및 (25)를 이용해도 좋다.]

4. 한 물체를 아래쪽으로 100ft/sec의 초기 속도로 던지면 t초 후의 낙하 거리는 $d = 100t + 16t^2$으로 주어진다. 4초가 지난 순간의 속력을 계산하라. [힌트: 공식 (25)를 적용하라.]

5. 기하학의 관점에서 보면, 반지름에 대한 원의 넓이의 순간 변화율은 원둘레이다.

   a) 반지름에 대한 원의 부피의 순간 변화율은 무엇이라고 짐작 되는가?

   b) 본문의 공식 (23)을 적용하여 구의 부피에 대한 공식, 을 수학적으로 결정하고 (a)의 답이 옳은지 확인하라.

6. a) $y = ax^2$일 때 $\dot{y} = 2ax$이고 $y = ax^3$일 때 $\dot{y} = 3ax^2$이다. 이제 $y = ax^4$이라고 하자. $\dot{y}$는 어떻게 되리라고 예상되는가?

   b) $y = ax^4$에 증분의 방법을 적용하여 a)에서 추측한 결과를 검증하라.

7. 정사각형의 한 변의 길이가 주어져 있을 때, 변에 대한 넓이의 변화율을 구

하라. 이 결과는 직관적으로 타당한가?

8. 한 직사각형의 넓이는 공식 $A = lw$로 주어진다. 여기서 l과 w는 각각 길이와 너비이다. l이 고정된 값이라고 하자. 너비에 대한 넓이의 변화율은 무엇인가? 이 결과를 기하학적으로 해석하라.

16.7 도함수의 기하학적 의미

x에 대한 y의 순간 변화율은 기하학적으로 해석될 수 있다. 이 해석은 그런 변화율의 의미를 명확하게 해줄 뿐만 아니라 동시에 그 개념의 새로운 사용 방법도 나타내준다. 다음 함수를 고려해보자.

$$y = x^2 \tag{26}$$

그리고 $x = 2$에서 x에 대한 y의 순간 변화율을 기하학적으로 해석해보자. 증분의 방법으로 이 변화율을 구하려면 우선 $x = 2$에서 y 값을 계산한다. 이 y 값을 y_2라고 하면 아래와 같다.

$$y_2 = 2^2 = 4.$$

x의 값 2와 y의 값 4는 물론 한 점의 좌표 (2, 4)이다. 그림 16.2에서 $y = x^2$을 나타내는 곡선 상에 P로 표시된 점이다. 증분의 방법에서 두 번째 단계는 독립변수를 h 양만큼 증가시켜 그 값이 $2 + h$가 되도록 하는 것이다. 그러면 종속변수는 k 양만큼 증가되어 그 값은 $4 + h$가 된다. 이제 $2 + h$ 및 $4 + k$라는 양은 $y = x^2$을 나타내는 곡선 상의 또 다른 점의 좌표로 해석할 수 있다. x는 $2 + h$가 되고 y는 $4 + k$가 되기 때문이다. 이 새로운 점은 그림 16.2의 점 Q이다. 그 다음에 우리는 평균 변화율 k/h를 계산한다. 그림에서 보이듯이, k는 P와 Q의 y 값의 차이이며 h는 P와 Q의 x 값의 차이이다. 비율 k/h는 직선 PQ의 기울기인데, 평면 기하학에서와 마찬가지로 이 직선은 할선(割線)이라고 불린다. 그렇다면 임의의

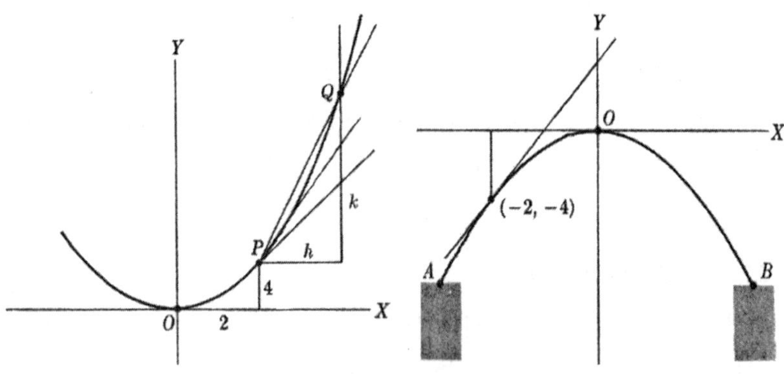

그림 16.2
할선 PQ는 Q가 곡선을 따라 P에 접근할 때, P의 접선에 접근한다.

그림 16.3
$x = -2$에서 다리의 차도의 기울기

h 값 및 이에 대응하는 k 값에 대하여, 비율 k/h는 $y = x^2$을 나타내는 곡선 상의 두 점을 지나는 할선의 기울기이다.

마지막으로 우리는 h가 영에 점점 가까워질 때 비율 k/h가 접근하는 극한에 대해 살펴본다. h가 감소할수록 그림 16.2의 곡선 상의 점 Q는 점 P에 더 가까워진다. P와 Q를 잇는 할선은 고정된 점 P와 움직이는 점 Q 사이에서 언제나 위치가 변한다. h가 영에 접근할수록 점 Q는 점 P에 접근하므로 할선 PQ는 P에서 곡선을 스치는 직선에 점점 더 가까워진다. 즉, 할선 PQ는 P의 접선에 접근한다. k/h는 할선 PQ의 기울기이므로, k/h가 접근하는 극한은 틀림없이 할선 PQ가 접근하는 직선의 기울기이다. 달리 말해, $x = 2$에서 x에 대한 y의 순간 변화율은 좌표가 (2, 4)인 점 P에서 곡선의 접선의 기울기이다. 물론 x를 2로 정한 것은 전형적이지만 구체적인 예를 들기 위해 임의로 선택되었다. 더욱 일반적인 값을 선택하여 가령 x의 값으로 a를 선택하여 전체 논의를 진행할 수도 있다. 즉, x의 임의의 값에서 x에 대한 y의 변화율은 x의 그 주어진 값을 가로 좌표로 삼는 점에서 곡선의 접선의 기울기이다.

그러므로 한 함수의 도함수는 정밀한 기하학적인 의미를 갖는다. 즉, 도함수

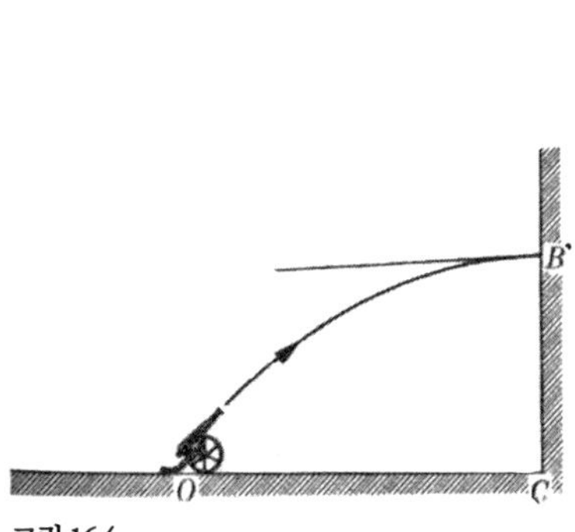

그림 16.4
발사체가 B에서 벽을 때릴 때 경로의 기울기는 B에서의 접선의 기울기이다.

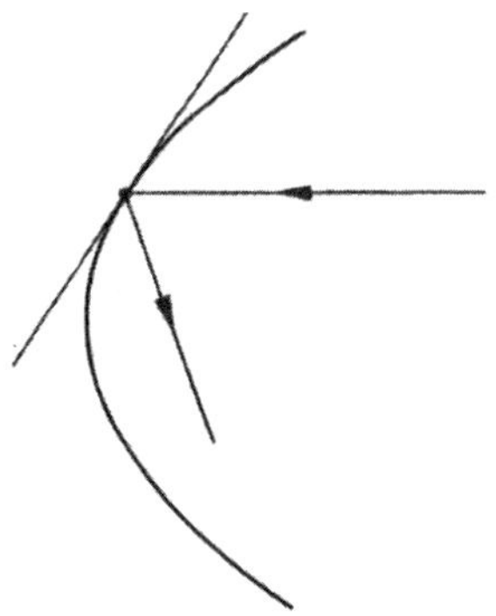

그림 16.5
광선이 한 곡선과 이루는 각은 곡선의 기울기에 의해 결정된다.

는 원래 함수의 기울기이다. 기울기는 단위 수평 거리당 직선의 증가(또는 감소)이므로(12장), 기하학적인 의미는 꽤 단순하다. 가령 $x = 2$에서 $y = x^2$의 도함수의 값은 4이므로, $x = 2$에서 이 함수의 접선의 기울기는 4이다. 그림 16.2에는 이러한 성질이 드러나지 않는데, Y축의 축척이 X축의 축척과 동일하지 않기 때문이다.

실제적인 응용의 면에서 볼 때, 도함수가 접선의 기울기라는 사실은 매우 중요하다. 한 곡선 상의 한 점에서의 기울기는 그 점에서의 접선의 기울기로 정의되며, 이는 매우 합리적인 정의이다. 그러므로 접선의 기울기를 안다는 것은 곡선의 기울기를 안다는 것을 뜻한다. 이 정보가 얼마나 유용한지 알아볼 겸, 그림 16.3의 호 AOB로 그려진 다리의 차도를 잠시 살펴보자. 논의의 목적상 이 호는 포물선 $y = -x^2$의 일부라고 가정해도 좋다. 이제 $x = -2$에서 곡선의 기울기는 도함수로 주어진다. $y = -x^2$의 도함수는 임의의 x 값에서 $-2x$이므로, $x = -2$에서는 $+4$이다. 그렇다면 이것이 바로 $x = -2$에서 차도의 기울기이다. 즉, 차도는 수평 거리 매 피트마다 4피트의 비율로 상승하고 있다. 이 상승 비율은 매우 비현실적이다. 왜냐하면 어떤 승용차나 트럭도 그런 비율로 오르막을 올라갈 수는 없기 때문이다. 그러므로 이 사례는 일반적인 내용을 말하고 있을 뿐이다. 즉, 도함수를 이용하면, 휘어진 차도의 기울기를 계산하여 그 기울기가 차량들이 이용하기에 너무 가파른지 여부를 알아낼 수 있다.

또 한 가지 예로서, 점 O(그림 16.4)에서 발사체를 쏘아 벽 BC에 있는 점 B를 맞춘다고 하자. 발사체의 경로의 방정식을 알고 있기에(14장 참고), 우리는 점 B에서의 기울기를 계산할 수 있다. 이 기울기는 발사체가 점 B에서 갖는 방향에 해당한다. 왜냐하면 발사체는 접선의 방향으로 향하기 때문이다.* B에서 발사체의 방향이 벽과 수직이 되기를 원할 수도 있다. 왜냐하면 그런 충격이 벽에 비스듬히 부딪히는 것보다 훨씬 더 효과적으로 벽에 손상을 가하기 때문이다. 필요하다면 발사각과 최고 속도를 조정하여 발사체가 B에서 원하는 방향을 갖도록 만들 수 있다.

기울기의 유용성을 알게 해줄 세 번째 예는 빛의 굴절과 반사 현상이다. 둘 중에서 반사 현상을 살펴보자. 어떤 광원으로부터 들어오는 모든 광선이 반사되어 한 점에 모이도록 거울을 설계한다고 하자. 6장에서 배운 내용에 따르면, 빛이 거울에 부딪힐 때 반사각은 입사각과 동일하다. 우리가 입사 광선과 반사 광선이 담겨 있는 거울의 한 평면 구역을 살펴본다고 하자(그림 16.5). 이 구역은 곡선이다. 입사 광선이 거울과 이루는 각은 사실은 입사 광선과 접선이 이루는 각이다. 이 각과 더불어 이에 대응하는 반사각을 논의하려면 방향, 즉 접선의 기울기를 알아야만 한다.

---

* 때때로 방향이라는 단어는 곡선의 접선이 수평선과 이루는 각으로 정해지기도 한다. 하지만 기울기 또한 방향을 나타내기에 훌륭한 개념이다.

연습문제

1. 한 오르막길이 $y=\frac{1}{100}x^2$으로 표현된다고 하자.
   (a) $x=3$에서 이 길의 기울기는 얼마인가?
   (b) 기울기는 $x=3$일 때와 $x=5$일 때 중에서 어디에서 더 가파른가?
   (c) $x=0$에서 기울기를 구하고 그 결과를 기하학적으로 해석하라.
2. 한 발사체의 경로가 방정식 $y=4x-x^2$으로 표현된다고 하자.
   (a) $x=1$일 때 발사체의 방향은 어디인가?
   (b) x의 어떤 값에서 발사체의 방향이 수평이 되는가?

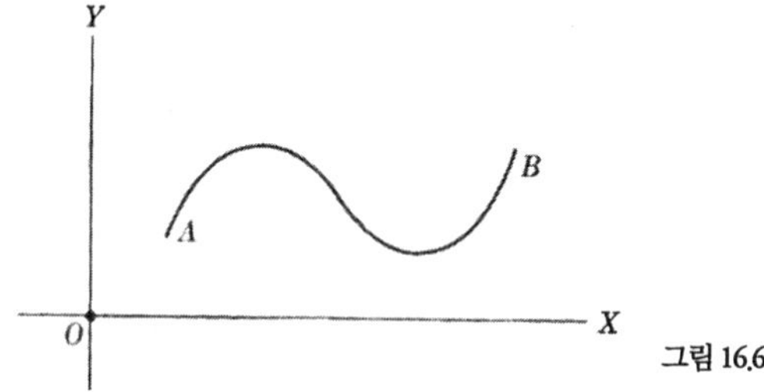

그림 16.6

3. 한 함수의 x에 대한 y의 변이가 그림 16.6에 그려져 있다. x에 대한 y의 도함수는 x가 A에서 B로 증가할 때 어떻게 변하는지 설명하라.
4. 함수 $y=x^2$과 $y=x^2+5$가 가령 $x=2$에서 왜 동일한 도함수를 갖는지를 기하학적으로 설명할 수 있는가?

16.8 함수의 최댓값과 최솟값

앞서 우리는 어떤 중요한 물리량의 최댓값과 최솟값을 정하는 것이 목적인 문제들에 기초적인 대수학과 기하학을 적용해본 적이 있다. 가령, 6장에서 우리는 직사각형의 치수들이 둘레의 길이는 같은 채로 최대 넓이를 갖게 되는 경우를 알아냈다. 13장에서는 위로 곧장 던지거나 발사한 물체가 도달하는 최대 높이를 구했다. 이런 문제들을 푸는 데 쓰인 방법들은 꽤 제한적이었다. 해당 문제에만 적용되었지 다른 유형에는 거의 적용할 수 없었다. 미적분의 장점은 한 함수의 순간 변화율의 개념이야말로 변하는 양들의 최댓값과 최솟값을 구하는 일반적인 방법의 열쇠라는 것이다.

공중으로 던져 올린 공이 도달하는 최대 높이를 구하는 문제를 다시 살펴보자. 만약 공이 128ft/sec의 속력이나 속도로* 손을 떠난다면, 13장에서 배운 내용대로 공이 높이 d와 공이 운동한 시간 t를 관련짓는 공식은 다음과 같다.

$$d = 128t - 16t^2. \tag{27}$$

공식 (27)로 표현되는 운동을 앞서 논의할 때 우리는 별도의 물리적 논증을 통해 임의의 순간에 공의 속도가 다음과 같이 주어짐을 증명했다.

$$v = 128 - 32t, \tag{28}$$

이제 미분이라는 순수하게 수학적인 과정은 공의 순간속력에 대한 공식으로서 (28)을 즉시 내놓는다.

공이 도달하는 최대 높이를 구하기 위해 13장에서 우리는 최고점에서 공의 속도는 반드시 영이어야 하며 그 외에는 계속 증가한다고 주장했다. 따라서 $v=0$인 순간 t_1을 찾기 위해 v를 영으로 놓으면

$$128 - 32t_1 = 0, \tag{29}$$

그리고 이 방정식을 t_1에 대해 풀면, $t_1 = 4$이다. 그 다음에 t의 이 값을 (27)에 대입하면 d의 최댓값이 나온다.

이제 미적분의 언어로 번역하면, 공식 (27)로 주어지는 변수 d의 최댓값을 구

---

* 다시 상기하자면, 속력과 속도라는 용어는 종종 함께 쓰일 때가 있다. 엄밀히 말해 속도라는 용어에는 부호가 포함된다.

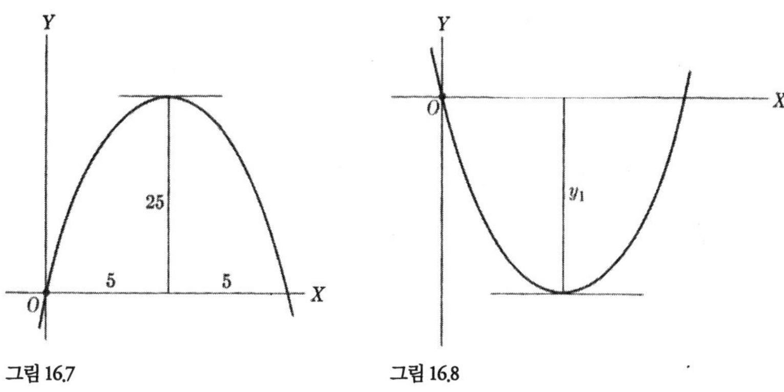

그림 16.7 그림 16.8

하는 위의 과정은 순간 변화율 $\dot{d}$를 영으로 놓아서 독립변수의 값(들), 여기서는 변화율이 영이 되는 t의 값을 구하는 것이 된다. 이 사례는 일반적인 절차를 알려준다. 만약 y가 x의 함수이고 y의 최댓값을 구한다면, x에 대한 y의 순간 변화율을 영으로 놓는다. 그리고 이 변화율, 즉 도함수가 영이 되는 x의 값을 찾는다. 그 다음에 x의 이 값을 y에 대한 공식에 대입한다. 그 결과로 나온 y의 값이 y의 최댓값이다.

물론 우리는 이 일반적인 절차가 옳은지 장담할 수는 없다. 공중으로 던져진 공의 경우 우리는 최고점에서 속도가 반드시 영이라는 물리학적 주장을 이용했다. 이 주장은 공의 운동에는 적합할지 모르지만, 꽤 다른 유형의 현상을 나타내는 공식에는 분명 적용될 수 없다. 하지만 이제 우리는 이 절차가 정말로 옳은지를 증명해줄 기하학적인 논증을 도입하고자 한다.

그 개념을 설명하기 위해 한 특수한 함수를 사용하자. 우리가 내놓을 주장은 일반적인 용어로 표현할 수 있다. 그림 16.7의 곡선으로 표현되는 다음 함수로 표현 최댓값을 구하고 싶다고 하자.

$$y = 10x - x^2, \tag{30}$$

그런데 y가 최댓값을 갖는 곡선 상의 점에서 접선은 수평이다. 즉, 접선의 기울기가 영이다. 이제 x의 임의의 값에서 곡선의 기울기는 도함수의 값, 즉 x의 그 값에서 x에 대한 y의 순간 변화율이다. 따라서 곡선의 기울기가 영이 되는 곳인 x의 값 x_1을 구하려면, (30)에서 y의 도함수, 즉 $\dot{y}$를 구하고 나서 이 도함수를 영으로 놓아야 한다. 그러므로 공식 (30)에서 다음 결과가 나온다.

$$10 - 2x_1 = 0.$$

금세 알 수 있듯이, $x_1 = 5$이다. (30)의 최대 y 값을 구하려면 x에 5를 대입하여 최대 y 값인 y_1을 구하면 25가 나온다.

함수의 도함수가 그 함수의 최댓값에서 영임을 증명하는 이러한 기하학적 주장은 최솟값에도 적용된다. 함수 $y = x^2 - 10x$의 최솟값은 그림 16.8의 길이 y_1이다. y가 최솟값을 갖는 점에서 곡선의 기울기는 영이다. 따라서 이전과 마찬가지로 이 점에서 도함수 $\dot{y}$는 분명 영이다. 따라서 함수의 최댓값에 관해 이미 설명했던 과정을 이용하여 최솟값도 구할 수 있다.

여기서 이런 질문이 떠오른다. 만약 동일한 과정이 최댓값과 최솟값을 내놓는다면 어떤 특정한 문제에서 최댓값을 구하는지 최솟값을 구하는지를 어떻게 안단 말인가? 물리적인 문제의 경우 답은 문제의 성격에 의해 주어진다. 하지만 한 함수의 최댓값을 구하는지 최솟값을 구하는지를 알게 해주는 순전히 수학적인 기준 또한 존재한다.

연습문제

1. 시간 t에서 지면으로부터의 높이 d가 공식 $d = 128t - 16t^2$으로 주어지는 물체가 $t = 4$에서 갖는 순간속력을 계산하라. 그 결과를 물리적으로 그리고 기하학적으로 해석하라.
2. 미적분의 위력을 입증하려고 페르마는 둘레의 길이가 동일한 모든 직사각

형 중에서 정사각형이 최대 넓이를 가짐을 미적분을 이용해 어떻게 증명할 수 있는지를 보였다. 이 과제를 여러분이 실행하라. [힌트: 모든 직사각형에 공통인 길이를 p라고 하자. 만약 x와 y가 임의의 직사각형의 치수라고 하면, $2x+2y=p$ 즉 $y=(p/2)-x$이다. 임의의 직사각형의 넓이 A는 $A=xy$로 주어진다. A를 x만의 함수로 표현하고 미적분을 적용하라.] 여러분은 유클리드 기하학의 방법과 미적분의 방법 중 어느 것이 더 좋은가?

3. 한 농부가 강에 접한 직사각형 모양의 땅 한 뙈기를 울타리로 감싸려는데, 강둑을 따라서는 울타리가 필요 없도록 하기를 원한다. 그가 사용할 수 있는 울타리의 길이는 100피트이다. 최대 넓이를 얻으려면 치수가 얼마여야 하는가? [힌트: y가 강에 평행한 변이라면, 필요한 울타리의 길이는 $y+2x$이다. 이 값이 100이다. 직사각형의 넓이 A는 $A=xy$이다. $y+2x=100$에서 구한 y 값을 y에 대입하여 A의 최대 넓이를 구하라.] 여러분은 이 방법과 유클리드 기하학의 방법 중 어느 것이 좋은가?

4. 한 농부가 100피트 길이의 울타리를 이용하여 한 직사각형을 감싸고 가운데로 울타리를 지나가게 하여 그 넓이를 두 개의 직사각형으로 나누고자 한다(그림 16.9). 총 넓이가 최대가 되도록 감싸려면 어떤 수치를 선택해야 하는가?

그림 16.9

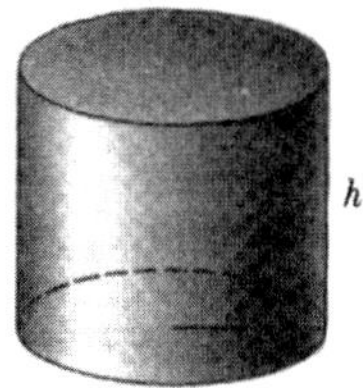

그림 16.10

5. 한 제조업자가 원통형의 주석 깡통을 만들려고 하는데(그림 16.10), 각각의 깡통을 고정된 주석의 양, 가령 100평방피트로 만들면서 부피가 최대가 되도록 하길 원한다. 밑의 반지름 r과 원기둥의 높이 h는 얼마여야 하는가? [힌

트: 사용된 주석의 양은 깡통의 표면적과 같다. 즉 측면의 넓이 $2\pi rh$와 위의 원 및 아래의 원의 넓이 $2\pi r^2$의 합과 같다. 따라서

$$2\pi rh + 2\pi r^2 = 100. \qquad (1)$$

깡통의 부피 V는 다음과 같다.

$$V = \pi r^2 h. \qquad (2)$$

h에 대해 (1)을 풀면

$$h = \frac{50 - \pi r^2}{\pi r}. \qquad (3)$$

h의 이 값을 (2)에 대입하면

$$V = \pi r^2 \left(\frac{50 - \pi r^2}{\pi r} \right) = r(50 - \pi r^2) = 50r - \pi r^3.$$

이제 미적분을 적용하라.]

복습문제

1. 한 물체가 t초 지난 시점에서 낙하한 거리 d는 공식 $d = 16t2$으로 주어진다. 다음을 계산하라.
   a) 낙하 후 6초 동안의 평균속력
   b) 마지막 1초 동안의 평균속력
   c) 6초가 끝나는 순간의 순간속력
2. 법칙 $d = 16t^2$에 따라 낙하하는 물체의 평균속력을 시간 간격 $t = 5.9$에서 $t = 6$까지 동안에 대해 계산해야 한다고 하자. 어떻게 해야 근삿값을 재빨리 얻을 수 있는가?

3. $y=10x^2$이면, 아래의 x값에서 x에 대한 y의 순간 변화율은 얼마인가?

a) $x=2$, b) $x=3$, c) $x=a$?

4. 운동하는 한 물체의 순간 가속도는 시간에 대한 속력의 순간 변화율로 정의된다. 한 물체가 공식 $d=16t^2$에 따라 낙하한다고 하자. 여기서 d는 피트 단위이며 t는 초 단위이다. 임의의 시간에 물체의 순간 가속도는 얼마인가?

5. 아래 함수에 대하여 x에 대한 y의 순간 변화율을 구하라.

a) $y=x^2+10x$($x=2$일 때) b) $y=x^2-10x$($x=2$일 때)

c) $y=-x^2+10x$($x=2$일 때) d) $y=-x^2-10x$($x=2$일 때)

6. $x=2$일 때 $y=x^2+2x$ 곡선의 기울기를 구하고 그 기울기를 그래프를 이용하여 설명하라.

7. $y=x^2+2x$에 대응하는 곡선의 기울기가 0인 x의 값을 구하라.

8. 아래 함수의 최댓값 또는 최솟값을 구하고, 계산된 값이 최댓값인지 또는 최솟값인지 여부를 함수의 그래프를 이용하여 알아내라.

a) $y=x^2+10x$ b) $y=x^2-10x$ c) $y=-x^2+10x$

d) $y=-x^2+6x$ e) $y=-x^2+6x+2$

9. $y=x^3$의 도함수가 0인 x의 값을 구하라. (16.6절의 연습문제 1을 참고하라.) 함수는 x의 그 값에서 최댓값이나 최솟값을 갖는가? 그리고 다음 진술이 옳은가? 함수의 도함수가 0인 x의 값에서 그 함수는 최댓값이나 최솟값을 갖는다.

10. 발사체를 공중으로 쏘았더니 t초 후의 높이는 공식 $h=144t-16t^2$으로 주어진다. 발사체가 도달한 최대 높이는 얼마이며 그 높이에 도달하는 데 걸리는 시간은 얼마인가?

11. 정사각형의 밑면을 가진 한 열린 상자는 400평방인치 넓이의 나무로 만들어진다. 그 상자가 최대 부피를 가지려면 어떤 치수를 선택해야 하는가?
12. 정사각형 밑면과 뚜껑을 지닌 한 상자는 400평방인치 넓이의 나무로 만들어진다. 그 상자가 최대 부피를 가지려면 어떤 치수를 선택해야 하는가?

권장 도서

17장 말미에 나오는 권장 도서 목록을 참고하라.

*17
적분

법칙이 더 적어야 할 곳에 더 많은 법칙은 소용없다.

로버트 후크

17.1 미분과 적분의 비교

이전 장에서 살펴본 내용은 미분에 속한다. 미분의 기본적인 과정은 두 변수를 관련짓는 공식에서 출발하여 한 변수에 대한 다른 변수의 순간 변화율을 찾는 것이다. 하지만 한 변수에 대한 다른 변수의 순간 변화율에서 시작하여 두 변수를 관련짓는 공식을 찾고 싶다고 하자. 가령, 어찌어찌하여 $\dot{y} = 2x$임을 알았다면 y와 x 사이의 관계를 찾을 수 있을까? 당연히 그러리라고 예상할 수도 있다. 왜냐하면 우리가 다루었던 여러 함수들 가운데에는 분명 도함수가 $2x$인 함수가 있었던 듯하니, 그 함수가 위의 질문의 답일 테니 말이다. 우리가 나중에 고려할 사소한 어려움을 제외하면 이런 예상은 옳다. 이런 점에서 우리는 도함수가 주어져 있을 때 함수를 알아내는 방법이 있지 않겠냐는 질문도 던질 수 있을 듯하다. 물론 옳은 말이다. 곧 알아볼 테지만, 수많은 물리 문제에서 가장 쉽게 얻을 수 있는 정보는 순간 변화율인데, 이 정보는 해당 변수들을 관련짓는 함수를 통해서 가장 잘 얻을 수 있다. 따라서 도함수로부터 함수를 찾는 과정은 굉장히 소중하다. 정말이지 주어진 공식으로부터 도함수를 찾는 기본적인 과정보다 훨씬 더 소중하다.

적분의 주요 개념은 미분의 바탕이 되는 개념과 정반대이다. 즉, 함수로부터 도함수를 찾는 대신에 도함수로부터 함수를 찾는 과정이다. 물론 정말로 중요한 모든 개념들은 자명해 보이는 것을 훌쩍 뛰어넘어 확장되고 응용되는데, 우리는 이것이 적분에도 해당되는 말임을 곧 알게 될 것이다.

17.2 주어진 변화율로부터 공식을 찾아내기

그렇다면 적분의 핵심 관심사는 한 변수에 대한 다른 변수의 순간 변화율로부터 두 변수를 관련짓는 공식을 알아내는 것이다. 이 개념이 얼마나 유용한지 알아보기 전에 우선 수학적 과정 그 자체에 관한 몇 가지 사실을 꼭 짚어보도록 하자.

한 변수 x에 대한 다른 변수 y의 순간 변화율이 $2x$임을 우리가 알고 있다고 하자, 즉, $\dot{y} = 2x$이다. 어떤 공식이 y와 x를 관련짓는가? 이 질문에 답하는 수학자의 방법은 과거에 얻은 함수들의 모든 변화율을 조사하여 변화율이 $2x$인 함수를 찾아내면 된다. 우리의 사례에서 수학자는 금세 다음 함수에 눈길을 던질 것이다.

$$y = x^2.$$

따라서 이 함수가 $\dot{y} = 2x$인 y와 x 사이의 관계를 찾는 문제의 답이다. 함수 $y = x^2$을 가리켜 부정적분 또는 역도함수(逆道函數)라고 하며, 단지 도함수 $\dot{y} = 2x$의 적분이라고 할 때도 종종 있다. 그리고 그것을 얻는 과정을 가리켜 적분(법)이라고 한다.

하지만 공식 $y = x^2$은 $\dot{y} = 2x$의 유일한 적분이 아니다. 이전 장에서 논의했듯이, 공식 안의 상수 항이 존재하면 순간 변화율에 아무런 영향을 미치지 않는다. 가령, $y = x^2$과 $y = x^2 + 5$는 둘 다 $\dot{y} = 2x$이다. 따라서 $y = x^2 + 5$도 $y = x^2$과 마찬가지로 $\dot{y} = 2x$의 한 적분이다. 사실, $y = x^2 + C$ (여기서 C는 상수)가 $\dot{y} = 2x$의 적분이다. 만약 C를 영으로 선택하면 $y = x^2$을 얻고 C를 5로 선택하면 $y = x^2 + 5$를 얻는다. 한 가지보다 많은 답이 나온다는 것이 마뜩찮아 보이기도 하는데,

하지만 사실은 그 반대임을 우리는 곧 알게 될 것이다.

$\dot{y}$가 x의 함수로 주어져 있을 때 y와 x를 관련짓는 공식을 찾는 일반적인 문제는 $\dot{y} = 2x$의 예에서 설명했던 방법으로 다루어진다. 즉, 우리는 이전에 변화율을 알아냈던 함수들을 살펴서 그 도함수들 가운데서 우리가 찾고자 하는 변화율을 찾아내야 한다. 이 변화율은 이미 y와 x를 관련짓는 어떤 공식에서 유도해냈기 때문에, 그 공식이 우리 문제의 답이다. 게다가 그 공식에 임의의 상수를 더해도 올바른 답이 된다. 모든 공식들 가운데서 이전에 찾아낸 변화율을 갖는 공식을 조사하는 과정은 어려운 듯 보인다. 하지만 실제로 수학자들은 그런 공식들을 상이한 성질에 따라 목록으로 분류해놓았기에 그런 목록에 대한 조금의 경험만 있으면 원하는 공식을 대체로 찾을 수 있다. 우리는 다양한 공식 및 그 도함수들을 몇 가지 경우로 제한하고 있기 때문에, 굳이 도표에 익숙해질 필요도 없을 것이다. 대신에 이전 장에서 계산되었던 공식들 및 그 도함수들을 다시 상기해보면 된다.

연습문제

1. 아래 문제에서 순간 변화율이 다음과 같이 주어진 변수들을 관련짓는 공식을 구하라.

   a) $\dot{y} = 3x^2$ b) $\dot{y} = 5$ c) $\dot{y} = x$ d) $\dot{y} = 3x$

   e) $\dot{d} = 2t$ f) $\dot{d} = 32t$ g) $\dot{v} = 32$ h) $\dot{d} = 2t + 10$

   i) $\dot{d} = -32t + 128$ j) $\dot{v} = -32$ k) $\dot{v} = 32t$

17.3 운동의 문제에 적용하기

이제 우리는 물리적 문제에 적분이 유용하게 쓰임을 보여주는 몇 가지 사례를 보이겠다. 갈릴레오가 알아낸 바로, 지구 표면 근처의 어떤 지점에서 지구를 향해 떨어지는 모든 물체들은 동일한 가속도, 즉 32ft/sec^2(9.8m/sec^2)의 가속도를 갖는다. 이 가속도는 상수이다. 즉, 낙하의 매 순간에 동일하다. 그런데 임의의 한 순간의 가속도는 시간에 대한 속도의 순간 변화율이다. 따라서 $a = 32$라고 적는 대신에 우리는 마땅히 다음과 같이 쓸 수 있다.

$$a = \frac{dv}{dt} = \dot{v} = 32. \tag{1}$$

여기서 물리적으로 중요한 질문은 이렇다. v와 t를 관련짓는 공식은 무엇인가? 변화율을 알아냈던 공식을 다시 살펴보면[16장의 공식 (20) 참고], $v = 32t + C$이고 여기서 C는 임의의 상수이다.

특정한 물리 문제에서 양 C는 해당 상황에 맞게끔 선택할 수 있다. 가령 물체가 단지 지구로 자유낙하한다고 하자. 즉, 물체가 떨어지기 시작하는 순간에 속도가 영이라고 하자. 만약 물체가 떨어지기 시작하는 순간부터 시간을 측정한다면 $t = 0$일 때의 속도는 영이다. 따라서 다음 공식

$$v = 32t + C \tag{2}$$

를 물리적 사실과 일치하게 $t = 0$일 때 v가 영이 되도록 하면

$$0 = 32 \cdot 0 + C,$$

즉 $C = 0$이다. 따라서

$$v = 32t. \tag{3}$$

가 물체가 자유낙하하고 시간은 낙하를 시작한 순간부터 측정하는 이 문제의 답이다.

물리적 문제들은 종종 물체가 t초 후에 낙하한 거리에 관한 지식을 필요로 한다. 순간속도는 시간에 대한 거리의 변화율이므로, 만약 d가 물체의 낙하 거

리를 표시한다면, $\dot{d} = v$이다. 자유낙하하는 물체에 적용되는 공식 (3)에 의해 우리는 다음과 같이 말할 수 있다.

$$\dot{d} = 32t. \tag{4}$$

이제 우리는 d와 t를 관련짓는 공식을 구하기를 원한다. 이번에도 우리는 공식과 도함수에 관한 경험에 의지하는데, 공식 $d = 16t^2$이 (4)로 주어지는 도함수를 갖는다는 것을 알아차린다. 하지만 공식(여기서 C는 상수)

$$d = 16t^2 + C, \tag{5}$$

도 역시 도함수 (4)를 갖는다. 상수를 무시할 이유가 없기 때문에 우리는 t시간 후에 낙하한 거리에 대한 공식으로서 (5)를 채택해야만 한다. 하지만 물체가 떨어지기 시작하는 순간부터 낙하 거리를 측정하며 낙하 시간 또한 그 순간부터 측정한다는 데 동의한다면, $t = 0$일 때 $d = 0$이 된다. 이 값들을 (5)에 대입하면

$$0 = 16 \cdot 0 + C,$$

따라서 공식 (5)가 우리의 상황을 나타내려면 C는 반드시 영이어야 한다. 따라서 공식

$$d = 16t^2 \tag{6}$$

이야말로 물체가 낙하하기 시작하는 순간부터 시간을 측정하고 물체가 $t = 0$인 지점에서부터 거리를 측정하는 경우에 시간 t 후에 물체가 낙하하는 거리를 알려준다.

우리는 함수의 변화율을 찾는 과정을 뒤집어서 즉 역순으로 함으로써, 가속도를 알고서 (3)에 의해 주어지는 속도를 구하거나 속도로부터 (6)에 의해 주어지는 낙하 거리를 구할 수 있다. 더욱 논의를 진행하기 전에 다른 몇 가지 상황

을 살펴보자.

이번에는 한 물체를 아래로 던지는데, 100ft/sec의 속도로 손을 떠난다고 하자. 가속도는 (1)로 주어지며 속력은 이번에도 (2)로 주어진다. 하지만 물체가 손을 떠나는 순간부터 시간을 측정한다면, $t = 0$인 순간에 $v = 100$이다. 공식

$$v = 32t + C$$

가 이 새로운 상황에 들어맞으려면, $t = 0$일 때 $v = 100$이 되어야 한다. 따라서

$$100 = 32 \cdot 0 + C,$$

즉, $C = 100$이다. 그러므로

$$v = 32t + 100 \tag{7}$$

이 아래로 초기 속력 100ft/sec로 던져진 물체의 속도에 관한 최종 공식이다.

이제 시간 t 동안 이동한 거리를 구해보자. 이미 알고 있듯이, 순간속도는 시간에 대한 거리의 순간 변화율이다. 그러므로 거리를 d로 표시하면 다음과 같이 적을 수 있다. $\dot{d} = v$. 그러면 (7)은 다음과 같이 표현된다.

$$\dot{d} = 32t + 100. \tag{8}$$

이제 우리는 어떤 공식이 d와 t를 관련짓는지 물어야 한다. 도함수들 그리고 이런 도함수들을 내놓은 함수들을 훑어보면 (8)의 $32t$ 항은 $16t^2$에서 나오며 100 항은 $100t$에서 나옴을 알 수 있다. 그러므로 d에 대한 공식은 아마도 $d = 16t^2 + 100t$일 것이다. 하지만 다음 공식(여기서 C는 상수)

$$d = 16t^2 + 100t + C, \tag{9}$$

도 도함수 (8)을 가짐을 반드시 상기해야 한다. 따라서 지금까지 (9)는 낙하 거

리에 대한 일반적인 공식이다. 물체가 낙하하기 시작하는 지점에서부터 거리를 측정하고 시간은 물체가 낙하하는 순간부터 측정한다는 데 동의한다면, $t=0$일 때 $d=0$이다. 이 값들을 (9)에 대입하면

$$0=16\cdot 0+100\cdot 0+C,$$

따라서 $C=0$이므로

$$d=16t^2+100t \tag{10}$$

이 우리의 상황에 맞는 최종 공식이다.

이러한 예들을 통해 알 수 있듯이, 적분에서 C의 등장은 단점이 아니라 오히려 장점이다. 상수 덕분에 속도나 거리에 대한 공식을 우리가 기술하기 원하는 구체적인 상황에 맞게 조정할 수 있다. 모든 경우에 기본적인 사실은 여전히 $\dot{v}=32$인데도 말이다.

지금까지 적용해본 적분의 사례 중 하나로, 우리는 32ft/sec²의 일정한 가속도란 정보를 통해 거리에 대한 공식을 구했다. 하지만 이것은 13장에서 미적분의 도움 없이도 할 수 있었던 일이다. 아마도 적어도 지금까지는 적분의 과정은 수학의 위력에 아무런 보탬이 되지 않았다. 하지만 두 가지 점을 고려해야 한다. 가령 $a=32$라는 기본적인 물리적 사실로부터 공식 (10)을 유도하기는 13장에 나온 방법보다는 적분에 의할 때 훨씬 더 쉽다. 그러나 두 번째이자 더욱 중요한 점으로, 가속도에 대한 공식으로부터 속도에 대한 공식을 유도하고 속도에 대한 공식으로부터 거리에 대한 공식을 유도하기 위해 여기에서 소개한 방법은 모든 공식에 적용되는 반면에 13장에 나온 방법은 가속도가 일정한 사례에만 국한된다. 그러므로 매우 높은 위치에서 물체가 지구로 떨어지는 경우처럼 한 물체가 변하는 가속도로 운동할 때에는 13장의 방법은 더 이상 적용되지 않지만, 적분은 여전히 적용된다. 그런 문제들은 나중에 다룰 것이다.

공중으로 던진 물체의 운동은 매우 중요하므로, 우리가 현재 논하는 방법은 사소한 수정 사항을 제외하고는 그런 운동에 적용됨을 알아보자. 이번에도 우리는 지구 표면으로부터 너무 높이 솟아오르지 않는 물체에 한정한다. 그러니 가속도는 일정하며 32ft/sec^{2}이라는 물리적 사실을 계속 사용할 수 있다. 자유낙하하는 물체의 운동을 살펴보았을 때 우리는 편의상 가속도가 양수라고 여겼다. 그 결과 임의의 시간에서의 속도 및 낙하 거리는 양수인 것으로 밝혀졌다. 하지만 공중으로 던져진 물체는 물론 위로 솟구쳤다가 다시 떨어진다. 따라서 위쪽 방향으로의 속력을 양수로 간주하면 가속도는 반드시 음수라고 여겨야 한다. 왜냐하면 이 가속도는 속력을 아래쪽 방향으로 향하게 만들기 때문이다. 그래서 우리는 다음의 기본적인 사실에서 출발한다.

$$\dot{v} = -32. \tag{11}$$

위의 식을 적분하면

$$v = -32t + C. \tag{12}$$

C의 값을 우리의 상황에 맞게 정하려면, $t = 0$일 때 즉, 물체가 위로 던져지는 순간에 손이나 어쩌면 총이 물체에 속도, 가령 100ft/sec를 주게 된다는 물리적 사실을 이용하면 된다. 그러면 $t = 0$일 때 $v = 100$이다. 이 값들을 (12)에 대입하면

$$100 = -32 \cdot 0 + C.$$

따라서 $C = 100$이므로, 속도에 관한 최종 공식은 다음과 같다.

$$v = -32t + 100. \tag{13}$$

알다시피 순간속도는 시간에 대한 거리의 순간 변화율이므로, 이제 우리는 적분을 이용하여 이동 거리를 찾을 수 있다. 물체가 시간 t 후에 도달한 지면으

로부터의 높이를 d라고 표시하자. 그러면 (13)을 적분하면 다음 결과가 얻어진다[(9)와 비교하라.]

$$d = -16t^2 + 100t + C. \tag{14}$$

이제 우리는 C의 값을 물리적 상황에 맞게 정하고자 한다. $t=0$인 순간에 물체는 막 던져지려고 하는데, 이 순간에 $d=0$이다. (14)에서 d에 0을 그리고 t에 0을 대입하면

$$0 = -16 \cdot 0 + 100 \cdot 0 + C,$$

따라서 $C=0$이다. 그러므로 지면으로부터의 높이에 대한 최종 공식은 다음과 같다.

$$d = -16t^2 + 100t. \tag{15}$$

(13), (15), (17) 및 (10)과 같은 속도와 거리에 관한 여러 공식을 얻었으니, 이제 우리는 13장에서 살펴보았던 유형의 문제들을 풀 수 있게 되었다. 여기서 이 일을 반복하지는 않겠지만, 어떻게 적분, 즉 미분의 역이 기본적인 물리적 사실들로부터 유용한 공식들을 내놓는지를 다음 절에서 보여주고자 한다.

연습문제

아래에 나오는 모든 문제에서 운동은 지구 표면 근처에서 일어난다. 따라서 가속도가 일정하다고 가정해도 좋다.

1. 한 물체를 150ft/sec의 초기 속도로 머리 위로 던져 올린다고 하자. 속도 및 지면에서의 높이에 대한 공식을 유도하라.
2. 한 물체가 지구로 자유낙하한다고 하자. 거리는 물체가 낙하한 지점에서 50ft 높은 곳에서부터 측정되며 시간은 물체가 낙하하기 시작한 순간부터

측정된다고 하자. 낙하 거리와 낙하 시간을 관련짓는 공식은 무엇인가?

3. 물체가 지면에서 75피트 상공인 점에서 낙하한다. 속도 및 지면으로부터의 높이에 대한 공식을 유도하라.
4. 한 물체를 50피트 높이의 건물 옥상에서 머리 위로 던져 올린다고 하자. 초기 속도는 100ft/sec이다. 속도 및 지면으로부터의 높이에 대한 공식을 유도하라.
5. 한 물체를 50피트 높이의 건물 옥상에서 아래로 던지는데, 초기 속도는 100ft/sec로 고정 하자. 속도 및 지면으로부터의 높이에 대한 공식을 유도하라.

17.4 적분으로 얻은 넓이

운동을 연구하는 데 유용한 공식들을 유도하는 일은 미적분 발명의 계기가 되었던 십칠 세기의 여러 문제들 가운데 하나였다. 또 한 가지의 기본적인 문제 유형은 곡선의 길이 구하기, 곡선들로 둘러싸인 넓이 구하기 그리고 곡면들로 둘러싸인 부피 구하기에 관한 것이었다. 이전 장의 16.2절에서 우리는 길이, 넓이 및 부피를 구해야 하는 몇 가지 문제들을 언급했다. 과학과 기술의 팽창으로 인해 여러 곡선과 곡면은 말 그대로 수천 가지의 새로운 쓰임새가 생겨났는데, 이에는 동일한 양들이 요구되었다. 배가 지구의 둥근 곡면을 따라 이동하는 거리는 곡선의 길이이다. 다리의 케이블과 차도는 곡선이기에, 다리를 건설하려고 할 때에는 이런 케이블과 차도의 길이를 반드시 알아야 한다. 과학 및 공학 프로젝트에 도입되는 다양한 물체들의 무게는 부피를 알고 나면 쉽게 알아낼 수 있다. 가령 어떤 특정한 형태의 강철 기둥이 건물의 틀을 만드는 데 쓰인다면, 그 재료는 내부 구성이 전부 동일한 기둥이기 때문에 무게는 그 금속의 입방 피트 당 무게를 부피로 곱하기만 하면 얻어진다. 따라서 부피는 알아내야 할 핵심적인 양이다.

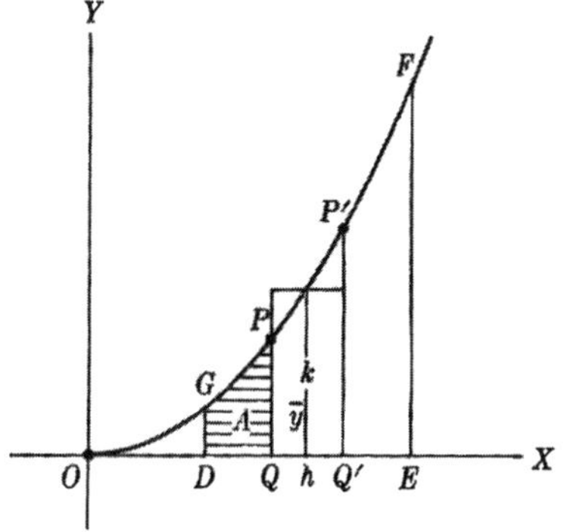

그림 17.1
곡선 아래의 넓이는 수직선 *QP*가 오른쪽으로 이동하면서 휩쓸고 지나간 영역이다.

하지만 곡선의 길이와 넓이와 부피에 관한 문제들은 이미 유클리드 기하학에서 해결되었다. 그런데 왜 이런 문제들이 십칠 세기의 과학자들에게 특별한 어려움을 안겨주었단 말인가? 답을 말하자면, 유클리드 기하학은 선분과 원으로 둘러싸인 도형을 다룰 때만 적합했다는 것이다. 이 한계는 유클리드 기하학에 내재된 것이다. 유클리드 기하학의 공리들을 살펴보면 이 기하학이 직선과 원의 성질을 말하고 있음이 드러난다. 그러니 당연하게도, 쉽게 유도할 수 있는 공리들을 그러한 도형들에 국한될 수밖에 없다. 비록 고대 그리스인들이 다른 기하학적 형태들로 둘러싸인 도형들의 몇 가지 넓이와 부피를 계산해내긴 했지만, 해당 도형에 국한된 특수한 방법을 도입하여 매우 어렵게 간신히 해낼 수 있었다. 십칠 세기에는 다양한 종류의 수많은 문제들이 등장했으니 더욱 일반적이고 더욱 쉽게 적용할 수 있는 방법이 필요했다.

설령 명백하지는 않다고 해도 미적분은 곡선의 길이, 곡선들로 둘러싸인 넓이 그리고 곡면들로 둘러싸인 부피를 계산할 수 있는 수학적 도구임이 드러났다. 이 사실을 보여주기 위해 우리는 넓이의 문제들 다루고자 한다. 그림 17.1의 넓이 *DEFG*를 구해보자. 이 넓이는 수직 선분 *DG*와 선분 *EF* 그리고 선분 *DE* 및 방정식이 $y = x^2$인 곡선의 호 *FG*로 둘러싸여 있다. 이 넓이는 수직 선분 *PQ*가 선분 *DG*에서 출발해 오른쪽으로 이동하면서 휩쓸고 지나가는 영역이라고 볼 수 있다. 선분 PQ가 그림에서 보이는 위치에 도달했다고 하자. 이 움직이는 선분이 휩쓰는 넓이는 물론 그것이 도달한 위치에 따라 달라진다. 이 위치는 점 Q의 x값으로 특정할 수 있다. 따라서 이 변하는 넓이(우리는 이를 A로 표시한다)는 점 Q의 가로 좌표, 즉 x의 함수이다. 이제 우리는 A와 x를 관련짓는 공식을 찾으면 된다. 절차는 이렇다. 우선 임의의 주어진 x에서 x에 대한 A의 변화율을 알아내고 이 도함수를 적분하여 원하는 공식을 얻는다.

그러므로 우리의 첫 번째 과제는 x에 대한 A의 변화율을 구하는 것이다.* 그러기 위해서 선분 PQ가 선분 $P'Q'$로 조금 움직였다고 가정하자. 물론 Q'의 가로 좌표는 Q의 가로 좌표보다 약간 크다. Q'의 가로 좌표를 $x+h$로 표시하자.그러면 Q에서 Q'로 가로 좌표의 증가량은 h이다. 명백히, 가변 넓이 A 또한 선분 PQ가 선분 $P'Q'$로 이동할 때 증가한다. 이 넓이 증가량을 k라고 표시하자. 기하학적으로 보면 k는 $QQ'PP'$의 넓이이다. 여기서 금세 명백히 드러나기로, 이 넓이 증가량은 밑변이 h이고 높이가 (선분 PQ보다 크고 선분 $P'Q'$보다 적은) 세로 좌표 $\overline{y}$인 직사각형의 넓이와 동일하다. (우리는 $\overline{y}$가 얼마나 큰지는 모르지만 이것이 중요한 문제가 아님을 곧 알게 될 것이다.) 그렇다면

$$k = \overline{y}h. \tag{16}$$

(16)의 양변을 h로 나누면

$$\frac{k}{h} = \overline{y}. \tag{17}$$

이제 k/h는 간격이 h일 때 가로 좌표에 대한 넓이의 평균 변화율이다. 순간 변화율의 정의에 의하여, Q의 x값에서 가로 좌표에 대한 넓이의 변화율은 h가 영

* 이 단계에서 독자는 이전 장에 나왔던 예, 즉 반지름에 대한 원의 넓이의 변화율을 다루는 문제를 다시 살펴보고서 변화율에 관해 우리가 지금 다루는 문제에 대한 답을 추측하려고 할지 모른다.

으로 접근할 때 평균 변화율의 극한이어야 한다. 하지만 h가 영으로 접근할 때 $\bar{y}$는 P의 y값, 즉 길이 PQ로 접근한다. 그러므로

$$\dot{A} = y. \tag{18}$$

(18)의 y는 점 P의 세로 좌표이고 P는 곡선 OGF상에 있으므로 $y=x^2$이다. 그러므로

$$\dot{A} = x^2. \tag{19}$$

이제 우리는 x에 대하여 가변 넓이 A의 변화율을 얻었다. A 자체를 알아내려면 어떤 공식이 도함수 x^2을 갖는지를 물어보아야 한다. 이전에 얻었던 도함수들을 살펴보면 x^3의 도함수가 $3x^2$임을 알 수 있다. 따라서 $A=x^3/3$이다. 하지만 적분에는 상수항이 포함될지 모르는데, 이것은 도함수에 영향을 주지 않기에 원래 함수에 상수가 있더라도 도함수는 동일하다. 따라서 완전한 답은 다음과 같다.

$$A = \frac{x^3}{3} + C. \tag{20}$$

C의 값을 결정하기 위해서는 선분 PQ가 선분 DG에 있을 때 넓이가 영이라는 사실을 이용하면 된다. 왜냐하면 선분 DG는 선분 PQ의 출발 위치이기 때문이다. D의 x값이 3이라고 하자. 그렇다면 (20)에서 A에 0, x에 3을 대입하면

$$0 = \frac{3^3}{3} + C,$$

즉 $C=-9$이다. 그러므로

$$A = \frac{x^3}{3} - 9, \tag{21}$$

그리고 이 공식은 움직이는 선분 PQ의 가변 위치와 DG 사이에 이루어진 넓이를 알려준다. 선분 DG에서 선분 EF까지의 넓이를 알아내려면 선분 PQ가 선분 EF에 도달했다고 가정하면 된다. E의 x값이 6이라고 가정하자. (21)에서 x에 6을 대입하면 넓이 $DEFG$가 얻어진다. 따라서

$$\text{넓이 } DEFG = \frac{6^3}{3} - 9 = 72 - 9 = 63. \qquad (22)$$

그러므로 우리는 적분의 과정을 통해서 한 곡선으로 둘러싸인 넓이를 구했다. 물론 우리는 곡선의 방정식을 사용했는데, 데카르트와 페르마 덕분에 우리가 알게 된 방정식이다.

이 문제를 다룰 때, (20)의 상수 C를 무시하고 단지 $A = x^3/3$이라는 공식을 사용하면 일부 내용을 적지 않아도 된다. 그러면 점 E의 가로 좌표인 3을 이 공식에 대입하고 나서 점 D의 가로 좌표인 3을 대입한다. 그리고 마지막으로 두 번째 결과를 첫 번째 결과에서 뺀다. 이런 단계들도 마찬가지로 (22)의 결과를 내놓는다.

연습문제

1. 곡선 $y = x^2$, X축 그리고 $x = 2$에서의 가로 좌표와 $x = 6$에서의 가로 좌표로 둘러싸인 넓이를 구하라.
2. 곡선 $y = x^2$, X축 그리고 $x = 4$에서의 가로 좌표와 $x = 6$에서의 가로 좌표로 둘러싸인 넓이를 구하라.
3. 직선 $y = x$, X축 그리고 $x = 4$에서의 가로 좌표와 $x = 6$에서의 가로 좌표로 둘러싸인 넓이를 구하라.
4. 곡선 $y = x^2$, X축 그리고 $x = 3$에서의 가로 좌표와 $x = 6$에서의 가로 좌표로 둘러싸인 넓이를 구하라.

17.5 일의 계산

과학적 및 공학적 목적을 위해 중요한 양으로서, 여러 물리적 작용에서 행해지는 일이 있다. 어떤 사람이 일정 거리 동안 한 물체를 들어 올릴 때 그는 일을 한다. 물리학에서 사용되는 "일"의 정의는 가해진 힘과 그 힘이 작용하는 거리의 곱이다. 가령 이 양은 기계의 작동에 중요하다. 기계가 얼마만큼의 일을 할 수 있는지 알아야지만 그 기계가 특정한 과제에 적합한지 결정할 수 있다. 일정 거리 동안 짐을 싣고 가는 기차나 화물 내지 승객을 나르는 비행기도 일을 하는데, 역시 이런 수송 능력 및 연료의 필요량은 적절한 설계를 위해 반드시 알고 있어야 한다.

이제 우리는 어떻게 미적분이 일을 계산하는 데 사용될 수 있는지 살펴볼 것이다. 500파운드의 짐을 100마일 높이까지 끌어올리는 데 드는 일을 계산해보자. 이 문제는 가령 로켓을 어떤 원하는 높이까지 올리는 데 드는 연료의 양을 결정하는 데서 등장한다. 이제 이 목표를 완수하는 힘은 물체를 아래로 당기는 중력을 상쇄시키기에 충분할 만큼 클 것이 분명하다. 알다시피 중력은 다음과 같다.

$$F = \frac{GMm}{r^2}, \tag{23}$$

여기서 G는 중력상수, G는 지구의 질량, m은 물체의 질량, 그리고 r은 물체의 위치와 지구의 중심 사이의 가변적인 거리이다. 당면 문제에서 우리는 G, M 및 m을 상수로 간주할 것이므로 (23)의 유일한 변수들은 F와 r뿐이다. (하지만, 실제 로켓 문제에서는 연료 자체는 들어 올리는 짐의 일부이고, 연료는 로켓이 상승하면서 차츰 연소되므로 질량 m 또한 변수이다.) 물체는 100마일의 거리를 이동하므로, 가해져야 할 힘은 거리에 따라 달라진다. 따라서 단지 힘을 거리와 곱해서 일을 계산하기란 불가능하다.

W가 물체를 지구 표면으로부터 지구의 중심에서 r인 거리까지 올리는 데 필

요한 일이라고 하자. 물론 W는 r의 함수이며 미지의 값이다. 물체를 추가적인 거리 h만큼, 즉 r로부터 $r+h$인 위치까지 올린다고 가정하자(그림 17.2). 이에 대응하는 추가적인 일 k는 이번에도 [(23)으로 주어지는] 가해지는 힘과 그 힘이 작용하는 거리 h에 의존한다. 하지만 힘은 r이 $r+h$로 증가하는 동안에도 변한다. $\bar{r}$가 r과 $r+h$ 사이의 r의 어떤 값이라고 하고, $r=\bar{r}$일 때 $GMm/\sqrt{2}$이 r과 $r+h$ 간격 동안에 필요한 평균 힘이라고 하자. 이 평균 힘은 넓이를 다룰 때, X축 상의 간격 h에서 평균 세로 좌표로 도입된 양 $\bar{y}$와 매우 유사하다. 잠시 후 우리는 $\bar{r}$의 정확한 값은 아무런 역할도 하지 않음을 알게 될 것이다.

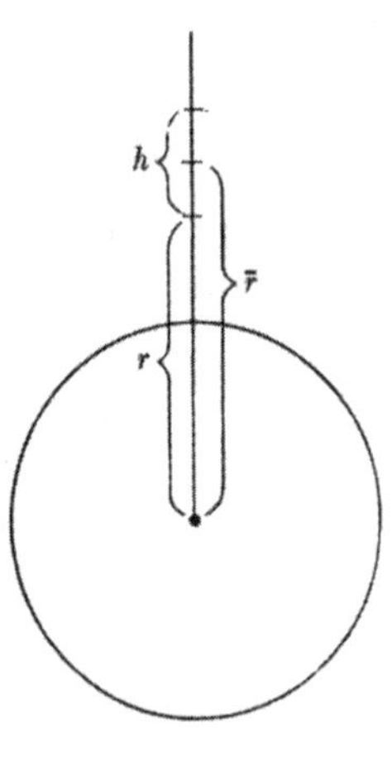

그림 17.2

그러면 질량 m을 r에서 $r+h$로 올릴 때 행해지는 일은

$$k=\frac{GMm}{\bar{r}^2}h. \tag{24}$$

방정식 (24)는 물체를 거리 h만큼 올리는 데 필요한 추가적인 일을 알려준다. 다음에 우리는 거리에 대한 일의 평균 변화율을 구해보자. 이 양 k/h는 (24)의 양변을 h로 나누면 얻어진다. 그러므로

$$\frac{k}{h}=\frac{GMm}{\bar{r}^2}\cdot$$

다음에 우리는 거리에 대한 일의 순간 변화율을 계산한다. 이 비율은 h를 영으로 접근시켜 k/h가 접근하는 극한을 찾으면 얻어진다. 하지만 h가 영으로 접근할 때 양 $\bar{r}$는 언제나 r과 $r+h$의 중간이다. 그러면 거리에 대한 일의 순간 변화율은 다음과 같다.

$$\dot{W} = \frac{GMm}{r^2}\cdot$$

이제 우리는 $\dot{W}$를 알고 있으므로, 적분에 의해 W를 구할 수 있다. 즉 우리가 미분했던 여러 함수들을 살펴서 도함수가 (25)인 함수를 찾아내면 된다. 공교롭게도 이전에 살펴본 예에서는 (25)로 주어지는 변화율을 만난 적이 없다. 하지만 이 도함수에 대응하는 함수는 아래와 같음을 당연시하고서 나중에 옳은지 확인해도 좋다.

$$W = -\frac{GMm}{r} + C. \tag{26}$$

적분 상수를 결정하려면 $r = 4000$마일일 때 물체는 지구 표면상에 있음을, 즉 $W = 0$임을 떠올리자. 우리는 현재 큰 수를 다루고 싶지 않으므로 지구의 반지름을 단지 R로 표시한다. 그렇다면 $r = R$일 때 $W = 0$이다. 이 값들을 (26)에 대입하면 다음이 얻어진다.

$$0 = -\frac{GMm}{R} + C$$

즉

$$C = \frac{GMm}{R}\cdot$$

따라서

$$W = -\frac{GMm}{r} + \frac{GMm}{R}\cdot \tag{27}$$

이제 우리는 질량 m의 물체를 지구 표면으로부터 지구 중심에서 높이 r인 지점까지 올리는 데 드는 일을 표현하는 함수를 얻었다. 수치 값들을 이 함수에 대입하면, 위에서 제시되었던 예에서 행해진 일을 계산할 수 있다. G와 지구의 질량 M은 이미 알고 있다. 양 R은 $4000 \cdot 5280$피트이며, r의 값은 4100마일, 즉

4100 · 5280피트이다. 우리의 예에서 m은 지구 표면에서 500파운드의 무게, 즉 500 · 32 파운드중량이 나가는 물체의 질량이다. 따라서 질량 m은 500파운드이다.

지구의 중력으로 인한 가속도가 아래와 같음을 알고 있으므로[15장의 공식 (5)], 우리는 산수 과정을 조금 단순화시킬 수 있다.

$$a = \frac{GM}{r^2},$$

그리고 $r = R$일 때는

$$a = 32 \text{ ft/sec}^2.$$

그러므로

$$32 = \frac{GM}{R^2},$$

따라서

$$GM = 32R^2$$

이 결과를 (27)에 대입하면

$$W = -\frac{32R^2 m}{r} + \frac{32R^2 m}{R}$$

즉

$$W = -\frac{32R^2 m}{r} + 32Rm \tag{28}$$

분배 공리를 적용하여 다음과 같이 적을 수 있다.

$$W = 32Rm\left(1 - \frac{R}{r}\right). \tag{29}$$

공식 (29)는 일을 계산하기 위한 유용한 형태인데, 한 가지 세부사항에 유의해야 한다. 일의 단위는 대체로 피트-파운드로 삼는다. 하지만 질량 m이 파운드로 주어지면 여기 및 그 밖의 곳에서 도입된 공식들은 힘을 파운드중량 단위로 표현한다. 따라서 공식 (29)는 피트-파운드중량 단위로 행해진 일을 표현한 식이다. 피트-파운드 단위의 답을 얻으려면 (29)에서 인수 32를 무시하면 된다.

연습문제

1. 500파운드짜리 추를 100마일 높이로 들어 올리는데 드는 일을 계산하라.
2. 높이에 따른 중력의 변화를 무시하여 500파운드짜리 추가 100마일을 들어 올리는 동안 무게가 일정하게 유지된다고 가정하자. 추를 들어 올리는데 드는 일은 얼마인가?
3. 피트당 2파운드 무게의 케이블이 100파운드 깊이의 우물 속에 매달려 있다. 300파운드 무게의 도구 하나가 케이블의 아래쪽 끝단에 붙어 있다. 도구를 수면까지 끌어올리는 데 드는 일을 구하라. [힌트: W가 도구를 x피트 올리는데 드는 일을 W라고 하자. 이제 $100 - x$ 피트 길이의 케이블만 남아 있으므로 도구를 h피트 더 들어 올리는데 드는 일 k는 $k = [300 + 2(100 - \bar{x})]h$. 여기서 $\bar{x}$는 x와 $x + h$ 사이의 어떤 값이다. 이제 W를 찾은 다음에 $\dot{W}$를 찾으면 된다. 상수를 결정하고 일을 계산하라.]
4. 증분의 방법을 이용하여 함수 $W = c/r$(c는 임의의 상수)이 도함수 $\dot{W} = -c/r^2$을 가짐을 보여라.

17.6 탈출 속도의 계산

이전 절의 이론을 이용하여 오늘날에 특별히 관심거리인 질문에 답할 수 있다. 로켓이 특정한 고도에 반드시 도달하도록 하려면 얼마의 속도를 로켓에 주어야 하는지가 그 질문이다. 여기서 조건은 로켓이 이 고도에 도달할 때 로켓은 속도가 영이라고 본다. 왜냐하면 로켓이 여전히 얼마쯤 속도를 가지면 계속 위로 올라갈 것이기 때문이다.

위쪽으로 이동하면서 로켓은 속도를 차츰 잃는다. 중력 가속도는 아래쪽으로 향하므로 계속 로켓의 속도를 감소시키기 때문이다. 하지만 초기 속도 V를 적절하게 선택하면 로켓은 원하는 고도에서 영의 속도를 가질 수 있을 것이다. 우리는 이 V를 결정하길 원한다.

이전 절에서 한 물체를 지구 표면으로부터 d 피트의 높이로 올리는데 드는 일을 계산했다. 하지만 그 결과에는 초기 속도 V가 개입되어 있지 않았다. 그러므로 우리는 이 일에 대한 또 하나의 식을 얻을 것이다. 물리적으로 확실한 사실을 말하자면, 물체를 어떤 초기 속도 V로 위로 올려 보내 d 피트의 고도에 도달시키는 과정에서 중력에 거슬러 하는 일은 중력이 그 물체에 작용하여 d 피트 낙하했을 때 중력이 행한 일과 동일하다. 그렇다면 물체는 위로 올라갈 때 속도를 차츰 잃는 것과 정반대 순서로 아래로 내려가면서 속도를 차츰 얻어서, 지상에 닿을 때는 V ft/sec의 속도를 갖는다.

만약 물체가 지구 표면으로부터 매우 높은 곳에서 떨어진다면, 일정한 가속도로 떨어지지 않는다. 하지만 임의의 낙하 시간에 동일한 최종 속력을 내놓는 어떤 평균적인 가속도가 존재한다. 이 평균 가속도를 a라고 표시하자. 13.5절에서 우리는 32ft/sec^{2}의 가속도로 지구로 자유낙하한 물체가 낙하한 거리 및 속도에 대한 공식을 구했다. 만약 가속도가 32 대신에 a라면, 공식은 다음과 같을 것이다(13.5절의 연습문제 14).

$$V = at \quad \text{그리고} \quad d = \tfrac{1}{2}at^2.$$

이제 첫 번째 공식에서 t를 구하여 그것을 두 번째 공식에 대입하면, d와 v의 관계식이 얻어진다. $t = v/a$이므로

$$d = \frac{1}{2}a\left(\frac{v}{a}\right)^2 = \frac{1}{2}a\frac{v^2}{a^2} = \frac{1}{2}\frac{v^2}{z}\cdot$$

그렇다면

$$V^2 = 2ad, \tag{30}$$

여기서 V라고 적은 까닭은 물체가 d피트 떨어진 후의 최종 속도를 표시하기 위해서다.

물체는 일정한 가속도 a로 떨어지므로, 뉴턴의 두 번째 운동 법칙에 의해 중력이 가하는 힘은 ma이다. 여기서 m은 로켓의 질량이다. 그렇다면 중력이 하는 일은 다음과 같다.

$$W = mad.$$

하지만 (30)에서 $ad = V^2/2$임을 알 수 있다. 이 값을 W에 대한 공식에 대입하면

$$W = \frac{mV^2}{2}\cdot \tag{31}$$

그렇다면 공식 (31)은 중력이 물체를 거리 d만큼 떨어지게 만들고 낙하의 종료 시점에 속도 V를 얻게 만들면서 하는 일이다. 이미 언급했듯이 이것은 지구 표면에서 속도가 V인 물체를 영의 속도인 지점까지 올리기까지 행하는 일이다.

한편 공식 (29)

$$W = 32Rm\left(1 - \frac{R}{r}\right),$$

은 물체를 지구 표면으로부터 지구의 중심에서 거리 r인 지점까지 올리는 데 드는 일을 알려준다. $r = R + d$라고 하면, 물체는 지구 표면에서부터 d높이까지 오른다. 그렇다면

$$W = 32Rm\left(1 - \frac{R}{R+d}\right). \tag{32}$$

이제 우리는 일에 대한 두 공식 (31)과 (32)를 갖고 있다. 이 둘을 같이 놓으면

$$\frac{mV^2}{2} = 32Rm\left(1 - \frac{R}{R+d}\right).$$

양변을 m으로 나누고 다시 2를 곱하면

$$V^2 = 64R\left(1 - \frac{R}{R+d}\right). \tag{33}$$

이것은 물체를 지구 표면에서 d높이의 지점까지 도달하도록 보내는 데 필요한 초기 속도에 대한 공식이다. 실제 문제에서 공식 (33)에 나오는 양들은 반드시 피트 단위여야 한다.

공식 (33)은 매우 중요한 한 가지 사실을 알려준다. 만약 물체를 아주 멀리 보내서 d가 무한히 큰 값이 된다면, R은 고정된 값이므로 양 $R/(R+d)$는 영에 접근한다. 그 결과

$$V^2 = 64R$$

즉

$$V = \sqrt{64R} = 8\sqrt{R}. \tag{34}$$

이 속도는 무한히 먼 곳에 도달하는데 필요한 속도로서, 탈출 속도라고 불린다. 물론 무한히 먼 곳은 지리적인 위치는 아니며, 물체가 무한히 계속 나아가서 결코 다시 돌아오지 않게 된다는 의미이다. 만약 초기 속도가 탈출 속도보다 적으면, 물체는 지구로부터 재었을 때 설령 크긴 하더라도 어떤 유한한 거리에서 영에 도달했다가 다시 지구로 떨어질 것이다.

이 탈출 속도는 쉽게 계산할 수 있다.

$$R = 4000 \cdot 5280 = 21{,}120{,}000 \text{ 피트}$$

그러므로

$$V = 8\sqrt{21{,}120{,}000} = 8\sqrt{2112} \cdot \sqrt{10{,}000}$$

$$= 8 \cdot 4600 = 36{,}800 \text{ ft/sec}$$

$$= 7 \text{ mi/sec(근삿값)}$$

바로 이것이 고난으로 가득 찬 지구에서 탈출하는 데 필요한 속도이다.

연습문제

1. 물체를 240,000마일(달까지의 거리) 위로 보내어 그곳에 영의 속도로 도달하는데 필요한 속도를 계산하라. [힌트: (33)을 이용하라.]
2. 공식 (34)는 달에서의 탈출 속도를 알려주는가? 즉, 물체를 달로부터 무한히 먼 곳으로 보내는데 필요한 속도를 알려주는가? 그렇지 않다면 어떻게 수정해야 하는가?

17.7 합의 극한으로서의 적분

적분을 곡선들로 둘러싸인 넓이를 구하는 수단이라고 소개하면서 아울러 언급했듯이, 고대 그리스 시대부터 십칠 세기까지 그런 넓이를 구하는 수학자들의 노력이 그다지 성공적이지 않았다. 이미 밝혔듯이 그 이유는 수학자들이 넓이를 구하려고 유클리드 기하학을 이용했는데, 이 기하학의 능력이 제한적이었기 때문이다. 곡선들로 둘러싸인 도형의 넓이에 관한 정리들을 증명하기 위해, 그들은 소진법(method of exhaustion)이라는 특수한 방법을 이용해서 어려움을 극복해야 했다. 그들은 해당 넓이를 직선으로 둘러싸인 도형들—그런 도형들에 대해서는 넓이를 쉽게 구할 수 있었다—로 근사한 다음에 근사를 점점

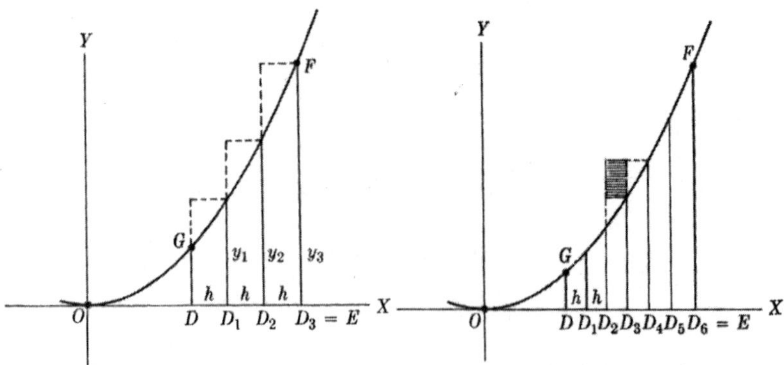

그림 17.3
직사각형 넓이들의 합으로 근사한 곡선 아래에 놓인 넓이

그림 17.4
직사각형들의 너비를 줄일수록 직사각형 넓이들의 합으로 얻어지는 근삿값이 향상된다.

더 향상시킬 때 생기는 결과를 살펴보았다. 당분간 우리가 퇴보하는 듯 보일지 모르지만, 고대 그리스의 방법을 도입하여 넓이 문제를 다루어보고자 한다. 곧 알게 되겠지만, 이러한 고찰은 새롭고 다양한 문제 유형에 풍성한 결실을 안겨줄 것이다.

넓이 *DEFG*(그림 17.3)를 구하는 문제[17.4절에서 이미 다루었던 문제]를 살펴보자. 이 넓이는 방정식 $y = x^2$으로 표현되는 곡선의 호 *FG*와 선분 *DE* 그리고 수직 선분 *DG* 및 *EF*로 둘러싸여 있다. 우리는 간격 *DE*를 길이가 h인 세 개의 동일한 부분으로 나누고 나누어진 각 지점들을 D_1, D_2, D_3로 표시하는데, D_3는 점 *E*이다. 나누어진 점들의 세로 좌표는 각각 y_1, y_2, y_3라고 하자. 이제 y_1h, y_2h, y_3h는 그림 17.3에 나오는 세 직사각형의 넓이인데, 그 합

$$y_1h + y_2h + y_3h \tag{35}$$

은 세 직사각형의 합이므로 따라서 *DEFG*의 근삿값이다.

넓이 *DEFG*의 근삿값을 더 정확하게 하려면 더 작은 직사각형들을 더 많이 만들면 된다. 과연 그런지 알아보기 위해 간격 *DE*를 여섯 개의 부분들로 나누

도록 하자. 그림 17.4는 그림 17.3의 가운데 직사각형에 어떤 일이 벌어지는지 보여준다. 이 직사각형은 두 개의 직사각형으로 대체되며, 나누어진 직사각형 각각의 y값을 그 직사각형의 높이로 삼기 때문에, 그림 17.4의 진하게 칠한 영역은 넓이 $DEFG$의 근삿값이 되는 여섯 직사각형들의 넓이의 합에 더 이상 포함되지 않는다. 그러므로 합

$$y_1h + y_2h + y_3h + y_4h + y_5h + y_6h \tag{36}$$

는 (35)보다 넓이 $DEFG$에 대한 더 나은 근삿값이다.

이런 근사 과정에 대하여 더욱 일반적인 주장을 할 수 있다. 간격 DE를 n개의 부분으로 나눈다고 하자. 그러면 n개의 직사각형이 생길 텐데, 그 각각의 너비는 h이다. 나뉜 직사각형들의 세로 좌표는 $y_1, y_2, \ldots y_n$인데, 여기서 점들은 그 사이에 포함된 모든 직사각형들의 y값들을 가리킨다. 그렇다면 n개의 직사각형들의 넓이의 합은 다음과 같다.

$$y_1h + y_2h + \cdots + y_nh, \tag{37}$$

위의 점들 또한 그 사이의 모든 직사각형이 포함됨을 가리킨다. $\overline{DE}$를 더 작은 간격으로 나누는 효과에 대해 이미 말한 바대로, 합 (37)로 주어지는 넓이 $DEFG$의 근삿값은 n이 커질수록 더 나아진다. 물론 n이 더 커지면 h는 더 작아진다. 왜냐하면 $h = \overline{DE}/n$이기 때문이다.

지금까지 우리는 선분으로 이루어진 도형 — 현재 이 사안에서는 직사각형 — 들을 이용하여 한 곡선으로 둘러싸인 넓이에 대한 더 나은 근삿값을 어떻게 찾을 수 있는지 알게 되었다. 지금까지는 고대 그리스의 개념을 활용했다. 이제부터는 거기서 조금 벗어나서 극한의 개념을 도입한다. 구체적으로 말하자면, 넓이 $DEFG$는 직사각형들의 개수가 점점 더 많아질 때, 즉 직사각형의 개수가 무한이 될 때 직사각형들의 합이 접근하는 극한이다. 그러므로 직사각형

들의 개수는 연속적으로 3, 6, 12, 24, 48, …이 될지 모른다. 여기서 점들은 수가 무한히 두 배씩 커짐을 가리킨다. 물론 각 직사각형의 너비 h는 영에 접근한다. 기호로 표현하면 이렇게 적는다.

$$\text{넓이 } DEFG = \underset{h\to 0}{\text{limit}}(y_1 h + y_2 h + \cdots + y_n h), \tag{38}$$

기호 "$\underset{h\to 0}{\text{limit}}$"은 우리가 얻고자 하는 것이 h가 영에 접근할 때 괄호 안의 합이 접근하는 수임을 의미한다.

도대체 지금껏 우리는 무엇을 했는가? 단순한 일을 더 어렵게 만든 것만 같다. 멀쩡한 넓이 $DEFG$는 여러 직사각형들의 합으로 근사되었고, 직사각형들의 개수가 커질수록(각 직사각형이 더 좁아질수록), 그 합은 넓이 $DEFG$의 더 나은 근삿값이 된다. 하지만 17.4절에서 보았듯이, 넓이 $DEFG$는 다음과 같은 방식으로도 얻을 수 있다. 즉, 만약 곡선 FG의 방정식이 $y = x^2$이면 도함수가 x^2인 방정식을 찾는다. 달리 말해서 x^2의 적분을 찾는다. 이것은 $x^3/3$이다. 점 E의 가로 좌표를 대입하여 수를 구한다. 그 다음에 점 D의 가로 좌표를 대입하여 수를 구한다. 마지막으로 후자의 결과를 전자의 결과에서 뺀다. 그러면 (38)에 표현된 극한은 적분 및 위에서 기술된 이후의 수치 작업에 의해 구할 수 있다.

넓이 구하기에 관한 한, 우리는 그다지 큰 성과를 얻지 못한 것 같다. 실제로 우리가 넓이라는 주제를 이 책에서 살펴본 것보다 조금 더 깊이 탐구하게 되면 이 주제와 관련하여 중요한 새로운 관점을 찾게 될 것이다. 하지만 우리는 다른 적용 사례들을 살펴볼 텐데, 여기서는 (38) 형식의 극한이 적분에 의해 구해질 수 있다는 사실이 해결의 열쇠가 될 것이다.

(38)과 같은 식의 표기를 짧게 하면 유용하다. 미적분 교재에 쓰이는 표기는 다음과 같다.

$$\text{넓이 } DEFG = \int_a^b y\,dx. \tag{39}$$

이 표기는 너무 문자 그대로 받아들여서는 안 된다. 기호 $\int$는 S의 축약형이며 합의 극한을 다루고 있음을 표시하기 위함이다. 넓이의 경우 이 합은 직사각형들의 합이다. (39)의 y는 이 직사각형들의 높이가 어떤 곡선의 세로 좌표임을 그리고 dx는 각 직사각형의 밑변이 X축 상의 작은 간격임을 가리킨다. 수 a는 간격 DE의 왼쪽 끝 점의 가로 좌표이고 수 b는 오른쪽 끝 점의 가로 좌표이다. (39)의 우변의 표현 전체를 가리켜 y로 표현되는 함수의 정적분이라고 한다. "정적분"이라는 용어는 우리가 합의 극한으로 간주되는 적분에 관심이 있음을 가리킨다.

뉴턴은 주어진 함수들로부터 도함수를 구하고 아울러 그 역의 과정에 집중했던 반면에, (38)로 표현되는 것과 같은 합의 극한은 미분의 역산을 통해 얻을 수 있음을 알아낸 사람은 고트프리트 빌헬름 라이프니츠(1646~1716) 덕분이었다. 라이프니츠의 이력은 뉴턴과는 뚜렷이 다르다. 알다시피 뉴턴은 인생의 초기부터 수학과 물리학 연구를 시작하여 이 두 분야를 집중적으로 추구했다. 비록 화학과 신학에도 약간의 기여를 하긴 했지만 말이다. 뉴턴은 교수로 지냈기에 연구에 집중할 기회를 얻었다. 반면에 라이프니츠는 처음에 라이프치히 대학교에서 법학을 공부했다. 라이프치히는 그가 태어나서 청년 시절까지 보냈던 도시이다. 라이프치히에서 석사학위를 받고나서 1666년에 알트도르프 대학에서 박사학위를 받았다. 처음으로 얻은 자리는 마인츠 선제후를 위한 대사 직책이었으며, 1672년까지만 해도 수학에 대한 관심은 부차적인 것이었다. 1672년에 대사 자격으로 파리를 방문한 시기에 그는 하위헌스를 만났다. 하위헌스는 당시의 과학 문제 및 활동에 관한 소식을 라이프니츠에게 알려주었다. 이에 흥미를 크게 느낀 라이프니츠는 이후로 많은 시간을 수학 연구에 몰두했다. 1676년에는 하노버 선제후의 사서 겸 참사관으로 선정되었는데, 비록 이 직책은 많은 행정 업무가 뒤따랐지만 그럼에도 라이프니츠는 학문 탐구에 더욱 매진했다. 1700년에는 베를린으로 가서 브란덴부르크 선제후를 위해 일했는데, 거기서 베를린과학아카데미를 설립했다. 라이프니츠라는 인물의 놀라운 점은 여러 분야에 걸쳐 최상급의 연구 업적을 많이 남긴 것이다. 전공 분야는 법학이었지만, 수학과 물리학의 연구 성과는 세계 최고 수준이었다. 또한 역학, 항해학, 광학, 유체정역학, 논리학, 문헌학 및 지리학에도 주요한 공헌을 했으며 역사 연구에도 선구자였다. 평생 동안 그는 개신교와 가톨릭 신앙의 조화를 위해서도 노력했다. 익히 잘 알려진 그의 활동—새로운 과학지식의 보급에 헌신하는 사회를 만들고 아울러 독일어가 새로운 개념을 연구하는데 적합한 수단이 되도록 하려는 노력—도 다시 떠올려보아도 좋겠다. 당대의 지식인들이 추구하는 어떤 학문 분야도 무시당하지 않았다. 하지만 당대 사람들에게서 오직 라이프니츠만이 진가를 인정받지 못했고 무시를 당했다.

현재의 관점에서 보면, 넓이를 합의 극한이라고 강조한 것은 대단한 일이 아닌 것처럼 보일지 모른다. 하지만 그가 가르친 중요한 내용, 즉 그런 극한은 미분의 역산으로 알아낼 수 있다는 발상은 엄청나게 중요하다. 왜냐하면 합의 극한은 여러 물리 문제에서 흔히 등장하기 때문이다. 한 가지 예를 살펴보자. 뉴턴과 라이프니츠의 시대는 물론이고 이후 백 년 동안 가장 중요한 문제들 중 하나는 한 질량이 다른 질량에 가하는 중력을 계산하는 것이었다. 만약 이들 질량이 매우 조밀해서 점에 집중된 것으로 간주할 수 있으면, 두 질량 사이의 거리는 이 점들 사이의 특정한 거리이며 중력은 잘 알려진 공식으로 계산할 수 있다. 하지만 한 질량은 지구이고 다른 한 질량은 가령 지구에서 몇 백 킬로미터 거리만큼 떨어진 작은 물체이면, 설령 그 물체는 여러 가지 경우에서 한 점에 집중된 것으로 간주할 수 있어도 지구 자체는 그렇게 간주할 수 없다. 지구의 질량은 방대한 부피에 걸쳐 분산되어 있기에 질량 m으로부터 특정한 거리만큼 떨어져 있다고 말할 수가 없는 것이다.

하지만 우리는 지구의 부피(그림 17.5)가 1부터 n까지의 수를 매긴 작은 정육면체들로 나누어져 있다고 간주할 수 있다.* 각각의 정육면체는 작기 때문에,

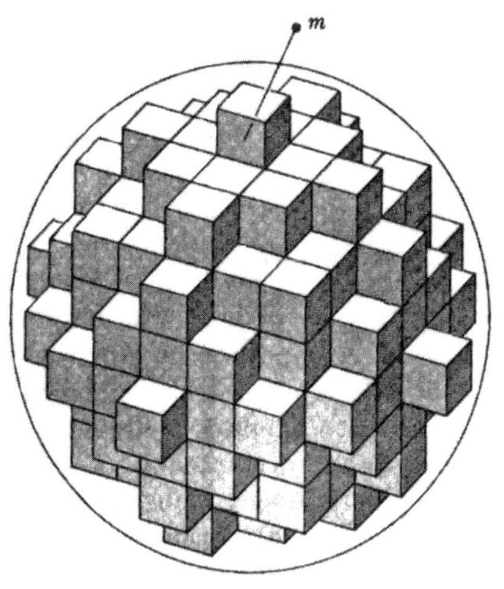

그림 17.5 정육면체 부피들의 합으로 근사한 구의 부피

질량 m으로부터 한 정육면체까지의 거리는 정육면체의 중심으로부터 질량 m까지의 거리로 삼으면 훌륭하게 근사된다. 그러므로 만약 첫 번째 정육면체의 경우 이 거리가 r_1이라면, 그 정육면체가 질량 m에 가하는 중력은 다음과 같다.

$$F_1 = \frac{Gmh}{r^{1}_{2}},$$

여기서 h는 정육면체의 질량을 나타낸다. 이 관계식은 n번째 정육면체까지 모두 적용된다. 그러면 n개 정육면체의 전체 중력 F는 다음과 같다.

$$\frac{Gm}{r_1^2}h + \frac{Gm}{r_2^2}h + \cdots + \frac{Gm}{r_n^2}h. \tag{40}$$

---

* 엄밀히 말하자면, 구는 정육면체들의 합이 아니므로 남는 조각들이 있을 것이다. 하지만 나중에 알게 되겠지만, 이런 조각들을 무시할 수 있다.

공식 (40)은 (37)과 전적으로 유사하다. (37)의 y_1은 이제 Gm/r_1^2이 되었고 y_2은 이제 Gm/r_2^2이 되었고, 계속 그런 식이다. 하지만 (40)은 지구가 가한 중력에 대한 정확한 표현이 아니다. 왜냐하면 각각의 정육면체가 마치 그 질량이 중심에 집중되어 있다고 가정하고 있기 때문이다. 하지만 각각의 정육면체를 작게 만들면, 즉 h가 더 작아지고 정육면체의 개수 n이 더 커지면, 정육면체들은 최대한 구의 많은 부분들을 채울 것이고 n개 정육면체들이 가한 중력의 합은 전체 구가 가한 중력에 대한 더 정확한 근삿값이 될 것이다. 왜냐하면 정육면체가 작을수록 그것의 질량이 중심에 집중되어 있다고 간주하기가 더욱 타당해지기 때문이다. 따라서 F의 정확한 값은 다음과 같다.

$$F = \lim_{h \to 0}\left(\frac{Gm}{r_1^2}h + \frac{Gm}{r_2^2}h + \cdots \frac{Gm}{r_n^2}h\right). \tag{41}$$

공식 (41)은 (38)과 매우 비슷하다. 이제 확실해졌듯이, 분산되어 있는 한 질량, 즉 현재의 논의에서는 지구가 가하는 총 중력을 구하려면 합의 극한을 계산해야 한다. 이미 알고 있듯이, 그런 극한은 미분을 거꾸로 하면 계산할 수 있다. (41)에 나오는 특정한 극한은 우리가 현재 다룰 수 있는 수학 내용으로는 계산할 수 없다. 왜냐하면 (41)의 h는 삼차원인 반면에(왜냐하면 입방피트 당 질량 곱하기 부피이므로), (38)의 h는 선분의 길이이기 때문이다. 따라서 (41)은 (38)보다 조금 더 복잡하다. 하지만 이 예를 통해 합의 극한이 물리 문제에 등장하며 이 극한은 미분을 거꾸로 하여 계산할 수 있음을 분명히 알게 되었다.

역사적으로 볼 때 뉴턴은 우리가 지금껏 살펴본 문제들을 풀었으며, 아울러 지구가 작은 질량의 물체를 끌어당길 때 마치 지구의 전체 질량이 지구 중심에 집중되어 있는 듯이 작용함을 증명했다. 달리 말해, 비록 지구의 질량은 넓은 영역에 분산되어 있지만, 작은 질량의 물체를 끌어당기는 큰 질량의 구는 마치 전체 질량이 그 중심에 집중되어 있는 듯이 다룰 수 있다. 이 문제를 해결한 덕분에 뉴턴은 중력 이론을 더욱 발전시킬 수 있었다. 중력 법칙을 논할 때 우리는 또한 양 r을 지구 중심으로부터 측정된 거리로 여긴다. 즉, 우리는 묵시적으로 뉴턴의 결과를 이용하고 있는 셈이다.

17.8 극한 개념에 얽힌 역사

우리는 미적분의 내용 및 더 많은 적용 사례들을 더 자세히 살펴볼 수도 있다. 하지만 이 주제에 바칠 수 있는 시간이 한정적이므로 무엇보다 우선적으로 살펴보아야 할 몇 가지 특징이 있다. 우선 가장 중요하게도 미적분은 새로운 개념, 즉 함수의 극한이라는 개념에 기대고 있다. 우리는 이 개념을 두 가지 핵심적인 방식으로 소개했다. 미분의 경우 우리는 함수의 순간 변화율을 도입했다. 이 비율은 속력의 평균 변화율의 극한으로서, h가 영에 접근할 때 k/h의 값이다. 적분의 경우 우리는 h가 영에 접근할 때 다음의 합이 접근하는 양으로서 극한 개념을 이용했다.

$$y_1h + y_2h + \cdots + y_nh$$

이 극한은 y와 x를 관련짓는 함수 및 h의 물리적 및 기하학적 해석에 따라 넓이 또는 질량이 분산되어 있는 물체가 가하는 중력 내지 기타 다른 양을 나타낼 수 있다. 그러므로 바로 이 새로운 개념이야말로 이전에 연구되었던 다른 수학 분야들과 미적분을 구별해준다.

극한은 h가 영에 접근할 때 h의 어떤 함수가 접근하는 수로 정의된다. 솔직히 말해 이 정의는 모호하다. 특히 “접근”이라는 말이 의심스럽다. 만약 h의 값이 점점 더 작아질 때 비율 k/h가 $\frac{1}{4}, \frac{3}{8}, \frac{7}{16}, \frac{15}{32}, \cdots$을 갖는다면, 이 값들은 1에 접근하는가? 1에 점점 가까워진다는 의미에서 보면 그렇지만, 분명 이 값들은 $\frac{1}{2}$보다 언제나 작다. 따라서 극한은 $\frac{1}{2}$이라고 해야 할지 모른다. 달리 말해, k/h의 값들이 어떤 특정한 수에 얼마나 가까이 접근해야만 그 수가 k/h의 극한이라고 결정할 수 있단 말인가? 우리는 극한 개념을 정확하게 구성하려고 시도하지는 않을 것이다. 하지만 오늘날에는 다행스럽게도 정확한 정의가 나와 있다.

이 개념을 제대로 파악하기 위해 수학자들이 오랫동안 기울인 노력은 수학이 어떻게 발전했는지를 훤히 알려준다. 그 수고는 십칠 세기 초에 시작되었다. 이미 언급했듯이 그 세기의 많은 수학자들은 심지어 뉴턴과 라이프니츠가 미적분을 연구하기 이전부터 이 주제에 이바지를 했다. 이런 선구자들은 자신들의 개념을 만족스럽게 설명할 수 없으며 사실 자신들이 만들어내고 있는 것의 중요성을 제대로 이해하지 못하고 있음을 깨달았다. 수학에서는 엄밀한 증명에 대한 오랜 전통이 내려오고 있는데도, 미적분의 초기 연구자들은 주저 없이 자신들의 조잡하고 부정확한 개념을 밀어붙였고 다른 수학자들이 보기에 이상해 보이는 방식으로 자신들을 방어했다. 볼로냐 대학의 교수이자 갈릴레오의 제자였던 보나벤투라 카발리에리는 엄밀성이란 철학의 관심사이지 기하학의 관심사가 아니라고까지 말했다. 파스칼은 수학적 단계들의 올바름을 확신하는 데는 마음이 끼어든다고 주장했다. 이에 덧붙여, 종교적 은총을 이해하는 일이 이성을 초월하듯이 올바를 일을 하는 데 필요한 것은 논리보다는 적절한 정확성 정도면 충분하다고도 말했다.

뉴턴과 라이프니츠가 미적분의 개념과 방법을 마련하는 데 가장 중요한 이바지를 하긴 했지만, 이 두 사람 모두 이 주제를 엄밀하게 확립시키는 데는 전혀 기여하지 못했다. 둘 다 자신들이 순간 변화율과 정적분의 기본 개념을 명확하고 정확하게 제시하지 못했음을 인식하고 있었다. 하지만 둘 다 자신들의 개념이 타당하다고 확신했다. 왜냐하면 그 개념들이 물리적으로 및 직관적으로 이치에 맞으며 그 방법이 관찰 및 실험과 일치하는 결과를 내놓았기 때문이다. 둘은 정확한 개념을 내놓으려고 온갖 수를 써보았지만 어떤 것도 성공적이지 않았다. 어떤 글에서 라이프니츠는 미적분의 방법들은 단지 근사적일 뿐이지만, 그 오차는 관찰이나 측정에서 생기는 오차보다 작으므로 미적분은 유용하다고 말하기도 했다.

뉴턴과 라이프니츠의 연구 성과는 심지어 당시 사람들에게서도 비판을 받았다. 뉴턴은 비판에 대응하지 않았지만 라이프니츠는 달랐다. 미적분의 결과들이 경험과 일치한다는 점을 호소하여 미적분의 방법들을 옹호했을 뿐 아니라 비판자들이 지나치게 정확성을 추구한다고 공격했는데, 수학자로서는 이상한 입장이었다. 그는 지나친 의혹 때문에 발명의 결실을 잃어서는 안 된다고 말했다. 미적분에 관한 일부 저자들은 아무런 어려움이 없는 척 하기도 했다. 이들의 태도를 요약하자면, 이해할 수 없는 것은 더 이상 설명이 필요 없다는 식이었다.

뉴턴과 라이프니츠의 후예들은 미적분의 기초를 더 튼튼하게 다지려고 시도했다. 하지만 이들의 노력은 두 가지 면에서 가로막혔다. 우선, 뉴턴과 라이프니츠가 제시한 표기가 서로 달랐지만 둘 다 옳은 결과를 내놓았다. 따라서 미적분을 엄밀히 구성하려면 두 표기를 조화시켜야 했다. 둘째, 라이프니츠가 뉴턴의 아이디어를 훔쳤는지 여부를 놓고서 뉴턴과 라이프니츠 사이에 벌어진 논쟁 때문에 전체적인 상황이 복잡해졌다. 뉴턴의 친구들은 물론이고 전체적으로 영국의 수학자들이 뉴턴의 편을 들었고 대륙의 수학자들은 라이프니츠를 옹호했다. 두 무리 간의 설전은 더욱 격렬해져 급기야 약 백 년 동안 서로 서신 왕래를 끊었다. 영국 수학자들은 계속 유량(fluent)과 유율(fluxion)이라는 용어를 썼는데, 이는 함수와 도함수를 가리키는 뉴턴의 용어였다. 반면에 대륙의 과학자들은 무한소라는 용어를 썼는데, 이는 라이프니츠가 h와 k를 가리키기 위해 사용한 것으로 그의 표기 방식에서는 dx와 dy로 표시했다.

십팔 세기의 가장 위대한 수학자들 가운데 두 명인 레온하르트 오일러와 조지프 루이 라그랑주는 미적분을 명확하게 만들려고 노력했지만 성공하지 못했다. 둘이 내린 결론에 따르면, 미적분은 견고하지 못하지만 어쨌든 오류들이 서로 상쇄되어 올바른 결과를 내놓았다. 더욱 극적인 견해를 내놓은 사람은 수학자 미셸 롤(1652~1719)이었다. 그는 미적분이 독창적인 오류들의 집합이라고 가르쳤다. 볼테르도 미적분을 가리켜 이렇게 말했다. "존재한다고는 상상할 수 없는 어떤 것을 정확하게 수치화하고 측정하는 기술". 십팔 세기가 끝나갈 무렵 저명한 수학자 장 르 롱 달랑베르(1717~1783)는 제자들에게 미적분 연구를 계속하라고 충고하지 않을 수 없었다. 결국에는 믿음이 찾아올 것이라고 달래면서 말이다. 미적분에 엄밀한 기초를 마련하려던 십팔 세기의 노력은 모조리 실패했다. 십구 세기의 첫 사반세기에 선구적인 프랑스 수학자 오귀스탱 루이 코시(1789~1857)가 드디어 도함수와 정적분에 관한 만족스러운 정의를 처음으로 내렸다. 우리가 살펴보지 않았던 미적분의 다른 개념들도 차츰 명확해졌다. 표기의 차이도 사라졌다.

미적분이 발달해온 과정이 중요한 까닭은 수학이 발전하는 방식을 잘 드러내주기 때문이다. 처음에는 개념이 직관적으로 떠올라 집중적으로 탐구되다가 마침내 최상의 수학자들의 마음속에서 한껏 명확해지고 정밀하게 체계화된다. 차츰 개념들은 정교해지고 가다듬어져 수학 교재에 나와 있는 내용처럼 엄밀해진다. 미적분의 경우, 수학자들은 자신들의 개념이 조잡함을 일찌감치 알아차렸으며 일부 수학자들은 그 개념의 타당성에 의문을 제기하기도 했다. 하지만 그 개념들을 물리 문제에 적용했을 뿐만 아니라 미적분을 이용하여 새로운 수학 분야들, 가령 미분방정식, 미분기하학, 변분법 등을 발전시켰다. 그들은 불확실한 바탕을 따라가도 되리라는 확신이 있었다. 왜냐하면 그 방법대로 하면 올바른 물리적 결과가 나왔기 때문이다. 정말이지 다행스럽게도 수학과 물리학은 십칠 세기와 십팔 세기에 매우 밀접한 관계였는데, 너무 밀접해서 거의 구분할 수가 없을 정도였다. 그런 까닭에 물리적인 뒷받침이 수학의 약한 논리를 보상해주었다. 물론, 수학자들은 자신들의 타고 난 권리를 내다팔긴 했다. 즉, 타당한 기초로부터 엄밀한 연역적 추론을 통해 얻은 결과의 확실성을 과학 발전을 위해 포기했던 것이다. 하지만 수학자들이 유혹에 굴복한 것은 충분히 이해할만하다.

수학자들이 극한의 개념으로 인해 이처럼 곤란을 겪었으니, 미적분에 고작 두 장(章)을 할애해서는 그 개념 및 이에 파생되는 의미들을 완벽히 기술하기에는 턱없이 부족하다. 지금까지 소개한 내용에 독자들이 어리둥절해하고 불편해하는 것도 당연할 것이다. 미적분을 더 공부하면 이런 의아함이 해소될 것이다. 또한 꼭 짚고 넘어가야할 것으로, 미적분의 개념을 설명하면서 우리는 가장 단순한 함수들만을 다루었다. 미적분이라는 주제는 매우 방대하며 우리가 여기서 소개한 기법을 통해 짐작할 수 있는 정도보다 훨씬 더 위력적이다. 정말이지 수학의 굉장히 많은 새로운 분야들이 미적분에 바탕을 두고 있다. 미적분을 포함하여 이 모든 분야들은 수학의 한 분과인 해석학을 구성하는데, 이것은 대수학이나 기하학보다 훨씬 더 광범위하다. 하지만 근대 시기의 가장 중요한 이 수학적 창조물을 살짝 엿보았다는 것만으로도 충분히 보람 있는 일일지 모른다.

연습문제

1. 미적분은 본질적으로 어떤 새로운 개념을 다루는가?
2. 수학자는 논리적인 사상가이다. 원하는 결론을 얻기 위해 직접적이고 오류 없는 추론을 행한다. 이 주장을 미적분의 발달 과정에 비추어 논하라.

17.9 이성의 시대

르네상스 시대의 사람들은 지식의 새로운 원천—자연, 이성 및 수학—으로 눈을 돌렸지만, 사상의 여러 분야들을 재구성하기 위해 사용할 구체적인 방법이 마땅히 없었다. 다행히도 일련의 발전과 창조물들은 지식을 새로 구성하는 일에 강한 자극을 주었을 뿐 아니라 실제로 확고한 진리를 얻는 방법들까지 제공했다. 갈릴레오는 이 방법을 명확히 체계화했으며 그것을 적용하여 지구 표면 상공 및 근처에서 움직이는 물체의 운동 법칙을 얻었다. 뉴턴은 갈릴레오의 방법이 지닌 효과를 최종적으로 증명했으며 이후 사상의 새로운 체계에 주춧돌이 될 원리를 내놓았다. 즉, 우주의 모든 물체는 물리적 공리들의 한 집합에 종속되며, 물체의 작동 방식은 이런 공리들로부터 연역될 수 있다는 원리이다. 자연은 수학적으로 설계되어 있으며 자연 현상은 엄격히 수학적 법칙을 따랐고, 이 법칙은 한 점의 먼지에서부터 가장 먼 별들에 이르기까지 모든 물체의 행동을 기술했다.

십칠 세기와 십팔 세기의 지적인 선구자들이 믿기로, 그들은 이제 우주에 관해 완전히 새로운 전망을 줄뿐 아니라 모든 인류의 사상, 제도 및 생활방식의 체계를 재구성할 원리를 지니게 되었다. 수리역학적 설명의 형태로 제시되는 타당한 기초가 마련되어 언제든 이용할 수 있었다. 전쟁이나 정치적 사건들보다 문명의 진행과정을 결정하는 데 훨씬 더 큰 영향을 미친 새로운 사상이 위력을 발휘하기 시작했으며, 책이 점점 더 많이 보급되자 선구자들은 더 많은 사람들에게 그런 사상을 전파할 수 있었다.

지식인들이 확신하기로, 십칠 세기의 수학 및 과학 연구를 통해 명백하게 드러났으며 중세 시대의 형이상학적이고 신학적인 가정을 말끔히 제거한 새로운 진리들에 바탕을 둔 이성은 철학, 종교, 문학, 예술, 정치 사상 및 경제 생활을 재구성할 수 있었다. 그들은 수학과 과학이 몇 가지 정리나 고립된 결과들을 제공하는 것이 아니라 진리에 이르는 새로운 방법 그리고 우주에 관한 새로운 해석을 내놓고 있음을 간파했다. 그러므로 사상가들은 모든 지식과 제도를 광범위하게 재구성해야 한다고 여겼다.

십팔 세기는 이성의 시대라고 불린다. 이성이 지배적인 역할을 한 첫 시기는 아니었지만, 지식인 엘리트들이 자연과학에서 거둔 몇 가지 성공으로 의기양양해져서 문명을 통째로 재구성하는 데 이성을 사용하려고 시도했다는 점에서는 역사상 최초의 시기였다. 당시 지도자들의 마음가짐과 전망이 어떠했는지는 그들 스스로 당시를 계몽의 시대라고 부른 것만 보아도 분명히 드러난다.

본문에서 우리는 이성의 시대가 사회과학, 인문학 및 예술 분야에서 내놓은 새로운 원리들을 살펴볼 수는 없다. 이 주제들을 더 파헤쳐보고 싶은 독자들은 권장 도서 목록에서 소개한 저자들의 책들에서 여러 관련 내용을 찾을 수 있을 것이다. 추가적인 참고사항들이 그 책들 속에 들어 있다.

복습문제

1. 한 물체를 200ft/sec의 초기 속도로 지면으로부터 바로 위로 던졌다고 하자. 아래쪽의 중력 가속도 32ft/sec^2(9.8m/sec^2)을 이용하여 다음을 구하라.

   a) t초 후 지면으로부터 물체의 높이에 대한 공식

   b) 물체가 올라가는 최대 높이

   c) 물체가 지면에 닿을 때의 속도

2. 한 물체를 100피트 높이의 건물 옥상에서 위로 던진다고 하고, 초기 속도가 200ft/sec라고 하자.

   a) t초 후에 옥상으로부터의 물체의 높이에 대한 공식을 구하라.

   b) t초 후에 지면으로부터의 물체의 높이에 대한 공식을 구하라.

3. 달의 중력은 달 표면 근처의 물체에게 5.3ft/sec^{2}의 가속도를 준다. 한 물체를 달 표면에서 200ft/sec의 초기 속도로 위로 던진다고 하자. 다음을 구하라.

   a) t초 후 물체의 높이에 대한 공식

   b) 물체가 올라가는 최대 높이

   c) 연습문제 1(b)와 3(b)의 답을 비교하면 물체는 달에서 더 높은 최대 높이에 도달함이 분명히 드러난다. 왜 그런지 이유를 물리적인 관점에서 설명할 수 있는가?

4. a) 직선 $y=3x$, X축 그리고 가로 좌표 $x=4$로 둘러싸인 넓이를 미적분 방법을 이용하여 구하라.

b) (a)에서 설명한 도형은 삼각형이다. 유클리드 기하학의 관련 정리를 이용하여 넓이를 구하라. 이 결과는 (a)의 결과와 일치하는가?

5. a) 직선 $y=2x+7$, X축 그리고 가로 좌표 $x=4$와 $x=6$로 둘러싸인 넓이를 미적분 방법을 이용하여 구하라.

   b) (a)에서 설명한 도형은 사다리꼴이다. 유클리드 기하학에 의하면 사다리꼴의 넓이는 밑변과 윗변의 합에 높이를 곱한 값의 절반이다. 이 공식을 이용하여 넓이를 계산한 다음 (a)의 결과와 일치하는지 알아보라.

6. 질량이 200 파운드인 물체를 지구 표면으로부터 100마일 높이까지 올리는 데 드는 일을 계산하라. 지구 중력의 변화를 반드시 고려해야 한다.

7. 로켓을 지구 표면으로부터 정확히 100마일 높이까지 쏘아 올리길 원한다고 하자. 로켓에 얼마의 초기 속도를 주어야 하는가?

더 살펴볼 주제

1. 미적분의 발명과 관련하여 뉴턴과 라이프니츠보다 앞서 활약한 사람들
2. 미적분에 관한 뉴턴의 연구
3. 미적분 발명의 우선권에 관한 뉴턴과 라이프니츠의 논쟁

권장 도서

Ball, W. W. Rouse: *A Short Account of the History of Mathematics*, Chaps. 16 and 17, Dover Publications, Inc., New York, 1960.

Bell, Eric T.: *Men of Mathematics*, Chap. 7, Simon and Schuster, Inc., New York, 1937.

Colerus, Egmont: *From Simple Numbers to the Calculus*, Chaps. 24 through 34, Wm. Heinemann Ltd., London, 1954.

Eves, Howard: *An Introduction to the History of Mathematics*, 2nd ed., Chap. 11,

Holt, Rinehart and Winston, N.Y., 1964.

Kasner, Edward and James R. Newman : *Mathematics and the Imagination*, Chap. 9, Simon and Schuster, Inc., New York, 1940.

Kline, Morris : *Mathematics in Western Culture*, Chaps. 16, 17 and 18, Oxford University Press, N.Y., 1953. Also in paperback.

Kline, Morris : *Mathematics: A Cultural Approach*, Chaps. 20 through 22, Addison-Wesley Publishing Co., Reading, Mass., 1962.

Sawyer, W. W. : *Mathematician's Delight*, Chaps. 10 through 12, Penguin Books Ltd., Harmondsworth, 1943.

Sawyer, W. W. : What Is Calculus About? Random House, New York, 1961.

Scott, J. F. : *A History of Mathematics*, Chaps. 10 and 11, Taylor and Francis, Ltd., London, 1958.

Singh, Jagit : *Great Ideas of Modern Mathematics: Their Nature and Use*, Chap. 3, Dover Publications, Inc., New York, 1959.

Smith, David Eugene : *History of Mathematics*, Vol. II, Chap. 10, Dover Publications, Inc., New York, 1958.

Wiener, Philip P. and Aaron Noland : *Roots of Scientific Thought*, pp. 412-442, Basic Books, Inc., New York, 1957.

Wightman, Wm. P. D. : *The Growth of Scientific Ideas*, Chap. 9, Yale University-Press, New Haven, 1953.

18
삼각함수와 진동 운동

자연의 모든 효과는 몇 가지 불변의 법칙들의 수학적 결과일 뿐이다.

라플라스

18.1 들어가며

십칠 세기 당시에 가장 급박한 문제들 중 하나는 시간이었다. 정량적인 법칙을 측정하고 찾아내려고 작정했던 그 시기에는 과학 활동이 증가하면서 편리하고 정확한 시간 측정 방법이 필요해졌다. 게다가 다른 문제와 관련하여 우리가 이미 언급했듯이, 십칠 세기와 십팔 세기는 선박의 항해 중에 경도를 알아내는 방법을 향상시키는 매우 실질적인 문제에 관심이 많았다. 여기서는 좋은 시계가 가장 단순한 해답이다. 육지 상의 한 장소의 경도가 알려져 있으며 배에 실린 시계는 그 장소에 맞는 시간과 일치하도록 맞춰져 있다고 가정하자. 지구는 하루에 360°의 경도를 회전하므로 매 시간마다 15°씩 회전한다. 따라서 배가 가령 고정된 장소에서 15°씩 서쪽에 있을 때마다 정오는 지상의 그 고정된 장소에서의 시간과 비교하여 한 시간 늦게 찾아온다. 만약 배의 선장이 (태양의 위치를 통해) 정오가 되었을 때 자기 시계를 보니 원래 가리켜야 할 12시가 아니라 3시를 가리키고 있다면, 배의 위치의 경도는 지상의 특정한 표준 장소보다 45° 서쪽에 있는 것이다. 이런 사정을 알면 왜 당시의 과학자들이 믿을 만한 정확한 시계를 만들려고 결심했는지 이해할 수 있다.

그러니 규칙적으로 반복되는 어떤 물리적 현상을 찾자는 생각이 곧장 떠올랐다. 하루는 24시간이다. 따라서 하루 당 반복의 횟수를 알고 있으면 매 반복의 지속 시간이 쉽게 계산된다. 그렇다면 어디에서 반복적 내지 주기적인 물리 현상을 찾을 수 있는가? 십칠 세기 과학자들에게는 두 가지 가능성에 매력을 느꼈다. 첫째는 스프링에 매달려서 위아래로 진동하는 분동의 운동이었고, 둘째는 줄에 매달려 좌우로 흔들리는 추의 운동이었다. 지금으로서는 스프링의 분동이나 추의 운동을 시간 측정 수단으로 삼을 가능성에 대한 첫 반응은 부정적이기 쉽다. 가령 스프링의 분동은 우리 눈이 판단하기에 동일한 시간에 매 사이클마다 위아래로 한 번씩 운동을 반복하기는 하지만, 운동이 차츰 작아져 소멸하고 만다. 추도 마찬가지다. 하지만 공기 저항을 최소화할 수 있거나 공기 저항을 보상해줄 수 있다면, 이 운동은 정말로 주기적으로 발생하므로 연구할 가치가 있다. 연구에 착수하자마자 당장 문제의 해결책을 찾기를 바라는 과학자나 수학자는 큰 성과를 얻지 못할 것이다. 처음에 희망할 수 있는 최상의 결과는 연구를 추진할 어떤 아이디어 내지 단서를 찾는 일일 것이다.

이 장에서 우리는 우선 진동 운동의 으뜸가는 사례로서 스프링에 달린 분동의 운동에 관한 물리적 문제를 살펴본다. 그런 운동을 연구하기 위해 수학자들은 새로운 유형의 함수인 삼각함수를 고안했다. 이 함수들을 논의함으로써 우리는 이 함수들을 고안한 계기가 되었던 물리적 문제들에 관한 지식을 어떻게 얻을 수 있는지 알아볼 것이다. 놀랍게도 삼각함수는 알고 보니 소리, 전기, 전파 및 다수의 다른 진동 현상에 관한 연구에 매우 적합한 것이었다. 이런 현상들에 대해서는 다음 장에서 더 자세히 논의할 것이다.

18.2 스프링에 매달린 분동의 운동

스프링에 매달린 분동의 운동을 연구하는 문제는 물리학의 역사에서 가장 위대한 실험가 중 한 명인 영국인 로버트 훅(1635~1703)이 실시했다. 훅은 그레셤 칼리지의 수학 및 역학 교수였다. 그의 명성 또한 발명가로서 성공한 경력에 바탕을 두고 있었다. 그가 발명한 것으로는 시계 메커니즘에 의해 움직이는 망원경 그리고 대기의 습도, 바람의 세기 그리고 강우량을 측정하는 장치들이 있다. 그는 현미경, 기압계, 공기 펌프 및 망원경의 성능을 개량했다. 그가 발견한 내용 중 하나는 백색 광선을 얇은 운모에 통과시키면 여러 가지 색깔로 분해된다는 것인데, 이는 빛에 관한 뉴턴의 연구와 비슷하다. 또한 그는 식물의 세포 구조를 발견했다. 훅은 유용한 시계를 설계하는 데 관심이 많았으며 스프링이 핵심 장치가 되어줄 것이라고 여겼다. 스프링의 작동에 관해 연구하던 중에 그는 한 가지 기본적인 법칙을 발견했다. 훅의 법칙이라고 알려진 이 법칙은 나중에 우리가 살펴볼 것이다.

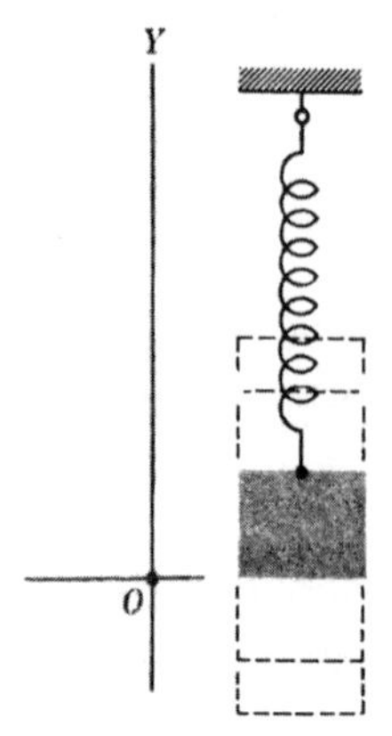

그림 18.1
스프링에 매달린 분동

훅을 따라서 우리도 스프링에 달린 분동의 운동을 살펴보자. 스프링의 위쪽 끝은 고정된 지지물에 매달려 있고 분동은 스프링의 아래쪽 끝에 매달려 있다. 중력이 분동을 아래로 끌어당기므로 스프링은 스프링의 장력이 중력을 상쇄시킬 때까지 늘어날 것이다. 그 때가 되면 분동은 어떤 위치, 즉 이른바 정지 위치 또는 평형 위치에서 멈추게 된다(그림 18.1). 분동을 정지 위치 아래로 일정한 거리만큼 잡아당긴 다음 놓으면 분동은 정지 위치를 향해 위로 움직이는데, 그 지점을 지나서 최고 위치까지 계속 오른 다음에 다시 내려온다. 분동은 처음에 잡아당겨진 지점에 도착하면 다시 위로 올라가며 이전의 운동을 반복한다. 물리적 상황을 이상화한다는 갈릴레오의 계획에 따라 우리도 공기 저항을 무시할 수 있다고 가정하자. (엄밀히 말하자면, 스프링의 팽창과 수축 동안에 에너지도 잃지만 이 손실을 무시할 수 있다.) 그러면 분동은 위아래로 무한정 계속 운동할 것이다.

이 운동을 수학적으로 기술하는 과제에 착수하기 위해 우선 분동의 경로를 따라 Y축을 도입하고 $y=0$이 분동의 정지 위치에 대응한다고 가정하자. 분동이 정지 위치 위나 아래에 있을 때 분동은 변위되었다고 하고 분동이 정지 위치 위아래로 이동한 거리를 가리켜 변위라고 한다. 정지 위치 위쪽의 변위와 아래쪽의 변위를 구별하기 위해 전자는 양의 변위, 후자는 음의 변위라고 한다. 그러면 각 변위는 y의 값으로 기술할 수 있다. 가령 $y = -\frac{1}{2}$은 분동이 정지 위치에서 아래로 $\frac{1}{2}$단위에 있다는 뜻이다.

분동의 운동을 수학적으로 연구하려면, 분동의 변위와 분동이 운동하는 시간을 관련짓는 공식을 찾을 수 있다면 가장 유용할 것이다. 따라서 그런 공식을 찾아보자.

18.3 사인함수

우리가 이제껏 살펴본 공식들은 분동의 운동을 표현하는 데 전혀 쓸모가 없다. 왜냐하면 지금 다루는 운동은 특이하게도 각각의 위아래 운동, 즉 진동이 완결되고 나면 변위가 이전의 값들을 다시 반복하기 때문이다. 따라서 우리는 분동의 운동이 지닌 주기적 특성을 표현하는 새로운 유형의 공식을 찾아야만 한다. 우리에게는 아무런 단서가 없는 것 같지만, 약간의 상상력을 발휘하면 한 가지가 떠오를지 모른다.

점 P가 단위 반지름의 원 주위를 일정한 속력으로 움직인다고 하자. 그것의 위치들 가운데 일부를 $P_1, P_2, \cdots$, 라고 표시하자(그림 18.2). 원한다면 중심 O를 통과하는 수직선 상에 점 Q를 도입하는데, 이때 P가 O를 지나는 수평선의 위쪽이나 아래쪽으로 어떤 높이를 갖든지 Q도 언제나 P와 동일한 높이를 갖도록 한다. 점 Q는 P를 수직선에 내린 사영이라고 한다. 그러므로 P의 P_1 위치에는 Q_1이 대응하고, P_2 위치에는 Q_2, 이런 식으로 계속 대응한다. 왜 점 Q를 도입해야만 하는가? P가 오른쪽에 있는 위치 S에서 시작하여 원 주위를 여러 번 회전한다고 상상하자. 그렇다면 점 P의 "그림자" Q는 무슨 일을 하는가? O에서부터 위로 움직여 가장 높은 위치에 도달한 다음 다시 O로 내려오고 O를 지나 수

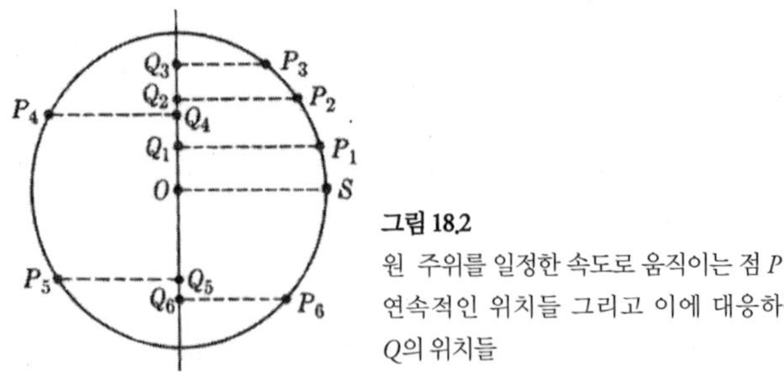

그림 18.2
원 주위를 일정한 속도로 움직이는 점 P의 연속적인 위치들 그리고 이에 대응하는 Q의 위치들

직선 상의 가장 낮은 위치로 내려갔다가 다시 O로 올라온 다음 이런 위아래 운동을 반복한다. Q의 운동은 스프링에 매달린 분동의 운동과 본질적으로 같은 듯하다. 따라서 Q의 운동을 더 자세히 탐구하면 우리가 찾고자 하는 함수를 얻을 수 있을지 모른다.

그림 18.3에 나오는 대로 좌표축을 도입하자. 만약 P가 X축에서 출발하여 가령 P_1 위치에 도달한다면, P의 위치를 그림에 나오는 각 A로 기술할 수 있을지 모른다. X축 위쪽에 있는 Q의 높이는 P의 y값과 동일하다. 이제

$$\sin A = \frac{y}{1}.$$

따라서

$$y = \sin A. \tag{1}$$

그러므로 만약 P의 위치를 각 A로 기술할 수 있다면, 수직선 상의 대응하는 점 Q의 위치는 (1)로 나타난다.

하지만 이제 P가 그림 18.4에 나오는 P_4 위치로 옮겼다고 하자. P_1 위치를 기술하는 각 A는 그림에 나오기로 둔각이다. 이 각은 직각삼각형의 예각이 아니므로 우리는 $\sin A$에 대해 논할 방법이 없다. 하지만 사인의 의미를 확장하면, 정의에 의해 $\sin A$는 P_4의 y값이다. O 위쪽에 있는 Q_4의 높이는 P_4의 y값이므

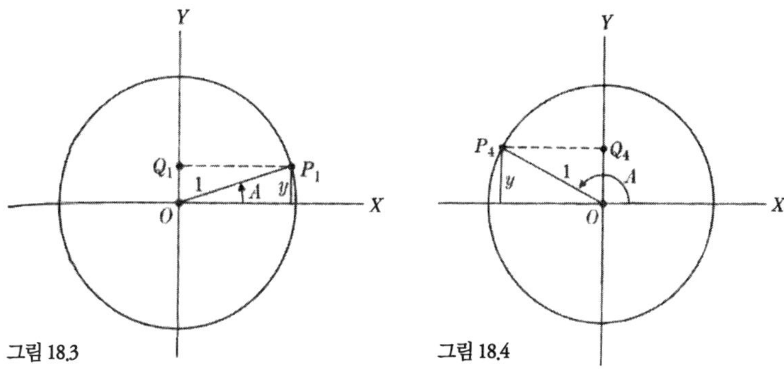

그림 18.3

그림 18.4

로, 우리는 여전히 Q의 위치를 기술하기 위해 $y = \sin A$라고 적을 수 있다. 즉, 수직선 상에서 O로부터 Q까지의 거리는 $y = \sin A$로 표시된다.

그 다음으로 P가 그림 18.5에 나오는 P_5 위치를 차지한다고 하자. P가 원 주위를 얼마나 멀리 이동했는지를 보여주는 각 A는 그림에 나온 것과 같은 각이다. 다시 한 번 $\sin A$는 P_5 위치의 y 값을 의미하며, 이 값은 X축 아래로 Q_5의 거리를 뜻한다는 점에 동의하도록 하자. 이제 y는 음의 양이다.

만약 P가 그림 18.6에 나오는 P_6 위치에 도달한다면, 그 위치는 그림에 나오는 각 A로 표시되는데, 만약 이번에도 $\sin A$가 P_6의 y값을 의미한다는 데 동의하면, 또한 $y = \sin A$는 Q의 위치를 표시한다고 말할 수 있겠다. 이번에도 y는 음의 양이다.

P가 X축으로 되돌아와서 회전을 다시 시작한다면, P의 위치를 기술하는 각 A는 이제 360° 더하기 어떤 추가적인 각이 될 것이다(그림 18.7). P가 매번 회전할 때마다 360°를 포함해야지만 회전의 횟수를 추적할 수 있다. 하지만 P의 y 값은 첫 번째 회전 때와 정확히 동일하게 나타난다. 두 번째 회전에서는 A의 값이 360°보다 커긴 하지만, 여전히 $\sin A$는 P의 y 값을 의미한다. 그러므로 sin 390°는 sin 30°와 똑같은 값이다. P가 두 번째 회전을 하고 있을 때, Q는 첫 번째 회전에서 보인 운동을 반복한다. 따라서 이번에도 $y = \sin A$가 수직선 상의 Q의

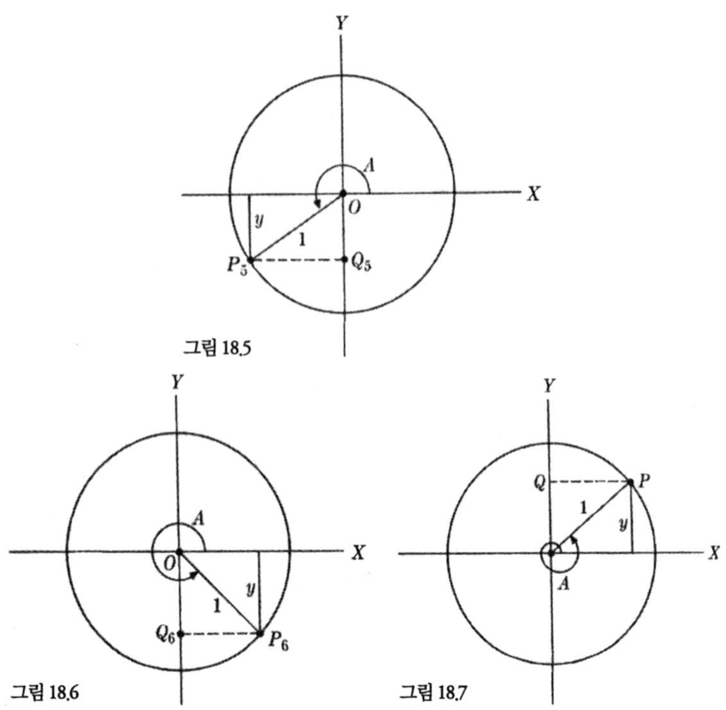

그림 18.5

그림 18.6

그림 18.7

위치를 기술한다는 말은 옳다. P가 매번 회전할 때마다 각 A는 증가하더라도 y값은 반복된다. Q의 운동 또한 반복되므로 수직선 상의 그 위치는 계속 $y = \sin A$로 표시된다.

만약 P가 시계 방향으로 회전한다면, 한 가지만 바꾸면 될 것이다. 즉, A의 값을 음수로 부르면 된다. P의 y 값은 어디에서든지 정의상 $\sin A$이며 이 y값은 Q의 위치를 표시할 것이다.

우리가 무엇을 했는지 되짚어보자. 점 Q의 위치를 수학적으로 기술하기 위해 우리는 새로운 함수 $y = \sin A$를 도입했다. A가 그림 18.3에 나와 있는 것처럼 예각이면 $\sin A$는 원래 의미를 갖는다. 즉, A가 놓여 있는 직각삼각형의 빗변에 대한한 대변의 비이다. (현재의 사례에서 빗변은 1이다.) 하지만 A가 90°보다

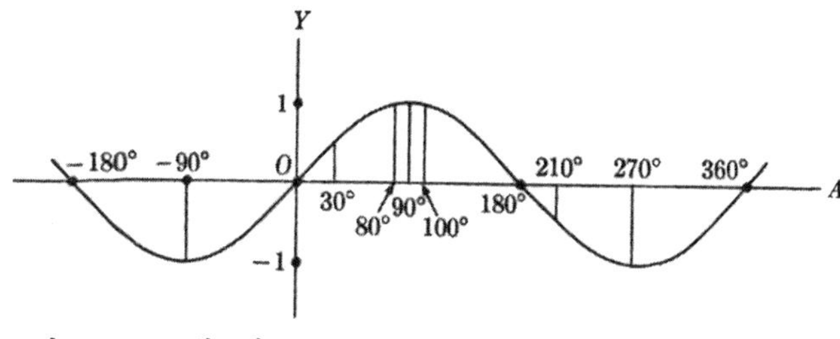

그림 18.8 $y=\sin A$의 그래프

크더라도, 방정식 $y=\sin A$는 점 Q의 위치를 수학적으로 기술하는 함수임에는 변함이 없다. 이때에는 A의 각 값에 대해 양이든 음이든 특정한 y값이 존재하므로 $y=\sin A$는 정말로 함수임에 분명하다.

이 함수의 성질을 이해하려면 그래프를 그려보자. 그림 18.8이 이 함수의 그래프다. A의 값들은 수평축을 따라 찍혀 있으며, 이에 대응하는 y값들은 일상적인 방식으로 찍혀 있다.

A의 각 값에 대해 y의 정확한 수치 값을 우리는 알고 있는가? 0°에서 90° 사이의 A의 값일 경우 y값들은 삼각표에 나오는 보통의 사인 값들이다. 90°에서 180° 사이의 간격에서는 $\sin A$의 값들은 반복되지만, A가 0°에서부터 90°까지 변할 때 $\sin A$가 갖는 값들의 역순이다. 이 진술이 의미하는 바는 가령 $\sin 100° = \sin 80°$, $\sin 110° = \sin 70°$ 등이라는 말이다. 더 일반적으로 표현하자면

$$\sin A = \sin(180° - A). \qquad (2)$$

180°에서 360°까지의 간격에서 $\sin A$는 A가 0°에서부터 180°까지 변할 때와 동일한 수치 값을 갖는다. 하지만 이제 $\sin A$는 음수이다. 그러므로 $\sin 210° = -\sin 30°$이고 $\sin 220° = -\sin 40°$이다. 더 일반적으로 표현하자면

$$\sin A = -\sin(A - 180°). \qquad (3)$$

0°에서부터 360°까지의 간격을 넘어서 매 360° 간격마다 $\sin A$는 0°에서부터 360°까지의 간격일 때의 값들을 반복하므로 $\sin 390° = \sin 30°$, $\sin 400° = \sin 40°$ 등이 된다. 기호 형태로 표현하면

$$\sin A = -\sin(A - 360°). \tag{4}$$

A의 음수 값에 대한 $\sin A$의 값도 그림 18.8에 나와 있다. 그림을 보면, 임의의 음수 A 값에 대하여 $\sin A$는 대응하는 양수 A값의 사인에 음수 부호를 붙인 값이다. 즉, $\sin(-30°) = -\sin(30°)$, $\sin(-50°) = -\sin(50°)$ 등이다. 일반적으로

$$\sin A = -\sin(-A). \tag{5}$$

이리하여 우리는 모든 A의 값에 대하여 함수 $y = \sin A$의 정의에 도달했다. 우리는 0°에서 90° 사이의 A의 값에 대해 $\sin A$의 값을 정량적으로 알고 있으므로, (2)에서부터 (5)까지의 공식 덕분에 다른 모든 A 값에 대해 $\sin A$를 계산할 수 있다. 이와 같은 함수를 가리켜 주기함수라고 한다. 왜냐하면 A 값의 360° 간격마다 y값이 반복되는 함수이기 때문이다. 360°의 간격을 가리켜 $y = \sin A$의 주기라고 하며, 한 주기 내에 y값의 모든 집합을 가리켜 y값들의 사이클(cycle)이라고 한다.

연습문제

1. 공식 (2)에서부터 (5)까지 그리고 그림 18.8을 이용하여 아래 사인 값들을 0°에서부터 90°까지 각의 사인으로 표현하라.

   a) $\sin 120°$　　b) $\sin 150°$　　c) $\sin 210°$　　d) $\sin 260°$

   e) $\sin 270°$　　f) $\sin 300°$　　g) $\sin 350°$　　h) $\sin 370°$

   i) $\sin(-50°)$　　j) $\sin 750°$

2. $\sin A$의 가장 큰 값은 얼마인가? $\sin A$의 가장 작은 값은 얼마인가?
3. 0°에서부터 360°까지의 어떤 값에서 함수 $y = \sin A$는 최댓값에 도달하는가?
4. $y = \sin A$를 왜 주기함수라고 하는가?
5. 함수 y = $\sin A$는 P의 사영인 Q의 위치와 관련하여 어떤 목적에 이바지하는가?
6. $y = \sin A$와 7장에서 연구한 삼각비 $\sin A$는 어떤 관계인가?
7. A가 0°에서부터 360°까지 변할 때 $\sin A$는 어떻게 변하는지 기술하라. A가 360°에서부터 720°까지 변하는 경우에 대해서도 그렇게 하라.
8. 0°에서부터 360° 사이의 A의 값들 중에서 $\sin A = 0.5$인 것은 몇 개인가?
9. $y = \sin A$의 주기와 사이클을 구별하라.

지금까지 우리는 각의 크기를 도(°)로 기술했다. 하지만 이 단위만 고집해야 할 필요는 없다. 그림 18.3에서부터 18.7까지의 그림에서 점 P의 운동을 다시 살펴보자. 각 A의 크기는 P가 X축 상에서 출발점에서부터 이동한 호의 길이를 기술하면 특정할 수 있다. 점 P가 한 바퀴 회전하면 A가 360°가 된다고 임의로 정한 것과 마찬가지로, 이 호의 길이는 각 A의 크기의 한 척도로 볼 수 있다.

P가 이동한 호의 길이를 A의 한 척도로 이용하는 데 우리가 동의한다고 하자. 그렇다면 이 새로운 단위로 가령 90°의 각을 어떻게 표현할까? $A = 90°$일 때, P는 전체 원둘레의 사분의 일을 이동했다. 하지만 단위 반지름의 원의 전체 둘레는 2π이다. 그렇다면 이 새로운 단위로 A의 크기는 $\pi/2$, 즉 약 1.57이다. 우리는 이 새로운 단위를 라디안(radian)이라고 한다. 그러므로 90°의 각은 $\pi/2$, 즉 약 1.57라디안이다.

각에 비해 라디안이 갖는 장점은 더 편리하다는 것이다. 90°의 각은 1.57라디안의 각과 동일하므로, 이제 우리는 90 단위 대신에 1.57만 다루면 된다. 여기서 요점은 인치 대신에 야드로 거리를 측정하는 것과 다르지 않다. 만약 여러

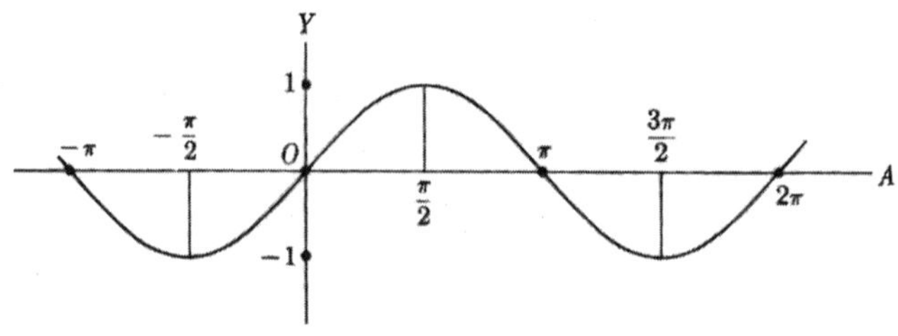

그림 18.9 A를 라디안으로 표시했을 때 $y = \sin A$의 그래프

이유에서 야드가 좋은 단위라면, 63,360인치보다는 1760야드라고 말하는 편이 훨씬 편리하다.

각을 라디안으로 표시해도 함수 $y = \sin A$의 의미는 전혀 달라지지 않는다. $\sin 90° = 1$이라고 말하는 대신에 $\sin (\pi/2) = 1$이라고 말하는 것뿐이다. 우리가 도입한 사인함수에서 A의 다른 모든 값에서도 마찬가지다. 가령 우리가 $A = \pi/6$일 때 $y = \sin A$의 값을 구하고 싶다고 하자. 삼각표는 도로 표시되어 있기 때문에 우선 우리는 $\pi/6$의 각이 30°의 각과 같음을 알아야 한다. 왜냐하면 $\pi/2$라디안은 90°와 같기 때문이다. 이제 삼각표에서 보면 $\sin 30° = 0.5$이므로 $\sin (\pi/6) = 0.5$이다.

앞으로 우리는 라디안을 상당히 많이 사용할 것이므로 A가 라디안으로 표현될 때 함수 $y = \sin A$에 더 익숙해질 것이다. 그림 18.9는 A의 단위가 라디안이라는 것만 제외하고는 그림 18.8과 동일한 함수의 그래프이다.

연습문제

1. 다음 각의 크기를 라디안으로 표시하라.
2. 아래 각의 크기는 라디안으로 표현되어 있다. 이 각들을 도로 표현하라.

$\pi/2$ $2\pi/3$ $5\pi/2$ 3π $-\pi/2$ 1

3. 다음 값을 구하라.

a) $\sin \pi$ b) $\sin(\pi / 2)$ c) $\sin(\pi / 3)$

d) $\sin(3\pi / 2)$ e) $\sin 3\pi$ f) $\sin(5\pi / 2)$.

4. A가 0에서 2π까지 변할 때 $\sin A$가 어떻게 변하는지 기술하라. 그리고 A가 2π에서 4π까지 변할 때 $\sin A$가 어떻게 변하는지도 기술하라.

함수 $y = \sin A$는 최댓값 +1과 최솟값 −1을 갖는다. 최대인 y값을 가리켜 함수의 진폭이라고 한다. 이런 함수는 다른 모든 면에서 적합할지라도 가령 최대 변위가 2나 3인 분동의 운동을 나타낼 수는 없다. 하지만 이런 어려움은 쉽게 해소할 수 있다. $y = \sin A$라는 함수가 있으면, 진폭을 우리가 원하는 대로 정할 수 있는 수백 가지의 새로운 함수들을 쉽게 만들어낼 수 있다. 가령 $y = 2\sin A$를 살펴보자. 이 함수는 $y = \sin A$와 비교할 때 어떻게 행동하는가? 답은 즉시 얻을 수 있다. 임의의 A값에 대해 $y = 2\sin A$는 $y = \sin A$의 정확히 두 배이다. 그러므로 $A = \pi/4$, 즉 45°일 때, $\sin A = 0.71$이며 $2\sin A = 1.42$이다. 그림 18.10은 $y = \sin A$와 비교할 때 y = $2\sin A$가 어떤 모습인지를 보여준다. 진폭이 3, $\frac{1}{2}$ 또는 임의의 다른 수인 사인함수를 원하면, 즉시 그 함수를 적을 수 있다. 함수 $y = 2\sin A$의 성질에서 명백하게 드러났듯이, 함수

$$y = D \sin A$$

는 진폭이 D이다.

$y = \sin A$나 $y = 3\sin A$와 같은 함수를 이용하여 스프링에 매달린 분동의 운동을 표현하기 전에, 우리는 한 가지 장애물을 반드시 제거해야 한다. 우리가 찾는 함수는 변위와 시간과의 관계를 표현해야 한다. 이제껏 다룬 함수의 y값은

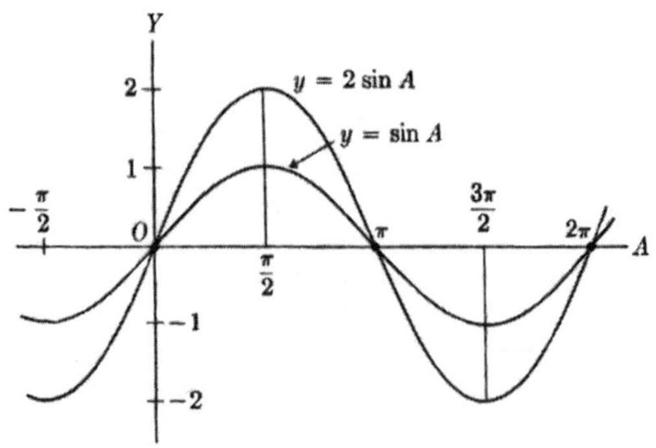

그림 18.10 $y=\sin A$와 $y=2\sin A$의 비교

한 직선 상에서 위아래로 움직이는 점 Q의 변위를 표현하지만, 독립변수는 각이다. 하지만 점 P가 일 초에 f번 원 주위를 회전한다고 가정하자. 그러면 각 회전마다 각 A는 2π 라디안만큼 증가하며, 일 초에 P가 회전한 양을 기술하는 각의 크기는 $2\pi f$이다. 만약 점 P가 t초 동안 회전하여 매초 f번의 회전하면 t초 후에는 ft번만큼 회전하게 된다. 그러면 이 ft회전 동안 생성된 각은 $2\pi ft$가 될 것이다. 그러므로 함수 $y=\sin A$는 다음과 같이 된다.

$$y = \sin 2\pi ft. \tag{6}$$

이 함수를 자세히 살펴볼 필요가 있다. 점 P가 일 초에 한 번 회전한다고 하자. 그렇다면 $f=1$이다. 그렇다면 함수 (6)은 $y=\sin 2\pi t$가 된다. t가 0에서 1까지 증가할 때 양 $2\pi t$는 0에서 2π까지 증가한다. 여기서 이런 질문을 던지지 않을 수 없다. $2\pi t$가 0에서 2π까지 변할 때 $\sin 2\pi t$는 어떻게 변하는가? $2\pi t$가 기술하는 각은 이제 0에서부터 2π까지 변하므로, 함수는 사인 값의 전체 사이클을 지날 것이다. 하지만 수평축을 시간 값으로 정하면, 우리는 그림 18.11에 나오는 그래프가 나온다.

이제는 조금 더 어려운 예를 살펴보자. P가 초당 2번 회전한다고 하자. 즉, f

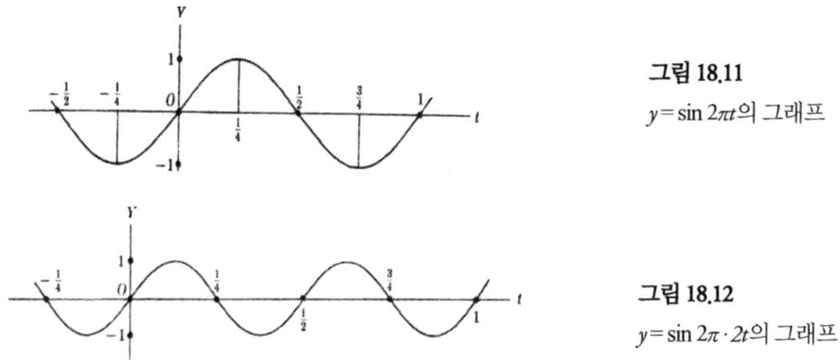

그림 18.11
$y = \sin 2\pi t$의 그래프

그림 18.12
$y = \sin 2\pi \cdot 2t$의 그래프

$= 2$이다. t가 0에서 $\frac{1}{2}$까지 증가할 때 $2\pi \cdot 2t$는 0에서부터 2π까지 증가하고 $\sin 2\pi \cdot 2t$는 사인 값의 전체 사이클을 지난다. t가 $\frac{1}{2}$에서부터 1까지 변할 때, $2\pi \cdot 2t$는 2π에서부터 4π까지 증가한다. 그렇다면 $\sin 2\pi \cdot 2t$는 2π에서부터 4π까지의 각에 대응하는 값들을 갖는다. 하지만 이 범위에서 사인 함수는 0에서부터 2π까지 가지는 값들과 동일한 값들을 갖는다. 따라서 0에서 1까지 t의 전체 시간 간격에서 그래프는 그림 18.12처럼 그려질 것이다. 이 그래프에서 명백히 드러나듯이 함수

$$y = \sin 2\pi \cdot 2t$$

는 일 초에 2사이클을 진행한다. 달리 표현하자면, 이 함수는 매 초마다 2사이클의 진동수를 갖는다.

이제 우리는 임의의 f에 대해 어떤 일이 생기는지 예상할 수 있다. 함수

$$y = \sin 2\pi ft$$

는 일 초에 f사이클을 진행한다. 즉 매초에 f사이클의 진동수를 갖는다.

이런 임의의 함수들의 진폭을 증가시키려면 인수 D를 도입하기만 하면 된다. 그러므로 함수

$$y = D \sin 2\pi ft \tag{7}$$

는 진동수가 초당 f사이클이고 진폭이 D이다. 여기서 f가 P의 매초 당 회전수이면서 또한 Q의 초당 진동의 횟수임을 알아보도록 하자.

공식 (7)의 y값들은 t가 변할 때 영의 아래위로 진동한다. 초당 진동의 횟수를 단지 f의 적절한 값을 삽입함으로써 정할 수 있다. 마치 D의 적절한 값을 삽입하여 진폭의 값을 정했듯이 말이다. 물론 분동의 운동에 맞는 f와 D의 적절한 값이 무엇인지는 모르지만, 다음 절에서 알게 되겠지만, 그것을 정하기란 어렵지 않다.

이제껏 배운 내용을 요약해보자. 우리는 직선 상에서 위아래로 진동하는 점의 운동을 표현하고자 했다. 그러기 위해 원 주위를 일정한 속도로 운동하는 점 P의 사영인 점 Q를 도입했다. P의 y값은 진동하는 점 Q의 변위와 동일하고 게다가 P의 y값은 사인함수로 표현할 수 있으므로 우리는 진동하는 점 Q의 운동을 그러한 함수로 표현할 수 있다. 진동하는 점 Q의 운동을 원을 통해 접근함으로써 성공적으로 기술할 수 있다는 것이 놀라울지 모르지만, 아리스토텔레스는 이런 말을 남겼다. "원이 모든 경이로움의 원천이 된다고 해서 하등 이상할 게 없다."

연습문제

1. A가 30°, 90°, $\pi/2$, $\pi/3$일 때 $2 \sin A$의 값을 구하라.
2. $3 \sin A$의 최댓값은 얼마인가? 최솟값은?
3. $y=4 \sin A$의 진폭은 얼마인가?
4. 다음 값을 구하라.
   a) $t=\pi/4, \pi/2, 3\pi/4, \pi$일 때, $\sin 2t$
   b) $t=\pi/6, \pi/3, \pi/2, 2\pi/3$일 때, $\sin 3t$
5. t가 1에서부터 2까지 변할 때 $y=\sin 2\pi \cdot 2t$의 그래프는 어떤 형태인가?
6. t가 0에서부터 1까지 변할 때 $y=\sin 2\pi \cdot 3t$의 그래프를 그려라.

7. t가 0에서부터 1까지 변할 때 $y = 2\sin 2\pi \cdot 2t$의 그래프를 그려라.

8. $y = \sin 2\pi \cdot 10t$의 진동수는 얼마인가?

9. 다음 값을 구하라.

   a) $t = \frac{1}{8}, \frac{1}{4}, \frac{1}{3}$일 때 $y = \sin 2\pi \cdot 2t$

   b) $t = \frac{1}{6}, \frac{1}{2}, 1$일 때 $y = \sin 2\pi \cdot 4t$

   c) $t = \frac{1}{6}, \frac{1}{4}, \frac{1}{12}$일 때 $y = 2\sin 2\pi \cdot 3t$

18.4 사인 운동의 가속도

지금까지 살펴본 대로, 만약 점 P가 단위 반지름의 원 주위를 일정한 속력으로 운동하면서 매초 f번 회전한다면, P에서 원의 지름에 내린 사영 Q는 이 지름의 위아래를 따라 운동하며, 중심점 O로부터 Q의 변위는 공식 (6)으로 표현할 수 있다. 다시 이 공식을 적으면,

$$y = \sin 2\pi ft. \tag{8}$$

게다가 동일한 종류의 진동 운동이지만 진폭이 1이 아니라 D인 운동을 표현하고 싶으면 (8)을 다음과 같이 수정하면 된다.

$$y = D\sin 2\pi ft. \tag{9}$$

하지만 우리의 목표는 스프링에 매달린 분동의 운동을 표현하는 것이다. 그렇게 하기 전에 먼저 Q의 운동에 관한 사실을 하나 더 배워야 한다. Q의 가속이 그것이다. 우리가 살펴보았듯이 Q의 운동은 단위 원 주위를 일정한 속력, 가령 v로 이동하는 P의 운동으로 결정되었다. 만약 한 물체가 원형 경로를 따라 운동하고 있다면, 15장에서 배운 내용에 따라 그 물체는 구심 가속도를 갖는다. 그리고 15장의 공식 (24)에 의해 이 구심 가속도는 v^2/r이다. 여기서 r은 원의 반지름이다. 우리가 다루는 사례에서는 P가 단위 반지름의 원 상에서 운동하므로 r

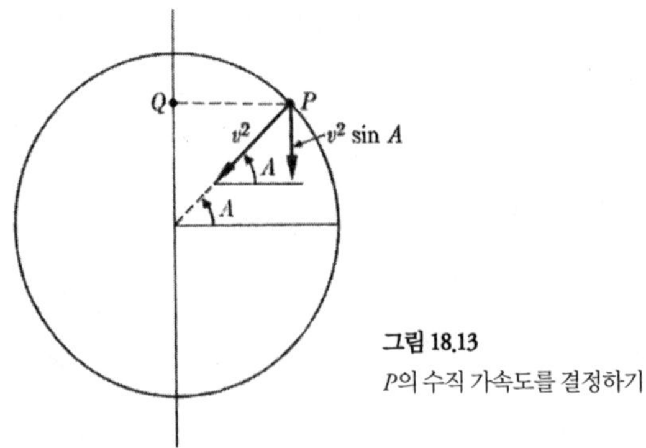

그림 18.13
P의 수직 가속도를 결정하기

= 1이기에 P의 구심 가속도는 v^2이다. 이 가속도는 원의 중심을 향한다.

하지만 우리는 P의 운동이 아니라 Q의 운동에 관심이 있는데, 이 점은 P의 수직 운동과 동일한 방식으로 운동한다. 따라서 우리는 P의 수직 가속도를 구해야 한다. 14장에서 배웠듯이, 비록 한 물체가 곡선을 따라 운동하더라도 그 물체의 운동을 수평 운동과 수직 운동으로 나누어 별도로 고찰할 수 있다. 갈릴레오의 원리에 의해 이 두 운동은 서로 독립적이다. 그런데 우리가 알고 싶은 것은 P의 수직 가속도이다. 지면으로부터 A각으로 기울어진 대포에서 쏜 포탄의 운동을 살펴보았을 때, 우리는 속도를 나타내는 선분의 끝 점에서 수직선을 수평축과 수직축에 내려서 수평 속도와 수직 속도를 구했다(14.4절).

이제 가속도는 속도와 마찬가지로 방향성을 갖는 벡터량이다. 게다가 가속도는 속도를 결정한다. 따라서 우리는 포탄 속도의 수직 성분을 계산할 때와 동일한 방식으로 점 P의 수직 가속도를 계산해야 한다. 그림 18.13은 P의 구심 가속도 v^2을 원의 중심으로 향하는 선분으로 보여준다. 이 선분의 끝 점으로부터 P를 지나는 수직의 직선 위에 수직선을 내리면, 가속도의 수직 성분이 얻어진다. 그림에서 각 A는 P의 위치를 결정한다. 그렇다면 가속도의 수직 성분을 a로 나타내면 a는 다음과 같다.

$$a = v^2 \sin A.$$

그런데 공식 (1)에 의해 우리는 다음을 알고 있다.

$$\sin A = y,$$

여기서 y는 P의 가로 좌표이다. 따라서

$$a = v^2 y.$$

하지만 y가 양수일 때 가속도는 아래로 향하므로 다음과 같이 고쳐 써야 한다.

$$a = -v^2 y. \tag{10}$$

만약 움직이는 점 P가 초당 f번 회전한다면, P는 초당 f 곱하기 원둘레의 길이를 이동한다. 즉, $v = 2\pi f$이며 $v^2 = 4\pi^2 f^2$이다. 이 결과를 (10)에 대입하면 P의 수직 운동, 즉 P가 Y축에 내린 사영인 Q의 가속도는 다음과 같이 얻어진다.

$$a = -4\pi^2 f^2 y \tag{11}$$

요약하자면, 다음 공식으로 기술되는 Q의 운동은

$$y = \sin 2\pi ft, \tag{12}$$

다음의 가속도를 갖는다.

$$a = -4\pi^2 f^2 y. \tag{13}$$

18.5 분동의 운동의 수학적 해석

이제 우리는 스프링에 매달린 분동의 운동을 수학적으로 표현하는 일에 착수할 준비가 된 듯하다. 알다시피 이 운동은 주기적이며 특정한 진동수와 진폭을 갖는다. 하지만 이 운동이 정말로 사인함수를 따르는지는 모른다. 즉, t가 변할 때 분동의 변위는 다음 함수의 형태로 y의 값들을 정확히 따르는가?

$$y = D \sin 2\pi ft \tag{14}$$

만약 가령 분동의 운동이 위쪽 절반에서 진행될 때가 아래쪽 절반에서 진행될 때보다 더 빠르더라도 매 회전마다 주기는 여전히 동일할 수 있으며 초당 고정된 횟수의 진동을 수행할 수 있다. 하지만 그렇다면 (14)로 표현되는 형태의 운동은 아닐 것이다. 따라서 지금 우리가 알고 있는 것보다 분동의 운동에 관해 조금 더 깊은 통찰이 필요하다.

스프링에 매달린 분동의 작동에 관해 그러한 통찰을 제시한 이가 바로 로버트 훅이었다. 그가 발견한 내용은 훅의 법칙이라고 알려져 있는데, 이 법칙은 매우 단순하다. 누구나 알듯이, 만약 스프링을 늘이거나 압축시키면 스프링은 원래의 길이로 회복되려고 한다. 즉, 늘이거나 압축시키면 스프링은 힘을 가한다. 훅의 법칙에 따르면, 이 힘은 수축이나 팽창의 양의 상수 배이다. 기호로 표시하자면 L이 스프링의 길이의 증가량이나 감소량이고 F가 스프링이 가한 힘이라면, $F = kL$이다. 여기서 k는 특정한 스프링마다 고유한 상수 값이다. 양 k를 가리켜 스프링 계수 내지 강성(stiffness) 계수라고 하는데(탄성 계수라고도 한다. 옮긴이), 스프링이 얼마나 단단한지를 나타낸다. 만약 k가 크면 L이 적더라도 스프링은 상당히 큰 힘을 가한다.

이제 우리는 훅의 법칙으로부터 무엇을 유도해낼 수 있는지 살펴볼 것이다. 질량 m인 분동이 스프링에 매달려 있다고 하자. 그렇다면 알다시피 중력이 분동을 어떤 거리 d만큼 아래로 잡아당기고 분동은 그 위치에서 멈추게 된다(그림 18.14). 정지 위치는 분동에 작용하는 중력이 스프링이 가하는 위쪽 방향의 힘과 상쇄되는 지점에서 정해진다. 이제 중력은 $32m$이고, 거리 d만큼 아래로 당겨진 스프링이 위쪽으로 가하는 힘이 훅의 법칙에 따라 kd이다. 정지 위치에서 이 두 힘은 서로를 상쇄하므로 다음 식이 성립한다.

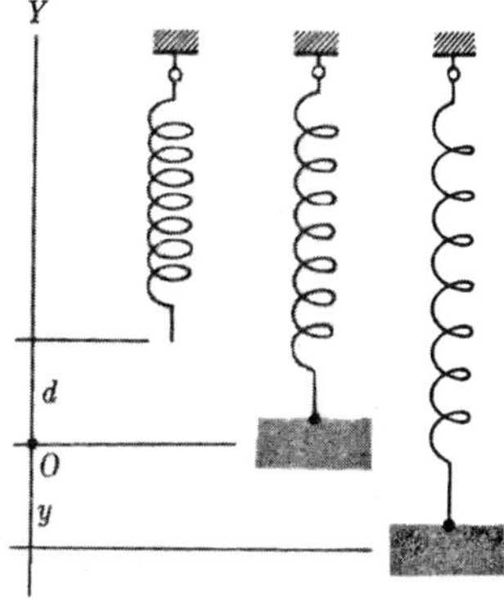

그림 18.14
정지 위치에 있는 스프링에 매달린 분동(가운데) 그리고 아래로 거리 y만큼 잡아당긴 스프링에 매달린 분동(오른쪽)

$$32m = kd.$$

이제 스프링을 추가로 거리 y만큼 아래로 당긴다고 하자. 18.2절에서 합의된 관례를 따른다면, 정지 위치 위의 변이는 양이고 정지 위치 아래의 변이는 음이므로, 스프링이 늘어난 총 변위는 $d - y$이다. 왜냐하면 y 자체가 음수이기 때문이다. 스프링이 위쪽 방향으로 가하는 힘은 훅의 법칙에 의해 다음과 같다.

$$k(d - y) \quad \text{또는} \quad kd - ky. \tag{16}$$

하지만 분동의 무게, 즉 $32m$은 아래로 일정한 힘을 가한다. 따라서 위쪽 방향의 순 힘은 $kd - ky - 32m$이다. 방정식 (15)에 비추어 보면 위쪽 방향의 순 힘은 $-ky$이다. 이제 뉴턴의 두 번째 운동법칙을 적용하자. 이 법칙에 의하면 힘이 질량에 가해질 때 그 힘은 질량과 가속도의 곱과 같다. 그러므로

$$ma = -ky \tag{17}$$

또는 이 방정식의 양변을 m으로 나누면

$$a = -\frac{k}{m}y. \tag{18}$$

공식 (18)이 스프링에 매달린 분동의 운동을 지배하는 기본 법칙이다. 분동을 일정 거리만큼 아래로 당겼다가 놓는다고 하자. 그러면 스프링은 분동을 원래의 정지 위치로 끌어당기는 힘을 가한다. 이 힘에 의해 생긴 가속도는 정확히 (18)로 표현된다. 이제 이 가속도는 분동의 속도를 결정하고 속도는 임의의 특정한 시간 간격에서 분동이 이동한 거리를 결정한다. 여기서 우리가 제시하는 주장은 원리적으로 보면 13장에서 내놓은 주장과 동일하다. 거기서 우리는 지구 표면에서 물체를 일정 거리만큼 들어 올렸다가 놓았을 때의 운동을 논의했다. 이 상황에서 중력은 직접적으로 32ft/sec^{2}의 가속도를 가하는데, 이에 따라 물체의 낙하 속도와 낙하 거리가 정해진다. 물론 현재 사안에서는 가속도는 더 복잡한 표현이며, 이 가속도에 따른 운동은 단지 한 방향으로 일어나지 않는다. 하지만 두 경우 모두 본질적으로는 동일하다.

이제 우리는 공식 (13), 즉

$$a = -4\pi^2 f^2 y \tag{19}$$

을 공식 (18)

$$a = -\frac{k}{m} y. \tag{20}$$

와 비교해 보아야 한다. 두 경우 모두 가속도는 변위의 상수 배이다. (19)에서는 상수가 $4\pi^2 f^2$이고 (20)에서는 k/m이다. 가속도가 (19)로 주어질 때 운동 그 자체 [(12)와 (13) 참고]는 다음과 같이 표현된다.

$$y = \sin 2\pi ft. \tag{21}$$

가속도 (20)은 (19)와 정확히 동일한 형태이며 다만 상수의 표시만이 다르게 되어 있다. 그리고 가속도가 운동을 결정하므로 분동의 운동 또한 (21) 형태의 공식으로 표현될 수 있어야 한다.

하지만 분동의 경우에 f가 무엇인지 우리는 모른다. 하지만 분동의 경우에 k/m은 점 Q의 운동의 경우 $4\pi^2 f^2$의 역할을 한다. 즉,

$$4\pi^2 f^2 = \frac{k}{m},$$

따라서

$$f^2 = \frac{1}{4\pi^2} \cdot \frac{k}{m}$$

그리고

$$f = \sqrt{\frac{1}{4\pi^2} \cdot \frac{k}{m}} = \sqrt{\frac{1}{4\pi^2}} \sqrt{\frac{k}{m}}$$

즉

$$f = \frac{1}{2\pi} \sqrt{\frac{k}{m}}. \tag{22}$$

달리 말해서, (21)의 f를 (22)로 주어지는 값으로 놓으면, 우리는 분동의 운동에 관한 공식을 양 k와 m으로 표현할 수 있다. 그러므로 f의 이 값을 (21)에 대입하면 다음을 얻는다.

$$y = \sin 2\pi \left(\frac{1}{2\pi} \sqrt{\frac{k}{m}} \right) t$$

즉

$$y = \sin \sqrt{\frac{k}{m}} t. \tag{23}$$

우리는 위에서 논의한 내용 중에서 오해의 소지가 있는 주장을 하나 했다. 즉, 분동의 가속도가 분동을 운동을 결정하므로 분동의 운동에 대한 공식은 (21)의 형태를 지녀야만 한다고 말했다. 가속도가 운동의 핵심적인 특징을 결정하긴 하지만, 초기 속도와 초기 변위도 얼마간 영향을 미친다. 현재의 사례

를 물체의 수직 운동과 비교해보면 이 점이 더 확실해질 듯하다. 지구 표면 근처에서 위로 오르거나 아래로 떨어지는 모든 물체들은 32ft/sec^{2}의 가속도를 받는데, 이 사실은 운동의 핵심적인 속성을 결정한다. 하지만 물체를 공중으로 던져 올리면, 최종 공식은 또한 그 물체에 준 초기 속도와 그 물체가 던져지는 순간의 위치에도 의존한다. 분동의 경우, 만약 분동을 정지 위치 아래로 거리 D만큼 아래로 당겼다가 놓으면, 이 초기 위치가 운동 공식에 포함되어야 한다. 따라서 제한된 수학 지식 하에서 공식을 완벽하게 결정하기 위해서는 분동의 운동을 관찰해보아야만 하는데, 이를 통해 우리는 매번 진동할 때마다 분동은 정지 위치에서 위로 높이 D만큼 올랐다가 아래로 D 거리만큼 내려감을 알게 된다. 즉, 초기 변위를 살펴보면 운동의 진폭 D가 결정된다. 그러므로 분동의 운동의 최종 공식은 아래와 같다.

$$y = D\sin\sqrt{\frac{k}{m}}t. \tag{24}$$

이제 우리는 분동의 운동에 관해 여러 가지 결론을 내릴 수 있다. 공식 (22)는 분동의 운동의 진동수를 k와 m으로 표현해준다. 이로써 알 수 있듯이, 스프링의 단단한 정도를 표현하는 스프링 상수 k와 분동의 질량 m이 운동의 진동수를 결정한다. 만약 우리가 분동이 가령 초당 두 번 진동하게 만들려면, (22)의 f가 2가 되도록 k와 m의 값을 선택하면 된다. 그리고 분동의 운동의 주기, 즉 한 번 진동하는 데 걸리는 시간은 다음과 같다.

$$T = \frac{1}{f} = \frac{2\pi}{\sqrt{k/m}} = \frac{2\pi}{\sqrt{k/m}}\frac{\sqrt{m/k}}{\sqrt{m/k}} = \frac{2\pi\sqrt{m/k}}{\sqrt{(k/m)\cdot(m/k)}}$$

즉

$$T = 2\pi\sqrt{\frac{m}{k}}\cdot \tag{25}$$

훅이 주장했듯이, 주기에 대한 이 공식은 굉장히 중요하다. 주기는 운동의 진폭과 무관하다. 즉, 분동을 아래로 많이 당겼다가 놓든 적게 당겼다가 놓든 분동이 한 번 진동을 완료하는 데 걸리는 시간은 동일하다.

이 사실은 굉장히 유용하다. 분동의 운동을 처음 논할 때 이미 우리는 공기저항과 스프링의 내부 에너지 손실로 인해 운동이 차츰 소멸한다는 점을 지적했다. 그때 우리는 이 사실을 무시하고 에너지 손실이 없다고 가정하기로 결정했다. 하지만 실제로는 손실이 존재한다. 하지만 분동이 최저 위치에 도달할 때마다 분동을 약간 위쪽으로 밀어준다면, 즉 운동에 에너지를 보태어 분동을 계속 운동하게 만든다고 가정하자. 그런 작용은 진폭을 변화시킬지 모르지만 주기에는 영향을 주지 않을 것이며, 그러므로 분동이 진동하는 매회마다 계속 동일한 시간이 걸릴 것이다. 따라서 스프링에 매달린 분동의 진동을 이용하여 시간을 측정하거나 시간의 경과를 보여주는 시계 눈금의 운동을 규칙적으로 조절할 수 있다.

물론 스프링에 매달린 분동의 운동은 시계를 위한 실제적인 장치에 쓰이지는 않는다. 실제 사용되는 장치는 현대적 손목시계에서 볼 수 있다. 거기에는 나선형으로 감겨 있으며 평형바퀴라는 무거운 부품에 달려 있는 스프링이 규칙적으로 팽창하고 수축한다. 매초마다 평형바퀴에 약간의 "타격"이 가해지는데, 이 타격은 스프링이 매 회전마다 잃는 에너지를 회복시켜준다. (에너지는 보통 하루에 한 번씩 손으로 감아주는 태엽에서 나온다.) 나선형 스프링 조절기는 1675년에 크리스티안 하위헌스가 고안하여 특허를 받았다. 항해 중인 배가 경도를 결정하는 데 쓰는 정밀한 시계인 크로노미터는 존 해리슨이 발명했다. 그는 1772년에 그런 장치를 발명한 이에게 영국 정부가 내건 상금 2만 파운드를 받았다.

연습문제

1. 2파운드 질량의 물체가 스프링을 6인치 당긴다면, 스프링 상수는 얼마인가? [힌트: (15)를 이용하라.]
2. 스프링 상수가 50인 스프링에 2파운드 질량의 물체가 달려 있다고 하자. 이 스프링을 진동시킨다면 물체가 초당 진동하는 횟수를 계산하라.
3. 초당 100회 진동하는 물체의 주기는 얼마인가?
4. 한 물체가 스프링에 매달려 매초 50회 진동한다고 하자. 만약 물체의 최대 변위가 3인치라면, 이 운동을 기술하는 공식은 무엇인가?
5. 3파운드의 질량이 스프링 계수가 75인 스프링에 달려 있다고 하자. 그 질량을 정지 위치 아래로 3인치 당겼다가 놓는다. 변위와 시간을 관련짓는 공식을 적어라.
6. 스프링 계수가 50인 스프링이 있다고 하자. 진동 주기가 일 초가 되도록 하려면 스프링에 질량이 얼마인 물체를 달아야 하는가?
7. 스프링에 매달린 한 물체가 변위와 시간에 관한 다음 관계식에 따라 진동한다.

   a) $y = 4\sin 2\pi \cdot 5t$ b) $y = 4\sin 10t$.

   (a)와 (b)에 대하여 물체의 운동을 기술하라.
8. 스프링에 매달린 물체가 만드는 초당 진동의 횟수를 줄이고 싶다고 하자. 질량을 어떻게 변화시켜야 하는가?
9. 지구를 관통하는 터널을 뚫어 질량 m인 사람이 터널 안으로 들어간다고 하자. 지구 내부에서는 중심으로부터 거리 r에 있는 질량 m에 가해지는 중력 $F = GmMr/R^3$이다. 여기서 M은 지구의 질량이며 R은 지구의 반지름이다. 이 힘은 지구 중심을 향한다. 중심 위의 거리와 아래의 거리를 구

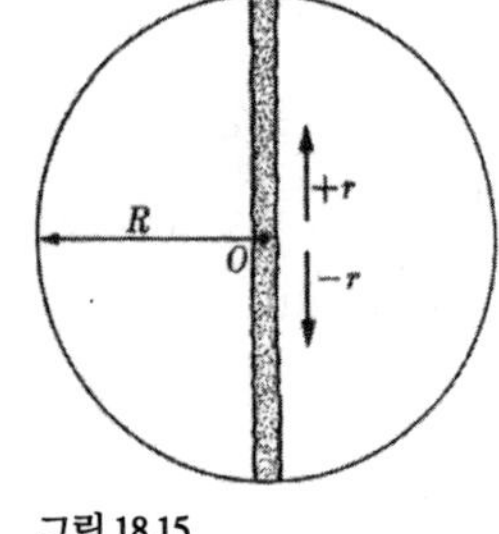

그림 18.15

별하기 위해 위에서는 r을 양수로 하고 아래에서는 r을 음수로 정하자. 그렇다면 질량 m에 작용하는 가속도 $a = -GMr/R^3$이다. 이 사람의 운동에 관해 논의하라. (그림 18.15)

18.6 요약

이 장의 수학적 목표는 새로운 유형의 수학 함수인 사인함수를 소개하는 것이었다. 사인함수는 단 하나 존재하는 것이 아니다. 왜냐하면 $y = D \sin 2\pi ft$ 형태의 함수는 D와 f의 값이 무엇이든지간에 모두 사인함수이기 때문이다. 사인함수는 또한 삼각함수라고도 불린다. 각의 사인 개념을 확장하여 얻을 수 있는 함수인데, 그 개념은 처음에 삼각법에서 고안되고 연구되었기 때문이다. 다른 삼각함수들도 각의 코사인과 탄젠트 그리고 우리가 아직 살펴보지 않은 다른 삼각비들의 개념을 확장하여 유도해낼 수 있다. 모든 삼각함수는 과학 연구에 매우 유용하다.

삼각함수는 진동 운동에 관한 연구를 계기로 탄생했다. 우리는 스프링에 매달린 분동의 운동을 통해 그런 운동을 설명했으며, 이런 운동을 수학적으로 기술함으로써 어떻게 그런 운동에 관한 정보를 연역해낼 수 있는지 밝혀냈다. 하지만 사인함수의 중요한 용도는 우리가 논의한 것 외에도 많이 있다.

더 살펴볼 주제

1. 추의 운동의 수학
2. 삼각함수 $y = \cos A$

권장 도서

Brown, Lloyd A.: "The Longitude," in James R. Newman: *The World of Mathematics*, Vol. II, pp. 780-819, Simon and Schuster, Inc., New York, 1956.

Kline, Morris : *Mathematics and the Physical World*, Chap. 18, T. Y. Crowell Co., New York, 1959. Also in paperback, Doubleday and Co., New York, 1963.

Ripley, Julien A., Jr. : *The Elements and Structure of the Physical Sciences*, Chap. 15, John Wiley and Sons, Inc., New York, 1964.

Taylor, Lloyd Wm. : *Physics, The Pioneer Science*, Chap. 15, Dover Publications, Inc., New York, 1959.

Whitehead, Alfred N. : *An Introduction to Mathematics*, Chaps. 12 and 13, Holt, Rinehart and Winston, Inc., New York, 1939.

*19
삼각함수를 이용한 음향의 해석

운동은 여러 가지 형태로 일어난다. 하지만 두 가지 명백한 유형이 있는데, 하나는 천문 현상에서 일어나는 운동이며 다른 하나는 메아리에서 일어나는 운동이다. 눈이 천문 현상에 맞게 만들어졌듯이 귀는 조화로운 소리를 만드는 운동에 맞게 만들어졌다. 그러므로 우리에게는 두 가지 자매 학문이 있는데, 이는 피타고라스 학파가 가르친 바이며 우리는 이에 동의한다.

플라톤

19.1 들어가며

이 장에서는 어떻게 삼각함수가 음향의 본질에 대한 진정한 통찰을 인간에게 선사했는지 보여주고자 한다. 그리고 이 지식이 어떻게 전화기, 축음기, 라디오 및 유성 영화와 같은 장치를 설계하는 데 활용되었는지도 알아본다.

음향의 수학적 연구는 삼각함수를 적용하면서 시작하지는 않았다. 정말이지 그 기원은 진정한 수학과 과학이 처음 등장하던 시기, 즉 고대 그리스의 고전 시기가 시작되는 시기로 거슬러 올라간다. 가령 피타고라스 학파가 발견한 바에 따르면, 팽팽한 현을 튕겼을 때 서로 조화로운 소리가 나는 두 현의 길이는 2 대 1, 4 대 3 또는 3 대 2 등의 단순한 수치 비율과 관련되어 있다. 각각의 경우 낮은 음정은 현의 길이가 더 길 때 생긴다. 피타고라스 학파는 또한 음계를 고안했다. 진동하는 현들의 길이에 의해 정량적으로 측정되는 이 음계 속의 음정들은 저마다 정확한 수치 값을 지닌다. 피타고라스 시대 이후로 줄곧 수학자와 과학자들이 확신한 바로, 음향은 중요한 수학적 성질을 지니며, 음악은 산수, 기하학 및 천문학과 더불어 4과(科)(중세 대학에서 가르친 네 과목. 옮긴이) 중 하나였다. 이 네 과목은 중세 기간 내내 함께 연구되었다. 비록 고대 그리스, 아랍 및 중세의 수학자들이 계속 음향을 연구하고 음악에 관한 책을 쓰긴 했지만, 그들의 연구는 본래 기악 및 성악을 위한 새로운 음계를 만드는 데 국한되어 있었다.

다른 연구에 착수하고 일련의 중요한 내용을 새로 발견한 사람들은 십칠 세기의 수학자와 과학자들이었다. 갈릴레오와 그의 제자이자 동료인 프랑스 수학자 마랭 메르센 신부(1588~1648), 훅, 핼리, 하위헌스 및 뉴턴과 같은 낯익은 이름들이 중요한 발견들을 새로 해냈다. 피타고라스 학파가 장력은 같지만 길이가 다른 현들을 연구한데 반해, 메르센은 현의 장력 및 질량을 달리하면 어떤 효과가 생기는지를 연구하여 질량이 커질수록 그리고 장력이 약할수록 특정한 길이의 현은 더 낮은 음정을 낸다는 사실을 알아냈다. 이 발견은 바이올린과 피아노와 같이 현을 이용한 악기에 매우 중요했다. 이런 악기들이 길이의 변화만으로 일정한 음정 범위를 확보하려면 매우 긴 현이 필요할 것이기 때문이다. 갈릴레오와 훅은 각 음향이 초당 공기 진동의 특정한 수에 의해 결정됨을 실험적으로 증명했다. 조금 후 우리는 이것이 어떤 의미인지 더 자세히 알게 될 것이다. 소리의 속도(공기 속에서 초당 약 1100피트)를 알아낸 것도 또 하나의 성과였다. 흥미롭게도 이러한 사람들 중 일부가 설계하고 제작한 시계들은 음향 연구의 발전에 핵심적인 역할을 했다. 왜냐하면 앞서 소개한 내용에서 알 수 있듯이, 시간의 작은 간격을 측정할 수 있는 능력은 이 분야의 모든 연구에서 필수불가결한 조건이었기 때문이다.

십팔 세기의 최고 수준의 수학자였던 레온하르트 오일러, 다니엘 베르누이(1700~1782), 장 르 롱 달랑베르(1717~1783) 그리고 조지프 루이 라그랑주는 바이올린 현과 같은 진동하는 현을 연구했는데, 삼각함수가 진동을 표현하는 데 적합한지를 놓고서 열정적으로 논쟁을 벌였다. 곧 음파의 수학적 해석이 뒤따랐고 이것이 음향을 이론적으로 파악하는데 중요한 도구임이 밝혀졌다. 수학이 이런 연구에 왜 소중했는지 우리는 쉽게 알 수 있다. 공기를 관찰한다고 해서, 즉 소리를 전파시키고 있는 공기를 아무리 관찰해보아도 아무런 결과도 생기지 않으니 말이다.

십구 세기 수학자와 과학자들이 무엇을 알아냈는지 살펴보기 전에 먼저 몇 가지 구별해둘 것이 있다. 첫째는 용어의 문제다. 우리는 잡음이 아닌 음향을 분석하는 데 관심이 있다. 하지만 현재 맥락에서 "음향"이라는 용어는 기술적인 의미에서 사용되며 흔히 음악으로 이해되는 소리들뿐 아니라 일상적인 대화의 소리도 포함한다. 사실, 물리학자들의 의도를 더 적절하게 나타내는 용어는 이해할 수 있는 소리일지 모른다. 두 용어가 어떤 의미인지는 조금 후에 분명해질 것이다.

두 번째로 구별해야 할 것은 공기의 운동으로서의 소리와 인간이 경험하는 감각으로서의 소리이다. 전자는 공간에서 발생하는 물리 현상이며 그 현상의 물리적, 수학적 성질들은 고정되어 있다. 한편, 운동하는 공기가 귀를 두드리고 어떤 신경을 자극함으로써 인간이 받아들이는 감각들은 청각 메커니즘에 의존하며 사람마다 서로 다를지 모른다. 가령 인간이 전혀 들을 수 없는 물리적인 소리들이 존재한다. 소리의 지각에 관해 말할 내용도 있긴 하지만, 우리의 일차적이고 주요한 관심사는 물리 현상을 이해하는 것일 테다.

19.2 단순한 소리들의 속성

악기, 사람 목소리, 축음기, 라디오 그리고 윙윙거리는 기계 등이 내는 소리들은 종류가 아주 많고 다양해서 그 모두를 한꺼번에 연구하기는 너무 벅차다. 따라서 단순한 소리들부터 연구하는 편이 현명할 것이다. 하지만 어떤 소리들이 단순한가? 이 질문에 대한 답을 우리 귀를 기준으로 내놓는다면 어떨까? 가령 소리굽쇠를 조율할 때 나는 소리가 단순한 소리의 예일 것이다. 실제로 귀는 이때 속을 수도 있지만, 어쨌든 이 소리를 살펴보자.

그림 19.1
진동하는 소리굽쇠

만약 소리굽쇠의 두 막대 중 하나를 때리면, 두 막대는 매우 빠르게 안팎으로 운동하고 이 운동은 오랫동안 반복된다. 그림 19.1에 나온 그림에서 한쪽 막대, 즉 오른쪽 막대를 살펴보자. 누군가가 때리기 전에 이 막대는 이른바 정지 위치에 있다. 때리고 난 다음에 이 막대의 끝은 오른쪽으로 얼마의 거리만큼 변위된다. 그 다음에 왼쪽으로 운동하는데, 정지 위치에서 약간 더 왼쪽인 위치까지 운동한다. 이어서 이런 식의 운동은 여러 번 반복된다. 막대 끝의 변위는 시간에 따라 달라지는데, 여기서 이런 질문이 우선 떠오를지 모른다. 변위와 시간의 관계는 무엇인가? 두 가지 사항을 고려할 때, 이 관계를 나타내는 공식은 삼각함수일지 모른다. 우선, 막대는 스프링-분동 배열을 닮았다. 스프링은 막대 그 자체이다. 비록 운동은 팽창과 수축보다는 양 측면으로 진동하면서 일어나지만 말이다. 분동에 대응하는 질량은 막대 자체의 질량이다. 하지만 이 질량이 스프링에 매달린 분동의 경우처럼 한 장소에 집중되어 있지는 않다. 두 번째 고려할 사항으로, 막대의 끝이 정지 위치로부터 더욱 멀어질수록 막대가 정지 위치로 되돌아오기 위해 가하는 힘은 변위에 따라 증가하리라고 예상할 수 있다. 이 경우 가장 단순한 가정은 힘이 변위에 정비례한다는 것이다. 이전 장의 공식 (17)에서 우리는 이것이 분동의 사인 운동을 뒷받침하고 결정하는 수학적 법칙임을 알게 되었다. 따라서 양 막대 끝의 변위와 시간의 관계도 사인함수를 따른다고 예상하는 것은 합리적인 듯하다. 이 관계의 진폭은 막대 끝의 최대 변위이며, 진동수는 막대의 초당 진동하는 횟수이다.

물론 우리는 소리굽쇠의 운동보다는 그것이 만드는 소리에 더 관심이 많다. 따라서 그 다음으로 중요한 질문은 이것이다. 공기는 소리굽쇠의 진동에 어떻

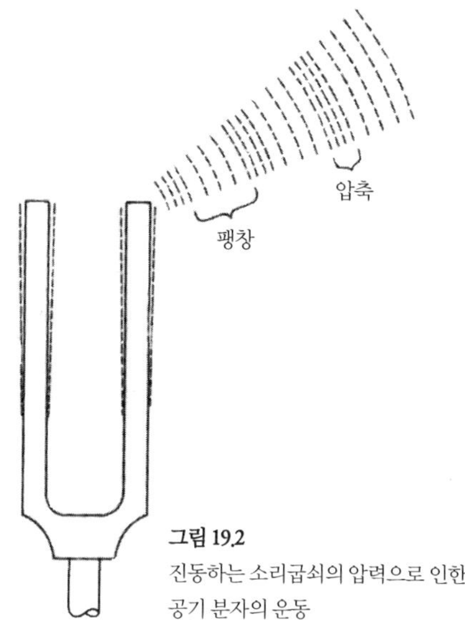

그림 19.2
진동하는 소리굽쇠의 압력으로 인한 공기 분자의 운동

게 반응하는가? 이와 관련하여 중요한 공기의 행동에 관한 근본적인 사실은 기압은 어디에서나 균일한 상태를 추구한다는 것이다. 무슨 뜻이냐면, 만약 어떤 이유로 기압이 한 장소에서 높아지면 공기는 그 장소로부터 기압이 낮은 이웃 장소로 퍼져나감으로써 고려 대상인 전체 지역의 기압을 균등하게 만들려고 시도한다. 이 물리적 사실을 염두에 두고서, 소리굽쇠의 오른쪽 막대가 오른쪽으로 운동할 때 어떤 일이 생기는지 살펴보자. 막대는 주변 공기 분자들을 오른쪽으로 움직이게 만들어 그 분자들을 다른 분자들이 차지한 장소로 밀어낸다. 그러면 이 장소에서 기압이 높아지는데, 공기 분자들은 막대가 왼쪽에 있으므로 왼쪽으로는 이동할 수 없기에 계속 더 오른쪽으로(그리고 다른 방향으로도) 이동하여 기압을 균등하게 만들 것이다. 그러고 나면 공기의 밀집이 소리굽쇠에서 오른쪽으로 조금 먼 쪽에서 일어나게 되고 이번에도 기압을 균등하게 만들기 위해 분자들은 오른쪽으로 더 멀리 이동한다. 이 과정은 계속되는데, 이 밀집, 즉 일반적인 용어로 압축은 오른쪽으로 이동하게 된다.

막대는 최대한 오른쪽으로 이동하고 나면 정지 위치로 돌아올 뿐만 아니라 왼쪽으로 이동한다. 이 운동은 빈 영역—막대가 차지하고 있었던 장소—을 남기므로 오른쪽에 있던 공기 분자들은 이 빈 공간으로 쏟아져 들어온다. 오른쪽으로 가고 있던 분자들도 왼쪽으로 이동하는데, 왜냐하면 왼쪽에 기압이 낮아졌기 때문이다. 그러므로 분자들이 이웃의 기압을 균일하게 만들려고 왼쪽으로 이동할 때 낮은 기압의 상태, 즉 이른바 팽창은 오른쪽으로 이동한다. 막대가 연속적으로 진동할 때마다 압축과 팽창이 오른쪽으로 이동한다(그림 19.2). 연속적인 압축과 팽창은 또한 다른 방향으로도 퍼져나가지만, 우리의 목적상 한 방향을 따라 어떤 일이 생기는지 따라가 보면 충분하다.

공기의 행동은 꽤 복잡하다. 수십 억 개의 분자들로 이루어져 있기 때문이다. 그리고 공기 분자 모두가 정확히 동일한 방식으로 행동하지도 않는다. 하지만 평균적인 효과는 존재한다. 막대의 오른쪽에 있는 일련의 전형적인 분자들이 전체 집합의 평균적인 행동을 대변한다고 말하면 편리하다. 만약 임의의 한 전형적인 분자, 가령 막대 근처에 있는 한 분자의 행동을 고려한다면, 막대가 오른쪽으로 움직일 때 그 분자가 하는 일은 오른쪽으로 이동하는 것이다. 막대가 왼쪽으로 움직일 때, 이 전형적인 분자도 왼쪽으로 이동한다. 왜냐하면 왼쪽의 기압이 낮아졌기 때문이다. 막대와 마찬가지로 분자도 정지 위치를 지나서 그 왼쪽으로 계속 이동할 것이다. 그 다음에 막대가 다시 오른쪽으로 움직이면 분자도 오른쪽으로 밀쳐져 정지 위치를 지나 더 오른쪽으로 이동한다. 이런 식으로 그 후 분자는 계속 진동하게 된다.

더 오른쪽에 있는 전형적인 분자들도 막대 근처에 있는 전형적인 분자들처럼 행동할 것이다. 하지만 이 분자들의 반응은 살짝 지연될 것이다. 왜냐하면 압축과 팽창이 이들에게는 조금 후에 도달하기 때문이다. 그림 19.3은 일련의 막대 진동에 반응하는 한 전형적인 분자의 운동을 보여준다.

두 가지 중요한 사실이 위의 논의에서 등장한다. 첫째, 평균적인 즉 전형적인

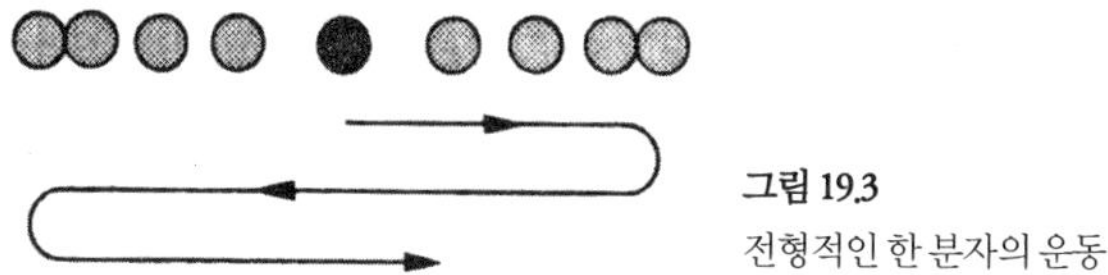

그림 19.3
전형적인 한 분자의 운동

분자들은 결과적으로 막대의 운동을 따른다. 임의의 한 분자는 마치 스프링에 의해 막대에 매달린 것처럼 행동한다. 막대가 오른쪽으로 움직일 때 그 분자는 스프링을 수축시킨다. 스프링은 자신의 원래 길이를 회복하려고 분자를 오른쪽으로 민다. 분자가 오른쪽으로 움직일 때, 막대는 왼쪽으로 움직이기에, 따라서 스프링은 팽창된다. 이제 스프링은 수축하고자 하므로 분자를 왼쪽으로 당긴다. 그래서 분자는 왼쪽으로 움직이고 스프링은 수축한다. 하지만 이제 막대는 오른쪽으로 움직일 준비가 되어 있기에, 따라서 막대와 분자의 운동은 반복된다. 기압의 작용은 스프링의 작용과 정말로 매한가지다. 사실, 혹은 기압의 효과를 기술하기 위해 “공기의 스프링”이라는 표현을 사용했다.

둘째, 막대로부터 어떤 이의 귀로 진행하는 음파는 막대의 운동에 의해 발생한 일련의 압축과 팽창으로 이루어져 있다. 각 분자는 단지 자신의 정지 위치 주위로 진동할 뿐이며, 그렇게 하는 중에 기압의 증가와 감소를 발생시켜서 이로 인해 이웃 분자들이 진동하게 만든다.

수면파와 비교해 보면 음파의 속성을 더 확실히 이해할 수 있다. 만약 고요한 물에서 막대의 끝을 앞뒤로 재빠르게 움직이면, 일련의 파동이 막대 끝에서 퍼져나갈 것이다. 하지만 개별 물 분자들은 바깥으로 이동하지 않는다. 각자 자신의 원래 위치에서 진동할 뿐인데, 막대가 발생시키는 압력의 증가와 감소가 멀리 있는 분자들로 하여금 막대 근처의 분자들의 운동을 따라하게 만든다.

임의의 전형적인 분자의 운동은 막대의 근처에서 일어나든 멀리서 일어나든 동일하므로, 이런 분자들 중 하나를 골라 운동을 살펴보자. 구체적으로는, 분자가 운동할 때 정지 위치로부터의 변위와 시간과의 관계를 구해보자. 변위와 시간의 관계식은 무엇인가? 우리는 막대의 경우 변위와 시간은 사인함수에 의해 관련됨을 암시하는 두 가지 초보적인 물리적 주장을 이미 내놓았다. 임의의 전형적인 공기 분자의 운동은 막대의 운동을 따라 하므로, 전형적인 공기 분자에 대한 변위와 시간의 관계식 또한 사인함수 형태여야 한다. 사실 이런 물리적 주장은 그 공식이 사인함수 형태임을 실제로 증명하지는 못한다. 하지만 이 사실은 공기 운동에 관한 꽤 복잡한 수학적 해석을 통해, 아니면 실험적으로 (가령, 마이크로폰을 통해) 기압을 전류로 전환시켜 음극선관(또는 진공관) 상에서 전류를 표시하는 방법을 통해 밝혀낼 수 있다.

어쨌든 우리는 전형적인 공기 분자에 대해 변위와 시간의 관계식이 삼각함수 형태임을 당연시할 것이다. 따라서 y가 변위이고 t가 시간이라면, 우리가 이전 장에서 배운 내용에 따라 공식은 다음과 같다.

$$y = D \sin 2\pi ft, \tag{1}$$

여기서 D는 진폭, 즉 최대 변위이며 f는 진동수, 즉 매초마다 사이클의 주파수이다. 우리는 이 공식을 소리굽쇠가 발생시킨 소리나 그 밖의 단순한 소리들에 적용함을 강조하고자 한다.

공식 (1)을 사용하려면 D와 f를 알아야 한다. f의 값은 소리굽쇠의 진동수이다. 소리의 음정을 표준화하기 위해 흔히 사용하는 진동수는 초당 440회이다. 이것이 전형적인 f의 값이다. 전형적인 공기 분자의 운동의 진폭인 D의 값은 막대의 운동의 진폭이 아니라 소리가 퍼져나가는 즉 전파되는 매질에 따라 달라진다. 말하자면 매질의 “탄력성”에 의존한다. 공기 중에서는 0.001인치가 D에 대한 타당한 값이라고 볼 수 있다. 따라서 단순한 소리에 대한 전형적인 공식은 다음과 같다.

$$y = 0.001 \sin 2\pi \cdot 440t. \tag{2}$$

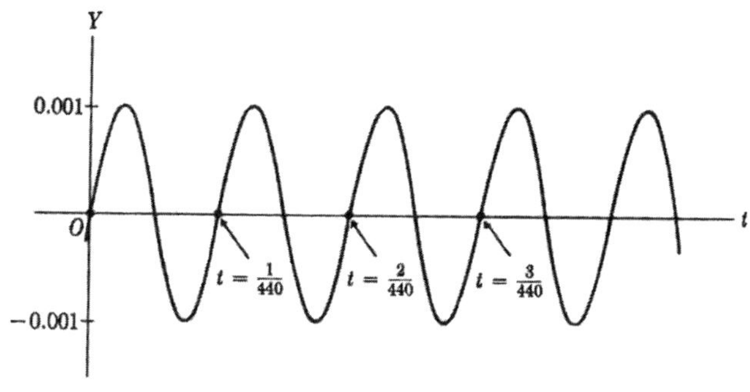

그림 19.4
초당 400번의 진동을 수행하는 전형적인 분자의 변위 대 시간을 나타낸 그래프

그러므로 공식 (2)에 따라 진동하는 전형적인 공기 분자는 자신의 평균, 즉 정지 위치 주위에서 초당 440번 앞뒤로 왕복한다. 즉 말하자면 일 초에 440 사이클의 주기운동을 한다. 평균 위치로부터 분자가 도달하는 가장 먼 거리, 즉 운동의 진폭은 0.001인치이다.

그림 19.4는 공식 (2)로 표현되는 단순한 소리에 대한 변위와 시간의 관계를 보여준다. 물론 전형적인 분자는 앞뒤로 왕복하지만, 그래프 상에서 분자의 변위는 가로 좌표로 경과 시간은 이에 대응하는 세로 좌표로 그려져 있다.

공식 (2)는 단순한 소리들을 표현할 뿐이지만—더 복잡한 소리들을 기술하는 공식은 아직 논의하지 않았다—그 덕분에 우리는 앞에서 나온 "이해할 수 있는 소리"라는 표현이 무슨 뜻인지 이해할 수 있게 되었다. 알고 보니 단순한 소리는 규칙성 내지 주기성을 갖고 있다. 공기 분자의 운동은 일 초에 여러 번 반복된다. 귀에 이 운동의 여러 사이클이 감지되면, 귀는 그것이 무슨 소리인지를 분간할 수 있다. 한편 만약 공기 분자의 운동이 규칙적이지 않고 시간에 따라 불규칙적으로 변하면, 귀가 소리를 여전히 듣기는 하지만 그 소리는 아무 의미를 담고 있지 않는 소리, 즉 잡음이다.

연습문제

1. 단순한 소리를 표현하는 기본적인 수학 공식은 무엇인가? 이 공식 속의 여러 문자들의 물리적 의미를 말하라.
2. 진동수가 300/sec이고 진폭이 0.0005인치인 단순한 소리에 대하여 변위와 시간의 관계를 기술하는 공식을 말하라.
3. $y = 0.002 \sin 2\pi \cdot 540t$가 한 소리를 기술하는 수학 공식이라면, 이 소리의 진동수와 진폭은 얼마인가?
4. 한 소리가 진동수가 400사이클/초라면, 귀는 1/20초에 몇 사이클을 수신하는가?

19.3 세로 좌표 더하기의 방법

이제 우리는 단순한 소리를 수학적으로 훌륭하게 표현하는 방법을 알고 있다. 하지만 흥미로운 음향은 목소리든 악기 소리든 간에 대체로 단순하지 않다. 음향을 이해하기 위해 수학이 정말로 중요한 기여를 한 분야는 더 복잡한 소리의 해석이다. 이런 성과를 이해하려면 먼저 관련 수학 개념부터 살펴보아야 한다. (2)와 같은 단순한 사인함수를 고려하는 대신에 다음 함수를 살펴보자.
y와 t에 관한 위의 공식은 어떤 종류의 관계를 나타내고 있는가?

$$y = \sin 2\pi t + \sin 4\pi t. \tag{3}$$

이 질문을 살펴보는 좋은 방법은 위의 함수에 대한 그래프를 그리는 것이다. 우리는 어떻게 y가 t에 대해 변하는지에 대한 일반적인 개념을 얻고 싶을 뿐이므로, 매우 정확한 그래프보다는 대략의 스케치만 그릴 것이다. t의 값들을 몇 가지 골라서 이에 대응하는 y의 값들을 구한다. 그 다음에 이렇게 구해진 좌표들을 그래프 상에 점으로 찍는다. 하지만 더 간단하고 더 빠른 방법이 있다. 다음 두 함수를 살펴보자.

$$y_1 = \sin 2\pi t \qquad (4)$$

그리고

$$y_2 = \sin 4\pi t. \qquad (5)$$

y_1과 y_2라는 표기를 사용한 까닭은 (4)와 (5)에 나오는 종속변수를 공식 (3)의 y와 구별하기 위해서이다. 공식 (4)와 (5)는 쉽게 그래프로 나타낼 수 있다. 공식 (4)는 t의 각 단위에서 사인 값의 규칙적인 사이클을 지나는 보통의 사인함수이다. 공식 (5)는 t의 각 단위에서 2의 진동수를 갖는다. 즉, y값은 t의 각 단위에서 사인 값의 사이클을 두 번 지난다. 두 함수를 동일한 축의 집합 상에서 그려보자(그림 19.5).

이제 공식 (3)의 y는 분명히 y_1과 y_2의 합이다. 따라서 t의 여러 값에 y_1과 y_2의 값을 합하면 y의 값이 나온다. 우리는 대략적인 그림에만 관심이 있기에, 그림 19.5를 이용하여 덧셈을 수행하여 y_1과 y_2의 합을 얻도록 하자. 가령 $t = 0$일 때 그래프는 y_1과 y_2가 둘 다 영임을 보여준다. 따라서 y_1과 y_2의 합인 y 또한 영이다. $t = \frac{1}{8}$일 때 그래프에서 보면 y_1은 약 0.7이고 y_2는 1이다. 따라서 $t = \frac{1}{8}$일 때 $y = 1.7$이다. $t = \frac{1}{4}$일 때, $y_1 = 1$이고 $y_2 = 0$이다. 따라서 $t = \frac{1}{4}$일 때, $y = 1$이다. $t = \frac{1}{3}$

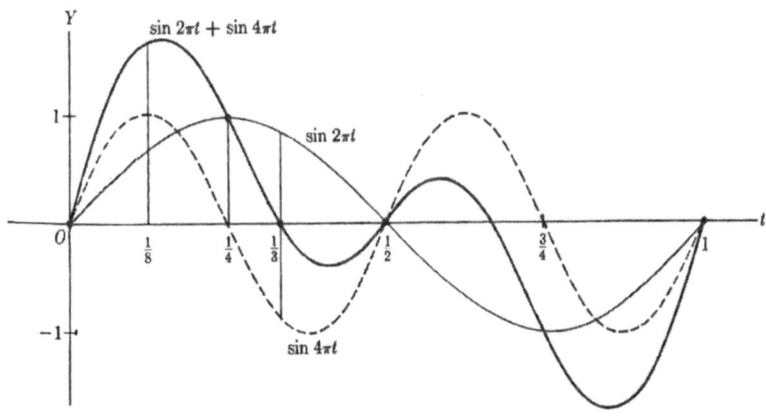

그림 19.5 가로 좌표들을 더하여 얻은 $y = \sin 2\pi t + \sin 4\pi t$의 그래프

일 때, y_1은 약 0.85이고 y_2는 약 -0.85이다. y_1과 y_2에 대한 이 두 값을 더할 때 우리는 한 값은 양이고 다른 값은 음임을 고려해야하며 둘의 합은 영이다. 따라서 $t = \frac{1}{3}$일 때, $y = 0$이다. t의 값을 몇 개 더 골라서 이에 대응하는 y_1과 y_2의 값을 추산하면 우리는 더 많은 y 값을 얻을 수 있다. 마침내 우리는 공식 (3)의 그래프에 속하는 여러 점들을 이어서 매끄러운 곡선을 얻을 수 있다. 그 결과가 바로 그림 19.5에 나오는 굵은 곡선이다. y를 t의 함수로서 그래프로 나타내는 이 방법은 대략적인 스케치를 제공한다. 더 정확한 그래프를 얻고 싶다면 t의 모든 값에 대해 일일이 y의 값을 계산하면 된다.

다양한 t값에 대응하는 y값을 결정하는 이 과정을 얼마나 오래 계속해야 할까? 알다시피 함수 $y_1 = \sin 2\pi t$는 t가 1보다 큰 구간일 때 이전 형태를 반복한다. 그리고 함수 $y_2 = \sin 4\pi t$는 $t = 0$에서 $t = 1$인 구간에서 두 번의 사이클을 진행하고 t가 1을 지나는 직후부터 세 번째 사이클을 시작한다. 그러므로 $t = 1$일 때 두 함수 모두 $t = 0$일 때 가졌던 값을 반복하기 시작하며, $t = 1$부터 $t = 2$까지의 구간에서 두 함수는 t = 0부터 $t = 1$까지 구간에서 보였던 행동을 반복한다. y_1과 y_2는 이전 행동을 반복하므로, y_1과 y_2의 합인 y 또한 이전 행동을 반복한다. 달리 말해, $t = 1$부터 $t = 2$까지 간격에서 y는 자신이 $t = 0$부터 $t = 1$까지 했던 그대로 행동한다. 그리고 t 값의 연속하는 단위 간격마다 함수는 $t = 0$부터 $t = 1$까지 보였던 행동을 반복한다. 그러므로 0에서부터 1까지 간격에서 y의 행동을 결정하면, 더 큰 모든 t의 값에 대해 y가 어떻게 행동하는지 우리는 알게 된다.

이 예를 통해 알 수 있는 중요한 사실들이 여러 가지 있다. 무엇보다도, 함수 (3)은 t 값의 매 단위마다 행동을 반복하므로 이 함수는 주기적이다. 게다가 항 $\sin 4\pi t$는 $\sin 2\pi t$가 한 사이클을 진행하는 t 간격에서 두 사이클을 진행하므로, 전체 함수는 $y = \sin 2\pi t$가 반복하는 진동수에 따라 반복한다. 따라서 공식 (3)의 진동수는 단위 t의 시간 당 한 사이클이다. 셋째, 공식 (3)의 그래프의 형태는 이 함수가 주기함수이긴 하지만 사인함수가 아님을 보여준다. 달리 말해, 두 사인

함수의 합은 한 사인함수의 형태와는 매우 다른 함수를 내놓을 수 있다. 하지만 그렇기는 해도 둘을 합한 함수가 반복 패턴을 보이는 것은 마찬가지다.

그러므로 서너 개 이상의 사인함수들로 이루어진 함수는 꽤 이상한 형태를 보일 수는 있지만 그렇게 합해진 모든 함수들은 $t=0$에서 가졌던 값들을 t의 어떤 값, 가령 $t=1$에서 반복하기 시작하리라고 충분히 예상할 수 있다.

연습문제

1. 본문에서 설명한 방법을 따라 다음 함수의 그래프를 대략적으로 그려라.

   a) $y=\sin 2\pi t+\sin 6\pi t$ b) $y=\sin 2\pi t+\frac{1}{2}\sin 4\pi t$ c) $y=\sin 2\pi t+\sin 3\pi t$

2. 아래 함수의 t의 한 단위에서 진동수는 무엇인가?

   a) $y=\sin 2\pi t+\sin 8\pi t$

   b) $y=2\sin 2\pi t+\sin 4\pi t$

   c) $y=\sin 2\pi t+\sin 4\pi t+\sin 6\pi t$

   d) $y=\sin 2\pi\cdot 100t+\sin 2\pi\cdot 200t+\sin 2\pi\cdot 300t$?

19.4 복잡한 소리의 해석

앞서 언급했듯이 거의 모든 악기 및 인간의 목소리가 내는 소리들은 단순한 소리가 아니다. 즉, (1) 형태의 함수로 표현될 수 없는 소리들이다. 하지만 이런 소리들도 이해할 수 있는 소리이다. 즉, 주기적이거나 시간에 대한 변위의 패턴이 반드시 반복된다는 뜻이다. 하지만 그런 소리들을 나타내는 곡선의 형태는 꽤 다양하게 나타난다. 사실, 각각의 소리에는 특징적인 형태가 대응된다. 가령, 그림 19.6은 피아노 음정 C의 소리에 대응하는 형태를 보여준다. 이 그래프를 얻기 위해서는 소리를 전류로 변환해 전류의 변화를 진공관에 의해 시각화해야 한다. 음향의 다양성을 고려하면, 그런 모든 소리들을 수학적으로 해석하

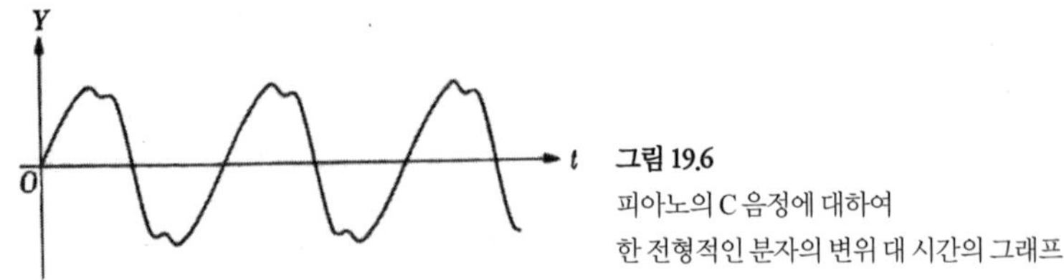

그림 19.6
피아노의 C 음정에 대하여
한 전형적인 분자의 변위 대 시간의 그래프

려는 시도는 막다른 길에 다다른 느낌이다. 하지만 다행히도 수학은 모든 복잡한 소리들에 관한 놀라운 통찰력을 제공할 정리를 내놓았다. 행운의 주인공은 수학자 조지프 푸리에였다(1768~1830).

푸리에는 프랑스의 한 재봉사의 아들로 태어났다. 군사학교에 다니는 중에 그는 수학에 흥미를 느꼈다. 낮은 출신 성분 때문에 장교가 되지 못할 것을 깨달은 푸리에는 교회 신도들의 권유를 받고 성직자가 되기 위해 공부를 했다. 하지만 그는 성직자의 길을 버리고 자신이 다녔던 군사학교에서 수학 교수가 되었다. 나중에는 에콜 노르말 및 에콜 폴리테크니크에서 교수가 되었다. 두 대학은 나폴레옹이 세운 대학이었다. 푸리에의 주된 관심은 수리물리학이었으며, 그 분야에서 푸리에의 가장 중요한 연구 주제는 열의 전도에 관한 것이었다. 가령 그는 열이 금속을 따라 어떻게 이동하는지 연구했다. 그의 주요 업적이라고 할 수 있는『열 해석론』(1822)이라는 책은 수학의 위대한 고전 가운데 하나이다. 열 이론을 개발하면서 푸리에는 원래 해결하려고 했던 물리 문제를 훌쩍 뛰어 넘는 가치를 지닌 수학 정리 하나를 확립했다. 이 정리에 우리가 관심을 갖는 까닭은 그 정리가 복잡한 음향을 해석하는 데 쓰일 수 있기 때문이다.

푸리에의 이 유명한 정리에 의하면 임의의 주기함수는 $D\sin 2\pi ft$ 형태의 단순한 사인함수들의 합이다. 게다가 이들 구성 함수들의 진동수는 전부 한 진동수의 정수배이다. 이 정리의 중요성을 보여주기 위해 y가 t의 주기함수라고 가

$$y = \sin 2\pi \cdot 100t + 0.5 \sin 2\pi \cdot 200t + 0.3 \sin 2\pi \cdot 300t + \cdots \tag{6}$$

정하자. 그렇다면 y와 t의 관계식은 다음 형태임이 분명하다.
이 공식의 수치들은 물론 처음의 주기함수를 어떻게 선택하는지에 달려 있지만, 지금으로서는 그 수치들이 옳다고 가정하고 이 값들이 무엇을 나타내는지 알아보자. 수 1, 0.5, 0.3은 전체 주기함수의 각 구성요소인 삼각함수의 진폭이다. 초당 가장 낮은 진동수는 첫 항의 값으로서 100이다. 두 번째 항은 진동수가 200, 즉 최저 진동수의 두 배이다. 세 번째 항은 주파수가 300으로서 최저 진동수의 세 배인데, 계속 이런 식으로 나온다. 공식 (6)의 맨 끝에 나오는 점들은 위에 보이는 것처럼 항들을 계속 추가해야 임의의 주어진 주기함수를 표현할 수 있음을 의미한다. 정리에 따라 그런 추가 항들에서 등장하는 진동수들은 분명 100의 정수배이다.

음향을 연구하는 데 푸리에 정리가 얼마나 중요한지 살펴보기 전에 우선 (6)과 같은 공식이 주기함수를 표현함을 기꺼이 받아들여야 한다. 이와 관련하여 19.3절에 나온 두 가지 결과가 분명 유용하다. 이미 배웠듯이 두 사인함수의 합은 꽤 특이한 형태이지만 그래도 주기적인 함수를 내놓을 수 있다. 게다가 공식 (3)의 두 번째 항은 첫 번째 항의 두 배 진동수를 갖기 때문에, 전체 함수의 진동수는 두 진동수 중 더 낮은 쪽이다. (6)의 상황도 똑같다. 여기서 y는 사인 항들의 합이며, 이 합의 그래프는 정말이지 특이하거나 비규칙적인 형태이다. 하지만 이 형태는 반복된다. 왜냐하면 첫 항이 한 사이클을 진행하는 동안, 즉 간격 $t = 0$에서부터 $t = 1/100$까지 두 번째 항은 두 사이클을 진행하며, 세 번째 항은 세 사이클을 진행하므로, 전체 함수는 첫 번째 항이 반복하는 사이클대로 진행할 것이다. 첫 번째 항의 진동수는 t의 한 단위 동안 100이므로, 전체 함수는 첫 항의 진동수를 갖는다.

그런데 푸리에 정리는 음향의 해석과 어떤 관계가 있을까? 이 정리를 음악에 적용한 사람은 독일인 게오르크 S. 옴이었다. 그는 수학 및 물리학 교사였으며 십구 세기 전반기에 살았던 인물이다. 앞에서 언급했듯이 모든 음향은 주기함수이다. 즉, 음원에 의해 처음에 가해진 압력 하에서 진동하는 한 전형적인 공기 분자의 변위와 시간의 관계는 t의 주기함수이다. 그런데 푸리에 정리에 의하면 그런 함수는 전부 (6)에 보이는 유형의 단순한 사인함수들의 합이다. 각각의 단순한 사인함수는 소리굽쇠가 내는 것과 같은 단순한 소리에 대응한다. 따라서 모든 음향은 저마다 단순한 소리들의 합이라는 중요한 결론이 도출된다. 게다가 이 단순한 소리들의 초당 진동수는 전부 가장 낮은 한 진동수의 정수배이다. 이를 달리 표현하자면, 모든 음향은 저마다 적절한 진동수와 진폭으로 진동하는 소리굽쇠들의 조합으로 만들어낼 수 있다.

가령 그림 19.6에 나오는 그래프의 음향은 다섯 가지 단순한 소리들의 합이다. 이 소리들 각각의 진동수와 진폭은 아래 도표에 나와 있다. 진폭은 처음 입력한 값을 1로 정하고 이에 대한 비로 표현되어 있다.

진동수	512	1024	1536	2048	2560
진폭	1	0.2	0.25	0.1	0.1

여기서 진동수들은 전부 가장 낮은 진동수, 즉 512의 정수배임을 확인할 수 있다. 이 소리를 표현하는 공식은 다음과 같다.

$$y = \sin 2\pi \cdot 512t + 0.2\sin 2\pi \cdot 1024t + 0.25\sin 2\pi \cdot 1536t$$
$$+0.1\sin 2\pi \cdot 2048t + 0.1\sin 2\pi \cdot 2560t$$

모든 음향이 단순한 소리들의 조합에 지나지 않는다는 주장은 꽤 놀라운 터라, 비록 난공불락의 수학에 의해 뒷받침을 받고는 있지만, 누군가는 실험적 증거로 확인을 해보고 싶을 수도 있다. 물론 그런 증거는 구할 수 있다. 무엇보다도 첫째, 훈련된 귀는 복잡한 소리 속에 존재하는 단순한 소리들을 인식할 수 있다. 둘째, 피아노의 현에 달린 댐퍼(damper, 피아노에 달린 장치로서, 손가락을 건반에서 떼면 소리가 더 이상 나지 않게 하는 역할을 한다-옮긴이)를 풀고 한 음정을 치면, 다른 많은 현들도 진동을 시작한다. 이 소리들의 기본 진동수는 친 음정의 진동수와 동일하다. 이를 물리적으로 설명하자면, 한 음정을 치면 여러 진동수의 소리를 발생시키고, 이 소리는 각각의 단순한 소리들로 이루어져 있다. 이 각각의 진동수의 소리가 주변의 공기를 진동시키고, 이 진동으로 인해 다른 모든 현들이 진동을 하게 된다. 이 현들이 내는 소리의 기본 진동수는 단순한 소리들의 기본 진동수와 동일하다.

아마도 가장 좋은 실험적 증거는 특수하게 설계된 악기에서 얻을 수 있다. 유명한 십구 세기 의사이자 물리학자 겸 수학자였던 헤르만 폰 헬름홀츠(1821~1894)는 두 가지 증명을 내놓았다. 첫 번째 증명에서 그는 공명기라는 특별한 관들을 설계했다. 이 관들 각각은 해당 관의 치수에 적합한 진동수의 소리만 선택하여 들릴 수 있게 해주었다. 한 공명기를 복잡한 소리가 나는 곳 근처에 두면, 그 공명기와 공명하는 진동수의 소리의 성분만을 뽑아서 소리 나게 해준다. 다양한 크기의 공명기들을 이용하여 헬름홀츠는 복잡한 소리에 존재하는 진동수들이 푸리에 정리에서 요구되는 진동수들임을 밝혀낼 수 있었다. 그런 다음에 헬름홀츠는 그 역을 증명했다. 전기로 구동되는 적절한 진동수와 진폭의 소리굽쇠를 이용하여, 단순한 소리들의 조합이 한 특정한 복잡한 소리를 발생시킬 수 있음을 보인 것이다. 이 장치의 현대식 버전이 전자음악 신시사이저이다.

그러므로 의심할 바 없이 임의의 음향은 단순한, 즉 사인함수 형태의 소리들의 합에 지나지 않는다. 최저 진동수의 단순한 소리를 가리켜 기본 배음(기음), 제1 배음 또는 첫 번째 배음이라고 한다. 진동수가 최저 진동수의 두 배인 단순한 소리는 제2 배음 또는 두 번째 배음이라고 하며, 그 다음 진동수들의 소리도 계속 이런 식으로 불린다. 전체 복잡한 소리 의 진동수는, 푸리에 정리를 논할 때 이미 소개한 이유로, 제1 배음의 진동수이다. 개별 사인 항들의 진폭은 해당 배음의 진폭 내지 세기이다.

연습문제

1. 푸리에 정리가 무엇인지 말하라.
2. 한 복잡한 소리가 다음 함수로 표현될 수 있다고 하자.

   $y = 0.001\sin 2\pi \cdot 240t + 0.003\sin 2\pi \cdot 480t + 0.01\sin 2\pi \cdot 720t.$

   이 복잡한 소리의 진동수는 얼마인가? 세 번째 배음의 진폭은 얼마인가?
3. 진동수가 500/sec이고 제1, 제2, 제3배음의 진폭이 각각 0.01, 0.002, 0.005인 음향의 공식을 적어라.
4. 한 음향의 기본 배음에 대한 변위와 시간의 관계식이 $y = 3\sin 2\pi \cdot 720t$라면, 제3배음의 진동수는 얼마인가?
5. 복잡한 음향의 진동수는 왜 제1 배음의 진동수와 같은지 설명하라.

19.5 음향의 주관적 속성

귀에 들어오는 음향은 세 가지 핵심적인 속성을 지니는 듯하다. 즉, 귀는 흔히 음 높이, 음의 크기 및 음색이라고 불리는 것을 인식한다. 음향의 수학적 해석의 중요한 가치 중 하나는 이 해석을 통해 그러한 속성들이 어떤 의미인지가 명확하게 밝혀진다는 것이다. 하나씩 살펴보도록 하자.

주관적인 판단으로 우리는 소리가 저음 또는 묵직한 음에서부터 고음 또는 날카로운 음까지 다양하게 존재한다 말한다. 물론 음 높이를 인간의 말로 설명하기란 정성적이며 모호하다. 하지만 서로 다른 음 높이의 소리굽쇠로 실험해 보면, 고음은 소리굽쇠의 진동수가 높고 따라서 공기 분자의 진동이 진동수가 높다는 의미임을 쉽게 알 수 있다. 반대로 저음은 소리굽쇠 그리고 공기 분자들이 낮은 진동수로 진동한다는 의미이다. 이전 절에서 살펴본 해석을 이용할 수 있기 전에는 음 높이의 개념은 복잡한 소리의 경우 확실치가 않았다. 하지만 이제 알다시피 모든 음향은 특정한 진동수를 가진다. 즉 기본 배음의 진동수를 갖는다. 그러므로 비록 복잡한 소리들이 다른 진동수, 즉 더 높은 배음의 진동수를 포함하더라도 우리 귀에 고음 또는 저음으로 들릴지 여부를 결정하는 것은 합해진 소리의 전체적인 진동수이다. 예를 들어, 피아노의 왼쪽 건반에서부터 오른쪽 건반으로 쳐 나갈 때 기본 진동수는 차츰 올라간다.

음향의 크기(loudness)는 대응하는 분자 운동의 진폭에 의해 결정되지만, 크기와 진폭의 관계는 음정과 진동수처럼 그렇게 단순하지가 않다. 무엇보다도 진폭은 전형적인 공기 분자의 최대 변위 또는 이에 대응하는 그래프의 가장 큰 y값을 의미한다. 물리학자들은 이 진폭의 제곱을 소리의 세기(intensity)로 정의한다. 그러므로 음향의 물리적인 내지 객관적인 속성이다. 한 특정한 진동수의 소리들 가운데 더 센 소리일수록 귀에 더 크게 들릴 것이다. 하지만 이는 소리의 진동수가 달라지면 더 이상 통하지 않는 말이다. 보통의 귀는 초당 약 3500회의 진동수에 가장 민감하며 이 값보다 더 높거나 낮은 범위에는 덜 민감하다. 따라서 초당 1000회의 진동수에서 매우 센 소리는 초당 약 3500회 진동수의 덜 센 소리보다 더 부드럽게 들릴지 모른다. 사실, 평균적인 인간의 귀는 초당 16,000회의 진동수를 넘는 소리들은 아무리 세더라도 전혀 듣지 못한다. 소리의 크기는 소리의 세기와 진동수에 의존할 뿐 아니라 임의의 한 주기 내에서 그래프의 형태에도 의존한다. 두 소리는 진동수와 진폭이 똑같지만 그래프의 형태는 다를 수 있다. 그런 소리는 일반적으로 귀에 같은 크기로 들리지 않는다.

가장 흥미롭고 미학적인 관점에서 가장 중요한 음향의 측면은 음질이다. 이것은 소리가 좋은지 여부를 결정하는 속성이다. 음질은 소리에 어떤 배음들이 존재하는지 그리고 이런 배음들의 진폭이 얼마인지에 따라 달라진다. 가령 피아노가 내는 소리와 바이올린이 내는 동일한 진동수의 소리는 인간의 귀에 판이한 느낌을 준다. 왜냐하면 두 소리는 그 안에 포함된 배음들이 다르고 배음의 진폭이 다르기 때문이다. 배음 및 배음의 진폭은 그래프의 형태를 결정하는데, 수학적으로 보자면 음질은 임의의 한 주기 내에서 그래프의 형태이다.

소리 내지 음조는 배음과 진폭에 따라 매우 다양하게 나타난다. 어떤 소리들, 가령 소리굽쇠의 소리나 플루트의 어떤 음조 그리고 파이프의 한쪽 끝이 넓게 막혀 있는 (wide-stopped) 파이프 오르간이 내는 소리는 몇 가지 배음만을, 사실상 거의 제1배음만 가진다. 한편 대다수의 악기들은 많은 배음을 포함한 소리를 내는데, 이들 중 일부는 작거나 거의 영에 가까운 진폭을 갖는다. 가령, 오르간 파이프의 소리들은 일반적으로 높은 배음들이 약하다. 바이올린 소리는 아주 많은 배음을 지니는 데 대체로 처음 여섯 개의 배음이 강하다. 바이올린 소리에 존재하는 배음들의 상대적인 진폭은 모든 음정에서 거의 동일하다. 하지만 인간의 귀는 가령 *A*현과 *D*현을 구별하기에는 충분한 차이가 존재한다. 비록 두 현 모두 동일한 진동수로 소리가 나는데도 말이다. 음질의 균일성은 바이올린 소리가 매우 좋게 들리는 까닭을 설명해준다. 피아노의 소리도 많은 배음을 포함하고 있지만, 임의의 한 소리의 배음들의 상대적인 진폭이 해머가 현을 때리는 속도에 의존하고 있다.

인간 목소리의 모음 소리도 배음이 풍부하다. 예를 들어, 물의 "우" 소리는 기본 배음이 초당 125회의 기본 진동수에서 발성되는데, 구별 가능한 배음이 30가지나 된다. 처음 나오는 여섯 개 배음의 상대적인 진폭은 각각 0.4, 0.7, 1, 0.2, 0.2, 0.2이다. 더 높은 배음들도 존재하지만 진폭이 작다. 하지만 존재하는 배음들의 개수 및 상대적인 진폭들이 목소리마다 매우 다를 뿐 아니라, 두 가지 상이한 음정으로 나오는 동일한 소리조차 서로 다른 배음과 진폭을 갖는다.

여러 유형의 악기마다 음질의 차이가 생기는 물리적 이유는 악기 자체의 속성 때문이다. 피아노와 바이올린은 둘 다 진동하는 현을 이용하는데, 피아노 현은 때리는데 반해 바이올린 현은 활로 문지른다. 클라리넷, 오보에 및 바순은 공기를 진동하는 리드에 불어넣어 소리를 낸다. 오르간 파이프에서도 한 구멍의 모서리로 공기를 통과시키는데, 여기서는 모서리 내지 주둥이가 단단하다. 게다가 각 악기는 특정한 배음들을 강조하는 공명 장치를 갖고 있다. 피아노의 공명판, 바이올린의 속이 빈 공간 그리고 오르간의 파이프는 공명 장치이다.

소리에 대한 반응은 사람마다 서로 다를 수 있겠지만, 부드럽다, 날카롭다, 풍성하다, 둔탁하다, 시끄럽다, 힘이 없다, 또렷하다 등과 같은 단어로 표현하는 음질은 배음들 그리고 이들의 상대적인 진폭 때문에 생긴다. 첫 번째 배음만을 갖고 있는 소리들은 부드럽지만 둔탁하다. 또렷하거나 새된 소리에는 높은 배음들이 필수적이다. 처음 여섯 개의 배음을 지닌 소리들은 웅장하게 울려퍼지는 느낌이다. 여섯 번째 내지 일곱 번째 이후의 배음들이 존재하고 그 진폭이 감지할 수 있는 정도이면, 음색이 날카롭고 거칠다. 일반적으로 배음들의 진폭은 진동수가 커질수록 줄어든다. 하지만 높은 배음들의 진폭이 기본 배음의 진폭보다 너무 크면, 음색은 풍성하기보다는 빈곤하다고 할 수 있다.

연습문제

1. 두 소리가 각각 $y = 0.06 \sin 2\pi \cdot 200t$와 $y = 0.03 \sin 2\pi \cdot 250t$로 표현된다. 어느 소리가 더 크게 들리는가? 어느 것이 음이 더 높은가?
2. 단순한 소리의 의미를 수학적인 관점에서 설명하라.
3. 음향과 소음을 구별하는 수학적인 기준은 무엇인가?
4. 복잡한 음향의 공식의 어떤 수학적 속성들이 소리의 높이와 소리의 음질을 표현하는가?
5. 음악은 기본적으로 수학일 뿐이라는 주장을 논하라.

더 살펴볼 주제

1. 음계의 구성. 특히 평균율에 관한 J. S. 바흐의 연구를 살펴보라.
2. 음향의 음원으로서의 사람 목소리
3. 사람의 귀의 기능

권장 도서

Benade, Arthur H.: *Horns, Strings and Harmony*, Doubleday and Co., New York, 1960.

Fletcher, Harvey: *Speech and Hearing*, D. Van Nostrand Co., Princeton, 1929.

Helmholtz, Hermann von: *On the Sensations of Tone*, Dover Publications, Inc., New York, 1954.

Jeans, Sir James H.: *Science and Music*, Cambridge University Press, London, 1937.

Miller, Dayton C: *The Science of Musical Sounds*, 2nd ed., The Macmillan Co., New York, 1926.

Olson, Harry F.: *Musical Engineering*, McGraw-Hill Book Co., Inc., New York, 1952.

Redfield, John: Music, *A Science and an Art*, A. A. Knopf, Inc., New York, 1926.

Sears, Francis W. and Mark W. Zemansky: *University Physics*, 3rd ed., Chaps. 21 to 23, Addison-Wesley Publishing Co., Inc., Reading, Mass., 1964.

Taylor, Lloyd Wm.: *Physics, The Pioneer Science*, Chaps. 24 to 28, Dover Publications, Inc., New York, 1959.

Von Bergeijk, Willem A., John R. Pierce and Edward E. David, Jr.: *Waves and the Ear*, Doubleday and Co., New York, 1960.

Wood, Alexander: *The Physics of Music*, 6th ed., Dover Publications, Inc., New York, 1961.

20
비유클리드 기하학 및 그 중요성

자연에 폭력을 가해서는 안 되며, 맹목적으로 생각해낸 억측으로 자연을 모형화해서도 안 된다.

보여이 야노시

20.1 들어가며

이 세계에서 일어난 가장 중대한 혁명은 정치적인 것이 아니다. 정치적 혁명은 인간의 일상생활을 거의 바꾸지 못하며, 설령 그렇더라도 일시적인 효과만 미치다가 뒤따르는 다른 혁명에 의해 뒤집힐지 모른다. 중대한 격변을 일으키는 건 새로운 사상이다. 이것이 훨씬 더 효과적이고 강력하고 지속적으로 인류의 문명생활을 변화시킨다. 예를 들어, 인간의 중요성에 대한 믿음 그리고 생명, 자유 및 행복 추구에 대한 권리는 수억 명에 달하는 사람들의 삶과 갈망을 영구적이고도 급진적으로 변화시켰다. 정말이지 많은 정치적 혁명은 이런 사상을 실현시키고자 하는 소망에서 촉발되었다. 십구 세기 이래로 우리의 지적인 발전을 가장 심오하게 혁신한 두 가지 개념은 진화론과 비유클리드 기하학이다. 진화론은 일반적으로 세상에 으뜸가는 영향력을 미친 이론으로 인정받고 있다. 하지만 비유클리드 기하학은 더욱 근본적이고 더욱 광범위한 효과를 미치는 주제인데도, 사람들의 관심 밖인 듯하다.

이 장에서 우리는 비유클리드 기하학의 본질, 과학에 대해 갖는 가치, 수학의 본질에 대해 갖는 의미 그리고 마지막으로 현대 문화에 미친 영향을 살펴본다.

20.2 역사적 배경

유클리드 기하학은 산수, 대수 및 미적분과 같은 분야와 마찬가지로 공리를 바탕으로 발전했다. 유클리드 기하학의 공리들을 체계화시킨 고대 그리스인들은 인간의 마음이 물리적 대상과 공간에 대한 기하학적 속성들에 관한 어떤 진리들을 즉각적으로 인식한다고 믿었다. 그러므로 두 점은 오직 한 직선을 결정하며 동일한 길이의 선분들을 또 다른 동일한 길이의 선분들의 쌍에 보태면 합쳐진 두 선분도 길이가 동일함은 의심할 바가 없는 듯했다. 이천 년 동안 지성계 전체는 유클리드 기하학 및 수학 일반의 공리들이 물리적 세계에 관한 진리이며 너무나 확실하고 자명한 진리여서 제 정신인 사람은 누구도 그 진리들을 의심할 수 없다는 고대 그리스의 주의를 받아들였다. 물론 기하학의 공리들은 진리였고 정리들은 공리에 따른 논리적 결과였기에 유클리드 기하학의 전체 내용은 물리적 세계의 이상화된 대상들 및 현상들에 관한 의심할 바 없는 진리의 집합을 구성했다.

그런데 사소한 흠집 하나가 옥의 티처럼 보였다. 유클리드 기하학은 평행선을 다룬다. 정의상, 동일 평면에 존재하는 두 직선은 서로 만나지 않으면 평행하다. 즉, 두 직선이 아무런 교점을 갖지 않으면 서로 평행하다. 이 진술은 평행선이 어떤 의미인지를 나타내므로 반대할 수가 없다. 이 진술 자체는 평행선이 존재한다고 주장하지 않는다. 하지만 유클리드 기하학에는 평행선의 존재를 암시하는 한 공리가 있는데, 우리의 논의는 이 공리의 본질을 중심적으로 다룰 것이다. 유클리드가 말한 바에 따르면, 이 공리는 다음과 같다. 만약 두 직선 m과 l(그림 20.1)이 세 번째 직선 n과 만난다면, 각 1과 각 2의 합이 180°보다 작을 경우 각 1과 각 2가 놓여 있는 직선 n의 쪽에서 직선 m과 l이 만난다. 이어서 유클리드는 가령 각 1과 각 2의 합이 180°라면 m과 l이 평행임을 증명한다. 이 공리는 조금 복잡한데, 그러다보니 유클리드 스스로도 이 공리를 그다지 만족스러워하지 않았다. 유클리드는 물론이고 십구 세기까지의 모든 후대 수학자들

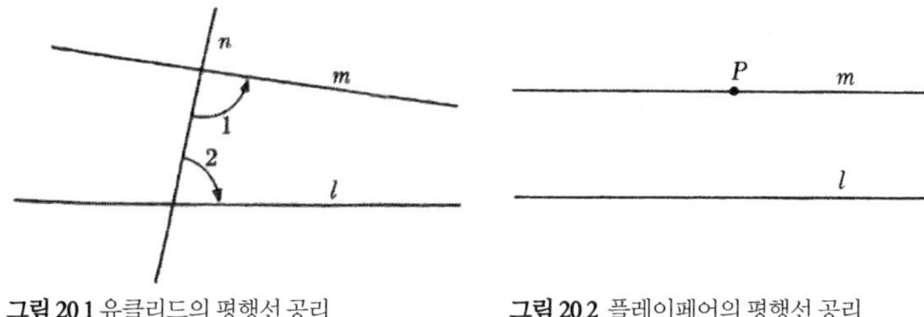

그림 20.1 유클리드의 평행선 공리 **그림 20.2** 플레이페어의 평행선 공리

도 이 공리가 진리임을 전혀 의심하지 않았다. 즉, 그들은 이 공리가 실제 직선 내지 물리적인 직선의 행동을 올바르게 이상화한 것임을 의심하지 않았다. 유클리드 및 그 후예들이 성가셔 한 것은 이 공리가 다른 공리, 가령 임의의 두 직각은 동일하다처럼 그다지 자명하지 않다는 점뿐이었다.

고대 그리스 시대부터 줄곧 수학자들은 이 공리를 등가인 다른 공리로 대체하려고 시도했다. 등가인 공리를 얻으면, 유클리드의 다른 아홉 개 공리들처럼 유클리드가 연역해낸 정리들을 그 공리로부터 유도해낼 수 있을 것이다. 등가인 공리들이 여럿 제시되었다. 그중 하나가 플레이페어의 공리[수학자 존 플레이페어(1748~1819)가 제시한 공리]인데, 보통 우리가 고등학교에서 배우는 공리가 바로 이것이다. 플레이페어의 공리는 이렇게 말한다. 한 직선 l(그림 20.2)과 그 직선 상에 있지 않는 한 점 P가 주어져 있을 때, P와 l의 평면에는 P를 지나고 l과 만나지 않는 직선이 오직 단 하나 존재한다. 플레이페어의 평행선 공리 및 유클리드의 다른 아홉 개 공리로부터 유클리드 기하학의 모든 정리를 연역해낼 수 있다.

플레이페어의 공리는 직관적으로 볼 때 설득력 있게 다가온다. 즉, 물리적 공간 속의 직선들은 이 공리가 주장하는 성질을 지니는 듯하다. 하지만 수학자들은 플레이페어의 공리를 포함해 유클리드의 평행선 공리의 다른 등가 공리로 제시된 것들에 만족하지 못했다. 제시된 모든 공리들이 공간의 아주 먼 곳에서 생기는 일에 관한 주장을 직간접적으로 포함하고 있었기 때문이다. 가령, 플레이페어의 공리는 P를 지나는 직선 m이 l과 만나지 않을 텐데, 이 두 직선이 뻗어나갈 아주 먼 공간에서도 그러리라고 주장한다. 사실, 유클리드의 공리는 이 점에서는 우월하다. 왜냐하면 직선들이 만나지 않는다고 주장하지 않고 어떤 조건일 때 직선들이 어떤 유한한 거리에서 만날지를 말하기 때문이다.

어떤 공리가 공간 내의 매우 먼 곳에서 생기는 일을 다룬다고 해서 굳이 반대할 까닭이 무엇인가? 답을 말하자면, 그런 공리는 경험을 초월한다는 것이다. 유클리드 기하학의 공리들은 공간의 속성에 관해 직접적으로 설득력이 있는 진술이라고 여겨진다. 하지만 수백만 마일 떨어진 곳에서 생길 일을 누가 확실히 알 수 있는가? 직선들을 물리적 공간 속으로 무한정 연장하는데도 서로 만나지 않도록 할 수 있을지 어떻게 확신할 수 있는가? 그러므로 유클리드의 주장보다 더 단순한 주장을 찾으려는 노력은 진술의 단순성에 관한 한 성공을 거두었지만, 평행선의 존재에 관한 어떠한 주장이라도 과연 진리일지에 대해서는 의심을 더욱 키웠다.

십팔 세기가 되자 어떤 수학자들은 새로운 작전을 시도하기로 결심했다. 유클리드의 공리 집합에는 열 가지가 들어 있었다. 어쩌면 아홉 개면 충분했다. 즉, 아마 이 아홉 개의 공리로부터 평행선에 관한 공리를 증명할 수 있을지 모른다. 만약 그렇다면 더 이상 아무 문제가 없을 것이다. 왜냐하면 평행선에 관한 공리는 전적으로 인정할 수 있는 아홉 개의 공리의 필연적인 결과일 테니 말이다. 하지만 그런 노력은 모조리 실패했다.

하지만 이런 노력들 중 하나는 특별한 주목을 받을만하다. 예수회 신부인 지롤라모 사케리(1667~1733)는 간접 증명법을 적용하기로 했다. 유클리드의 평행선 공리는 결과적으로, P를 지나며 l에 평행인 직선이 오직 하나 존재한다고 주장한다. 이 진술이 참인지를 모순에 의해 밝히기 위해서는 두 가지 대안이 가능하다. P를 지나며 l에 평행한 직선이 아예 존재하지 않는다는 진술과 둘 이상 존재한다는 진술이 그것이다. 사케리의 계획은 유클리드의 평행선 공리에 대한 각 대안이 참이라고 하나씩 가정한 다음에, 이 대안 및 유클리드의 다른 아홉 개의 공리를 이용하여, 그런 가정이 모순을 내놓는지를 알아보자는 것이었다. 만약 모순이 생긴다면, 의심스러운 가정, 즉 유클리드의 평행선 공리에 대한 대안이 명백한 거짓이라고 선언할 수 있을 것이다. 두 대안 각각에 대해 이렇게 시도하여 거짓으로 밝혀지면, 남은 유일한 가능성, 즉 유클리드의 공리는 틀림없이 참이라고 주장할 수 있을 것이다. 역사적으로 볼 때, *P*를 지나며 *l*에 평행한 직선이 존재하지 않는다고 주장하는 대안은 모순을 낳았다. 하지만, 두 번째 대안(*P*를 지나며 *l*에 평행한 직선이 둘 이상 존재한다는 주장)으로부터 사케리는 전혀 모순은 없지만 기이한 정리들을 많이 유도했다.

그가 얻은 정리들은 너무나 이상했기에 사케리는 이 두 번째 대안이 참이 아닐 수 있고, 따라서 유클리드의 평행선 공리가 가능한 유일한 대안이므로 참이어야만 한다고 확신하기에 이르렀다. 그래서 1733년에 그는『모든 결점이 제거된 유클리드』라는 제목의 책을 냈다. 물론 정리의 기이함과 논리적 모순은 전혀 별개의 문제이기에, 사케리가 이 두 가지를 하나로 여긴 것은 옳지 않았다. 하지만 그는 당대에 묶여 있던 사람이다 보니, 유클리드의 평행선 공리가 다른 아홉 개 공리의 필연적 결과라고 결론 내림으로써 단지 다음과 같은 측면을 보여주었을 뿐이다. 즉, 어떤 사람이 자신이 이미 확신하고 있는 어떤 것을 밝혀내려고 시도한다면, 그는 적어도 이런저런 사실에 개의치 말고 그것이 진리임을 증명했다고 적어도 스스로 만족해야 한다는 것이다.

사케리가 이끌어내었어야 했을 결론을 처음으로 내놓은 사람은 카를 프리드리히 가우스(1777~1855)였다. 가우스는 모든 시대를 통틀어 최고의 수학자들 가운데 한 명이었다. 아버지는 벽돌공이었는데, 아들이 자기 뒤를 잇기를 바랐다. 하지만 가우스가 초등학교에서 천재성을 보이자 그를 가르친 교사들의 배려 덕분에 좋은 교육을 받을 수 있었다. 괴팅겐 대학에서는 교수들조차 그를 따라잡기 어려울 정도였다. 22세에 가우스는 헬름슈테트 대학교에 박사학위 논문을 제출했다. 이 논문에서 그는 이른바 대수의 근본 정리를 증명했다. 대수의 근본 정리란 임의의 차수의 모든 대수방정식은 적어도 하나의 근을 갖는다는 정리이다. 30세에는 괴팅겐 대학교에서 천문학 교수로 임명되었다. 하지만 그의 강의는 학생들에게 인기가 없었다.

가우스의 과학적 관심사는 아르키메데스와 뉴턴처럼 굉장히 폭이 넓었다. 가령 그는 훌륭한 발명가이기도 했다. 측지학에 사용되는 도구들을 많이 설계했으며 전신기를 발명한 여러 명 가운데 한 명이었다. 지도 제작법을 고안했으며, 뛰어난 천문 관찰자였으며 보험 체계도 고안해냈다. 하노버 선제후로부터 자기 관할 영토를 측량해라는 부탁을 받고 측량을 실시했다. 지구의 자기장을 측정하는 장치를 고안했을 뿐 아니라 지구의 자기장 변화도 직접 연구했다. 현재까지도 자기장의 세기를 측정하는 단위를 가우스라고 부른다.

과학적 및 실용적 관심사가 계기가 되어 가우스는 수학의 여러 중요 분야에 이바지했다. 사실 그는 수학과 이 수학을 과학에 적용하기를 별개로 여기지 않았다. 가장 위대한 업적은 수학 분야에서 이루어졌기에 그는 수학자로 가장 잘 알려져 있지만, 그를 자연의 학생이라고 부르는 편이 더 적절할 것이다. 그의 좌우명은 이러했다.

그대, 자연은 나의 여신이니
그대의 법칙을 따를 수밖에 없노라…

수학은 과학의 시녀라는 유명한 구절 또한 가우스한테서 비롯되었다.

가우스의 가장 위대한 창조물이자 의미 면에서 분명 가장 중요한 업적은 그가 내놓은 비유클리드 기하학이다. 가우스는 어렸을 때부터 이 주제를 생각하기 시작했는데, 이전 사람들과 마찬가지로 유클리드의 평행선 공리를 더 만족스러운 것, 즉 공간 내의 아주 먼 곳에서 생기는 일과 무관한 것으로 대체하려고 시도했다. 하지만 성공하지 못했다. 15살 때 친구인 슈마허에게 말한 내용을 보면, 가우스는 평행선 공리를 유클리드의 다른 아홉 공리를 바탕으로 증명할 수 없음을 간파하고 있었다. 즉, 그는 이 아홉 공리들이 그 자체로서 평행선 공리의 형태를 필연적으로 결정하지 않음을 깨달았다. 가우스는 이 사실의 의미를 간과하기에는 너무나 총명한 사람이었다. 한 평행선 공리를 선택하는 데 어느 정도 자유가 주어진다면, 유클리드의 공리와는 다른 공리를 선택해도 좋을 것이며 새로운 기하학을 세울 수 있을지 모른다. 가우스는 바로 그 일을 해냈다. 한 주어진 점을 지나며 한 주어진 직선에 평행한 두 개 이상의 평행선이 존재한다는 가정을 포함하는 공리 체계가 어떤 논리적 의미를 지니는지를 연구하여 비유클리드 기하학을 탄생시켰던 것이다. (가우스는 처음에는 반(反)유클리드 기하학이라고 했다가 이후 별들의 기하학으로 바꾸더니 최종적으로 비유클리드 기하학이라는 용어를 채택했다.)

그런 기하학을 물리적 공간에 적용하는 것을 상상해볼 수 있으니 정말로 중요한 기하학이라고 인식하기는 했지만, 가우스는 자신의 연구 결과를 발표하지는 않았다. 유클리드 기하학이 물리적 공간의 올바른 기술을 위해 꼭 필요한 것은 아니며 어떤 비유클리드 기하학이 옳음을 증명할 수 있다는 가우스의 결론은 시대를 한참 앞선 것이었다. 따라서 그는 조롱을 당할까봐 우려했다. 1829년에 친구인 수학자 빌헬름 베셀에게 써 보낸 편지에서, 가우스는 보이오티아인들의 야유를 두려워했다고 고백했다. 보이오티아인이란 어리석은 사람을 가리키는 비유적 표현이다. 고대 그리스의 멍청한 사람들을 가리키는 말이기 때문이다. 비유클리드 기하학에 관한 가우스의 연구는 1855년 그의 사후에 발견된 논문 속에 들어 있었다.

비유클리드 기하학의 창시자로 인정받는 수학자는 연구결과를 직접 발표한 니콜라스 L. 로바체프스키(1793~1856)와 보여이 야노시(1802~1860)이다. 로바체프스키는 가난한 집안에서 태어났지만 어렸을 때부터 총명함을 드러냈고 러시아의 카잔 대학교를 다녔다. 그의 스승 중에는 독일 수학자인 J. M. C. 바르텔스가 있었는데 이 사람은 가우스의 친구였다. 따라서 평행선 공리의 문제는 바르텔스 덕분에 로바체프스키가 관심을 갖게 되었을 가능성이 매우 높다. 로바체프스키는 23세의 나이에 카잔 대학의 교수가 되어 그 문제를 계속 연구했다. 1823년에는 유클리드 기하학이 물리적 공간을 꼭 올바르게 기술하는 것이 아니라 다른 기하학이 존재할 수 있음을 깨달았다. 그가 나중에 한 말에 의하면, 평행선 공리를 의심할 바 없는 바탕 위에 올려놓으려는 이천 년 간의 헛된 시도가 자신으로 하여금 그런 시도가 불가능하다는 인식에 이르게 했다고 밝혔다. 1829년부터 줄곧 로바체프스키는 자신의 비유클리드 기하학에 담긴 정리들을 설명하는 책과 논문을 여럿 발표했다. 수학, 그의 대학 및 러시아 정부에 소중한 기여를 했는데도 그는 1846년에 교수직에서 해임되었다. 하지만 죽을 때까지 이 분야에 대한 연구를 계속했다.

보여이는 헝가리 출신으로서 오스트리아의 군 장교였다. 그는 아버지인 보여이 볼프강에게서 수학을 배웠는데, 아버지의 권유 덕분에 평행선 공리를 생각하기 시작했다. 1823년에 보여이는 가우스와 로바체프스키가 도달한 것과 똑같은 결론에 이르렀다. 즉, 유클리드의 평행선 공리는 증명할 수 없으며, 사실, 한 가지 대안일 뿐임을 알아차렸던 것이다. 더 나아가 그는 비유클리드 기하학의 한 유형을 개발하였고, 1833년에 출간된 아버지의 수학 책에 부록으로 자신의 연구 결과를 끼워 넣었다. 아버지는 가우스가 비유클리드 기하학의 주제에 관심이 있음을 알고서, 아들의 연구가 담긴 책 한 권을 가우스에게 보냈다. 가우스는 이런 답장을 보냈다.

> 제가 이 연구를 칭찬할 수 없다는 말로 운을 뗀다면, 귀하께서는 분명 잠시 놀라실 것입니다. 하지만 저로서는 달리 말할 수가 없습니다. 그것을 칭찬하면 또한 저를 칭찬하는 일이기 때문입니다. 정말이지 이 연구의 모든 내용, 귀하의 아드님이 밟은 과정,

아드님이 얻어낸 결과들은 제가 지난 삼십 년 내지 삼십오 년 동안 드문드문 마음에 품었던 생각과 거의 전적으로 일치합니다.

아버지는 아들의 생각이 위대한 가우스의 생각과 비슷하다는 것을 알고 기뻤지만, 보여이는 그렇지 않았다. 왜냐하면 가우스가 비유클리드 기하학을 먼저 발견했음을 알았던 다른 이들과 마찬가지로 영광을 도둑맞았다고 느꼈다. 그 상황의 역설적인 면은 이보다 더 복잡했다. 오늘날 로바체프스키와 보여이는 비유클리드 기하학을 최초로 발표했기에 이 분야의 발견자로 인정된다. 하지만 1830년대와 1840년대의 수학계는 가우스의 사후에 발견된 논문에서 비유클리드 기하학에 관한 노트가 나오기 전까지 두 수학자의 발표를 무시했다. 수학계에서 이 분야가 적절한 중요성을 얻게 된 까닭도 가우스의 이름이 붙었기 때문이다.

표면적으로 보자면, 비유클리드 기하학의 역사는 참으로 놀랍다. 왜냐하면 이천 년 동안 허탕만 치다가 갑자기 세 사람이 나타나 평행선 공리와 유클리드 기하학을 제대로 간파해냈기 때문이다. 하지만 역사에서 그런 우연의 일치는 결코 흔치 않는 일이 아니기에, 이 사안은 우리의 일반적인 평가에 비해 어쩌면 덜 놀라운 것일지 모른다. 가우스는 평행선 공리에 관한 자신의 급진적인 견해 그리고 유클리드 기하학이 필연적인 진리일지에 관한 의심을 수학계의 친구들에게 버젓이 알렸다. 바르텔스와 보여이 볼프강도 그의 친구였으니, 각자 자기 주위 사람들에게 가우스의 견해를 전했을지 모른다. 일찍이 사케리가 새로운 평행선 공리로부터 여러 정리들을 유도해낸 것은 기법상의 상당한 발전이며, 그밖에도 수많은 수학자들이 그 사이 백 년의 기간 동안 비슷한 연구를 했다. 하지만 이런 논리적 발전의 중요성을 올바르게 평가한 것은 새로운 단계를 의미했는데, 이것을 처음 해낸 사람이 바로 가우스였던 것 같다. 하지만 보여이 볼프강은 아마도 아들의 생각이 독창적임을 옹호하기 위해서 세 사람의 연구에 대해 이렇게 말했다.

> … 말하자면 아마도 많은 일이 여러 곳에서 동시에 발견되는 경이로운 시기가 있는 듯하다. 마치 봄이 오면 제비꽃들이 여기저기에서 나타나듯이.

연습문제

1. 평행선의 정의는 무엇인가?
2. 유클리드의 후예들이 유클리드의 평행선 공리에 이의를 제기한 내용은 무엇인가?
3. 유클리드의 평행선 공리를 단순한 가정에 의해 대체한 플레이페어의 평행선 공리에는 어떤 반박이 존재했는가?
4. 유클리드의 평행선 공리가 진리인지를 규명하기 위한 사케리의 계획을 설명하라.
5. 사케리는 비유클리드 기하학이라는 개념에 도달했는가?
6. 가우스, 로바체프스키 그리고 보여이는 기하학의 본질과 관련하여 사케리에 비해 어떤 발전을 이루었는가?

20.3 가우스의 비유클리드 기하학의 수학적 내용

가우스, 로바체프스키 그리고 보여이가 창조한 것의 중요성을 이해하려면 그들이 행한 연구의 수학적 사실들을 구체적으로 살펴보아야 한다. 현재로서는 설명을 단순화하자는 뜻에서 그들의 기하학을 가우스의 기하학이라고 부르자. 세 사람이 구상한 주요 개념에 따르면, 유클리드의 평행선 공리와 근본적으로 다른 한 평행선 공리를 논리적으로 자유롭게 도입할 수 있으며, 이에 따라 물리적 공간을 훌륭하게 기술하는데 유클리드의 기하학만큼이나 타당한 새로운 기하학을 구성할 수 있다.

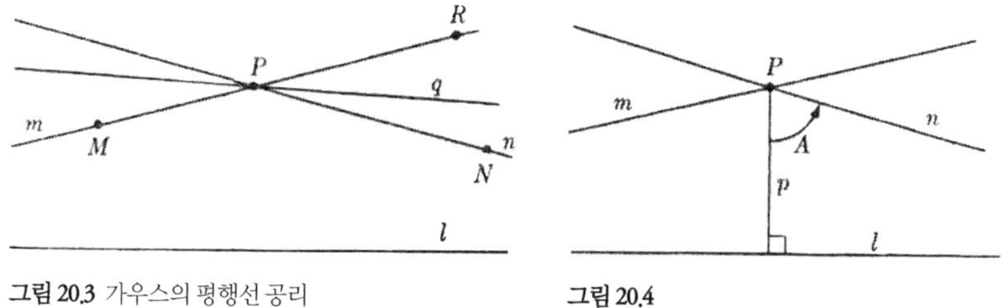

그림 20.3 가우스의 평행선 공리

그림 20.4

새로운 평행선 공리란 무엇이었을까? 유클리드의 평행선 공리, 적어도 플레이페어가 내놓은 이 공리의 등가 형태에 의하면, 한 직선 l과 한 점 P가 주어져 있을 때, l과 P의 평면에는 P를 지나고 l과 만나지 않는 직선이 오직 하나 존재한다(그림 20.2). 가우스, 로바체프스키 그리고 보여이는 P를 지나고 l에 평행한 직선이 m과 n 두 개 존재한다고(그림 20.3), 즉 이 두 직선이 P를 지나면서 l과 만나지 않으며 P를 지나고 각 MPN 안에 들어오는 임의의 직선은 l과 만난다고 가정했다. 물론 P를 지나고 각 NPR 내에 들어오는 q와 같은 임의의 직선은 l과 만날 수가 없다. 왜냐하면 그렇게 되려면 q는 m이나 n을 가로질러야 하는데 그렇다면 m이나 n을 두 번째 점에서 만나게 된다. 하지만 두 직선은 기껏해야 한 점에서만 만날 수 있으므로 P를 지나고 각 NPR 안에 위치하는 모든 직선은 l과 만나지 않을 것이다. 따라서 l에 평행한 직선이 적어도 두 개라는 가정은 무한한 개수의 평행선이 존재함을 의미한다.

가우스와 로바체프스키 및 보여이는 평행선이라는 용어는 m과 n에 대해 이전대로 사용했으며, q와 같은 직선들은 '교차하지 않는 직선'이라고 불렀다. 이런 까닭에 그들의 기하학은 평행선이 두 개인 기하학으로 통하지만, 평행선이라는 용어(한 평면 내에서 교점이 없는 두 직선)의 유클리드적 의미에서 보자면 이 기하학에는 무한한 개수의 평행선을 포함한다. 우리는 가우스, 보여이 그리고 로바체프스키가 선택한 용어를 사용할 것이다.

이 새로운 평행선 공리 및 다른 아홉 개의 유클리드 공리들로부터 결론을 이

끌어내는 일에 착수하기 전에, 먼저 우리가 제시하고자 하는 내용에 관한 흔한 의심부터 몰아내도록 하자. 우리는 유클리드 기하학에 너무 익숙해진 나머지 (고등학교에서 기하학 수업을 설렁설렁 들은 사람들은 더 나은 입장에 있을지 모른다) 새로운 평행선 공리를 도입하여 정리들을 증명한다는 발상이 터무니없게 들릴지 모른다. 유클리드 기하학은 우리에게 진리이며, 이 진리를 부정하고 새로운 진리를 찾는다는 것은 시간낭비처럼 보인다. 두 가지 반론이 있다. 우리는 현실적인 관점에서 그런 새로운 체계를 개발하는 데 들이는 노력이 무의미함을 인정할 수 있다. 그렇기는 하지만, 새로운 공리 집합의 결과들을 조사하는 것이 *논리적으로* 가능함을 이해할 수 있다. 우리가 하려는 것은 미국 헌법 조항들 중 하나만을 고치려는 것과 비슷하다. 그런 변화가 우리의 법체계에 어떤 변화를 줄지 알아보기 위해서 말이다. 가령 우리는 선출 대통령을 군주로 대체하지만 국회의원은 계속 선출직으로 뽑으며 대법원은 그대로 유지하기로 결정할지 모른다. 두 번째 반론은 가우스, 보여이 및 로바체프스키가 유클리드 기하학의 진리성을 의심하고 다른 대안적인 기하학을 물리적 공간을 기술하기 위해 고려했다는 사실에 바탕을 두고 있다. 어느 정도까지 그들의 의심이 타당한지 그리고 새로운 기하학이 실제 물리 문제에 적용될지 여부는 새로운 공리 집합으로부터 어떤 정리들이 실제로 도출되었는지를 알면 더 확실해질 것이다.

우리는 새로운 기하학의 정리들을 기술하지만 증명하지는 않겠다. 증명 방법은 유클리드 기하학에서와 똑같다. 하지만 어떤 주장이든 이를 뒷받침하려면 새로운 공리들만을 사용해야 한다는 데 주의해야 한다.

새로운 기하학의 많은 정리들은 유클리드 기하학의 정리들과 똑같다. 정말이지, 유클리드의 처음 아홉 개 공리들만으로 증명되는 유클리드 기하학의 정리들, 즉 유클리드의 평행선 공리에 의존하지 않는 공리들은 또한 새로운 기하학의 정리들이 분명하다. 왜냐하면 이 아홉 개의 공리들은 새로운 기하학 체계에서도 그대로 유지되기 때문이다. 가령 두 삼각형이 합동일 조건을 알려주는 정리들, 이등변삼각형의 두 밑각이 같다는 정리, 삼각형의 외각이 이웃하지 않는 내각 중 하나보다 크다는 정리, 한 직선 상에 있지 않는 한 점으로부터 그 직선에 오직 하나의 수직선만을 내릴 수 있다는 정리는 새로운 기하학에서도 전부 타당하다.

하지만 유클리드 기하학의 정리들과 다른 새로운 기하학의 일부 정리들을 살펴보자. 점 P와 직선 l(그림 20.4)이 주어져 있다. 새로운 기하학의 평행선 공리에 따르면, P를 지나고 l에 평행한 직선은 m과 n 두 개 존재한다. 이제 P에서 l로 수직선 p를 내리자. 그러면 이 새로운 기하학에서 p와 n 사이의 각 A는 더 이상 직각이 아니다. 비록 n과 l은 평행하지만 말이다. 사실, 각 A는 예각이다. 게다가 각 A의 크기는 p의 길이에 의존한다. p가 짧을수록 각 A는 커지고, p가 영에 접근하면 각 A는 90° 크기에 접근한다. 물론 유클리드 기하학에서 각 A는 직각이며 이것은 p의 크기와 무관하게 성립한다. 새로운 기하학의 한 핵심 정리는 삼각형의 세 각의 합은 언제나 180°보다 작다고 주장하는데, 반면에 유클리드 기하학에서는 정확히 180°이다. 게다가 새로운 기하학에서는 삼각형의 세 각의 합은 삼각형의 넓이에 따라 변한다. 넓이가 작을수록 세 각의 합은 180°에 가깝다. 새로운 기하학의 아주 놀라운 정리 하나는 만약 한 삼각형의 세 각이 각각 다른 삼각형의 세 각과 같으면, 두 삼각형은 합동이라고 말한다. 물론 유클리드 기하학에서 그런 두 삼각형은 닮은 삼각형이지만, 한 삼각형은 다른 삼각형보다 훨씬 더 클 수 있다. 새로운 공리들에는 흥미로운 정리들이 이보다 훨씬 더 많지만, 위의 내용만으로도 우리는 새로운 기하학의 본질을 충분히 엿볼 수 있다.

연습문제

1. 가우스, 보여이 및 로바체프스키가 도입한 평행선 공리를 기술하라.

2. 유클리드 기하학에서 말하는 평행선 개념과 가우스의 기하학에서 평행선의 개념을 구별하라.
3. 유클리드 기하학과 가우스의 비유클리드 기하학에 공통인 정리 세 가지를 말하라.
4. 유클리드 기하학에서는 성립하지 않는 가우스의 기하학의 정리 세 가지를 말하라.
5. 한 삼각형은 세 내각의 합이 170°이고 다른 삼각형은 세 내각의 합이 175°라고 하자. 가우스의 기하학에서 볼 때 어느 삼각형이 넓이가 큰가?
6. 두 삼각형이 있는데, 하나는 각이 30°, 40°, 100°이고 다른 하나는 각이 35°, 45°, 90°이다. 가우스의 기하학은 두 삼각형의 넓이에 대해 뭐라고 말하는가?
7. 한 삼각형의 세 각이 각각 다른 삼각형의 세 각과 같다고 하자. 가우스의 기하학을 바탕으로 이 두 삼각형에 관해 어떤 결론을 내릴 수 있는가?

20.4 리만의 비유클리드 기하학

이전 절에서 보았듯이, 기하학 공리들의 새로운 집합을 탐구하여 논리적 결과들을 연역해낼 수 있다. 아마도 우리는 아직은 그런 탐구가 소중한지 의아할지 모르다. 하지만 비유클리드 기하학 분야의 수학적 창조물을 하나 더 살펴보기 전까지 우리는 최종 판단을 유보할 것이다.

평행선 공리를 탐구하면서 수학자들은 그 공리가 참인지 의심하게 되었다. 그 공리는 인간의 경험을 초월하여 물리적 공간 내 매우 먼 곳에서 일어날 일에 관해 주장하기 때문이었다. 이런 단점을 인식하고 나서 수학자들은 나머지 공리들을 살펴보았는데, 이런 난관에 봉착하는 또 한 가지 공리와 곧 마주쳤다. 유클리드의 두 번째 공리는 한 직선이 양쪽 중 어느 쪽으로든 무한정 멀리 연장된다고 말한다. 이 공리는 십구 세기의 수학 거장인 게오르크 프리드리히 베른하르트 리만(1826~1866)의 관심을 끌었다. 리만은 루터파 목사의 아들로서 허약하게 태어났지만 조숙했다. 괴팅겐 대학에서 가우스의 제자가 되었으며 나중에는 본교에서 교수로 임명되었다. 가우스 및 성향이 비슷한 다른 대다수 수학자들과 마찬가지로 리만은 과학이나 수학을 물리적 세계에 적용하는 문제에 매우 관심이 컸다.

리만의 주장에 따르면 경험상 우리는 직선이 무한히 뻗어 있다기보다는 오히려 끝이 없다고 여긴다. 따라서 그는 끝이 없음 내지 무경계성과 무한한 길이를 구별했다. 이런 구별의 가장 단순한 예는 원에서 찾을 수 있다. 원은 그 위를 끝없이 지나갈 수 있지만 길이는 유한하다. 따라서 리만은 직선은 무한히 멀리 연장된다는 유클리드의 공리를 직선은 끝이 없다는 공리로 대체하자고 제안했다.

또한 리만은 우리는 경험상 평행선의 존재를 인정하지 않는다고 주장했다. 경험의 한계 내에서 우리는 당연히 임의의 두 직선이 만난다고 가정할 수 있다. 따라서 리만은 이 공리를 유클리드의 평행선 공리에 대한 대안으로서 제시했다. 상기하자면, 사케리도 동일한 가능성을 고려했지만 그것이 모순을 낳음을 알게 되었다. 하지만 사케리는 이 공리를 유클리드의 다른 아홉 공리와 결합했던 반면에, 리만은 변경된 내용, 즉 직선의 무경계성을 제시했다. 그런 까닭에 당연히 그는 사케리와 달리 아무런 모순에도 부딪히지 않았다.

리만은 유클리드 공리들 중 일부를 유지했기에 유클리드 기하학의 정리들과 동일한 몇 가지 정리에 도달했다. 가령 두 삼각형은 두 변과 끼인각이 서로 같으면 합동이다라는 정리는 다른 친숙한 합동 정리들과 마찬가지로 리만 기하학의 한 정리이기도 하다.

리만 기하학의 충격적인 정리들은 물론 유클리드의 결과들과는 현저히 다르다. 리만 기하학의 한 정리는 모든 직선은 동일한 유한한 길이를 갖는다고 말한다. 또 한 정리는 한 직선에 내린 모든 수직선은 한 점에서 만난다고 말한다. 리만 기하학에서 삼각형의 세 내각의 합은 언제나 180°보다 크다. 게다가 세 내각의 합은 삼각형의 넓이에 따라 변하는데, 넓이가 영에 접근할수록 합도 감소하여 180°에 접근한다. 닮은 두 삼각형은 반드시 합동이다(이것은 가우스의 기하학에서도 마찬가지다.) 물론 이런 정리들은 방대한 정리들 가운데서 대표적인 것들만 고른 내용일 뿐이다.

연습문제

1. 리만은 직선이 양쪽 중 어느 쪽으로든 무한히 연장된다는 유클리드의 공리를 왜 의심했는가?
2. 리만은 평행선에 관해 어떤 공리를 도입했는가?
3. 가우스와 리만의 비유클리드 기하학의 일부 정리들은 유클리드의 정리들과 동일하다. 왜 그런가?
4. 두 비유클리드 기하학 중에서 어느 것이 유클리드 기하학과 공통인 정리들이 더 많으리라고 예상되는가? 그 이유는 무엇인가?
5. 삼각형의 세 각의 합에 관하여 유클리드의 정리, 가우스의 정리 및 리만의 정리를 비교하라.
6. 리만 기하학에 고유한 정리 세 가지를 말하라.
7. 비유클리드 기하학이란 무엇인가?
8. 합동 삼각형과 닮은 삼각형을 유클리드 기하학에서는 구별하는데, 비유클리드 기하학에서는 어떤가?

20.5 비유클리드 기하학의 적용 가능성

유클리드 기하학 이외의 기하학이 존재할 수 있다는 사실, 즉 유클리드 기하학의 공리들과 근본적으로 다른 공리들을 구성하고 정리들을 증명할 수 있다는 사실은 그 자체로서 놀라운 발견이었다. 그리하여 기하학의 개념은 상당히 넓어졌는데, 이는 수학이 수와 기하도형에 관한 자명한 진리의 의미들을 연구하는 활동 이상의 것일 수 있음을 암시했다. 하지만 이 새로운 기하학들의 존재 자체로 인해 수학자들은 더 심오하고 더욱 혼란스러운 의문에 사로잡혔다. 이 의문은 가우스가 일찌감치 던졌던 것이다. 이런 새로운 기하학들 가운데 어느 하나라도 실제 문제에 적용할 수 있는가? 공리와 정리들이 물리적 공간을 설명하는데 타당할 수 있는지 그리고 심지어 유클리드 기하학보다 더 정확할 수 있는가? 왜 우리는 물리적 공간이 반드시 유클리드 기하학을 따른다고 계속 믿어야 하는가?

언뜻 보기에 이런 이상한 기하학들 중 어느 것이든 유클리드 기하학을 대체할 수 있으리라는 발상은 터무니없어 보였다. 유클리드 기하학이 물리적 공간의 유일한 기하학이며, 공간에 관한 진리라는 것은 사람들의 마음속에 너무나 깊이 자리 잡아 있어서 이와 반대되는 어떤 사상도 들어설 수가 없다. 수학자 게오르크 칸토어는 무지의 보존의 법칙에 대해 말했다. 잘못된 결론이 일단 내려지면 쉽게 사라지지 않는다. 잘 이해되지 않는 것일수록 더욱 고집스럽게 유지된다. 사실, 오랫동안 비유클리드 기하학은 논리적 호기심 거리로 여겨졌다. 그것의 존재는 부정할 수 없지만, 수학자들은 진짜 기하학, 즉 물리적 세계의 기하학은 유클리드 기하학이라는 입장을 고수했다. 그들은 물리적 실재계에 실제로 적용할 수 있는 다른 기하학이 있다는 생각을 전혀 진지하게 받아들이지 않았다. 하지만 결국에는 유클리드 기하학에 대한 집착이 단지 사고의 습관일 뿐이며 전혀 필연적인 믿음이 아님을 깨달았다. 이런 점을 간파하지 못한 소수의 수학자들은 상대성 이론이 실제로 비유클리드 기하학을 활용했음을 알고서 크나큰 충격을 받았다.

비유클리드 기하학이 물리적 공간에 어떻게 그리고 왜 들어맞는지 알아보는 것이 중요하다. 우선 왜 가우스, 보여이 및 로바체프스키가 유클리드의 평행선 공리의 진리성을 의심했는지부터 상기해보자. 그들이 알아차린 바로, 이 공리 및 이와 등가인 다른 단순한 형태의 공리는 인간의 경험의 범위를 훨씬 넘어서는 공간에서 생기는 일에 대한 주장을 담고 있었다. 따라서 경험은 그런 공리를 뒷받침하지 못한다. 사실, 그림 20.3의 직선 m과 n 및 각 NPR 범위 내에 들어오는 q와 같은 모든 직선은 l과 거의 같은 방향이므로, 점 P에서 가까운 거리 내에서는 분명 l과 만나지 않을 것이다. 따라서 가우스의 공리는 유클리드의 경험과 상당히 일치한다. 우리의 직관은 그런 사고와 어긋나는 듯하지만, 사실 이 직관 자체도 유클리드 기하학에 우리가 익숙해져 있기 때문에 생긴 것일지 모른다. 달리 말해, 경험에 관한 한, 가우스나 리만의 대안적인 공리들을 도입할 수 있는 것이다.

여러 대안적인 공리들 가운데 어느 것이 물리적 공간에 들어맞을지를 우리는 선험적으로 결정할 수 없기에, 이 문제에 대한 또 다른 접근법을 고려해야 할지 모른다. 임의의 기하학의 정리들은 공리의 논리적인 결과이다. 어쩌면 각 기하학의 정리들이 물리적 공간에 얼마나 잘 들어맞는지 알아보면 이 기하학들 가운데 어느 것이 나은지 판단하기 쉬울 것이다. 이런 생각을 가우스도 했다. 그는 언급하기를, 자신의 기하학에서 삼각형의 세 내각의 합은 180°보다 작아야만 하는데 반해, 유클리드 기하학에서는 정확히 180°이다. 따라서 그는 세 명의 관찰자를 각각 세 개의 산꼭대기에 세워 놓고서 각자 다른 두 관찰자에 대한 자신의 시선이 이루는 각을 측정하도록 했다. 세 산꼭대기에서 세 개의 시선이 이루는 삼각형의 세 내각들의 합은 179°59′58″로 드러났다. 즉 180°의 2″ 이내였다.

이 결과는 유클리드 기하학의 승리로 해석할 수도 있지만, 상황은 그리 단순하지 않다. 가우스의 기하학에서 삼각형의 세 내각의 합은 삼각형의 넓이가 감소할수록 증가하며, 넓이가 영에 접근할수록 180°에 접근한다. 리만의 기하학에서는 삼각형의 세 내각의 합이 언제나 180°보다 크며, 합은 이번에도 삼각형의 넓이가 감소할수록 180°에 접근한다. 따라서 작은 삼각형일 경우, 세 기하학 모두 세 내각의 합이 180°에 가까워야 한다고 말한다. 세 산꼭대기로 이루어진 내각에 대한 가우스의 측정이 정확했다면, 그는 이 결과가 180°보다 작거나 같거나 아니면 크다고 주장할 수 있었을 테며 그의 실험은 결정적이었을 것이다. 하지만 모든 측정에는 눈과 손이 정확하지 않기 때문에 오차가 포함된다. 가우스의 측정에 포함된 오차가 2″보다 크다고 우리는 안전하게 가정할 수 있다. 그러므로 그의 결과에서 보면 세 내각의 진짜 합은 180°보다 약간 큰 값에서부터 약간 작은 값 사이의 어디쯤이라고 할 수 있다. 따라서 이 결과는 세 기하학 중 어느 것과도 일치했다.

큰 삼각형의 경우, 세 내각의 합은 가우스의 기하학에서 180°보다 상당히 작아야만 하며 리만의 기하학에서는 상당히 커야 한다. 따라서 큰 삼각형, 가령 일정 거리 떨어진 세 천체로 이루어진 삼각형을 이용하면 세 기하학 중 어느 하나만 들어맞는 결과를 얻을 수 있을지 모른다. 단, 측정 오차는 작게 유지되어야 한다. 가령 5° 미만의 측정 오차로 175°라는 결과가 나온다면 가우스의 기하학이 물리적으로도 옳음이 확실히 밝혀지게 될 것이다. 하지만 십구 세기에는 그런 결과가 얻어지지 않았다. 가우스, 로바체프스키 및 보여이는 적어도 당시에 이용할 수 있는 도구로서는 측정이 이 문제를 해결하지 못함을 깨달았다.

삼각형의 세 내각의 합을 바탕으로 한 실험은 어느 기하학이 물리적 공간에 들어맞는지 밝혀내지 못하므로, 이 목적에 부합하는 또 다른 정리를 떠올려볼 수 있겠다. 그러면 두 비유클리드 기하학 모두에서 성립하는 정리, 즉 두 닮은 삼각형은 합동이어야 한다는 정리가 떠오른다. 이번에는 결정적인 실험이 가능할 듯하다. 왜냐하면 작은 삼각형 하나와 큰 삼각형 하나를 만들어서 두 삼각형이 닮도록 할 수 있다는 것은 꽤 명백해 보이기 때문이다. 작은 삼각형의 세 내각이 큰 삼각형의 세 내각과 동일하도록 하면, 두 삼각형은 필연적으로 닮은 삼각형이 된다. 유클리드 기하학만이 이런 물리적 상황에 들어맞는다. 하지만 이 주장에는 두 삼각형의 대응하는 각들이 진짜로 동일한지를 확신할 수 없기 때문에 결점이 있다. 결국 측정은 근사적이며, 한 삼각형의 적어도 한 각은 다른 삼각형의 대응하는 각과 다를 수 있다. 만약 그렇다면 삼각형은 닮지 않을 것이다.

위의 주장들의 개요는 어느 한 기하학이 다른 기하학보다 우위에 있음을 알려줄 간단한 실험이 존재하지 않는다는 것이다. 하지만 천문 관측처럼 정말로 큰 삼각형을 대상으로 하는 경우에는 어느 기하학이 더 잘 맞는지 결정할 수 있을지 모른다. 사실, 이런 가능성은 실현되었다. 상대성이론에서 아인슈타인은 비유클리드 기하학을 도입했는데(우리가 지금가지 살펴본 것보다 더 복잡한 것이긴 하지만), 그의 예상과 관찰 결과의 일치는 유클리드 기하학을 통해 얻은 결과보다 나았다.

연습문제

1. 측정은 물리적 공간 속의 대상들이 다른 기하학보다 어느 한 기하학의 정리에 의해 더 잘 기술됨을 밝히는 데 도움을 주는가?
2. 공학과 건축에 가우스나 리만의 비유클리드 기하학을 사용할 수 있는가?
3. 가우스가 실시한 삼각형의 세 각의 합에 관한 측정은 공간이 유클리드적인지 아닌지를 왜 밝혀내지 못했는가?

20.6 직선의 새로운 해석을 통한 비유클리드 기하학의 적용 가능성

지금까지 우리는 비유클리드 기하학을 우리가 사는 물리적 공간에 적용할 가능성을 살펴보았는데, 이런 고찰은 직선의 물리적 의미란 늘어난 줄이나 자의 모서리라는 이해를 바탕으로 삼았다. 가령 지구에서 달까지의 직선처럼 직선을 너무 길게 여겨서 실제로 구현할 수 없을 때조차, 우리는 그런 직선이 길고 팽팽한 줄이나 가상의 길고 곧은 막대라고 떠올린다. 하지만 우리는 수학에서 말하는 직선은 이런 물리적이거나 기하도형에 국한되지 않음을 인식해야만

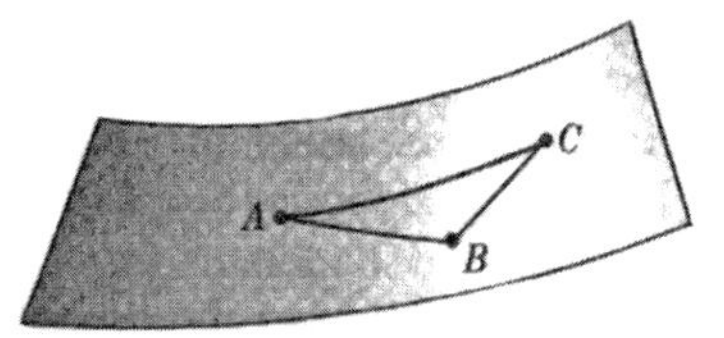

그림 20.5
원통형 곡면에 관한 유클리드 기하학

한다. 한 가지 예를 살펴보자.

먼저 평평한 종이 한 장을 떠올려보자. 이 종이는 모든 방향으로 무한히 멀리 뻗어나갈 수 있다고 하자. 이제 종이를 구부려 오른쪽 및 왼쪽으로 위로 휘면서 계속 모든 방향으로 무한히 멀리 뻗어나간다고 상상하자(그림 20.5). 말이 나온 김에 이야기인데, 수학에서 이런 형태를 가리켜 원통형 곡면이라고 한다. (종이 한 장의 양쪽을 위로 구부리기만 하면 국소적인 원통형 곡면을 만들 수 있다.) 평면에서 원통형 곡면으로 변했기 때문에 평면의 많은 직선들은 곡면에서는 곡선이 된다. 가령 그림 20.5의 *AC*는 곡선의 한 호로서, 만약 곡면이 평평하다면 직선의 한 선분이 될 터이다. 직선으로부터 얻어진 곡선도 우리는 계속 직선이라고 부를 것이다. 평면의 각은 휘어짐으로 인해 곡면의 각이 된다. 평면의 삼각형은 곡면 상의 곡선들의 호에 의해 생기는 삼각형에 대응한다. 평면의 원은 곡면 상의 새로운 곡선이 되는데, 우리는 이것을 계속 원이라고 부를 것이다.

이제 평면을 휘어서 원통형 곡면을 만들어도 길이나 각이 변하지 않음에 주목하자. 왜냐하면 평면을 곡면으로 만들 때 평면은 늘어나지도 줄어들지도 않기 때문이다. 따라서 곡면을 따라 측정된 두 점 사이의 거리는 평면 상에서의 두 점 사이의 거리와 동일하다.

길이와 각이 변하지 않으므로, 따라서 만약 평면 상의 도형들이 유클리드 기하학의 공리들을 만족한다면 곡면 상의 도형들도 마찬가지이다. 단, 곡면 상에서 직선, 각 및 원의 의미가 위에서 정해진 대로라면 말이다. 그리고 정리들은 공리의 논리적 결과이므로 유클리드 기하학의 정리들 역시 곡면 상의 도형들에 대하여 타당성을 유지한다. 가령 그림 20.5의 삼각형 *ABC*의 세 내각의 합은 180°이다. 이런 몇 가지 주장들은 언뜻 보기에 썩 미심쩍어 보인다. 곡면 상의 삼각형들은 선분들로 이루어지지 않았는데도 유클리드 기하학의 정리들이 여전히 유효하다. 유클리드 기하학의 공리와 정리에서 나온 직선이라는 단어를 어떻게 더 이상 직선이 아닌 곡선에 적용할 수 있다는 말인가?

이 질문의 답에는 기하학에 관해 그리고 정말이지 수학 일반에 관해 중요한 내용이 하나 들어 있다. 6장에서 유클리드 기하학을 검토하면서 우리는 점, 직선, 평면 및 기타 개념들에 관한 유클리드의 정의가 꽤 만족스럽지는 않음을 잠깐 언급했다. 사실, 이런 개념들에 관한 유클리드의 정의는 무의미하다. 그는 곡선을 폭이 없는 길이라고 정의했지만, 길이와 폭이 무슨 의미인지 밝히지 않았다. 이어서 그는 직선을 양 끝단 사이에서 고르게 놓여 있는 곡선이라고 정의했지만, "고르게 놓여 있음"이 무슨 의미인지를 밝히지 않았다. 유클리드는 이런 용어들에 대한 우리의 직관적인 이해에 기대고 있었지만, 직관적인 이해는 논리적 사고에 속할 수가 없다. 그렇다면 대안은 무엇인가? 어떤 분야든지 간에 새로운 수학 분야를 개발하는 과정은 초기 개념들을 정의함으로써 시작될 수는 없다. 왜냐하면 무언가를 정의하려면 이미 의미가 확립되어 있는 개념들을 이용해야 하기 때문이다. 하지만 분명 초기 개념들은 선행하는 개념들로 정의할 수가 없다. 선행하는 개념들이 존재하지 않기 때문이다. 그렇다면 요점은, 초기 개념들은 정의할 수가 없다는 것이다. 그런 개념들은 정의되지 않고 남아 있을 수밖에 없다.

이런 주장은 다음과 같은 의문을 불러일으킨다. 만약 점, 직선, 평면 및 기타 기본적인 개념들이 정의되지 않는다면 우리는 그것들이 무슨 의미인지 그리고 어떻게 다룰지를 어떻게 알 수 있단 말인가? 답은, 유클리드 기하학의 공리들이 이런 개념들이 어떤 속성을 지니는지를 알려준다는 것이다. 이런 속성들만이 증명을 확립하는 데 사용될 수 있다. 그러므로 개념들은 공리를 만족하는 정도 내에서만 제한적으로 유효하다.

이제 우리가 판단할 수 있는 한, 자의 모서리나 곧게 뻗은 줄과 같은 물리적 직선들은 유클리드 기하학의 공리들을 만족한다. 사실 역사적으로 볼 때 공리들은 자의 모서리나 곧게 뻗은 줄의 속성을 관찰하여 구성되었다. 하지만 놀랍게도, 공리를 만족하는 다른 "직선들"도 존재할 수 있다. 만약 그렇다면, 이 직선들은 공리 및 정리의 합법적인 해석 내지 실현이다. 원통형 곡면의 직선들도 이 경우에 해당한다. 알다시피 원통형 곡면의 직선들은 유클리드 기하학의 공리들을 만족한다. 왜냐하면 평면을 원통형 곡면으로 변형시킬 때 유클리드 기하학의 공리들이 주장하는 속성을 전혀 변경하지 않았기 때문이다. 결과적으로, 유클리드 기하학 전체는 원통형 곡면 상의 점, 직선, 삼각형, 다각형 및 기타 도형에 적용된다.

그렇다면 원통형 곡면에 관한 논의 전체는 유클리드 기하학을 완전히 새로운 그림과 연관시킬 수 있다는 것이다. 무슨 말이냐면, 유클리드 기하학은 우리가 이전에 짐작했던 것보다 더 많은 물리적 상황에 적용된다는 뜻이다. 그런데 직선에 관한 새로운 관점을 도입함으로써 유클리드 기하학을 새로운 용도에 쓸 수 있다면 아마도 비유클리드 기하학도 그렇게 할 수 있을 것이다. 따라서 비유클리드 기하학도 우리가 이제껏 짐작했던 것보다 훨씬 더 소중하고 더 큰 의미가 있을지 모른다. 이제 우리는 리만의 비유클리드 기하학에 대해 매우 단순하면서도 실용적인 해석을 내릴 수 있음을 증명할 것이다.

지구 표면을 떠올려본 다음 우리가 지구 표면에 들어맞을 기하학을 개발할 임무를 맡았다고 가정하자. 물론 우리는 보통의 물리적인 점을 이상화시킨 것을 이 기하학의 점으로 삼을 것이다. 다음으로 필시 우리는 직선의 역할을 맡을 형태를 찾아 뒤질 것이다. 이제 통상적인 의미에서 직선은 지구 표면에 존재하지 않는다. 왜냐하면 지구 표면은 휘어진 곡면이기 때문이다. 따라서 우리

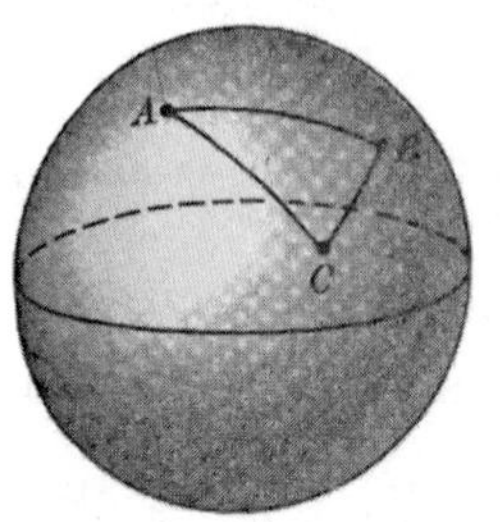

그림 20.6
대원의 호들로 이루어진 구면삼각형

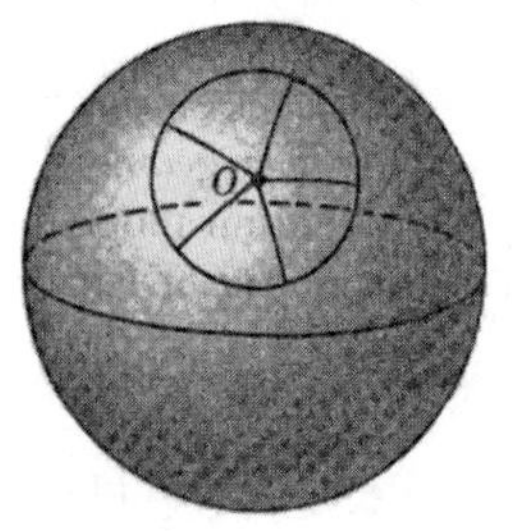

그림 20.7
구면상의 원

가 찾는 직선은 자의 모서리나 곧게 뻗은 줄일 수가 없다. 고를 수 있는 가장 유용한 곡선은 두 점을 가장 짧은 경로로 연결하는 곡선일 것이다. 구면 상의 임의의 두 점 사이의 가장 짧은 경로는 이 두 점을 지나는 대원의 두 호 중에서 더 짧은 호이다.* 따라서 구면 상의 대원을 직선으로 삼는 것이 합리적인 듯하다. 구면 상의 삼각형은 세 대원의 세 호로 이루어진 도형일 것이다(그림 20.6). 구면상의 원은 한 고정된 점으로부터 특정한 거리에 있는 모든 점의 집합일 것이다(그림 20.7). (고정된 점과 원상의 임의의 점 사이의 거리는 물론 두 점을 지나는 대원을 따라 측정된다.) 사실 우리는 구면 상의 점과 직선으로 다양한 기하도형들을 기술할 수 있다.

우리의 기하학을 구성할 다음 단계는 우리의 점, 직선 및 기하도형들이 만족하는 공리를 결정하는 일일 것이다. 이제 우리의 직선들은 대원들이다. 이 직선들은 크기가 무한하지 않다. 하지만 각 직선은 무경계성을 지닌다. 즉 시작도 없고 끝도 없다. 따라서 우리의 공리는 직선이 무경계적임을 말해야만 한다. 다음으로, 한 지름의 양 끝단에 있지 않는 두 점은 고유한 하나의 대원을 결정한다. 하지만 한 지름의 양 끝단에 있는 두 점은 고유한 하나의 대원을 결정

---

* 대원의 개념은 7장에서 설명했다.

하지 않는다. 결국 우리는 임의의 두 점이 고유한 한 직선을 결정한다는 공리를 채택할 수 없다. 다음으로 평행선에 관한 공리라는 주제를 살펴보자. 구면상의 임의의 두 대원은 만난다. 사실은 지름의 반대편에 있는 두 점에서 만난다. 따라서 평행선 공리는 임의의 두 직선이 만난다고 말해야 한다. 즉, 평행선이 존재하지 않는다는 내용이 평행선 공리가 되어야 한다. 우리는 우리의 기하학 체계를 위한 공리들을 더 이상 논의하지 않을 것이다. 왜냐하면 우리가 향하는 결론이 이제 명백하기 때문이다. 우리의 기하학이 지구 표면에 들어맞도록 채택하게 될 공리들은 정확히 리만이 자신의 비유클리드 기하학을 위해 채택한 공리들과 똑같을 것이다.

리만 기하학의 공리들이 구에서 성립하므로 정리들도 마찬가지로 성립한다. 따라서 구면 상의 기하학은 리만의 비유클리드 기하학의 한 적용 사례이다. 흥미삼아 리만 기하학의 몇 가지 정리들이 정말로 구면에 적용이 되는지 알아보자. 한 직선에 내린 모든 수선이 한 점에서 만난다는 정리를 고려해보자. 그림 20.8은 이 정리를 보여주는데, 단번에 이 정리가 옳음이 드러난다. 또 하나의 정리는 삼각형의 세 각의 합이 언제나 180°보다 크다고 말한다. 이 정리가 구면상의 모든 삼각형에서 타당한지 증명하려면, 구면 기하학에서 증명된 한 정리, 즉 임의의 구면삼각형의 세 각의 합이 언제나 180°에서 540° 사이에 있다는 정리를 불러와야 할 것이다. 하지만 우리는 리만의 정리가 적용되는 특수한 사례를 금방 떠올릴 수 있다. 그림 20.8의 삼각형 *ABC*를 고려하자. 각 *A*와 *B*는 각각 90°이다. 물론 우리는 리만 기하학의 모든 정리가 구면에서 성립함을 확인할 수 있다.

그런데 구면 상의 기하학에 관한 우리의 논의에서 등장하는 중요한 점을 말하자면, 리만의 비유클리드 기하학의 새로운 용도를 우리가 찾아냈다는 것이다. 리만의 기하학은 구면에 직접 적용된다. 단, 직선이 구면상의 대원을 의미한다면 말이다.

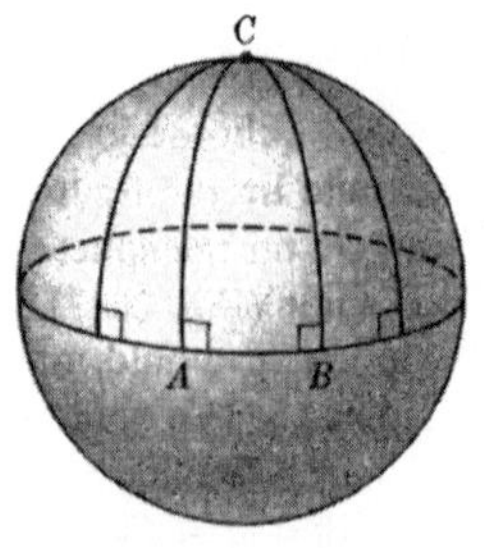

그림 20.8
구면삼각형의 세 각의 합은 180°보다 크다.

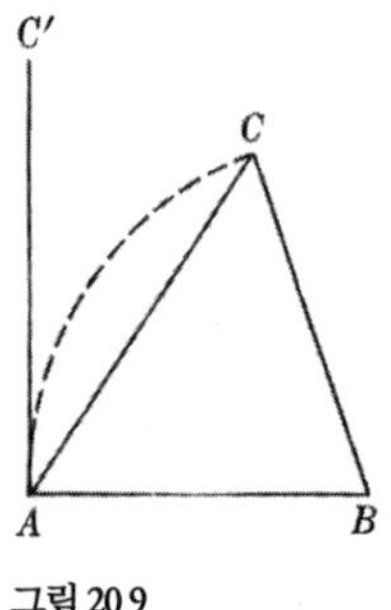

그림 20.9

이런 사실을 고찰해보면 다음 질문이 제기된다. 리만의 기하학이 구면에 자연스럽게 적용되는데도 왜 수학자들은 고대 그리스 시대에 비유클리드 기하학을 떠올리지 못했는가? 비유클리드 기하학이 존재할 수 있다는 인식이 활짝 피어나는 데는 왜 그토록 오랜 세월이 걸렸는가? 답을 말하자면, 고대 그리스인들은 분명 이집트인들과 바빌로니아인들의 영향을 받았기에, 곧게 뻗은 줄이나 자의 모서리를 물리적인 직선으로 선택했으며 유클리드의 공리들을 그들의 기하학의 바탕으로 삼았다. 그런 선택은 지구 표면의 작은 부분에 국한된 경험만을 지녔던 사람들에게는 매우 자연스러웠다. 그들이 다양한 곡면 가운데서 구를 고려하게 되었을 때는 이미 도입한 개념과 공리들을 통해 접근했기에 유클리드 기하학의 관점에서 속성을 기술할 수밖에 없었다. 그러므로 대원은 곡선으로 취급되었다. 다른 곳에서 이미 언급했듯이, 고대 그리스인들 및 1800년까지의 모든 수학자들은 유클리드 기하학의 물리적 공간의 참된 기하학임을 추호도 의심하지 않았기에 구에 직접 접근하고 그것에 대한 특별한 기하학을 세운다는 것은 터무니없는 일로 보였을 테다. 그들은 이미 진짜 기하학을 갖고 있었기에 지금 우리가 보기에는 분명 사고 습관일 뿐이었던 것을 깨부술 수 없었다.

가우스의 비유클리드 기하학의 공리들과 정리들이 적용되는 곡면을 보여주는 것도 가능하다. 단, 그 곡면 상의 직선으로 선택된 곡선은 구면의 경우와 마찬가지로 두 점을 가장 짧은 경로로 잇는 것이다. 하지만 이 곡면은 널리 이용되지 않기에, 우리는 그것을 살피는 데 시간을 쓰지 않을 것이다. 오히려 우리에게 친숙한 물리적 공간을 다시 살펴보는 일이 더욱 생산적이다.

우리는 직선에 대한 합리적이고 편리한 물리적 해석이 자의 모서리나 곧게 뻗은 줄이라는 생각에 익숙해져왔다. 그렇게 해석하면서도 우리는 제한된 영역에서는 경험상 비유클리드 기하학이 물리적 공간을 기술할 수 있을 가능성을 배제하지 않았다. 이제 우리는 자의 모서리나 곧게 뻗은 줄은 수학적인 직선에 관한 중요한 물리적 해석이 아니며 우리가 흔히 그리고 필연적으로 다른 것을 사용함을 짚어 보아야겠다. 측량사들이 거리를 어떻게 결정하는지 살펴보자. 그들은 우선 편리한 기선(基線) AB(그림 20.9)를 도입하는데, 그 길이는 실제로 줄자를 이용해서 잰다. 거리 AC를 결정하기 위해 측량사는 A에 위치한 망원경으로 관찰점 C가 기선과 이루는 각 A를 측정한 다음에 망원경을 돌려서 관찰점 B를 포착한다. 측량사가 갖고 있는 경위의(經緯儀)에는 망원경을 얼마나 많이 돌렸는지를 알려주는 눈금이 있어서 각 A를 알 수 있다. 비슷한 방법으로 측량사는 각 B를 측정한다. 이제 측량사는 C에서 A까지 진행하는 광선이나 B에서 A까지 진행하는 광선이 두 점 사이의 직선(곧게 뻗은 줄) 경로를 따른다고 가정한다. 그리고 유클리드 기하학의 공리들이 곧게 뻗은 줄에 들어맞으므로 그는 유클리드 기하학이나 삼각법을 적용하여 AC와 BC를 계산한다. 하지만 측량사가 틀렸을지도 모른다. C에서 A로 가는 광선은 그림 20.9에 보이는 점선을 따라갔을지도 모르며, A에 있는 측량사는 빛을 받기 위해서 망원경을 광선에 접선 방향으로 향하게 했을 것이다. 따라서 비록 측량사가 망원경으로 본 것은 점 C였지만, 망원경은 실제로 C'를 향했을 것이다. 결과적으로, 측량사가 측정한 각은 $C'AB$이지 CAB가 아니다. 그러므로 유클리드 기하학을 사용함으로써 AC와 BC에 대해 틀린 결과를 얻게 될지 모른다.

그렇다면 어떻게 했어야 하는가? 그가 실제로 사용했던 직선은 광선이므로, 광선의 행동에 들어맞는 공리들을 지닌 기하학을 적용했어야 한다. 하지만 광선은 직선 경로를 정말로 따르지 않는가? 분명 그렇지 않은 상황이 존재한다. 앞서(1장) 언급했듯이, 햇빛이 지구의 대기권을 지날 때는 대기의 굴절 효과 때문에 휘어진다. 따라서 광선이 어떤 경로를 따르는가라는 질문이 제기된다. 관찰과 측정에서 드러나기로, 지구 표면을 따라 또는 지구 표면 근처의 짧은 거리에서는 광선은 충분히 직선에 가까운 경로를 따르지만, 먼 거리에 걸쳐서는 분명 그렇지 않다.

위의 사례는 중요한 내용 한 가지를 암시해주는 듯하다. 천문 관측에서 우리는 각을 재기 위해 광선에 전적으로 의존할 수밖에 없다. 광선은 먼 거리를 진행하므로 광선이 따르는 경로는 정말로 직선이 아닐지 모르는데, 우리는 줄자나 자를 대서 진짜 경로를 확인할 수는 없다. 따라서 유클리드 기하학을 사용해야 할지 여부를 확신할 수 없다.

이 어려움은 두 가지 방법 중 하나로 해결하려고 시도할 수 있다. 광선이 어떤 경로를 따르는지를 물리적으로 조사하여 결정할 수 있는데, 비록 그 경로가 휘어져 있음을 알게 되더라도 유클리드 기하학의 곡선처럼 다룰 수 있다. 이것이 바로 지구 표면 근처에서 빛의 행동을 연구하는 물리학자들이 하는 일이다. 굴절 법칙은 빛이 어떻게 행동하는지를 알려주는데, 이 법칙을 마련하고 적용하는 모든 추론은 유클리드 기하학을 바탕으로 한다. 대안적으로는 광선의 경로를 직선으로 간주하여 한 기하학을 구성하는데, 광선을 이 기하학의 직선으로 삼으면 된다. 어떻게 그런 기하학을 구성할지는 명백하지 않다. 광선의 행동에 관한 사실들을 알아내야 할 것인데, 그런 사실이 이 기하학의 공리들이 될 것이다. 그리고 이 공리들로부터 정리들을 연역해내야 할 것이다. 그 결과 생기는 기하학은 아마도 비유클리드 기하학이 될 터인데, 어쩌면 가우스와 리만이 개발한 기하학과도 다를지 모른다.

비유클리드 기하학을 적용할 가능성에 관한 논의는 전부 어떤 의미에서 시대에 뒤떨어졌다. 현재 과학의 기본적인 이론들 중 하나인 상대성이론은 우리의 공간이 비유클리드적이라고 가정하는데, 이를 바탕으로 이론과 실험 결과가 더 정확히 일치한다. 유클리드 기하학을 바탕으로 한 뉴턴 역학이라는 낡은 이론에 비해서 말이다. 비유클리드 기하학의 적용가능성에 대한 이 짧은 논의에서 다루기는 너무나 길지만 아무튼 여러 가지 이유로, 상대성이론에서는 공간과 더불어 시간을 함께 취급하며 대상이나 사건은 공간을 표시하는 x, y, z의 좌표만이 아니라 대상이나 사건이 x, y, z 위치에서 발생하는 시간 t의 값과 함께 기술된다. 달리 말해, 이 이론에 관한 기하학은 사차원이다. 이 사실 자체가 우리가 비유클리드 기하학에 기대야 한다는 뜻은 아니다. 하지만 중력 현상을 설명하려고 시도할 때에는 사차원 시공간을 비균질적 기하학으로 간주할 필요가 있다. 무슨 말이냐면, 시공간의 속성은 장소마다 달라진다는 뜻이다. 이차원적인 산의 곡면이 위치에 따라서 기하학적 특성이 달라지듯이 말이다. 일반상대성의 기하학에서는 질량의 존재가 임의의 지역에서 기하학의 특성을 결정하는데, 이런 질량에는 지구, 달, 태양 및 다른 천체들이 해당된다. 게다가 이 기하학은 "직선"이 시공간의 최단거리 "경로"인 방식으로 구성된다. 따라서 상대성의 비유클리드 기하학에서는 직선이 광선의 관점에서 정의되지는 않지만, 광선이 그러한 경로를 취한다는 사실은 중요하다.

연습문제

1. 유클리드 기하학의 직선은 곧게 뻗은 줄의 형태를 갖는데도 이 기하학이 원통형 곡면에 어떻게 적용될 수 있는지 설명하라.
2. 수학의 어떠한 분야에서든 초기 단계에서 미정의 개념들이 존재할 수밖에 없는 이유는 무엇인가?
3. 어떤 조건하에서 리만의 비유클리드 기하학은 구면 상의 올바른 기하학임

이 밝혀지는가?

4. 수학자들이 창조해낸 기하학과 물리적 공간의 기하학을 구별해야 하는가?
5. 과학은 곧게 뻗은 줄을 수학적 직선의 물리적 모형으로 정말로 사용하는가?
6. 산악 지역에 사는 사람들이 그 지역에 대한 기하학을 구성하기를 원한다고 하자. 그들은 두 점 사이의 가장 짧은 거리를 그 기하학의 직선으로 삼자는 데 동의한다. 그들은 어떤 종류의 기하학을 내놓을 것인가?
7. 산악 지역에 사는 사람들이 그 지역에 대한 기하학을 구성하기를 원한다고 하자. 그들은 걸어서 이동하므로 한 장소에서 다른 장소에 이르는 가장 짧은 경로를 이용하려면 어떤 간접적인 경로를 이용할 때보다 시간이 더 많이 걸릴지 모른다. 왜냐하면 가장 짧은 경로에는 험난한 절벽이 포함될 수도 있기 때문이다. 그러므로 이 사람들은 이동 시간이 가장 적게 드는 경로를 두 점을 잇는 직선으로 삼는 데 동의한다. 그들은 어떤 종류의 기하학을 내놓을 것인가?

20.7 비유클리드 기하학 그리고 수학의 본질

물리적 공간에 부합하는 비유클리드 기하학의 존재는, 이런 비유클리드 기하학 중 하나가 실제로 상대성이론에 적용된다는 사실 외에도, 수학 자체, 과학 그리고 우리 문화의 일부 요소들에 심오한 의미를 지녔다. 이 절에서는 수학에 대해 갖는 의미를 논하겠다.

비유클리드 기하학의 가장 중요한 결과는 수학이 진리를 제공하지 못함을 깨닫게 해준 것이었다. 고대 그리스인들이 유클리드 기하학의 공리를 받아들인 까닭은 물리적 공간에 관한 자명한 진리라고 믿었기 때문이다. 그 공리들은 설령 경험하지 못했더라도 누구나 받아들여야 하는 필연적인 진리로 다가왔다. 정리들은 연역적 추론에 의해 얻어지는 공리들의 필연적인 결과들이므로,

고대 그리스인들은 정리 역시 진리라고 믿었다. 이런 공리들로부터 연역된 정리들과 경험으로 알게 된 결과들이 일치하였기에 그 공리들이 진리라는 확신은 더욱 강화되었다. 수학이 진리를 제공한다는 믿음은 비유클리드 기하학의 탄생 이전까지 지각 있는 사람이라면 누구나 고수하는 것이었다. 하지만 서로 모순되는 여러 기하학이 전부 물리적 공간과 부합한다면, 이 모든 것이 전부 진리일 수 없음은 너무나 명백해지며, 설상가상으로 이들 중에 정말 진리가 있는지도 더 이상 확신할 수 없게 되었다.

이제 수학적 공간과 물리적 공간을 구별해야만 한다는 점이 더욱 확실해졌다. 수학자들과 과학자들은 물리적 세계가 인간의 외부에 독립적으로 존재한다고 믿으며, 이 물리적 공간에 부합하는 듯한 공리들을 도입한 다음 이런 공리들로부터 정리들을 연역해내어 그 공간을 이해하려고 한다. 이제 우리는 수학적 구성물을 물리적 공간과 동일시할 이유가 없음을 인식하게 되었다. 정말이지, 여러 상이한 수학 이론들이 모두 다 잘 들어맞을 수도 있다. 공간의 수학 이론들은 임의의 과학 이론들과 마찬가지다. 즉, 사용되는 수학적 체계들은 그 당시의 경험에 가장 잘 부합하는 것이다. 만약 경험이 넓어짐에 따라 다른 기하학이 경험에 더 잘 부합한다는 것이 명백해지면, 공간에 관한 이전 이론은 버려지고 새로운 이론이 도입된다. 바로 이런 일이 상대성이론이 이전의 과학 연구를 훨씬 능가하는 정확도로 현상을 설명하려고 했을 때 일어났다.

지금까지 수학의 진리성 및 수학적 이론의 잠정적 속성에 관해 언급했던 내용은 기하학의 발달을 바탕으로 한 것이었다. 하지만 반대 의견을 가진 독자가 있을 수도 있다. 기하학은 더 이상 진리를 제공하지는 못함을 인정하면서도, 우리의 산수, 대수 및 수 체계를 바탕으로 한 다른 발전들이 진리를 구성한다는 점은 계속 확신할 수 있다. 우리는 21장을 이 주제에 할애할 것인데, 그러면 진리와 관련하여 수의 영역이 기하학과 다르지 않음이 더욱 확실해질 것이다.

만약 수학의 다양한 분야들이 물리적 경험과 다소간의 유용한 관련성을 가질 뿐이라면, 수학이 과학과 다를 것이 무엇일까? 수학적 공리는 진리로 간주된 반면에 과학의 공리들은 제한된 경험이나 실험을 통해 일반화된 것으로 분명 인식되었기 때문에 수학은 언제나 과학과 구별되었다. 과학자들은 자신들의 연구가 자연에서 일어나는 현상을 참되게 기술하지 못하고 새로운 사실이 나타나면 바뀔 수밖에 없는 이론을 내놓을 뿐임을 깨달았다. 지금 우리가 수학에 관해 깨달은 바도 바로 이런 것이 아닐까?

물리적 세계의 연구에 관한 한 수학은 다른 과학 분야들과 똑같은 속성이 있다. 즉, 이론 외에는 아무것도 제공해주지 않는다. 그리고 과학과 마찬가지로 새로운 수학 이론은 경험이나 실험을 통해 새 이론이 이전 이론보다 더 합당하다고 밝혀지면 이전 이론을 대체할 수 있다. 아인슈타인은 이렇게 말한다.

> 실재에 관한 것인 한, 수학의 이론들은 확실하지 않다. 확실한 것인 한, 그 이론들은 실재에 관한 것이 아니다.

하지만 수학과 과학에는 기본적인 차이가 존재한다. 수학은 수, 기하도형 및 수와 기하도형 사이의 관계에 국한된다. 수학의 다른 모든 개념과 관계들은 수와 기하학으로부터 도출된다. 과학은 질량, 속도, 힘, 에너지, 분자 구조, 화학 과정, 식물의 구조, 동물, 인간 및 다른 수 백 가지 개념들을 다룬다. 즉, 수학의 주제는 과학과 다르다.

두 번째 차이는 수학은 언제나 연역적 증명을 고수하는 반면에, 과학은 비록 연역이길 추구하더라도 실험 사실이나 관찰 사실을 결론의 바탕으로서 계속 이용한다. 즉, 과학은 처음부터 고정된 개수의 공리들을 마련해놓고 이를 바탕으로 철저하게 연역적인 구조를 고집하지 않는다. 수학에는 가령 모든 짝수는 두 소수의 합이라는 가설처럼 많은 가설이 존재하는데, 이에 대해서는 연역적인 증거가 가장 결정적이다. 어떠한 과학자라도 증거에 의해 든든하게 뒷받침되는 주장을 사용하는 데 주저하지 않을 것이다. 하지만 수학자는 연역적인 증명을 계속 찾는다. 수학과 과학의 이러한 차이는 어쩌면 접근 방법의 차이일 뿐이다. 공리를 선택한 다음에 수학자는 공리로부터 가능한 한 많은 결론을 유도해낸다. 과학자는 새로운 공리를 도입하는 데 주저하지 않는다. 그렇게 하는 것이 귀납적 증거에 의해 보장되기만 한다면 말이다.

수학과 과학의 세 번째 차이는 특이하게도 비유클리드 기하학의 탄생에 의해 두드러지게 되었다. 수학은 과학과 마찬가지로 주로 자연의 설명에 치중했다. 하지만 수학자들은 비록 탐구한 결과들을 직접적으로 적용할 데가 없더라도 언제나 마음껏 수와 유클리드 기하학의 공리들의 의미를 발전시켜왔다. 수와 유클리드 기하학은 자연을 연구하는 데 매우 중요한 것으로 여겨졌기에 그것들에 관한 거의 모든 정보는 환영을 받았다. 하지만 비유클리드 기하학은 처음부터 그리고 이후로도 오랫동안 물리적 세계에 적용할 수 없을 듯한 공리들에 관심을 가졌지만, 결국에는 물리적 세계를 연구하는 데 유용함이 드러났다. 그러므로 이러한 역사를 볼 때, 수학자들은 물리적 세계와 직접적 내지 명백한 관련성이 없는 공리들을 마음껏 연구해도 좋다. 따라서 수학자들은 새로운 차원의 자유를 얻었는데, 바로 마음이 탐구하기를 바라는 것을 탐구하는 자유이다. 그리하여 수와 유클리드 기하학에 관한 정리들의 구속에서 풀려났다. 비유클리드 기하학의 탄생은 그야말로 수학을 과학으로부터 분리시키는 결과를 초래했다고 해도 과언이 아니다. 십구 세기 말에 위대한 수학자 가운데 한 명이자 기이하고 혁신적인 이론의 창시자인 게오르크 칸토어는 이렇게 선언했다. "수학의 핵심은 자유이다." 지난 세기에 수학 활동이 엄청나게 확장된 것은 부분적으로 새로운 자유의 결과였다.*

* 하지만, 24.4절을 보라.

연습문제

1. 비유클리드 기하학이 존재한다고 해서 왜 수학이 진리를 제공하지 못한다는 것인가?
2. 수학적 공간과 물리적 공간은 어떤 차이가 있는가?
3. 수학을 과학의 한 분야로 간주하는 것은 적절한가?

20.8 비유클리드 기하학이 우리 문화의 여러 분야에서 갖는 의미

수학이 과학에서 행하는 역할 그리고 과학 지식이 우리의 믿음 전반에 갖는 의미에 비추어 볼 때, 수학의 본질에 관한 인간의 이해가 혁신적으로 바뀐 것은 과학, 철학, 종교적 및 윤리적 믿음 그리고 사실 모든 지적인 분야에 대한 인간의 이해가 혁신적으로 바뀌었음을 의미한다고 볼 수 있다.

우선 과학적 사고에 미친 영향부터 살펴보자. 과학자들은 과학의 여러 분야에서 자신들의 이론이 최종적인 결론이 아님을 어느 정도 알아차리긴 했지만, 마음 한구석에서는 자연의 다양한 현상에 대한 참된 설명이 가능하며 그러한 목표를 향해 나아가고 있다고 계속 믿었다. 정말이지, 천문학과 역학 분야에서 십팔 세기 사상가들은 자신들이 자연의 참된 법칙을 찾았노라고 확실히 선포했다. 뉴턴 역학이 거의 모든 사고에 미친 영향은 심오했는데, 왜냐하면 십팔 세기 지성계의 선구자들이 자연 현상에 관한 수학적 설명이 옳다고 확신했기 때문이다. 비유클리드 기하학의 탄생은 과학적 사고에 두 가지 방식으로 영향을 미쳤다. 무엇보다도, 수학의 주요 사실들, 즉 삼각형, 정사각형, 원 및 다른 흔한 도형들에 관한 공리와 정리들은 과학 연구에 반복적으로 사용되어왔고 오랜 세월 동안 진리—가장 이해하기 쉬운 진리—로 받아들여졌다. 이 사실들이 더 이상 진리로 간주될 수 없게 되었기에, 수학적 정리들에 굳건하게 의존하고 있던 과학의 모든 결론들은 더 이상 진리일 수 없었다. 좀 더 거창하게 표현하자면, 과학적 구조들은 대체로 수학적 추론의 사슬망의 일부이므로, 비유클리드 기하학의 등장은 이러한 구조들의 틀 자체에 관한 의문을 불러일으켰다.

둘째, 수학의 붕괴는 과학자들로 하여금 인간이 참된 과학 이론을 찾을 가망이 있는지 의심하게 만들었다. 고대 그리스 및 뉴턴주의 관점은 인간이 자연에 이미 내재된 설계를 밝혀내는 역할을 하는 존재로 여겼다. 하지만 과학자들은 자신들의 목표를 재조정하지 않을 수 없었다. 이제 그들은 자신들이 찾는 수학 법칙들이 근사적일뿐이며 아무리 정확해본들 인간이 자연을 이해하고 바라보는 방식에 지나지 않는다고 믿게 되었다.

심지어 공학의 수준에서도 진지한 의문 하나가 등장했다. 다리, 건물, 댐 및 기타 구조물들은 유클리드 기하학을 바탕으로 했기에, 이런 구조물들이 붕괴될 위험이 있지 않는가? 사실 그러지 않으리라는 보장은 없다. 하지만 이런 생각은 십구 세기의 과학자들과 공학자들에게 두려움을 안겨주지 않았다. 그들은 비록 비유클리드 기하학이 존재하기는 하지만 물리적 공간의 기하학은 유클리드 기하학일 뿐이라고 믿었기 때문이다. 다른 기하학들은 논리적인 호기심거리로 치부했다. 이런 과학자들 및 심지어 수학자들의 행동을 통해 우리는 사고의 세계에서도 이른바 관성의 법칙이 존재함을 알 수 있다. 정지해 있거나 운동 중인 물체가 관성, 즉 자신의 속도를 변화시키지 않으려는 성질이 있듯이, 인간도 자신의 생각을 바꾸기를 꺼린다. 하지만 상대성이론의 등장은 유클리드 기하학이 적용 면에서 반드시 최상의 기하학이 아님을 확연히 드러냈다. 그렇다면 왜 공학자들이 통상적인 프로젝트에 유클리드 기하학을 계속 사용해야 한단 말인가? 그러는 까닭은 경험상 유클리드 기하학이 믿을만하다고 알려져 있었기 때문이었다. 공학자들이 확신하는 것은 이뿐이다. 전자와 중성자를 가속시키는 장치인 현대의 가속기처럼 엄청난 고속 운동이 포함된 공학을 개발하는 데는 상대성이론이 사용된다.

철학의 영역에서는 과학을 바탕으로 세워진 모든 주의가 필연적으로 영향을 받았다. 십칠 세기와 십팔 세기의 가장 위대한 발전인 뉴턴 역학은 세계가 수학적 법칙에 따라 설계되고 결정된다는 견해를 북돋우고 뒷받침했다. 십구 세기 초반에 전기와 빛과 같은 분야에서 더 많은 법칙들이 발견되자 매우 기계적이고 결정론적인 우주관은 더욱 강화되었다. 하지만 일단 비유클리드 기하학이 수학적 진리에 대한 믿음을 무너뜨리고 과학은 단지 자연이 어떻게 작동하는지에 관한 이론만을 제공한다는 점이 드러나자, 결정론을 믿을 가장 강력한 이유가 산산이 부서졌다.

아마도 이보다 훨씬 더 철학에 파괴적인 영향은 인간이 진리를 얻는 자신의 능력을 확신할 수 없게 되었다는 것이다. 철학을 통해 인간은 궁극적인 실재의 지식, 현명하게 살아가게 해줄 지식 그리고 이 세상에 존재하는 의미와 목적에 관한 억누를 수 없는 질문들에 답해줄 지식을 찾아왔다. 비유클리드 기하학의 등장 이전의 모든 사람들은 인간이 확실한 지식을 얻을 수 있다는 근본적인 믿음을 공유했다. 이런 믿음의 든든한 토대는 인간이 이미 일부 진리들을 얻었다는 데 있었다(기존의 수학이 그 증거였다). 어떠한 사고 체계도 유클리드 기하학만큼 널리 그리고 완전하게 받아들여진 것은 없었다. 이전 세대들에게 그것은 진리의 영토에 놓인 "영원한 반석"이었다. 전통이 자명한 진리를 뒷받침했으며 경험이 "상식"을 북돋웠다. 플라톤과 데카르트와 같은 사람들은 수학적 진리가 인간 본성에 내재해 있다고 확신했다. 칸트는 수학적 진리가 존재한다는 바탕 위에 자신의 철학 전체를 수립했다. 하지만 이제 철학은 진리의 추구가 유령을 뒤쫓는 일일지 모른다는 망상에 시달리게 되었다.

비유클리드 기하학이 암시하는 의미, 즉 인간이 진리를 얻을 수 없을지 모른다는 점은 모든 사고에 영향을 미친다. 과거 세대들은 법, 윤리, 행정, 경제 및 다른 여러 분야에서 절대적인 표준을 추구했다. 그들은 이성적 사고에 의하여 완벽한 국가, 완벽한 경제 체제, 인간 행동의 이상 등을 결정할 수 있다고 믿었다. 표준은 가장 효과적일뿐만 아니라 고유하고 올바른 것이기도 했다. 절대성에 대한 이런 믿음은 각 영역에 진리가 존재한다는 확신에 바탕을 두었다. 하지만 수학을 진리의 보루에서 끌어내리면서 비유클리드 기하학은 진리의 빛나는 왕관을 파괴했으며 진리를 얻고자 하는 인간의 희망을 산산조각내고 말았다. 진리의 닻이 사라지자 지식의 모든 집합체는 표류했다. 명백히 드러났듯이, 이제 지적인 과정은 더 이상 확실한 진리를 내놓지 못한다. 앙리 베르그송의 표현대로 "인간은 언제나 이성에 대해서 사고할 수 있다(이성 자체를 비판적 사고의 대상으로 삼을 수 있다는 뜻인 듯하다. 옮긴이)."

이십 세기는 비유클리드 기하학의 충격을 실감한 첫 세기이다. 왜냐하면 상대성이론 덕분에 비유클리드 기하학이 유명해졌기 때문이다. 그야말로 절대성의 폐기가 모든 지성인들의 마음속에 자리 잡았다. 우리는 더 이상 이상적인 정치 체제나 이상적인 윤리강령을 추구하지 않고 가장 실행 가능한 것을 추구한다. 흔히 사람들은 완벽을 기대해서는 안 된다고 말한다. 이런 태도는 십팔세기와 빅토리아 시대와는 뚜렷하게 대조를 이룬다.

아마도 비유클리드 기하학의 가장 위대한 의미는 인간 정신의 작동에 관한 통찰력을 제시해준 것이다. 역사상 이보다 더 유익한 것은 없다. 비유클리드 기하학 이전에 고수되었던, 수학이 진리의 요체라는 견해는 2000년 동안 액면 그대로 받아들여졌고, 실질적으로 서양 문화를 통틀어 그런 견해가 유지되었다. 물론 이 견해는 알고 보니 틀린 것이었다. 따라서 한편으로는, 올바른 가정을 내리는지 인식하는 데 인간의 정신이 얼마나 무기력한지 우리는 알 수 있다. 인간은 확실한 것을 믿는다기보다는 자신이 믿는 바를 가장 확신한다고 말하는 편이 더 적절할 것이다. 분명 우리는 가장 굳건한 확신들을 끊임없이 다시 살펴보아야 한다. 왜냐하면 이런 확신들도 미심쩍기 십상이기 때문이다. 그것들은 우리의 긍정적인 성취보다는 우리의 한계를 드러내줄 뿐이다. 다른 한편으로, 비유클리드 기하학은 인간 정신이 오를 수 있는 높은 경지를 보여준다. 새로운 기하학의 개념을 탐구한 비유클리드 기하학은 직관, 상식, 경험 그리고 가장 확고하게 자리 잡은 철학적 신조들에 도전함으로써 심오한 추론이 어떤 결과를 내놓을 수 있는지를 보여주었다.

연습문제

1. 비유클리드 기하학의 탄생이 갖는 가장 중대한 의미는 무엇이라고 보는가?
2. 비유클리드 기하학이 존재한다는 사실은 과학자들의 목표에 어떤 영향을 미치는가?
3. 기하학의 상이한 체계들과 법의 상이한 체계들을 비교 설명하라.
4. 비유클리드 기하학이 존재한다는 사실은 자연현상의 합리적 설명을 제공하는 과학의 능력을 확장시키는가?

더 살펴볼 주제

1. 더 단순한 평행선 공리를 찾기 위한 도전의 역사
2. 지롤라모 사케리의 업적
3. 카를 프리드리히 가우스의 일생
4. 상대성이론에 사용된 비유클리드 기하학

권장 도서

Bell, Eric T.: *Men of Mathematics*, Chaps. 14 and 16, Simon and Schuster, Inc., New York, 1937.

Bonola, Roberto: *Non-Euclidean Geometry, A Critical and Historical Study of Its Development*, Dover Publications, Inc., New York, 1955.

Carslaw, H. S.: *Non-Euclidean Plane Geometry and Trigonometry*, Chelsea Publishing Co., New York, 1959.

Dunnington, G. W.: *Carl Friedrich Gauss: Titan of Science*, Exposition Press, New

York, 1955.

Durell, Clement V.: *Readable Relativity*, G. Bell and Sons Ltd., London, 1931.

Frank, Philipp: *Philosophy of Science*, Chap. 3, Prentice-Hall, Inc., Englewood Cliffs, N. J., 1957.

Gamow, George: *One Two Three ... Infinity*, Chaps. 4 and 5, The New American Library, Mentor Books, New York, 1947.

Kline, Morris: *Mathematics in Western Culture*, Chap. 27, Oxford University Press, New York, 1953.

Poincare, Henri: *Science and Hypothesis*, Chaps. 3 to 5, Dover Publications, Inc., New York, 1952.

Russell, Bertrand: *The ABC of Relativity*, Harper and Bros., New York, 1926.

Sommerville, D. M. Y.: *The Elements of Non-Euclidean Geometry*, Dover Publications, Inc., New York, 1958.

Wolfe, Harold E.: *Introduction to Non-Euclidean Geometry*, The Dryden Press, New York, 1945.

Young, Jacob W. A.: *Monographs on Topics of Modern Mathematics*, Chap. 3, Dover Publications, Inc., New York, 1955.

21
다양한 산수와 그 대수

시계가 울릴 때가 하루 중 몇 시인지

대수를 이용해 현명하게 알려 달라.

새뮤얼 버틀러

21.1 들어가며

이미 살펴보았듯이, 수학에는 여러 기하학이 포함되는데 이런 기하학의 존재 자체가 수학의 본질에 그리고 물리적 세계에 대한 기하학의 관련성에 심오한 의미를 지닌다. 그러므로 대수도 여러 가지로 존재하는지 그리고 이런 대수의 존재도 수학에 그리고 대수와 물리적 세계에 대한 관련성에 기하학과 비슷한 의미를 지니는가라는 의문이 자연스레 떠오른다. 이 질문이 매우 중요한 까닭은 대수가 물리적 응용에서 가장 중요한 역할을 하기 때문만이 아니라 비유클리드 기하학이 수학은 진리를 제공하지 못함을 수학자들에게 가르친 후 많은 이들은 보통의 수 체계 및 이에 바탕을 둔 발전으로 관심을 돌렸고 수학의 이 분야는 여전히 진리를 제공한다는 입장을 고수했기 때문이기도 하다. 바로 이 생각은 오늘날에도 의심할 바 없는 진리의 예로 2+2=4를 제시하는 사람들이 심심찮게 표방한다.

보통의 수 체계와 그런 체계가 적용되는 물리적 상황 사이의 관계를 조사해 보면, 그런 체계도 진리를 제공하지 못함이 드러날 것이다. 그렇다면 기존의 대수와 다른 유형의 대수도 존재하며 이 또한 비유클리드 기하학처럼 유용함을 우리는 알게 될 것이다.

21.2 실수 체계의 적용 가능성

물론 수학은 자유롭게 기호 1, 2, 3, 4, … 등을 도입한다. 여기서 2는 $1+1$을, 3은 $2+1$을, 4는 $3+1$ 등을 의미한다. 게다가 4장에서 언급했듯이, 경험에 의하면 임의의 세 수 a, b, c에 대하여 $(a+b)+c=a+(b+c)$이며, 따라서 이런 결합적 속성은 공리로 채택된다. 이제 우리는 쉽사리 $2+2=4$임을 증명할 수 있다. 왜냐하면 무엇보다도 2의 의미 그 자체에 의해 다음이 성립하기 때문이다.

$$2+2=2+(1+1).$$

결합 공리로부터 다음이 도출된다.

$$2+(1+1)=(2+1)+1.$$

3의 정의에 의하여

$$(2+1)+1=3+1,$$

그리고 4의 정의에 의하여

$$3+1=4.$$

그리고 이제 동일한 것에 동일한 것들은 서로 동일하다는 공리를 적용하여, $2+2=4$라고 단언할 수 있다.

그러므로 정의와 공리가 포함된 순전히 논리적 과정에 의해 우리는 $2+2=4$를 증명했다. 하지만 우리가 답을 찾으려는 질문은 수학자가 정의와 공리를 세워서 결론을 연역해낼 수 있느냐 여부가 아니다. 우리는 산수가 타당한 연역적 체계임을 인정한다. 우리는 이 체계가 물리적 세계에 관한 진리를 필연적으로 표현하는지 여부를 알고 싶은 것이다.

이를 부정하는 한 가지 반론이 금세 떠오른다. 즉, 결합 공리는 단순한 수에 관한 우리의 제한된 경험 안에서만 정당한데도, 이 공리는 모든 자연수에 관한 내용을 말하고 있다는 반박이 가능하다. 이 주장이 위력적인 까닭은 제한된 경험을 바탕으로 한 일반화는 오류일지 모르기 때문이다. 하지만 많은 사상가들은 결합 공리가 경험에 의해 제시되었든 아니든 간에 그것은 확실히 진리라고 단언할 것이다. 물론 증명의 부담은 진리를 주장하는 자의 몫이다. 우리는 그런 입장을 고수하지 않을 것이다. 왜냐하면 산수와 물리적 세계와의 관련성은 약하기 때문이다.

만약 농부가 각각 암소 10마리 및 암소 25마리로 이루어진 가축 떼를 키운다면, 그는 10과 25를 더해 암소가 35마리임을 알고 있다. 즉, 암소를 하나하나 세지 않아도 된다. 하지만 두 암소 떼를 시장에 데려가서 한 마리당 100달러에 판다고 하자. 1000달러를 벌어들일 10 마리의 암소 떼와 2500달러를 벌어들일 25마리의 암소 떼가 합해서 3500달러를 벌어들일까? 장사하는 사람이라면 누구나 공급이 수요를 초과하면 가격이 떨어지기 때문에 35마리의 암소가 고작 3000달러만 벌어들일 수도 있음을 알고 있다. 어떤 이상화된 세계에서는 암소의 가격이 계속 3500달러로 유지될지 모르지만 실제 상황에서는 꼭 그렇지가 않다.

다음으로는 산수의 약간 더 심오한 결과들이 물리적 세계에 적용되는지 살펴보자. 분명 $2 \cdot \frac{1}{2} = 1$이라는 진술은 산수 상으로는 옳다. 하지만 절반의 종이 두 장이 온전한 종이 한 장을 만드는가? 그리고 절반의 구두 두 개가 온전한 구두 하나를 만드는가? 확실히 물리적인 절반 두 개는 절반이 온전한 하나로 합쳐지는 방식으로 결합되지 않는 한 온전한 하나를 만들어내지 못한다. 일반적으로 두 개의 $\frac{1}{2}$달러는 구매력에서 온전한 1 달러와 동일하지만, 은화가 지폐보다 더 선호되는 영역에서는 $\frac{1}{2}$달러 은화 두 개가 더 가치 있다. 산수가 적용가능한지 알려면 물리적 상황을 살펴보아야만 한다.

속도의 덧셈을 고려해보자. 강이 시속 3마일의 비율로 흐르고 정지한 물에서 시속 5마일의 비율로 노를 저을 수 있는 사람이 하류로 노를 젓는다면, 강에서 어떤 고정된 점에 대한 그의 속도는 3과 5의 합, 즉 시속 8마일이다. 하지만 만약 *A*씨가 시속 3마일의 비율로 길을 따라 걷고 *B*씨가 시속 5마일의 비율로 걷는다면, 어떤 고정된 점에 대한 *B*씨의 속도는 시속 8마일이 아니다. 당연하지 않느냐고 우리는 말할 것이다. 하지만 왜 어떤 경우에는 3과 5를 더하고 다른 경우에는 더하지 않는가? 언제 더하고 언제 더하지 말아야 할지를 알려주는 것은 바로 물리적 상황이다.

위의 모든 사례에서 우리는 수학적 결과가 들어맞는지 결정하려면 특정한 물리적 상황을 살펴보아야만 한다. 하지만 우리가 언제 산수 결과를 적용할지 알기 위해 경험에 기대어야 한다면, 그것은 우리가 원하는 산수의 진리가 아니다.

산수의 적용 가능성을 더 깊이 실험해보자. 두 개의 널빤지를 재었더니 각각 길이가 3피트와 4피트라고 하자. 이 두 널빤지의 끝과 끝을 맞대면 그 결과는 7피트의 널빤지가 되는가? 아마 아닐 것이다. 모든 측정은 근사적이며, 개별 널빤지가 3피트와 4피트라는 말은 단지 널빤지의 실제 길이와 측정 도구 상의 3피트와 4피트 눈금 사이의 차이를 감지할 수 없다는 의미일 뿐이다. 하지만 첫 번째 널빤지는 3.01일지 모르고 두 번째 널빤지는 4.01피트일지 모른다. 합하면 둘은 7.02피트인데, 그러면 우리는 0.02피트의 차이를 감지할 수 있다. 여기서 누군가는 이런 어려움은 우리 감각의 한계로 인한 것이라고 반박할지 모른다. 과연 옳은 말이기는 한데, 하지만 우리는 적어도 측정에 관한 상황들에 관한 한 여전히 $3+4=7$이 물리적 세계에 적용된다고 계속 주장할 수 있는가?

화학에서 배운 바에 의하면 수소와 산소가 합쳐지면 물이 생긴다. 더 정확하게 말해, 만약 수소 2 부피, 가령 2 입방센티미터와 산소 1 부피를 취하면 수증기 2 부피가 생긴다. 마찬가지로 질소 1 부피와 수소 3 부피는 암모니아 2 부피를 만들어낸다. 우리는 이런 놀라운 산수 관계를 물리적으로 어떻게 설명할 수 있는지 알고 있다. 바로 아보가드로의 가설에 의하면 임의의 기체의 동일 부피에는 온도와 압력이 동일하다는 조건하에서 동일한 수의 입자들이 들어 있다. 그렇다면 만약 산소의 한 특정 부피에 분자가 10개 들어 있다면, 동일한 부피의 수소에도 마찬가지로 분자가 10개 들어 있을 것이다. 그렇다면 수소 2 부피에는 분자가 20개 들어 있다. 공교롭게도 산소 분자와 수소 분자는 이원자이다. 즉 한 분자에 원자가 두 개 들어 있다. 이런 20개의 이원자 수소 분자들 각각은 산소 한 원자와 결합하여 물 20 분자 즉 물 2 부피를 생성한다.* 이런 화학 반응이 흥미롭기는 하지만 우리가 말하고자 하는 요점은 통상적인 산수는 부피에 의한 기체들의 결합 과정을 올바르게 기술해내지 못한다는 것이다.

다음으로 물방울 하나가 다른 물방울에 합쳐진다고 하자. 이제 물방울이 두 개가 되었는가? 구름 하나가 다른 구름과 합쳐지면 구름 두 개가 생기는가? 이런 예들에서 합쳐지는 대상은 자신의 정체성을 잃는데 산수의 덧셈 과정은 그런 손실을 고려하지 않는다고 항변할 수도 있겠다. 그런데 정확히 바로 그런 이유로 통상적인 의미의 산수는 더 이상 적용되지 않는다.

이런 모든 사례로부터 두 가지 일반적인 결론이 도출된다. 하나는, 보통의 산수가 적용되지 않는 물리적 상황들이 많이 존재한다. 즉 보통의 산수는 이런 상황들에 관한 적절한 정량적 진리를 표현할 수 없다. 둘째 결론은, 가령 소떼의 더하기처럼 보통의 산수가 적용되는 상황들이 몇 가지 존재하더라도, 이 사실을 알기 위해서는 바로 그러한 상황들에 대한 우리의 경험에 의존해야만 한다. 만약 소떼들이 기체의 부피나 물방울처럼 행동한다면, 산수는 적용되지 않을 것이며, 오직 경험을 통해서만 우리는 대상이 어떻게 행동할지 알게 된다. 따라서 산수 그 자체가 물리적 세계에 관한 진리를 표현할지는 보증할 수가 없

* 이 현상은 다음 책에서 명확히 설명하고 있다. Francis T. Bonner and Melba Phillips: *Principles of Physical Science*, Addison-Wesley Publishing Co., Inc., 1957, p. 149.)

다.

연습문제

1. 10피트 길이의 사다리를 다른 사다리 위에 올리면 20피트 길이의 사다리가 되는가? 이 질문의 요지는 무엇인가?
2. 측정은 근사적이므로, 10파운드의 밀가루 두 봉지를 하나의 주머니에 쏟으면 20파운드의 밀가루 한 봉지가 생긴다고 말할 수 있는가?
3. 양팔저울의 접시 위에 두 개의 물체를 올려서 균형을 맞춘 다음에 각각의 접시에 5파운드를 더하면 저울은 여전히 균형이 맞을 것인가? 어떤 산수 공리가 이 상황에 적용될 수 있는가?
4. 만약 한 물체를 아래로 100ft/sec의 속도로 던지고 이 물체가 중력에 의해 $32t$ ft/sec의 속도를 얻는다면, 아래 방향의 전체 속도는 $(100 + 32t)$ ft/sec인가? 이에 대한 답이 옳다는 근거를 대라.
5. 진동수가 초당 100사이클인 사인 음파를 진동수가 초당 50사이클인 사인 음파와 중첩시키면, 진동수가 초당 150사이클인 음파가 얻어지는가?
6. 하나는 온도가 40℉이고 다른 하나는 50℉인 동일한 부피의 물 두 그릇을 합치면, 합친 물의 온도는 얼마인가?

21.3 야구 산수

수학에서는 보통의 산수가 적용되지 않는 상황들을 다룰 뾰족한 산수가 특별히 존재하지는 않는다. 가령, 기체의 부피가 어떻게 결합되는지 알려주는 산수는 없다. 각각의 상이한 결합들은 관련된 분자들에 관한 물리적 지식을 바탕으로 해석해야만 한다. 하지만 특별한 산수 개념과 연산을 도입해야만 하는 상황들도 존재한다. 만약 보통의 덧셈이 두 소떼를 합친 결과를 예측하듯이 한 산수, 즉 개념들과 연산들이 물리적 사건들을 정확하게 기술하고 미래의 행동을 예측할 수 있다면, 그런 산수는 고안해낼 가치가 있다.

보통의 산수와 다른 산수로서 우리가 처음 들 예는 심오한 과학적 목적에 이바지하지는 않지만 수 억 명 미국인들이 절감하는 한 가지 욕구를 충족시켜준다. 미국인들은 야구 선수들의 타율에 매우 열광하는 듯하다. 이 문제를 살펴보자. 한 야구선수가 한 경기에서 3번 타석에 들어서고 다른 경기에서는 4번 타석에 들어선다. 그렇다면 이 선수는 모두 합쳐 몇 번 타석에 들어서는가? 여기에서는 어려울 게 없다. 그는 총 7번 타석에 들어선다. 그가 첫 번째 경기에서 2번 공을 잘 쳤다고, 즉 1루타 이상을 치고 두 번째 경기에서는 3번 공을 잘 쳤다고 하자. 그렇다면 두 경기 모두에서 몇 번 안타를 쳤는가? 이번에도 어려울 게 없다. 총 안타 수는 $2+3=5$이다.

관객과 선수 자신이 보통 가장 관심을 갖는 것은 타율, 즉 타석에 들어선 횟수에 대한 안타의 횟수의 비율이다. 첫 번째 경기에서 이 비율은 $\frac{2}{3}$이었고, 두 번째 경기에서는 $\frac{3}{4}$이었다. 그리고 이제 선수나 야구 팬이 이 두 비율을 이용하여 두 경기 모두에 대한 타율을 계산하길 원한다고 하자. 두 분수를 더하기만 하면 된다고 생각할 수도 있겠다. 즉,

$$\frac{2}{3}+\frac{3}{4}=\frac{17}{12}.$$

물론 이 결과는 터무니없다. 선수는 12번 타석에 들어서서 17번 안타를 칠 수 없기 때문이다. 분명 분수를 더하는 보통의 방법은 개별 경기에 대한 타율을 더함으로써 두 경기 모두에 대한 타율을 내놓지 못한다.

그렇다면 개별 경기의 타율로부터 두 경기에 대한 올바른 타율을 어떻게 얻을 수 있는가? 답은 분수를 더하는 새로운 방법을 사용하는 것이다. 알다시피 두 경기 모두에 대한 타율은 $\frac{5}{7}$이며 각 경기의 타율은 $\frac{2}{3}$과 $\frac{3}{4}$이다. 만약 개별 분수의 분자들끼리 더하고 분모끼리 더하여 새로운 분수를 만들면 올바른 답이 된다. 즉,

$$\frac{2}{3}+\frac{3}{4}=\frac{5}{7}.$$

단, 이 + 기호가 분자들끼리 그리고 분모들끼리 더한다는 의미라면 말이다.

이제 우리는 새로운 산수 하나를 만들어냈다. 정수의 덧셈은 보통의 덧셈과 같을 것이다. 하지만 분수의 덧셈은 다음 정의를 따른다.

$$\frac{a}{b}+\frac{c}{d}=\frac{a+c}{b+d}.$$

정수끼리의 뺄셈 및 분수끼리의 뺄셈도 도입할 수 있다. 후자의 경우 정의는 다음과 같다.

$$\frac{a}{b}-\frac{c}{d}=\frac{a-c}{b-d}.$$

음의 정수와 음의 분수에 대한 유의미한 물리적 해석이 있지는 않지만, 적어도 야구 상황에서 보자면 위와 같은 뺄셈을 도입하는 것을 수학적으로 반대할 것은 없다. 마찬가지로 야구에 관한 한 물리적으로 유의미한 분수는 1 이하가 될 것이지만, 임의의 나눗셈 a/b을 도입할 수 있기에 a가 b보다 클 수도 있다. 분수에 대한 보통의 곱셈 그리고 이 연산과 관련된 모든 개념들을 도입할 수도 있다.

이 새로운 산수의 법칙들은 여러 가지 경우에서 낯익은 것일 테다. 정수이든 분수든 덧셈의 기본 연산에 관하여 교환 법칙(4.5절 참고)이 성립함에 주목하자. 즉,

$$\frac{a}{b}+\frac{c}{d}=\frac{c}{d}+\frac{a}{b}$$

결합 법칙도 성립한다. 즉,

$$\frac{a}{b}+\left(\frac{c}{d}+\frac{e}{f}\right)=\left(\frac{a}{b}+\frac{c}{d}\right)+\frac{e}{f}$$

그리고 분수에 대한 보통의 곱셈을 도입하면, 분배 법칙도 성립한다. 즉,

$$\frac{a}{b}\left(\frac{c}{d}+\frac{e}{f}\right)=\frac{ac}{bd}+\frac{ae}{bf}.$$

그렇기는 하지만, 이 산수는 어떤 특이한 점들이 있다. 그 중 몇 가지를 알아보자. 보통의 경우, $\frac{4}{6}=\frac{2}{3}$이다. 하지만 두 분수를 더할 때, 가령

$$\frac{2}{3}+\frac{3}{5},$$

을 더할 때 $\frac{2}{3}$을 $\frac{4}{6}$로 대체해서는 안 될 것이다. 왜냐하면 한 경우에는 답이 $\frac{5}{8}$이고 또 한 경우에는 $\frac{7}{11}$이 되는데, 이 두 가지 답은 서로 같지 않기 때문이다. 게다가 보통의 산수에서는 $\frac{5}{1}$이나 $\frac{7}{1}$과 같은 분수는 정수 5나 7과 똑같이 행동한다. 하지만 이 새로운 산수에서는 $\frac{5}{1}$와 $\frac{7}{1}$를 분수로서 더하면 $\frac{12}{1}$이 아니라 $\frac{12}{2}$가 나온다.

우리는 이와 같은 야구의 산수를 더 자세히 탐구하지는 않겠다. 왜냐하면 이 산수는 더 넓은 수학적 의미를 갖지는 않기 때문이다. 이 산수를 통해 배워야 할 점은 한 물리적 상황이 주어져 있을 때 그 상황에 부합하는 산수를 고안해 낼 수 있다는 것이다. 산수는 인공적이다. 게다가 이 산수를 임의의 물리적 상황에 적용할 때 우리는 보통의 산수 이상으로 이 산수가 통할지, 즉 미래에 생길 일을 예측할지 미리 장담할 수 없다. 산수가 한 특정한 상황, 즉 타율 계산에 부합하도록 설계하는 데 관해서는 통하겠지만, 이것은 놀라운 일도 아닐 뿐더러 산수에 내재된 진리로 인한 것도 아니다.

연습문제

1. $\frac{2}{3}$의 타율은 여러 경기에 대한 타율을 계산하는 목적에서 볼 때, $\frac{4}{6}$나 $\frac{8}{12}$과 동일한가?
2. 본문에서 논의된 분수의 덧셈에 관한 정의 및 보통의 곱셈 정의하에서 분배

법칙이 성립함을 보여라.

3. 야구 산수에서 $\frac{1}{2}$에 어떤 분수를 더해야 0이 얻어지는가?

4. 집집마다 방문 판매를 하는 진공청소기 판매인이 어느 날에 10집을 방문하여 3집에서 판매에 성공하고 다름 날에는 11집을 방문하여 4집에서 판매에 성공한다고 하자. 이 판매인의 "타율"을 위의 본문에서 기술한 방식으로 분수를 더하여 계산할 수 있는가?

21.4 모듈 산수 및 그 대수

보통의 산수나 타율을 계산할 때 쓰는 산수와는 완전히 다른 산수를 하루의 시간을 읽는 방식에서 엿볼 수 있다. 10시 이후의 여섯 시간은 16시가 아니라 4시이다. 즉, 이 체계에서

$$10 + 6 = 4.$$

마찬가지로 3시 전의 6시간은 9시이다. 즉

$$3 - 6 = 9.$$

시간을 알려주는 이 체계가 암시하는 개념은 만약 두 수가 12만큼 또는 12의 배수만큼 다르면 두 수는 같다는 것이다. 가령 26 = 2이다. 왜냐하면 $26 - 2 = 2 \cdot 12$이기 때문이다. 그리고 $9 = -3$이다. 왜냐하면 $9 - (-3) = 12$이기 때문이다. 확실히 등호는 여기서 보통의 산수에서와 동일한 의미는 아니다. 따라서 우리는 기호 ≡를 사용하여 새로운 식을 적는데, 이를 가리켜 합동식이라고 한다. 가령

$$26 \equiv 2, \text{ 모듈러 } 12, \qquad 9 \equiv -3, \text{ 모듈러 } 12.$$

각 식 뒤에 오는 "모듈로 12"라는 구절은 위에서 말한 조건, 즉 이 식이 12의 배

수를 무시할 때에만 성립함을 축약 형태로 나타낸다.

대체로 정수에 국한되는 이 산수에서 12보다 큰 임의의 수는 12보다 작은 어떤 수와 합동이다. 왜냐하면 언제나 큰 수에서 12의 배수를 빼서 12보다 작은 수를 얻을 수 있기 때문이다. 가령 35에서부터 시작하면, 여기에서 $2 \cdot 12$를 빼서 11을 얻을 수 있다. 그렇다면

$$35 \equiv 11, \text{ 모듈러 } 12.$$

수 12는 또한 0과도 합동이다. 왜냐하면 $12 - 0 = 1 \cdot 12$이기 때문이다. 따라서

$$12 \equiv 0, \text{ 모듈러 } 12.$$

마찬가지로 임의의 음수도 12 미만의 어떤 양수와 합동이다. 가령, $-25 \equiv 11$이다. 왜냐하면 $11 - (-25) = 3 \cdot 12$이며, 또는 이쪽을 선호한다면 $-25 - 11 = -3 \cdot 12$이기 때문이다. 그러므로 모듈로 12 산수에서는 0에서부터 11까지의 양의 정수만을 사용할 필요가 있다. 또한 12 미만의 임의의 양의 정수는 자기 자신과 합동이라고 볼 수 있다. 왜냐하면 둘의 차이는 12의 0배이기 때문이다. 그러므로

$$7 \equiv 7, \text{ 모듈러 } 12.$$

이 모듈로 산수에서 단순한 덧셈과 곱셈의 결과가 어떻게 나오는지 알아보자. 가령

$$9 + 6 \equiv 3, \text{ 모듈러 } 12.$$

또한

$$9 + 3 \equiv 0, \text{ 모듈러 } 12.$$

그리고

$$9 \times 4 \equiv 0,\ \text{모듈러}\ 12.$$

그렇다면 이 산수에서는 두 양수가 영이 아닌데도 두 양수의 합과 곱이 영일 수 있다.

이처럼 이 모듈로 12 산수에서는 덧셈과 곱셈이 가능하다. 여기서 수학적으로 중요한 질문이 하나 제기된다. 반대 연산이 존재하는가? 즉, 이 산수에서 임의의 수를 다른 수에서 빼거나 한 수를 다른 수로 나눌 수 있는가? 이 질문의 답을 논의할 때, 우리가 고려해야 할 수는 오직 0에서부터 11까지임을 유념하도록 하자.

뺄셈을 살펴보자. a와 b가 주어져 있을 때 다음을 만족하는 어떤 양 x가 존재하는지 우리는 알고 싶다.

$$a - b \equiv x,\ \text{모듈러}\ 12.$$

또는 뺄셈의 의미는 덧셈의 역산이므로

$$a \equiv b + x,\ \text{모듈러}\ 12.$$

만약 x를 $12 - b + a$로 선택하면

$$a \equiv b + 12 - b + a, \text{즉}\ \ a \equiv 12 + a, \text{즉}\ \ a \equiv a.$$

이것이 어떤 의미인지 보려면 $a = 3$ 그리고 $b = 7$이라고 가정하자. 그러면 $x = 12 - 7 + 3$ 즉 8이다. 따라서

$$3 - 7 \equiv 8,\ \text{모듈러}\ 12.$$

이것은 분명 옳다. 왜냐하면 $-4 \equiv 8$, 모듈로 12이기 때문이다. 그러므로 모듈

로 12 산수에서 0에서부터 11까지의 임의의 수에 대해 한 수를 다른 수에서 뺄 수 있다.

그리고 이제 나눗셈을 고려하자. 이번에는 a 및 0이 아닌 b가 주어져 있을 때 다음을 만족하는 수가 이 산수 체계에서 존재하는지 우리는 알고자 한다.

$$\frac{a}{b} \equiv x, \text{ 모듈러 } 12$$

또는 나눗셈의 의미는 곱셈의 역산이므로

$$a \equiv bx, \text{ 모듈러 } 12$$

만약 그런 x가 언제나 존재함을 증명하려고 시도한다면 우리는 성공하지 못할 것이다. 정말이지 우리는 그런 x가 항상 존재하지는 않음을 한 예를 통해 보여줄 수 있다. 다음을 고려해보자.

$$1 \equiv 3x, \text{ 모듈러 } 12.$$

x가 가질 수 있는 값은 0에서부터 11까지의 수이며, 이 모든 수를 시도해보아도 위의 식을 만족하는 x를 찾을 수 없다. 그러므로 우리는 1을 3으로 나눌 수가 없다.

이 예는 나눗셈이 결코 가능하지 않음을 증명하지는 않는다. 가령, 3을 9로 나눌 수는 있다. 왜냐하면

$$3 \equiv 9 \cdot 3, \text{ 모듈러 } 12,$$

그러므로 3을 9로 나누면 3, 모듈로 12이다. 또한 다음을 보자.

$$3 \equiv 9 \cdot 7, \text{ 모듈러 } 12,$$

따라서 3을 9로 나누는 경우에는 답이 적어도 두 가지, 즉 7과 3이다.

이러한 모듈 산수(modular arithmetic)는 종류가 무수히 많다. 또 한 가지 예로 일주일이 7일이라는 사실에 바탕을 둔 것이 있다. 가령 어느 수요일로부터 26일이 지난 날이 무슨 요일인지 알고 싶으면, 물론 순서대로, 즉 목요일, 금요일, 토요일 순으로 세어서 26일 째 날을 찾으면 된다. 하지만 7일마다 수요일로 되돌아옴을 알기에 수요일로부터 5일만 세어도 된다. 달리 말해서, 요일에 관한 한 7의 임의의 배수는 무시해도 좋다. 이 사실은 모듈로 7 산수를 암시한다.

그러므로

$$5+4\equiv 2,\ \text{모듈러 } 7 \quad \text{그리고} \quad 5\cdot 4\equiv 6,\ \text{모듈러 } 7.$$

모듈로 12 산수의 체계에서는 오직 0에서부터 11까지의 수만을 고려해야 했다. 이와 비슷하게, 모듈로 7 산수의 체계에서는 오직 0에서부터 6까지의 수만을 고려해야 한다. 후자의 체계의 속성은 전자의 체계의 속성과 매우 비슷하지만 한 가지 핵심적인 면에서 다르다. 모듈로 12체계에서는 임의의 특정한 수를 다른 임의의 주어진 수로 나누는 것이 불가능했으며 나눗셈이 가능한 경우라도 답이 어떤 경우에는 고유하지 않았다. 하지만 모듈로 7 체계에서는 0에서부터 6까지의 임의의 수를 1에서부터 6까지의 임의의 수(0으로 나누는 경우는 배제된다)로 나누는 것이 가능하며 그 답도 고유하다. 가령 2를 5로 나누면 6이다. 왜냐하면

$$2\equiv 5\cdot 6,\ \text{모듈러 } 7.$$

나눗셈이 언제나 가능하다는 사실은 실제 계산에 의해 쉽게 확인할 수 있기에 우리는 굳이 일반적인 사실을 증명하지는 않을 것이다. 다만 모듈로 7체계에서는 모듈로 12체계보다 나눗셈 연산이 더욱 정상적으로 작동한다는 점만 짚어보고자 한다. 차이가 생기는 까닭은 7은 소수인 반면에 12는 그렇지 않기 때문이다.

수학자가 한 산수와 그것의 대수를 조사하려고 할 때는 그 체계의 수들이 어떤 기본적인 속성을 따르는지를 확인하려고 한다. 우리는 이미 이런 속성들 중 일부를 확인했다. 가령, 우리는 모듈러 산수에 대해 뺄셈과 나눗셈을 조사했다. 수학자는 또한 덧셈과 곱셈의 기본 연산이 교환 법칙과 결합 법칙을 따르는지 그리고 곱셈이 덧셈에 대하여 분배 법칙을 따르는지 여부를 조사하려 할 것이다. 우리는 이런 문제들 중 일부를 연습문제로 미루고 다른 문제를 고려할 것이다.

알다시피 보통의 산수에서는 동일한 것을 동일한 것에 더하면 그 합도 동일하다. 이것이 합동식에서도 성립할까? 가령 만약에

$$a \equiv b, \text{ 모듈러 } m \tag{1}$$

그리고

$$c \equiv d, \text{ 모듈러 } m, \tag{2}$$

그렇다면 다음이 참일까?

$$a + c \equiv b + d, \text{ 모듈러 } m$$

이것을 증명할 수 있는지 알아보자.

$a \equiv b$, 모듈로 m이라는 진술은 다음을 의미한다.

$$a - b = pm,$$

여기서 p는 어떤 정수이다. 마찬가지로 $c \equiv d$, 모듈로 m이라는 진술은 다음을 의미한다.

$$c - d = qm,$$

여기서 q는 어떤 정수이다. 만약 이 두 보통의 식을 더하면 아래와 같다.

$$a-b+c-d = pm+qm$$

즉

$$a+c-(b+d)=(p+q)m.$$

이 마지막 식은 $a+c$와 $b+d$의 차이가 m의 배수임을 말하고 있다. 그러므로 아래와 같이 적을 수 있다.

$$a+c \equiv b+d, \text{ 모듈러 } m. \tag{3}$$

그러므로 합동식은 동일한 모듈로에 대하여 더할 수 있다.

마찬가지로 다음도 증명할 수 있다.

$$a \equiv b, \text{ 모듈러 } m$$

그리고

$$c \equiv d, \text{ 모듈러 } m,$$

그렇다면

$$ac \equiv bd, \text{ 모듈러 } m. \tag{4}$$

이것의 증명은 연습문제에서 다루고자 한다.

합동식의 덧셈과 곱셈에 관한 이 단순한 두 정리를 이용하여 보통의 산수에 적용할 수 있다. 알다시피

$$10 \equiv 1, \text{ 모듈러 } 9. \tag{5}$$

이 합동식을 그 자신과 곱하면 다음과 같다.

$$100 \equiv 1, \text{ 모듈러 } 9. \tag{6}$$

위의 두 합동식을 곱하면

$$1000 \equiv 1, \text{ 모듈러 } 9. \tag{7}$$

명백히 우리는 10의 더 높은 거듭제곱으로 계속 올라갈 수 있다.

이제 임의의 수, 가령 457을 고려해보자. 이 수는 사실 $4 \cdot 100 + 5 \cdot 10 + 7$이다. 분명 아래와 같이 말할 수 있다.

$$7 \equiv 7, \text{ 모듈러 } 9. \tag{8}$$

그리고

$$5 \equiv 5, \text{ 모듈러 } 9, \tag{9}$$

이므로, 식 (9)와 (5)를 곱하면 다음이 얻어진다.

$$5 \cdot 10 \equiv 5, \text{ 모듈러 } 9. \tag{10}$$

마찬가지로 $4 \equiv 4$, 모듈로 9라는 사실과 (6)으로부터 우리는 합동식의 곱셈에 의해 다음을 얻는다.

$$4 \cdot 100 \equiv 4, \text{ 모듈러 } 9. \tag{11}$$

(3)에 의하면, 모듈로가 같을 때 합동식을 더할 수 있으므로 합동식 (8), (10) 및 (11)을 더하자. 그 결과는 다음과 같다.

$$4 \cdot 100 + 5 \cdot 10 + 7 \equiv 4 + 5 + 7, \text{ 모듈러 } 9,$$

즉

$$457 \equiv 4+5+7, \text{ 모듈러 } 9,$$

이 결과가 말하는 바는 한 수와 그 수의 각 자릿수의 합이 합동이라는 것이다. 따라서 한 수에서 그 수의 자릿수들의 합을 뺀 값은 틀림없이 9의 배수이다. 457이란 수에 대해 이 말이 참인지 확인해보면, 457 − (4 + 5 + 7) = 441인데, 441은 9의 49배이다.

물론 이 결과는 수를 갖고서 놀기를 좋아하는 이들에게 흥미롭겠지만, 또한 보통 산수의 덧셈, 뺄셈 및 곱셈 연산을 확인하는 유용한 방법을 제공한다. 가령, 457과 892의 곱을 고려해보자. 알다시피

$$457 \equiv 4+5+7, \text{ 모듈러 } 9, \quad 892 \equiv 8+9+2, \text{ 모듈러 } 9.$$

게다가 4 + 5 + 7, 즉 16은 7, 모듈로 9와 합동이며 8 + 9 + 2, 즉 19는 1, 모듈로 9와 합동이다. 따라서

$$457 \equiv 7, \text{ 모듈러 } 9,$$

그리고

$$892 \equiv 1, \text{ 모듈러 } 9.$$

(4)에 비추어 이 합동식들을 곱하면

$$457 \cdot 892 \equiv 7 \cdot 1, \text{ 모듈러 } 9.$$

그렇다면 457과 892의 곱은 7, 모듈로 9와 합동이다. 즉, 실제 곱과 두 인수에서 자릿수들의 합의 곱은 합동이다. 하지만 실제 곱 또한 그 자릿수들의 합과 합동이다. 따라서 곱의 자릿수들의 합은 인수들에서 자릿수들의 합의 곱과 합동

이다. 그러므로 우리는 곱셈이 옳은지 확인할 수 있는데, 이것은 9를 버리기 규칙이라고 알려져 있다.* 하지만 우리는 이를 증명하지 않았기에 합동이 성립하면 곱셈이 옳다고 결론을 내릴 수는 없다.

우리는 모듈 산수라는 주제를 더 자세히 탐구하지는 않겠다. 이 주제는 정수론이라고 알려진 수학 분야에서 광범위하게 연구되는데, 이 이론에서 수들은 합동이라는 기준하에서 종종 분류된다. 우리가 이 주제를 연구하는 목적은 대안적인 산수 및 그것의 대수가 존재함을 알아보자는 것이다. 또한 우리의 관심사는 물리적 세계에 대한 적용가능성이 보장되어 있는 단 하나의 필연적인 산수가 존재하지 않음을 이해하자는 것이다. 이제 알다시피 모듈로 4 산수에서는 $2+2=0$이다. 따라서 $2+2$가 언제나 4인 것은 아니다.

연습문제

1. 모듈로 7 산수에 대한 덧셈표를 만들어라.
2. 모듈로 7 산수에 대한 곱셈표를 만들어라.
3. 모듈로 7 산수에서 임의의 정수를 다른 수에서 빼서 답을 얻을 수 있는지를 실제 수를 갖고서 확인해보라.
4. 모듈로 6 산수에서 4를 2로 나누는 문제에 답이 있는가? 3을 2로 나누는 경우에는?
5. 연습문제 4에 나온 질문을 모듈로 7 산수에 적용할 때의 답을 구하라. 이 문제의 답을 연습문제 4의 답과 비교하면 어떤 중요한 결론이 엿보이는가?
6. 모듈로 12 산수에서 $x+5 \equiv 2$라는 방정식을 풀어라.

---

* 만약 두 수가 모듈로 9에 대해 합동이면, 두 수는 9로 나눌 때 나머지가 틀림없이 같다. 왜냐하면 두 수의 차이는 정확히 9의 배수이기 때문이다. 따라서 9를 버리기 규칙은 때로는 다음과 같이 표현된다. 두 수의 곱 그리고 자릿수들의 합의 곱은 9로 나누었을 때 반드시 나머지가 같다.

7. $a \equiv b$, 모듈로 m 그리고 $c \equiv d$, 모듈로 m이면 $a - c \equiv b - d$, 모듈로 m임을 증명하라.

8. $a \equiv b$, 모듈로 m 그리고 $c \equiv d$, 모듈로 m이면 $ac \equiv bd$, 모듈로 m임을 증명하라. [힌트: $a \equiv b$, 모듈로 m이므로 $a = b + pm$이다.]

9. 알다시피 $16 \equiv 4$, 모듈로 6이고 $4 \equiv 4$, 모듈로 6이다. 첫 합동식을 두 번째 합동식으로 나누면 $4 \equiv 1$, 모듈로 6이 나온다. 여기서 어떤 결론을 이끌어 낼 수 있는가?

10. 동일한 것에 동일한 것들은 서로 동일하다는 공리와 유사한 합동식의 성질은 무엇인가?

11. 9 버리기 규칙에 의해 578과 642의 덧셈을 확인하라.

12. 9 버리기 규칙에 의해 578과 642의 곱셈을 확인하라.

13. a) 덧셈의 교환 법칙은 모듈로 m 합동식에 대해 성립하는가? 즉, $a + b \equiv b + a$, 모듈로 m인가?

 b) 덧셈의 결합 법칙은 모듈로 m 합동식에 대해 성립하는가?

 c) 덧셈에 대한 곱셈의 분배 법칙은 모듈로 m 합동식에 대해 성립하는가?

14. 모듈로 산수 7에서 아래 나눗셈 문제 각각의 답은 무엇인가?

 a) $\frac{1}{3}$ b) $\frac{2}{3}$ c) $\frac{3}{4}$ d) $\frac{5}{6}$ e) $\frac{6}{5}$ f) $\frac{5}{4}$

15. 모듈로 6 산수 체계에서 아래 방정식의 모든 가능한 해를 구하라.

 a) $2x \equiv 2$ b) $3x \equiv 0$ c) $3x \equiv 3$

21.5 집합의 대수

이제 우리는 또 다른 대수를 살펴볼 것이다. 어떤 사람이 두 가지 종류의 장서를 물려받았다고 하자. 당연히 그는 두 종류의 장서를 하나로 합칠 것인데, 이때 달러 지폐를 물려받는 경우와 달리 그는 동일한 복사본은 원하지 않을 것이다. 그렇다면 두 장서를 합침으로써 그는 수학적으로 말해서 하나를 다른 하나에 더하는 셈이다. 하지만 동일한 책은 무엇이든 버릴 것이므로 보통의 산수처럼 더하지는 않을 것이다. 가령, 한 장서에 100권의 책이 있고 다른 장서에 200권이 있다면, 합해진 장서는 300권보다 적을지 모른다. 만약 제목이 같은 책이 50권이라면, 합쳐진 장서에는 250권만 들어 있을 것이다. 그러므로 두 장서를 합치는 연산을 표현하려면 100 + 200이 250이 되도록 허용하는 덧셈이 필요하다.

수학자들은 두 장서를 합칠 때 생기는 일을 정확하게 표현하는 덧셈 과정을 담아내는 산수와 대수를 고안해냈다. 이 체계를 가리켜 집합의 대수라고 한다. 산수와 대수 모두 아주 단순하므로 곧장 대수를 논의해도 좋을 것이다.

A와 B가 대상들의 임의의 두 집합이라고 하자. 가령 A와 B는 위에서 논의된 두 장서라고 할 수 있다. 장서를 합치는 방식으로 B를 A에 더한다는 것을 나타내기 위해, 즉, A와 B에 공통인 것은 한 번만 취한다는 것을 나타내기 위해 우리는 $A \cup B$라고 적는다. A와 B의 이러한 결합을 가리켜 A와 B의 합집합이라고 한다. 방금 도입한 연산은 다음과 같은 뜻이다. 즉, 한 책은 그것이 A에 들어 있거나 B에 들어 있거나 둘 다에 들어 있으면 $A \cup B$에 들어 있는데, 만약 둘 다에 들어 있으면 그 책은 한 번만 센다.

여기서 잠시 새로운 덧셈 연산이 어떤 의미인지 그림으로 알아보자. 장서 A의 책들은 점으로 표현되며 전체 장서는 어떤 곡선 안의 모든 점으로 이루어진다고 하자. 장서 B에 들어 있는 책들의 집합도 다른 어떤 곡선 내부의 점들의 집합으로 표현될 수 있다(그림 21.1). 두 장서에는 동일한 책이 포함되어 있으므로 이 두 영역은 겹칠 것이다. 위에서 정의된 의미에서 합집합 $A \cup B$는 그렇다면 두 곡선 모두의 내부에 든 점들의 집합, 즉 그림 21.1의 전체 영역으로 표현될 것이다. 물론 두 영역에 공통인 점들, 즉 그림 21.1의 망사 모양 영역은 합집합에서 오직 한 번만 세지만, 어쨌든 합집합은 전체 음영 영역의 점들로 표

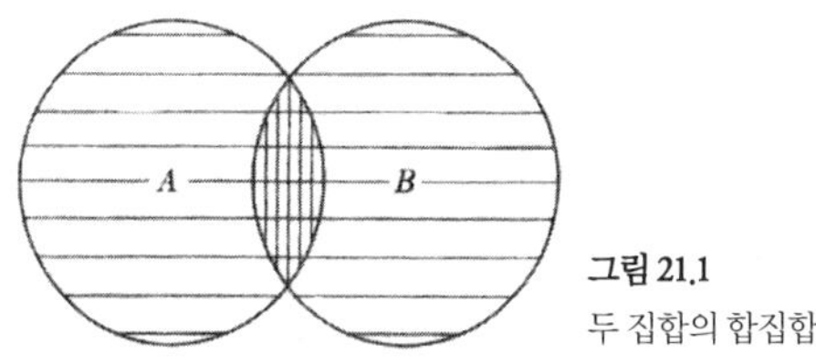

그림 21.1
두 집합의 합집합

현된다.

이리하여 새로운 개념인 합집합이 생겼다. 보통 덧셈의 경우와 마찬가지로 임의의 *A*와 *B*에 대하여

$$A \cup B = B \cup A$$

왜냐하면 집합 *B*를 집합 *A*에 더하든 *A*를 *B*에 더하든 동일한 집합이 생기기 때문이다. 즉 교환 성질(4장)이 이 새로운 합집합 연산에서 성립하기 때문이다.

게다가 결합 성질도 합집합에 성립한다. 가령 세 집합 *A*, *B* 및 *C*가 있다면, $A \cup B$를 만든 다음에 $A \cup B$에 *C*를 더해서 $(A \cup B) \cup C$를 만들 수도 있고 $B \cup C$부터 시작해서 여기에 *A*를 더하여 $A \cup (B \cup C)$를 만들 수도 있다. 두 절차는 결과적으로 동일한 집합을 내놓는다. 달리 말해서, 이 새로운 덧셈 개념에 대해 다음이 성립한다.

$$(A \cup B) \cup C = A \cup (B \cup C).$$

이는 집합들이 서로 겹치는지 여부와 무관하게 성립한다(그림 21.2).

이처럼 익숙한 교환 법칙과 결합 법칙이 합집합이라는 새로운 개념에 성립하기 때문에 어떤 사람들은 덧셈이라는 용어와 보통의 더하기 기호를 사용하기도 한다. 하지만 동일한 제목의 책은 배제하고 두 장서를 합치는 연산은 소떼나 달러 집합을 대상으로 하는 보통의 결합과는 다르다. 하지만 우리는 합집합의 개념과 보통의 덧셈 사이의 본질적인 차이가 있음에 주목해야 한다. 가령 장서 B에 있는 모든 책들이 장서 A에도 있다고 하자. 그러면 이 새로운 합집합 개념에서는 다음 관계가 성립해야 한다(그림 21.3).

$$A \cup B = A.$$

게다가 집합 A를 자기 자신과 더하면 A가 얻어진다. 즉

$$A \cup A = A.$$

집합의 대수에는 또한 곱셈과 얼마쯤 비슷한 개념도 있다. 두 장서를 합치는 사람이 얼마나 많은 책이 두 장서에 공통으로 들어 있는지 알고 싶다고 하자. 가령 그는 몇 권의 책을 팔 수 있는지 알고 싶다고 하자. 두 장서 A와 B에 공통인 책들의 집합을 가리켜 A와 B의 교집합이라고 하며 $A \cap B$로 표시한다. 또는 단순하게 보통의 대수처럼 AB로 표시하기도 한다. 만약 이번에도 A와 B의 책들을 두 곡선 내의 점들로 그린다면(그림 21.4), 교집합은 집합 A와 B에 공통인 영역, 즉 밑줄 친 영역으로 표시된다.

교집합에 관한 이 개념은 보통의 곱셈 개념과는 다르다. 집합 대수에서 교집합은 인수 A나 B 중 어느 하나보다 훨씬 더 작은 집합을 내놓기 때문이다. 하지만 교집합의 근본 성질은 보통의 곱셈과 같다. 가령 교집합에 대하여 다음 결과가 확실히 성립한다.

$$A \cap B = B \cap A$$

왜냐하면 동일한 최종 집합은, 가령 두 장서에 공통인 책들은 A와 B에 공통인 대상을 고려하든 B와 A에 공통인 대상을 고려하든, 마찬가지이기 때문이다. 이와 비슷하게 다음도 참이다.

$$(A \cap B) \cap C = A \cap (B \cap C)$$

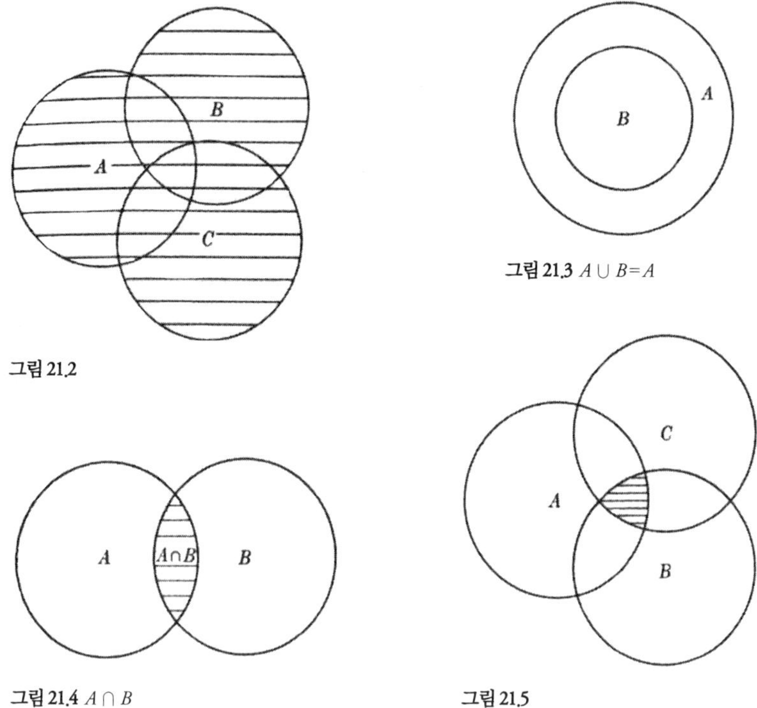

그림 21.2

그림 21.3 $A \cup B = A$

그림 21.4 $A \cap B$

그림 21.5

왜냐하면 A와 B에 공통인 대상들을 선택하고(그림 21.5) 이어서 $A \cap B$와 C에 공통인 대상들을 선택하든, B와 C에 공통인 대상들을 선택하고 이어서 A와 $B \cap C$에 공통인 대상들을 선택하든 그 결과는 분명 같기 때문이다. 두 경우 모두 세 집합 A, B, C에 공통인 대상들의 집합이 얻어진다. 그러므로 교환 법칙과 결합 법칙은 교집합이라는 이 새로운 개념에도 성립한다.

하지만 대상들의 교집합과 통상적인 수의 곱 사이에는 본질적인 개념상의 차이가 있다. 장서 사례에서 집합 B가 A에 속하는 모든 책들로 이루어져 있다면(그림 21.3),

$$A \cap B = B,$$

왜냐하면 A와 B에 공통인 책들은 B에 들어 있기 때문이다. 또한 A와 A의 교집합은 A이다. 즉,

$$A \cap A = A.$$

마지막으로 A와 B가 공통의 대상이 없다고 하자. A와 B에 공통인 대상들의 집합은 무엇인가? 물리적으로 아무것도 존재하지 않는다. 수학적으로 우리는 기호 0을 도입해 비어 있는 대상들의 집합을 나타내며* 다음과 같이 적는다.

$$A \cap B = 0.$$

기호 0은 수 영의 여러 일상적인 속성들을 지니고 있다. 가령 합집합과 교집합에 관한 위의 정의에 의하면 다음은 참이다.

$$A \cup 0 = A.$$

그리고

$$A \cap 0 = 0.$$

집합의 대수에는 다른 흥미로운 개념들과 연산들이 존재한다. 가령, 세계에 존재하는 모든 책을 고려해보자. 그렇다면 책들의 이 전체 집합은 논의 영역(universe of discourse)이라고 불리며, 전체 집합은 1로 표시된다. 따라서 보통의 대수와 달리 다음이 성립한다.

$$A \cup 1 = 1.$$

---

* 어떤 책에서는 기호 ϕ를 사용한다.

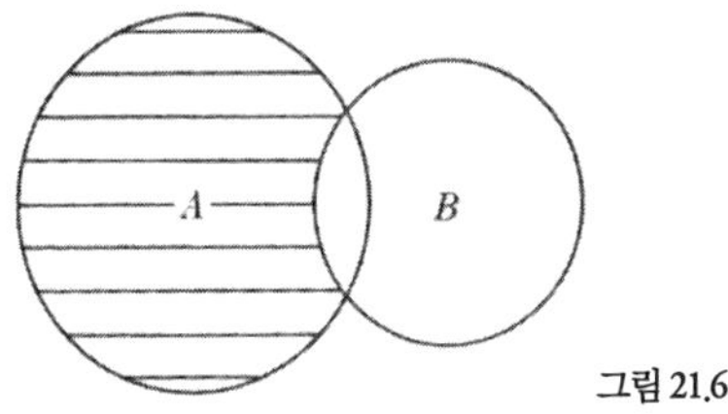

그림 21.6

한편, 보통의 대수처럼 다음이 성립한다.

$$A \cap 1 = A.$$

우리는 집합의 대수가 보통의 수에 관한 대수와 꽤 다름을 이해하기 위해 집합의 대수에 관한 이론 전부를 탐구할 필요는 없다. 하지만 한 가지 짚고 넘어가야 할 점으로, 빼셈의 개념이 있기는 하지만 덧셈의 역산은 아니다. 보통 $7-4$는 4에 더해지면 7이 되는 수이며, 빼셈은 덧셈의 역산이라고 한다. 왜냐하면 빼셈의 결과를 빼수($A - B$에서 B를 빼수라고 한다-옮긴이)에다 더하면 원래 양이 나오기 때문이다. 임의의 두 집합 A와 B가 주어져 있을 때, 차 $A - B$는 정의상 A에는 있고 B에는 있지 않는 대상들의 집합이다. 가령 A와 B가 그림 21.6의 각 원에 둘러싸인 점들의 집합이라고 한다면, $A - B$는 A의 빗금 친 영역이다. B와 $A - B$를 더하면, 이 합은 A가 아니라 $A \cup B$이다. 그러므로 차집합의 개념은 산수의 일반적인 빼기 개념과 다르다. 그리고 한 집합을 다른 집합으로 나누기는 임의의 두 집합 A와 B에 대한 몫이 나오게 하는 정의를 내리기가 불가능하다.

역사적으로 볼 때, 집합 대수에 관한 연구 계기는 논리 연구에서 비롯되었다. 수학자들, 특히 데카르트와 라이프니츠는 보통의 대수의 유용함에 큰 감명을 받아서 사고의 모든 분야의 추론을 다루는 대수를 고안하자는 생각을 품었다. 윤리학, 정치학, 경제학 그리고 철학의 개념들은 수와 비슷해질 것이며, 이런 개념들 사이의 관계는 산수 연산과 비슷해질 것이다. 그들은 이런 계획을 보편적 대수라고 지칭했다. 데카르트와 라이프니츠의 연구는 성공하지 못했는데, 왜냐하면 너무 일을 크게 벌였기 때문이다. (학식 있는 공화당 대수학자와 민주당 대수학자들이 어떤 대수 체계를 이용해 곤란한 정치 문제의 해법을 계산한다는 것은 좀체 상상하기 어렵다.) 철학과 경제학과 같은 분야의 개념들은 기호에 의해 간결하게 표현되어 추론이 적절한 대수 연산으로 실행되기는 어렵다. 하지만 1850년경에 수리논리학의 창시자들 가운데 한 명인 조지 불은 논리학에서 연구하는 추론 과정 자체가 집합 대수와 동일한 논리 대수에 의해 형식화되고 실행될 수 있음을 보였다.

불의 첫 번째 개념은 통상의 추론에서 우리는 대상들의 유형 내지 집합을 다룬다는 것이다. 모든 학생이 똑똑하다는 명제는 학생들의 집합과 똑똑한 사람들의 집합을 다룬다. 게다가 이 명제 자체는 학생들의 집합이 똑똑한 사람들의 집합에 포함되어 있다고 말한다. 만약 A가 모든 학생들의 집합이고 B가 모든 똑똑한 사람들의 집합이라면, A가 B에 포함되어 있다는 명제는 A와 B의 교집합이 A라는 사실로 표현될 수 있다. 그러므로 기호적인 등가 관계로 표현하면 다음과 같다.

$$A \cap B = A. \tag{12}$$

똑똑한 사람들은 수학을 무시하지 않는다는 명제도 기호로 표현할 수 있다. C가 수학을 무시하는 사람들의 집합이라고 하자. 이 명제는 똑똑한 사람들의 B 집합과 수학을 무시하는 C 집합에 공통으로 속하는 사람은 없음을 말하고 있다. 이를 기호로 표현하면 다음과 같다.

$$B \cap C = 0. \tag{13}$$

이 두 전제는 수학을 무시하는 학생들과 사람들에 관한 결론으로 분명 이어진다. 따라서 A와 C를 포함하는 식을 유도해보자. (12)와 (13)의 좌변과 우변은

동일한 집합이므로,

$$(A \cap B) \cap (B \cap C) = A \cap 0. \tag{14}$$

교집합의 결합 법칙에 의하면, 우리는 임의의 두 인수를 임의로 묶을 수 있다. 가령 (3 · 4) (5 · 6)이라는 곱을 4와 5를 묶어서 3(4 · 5)6으로 적을 수 있듯이 말이다. 그러므로

$$(A \cap B) \cap (B \cap C) = A \cap (B \cap B) \cap C.$$

그런데 $B \cap B = B$이다. 따라서

$$(A \cap B) \cap (B \cap C) = A \cap B \cap C.$$

그런데 (12)에 의하면 $A \cap B = A$이다. 그러므로

$$(A \cap B) \cap (B \cap C) = A \cap C. \tag{15}$$

(14)와 (15)로부터 다음이 도출된다.

$$A \cap C = 0. \tag{16}$$

말로 옮기자면, 이 결론은 학생들의 집합과 수학을 무시하는 사람들의 집합은 공통 원소가 없다는, 즉 어떤 학생도 수학을 무시하지 않는다는 뜻이다. 따라서 우리는 순전히 대수적인 방법으로 결론에 이르렀다.

이 예는 보일이 어떻게 기호와 집합의 대수 연산을 이용하여 통상의 추론을 실행하는지를 보여준다. 자신의 논리 대수를 통해 불은 추론을 용이하게 할 뿐 아니라 추론의 논리적 방법을 정교하게 만들기를 희망했다. 그의 발상을 다른 이들이 받아들여 기호논리학이라는 분야의 바탕이 되었다.

집합의 대수와 기호논리학에 대해서는 더 이상 살펴보지 않겠다. 둘 다 수학

의 중심적인 분야는 아니다. 집합의 대수는 수학의 몇몇 고급 분야에서 사용되지만, 그곳에서도 부수적인 개념이다. 기호논리학 또한 매우 전문화된 분야로서 수학의 본류와는 조금 떨어져 있다. 주로 논리학자들이 논리 문제들 및 수학과 논리학 사이의 관계를 명확하게 하는 데 활용되는 분야이다. 집합의 대수를 여기서 소개한 까닭은 수학에는 다양한 대수가 존재함을 보이기 위해서였다.

연습문제

1. A와 B가 집합이고 $A \cup B = B$라면, A와 B에 들어 있는 대상에 관해 무엇을 추론할 수 있는가?
2. A와 B가 집합이고 $A \cap B = A$라면, A와 B에 들어 있는 대상에 관해 무엇을 추론할 수 있는가?
3. 집합의 연산은 보통의 수의 덧셈과는 다른 의미가 있다. 그런데 왜 집합에 대해 덧셈이라는 단어와 "+" 기호를 사용하기도 하는가?
4. 집합의 대수에서 다음을 계산하라. $A \cup (A \cap A)$.
5. A와 B에는 공통 원소가 없다고 하자. $A \cap (B \cup A)$.
6. 모든 교수는 똑똑하며 어떤 학생도 똑똑하지 않다는 전제가 주어져 있을 때, 이 전제들을 집합의 대수로 번역하고 학생과 교수의 관계에 대한 결론을 연역해내라.
7. 분배 법칙 $A \cap (B \cup C) = A \cap B \cup A \cap C$가 집합의 곱셈과 덧셈에 적용됨을 보여라.
8. 임의의 두 집합 A와 B에 대해 다음을 보여라.

   a) $A \cup (A \cap B) = A$,

   b) $A \cap (A \cup B) = A$,

   c) $(A - B) \cup B = A \cup B$.

9. A와 B가 임의의 두 집합이라면 $A/B = X$ 즉, $A = B \cap X$를 만족하는 집합 X를 찾기란 불가능함을 보여라.

21.6 수학과 모형

비유클리드 기하학과 특이한 대수에 관한 논의를 통해 우리는 수학이 인류가 보통의 산수와 유클리드 기하학만을 바탕으로 가정했던 활동과는 얼마쯤 다름을 알게 되었다. 보통의 산수와 유클리드 기하학이 발전하면서 인간은 수학이 물리적 세계에 관한 확실한 진리들을 알려주며 그런 진리들을 공리로 도입하여 공리들의 의미를 연역함으로써 물리적 세계를 연구할 수 있다는 믿음이 자리 잡았다. 인간은 공리들이 세계에 관한 진리임을 의심하지 않았으며, 대신에 지식의 이론들에 의해 또는 신이 인간의 마음속에 이러한 진리들을 심어주었다고 여김으로써 그런 진리들이 나오게 된 까닭을 설명하려고 했다. 하지만 수학자들이 새로운 유형의 물리 현상을 연구하고 아울러 물리적 공간처럼 이전에 연구된 주제를 더욱 정확하게 표현하면서, 새로운 개념들과 새로운 공리 집합이 필요함을 인식할 수밖에 없게 되었다.

수학자는 실재에 관한 모형을 창조한다. 한 대수나 한 기하학의 개념들, 공리들 및 정의들은 물리적 세계의 어떤 측면에 관해 생각하기 위한 모형이다. 각 모형은 적용 가능성이 제한적이다. 게다가 수학적 모형과 물리적 세계 또는 수학 이론과 물리적 실재 사이를 구별해야만 한다.

더 살펴볼 주제

1. 모듈 산수
2. 집합의 대수의 속성
3. 논리의 대수
4. 기호 논리의 본질

권장 도서

Bell, Eric T.: *Men of Mathematics*, Chap. 23, Simon and Schuster, Inc., New York, 1937.

Boole, George: *An Investigation of the Laws of Thought*, Chaps. 1 to 7, Dover Publications, Inc., New York, 1951.

Courant, R. and H. Robbins: *What is Mathematics?*, pp. 31-40, 108-116, Oxford University Press, New York, 1941.

Langer, Susanne K.: *An Introduction to Symbolic Logic*, 2nd ed., Dover Publications, Inc., New York, 1953.

Newman, James R.: *The World of Mathematics*, Vol. Ill, pp. 1852-1900 (selections on symbolic logic), Simon and Schuster, Inc., New York, 1956.

Sawyer, W. W.: *Prelude to Mathematics*, Chaps. 7, 8, 13, and 14, Penguin Books Ltd., Harmondsworth, England, 1955.

*22
사회과학 및 생물학에 대한 통계적 접근법

세지 못하는 사람들은 세려고 하지 않는다.

아나톨 프랑스

22.1 들어가며

수학과 물리학 분야에서 도입한 연역적 접근법이 성공한 까닭은 올바르고 유의미한 기본 원리들 덕분이다. 본격 수학에서 이런 원리들은 수와 기하에 관한 공리들이다. 물리학에서는 가령 운동과 중력의 법칙이 이에 해당한다. 사회과학자들도 그런 원리들을 찾았지만 성공하지 못했다.

사회과학자들이 근본적인 원리들을 찾지 못한 까닭은 분명 그들이 연구하고자 하는 현상의 엄청난 복잡성 때문이다. 인간의 본성은 기울어진 평면을 미끄러지는 물체나 스프링에 매달린 분동보다 더 복잡한 구조이다. 국가의 번영과 같은 현상은 훨씬 더 복잡하다. 수백만 명의 인간들의 의지와 탐욕이 관련될 뿐만 아니라 천연자원, 이웃 나라들과의 관계, 전쟁으로 인한 혼란 및 기타 수십 가지 다른 요소들이 관련된다. 사회과학자들을 괴롭히는 어려움을 또한 생물학자들도 마주친다. 물리학이 눈, 귀, 심장 그리고 근육의 작동에 관한 얼마간의 통찰을 제공하고 화학도 복잡한 분자 구조의 연구에서 급격하게 발전하고 있지만, 인체와 뇌의 작동은 대체로 거대한 불가사의로 남아 있다.

이런 문제들을 단순화시키려고 관련된 요소들 중 일부에 관해 가설을 세우거나 (가령 갈릴레오처럼 공기 저항을 무시함으로써) 사소한 요소들처럼 보이는 것을 무시하면, 문제가 너무 인위적인 것으로 바뀌어 그 해답이 더 이상 실제 상황과 관련이 없을 가능성이 크다.

그나마 다행스럽게도 사회과학과 생물학은 각각 다루는 현상에 관한 정보를 얻는 아주 새로운 수학적 방법을 습득했다. 통계의 방법이 그것이다. 수치 데이터를 이용하고 그런 데이터의 핵심 내용을 정제해내는 기법을 적용함으로써, 이 두 학문 분야는 지난 백 년 동안 놀라운 발전을 이루었다. 하지만 통계적 방법의 사용은 결과의 신뢰성을 어떻게 결정할 것인가라는 문제를 등장시켰는데, 통계의 이런 측면은 확률에 관한 수학 이론을 통해 다루어진다. 이번 장에서는 통계의 개념들 중 일부를 그리고 다음 장에서는 확률론의 개념 및 적용을 살펴본다.

22.2 통계에 관한 짧은 역사

주요 사회문제들을 공략하는 데 통계를 응용할 수 있음을 처음 생각한 사람은 영국인 존 그론트(1620~1674)였다. 그는 십칠 세기에 바느질 도구 판매상으로 부를 쌓았다. 그는 순전히 호기심에서 영국 도시들의 사망 기록을 연구했는데, 사고, 자살 그리고 여러 질병으로 인한 사망률이 연구 지역들에서 거의 동일하며 매년 거의 변하지 않음을 알게 되었다. 표면적으로 우연히 생기는 듯한 사건들도 놀라운 규칙성을 지니고 있었다. 또한 그론트는 여성 출생률보다 남성 출생률이 높음을 최초로 발견했다. 이런 통계를 바탕으로 다음과 같이 주장했다. 남성은 직업상의 위험을 겪고 전쟁터에 나가야 하는데 결혼할 남성의 수는 대략 여성의 수와 동일하므로, 일부일처제는 자연이 가하는 제약이다. 또한 그는 아동의 사망률이 높으며 시골보다 도시의 사망률이 더 높음을 알아냈다. 1662년에 그론트는 『사망률에 관한… 자연적 및 정치적 관찰들』이라는 책을 출간했다. 사회과학의 과학적 방법론에 물꼬를 터서 통계학의 초석을 놓은 책이다.

그론트의 연구를 지지하고 계승했던 사람은 그의 친구인 윌리엄 페티 경

(1623~1685)이다. 이 사람은 옥스퍼드 대학의 해부학 교수이자 그레셤 칼리지의 음악 교수이며 나중에는 군의관으로 종사하기도 했다. 페티는 의학, 수학, 정치 및 경제학에 관한 글을 썼다. 1676년에 써서 1690년에 출간한 그의 책 『정치 산수』는 그론트의 연구에 비해 더 놀라운 사실들을 담지는 않았지만, 통계학의 방법에 특별한 주의를 요청한다는 점에서 매우 중요하다. 그는 사회과학은 반드시 정량적이어야 한다고 주장했다. 그의 말을 들어보자.

> 내가 사용하는 방법은 아주 일상적이지는 않다. 단지 비교급과 최상급의 단어와 지적인 주장을 사용하는 대신에 나는 수, 무게 및 치수의 관점에서 표현하는… 과정을 밟았다. 감각의 논증만을 이용했으며 자연에서 보이는 토대들을 갖는 원인들만을 고려했다.

통계학이라는 신생 학문에 대해 그는 "정치 산수"라는 이름을 붙이고는 이렇게 정의했다. "정치와 관련된 것들에 관하여 수치로 추론하는 기술". 사실 그는 정치경제학 전부를 통계학의 한 분야로 간주했다.

그론트와 페티의 연구에 뒤를 이어 인구와 소득에 관한 연구 그리고 사망률에 관한 광범위한 연구가 나왔는데, 그중 특히 천문학자인 에드먼드 핼리의 연구가 유명하다. 생명보험회사들이 십칠 세기 말에 설립되었으며 십팔 세기에는 사망률에 관한 더 자세한 데이터가 연구되었다. 하지만 통계라는 분야가 십팔 세기에 정치인들을 위한 데이터로서 알려지긴 했지만, 데이터로부터 유의미한 의미를 추출하는 수학적 방법은 전혀 개발되지 않았다.

두 말할 것도 없이, 산업혁명이 유럽에 초래한 악화된 사회 문제로 말미암아 많은 사람들이 출생 기록과 사망 기록, 국가 전체 소득 및 개인 소득, 사망률, 실업률, 질병의 발생 등과 같은 중요한 통계에 관심을 갖게 되었으며 중요한 문제들에 대한 해결책을 통계적 방법으로 찾게 되었다. 통계적 방법이 사회과학에 중요한 법칙들을 내놓을 수 있을지 모른다는 그론트와 페티의 기본적인 사고를 부활시킨 사람은 벨기에인 L. A. J. 케틀레(1796~1874)이다. 물리학의 성공에 감명을 받았고 아울러 사회과학에 연역적인 접근법이 통하지 않음을 알고 있던 케틀레는 사회적 및 사회학적인 연구에 적합한 통계적 방법을 마련하고 적용하는 일에 착수했다. 케틀레는 군사학교에서 천문학과 측지학 교수를 맡고 있었으며 1820년에는 자신이 설립한 왕립 벨기에 천문대의 소장이 되었다. 1835년에는『사회적 물리학에 관한 논고』를 출간했다. 1848년에는 왕립 벨기에 아카데미에 회고록을 제출했는데,『도덕적 통계학에 관하여』라는 이 회고록에는 정치학에 관한 결론들이 들어 있었다. 역설적이게도 이 회고록의 출간은 1848년 파리에서 발발한 혁명과 동시에 이루어졌다. 벨기에의 알베르트 왕자는 혁명이 생기는 원인을 밝히는 법칙이 안타깝게도 조금 늦게 등장했다고 언급했다.

십구 세기 후반부에는 통계적 방법의 위력이 명백하게 드러나자 다수의 저명한 과학자들이 이 분야에 뛰어들었다. 우리는 다만 프랜시스 골턴(1822~1911)과 칼 피어슨(1857~1936)을 언급하는 것으로 만족해야 하겠다. 공교롭게도 통계적 방법은 이미 천문학 및 기체의 이론에서 매우 중요함이 입증되고 있었기에, 물리학자와 사회과학자들은 함께 통계적 방법의 고안과 적용을 촉진시켜 나갔다.

데이터에서 정보를 추출하는 수학을 살펴보기 전에 먼저 통계학의 방법이 연역적 접근법과 어떻게 다른지부터 명확하게 짚어보자. 대략적으로 말해서 어떤 문제에 관한 통계적 접근법은 무엇보다도 무지의 고백이다. 결정적인 실험이나 관찰 또는 직관이 실패해서 추론의 중요한 연결고리에 쓰일 수 있는 근본적인 원리들을 알아낼 수 없을 때 우리는 데이터에 관심을 돌려 일어난 일에서 가능한 한 모든 정보를 골라낸다. 만약 우리가 어떤 새로운 치료법이 무슨 결과를 낳을지 연역하게 해주는 지식이 없다면, 우리는 우선 그 치료법을 적용하여 결과를 알아보고 나서 어떤 결론을 이끌어내려고 시도한다. 설령 그 치료법이 굉장히 성공적이므로 널리 쓰여야 한다는 결론에 이르더라도 우리는 어떤 물리적 내지 화학적 요소들이 관여하는지 여전히 모른다. 아마도 연역적 접근법과 통계적 방법의 가장 중요한 차이를 말하자면, 후자는 큰 집단에 무슨 일이 생기는지를 알려주지만 임의의 어느 한 사례에 관해서는 결정적인 예측을 내리지 못하는 반면에 전자는 개별 사례에서 무슨 일이 생기는지를 정확하게 예측해준다.

22.3 평균

통계학의 과제는 대량의 데이터로부터 정보를 요약하고 소화하며 추출해내는 것이다. 통계적 기법에 관한 우리의 설명과 논의는 약간 인위적이고 제한된 유형의 데이터를 바탕으로 할 것이다. 진짜 문제들은 대체로 큰 데이터 집합이 관여하는데, 산수로 이것을 처리하기란 매우 버겁기에 핵심적인 수학적 개념을 놓치기 쉽다.

데이터로부터 지식을 추출해내는 가장 단순한 수학적 방법으로 평균(average)을 들 수 있다. 한 주부가 일년 내내 변하는 값으로 일주일에 한 번씩 5파운드의 감자를 산다면, 지출한 금액의 합계를 52로 나누어 평균을 구할 수 있다. 이렇게 해서 얻어진 평균, 즉 이른바 산술평균(mean)은 일 년 동안 감자값이 어떤지를 꽤 정확하게 나타내준다.

그런 평균은 어떤 상황에서는 유용하지만 또 다른 상황에서는 그릇될 수도 있다. 한 업계의 노동자들의 임금을 연구한다고 하자. 우리는 대표적인 표본으로 1000명을 선택하고 각 노동자의 임금을 기록한다. 평균 임금이 1200달러로 나왔다고 가정하자. 이 수치는 사람들의 소득에 관한 어떤 정보를 주지만 그리 자세하지는 않다. 가령, 1000명 중에 990명은 1100달러를 벌고, 나머지 10명은 11,000달러를 벌 수 있다. 그래도 소득의 평균은 1200달러이다. 따라서 위의 평균 수치는 임금 분포의 불평등에 관해서는 아무것도 알려주지 않는다.

흔히 쓰이는 또 다른 유형의 평균은 최빈값(mode)이다. 가령 임금 연구에서, 최빈값은 대다수의 사람들이 버는 액수이다. 임금 분포가 다음과 같다고 하자. 25명은 1150달러를 버는데, 이보다 더 높거나 낮은 임금을 받는 사람은 25명보다 적다. 그렇다면 이 경우 최빈값은 1150달러이다. 이 수치는 우리가 만약 나머지 975명이 얼마를 버는지 모른다면 임금 분포에 관해 무엇을 알려주는가? 나머지 사람들은 일 년에 100,000달러에 가까운 아니면 100달러에 가까운 임금을 받는가? 분명 최빈값은 그런 상황을 나타내주는 평균은 아닐지 모른다.

세 번째 유형의 평균은 중간값(median)이다. 아래 도표를 통해 중간값의 의미를 알아보자.

급여	사람 수
1,000	1
1,100	3
1,200	4
1,300	2
10,000	2
20,000	2
50,000	1

도표는 총 15명의 급여를 나열한다. 급여의 중간값은 가운데 사람의 급여, 말하자면 여덟 번째 사람의 급여이다. 즉, 이 가운데 사람보다 더 적게 버는 사람이나 더 많이 버는 사람도 많다. 여덟 번째 사람은 1200달러를 버는 네 명 가운데서 나오므로, 중간값은 1200달러이다. 데이터 집합의 중간값을 얻으려면 데이터(위의 예에서는 급여)를 커지는 순서로 배열한 다음 가운데에 위치한 데이터를 찾아야 한다. 물론 각 데이터가 몇 번 나오는지도 고려해야 한다. 중간값 결정은 어설픈 절차이다. 하지만 더 큰 문제는 중간값보다 높거나 낮은 급여 수준에 관해서는 아무런 정보도 주지 못한다는 것이다.

지금까지 논의했던 세 가지 또는 앞으로 논의할 수도 있는 다른 평균들 중 어느 것도 특별히 유익하지는 않지만, 그럼에도 평균은 최상의 것이다. 왜냐하면 적어도 평균은 관여한 모든 사람들이 버는 실제 급여를 고려하기 때문이다. 나중에 보게 되겠지만, 평균은 다른 통계 기법들에서도 가장 유용하게 쓰이는 개념임이 드러났다.

연습문제

1. 산술평균, 최빈값 및 중앙값의 의미를 말하라.
2. 위의 도표에 나오는 급여들에 대한 산술평균과 최빈값을 계산하라.
3. 한 학급에서 학생 20명의 평점은 다음과 같다.

학생 수	6	1	2	3	3	3	2
평점	10	8	7	5	4	3	2

   이 데이터의 산술평균, 최빈값 및 중간값은 무엇인가? 어떤 평균이 데이터를 가장 잘 나타내는가?
4. 아래의 주급이 한 회사의 직원들에게 지급된다.

직원 수	4	18	10	9	13
주급	50	40	35	30	10

   연습문제 3과 똑같은 질문에 답하라.
5. 다음 주장을 비판하라. "명백히, 평균 지능을 웃도는 사람들의 수만큼 평균 지능을 밑도는 사람들이 존재한다."
6. 한 성인이 평균 깊이가 4피트인 수영장에 들어가는 것은 안전한가?

22.4 분산

이미 지적했듯이, 평균들 가운데 어느 것도 한 데이터 집합에 관한 자세한 정보를 알려주지는 않는다. 최빈값과 중간값에 관한 한, 확실히 우리는 이런 평균들에 영향을 주지 않고서도 마음껏 평균의 위와 아래의 급여를 바꿀 수 있다. 산술평균도 비슷한 단점이 있다. 가령 수 3, 5, 7은 각 수를 한 번씩 택하면 산술평균이 5이다. 하지만 수 0, 5, 10도 그렇다. 그러므로 데이터를 마음대로는 아니지만 어쨌든 바꾸어도 산술평균은 여전히 동일할 수 있다.

데이터 집합에 관한 추가적인 정보를 얻기 위해 통계학자들은 데이터가 평균 주위에 얼마나 가까이 모여 있는지를 살펴본다. 즉, 평균값에 관한 데이터의 분산을 결정하려고 한다. 가령 데이터 0, 5, 10은 평균 5 주위에 3, 5, 7보다 더 넓게 분산되어 있다. 분산의 다양한 척도들이 도입될 수도 있지만, 가장 유용한 것으로 드러났으며 수학적 조작의 관점에서 가장 좋은 것은 표준편차이다.

편차가 무슨 의미인지 우선 알아보자. 한 학급 내의 여섯 학생의 평점이 아래와 같다고 하자.

학생 수	1	1	1	1	1	1
평점	3	4	5	6	8	10

우선 평점의 평균(위에서 보았듯이 엄밀히 말해 평균(average)에는 여러 개념이 포함되어 있는데, 아래에서 평균이라고 하면 대체로 산술평균(mean)을 가리킨다-옮긴이)을 계산한다. 즉, 각 평점을 그 평점을 얻은 학생 수로 곱하여 전부 더한 다음에 학생 수로 나눈다. 위의 예에서 평균은 6이다. 임의의 평점이 평균에서 벗어난 편차는 그 평점과 평균의 차일뿐이다. 가령 위의 평점 집합의 편차는 다음과 같다.

3, 2, 1, 0, 2, 4

표준편차를 구하려면 각 편차를 제곱한 다음 이 제곱들의 평균을 계산하고 나서 제곱근을 취한다. 편차들의 제곱은 다음과 같다.

9, 4, 1, 0, 4, 16

이 제곱들의 평균을 계산하려면, 각각을 그것이 나타나는 횟수와 곱한 다음에

전부 더한 다음에 데이터의 총 개수로 나누면 된다. 그러므로

$$\frac{9+4+1+0+4+16}{6}=5.66.$$

표준편차는 σ(시그마)로 표시하는데, 이 평균의 제곱근이다. 그렇다면

$$\sigma=\sqrt{5.66}=2.4.$$

2.4라는 표준편차는 편리한 개념이긴 하지만 다양한 평점들이 평균에 얼마나 가까운지를 재는 임의의 척도일 뿐이다. 여섯 학생의 평점이 다음과 같았다면

학생 수	2	2	2
평점	2	6	10

평균은 이번에도 6이지만 표준편차는 다음과 같다. 우선 편차들은

4, 0, 4

이 편차들의 제곱은

16, 0, 16

이 제곱들의 평균은

$$\frac{2\cdot16+2\cdot0+2\cdot16}{6}=10.66,$$

그리고 표준편차는 다음과 같다.

$$\sigma=\sqrt{10.66}=3.3.$$

달리 말해, 나중의 분포에서 더 많은 평점들이 6의 평균으로부터 멀어졌음이 표준편차가 2.4에서 3.3로 바뀌었다는 사실에 반영되어 있다.

연습문제

1. 한 퀴즈 문제에 대한 여덟 학생의 점수가 1, 2, 4, 5, 8, 9, 9, 10이다. 이 점수 분포의 표준편차를 계산하라.
2. 22.3절의 연습문제 3에 나오는 점수들의 표준편차를 계산하라. 평균을 6으로 택해도 좋다.
3. 22.3절의 연습문제 4에 나오는 임금의 표준편차를 계산하라.
4. 어떤 도시의 남자들의 평균 키가 5피트 7인치이고 표준편차는 2인치이라고 하고, 다른 어떤 도시에서는 평균은 같지만 표준편차가 3인치라고 하자. 표준편차의 차이는 어떤 사실을 드러내는가?
5. 한 학생이 시험에서 75점을 받았는데, 그 시험의 평균 점수는 65이고 표준편차는 5라고 하자. 그리고 또 다른 학생이 다른 시험에서 동일한 점수를 받았는데, 이 시험의 평균 점수는 65이지만 표준편차는 15라고 하자. 어느 학생의 점수가 더 좋은가?
6. 표준편차의 어떤 의미에서 중요한가?

22.5 그래프와 정규곡선

데이터 집합에 관하여 평균과 표준편차보다 더 나은 지식을 가져다줄 수 있는 것이 바로 그래프다. 가령 한 기업에서 지급하는 임금을 고려해보자. 이 경우 그래프는 지급된 임금을 가로 좌표로 그 임금을 버는 사람 수를 세로 좌표로 보여줄 수 있다. 수천 가지의 급여가 있을지 모르지만 그 많은 점들을 모조리 그릴 필요는 없다. 급여를 10달러 간격으로 묶어서 50달러부터 60달러까지 번 모든 급여를 한 간격에 넣고 그 다음 간격에는 60달러부터 70달러까지 번 급여를 넣는 식으로 그리면 된다. 그러면 첫 번째 간격에 속한 모든 급여를 55달러 소득으로 간주하고 그 다음 간격에 속한 모든 급여를 65달러 소득으로 간주하고, 이런 식으로 계속 간주하면 된다. 그러므로 그래프 상의 한 점이 가로 좌표

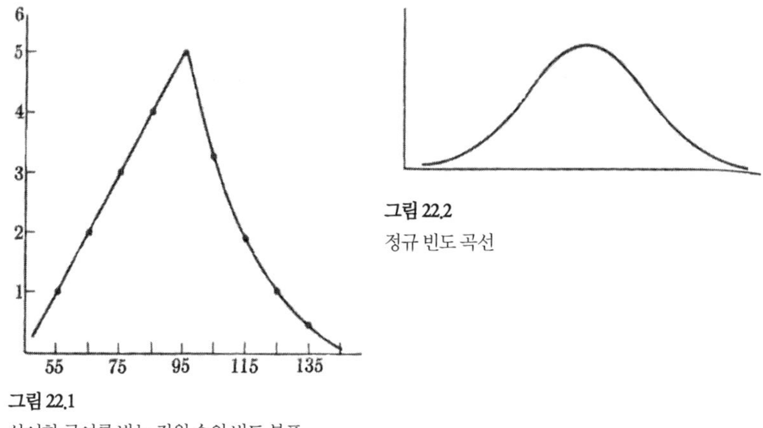

그림 22.1
상이한 급여를 받는 직원 수의 빈도 분포

그림 22.2
정규 빈도 곡선

55라면 세로 좌표는 급여가 50달러부터 60달러까지, 정확하게는 50달러부터 59.99달러까지인 사람들의 수이다. 찍은 점들을 연결하여 매끄러운 곡선이 그려지면 그 모양은 50부터 최대 급여까지 버는 사람들의 수의 점차적인 변이를 분명 보여준다(그림 22.1).

물론 50달러부터 60달러까지의 소득을 모두 합쳐서 대표하는 값을 55달러로 택하는 것은 데이터와 그래프에 얼마간의 오차를 야기한다. 만약 이 오차가 연구 목적에 유의미한 영향을 준다면, 10달러 간격 대신에 가령 5달러나 2달러라는 더 작은 간격을 사용해야 할지 모른다. 매끄러운 곡선도 오해의 소지가 있다. 가령 그림. 22-1의 그래프는 50달러부터 최대 급여 범위의 가능한 **모든 급여마다** 이에 대응하는 급여 수급자가 존재하는 것처럼 보인다. 사실 그래프는 55달러, 65달러, 75달러 등의 급여를 받는 사람들의 수만 나타낸다. 하지만 그래프의 형태는 **상대적** 빈도 면에서 보자면 정확하다. 가령, 매끄러운 곡선은 55달러보다 60달러를 버는 직원이 더 많음을 보여준다. 즉, 실제 상황을 대체로 반영하는 분포를 보여준다. 특히 급여 수급자의 수가 많을 때에는 더욱 그렇다.

그래프의 가치는 명백하다. 급여의 평균과 표준편차는 중간 급여에서부터 높은 급여로 갈수록 수급자의 수가 급격히 줄어들며 매우 높은 급여를 받는 수급자의 수가 소수임을 드러내지 못할 것이다. 그렇다면 그래프는 정말로 유용한 정보를 제공하는 셈이다. 신문과 잡지를 읽는 사람은 자신이 어떤 고용 상태에 있는지 꿰고 있을 수 있다. 이런 그래프들이 전부 매끄러운 곡선인 것은 아니다. 막대 그래프와 파이(원) 그래프도 빈번하게 사용된다.

그래프로 관계가 표현되는 변수들은 시간과 주식 가격, 석탄의 생산량과 소비량 또는 수백 가지의 다른 유사한 데이터일지 모른다. 통계 작업에서 중심적인 역할을 하는 관계는 빈도 분포(frequency distribution. 도수 분포라고도 한다. 옮긴이)라고 한다. 가령 임금 대 다양한 임금을 받는 사람들의 수를 나타낸 그래프가 보여주는 것이 바로 빈도 분포이다. 또한 가령 사람들의 키와 다양한 키를 가진 사람들의 수 그리고 지능과 다양한 지능을 가진 사람들의 수 또는 어떤 시험의 점수대와 그런 점수대를 받은 학생들의 수도 전부 빈도 분포이다.

빈도 분포 가운데 한 유형이 특히 중요하다. 길이 측정이라는 꽤 단순한 문제를 살펴보자. 가령 철사 조각의 정확한 길이에 관심이 있는 한 과학자가 단 한 번이 아니라, 필요하다면, 오십 번을 잰다고 하자. 어떤 측정도 완전히 정확할 수는 없고 온도와 같은 환경적 조건도 길이에 영향을 주기 때문에 이 오십 번의 측정은 서로 다를 것인데, 때로는 현저하게 또 어떨 때는 눈에 띄지 않을 만큼이라도 다를 것이다. 오십 가지 측정값을 각 측정값이 나타나는 횟수에 대해 나타낸 그래프는 그림 22.2와 같은 곡선처럼 보일 것이다. 사실, 측정을 더 많이 할수록 빈도 분포는 이 곡선에 더 가까워질 것이다.

그림 22.2의 그래프는 물리학자들에게 1800년경부터 잘 알려져 있었다. 왜냐하면 물리량의 거의 모든 측정치가 그러한 형태를 띠었기 때문이다. 한 중심 값 주위에 몰려 있는 측정값 집단은 가령 명사수가 표적을 향해 총을 쏠 때처럼 과녁 중심 주위에 모여 있다. 두 상황, 즉 길이의 측정값과 표적에 박힌 총

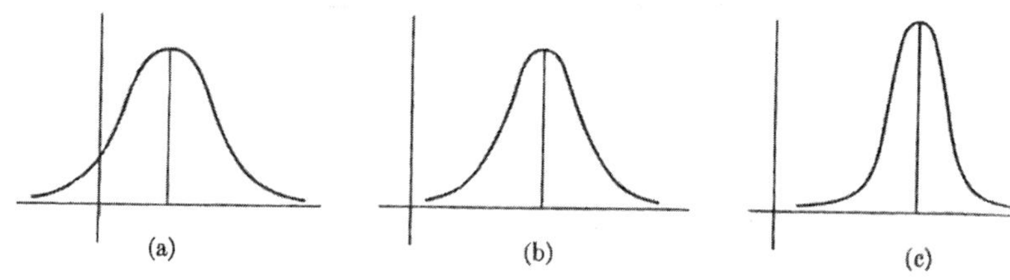

그림 22.3 세 가지 상이한 정규 빈도 곡선

알 자국의 유사성은 정확한 길이가 중심값이어야 함을 알려준다. 다른 길이들은 참된 길이로부터 무작위적으로 또는 우연히 벗어난 정도를 나타낸다. 과녁 중심이 아니라 근처의 총알 자국이 명사수의 우연한 실수를 나타내듯이. 그림 22.2의 그래프의 형태는 측정 오차와 관련하여 빈번히 나타나므로 오차 곡선 또는 정규 빈도 곡선이라고 알려지게 되었다. 이런 곡선이 존재한다는 사실 자체가 언뜻 역설적으로 보이지만 어쨌거나 참인 결론을 확인해준다. 즉, 측정의 우연한 오차들이 임의의 우연적인 패턴을 따르지 않고 언제나 오차 곡선을 따른다는 결론이 그것이다. 사람이 마음대로 오차를 내지는 않는 셈이다.

정규 빈도 곡선은 단 하나의 곡선이 아니라 공통의 수학적 속성을 지닌 곡선들의 집합이다. 마치 포물선이 단 하나의 곡선이 아니라 한 고정된 점과 한 고정된 직선으로부터 같은 거리에 있는 점들의 자취라고 기하학적으로 정의될 수 있고 대수적으로는 (좌표축을 적절히 선택하면) 방정식 $y = (1/2a)x^2$으로 표현되는 곡선들의 집합인 것처럼 말이다. 정규 빈도 곡선의 정확한 정의는 여기서 다루지 않겠다. 왜냐하면 그 곡선의 공식에는 우리가 살펴보지 않았던 함수가 들어 있기 때문이다. 하지만 우리의 목적에 맞게 이 곡선의 특징을 충분히 살펴볼 수는 있다. 그림 22.3은 세 가지 상이한 정규 빈도 곡선을 보여준다. 모양이 전부 종을 닮았기에 이 곡선을 가리켜 종형 곡선이라고도 한다. 각각의 곡선은 한 수직선에 관하여 대칭이다. 이 수직선의 제일 아래 점의 가로 좌표는 데이터, 가령 길이의 평균이다. 세 곡선의 평균들은 일반적으로 다른 값들

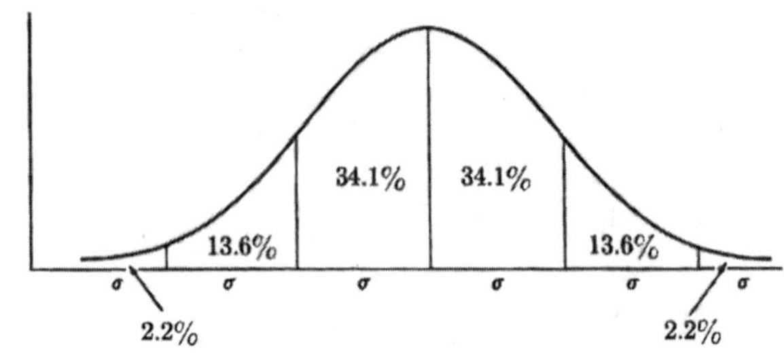

그림 22.4 정규 빈도 곡선

일 것이다. 사실 하나는 평균 길이이고 다른 하나는 평균 키 등일 수 있다. 이 곡선들이 대칭을 이룬다는 사실에서 최빈값과 중간값이 각 분포의 평균과 일치함을 명백히 알 수 있으며, 곡선의 폭이 서로 다르다는 것은 표준편차가 서로 다름을 나타낸다. 가장 왼쪽 곡선(22.3*a*)는 분명 세 곡선 중에서 표준편차가 제일 크다. 왜냐하면 데이터가 더 넓게 퍼져 있기 때문이다.

이러한 차이가 있기는 하지만, 모든 정규 빈도 곡선은 평균과 표준편차에 의해 특성이 결정된다. 평균과 표준편차가 얼마이든지 간에, 데이터의 68.2%는 평균의 양쪽으로 σ 내에 놓여 있고(그림 22.4), 95.4%가 평균의 2σ 이내에 놓여 있으며, 99.8%가 평균의 3σ 내에 놓여 있다.* 가령 그림 22.4의 곡선이 100,000명의 키를 나타내는데 평균이 67인치이고 σ가 2라고 하면, 68,200명은 65에서부터 69인치까지의 범위에 들며, 95,400명은 63에서부터 71인치 사이의 키에 들 것이다. 만약 표준편차가 2대신에 1이면 곡선은 가운데 주위로 더 가파르게 치솟을 것이다. 왜냐하면 분산이 더 작기 때문이다. 하지만 그래도 여전히 전체 사람 수의 68.2%가 평균의 σ 내에 위치할 것이다. 즉, 68,200명이 66에서 68

* 수학적인 곡선으로서 보자면 정규 빈도 곡선은 오른쪽으로 그리고 *Y*축의 왼쪽으로 무한정 뻗어나간다. 비록 이른바 꼬리가 *X*축에 점점 더 가까워지긴 하지만 말이다. 하지만 이런 꼬리는 거의 아무런 역할도 하지 않는다. 왜냐하면 측정된 사건들의 고작 0.1%만이 평균의 오른쪽이나 왼쪽으로 3σ를 넘는 곳에서 나타날 수 있기 때문이다.

인치의 키 범위에 들 것이다. 그러므로 어떤 빈도 분포가 정규 분포를 따른다는 사실 및 이 분포의 평균과 표준편차를 알면 데이터에 관한 아주 많은 결론들을 이끌어낼 수 있다.

1833년경에 케틀레는 인간의 특성과 능력을 정규 빈도 곡선을 이용해 연구하기로 결심했다. 그는 많은 데이터를 알베르티, 레오나르도, 기베르티, 뒤러, 미켈란젤로 등 르네상스 화가들이 행한 수천 건의 해부학적 측정값에서 얻었다. 또한 이후의 수백 명의 측정 결과도 이전 결과와 일치함을 알아냈다. 인간의 모든 정신적 및 신체적 특징들은 정규 빈도 분포를 따른다. 키, 팔다리의 길이, 머리 크기, 몸무게, 뇌의 무게, (지능 검사로 측정한) 지능, 전자기 스펙트럼의 시각 범위의 다양한 주파수에 대해 눈이 민감하게 반응하는 정도 등 이런 모든 속성들은 인종과 국적을 불문하고 한 집단 내에서 정규 분포를 따른다. 동식물도 마찬가지다. 임의의 한 종의 포도의 크기와 무게, 임의의 한 종의 옥수수의 길이, 임의의 한 품종의 개의 무게 등이 정규 분포를 따른다.

케틀레는 인간의 특성과 능력이 측정 오차와 마찬가지로 동일한 분포 곡선을 따른다는 사실에 충격을 받았다. 그의 결론에 의하면, 모든 인간은 마치 빵덩이들처럼 한 주형틀에서 만들어졌으며 창조의 과정에서 생기는 우연적인 변이로 인해 차이를 보일 뿐이다. 자연은 이상적인 인간을 목표로 하지만 과녁에서 빗나가서 이상의 양 측면에 변이를 나타낸다. 차이는 우연적이며, 그런 까닭에 오차의 법칙이 신체적 특징과 정신적 능력의 이러한 분포에 적용되는 것이다. 한편 만약 인간이 따르는 일반적인 유형이 없다면 인간의 특성, 가령 키를 측정하여도 그래프에 어떤 특별히 중요한 점이나 데이터 내의 결정적인 수치적 관계가 드러나지 않을 것이다.

전형적인 인간은, 케틀레에 따르면, 측정을 아주 많이 한 결과로 등장한다. 각 특성의 평균, 즉 가장 큰 세로 좌표의 값이 이 전형적인 또는 "평균적인" 인간에 속한다. 말하자면 전형적인 인간은 사회가 그를 중심으로 회전하는 중력의 중심인 셈이다. 케틀러가 알아낸 바로, 측정을 더 많이 할수록 개별적인 변이들이 사라지고 인류의 중심적인 특성들이 뚜렷하게 드러나는 경향이 드러났다.

이어서 그는 선언하기를, 이런 중심적인 특성들은 인류를 규정짓는 근본적인 힘이나 원인들로부터 비롯된다. 한 술 더 떠서, 이러한 결과들로 인해 그는 자신이 인간 사회에 영원한 법칙들이 존재하며 사회 현상의 설계와 결정론에 관한 결정적인 증거를 발견했다고 믿게 되었다.

당분간 우리는 오차 곡선을 사회적 및 생물학적 문제들에 적용할 수 있는 가능성 덕분에 이런 분야들의 지식과 법칙이 드러났다는 점에 만족하기로 하자. 임의의 신체적 내지 정신적 능력의 분포가 정규 곡선을 반드시 따른다는 확신이 오늘날에는 너무나 깊이 자리 잡고 있기에, 이런 결과를 내놓지 않는 측정은 모조리 의심을 받는다. 가령 한 대표 집단에 대한 새로운 검사에서 점수의 정규 분포가 나타나지 않으면, 도전 받는 것은 지능의 분포에 관한 결론이 아니라, 그 검사 자체가 무효라고 선언된다. 마찬가지로 속도, 힘 또는 거리에 관한 측정이 정규 분포를 따르지 않으면, 과학자는 자신의 측정 도구를 탓할 것이다.

정규 빈도 분포의 또 다른 쓰임은 제조 분야에서 나타난다. 가령 제작된 전선은 지속적으로 품질 검사를 받는다. 매일의 생산량에서 100개의 표본을 취해 인장강도를 검사한다고 하자. 어떤 인장강도를 그것에 해당하는 표본의 수에 대해 나타내는 그래프를 그릴 수 있다. 그런 그래프는 대체로 정규 분포를 따른다. 이제 만약 그 분포가 그림 22.3(a)의 곡선을 닮았다고 하면, 표본의 인장강도 변이가 넓으며 따라서 품질이 균일하다고 볼 수 없을 것이다. 한편, 그림 22.3(c)의 곡선과 같은 분포는 균일한 품질을 보인다. 두 분포는 분산에서 다르며, 따라서 표준편차도 다르다. 만약 균일성이 중요하다면—품질의 균일성은 우수한 품질보다 더 중요할 때가 종종 있다. 왜냐하면 전자회로 안에 불량 전선이 하나라도 들어 있으면 큰 피해를 끼칠 수 있기 때문이다—, 22.3(a)의 곡선과 같은 그래프는 제조 과정에서 어떤 수정 조치가 필요함을 알려준다.

하지만 모든, 사실상 모든 분포가 정규 빈도 분포를 따른다고 가정해서는 안 된다. 가정 내지 개인의 소득 분포라든지 자동차를 0, 1, 2, 3, 4대 소유하고 있는 가정의 수는 정규 분포를 따르지 않는다. 소득이 정규 곡선을 따르지 않는다는 것은 흥미로운데, 인간의 신체적 및 정신적 능력이 정규 분포를 따르기에 이런 자질이 소득을 결정해야 할 테니 말이다.

연습문제

1. 빈도 분포란 무엇인가?
2. 정규 빈도 곡선을 설명하라.
3. 어떤 정규 빈도 분포가 주어져 있을 때, 데이터의 몇 퍼센트가 평균의 양측으로 2σ 내에 놓이는가?
4. 대학 신입생 1000명의 키를 쟀더니, 평균이 66인치이고 표준편차가 2인치인 정규 빈도 분포를 따른다고 하자. 학생들 중 몇 퍼센트가 66인치와 70인치 키 사이에 드는가? 그리고 60인치와 72인치 키 사이에는?
5. 미 육군은 군 지원자 전체를 대상으로 체계적인 지능 검사를 실시하여 점수가 가령 평균의 왼쪽으로 σ 아래인 신청자를 탈락시킨다. 군복무에 허용된 사람들의 지능에 관한 빈도 분포를 나타내는 그래프를 그려라.
6. 그림 22.1에 보이는 소득 분포의 평균 소득은 최빈값 소득과 비교했을 때 어디에 놓이는가?
7. 포도 1000송이의 무게를 재어 다양한 무게의 빈도 분포를 알아냈다고 하자. 그 결과로 나타난 곡선이 그림 22.5의 실선을 따른다면, 이 포도 종의 균질성에 대해 어떤 결론을 내릴 수 있는가?

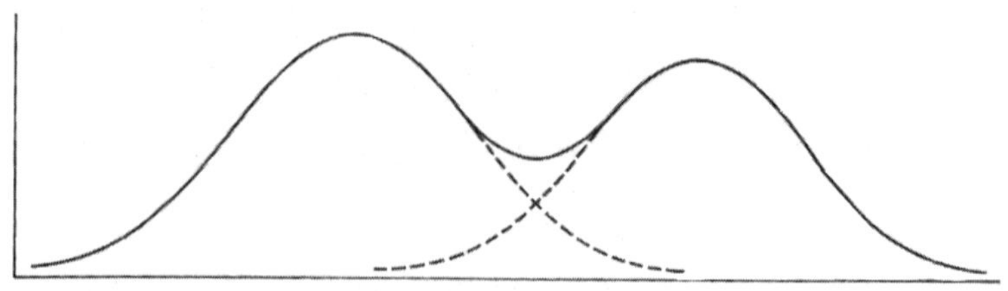

그림 22.5

22.6 공식을 데이터에 맞추기

이제껏 보았듯이, 많은 양의 정보는 평균, 표준편차 및 그래프를 적용하여 데이터에서 추출할 수 있다. 그래프 기법을 이용하는 경우, 만약 그래프가 정규빈도 분포라면 특히나 다행이다. 하지만 주어진 사실들로부터 새로운 정보를 도출하는 데 쓰이는 수학의 주요 기법들은 공식을 적용하도록 고안되어 있다. 만약 우리가 연구하려는 데이터가 함수 관계, 가령 어떤 지역에서 시간에 따른 인구의 변이를 보인다면, 이 함수에 대한 공식을 얻으면 매우 유용하다.

데이터를 공식으로 압축하기란 대체로 가능한데, 그 과정에는 우리가 나중에 살펴볼 의미가 들어 있다. 현재로서는 그 절차만을 알아볼 터인데, 이 목적을 위해 우리는 우선 특별히 조금 단순화시킨 문제를 고려할 것이다. 여러 순간에서 낙하 물체의 속도를 측정하여 갈릴레오는 다음 데이터를 얻었다.

시간(초)	0	1	2	3	4
속도(ft/sec)	0	32	64	96	128

이 도표를 조사하여 갈릴레오는 속도와 시간을 관련짓는 다음 공식을 알아낼 수 있었다.

$$v = 32t. \tag{1}$$

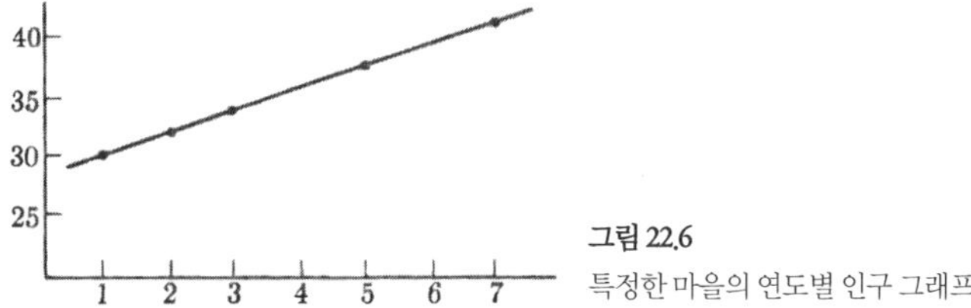

그림 22.6
특정한 마을의 연도별 인구 그래프

이번에는 조사를 해보아도 결과가 명백히 나오지 않는 데이터에 대한 공식을 구하는 문제를 살펴보자. 대다수의 마을, 도시 및 심지어 나라 전체는 인구 변화를 연구하는데 관심을 기울인다. 주택, 상하수도, 학교 등에 대한 수요를 예측하기 위해서다. 한 마을이 아래와 같은 인구 성장을 보인다고 하자.

연도	1951	1952	1953	1955	1957
인구	3000	3200	3400	3800	4200

이러한 데이터에 맞는 공식을 구할 수 있을까?

그래프 그리기와 계산을 단순화하기 위해 연도를 1950년부터 세고 인구를 백 명 단위로 세자. 가령 1951년을 1년으로 간주하고 그 해의 인구를 30이라고 표시하자. 이런 데이터의 그래프가 그림 22.6에 나와 있다. 찍힌 점들을 따라 놓인 직선자를 놓으면 점들이 직선상에 놓여 있음을 알 수 있다. 좌표기하학에 관한 연구에서 알 수 있듯이(12.3절의 연습문제 13 참고), 직선 그래프의 공식 내지 방정식은 다음 형태이다.

$$y = mx + b. \tag{2}$$

y가 마을의 인구를 x가 연도를 나타낸다. 직선이 우리의 데이터에 맞는 곡선이므로, 직선을 Y축과 교차하는 점까지 뒤로 그리자. 바로 그 점에서, 그래프에 나오듯이 y값은 28이고 물론 $x = 0$이다. 공식 (2)가 그래프와 일치하려면 $x = 0$

일 때 y는 28이어야 한다. 이 값들을 (2)에 대입하면

$$28 = m \cdot 0 + b,$$

따라서 $b = 28$이다. 그렇다면 이제 공식은 다음과 같다.

$$y = mx + 28. \tag{3}$$

여기서 m은 미지수이다. 하지만 그래프에 의하면 $x = 5$일 때 $y = 38$이다. 따라서 이 값들을 (3)에 대입하자. 결과는 아래와 같다.

$$38 = m \cdot 5 + 28$$

즉

$$5m = 10$$

즉

$$m = 2.$$

따라서 x와 y의 관계를 나타내는 최종 방정식은 아래와 같다.

$$y = 2x + 28, \tag{4}$$

이제 우리는 위의 도표에 든 데이터에 맞는 공식을 구했다.

이 공식으로 우리는 마을의 인구를 예측할 수 있다. 가령 1970년의 인구가 $x = 20$일 때이다. (4)의 x에 20을 대입하면

$$y = 2 \cdot 20 + 28 = 68.$$

공식은 1970년에 인구가 68, 즉 6800명일 것이라고 예측한다. 물론 우리는

1951년부터 1957년까지의 인구 증가를 이끈 요인들이 이후에도 계속 작용할 뿐만 아니라 동일한 수준으로 작용할 것이라고 가정하고 있다. 여기서 우리는 사회 현상과 경제 현상에 통계를 사용하는 데 심각한 제약사항 중 하나와 마주친다. 그런 현상을 통제하는 근본적인 힘이 무엇인지 모르기에(비록 어떤 정성적인 정보를 갖고 있긴 하지만), 인구가 1957년 이후에도 이전처럼 계속 증가할지는 결코 확실하지 않다. 사실, 그렇지 않다고 보는 편이 더 확실하다. 지역적, 국가적 또는 전 지구적 사건들은 인구의 증가를 늦추기도 하고 가속시키기도 한다. 가령 경기 불황 때 젊은이들은 결혼해서 아이를 가질 여력이 없다. 이와 달리 물리적 현상에 대한 연구는 자연에 작동하는 힘들은 불변임을 보여준다.

사실, 물리학에서 얻은 데이터와 생물학, 심리학, 사회과학 및 교육학에서 얻은 데이터에서 도출한 공식 사이에는 근본적인 차이가 있다. 일반적으로 첫 번째 집합의 데이터에서 얻은 공식은 데이터가 더해질 때도 계속 유효하다. 삼백년 전에 케플러는 관찰 데이터로부터 자신의 법칙들을 연역해냈는데, 그 법칙들은 지금도 옳다. 반면에 두 번째 집합의 문제들일 경우에는 데이터가 추가될 때 공식이 수정 없이 계속 유효하기는 어렵다. 우리는 확장된 데이터 집합에 맞게끔 공식을 지속적으로 수정해주어야 한다. 이런 불일치를 보고서, 사회과학과 생물학에서 무법이 횡행한다는 의미로 해석할 필요는 없다. 왜냐하면 이미 우리는 이런 분야들에서 잘 확립된 법칙처럼 보이는 사례들을 만난 적이 있기 때문이다.

위의 예들은 선형 함수에 의해 관계가 드러나는 데이터를 보여준다. 하지만 그래프가 직선이 아니거나 직선과 매우 근사적으로 가까운 곡선이라고 가정하자. 한 예를 통해 우리는 그럴 때에조차 공식을 비선형 그래프에 들어맞게 할 수 있음을 알 수 있다. 가령 연도가 1951년부터 시작하고 한 사업의 수익이 다음과 같다고 하자.

연도	1951	1952	1954	1956	1958
수익(백만 달러)	0.125	0.5	2	4.5	8

이 데이터에 맞는 공식을 구하기 위해 우선 데이터를 점으로 찍는다. 1950년 이후의 연도를 가로 좌표로 수익을 세로 좌표로 기록하자. 그림 22.7이 그래프이다.

찍힌 점들은 포물선인 듯 보이는 매끄러운 곡선에 의해 연결된다. 좌표기하학을 통해 알고 있듯이, 그림에 보이는 좌표축 상에 놓인 포물선은 다음 공식을 갖는다[12장, 공식 (9) 참고].

$$y = \frac{1}{2a}x^2. \qquad (5)$$

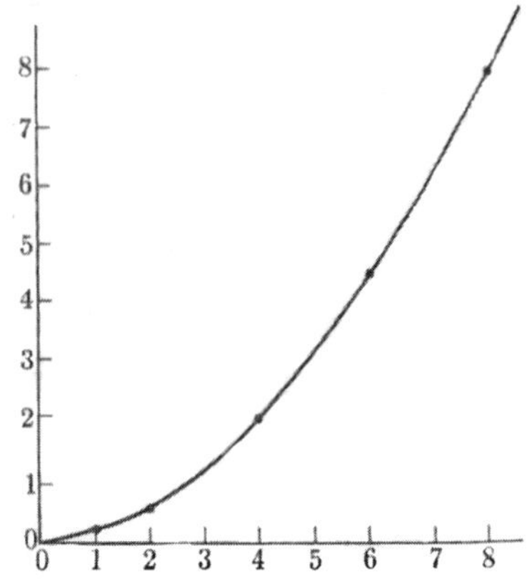

그림 22.7 어떤 회사의 연도별 수익 그래프

(5)의 x가 시간을 나타내고 y가 수익을 나타낸다고 하자. 공식 (5)를 우리의 데이터에 들어맞게 하려면 a의 값을 결정해야 한다. 곡선상의 임의의 한 점의 좌표를 선택하면 된다. 가령 1954년에 수익은 2다. 곡선상의 이에 대응하는 점은 좌표 $x=4, y=2$이다. 이 값들을 (5)에 대입하면

$$2 = \frac{1}{2a} \cdot 16$$

그렇다면 $a=4$이며, 공식 (5)는 다음과 같다.

$$y = \tfrac{1}{8}x^2. \qquad (6)$$

물론 곡선을 포물선으로 간주할 때 우리는 겉모습으로 판단했다. 따라서 이제 (6)이 그래프 상의 다른 데이터와 들어맞는지 확인해 보아야 한다. 가령

1956에 대응하는 점의 좌표는 $x=6$과 $y=4.5$이다. 이 값들을 (6)에 대입하면 좌변이 정말로 우변과 같음을 알 수 있다. 따라서 포물선이 이 데이터와 들어맞음이 검증된다.

그런데 1956년의 수익이 4.5가 아니라 4.6이었다면 x 값 6을 (6)에 대입한 결과는 정확한 수치를 내놓지 못할 것이다. 하지만 그래도 여전히 공식 (6)을 데이터에 대한 훌륭한 근사라고 인정할 수 있다. 대신에 만약 그래프 상의 점들의 x값들을 한 개 이상 (6)에 대입하여 이에 대응하는 y값들에 대한 훌륭한 근사치가 얻어지지 않는다면, 그래프가 포물선이라는 우리의 판단은 틀리게 될 것이다. 이 경우에는 데이터와 들어맞는 다른 유형의 공식을 찾아야 한다. 어떤 공식을 시도할지를 결정하는 데 도움이 되는 기법들이 있긴 하지만, 이 기법들을 쓰려면 전문적인 지식이 필요하다.

이런 몇 가지 예들은 비록 단순한 설명을 위해 선택되긴 했지만, 공식이 어떻게 데이터에 들어맞을 수 있는지 보여준다. 한편 알다시피 이 절차는 좌표기하학, 즉 방정식과 곡선의 관계에 관한 지식을 전제로 한 것이다.

연습문제

1. 아래 데이터가 두 변수 x, y에 대해 주어져 있다.

x	0	1	2	3	4
t	7	10	13	16	19

조사를 통해 x와 y를 관련짓는 $y=mx+b$ 형태의 공식을 찾아라.

2. 스프링이 늘어날 때, 스프링은 늘이는 힘과 반대 되는 힘을 가한다. 스프링이 가하는 힘 F와 늘어난 양, 즉 변위 d의 관계식을 결정하기 위해 아래와 같은 데이터가 마련되어 있다.

d(인치)	1	2	3	4
F(파운드)	4	8	11.9	16.2

이 데이터를 그래프로 나타내어 F와 d를 관련 짓는 공식을 구하라. 결과는 특정한 스프링에 대한 훅의 법칙(18장)이다.

3. 실험에 의해 다양한 시간 간격에서 물체의 낙하 거리에 관한 아래 데이터가 나왔다고 하자.

t(초)	1	1½	2	2½
d(피트)	16	36	64	100

확실하게 답을 알고 있는 문제인긴 하지만, 데이터를 통해 그래프를 그리고, d와 t를 관련짓는 공식이 그래프에 맞는지 확인하라.

4. 사람들은 물가 오름을 늘 걱정한다. 물가는 중요 생필품 및 서비스의 평균 가격을 나타내는 지수로 측정된다. 여러 해 동안의 지수가 아래와 같다고 하자.

연도(Y)	1951	1953	1955	1957	1959
지수(N)	7	8.9	11.1	13	15.2

지수 N과 연도 Y를 관련 짓는 공식을 구하라. 이렇게 시도해서 얻은 공식을 상수를 결정하는데 쓰이지 않은 도표의 다른 데이터에도 맞는지 확인하라.

5. 1950년 이후의 연도에 대한 한 사업의 수익은 아래와 같다.

1950년 이후의 년(t)	1	2	3	4	5
수익, 천 달러(P)	6	12	22	36	54

$P = at^2 + b$ 형태의 공식이 데이터에 맞도록 a와 b를 결정하라.

6. 특정한 분량의 물의 부피는 온도에 따라 변한다. 왜냐하면 이전에 배웠듯이, 물은 온도에 따라 팽창하거나 수축하기 때문이다. 따라서 다양한 온도(T)에서 고정된 양의 물의 부피(V. 입방인치)에 관해 다음 데이터를 모았다고 하자.

T	0	2	4	6	8	10	12	14
V	2.3	1.3	1	1.3	2.2	3.7	5.8	8.3

T와 V를 관련 짓는 공식을 구하라. [힌트: 타원을 나타내는 공식 $V = a + bT + cT^2$을 갖고서 시도하라. 그러면 $T = 0$일 때 V값을 알기에 a를 곧장 구할 수 있다. 다음에 두 데이터 집합을 이용해 두 미지수가 포함된 방정식을 풀어 b와 c를 결정한다.]

7. 데이터에 들어맞는 공식 찾기의 장점은 무엇인가?
8. 좌표기하학의 지식은 데이터에 맞는 공식을 찾고자 하는 과학자에게 어떻게 도움이 되는가?

22.7 상관

공식을 데이터에 맞추기 과정은 데이터를 요약해주고 그 공식으로 추가적인 수학적 작업을 할 수 있게 해준다는 점에서 유용하다. 하지만 공식을 데이터에 맞추기가 항상 가능하지는 않다. 함수 관계라는 개념 자체는 해당 범위 내의 x값 각각에 대해 고유한 y값이 존재하기를 요구한다. 많은 데이터 유형은 이런 조건을 만족하지 않는다. 가령 사람의 키와 몸무게의 관계를 연구하고 싶다고 하자. 임의의 한 키에 대해 여러 가지 몸무게가 대응하거나 또는 만약 몸무게를 기준으로 보자면, 임의의 한 몸무게에 여러 가지 키가 대응한다. 따라서 몸무게와 키를 관련 짓는 공식을 요구할 수가 없다. 그렇기는 해도 이 두 변수 사이에는 어떤 대응 관계가 존재하는데, 이런 관계의 정도와 특성을 알아볼 수는 있다.

찰스 다윈의 사촌이자 우생학의 창시자인 프랜시스 골턴은 인간의 특성을 연구하면서 이와 같은 문제에 직면했다. 골턴은 의사로서 유전 현상을 연구하기 위해 통계를 이용했다. 특히 『자연의 유전』이라는 유명한 책을 지었는데, 이 책에서 골턴은 아버지의 키와 아들의 키 사이의 관계를 연구하기 시작했다. 금세 명백하게 드러난 바에 의하면, 아버지의 키에 대응하는 아들의 키는 여러 가지다. 골턴은 오늘날 상관(상관관계, correlation)이라고 알려진 개념을 도입했다. 이 수학적 개념 덕분에, 함수 관계를 갖지 않는 두 데이터 집합 사이의 관계의 가까움을 측정할 수 있다.

골턴은 아버지의 키와 아들의 키 사이에 가까운 관계 한 가지를 발견했다. 부모의 키가 크면 자식도 키가 컸다. 또한 키 큰 아버지들의 모든 아들의 평균 키는 모든 아버지의 키의 평균이 전체 인구의 키의 평균에 가까운 정도보다 전체 인구의 키의 평균에 더 가까웠다. 그러므로 키가 크거나 작은 자질은 평균적으로 보았을 때 유전될 수 있는 것이며, 후대의 세대들은 어떤 기준 값에 가까워진다. 또한 그는 동일한 결론이 지능에도 적용됨을 알아냈다. 재능은 평균적으로 보면 유전되지만, 아이들은 부모들보다 더 평범하다. (따라서 부모들은 아이들에게 무엇이 좋은지를 아이들보다 더 잘 안다!) 동일한 법칙이 인간의 다른 특성에도 적용됨을 알아낸 후 골턴은 처음으로 인간의 생리 기능이 견고하게 작동하며 모든 생명체는 어떤 유형을 지향한다고 결론 내렸다. 골턴의 폭넓은 추론과는 별도로, 그의 연구에서는 통계학과 가장 단순한 수학만을 사용하여 얻어낸 생물학적 법칙의 사례들을 볼 수 있다. 게다가 유전 역학에 관한 아무런 지식이 없어도 이런 결론을 확립하는 것이 가능했다.

오늘날 널리 이용되는 상관의 정확한 수학적 측정은 칼 피어슨이 체계화했다. 그의 공식은 −1과 1 사이에 놓이는 한 수를 내놓는다. 1의 상관은 주어진 변수들이 직접적으로 관련되어 있음을 가리킨다. 한 변수가 증가하거나 감소할 때 다른 변수도 마찬가지로 행동하며, 한 변수가 높은 수치 값을 가지면 다른 변수도 그렇다. −1의 상관은 한 변수의 행동이 다른 변수와 정반대임을 의미한다. 첫 번째 변수의 값이 증가하면 두 번째 변수는 감소하며, 그 역도 마찬가지다. 0의 상관은 한 변수의 행동이 다른 변수의 행동과 아무 관계가 없다는 의미이다. 두 변수는 서로 독립적이다. 그리고 가령 삼분의 사의 상관은 한 변수의 행동이 다른 변수의 행동과 비슷하긴 하지만 동일하지는 않음을 가리킨다.

상관에 관한 지식은 지극히 소중할 수 있다. 만약 주가가 산업 생산량과 매우 상관관계가 높으면, 주가의 지식을 이용하여 산업 생산량을 예측할 수 있다. 이런 접근법이 결정적인 이점을 갖는 까닭은 주가는 산업 생산량보다 훨씬 쉽게 취합할 수 있기 때문이다. 만일 일반적인 지능이 수학 실력과 상관관계가 높으면, 지능이 높은 사람은 수학을 잘 하리라고 예상할 수 있다. 만약 한 국가의 임금 수급자의 총 소득이 해당 업종의 총 수익에 의해 측정된 호황과 높은 상관관계를 갖는다면, 업계는 자신의 수익 중 더 많은 비율을 피고용인들에게 돌려주는 것에 대해 진지하게 고려해야 할 것이다. 만약 두 병의 발병 빈도 사이의 상관관계가 높으면, 어느 한 질병에 관한 성공적인 분석은 다른 질병에게도 마찬가지로 좋은 결과를 가져올 수 있을지 모른다. 고등학교의 성적과 대학의 성적 사이 또는 대학의 성적과 이후 삶의 경제적 성공 사이의 상관관계에 관한 지식은 개인들의 미래를 예측하는데 매우 소중할 수 있다.

연습문제

학생 1000명을 대상으로 한 연구에서 일반적인 지능과 수학 실력 사이에 매우 높은 상관관계가 있음이 드러났다고 하자. 한 특정 학생은 매우 지능이 높다고 알려져 있다. 이 학생의 수학 실력이 어떨 것이라고 예상할 수 있는가?

22.8 통계 사용에 관한 유의사항

통계는 오늘날 우리 사회에 널리 도입되어 논쟁적 사안들의 찬반에 관한 주장들을 뒷받침하는 데 쓰이므로, 이런 이유와 더불어 통계적으로 확립된 결론의 속성에 대한 전반적인 이해를 위해, 통계적 방법을 적용하고 수학적인 결과를 해석하는 데 위험 요소를 아는 것이 유용할지 모른다. 통계 적용의 첫 번째 어려움은 관련 개념들의 의미 결정이다. 가령 백 년 기간 동안의 실업에 관해 통계적인 연구를 하고 싶다고 하자. 실업자란 누구인가? 이 용어에는 일하지 않아도 되지만 일을 하고 싶은 사람도 포함되는가? 또는 일주일에 이틀 고용되어 있는데 상근직을 찾는 사람들도 포함되는가? 또는 교육을 많이 받았지만 자신의 자격에 어울리는 일자리를 찾지 못해 택시를 운전해야 하는 사람도 포함되는가? 또는 취업에 적합하지 않는 사람도 포함되는가? 승용차에 관한 연구에는 택시, 스테이션왜건(station wagon. 승용차 겸 화물차) 그리고 세일즈맨이 영업 목적에서 이용하는 승용차도 포함되어야 하는가?

어쨌거나 한 특정한 용어에 어떤 대상이나 사람들의 집단을 포함시킬지 결정하고 나면, 데이터의 신뢰성 여부가 제기된다. 가령, 범죄율에 관한 연구는 경찰 당국이 때때로 범죄 기록 및 분류 방식을 변경한다는 사실을 고려해야만 한다. 남성과 여성의 정신 질환 발생에 관한 연구는 여성이 남성보다 입원을 자주 하지 않는다는 점을 고려해야만 한다.

연구할 문제를 명확하게 특정하기도 종종 어려운 문제다. 미국과 영국의 자동차 사고 사망률을 비교하고 싶다고 하자. 사망자 수는 미국이 분명 더 많지만 인구와 자동차 수도 미국이 더 많다. 사망자 수를 인구 당으로 자동차 개수 당으로 또는 자동차의 이동 거리 당으로 계산해야 하는가?

통계를 이용하는 과정에서 생기는 가장 큰 단일 문제는 표본 추출의 문제이다. 가령 미국의 당뇨병 발생률을 연구하기 위해 모든 사람을 조사하지는 않는다. 대신에 전체 인구의 대표격이라 할 만한 사람들의 집단을 선택해서 연구한다. 이 집단을 가리켜 무작위 표본이라고 한다. 마찬가지로 인간의 모든 생리적 및 정신적 특성들도 표본을 통해 연구한다. 소매 음식 가격의 수준은 모든 음식의 대표격이라 할 만한 몇 가지 중요한 음식들을 선택해서 알아본다. 한 업계의 임금에 관한 연구는 노동자들의 한 무작위 표본을 선택하여 실시된다. 의사는 한 사람의 피를 전체 혈액을 대표할만하다고 보는 소량을 뽑아서 연구한다. 왜냐하면 피는 몸 속 구석구석을 늘 순환하기 때문이다. 특정한 소득을 버는 가정의 생활양식에 관심이 있는 사회학자는 전체 집단보다는 선별된 전형적인 집단을 연구할 것이다. 정치적 사안에 관한 국가의 동향을 연구하는 갤럽 조사 그리고 하늘의 일정 지역의 별들의 수와 크기를 연구하는 천문학자도 표본을 이용한다.

통계 연구의 결론은 표본에 바탕을 두고 있으므로, 표본을 선택하는 일은 아주 중요하다. 기계의 생산량을 그 기계가 만드는 상품을 표본으로 하여 연구하려면, 하루 중 특정 시간보다는 하루 전체 동안 다양한 시간대에서 표본을 고르는 것이 필수적이다. 아침에는 과열 현상이 생기기 전이므로 기계는 오후보다 일을 더 잘 할지 모른다.

진짜로 무작위적인 표본 하나가 주어져 있을 때, 그 다음 질문은 그 표본에서 이끌어낸 정보가 전체 모집단을 반영하는 것으로 어느 정도 믿을 수 있느냐는 질문이 제기된다. 이 문제에는 확률이 개입되는데, 이 주제는 다음 장에서 다룰 것이다.

통계적 결과에 대한 평가도 그 자체로서 문제점을 야기한다. 용어의 의미가 만족스럽게 정해지고, 대표적인 표본이 선택되거나 아니면 전체 모집단을 다룸으로써 표본으로 인한 문제는 없다고 가정하자. 통계에 의하면 하버드 졸업생들은 다른 대학교의 졸업생보다 나중에 돈을 더 많이 번다. 여기서 어떤 결론을 내릴 수 있는가? 하버드의 교육은 그 대학의 평균적인 학생에게 다른 대학교의 평균적인 학생과 달리 더 큰 성공을 보장하는가? 좀체 그렇지 않다. 하버드의 많은 학생들은 자녀들로 하여금 가업을 잇게 하거나 전문직에 종사시킬 수 있는 든든한 가문 출신이다.

통계에 의하면 1954년에 자동차로 인한 치명적인 사고 가운데 25,930건이 맑은 날씨에 일어났고 안개 낀 날에는 370건, 비오는 날에는 3640건 그리고 눈오는 날에는 860건이 일어났다. 이 통계는 안개 낀 날에 운전하는 것이 가장 안전함을 말해주는가? 전혀 그렇지 않다. 안개는 도로에 차가 적은 밤에 더 자주 낀다. 안개가 낄 때 많은 사람들은 운전하려고 하지 않으며, 설령 운전하더라도 더 조심해서 운전한다. 마지막으로 안개 끼는 날은 드물다.

통계로부터 성급한 결론을 이끌어낼 위험성을 더 확실히 알려면 어떤 극단적인 그리고 심지어 터무니없기도 한 예들을 살펴보면 좋을 것이다. 흔히들 하는 말로, 익살극을 제일 앞 줄에서 보는 사람들 가운데는 대머리가 상당수라고 한다. 익살극을 가까이서 보면 대머리가 된다고 결론 내릴 수 있을까?

통계의 취합과 평가에 깃든 이런 어려움들은 정말로 무시 못 할 수준이다. 이로 인해 그릇된 추론이 생겼고, 세상에는 낭만과 위대한 낭만 그리고 통계가 있다는 비아냥거리는 말이 나왔으며, 통계학자는 막연한 가설과 기정사실을 정확히 구별하는 사람일뿐이라는 정의도 나왔다. 정말로 통계를 사용할 때는 매우 조심해야 한다. 특히 표본이 관여하는 경우, 통계는 아무것도 증명하지 않으며 단지 보여줄 뿐이다. 통계는 우리가 행동하도록 이끈다. 거의 항상 통계적 결과들은 한 개인에 관해 확실한 내용을 알려주지 않으며, 다만 개인들의 집합에서 가령 지능 분포가 어떻게 될 가능성이 높은지를 보여줄 뿐이다.

하지만 그런 어려움들은 인구 변화, 주식시장 운용, 실업, 임금 규모, 생활비, 출생률과 사망률, 음주와 범죄의 관계, 신체적 특징과 지능의 분포 그리고 질병 발생률 등을 연구할 때 통계적 방법이 효과적이라는 사실에 의해 쉽게 가려진다. 통계는 생명보험, 사회안전망, 의료, 정부 정책, 교육 연구 그리고 숫자 알아맞히기 도박 등의 바탕이다. 현대 산업은 통계적 방법을 이용하여 최상의 시장을 찾아내고 광고의 효과를 검증하며 새로운 상품에 대한 관심을 측정한다. 순수한 추론, 위험한 추측 그리고 개인적 판단의 까다로움은 통계 연구에 의해 대체되고 있다. 정말이지 통계적 방법은 미개발의 낙후된 분야들을 과학으로 이끄는 데 결정적인 역할을 했으며, 모든 분야에서 문제에 접근하고 사고하는 한 가지 방법으로 자리 잡았다.

연습문제

1. 연구 분야에 대한 연역적 접근법의 방법론을 통계적 접근법과 비교하라.
2. 경제학자들은 한 나라의 경제체제에 대한 연역적 접근법을 찾는 데 왜 실패했는가?
3. 실업자에 관한 합리적인 정의가 내려져 있는 상황에서, 통계에 의하면 미국의 실업률이 5년 동안 상승하고 있다고 하자. 이 통계는 미국의 경제 상황이 그 기간 동안 나빠지고 있음을 의미하는가?
4. 통계에 의하면 암 사망자가 해마다 증가 추세를 보인다고 한다. 암은 우리 문명에서 더욱 흔해지고 있는 요인들에 의해 일어나는가?
5. 통계에 의하면 암은 담배를 적게 피우거나 아예 안 피는 사람들보다 담배를 많이 피는 사람들에게서 훨씬 더 빈번하게 일어난다. 흡연이 암의 한 원인인가?
6. 통계적으로 드러난 바에 의하면, 나이가 많은 아버지일수록 더 지능이 높은 아이를 낳는다. 이 통계는 남자가 가급적 늦은 나이에 아이를 낳아야 함을 의미하는가?
7. 틀니를 한 사람들의 평균 사망 나이는 정상 치아를 지닌 사람들의 평균 사망 나이보다 더 많다. 틀니를 하면 더 오래 살 수 있는가?

더 살펴볼 주제

1. 윌리엄 페티 경의 업적
2. 존 그론트의 업적
3. 프랜시스 골턴 경의 업적
4. 상관의 개념
5. 사회과학에 대한 연역적 접근법

권장 도서

Alder, Henry L. and Edward B. Roessler: *Introduction to Probability and Statistics*, Chaps. 1 to 4, W. H. Freeman & Co., San Francisco, 1960.

Freund, John E.: *Modern Elementary Statistics*, 2nd ed., Chaps. 1 through 6, Prentice-Hall, Inc., Englewood Cliffs, 1960.

Huff, Darrell: *How to Lie with Statistics*, W. W. Norton & Co., New York, 1954.

Kline, Morris: *Mathematics in Western Culture*, Chap. 22, Oxford University-Press, New York, 1953.

Kline, Morris: *Mathematics: A Cultural Approach,* Chap. 28, Addison-Wesley Publishing Co., Reading, Mass., 1962.

Newman, James R.: *The World of Mathematics*, Vol. Ill, pp. 1416-1531 (selections on statistics), Simon and Schuster, Inc., New York, 1956.

Reichmann, W. J.: *Use and Abuse of Statistics*, Chaps. 1 through 13, Oxford University Press, New York, 1962.

Wolf, Abraham: *A History of Science, Technology and Philosophy in the Sixteenth and Seventeenth Centuries*, 2nd ed., Chap. 25, George Allen and Unwin Ltd., London, 1950. Also in paperback.

*23 확률론

인생은 불충분한 전제에서 충분한 결론을 이끌어내는 기술이다.

새뮤얼 버틀러

23.1 들어가며

수학은 우주를 이해하고 물리적 세계의 자원을 이용하기 위해 인간이 창조해냈다. 하지만 문명화된 인간의 물리적 세계에는 주사위 던지기, 카드 게임, 경마에 배팅하기, 룰렛 게임 그리고 다른 형태의 여러 도박과 같은 활동들도 포함된다. 이런 현상을 이해하고 통제하기 위해 새로운 수학 분야, 즉 확률론이 창조되었다. 하지만 이 이론은 오늘날 원래 의도한 분야를 훌쩍 뛰어 넘는 심오함과 중요성을 지니고 있다.

이 주제를 처음 들여다본 사람은 르네상스인 지롤라모 카르다노였다. 카르다노는 수학자이자 도박꾼이었기에 이왕 도박에 시간을 쏟을 바에야 수학을 적용해 돈을 벌자고 결심했다. 그리하여 운으로 하는 여러 가지 게임에서 이기는 확률을 연구했으며, 어쩌다 가끔 이타심이 생길 때면 이 주제에 관한 자신의 생각을 통해 다른 사람들이 돈을 벌게 돕기도 했다. 그는 자신의 연구 결과를 모아서『확률 게임에 관한 책』을 썼는데, 이 책은 어떻게 속임수를 쓰고 남의 속임수를 알아내는지를 알려주는 도박꾼의 매뉴얼이다.

1653년에 마찬가지로 도박꾼이자 아마추어 수학자인 슈발리에 드 메레 또한 수학을 이용해 확률 게임에서 배팅을 결정하는 데 관심을 갖게 되었다. 수학 실력이 부족했던 슈발리에는 주사위에 관한 문제들을 파스칼에게 알렸는데, 파스칼은 페르마와 손을 잡고 확률이라는 주제를 깊이 파헤치기로 결심했다. 카르다노가 확률에 관한 몇 가지 문제를 풀었던 데 반해 파스칼은 하나의 온전한 학문으로 발전시키길 꿈꾸었다. 그의 목표는

> 수학적 증명의 엄밀성을 이용하여 확률의 불확실성을 정확한 기술로 바꾸는 것이다. 그리하여 확률의 수학이라는 놀라운 명칭을 정당하게 주장할 수 있는 새로운 학문을 창조하는 것이다.

카르다노, 파스칼 그리고 페르마는 도박을 계기로 확률에 매력을 느꼈다. 이 주제는 다른 사람들도 끌어당겼는데, 특히 라플라스가 대표적이다. 그의 관심사는, 이 역시 비실용적이었는데, 하늘에 있었다. 천문학의 주요 문제들을 풀려고 시도하면서 라플라스는 천문 관찰의 정확성을 꼼꼼히 짚어보지 않을 수 없었다. 우리도 곧 알게 되겠지만, 이 문제는 확률론으로 이어진다.

이 이론은 통계적 방법을 사용하는 데 확률이 필수적이지 않다면 어쩌면 사소한 그리고 대체로 흥밋거리인 수학 분야로 남았을지 모른다. 아마도 확률론적인 사고를 요구하는 가장 중요한 통계 문제들은 표본 추출 과정에서 등장한다. 통계적 연구들은, 실용적인 관점에서 볼 때, 표본에 의해 진행되며, 표본 추출에는 오차의 확률이 어김없이 개입한다. 만약 철강 산업의 임금에 관한 조사가 두어 군데의 대표적인 제철소에서 모은 데이터에 바탕을 두고 있다면, 이 표본 연구를 통해 전체 철강 업계에 관한 정확한 사실을 얻게 되리라고 확신할 수 없다. 만약 한 기계의 생산량을 표본을 통해 검사한다면, 이 표본을 통해 이끌어낸 결론이 전체 생산량에는 해당되지 않을지 모른다. 새로운 치료법의 효과를 결정하기 위해 의사들은 소규모의 환자 집단에 대해 치료법을 실시한다. 그러니 어떤 치료법도 완전하지가 않다. 왜냐하면 그 효과는 종종 다른 요인들에 의존하기 때문이다. 가령 당뇨병에 좋은 치료법은 심장이 비정상적으로 약

한 환자에게는 매우 위험할지 모른다. 새로운 치료법이 시행 대상 환자들 가운데 80%를 낫게 하는 반면에 이전의 치료법은 60%를 낫게 한다고 가정하자. 새 치료법은 이전 치료법에 비해 정말로 나은가 아니면 퍼센트 차이는 시행 대상이 된 특정한 표본에 따른 우연한 결과인가?

모든 과학 활동은 측정에 의존한다. 하지만 모든 측정은 근사적이다. 과학자들은 이런 부정확성을 제거하기 위해 특정한 양에 관해 많은 측정을 실시한 다음 얻은 값들의 평균을 구하려고 한다. 한 양의 측정치들은 정규 분포를 이루므로, 전체 분포의 평균이 참인 값이라고 믿을 상당한 근거가 있다. 하지만 과학자는 평균을 구하기 위해 측정치들의 전체 분포를 얻을 수는 없다. 한 양에 대해 스무 번 또는 심지어 오십 번 측정하여 평균값을 결정할 수 있지만 이 값은 전체 분포의 평균이 아니다. 실제 측정치들로부터 계산한 평균은 얼마만큼 신뢰할 수 있을까?

과학 연구의 어떤 국면에서 불확실성이 존재한다는 것이 안타깝긴 하지만, 그래도 극복할 수 없는 장애물은 아니다. 사실, 우리가 미래에 기대하는 것 중에서 확실한 것은 거의 없다. 불확실성 앞에서도 우리는 어떻게 나아갈 수 있을까? 데카르트는 우리 모두가 의식적 무의식적으로 따르는 과정을 이렇게 말했다. "무엇이 참인지를 결정하는 능력이 수중에 없을 때는 무엇이 가장 가능성이 높은지에 따라 행동해야 한다." 일상생활에서 우리는 확률을 판단할 때 대략적인 추산에 만족한다. 즉, 확률이 높은지 낮은지를 알고 싶을 뿐이다. 거리를 가로지르는 일에는 불확실성이 개입하지만 우리는 가로지른다. 왜냐하면 계산을 굳이 하지 않고서도 그렇게 해도 안전하다는 확률이 높음을 우리는 알고 있기 때문이다. 하지만 과학 탐구와 대규모의 신규 사업 활동에서는 그렇게 안이해서는 안 된다. 이때는 대략적인 추산을 더 이상 받아들여서는 안 되며 확률을 정확하게 계산해야 하는데, 여기서 확률에 관한 수학적 이론이 제몫을 톡톡히 한다.

23.2 가능성이 동등한 결과에 대한 확률

주사위 한 개를 한 번 던져서 3이 나올 확률을 계산하고 싶다고 하자. 많은 사람들이 그렇듯이 경험에 기대어 주사위를 100,000번 던져볼 수 있다. 그러면 3은 거의 육분의 일로 나타날 것이기에 3이 나올 확률이 $\frac{1}{6}$이라고 결론 내릴 것이다. 하지만 경험에 기대어 확률을 결정하는 것은 버겁고 때로는 불가능하기도 하다. 파스칼과 페르마는 다음과 같은 방법을 제안했다. 주사위 한 개를 던지는 경우에는 여섯 가지 가능한 결과가 있다(주사위가 모서리 위에서 멈추는 가능성을 배제한다면). 이 가능한 결과들 각각은 가능성이 동등한데, 이 여섯 가지 중에서 한 가지가 삼의 눈이 나오는 경우이다. 따라서 삼의 눈이 나올 확률은 $\frac{1}{6}$이다.

삼 또는 사의 눈이 나올 확률에 관심이 있다면, 이번에도 여전히 여섯 가지 가능한 결과들이 있는데 그중 두 가지가 여기에 해당된다. 이 경우 파스칼과 페르마의 방법에 따르면 삼 또는 사의 눈이 나올 확률은 $\frac{2}{6}$이다. 만약 문제가 삼의 눈이 나오지 않을 확률이라면 답은 $\frac{5}{6}$이다. 왜냐하면 이 문제에서는 여섯 가지 가능한 결과 중에서 다섯 가지가 이에 해당하기 때문이다.

일반적으로 확률의 정량적 측정을 이렇게 정의할 수 있다.

> 만약 가능성이 동등한 n개의 결과들 가운데서 한 특정 사건이 발생할 결과가 m개라면, 그 사건이 발생할 확률은 m/n이고 그 사건이 발생하지 않을 확률은 $(n - m)/n$이다.

확률에 관한 이 일반적 정의로부터 만약 가능한 결과들이 존재하지 않으면, 즉 사건이 불가능하면 그 사건의 확률은 $0/n$, 즉 0임이 도출된다. 만약 n개의 가능한 결과들이 전부 한 사건의 발생으로 이어진다면, 즉 사건이 확실히 일어난다면, 확률은 n/n, 즉 1이다. 따라서 확률의 수치 범위는 0에서부터 1까지, 즉 불가능에서부터 확실한 발생까지이다.

이 정의를 총 52장의 카드 게임에서 한 카드를 뽑아 에이스가 나올 확률을 통해 살펴볼 수도 있다. 여기서도 마찬가지로 가능성이 동등한 52가지 결과가 있는데 그중 넷이 에이스를 뽑는 경우이다. 따라서 확률은 $\frac{4}{52}$ 또는 $\frac{1}{13}$이다.

52장의 카드에서 에이스를 뽑을 확률이 $\frac{1}{13}$이라는 말의 중요성에 관해 다음과 같은 질문이 종종 제기된다. 카드 한 장을 13번 뽑으면(뽑힌 카드는 매번 다시 집어넣는다) 한 번은 에이스가 나온다는 뜻인가? 아니, 그렇지 않다. 카드 한 장을 30번이나 40번 뽑아도 에이스가 나오지 않을 수도 있다. 하지만 뽑는 횟수가 많을수록, 총 횟수에 대해 에이스가 나올 횟수의 비율은 1 대 13의 비율에 가까워진다. 이것은 합리적인 예상이다. 왜냐하면 모든 결과들이 동등한 가능성이 있다는 사실은 장기적으로는 각 결과가 동등한 횟수만큼 나온다는 뜻이기 때문이다.

동전을 한 개 던졌더니 윗면이 연속으로 다섯 번 나왔다고 하자. 이제 여섯 번째도 윗면이 나올 확률을 구한다고 하자. 많은 사람들은 여섯 번째에 윗면이 나올 확률은 더 이상 $\frac{1}{2}$이 아니라 더 적다고 주장할 것이다. 일반적인 주장에 의하면, 윗면이 나올 횟수와 아랫면이 나올 횟수는 동일하므로 5번 연속 윗면이 나온 다음에는 아랫면이 나올 가능성이 더 크다고 한다. 하지만 그렇지 않다. 분명 던지는 횟수가 아주 많아지면, 윗면의 횟수는 아랫면의 횟수와 거의 동일하지만, 이미 윗면이 몇 번 나왔던지 간에 다음 던지는 차례에 윗면이 나올 확률은 여전히 $\frac{1}{2}$이다. 행운의 여신은 지난 잘못을 보상해줄 마음이 없다.

확률의 정의를 또 다른 예를 통해 살펴보자. 동전 두 개를 공중으로 한 번 던진다고 하자. (a) 둘 다 윗면이 나올 확률, (b) 하나는 윗면 다른 하나는 아랫면이 나올 확률, (c) 둘 다 아랫면이 나올 확률은 각각 얼마인가? 이 확률들을 계산하려면 우선 두 동전이 나타낼 수 있는 가능성이 동등하지만 서로 다른 네 가지 경우가 존재함을 알아야 한다. 네 가지 경우란 윗면 둘, 아랫면 둘, 첫 동전은 윗면 둘째 동전은 아랫면, 첫 동전은 아랫면 둘째 동전은 윗면인 경우다. 이 네 가지 가능한 결과들 가운데서 오직 한 가지만이 둘 다 윗면인 경우다. 따라서 둘 다 윗면이 나올 확률은 $\frac{1}{4}$이다. 한 동전은 윗면 다른 동전은 아랫면이 나올 확률은 $\frac{2}{4}$이다. 왜냐하면 두 동전이 내놓는 네 가지 경우 중 두 경우가 이 결과가 내놓기 때문이다.

다음으로 동전 세 개를 한 번 던질 때 앞면(H)과 뒷면(T)이 나오는 확률을 살펴보자. 가능한 결과들은 아래와 같다.

HHH	*HTH*	*THH*	*TTH*
HHT	*HTT*	*THT*	*TTT*

이처럼 가능한 결과들은 여덟 가지이다. 윗면이 세 개 나올 확률을 계산하자면, 오직 한 가지 결과만이 이에 해당한다. 따라서 윗면이 세 개 나올 확률은 $\frac{1}{8}$이다. 윗면이 두 개 아랫면이 한 개 나올 확률은 $\frac{3}{8}$이다. 왜냐하면 여덟 가지 가능한 결과들 중에서 세 가지가 이에 해당하기 때문이다. 마찬가지로 아랫면이 두 개 윗면이 한 개 나올 확률은 $\frac{3}{8}$이며 세 개 모두 아랫면일 확률은 $\frac{1}{8}$이다.

한편 동전 세 개를 한 번 던져서 가령 윗면이 세 개 나올 확률을 고려하는 대신에 우리는 동전 한 개를 세 번 연속으로 던져서 윗면이 세 번 나올 확률도 마찬가지로 고려할 수 있다. 동전 세 개를 던질 때, 각 동전은 다른 두 동전과 독립적으로 떨어진다. 따라서 동전들을 동시에 던진다는 사실은 확률과 아무 관련이 없다. 세 동전을 순차적으로 던져도 결과는 동일하다. 게다가 첫 번째 동전이 두 번째 동전을 대신하고 이어서 세 번째 동전을 대신하더라도 결과는 여전히 동일하다. 왜냐하면 세 동전 모두 똑같기 때문이다. 따라서 동전 한 개를 세 번 던져도 동전 세 개를 한 번 던질 때와 동일한 확률이 나오기 마련이다. 알다시피 동전 세 개를 한 번 던져서 윗면이 세 개 나올 확률은 $\frac{1}{8}$이다. 한편 동전 한 개를 던져 윗면이 나올 확률은 $\frac{1}{2}$이다. 만약 동전 한 개를 세 번 던져 윗면이 나올 확률들을 곱한다면, 즉 $\frac{1}{2} \cdot \frac{1}{2} \cdot \frac{1}{2}$를 구성하면 $\frac{1}{8}$이라는 결과를 얻을 수 있다. 이 예는 한 가지 일반적인 결과를 보여준다. 즉, 많은 개별 사건들이 전부 일어날 확률은, 만약 그 사건들이 서로 독립적이라면, 개별 확률들의 곱이다.

지금까지 설명한 확률의 정의는 매우 단순하며 분명 쉽게 적용 가능한 것이다. 하지만 어떤 이가 도로를 안전하게 건널 확률이 $\frac{1}{2}$이라고 누군가가 주장한다고 하자. 이유인즉, 안전하게 건너거나 아니면 안전하게 건너지 못하거나 두 가지 가능한 경우가 존재하며, 이 두 경우 중 한 경우만이 그 사람에게 해당되기 때문이라는 것이다. 만약 이 주장이 타당하다면 대도시의 중심가에 있는 사람들은 오래 살기를 기대할 수 없을 것이다. 이 주장의 오류는 안전하게 건너기와 안전하게 건너지 않기의 두 가지 가능한 결과는 가능성이 동등하지 않다는 것이다. 바로 이것이 위 주장의 옥의 티이다. 페르마와 파스칼이 내놓은 정의는 상황을 가능성이 동등한 결과들로 해석할 수 있을 때에만 적용할 수 있다.

확률에 관한 위의 개념을 가장 인상적으로 적용한 한 사례는 게오르크 멘델(1822~1884)의 연구에서 볼 수 있다. 멘델은 모라비아에서 수도원장으로 지내면서 1865년에 잡종 완두에 대한 매우 정확한 실험을 통해 유전 법칙을 발견했다. 멘델은 순종의 노란 완두와 녹색 완두에서부터 연구를 시작했다. 타가수정(cross fertilization)을 했더니 두 번째 세대의 완두들은 녹색과 노란색을 섞었는데도 전부 노란색이었다. 이 두 번째 세대의 완두들을 다시 타가수정했더니, 그 결과로 생긴 완두들의 사분의 삼은 노란색이었고 사분의 일은 녹색이었다. 그런 비율은 두 순종의 교배에서도 이미 관찰된 적이 있었지만, 이 놀라운 결과에 대해 생물학자들은 마땅한 설명을 내놓지 못하고 있었다.

그런데 멘델은 해석을 내놓았다. 그의 주장에 따르면, 순종 노란 완두의 생식세포에는 노란색 입자(오늘날 이른바 유전자*)만 들어 있으며 순종 녹색 완두의 생식세포에는 녹색 유전자만 들어 있다.두 생식세포가 결합하여 발생한 씨앗에는 각각의 부모에게서 하나씩 받은 두 유전자가 들어 있다. 그렇다면 왜 이 두 번째 세대의 완두는 모두 노란색이었을까? 멘델에 의하면, 노란색이 지배적인 색깔이기 때문이다. 이번에는 잡종 완두끼리 짝짓기를 하면 어떻게 될까? 잡종 완두의 생식세포에는 색깔을 결정하는 쌍 중에서 오직 한 유전자만 들어 있기에 노란색 유전자 아니면 녹색 유전자가 들어 있다. 둘 중 하나가 녹색 유전자 아니면 노란색 유전자 하나를 갖고 있는 다른 잡종 완두의 생식세포와 결합한다. 자손의 씨앗에는 각각의 부모에게서 받은 두 유전자가 들어 있다. 따라서 씨앗은 다음과 같은 조합 중 하나를 가질 것이다. 노란색-노란색, 노란색-녹색, 녹색-노란색, 녹색-녹색. 노란색 유전자를 가진 모든 씨앗은 노란색 완두를 키워낼 것이다. 왜냐하면 노란색이 지배적인 색이기 때문이다. 따라서 만약 모든 조합이 가능성이 동등하다면, 세 번째 세대의 사분의 삼은 노란색일 것이다. 이것은 멘델이 얻은 비율과 정확히 일치한다.

멘델의 결과를 확률의 관점에서 살펴보자. 두 번째 세대의 잡종 완두의 생식세포는 노란색이나 녹색일 수 있다. 이는 동전의 윗면과 아랫면과 비슷하다. 그런 생식세포들이 결합할 때, 여러 가지 조합은 두 동전의 윗면과 아랫면의 조합과 비슷하다. 동전 두 개를 던져 적어도 한 개가 윗면이 나올 확률은 사분의 삼이다. 왜냐하면 윗면-윗면, 윗면-아랫면, 아랫면-윗면 그리고 아랫면-아랫면의 결과들이 가능성이 동일하기 때문이다. 적어도 하나의 윗면이 나올 확률은 적어도 하나의 노란색 유전자를 지닌 씨앗을 얻을 확률과 동일하다. 따라서 확률의 법칙들은 세 번째 세대에서 나타날 노란색 완두의 비율을 예측해낸다.

확률론은 오늘날 네 번째 세대의 노란 완두의 비율 또는 노란색과 녹색, 큰 키와 작은 키, 매끄러운 완두와 주름진 완두와 같은 여러 가지 상이한 특성의

---

* 유전자는 염색체 안에 들어 있지만 여기서 우리는 특히 색깔을 결정하는 입자들에만 집중하고자 한다.

쌍들이 동시에 교배될 때 나타나는 다양한 품종들의 비율을 예측하는 데 쓰일 수 있다. 말할 필요도 없이 확률론은 발생할 일을 정확히 예측한다.

이 지식을 오늘날 원예와 축산 전문가들이 매우 실용적으로 활용하여 새로운 과일과 꽃을 만들고 더욱 생산성이 높은 소를 기르고 동식물 품종을 향상시키고 곰팡이병이 들지 않는 밀을 기르고 씨 없는 수박을 만들고 살코기가 많은 칠면조를 생산한다.

인간 유전 연구에서 확률론을 이용하는 것은 특히 소중하다. 과학자들은 남성과 여성의 짝짓기를 제어할 수 없는데, 설령 그럴 수 있더라도 실험 결과를 빠르고 쉽게 얻기는 불가능할 것이다. 따라서 위에서 설명한 것과 같은 내용들로부터 유전에 관한 사실들을 연역해내야만 한다. 게다가 편견이 인간 특성의 판단에는 종종 끼어들기 때문에, 수학적 접근법의 객관성은 동식물의 연구에서보다 인간의 유전에 관한 연구에서 더욱 핵심적이다.

연습문제

1. 한 사건의 확률이 가질 수 있는 가장 큰 값은 얼마인가? 이 확률은 무엇을 의미하는가?
2. 한 사건의 확률이 가질 수 있는 가장 작은 값은 얼마인가? 이 확률은 무엇을 의미하는가?
3. 주사위 한 개를 한 번 던져서 2가 나올 확률은 얼마인가? 3의 눈이 나올 확률은 얼마인가? 3 이상의 눈이 나올 확률은 얼마인가?
4. X씨가 일 년 이상 살아남을 확률은 $\frac{1}{2}$인데, 왜냐하면 가능한 두 가지 결과, 즉 한 해의 말에 생존 아니면 사망일 것이며 이 두 가능성 중에 오직 하나만 실현될 것이기 때문이다. 이 추론을 여러분은 받아들이는가?
5. 캔디 상자 안에 캐러멜이 4조각이고 초콜릿이 6조각 들어 있다. 상자 속에서 아무거나 한 조각을 집을 때, 초콜릿이 나올 확률은 얼마인가

6. 52장의 카드에서 카드 한 장을 뺄 때 다이아몬드를 고를 확률은 얼마인가?
7. 동전 4개를 한 번 던졌을 때 윗면이 3개 아랫면이 1개 나올 확률은 얼마인가?
8. 동전 5개를 한 번 던졌을 때 윗면이 4개 아랫면이 1개 나올 확률은 $\frac{5}{32}$이다. 윗면이 4개 아랫면이 1개가 나오지 않을 확률은 얼마인가?
9. 주사위를 한 개 던졌을 때 4 이상의 눈이 나올 확률은 얼마인가?
10. 백만 분의 일의 확률로 일어날 수 있는 사건이 있다고 할 때, 그 사건은 일어나기가 매우 어려운 사건인가? 그 사건은 일어날 일이 없다고 봐도 무방한 불가능한 사건인가??가?
11. 주사위 두 개를 던졌을 때 가능한 결과들의 수는 몇인가? [힌트: 한 주사위에서 3이 나오고 다른 주사위에서 5가 나오는 일은 첫 번째 주사위에서 5가 나오고 두 번째 주사위에서 이 나오는 것과 동일하지 않다.]
12. 주사위를 두 개 던져서 두 면의 눈의 합이 5인 결과는 몇 가지인가?
13. 주사위를 두 개 던져서 한 눈이 5가 나올 확률은 얼마인가?
14. 4장에서 부모가 가질 수 있는 임의의 한 아이의 유전적 구성의 가능한 변이의 수는 248임을 알았다. (일란성 쌍둥이가 아닌) 두 아이가 똑같이 생길 확률은 얼마인가? (일란성 쌍둥이는 동일한 수정란에서 생긴다.)
15. 동전 세 개를 한 번 던지기는 동전 한 개를 연속으로 세 번 던지기와 동일하다고 볼 수 있으므로, 연속으로 던질 때 윗면이 2번 아랫면이 1번 나올 확률이 $\frac{3}{8}$임을 증명하라.
16. 두 명의 여성과 데이트하는 젊은 남성은 한 여성을 만나기 위해서 북행 열차를 타야 하고 다른 여성을 만나기 위해서 남행 열차를 타야 한다. 그는 주장하기를, 이 열차들은 양쪽 방향 모두 동일한 빈도로 달리므로 아무거나 먼저 오는 차를 타면 두 여성을 동일한 횟수만큼 만날 것이라고 한다. 하지만 역의 기차 시간표는 다음과 같다.

북행	8:00	8:05	8:10	8:15
남행	8:04	8:09	8:14	8:19

게다가 젊은 남자는 대체로 5분 간격 동안 임의의 시간에 역에 들어간다. "남쪽에 있는 여성"을 만날 확률이 $\frac{4}{5}$임을 보여라. 이 문제의 교훈은 우연이 여러분의 데이트를 결정하지 않게 하라는 것이다.

17. 확률에 관한 논의에서 자주 사용되는 용어가 "승률"인데, 이는 한 사건이 일어나지 않을 확률에 대한 그 사건이 일어날 확률의 비율이다. 동전 한 개를 한 번 던졌을 때 윗면이 한 번 나올 승률은 얼마인가?
18. 동전 두 개를 한 번 던져서 적어도 윗면이 한 번 나올 승률은 얼마인가?

23.3 상대적 빈도로서의 확률

이제껏 살펴본 확률 개념은 우리가 가능성이 동등한 결과들을 인식할 수 있으며 그래서 어떤 한 특정 사건에 해당하는 결과를 고려할 수 있다고 전제한다. 하지만 현재 마흔 살인 존스가 예순 살에 살아 있을 확률은 얼마나 되는가?

여기서 두 가지 가능한 결과, 즉 예순에 살아 있을 확률과 죽었을 확률이 동등하다고 가정해서는 안 된다. 그렇다면 마흔 살의 사람이 예순 살의 나이에 암으로 죽을 확률을 알아내려고 시도하거나, 심장병, 당뇨병, 치명적인 사고 등 다른 원인으로 죽을 확률을 알아내려고 비슷한 계산을 실시해보아야 할 것이다. 그리고 이런 확률들을 알아낼 수 있으며 어떻게든 이런 부분적인 발견들을 합쳐서, 마흔 살의 한 개인이 20년이 지난 후에 살아 있을 최종 확률을 얻을 수 있다고 가정해야 할 것이다. 이런 접근법은 성공하기가 매우 어려울 듯하다. 하지만 한 특정한 나이에서 출발하여 어떤 사람이 임의의 특정 햇수 동안 살 확률을 구하는 건 보험회사에겐 사활이 걸린 문제이다. 따라서 보험회사는 기대수명과 사망률을 알아낼 방법을 찾아야만 했고 다음과 같은 과정을 따랐다. 가령 100,000명의 출생 기록과 사망 기록을 모았더니, 열 살에 살아 있던 100,000명 중에서 마흔 살에도 살아 있는 사람은 78,106명이었다. 그래서 보험회사는 비율 78,106/100,000 즉 0.78을 열 살인 한 사람이 마흔 살에 살아 있을 확률로 택했다. 마흔 살에 살아 있던 78,106명 중에서 예순 살에 살아 있는 사람은 57,917명이었다. 그래서 마흔 살부터 예순 살에 살아 있을 확률은 57,917/78,106 즉 약 0.74로 정해졌다.

확률에 관한 이런 접근법은 기본적인 것이다. 본질적으로 이 방법은 경험에 기대어, 가능한 모든 결과들 가운데서 해당 결과들을 알아내려고 한다. 물론 그렇게 얻어진 확률이 정확하지는 않지만, 100,000명의 표본은 꽤 신뢰할만한 확률을 보증하기에 충분히 크다. 경험에 기대는 것은 가능성이 동등한 결과들에 바탕을 둔 확률 계산과는 꽤 다른 듯 보이지만, 둘 사이의 차이는 겉으로 보이는 것만큼 그리 크지는 않다. 왜 우리는 주사위의 각 면이 동등한 가능성으로 나온다고 여기는가? 사실은 주사위를 던져서 경험해보았더니, 모든 면이 동등한 가능성으로 나온다는 주장이 직관적으로 설득력 있게 받아들여진 것이다.

기대수명, 여러 종류의 사고 그리고 질병의 발생에 관한 확률들을 과거의 경험에 바탕을 둔 데이터로부터 얻긴 하지만, 일단 얻고 나면 수학을 도입하여 이런 확률들을 계산할 수 있다. 일찍이 보았듯이, 동전 두 개를 한 번 던져서 또는 동전 한 개를 연속으로 두 번 던져 윗면이 두 개 나올 확률은 $\frac{1}{2} \cdot \frac{1}{2}$ 즉 $\frac{1}{4}$이다. 만약 한 보험회사가 이십 년의 기간 동안 남편과 아내의 삶을 보장해달라는 요청을 받는다면, 그 정책이 시행된 날로부터 이십 년 동안 둘이 살아 있을 확률이 중요하다. 둘이 현재 쉰 살이라고 가정하자. 쉰 살인 사람 한 명이 칠순에 살아 있을 확률은 약 0.55이다. 왜냐하면 쉰 살에 살아 있던 약 70,000명 중에서 칠순에 살아 있을 사람은 38,500명이기 때문이다. 둘 다 칠순에 살아 있을 확률은 동전 한 개를 두 번 던져 윗면이 두 번 나올 확률을 계산할 때와 동일한 방식으로 계산할 수 있다. 즉, 0.55 · 0.55인데, 이 값은 약 0.30이다. 그리하여 일단 쉰 살인 사람이 칠순에 살아 있을 확률을 얻고 나면, 수학을 이용하여 쉰 살인 두 사람이 모두 칠순에 살아 있을 확률을 계산할 수 있다. 방금 나온 예는 꽤 단순하고 평범하다. 예상할 수 있듯이, 수학은 보험과 관련된 훨씬 더 복잡한 확률 문제들을 푸는 데 이용된다. 그러므로 처음에는 도박 문제를 해결하기 위해 개발된 확률론은 보험업계를 도박에서 구해냈다.

연습문제

1. 현재 40살인 사람이 60살이 되었을 때 살아 있을 확률을 어떻게 알아낼 것인가?
2. 10살인 아이 100,000명 중에서 85,000명이 30살에 이르고 58,000명이 60살에 이른다. 10살인 한 사람이 30살에 살아 있을 확률은 얼마인가? 30살인 한 사람이 60살에 살아 있을 확률은 얼마인가?
3. 현재 40살인 임의의 한 사람이 70살에 살아 있을 확률이 0.5라고 가정하자. 40살인 특정한 세 사람이 70살에 살아 있을 확률은 얼마인가?
4. 사람들의 50%가 한 특정 질병에 걸려 가령 일 년 이내에 죽는다는 사실이 오랜 경험을 통해 알려져 있다. 한 의사가 자신이 새로운 치료법을 개발했다고 믿고서, 4명에게 시험을 했더니 4명 모두 회복되었다(일 년 이내에 죽지 않았다). 이 치료법을 얼마만큼 신뢰할 수 있는가? [힌트: 그 병에 걸린 4명이 아무런 치료 없이 회복될 확률은 얼마인가?]

23.4 변이가 연속적일 때의 확률

지금까지 살펴본 확률 문제들은 가능한 결과들의 수가 유한했다. 가령 동전 세 개를 던질 때의 가능한 결과들의 수는 8이며, 100,000명 중에서 20년 이상을 더 살 수 있는 사람의 수는 0부터 100,000까지 변할 수 있다. 하지만 인간의 키를 고려해보자. 설령 키의 수치를 4피트 6인치부터 8피트 6인치까지로 제한하더

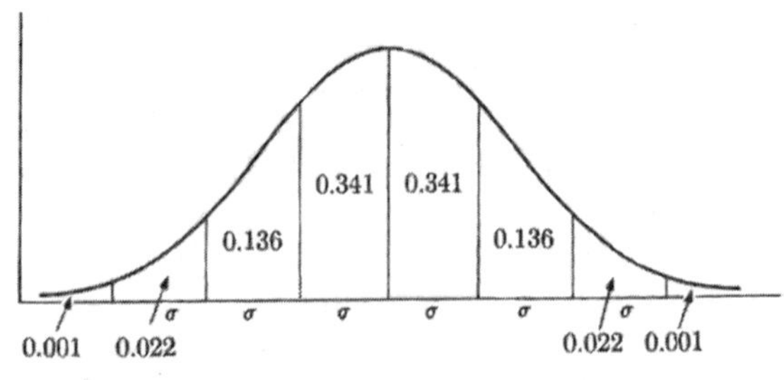

그림 23.1 정규 확률 곡선

라도 말이다. 이 범위 내에서 가능한 키들의 수는 무한하다. 왜냐하면 임의의 두 키도 아주 작은 양만큼 차이가 날 수 있기 때문이다. 게다가 우리의 경험상, 4피트 6인치에서부터 8피트 6인치 범위의 모든 가능한 값들은 동등한 가능성이 있는 인간의 키들이 아니다. 그렇다면 무작위로 선택한 한 사람이 70인치와 71인치 사이일 확률은 얼마인가?

확률론은 그런 문제들을 다룰 수 있다. 우리는 가장 중요한 사례, 즉 다양한 가능성들의 빈도가 정규 분포(22장)를 이루는 경우를 살펴볼 것이다. 지금 우리는 이전 장처럼 키나 소득과 같은 양의 빈도 분포보다는 확률의 관점에서 생각하므로, 정규 빈도 분포를 확률의 관점에서 고쳐서 말해야 한다. 확률의 관점에서 다양하게 나타날 수 있는 인간의 키를 살펴보자. 정규 빈도 분포에 관한 이전 논의에서 우리는 전체 경우의 34.1%가 평균의 오른쪽으로 σ, 즉 표준편차 내에 위치한다고 말했다. 무슨 뜻이냐면, 만약 가령 1000가지 키의 빈도 분포가 정규 분포를 따른다면, 341가지 키는 평균의 오른쪽으로 σ 내에 위치한다. 만약 평균이 67인치이고 σ가 2인치라면, 1000명 중에서 341명이 67에서부터 69인치 사이의 키를 갖는다. 그렇다면 천 명 중에서 무작위로 선택된 한 사람의 키가 67에서부터 69인치 사이일 확률은 341/1000, 즉 0.341이다. 왜냐하면 어떤 사건의 확률은 가능한 전체 결과들에 대해 그 사건이 일어날 결과들의 비율이기 때문이다(그림 23.1). 마찬가지로 전체 경우(또는 전체 모집단)의 13.6%

가 평균의 오른쪽으로 σ와 2σ 사이에 놓이므로, 임의의 개인의 키가 평균의 오른쪽으로 σ에서부터 2σ 사이일 확률은 0.136이다. 달리 말해, 정규 빈도 분포에 등장하는 각각의 퍼센티지는 확률의 관점에서 보면 확률이 된다. 그러므로 정규 빈도 곡선은 또한 확률이 정규 분포를 따르는 사건들의 확률을 알려주는 곡선이라고 볼 수 있기에, 정규 확률 곡선이라고도 불린다.

이제 우리는 여러 가지 가능성들의 빈도가 정규 분포를 따를 때 사건들의 확률에 관한 질문에 답할 수 있다. 가령 사람들의 키가 평균이 67인치이고 표준편차가 2인치라면, 키가 73인치보다 큰 사람을 발견할 확률은 얼마인가? 73인치는 평균의 오른쪽으로 3σ이므로, 73인치보다 큰 키는 오른쪽으로 3σ보다 큰데, 그림 23.1에서 보이듯이 키가 오른쪽으로 3σ보다 클 확률은 0.001이다. 즉, 천 명 가운데 약 한 사람이 73인치보다 키가 크다.

무한한 모집단을 다룰 때는 한 특정한 값, 가령 69인치인 키의 확률을 요구하지 않는다. 이 확률은 영이다. 왜냐하면 무한한 개수의 가능성 중에서 한 가능성이기 때문이다. 하지만 그런 문제 제기가 아예 무의미하지는 않다. 모든 측정은 근삿값을 내놓을 뿐이다. 측정의 정확도가 0.5인치라고 가정하자. 그렇다면 우리가 관심 가져야 할 것은 68.5인치에서 69.5인치 사이의 키이다. 즉, 우리가 키가 69인치인 사람들에 관심이 있는데 측정의 정확도가 0.5인치라면, 우리가 관심 가져야 할 실제적인 문제는 키가 68.5에서 69.5인치 사이에 해당할 확률을 찾는 일이다. 무작위로 선택한 한 사람이 키가 68.5에서부터 69.5사이일 확률은 얼마인가라는 질문에 답하려면, 우선 이 키가 평균의 오른쪽으로 3σ/4와 5σ/4 사이에 놓임에 주목해야 한다. 다음으로 우리는 정규 빈도 분포에서 전체 모집단의 몇 퍼센트가 3σ/4와 5σ/4 사이에 놓이는지 알아내야 한다(그림 23.2). 우리는 굳이 한 σ 간격의 분수 부분 내에 놓이는 퍼센티지 또는 확률을 계산하지는 않을 것이다. 왜냐하면 우리는 더 단순한 퍼센티지나 확률에 대해서만 논의하고 싶기 때문이다. 하지만 주어진 임의의 범위 내에 해당하는 키의

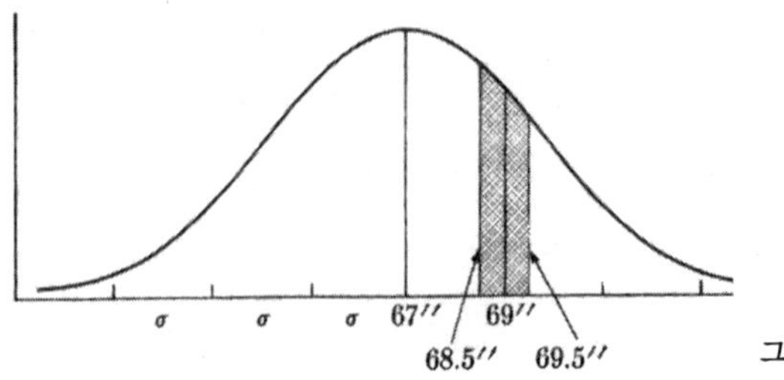

그림 23.2

확률은 미적분의 방법으로 계산할 수 있다.

연습문제

1. 모든 미국인들의 키가 정규 분포를 따르며, 평균은 67인치이고 표준편차는 2인치라고 하자. 무작위로 선택한 임의의 사람의 키가 67에서 73인치 사이일 확률은 얼마인가? 63에서 71인치 사이일 확률은?
2. 전등 제조회사가 알아낸 바로, 전등의 수명은 정규 분포를 따르며 평균은 1000시간이고 표준편차는 50시간이다. 임의의 전등 하나를 무작위로 선택했을 때 작동 시간이 950 시간이 되지 않는 것을 선택할 확률은 얼마인가?
3. 앞의 문제의 데이터가 주어져 있을 때, 임의의 전등 하나를 무작위로 선택했을 때 적어도 1100시간 동안 작동하는 것일 확률은 얼마인가?
4. 한 시험에서 많은 수의 학생들이 얻은 점수들은 정규 분포를 따르며 평균은 76점이고 표준편차는 3이다. 한 학생의 점수가 76에서 79사이일 확률은 얼마인가?
5. 대다수의 포도송이의 무게는 정규 분포를 따르며 평균은 1파운드이고 표준편차는 3온스이다. 임의의 포도송이 하나의 무게가 1파운드 3온스에서 1파운드 6온스 사이일 확률은 얼마인가?

23.5 이항분포

잠시 동전 던지기 주제로 되돌아가자. 동전 하나를 던질 때 두 가지 가능한 결과들이 있다. 윗면과 아랫면. 동전 두 개를 던질 때(또는 한 동전을 두 번 던질 때)에는 네 가지 가능한 결과들이 있다. 둘 다 윗면이 나오는 결과 한 가지, 윗면 한 개와 아랫면이 한 개가 나오는 결과 두 가지, 둘 다 아랫면이 나오는 결과 한 가지. 동전 세 개를 던질 때(또는 한 동전을 세 번 던질 때)에는 여덟 가지 가능한 결과들이 있다. 셋 다 윗면이 나오는 결과 한 가지, 윗면이 두 개 아랫면이 한 개 나오는 결과 세 가지, 윗면이 한 개 아랫면이 두 개 나오는 결과 세 가지, 아랫면이 세 개 나오는 결과 한 가지. 이제 우리는 동전 네 개, 다섯 개 등을 던질 때의 결과들의 총 개수와 분포를 계산할 수 있다.

많은 동전을 던지는 이 문제를 생각하면서 파스칼은 아래 "삼각형"을 이용하게 되었다(파스칼의 이름을 따서 파스칼 삼각형이라고 불린다).

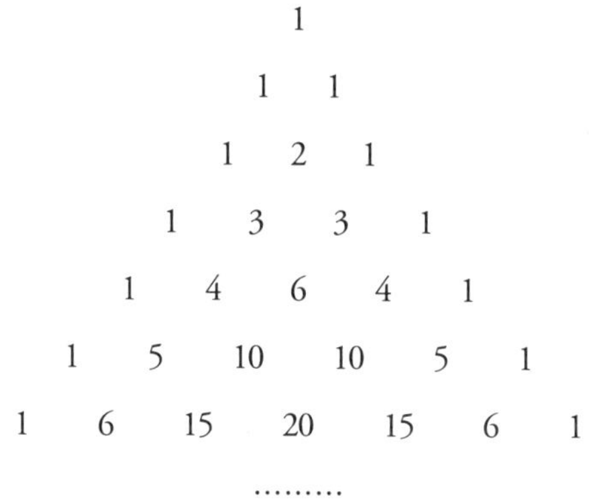

이 삼각형의 각 수는 바로 그 위에 있는 두 수의 합이다(두 수 중 하나가 없을 때는 영이 제공되어야 한다). 가령 다섯 번째 줄의 4는 1과 3의 합이며 6은 3과 3의 합이다. 파스칼은 이 삼각형이 동전들을 던질 때 윗면이나 아랫면이 나올 확률을 얼마나 잘 나타내주는지 발견했다. 가령 동전 세 개를 예로 들어보자.

가능한 결과들의 수는 8인데, 이것은 네 번째 줄의 수들의 합이다. 관련 확률들 $\frac{1}{8}, \frac{3}{8}, \frac{3}{8}, \frac{1}{8}$은 네 번째 줄의 개별 수, 즉 1, 3, 3, 1로부터 얻는다. 마찬가지로 동전을 다섯 개 던질 때 생기는 여러 경우들의 확률은 삼각형의 여섯 번째 줄에서 찾을 수 있다. (첫 번째 줄의 수 1은 동전을 영 개 던져서 이길 확률이 1임을 알려준다. 이길 것으로 확신할 수 있는 것은 이 때뿐이다.)

가령 두 번째 줄에 나오는 수들은 $a+b$에서 a와 b의 계수, 즉 1과 1이다. 세 번째 줄에 나오는 수들은 $(a+b)^2$의 계수들이다. 왜냐하면

$$(a+b)^2 = a^2 + 2ab + b^2,$$

이므로 여기서 계수들은 1, 2, 1이기 때문이다. 네 번째 줄에 나오는 수들은 $(a+b)^3$의 계수들이다. 왜냐하면

$$(a+b)^3 = a^3 + 3a^2b + 3ab^2 + b^3.$$

이기 때문이다. 이 관계는 일반적인 경우에도 성립한다. $(a+b)^n$의 계수들은 $(n+1)$번째 줄의 수들이다. 양 $a+b$는 두 개의 항으로 이루어져 있기에 가리켜 이항이라고 불린다. 따라서 파스칼 삼각형의 임의의 한 줄이 따르는 분포를 가리켜 이항 분포라고 한다.

만약 동전 50개를 던질 때 나오는 다양한 결과들의 확률을 계산하고 싶다면, 확률론의 어떤 표준적인 추론을 이용하거나 파스칼의 삼각형을 오십 한 번째까지 확장하면 된다. 분명 파스칼의 삼각형을 이용하는 과정은 시간과 노력을 필요로 한다. 하지만 사실은 확률론의 공식으로 여러 확률들을 계산하는 일도 긴 과정이 필요하긴 마찬가지다. 한 가지 대안이 있다. 파스칼 삼각형의 일곱 번째 줄을 살펴보자. 이 줄의 수들은 동전 여섯 개를 던지는 경우를 가리키며, 수들의 합은 64이다. 따라서 이 삼각형에 따르면 가령 윗면이 여섯 개 나올 확률은 $\frac{1}{64}$, 윗면이 다섯 개 아랫면이 한 개 나올 확률은 $\frac{6}{64}$, 윗면이 네 개 아랫면이

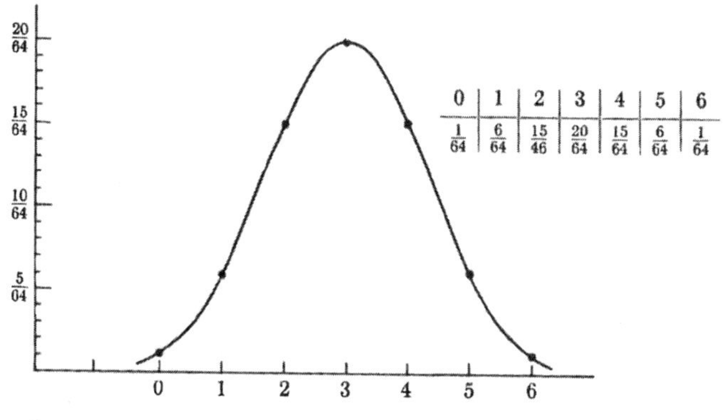

0	1	2	3	4	5	6
$\frac{1}{64}$	$\frac{6}{64}$	$\frac{15}{46}$	$\frac{20}{64}$	$\frac{15}{64}$	$\frac{6}{64}$	$\frac{1}{64}$

그림 23.3
동전을 여섯 개 던졌을 때 나올 수 있는 윗면의 수와 그 확률을 나타낸 그래프

두 개 나올 확률은 $\frac{15}{64}$ 등이다. 윗면이 나오는 횟수를 가로 좌표로 삼고 이 횟수들이 나올 확률을 세로 좌표로 삼아서 점을 찍고, 이 점들을 이으면 매끄러운 곡선이 그려진다. 그림 23.3의 그래프가 바로 이 곡선이다. 이 그래프의 모양으로 볼 때 정규 확률 곡선을 닮아 있다. 그리고 파스칼 삼각형의 열 번째 줄과 열두 번째 줄을 계산하여 이에 대응하는 그래프를 그려보면, 동전의 개수가 증가할수록 다양한 결과들의 확률의 그래프가 정규 확률 분포에 접근함을 알 수 있다. 20개 이상처럼 동전 개수가 많을 때에는 정규 확률 분포에 매우 근접하기에, 정규 확률 곡선에 관한 모든 지식을 사용할 수가 있다. 따라서 특별한 공식으로 확률을 계산하거나 파스칼 삼각형을 이용하지 않아도 된다.

정규 확률 분포를 적용하려면 평균과 표준편차를 알아야 한다. 파스칼 삼각형을 보면 가장 높은 빈도를 나타내는, 따라서 가장 확률이 높은 윗면의 수는 가운데 수(또는 정 가운데 수가 없다면 두 개의 가운데 수 중 하나)이다. 가령, 일곱 번째 줄에서 윗면 3개가 나오는 결과가 확률이 가장 높다. 이제 이 수 3은 동전 하나를 던져 윗면이 나올 확률, 즉 $\frac{1}{2}$에다 던지는 동전의 개수, 즉 6을 곱한 값이다. 이 예는 다음과 같은 일반적인 결과를 보여주는데, 하지만 우리는 굳이 이를 증명하지는 않겠다. 만약 n개의 동전을 던지면, 윗면이 나오는 평균 횟수는 $n/2$이다.*

표준편차는 빈도 분포의 표준편차를 구하는 절차를 동전 던지기의 빈도에 적용하여 결정할 수 있다. 그러므로 다음 결과가 나온다.

$$\sigma = \sqrt{n \cdot \tfrac{1}{2} \cdot \tfrac{1}{2}} = \tfrac{1}{2}\sqrt{n}.$$

위의 두 결과는 n개의 동전을 던지는 경우에 성립하며, 정규 빈도 분포에 의해 윗면의 다양한 횟수의 빈도를 근사적으로 알아내기와 무관하다. 하지만 우리가 근사를 한다면, 정규 빈도 곡선 또는 정규 확률 곡선과 관련하여 지금까지 설명한 평균과 표준편차를 이용할 수 있다.

독자들은 수학자들이 동전 던지기에 푹 빠져서 괴짜들의 이런 특이한 관심사를 너그러이 받아들인다는 인상을 받을지 모르겠다. 하지만 사실 동전 던지기는 확률론을 더 진지하게 적용하기 위한 바탕을 마련하는 유용하고 든든한 예일 뿐이다. 어떤 질병으로 인한 사망 확률이 $\frac{1}{2}$이라고 하자. 즉, 그 질병에 걸린 사람의 절반이 특정 기간 내에 죽는다. 새로운 치료법을 20명의 환자에게 시험했더니 그 기간 내에 3명만이 죽었다. 치료법은 정말로 효과가 있는가 아니면 20명 중에서 3명만이 죽은 것은 단지 우연인가? 어쨌거나 한 질병으로 인한 사망 확률이 $\frac{1}{2}$이라는 말은 20명의 임의의 환자들 중에서 10명이 죽는다는 뜻은 아니다. 확률이 그렇듯이 그 말은 결국에는 또는 환자들의 수가 많으면 환자들 가운데 절반이 죽는다는 뜻이다. 그렇다면 치료법이 효과가 있는지 어떻게 알아내야 한단 말인가?

* 확률에 관한 책에서 이 결과는 더욱 일반적인 형태로 기술되어 있다. 가령 여러 주사위를 던질 때, 각 주사위의 눈이 1일 확률을 다룬다고 하자. 한 주사위에서 1의 눈이 나올 확률은 1/6이며 1의 눈이 나올 주사위의 평균 횟수는 $n/6$이다. 또는 일반적으로 만약 p가 단일 사건의 확률이면 n번 반복의 평균 횟수는 np이다.

가능한 결과들, 즉 20명의 환자들 중에서 치료를 받지 않고서도 살아남은 환자들의 가능한 수는 동전 20개를 한 번 던졌을 때 나오는 가능한 결과들의 수와 똑같다. 윗면이 나오는 횟수가 0에서부터 20까지 변할 수 있듯이, 20명의 사람들은 특정한 기간을 지나서 아무도 살아 있지 않을 수도 있고 1명이 살아 있을 수도 있고, 이런 식으로 계속 올라가서 20명 모두 살아 있을 수도 있다. 임의의 한 사람이 살아남을 확률은 동전을 한 개 던져서 윗면이 나올 확률과 같으므로, 다양한 결과들의 확률들은 두 상황에서 똑같을 것이다. 따라서 살아남은 환자들의 평균 수는 $(\frac{1}{2})\cdot 20$ 즉 10이다. 이 분포의 표준편차 $\sigma = \frac{1}{2}\sqrt{n}$이다. 위의 경우

$$\sigma = \frac{1}{2}\sqrt{20} = \frac{1}{2}(4.47) = 2.24.$$

그렇다면 평균의 오른쪽으로 3σ는 10 + 6.72, 즉 16.72이다. 이제 정규 확률 근사를 이 확률 분포에 적용하면(그림 23.1), 20명의 환자 중에서 16.72명이 치료를 받지 않고 살아남을 확률은 0.001미만이라고 말할 수 있다. 하지만 실제로 치료 받은 환자 20명 중에서 17명이 살아남았다. 20명의 임의의 환자 집단 중에서 이런 일이 생길 확률은 매우 낮으므로, 그 치료법이 이 20명 환자 집단에서 놀라운 효과를 발휘한 원인이라고 봄이 마땅하다.

그러므로 동전 던지기에 관해 개발된 확률론이지만 진지한 의료 문제에 적용될 때에 아주 유용한 결론을 내놓는다. 사실, 소아마비 백신과 같은 대다수의 치료법의 효과를 알아내는 것도 바로 이 확률론이다.

다른 적용 사례를 살펴보자. 흔히들 믿기로, 남자 아기와 여자 아기의 출생 비율은 동등하다고, 즉 태어난 아기가 남자일 확률은 $\frac{1}{2}$라고들 한다. 그런데 알고 보니 2500명의 아기가 태어났는데 1310명이 남자였다고 하자. 이 데이터는 2명의 아기 중에 남자가 한 명꼴로 태어난다는 믿음과 일치하는가? 우리는 이 질문에 답할 수 있다. 2500명의 아기가 태어날 때 가능한 경우의 수들은 동전

2500개를 한 번 던질 때(또는 동전 한 개를 2500번 던질 때) 가능한 경우의 수들과 똑같다. 그렇다면 남자 아기의 평균 수는 $(\frac{1}{2})2500$, 즉 1250명이다. 남자 아기의 이런 다양한 경우의 수들의 빈도 분포의 표준편차 $\sigma = \frac{1}{2}\sqrt{n}$이다. 이 사안에서는

$$\sigma = \tfrac{1}{2}\sqrt{2500} = \tfrac{1}{2}\cdot 50 = 25.$$

이제 만약 정규 확률 분포를 이항 분포에 대한 훌륭한 근사로 이용한다면, 정규 확률 곡선은 평균이 1250이고 표준편차가 25라고 할 수 있다. 그렇다면 평균의 오른쪽으로 2σ는 1300이다. 그림 23.1을 살펴보면 남자 아기가 1300명 이상일 확률은 0.023이다. 이것은 2500명의 아기 중에서 남자가 1300명 이상일 확률이 1000명 가운데서 오직 23명꼴임을 의미한다.

이제 우리는 결론이라기보다는 어떤 문제에 직면했다. 즉, 매우 일어나기 어려운 출생 성비가 나타난 것이다. 물론 매우 일어나기 어려운 일도 일어날 수는 있다. 하지만 전체 추론은 남자 아기와 여자 아기는 가능성이 동등하다는 즉 남자 아기일 확률이 $\frac{1}{2}$이라는 전제를 바탕으로 이루어진다. 따라서 이 가설 자체를 의문시하는 편이 더 합리적인 듯하다. 사실, 더욱 광범위한 기록에 의하면 남자 아기 대 여자 아기의 비율은 50 대 50이 아니라 51 대 49이다. 비율의 이 미세한 차이는 결과 면에서 큰 차이를 가져온다. 우리의 이론이 이 사안을 다루지는 않지만, $\frac{1}{2}$ 대신에 $\frac{51}{100}$이라는 확률을 대입하면, 2500명의 아기가 태어날 때 1300명 이상이 남자일 확률은 약 $\frac{1}{6}$이 나온다. 확률이 $\frac{1}{6}$인 사건이 실제로 발생했다는 것은 결코 놀라운 일이 아니다.

치료법이 효과가 있다는 결론을 내릴 때 그리고 남녀의 출생률이 동등하다는 가설을 배척할 때 우리는 확률에 의존했다. 첫 번째 경우에 확률이 0.001미만인 사건이 발생했다는 것은 치료법이 효과가 있다는 의미라고 우리는 판단했다. 두 번째 경우에서는 확률이 0.023인 사건이 발생했다는 것은 남자 아이

와 여자 아이가 태어날 가능성이 동등하다는 믿음이 틀렸다고 우리는 판단했다. 어떤 가설에 찬성하거나 반대하기 위한 증거로서 확률이 얼마여야 하는지는 해당 개인이 결정해야 하며, 그의 판단은 분명 자신의 결정에서 비롯될 결과에 영향을 받을 것이다.

위의 이론이 적용된 최근의 가장 흥미로운 한 사례는 초감각적 지각(ESP) 능력을 "증명"하는 일이었다. 초감각적 지각 능력이란 가령 숨은 카드의 숫자를 읽는 것처럼 특이한 정신 능력으로 미지의 사실을 알아내는 능력을 말한다. J. B. 라인 교수 및 다른 이들이 행한 실제 테스트에서 실험 대상자들에게 어떤 카드를 덮어 둔 채 이름을 맞히라고 했다. 그랬더니 이들은 순전히 추측으로 맞힐 수학적 확률보다 훨씬 많은 횟수만큼 올바른 이름을 맞혔다. 가령 탁자 위에 6이 네 장 있다고 하자. 한 실험 대상자에게 다이아몬드 6을 고르라고 하면, 단지 추측을 바탕으로 고르면 전체 횟수 중에서 약 1/4로 다이아몬드 6을 고른다. 하지만 이 실험 대상자가 여러 번의 시도에서 올바른 카드를 전체 횟수의 1/3로 고른다고 하자. 올바른 선택을 할 그러한 뜻밖의 큰 비율을 두고서 라인 교수는 특이한 정신 능력, 즉 초감각적 지각을 의미한다고 해석했다. 물론 우리는 결과를 확률의 관점에서 해석하는 것에 중점을 두고 있다. 반면에 라인 교수의 주장은 자신의 실험이 텔레파시, 천리안, 예지력 및 염력(마음으로 물체를 조종하는 능력)을 가리킨다고 주장했다.

연습문제

1. 파스칼 삼각형의 여덟 번째 줄을 구성하고 그것으로부터 동전 일곱 개를 한 번 던져서 윗면 4개와 아랫면 3개가 나올 확률을 계산하라.
2. 동전 6개를 한 번 던져서 윗면이 2개 나올 확률은 얼마인가?
3. 동전 6개를 2000번 던진다고 하자. 윗면 2개는 대략 몇 번 나올 것인가?
4. 동전 10,000개를 한 번 던져서 적어도 윗면이 5100개 나올 확률은 얼마인

가?

5. 어떤 병에 걸린 사람들의 50%가 죽는다고 하자. 어떤 치료법을 100명에게 실시했더니 65명이 살아남았다. 그 치료법이 효과가 있을 확률은 얼마인가?
6. 연습문제 5의 조건이 1000명의 사람들 가운데서 650명이 살아남은 것으로 바뀌었다고 하자. 치료법이 효과적일 확률이 바뀌는가? 이에 대한 답을 정성적인 주장으로 정당화하라.
7. 1600명의 아기가 태어났는데 860명이 남자라고 하자. 이 사실은 남자와 여자의 출생률이 동등하다는 가설을 지지하는가 아니면 배척하는가?
8. 동전 1600개를 한 번 던졌더니 윗면이 860개 나왔다고 하자. 여기서 어떤 결론을 이끌어낼 것인가?
9. 40살인 사람이 70살에도 살아 있을 확률은 $\frac{1}{2}$이다. 한 업계에 종사하는 마흔 살인 400명 중에서 150명이 70살에 살아 있다. 이 업계에서 노동자의 사망률에 관해 어떤 결론을 내릴 수 있는가?

23.6 표본 추출의 문제

어떤 변수의 확률 분포를 알면 한 특정한 값 또는 일정 범위의 값들이 일어날 확률을 계산하여 이 확률로부터 결론을 내릴 수 있다. 가령 다양한 키들의 확률 분포를 알면 가령 키가 69에서부터 70인치까지인 사람을 찾을 확률을 계산할 수 있다. 마찬가지로 가령 동전 1000개를 한 번 던져서 다양한 윗면의 개수가 나올 확률 분포를 알면, 가령 윗면이 600개 이상 나올 확률을 계산할 수 있다.

이런 종류의 상황에서 다양한 경우들의 확률을 알면 특정한 한 경우가 일어날 확률을 계산할 수 있다. 이제 다음과 같은 문제를 살펴보자. 한 제조업자가 매년 동일 제품을 백만 개 생산한다. 그는 상품의 용도, 판매 가격, 그것을 만드는 기계의 종류 등등의 요소들에 대한 기준을 세운다. 가령 그는 자신의 상품의 표준적 또는 평균 크기가 얼마여야 할지를 결정한다. 물론 한 기계가 모든 상품을 똑같이 생산한다면 좋겠지만 성능이 아주 뛰어난 현대 기계라도 모든 제품을 똑같이 생산하지는 않는다. 따라서 그는 변이를 허용하여, 자신의 기계가 따라야 하는 평균으로부터의 표준편차를 정한다. 하지만 기계는 닳거나 기능이 저하되어 생산에 영향을 줄 수 있기에, 제조업자는 상품을 확인해야 한다. 각 상품을 일일이 검사하기에는 너무 비용이 많이 들기 때문에 그는 표본을 추출한다. 그가 매일 100개의 표본을 검사한다고 하자. 그런데 한 표본에는 전체 상품을 대표하지 않을지 모르는 부차적인 변이가 들어 있을지 모른다. 마치 무작위로 뽑은 100명의 평균 키가 모든 사람들의 평균 키를 꼭 대변하지는 않듯이. 비록 그런 사람들이 인종적으로 동질 집단인데도 말이다. 확률론을 적용하면 그는 표본을 바탕으로 하여 자신의 기계가 적절히 작동하는지 여부, 즉 의도한 평균과 표준편차에 따라 상품을 생산하는지 여부를 판단할 수 있다.

방금 설명한 품질 검사의 문제에서 전체 분포 내지 모집단의 평균과 표준편차가 알려져 있으면, 가령 전체 제품의 평균이 유지되고 있는지를 표본을 통해 판단할 수 있다. 하지만 원래 모집단의 평균과 표준편차가 알려져 있지 않으면 이를 표본 추출을 통해 알아내야 하는 문제점이 있다. 가령 전등 제조업자가 새로운 재료나 새로운 과정을 이용하여 전등을 만드는데, 전등이 평균적으로 얼마나 오래 작동할지 알고 싶다고 하자. 그는 전등 10,000개를 검사하여 답을 얻을 수 있지만, 전혀 그럴 필요가 없다. 전등 100개를 검사하여 이 표본의 평균 수명을 구할 수 있다. 우리가 소개하지 않은 확률론의 방법들을 이 표본의 평균에 적용하여 전체 생산품의 평균 수명을 결정할 수 있다. 전체 모집단의 평균에 대해 알아낸 추정치는 정확한 수치는 아니겠지만 거의 1의 확률로 어떤 특정 한계 내에 놓일 것이다. 만약 더 나은 추정치를 얻고 싶다면 더 큰 표본을 이용할 수 있다. 하지만 놀랍게도 꽤 작은 표본으로도 전체 모집단의 평균을 훌륭하게 추정할 수 있다.

복습문제

1. 38가지 가능한 결과들이 있는 게임을 고려하자(룰렛 게임이 그런 예다). 이들 결과에 11부터 38번까지 번호를 붙인다. 다음 확률을 구하라.

   a) 짝수가 이길 확률

   b) 홀수가 이길 확률

   c) 4의 배수가 이길 확률

2. 52장의 카드를 고려하자. 한 장의 카드를 골랐을 때 다음이 나올 확률은 얼마인가?

   a) 에이스　　b) 다이아몬드　　c) 에이스 또는 다이아몬드

3. 주사위 한 개를 한 번 던져서 3이나 5가 나올 확률은 얼마인가?

4. 항아리 안에 빨간 공 4개와 검은 공 3개가 들어 있다. 공 하나를 꺼냈을 때 다음일 확률은 얼마인가?

   a) 검은 공　　b) 빨간 공　　c) 빨간 공이거나 검은 공

5. 항아리 안에 빨간 공 4개와 검은 공 3개 그리고 흰 공 2개가 들어 있다. 공 하나를 꺼냈을 때 다음일 확률은 얼마인가?

   a) 검은 공　　b) 빨간 공　　c) 빨간 공이거나 검은 공

6. a) 주사위 2개를 한 번 던져서 1이 두 개 나올 확률은 얼마인가?

   주사위 2개를 한 번 던지면 36가지 가능한 결과들이 있음을 기억하라.

   b) 주사위 한 개를 두 번 연속해서 던졌을 때 1이 두 번 나올 확률은 얼마인가?

7. 현재 10살인 아이 100,000명 가운데서 약 70,000명이 50살에 이르며 65,000명이 55살에 이른다.

   a) 10살 아이가 55살에 이를 확률은 얼마인가?

b) 50살인 사람이 55살에 이를 확률은 얼마인가?

c) (a)와 (b)의 답으로부터 55살까지 살 확률은 10살일 때보다 50살일 때 훨씬 더 높다고 결론 내릴 수 있는가?

8. 미국 여성들의 키가 정규 분포를 따르며 평균은 64인치이고 표준편차는 1.5인치라고 하자. 무작위로 고른 한 여성의 키가 61인치 미만일 확률은 얼마인가?

더 살펴볼 주제

1. 확률 게임에 적용된 확률론
2. 초감각적 지각의 증거
3. 표본 추출에 의해 가설을 검증하기
4. 유전 연구에 적용된 확률론
5. 자연에 대한 통계학적 관점

권장 도서

Alder, Henry L. and Edward B. Roessler : *Introduction to Probability and Statistics*, Chaps. 5 through 9, W. H. Freeman & Co., San Franciso, 1960.

Bohm, David : *Causality and Chance in Modern Physics*, Routledge & Kegan Paul Ltd., London, 1957.

Born, Max : *Natural Philosophy of Cause and Chance*, Oxford University Press, New York, 1949.

Cohen, Morris R. and Ernest E. Nagel : *Introduction to Logic and Scientific Method*, Chaps. 15 and 16, Harcourt Brace and Co., New York, 1934.

Freund, John E. : *Modern Elementary Statistics*, 2nd ed., Chaps. 7 through 11, Prentice-Hall, Inc., Englewood Cliffs, 1960.

Gamow, George: *One Two Three ... Infinity*, Chaps. 8 and 9, The New American Library Mentor Books, New York, 1947.

Kasner, Edward and James R. Newman: *Mathematics and the Imagination*, Chap. 7, Simon and Schuster, Inc., New York, 1940.

Kline, Morris: *Mathematics in Western Culture*, Chap. 24, Oxford University Press, New York, 1953.

Laplace, P. S.: *A Philosophical Essay in Probabilities*, Dover Publications, Inc., New York, 1951.

Levinson, Horace C: *The Science of Chance*, Holt, Rinehart and Winston, Inc., New York, 1950.

Moroney, M. J.: *Facts from Figures*, Chaps. 1 through 14, Penguin Books Ltd., Harmondsworth, England, 1951.

Ore, Oystein: *Cardano, The Gambling Scholar*, pp. 143-241, Princeton University Press, Princeton, 1953.

Reichmann, W. J.: *Use and Abuse of Statistics*, Chaps. 14 through 17, Oxford University Press, New York, 1962.

Rhine, J. B.: *Parapsychology, Frontier Science of the Mind*, Thomas and Co., Springfield, 1957.

Schrodinger, Erwin: *Science and the Human Temperament*, W. W. Norton & Co., New York, 1935. Reprinted under the title Science, Theory and Man, Dover Publications, Inc., New York, 1957.

Weaver, Warren: *Lady Luck*, Doubleday and Co., Inc., Anchor Books, New York, 1963.

24
수학의 본질과 가치

그러므로 이것이 수학이다. 수학은 영혼의 보이지 않은 형상을 우리에게 떠올려준다. 수학은 자신이 발견한 것에 생명을 부여하고 마음을 일깨우고 지성을 정화시킨다. 우리 내면에 깃든 사상에 빛을 비추어준다. 태어날 때부터 우리 속에 자리 잡은 망각과 무지를 일소한다.

프로클로스 디아도코스

24.1 들어가며

우리는 수학의 개념들, 전문적인 내용, 과학적 적용 사례 및 문화적 영향을 살펴보고 있다. 세부적인 사항에 집중하면 우리는 몇 가지 폭넓은 특징들을 놓칠지 모른다. 또한 애초부터 수학의 본질에 관해 이야기했던 많은 내용들은 이 주제의 연구에 착수하는 데 유용한 개념들에 일부러 국한되었다. 하지만 이제 알다시피 수학의 속성과 내용은 몇 세기 동안 전면적으로 바뀌었다. 따라서 수학을 이해하는 데 있어서 처음부터 시도할 수는 없었던 어떤 통찰을 얻으려면, 오늘날 수학자들이 수학을 바라보는 관점으로 수학을 살피는 것이 유익할 테다.

24.2 수학의 구조

전체적으로 보자면, 수학은 분야들의 집합이다. 가장 큰 분야는 일상적인 정수, 분수 그리고 무리수 위에 세워져 있는 것, 이른바 집합적으로 실수 체계이다. 산수, 대수, 함수의 연구, 미적분, 미분방정식 그리고 논리적으로 미적분에서 파생된 다른 여러 주제들은 전부 실수 체계에서 발전된 것이다. 우리는 이 분야를 수의 수학이라고 부른다. 두 번째 분야는 유클리드 기하학이다. 사영기하학 그리고 여러 가지 비유클리드 기하학의 각각은 다른 산수 및 그 대수만큼이나 다양한 분야들이다. 우리가 수학을 더 깊게 탐구하면, 더 많은 여러 분과들이 수학에 포함되어 있음을 알게 될 것이다.

각 분야는 동일한 논리적 구조를 갖고 있다. 우선 수의 수학에서 정수나 유클리드 기하학의 점, 직선 및 삼각형처럼 특정 개념들로부터 시작한다. 이 개념들은 명시적으로 기술된 공리들을 따라야 한다. 수의 수학의 일부 공리들은 결합 속성, 교환 속성 및 분배 속성을 지니며 동일성에 관한 공리들이다. 유클리드 기하학의 일부 공리들은 두 점이 한 직선을 결정한다는 것, 모든 직각은 동일하다는 것 그리고 평행선에 관한 공리이다. 가우스, 로바체프스키 및 보여이의 비유클리드 기하학은 평행선 공리 외에는 유클리드 기하학과 동일한 공리들을 갖고 있다. 개념과 공리로부터 정리가 연역된다. 따라서 구조의 관점에서 보자면 개념, 공리 및 정의는 핵심 구성요소이다. 우리는 이들을 차례로 논의할 것이다.

수학의 기초 분야들의 기본 개념은 '경험으로부터 추상화하기'이다. 자연수와 분수는 명백히 물리적인 대상들로부터 이끌어낸 개념이다. 하지만 경험의 도움을 받았든 받지 않았든 인간의 마음의 산물인 개념들도 더 많이 존재한다는 점에도 주목해야 한다. $\sqrt{2}$와 같은 무리수는 수학자들이 유클리드 기하학에서 생기는 모든 길이를 표현하기 위해 어쩔 수 없이 받아들인 개념이다. 가령 두 밑변의 길이가 1인 직각삼각형의 빗변의 길이를 표현하기 위해서 도입된 개념이다. 음수의 개념은 빌려준 돈과 빌린 돈을 구별할 필요성 때문에 제시되긴 했지만 그렇다고는 해도 전적으로 경험에서 비롯된 것은 아니다. 왜냐하면 인간의 마음이 덧셈과 곱셈 등과 같은 연산을 적용할 수 있는 전적으로 새로운 유형의 수의 개념을 떠올려야 했기 때문이다. 온도나 시간처럼 변화하는 어떤 물리 현상의 정량적인 값을 표현하기 위한 변수의 개념도 적어도 단순한 변화의 관찰을 뛰어넘는 정신적 단계이다. 함수, 즉 변수들 사이의 관계라는 개념은 거의 전적으로 정신적 산물이다. 수의 수학을 더 깊이 파고 들면 경험으로부터 더욱 먼 개념들이 도입되며 인간 마음의 창조적 역할이 더욱 커진다. 가령 함수의 도함수, 시간에 대한 거리의 순간 변화율은 전적으로 인간의 마음이 만들어낸 개념이기에 독창적인 구성물이라고 말할 수 있다. 우리는 순간 또는 순간 속도를 경험하지 않고 오히려 작은 시간 간격 및 작은 시간 간격 동안의 속력을 경험한다.

경험의 형태로부터 더더욱 멀어지는 새로운 개념이 차츰 도입되기는 기하학도 마찬가지다. 점, 직선, 삼각형, 원 그리고 몇 가지 다른 기본적인 개념들은 경험으로부터의 추상화에 지나지 않지만, 기하학이 다루는 대다수의 곡선들은 그렇지 않다. 원뿔곡선들을 원뿔을 평면으로 자른 구획으로 여기거나 포물선, 타원 및 쌍곡선을 정의하기 위해 이용된 궤적의 정의(6장)는 인간 마음이 고안해냈다. 사영기하학의 사영과 구획의 개념 그리고 교차비와 같은 사영기하학의 여러 구체적인 개념들은 전적으로 정신적인 창조물이다.

수학적 개념의 기원에 관한 이런 간략한 검토는 여러 가지 주요 사실들을 강조하는 데 이바지할지 모른다. 이들 중 첫 번째는 성장이다. 수학자들이 어느 특정 분야에서 연구를 계속하다 보면, 도입하여 발전시킬 가치가 있는 새로운 개념들을 발견하게 된다. 둘째, 연구가 진전되면 새로운 개념들은 경험으로부터는 점점 덜 도출되고 인간의 마음의 영역으로부터 더 많이 도출된다. 게다가 개념의 발전은 점진적이어서 나중의 개념들이 이전의 개념들 위에서 세워진다. 이런 사실들은 불행한 결과를 낳는다. 더 발전된 개념들은 직접적인 경험으로부터 추상화보다는 순전히 정신적인 창조물인데다 이전 개념들에 의해 정의되기 때문에 이해하기가 더 어렵다. 적어도 대체로 그런 개념들의 의미를 설명해줄 단순하고 친숙한 물리적 대상이나 경험을 찾을 수가 없다.

공리는 분야를 막론하고 수학의 두 번째 주요 구성요소를 이룬다. 수의 수학과 유클리드 기하학의 공리들은 경험에 의해 마련되었다. 비유클리드 기하학이 도입되기 전까지, 경험에 의해 제시된 공리들을 인간이 선택한다는 생각은 터무니없는 것으로 간주되었다. 공리는 관련 개념에 관한 기본적이고 자명한 진리로 여겨졌다. 선택과 언어 표현에 사소한 차이가 있기는 했지만, 인간은 확실하게 참인 진리를 받아들여야 한다는 것이 보편적인 믿음이었다. 이런 진리들은 우주에 새겨져 있기에 벗어날 수 없는 것이라고 여겨졌다. 플라톤과 데카르트와 같은 일부 철학자들은 이 진리들이 신에 의해 우리의 마음속에 이미 심어져 있다고 믿었다. 오늘날 우리가 알고 있는 바로는, 이런 견해는 배척되어야 한다. 수의 수학과 유클리드 기하학에서 겉보기에 자명한 공리의 속성은 실제로는 제한된 경험과 상대적으로 피상적인 관찰의 결과이다. 수를 단순하게 사용하고 인간이 접하는 우주의 범위가 제한적일 때까지는 수와 유클리드 기하학의 유명한 공리들은 절대적으로 참인 것처럼 보였다. 하지만 우리는 다른 공리들을 선택하고 다른 기하학이나 심지어 다른 수 체계도 세울 수 있다. 임의로 선택할 수도 있지만 우리는 그렇게 하지는 않는다. 왜냐하면 새로운 공리들이 수학의 체계들을 이전의 체계들이 그러했듯이 중요하고 유용하게 만들어 주기를 원하기 때문이다. 본격 수학의 연구를 계속할 수 있다면 우리는 다른 공리 체계들이 많으며 이들이 중요한 수학 분야로 이어짐을 이해할 수 있을 것이다.

수학 활동의 결실은 공리 집합으로부터 연역된 정리들로 이루어진다. 정리들은 공리에서는 결코 직접적으로 파악할 수 없는 새로운 지식을 제공한다. 독자가 지식을 중요시하든 안 하든 간에, 독자는 삼각형의 세 각의 합이 180°라든가 원의 넓이가 반지름 제곱의 π배라는 유클리드 기하학의 공리들의 의미를 추구함으로써 배움을 넓혀간다. 어떤 공리집합으로부터 연역해낼 수 있는 정보의 양은 믿을 수 없을 정도로 많다. 유클리드는 자신의 공리 집합으로부터 약 500개의 정리들을 연역했다. 수의 공리들은 대수의 결과들, 함수의 속성들, 미적분의 정리들, 다양한 유형의 미분방정식의 해들 그리고 우리가 살펴보지 않았던 다른 수많은 결과들을 내놓았다.

알다시피 수학 정리들은 연역적으로 확립되어야 한다. 관찰, 측정, 귀납 그리고 다른 여러 지식 획득 방법들이 이용 가능하고 다른 모든 과학 연구에 사용되고 있는 마당에, 정리들만큼은 연역적으로 확립되어야 한다는 요구 조건은 너무 엄격하다. 3장에서 우리는 고대 그리스인들이 왜 수학에서 연역적 주장을 고수했는지를 살펴보았다. 이제 우리는 공리의 의미를 탐구함으로써 얼마나 큰 성과를 얻었는지를 알 수 있는 위치에 서 있다. 산수를 행하는 정확하고 믿을만한 방법의 발전, 미지수에 대한 방정식의 해 그리고 유클리드 기하학의 결과들은 단지 첫 번째 단계였을 뿐이다. 이후로 직각삼각형에 관한 단순한 연역적 주장들과 어떤 분명한 물리적 데이터 덕분에 천체의 크기와 거리를 알아내어 태양계에 대한 참된 지식을 처음으로 얻을 수 있었다. 뉴턴의 운동 및 중력 법칙과 같은 물리적 공리들을 수학적 공리에 보탬으로써 인간은 발사체, 행성, 달 및 심지어 인공위성의 운동도 계산할 수 있다. 마찬가지로 소중한 결과들이 수학적 및 물리적 원리들로부터 빛과 소리의 행동에 관하여 연역적으로 도출되었다. 비유클리드 기하학의 공리들을 연역적으로 탐구한 덕분에 완전히 새로운 기하학들이 마련되었는데, 그중 하나는 실제로 물리 현상의 연구에 적용되었다. 이전 장들의 내용을 간략히 훑어보면, 연역적 과정의 다른 여러 성과물들이 다시 기억날 것이다. 고대 그리스인들조차 지식을 얻는 더 흔한 방법들로는 얻지 못했지만 연역을 통해 얻은 지식의 풍성함에 매우 놀랐을 것이다. 그러므로 우리가 지닌 심오한 지식들 상당수는 연역적 추론을 통해 얻어졌고, 다른 방법으로는 결코 얻지 못했을 것이다.

수학을 명시적 공리로부터 연역된 결과에 국한시키는 것은 다른 여러 중요한 가치를 지닌다. 그것은 인간으로 하여금 추론 능력을 사용하게 만들었다. 3

장에서 언급했듯이 상상과 발명은 어떤 것을 증명할지 그리고 그것을 어떻게 증명할지에 핵심적인 역할을 하지만, 수학자의 목표는 어떤 새로운 지식이 아니라 공리로부터 연역될 수 있다고 믿을 타당한 이유가 있는 지식이다. 따라서 바로 연역적인 요구조건이야말로 인간으로 하여금 자신의 정신적 능력을 다른 어떤 학문도 요구하지 않았던 정도로 탐구하고 활용할 수 있게 해주었다.

연역적 과정의 세 번째 중요한 가치는 그것 덕분에 예측이 가능해졌다는 점이다. 어떤 의미에서 보자면, 모든 추론은 예측을 가능하게 해준다. 삼각형 열두 개의 각을 재었더니 매번 세 각의 합이 180°임이 드러났다면, 다른 임의의 삼각형도 세 각의 합이 180°라고 예측할 수 있다. 하지만 종종 강조했다시피 귀납이나 유비로 얻은 결론은 확실하지 않은 반면에, 수학적 예측은 확실하다. 마찬가지로 우리가 알아차려야 할 중요한 점은, 일반적인 결과를 특별한 사례에 적용한 것에 지나지 않은 예측은 논리적인 면에서 얕다는 것이다. 수학의 예측은 그 자체로서 일반적인 결과이다. 그것은 힘겹게 얻었으며 겉으로 보기에 결코 명백하지 않은 듯한 많은 연역적 논증들의 결과이므로, 따라서 다른 방식으로는 결코 얻기 어려운 심오한 사실들이다.

연역적 과정의 네 번째 가치는 지식을 구성하는 능력이다. 만약 현재 이용 가능한 유클리드 기하학의 모든 결과들이 관찰, 귀납 또는 측정에 의해서만 얻어졌다면, 이해할 수 없는 거추장스러운 덩어리에 지나지 않을 것이다. 정보의 가치가 제대로 실현되지 못할 것이다. 하지만 연역적 구성 덕분에 인간의 마음은 전체를 쉽게 살펴보며 무엇이 근본적인지 그리고 무엇이 부차적인지를 파악하며 많은 조건들의 상호관계를 알아차린다. 연역적 구성 덕분에 이해가 매우 쉬워진 것이다.

우리는 수학 분야들의 구성요소와 연역적 구조의 가치를 논의하고 있다. 지난 과정을 뒤돌아보면 드러나는 수학의 또 하나의 특징이 있다. 바로 성장이다. 수학이 성장했음은 의심의 여지가 없지만, 그런 성장이 수학의 구조에 무은 보탬이 되었는지에 대해서는 수학자들 사이에서도 의견이 일치하지 않는다. 간략히 표현하자면, 이 사안은 이른바 발견 대 발명 논쟁이다. 개념, 공리 및 정리는 어떤 객관적인 세계에 존재하다가 인간에 의해 발견될 뿐인가 아니면 인간이 전적으로 창조해내는 것인가?

고대 그리스 시대에는 수학의 공리가 필연적인 진리로 간주되었다. 따라서 수학의 정리들 또한 세계를 설계할 때 이미 심어져 있는 우주에 관한 진리라고 믿었다. 따라서 각각의 새로운 정리는 하나의 발견으로 간주되었으며, 이미 존재하던 것의 드러남이라고 여겨졌다. 평행선의 두 엇각이 동일하다는 것은 이미 정해져 있었다. 수학자들은 단지 정리들을 발견해낼 뿐이었는데, 하지만 인간의 마음은 한계가 있기에, 이미 실제로 존재하고 있던 것을 인식할 수 있으려면 열심히 오래 수고를 해야 했다. 신의 마음에서는 모든 지식이 직접적이었다. 이런 관점에서 보자면 수학은 광산과 비슷하다. 풍부한 보물이 애초부터 묻혀 있지만, 부지런히 땅을 파서 보물을 지면으로 끌어올려야 하는 광산과 닮은 것이다. 이런 보물의 존재는 별과 행성이 그렇듯이 인간과 무관했다. 수학에 대한 이런 입장은 십팔 세기에 성큼 들어서기까지 의심할 바 없이 지배적인 관점이었으며, 어떤 사람들은 지금도 고수하는 관점이다.

이와 반대 관점은 수학, 그 개념, 공리 및 정리가 인간이 창조해낸 것이라고 본다. 인간은 물리적 세계에서 대상들을 구분하고 인간이 경험에서 뽑아낸 한 측면을 나타내는 방법으로서 가령, 수를 고안해낸다. 공리 또한 물리적 직선과 도형들이 행동하는 방식을 인간이 일반화시킨 것이다. 도형들이 실제로 그런 방식으로 행동하는지 또는 공리가 실제로 근본적인 사실들을 담아내는지 보장할 수 없는데도 말이다. 정리는 공리로부터 논리적으로 도출될지 모르지만, 정리가 참임을 주장하기는 공리가 참임을 주장하기보다 더 어렵다. 이런 견해에 따르면 수학은 모든 면에서 인간의 창조물이다. 수학은 물리적 세계나 어떤 객관적인 이상적인 세계가 실제로 지니고 있는 것이라기보다는 인간이 무엇인지 그리고 인간이 어떻게 생각하는지의 결과이다.

그렇다면 수학은 우주의 깊숙한 곳에 숨겨져 있다가 하나씩 발굴되는 다이아몬드들의 집합인가? 아니면 너무 눈부셔서 자신의 창조물에 이미 얼마간 눈이 먼 수학자들이 만들어내는 인조 암석들의 집합인가? 여러 가지를 고려해보면 우리는 후자의 견해에 기우는 편이다. 역사적으로 볼 때 수학은 불변의 특성을 지니지 않았다. 고대 그리스 이전 시대에는 실용적인 도구였다. 고대 그리스인들에게는 이미 존재하는 진리들의 집합체였다. 중세 유럽에서는 실용적이면서도 불가사의한 지식이었다. 십칠 세기와 십팔 세기에 수학은 주제와 방법을 과학과 동일시했다. 비유클리드 기하학은 기존 수학과의 차별을 선언했고 공리에 내재된 임의성을 폭로했다. 이런 과정들을 볼 때 수학은 물리적 세계에 관한 하나의 이상화된 이야기가 아니라 단지 물리적 세계와 관련된 하나의 이야기일 뿐이다. 과학 지식이 증가하면 새로운 수학적 창조물이 제안되고 도입된다. 수학은 확고하며 영원히 존재하는 지식의 집합체라기보다는 인간, 즉 오류를 저지를 수 있는 존재의 창조물인 듯하다. 수학은 창조자에게 매우 의존하는 듯하다. 알프레드 노스 화이트헤드는 이렇게 적고 있다. "순수수학은 인간 정신의 가장 독창적인 창조물이라고 할 수 있다." (종교적, 정치적 및 윤리적 교의를 받아들이는 것과 반대로) 수학을 비교적 보편적인 것으로 받아들이기만 해도 우리는 수학이 객관적으로 존재하는 것이라고 여기고픈 유혹을 느낄지 모른다.

연습문제

1. 수학 분야의 근본적인 구성요소는 무엇인가?
2. 경험으로부터 벗어나기라는 관점에서 볼 때, 자연수와 무리수는 서로 다른 것인가?
3. 연역적 체계에서 공리는 왜 필요한가?

4. 다음 주장을 비판하라. 수학은 고대 그리스에 창조된 사상의 고정된 집합체이다.
5. 수학의 몇 가지 분야들을 열거하라.
6. 수학의 성장을 가능하게 한 요인들은 무엇인가?
7. 수학에서 연구란 무슨 의미인가?
8. 인간은 연역적으로 추론해야 한다는 요구조건이 수리과학에 어떤 장점을 가져왔는가?

24.3 자연을 연구하는 도구로서 수학의 가치

앞서 종종 강조했듯이 본격 수학은 수, 기하도형 그리고 수와 기하도형에 관한 개념들의 일반화를 다룬다. 본격 수학은 힘, 무게, 속도, 빛 또는 행성을 다루지 않는다. 이른바 순수수학의 과제는 수학적 개념에 관한 공리의 의미를 찾아내고 규명하는 것, 즉 정리를 증명하는 것이다. 수학 자체에 관한 연구도 할 말이 아주 많지만, 이 이야기는 나중에 논의할 것이다. 하지만 수학의 일차적인 가치는 수학 자체가 제공하는 것이라기보다는 인간이 물리적 세계를 연구하는 데 수학이 어떤 도움을 주느냐라는 것이다.

고대 그리스 시대 이래로 가장 위대한 수학자들은 물리적 세계에 관심을 갖고서 수학을 물리적 세계를 연구하는 데 이용하려고 했다. 그들 중 대다수가 수학의 직접적인 또는 잠재적인 적용가능성을 명확히 인식한 상태에서 수학을 좋아하고 본격 수학의 문제들을 공략한 건 아니었지만, 그들이 그런 문제에 기꺼이 시간을 바친 까닭은 수학이 과학을 연구하는 데 가치가 있음을 이미 확신하고 있었기 때문이다. 실제로 가장 위대한 여러 수학자들은 당대의 가장 위대한 물리학자이자 천문학자이기도 했으며, 지식의 증가가 전문화를 강요한 최근까지만 해도 거의 모든 수학자들이 과학에 기여했다. 최정상급 수학자들 중에는 뉴턴, 라그랑주 및 라플라스처럼 처음에는 본격 수학에 관심이 적거나 아예 없었지만 물리학 문제를 풀기 위해 수학을 이용할 수밖에 없었던 사람들도 많다.

위의 주장을 뒷받침하려고 역사적 사실들을 검토하지는 않을 것이다. 오히려 우리는 수학이 과학과 협력한 방식 그리고 과학이 이런 협력을 통해 이끌어낸 가치를 설명하고자 한다.

물론 수와 기하도형에 관한 연구는 어느 정도까지 물리적 지식이다. 양은 물리적 대상들의 형태일 뿐인 기하도형의 속성과 마찬가지로 중요한 물리적 사실이다. 게다가 기하학은 공간에 관한 연구이다. 유클리드 기하학이 공간의 법칙을 표현한다는 믿음은 결국 틀렸다고 밝혀졌지만, 인간이 구성해낸 다양한 기하학들은 적어도 이론적으로 가능한 것이며 일부 경우에는 물리적 공간을 기술하는 데에도 유용하다.

하지만 수학이 과학에 대해 갖는 더 큰 중요성은 수학을 이용하여 물리적 우주를 아주 효과적으로 탐구할 수 있다는 데 있다. 고대 그리스인들, 즉 우주가 수학적으로 설계되었다고 처음 선언했던 이들 그리고 1600년까지의 과학자들로서는 수학을 자연에 적용한다는 것은 자연의 기하학적 패턴을 찾는다는 의미였다. 이런 탐구 자체가 프톨레마이오스 이론, 빛과 역학의 몇 가지 법칙 그리고 태양중심설을 낳았다. 자연에 대한 더욱 위력적인 수학적 접근법을 내놓은 사람은 갈릴레오였는데, 그는 과학이 정량적 법칙을 확립하길 추구해야 한다고 천명했다. 뉴턴의 두 번째 운동 법칙, 중력 법칙 및 훅의 법칙 등은 과학에 속하긴 하지만 변수들 간의 정량적 관계, 즉 수학적 공식이다. 이전 여러 장에서 보았듯이, 수학적 과정들을 이런 공식에 적용하면 새로운 공식을 연역해낼 수 있다. 이 새로운 공식들을 물리적으로 해석하면 새로운 물리적 정보가 드러난다.

그렇기에 수학은 물리 법칙을 표현하는 데 이바지하며, 수학의 과정들을 이용하여 기본적인 물리 법칙들로부터 새로운 물리적 정보를 도출해낼 수 있다.

하지만 수학은 과학에 그보다 더 크게 기여한다. 과학적 노력의 목표는 이미 규명된 사실들로부터 연역했든 실험적으로 얻었던 간에 사실들의 수집이 아니다. 과학의 전반적인 목표는 운동의 이론, 빛과 소리와 전자기파의 이론, 상대성이론 및 양자론처럼 이론의 구성에 있다. 이런 이론들은 수학적인 구조물이다. 충분히 발전하면 그런 이론들은 수의 수학이나 유클리드 기하학과 전적으로 비슷하다. 과학 이론이 서 있는 토대들은 개념과 공리—비록 대체로 물리적 원리라고 불리긴 하지만—이다. 과학 이론의 핵심은 기본적인 원리들로부터 수학적으로 연역된 일련의 결과들이다. 가령 케플러의 법칙들은 운동과 중력의 법칙으로부터 연역되며, 뉴턴의 연구 이래로 운동 이론의 핵심적인 일부를 이룬다. 달리 말해서 수학적 연역은 과학 이론의 구조를 제공한다. 그것은 한 법칙과 다른 법칙 간을 이어준다. 과학 이론은 사실들의 이해 가능하고 일관된 집합이며, 그것이 이해 가능하고 일관된 까닭은 사실들이 일련의 수학적 연역의 형태로 배열되어 있기 때문이다.

이전에 연역의 가치를 논의하면서 우리는 다른 장점들 가운데서도 연역 덕분에 예측이 가능함을 지적했다. 과학은 수학적 연역을 이용하므로 과학 또한 예측할 수 있다. 발사체의 높이나 사정거리, 일식이나 월식, 전파에 관한 예측이 굉장한 까닭은 그것이 어떤 다른 방법의 능력을 훌쩍 뛰어넘기 때문이다. 예측의 가치는 아무리 과장해도 지나치지 않다. 실용적인 면에서 보았을 때, 예측은 모든 대규모 공학 프로젝트의 밑바탕을 이룬다. 모형이나 실험을 통해서만 추론을 해야 한다면 생기게 될 낭비는 다리나 마천루 건설과 같은 비교적 단순한 프로젝트에서도 막대할 것이다. 순수과학의 관점에서 보면 예측은 예측이 바탕을 두고 있는 과학적 원리들을 확인시켜준다는 점에서 소중하다. 원리들은 예측하는 능력을 지녔느냐에 따라 유무효가 결정되며, 수학적 주장들은 기본적 원리들과 예측 사이의 필연적인 연결 고리이다.

수학적으로 구성된 과학적 원리들의 추상성은 과학에 크나큰 가치를 지닌다. 동일한 수학 법칙들이 전혀 다른 물리적 상황을 지배할지도 모르기에, 과학자는 두 상황 사이에 뜻밖의 관계를 발견할지 모른다. 가령, 삼각함수는 모든 파동 운동, 소리, 전파, 빛, 수면파, 기체 속의 파동 그리고 파동 운동의 여러 다른 유형에 적용된다. 삼각함수와 그 속성들을 이해하는 사람은 이 공식이 지배하는 모든 현상을 한꺼번에 이해한다. 그는 변수들을 물리적 상황에 맞게 해석하기만 하면 즉시 그 현상에 관한 많은 사실들을 이해할 수 있다. 왜냐하면 그 함수들의 수학적 속성들을 알고 있기 때문이다. 또한 정규 분포 법칙에 관한 지식도 키, 지능, 주파수에 대한 귀의 민감도 그리고 다른 생물학적 현상에 적용된다. 그렇기에 그런 연관된 분야들의 수학은 하나의 통합적인 가치를 제공한다. 여러 현상에 공통적으로 깃든 특징을 드러내준다. 바로 여기에 수학의 위대한 가치가 있다. 추상적인 수학적 관계들은 물리적 실재의 영역 바깥에 있는 것 같지만, 대다수 유형의 물리 현상을 이해하는 데 핵심적이다.

과학에 대해 갖는 수학의 또 하나의 가치는 이미 중력을 설명하면서 다루었다. 정량적인 물리적 원리들, 가령 중력 법칙은 중력과 같은 물리적 개념을 기술한다고 알려져 있다. 하지만 더 자세히 살펴보면, 이런 개념들은 물리적인 불가사의로서 우리가 아는 것이라고는 확실한 정량적 법칙과 그것의 수학적 결과뿐이다. 중력은 분명 지어낸 개념일 수 있다. 따라서 실제로 존재한다고 추정되는 이런 현상에 관한 유일한 정확한 지식은 여러 수학적 공식들뿐이다. 그렇기에 수학은 최상의 과학 이론들의 정수이다. 이런 역설을 인정하고서, 성공하기 위해서는 물리학이 수학적 추상화라는 대가를 치러야만 한다고 개탄하는 사람들은 물리적 세계의 본질에 관한 궁극적인 과학적 설명을 통해 그들이 찾는 것이 무엇인지 다시 성찰해야만 한다.

과학은 여러 면에서 수학에 빚을 지고 있다. 수학이 물리적 개념을 표현하기 위한 개념들을 제공하고 있다는 점은 명백하다. 함수는 수학적 개념이지만, 물리적 법칙을 표현하기 위한 최적의 도구를 제공한다. 미적분의 도함수와 적분은 물리적 과정을 연구하는데 굉장히 효과적이다. 원뿔곡선은 알고 보니 발사체 운동과 천문학을 연구하기에 안성맞춤인 곡선들이다. 개념들 이외에도 수학은 과학적 결과를 체계화하고 표현하기 위한 전체 이론들을 제공한다. 비유클리드 기하학은 완결된 이론 체계로서, 공간에 관한 사실들 및 공간 속의 도형의 행동에 관한 사실들을 이 체계에 맞출 수 있다. 그런 기하학 덕분에 아인슈타인은 상대성이론을 구성할 수 있었다. 수학의 이 중요한 기능을 포착하여, 수학이 실재에 관한 과학적 기술에 모형을 제공한다는 말이 종종 회자된다. 개념과 모형은 과학의 사고와 이론을 실제로 결정하는 것이다. 왜냐하면 자신의 생각을 정확한 언어로 표현하고 자신의 발견 내용을 체계적으로 구성하려는 과학자들은 편리한 수학적 개념을 기꺼이 채택하기 때문이다.

매우 중요한 점을 말하자면, 이런 모형들 다수는 어떤 물리적 문제를 해결하기 위해 개발되었지만, 알고 보니 완전히 새로운 적용 사례를 해결하는 데도 안성맞춤이었다. 원뿔곡선은 아마도 빛을 연구하기 위해 그리고 기존의 유클리드 기하학의 기본적인 질문들에 답하기 위해 고안되었다. 원뿔곡선의 속성들을 잘 알았던 케플러는 이 곡선을 어디에 사용하면 좋을지 간파했다. 케플러가 원뿔곡선의 수학을 고안할 정도의 수학 실력과 영감을 갖추고서 그 곡선이 행성의 올바른 경로임을 밝혀내고자 미리 작정했다고 보긴 어렵다. 갈릴레오와 포물선도 마찬가지다. 최근에 아인슈타인은 상대성이론을 개발하면서 기존의 비유클리드 기하학을 십분 활용했다. 알다시피 그런 기하학의 개념 구상과 발전은 수백 명의 연구 위에 세워진 것이며, 게다가 그런 노력의 진정한 의미를 알아차린 가우스의 천재성이 필요했다.

연습문제

1. 수학이 과학에 제공한 가치들 중 일부를 기술하라.
2. 수, 공식 및 기하도형 등의 개념에 관한 추론이 구체적인 물리 현상에 관한

추론보다 더 결실이 풍부할 가능성이 높은 까닭은 무엇인가?

24.4 미학적 가치와 지적인 가치

앞에서 언급했듯이 수학의 으뜸 가치는 자연을 연구하는 데 주는 도움이다. 우리는 수학이 과학을 뒷받침하고 심지어 과학을 형성해낸 여러 방식을 요약해서 설명했다. 그렇다고 해서 이들 수학적 개념, 방법 및 결과의 상당수가 물리적 사고에 의해서 제안되었음을 부정하는 것은 아니다. 하지만 수학자들은 종종 한 주제 또는 한 분야 전체를 과학의 필요를 훌쩍 뛰어넘는 정도로 발전시킨다. 원뿔곡선과 비유클리드 기하학은 그런 활동의 대표적인 사례이다. 이런 발견들이 과학적인 쓰임새가 적거나 아예 없는데도 굳이 연구할 이유는 무엇이었을까?

한 가지 답을 내놓자면, 수학자들은 가령 자연수나 단순한 기하도형 등 어떤 개념이 특별한 유용성을 지님을 이미 확신하고 있던 터라, 이런 개념과 관련된 거의 모든 결과들이 잠재적 응용 가능성을 갖는다는 것에 만족했다. 사람들은 필요를 만족시킬 만큼 돈을 벌고 나면 더 벌려고 노력한다. 왜냐하면 돈이 유용하며 비축해둔 돈을 써야하는 상황이 일어날 것임을 알고 있기 때문이다. 비유클리드 기하학이 특이하고 전혀 쓰임새가 없을 듯 했지만 결국에는 유용한 것으로 밝혀지자, 수학자들은 자신들의 연구 주제를 탐구하는 데 더욱 열을 올렸다. 자연은 가장 기본적인 수학 개념들이 태어난 자궁이긴 했지만, 수학자들은 언제나 자연에 적용 가능성을 고려하지 않고서 마음껏 이런 개념들을 증폭시키고 확장시켜야 한다고 여겼다. 언제가 그런 확장된 개념들이 가치가 드러날 때가 있으리라고 확신하고서.

하지만 과학에 직접 적용될 필요성과 잠재적인 유용성이 수학적 창조물을 위한 유일한 동기는 아니었다. 수학자는 수학적 활동이 물리적 필요성에 의해 견인됨을 잘 알고서도 단지 수학이 좋아서 수학을 연구할지도 모른다. 그는 자신이 연구하기로 선택한 학문이 자연을 이해하고 통제하는 데 중요함을 안다는 것에 만족할 뿐, 수학이 과학과 밀접하게 관련되어 있다는 데 별로 신경 쓰지 않을지 모른다. 그는 심지어 자신이 직접 만든 문제를 택해 그것을 연구할지 모른다(3장 참고).

달리 말해서, 수학을 그 자체로서 탐구하는 사람들이 있다. 그들은 수학이 일종의 예술이라는 점에 끌린다. 우리가 살펴보았던 여러 수학 분야들 가운데서 사영기하학과 합동식(21장)이라는 주제 그리고 정수론이라는 수학 분야는 대체로 미학적인 관심에서 비롯되었다.

사람들은 수학에서 어떤 예술적 속성을 찾는가? 경험, 관찰, 측정 및 심지어 추측까지도 어떤 결과를 제시하긴 하지만, 상상력과 직관 그리고 통찰이야말로 중요한 창조를 위해 필요한 요소들이다. 그런 재능의 발현은 예술이 제공하는 여러 매력 가운데 하나이다. 정말이지 수학자는 보통 사람이라면 짐작하지도 못할 결론들과 증명 방법들을 간파해낼 수 있어야 한다. 한편으로는 이성이 터무니없는 가설들을 피할 안내 역할을 하지만, 다른 한편으로 사상을 인도하고 촉진시키는 독창성은 결코 논리의 문제가 아니다. 코페르니쿠스의 주요 연구의 출간을 준비했던 인물인 레티쿠스의 말을 빌리자면,

> 수학자는 … 분명 눈먼 사람처럼 오직 자신을 인도할 막대기 하나만을 짚고서, 이곳저곳을 헤매며 위험하고도 위대한 여행을 끝없이 계속해야 한다. 그 결과는 무엇일까? 막대기로 앞길을 더듬으며 잠시 열심히 나아가다가, 어떨 때는 막대기에 몸을 기댄 채 절망 속에서 울부짖을 것이다. 비참한 상태에 처한 자신을 도와주십사 하늘에 땅에 그리고 모든 신들에게 빌 것이다. 하나님은 그가 여러 해 동안 자신의 능력을 시험해보도록 허용하실 터인데, 마침내 그는 자신의 막대기로 위험을 헤쳐 나갈 수 없음을 알게 될지 모른다. 그제야 하나님은 낙담한 그 자에게 자애롭게 손을 뻗으시어, 하나님의 손을 통해 그가 원하는 목표를 달성하도록 만드신다.

모든 창조적인 활동에는 인내가 요구되듯이, 수학자가 어떤 문제를 푸는 데 성공하기까지 그 문제와 씨름하는 스태미나가 반드시 필요하다. 그는 자신의 능력에 확신을 가져야만 한다. 시인이나 화가처럼 수학자도 자신의 추론 능력, 탐구 정신 그리고 스스로를 표현하려는 갈망에 의해 창조적인 활동에 이끌릴지 모르는데, 하지만 집요하게 탐구에 매진해야 한다. 위대한 수학자들은 자신들이 문제 해결에 바친 집중력과 시간을 강조했다. 가우스는 아마도 지나친 겸손을 부리면서도 진심을 담아 이렇게 말했다. "다른 이들도 나처럼 진지하고 지속적으로 수학의 진리들을 사색했더라면, 내가 했던 발견들을 그들도 했을 것이다."

아마도 수학을 일종의 예술로 간주하는 가장 큰 이유는 수학이 창조적 활동을 위한 수단을 마련해준다는 것보다는 정신적인 가치를 마련해주기 때문이다. 수학은 인간이 최상의 갈망과 가장 숭고한 목표와 접촉하도록 해준다. 지적인 기쁨 그리고 우주의 신비를 해결하는 환희를 맛보게 해준다.

위에서 설명한 수학의 가치들을 인정하는 많은 사람들은 그럼에도 불구하고 예술은 정서적인 만족을 가져다준다고 주장한다. 실제로 진정한 예술은 우선적으로 마음에 호소한다. 사실, 어떤 예술들—현대 추상 회화를 보라—은 전혀 정서적인 의미를 갖지 않는다. 하지만 수학은 이런 기준도 만족시킨다. 수학에 대해서는 긍정적인 정서적 반응과 부정적인 정서적 반응이 공존한다. 부정적인 면으로는, 많은 이들이 이 학문에 대해 느끼는 강렬한 혐오감이 있다. 긍정적인 면으로는, 많은 보통 사람들이 수학책을 읽고서 느끼는 은근한 만족에서부터 어린 학생들이 수학 문제를 풀었을 때 느끼는 짜릿한 성취감 그리고 독창적인 연구를 수행하는 수학자들의 진정한 환희에 이르기까지 다양한 형태의 기쁨이 있다. 추론의 질서정연한 연쇄를 살펴볼 때 우리는 위대한 회화가 제공하는 것과 비슷한 만족을 얻는다. 이런 질서와 조화는 수학적 주제들이 발전하는 과정에서 찾아질 수 있다. 그리고 수학이 자연에 부여하고 프톨레마이오스, 코페르니쿠스, 케플러, 뉴턴 및 아인슈타인과 같은 인물들이 만들어내는 조화로움이 있다. 새뮤얼 테일러 콜리지의 말에 의하면, 아름다움의 정수는 명백한 다양성 내에서 그것을 초월하여 존재하는 통일성을 발견하는 것이다. 수학자들은 자연을 모델로 사용하는 화가로서, 자신만의 질서정연하고 통합적인 해석을 제공한다.

수학의 미학적 가치와 조금 다른 것으로 지적인 도전을 꼽을 수 있다. 수학자들이 이런 도전에 반응하는 것은 마치 사업가들이 돈 벌이의 흥분에 반응하는 것과 같다. 수학자들은 탐구의 흥분, 발견의 짜릿함, 모험의 감각, 난관을 극복할 때의 충족감, 성취의 자부심 또는 원한다면 에고의 환희와 성공의 도취를 즐긴다. 수학은 특히 그런 도전을 즐기는 사람들에게 매력적이다. 왜냐하면 수학은 예리하면서도 깔끔한 문제들을 도전거리로 내놓기 때문이다. 정치 이론, 경제학 및 윤리학 분야는 훨씬 더 복잡하기에, 문제들을 분리해내고 이론 구성을 하기가 더 어려울 뿐 아니라, 그 분야에서 얻은 정보가 문제의 결정적 해법으로 이어질 수 있는지 확신하기도 매우 어렵다. 이와 대조적으로 기하학에 도전할 경우에는 설령 인상적인 결과를 내놓지 않을지라도 명쾌하고 제한적인 문제와 마주친다.

연습문제

1. 수학 활동의 동기는 무엇인가?
2. 수학이 예술이라는 주장을 옹호하거나 반박하라.
3. 순수수학과 응용수학이라는 말은 보통 어떤 의미로 쓰이는가?
4. 수학자는 자신이 원하는 것을 마음껏 창조하는가?

24.5 수학과 합리주의

수학이 가져다주는 가치들 가운데에는 이 학문 자체 그리고 이 학문이 물리학과 갖는 관계를 뛰어넘는 것이 하나 있다. 수학은 합리주의의 옹호자이자 정수이자 구현이다. 합리주의는 변덕이 아니다. 그것은 인간 정신이 이미 확보한 지식의 가장 심오한 의미를 최고의 수준에서 탐구하고 규명하도록 자극하고 북돋우고 촉구하고 인도한다. 그것은 가장 아끼는 소중한 믿음을, 만약 그 믿음이 합리적 기준을 만족하지 않는다면, 버릴 용기를 요구한다. 수학은 또한 초연함 그리고 객관적 판단이라는 이상을 역설한다. 수학은 사고의 독립, 이성의 요구에 따르기, 주장들에 대한 주의 깊은 조사 그리고 비판의 정신을 조성한다.

수학자들은 자신들의 고집과 불굴의 자세를 통해 이성의 가장 높은 표준을 설정했다. 앞서 보았듯이, 그들은 오랜 세기 동안 직관이나 경험이 우리로 하여금 믿게 했던 것이 확실한지를 증명하기 위해 노력해왔다. 지난 이천 년 동안 수학자들은 각을 삼등분하기, 원의 면적과 동일한 정사각형 얻기, 정육면체의 부피를 두 배로 늘이기에 관한 정확한 방법을 찾았다. 마음만 먹으면 원하는 대로 매우 정확히 작도를 할 수도 있었지만 말이다. 하지만 그런 문제에 관해 수학자들이 오랫동안 찾은 정확한 방법은 결국에는 존재하지 않음이 증명되었다. 즉, 이런 작도를 자와 컴퍼스만으로 하기는 불가능함이 드러났던 것이다. 하지만 현재로서 중요한 점은 그런 탐구이다. 마찬가지로 이천 년 동안 수학자들은 유클리드의 평행선 공리를 더욱 신뢰할만한 진술로 대체할 길을 찾았다. 하지만 이 경우에도 역시 그들의 탐구의 결과는 놀라웠는데, 하지만 이번에도 중요한 점은 노력의 강도와 지속성이며, 아울러 재검토를 했더니 쓸모가 없는 것으로 드러난 여러 대체 주장들을 결국 거부했다는 사실이다. 수학적으로 추론한다는 것은 추론의 완전성을 추구한다는 것이다. 흔히 쓰이는 구절인 "수학적 정확성"은 수학의 이런 이상에 바치는 헌사이다.

인간이 수행해온 가장 성공적인 지적 실험인 수학은 우리의 합리적 능력이 얼마나 위력적인지를 명백하게 증명해준다. 합리적 능력은 인간의 지적 능력의 최상의 표현이다. 가령 인간의 이성은 상상력을 훨씬 뛰어넘는다. 인간은 너무 멀어서 오직 숫자만이 의미를 전해줄 수 있는 별들에 관해서, 시각화시킬 수 없는 공간에 관해서 그리고 너무 작아서 가장 고성능의 현미경으로도 볼 수 없는 전자에 관해서 생각할 수 있다.

합리주의 그리고 수학을 본떠 형성된 정확한 사고는 여러 분야에 적용될 수 있다. 이런 폭 넓은 의미에서 보자면 적어도 수학은 거의 모든 탐구 분야에 깃들어 있으며 모든 지적 활동의 모형 역할을 해왔다. 플라톤 시대에 수학이라는 단어는 합리적이고 체계적인 지식을 의미했으며, 오늘날 독일어 단어인 비센샤프트(Wissenschaft. 학문이라는 뜻.-옮긴이)와 같은 의미이다. 나중에 아리스토텔레스에 의해 수학은 우리가 수학 교과에서 배우는 특정한 과목을 뜻하게 되었다. 오늘날 수학이 실제로 아우르고 있는 것은 플라톤의 의미이다. 비록 그 단어 자체가 여전히 제한적인 의미를 지니고 있기는 하지만 말이다.

24.6 수학의 한계

하지만 수학 및 수학적 방법이 달성할 수 있는 것에는 어떤 한계가 존재한다. 물리적 세계 그리고 인간 행동의 어떤 측면들은 수학에 굴복하지 않았다. 가령, 촉각, 미각 및 후각은 시각과 청각과 달리 수학적 분석이나 심지어 측정도 거부하는 감각 지각이다. 비록 해당 감각 기관이 생리학적으로 눈과 귀보다 단순한데도 말이다. 인간의 특성, 갈망, 동기 및 감정은 수학자보다는 광고업자가 더 훌륭하게 연구한다. 인간의 행동, 마음의 작용 그리고 인간 사회에 가장 이로운 정치 및 경제 체제의 모형을 제공하는 어떤 공리나 정리도 발견되지 않았다. 여기에 수와 기하도형은 적용 가능한 개념들이 아닌 듯하다. 오직 무생물적 속성 그리고 사실은 그것의 극히 일부만이 수학적 분석에 굴복했다. 분명 통계학적 방법이 우리에게 인간의 특성과 행동을 예측할 능력을 일부 주긴 했지만, 통계학적 결론들은 모든 개별적인 뉘앙스를 제거하고 오로지 전체 결과만을 내놓는다. 물론 수학적 모형에 관한 최근의 연구가 탐구의 다른 영역, 특히 사회 문제 해결에 기여할지 모른다는 희망을 내놓고 있기는 하다.

한편, 수학이 실제로 물리적 세계를 어느 정도까지 표현하는가라는 질문을 제기해봄직 하다. 수학은 어떤 추상성을 다루는 데 효과적이었다. 공간, 시간, 질량, 속도, 무게, 힘, 빛과 소리의 진동수 및 기타 개념들이 그런 예다. 수학은 수와 기하도형으로 표현할 수 있는 그런 물리적 개념들을 다룬다. 하지만 물리적 대상들은 다른 속성도 지니고 있다. 우리는 인간을 시간과 공간 속에서 운동하는 물질 덩어리라고는 대체로 여기지 않는다. 시인이나 화가는 행성 운동의 수학적 법칙들이 행성의 본질을 표현한다는 말에 만족하지 않을 것이다. 우리는 물리적 세계를 공간, 시간, 형태, 질량 등의 관점에서 해석하는 데 너무나 익숙한 나머지 이런 개념들이 어떤 좁은 속성들만을 표현한다는 사실을 간과하는 경향이 있다. 그런 개념들은 우리로 하여금 눈가리개를 하고 세계를 바라보게 한다. 수학적 접근법은 가장 심오하거나 가장 통찰력이 깊은 방법이 아닐지 모른다. 분명 수학은 태양계가 어떤 특별한 목적으로 설계되었는지 아닌지에 답하지 못한다. 과학자들은 이런 질문에 과학의 영역에 들어맞지 않는다고 말할지 모르지만, 그렇다고 해도 그런 질문은 분명 인간이 답을 얻고 싶은 질문임에는 틀림없다. 과학자들이 그런 질문을 고찰하기를 거부한다고 해서 그 질문을 쫓아내지는 못하며, 다만 수학적 접근법의 한계를 드러내줄 뿐이다.

인간의 곤경은 애처롭기 그지없다. 우리는 광대한 우주의 방랑자이며, 자연이 부리는 난폭함 앞에서 속수무책이며, 음식 및 기타 필수품을 자연에 의존하며, 우리가 왜 태어났고 무엇을 추구할지에 대해 아는 바가 없다. 인간은 차갑고 무심한 우주에서 외로운 존재이다. 인간은 불가사의하고 급격하게 변하는 무한한 세계를 바라보며, 혼란스럽고 당혹스럽고 심지어 자신이 무의미하다는 생각에 두려움에 떤다. 파스칼은 이렇게 적고 있다.

> 도대체 본질적으로 인간이란 무엇인가? 무한(無限)에 비하면 무(無)이며, 무에 비하면 전체이며, 무와 전체 사이의 중간 지점에 있으면서 그 둘 중 어느 것도 전혀 이해하지 못한다. 사물의 끝과 시작은 결코 파헤칠 수 없는 비밀로 인간을 철저히 따돌린다. 인간은 자신을 내뱉은 무에 대해서도 자신을 삼키는 무한에 대해서도 알 수 없기는 매한가지다.

몽테뉴와 홉스도 표현만 달랐지 똑같은 말을 했다. 인생은 고독하고 가난하고 고약하고 잔혹하며 짧다. 인간은 사소한 사건들의 먹잇감일 뿐이다.

몇 가지 제한된 감각과 두뇌를 부여 받았으면서도 인간은 주변의 불가사의를 꿰뚫어 보기 시작했다. 감각이 즉각적으로 드러내는 것 또는 실험을 통해 추측할 수 있는 것을 활용하여 인간은 공리를 도입하여 그것을 추론 능력에 적용했다. 인간의 탐구는 질서를 위한 탐구였으며, 인간의 목표는 덧없는 감각과 반대되는 견고한 지식을 세우는 것이었다. 인생살이와 주변 세계의 혼돈 가운데서 인간은 환경을 지배하는 데 도움이 될지 모를 설명 패턴과 지식 체계를 찾았다. 주요한 도구는 인간 자신의 이성의 산물이었는데, 이성의 성취를 푸리에는 이렇게 묘사했다.

> 그것은 아주 다양한 현상들을 함께 불러 모으며 그것들을 통합시키는 숨은 유사성을 드러낸다. 만약 공기와 빛처럼 물질이 매우 얇은 까닭에 우리가 알아차리지 못하더라도, 만약 대상들이 광대한 공간 저 너머에 멀리 떨어져 있더라도, 만약 인간이 오랜 세기에 걸쳐 기나긴 시기 동안 천체의 작동을 이해하고 싶더라도, 만약 중력과 열이 영원히 접근 불가능한 깊이에 있는 단단한 지구 내부에서 작동하더라도, 수학적 해석은 여전히 이런 현상들의 법칙을 파악할 수 있다. 그것은 그런 현상들이 현존하고 측정 가능하게 만들며, 인생의 짧음과 감각의 불완전성을 보상해주는 인간 이성의 능력인 듯하다. 그리고 더욱 놀랍게도, 그것은 모든 현상의 연구에 쓰이는 것과 동일한 방법

을 따른다. 그것은 모든 현상을 동일한 언어로 해석하는데, 마치 우주의 계획의 통일성과 단순성을 확인시켜주는 듯하며, 모든 자연적인 사건들을 지배하는 불변의 질서를 더욱 명백하게 드러내주는 듯하다.

오랜 세월에 걸쳐 인간은 유클리드 기하학, 프톨레마이오스 이론, 태양중심설, 뉴턴역학, 전자기 이론 그리고 최근에는 상대성이론과 양자론과 같은 원대한 구조를 창조했다. 이 모든 것을 포함해 다른 중요하고 위력적인 과학의 집합체에 있어서, 알다시피 수학이야말로 그러한 것들을 구성하는 방법이며 기본 틀이며 정말이지 정수이다. 수학적 이론들 덕분에 우리는 자연을 이해하고, 서로 달라 보이는 다양한 현상들을 종합적이고도 지적으로 파악할 수 있게 되었다. 수학적 이론들은 인간이 자연에서 온갖 질서와 계획을 찾아낼 수 있도록 해주었으며 광대한 영역에 걸쳐 자연을 완전히 그리고 일부나마 지배할 수 있게 해주었다.

아마도 인간은 어떤 제한적이고 심지어 인공적인 개념들을 도입했는데, 어쩌면 오직 이런 방식으로 자연의 어떤 질서를 밝혀낼 수 있었다. 인간의 수학은 실행 가능한 방안에 지나지 않을지 모른다. 자연 자체는 훨씬 더 복잡하거나 내재적인 설계를 지니고 있지 않을지 모른다. 그렇기는 해도 수학은 자연에 관한 조사와 표현과 통제를 위한 탁월한 방법으로 남아 있다. 수학이 효과를 발휘하는 그런 분야들에서 우리가 가진 것이라고는 수학뿐이다. 만약 수학이 실재 그 자체가 아니더라도, 우리가 얻을 수 있는 실재에 가장 가까운 것이다.

그러므로 수학은 우리 자신과 외부 세계를 잇는 위력적이고 대담한 다리이다. 순전히 인간의 창조물일지라도, 수학 덕분에 자연의 어떤 영역에 접근할 수 있고, 이로써 우리는 모든 예상을 훌쩍 뛰어넘어 앞으로 나아갈 수 있다. 정말이지 역설적이게도, 실재에서 멀찍이 떨어진 추상성이 큰 성과를 낸다. 수학 이야기가 인위적일지 모르지만, 그렇더라도 교훈이 깃든 동화 같은 것이다.

마지막으로 수학은 한 시대가 가장 소중하게 여기는 세계에 관한 그림이다. 왜냐하면 인간은 우선적으로 자기 자신을 알고자 하며 이런 이해는 우주에 대한 인간의 이해와 분리될 수 없기 때문이다. 그렇게 모인 지식들은 철학, 문학, 종교, 예술 및 사회적 사상을 통해 걸러진다. 이로써 그런 지식들은 문화 전체를 형성하며 인간이 자신의 인생에 관해 제기한 주요 질문들에 대해 어떤 식으로든 답을 제공한다.

권장 도서

Bronowskt, J. and B. Mazlish : *The Western Intellectual Tradition*, Harper and Row, New York, 1960.

Bury, J. B. : *The Idea of Progress*, Dover Publications, Inc., New York, 1955.

Ellis, Havelock : *The Dance of Life*, Chap. 3, The Modern Library, New York, 1929.

Hardy, G. H. : *A Mathematician's Apology*, Cambridge University Press, London, 1940. (Keep a copious quantity of salt on hand while reading this book.)

Kline, Morris : *Mathematics in Western Culture*, Chap. 28, Oxford University Press, New York, 1953.

Newman, James R. : *The World of Mathematics*, Vol. Ill, pp. 1756-1795, Vol. IV, pp. 2051-2063, Simon and Schuster, Inc., New York, 1956.

Poincare, Henri : *The Value of Science*, Chaps. 1 to 3, Dover Publications, Inc., New York, 1958.

Poincare, Henri : *Science and Method*, Chaps. 1 to 3, Dover Publications, Inc., New York, 1952.

Randall, John Herman, Jr. : *The Making of the Modern Mind*, rev. ed., Houghton Mifflin Co., Boston, 1940.

Russell, Bertrand : *Our Knowledge of the External World*, George Allen & Unwin

Ltd., London, 1926 (also in paperback).

Russell, Bertrand: *Mysticism and Logic*, Longmans, Green and Co., New York, 1925.

Sawyer, W. W.: *Frelude to Mathematics*, Chaps. 1 to 3, Penguin Books Ltd., Harmondsworth, England, 1955.

Spengler, Oswald: *Decline of the West*, Vol. I, Chap. 2, A. A. Knopf, Inc., New York, 1926.

Sullivan, J. W. N.: *Aspects of Science*, Second Series, pp. 80-105, A. A. Knopf, Inc., New York, 1926.

부록: 삼각비 도표

각	사인	탄젠트	코탄젠트	코사인	
0°	0.0000	0.0000	···	1.0000	90°
1	0.0175	0.0175	57.290	0.9998	89
2	0.0349	0.0349	28.636	0.9994	88
3	0.523	0.0524	19.081	0.9986	87
4	0.0698	0.0699	14.300	0.9976	86
5	0.0872	0.0875	11.430	0.9962	85
6	0.1045	0.1051	9.5144	0.9945	84
7	0.1219	0.1228	8.1443	0.9925	83
8	0.1392	0.1405	7.1154	0.9903	82
9	0.1564	0.1584	6.3138	0.9877	81
10	0.1736	0.1763	5.6713	0.9848	80
11	0.1908	0.1944	5.1446	0.9816	79
12	0.2079	0.2126	4.7046	0.9781	78
13	0.2250	0.2309	4.3315	0.9744	77
14	0.2419	0.2493	4.0108	0.9703	76
15	0.2588	0.2679	3.7321	0.9659	75
16	0.2756	0.2867	3.4874	0.9613	74
17	0.2924	0.3057	3.2709	0.9563	73
18	0.3090	0.3249	3.0777	0.9511	72
19	0.3256	0.3443	2.9042	0.9455	71
20	0.3420	0.3640	2.7475	0.9397	70
21	0.3584	0.3839	2.6051	0.9336	69
22	0.3746	0.4040	2.4751	0.9272	68
23	0.3907	0.4245	2.3559	0.9205	67
24	0.4067	0.4452	2.2460	0.9135	66
25	0.4226	0.4663	2.1445	0.9063	65
26	0.4384	0.4877	2.0503	0.8988	64
27	0.4540	0.5095	1.9626	0.8910	63
28	0.4695	0.5317	1.8807	0.8829	62
29	0.4848	0.5543	1.8040	0.8746	61
30	0.5000	0.5774	1.7321	0.8660	60
31	0.5150	0.6009	1.6643	0.8572	59
32	0.5299	0.6249	1.6003	0.8480	58
33	0.5446	0.6494	1.5399	0.8387	57
34	0.5592	0.6745	1.4826	0.8290	56
35	0.5736	0.7002	1.4281	0.8192	55
36	0.5878	0.7265	1.3764	0.8090	54
37	0.6018	0.7536	1.3270	0.7986	53
38	0.6157	0.7813	1.2799	0.7880	52
39	0.6293	0.8098	1.2349	0.7771	51
40	0.6428	0.8391	1.1918	0.7660	50
41	0.6561	0.8693	1.1504	0.7547	49
42	0.6691	0.9004	1.1106	0.7431	48
43	0.6820	0.9325	1.0724	0.7314	47
44	0.6947	0.9657	1.0355	0.7193	46
45°	0.7071	1.0000	1.0000	0.7071	45°
	코사인	코탄젠트	탄젠트	사인	각

선별된 연습문제와 복습문제의 정답

3장

3.4절

7. (a) 아니오 (b) 예 (c) 아니오
   (d) 아니오 (e) 아니오 (f) 예
   (g) 예 (h) 아니오 (i) 아니오

복습문제

5. (a), (b) 6. 전부 아니다 7. 아니오 9. 아무런 결론도 내릴 수 없다

4장

4.3절

두 번째 연습문제

1. (a)$\sqrt{3}+\sqrt{5}$ (b)$\sqrt[3]{2}+\sqrt[3]{7}$ (c)$\sqrt[3]{2}+\sqrt{7}$
   (d)$2\sqrt{7}$ (e)$\sqrt{21}$ (f)$\sqrt[3]{10}$
   (g)2 (h)6 (i)$\sqrt{\frac{2}{5}}$
   (j)2 (k)$\sqrt[3]{5}$
2. (a)$5\sqrt{2}$ (b)$10\sqrt{2}$ (c)$5\sqrt{3}$

4.4절

1. −2 2. −13 3. +3
4. −5 5. 500, 500

4.5절

3. (a) $12a$ (b) $12a$ (c) $5a+\sqrt{2}a$
   (d) $-2a$ (e) $6a+12b$ (f) $28a+35b$
   (g) a^2+ab (h) a^2-ab (i) $16a$
   (j) a^2b

4. a^2+5a+6 5. n^2+2n+1 6. 예

7. 예 8. 예 9. 아니오

4.6절

첫 번째 연습문제

1. 아니오, $4\frac{1}{2}$시간 2. 아니오 3. $\frac{15a+10b}{6(a+b)}$

4. 아니오 5. 하루당 $\frac{5}{12}$도랑

두 번째 연습문제

1. 16 2. 12 3. 12 4. 36

세 번째 연습문제

4. 13, 14, 20, 100, 120, 244 5. 5, 6, 8, 12, 36

6. 0.3 7. $\frac{1}{3}$ 8. 3 9. 6

복습문제

1. (a) $\frac{41}{35}$ (b) $\frac{1}{35}$ (c) $-\frac{1}{35}$ (f) $\frac{23}{36}$ (g) $-\frac{23}{36}$ (h) $\frac{ad+bc}{bd}$

2. (b) $-\frac{4}{15}$ (c) $\frac{4}{15}$ (e) $\frac{ac}{bd}$ (i) 2 (k) 1 (n) $\frac{21}{44}$

3. (a) 140 (b) $4ab$ (d) $6xy$

4. (a) $\frac{5}{14}$ (b) $1+2a$ (e) $b+c$

5. (c) $\frac{3}{2}$ (e) 3 (f) 4 (h) $\sqrt{\frac{10}{3}}$

6. (a) $4\sqrt{2}$ (c) $6\sqrt{2}$ (f) $\frac{3}{2}\sqrt{2}$ (h) $\frac{3}{2}\sqrt{\frac{3}{2}}$

9. (b) 아니오 (d) 아니오 (e) 아니오 (f) 아니오 (h) 아니오

10. (b) 11 (c) 101 (e) 1000 (g) 10,011

11. (b) 5 (d) 13 (e) 9

5장

5.2절

5. (a) $3x+4$ (b) $3x^2+4$

5.3절

첫 번째 연습문제

1. (a) 5^{10} (d) x^5 (e) 5^3 (g) x^2 (j) $\frac{1}{5^3}$ (k) 1 (l) 5

3. (a) 틀림 (c) 틀림 (e) 틀림

두 번째 연습문제

1. (a) 3^{12} (c) 5^8 (d) 10^6 (f) 10^4

2. (a) 100,000 (b) 6 (c) $\frac{1}{8}$ (d) ab^3

3. (c) 틀림 (e) 틀림 (f) 틀림

5.4절

1. (a) $15x^2$ (b) $x^2+9x+20$ (c) $3x^2+19x+20$
   (d) x^2-9 (e) $x^2+5x+\frac{25}{4}$ (f) $x^2-\frac{25}{4}$

2. (a) $(x+5)(x+4)$ (b) $(x+2)(x+3)$ (c) $(x-2)(x-3)$
   (d) $(x+3)(x-3)$ (e) $(x+4)(x-4)$ (f) $(x+9)(x-2)$

5.5절

1. 1177 ft 2. 22 mi/hr 3. 73

4. 50 5. 80 6. 1250

5.6절

첫 번째 연습문제

1. (a) 6, 2 (b) $-9, 2$ 3. (a) $-6 \pm 3\sqrt{3}$ (b) $6 \pm 3\sqrt{3}$

두 번째 연습문제

1. (a) $4+\sqrt{6}, 4-\sqrt{6}$ (b) $-4+\sqrt{6}, -4-\sqrt{6}$
   (c) $3+3\sqrt{2}, 3-3\sqrt{2}$ (d) $-3, -1$
   (e) 4, 4

복습문제

1. (b) x^2+5x+6 (c) $x^2+5\mathrm{x}-14$
   (e) $x^2+5x+\frac{21}{4}$ (f) $2x^2+5x+2$
2. (a) $(x+3)(x-3)$ (e) $(x+3)^2$ (f) $(x+6)(x+1)$
   (i) $(x-6)(x-1)$ (l) $(x+8)(x-2)$ (m) $(x+9)(x-3)$
4. (c) 1 (d) 2 (e) $\frac{18}{7}$ (g) $\frac{54}{25}$ (h) $\frac{b-2}{a}$
5. $12\frac{1}{2}$
7. (a) 5 그리고 1 (b) 7 그리고 -1 (f) 7 그리고 -2
8. (b) 9 그리고 1 (c) $-5 \pm \sqrt{\frac{76}{4}}$ (e) $6 \pm \sqrt{21}$
9. (a) $-6 \pm \sqrt{27}$ (c) $-6 \pm \sqrt{42}$ (e) $-3 \pm \sqrt{6}$

6장

6.2절

8. 103 ft

10. 2π ft

6.3절

2. 418,500mi

3. 100×100

4. $\frac{p}{4} \times \frac{p}{4}$

5. 25×50

7. $\sqrt{2Rh + h^2}$

8. $\sqrt{2Rh}$

9. 63 mi

6.5절

2. 2

4. 5

7장

7.2절

3. 1부터 0까지

4. 0부터 무한히 더 커지는 값

7.3절

1. 445 ft

2. 14,265 ft

3. 11,500 ft

4. 예, 19피트만큼

5. 3944 mi

7.4절

1. 30°

5. 139 mi

6. 263 mi

7. 18,960 mi

7.5절

1. 93,000,000 mi
2. 428,000 mi
3. 1065 mi
4. 36,000,000 mi

7.6절

1. 32°
2. 0°부터 42°까지
4. 172,000 mi/sec

복습문제

3. (a) $\frac{5}{13}, \frac{12}{13}, \frac{5}{12}$
(c) $\sqrt{\frac{3}{7}}, \frac{2}{\sqrt{7}}, \frac{\sqrt{3}}{2}$
(d) $\frac{\sqrt{3}}{3}, \frac{\sqrt{6}}{3}, \sqrt{\frac{1}{2}}$
5. $\frac{\sqrt{3}}{2}, \sqrt{3}$
7. 83.91 ft
9. 48°
11. 2384 ft
12. 3682 mi, $2\pi \cdot 3682$ mi
13. 107π mi, 근삿값임
15. 32°, 근삿값임

11장

11.2절

4. $\frac{5}{4}$

12장

12.3절

3. (a) $y=2x$
(b) $y=\frac{1}{\sqrt{3}}x$
(c) $y=-4x$
(d) $y=4x$
(e) $y=-4x$
5. 예
8. 예
10. m
11. (0, 7)
12. (0, b)
13. m, (0, b)

12.4절

3. $x=-\frac{1}{12}y^2$ 4. (0, 2) 5. (a) $y=\frac{1}{16}x^2$ (b) $y=\frac{1}{24}x^2$ (c) $y=-\frac{1}{20}x^2$ (d) $x=\frac{1}{16}y^2$

6. 1, 4, 9, 16, 25 7. $1\frac{1}{10}, 4\frac{2}{5}, 9\frac{9}{10}, 17\frac{3}{5}, 27\frac{1}{2}$

12.6절

3. 10 5. 2, 8

12.7절

2. 곡면 3. 구 4. 평면

복습문제

1. 0 4. (a) $y=4x$ (b) $y=4x+2$

5. (a) $y=-4x$ (b) $y=-4x+2$ (c) $y=-4x-2$

13장

13.4절

4. 0, 96, 224, 등 6. 100, 256, 784 7. 2, $\frac{1}{2}$, 4

8. +3, −3 9. 32, 212

13.5절

3. $10\frac{2}{3}$mi/hr 4. 128 ft/sec, 64 ft/sec, $t=2$

7. 400 ft, 676 ft, 1600 ft 11. 256 ft/sec, 근삿값임

15. 121 ft 16. 121 ft 17. $d=v^2/22$

18. 352 ft, 88 ft 19. 576 ft

13.6절

3. 192 ft/sec, 432 ft. 240 ft/sec, 756 ft

13.7절

2. (a) 384 ft (b) 32 ft/sec (c) 400 ft

3. 0

5. 15,625 ft

7. 870 ft, 18.1 sec

8. 960 ft/sec

11. 7sec

복습문제

2. (a) 4 (b) 5 (c) $12\frac{1}{2}$ (d) $\frac{1}{2}$

3. (a) 80 (b) 128

5. $v = gt$

6. (a) $gt/2$ (b) $gt^2/2$

8. (a) 2 (b) $\sqrt{6}$ (c) 3 (d) $\sqrt{\frac{25}{2}}$ (e) $\frac{13}{4}$

10. (a) 1 (b) $\frac{9}{8}$ (c) $7\frac{3}{8}$ (d) $2\frac{11}{16}$

11. (a) $v = 100 + gt$ (d) $d = 100t + gt^2/2$

12. (a) 2 (b) 4

13. (a) $v = 128 - 32t$ (d) $d = 128t - 16t^2$

15. −112. 결과는 물리적으로 무의미함

16. −112. 물체는 옥상으로부터 아래로 112피트에 있음.

14장

14.2절

1. $y = 3x/2$

2. $y = 5x^2/16$

3. $y = 5x + x^2$

14.3절

3. 5.5 sec, 근삿값임. 550 ft, 근삿값임

4. 3000 ft/sec

5. 1200 ft/sec

6. 5450 ft, 근삿값임

14.4절

1. 230 ft/sec, 193 ft/sec

2. $y = -x^2/25 + 3x/2$

4. 37.5 ft

5. 14.1 ft, 근삿값임

6. 1000 ft/sec

14.5절

1. $y = -16x^2/V^2\cos^2 A + x\sin A/\cos A$

2. $V\sin A/32$

3. $V^2\sin^2 A/64$

5. 123,000 ft, 근삿값임

6. 20,000 ft

7. $(62.5)\sqrt{2}$ sec

복습문제

2. (a) $y = 7x/3$

(b) $y = 5x^2/9$

(c) $x = 3y^2/25$

(e) $x^2 + y^2 = 25$

(f) $y = (5x^2/4) + 3x/2$

3. (a) $x = 240 \cdot 5280t, y = 16t^2$

(b) $\sqrt{330}$ sec

(c) $\sqrt{330}$ sec

(d) $\sqrt{660}$ sec

(e) $240 \cdot 5280\sqrt{660}$ ft

4. (a) $1000\sqrt{2}, 1000\sqrt{2}$

(b) $x = 1000\sqrt{2}t, y = 1000\sqrt{2}t - 16t^2$

(c) 125,000 ft

(d) 31,250 ft

15장

15.3절

11. 165년

15.7절

2. 848 파운드중량 또는 $26\frac{1}{2}$ lb 3. 4320 lb

15.8절

2. 20.5 ft/sec^2, 근삿값임 4. 150 lb 5. 1125 lb

15.9절

1. 37.5 lb 4. 15 lb 7. 2400 lb 10. 예

15-10절

3. 500 ft/sec^2 4. 0.00897 ft/sec^2, 근삿값임

15.11절

2. 26,000 ft/sec, 근삿값임 3. 3300 ft/sec, 근삿값임

4. 27.8일, 근삿값임 5. 24,000 ft/sec, 근삿값임

복습문제

1. (a) 0.001 (b) 0.000001 (c) 0.00000001

   (d) 0.00002 (e) 0.0001

2. (a) $5.8 \cdot 10^4$ (b) $5.879 \cdot 10^4$ (c) $6.34 \cdot 10^4$

   (e) $5/10^2$

3. (a) $1.833\cdots \cdot 10^6$ (b) $4/10^4$ (c) 7.2
(d) $\frac{2.18}{10}$, 근삿값임

4. $9.1\cdot 10^7$ 5. $5.97\cdot 10^{27}$ gm 6. $1.98\cdot 10^{33}$gm

7. (a) 14.2 ft/sec^2 (b) 2.6 ft/sec^2

8. (a) 2840 파운드중량 (b) 520 파운드중량

9. 1060 파운드중량

16장

16.5절

4. 80 ft/sec, 144 ft/sec 5. 160 ft/sec

6. 32 ft/sec

16.6절

3. (a) $4x$ (b) $4t$ (c) x
(d) $12x^2$ (e) $-4x$ (f) $-32t$
(g) $-32t+128$ (h) $128-32t$

4. 228 ft/sec 5. (b) $\dot{V}=4\pi r^2$ 6. $\dot{y}=4ax^3$

7. $\dot{A}=2x$ 8. $\dot{A}=l$

16.7절

1. (a) $\frac{3}{50}$ (c) 0

2. (a) 2 (b) 2

16.8절

1. 0 3. 25×50 4. $25\times \frac{50}{3}$

5. $r=\sqrt{50/3\pi}, h=2r$

복습문제

1. (a) 96 ft/sec (b) 176 ft/sec (c) 192 ft/sec

3. (a) 40 (b) 60 (c) $20a$

4. 32 ft/sec^2

5. (a) 14 (b) −6 (c) 6 (d) −14

6. 6

7. −1

8. (a) −25, 최솟값 (b) −25, 최솟값 (c) 25, 최댓값

9. 0, 아니오, 아니오

10. 324, $\frac{9}{2}$sec

11. $20/\sqrt{3}, 20/\sqrt{3}, 10/\sqrt{3}$

17장

17.2절

1. (a) x^3 (b) $5x$ (c) $x^2/2$
   (d) $3x^2/2$ (e) t^2 (f) $16t^2$
   (g) $32t$ (h) $t^2+10\text{t}$ (i) $-16t^2+128t$
   (j) $-32t$ (k) $16t^2$

17.3절

1. $150-32t, 150t-16t^2$

2. $16t^2+50$

3. $-32t, 75-16t^2$

4. $100-32t, 100t-16t^2+50$

5. $-100-32t, 50-100t-16t^2$

17.4절

1. $69\frac{1}{3}$　　2. $50\frac{2}{3}$　　3. 10

4. 90

17.5절

1. 257,561,000 ft-lb　　2. 264,000,000 ft-lb　　3. 40,000 ft-lb

17.6절

1. 36,500 ft/sec, 근삿값임

복습문제

1. (a) $d = 200t - 16t^2$　　(b) 625 ft　　(c) -200 ft/sec

2. (a) $d = 200t - 16t^2$　　(b) $d = 100 + 200t - 16t^2$

3. (a) $d = 200t - \frac{5.3}{2}t^2$　　(b) 3585 ft, 근삿값임

6. $3297 \cdot 10^6$ 파운드중량　　7. 5700 ft/sec, 근삿값임

18장

18.3절

첫 번째 연습문제

1. (a) sin 60°　　(b) sin 30°　　(c) −sin 30°
   (d) −sin 80°　　(e) −sin 90°　　(f) −sin 60°
   (g) −sin 10°　　(h) sin 10°　　(i) −sin 50°
   (j) sin 30°

2. 1, −1　　3. 90°　　8. 2

두 번째 연습문제

1. $\pi/2$ 또는 1.57, 근삿값임. $\pi/6$ 또는 0.52, 근삿값임. π, $3\pi/2$, 2π, $8\pi/3$

2. 90°, 120°, 450°, 540°, −90°, 57°, 근삿값임

3. (a) 0 (b) 1 (c) $\sqrt{3}/2$
(d) −1 (e) 0 (f) 1

세 번째 연습문제

1. 1, 2, 2, $\sqrt{3}$ 2. 3, −3 3. 4

4. (a) 1, 0, −1, 0 (b) 1, 0, −1, 0

8. 10

9. (a) 1, 0, $\sqrt{3}/2$ (b) $-\sqrt{3}/2$, 0, 0 (c) 0, −2, 2

18.5절

1. 128 2. $5/2\pi$ 3. 0.01 sec

4. $y = 3\sin 2\pi \cdot 50t$ 5. $y = 3\sin 5t$ 6. $50/4\pi^2$

19장

19.2절

2. $y = 0.0005\sin 2\pi \cdot 300t$

3. 540, 0.002 4. 20

19.3절

2. (a) 1 (b) 1 (c) 1 (d) 100

19.4절

2. 240, 0.01

3. $y = 0.01\sin(2\pi\cdot 500t) + 0.002\sin(2\pi\cdot 1000t) + 0.005\sin(2\pi\cdot 1500t)$

4. 2160

21장

21.3절

3. $\frac{-1}{-2}$

4. 예

21.4절

6. 9 + 12의 임의의 양의 또는 음의 배수

14. (a) 5 (b) 3 (c) 6

15. (a) 1, 4 (b) 0, 2, 4

21.5절

4. A

5. A

22장

22.3절

2. 8113, 1200

3. 6.1, 5, 10

4. 31, 35, 40

22.4절

1. 3.24

2. 3

3. 12.8

22.5절

3. 95.4

4. 47.7, 99.8

22.6절

1. $y = 3x + 7$

2. $F = 4d$

3. $d = 16t^2$

4. $N = Y - 1994$

5. $P = 2t^2 + 4$

6. $V = 2.3 - 0.675T + 0.0875T^2$

23장

23.2절

3. $\frac{1}{6}, \frac{1}{6}, \frac{4}{6}$

5. $\frac{3}{5}$

6. $\frac{1}{4}$

7. $\frac{1}{4}$

8. $\frac{27}{32}$

9. $\frac{1}{2}$

11. 36

12. 4

13. $\frac{4}{36}$

17. 1에서부터 1까지

18. 3에서부터 1까지

23.3절

2. 0.85, 0.68

3. $\frac{1}{8}$

23.4절

1. 0.499, 0.954

2. 0.159

3. 0.023

4. 0.341

5. 0.136

23.5절

1. $\frac{35}{128}$

2. $\frac{15}{64}$

3. $2000(\frac{15}{64})$

4. 0.977

5. 0.999

7. 배척한다

복습문제

1. (a) $\frac{1}{19}$ (b) $\frac{1}{19}$ (c) $\frac{9}{38}$

2. (a) $\frac{1}{13}$ (b) $\frac{1}{4}$ (c) $\frac{16}{52}$

3. $\frac{1}{3}$

4. (a) $\frac{3}{7}$ (b) $\frac{4}{7}$ (c) 1

5. (a) $\frac{3}{9}$ (b) $\frac{4}{9}$ (c) $\frac{7}{9}$

6. (a) $\frac{1}{36}$ (b) $\frac{1}{36}$

7. (a) $\frac{65}{100}$ (b) $\frac{65}{70}$ (c) 예

8. 0.023

추가 정답과 해법

아래 장에는 이 책과 함께 쓰도록 처음에 발간된 교사용 지도서의 내용이 전부 들어 있다. 본문에 나오는 문제들에 대한 추가적인 해법과 정답도 실려 있다.

차례

1부
이 책을 바탕으로 하는 강의 계획

이 책은 인문학부 학생들 그리고 수학이나 과학을 전공할 의향이 없는 학생들을 위해 쓰였다. 그렇기에 이 책의 독자는 수학을 사회과학, 예술 및 인문학 연구를 위한 문화적 준비 활동의 일부로 여기는 인문학부 학생들, 산수와 단순한 기하학 내용을 가르치기 위한 폭넓은 배경지식을 갖추어야 할 유망한 초등학교 교사들 그리고 비과학 과목을 가르치는 유망한 고등학교 교사들일 것이다.

폭넓은 인문학부 수학 강의를 위한 것일지라도 이 책은 허용된 시간에 다룰 수 있는 것보다 더 많은 내용이 실려 있을지 모른다. 하지만 여러 장들뿐 아니라 장 속의 여러 절들은 논리적 일관성을 유지하는 데 필수적이지 않다. 이런 장과 절들에는 별표를 해두었다. 가령 회화에 관한 10장은 어떻게 수학에서 사영기하학이 탄생했는지를 역사적으로 보여주는데, 하지만 논리적 관점에서 보자면 10장은 그 다음 장을 이해하기 위해 필요하지는 않다. 음향에 관한 19장은 18장의 삼각함수에 관한 내용을 적용한 사례이지만, 이 또한 연속적인 내용 전개에 필수적이지 않다. 미적분에 관한 두 개의 장은 이후의 장들에 이용되지 않는다. 미적분이 어떤 내용인지를 학생들에게 더 잘 이해시키는 편이 바람직하겠지만, 그래도 어떤 수업에서는 이런 장들을 제외해야 할지 모른다. 통계(22장)와 확률(23장)에 관한 장도 마찬가지다.

장 내부의 어떤 절들을 생략하고서 대다수 또는 전체 장들을 다룰 수도 있겠다. 유클리드 기하학에 관한 6장은 도해 설명의 역할도 한다. 이 장의 수학 내용은 유클리드 기하학의 일부 기본적인 개념들 및 정리들을 검토하고 아울러 원뿔곡선을 소개하려는 의도이다. 낯익은 일부 응용 사례들은 6.3절에 나오는데(차례 참고) 아마도 살펴보면 좋을 것이다. 하지만 6.4절과 6.6절 그리고 문화적 영향을 논의한 6.7절에서 다룬 응용 사례들은 생략해도 좋다.

일부 내용들은 특정한 집단을 위한 권고사항에 포함되었든 아니든 간에 학생들이 스스로 읽도록 내버려두어도 좋다. 사실, 첫째와 둘째 장은 학생들이 스스로 읽도록 의도적으로 구성했다. 여기서의 목적은 본질적으로 중요한 개념들을 소개함과 아울러 학생들이 수학책을 읽도록 유도하는 것, 수학책 읽기에 확신을 갖도록 해주는 것 그리고 수학책을 읽는 습관을 붙이도록 해주는 것이다. 분명 초등학교에서부터 고등학교까지의 수학 수업으로 인해 생겨난 학생들의 선입견, 즉 역사책은 읽기에 좋지만 수학책은 본디 공식과 숙제를 위한 참고서라는 인식을 무너뜨릴 필요가 있다.

한 학기용 인문학부 수업이라면 기본 내용은 아래와 같이 구성할 수 있다.

2장	역사적 개관에 대해
3장	논리와 수학에 대해
4장과 5장	수 체계 및 기초 대수에 대해
6장	6.5절까지, 유클리드 기하학에 대해
7장	7.3절까지, 삼각법에 대해
12장	좌표기하학에 대해
13장	함수와 그 이용에 대해
14장	14.4절까지, 매개변수 방정식에 대해
15장	15.10절까지, 과학에서 함수의 추가적인 사용에 대해
20장	비유클리드 기하학에 관해
21장	여러 가지 대수에 관해

내용이 더 추가되면 수업이 풍성해지긴 하겠지만 연속성을 유지하기 위해 꼭 필요하지는 않을 것이다.

유망한 초등학교 교사를 교육시키는 데 주로 관심이 있는 대학들은 학생들이 곧 가르치게 될 주제들을 선호할 것이다. 그런 목표에 부합하는 내용을 선택할 수 있다.

수 개념 그리고 이를 대수에 확장하기를 강조하는 수업의 경우에는 여러 장들의 논리적 독립성을 활용하여, 추론, 산수 및 대수에 관해서는 3장부터 5장까지 그리고 여러 대수에 관해서는 21장을 보면 된다. 이런 주제가 함수의 영역으로 발전한 과정을 보려면 13장과 15장을 추가적으로 보면 된다.

기하학을 강조하는 수업은 유클리드 기하학, 삼각법, 사영기하학, 좌표기하학 및 비유클리드 기하학을 다룬 6, 7, 11, 12, 20장을 활용할 수 있다. 5장에 검토한 대수는 7장과 12장에도 포함되어 있다. 5장의 내용에 관한 지식이 미리 갖추어져 있지 않으면, 이 장은 기하학을 다루기 전에 반드시 먼저 읽어야 한다.

위의 두 문단에서 제안한 내용의 요지는 아래와 같이 도표 형태로 나타낼 수 있다.

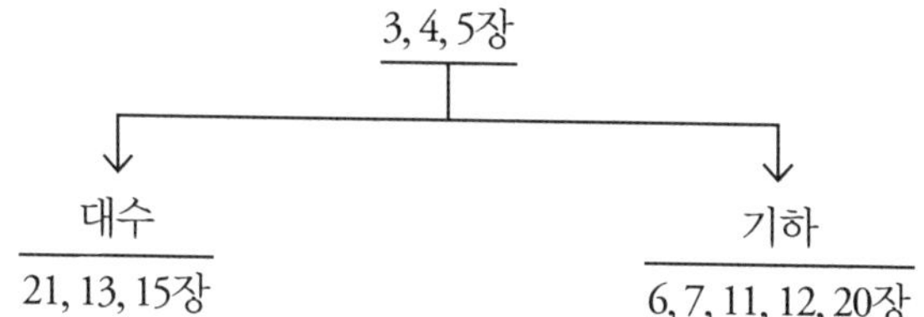

물론 이들 장 속의 별표가 표시된 절들은 선택사항이다. 핵심적인 내용을 다룰 경우에는 물론 다른 장들을 포함시킬 수 있다.

2부
각각의 장에 대한 강의 방식 제안

1장

이 장에서는 가르침의 형식적 의미에서 보자면 가르칠 것이 별로 없다. 이 장(그리고 다음 장의 대부분)의 목적은 많은 학생들이 초등학교에서부터 고등학교 때까지의 경험에서 생겼을 수학에 대한 혐오와 두려움을 공략하여 바라건대 뿌리 뽑고자 하는 것이다. 수학이 공부할 가치가 있는가라는 질문을 공개적으로 토론하고 아울러 학생이 쉽게 읽을 수 있는 내용을 제공함으로써, 이 장은 수학에 대해 적어도 마음을 누그러뜨리고 또 어쩌면 매력적이고 신선한 느낌을 갖도록 할 수 있을 것이다.

게다가 내용을 읽고 이해할 수 있게 되면 학생은 이후의 장들도 마찬가지로 훌륭하게 공략하고, 많은 대학생들에게 걸림돌이 되는 심리적 제약을 극복할 수 있을 것이다.

수학의 여러 가치, 수학이 공학에 끼친 실질적인 혜택, 인간이 자연현상을 이해하는 데 도움을 주는 가치, 사회과학에서의 쓰임, 가령 진리를 찾는 데 있어서 철학에 대해 갖는 중요성, 회화와 음악에서의 쓰임 그리고 본격 수학 자체의 가치 등을 나열하려면 꽤 수고가 든다. 수학은 예술로서 그리고 지적인 도전과제로서의 가치도 갖는다. 퍼즐은 낮은 수준에서 지적 도전의 훌륭한 예이다.

2장

이미 언급했듯이 이 장 또한 학생들로 하여금 수학을 이해할 수 있도록 북돋우는데 이바지할 것이다. 왜냐하면 이 장의 내용은 충분히 읽어낼 수 있기 때문이다. 학생은 수학이 어떤 고대 시기에 단 한 번에 만들어진 것이 아니라 거듭된 발전 기간이 있었다는 것 그리고 이 기간들은 다양한 문명들의 문제 및 동향과 연관되어 있었고 그러한 것들에 의해 촉진되었음을 이해해야 한다. 논의될 문명들은 이집트와 바빌로니아, 고대 그리스, 알렉산더 대제 통치 시기의 그리스, 로마, 인도 및 아랍, 중세 그리고 약 1400년 이후의 서유럽 문명이다. 로마와 중세 문명은 다른 분야에서는 성취가 컸지만 수학에서는 별 소득이 없었다는 점에서 특이하다. 이 예외적인 경우는 문명의 어떤 요인들이 수학 활동을 촉진하는가라는 논의를 촉발시킬 수 있다. 질문의 답을 이 단계에서 내놓을 수는 없겠지만, 학생들은 이를 염두에 두고서 그 답이 우리가 수학을 발전시키려면 현 문명에서 무엇을 해야 할지를 알려준다는 점에서 중요함을 알아차릴지 모른다.

3장

이 장은 수학이 연역적 증명을 고수한다는 점에서 다른 학문과는 다름을 강조하지만, 교사는 학생들이 수학의 탄생 자체는 연역적이지 않다는 점을 알도록 가르쳐야 한다. 수학을 배우는 중요한 의미는 학생들이 개념들을 추측하고 추론하며 실험하고 탐구하도록 북돋우는 것이다. 비록 학생들이 곧 바로 성공할 전망은 없다고 하더라도 말이다. 가장 위대한 수학자들조차도 문제를 해결하려고 오랜 세월 쩔쩔 맸다는 점을 학생들도 알아야 한다.

4장

이 장은 대체로 산수를 훑어본다. 본 저자가 보기에 학생들은 수에 관한 물리적 의미를 바탕으로 수를 연산하는 법을 배워야 한다. 가령 $-2 + (-5)$는 -7인 까닭은 2달러를 빚지고 있는데 또 5달러를 빚지면 전체 빚이 7달러이기 때문이다. 게다가 이런 연산들은 결국 자동적이어야 하며 마음은 더 고등하고 더 복잡한 수학에 대해 생각할 필요가 없어야 한다. 이 장에서 공리적 접근법이 제시된 까닭은 학생들로 하여금 수학은 궁극적으로 모든 결과를 연역적으로 증명한다는 기준에 따름을 확인시켜주기 위해서다. 하지만 수의 경우에 우리는 직관적인 이유에서 무엇이 옳은지를 확실히 알기 때문에 3 + 5 = 5 + 3을 논증하기 위해 공리를 인용할 필요가 없다.

4.6절에서는 수를 적용하는 세 가지 상이한 예가 나온다. 이는 일관성을 위해 필수적이지 않지만 흥미로운 내용일지 모르며 학생들로 하여금 심지어 수에 관한 지식도 실제 문제 적용에 매우 중요함을 확신시켜줄지 모른다. 이런 적용 사례들 가운데 하나는 수 체계에 대한 다른 토대라는 주제를 다루는데, 이는 오늘날 매우 강조되는 주제이다.

5장

이 장은 대체로 대수를 훑어본다. 대다수 학생들은 고등학교 대수를 잊어버렸기에(아니면 제대로 배운 적이 없기에) 이 장을 살펴보는 것은 중요하다. 다루어진 주제들은 이후 장에서 나오는 대수의 온갖 쓰임을 이해할 수 있도록 마련되었다. 만약 전적으로 기초 대수에 관한 강의였다면 저자는 이 책과는 다른 구성과 소개 방식을 따랐을 것이다. 하지만 학생들이 예전에 배운 바를 떠올리는데 도움을 주려면, 학생들한테 친숙한 소개 방식을 따르는 것이 필요할 것이다. 이차방정식의 공식을 구하는 방법은 새로운 것이긴 하지만, 그렇게 제시한 까닭은 그런 공식을 발견해 나가는 과정에 관심을 두기 위해서이다. 대수에서 증명의 개념을 학생들에게 제시하자면 학생들은 등가성에 관한 공리, 즉 동일한 것에 동일한 것을 더하면 동일한 결과가 나온다는 공리를 떠올릴 수 있어야 한다.

6장

이 장 또한 대체로 유클리드 기하학을 훑어보는 내용이다. 하지만 유클리드 기하학이 과학 문제뿐 아니라 실용적인 문제를 해결하는데도 유용하게 쓰일 수 있음을 보이려고 애썼다. 고등학교 기하학 수업은 대체로 순수수학의 내용을 다루기에 학생들은 많은 정리들을 왜 배워야 하는지 이해하지 못한다. 별표가 표시된 절들은 물론 건너뛸 수 있지만 일부 적용 사례들은 반드시 살펴보아야 한다. 학생들이 보기에 수학이 공허하고 소용이 없어 보이는 측면은 반드시 극복되어야 하는데, 이 장에서는 꽤 단순한 적용 사례들로 그렇게 할 수 있다. 게다가 수학이 자연을 연구하는 데 필수적이라는 중요한 논점을 이 장에서는 실질적으로 뒷받침하고 있다.

7장

많은 학생들은 요즘 삼각법을 고등학교에서 배우긴 하지만, 이 장은 그 주제가 학생들이 처음 접하는 것으로 다루며 꽤 자세하게 소개한다. 즉, 4, 5, 6장에서처럼 훑어보기를 목적으로 삼지 않는다. 여기에서는 여러 가지 적용 사례들이 포함되어 있다. 그 중에서 달과 지구의 거리 및 달의 반지름 구하기와 같은 다수의 문제들은 단순한 수학 내용조차도 놀라운 능력을 발휘함을 여실히 보여준다.

8장

이 장은 역사적인 흐름을 보여준다. 고대 그리스인들이 자연이 수학적으로 설계되었다고 결론을 내리게 된 증거를 모아서 제시한다. 게다가 이 장은 잠깐 한숨을 돌리게 해준다. 수학을 두려워하고 기호에 겁을 먹는 학생들은 여기에서는 이해할 수 있는 내용이 있음을 다시금 확인할지 모른다. 이 장은 학생들이 스스로 읽게 해도 좋다.

9장

이 장은 서유럽에서 수학의 등장을 다룬다. 놀랍게도 비록 유럽 문명이 (고대 그리스와 로마와는 별도로) 로마 시대로부터 그리고 분명 5세기부터 시작되었다고 볼 수 있지만, 서기 약 1400년까지 유럽에서는 중요한 수학적 발전이 없었다. 그 시기 이전에 알려진 사소한 내용들은 조악한 로마 문헌에서 얻어진 것이다. 유럽인들은 이 장에서 기술된 일련의 역사적 사건을 통해 고대 그리스 저작을 배우게 되면서 수학에 관심을 가졌다. 유럽의 다른 사건들, 가령 지리상의 탐험과 철저히 종교적인 가치관의 붕괴 또한 유럽에서의 수학 연구와 발전을 북돋웠다. 이 장은 학생들이 스스로 읽을 수 있으며, 시간이 허용되지 않는다면 수업에서 논의하지 않아도 된다.

10장

회화에 관한 이 장은 물론 수학이 어떻게 회화 양식에 적용되어 이를 결정하는지를 알려주는 매우 중요한 예이긴 하지만, 또한 예술을 사랑하지만 수학의 가치를 이해하지 못하는 학생들이 수학에 대한 관심을 갖도록 마련되었다. 수학적 원근법의 사용은 르네상스 회화의 기본이기에, 이런 성과를 이해하려는 이들은 수학적 구조에 관해 얼마간 알아야 한다. 두 분야 사이의 관계는 부수적이지 않고 근본적이다. 물론 이 장은 강의의 필수 부분이 아니라 단지 흥미로운 읽을거리로 추천해도 좋다.

11장

책의 내용 정부를 통상의 6학점 수업에서 다 다룰 수 없기에, 유망한 초등학교 교사는 사영기하학에 관한 이 장을 생략해도 좋다. 이 장은 인문학부 학생들에게 흥미로울 수 있다. 왜냐하면 어떻게 일부 수학 문제들이 처음에 사실적인 회화를 위해 탐구된 개념들로부터 생겨났는지를 보여주기 때문이다. 이 장은 설명을 자세히 하고 있기 때문에 기하학에 관한 어떤 상세한 선행 지식을 요구하지 않는다.

12장

좌표기하학은 수학에서 근본적으로 중요하기에 거의 모든 수업에 포함되어야 한다. 단순한 방정식의 그래프 및 곡선과 방정식 사이의 관계는 이후의 장에서 이용된다. 이 장에 나오는 내용의 적용 사례들은 이후의 장에서 다룬다.

13장

여기에서는 함수를 소개하고 단순한 일차 및 이차 함수를 다룬다. 순수수학의 한 주제로서 함수를 연구하는 것은 별로 의미가 없다. 따라서 이 함수들을 구체적이고 특정한 물리적 상황과 관련하여 소개하고자 했다. 역사적으로 볼 때, 물리적 현상에 관한 논의가 함수를 도입하는 계기가 되었다.

14장

매개변수 방정식에 관한 이 장은 함수를 더욱 발전시켜 좌표기하학의 또 하나의 개념을 소개한다. 즉 x와 y 사이의 직접적인 관계 대신에 두 개의 매개변수 방정식으로 곡선을 표현하는 방법을 소개한다. 발사체의 운동은 십육 세기와 십칠 세기에 집중적으로 연구되었는데(오늘날에도 마찬가지이다), 다음 장에서 나오듯이, 이로써 뉴턴은 지구상에서 일어나는 운동과 천체의 운동을 하나의 이론으로 통합시킬 방법을 착안하게 되었다.

15장

이 장은 수학적 측면에서 보자면 여전히 함수, 특히 역제곱 함수에 관한 내용이다. 하지만 13장과 관련하여 이미 언급했듯이 수학 함수의 연구는 젊은이들에게 공허해 보이므로 이 장은 어떻게 함수를 이용하여 지구의 질량과 태양의 질량을 구하고 케플러의 법칙을 유도하고 아울러 다른 적용 사례에 활용할 수 있는지 보여준다. 이 장에 나오는 이런 몇 가지 사례들은 단순하긴 하지만 우리 시대의 가장 위대한 수학적 및 과학적 연구—태양계의 법칙을 확립한 뉴턴의 연구—에서 가져온 것이다. 이 연구는 수학에 엄청난 명성을 안겨주었으며 십팔 세기의 가장 중요한 수학 발전을 촉진했다. 몇 가지 물리적 개념들이 적용 사례에서 활용되지만 이 개념들은 이 장에서 충분히 논의된 내용이다. 과학에 관한 선행 지식은 필요하지 않다.

16장과 17장

미적분에 관한 이 두 장은 미적분에 관한 대강의 윤곽을 그리게 해주는 내용에 지나지 않는다. 어떤 이들에게는 미적분이라는 유명한 개념을 공부할 수 있다는 생각자체만으로도 흥분을 느낀다. 이 간략한 소개에서도 개념을 파악하지 못하는 이들에게는 미적분을 소개하려는 시도가 소용이 없을 것이다.

18장과 19장

이 두 장은 삼각함수를 소개한다. 이번에도 함수를 공부하는 것 자체를 목적으로 하기에서 오는 지루함을 없애기 위해서, 18장은 스프링에 매달린 분동의 운동에 관해서 배우기를 동기로 삼아 이 주제를 소개하고자 한다. 이런 물리적 동기는 학생들의 관점에서 볼 때 흥미롭지 않겠지만 적어도 구체적이기는 하다. 과학적으로 중요하며 많은 학생들에게 흥미를 주는 적용 사례는 음향 분석이다. 음향 분석은 스프링에 매달린 분동에서 행해진 연구를 바탕으로 접근할 수 있다. 음향이라는 주제를 소개하는 일은 학생들에게 겉으로는 무미건조하고 흥미롭지 않아 보이는 수학 함수들 덕분에 인간이 물리적 세계의 또 하나의 광대한 분야, 즉 음향의 세계를 이해할 수 있음을 보여주려는 노력이다.

20장

비유클리드 기하학이 학생들에게 매력적인 까닭은 그들이 이해하고 확신하는 개념에 도전을 가하기 때문이다. 서구인의 지적인 발달에 있어서 비유클리드 기하학은 수학 자체의 탄생 다음으로 가장 중요하고도 불길한 발전이다. 이 기하학의 탄생으로 말미암아 수학이 우주의 설계에 내재된 법칙을 드러내지 못하며 단지 인간이 만들어낸 방안이나 모형을 제공해줄 뿐임을 인간은 깨닫게 되었다. 이런 모형을 이용해 우리는 물리적 세계에 관한 결론을 도출할 수밖에 없으니, 실상 우리가 알 수 있는 바는 그 모형이 훌륭하게 이상화되었다는 것뿐이다.

21장

기하학이 진리를 제공하지 못한다는 인식은 산수 또한 그러지 못한다는 인식을 가져왔다. 수학자들은 많은 종류의 산수가 존재하며 이에 대응하는 대수가 존재함을 알게 되었다. 이 장 또한 흥미를 불러일으키는데, 왜냐하면 학생들이 당연하다고 여겼던 생각에 도전을 가하기 때문이다.

22장과 23장

사회 현상에 적용한 몇 가지 사례들이 본문에 일찍이 등장하기는 하지만, 확률과 통계라는 수학적 주제를 다루기 전까지는 그런 적용 사례를 제대로 살펴볼 기회가 별로 없다. 이 주제들은 현대 세계에서 중요하다. 그리고 이 두 장에는 수학적 연속성 측면에서 필수적이지 않기 때문에 별표가 표시되어 있기는 하지만, 학생들에게 사회적 현상과 생물학적 현상을 어떻게 접근할지 알려준다는 점에서 매우 소중하다.

24장

전체 내용을 요약하는 장이다. 강의 마지막 시간에는 수학의 특성, 과학에 대해서 지니는 가치 그리고 수학의 한계를 제대로 살펴볼 수 있다. 왜냐하면 이제 학생들은 이 학문에 대해 나름의 경험을 갖게 되었기 때문이다. 책의 앞 부분으로 돌아가서 연역적 구조, 수학적 모형 등이 무엇을 의미하는지를 다시 설명할 수도 있다.

3부
해법과 정답

1장, 연습문제

1. 뱃사공이 염소를 데리고 강을 건넌다(늑대는 양배추를 먹지 않는다). 뱃사공이 돌아와서 늑대를 데리고 강을 건넌 다음에 다시 염소를 데리고 되돌아온다. 뱃사공은 염소를 원래의 물가에 남겨두고서 양배추를 갖고서 강을 건넌다. 그 다음에 다시 되돌아와서 염소를 데리고 강을 건넌다.
2. 5리터 물통을 채운 다음에, 이 5리터 물통에서 물을 따라서 3리터 물통에 채운다. 그리고 3리터 물통을 비운 다음에, 5리터 물통에 남아 있는 2리터의 물을 3리터 물통에 채운다. 이제 5리터 물통을 채운 다음에 거기서 물을 따라서 3리터 물통을 가득 채운다. 3리터 물통에는 이미 2리터의 물이 들어 있었기에, 5리터 물통에서는 1리터의 물이 빠져나갔다. 따라서 5리터의 물통에는 4리터의 물이 들어 있다.
3. 두 부부를 A 남편과 A 아내 그리고 B 남편과 B 아내라고 하자. A 남편이 A 아내를 데리고 강을 건넌다. 그는 되돌아와서 B 남편을 데리고 강을 건넌다. A 아내가 되돌아와서 B 아내를 데리고 강을 건넌다.

2장, 연습문제

1. 이집트 문명, 바빌로니아 문명, 고전 시기 그리스 문명, 알렉산더 대왕 통치하의 그리스 문명, 인도 문명, 아랍 문명 그리고 (1500년부터) 서유럽 문명
2. 방법과 공식은 유효한 결과를 내놓았다. 즉, 그 결과들은 경험에서 확인되는 한 옳았다. 가령 경작하는 직사각형 밭의 넓이를 길이와 폭의 곱을 이용해 구한다면, 더 큰 직사각형의 넓이가 더 많은 곡식을 생산했다.
3. 고대 그리스 이전의 이집트와 바빌로니아 문명은 물리적 관점에서 생각했

다. 직사각형은 땅 한 조각이었다. 자연수와 분수의 경우에서도 이들 문명은 순수한 수를 이용해 다루긴 했지만, 수를 그 자체의 실체로 의식적으로 여기진 않았으며 그렇게 이해하려고 하지도 않았다. 고대 그리스인들은 수와 기하도형을 그 자체로 존재하는 개념이자 수와 기하도형에 관한 구체적인 해석보다 우월한 것으로 여겼다.

4. 확실한 전제에서 출발하여 결론을 연역적으로 확립하는 것.
5. 그들은 고대 그리스 저작들을 보존하였고 인도에서 건너온 사상을 받아들였다. 유럽인들은 고대 그리스와 인도 수학을 아랍의 저작들에서 배웠다(비록 나중에 유럽인들이 고대 그리스의 원고를 직접 입수하기는 했지만 말이다.)
6. 고대 그리스인들은 최초로 수학을 하나의 독립적인 학문 분야로 여겼고 수학적 결론을 얻기 위한 기준을 체계화했다. 또한 기하학의 방대한 체계도 마련했다.
7. 이 장에서 살펴본 내용에서 알 수 있듯이, 고대 그리스 시기 동안보다 그 이후에 훨씬 더 많은 결실이 수학 분야에서 이루어졌다.

3장, 첫 번째 연습문제

1. 산수는 $4 \cdot 5 = 20$이라고만 알려줄 뿐이다. 답을 스무 명이라고 해석할지 트럭 스무 대라고 해석할지는 전적으로 그 수가 적용되는 물리적 상황에 달려 있다.
2. 25센트의 형태이든 0.25달러의 형태이든지 간에 여러 개의 동전을 여러 개의 동전으로 곱할 수는 없다. 다만 25와 25를 곱하거나 0.25와 0.25를 곱할 수 있을 뿐이다. 답이 물리적으로 타당한지 여부는 원래 문제에 물리적인 의미가 있는지에 달려 있다. 25센트 곱하기 25센트는 물리적으로 아무런 의미가 없다. 이와 달리 가령 25센트를 25배하면 얼마의 금액에 해당하는

지 묻는 것은 물리적인 의미가 있다. 이 문제는 0.25 곱하기 0.25로 재구성해서는 안 된다. 왜냐하면 첫 번째 25는 곱하기의 횟수이지 0.25달러가 아니기 때문이다.

3. 정의, 자유, 민주주의, 선과 악
4. 30권의 책을 5명의 사람으로 나눌 수는 없다. 단지 30을 5로 나눌 수 있다. 답이 6권인지 여부는 물리적 근거에서만 결정될 수 있다.
5. 연습문제 2번과 마찬가지로, 달러를 달러로 곱하거나 센트를 센트로 곱할 수는 없다. 단지 6을 1과 곱하거나 600을 100으로 곱할 수 있다. 이 상황에서 올바른 수학은 6이 6번의 반복을 1이 1달러를 의미할 경우 6 곱하기 1이다. 이렇게 물리적 해석할 때 6을 600으로 대체할 수 없다.
6. 수학은 개념 자체를 다룰 뿐 물리적 해석이나 실현을 다루지 않는다. 가령 수학은 3 · 5를 다룰 수는 있지만 사람 세 명 곱하기 책 다섯 권을 다룰 수는 없다. 마찬가지로 수학은 삼각형의 개념을 다루지만 삼각형 형태의 땅 조각을 다루지는 않는다.
7. 추상적 개념은 일반적이기에 이에 관한 추론은 수백 가지 상황에 적용될 수 있다. 게다가 추상 개념을 다루기가 더 쉽다. 적어도 불필요한 세부사항을 무시할 수 있다는 점에서 보자면 말이다. 고대 그리스인들도 추상적 개념이 지식의 핵심이라고 여겼다.

3장, 두 번째 연습문제

1. 추상화(abstraction)는 어떤 물질적 대상의 핵심적 내지 기본적 속성들을 선택하는 것을 말한다. 가령 땅 한 조각을 직사각형 형태로 간주하는 것이 추상화이다. 이때 경계와 표면은 땅의 입자들로 이루어져 있다는 사실은 무시한다. 이상화(idealization)란 단순한 모형을 얻기 위해 어떤 중요한 사실을 무시하는 것이다. 가령 천문학 연구에서 지구를 하나의 점으로 간주하

는 것은 지구가 부피를 갖는 물체라는 사실에 어긋나지만, 이런 이상화는 과학 연구를 위해서는 충분히 타당하다.

2. 어떤 목적에서는 태양을 향하는 직선들을 평행이라고 간주해도 옳다. 가령 근처에 있는 두 물체의 두 그림자는 태양에서 나온 빛의 평행선들에 의해 (윤곽이) 형성된 것으로 간주해도 좋다. 하지만 만약 A와 B가 지표면에서 매우 멀리 떨어져 있으면 태양을 향하는 직선들은 대체로 평행으로 여겨지지 않는다. 태양의 방향이 서로 다르기에 이런 차이가 중요할지 모르기 때문이다(지구로부터 태양까지의 거리를 계산할 때가 그런 예다.)
3. 좋다. 두께는 대체로 중요하지 않다. 만약 두께가 중요한 경우라면 깃대를 원기둥 내지는 길이가 줄어드는 원기둥(원뿔)로 간주해야 할지 모른다.

3장, 세 번째 연습문제

1. 동전은 언제나 윗면이 나올 것이다.
2. 연역적 추론은 결론이 필연적이거나 의심할 수 없는 것이 되도록 전제들을 결합하는 방식 내지 방법들로 이루어진다.
3. 연역적 추론은 손쉽게 행해질 때가 많으며 덜 비싸며 어떤 경우에는 이것만이 유일한 방법이기도 하다. 무엇보다도 결론이 확실한데, 반면에 귀납이나 유추는 그렇지 않다.
4. 없다. 추론을 시작할 전제를 얻을 수 없을지 모른다.
5. 적절한 전제를 도입하면 그렇게 할 수 있다. (학생들에게 전제를 제시하라고 하면 흥미로울 것이다.) 하지만 모든 사람들이 전제에 동의하지는 않을 것이다.
6. 정답은 '선별된 연습문제와 복습문제의 정답'에 나와 있다. 각각의 경우, 사물이나 사람의 집합을 나타내는 원을 그리면 결론이 유효한지가 드러날 것이다. 그럴 경우에만 추론은 타당하다.

7. 적어도 전제들 가운데 하나는 틀렸다.
8. 추론이 옳을지 모르지만 결론이 참이 아니라면, 적어도 전제들 가운데 하나가 참이 아닐지 모른다.

3장, 네 번째 연습문제

1. 이집트인들과 바빌로니아인들은 결과의 유용성에 기대어 수학적 절차나 공식을 받아들였다. 고대 그리스인들은 연역적 증명을 고수했다.
2. 과학자는 관찰이나 실험으로부터 귀납을 이용하며 연역적 추론과 더불어 유추에 의한 추론도 이용한다. 수학자는 오직 연역적 추론만을 이용하여 결과를 증명한다.
3. 이집트인들과 바빌로니아인들은 일상생활에서 훌륭한 결과를 내놓으면 공식이나 절차를 받아들였는데, 이는 경험에 바탕을 둔 것이었다. 고대 그리스인들은 공리에서부터 시작하여 연역적으로 추론했다. 따라서 그들은 검증을 전혀 거치지 않고서도 자신들이 내린 결론을 확신했다.
4. a) 주장은 타당하다. 하지만 첫 번째 전제가 참이 아니다.
   b) 타당하며 이 경우 또한 참이다.
5. 아니다. 주어진 정보로부터는 짝수의 제곱 또한 홀수가 될 수 있다.
6. 주장은 귀납에 의존하고 있는데, 이는 수학에서 받아들일 수 없다. 임의의 큰 수의 제곱이 짝수임은 명백하지 않다.
7. 그렇다. 만약 한 수의 제곱이 짝수인데 그 수 자체가 홀수라면, 첫 번째 전제에 의해 그 수의 제곱은 홀수일 것이다. 하지만 우리에게는 그 제곱이 짝수라는 전제가 주어져 있다.
8. 주된 이유를 들자면, 그들은 결론이 옳음을 확신하길 원했기 때문이다.
9. 변의 길이가 a, b, c이고 마주보는 각이 각각 A, B, C라면 $a = b$이기 때문에 $A = B$이다. $b = c$이기 때문에 $B = C$이다. 그리고 동일한 것들에 동일한 것들은

서로 동일하기 때문에 $A=B=C$이다.

10. 알려진 진리로부터 연역적 추론을 통해서. 연역적으로 확립된 결론은 의심할 바가 없기에 새로운 진리일 것이다.

3장, 다섯 번째 연습문제

1. 고대 그리스인들은 공리가 진리라고 믿었다.
2. 그들은 추상적인 수학적 개념들을 도입했다. 또한 연역적 추론을 고수했으며, 자신들이 진리라고 믿는 공리를 선택했다.
3. 그렇다. 유용하거나 근사적인 결과와 반대로 진리를 얻기를 고수하는 것은 철학자들의 입장이다. 역사적으로 볼 때 초기 고대 그리스 수학자들은 철학자였는데 이들이 수학을 위한 기준을 마련했다. 철학자가 아닌 이집트인들과 바빌로니아인들이 수학을 시작했다고 주장할 수는 있다. 하지만 수학의 현저한 특징들은 철학자들이 제공했다.

3장, 여섯 번째 연습문제

1. 두 삼각형이 합동이어야 할 것 같다.
2. EFGH가 평행사변형이어야할 것처럼 보인다. (실제로 그렇다. EF는 삼각형 ABC의 두 변의 중점들을 잇는다. 따라서 EF는 AC의 절반과 평행하며 길이가 같다. 마찬가지로 GH는 삼각형 ADC의 변인 AC의 절반과 평행하며 길이가 같다. 따라서 EF는 GH에 평행하며 GH와 길이가 같다.)
3. 아니다. 증명은 귀납적이며, 사실, 결론이 참이지도 않다. $n=41$일 때 이 공식은 412을 내놓는데 이것은 소수가 아니다.
4. 대응하는 변들이 서로 길이가 같고 한 사변형의 한 각이 다른 사변형의 대응하는 각과 같으면, 두 사변형은 합동이다.
5. $1^3+2^3+3^3+\cdots+n^3=(1+2+\cdots+n)^2$.

3장, 복습문제

1. 결과들이 유용했다.
2. 대체적으로 이집트인들과 바빌로니아인들은 수학적 개념의 물리적 의미의 관점에서 생각했다. 고대 그리스인들은 대상에 관한 추상적인 개념을 그 자체로서 생각했다.
3. 진리(공리)에서부터 시작하여 다른 진리들을 연역해내기.
4. 오늘날 우리가 이해하는 수학의 현저한 특징들은 고대 그리스인들이 마련했다.
5. (a)와 (b)가 전제들로부터 필연적으로 뒤따른다.
6. 진술된 결론들 중 어떤 것도 필연적으로 뒤따르지 않는다.
7. 아니다. 모든 사변형이 평행사변형이어야 하는 것은 아니다.
8. 존은 우수한 학생이 아닐 것이다.
9. 아무런 결론도 내리지 못한다. 스미스는 비가 오지 않을 때에도 영화를 보러 갈지 모른다.
10. "비가 와야만 나는 영화를 보러간다"라는 진술은 "만약 내가 영화를 보러 간다면, 반드시 비가 내린다"라는 뜻이다. 스미스가 영화를 보러갔으므로 비가 내렸음이 틀림없다.

4장, 첫 번째 연습문제

1. 수에서 한 자릿수의 위치가 그 자릿수에 의해 표현되는 양을 결정한다.
2. 영이 없다면 가령 507과 57에서 5의 의미를 구별할 수 없을 것이다.
3. 다른 모든 수를 다룰 때처럼 영을 다룰 수 있다는 말이다. 한 가지 예외적인 사실이 있다. 즉 어떤 수를 0으로 나눌 수는 없다.
4. 정수들의 몫으로 또는 소수로
5. 정의는 경험과 일치하는 결과를 반드시 내놓아야 한다.

4장, 두 번째 연습문제

1. 임의의 짝수는 $2m$(m은 정수)으로 적을 수 있다. 그렇다면 $(2m)^2 = 4m^2 = 2 \cdot 2m^2$. $(2m)^2$은 2를 인수로 포함하고 있으므로 짝수이다.
2. 1, 3, 5, 7, 9로 끝나는 임의의 수를 그 자신과 곱하면 그 곱 또한 1, 3, 5, 7, 9로 끝나므로 반드시 홀수이다.
3. a가 홀수라면 연습문제 2에 의해 a^2은 홀수일 것이다. 하지만 a^2이 짝수라고 주어져 있다. 따라서 a는 홀수일 수가 없다.
4. 이 주장은 거짓이다. 왜냐하면 가령 $2^2 + 3^2 = 13$이며 13은 제곱수가 아니기 때문이다.

4장, 세 번째 연습문제

1. 정답은 '선별된 연습문제와 복습문제의 정답'에 나와 있다.
2. 정답은 '선별된 연습문제와 복습문제의 정답'에 나와 있다.
3. 틀린 주장이다. 어떤 무리수도 유한한 자릿수의 소수로 표현할 수 없다는 것은 참이다. 하지만 유한한 자릿수의 소수로 표현할 수 있는 다른 수들이 존재할지 모르며 실제로 그런 수들이 존재한다.

4장, 네 번째 연습문제

1번에서 5번까지. 정답은 '선별된 연습문제와 복습문제의 정답'에 나와 있다.

4장, 다섯 번째 연습문제

1. 이 경우 실제 계산과 달리 믿을 유일한 근거는 이 원리가 실제 계산을 해보면 옳음이 드러나는 작은 수에 대해 타당하다는 것이다.
2. 우리는 이 원리가 옳음을 증명할 수 있다. 분배 공리(공리 9)에 의해 $a(b - c) = a[b + (-c)] = ab + a(-c)$이다. 그리고 양수와 음수의 곱은 음수이므로 $ab +$

$a(-c) = ab + (-ac)$이다. 그리고 음수를 더하는 것은 그에 대응하는 양수를 빼는 것과 등가이므로 $ab + (-ac) = ab - ac$이다.

3. 정답은 '선별된 연습문제와 복습문제의 정답'에 나와 있다.
4. $(a+3)(a+2) = (a+3)a + (a+3)2 = a^2 + 3a + 2a + 6 = a^2 + 5a + 6$.
5. $(n+1)(n+1) = (n+1)n + (n+1)1 = n^2 + n + n + 1 = n^2 + 2n + 1$.
6. 동일한 값들로 동일한 값들을 나누면 동일한 값들이 나온다.
7. 양변에서 2를 빼라. 동일한 값들에서 동일한 값들을 빼면 동일한 값들이 나온다.
8. 그렇다. 분배 공리에 의해.
9. 아니다. 그것이 모든 a, b, c에 대해 참이 아님을 보이려면 참이 아닌 한 사례를 찾을 수밖에 없다. $a = 2$, $b = 3$, $c = 4$를 대입해보라.

4장, 여섯 번째 연습문제

1. 평균 속력은 그가 실제 속력으로 운동할 때 걸리는 것과 동일한 시간에 전체 여행을 할 수 있게 해주는 속력이다. 사람들은 강 상류로 올라가는 속력과 강 하류로 내려가는 속력을 평균하면 된다고 생각하는 경향이 있다. 하지만 이런 속력들은 서로 상이한 시간 간격 동안 이용된다. 즉, 상류로 올라갈 때는 3시간이 걸리고 하류로 내려갈 때는 1과 1/2시간이 걸린다. 따라서 두 속력을 평균해서 평균 속력을 얻을 수는 없다.
2. 올바른 평균 가격은 사과와 오렌지를 낱개로 팔 때와 동일한 돈을 벌게 해주는 가격이다. 올바른 평균 가격은 각각의 과일이 몇 개 팔리는지에 따라 정해질 것이다. 가령 10센트에 5개씩 사과를 12개 팔고 오렌지를 12개 팔면, (24/5)(10) 즉 48센트를 번다. 하지만 5센트에 2개씩 사과를 12개 팔면 30센트를 벌고 5센트에 3개씩 오렌지를 12개 팔면 20센트를 벌어서, 총 50센트를 번다. 따라서 10센트에 5개라는 평균 가격은 옳지 않다.

3. 연습문제 2에서와 마찬가지로 올바른 평균 가격은 각각의 과일이 몇 개 팔리는지에 따라 정해진다. 사과 a개는 $a(5/2)$를 벌게 해주고 오렌지 b개는 $b(5/3)$를 벌게 해준다. 따라서 총 수입은 $(5a/2) + (5b/3)$이다. 그러므로 평균 가격은 $[(5a/2) + (5b/3)]/(a + b)$이다.
4. 연습문제 3의 정답이 보여주듯이, 평균 가격은 a와 b에 따라 정해진다. a와 b를 배제하고서 평균 가격을 단순하게 정하기는 불가능하다.
5. 첫 번째 사람은 하루 당 1/2 도랑을 파고 두 번째 사람은 하루 당 1/3 도랑을 판다. 합쳐서 둘은 하루에 5/6 도랑을 판다고 말하면 옳다. 그렇다면 두 사람이 하루에 그만큼의 도랑을 파기 때문에 한 사람 당 평균은 5/12 도랑이다.

4장, 일곱 번째 연습문제

1. 각각의 에이스는 4장의 킹 가운데 한 장과 쌍을 이룰 수 있다. 따라서 전부 16쌍이다.
2. 각각의 색상 선택은 히터에 대한 각각의 선택 및 라디오에 대한 각각의 선택과 함께 이루어질 수 있다. 그러므로 $3 \cdot 2 \cdot 2$
3. 추론은 연습문제 2에서 한 것과 동일하다.
4. 한 주사위의 6가지 수 각각은 다른 주사위의 6가지 수 각각과 쌍이 될 수 있다. 따라서 $6 \cdot 6$.

4장, 여덟 번째 연습문제

1. 합이 6이상이면 이를 6이 기수가 되도록 변환해야 한다. 가령 기수가 6일 때 $3 + 2 = 5$이다. 기수가 6일 때 $3 + 4 = 11$이다. 기수가 6일 때 $5 + 5 = 14$이다.
2. 곱이 6이상이면 이를 6이 기수가 되도록 변환해야 한다. 가령 기수가 6일

때 3 · 4 = 20이다.

3. 0 + 0 = 0, 0 + 1 = 1, 1 + 1 = 10. 0 · 0 = 0, 0 · 1 = 0, 1 · 1 = 1.

4. 7. 정답은 '선별된 연습문제와 복습문제의 정답'에 나와 있다.

8. 기수를 *b*라고 하자. 그러면 $1 \cdot b^2 + 0 \cdot b + 1 = 10$. 따라서 $b = 3$이다.

9. 임의의 수를 0에서부터 63까지 표현하기 위해서 기수 2를 사용해도 되고 기수 3을 사용해도 되고 기타 다른 수를 이용해도 된다. 기수 2를 사용하여 1, 2, 22, 23, 24, 25에 대한 별도의 무게를 단다면, 여섯 개의 추가 필요하다. 그리고 이 여섯 개의 추로 해당하는 모든 무게를 잴 수 있다. 왜냐하면 0에서부터 63까지의 모든 무게가 0 또는 1을 이용하여 *a*, *b*, *c*, *d*, *e*, *f*의 여섯 자리로 표현될 수 있기 때문이다. 만약 3이상의 기수를 사용하면 각각의 거듭제곱의 배수가 필요하다. 가령 3진법에서 53을 표현하려면 1 · 33 + 2 · 32 + 2 · 3 + 2로 적는다. 따라서 33에 대한 추 한 개, 32에 대한 추 두 개 등이 필요하다. 이 경우 7개의 추가 필요하다. 따라서 3이상을 기수로 사용하면 추가 더 많이 필요하다. 임의의 진법으로 적을 때 각각의 거듭제곱만으로 표현되지 않는 추의 집합을 구성하고자 하면, 임의의 거듭제곱에 대해 1, 2, 4(즉, 2의 2배), 8 등의 배수가 필요해져서 결국 추의 개수가 더 많이 필요해진다.

4장, 복습문제

'선별된 연습문제와 복습문제의 정답' 부분에서 생략한 정답들을 아래에 실었다.

1. (d) $\frac{23}{36}$	(e) $-\frac{7}{36}$	(i) $\frac{ad-bc}{bd}$	(j) $\frac{ad+bc}{bd}$	(k) $\frac{2+x}{2x}$
2. (a) $\frac{4}{15}$	(d) $\frac{4}{15}$	(f) $\frac{c}{b}$	(g) 1	(h) $-\frac{ac}{bd}$

(j) $\frac{14}{9}$ (l) 2 (m) $\frac{ad}{bc}$ (o) 4

3. (c) $6ab$ (e) $24xyz$

4. (c) $a+2b$ (d) $2x+4y$

5. (a) 7 (b) 11 (d) $\frac{9}{4}$ (g) $2\sqrt{2}$

6. (b) $4\sqrt{3}$ (d) $2\sqrt{2}$ (e) $\frac{3}{2}$ (g) $\frac{3\sqrt{3}}{2}$

7. (a) $\frac{294}{1000}$ (b) $\frac{3742}{10000}$ (c) $\frac{8}{100}$ (d) $\frac{3}{1000}$

8. (a) 1.7 (b) 2.2 (c) 2.5

9. (a) 참 (b) 참 (c) 참 (d) 거짓

10. (a) 1 (d) 111 (f) 10,000

11. (a) 1 (c) 6 (e) 9

5장, 첫 번째 연습문제

1. 기호는 $ax+b$의 경우처럼 간결성과 일반성을 위해서 사용되기도 하고, 등가를 나타내기 위해 =와 ≡를 사용하는 경우처럼 말의 상이한 의미들에 대해 상이한 기호를 사용하여 모호성을 피하기 위해서도 종종 사용된다. 기호 =는 $x+4=7$에서 사용되는데 반해 기호 ≡는 $(x+1)(x-1) \equiv x^2-1$에서 사용된다.
2. 이 진술은 모호하다. 어떤 면에서 평등이란 것인가? 지능에서? 신체적 특성에서? 정치적 권리에서?
3. 말의 사용에 관한 예로서 (c)를 살펴보자. 다음과 같이 말해야 한다. 어떤 수를 그 자신과 곱한 값과 어떤 수와 다른 수를 곱한 값의 합에다 어떤 수를 곱한 값.
4. 예.
5. (a) $3x+4$ (b) $3x^2+4$

5장, 두 번째 연습문제

1. '선별된 연습문제와 복습문제의 정답'에 나와 있지 않는 문항의 정답

   (b) 6^{10} (c) 10^9 (f) 10^3 (h) $1/10^3$

   (i) 10^5

2. 예. 진술이 옳은지 보려면 양의 정수의 지수가 어떤 의미인지 기억하면 된다.

3. (a) 거짓 (b) 참 (c) 거짓 (d) 참

   (e) 거짓

5장, 세 번째 연습문제

1. (a) 3^{12} (b) 3^{12} (c) 5^8 (d) 10^b

   (e) 10^{12} (f) 10^4 (g) 3^{10} (h) 30^4

2. (a) 10^5, 즉 100,000 (b) $6^4/6^3$, 즉 6 (c) $8^5/8^6$, 즉 $\frac{1}{8}$

   (d) a^3b^3/a^2, 즉 ab^3 (e) a^3b^3/a^2b^2, 즉 ab

3. (a) 참 (b) 참 (c) 거짓 (d) 참

   (e) 거짓 (f) 거짓

5장, 네 번째 연습문제

1. 정답은 '선별된 연습문제와 복습문제의 정답'에 나와 있다.
2. 정답은 '선별된 연습문제와 복습문제의 정답'에 나와 있다.
3. 분배 공리와 지수에 관한 정리들을 이용하라.
4. x와 y에 수들을 대입해보라. 이 수들에 대해 좌변이 우변과 같지 않으면 이 식은 거짓이다. 하지만 구체적인 수들에 대해 좌변이 우변과 같더라도, 이 진술은 검증이 되긴 하지만 증명은 되지 않는다.

6. 답은 옳지만 추론은 틀렸다.

7. 오류는 양변을 $a - b$로 나누는 단계에 있다. $a = b$이므로 나눔수가 0이다.

5장, 다섯 번째 연습문제

1. x가 쇠막대의 길이라고 하자. 그렇다면 $(x/1100) - (x/16,850) = 1$. x에 대해 풀면 1177 ft가 나온다.
2. 피타고라스 정리에 의해 $x^2 + (2640)^2 = (2641)^2$. 그러므로 $x^2 = (2641)^2 - (2640)^2 = (2641 - 2640)(2641 + 2640) = 5281$. $x = \sqrt{5281} = 73$ ft.
3. $800/(200 + x) = 640/(200 - x)$. 양변에 $(200 + x)(200 - x)$를 곱하라. 그러면 $x =$ 22 mi/hr.
4. x가 년 수라고 하자. 그렇다면 $10,000 + 600x = 20,000 + 400x$. x에 대해 풀면 x는 50년이다.
5. 깃대의 높이를 x라고 하자. 그렇다면 $(x + 2)^2 = x^2 + (18)^2$. x에 대해서 풀면 x는 80 ft이다.
6. 책의 권 수를 x라고 하자. 그러면 $5000 + x = 5x$. x에 대해서 풀면 x는 1250권이다.
7. 수학 방정식은 오직 수와만 관련된다. 따라서 수학 방정식으로서 $1/4 = 25$는 옳지 않다.
8. 연습문제 7과 동일한 이유.

5장, 여섯 번째 연습문제

1. (a) $(x - 6)(x - 2) = 0$ (b) $(x + 9)(x - 2) = 0$
2. (a) 두 근의 합은 −8이므로 새로운 방정식을 세울 때 $y = x - 4$이다. 그렇다면 $x = y + 4$. 이를 원래 방정식에 대입하면 $(y + 4)^2 - 8(y + 4) + 12 = 0$ 또는 $y^2 - 4 = 0$이다. 따라서 $y = +2$와 −2이므로, $x = 6, 2$.

   (b) $y = x + \frac{7}{2}$라고 하자. 그렇다면 $x = y - \frac{7}{2}$이다. 이 x를 원래 방정식에 대입

하면 $y^2 - \frac{121}{4} = 0$이다. 그러면 $y = \frac{11}{2}, -\frac{11}{2}$이므로 $x = 2, -9$이다.

3. (a) $y = x + 6$이라고 하자. 그렇다면 $x = y - 6$이다. 이 x를 원래 방정식에 대입하면 $y^2 - 27 = 0$이다. 그러면 $y = \sqrt{27}, -\sqrt{27}$이므로 $x = \sqrt{27} - 6, -\sqrt{27} - 6$이다. 물론 $\sqrt{27} = 3\sqrt{3}$이다.

   (b) $y = x - 6$이라고 하자. 그렇다면 $x = y + 6$이다. 이 x를 원래 방정식에 대입하면 $y^2 - 27 = 0$이다. 그러면 $y = \sqrt{27}, -\sqrt{27}$이므로 $x = 6 + -\sqrt{27}, 6 - -\sqrt{27}$이다.

5장, 일곱 번째 연습문제

1. 각각의 경우 우선 x^2의 계수가 1인지 확인해야 한다. 그렇지 않다면 (a)에서처럼 그 계수로 양변을 나눈다. 이어서 p와 q의 값을 (30)에 대입한다. 정답은 '선별된 연습문제와 복습문제의 정답'에 나와 있다.

5장, 복습문제

1. '선별된 연습문제와 복습문제의 정답'에 나와 있지 않는 정답은 아래와 같다.

   (a) $6x + 18$ (d) $x^2 - 9$ (g) $x^2 - y^2$

2. '선별된 연습문제와 복습문제의 정답'에 나와 있지 않는 정답은 아래와 같다.

   (b) $(x - 4)(x + 4)$ (c) $(x - a)(x + a)$ (d) $(a - b)(a + b)$

   (g) $(x + 1)(x + 4)$ (h) $(x - 3)^2$ (k) $(x - 3)(x - 4)$

3. $2x = -2$이므로 $x = -1$.

4. '선별된 연습문제와 복습문제의 정답'에 나와 있지 않는 정답은 아래와 같다.

   (a) $x = \frac{3}{2}$ (b) $x = -\frac{3}{2}$ (f) $x = \frac{1}{6}$ (i) $x = (c + b)/a$

5. 더할 산(acid)의 그램 수를 x라고 하자. 50그램 속의 물의 그램 수는 0.75(50) = 37.5그램이다. 그렇다면 $37.5/(50 + x) = 0.60$. 분수를 없애고 x에 대해서 풀면, $x = 12\frac{1}{2}$그램.

6. 세 번째 시험에서 받아야 할 점수를 x라고 하자. 그러면 $(60 + 70 + x)/3 = 75$. 그렇다면 $x = 95$.

7. (a) $(x - 5)(x - 1) = 0$　　(b) $(x - 7)(x + 1) = 0$

   (c) $(x - 6)(x - 1) = 0$　　(d) $(x + 9)(x - 3) = 0$

   (e) $(x - 4)(x - 3) = 0$　　(f) $(x - 7)(x + 2) = 0$

8. (a) $y = x + 5$라고 하자. 정답: -9와 -1

   (b) $y = x - 5$라고 하자. 정답: 9와 1

   (c) $y = x + 5$라고 하자. 정답: $-5 \pm \sqrt{\frac{76}{4}}$

   (d) $y = x - 5$라고 하자. 정답: $5 \pm \sqrt{\frac{76}{4}}$

   (e) $y = x - 6$이라고 하자. 정답: $6 \pm \sqrt{21}$

   (f) $y = x + 6$이라고 하자. 정답: $-6 \pm \sqrt{21}$

9. '선별된 연습문제와 복습문제의 정답'에 나와 있지 않는 정답은 아래와 같다.

   (a) $-6 \pm \sqrt{30}$　　(b) $6 \pm \sqrt{30}$　　(d) $6 \pm \sqrt{42}$　　(f) $-\frac{9}{2} \pm \sqrt{\frac{61}{4}}$

   (g) $-5 \pm \sqrt{33}$

10. 두 배가 서로 만날 때까지 걸리는 시간을 t라고 하자. 그렇다면 B에 있는 배는 t시간에 $2t$마일을 이동한다. A에 있는 배는 t시간에 $5t$마일을 이동한다. 피타고라스 정리에 따라 $25t^2 = 10^2 + 4t^2$ 즉 $21t^2 = 100$이므로 $t = \sqrt{100 / 21}$이다. 이것이 바로 두 배가 만나는데 걸리는 시간이다. 본문에서 x는 거리 BC이다. 그런데 BC $= 2t$이다. 따라서 $x = 2\sqrt{100 / 21} = \sqrt{400 / 21}$. 그러므로 우리는 똑같은 답을 얻는다.

6장, 첫 번째 연습문제

1. 공리는 우리가 진리라고 명백히 인정하는 진술이다. 정리는 공리를 바탕으로 증명된 것이다.
2. 자명한 진리인 것으로 보였기 때문이다.
3. 본문에서 제시된 작도를 이용하면 $\angle A = \angle AC'B$이다. 왜냐하면 두 각은 이등변삼각형 $AC'B$의 두 밑각이기 때문이다. 이제 $\angle AC'B$는 삼각형 ACC'의 한 외각이다. 따라서 $\angle AC'B > \angle C$. 그렇다면 $\angle A > \angle C$. 하지만 각 A는 각 C와 같다고 주어져 있다. 따라서 BC는 BA보다 크지 않다. 마찬가지로 BC가 BA보다 작다고 가정하면, BC를 BA 상에 내림으로써 위의 경우와 똑 같은 모순이 생긴다.
4. 본문의 도형과 제안을 이용하라. $\angle 1' = \angle 2$가 되도록 GH를 그리면, GH는 정리 2에 의해 CD와 평행이다. 하지만 AB가 CD와 평행하다고 주어져 있다. 공리 5에 의해 AB와 GH가 교차하는 점을 지나며 CD와 평행인 직선은 오직 한 개 존재할 수 있다. 따라서 $\angle 1$은 $\angle 2$보다 클 수 없다. 만약 $\angle 1$이 $\angle 2$보다 작다고 가정하면, 각 $2'$가 각 1과 동일해지도록 CD와 EF의 교점을 지나는 직선을 그려서 위의 주장을 되풀이할 수 있다.
5. 그림 3.7을 보면, $\angle 1 = \angle 2$이다. 왜냐하면 두 각은 평행선의 엇각이기 때문이다. 마찬가지로 $\angle 3 = \angle 4$이다. 그런데 $\angle 1 + \angle A + \angle 3 = 180°$이다. 왜냐하면 이 세 각의 합은 직선을 이루기 때문이다. 그렇다면 $\angle 2 + \angle A + \angle 4 = 180°$이다. 왜냐하면 $\angle 1$과 $\angle 3$을 동일한 각으로 바꾸었기 때문이다.
6. 이웃하는 두 변 그리고 한 평행사변형의 끼인각이 다른 평행사변형의 대응하는 끼인각과 같다.
7. 한 삼각형의 두 이웃변의 비가 다른 삼각형의 대응하는 두 이웃변의 비와 같다.
8. x가 다른 밑변의 길이라고 하자. 그렇다면 $x^2 + (5280)^2 = (5281)^2$. $x^2 =$

$(5281)^2 - (5280)^2 = 1(5281 + 5280)$. 그러므로 $x = 103$ ft.

9. 두 닮은 삼각형의 넓이의 비는 임의의 두 대응변의 비의 제곱이다. 이 문제에서 대응변들의 비는 3이다. 따라서 넓이의 비는 9이다. 즉 한 삼각형은 넓이가 다른 삼각형의 9배이다. 하지만 큰 땅의 가격은 작은 땅의 고작 5배이다. 따라서 큰 땅을 사는 편이 낫다.
10. 도로의 둘레는 $2\pi(21{,}120{,}000 + 1) = 2\pi(21{,}120{,}000) + 2\pi$이다. 따라서 도로의 둘레는 지구의 둘레를 2π피트만큼 초과한다.
11. 유클리드의 가정은 공리 5로서, 앞의 주장과는 꽤 다른 진술이다.

6장, 두 번째 연습문제

1. 직선 AE와 BE를 그으면 두 삼각형 ACE와 BCE가 생긴다. 두 삼각형은 $s \cdot a \cdot s = s \cdot a \cdot s$에 의해 합동이다. 따라서 $AE = BE$.
2. 닮은 삼각형의 성질에 의해 $AD/OD = A'D'/O'D'$이다. 알다시피 $OD = 93{,}000{,}000$ mi, $OD' = 1$ ft, $D'O' = 0.0045$ ft이다. 그렇다면 우리는 AD를 계산할 수 있다. 우선 마일을 피트로 변환해야 한다. $AD = 418{,}500$ mi.
3. 본문의 내용에 따라 최대 넓이의 사각형은 정사각형이어야 한다. 따라서 치수는 100×100이다.
4. 사각형은 정사각형이어야 한다. 따라서 치수는 $P/4 \times P/4$이다.
5. 6.3절에서 논의한 개념을 이용하라. 농부가 울타리 가장자리의 양쪽에 200피트 울타리로 직사각형 영역을 둘러싸야 한다고 하자. 이 직사각형은 50피트×50피트 치수의 정사각형이어야 한다. 그렇다면 모서리의 한쪽 변에 놓인 절반은 치수가 25×50이다.
6. 치수 a와 b의 합이 12인 직사각형을 생각하자. 둘레는 24이다. 이 직사각형은 $a = b = 6$일 때 가장 넓이가 크다.
7. 피타고라스 정리에 의해 $(R + h)^2 = R^2 + x^2$. 따라서 $x = \sqrt{2Rh + h^2}$.

8. h가 R에 비해 작기 때문에 $2Rh$와 비교하여 h^2을 버릴 수 있다.

9. 연습문제 8의 결과를 이용할 수 있다. $x = \sqrt{2Rh} = \sqrt{2 \cdot 4000 \cdot (1/2)} = 63$마일, 근삿값임.

10. A와 B가 넓이가 같은 두 사각형이고 A가 정사각형이라고 가정하자. A의 둘레가 B보다 작지 않다면, A를 B와 둘레의 길이가 동일한 정사각형 A'로 바꾸어라. 그러면 A'의 넓이는 B의 넓이보다 클 것이다. A와 B는 넓이가 같으므로 A'는 A보다 넓이가 크다. 하지만 A는 B보다 둘레가 크고, A'는 B와 둘레가 같다. 따라서 A는 A'보다 둘레가 크지만 넓이는 작다. 이것은 불가능하다. 왜냐하면 만약 p가 한 정사각형의 둘레라면 넓이는 $p^2/16$이기 때문이다.

6장, 세 번째 연습문제

1. A의 거울 영상은 A에서 거울에 내린 수직선 상에서 A로부터 거울까지의 거리와 동일한 거리만큼 거울 뒤쪽에 있다.
2. 이 문제는 광선의 문제로 변환할 수 있다. 만약 광선이 A에서부터 m 상의 점 P를 거쳐 A'로 간다면, 가장 짧은 경로는 AP와 $A'P$가 m과 동일한 각을 이루는 경로이다. 6.4절에서 언급했듯이, 이것은 기하학적 사실이다. 따라서 부두의 위치에도 적용된다.
3. AP와 $A'P$가 m과 동일한 각을 이루는 점 P를 겨냥해야 한다.
4. 당구공은 광선처럼 행동하므로 최종 방향은 원래 방향과 평행일 것이다.
5. 본문에 나온 내용대로, 만약 $\angle 1 \neq \angle 2$라면, $\angle 1' = \angle 2'$이도록 P'를 선택하라. 그러면 $AP' + P'A'$가 A에서부터 거울을 거쳐 A'에 이르는 가장 짧은 경로이다. 하지만 APA'가 가장 짧은 경로로 주어져 있다. 따라서 $\angle 1$은 $\angle 2$와 틀림없이 동일하다.

6장, 네 번째 연습문제

1. 원은 두 초점이 일치하는 타원이다. 그렇다면 $PF = PF'$이며 이것이 반지름이다.
2. $PF + PF' = 10$이고 $PF' = PF + FF' = 6$이므로, $PF + PF + 6 = 10$이다. 따라서 $PF = 2$.
3. $PF + PF'$는 삼각형 PFF'의 두 변의 합이다. 이 합은 언제나 나머지 변보다 반드시 더 크다.
4. 축 상의 점은 초점으로부터 그리고 준선으로부터 등거리여야 한다. 따라서 초점(그리고 준선)으로부터 5단위 떨어져 있다.

6장, 다섯 번째 연습문제

1. $QP + QF_1 > PF_1$이다. 왜냐하면 삼각형의 두 변의 합은 나머지 변보다 더 크기 때문이다. 따라서 $QP + PF_2 + QF_1 > PF_2 + PF_1$. 이제 $QF_2 = QP + PF_2$. 따라서 $QF_2 + QF_1 > PF_2 + PF_1 = a$.
2. Q가 t상에 있는 P 이외의 임의의 점이라면, 연습문제 1에 의해 $QF_2 + QF_1 > PF_2 + PF_1$이다. 6.4절의 연습문제 5에 의해 F_2P와 F_1P는 t와 동일한 각을 이룬다.
3. 각각의 광선은 그림 6.32에 나오는 타원 상의 점 P와 부딪힌 다음에 반사되어 F_1으로 간다. 왜냐하면 연습문제 2에서 증명되었듯이 F_2P와 F_1P는 t와 동일한 각을 이루며 빛은 이처럼 동일한 각으로 반사되기 때문이다.
4. 길이 F_1P와 F_2P는 동일한 반지름이 된다. 그렇다면 F_1P와 F_2P 모두 t와 동일한 각을 이루고 전체 각은 180°이므로, 반지름은 접선에 수직이다.

6장, 복습문제

1. 삼각형 ACD와 삼각형 ABE를 고려하자. $AC = AB$, $\angle A$는 공통, $AD = AE$. 따

라서 두 삼각형은 합동이므로 $BE = DC$. 그리고 두 삼각형 CBD와 BCE는 합동이므로 $\angle DBC = \angle BCE$. 이로부터 ABC의 두 밑각은 동일하다. 왜냐하면 두 각은 동일한 각의 보각이기 때문이다.

2. (a) $\angle 3 = \angle 1$이다. 왜냐하면 둘은 맞꼭지각이기 때문이다. 그렇다면 $\angle 3 = \angle 2$, $\angle 1 = \angle 2$이다. 따라서 두 엇각이 같으므로 두 직선은 평행이다.

   (b) $\angle 1$ 또한 $\angle 4$에 보각이며, 동일한 각의 보각들은 서로 동일하므로 $\angle 1 = \angle 2$이다. 그러면 두 엇각이 서로 같으므로 두 직선은 평행이다.

3. 6.4절의 정리가 여기에 적용된다.

4. 초점이 A에 있고 준선이 m인 포물선 경로를 택해야 한다. 그렇다면 배는 A 또는 해안에 있는 대포로부터 (동시에) 최대한 멀리 떨어지게 된다.

5. P가 임의의 원 T의 중심이라고 하고 C'와 D'를 이용하여 원 C와 D의 중심을 표시하자. 이어서 C로부터 원 C와 T의 공통 접점 E까지 반지름을 그으면, 이 직선은 P를 반드시 지난다. 왜냐하면 CE와 PE 둘 다 E에서의 공통 접선에 수직이기 때문이다. 그렇다면 r을 T의 반지름이라고 하면, $C'P = c - r$. 마찬가지로 P와 D'로부터 T와 D의 접선의 공통 접점 F까지 내린 직선들은 반드시 하나의 직선을 이룬다. 왜냐하면 PF와 $D'F$는 둘 다 공통 접선에 수직이기 때문이다. 그렇다면 $PD' = r + d$. 이제 $PC' + PD' = c - r + r + d = c + d$. 이 양은 T가 어디에 있든 상관없이 똑 같다. 따라서 점 P는 타원의 정의를 만족시킨다.

7장, 첫 번째 연습문제

1. $\sin 45^\circ = \sqrt{2} / 2$, $\cos 45^\circ = \sqrt{2} / 2$, $\tan 45^\circ = 1$
2. (b) $\sin 70^\circ = 0.9397$ (d) $\cos 55^\circ = 0.5736$ (f) $\tan 80^\circ = 5.6713$
3. $\cos A$는 1부터 0까지 변한다.
4. $\tan A$는 0부터 무한히 더 커지는 값들로 변한다.

5. $\sin A = BC/AB$, $\cos B = BC/AB$ 등

6. $90° - A$는 각 B의 다른 예각이다. 따라서 연습문제 5로 되돌아간다.

7. $\sin^2 A = BC^2/AB^2$, $\cos^2 A = AC^2/AB^2$. 그렇다면 $\sin^2 A + \cos^2 A = (BC^2 + AC^2)/AB^2$. 그런데 피타고라스 정리에 의해 분자와 분모는 같다. $\sin A$를 알면 $\cos A$를 계산할 수 있고, 그 반대로도 할 수 있다.

8. $\sin D = FE/FD$, $\cos D = ED/FD$, $\tan D = FE/ED$.

7장, 두 번째 연습문제

1. $\tan A = BC/AC$를 이용하라. 그렇다면 $A = 56°$이고 $AC = 300$. 정답: 445 ft.

2. x = 관찰자로부터 건물까지의 거리라고 하자. 그렇다면 $\tan 5° = 1248/x$, 따라서 $x = 1248/\tan 5°$. 정답: 14,265 ft.

3. x = 길이라고 하자. 그렇다면 $\sin 5° = 1000/x$이다. 따라서 $x = 1000/\sin 5°$. x = 11,500 ft.

4. $\tan 50° = 380/x$. 그렇다면 $x = 380/\tan 50°$. x = 319 ft. 따라서 배는 암초 위 19피트 지점에 있다.

5. $\tan A = 75/100$ 그리고 $\tan B = 100/75$.

6. 주어진 방정식으로부터 $(r + 3) \sin 87°46' = r$이다. 따라서 $(r + 3)(0.99924) = r$. 그렇다면 $0.99924r + 2.99772 = r$. $0.00076r = 2.99972$. 그러므로 r = 3944 mi.

7장, 세 번째 연습문제

1. 각 POV는 측정된 각 30°와 동일하다. 이것을 이해하려면 P에서 OV로 수직선을 내려라. 따라서 위도는 30°이다.

2. 남위 90°로부터 적도의 0°까지 이어서 0°로부터 북극의 북위 90°까지

3. 경도는 0°로부터 서경 180°까지 증가한다. 이어서 그는 180° 경도선을 지나

고 경도는 동경이 되며 180°로부터 0°까지 감소한다.

4. 30° 원

5. 그는 지구 둘레의 2/360, 즉 (2/360)(25,000)마일을 이동한다. 이 값은 대략 139마일이다.

6. 41° 위도의 원의 반지름은 7.4절에서 계산했듯이 3019마일이다. 그렇다면 그 사람은 지구 둘레의 5/360을 이동한다. 이 값은 $(5/360)2\pi(3019)$인데, 대략 263마일이다.

7. 그는 41° 위도의 원의 전체 둘레를 이동한다. (연습문제 6에서) 반지름이 3019이므로 둘레는 18,960마일이다.

7장, 네 번째 연습문제

1. $\cos E = 4000/ES$. 그렇다면 $ES = 4000/\cos E = 4000/0.000043 = 93,000,000$ mi.

2. $\sin 16° = RS/ES$. $RS = ES \sin 16° = 93,000,000(0.0046) = 428,000$ mi.

3. 주어진 방정식으로부터 $(241,000 + r)\sin 15' = r$. 그렇다면 $(241,000 + r)(0.0044) = r$. r에 대해서 풀면 $r = 1065$ mi.

4. 그림 7.23(b)에서 V 대신에 M으로 바꾸면, $\sin E = MS/ES$. 그렇다면 $MS = ES \sin E = 93,000 \sin 23° = 36,000,000$ mi.

7장, 다섯 번째 연습문제

1. $\sin 45°/\sin r = 4/3$. 그렇다면 $\sin r = (3/4) \sin 45°$. $r = 32°$.

2. $\sin i/\sin r = 2/3$. 그렇다면 $\sin i = (2/3)\sin r$. r이 가질 수 있는 가장 큰 값은 90°이다. 그렇다면 $\sin r = 1$이고 $\sin i$에 대한 가장 큰 값은 $2/3 = 0.6666$이다. 그렇다면 가장 큰 i 값은 약 42°이다.

3. i와 r이 공기-유리 경계에서의 입사각과 반사각이라고 하자. 그렇다면 $\sin i/\sin r = v_1/v_2$이고 여기서 v_1과 v_2는 각각 공기에서의 빛의 속도와 유

리에서의 빛의 속도이다. 이제 유리-공기 경계에서 입사각은 r이다. 반사각을 r'라고 하자. 그렇다면 $\sin r/\sin r' = v_2/v_1$. 이 식을 앞의 식과 곱하면 $\sin i/\sin r' = 1$, 즉 $\sin i = \sin r'$이다. 따라서 $i = r'$이다. 그러므로 원래 광선과 최종 광선은 평행하다.

4. $\sin 50°/\sin 45° = v_1/v_2$. v_1은 186,000이다. v_2를 풀면, 172,000 mi/sec이다.

7장, 복습문제

1. (a) 19° (b) 28° (c) 71° (d) 62°
2. 빗변은 2이다. 그렇다면 $\sin 45° = 2\sqrt{2}$, $\cos 45° = 2\sqrt{2}$, $\tan 45° = 1$.
3. '선별된 연습문제와 복습문제의 정답'에 나와 있지 않는 문항의 정답

   (b) 12/13, 5/13, 12/5 (e) $1/\sqrt{10}$, $9/\sqrt{10}$, 1/9
4. 4/5, 3/4
5. $\sqrt{3}/2$, $\sqrt{3}$
6. $3/\sqrt{34}$, $5/\sqrt{34}$
7. $\tan 40° = AB/100$, $AB = 100 \tan 40° = 83.91$ ft
8. x = 막대의 높이라고 하자. 그렇다면 $\tan 20° = x/15$이다. 따라서 $x = 15 \tan 20° = 5.46$ ft.
9. 각을 A라고 표시하자. 그렇다면 $\cos A = 40/60$. 그러므로 $A = 48°$.
10. x를 거리라고 하자. 그렇다면 $\tan 35° = x/60$이다. $x = 60 \tan 35° = 42$ ft.
11. x를 과녁에서 총까지의 거리라고 하자. 그렇다면 $\tan 50° = x/2000$. $x = 2000 \cdot \tan 50° = 2384$ ft.
12. 7.4절에 소개된 방법을 따르면 $\cos 23° = O'P/OP$. 그렇다면 $O'P = OP \cos 23° = 4000(0.9205) = 3682$ mi. 이것이 반지름이다. 원둘레는 $2(3682)\pi$이다.
13. 연습문제 12에서 우리는 23° 위도 원의 원둘레를 얻었다. 그렇다면 그 사람은 $(5/360)2\pi \cdot 3682$을 이동한다. 이 값은 대략 107마일이다.

14. 이번에도 7.4절에서 소개된 방법을 따르면 $\cos 67° = O'P/OP$. 그렇다면 $O'P = OP \cos 67° = 4000(0.3907) = 1{,}560$ mi.
15. $\sin i/\sin r = 4/3$. 각 $i = 45°$. 그렇다면 근사적으로 $r = 32°$.
16. $\sin i/\sin r = 3/4$. 그렇다면 $\sin r = (4/3) \sin i$. 여기서 $i = 30°$. 그렇다면 $\sin r = 4/6$ 그리고 근사적으로 $r = 42°$.

8장, 연습문제

1. 고대 그리스 이전의 천체관은 비과학적이었다. 행성은 인간사를 지배하는 신들과 연관되어 있었다. 고대 그리스의 천체관은 행성 운동의 규칙적인 패턴을 보여주는 수학적인 체계를 제공한다.
2. 모든 실재는 수 그리고 수들 사이의 관계로 환원된다.
3. 모든 운동은 고정된 지구 주위에서 일어난다.
4. 대원과 주전원(8.3절 참고).
5. 행성이 주전원 상에서 시계방향으로 운동하고 주전원은 대원 상에서 반시계방향으로 운동한다면, 경로는 타원이다.
6. 자연은 합리적 패턴, 즉 인간의 추론에 의해 얻어진 패턴을 따른다. 고대 그리스인들이 연구한 자연의 여러 영역들 각각은 수학적 패턴을 지녔다.
7. 행성은 수학에 의해 기술되는 계획 내지 패턴을 따른다. 아마도 우주는 행성이 이 패턴을 따르도록 설계되었다.
8. 공간 및 공간 속의 물체들의 속성은 유클리드 기하학으로 기술됨이 밝혀졌다. 따라서 공간과 물체들은 기하학의 공리에서 도출되는 속성들을 지니도록 설계되었다고 가정할 수 있다.

9장, 연습문제

1. 수학은 물리적 세계에 관심이 있는 문명에서 융성하는 듯하다.

2. 고대 그리스 저작의 재발견, 고대 그리스 저작에 의해 촉진된 물리적 세계에 대한 관심의 부활, 지리상의 탐험, 고용주 및 노동자의 물질에 대한 관심, 종교개혁으로 초래된 자유로운 지적 분위기, 수학 문제로 이어진 화약과 렌즈의 발명.
3. 신이 우주를 수학적으로 설계했다.

10장, 연습문제

1. 화가들은 인간에게 보이는 대로 자연을 묘사해야 했다. 그러기 위해서 원근법의 수학적 체계를 고안해야 했다.
2. 관념적 체계는 특정한 의미를 지니긴 하지만 인간이 현실 세계에서 실제로 보는 것이 아닌 원리와 관례를 이용한다. 가령 천사가 나올 때 배경을 황금색으로 칠하는 것은 천사가 천국에 살고 있음을 암시하기 위해서이다. 광학적 체계는 눈이 실제 장면에서 실제로 보는 것을 묘사한다.
3. 알베르티, 우첼로, 피에로 델라 프란체스카 그리고 레오나르도 다빈치
4. 눈은 사영의 구획이 실제로 담고 있는 것을 본다.
5. 10.5절에서 굵은 글씨체로 된 구절을 보라. 네 번째 정리는 캔버스와 45°의 각을 이루는 수평선은 반드시 대각소실점을 지나도록 그려져야 한다는 내용이다.

11장, 첫 번째 연습문제

1. (a) 삼각형일 것이다. (b) 사변형일 것이다.
2. 도형과 구획이 우리 눈에 비슷해 보이기 때문이다.
3. (a) 두 삼각형이 한 평면에 있기 때문이다.
   (c) 데자르그의 정리는 상이한 평면에 있든 동일한 평면에 있는 임의의 두 삼각형에 적용된다.

4. 5/4
5. 어떤 도형에 존재하는 기하학적 속성이 어떤 점을 기준점으로 삼아 그 도형의 사영의 구획에 의해 생기는 도형에도 존재한다.
6. *DA*와 *DB*가 무한해지면 둘의 비는 1에 접근한다. 그렇다면 *C*는 *AB*의 중점이 된다.

11장, 두 번째 연습문제

2. 세 교점은 한 직선 상에 있다.

11장, 세 번째 연습문제

1. 네 직선, 그 중 셋은 동일한 점을 지나지 않는다.
2. 한 평면 내에 있는 도형에 관한 정리에서 점과 직선이라는 단어를 맞바꾸어 새로운 정리를 얻을 수 있다.
3. 모두 한 점을 지나는 네 직선.
4. 점과 직선을 맞바꾸어 도형을 그려라.
5. 쌍대성의 원리에 따라 한 정리를 쌍대화하면 자동적으로 새로운 한 정리를 얻는다.

11장, 네 번째 연습문제

1. 한 도형 그리고 그 도형의 사영의 구획에 공통인, 또는 그 도형의 동일한 사영의 상이한 두 구획에 공통인, 또는 상이한 두 사영의 두 구획에 공통인 기하학적 속성을 발견하기.
2. 사영기하학은 사영과 구획 하에서 불변인, 즉 동일하게 유지되는 속성에 관심을 둔다. 이런 속성은 대체로 점들과 직선들의 교점이나 교선, 한 직선 상에 놓인 점들 그리고 원뿔곡선의 성질을 다룬다. 유클리드 기하학은 도

형의 합동과 닮음에 관심을 둔다. 이 속성들은 특수한 사영과 구획 하에서 만 유효하다.

3. 사영기하학이 사실주의 회화에 관한 연구로부터 생겨났다는 것이 주제다.

12장, 첫 번째 연습문제

1. 그는 수학의 공리적이고 연역적인 방법을 물려받았다.
2. 12.1절을 보기 바란다.
3. 유럽인들은 효과적이고 더욱 효율적인 방법들이 필요했는데, 특히 당시 수학에 도입된 새롭고 더욱 복잡한 곡선들을 다룰 방법들이 필요했다.
4. 새로운 천문학, 시계의 설계, 지도 상의 경로들, 렌즈의 설계, 발사체 운동.

12장, 세 번째 연습문제

1. 두 수직선에 대하여 점의 위치를 정하는 두 수.
2. 곡선 상의 임의의 점들 그리고 오직 이 점들의 좌표를 만족시키는 x와 y의 방정식이다.
3. 본문의 해당 절을 보기 바란다.
4. (a) 가령, $x = 51, y = 10$. (b) 가령, $x = 0, y = 6$.
5. 예. 왜냐하면 $(-3)^2 + 2(5)^2 = 59$.
6. $(3)^2 + (-2)^2 = 4 \cdot 3 + 1$, 그러므로 그 점은 곡선 상에 있다.
7. (a) 기울기가 3이고 Y축과 (0, 7)에서 만나는 직선

   (b) 중심이 원점에 있고 기울기가 7인 원

   (c) 중심이 원점에 있고 기울기가 인 원

   (d) 방정식을 $y = -(x/2) + 3$으로 적어라. 따라서 기울기가 $-1/2$이고 Y축과 (0, 3)에서 만나는 직선

   (e) (c)와 동일.

8. 예. 이들 좌표는 상이한 기하학적 의미를 지니지만 적도 및 0° 경도 (반)원에 대하여 점의 위치를 정하는 역할을 한다.
9. 예. 좌표축에 대한 점의 위치가 다르면 동일한 곡선도 상이한 방정식을 가진다.
10. 기울기가 m이다.
11. (0, 7)
12. $(0, b)$
13. 기울기 m 그리고 (0, b)
14. 두 방정식 모두에 속하는 x와 y의 값이 존재하지 않는다. 따라서 한 방정식을 다른 방정식에서 빼는 것은 무의미하다. 한 방정식의 x값들 및 y값들이 다른 방정식의 x값들 및 y값들과 동일하지 않다.

12장, 네 번째 연습문제

연습문제 3에서 7까지의 정답은 '선별된 연습문제와 복습문제의 정답'에 나와 있다.

12장, 다섯 번째 연습문제

2. 주어진 방정식을 $y + 25 = (x - 5)^2$의 형태로 적고 $x' = x - 5$ 그리고 $y' = y + 25$인 x'와 y'를 도입하라. 12.5절에 나오는 절차를 따르라.
3. 방정식 $y = -x^2 + 6x$가 어떤 곡선을 나타내는지 알아내라. [힌트: 이 곡선은 $-y = x^2 - 6x$와 동일하므로 본문의 방정식 (13)에서 얻은 결과를 이용하라.]
4. 많은 점들의 좌표를 찾아서 찍는 방법으로 방정식이 $y = -x^2 + 6x$인 곡선을 그려라.
5. 동일한 x값에 대해 $y = x^2 - 6x + 9$ 상의 각 점은 $y = x^2 - 6x$ 상의 점보다 9

단위 더 크다.

6. 방정식을 만족하는 x값들과 y값들의 쌍을 언제나 구할 수 있으며, 값들의 그러한 쌍을 갖는 점들이 곡선을 이룬다. (특이한 경우로서 곡선이 한 점으로 이루어질 수도 있다. 가령 $x^2+y^2=0$의 경우가 그렇다. 또는 $x^2+y^2=-9$의 예처럼 곡선이 존재하지 않을 수도 있다.)
7. (c) 이것은 쌍곡선의 한 형태이다.

12장, 여섯 번째 연습문제

3. 그 길이는 $y=0$으로 놓으면 구해진다. 그렇다면 $x=\pm 5$. 따라서 전체 길이는 10이다.
4. 방정식 (18)은 다음과 같이 달라진다. $\sqrt{x^2+y^2}+\sqrt{x^2+y^2}=10$, 즉 $x^2+y^2=25$. 이것은 원을 나타낸다.
5. 연습문제 3에서 우리는 경로가 양의 X축과 만나는 점의 좌표를 계산했다. 좌표는 (5, 0)이다. 이와 비슷하게 경로가 음의 X축과 만나는 경로의 좌표는 (−5, 0)이다. (3, 0)으로부터 이 점까지의 거리는 8이다.

12장, 일곱 번째 연습문제

정답은 '선별된 연습문제와 복습문제의 정답'에 나와 있다.

12장, 여덟 번째 연습문제

1. 네 개의 문자로 방정식을 적어서 이 문자들이 사차원 공간의 도형을 나타낸다고 말할 수 있다. 하지만 실제 사차원 공간이 존재한다는 의미는 아니다.
2. 초평면(hyperplane).
3. 예. 그들은 곡선을 x와 y의 방정식을 이용해 곡선으로 표현하고 그 방정식

에 대수를 적용하여 곡선에 관한 사실들을 연역하는 방법을 도입했다.

4. 어느 정도까지는 그렇다. 그래도 직선, 삼각형 및 원과 같은 단순한 도형에 관한 기본적인 사실들에 대해서는 오래 된 순전히 기하학적인 유클리드 기하학이 필요하다. 그 외에는 기하학적 사실들을 밝혀내기 위해 기하학적 증명이나 좌표기하학 둘 중 어느 것이든 이용할 수 있다. 때로는 한 접근법이 다른 접근법보다 더 쉽다.

12장, 복습문제

1. 0　　2. 0　　3. x좌표들은 동일하다.

4와 5. '선별된 연습문제와 복습문제의 정답'을 보기 바란다.

6. $(2)^2+(\sqrt{21})^2=25$이므로 점은 원 상에 있다.

7. 이 곡선들은 모두 포물선이다. 12.4절을 보기 바란다.

8. 이 곡선들은 모두 포물선이지만 기준 위치에서 벗어나 있다. 12.5절을 보기 바란다.

9. 방정식 (19)와 그림 12.17을 보기 바란다.

10. 곡선은 쌍곡선이다.

11. $ax^2+bx+c=0$이 주어져 있을 때, $y=ax^2+bx+c$의 그래프를 그려서 그래프가 X축과 어디서 만나는지 알아보라.

13장, 첫 번째 연습문제

1. 대상의 형태와 크기 그리고 운동

2. 정성적인 설명은 무거움, 솟아오름, 떨어짐, 운동, 열, 차가움, 자연스러운 위치, 힘, 인력 등과 같은 물리적 개념을 다루는 것이다. 정량적인 설명은 다양한 양들의 측정을 논한다. 그것은 설명이라기보다는 기술(記述)이다.

3. 일차적인 성질들을 분리해내며 일차적인 성질과 이차적인 성질을 함께 다

루지 않기. 모든 사실을 포함시켜 전체 물리적 문제를 공략하기보다는 운동을 연구할 때 공기 저항을 무시하는 것처럼 물리적 현상을 이상화하기. 인간의 마음이 마땅히 그러리라고 여기는 바를 인정하기보다는 관찰과 실험에서 기본적인 물리적 원리들을 얻기. 물리적 설명보다는 정량적인 기술을 추구하기.

4. 고대 그리스인들은 자연의 작동을 이해하고자 했다. 베이컨과 데카르트는 과학 지식을 이용하여 인간들이 생활의 필수품을 확보하고 건강을 유지하고 안락을 추구하는데 도움을 주기를 원했다.
5. 갈릴레오는 정량적인 기술을 원했다. 기술은 수학 공식을 사용하게 된다. 더군다나 그는 알려진 공식들로부터 다른 공식들을 수학적 방법으로 연역해내고자 했다.

13장, 두 번째 연습문제

1. 변수들 사이의 관계
2. 공식은 변수들을 포함하는 방정식에 의해 함수를 기호로 표현한 것이다.
4. 0, 96, 224 등.
5. r은 독립변수이고 A는 종속변수이다.

6과 7. '선별된 연습문제와 복습문제의 정답'을 보기 바란다.

8. $t = \pm 3$. 공식이 낙하된 물체가 t초 후에 이동한 거리를 나타낸다면 음수는 물리적으로 아무 의미가 없다.
9. C = 0일 때 F = 32이다. 이것은 물의 어는 온도이다. C = 100일 때 F = 212이다. 이것은 물이 끓는 온도이다.

13장, 세 번째 연습문제

1. 아니오. 공기 저항을 극복하는데 힘이 필요하다.

2. 중력이 없으면 사람은 동일한 자리에 머물 것이다. 중력이 있으면 그는 아래로 가속된다.
3. 59분 동안 자동차는 (59/60)10마일을 이동한다. 1분 동안에는 (1/60)50마일을 이동한다. 총 거리는 1시간 동안 64/6마일이므로 평균속력은 10 2/3 mi/hr이다.
4. $v = 32t$이므로 4초 후의 속력 $v = 128$이다. 평균속력은 $(0 + 128)/2$, 즉 64 ft/sec이다. 이것이 바로 $t = 2$에서의 실제 속력이다.
5. 가속력은 속력의 변화율이다.
6. 그래프는 원점을 지나고 기울기가 32인 직선이다.
7. 400, 676, 1600 ft.
8. 그래프는 포물선이다.
9. 아래쪽으로 열린 포물선이다.
10. 그는 공식 $d = 16t^2$에 따라 떨어진다.
11. $v = 8\sqrt{1000} = 256$ ft/sec, 근삿값임.
12. 낙하할 때 더 큰 속도로 떨어질 것이다(d가 1보다 클 경우).
13. $v = 5.3t$, $d = (5.3/2)t^2$.
14. $v = at$, $d = (1/2)at^2$.
15. (6)의 양변을 제곱하라. 그러면 $v^2 = 64d$. 따라서 $d = v^2/64$. $v = 88$일 때 $d =$ 121 ft.
16. 힌트에 따라 우리는 $v = 32t$를 이용하여 $v = 88$일 때 t가 얼마인지 구하면 된다. 정답은 2와 3/4초.
17. 32를 11로 바꾸면 된다. 따라서 $d = v^2/22$.
18. 우리는 $d = v^2/22$을 얻었다. 이것은 속도가 0에서부터 시작하고 가속도가 11 ft/sec²일 때 이동한 거리이다. $v = 88$일 때 $d = 352$이다. 만약 물체가 88 ft/sec의 속도로 출발하고 11 ft/ft/sec²으로 감속한다면, 32 ft를 이동한 다음

에 속도가 0이 될 것이다. 일 초에 자동차는 88ft를 이동한다.

19. (수면까지) 우물의 깊이를 d라고 하자. 그렇다면 $d = 16t^2$이 시간과 낙하 거리를 관련짓는 공식이다. $t = \sqrt{d/16}$은 돌이 떨어지는 시간이다. $d/1152$는 소리가 사람에게 도달하는데 걸리는 시간이다. 그렇다면 $\sqrt{d/16} + (d/1152) = 6\frac{1}{2}$. d에 대해 이 식을 풀면, $\sqrt{d}/4 = (13/2) - (d/1152)$. 이제 양변을 제곱하여 d에 관한 이차방정식을 얻는다. 하지만 계수들이 크다. 더 단순한 해를 구하려면, 돌이 수면에 닿기까지 걸린 시간을 t_1이라고 두면 된다. 그러면 $16t_1^2$은 수면까지의 거리이며 $16t_1^2/1152$는 소리가 되돌아오는데 걸리는 시간이다. 결과적으로 $t_1 + (16t_1^2/1152) = 13/2$. t_1에 관한 이 이차식은 우리가 우선 16/1152를 1/72로 바꾸면 풀기가 쉽다. 그렇다면 $t_1 = 6$.

13장, 네 번째 연습문제

1. 속력과 거리는 더 커진다. 왜냐하면 공이 중력의 작용에 의해 얻은 속력에다 128ft/sec의 속력이 더해지기 때문이다.
2. $= 128 + 32t$, $d = 128t + 16t^2$.
3. (7)에 t값들을 대입하면 $v = 192$ 그리고 240ft/sec. (8)에 t값들을 대입하면 $d = 432$ 그리고 756ft.
4. 곡선은 위쪽으로 열린 포물선이다.
5. $d = 16(t^2 + 6t)$로 적어라. 이제 완전제곱꼴로 바꾸어라. 그러면 $d + 144 = 16(t^2 + 6t + 9) = 16(t + 3)^2$. $t' = t + 3$으로 $d' = d + 144$로 두라.

13장, 다섯 번째 연습문제

1. (10)과 비교하라. $d = 128t - 16t^2$.
2. (a) $t = 4$일 때, $d = 384$ ft. (b) $t = 4$일 때, $v = 32$ ft/sec.
   (c) 우선 $v = 0$일 때 t를 구해야 한다. 이 t값은 5이다. $t = 5$일 때 $d = 400$ ft.

3. $d = 0$. 공이 지면으로 되돌아왔다는 의미이다.

4. 올라갈 때 4초 후에 512 ft의 높이에 도달했다가 다시 4초 후에 내려갈 때 다시 그 높이에 도달한다.

5. $v = 1000 - 32t$, $d = 1000t - 16t^2$. $t = 1000/32$일 때 $v = 0$. t의 이 값을 d에 대한 공식에 대입하라. $d = 15{,}625$ ft.

6. $d = 100 - 16t^2$

7. $v = 96 - 5.3t$, $d = 96t - (5.3/2)t^2$. $v = 0$일 때 $t = 96/5.3 = 18.1$ sec, 근삿값임. t의 이 값을 d에 대한 공식에 대입하라. $d = 870$ ft, 근삿값임.

8. $d = Vt - 16t^2$. 여기서 V는 초기 속력. 우리는 $t = 60$일 때 $d = 0$임을 알고 있다. 따라서 $0 = 60V - 16 \cdot 60^2$. 그러면 $V = 960$ ft/sec.

9. 제시된 원점에서 초기 속도는 300 mi/hr, 즉 $300 \cdot 5280$ ft/hr이다. 그렇다면 $d = 300 \cdot 5280t - 16t^2$.

10. $v = 96 - 32t$, $d = 96t - 16t^2$.

11. 연습문제 10의 원점은 지붕이므로, 공이 지면으로 되돌아 올 때 $d = -112$. d의 이 값을 $d = 96t - 16t^2$에 대입하여 t에 대해 풀어라. 그러면, $t = 7$ sec.

13장, 복습문제

1. (a) 224 (b) 80 (c) 112 (d) 155 (e) 288

2. (a) 4 (b) 5 (c) 12 1/2 (d) 1/2

3. (a) $(0 + 160)/2$, 즉 80 (b) $(0 + 256)/2 = 128$

4. 예. $t = 7$에서 $v = 224$. $t = 8$에서 $v = 256$. 그러므로 8초 동안의 평균속력은 $(224 + 256)/2 = 240$ ft/sec.

5. $v = gt$, $d = gt^2/2$.

6. (a) 평균속력 $v = gt/2$ (b) $d = gt^2/2$.

7. (a) 256 (b) 784 (c) 196 (d) 225 (e) 441

8. (a) 2 (b) $\sqrt{6}$ (c) 3 (d) $\sqrt{25/2}$ (e) 13/4

9. (a) 160 (b) 176 (c) 224 (d) 332 (e) 288

10. (a) 1 (b) 9/8 (c) $7\frac{3}{8}$ (d) $2\frac{11}{16}$

11. $v = 100 + gt$, $d = 100t + gt^2/2$.

12. 각각의 경우, d를 주어진 거리로 놓고서 t에 관한 이차방정식을 푼다.

    (a) 2 (b) 4 (c) 1.9 sec, 근삿값임

    (d) 1.1, 근삿값임

13. (a) $v = 128 - gt$ (b) $d = 128t - (gt^2/2)$

14. (a) 144 (b) 140 (c) 80 (d) 44

15와 16. '선별된 연습문제와 복습문제의 정답'을 보기 바란다.

17. 예. 유일하게 달라지는 것은 중력에 의한 가속도, 즉 지구 상에서의 32ft/sec^{2}이 이 특정한 물체에 맞는 값으로 바뀌어야 한다는 것뿐이다. 가령 달에서는 중력 가속도가 32 대신에 5.3이다.

14장, 첫 번째 연습문제

1. $t = x/2$이므로 $y = 3x/2$. 이것은 직선을 나타낸다.
2. $t = x/4$이므로 $y = 5x^2/16$. 이것은 포물선을 나타낸다.
3. $t = x/2$이므로 $y = 5x + x^2$. 이것은 포물선을 나타낸다.
4. t에 여러 값들을 넣어 이에 대응하는 x와 y를 계산하라. x와 y를 점으로 찍어라. 그래프는 직선이다.

14장, 두 번째 연습문제

1. 물체는 어떤 경우든지 간에 비행기의 수평 속력을 가질 것이다. 중력이 없다면 물체는 100 mi/hr의 속도(속력)으로 수평으로 운동할 것이며 비행기와 나란히 움직일 것이다. (이것은 우주공간에서 우주비행사가 우주유영을 할

때와 비슷하다. 다만 이 때의 운동은 직선 운동이 아닐 뿐이다.)

2. 걸리는 시간은 똑 같을 것이다. 왜냐하면 수직 운동은 두 경우 모두 $y = 16t^2$ 이라는 공식에 따라 일어나기 때문이다.
3. 방정식 $x = 100t$와 $y = 16t^2$이 이 운동을 기술한다. $y = 500$일 때 $t = 5\sqrt{5}/2$. 이것이 지면에 닿을 때의 시간이다. $t = 5\sqrt{5}/2$일 때, $x = 100(5\sqrt{5}/2) =$ 550ft, 근삿값임.
4. 총알은 비행기의 속력 더하기 발사될 때의 속도, 즉 3000ft/sec을 함께 갖고 있다.
5. 이 운동을 기술하는 방정식은 $x = Vt$ 그리고 $y = 16t^2$이다. 여기서 x와 y는 발사 지점으로부터 측정되며 y는 아래쪽으로 양의 값이다. 문제의 조건으로부터 $x = 300$과 $y = 1$이 올바른 값이다. 따라서 $300 = Vt$ 그리고 $1 = 16t^2$. 그러면 $t = 1/4$ 그리고 $V = 1200$ft/sec.
6. 폭탄은 5280ft 낙하한다. 수직 운동은 $y = 16t^2$으로 주어진다. $y = 5280$일 때 $t = \sqrt{330}$. 이 시간에 폭탄은 $300\sqrt{330}$ft를 이동한다. 따라서 폭탄은 비행기가 목표물에 도달하기 $300\sqrt{330}$ft 전에 투하되어야 한다. $300\sqrt{330} = 5450$ft, 근삿값임.
7. 비행기는 폭탄이 지면에 닿는 장소 바로 위에 있다. 왜냐하면 둘 다 동일한 수평 운동을 하기 때문이다.

14장, 세 번째 연습문제

1. 수평 속도 $= 300 \cos 40° = 230$ ft/sec, 수직 속도 $= 300 \sin 40° = 193$ ft/sec.
2. $t = x/20$, $y = (-x^2/25) + (3x/2)$. 곡선의 형태는 아래쪽으로 열린 포물선이다.
3. $t = 0, 1, 2$ 등을 넣어 x와 y값의 도표를 만들어라.
4. 발사체가 지면에 닿을 때 $y = 0$이다. 그렇다면 $t = 30/16$.
   따라서 $x = 20(30/16) = 37.5$ft.

5. 최고 높이에서 수직 속도는 0이다. 수직 속도는 $y = 32t + 30$으로 주어진다. ($y = -16t^2 + 30t$에 나오는 30은 수직 속도이다. (7)과 (8)을 비교하라.) $v = 0$일 때 $t = 30/32$이다. t의 이 값에서 $y = 14.1$ft(근삿값)이다.
6. 포탄이 땅에 닿을 때, (8)의 $y = 0$이다. 그렇다면 $t = 500/16$이다. t의 이 값에서 수직 속도는 (7)로 알 수 있다. $t = 500/16$일 때 $v = -500$. 수평 속도는 언제나 동일하며 866ft/sec이다. 여기서 알 수 있듯이, 최종 속도는 초기 속도와 동일하며 다만 수직 성분이 아래로 향한다는 점만이 다르다. 최종 속도의 크기는 $\sqrt{(866)^2 + (500)^2} = 1000$ft/sec이다. 그림 14.4를 보기 바란다. 거기서 $OR = \sqrt{(OP)^2 + (OQ)^2}$.

14장, 네 번째 연습문제

1. (20)에 의해 $t = x / V\cos A$. 이것을 (22)에 대입하면 $y = -(16x^2/V^2 \cos^2 A) + x(\sin A/\cos A)$.
2. (21)에서 $v_y = 0$일 때, 시간은 $V\sin A/32$.
3. 연습문제 2에서 얻은 t의 값을 (22)에 대입한다.
   그러면 최대 높이는 $V^2 \sin^2/64$.
4. 발사체가 지면에 닿을 때 $y = 0$이다. (22)에 의해 그때 시간은 $V\sin A/16$이다. 최고 높이에 도달하는데 걸리는 시간을 보면, 발사체가 처음 발사되어 지면에 닿을 때까지 걸리는 시간은 최고 높이에 도달하는데 걸리는 시간의 두 배이다.
5. (25)를 사용해야 한다. 이제 $A = 40°$이고 $V = 2000$이다. 그렇다면 $x_1 =$ 123,000ft.
6. 14.5절의 마지막 부분에 나오는 결과를 이용할 수 있다. 최대 $x_1 = V^2/32 = (800)^2/32 = 20,000$ft.
7. 최대 사정거리는 다음 식으로 얻는다. 최대 $x_1 = V^2/32 = (2000)^2/32$. 발사각

은 45°여야 한다. 이제 임의의 x와 t에 대하여 $x = Vt\cos A$ [방정식 (20) 참고.] 따라서 $x = (2000)^2/32$, $A = 45°$, $V = 2000$를 대입하여 t에 대해서 푼다. $t = (62.5)\sqrt{2}$ sec.

8. 연습문제 3에서 알 수 있듯이, 임의의 발사각에 대한 최대 y는 $V^2 \sin^2 A/64$이다. 고정된 V값에 대해 이 양은 $A = 90°$일 때 최대이다.

14장, 복습문제

1. 값들의 도표를 만들어 대략적인 그림을 그린다. x와 y 사이의 직접적인 방정식을 구하여 확인해 볼 수 있다.
2. (a), (b), (c)에 대해 '선별된 연습문제와 복습문제의 정답'에 나와 있는 정답을 보기 바란다. (d)의 경우, $t = (x - 7)/3$ 그리고 $y = 5[(x - 7)/3] + 9 = (5x/3) - (8/3)$.
3. (a) $x = 240 \cdot 5280t$, $y = 16t^2$.

   (b) $y = 5280$으로 두고 t에 대해서 푼다. $t = \sqrt{330}$ sec.

   (c) (b)와 동일한 시간이 걸린다. 왜냐하면 수직 운동이 동일하기 때문이다.

   (d) $y = 2 \cdot 5280$을 $y = 16t^2$에 대입하여 t에 대해서 푼다. $t = \sqrt{660}$ sec.

   (e) 떨어지는 데 $\sqrt{660}$초가 걸리므로 폭탄의 이동거리 $x = 240 \cdot 5280 \cdot \sqrt{660}$ ft.
4. (a) $2000\sqrt{2}\ /\ 2$ 그리고 $2000\sqrt{2}\ /\ 2$

   (b) $x = 1000\sqrt{2}t$, $y = -16t^2 + 1000t$

   (c) (25)를 이용하거나, 45°의 발사각은 최대 사정거리를 내놓으므로 $V^2/32$를 이용하라. 답: 125,000 ft.

   (d) 바로 앞의 연습문제 3에서 최대 높이는 $V^2 \sin^2 A/64$로 주어짐을 알았다. 여기서는 $V = 2000$ 그리고 $A = 45°$이므로 답은 31,250 ft이다.

15장, 첫 번째 연습문제

1. 지구중심적 체계에서는 지구가 고정되어 있고 다른 천체들의 운동이 지구에서 보이는 대로 기술된다. 태양중심적 체계에서는 태양이 고정된 것으로 간주되고 운동은 태양에 대해 상대적으로 기술된다.
2. 아니오. 그는 계속 대원과 주전원 방식을 사용했다.
3. 태양은 각 타원의 한 초점에 있다.
4. 그의 주된 동기는 임의의 한 행성에 대한 대원과 주전원의 각 체계를 하나의 타원으로 대체하는 것이었다. 또한 세 가지의 새로운 운동 법칙을 내놓았다.
5. 만약 행성이 반시계방향으로 운동하고 주전원이 시계방향으로 운동한다면 경로는 조잡한 타원이다. 요점은, 한 단일 곡선이 만약 가령 타원처럼 적절하게 단순하다면 여러 곡선들의 조합보다 이해하기도 다루기도 쉽다는 것이다.
6. 15.2절을 보기 바란다.
7. 이 방식이 수학적으로 더 단순했기 때문이다.
8. 학생은 그렇게 배웠기 때문에 태양중심설을 받아들인다고 인정해야 할 것이다.

9와 10. 15.1절을 보기 바란다.

11. 주어진 거리를 D라고 두고 $T^2 = D^3$에서 T를 계산하라. 그러면 $T = 165$년.

15장, 두 번째 연습문제

1. 무게는 질량의 상수 배여서 큰 질량일수록 무겁게 느껴지기 때문이다.
2. 그 사람의 질량 또한 160파운드(질량)이다. 달에서 그 사람의 무게는 질량의 5.3배, 즉 5.3(160) = 848파운드중량이다. 이것은 또한 848/32 무게 파운드에 해당한다.

3. 그 사람의 질량은 160lb이다. 태양에서 그 사람의 무게는 27 · 32 · 160파운드중량 또는 27 · 160 무게 파운드이다.

15장, 세 번째 연습문제

2. 가속도 $a = GM/(5000 \cdot 5280)^2$. 우리가 이미 알고 있듯이, $32 = GM/(4000 \cdot 5280)^2$. 첫 번째 방정식을 두 번째 방정식으로 나누면 $a/32 = (4000 \cdot 5280)^2/(5000 \cdot 5280)^2 = 16/25$. 그렇다면 $a = (16/25)(32) = 20.5$ ft, 근삿값임.
3. 엄밀히 말해, 그렇게 사용하면 안 된다. 왜냐하면 공식 $d = 16t^2$은 가속도가 경로를 따라 어디에서나 32ft/sec²이라는 가정 하에 도출되었기 때문이다.
4. 150lb(질량)
5. 자동차의 무게는 3000lb이다. 그렇다면 (3)에 의해 $F = 3000 \cdot 12 = 36{,}000$파운드중량 = 36000/32lb(무게 파운드).

15장, 네 번째 연습문제

1. 무게 내지 중력은 (6)으로 주어진다. 그렇다면 $F = GM \cdot 150/(8000 \cdot 5280)^2$. 알다시피 $150 \cdot 32 = GM \cdot 150/(8000 \cdot 5280)^2$. 그렇다면 $F/150 \cdot 32 = (4000 \cdot 5280)^2/(8000 \cdot 5280)^2 = 16/64 = 1/4$. 따라서 $F = 150 \cdot 32(1/4)$ 파운드중량 또는 150(1/4) 무게 파운드이다.
2. 중력 법칙은 동일한 질량 m이라도 지구의 중심으로부터의 거리에 따라 무게가 달라짐을 보여준다.
3. 두 질량을 각각 m과 2m이라고 하자. 그렇다면 두 중력은 각각 GMm/r^2과 $GM \cdot 2m/r^2$이다. 뒤의 것이 앞의 것의 두 배이다.
4. 그 사람의 무게는 $F = GMm/r^2$으로 주어지는데, 여기서 M은 지구의 질량이다. 만약 M이 십분의 일이 되면 F도 십분의 일, 즉 15lb가 될 것이다.
5. (5)에 의해 가속도는 두 배가 될 것이다. 물체는 매초마다 더 큰 속력을 얻기

에 지면에 더 빨리 도달할 것이다.

6. (5)에 의해 높은 곳에 있는 물체의 가속도는 더 작을 것이다.
7. $F = GMm/(4000 \cdot 5280)^2$ 대신에 $F_2 = GMm/(1000 \cdot 5280)^2$이 적용된다. $F = 150$이므로 $F_2/150 = (4000 \cdot 5280)^2/(1000 \cdot 5280)^2 = 16$. 따라서 $F_2 = 16 \cdot 150$lb.
8. $F = GmMr/R^3$인 경우에는 힘이 r에 대해 선형적으로 증가한다. $F = GmM/r^2$인 경우에 힘은 r의 제곱만큼 감소한다.
9. 무게는 지구 중심으로부터의 거리가 증가하면 감소할 것이지만 그다지 많이 감소하지는 않을 것이다.
10. 예. (6)에 의해 $F/m = GM/r^2$이며 고정된 r에 대해 이 비는 임의의 질량 m과 그것의 무게 F에 대해 동일하다.

15장, 다섯 번째 연습문제

1. 예. 뉴턴의 첫 번째 운동 법칙에 따라, 물체에 아무런 힘이 작용하지 않으면 물체는 원래 정지해 있었다면 계속 정지해 있고 원래 운동하고 있었다면 직선 상에서 일정한 속력으로 운동한다. 만약 물체가 직선을 따라 운동하지 않으면 반드시 물체에 힘이 작용하고 있는데 이 힘은 뉴턴의 두 번째 운동 법칙에 따라 가속도를 발생시킨다.
2. 아니오. 유도 과정을 다시 짚어보면 그렇지 않음을 알 수 있다.
3. (24)에 의해 $a = (50)^2/5 = 500$ ft/sec^2. 이 힘은 손이 가하는 것이다.
4. 달의 속도는 $2\pi \cdot 240000 \cdot 5280/(26/3) \cdot 24 \cdot 60 \cdot 60$ ft/sec이다. 이 v값으로 v^2/r을 계산하면 되는데, $r = 240{,}000$이다. 그 결과로 $a = 0.00897$ ft/sec^2 (근삿값)이다.
5. 태양의 질량은 $4.40 \cdot 10^{30}$lb이다. 태양의 부피는 $(4/3)(432{,}000 \cdot 5280)^3$이다. 질량 대 부피의 비는 약 90이다.

15장, 여섯 번째 연습문제

1. 우리는 위도에 따른 *mg*의 변화에 대한 공식을 살펴볼 수는 없다. 우리가 말할 수 있는 것이라고는 위도가 증가하면 물체를 지구와 함께 회전하도록 유지하는데 더 큰 구심력이 필요하다는 사실뿐이다. 따라서 양쪽 극에서 적도로 이동할 때 더 적은 중력이 무게에 가해져 무게가 감소한다.
2. (30)에 의해 $v^2 = GM/r$이다. 위성이 지구에 가까우면 $r = R$이다. 또한 $GM = 14 \cdot 1015$. 그렇다면 $v^2 = 14 \cdot 10^{15}/4000 \cdot 5280$. 따라서 $v = 26000$ ft/sec, 근삿값임.
3. (30)에 의해 $v^2 = GM/240{,}000 \cdot 52800 = 14 \cdot 10^{15}/240{,}000 \cdot 5280$. 그렇다면 $v = 3300$ ft/sec, 근삿값임.
4. 달의 경로의 둘레는 $2\pi \cdot 240{,}000 \cdot 5280$이다. 속도는 연습문제 13에 의해 3300 ft/sec이다. 그렇다면 시간은 거리를 속도로 나눈 값이므로 대략 27.8일이다.
5. (30)을 이용한다. 여기서 $r = 4500 \cdot 5280$ ft이고 $GM = 14 \cdot 1015$이다. 그렇다면 $v = 24{,}000$ ft/sec, 근삿값임.

15장, 일곱 번째 연습문제

1. 이제껏 모든 사례에서 드러난 바로는 그 법칙이 우주의 모든 물체에 적용되기 때문이다. 또한 이 법칙에 바탕을 둔 계산은 경험과 일치한다.
2. 뉴턴은 자신의 운동 법칙과 중력 법칙으로부터 케플러의 법칙들을 수학적으로 유도해냈다.
3. 케플러의 법칙들은 운동의 법칙들과 중력의 법칙들—다른 모든 운동에 적용되는 법칙들—의 수학적 결과임이 드러났으므로, 케플러의 법칙들을 낳은 태양중심설이 옳을 가능성이 더욱 커졌다.
4. 물리적 원리들이 옳은지 확인해 보면, 그런 원리들로부터 경험과 일치하는

결론들을 유도해낼 수 있다. 뉴턴의 원리들은 케플러의 법칙들을 낳게 되는데, 케플러의 법칙들은 관찰을 통해 옳다는 점이 알려져 있으므로, 뉴턴의 원리들은 옳을 가능성이 높다.

15장, 복습문제

1. '선별된 연습문제와 복습문제의 정답'을 보기 바란다.
2. (a), (b), (c), (e)는 '선별된 연습문제와 복습문제의 정답'을 보기 바란다.

   (d) $4.675 \cdot 10$ (f) $7.4/10^3$
3. (a), (b), (c), (d)는 '선별된 연습문제와 복습문제의 정답'을 보기 바란다.

   (e) $2.8/10^3$ (f) 6

4, 5 및 6. 정답은 '선별된 연습문제와 복습문제의 정답'에 나와 있다.

7. (a) (5)에 의해 $a = GM/(6000 \cdot 5280)^2$이다. 알다시피 $32 = GM/(4000 \cdot 5280)^2$. 따라서 $a/32 = (4000 \cdot 5280)^2/(6000 \cdot 5280)^2 = 16/36$. 그렇다면 $a = 32(16/36) = 14.2$ ft/sec^2.

   (b) 6000 대신에 14,000을 사용한다는 것 외에는 추론은 동일하다. 그렇다면 $a = 2.6$ft/sec2.
8. (a) 지구 표면에서 무게가 200lb인 사람은 질량이 200lb이다. 그 사람이 지구 표면으로부터 2000마일 위에 있을 때는 $GM/(6000 \cdot 5280)^2 = 14.2$이다. 따라서 중력 F는 이 양의 m배이다. 즉 $F = 14.2(200) = 2840$ 파운드중량 또는 2840/32lb.

   (b) 7(b)를 이용하고 8(a)의 추론을 따른다. 정답: 520 파운드중량.
9. 그 사람의 질량은 200lb이다. 달에서 $a = GM/r^2$, 여기서 M은 달의 질량이고 r은 달의 반지름이다. 이제 $a = 5.3$. 따라서 $F = 200(5.3) = 1060$ 파운드중량 = 1060/32lb.

16장, 첫 번째 연습문제

1. 시간에 대한 거리의 변화율은 그런 변화가 일어나는 시간 간격으로 나눈 거리의 변화량이다.
2. 평균속력은 어떤 시간 간격 동안의 평균, 즉 그 간격 동안 이동한 거리를 시간 간격으로 나눈 값이다. 순간속력은 시간의 간격 동안의 평균속력과 달리 시간의 한 순간의 속력이다.
3. 극한의 개념
4. 5초 동안 낙하한 거리는 $16 \cdot 5^2$, 즉 400ft이다. 평균속력은 400/5, 즉 80ft/sec이다. 4초 후에 물체는 $16 \cdot 42$, 즉 256ft 낙하한다. 마지막 1초 동안 물체는 $400 - 256$, 즉 144ft 낙하한다. 이 마지막 1초 동안의 평균속력은 144/1ft/sec이다.
5. 16.5절에 나오는 과정을 $t=4$ 대신에 $t=5$로 놓고 반복한다. 단계 (6)에서 우리는 $k/h=160+16h$를 얻는다. h가 0에 접근할 때 k/h의 극한은 160이다.
6. $t=3$일 때 $d_3 = 128 \cdot 3 - 16 \cdot 32$. $t=3+h$일 때, $d_3 + k = 128\ (3+h) - 16(3+h)^2 = 128 \cdot 3 + 128h - 16 \cdot 9 - 16 \cdot 6h - 16h^2$. 그렇다면 $k = 128h - 96h - 16h^2$. $k/h = 32 - 16h$. h가 0에 접근할 때 k/h는 32에 접근한다.

16장, 두 번째 연습문제

1. (a) $y_1 = bx_1, y_1 + k = b(x_1 + h)$. 그렇다면 $k = bh$ 그리고 $k/h = b$. b는 상수이므로 k/h의 극한, 즉 $\dot{y} = b$.

   (b) $y_1 = ax_1^3, y_1 + k = a(x_1 + h)^3 = ax_1^3 + 3ax_1^2h + 3ax_1h^2 + ah^3$. 그렇다면 $k = 3ax_1^2h + 3ax_1h^2 + ah^3$ 그리고 $k/h = 3ax_1^2 + 3ax_1h + ah^2$. h가 0에 접근할 때 $3ax_1h$와 ah^2은 0에 접근하며 k/h는 $3ax_1^2$에 접근한다. 따라서 $\dot{y} = 3ax_1^2$ 그리고 이는 임의의 x에서 성립하므로 $\dot{y} = 3ax^2$.

   (c) $y_1 = c, y_1 + k = c, k = 0$. 따라서 $k/h = 0$ 그리고 k/h의 극한은 0이다.

즉, $\dot{y}=0$.

2. $y_1 = x_1^2 + 5, y_1 + k = (x_1 + h)^2 + 5 = x_1^2 + 2x_1h + h^2 + 5$. 그렇다면 $k = 2x_1h + h^2$ 그리고 $k/h = 2x_1 + h$. h가 0에 접근할 때 k/h의 극한은 $2x_1$, 즉 $\dot{y} = 2x_1$. 이 예는 원래 함수의 상수가 도함수에 아무런 영향을 끼치지 않음을 보여준다.
3. 정답은 '선별된 연습문제와 복습문제의 정답'에 나와 있다.
4. (25)를 적용하면 $\dot{d} = 100 + 32t$. $t=4$일 때, $\dot{d} = 228$ ft/sec.
5. (a) 반지름에 대한 부피의 순간 변화율은 구의 표면적이다.

   (b) $V = (4/3)\pi r^3$이라면 (23)에 의해 $\dot{V} = 4\pi r^2$인데, 이것이 의 표면적의 공식이다.
6. $\dot{y}$는 $4ac^3$이어야 한다.
7. $A = x^2$이라면 $\dot{A} = 2x$이다. 이 결과는 직관적으로 보았을 때 타당하다. 왜냐하면 우리가 한 정사각형 그리고 그보다 조금 더 큰 정사각형(옆의 그림 참고)을 생각하면, 넓이가 증가하는 비율은 두 이웃 변인 AB와 BC에 의존하기 때문이다. 달리 말해, x의 증가량 h로 인한 실제 넓이 증가량은 $2xh + h^2$이다. 매우 작은 h에 대해 넓이의 증가량은 $2x$이다.

(## p.612 그림)

8. $\dot{A} = l$. 기하학적으로 보자면, w의 작은 변화 h에 대해 넓이의 증가량은 l/h이다. 그렇다면 평균 변화율은 l이며 이 경우 l은 또한 순간 변화율이다.

16장, 세 번째 연습문제

1. (a) $\dot{y} = (1/100)2x$. $x = 3$일 때 $\dot{y} = 6/100$. 이것이 기울기이다.

   (b) $x = 5$일 때 $\dot{y} = 10/100$. 기울기는 $x = 5$일 때 더 가파르다.

   (c) $x = 0$일 때 $\dot{y} = 0$. $x = 0$일 때 곡선의 접선은 수평이다.
2. (a) $\dot{y} = 4 - 2x$. $x = 1$일 때 $\dot{y} = 2$. 방향은 기울기가 2인 접선의 방향이다.

   (b) $\dot{y} = 0$일 때를 찾아야 한다. $\dot{y} = 4 - 2x$이므로, $\dot{y} = 0$은 $x = 2$일 때이다.

3. A에서 기울기 그러므로 도함수는 어떤 양의 수이다. 기울기 그러므로 도함수는 정점에서 0으로 감소하다가 이어서 도함수는 더욱 더 큰 음수 값이 된다. 가장 낮은 점으로 향하는 중간쯤에서 도함수는 더 적은 음수 값이 되다가 가장 낮은 점에서 0이 된다. 그 후로는 점점 더 큰 양의 값이 된다.

4. $y=x^2$과 $y=x^2+5$는 그래프 모양은 동일하며, 다만 뒤의 그래프가 5 단위 더 높다. 그렇다면 임의의 x값에서 둘의 기울기는 동일하다. 따라서 도함수는 틀림없이 동일하다.

16장, 네 번째 연습문제

1. $\dot{d}=128-32t$. $t=4$일 때 $\dot{d}$, 즉 $v=0$. 이것은 물리적으로 물체가 운동의 최고점에 도달했음을 의미한다. 기하학적으로는 $d=128t-16t^2$의 그래프가 $t=4$에서 기울기가 0임을 또는 거기서 접선이 수평임을 의미한다.

2. $A=xy$. $y=(p/2)-x$. 그렇다면 $A=x[(p/2)-x]=(px/2)-x^2$. 그렇다면 $\dot{A}=(p/2)-2x$. $\dot{A}=0$일 때 $x=p/4$. 그렇다면 $y=p/4$. 사각형은 정사각형이다. 미적분 방법은 직접적이다. 우리는 미적분 방법을 어떻게 진행하는지 알고 있다. 기하학적으로 증명하려면 이런저런 방법을 찾아 뒤져야 한다.

3. $A=xy$. $y+2x=100$. 따라서 $y=100-2x$. 그렇다면 $A=x(100-2x)=100x-2x^2$. 따라서 $\dot{A}=100-4x$. $\dot{A}=0$일 때 $x=25$. 그렇다면 $y=50$. 이번에도 미적분 방법이 더욱 직접적이다.

4. y가 세로 수치이고 x가 가로 수치라고 하자. 그렇다면 $A=xy$. 그런데 $3y+2x=100$. 따라서 $y=(100-2x)/3$. 그렇다면 $A=x(100-2x)/3=(100/3)x-(2/3)x^2$. $\dot{A}=(100/3)-(4/3)x$. $\dot{A}=0$일 때 $x=25$. 그렇다면 $y=50/3$.

5. 본문에 나오듯이, $V=50r-\pi r^3$. 그렇다면 $\dot{V}=50-3\pi r^2$. $\dot{V}=0$일 때, $r=\sqrt{50/3\pi}$. r의 이 값을 $h=(50-\pi r^2)/\pi r$에 대입하면, $2(50/3\pi)/r=2\sqrt{50/3\pi}=2r$.

16장, 복습문제

1. (a) $t=6$일 때, $d=576$. 따라서 평균속력은 576/6, 즉 96ft/sec.

   (b) $t=5$일 때, $d=440$. 따라서 마지막 1초 동안 평균속력은 (576 − 400)/1 = 176ft/sec.

   (c) $\dot{d}=32t$. $t=6$일 때, $\dot{d}=v=192$ft/sec.

2. $t=6$에서 순간속력을 계산하라. 연습문제 1에 의해 이것은 192ft/sec이다. 이 값은 5.9초에서 6초 사이의 간격의 평균속력과 분명 가깝다.

3. $\dot{y}=20x$. 따라서 (a) 40 (b) 60 (c) 20a

4. $v=\dot{d}=32t$. 따라서 $a=\dot{v}=32$.

5. 정답은 '선별된 연습문제와 복습문제의 정답'에 나와 있다.

6. $\dot{y}=2x+2$ 그리고 $x=2$에서 $\dot{y}=6$.

7. $\dot{y}=2x+2$. $\dot{y}=0$일 때, $x=-1$.

8. (a) $\dot{y}=2x+10$. $\dot{y}=0$일 때, $x=-5$ 그리고 $y=-25$. 최솟값

   (b) $\dot{y}=2x-10$. $\dot{y}=0$일 때, $x=5$ 그리고 $y=-25$. 최솟값

   (c) $\dot{y}=-2x+10$. $\dot{y}=0$일 때, $x=5$ 그리고 $y=25$. 최댓값

   (d) $\dot{y}=-2x+6$. $\dot{y}=0$일 때, $x=3$ 그리고 $y=9$. 최댓값

   (e) $\dot{y}=-2x+6$. $\dot{y}=0$일 때, $x=3$ 그리고 $y=11$. 최댓값

9. $\dot{y}=3x^2$. $x=0$에서 $\dot{y}=0$. 함수는 $x=0$에서 최솟값이나 최댓값을 갖지 않는다.

10. $\dot{h}=144-32t$. $\dot{h}=0$일 때, $t=\frac{9}{2}$sec. 그리고 $h=324$ft.

11. 밑면의 한 변의 길이를 x로 그리고 y를 높이라고 하자. 그렇다면 $V=x^2y$. 그런데 $x^2+4xy=400$. 따라서 $y=(400-x^2)/4x$. 그렇다면 $V=100x-(x^3/4)$. 따라서 $\dot{V}=100-(3x^2/4)$. $\dot{V}=0$일 때, $x=\sqrt{400/3}=20/\sqrt{3}$. 그렇다면 $y=20/\sqrt{3}$.

12. 연습문제 11에서와 같이 x와 y를 사용하면, $V=x^2y$ 그리고 $2x^2+4xy=400$. 따라서 $x^2+2xy=200$. 그렇다면 $y=(200-x^2)/2x$. $V=100x-(x^3/2)$. 따라서

$\dot{V} = 100 - (3x^2/2)$. $\dot{V} = 0$일 때, $x = \sqrt{200/3}$. 그렇다면 $y = \sqrt{200/3}$. 따라서 상자는 정육면체이다.

17장, 첫 번째 연습문제

'선별된 연습문제와 복습문제의 정답'을 보기 바란다.

17장, 두 번째 연습문제

1. $\dot{v} = 32$. 그러므로 $v = -32t + C$. $t = 0$일 때, $v = 150$이다. 따라서 $v = -32t + 150$. 이제 $d = -16t^2 + 150t + C$. 그런데 $t = 0$일 때, $d = 0$이다. 그렇다면 $C = 0$이므로 $d = -16t^2 + 150t$.
2. 물체가 떨어지는 곳에서 50ft 높은 곳에서부터 아래 방향으로 거리를 잰다고 하자. $\dot{v} = 32$이므로 $v = 32t + C$. $t = 0$일 때, $v = 0$이다. 그렇다면 $C = 0$이므로 $v = 32t$. 따라서 $d = 16t^2 + C$. $t = 0$일 때 $d = 50$이다. 그렇다면 $C = 50$이므로 $d = 16t^2 + 50$.
3. 거리는 지면으로부터 위쪽으로 재므로, $\dot{v} = -32$이고 $v = -32t + C$. 이제 $t = 0$일 때, $v = 0$이다. 그렇다면 $C = 0$이므로 $v = -32t$. 따라서 $d = -16t^2 + C$. $t = 0$일 때 $d = 75$이다. 그렇다면 $C = 75$이므로 $d = 16t^2 + 75$.
4. 거리는 지면으로부터 위쪽으로 재므로, $\dot{v} = -32$이고 $v = -32t + C$. 이제 $t = 0$일 때, $v = 100$이다. 그렇다면 $C = 100$이므로 $v = -32t + 100$. 따라서 $d = -16t^2 + 100t + C$. $t = 0$일 때 $d = 50$이다. 그렇다면 $C = 50$이므로 $d = -16t^2 + 100t + 50$.
5. 거리는 지면으로부터 위쪽으로 잰다. 그렇다면 $\dot{v} = -32$이고 $v = -32t + C$. $t = 0$일 때, $v = -100$이다. 따라서 $C = -100$이므로 $v = -32t - 100$. 그렇다면 $d = -16t^2 - 100t + C$. $t = 0$일 때 $d = 50$이다. 그렇다면 $C = 50$이므로 $d = -16t^2 - 100t + 50$.

17장, 세 번째 연습문제

1. $\dot{A}=x^2$. 그렇다면 $A=(x^3/3)+C$. $x=2$일 때, $A=0$. 그렇다면 $C=-8/3$. 따라서 $A=(x^3/3)-8/3$. $x=6$일 때, $A=(6^3/3)-8/3=69\frac{1}{3}$.
2. 연습문제 1과 마찬가지로 $A=(x^3/3)+C$. $x=4$일 때, $A=0$. 그렇다면 $A=(x^3/3)-(64/3)$. $x=6$일 때, $A=(216/3)-(64/3)=50\frac{3}{2}$.
3. $\dot{A}=x$. 그렇다면 $A=(x^2/2)+C$. $x=4$일 때, $A=0$. 그렇다면 $C=-8$. 따라서 $A=(x^2/2)-8$. $x=6$일 때, $A=10$.
4. $\dot{A}=x^2+9$. 그렇다면 $A=(x^3/3)+9x+C$. $x=3$일 때, $A=0$. 그렇다면 $C=-36$. 따라서 $A=(x^3/3)+9x-36$. $x=6$일 때, $A=90$.

17장, 네 번째 연습문제

1. (29)를 사용하면 된다. 500lb 무게는 질량이 500lb이다. 따라서 $W=32(4000\cdot 5280)500(1-\frac{4000\cdot 5280}{4100\cdot 5280})=32(4000\cdot 5280)500(1/41)$. 인수 32를 무시하면 ft-lb 단위의 답은 약 257,000,000이다.
2. 중력이 언제나 지구 표면의 값이면 GMm/R^2일 것이다(방정식 (23) 참고). 하지만(17.5절에서) $GM=32R^2$이다. 따라서 중력은 $32m$이다. 따라서 일은 $32\cdot 500\cdot 100\cdot 5280$이다. 만약 ft-lb 단위로 답을 내기 위해 32를 무시하면 결과는 264,000,000이다.
3. $k=[300+2(100-\bar{x})]h$로부터 $k/h=300+2(100-\bar{x})$. h가 0에 접근할 때, k/h는 $\dot{W}$에 접근하고 $\bar{x}$는 x에 접근한다. 따라서 $\dot{W}=300+2(100-x)=500-2x$. 그렇다면 $W=500x-x^2+C$. $x=0$일 때, $W=0$. 따라서 $W=500x-x^2$. 도구를 완전히 끌어올리려면 $x=100$. 그렇다면 $W=40{,}000$ ft-lb.
4. $W_1=c/r_1$. $W_1+k=c/(r_1+h)$. 그렇다면 $k=[c/(r_1+h)]-[c/r_1]=-ch/(r_1+h)r_1=-ch/(r_1^2+r_1h)$. 따라서 $k/h=-c/(r_1^2+r_1h)$. h가 0에 접근할 때 $\dot{W}=-c/r_1^2$. 또는 임의의 r에 대해 $\dot{W}=-c/r^2$.

17장, 다섯 번째 연습문제

1. (33)을 이용하는데, $R=4000\cdot 5280$ 그리고 $d=240{,}000\cdot 5280$이다. 그렇다면 $V=36{,}500$ ft/sec, 근삿값임.
2. (34)를 유도하기는 지구에서의 탈출 속도에 적용된다. 하지만 구체적으로 지구에 적용되는 값을 이용한 유일한 곳은 (29)를 유도할 때였는데, 거기서 우리는 $GM=32R^2$이라는 사실을 이용했다. 달의 질량 M에 대해 $GM=5.3R^2$이고 여기서 R은 달의 반지름이다. 그렇다면 달에 대해서 (34)는 $V=$ 이 된다.

17장, 여섯 번째 연습문제

1. 기본적이고 새로운 개념은 극한 개념이다.
2. 미적분의 역사가 보여주는 바에 의하면, 수학은 일정 기간의 고찰과 모색을 거친 후에야 올바른 논리적 방법에 도달한다.

17장, 복습문제

1. (a) $\dot{v}=-32$에서 시작하여 $v=-32t+C$를 얻는다. 그리고 $t=0$일 때, $v=200$이므로 $v=-32t+200$. 그렇다면 $d=-16t^2+200t+C$. 그런데 $t=0$일 때, $d=0$이다. 따라서 $d=-16t^2+200t$.

   (b) 최고점에서 $\dot{d}$ 즉 $v=0$. 따라서 $t=200/32$ 그리고 $d=-16(200/32)^2+200(200/32)=625$ ft.

   (c) 물체가 지면에 닿을 때, $d=0$. 그렇다면 $t=200/16$. t의 이 값을 $v=-32t+200$에 대입하면 $v=-200$ ft/sec.
2. (a) 옥상 위의 높이는 연습문제 1의 (a)와 똑 같이 얻어진다. 그렇다면 $d=-16t^2+200t$.

   (b) 지면 위에서의 높이 $d=-16t^2+200t+100$.

3. (a) $\dot{v} = -5.3$. 따라서 $v = -5.3t + C$. $t = 0$일 때, $v = 200$. 따라서 $C = 200$이므로 $v = -5.3t + 200$. 그렇다면 $d = -(5.3/2)t^2 + 200t + C$. $t = 0$일 때, $d = 0$. 그렇다면 $d = -(5.3/2)t^2 + 200t$.

(b) 최고 높이는 $\dot{d}$ 즉 $v = 0$일 때 얻어진다. 그렇다면 $t = 200/5.3$. t의 이 값을 d에 대한 공식에 대입하면 $d = 3585$ ft.

(c) 물체는 올라갈 때 초당 더 적은 속도를 잃는다. 왜냐하면 아래쪽으로 향하는 가속도는 달에서 고작 5.3 ft/sec²이고 지구에서는 32 ft/sec²이기 때문이다.

4. (a) $\dot{A} = 3x$. 그렇다면 $A = 3x^2/2 + C$. $x = 0$일 때, $A = 0$. 따라서 $C = 0$이므로 $A = 3x^2/2$. x = 4일 때, $A = 24$.

(b) 삼각형은 직삼각형이며 두 밑변의 길이는 4와 12이다. 따라서 넓이는 (1/2)(4)(12)= 24.

5. (a) $\dot{A} = 2x + 7$. 그렇다면 $A = x^2 + 7x + C$. $x = 4$일 때, $A = 0$. 그러므로 $C = -44$이므로 $A = x^2 + 7x - 44$. $x = 6$일 때, $A = 34$.

(b) 사다리꼴의 넓이는 (1/2)(2)(15 + 19) = 34.

6. 29)를 이용하라. $m = 200$, $R = 4000 \cdot 5280$, $r = 4100 \cdot 5280$. 그렇다면 $W = 3297 \cdot 10^6$ 파운드중량이다.

7. (30)을 이용하라. $R = 4000 \cdot 5280$, $d = 100 \cdot 5280$. 그렇다면 $V = 5700$ ft/sec, 근삿값임.

18장, 첫 번째 연습문제

1. 정답은 '선별된 연습문제와 복습문제의 정답'에 나와 있다.

2와 3. 정답은 '선별된 연습문제와 복습문제의 정답'에 나와 있다.

4. 360°마다 함수는 이전의 360° 간격에서 가졌던 값들을 반복하기 때문이다.

5. 0의 위 또는 아래의 Q의 높이를 기술한다.

6. 함수 $y = \sin A$는 우선 변수들, 즉 A와 y 사이의 관계를 강조한다. 게다가 이 함수는 모든 A 값에 대해서 정의되어 있다.
7. 0에서부터 시작해 90°에서 1에 오르고 180°에서 0으로 떨어지며, 270°에서 −1까지 떨어진 다음에 360°에서 0으로 다시 오른다. 그 이후에는 이전의 행동을 360°마다 반복한다.
8. 두 개.
9. 주기는 360°이다. 사이클은 0에서부터 1을 거쳐 −1까지 다시 0으로 진행하는 y 값들의 집합을 가리킨다.

18장, 두 번째 연습문제

1, 2 그리고 3. 정답은 '선별된 연습문제와 복습문제의 정답'에 나와 있다.

4. A의 0에서부터 2π까지의 변이는 A가 0에서부터 360°까지 변할 때와 같은 변이를 내놓는다. 따라서 이전 연습문제의 연습문제 7을 보기 바란다.

18장, 세 번째 연습문제

1, 2, 3,4. '선별된 연습문제와 복습문제의 정답'을 보기 바란다.

5. t가 0에서부터 1까지 변할 때와 같은 형태이다. 그림 18.12 참고.
6. 그래프의 형태는 그림 18.12의 형태와 비슷하지만, 다만 $t = 0$에서부터 $t = 1$까지의 간격에 y의 값들이 3 사이클이라는 점이 다르다.
7. 그래프의 형태는 그림 18.12의 형태이다. 다만 모든 y 값들이 두 배라는 점이 다르다.
8. (7)과 비교하라. $f = 10$임을 알 수 있다.
9. '선별된 연습문제와 복습문제의 정답'을 보기 바란다.

18장, 네 번째 연습문제

1. (15)에 의해 $32 \cdot 2 = (1/2)k$. $k = 128$.
2. (22)를 이용하라. $f = (1/2\pi) = 5/2\pi$
3. $T = 1/f = 0.01$ sec.
4. (21)에 의해 $y = \sin 2\pi ft$의 진폭, 즉 최대 변위는 1이다. 만약 진폭이 D라면 $y = D\sin 2\pi ft$. [방정식 (24)와 비교하라.] 이 문제에서 $f = 50$ 그리고 $D = 8$ in.
5. (24)를 이용하라. $D = 3$ in $= 1/4$ ft. $k = 75$ 그리고 $m = 3$. 따라서 $y = 3 \sin 5t$. 피트 단위로 바꾸면 $y = (1/4) \sin 5t$.
6. (25)에서 $T = 1$ 그리고 $k = 50$. 따라서 $m = 50/4\pi^2$ lb.
7. (a) 물체는 5회 진동한다. 즉 5의 진동수 f를 갖는다. 그리고 평형 위치의 위아래로 4단위 운동한다.

(b) $2\pi f = 10$. 따라서 $f = 5/\pi$. 진폭은 이번에도 4이다.

8. (22)에 의해 $f = (1/2\pi)$. f를 줄이려면 m을 크게 해야 한다.
9. $a = -(GM/R^3)r$을 (18)과 비교하라. 여기서 $a = -(k/m)y$이다. 각각의 경우 가속도는 변위의 상수 배이다. 이제 (18)은 (24)로 이어진다. 따라서 y 대신에 r로 k/m 대신에 GM/R^3로 바뀌는 것만 다를 뿐 동일한 단계들에 의해, $r = D \sin t$. 그러므로 그 사람은 터널 안에서 앞뒤로 진동한다. D가 초기 변위이므로 그 사람은 터널의 한쪽 끝에서부터 다른 쪽 끝까지 갔다가 다시 되돌아오며 이 과정을 반복한다.

19장, 첫 번째 연습문제

1. 단순한 소리를 표현하는 기본적인 수학 공식은 무엇인가? 이 공식 속의 여러 문자들의 물리적 의미를 말하라. $y = D \sin 2\pi ft$. 여기서 D는 전형적인 공기 분자들이 경험하는 진폭, 즉 최대 변위이다. f는 전형적인 분자가 초당 진동을 완료하는, 즉 평균 내지 정지 위치 주위로 전후 운동을 완성하는 횟

수이다.

2. $y = 0.0005 \sin 2\pi \cdot 300t$.
3. 진동수는 540이며 진폭은 0.002 in.
4. 400/20, 즉 20 사이클/초.

19장, 두 번째 연습문제

1. 본문에서 설명한 방법을 따라 다음 함수의 그래프를 대략적으로 그려라.

   a) $y = \sin 2\pi t + \sin 6\pi t$ b) $y = \sin 2\pi t + \frac{1}{2}\sin 4\pi t$ c) $y = \sin 2\pi t + \sin 3\pi t$

   (a) $y = \sin 2\pi t$는 t축을 따라 초당 진동수가 1이고 $y = \sin 6\pi t$는 진동수가 3이다. 둘 다 진폭은 1이다. 동일한 축에 둘을 그려 그림 19.5에서 했던 것처럼 좌표들을 더하라.

   (b) $y = \sin 2\pi t$는 t축을 따라 초당 진동수가 1이고 진폭은 1이다. $y = (1/2)\sin 4\pi t$는 진동수가 3이고 진폭은 1/2이다. 동일한 축에 둘을 그려 그림 19.5에서 했던 것처럼 좌표들을 더하라.

   (c) $y = \sin 2\pi t$는 초당 진동수가 1이다. $y = \sin 6\pi t$는 진동수가 1 1/2이다. 이는 그래프가 일 초에 1 1/2사이클을 진행한다는 의미이다. 둘 다 진폭은 1이다. 동일한 축에 둘을 그려 그림 19.5에서 했던 것처럼 좌표들을 더하라.

2. (a) $y = \sin 8\pi t$는 일 초에 4번 자신의 행동을 반복한다. 따라서 전체 함수는 $y = \sin 2\pi t$가 반복할 때 반복한다. 즉 일 초에 한 번씩 반복한다. 따라서 전체 함수의 진동수는 1이다.

   (b) $y = \sin 2\pi t$의 진동수는 1이고 $y = \sin 4\pi t$의 진동수는 2이다. 따라서 둘은 첫 번째 함수가 반복할 때 반복한다. 즉, 전체 함수의 진동수는 1이다.

   (c) (b)에서처럼 세 함수 전부는 첫 번째 함수가 반복할 때 반복한다. 따라서 전체 함수의 진동수는 1이다.

   (d) 세 항의 진동수는 각각 100, 200, 300이다. 전체 함수는 첫 번째 함수가

반복할 때 반복한다. 즉, 1/100초마다 반복한다. 따라서 전체 함수의 진동수는 100이다.

19장, 세 번째 연습문제

1. 19.4절을 보기 바란다.
2. 전체 소리의 진동수는 240이다. 세 번째 배음의 진폭은 0.01이다.
3. '선별된 연습문제와 복습문제의 정답'을 보기 바란다.
4. 세 번째 배음은 기본 배음의 세 배의 진동수를 갖는다. 즉, 진동수는 3 · 720 이다.
5. 첫 번째 배음(기본 배음) 이상의 배음들은 첫 번째 배음의 각 사이클에 자신들의 행동을 여러 차례 반복한다. 따라서 전체 소리는 첫 번째 배음이 반복할 때 반복한다. 만약 이 배음이 가령 일 초에 100번 반복하면, 즉 진동수가 100이면, 다른 배음들도 분명 첫 번째 배음이 자신의 행동을 반복할 때마다 반복한다. 따라서 전체 소리는 첫 번째 배음이 반복할 때 반복한다.

19장, 네 번째 연습문제

1. 첫 번째 소리는 진폭이 더 크므로 더 크게 들린다. 두 번째 소리는 진동수가 더 크므로 더 높은 음으로 들린다.
2. 단순한 소리는 전형적인 공기 분자의 운동이 $y = D \sin 2\pi ft$로 표현될 수 있는 소리이다.
3. 음향은 일 초에 여러 번 자신의 행동을 반복한다. 즉 주기적이다. 음향은 비주기적이거나 불규칙적이다. 따라서 음향은 푸리에 정리에 따라 사인함수들의 합으로 표현할 수 있다.
4. 복잡한 소리의 높이는 첫 번째 배음의 진동수에 의해 정해진다. 음질은 어떤 배음들 이 포함되어 있는지 그리고 그 배음들의 진폭이 얼마인지에 따

라 결정된다.

5. 음향은 수학적으로 표현될 수 있지만 음악은 귀에 호소한다. 생리적인 과정과 개인적인 반응은 수학에 포함되어 있지 않다.

20장, 첫 번째 연습문제

1. 20.2절의 두 번째 문단을 보기 바란다.
2. 유클리드의 평행선 공리는 꽤 복잡한 내용이며, 여느 공리들처럼 자명한 진리가 아니었다.
3. 플레이페어가 내놓은 것과 같은 대안적인 공리들은 인간의 경험을 넘어서 아주 먼 공간에서 생기는 일에 관한 주장을 담고 있다. 수학자들은 이 사실을 인식하기 시작하면서 그런 주장을 공리로 여기는데 불만을 느끼게 되었다.
4. 사케리는 가능한 두 가지 대안—한 주어진 직선에 평행선이 존재하지 않는다 그리고 한 주어진 직선이 둘 이상의 평행선이 존재한다—을 제시하여 둘 중 각각이 유클리드의 나머지 공리들(물론 유클리드의 평행선 공리는 제외하고)과 더불어 공리로서 사용된다면 모순이 도출될 수 있음을 보였다. 그러므로 가능한 유일한 상황, 즉 한 주어진 직선에 오직 한 개의 평행선만이 존재한다는 상황이 참이어야 할 것이었다.
5. 아니오. 사케리는 한 주어진 직선에 둘 이상의 평행선이 존재할 수 있다고 가정했을 때 모순에 이르지 않았다. 이상한 정리들을 도출해놓고도 그런 기하학은 불가능하다고 판단했기 때문이다. 그는 평행선이 존재하지 않는다고 가정했을 때 모순에 이르렀다. 그의 결론은 유클리드 기하학만이 유일하게 가능한 기하학이라는 것이었다.
6. 그들은 대안적인 기하학이 가능하며(그 기하학 내에 아무런 모순이 없으며) 그런 대안적인 기하학이 물리적 공간에 적용될 수 있음을 인식했다.

20장, 두 번째 연습문제

1. 20.3절을 보기 바란다.
2. 유클리드 기하학에서 평행선은 (동일 평면 내의) 직선들로서 교점을 갖지 않는다. 가우스 기하학에서 평행선이라는 용어는 점 P를 지나며 한 주어진 직선 l과 만나는 직선들을 점 P를 지나며 한 주어진 직선 l과 만나지 않는 직선들과 분리하는 두 직선(20.3절의 m과 n)에 대해 쓰인다.
3. 20.3절을 보기 바란다.
4. 20.3절을 보기 바란다.
5. 세 각의 합이 170°인 삼각형
6. 두 삼각형 모두 세 각의 합이 170°이다. 두 삼각형의 넓이는 반드시 동일하다. 왜냐하면 한 삼각형의 넓이가 다른 삼각형보다 작다면, 작은 넓이를 갖는 삼각형은 세 각의 합이 180°에 가까울 것이기 때문이다.
7. 두 삼각형은 닮은 삼각형이다.

20장, 세 번째 연습문제

1. 리만은 지적하기를, 경험은 직선이 무경계임을 우리에게 알려줄 뿐 직선이 무한함을 알려주지 않는다.
2. 평행선은 존재하지 않는다.
3. 가우스의 기하학, 유클리드의 기하학 그리고 리만의 기하학에서 동일한 공리들로부터 유도할 수 있는 정리들은 동일할 것이기 때문이다.
4. 가우스의 기하학이 유클리드의 기하학과 비슷한 점이 많다. 왜냐하면 오직 한 공리—평행선 공리—만이 바뀌었기 때문이다.
5. 유클리드 기하학에서는 세 각의 합이 180°이다. 가우스의 기하학에서는 세 각의 합이 언제나 180°보다 작다. 리만의 기하학에서는 세 각의 합이 언제나 180°보다 크다.

6. 20.4절의 마지막 문단을 보기 바란다.
7. 유클리드 기하학과는 다른 공리를 가진 기하학을 말한다. 따라서 비유클리드 기하학의 정리들은 유클리드 기하학의 정리들과 다르다.
8. 구별되지 않는다. 닮은 삼각형끼리는 반드시 합동이다.

20장, 네 번째 연습문제

1. 보통 크기나 작은 크기의 도형을 이용한다면, 그렇지 않다.
2. 예. 공학과 건축의 영역에서는 어느 기하학을 사용하든 모든 측정치가 일치하기 때문이다.
3. 왜냐하면 179°59′58″란 측정치는 실험 오차가 있기에 실제 합은 180°보다 더 클 수도, 동일할 수도, 더 작을 수도 있다.

20장, 다섯 번째 연습문제

1. 유클리드 기하학에서 직선의 개념은 정의되어 있지 않고 공리들 속에 진술된 성질들만 지닌다. 이것은 원통형 곡면 상의 "직선"에도 마찬가지다.
2. 정의는 정의를 내리는 바탕이 되는 다른 개념들을 미리 전제한다. 따라서 맨 처음에는 미정의 개념으로부터 시작할 수밖에 없다.
3. 직선을 구면 상의 대원으로 해석한다면.
4. 예. 수학자들이 창조해낸 기하학은 물리적 공간에 부합하거나 그런 공간을 기술하기 위함인데 실제로도 그런 역할을 잘 수행한다. 하지만 그런 기하학들 중 어느 것도 물리적 공간의 기하학적 속성들을 완전하게 기술하지는 못한다.
5. 어떤 경우에는 그렇다. 건축가와 목수는 종종 그렇게 하지만 측량사와 천문학자는 광선을 사용한다.
6. 이 기하학의 특성은 비유클리드 기하학의 어떤 종류임이 거의 확실하다.

7. 답은 연습문제 6과 동일하다.

20장, 여섯 번째 연습문제

1. 여러 상이한 기하학들이 전부 물리적 공간에 부합하기 때문에 우리는 어느 것이 참인지 더 이상 결정할 수가 없다. 우리는 수학이 반드시 진리의 집합체인 것은 아니라고 결론 내릴 수밖에 없다.
2. 수학적 공간은 단지 물리적 공간과 어떤 대응 관계가 있을 뿐이다. 수학적 공간은 인간이 만들어낸 것이고 물리적 공간은 실제 세계에서 고정되어 있으며 인간과 무관하다.
3. 예. 수학의 결과들이 반드시 확인되어야 한다는 점에서 그렇다. 하지만 수학은 다루는 개념에서 그리고 연역적 증명을 고수한다는 점에서 주로 과학과 다르다.

20장, 일곱 번째 연습문제

1. 수학은 물리적 공간에 관한 진리의 집합체가 아니다.
2. 이로써 과학자들은 과학 이론이 진리가 아니며 진리는 얻을 수 없는 것일지 모르므로 과학이 진리를 추구할 수 없다는 사실에 직면하게 되었다. 과학자들은 유용한 이론을 세울 수 있다.
3. 법과 수학의 두 체계 모두 근본적인 공리들 내지 원리들을 가정하고서 결과들을 연역해낸다. 하지만 두 상이한 법 체계의 원리들은 다를 것이며, 결과들도 그럴 것이다. 이것은 기하학에서도 마찬가지다.
4. 예. 모든 과학이 할 수 있는 일은 경험과 일치하는 이론을 제공하는 것임을 인식한다면, 비유클리드 기하학이 존재한다는 사실을 통해 유용한 이론들이 형성될 가능성이 더 커진다.

21장, 첫 번째 연습문제

1. 아니오. 물리적으로 일어난 것의 관점에서 보면 10 + 10은 20을 내놓지 않는다.
2. 아니오. 측정을 최대한 정밀하게 하여 각각의 봉지에 10파운드의 밀가루가 들어 있다고 판단할 수는 있다. 하지만 두 봉지를 합칠 때는 오차가 나올 수밖에 없기에 전체 무게는 20파운드 이상이거나 이하가 될지 모른다.
3. 5파운드 무게가 아주 정확하다고 가정하면, 저울은 여전히 균형을 유지할 것이다. 여기에 관련된 공리는 다음과 같다. 동일한 값들에 동일한 값들을 더하면 동일한 값들이 나온다.
4. 100 ft/sec의 속도와 32t ft/sec의 속도가 정확한 수치라고 가정하면, 두 속도는 똑 같은 방향이므로 더할 수 있다.
5. 아니오. 진동수는 더해지지 않는다. 18장을 독파한 독자들은 두 음파를 결합하면 전체 음파의 진동수가 50임을 알고 있을 것이다.
6. 합친 물의 온도는 45°이다.

21장, 두 번째 연습문제

1. 아니오. (21.3절의 끝 부분에서) 보았듯이, 타율을 더할 때 2/3을 4/6이나 8/12로 바꾸어서는 안 된다.
2. 다음을 보여야만 한다.

$$\frac{a}{b}\left(\frac{c}{d}+\frac{e}{f}\right)=\frac{ac}{bd}+\frac{ae}{bf}$$

또는

$$\frac{a}{b}\left(\frac{c}{d}+\frac{e}{f}\right)=\frac{ac+ae}{bd+bf}$$

또는

$$\frac{a(c+e)}{b(d+f)} = \frac{ac+ae}{bd+bf}$$

또는

$$\frac{ac+ae}{bd+bf} = \frac{ac+ae}{bd+bf}$$

3. 분자가 −1인 임의의 분수. 가령 $1/2 + (-1/2) = 0/4 = 0$.
4. 예.

21장, 세 번째 연습문제

1. 덧셈표의 항목들에 대한 예를 들자면, $5+4 \equiv 2$, $6+1 \equiv 0$, $6+2 \equiv 1$, $6+3 \equiv 2$ 등.
2. 곱셈표의 항목들에 대한 예를 들자면, $5 \cdot 4 \equiv 6$, $5 \cdot 5 \equiv 4$, $6 \cdot 1 \equiv 6$, $6 \cdot 2 \equiv 5$, $6 \cdot 3 \equiv 4$ 등.
3. 그렇게 해서 얻을 수 있다.
4. 4를 2로 나누려면 $4 \equiv 2x$, 모듈로 6을 만족하는 어떤 수 x가 필요하다. x가 가질 수 있는 값들은 0, 1, 2, 3, 4, 5이다. $x=2$일 경우 $4 \equiv 4$, 모듈로 6이며 이것은 옳다. 따라서 한 답은 2이다.
   3을 2로 나누려면 $3 \equiv 2x$, 모듈로 6을 만족하는 어떤 수 x가 필요하다. 이번에도 x가 가질 수 있는 값들은 0, 1, 2, 3, 4, 5이다. 이 값들 중 어느 것도 답을 내놓지 못한다.
5. $4 \equiv 2x$, 모듈로 7을 만족하는 어떤 수 x를 찾자면, $x=2$이다. $3 \equiv 2x$, 모듈로 7을 만족하는 어떤 수 x를 찾자면, $x=5$이다. 만약 모듈로가 소수이면, 그 모듈 산수에서 한 수를 다른 수로 언제나 나눌 수 있다.
6. 9 또는 9 ± (12의 임의의 정수 배)
7. $a \equiv b$, 모듈로 m은 $a=b+pm$을 의미하고 $c \equiv d$, 모듈로 m은 $c=d+qm$을 의

미한다. 그렇다면 $a-c=b-d+(p-q)m$이다. $(p-q)m$은 m의 정수 배이므로, $a-c \equiv b-d$, 모듈로 m이다.

8. $a=b+pm$, $c=d+qm$. 그렇다면 $ac=bd+bqm+dqm+pqm^2=bd+(bq+dp+pqm)m$. 여기서 $ac-bd$는 m의 정수 배임을 알 수 있다. 따라서 $ac \equiv bd$, 모듈로 m이다.
9. 한 합동식을 다른 합동식으로 언제나 나눌 수 있는 것은 아니다.
10. 두 수 각각이 세 번째 수, 모듈로 m에 합동이면, 그 두 수는 모듈로 m에서 서로에 대해 합동이다.
11. 합은 1220이다. 이 합의 자릿수들의 합은 5이다. 578의 자릿수들의 합은 20이며, $20 \equiv 2$, 모듈로 9이다. 642의 자릿수들의 합은 12이며, $12 \equiv 3$, 모듈로 9이다. 자릿수들의 합들의 합, 즉 $2+3$은 1220의 자릿수들의 합과 합동이다.
12. 곱은 371,076이다. 이 곱의 자릿수들의 합은 24이며, $24 \equiv 6$, 모듈로 9이다. 578의 자릿수들의 합은 2, 모듈로 9이며, 642의 자릿수들의 합은 3, 모듈로 9이다. 이들 합의 곱, 즉 $2 \cdot 3$은 원래 곱의 자릿수들의 합과 합동이다.
13. (a) 예. $(a+b)-(b+a)=0$이고 0은 m의 정수 배이다.

    (b) 예. $a+(b+c) \equiv (a+b)+c$, 모듈로 m이다. 왜냐하면 $a+(b+c)=(a+b)+c$이기 때문이다.

    (c) 예. $a(b+c) \equiv ab+ac$, 모듈로 m이다. 왜냐하면 $a(b+c)=ab+ac$이기 때문이다.
14. (a) 5 (b) 3 (c) 6 (d) 2 (e) 4 (f) 3
15. (a) 1, 4 (b) 0, 2, 4 (c) 1, 3, 5

21장, 네 번째 연습문제

1. 합집합이 B이므로 A에 있는 모든 대상들은 B에 있다.

2. A에 있는 모든 대상들은 반드시 또한 B에 있다.

3. 덧셈의 성질들 중 다수, 가령 교환 성질과 분재 성질이 보통의 덧셈뿐 아니라 합집합에도 성립하기 때문이다.

4. $A \cap A = A$ 그리고 $A \cup A = A$.

5. A와 $(B \cup A)$에 공통인 대상들은 A에 있는 것들뿐이다. 따라서 답은 A이다.

6. A가 모든 교수들의 집합이며, B가 모든 똑똑한 사람들의 집합이고, C가 모든 학생들의 집합이라고 하자. 모든 교수들이 똑똑하다는 전제는 $A \cap B = A$가 된다. 어떤 학생도 똑똑하지 않다는 전제는 $B \cap C = 0$이 된다. 그렇다면 두 식을 곱하여(21.6절의 단계 (14) 참고), $(A \cap B) \cap (B \cap C) = A \cap 0$, 즉 $A \cap B \cap C = 0$이다. 왜냐하면 $A \cap B = A$, $A \cap C = 0$이기 때문이다. 이 결론은 어떤 교수도 학생이 아님을 의미한다.

7. 한 대상은 A에도 있고 B 또는 C에도 있으면 $A \cap (B \cup C)$에 있다. 그렇다면 그 대상은 $A \cap B$에 또는 $A \cap C$에 있다. 따라서 그것은 $(A \cap B) \cup (A \cap C)$에 있다. 거꾸로, 만약 한 대상이 $(A \cap B) \cup (A \cap C)$에 있으면, 반드시 $(A \cap B)$에 또는 $(A \cap C)$에 또는 둘 다에 있다. 만약 그것이 $A \cap C$에 있으면, 그것은 A에 그리고 B에 있다. 따라서 그것은 $B \cup C$에 그리고 $A \cap (B \cup C)$에 있을 것이다. 그러므로 주어진 식의 한쪽에 있는 임의의 대상은 다른 쪽에도 있으며 두 쪽은 동일 공간에 있다.

8. (a) $A \cap B$는 A에 있는 것 이상을 포함할 수 없다. 그렇다면 $A \cup (A \cap B)$는 A이다.

   (b) $A \cup B$는 분명 A에 있는 모든 대상을 포함한다. 그렇다면 $A \cap (A \cup B)$는 A이다.

   (c) $A - B$는 A에는 있고 B에는 없는 모든 대상을 포함한다. 그렇다면 $(A - B) \cup B$는 B에는 없고 A에는 있는 것과 B에 있는 것을 포함하는데, B에 있는 것은 또한 A의 나머지를 포함한다. 그렇다면 $(A - B) \cup B = A \cup B$

9. 적어도 어떤 A들과 B들에 대해 $A = B \cap X$인 X가 존재하지 않음을 보여야 한다. B가 A에 포함되어 있다고 가정하자. X가 무엇이든지 간에, $B \cap X$는 B보다 클 수 없다. 따라서 $B \cap X$는 A일 수 없다. 왜냐하면 A는 B에 없는 대상들을 포함하기 때문이다.

22장, 첫 번째 연습문제

1. 22.3절을 보기 바란다.
2. 8113, 1200.
3. 6.1, 5, 10. 산술평균이 데이터를 가장 잘 나타낸다. 왜냐하면 그것은 6명의 학생이 평점 10을 받았음을 고려하고 있기 때문이다. 만약 오직 1명이 평점 10을 받고 6명이 평점 8을 받았다면, 중간값은 동일하겠지만 산술평균은 달라질 것이다.
4. 31, 35, 40. 여기서는 어떤 평균이 데이터를 가장 잘 나타내는지 말하기 더 어렵다. 산술평균 또는 중간값이 합리적인 선택일 것이다.
5. 만약 평균이라는 용어가 중간값을 의미한다면 위의 말은 중간값의 정의 자체에 의해 저절로 옳으며 아무런 내용도 확인시켜주지 않는다. 만약 평균이라는 용어가 산술평균이나 최빈값을 의미한다면(지능에 대한 어떤 척도가 존재한다고 가정하고서), 그 말이 꼭 참인 것은 아니다.
6. 아니오. 왜냐하면 깊이는 어느 한 영역에서는 10ft인데도 여전히 평균 깊이는 4ft일 수 있다.

22장, 두 번째 연습문제

1. 3.24
2. 3
3. 12.8
4. 평균 키로부터의 변이는 표준편차가 3인치인 도시에서 더 크다.
5. 표준편차가 5인 시험에서의 75점은 대다수의 학생들보다 그 학생이 훨씬

더 잘 했다는 의미이다. 왜냐하면 이 경우 대다수의 점수들은 65점 주위에 더 촘촘히 모여 있기 때문이다.

6. 표준편차는 데이터가 평균 주위에 얼마나 가깝게 모여 있는지 또는 데이터가 평균에서 얼마나 많이 떨어져 있는지를 알려주는 척도이다.

22장, 세 번째 연습문제

1. 빈도 분포는 데이터(득점, 점수, 임금) 집합을 보여주는 그래프 또는 도표인데, 가령 얼마나 많은 사람들이 데이터의 각 정보와 연관되어 있는지를 보여준다.
2. 22-5절의 가운데 부분을 보라.
3. 95.4%
4. 47.7%, 99.8%
5. 그래프는 정규 빈도 곡선으로서, 평균의 왼쪽 방향으로 σ의 왼쪽 부분은 잘려 있다.
6. 최빈값 소득은 95이다. 평균은 왼쪽에 놓인다. 왜냐하면 95보다 더 작은 급여를 받는 사람들의 수가 더 많은 급여를 받는 사람들의 수보다 훨씬 더 많기 때문이다.
7. 상이한 두 종의 포도가 있는데, 각각은 자신의 평균 및 평균으로부터의 변이를 갖는다.

22장, 네 번째 연습문제

1에서 6까지. '선별된 연습문제와 복습문제의 정답'을 보기 바란다.

7. 공식은 데이터의 간결한 표현이다. 게다가 공식을 이용하여, 독립변수의 주어진 값들에 대한 종속변수의 값들을 계산할 수 있다(이런 값들은 주어진 데이터에 들어 있지 않을지 모른다). 물론 그러기 위해서는 공식이 주어

진 데이터를 넘어서도 유효하다고 가정해야 한다.

8. 어떤 유형의 방정식이 주어진 형태의 곡선에 들어맞는지 알게 되므로 주어진 곡선에 들어맞는 방정식의 형태를 선택할 수 있다.

22장, 다섯 번째 연습문제

수학 실력이 뛰어날 것이라고 예상할 수 있다.

22장, 여섯 번째 연습문제

1. 연역적 접근법은 해당 분야에 적용되는 듯한 공리들에서 시작해 결론을 연역해낸다. 통계적 접근법은 데이터에서 시작하여 기법을 이용해 그 데이터로부터 다소 신뢰할만한 정보를 얻어낸다.
2. 경제 현상은 너무 복잡해서 기본적인 공리를 찾을 수 없다.
3. 아니오. 인구가 늘어나고 있는지도 모르며 실업자들의 퍼센티지는 실제로 감소하고 있을지 모른다. 또 어쩌면 만약 여성이 실직을 하더라도 남편이 더 많은 소득을 벌어 가정이 더 형편이 나아질 수도 있다.
4. 아니오. 어떤 죽음이 암으로 인한 것인지에 관한 기록이 더 정확해졌거나 암이 사망 원인임을 더 확실하게 확인하게 되었기 때문인지 모른다.
5. 아니오. 이유는 사람들이 담배를 피우도록 유도하는 어떤 생리적이거나 신경학적인 요인일지 모른다.
6. 아니오. 아이들의 지능은 부모의 더 높은 지능 때문일지 모른다. 더 지능이 높은 부모는 많은 교육이 필요한 전문 직업을 갖기 때문에 늦게 결혼할지 모른다. 따라서 부모의 나이 때문이 아니라 그들의 지능 때문일지 모른다.
7. 아니오. 더 오래 사는 사람들은 신체 상태가 더 좋을지 모른다. 하지만 오래 살기 때문에 틀니가 필요하게 된다.

23장, 첫 번째 연습문제

1. 일(1). 사건이 반드시 일어난다는 의미이다.
2. 영(0). 사건이 일어나기가 불가능하다는 의미이다.
3. 2의 눈이 나올 확률은 1/6이다. 3의 눈이 나올 확률은 1/6이다. 3이상의 눈이 나올 확률은 4/6이다.
4. 아니오. 생존 아니면 사망의 두 가지 가능한 결과는 가능성이 동일하지 않다.
5. 6/10
6. 13/52
7. 동전들을 가령 1센트짜리, 5센트짜리, 10센트짜리, 25센트짜리 동전으로 구별하라. 이 동전들을 던지면 16가지 가능한 경우들이 나온다. 그 중 네 가지가 윗면이 3 아랫면이 1이다. 따라서 4/16.
8. 1 − (5/32), 즉 27/32
9. 3/6
10. 매우 어렵지만 불가능하지는 않다.
11. 전부 6 · 6, 즉 36.
12. 4와 1, 1과 4, 2와 3, 3과 2. 따라서 4가지.
13. 연습문제 11 및 12에 비추어 4/36.
14. $1/2^{48}$
15. 23.2절에서 우리는 동전 세 개를 한 번 던져서 윗면이 2개 아랫면이 1개 나올 확률이 3/8임을 알았다. 그런데 본문의 내용대로, 동전 한 개를 3번 던지는 것은 동전 세 개를 동시에 던지기와 동일하다.
16. 가령 8부터 8:05까지의 5분 동안에는 첫 번째 기차가 남향일 경우가 4분이며 북향일 경우는 1분이다. 만약 젊은 남성이 5분 간격 동안 임의의 시간에 역에 들어온다면, 8과 8:04 사이에 역에 들어올 가능성은 8:04와 8:05 사이

에 역에 들어올 가능성의 4배이다. 따라서 남향 기차를 탈 확률이 4/5이다.

17. $\frac{1/2}{1/2}$, 즉 1.

18. 윗면이 두 개 나올 확률은 1/4이며, 윗면이 적어도 한 개 나올 확률은 3/4이다. 따라서 승률은 $\frac{3/4}{1/4} = \frac{3}{1}$.

23장, 두 번째 연습문제

1. 40살에 살아 있는 사람들의 수를 택해 그 수를 60살까지 살아 있는 사람들의 수로 나누어라.
2. 85/100, 58/85.
3. 이 문제는 동전 세 개를 한 번 던져서 윗면이 3개 나올 확률과 동일하다. 따라서 1/8.
4. 네 명 모두 치료 없이 회복할 확률은 동전 네 개를 한 번 던져 윗면이 4개 나올 확률과 동일하다. 따라서 확률은 1/16이다. 이것은 매우 일어나기 어려운 것은 아니다. 따라서 치료가 실제로 네 명이 회복한 원인인지는 불확실하다.

23장, 세 번째 연습문제

1. 키가 평균의 오른쪽으로 3σ 이내에 해당될 확률은 0.499이다. 평균의 양쪽으로 2σ 이내에 해당될 확률은 0.954이다.
2. 전등이 평균의 왼쪽으로 1σ를 넘는 범위에 해당될 확률은 0.159이다.
3. 평균의 오른쪽으로 2σ를 넘는 범위에 해당될 확률은 0.023이다.
4. 평균의 오른쪽으로 1σ 이내에 해당될 확률은 0.341이다.
5. 평균의 오른쪽으로 1σ와 2σ 사이에 해당될 확률은 0.136이다.

23장, 네 번째 연습문제

1. 여덟 번째 줄은 1, 7, 21, 35, 35, 21, 7, 1이다. 합은 128이다. 윗면이 4개 아랫면이 3개가 나올 확률은 35/128이다.
2. 파스칼 삼각형의 일곱 번째 줄로부터 얻은 확률은 15/64이다.
3. 윗면 2개 나올 확률(연습문제 2)은 15/64이다. 따라서 (15/64)2000.
4. 윗면의 평균 개수는 10,000/2 즉 5000이다. 윗x면의 빈도 분포의 표준편차는 $(1/2)\sqrt{n}$이므로 50이다. 5100개 이상이 나오려면 평균의 오른쪽으로 2σ 이상에 위치하는 윗면의 개수를 알아야 한다. 이 확률은 0.023이다.
5. 100명 중에서 정상적으로 살아남는 사람들의 평균 수는 50이다. 1, 2, 3, …, 100명이 살아남는 확률을 보여주는 확률 곡선의 표준편차는 $(1/2)\sqrt{100} = 5$이다. 65명 이상이 살아남을 가능성은 평균의 오른쪽으로 3σ 이상의 수에 해당될 확률로서, 이 값은 0.001이다. 치료 없이 65명 이상이 살아남을 가능성은 매우 낮다. 따라서 치료가 효과적일 확률이 높다.
6. 여기서 평균은 500이고 1, 2, 3, …, 100명이 살아남는 확률을 보여주는 확률 곡선의 표준편차는 $(1/2)\sqrt{1000} = 15.5$이다. 650명이 살아남을 확률은 평균의 오른쪽으로 약 10σ에 해당될 확률이다. 이 확률은 매우 낮다. 치료를 받고서 650명이 살아남았으므로, 따라서 치료가 효과적일 확률이 매우 높다.
7. 남자 아기의 평균 수는 남자와 여자가 동등하게 태어난다는 가정 하에 800이다. 남자 아기의 가능한 여러 수의 확률 곡선의 표준편차는 $(1/2)\sqrt{1600} = 20$이다. 860이라는 수는 평균의 오른쪽으로 3σ에 놓이며, 적어도 860명의 남자 아기가 태어날 확률은 0.001이다. 따라서 가설은 배척된다.
8. 동전들이 정상적이라면(윗면과 아랫면이 나올 가능성이 동등하다면), 윗면의 평균 수는 800이고 윗면 수의 표준편차는 $(1/2)\sqrt{1600} = 20$이다. 윗면이 적어도 860개 나올 확률은 0.001이다. 따라서 동전이 정상적이라는 가설은 매우 의심스럽다. 하지만 이 경우 판단에 더욱 주의를 기울여야 하는데,

왜냐하면 동전을 1600개 던져 윗면이 860개 나올 확률이 존재하기 때문이다.

9. 70살에 살아 있는 사람들의 평균 수는 생존의 확률이 1/2이면 400명이다. 1, 2, 3, . . . 명의 사람들이 70살에 이를 확률 분포의 표준편차는 $(1/2)\sqrt{400} = 10$이다. 오직 150명만이 살아남았으므로 살아남은 사람들의 수는 평균 아래 5σ에 해당한다. 한 사건이 평균 아래로 5σ이하일 확률은 매우 낮다. 따라서 50%의 사망률 하에서 오직 150명만이 70살에 살아남을 확률은 매우 낮다. 따라서 이 업계의 사망률은 1/2가 아니라 훨씬 더 크다고 결론 내려야만 한다.

23장, 복습문제

1. (a) 1/19 (b) 1/19 (c) 9/38
2. (a) 4/52 (b) 13/52 (c) 16/52
3. 2/6
4. (a) 3/7 (b) 4/7 (c) 1
5. (a) 3/9 (b) 4/9 (c) 7/9
6. (a) 1/36 (b) 1/36
7. (a) 65/100 (b) 65/70 (c) 예
8. 61인치는 평균 아래 2σ에 해당하므로, 키가 평균 아래로 2σ 이상일 확률, 즉 61인치 미만일 확률은 0.023이다.

24장, 첫 번째 연습문제

1. 개념, 공리 그리고 정리
2. 예. 자연수는 개별 대상에 대한 경험으로부터 직접 추상화한 개념이다. 무리수는 이상적으로 정확한 길이를 내놓으려고 고안되었다. 무리수는 측정

의 경험에 의해 얻어지지 않는다.

3. 연역적 증명을 내놓으려면 어떤 전제에서부터 시작해야만 하기 때문이다
4. 고대 그리스 시기 이후 수학의 성장은 엄청났다. 게다가 고대 그리스인들의 수학에 관해 현재 우리가 이해하고 있는 내용은 고대 그리스인들이 수학에 대해 여겼던 바와는 다르다.
5. 대수, 유클리드 기하학, 사영기하학, 삼각법, 비유클리드 기하학 등.
6. 자연 현상에 의해 제시된 문제들을 기꺼이 공략하려는 태도. 더 많은 현상들을 탐구해나가면 더 많은 문제들이 제시된다. 그런 문제들을 푸는데 시간을 바치는 사람들에 대한 지원이 분명 있어야 하며, 모두가 수학의 결실을 통해 이득을 얻을 수 있도록 수학자들 간에 의사소통이 있어야 한다.
7. 과학적인 연구에 의해 제시되었든 수나 기하도형에 관해 사색하면서 고안되었든지 간에 새로운 문제들을 마련하고 푸는 것.
8. 결론의 신뢰성, 공리의 의미만을 추론함으로써 이루어진 발견, 물리적 사건에 대한 예측

24장, 두 번째 연습문제

1. 물리적 현상을 표현하기 위한 개념들과 합리적 방법들 내지 이론들, 그런 방법들이 설명하는 정도에 대한 이해, 물리적 지식의 정리, 물리적 사건의 예측
2. 개념은 본질적인 특징을 구현하며 부적절한 물리적 속성들에 의해 방해를 받지 않는다. 게다가 동일한 개념들과 결과들이 많은 상이한 물리적 현상이나 상황에 적용된다.

24장, 세 번째 연습문제

1. 자연에 대한 연구, 미학적 가치 그리고 지적인 활동

2. 수학이 예술이라는 데 찬성하는 주장들은 24-4절에 나와 있다. 이 주장들에 반박하면서, 예술은 반드시 감각에 호소하거나 적어도 감각을 통해 경험한다는 이유를 댈 수 있다.
3. 순수수학은 주로 미학적으로 또는 지적으로 흥미롭기 때문에 연구하는 개념과 문제에 관심을 둔다. 응용수학은 자연을 연구하기 위한 개념과 문제에 관심을 둔다.
4. 예. 하지만, 가치 있는 수학이려면 과학과 공학에 유용한 것이거나 미학적으로 가치 있는 내용이어야 한다.

색인

ㅅ

ㅇ

ㅈ

수학자가 아닌
사람들을 위한
수학

1판 1쇄 발행 2016년 11월 7일
1판 2쇄 발행 2017년 11월 15일

지은이 모리스 클라인
옮긴이 노태복
펴낸이 황승기

펴낸곳 도서출판 승산
등록날짜 1998년 4월 2일
주소 서울시 강남구 역삼2동 723번지 혜성빌딩 402호
대표전화 02-568-6111
팩시밀리 02-568-6118
전자우편 books@seungsan.com
ISBN 978-89-6139-062-0 93410

값 36,000원

이 도서의 국립중앙도서관 출판시도서목록(CIP)은
서지정보유통지원시스템 홈페이지(http://seoji.nl.go.kr)와
국가자료공동목록시스템(http://www.nl.go.kr/kolisnet)에서 이용하실 수 있습니다.
(CIP제어번호: CIP2016025748)